COMSOL MULTIPHYSICS® 입문

COMSOL MULTIPHYSICS® Version 4.2

심재술 · 김희철 · 조미경 공저

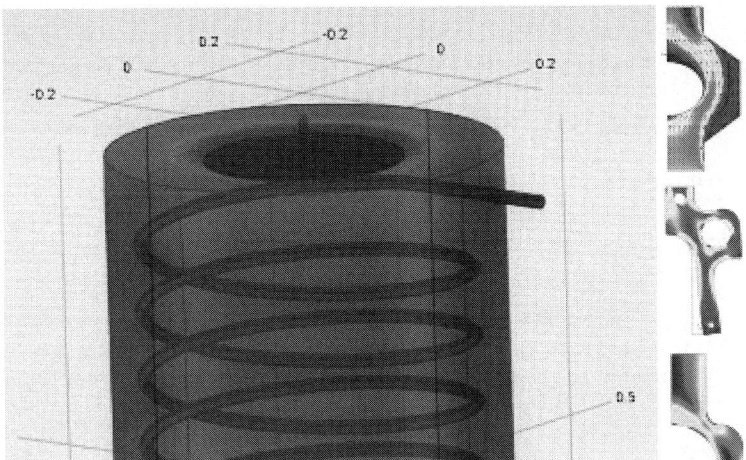

Ohm사

본 교재에서 사용한 'COMSOL Multiphysics® ' 버전은 Version 4.2이다.

머리말

공학자에게 흔히 접하는 다양한 문제들 (예를 들면, 대기속의 바람의 움직임이나 바다나 물속에서의 물체의 움직임, 매질속에서 소리나 열전달 현상등 수없이 많은 현상들)은 대부분이 복잡한 수식 (미분 방정식)으로 표현된다. 더구나 이러한 복잡한 수식들도 단순히 한 식으로 정의되기 보다 많은 경우에 서로 다른 두 식 이상이 서로 연성되어 표현되기 때문에, 공학자에게 있어서 매우 중요한 '경험이나 직관력'으로 어떤 현상을 이해하고, 해결하기에 불가능할 때가 참으로 많다. 또한 본 저자는 이러한 어려움을 어떻게 쉽게 이해시켜 줄 수 있을까 고민하다가 컴퓨터를 통해서 다양한 수식들을 이미지나 그래프로 표현하게 할 수 있다면 공학자들에게 당면한 문제들을 이해하는데 크게 도움이 될 것이라 생각하면서 본 책자를 내고자 결정하였다.

본 교재는 비단 공학자뿐만 아니라 학생들이 대학/대학원에서 배우는 다양한 전공과목에 활용할 수 있도록 본 교재 내용을 최대한 쉽게 이해 할 수 있도록 예제 중심적으로 구성되어 있기 때문에 학생들이 스스로 본 교재를 충분이 숙지한 후에 전공과목에 활용할 수 있다면 학생들이 느끼는 전공과목 (복잡한 수식)에 대한 막연한 두려움이나 어려움이 상당히 해소 될 수 있으리라 확신한다.

본 교재 내용으로는 공학자/학생/대학원들에게 필요하고 산업체에서 활용할 수 있는 몇가지 간단한 공학적인 문제들을 'COMSOL Multiphysics'이라는 상용 패키지를 이용하여 해결하도록 구성되어 있다.(Version 4.2) 본교재의 예제들은 지난 수년간 컴솔을 이용하여 다양한 공학적인 문제들로서 컴퓨터전산교육실습에 맞도록 재구성하였다.

본 저자는 학생들이 공부를 할 때, 차근차근히 본 교재를 읽고 실습예제들을 따라만 한다면 컴솔의 모델링부터 컴솔의 수치적인 해석방법 및 응용방법, 이미지 및 그래프를 그릴 수 있는 후처리 방법 등을 자연스럽게 습득할 수 있다고 확신하며, 전공 교육에 다소나마 도움이 될 수 있기를 희망한다.

본 교재를 개발하는데 많은 도움을 주신 ㈜ 알트소프트 CAE Solution 팀 이재연 팀장님께 진심으로 감사를 드린다. 또한 본 교재를 마무리를 짓는데 수고한 전영원, 이경동 등 대학원 학생들과 실험실 학생들에게도 깊이 감사를 표현하고 싶다.

아울러 본 교재의 출판사인 도서출판 OHM사 관계자 여러분에게 감사하고 싶다.

2011년 12월

' COMSOL MULTIPHYSICS 입문 '저자

심재술 (영남대학교 기계공학부 교수)

김희철 (영남대학교 기계공학부 박사수료)

조미경 (동명대학교 미디어공학과 교수)

추천의 글

FEMLAB이란 이름으로 처음 'COMSOL Multiphysics'를 국내에 소개한지 어느덧 10년 가까운 시간이 흘렀습니다.

그 동안 많은 분들의 관심과 성원으로 COMSOL이 지속적인 성장을 이루어 오면서 아쉬웠던 부분 중의 한가지는, 한글로 출판된 교재가 없었다는 것입니다.

그 필요성을 느끼고 있으면서도 많은 작업량에 대한 부담감으로 그간 실행에 옮기지 못하고 있었는데, 이번에 심재술 교수님 및 관계자 분들께서 첫 한글교재를 출판해 주셔서, 사용자 분들의 이에 대한 갈증의 해소를 어느 정도 기대할 수 있게 되었습니다. 깊은 감사 말씀 드립니다.

본 교재는 첫 한글교재로서의 의미뿐만 아니라, 그 내용에 있어서도 공학관련 종사자 및 학생들에게 많은 도움이 될 수 있을 것으로 생각됩니다.

책의 구성 및 내용에 있어서, 현상에 대한 이론적인 접근과 함께 해당 현상에 대한 쉬운 예제들로 구성이 되어 있어서, 전산해석 입문자 및 관심자 들에게 훌륭한 가이드라인이 될 수 있을 것으로 생각합니다.

교재의 구성 내용이 열-유동, 구조, 음향에 대한 부분을 위주로 하고 있어, 특히 기계공학 관련 공학자 및 학생들에게는 전산해석에 대한 훌륭한 입문서가 될 것입니다.

우리가 접하고 해결해야 하는 많은 문제들은 대부분 편미분방정식(PDE) 및 상미분방정식(ODE) 혹은 이들의 조합으로 표현이 됩니다.

이런 문제들을 풀어내기 위하여 전산해석을 활용하게 되는데, 사용자가 직접 코딩을 하지 않는 이상은, 상용 전산해석 패키지에서 이런 수식들을 직접 입력하고 만져보는데 있어서는 제약이 따르게 됩니다.

하지만 'COMSOLMultiphysics'에서는 이런 사용자 입력 수식들을 위한 별도의 인터페이스를 GUI 환경에서 제공하고 있는데(PDE mode), 이를 통하여 사용자가 원하는 PDE 및 ODE들을 직접 입력하여 전산해석에 활용할 수 있습니다.

본 교재에서는 이 부분에 대한 내용들도 포함하고 있어서, 공학자 및 학생들이 이런 수식들을 어떻게 직접 다룰 수 있는지에 대한 훌륭한 가이드라인을 제공하고 있습니다.

이를 통해, 지배방정식들을 직접 다뤄 봄으로서 얻는 카타르시스와 함께, 각자의 업무 및 전공분야에 유연하게 활용되는 기쁨도 느껴보시기 바랍니다.

본 교재가 또 다른 한글 교재들의 출판으로 이어지는 훌륭한 시금석이 되기를 바랍니다.

2011년 12월, ㈜ 알트소프트 CAE Solution 팀 이재연 팀장

차 례

제1장. 'COMSOL Multiphysics' 란 무엇인가?

'COMSOL Multiphysics'(Version 4.2)는 사용자와 상호 작용하는 프로그램 환경 속에서 편미분방정식(PDE)을 사용하여 대상을 모델링하고 해석할 수 있는, 'COMSOL'사에서 만든 '유한요소법(FEM) 엔지니어링 소프트웨어'이다. 'COMSOL Multiphysics'는 고체역학, 유체역학, 열역학, 전자기학, 화학, 생물학등 현대 물리학 범주에서 발생하는 물리적 현상들을 비교적 쉽게 모델링하고 시뮬레이션할 수 있다. 아마도 지금까지 공학도, 엔지니어들이 경험했던 수많은 공학적인 해석 툴, 예를 들어 앤시스, 플루언트, 아바쿠스, 나스트란 등은 그 적용 분야가 특정 부문에 한정된다. 하지만, 'COMSOL Multiphysics'는 특정 분야에 한정되지 않고, 서로 상이한 영역을 넘나들면서 매우 잘 정의된 툴박스를 이용하여 PDEs를 풀 수 있는 '엔지니어링 소프트웨어'이다. 그리고 'COMSOL Multiphysics'는 사용자가 물리학적 문제를 쉽게 모델링할 수 있도록 잘 정의된 다양한 애플리케이션 모듈들을 갖추고 있으며, 또한 사용자가 직접 수식을 사용하여 모델링을 할 수 있는 사용자와 상호 작용하는 툴을 가지고 있다.

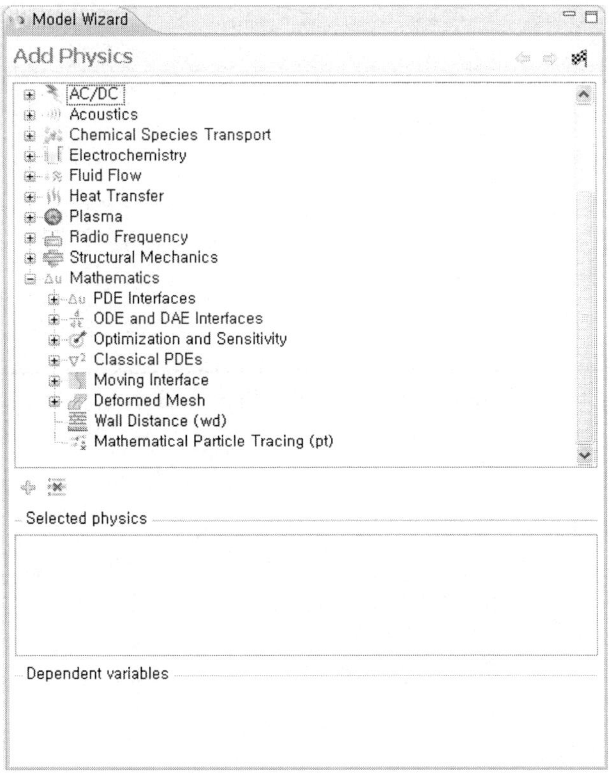

그림 1-1 'COMSOL Multiphysics' Model Wizard (Version 4.2)

▣ 'COMSOL Multiphysics' 에서 참조 가능한 문서들

'COMSOL Multiphysics'는 방대한 문서를 가지고 있다. 'COMSOL Multiphysics' 사용자 가이드'는 물리학 각 분야에 해당하는 문서를 각기 다른 섹션에서 참조할 수 있다. 여러분은 'COMSOL Multiphysics'를 시작하고, 그래픽 유저인터페이스가 나타나면 그림1-2에서와 같이 'Help' 매뉴에서 'COMSOL Multiphysics 문서'에 접근할 수 있다. 혹은 그래픽 유저인터페이스에서 F1 키를 누르면 역시 아래 그림 1-3에서와 같은 'COMSOL Multiphysics 사용자 가이드' 화면을 볼 수 있다. (본 교재에서 사용하는 버전은 Version 4.2이다.)

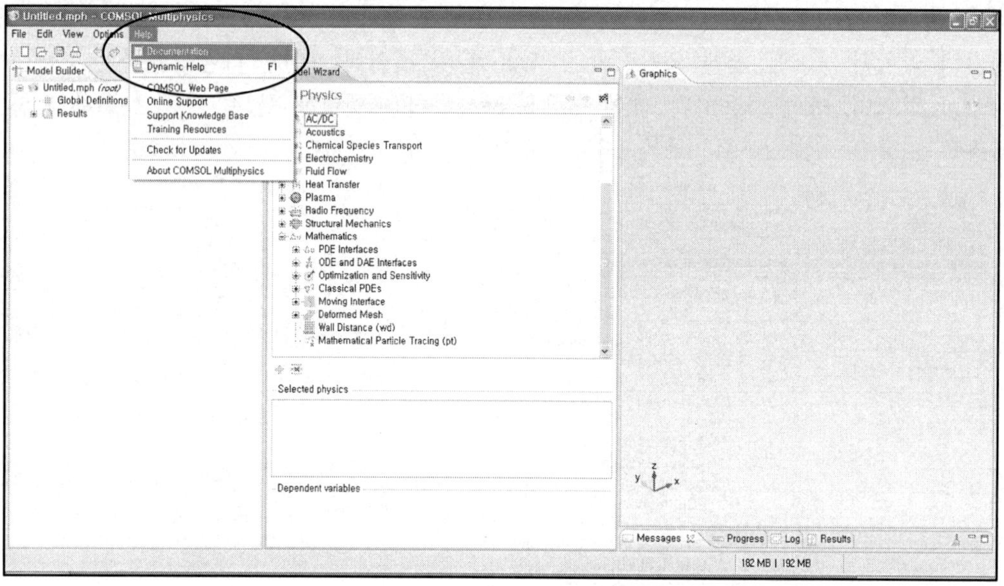

그림 1-2 'COMSOL Multiphysics' 도움말 참조 위치 (Version 4.2)

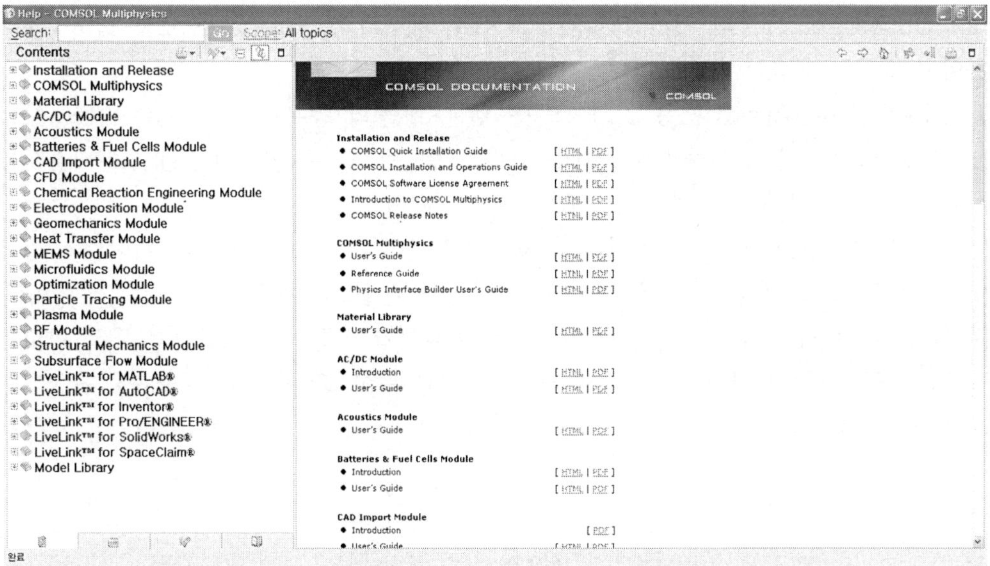

그림 1-3 'COMSOL Multiphysics' 도움말 (Version 4.2)

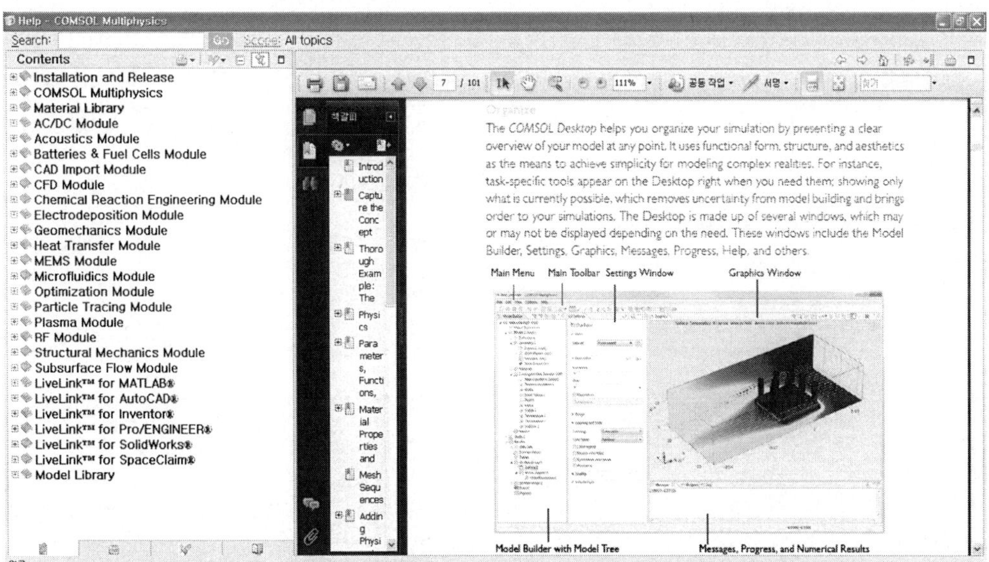

그림 1-4 'COMSOL Multiphysics' 레퍼런스 (Version 4.2)

'COMSOL Multiphysics 사용자 가이드'에는 기본적인 '컴솔'사용법에서부터 '컴솔'에 정의된 변수이름, 수학 함수, 'COMSOL Multiphysics' 오퍼레이터, 수식 폼, 응용 모드 등의 다양한 내용을 가지고 있다.

'COMSOL Multiphysics 사용자 가이드'는 기하학적 모델링에서부터 후처리까지

'COMSOL Multiphysics'의 전반적인 기능을 아주 상세히 설명하고 있으므로 레퍼런스는 물론이고 훌륭한 학습서이기도 하다.

'COMSOL Multiphysics 사용자 가이드'를 보면 '컴솔'의 응용모드를 아주 자세히 살펴볼 수 있고 다양한 형태의 물리적 모드를 다루는 방법을 알 수 있으며, PDEs를 사용하는 수식베이스의 모델링을 수행하는 방법을 알 수 있다.

'COMSOL Multiphysics 라이브러리'는 고전적인 문제들과 과학에서 엔지니어링을 다룰 수 있는 바로 실행 가능한 컬렉션이다. 이러한 모델들을 보여주는 이유는 2가지이다. 'COMSOL Multiphysics'가 다양성을 가졌음을 보여주기 위함이고 그것이 다루는 범위가 매우 넓음을 알려주는 것이다. 또한 교육적인 기초를 닦아 'COMSOL Multiphysics'를 배우고 또한 'COMSOL Multiphysics' 속에 잠재해 있는 물리학에 대한 넓은 이해을 획득하기 위함이다.

본 서적을 참고로 하여 'COMSOL Multiphysics' (Version 4.2)를 배워가면서 'COMSOL Multiphysics 사용자 가이드'를 지속적으로 참고하여 더 넓은 물리학의 세계를 경험하기 바란다.

▣ 'COMSOL Multiphysics' (Version 4.2) 의 특징

(1) 32비트/64비트 지원

그림 1-5는 'COMSOL Multiphysics'를 설치하는 플랫폼(운영 환경)을 선택하는 것이다. 'COMSOL Multiphysics'는 다양한 컴퓨팅 환경을 지원하는데, 현재까지 개발된 거의 모든 컴퓨터 사양을 지원하며, 32-비트는 물론 64-비트 컴퓨팅 환경에 최적화되어있다. 'COMSOL Multiphysics'는 또한 윈도우/리눅스/매킨토시(64비트 지원) 등의 운영체제를 지원하고 있다. 아래 화면에서는 일반 컴퓨팅 환경인 'Windows (32-비트)'를 선택한 화면을 보여준다.

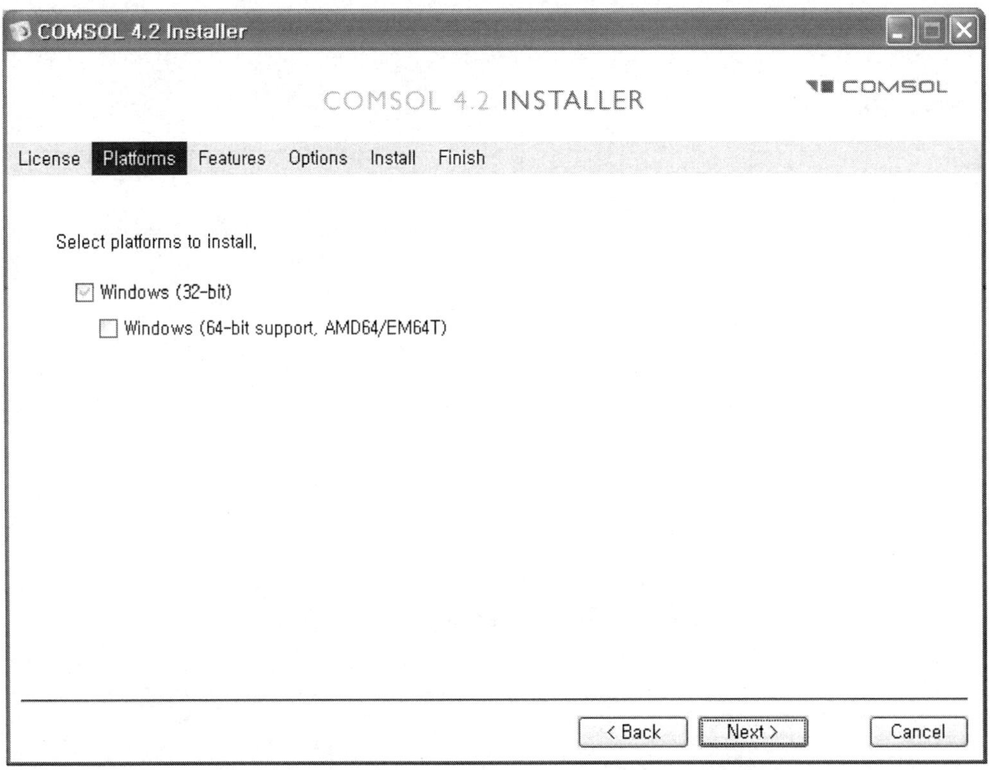

그림 1-5 'COMSOL Multiphysics' Setup 시 운영체제 설정

(2) 단위 체계

'COMSOL Multiphysics'에서는 기본적으로 SI 단위 외에도 9가지 단위를 지원하고 있으며, 현재 단위에서 필요한 단위로 변경하면 자동적으로 값을 전환할 수 있는 기능을 제공한다.

이러한 기능은 기하구조 설정에서 실행 가능하다.

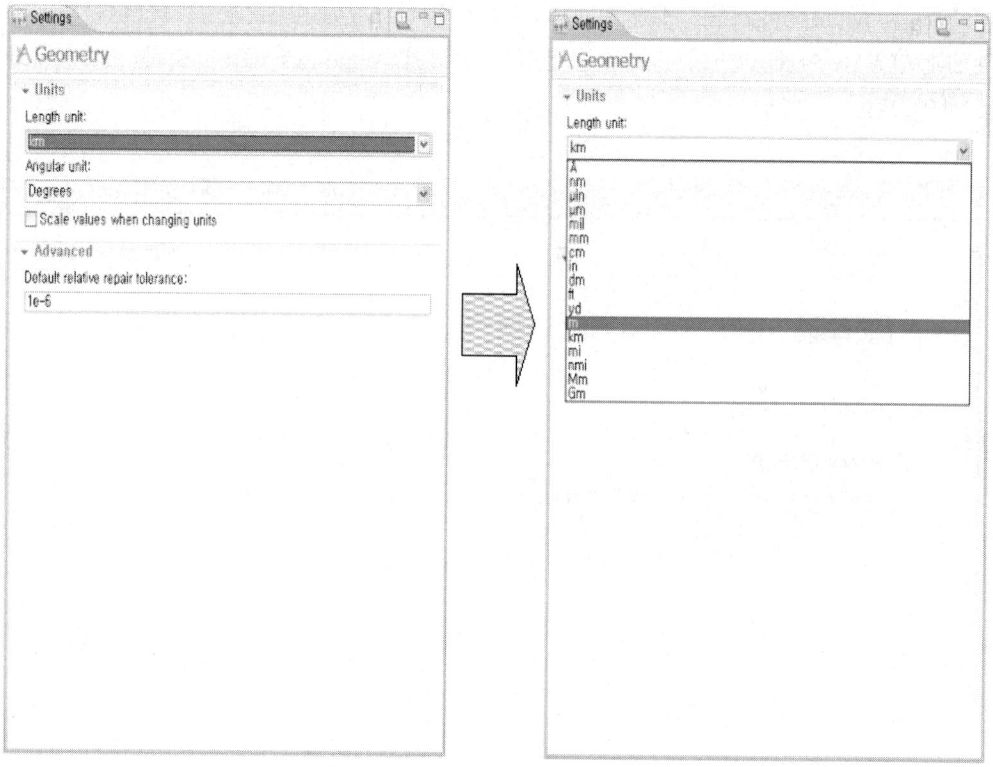

그림 1-6 기하구조 설정에서 단위 설정하기

(3) 모델 트리(Model Tree)

모델 트리 기능은 모델링하는 과정을 일목 요연하게 파악할 수 있는 기능이다. 그림 1-7은 'Model Builder'에서 확인할 수 있는 '모델 트리 구조'를 보여준다.

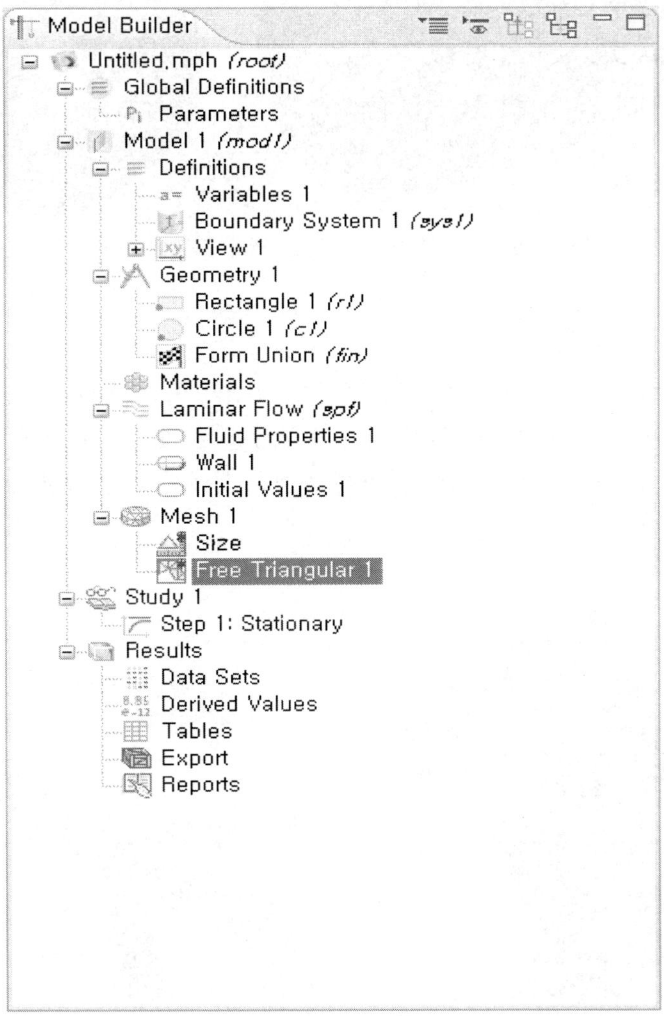

그림 1-7 Model Builder - 모델 트리 구조

(4) 격자 불러들이기

'COMSOL Multiphysics'는 프리 프로세서를 가지고 있기 때문에 자체적 격자 생성이 가능하지만, NASTRAN에서 만든 격자를 불러올 수 있고, SolidWorks, Pro-E에서 만든 구조체를 불러올 수 있는 기능을 가지고 있다.

그림 1-8 기타 모델링 S/W 만든 격자, 구조체 불러 오기

(5) 다양한 격자 제공

삼각형 격자뿐만 아니라 사각, 사면체, 프리즘, 육면체 등 다양한 자동격자 생성을 지원하고 있으며, 이를 이용하여 복합적인 격자도 구성할 수 있다. 이 외에 바운더리 레이어 메시(Boundary Layer Mesh) 기능이 있어서 경계 부분에서 더 정확한 값을 얻고자 할 때 사용할 수도 있다.

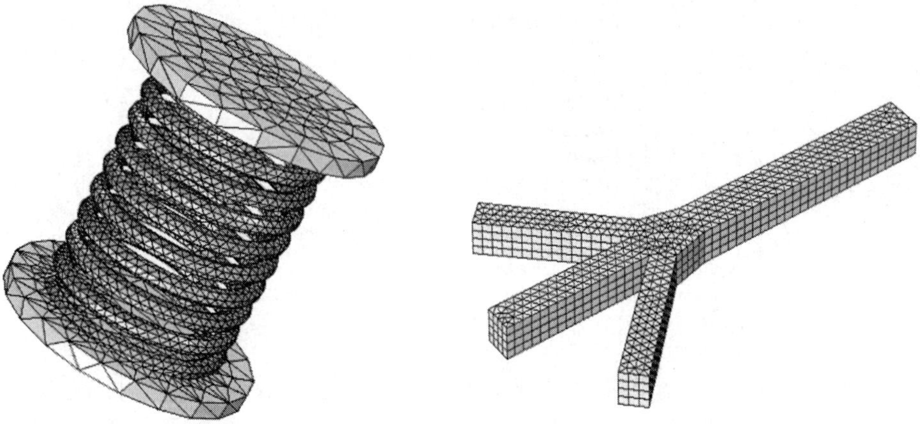

그림 1-9 'COMSOL Multiphysics'에서 생성한 격자 예

(6) MATLAB과의 연동

'COMSOL Multiphysics'는 MATLAB과 연동이 가능하다.(필자는 MATLAB(2008a)에서 테스트하였음)

그림 1-10 MATLAB과 연동

다음은 'COMSOL Multiphysics'와 'MATLAB'이 연동되는 순서를 간략히 보여준다. 여기서는 먼저, 'COMSOL Multiphysics' 설치 시 'MATLAB' 연동 옵션을 선택했다고 가정한다.

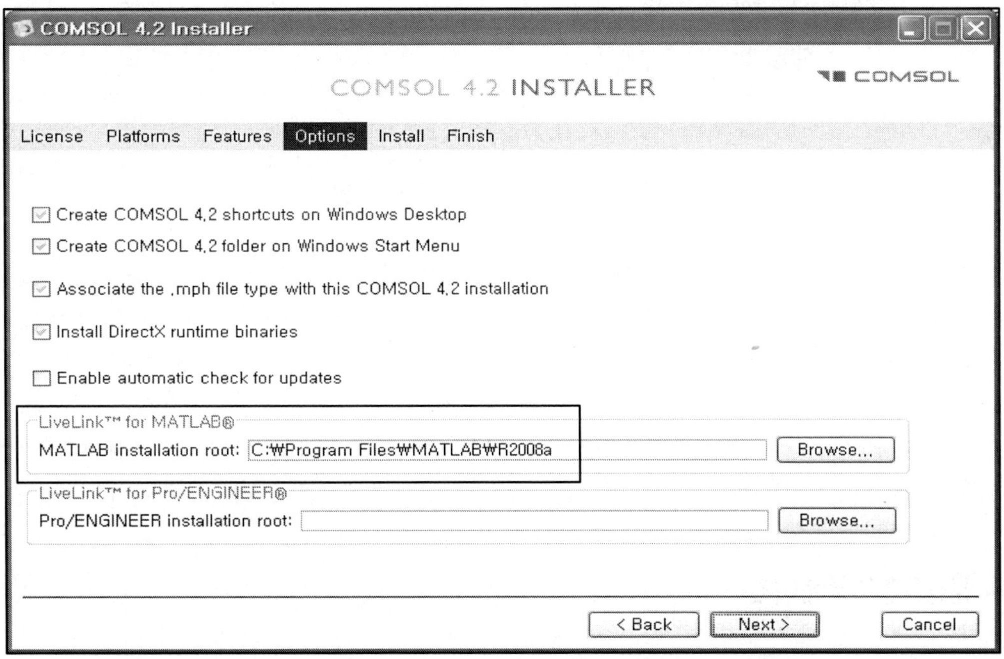

그림 1-11 'COMSOL Multiphysics' Setup시 매트랩과 연동 확인하기

** 보다 자세한 내용은 제 6 장 '컴솔과 매트랩의 연결'을 보기 바란다.

▣ 솔리드웍스와의 연동

LiveLink for SolidWorks는 CAD와 시뮬레이션간의 통합을 구현한다. 'COMSOL Multiphysics'는 다양한 CAD 소프트웨어에서 형상을 불러들일 수 있지만, 특히 'COMSOL Multiphysics'와 솔리드웍스는 양방향으로 연동이 가능하다. 솔리드웍스에서 만든 구조를 'COMSOL Multiphysics'로 불러올 수 있으며, 'COMSOL Multiphysics'에서 구조를 변경하면 솔리드웍스에 바로 영향을 준다.

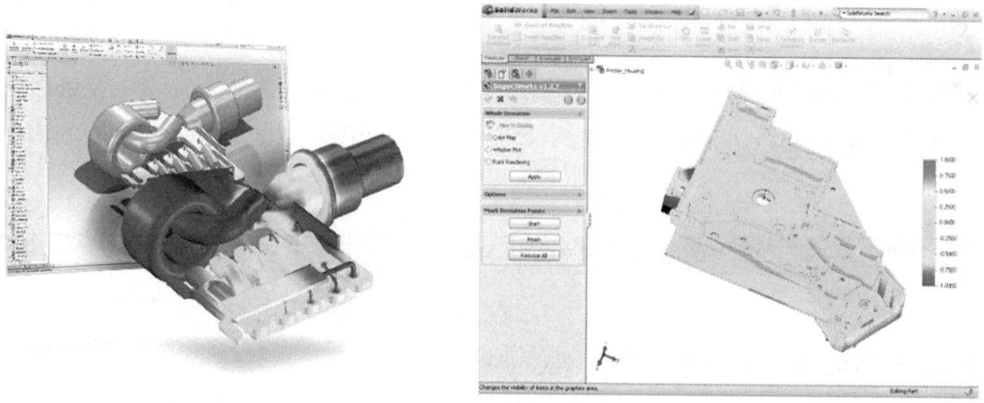

그림 1-12 솔리드웍스와의 연동

즉, 두 어플리케이션간의 조합을 통하여 CAD모델을 변경하면 자동으로 'COMSOL Multiphysics'의 구조체가 업데이트되며 물성값은 그대로 유지된다. SolidWorks에서 구성한 모든 파라미터가 시뮬레이션 구조체에 양방향으로 연동이 되고, 이는 CAD에서 직접 파라메트릭 스윕(parametric sweep)과 디자인 최적화가 수반된 다중물리 시뮬레이션을 가능하게 하다. LiveLink for SolidWorks는 CAD Import Module기능을 포함하고 있으며, LiveLink가 지원하는 것뿐만 아니라 다른 주요 CAD 패키지를 불러올 수 있다.

▣ 물성 데이터베이스

'COMSOL Multiphysics'에서는 2,500여 개의 비선형 물성 데이터베이스가 있다. 이를 이용하여 손쉽게 모델링 물성을 제공받을 수 있다.

그림 1-13 재료 브라우저

■ 다양한 솔버

Stationary/Transient/Parametric/Eigenfrequency/Frequency Response/Quasi-Static/Time-harmonic 등 여러 해석을 위해 멀티코어 CPU를 지원하는 다양한 솔버를 제공하고 있다.

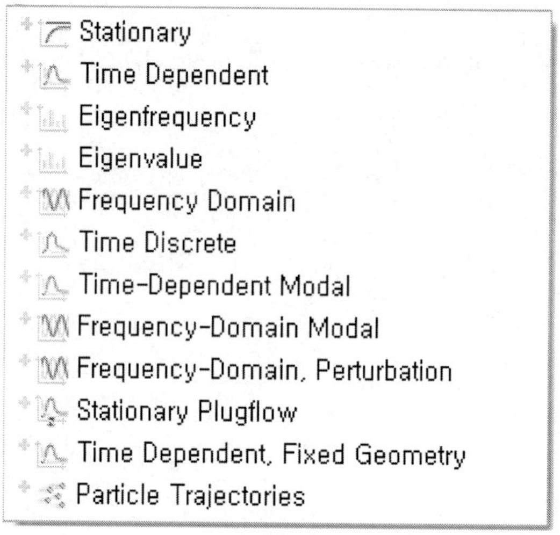

그림 1-14 솔버

■ 최적화 랩(Optimization Lab)

그림 1-15 '최적화 랩' 사용하기

최적화 랩은 최적화와 관련된 모듈로서, 선형 및 비선형 문제에 있어서의 최적화 값을 찾는 데 사용되고 있고, 모양과 크기 그리고 토폴로지 최적화 문제와 파라메타 평가와 같은 인버스 문제를 풀이한다. 최적화 랩 도구는 스탠포드 대학의 마이클 손더스(Michael Saunders from Stanford University), 샌디에고에 있는 캘리포니아 대학의 월터 머레이(Walter Murray, the University of California at San Diego)와 함께 필립 길(Philip Gill)

이 개발하여 지금은 널리 사용되고 있는 SNOPT과 SQOPT 코드를 기반으로 한 강력한 최적화 해법 기법입니다.

한번 만들어진 모델은, 보다 나은 기술이 존재한다면, 여러분이 제작한 모델 혹은 프로세스를 그러한 기술을 사용하여 더 발전시키고 싶을 것이다. 최적화 모듈은 'COMSOL Multiphysics' 제품군 전반적으로 사용될 수 있는데 엔지니어링 문제에 대한 최적의 해답을 계산하는데 대한 일반적인 인터페이스이다.

부품 형상, 물질의 물성치, 혹은 물질의 분포 등과 같은 모델에 대한 입력이 설계 변수로 사용될 수 있고 여기서 생성되는 어떠한 모델 출력도 목적 함수로 사용될 수 있다. 최적화 모듈은 설계 변수에 대한 목적함수의 해석적인 민감도를 계산하고, 해당 문제에 주어진 제약 조건을 고려하여, 구배 기반의 최적화 기법을 사용하여 최적 설계 포인트를 찾아낸다.

이 최적화 도구를 이용하여, 구조 역학과 화학 공학을 비롯해서 생체 공학과 MEMS와 같은 기술 분야에서 대규모의 최적화를 수행하기 쉬워졌다. 또한 최적화 도구는 사용자 지정 최적화 문제에 대해서 자동적으로 가정 적합한 솔버 타입을 선정하여 적용합니다. 사용자는 대화형 프로그래밍 인터페이스를 통해 최적화 기능을 수행합니다.

최적화 랩에 대한 자세한 내용은 www.comsol.com 에서 확인할 수 있습니다.

▣ 'COMSOL Multiphysics' 모듈

'COMSOL Multiphysics' (Version 4.2)는 여러 물리 현상을 고려하기 위해서 다양한 모듈을 제공하고 있다.

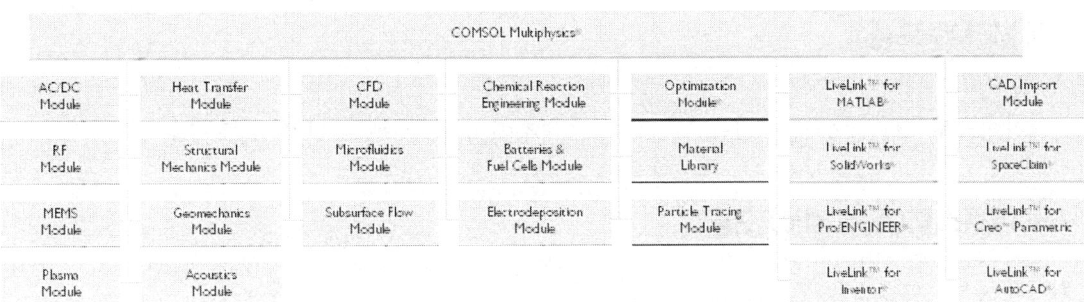

그림 1-16 'COMSOL Multiphysics' (Version 4.2) 모듈

▣ AC/DC 모듈

전자기기 내에서의 전자기장, 토크, 전자기력, 열과의 연동 해석 등 전자기에서 일어나는 여러 현상을 고려할 수 있다.

▣ RF 모듈

AC/DC 모듈과는 달리, 전자기파 해석에 적용되는 모듈이다. 물론 다른 현상과 연동하여 사용할 수 있다.

▣ 화학 엔지니어링(Chemical Reaction Engineering) 모듈

화학 엔지니어링 모듈은 화학공학에서 일어나는 전반적인 현상(유동, 열, 물질전달)을 고려한 모듈이다.

▣ 지구과학(Geomechanics / Subsurface Flow Module) 모듈

이 모듈은 지반에서 일어나는 현상을 고려할 수 있다.

▣ 열 전달(Heat Transfer) 모듈

전도, 대류뿐만 아니라 복사까지 적용 가능하며, 바이오 열 전달 및 박막 열 전달에서도 다룰 수 있다.

▣ MEMS 모듈

마이크로 크기에서 일어나는 현상(센서, 액추에이터 등)을 고려한 모듈이다.

▣ 어쿠스틱(Acoustic) 모듈

유체 내에서 뿐만 아니라 고체에서의 음향, 진동을 고려하고자 할 때 사용할 수 있는 모듈이다.

▣ 구조 메카닉스(Structural Mechanics) 모듈

구조의 변위, 응력, 접촉, 피로해석뿐만 아니라 열/유동에 의한 구조 변화를 볼 수 있다.

▣ CAD 임포트(CAD Import) 모듈

CAD 임포트 모듈은 다른 회사의 3차원 CAD 소프트웨어에서 만들어진 구조체를 'COMSOL Multiphysics'로 불러올 수 있는 기능을 제공하고 있다.

그림 1-17 CAD 임포트 모듈

다음 그림들은 'COMSOL Multiphysics'에서 지원 가능한 파일 포맷들을 보여준다.

COMSOL

File Format	Read	Write
Model (.mph)	Yes	Yes
Model (.java)	No	Yes
Model (.class)	Yes	No
Model (.m)[1]	Yes	Yes
Reaction Engineering Lab 3.5a Model (.rxn)[2]	Yes	No
Geometry (.mphbin, .mphtxt)	Yes	Yes
Mesh (.mphbin, .mphtxt)	Yes	Yes
Material Library (.mph)	Yes	Yes
Interpolation Function (.txt)	Yes	Yes
Variables (.txt)	Yes	Yes
Parameters (.txt)	Yes	Yes
Postprocessing Data (.txt)	Yes	Yes
Color Table (.txt)	Yes	No

1 Requires LiveLink™ for MATLAB®

2 Requires Chemical Reaction Engineering Module

MCAD

File Format	Read	Write
Autodesk AutoCAD® (.dwg, 3D only)[1]	Yes[6]	Yes[6]
Autodesk Inventor® (.ipt, .iam)[2]	Yes	Yes[6]
Creo™ Parametric (.prt, .asm)[3]	Yes[6]	Yes[6]
Pro/ENGINEER® (.prt, .asm)[2]	Yes	Yes[6]

SolidWorks® (.sldprt, .sldasm)	Yes	Yes[6]
SpaceClaim® (.scdoc)	Yes[4]	Yes[6]
DXF (.dxf, 2D only)	Yes	Yes
Parasolid® (.x_t, xmt_txt, .x_b, .xmt_bin)	Yes	Yes
ACIS® (.sat, .sab)[2]	Yes	No
STEP (.step)[2]	Yes	No
IGES (.iges)[2]	Yes	No
CATIA V5 (.CATPart, .CATProduct)	Yes	No
VRML, v1 (.vrml, .vrl)	Yes	No
STL (.stl)	Yes	No

1 Requires LiveLink™ for AutoCAD®

2 Requires one of the LiveLink™ products for AutoCAD®, Creo™ Parametric, Inventor®, Pro/ENGINEER®, SolidWorks®, or SpaceClaim®, or the CAD Import Module

3 Requires LiveLink™ for Creo™ Parametric

4 Requires LiveLink™ for SpaceClaim®

5 Requires the CAD Import Module (or one of the LiveLink™ products for AutoCAD®, Creo™ Parametric, Inventor®, Pro/ENGINEER®, SolidWorks®, or SpaceClaim®) and the File Import for CATIA® V5

6 Via the LiveLink interface

ECAD

File Format	Read	Write
NETEX-G (.asc)[1]	Yes	No
ODB++ (X) (.xml)[1]	Yes	No
GDS II (.gdx)[1]	Yes	No
SPICE (.cis)[1]	Yes	No

1 Requires one of AC/DC Module, RF Module, or MEMS Module

Material Databases

File Format	Read	Write
NASA file (.dat)[1]	Yes	No
CHEMKIN (.dat)[1]	Yes	No
CAPE - OPEN[1] (direct connection)	n/a	n/a

1 Requires Chemical Reaction Engineering Module

Mesh

File Format	Read	Write
NASTRAN Bulk Data (.nas, .bdf, .nastran, .dat)	Yes	No
VRML, v1 (.vrml, .vrl)	Yes	No
STL (.stl)	Yes	No

Numerical Data, Images, and Movies

File Format	Read	Write
Plain text (.txt)	Yes	Yes
Comma-separated values (.csv)	Yes	Yes
Copy and paste spreadsheet format	Yes	Yes
JPEG (.jpg)	Yes	Yes
PNG (.png)	Yes	Yes
BMP (.bmp)	Yes	Yes
GIF (.gif)	Yes	No
EPS (.eps) (2D graphs)	No	Yes
DEM (.dem)	Yes	No
Animated GIF (.gif)	No	Yes
Adobe® Flash (.swf)	No	Yes
AVI (.avi)[1]	No	Yes

1 Available for Windows only

제2장. 'COMSOL Multiphysics' Setup 하기

1. 구입한 'COMSOL Multiphysics' CD를 넣고 실행한다. 그러면 그림 2-1과 같은 화면이 나타날 것이다. 'New COMSOL 4.2 Installation' 을 클릭한다.

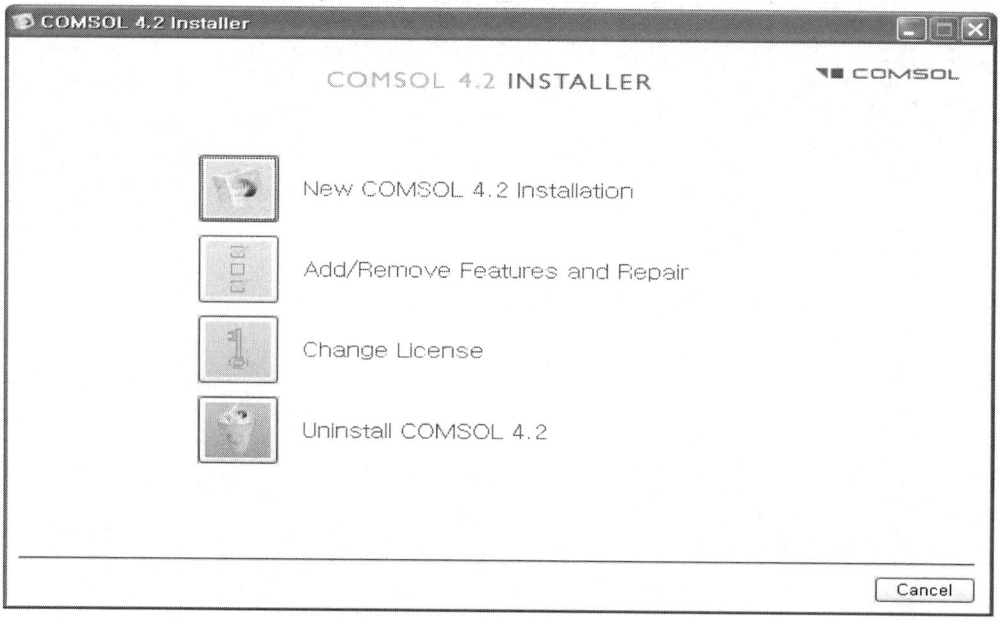

그림 2-1. 'COMSOL Multiphysics' CD 실행 초기 화면

2. 'License information' 란에 'License format'을 알맞게 선택한다. 그림 2-2는 해당 'Passcode'로 'COMSOL Multiphysics'를 인스톨하는 화면을 보여준다. 만약 해당하는 **'라이센스 파일'**을 받았으면 수령한 파일이 존재하는 경로를 지정하고 'Name'과 'Company'를 타입한 후 'Next' 버튼을 누른다.

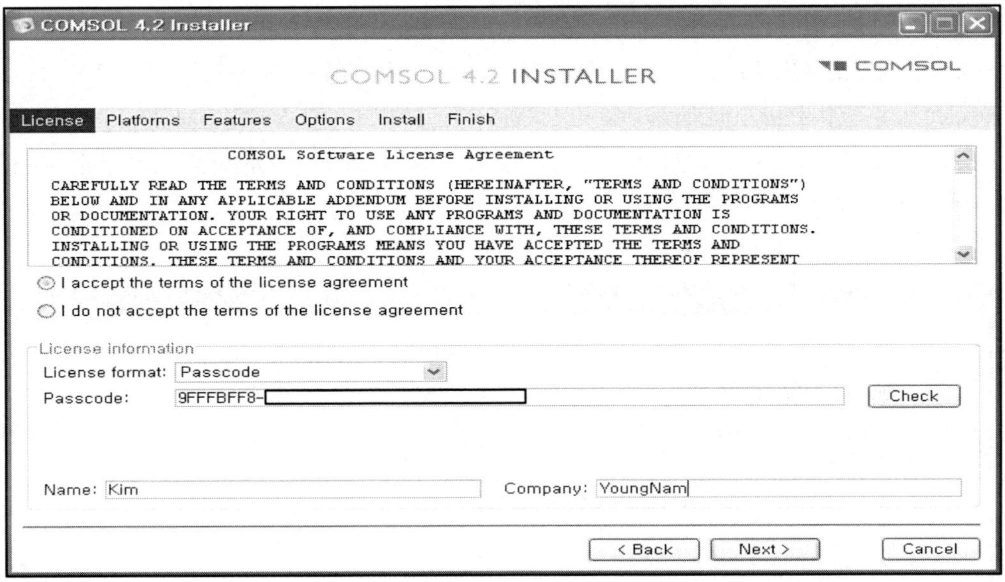

그림 2-2. License information 설정하기

3. 그림 2-3은 'COMSOL Multiphysics'를 설치하는 '**Platforms(운영 환경)**'을 선택하는 것이다. 'COMSOL Multiphysics'는 다양한 컴퓨팅 환경을 지원하는데, 32-비트는 물론 64-비트 컴퓨팅 환경에 최적화되어있다. 여기서는 일반 컴퓨팅 환경인 'Windows (32-비트)'를 선택하였다. '**Next**' 버튼을 클릭한다.

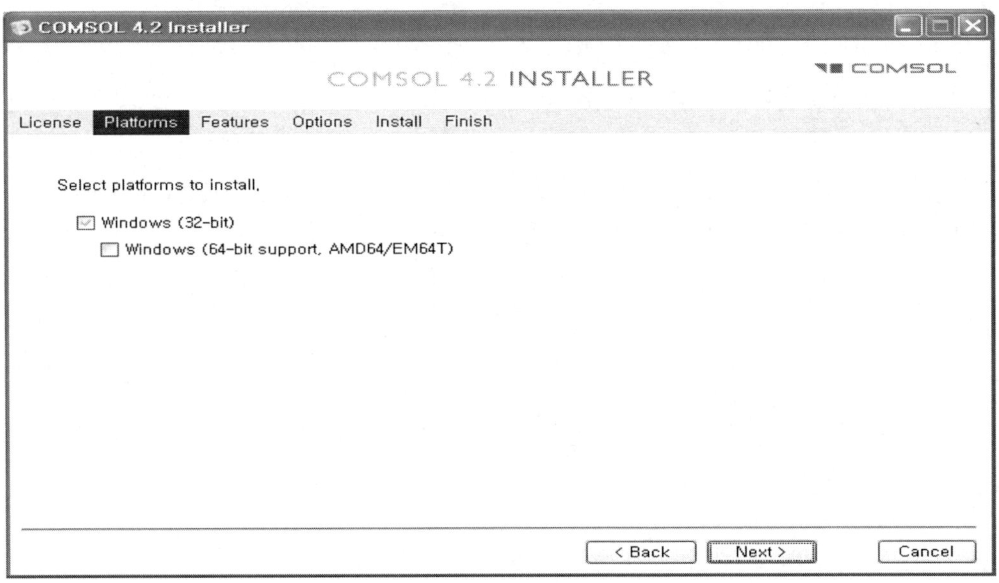

그림 2-3. 'Platforms' 선택하기

4. '그림 2-4'는 컴퓨터에 설치할 'COMSOL Multiphysics' 모듈을 선택하는 부문이다. 본 저자는 'COMSOL Multiphysics'에서 지원하는 모든 모듈을 구매하였기 때문에 'Quick selection'에서 'Full installation'을 선택하였다. 그리고, 'COMSOL Multiphysics'를 설치할 폴더를 'Default' 상태로 설정하였다. 기본적으로 'COMSOL Multiphysics'는 'C:\COMSOL42' 폴더에 설치된다.

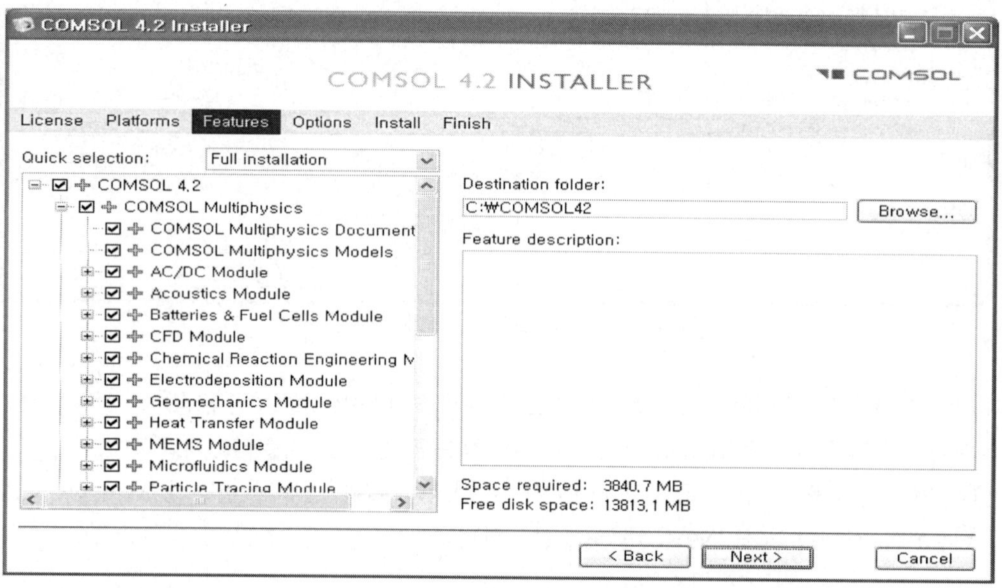

그림 2-4. 설치할 'COMSOL Multiphysics' 모듈 선택 및 설치 폴더 선택하기

5. 'COMSOL Multiphysics'는 다양한 해석용 S/W와 연동이 가능한데, 그림 2-5에서는 MATLAB과의 연동을 위해 'MATLAB 호환'을 체크하여 선택하고 설치되어 있는 'MATLAB' 폴더 위치를 지정하여 주었다. 나머지는 설치 옵션 부분이다. 디폴트로 주어진 대로 진행하면 된다. **'Next'** 버튼을 클릭한다.

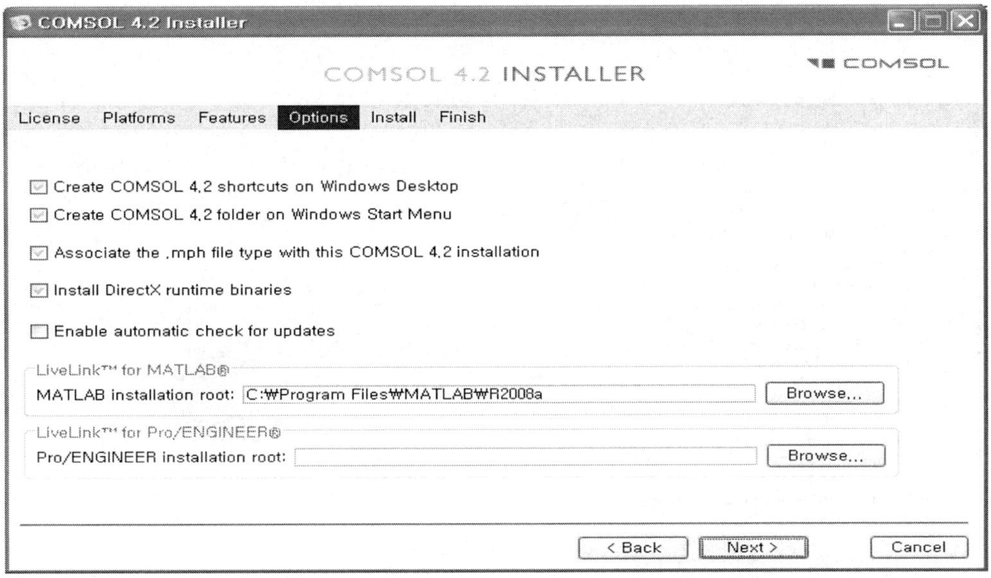

그림 2-5. 설치할 'COMSOL Multiphysics' 모듈을 선택하기

6. 그림 2-6에서는 앞 과정에서 설정된 대로 'COMSOL Multiphysics'가 인스톨되는 화면을 보여준다. 'COMSOL Multiphysics'가 인스톨하려면 'Install' 버튼을 클릭한다.

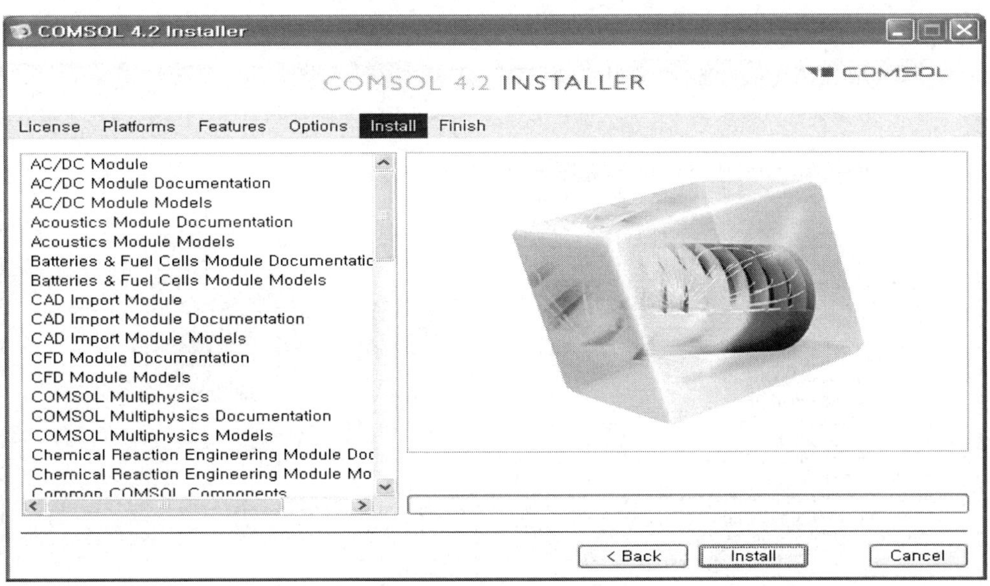

그림 2-6. 'Install' 시작하기

7. 그림 2-7에서는 설치과정 1을 보여준다.

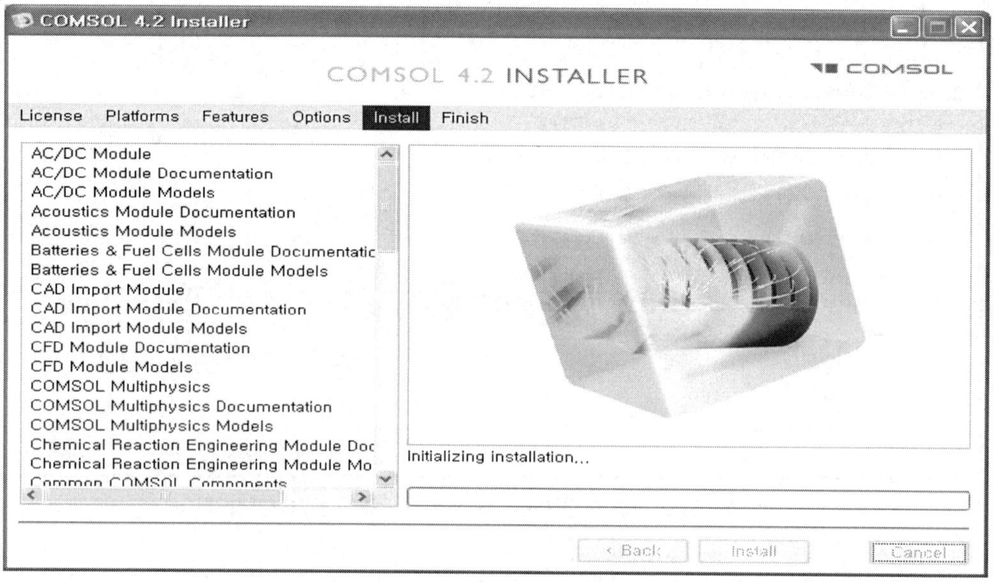

그림 2-7. 설치 진행 중 1

8. 그림 2-8에서는 설치과정 2를 보여준다.

그림 2-8. 설치 진행 중 2

9. 그림 2-9에서는 설치과정 3을 보여준다.

그림 2-9. 설치 진행 중 3

10. 그림 2-10에서는 설치과정 4를 보여준다.

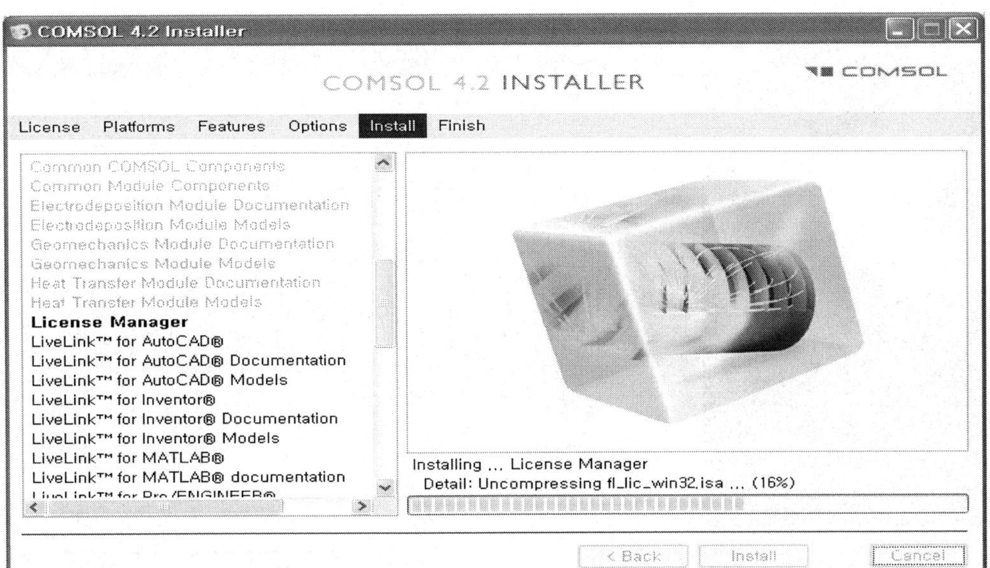

그림 2-10. 설치 진행 중 4

11. 그림 2-11에서는 설치과정 5를 보여준다.

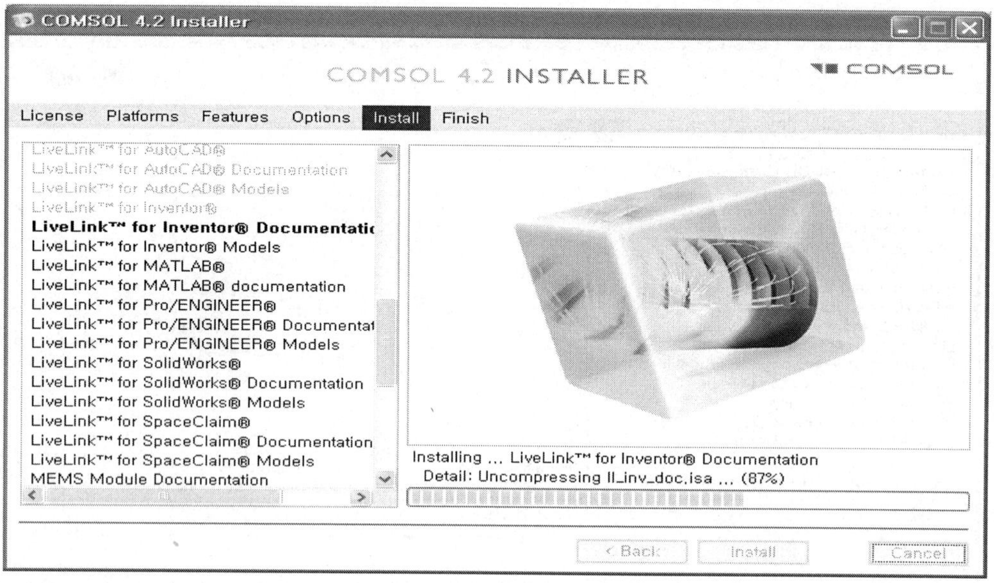

그림 2-11. 설치 진행 중 5

12. 그림 2-12에서는 'DirectX 설치과정 1'을 보여준다. '동의함'을 선택하고 '다음'을 클릭한다.

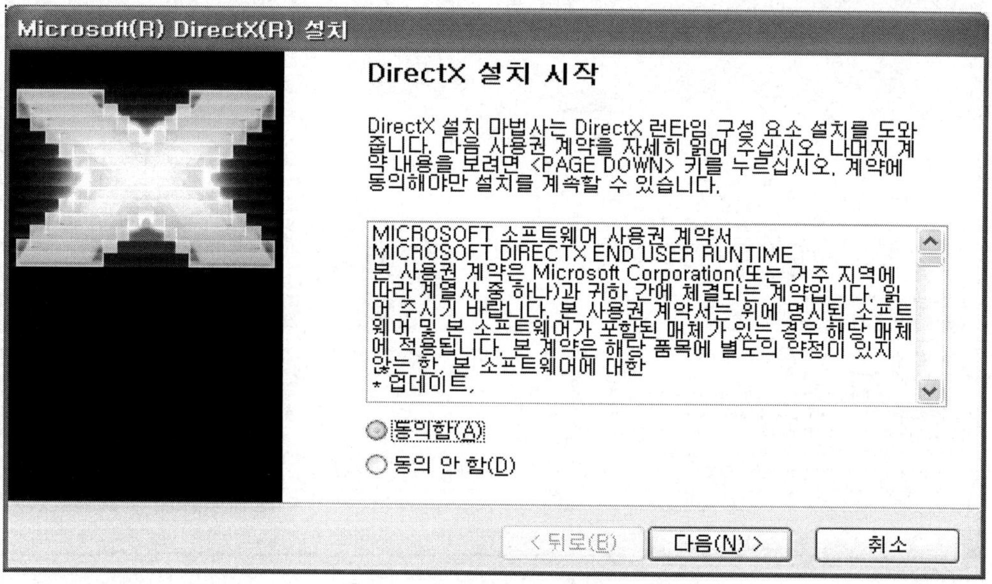

그림 2-12. DirectX 설치과정 1

13. 그림 2-13에서는 'DirectX 설치과정 2'를 보여준다. '다음'을 클릭한다.

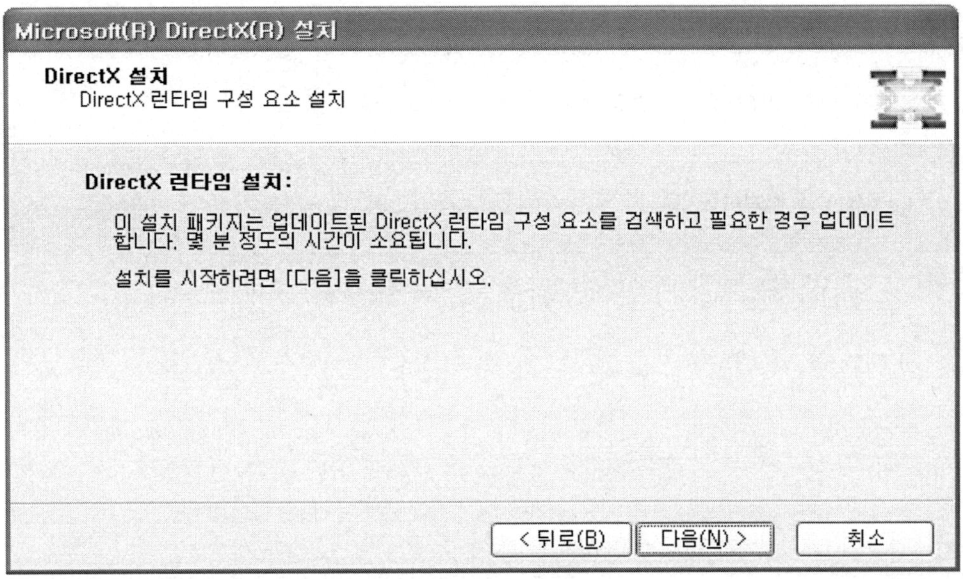

그림 2-13. DirectX 설치과정 2

14. 그림 2-14에서는 'DirectX 설치과정 3'을 보여준다. '다음'을 클릭한다.

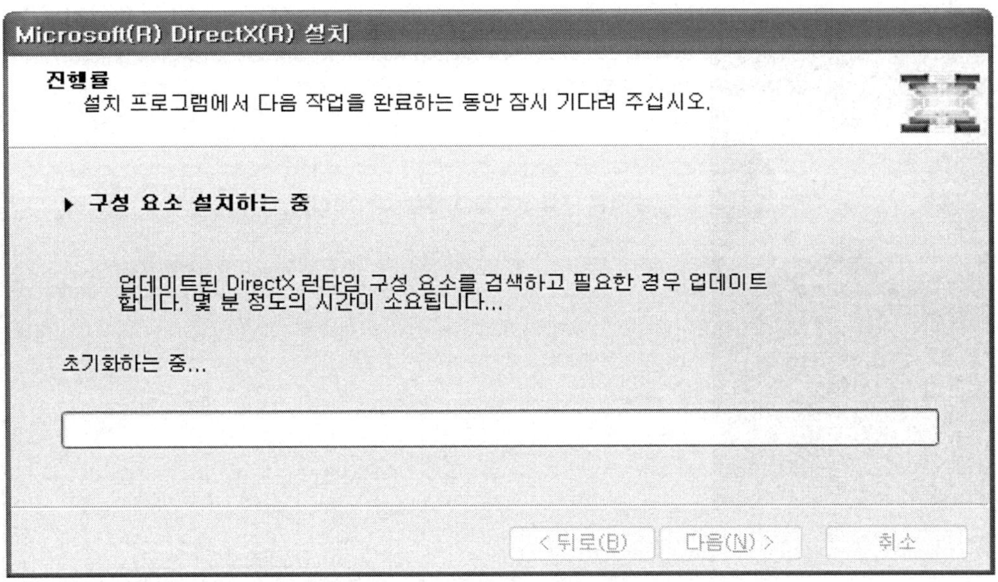

그림 2-14. DirectX 설치과정 3

15. 그림 2-15에서는 'DirectX 설치과정 4'를 보여준다. '다음'을 클릭한다.

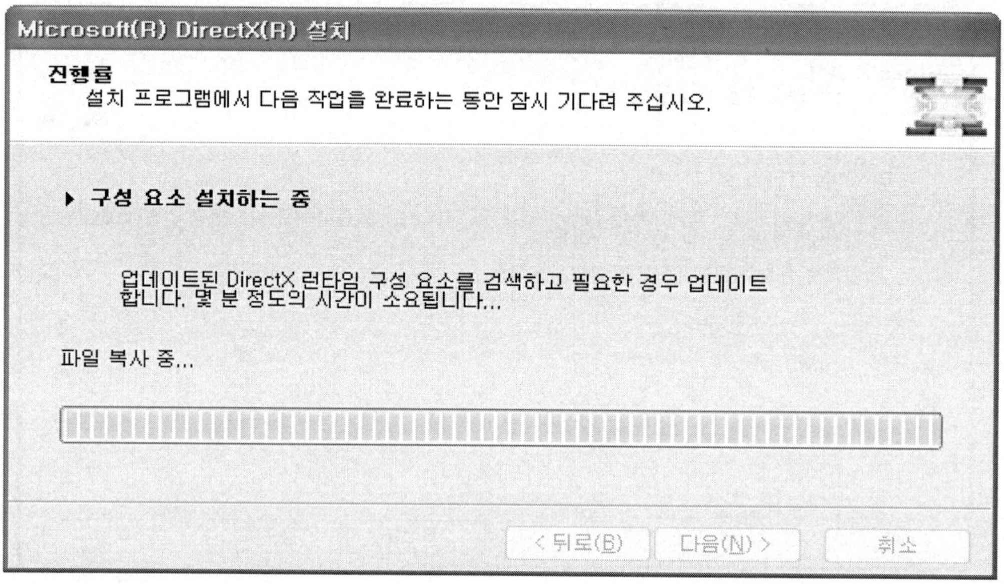

그림 2-15. DirectX 설치과정 4

16. 그림 2-16에서는 'DirectX 설치 완료'를 보여준다. '마침'을 클릭한다.

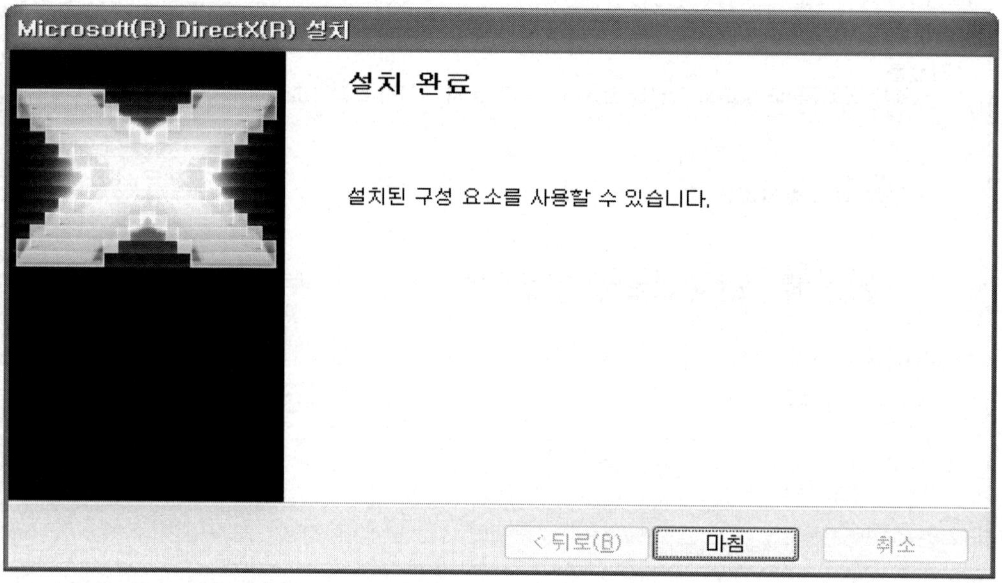

그림 2-16. 'DirectX 설치 완료'

17. 그림 2-17은 'COMSOL Multiphysics' 설치 완료된 상태를 보여준다.
'Finish' 버튼을 누른다.

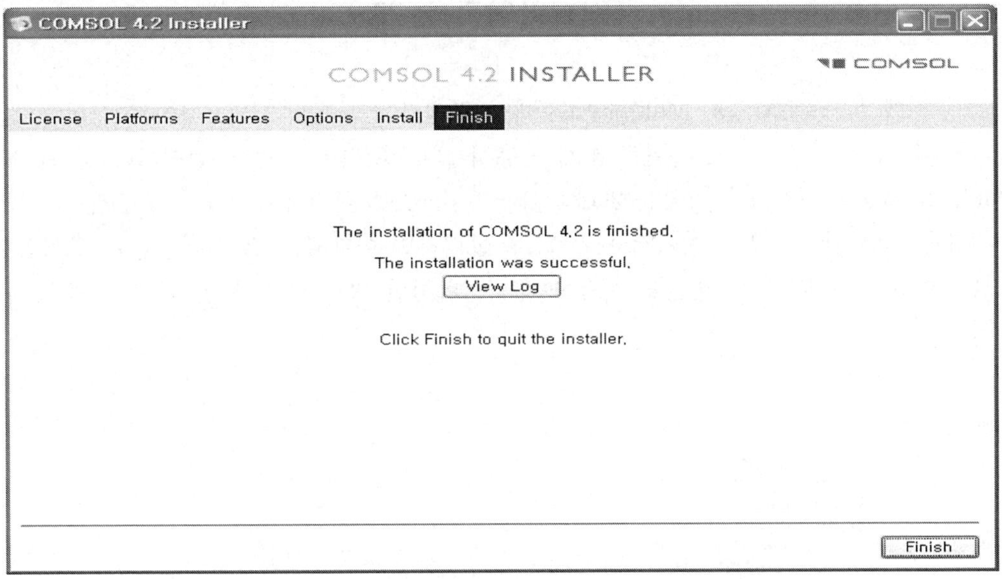

그림 2-17. 'COMSOL Multiphysics' 설치 완료

제3장. 컴솔 멀티피직스의 툴 사용하기

<2D 아이콘 소개>

제 3장에서는 'COMSOL Multiphysics'에서 모델링에 사용되는 2D 아이콘에 대해 기술한다. 제 3장에서 소개되는 아이콘 소개는 총 4개의 PART로 나누어 설명한다. 'COMSOL Multiphysics'를 실행하고 차원을 2D로 선택 후 finish를 클릭하면 'Model Builder'에 기하구조1을 확인 할 수 있다. 여기서 마우스 우 클릭하면 아래와 같은 아이콘들을 확인할 수 있다. 이장의 끝에서는 툴바들을 사용하여 기하학적인 형상을 가진 몇 가지 모델을 작성해본다.

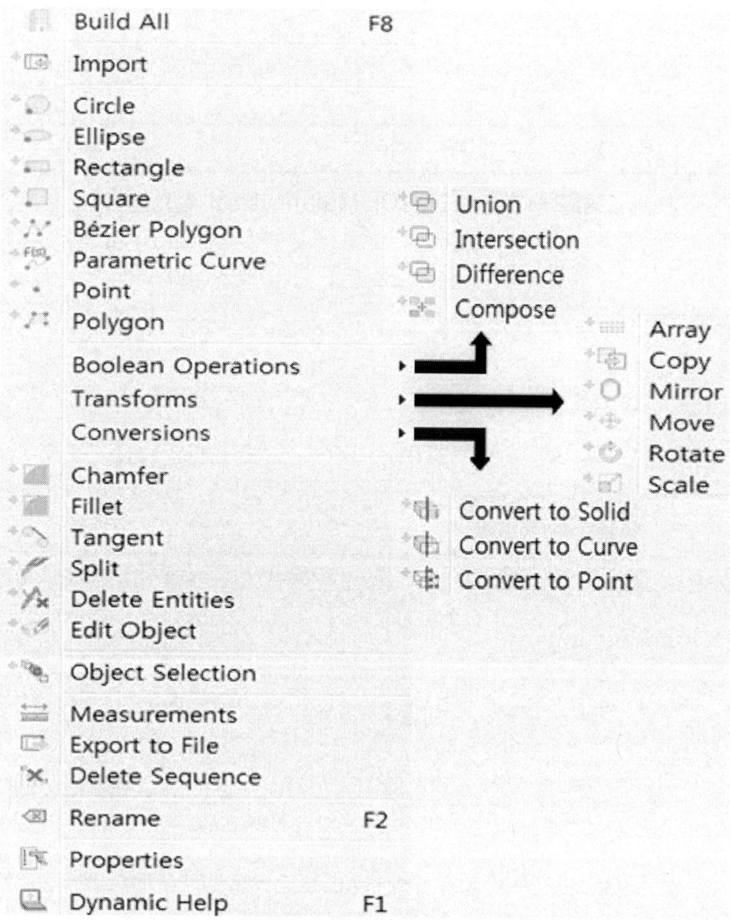

그림 3-1. 2D 아이콘 소개

<2D 아이콘 상세 설명>

아이콘은 상단에서 하단의 순서로 설명하도록 하겠다.

◉ 모두만들기 : build all

이 아이콘은 모델링 작업 후 컴솔 그래픽 윈도우에 실질적으로 그림으로 나타내는 아이콘이다.

◉ 불러오기 : import

이 아이콘은 'COMSOL Multiphysics'에서 호환 가능한 형식의 모델링 파일을 'COMSOL Multiphysics'에 불러 올시 사용하는 아이콘이다.

◉ 원 : Circle

circle settings에서 원하는 형상에 맞는 radius와 sector angle 및 position등을 입력하여 원 혹은 sector angle에 따른 다양한 종류의 원 형상 모델링을 할 수 있다.

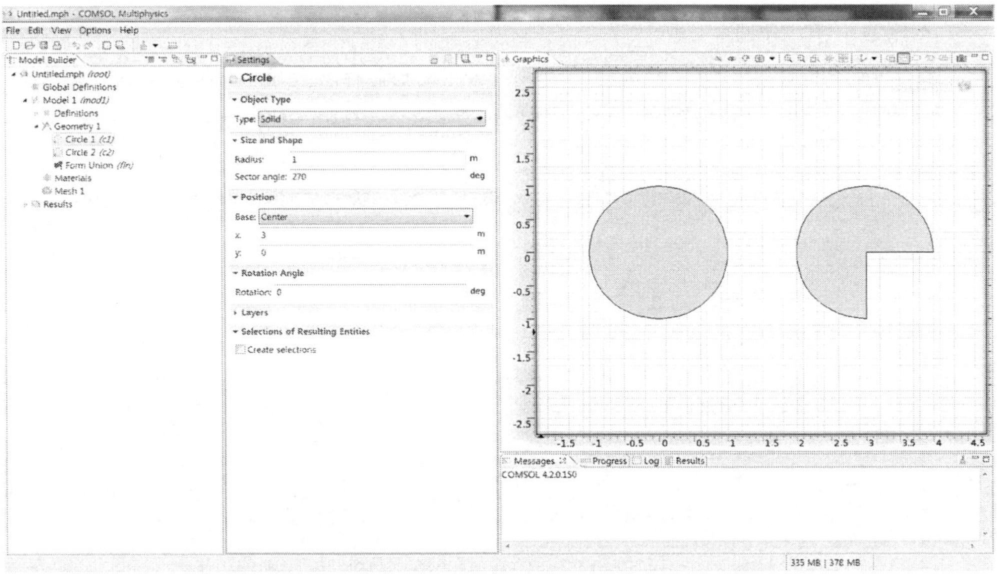

그림 3-2 2D 아이콘 소개 - 원

◉ 타원 : Ellipse

ellipse settings에서 원하는 형상에 맞는 a-semiaxis, b-semiaxis와 sector angle 및 position등 을 입력하여 타원 혹은 sector angle에 따른 다양한 종류의 타원 형상 모델링을 할 수 있다.

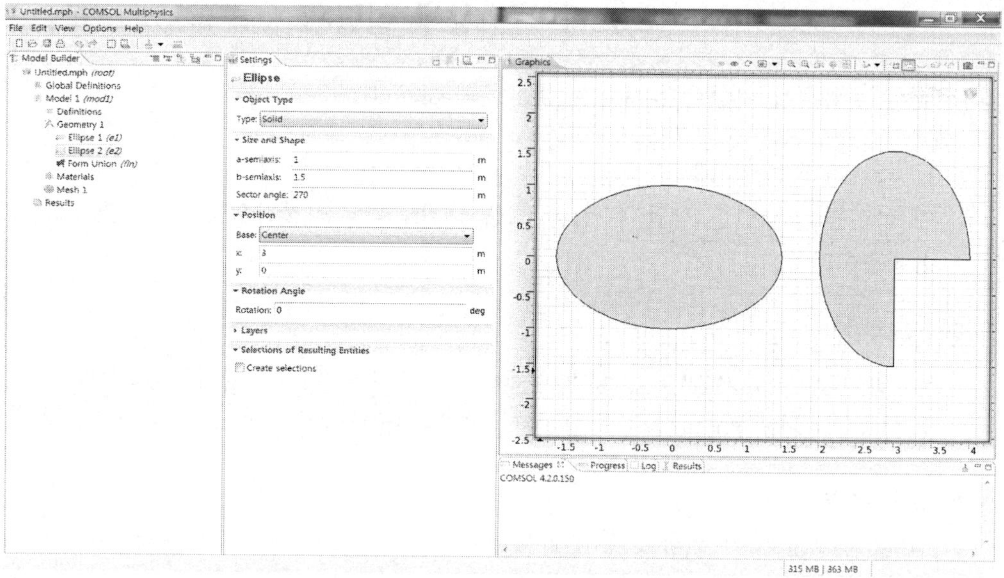

그림 3-3 아이콘 소개 - 타원

◉ 사각형 : Rectangle

rectangle settings에서 원하는 형상에 맞는 width와 height 및 position등 을 입력하여 크기와 위치, 회전각에 따른 다양한 종류의 사각형 형상 모델링을 할 수 있다.

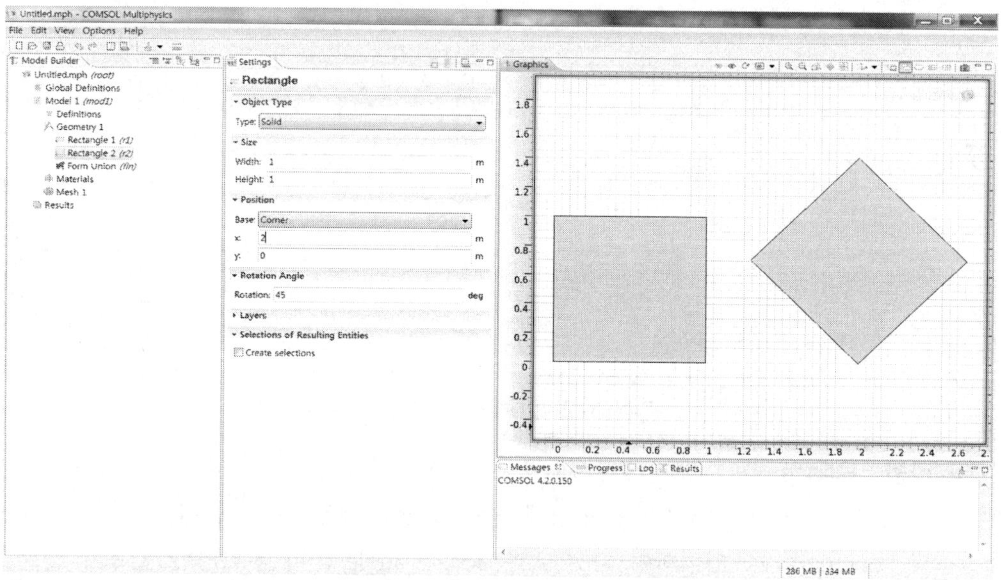

그림 3-4 아이콘 소개 - 사각형

◉ 정사각형 : Square

square settings에서 원하는 형상에 맞는 side length 및 position등 을 입력하여 크기와 위치, 회전각에 따른 다양한 종류의 정사각형 형상 모델링을 할 수 있다.

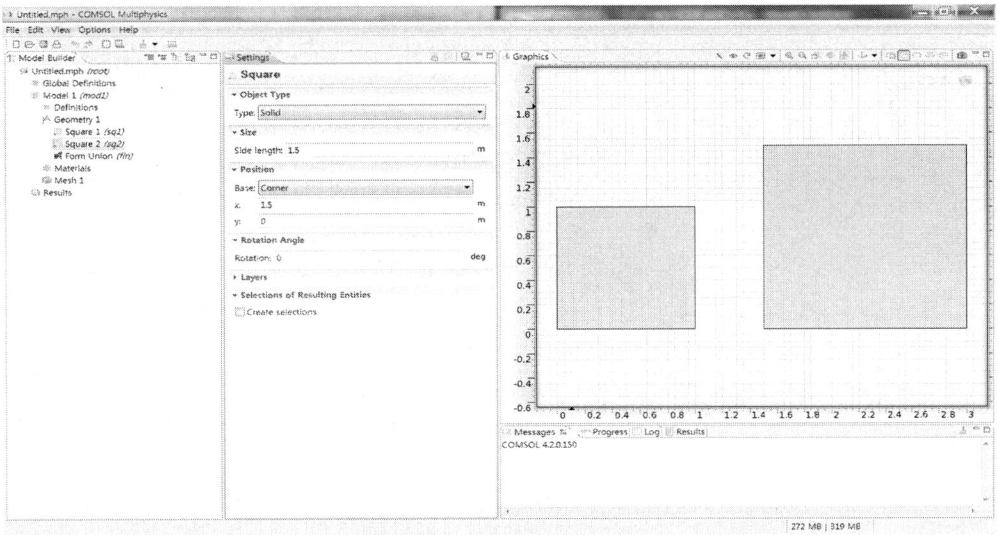

그림 3-5 아이콘 소개 - 정사각형

◉ 베지어 다각형 : Bézier polygon

bézier polygon settings에서 원하는 형상에 맞게 control points가 입력된 segments를 추가하여 다양한 종류의 형상 모델링을 할 수 있다.

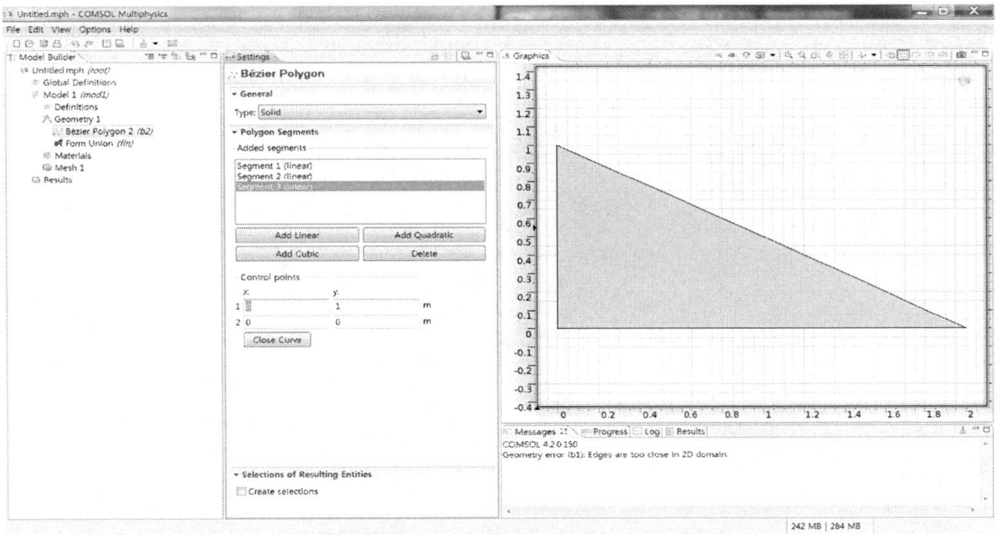

그림 3-6 아이콘 소개 - 베지어 다각형

◉ 매개변수 곡선 : parametric curve

bézier polygon settings에서 원하는 형상에 맞는 표현식을 입력하여 다양한 종류의 곡선 형상 모델링을 할 수 있다.

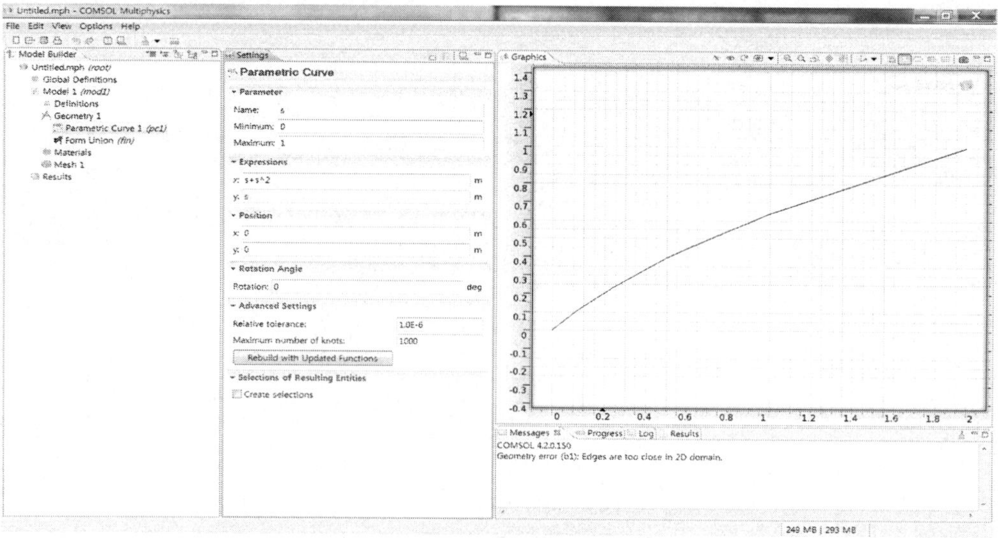

그림 3-7 아이콘 소개 - 매개변수 곡선

◉ 점 ; Point

point settings에서 원하는 형상에 맞는 x/y의 값을 입력하여 다양한 위치의 점 형상 모델링을 할 수 있다.

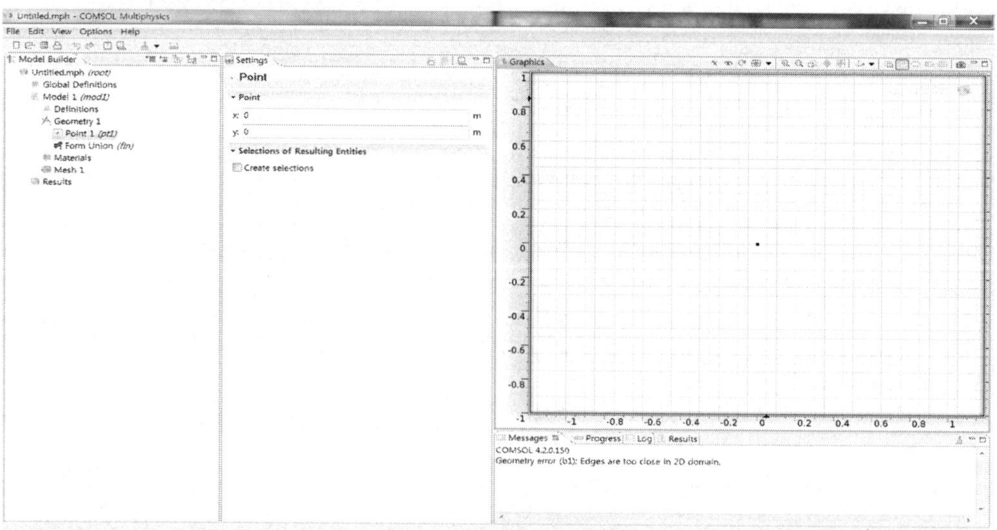

그림 3-8 아이콘 소개 - 점

◉ 챔퍼 : chamfer

chamfer settings에서 원하는 형상에 맞는 point와 distansce 값을 입력하여 형상 모델링에 chamfer를 줄 수 있다.

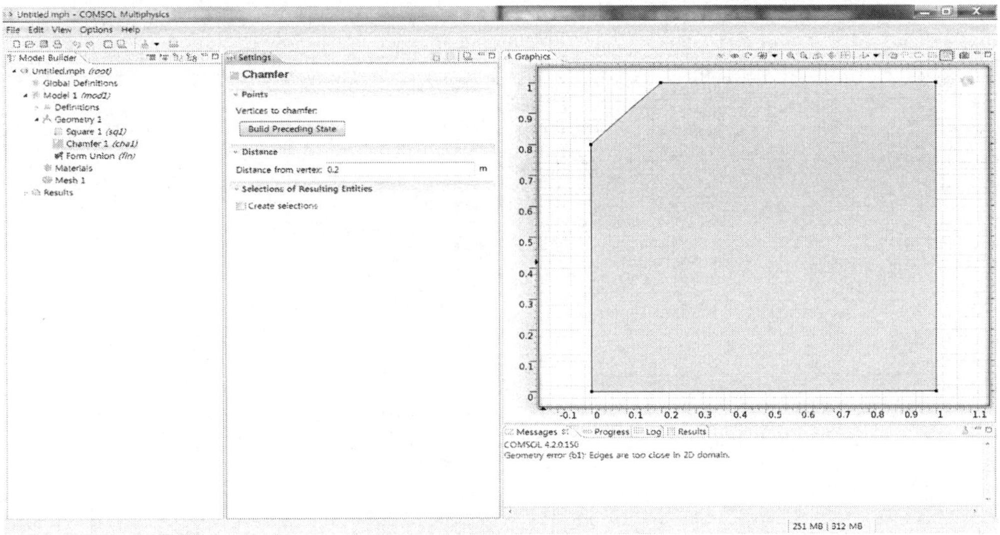

그림 3-9 아이콘 소개 - 챔퍼

◉ 필렛 : fillet

fillet settings에서 원하는 형상에 맞는 point와 distansce 값을 입력하여 형상 모델링에 fillet을 줄 수 있다.

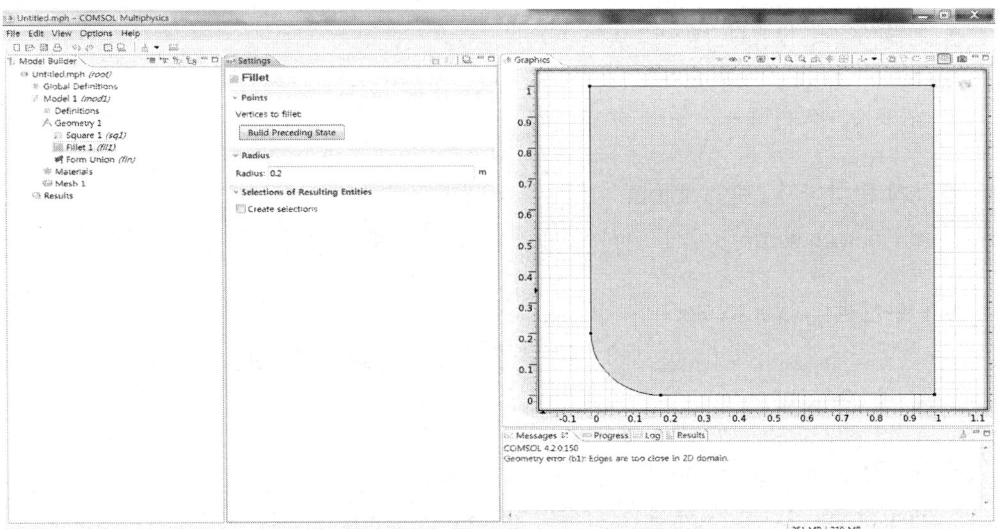

그림 3-10 아이콘 소개 - 필렛

◉ 접선 : tangent

tangent settings에서 원하는 형상에 맞는 두 edge를 선택하면 두 형상 모델링의 edge로 부터 접선을 그릴 수 있다.

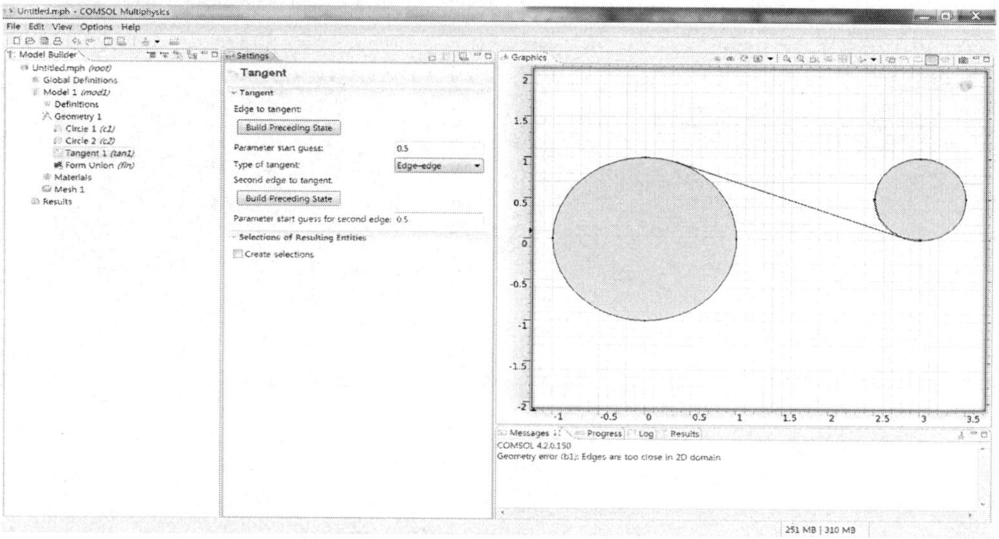

그림 3-11 아이콘 소개 - 접선

◉ 나누기 : split

split settings에서 원하는 형상에 맞는 기하구조와 내부의 라인으로 구성된 형상 모델링을 나눌 수 있다.

◉ 구성요소들 지우기 : delete entities

delete entities settings에서 지우고 싶은 기하구조의 영역, 경계, 포인트를 선택하여 지울 수 있다.

◉ 개체 편집하기 : edit object

edit object settings에서 원하는 개체를 선택하여 편집 할 수 있다.

◉개체 선택 : object selection

object selection settings에서 원하는 geometry entity level을 선택하여 개체를 선택 할 수 있다.

◉ 측정값 : measurements

measurements settings에서 원하는 geometry entity level을 선택하여 기하구조 정보를 확인 할 수 있다.

◉ 파일로 보내기 : export to file

export to file settings에서 원하는 기하구조를 선택하여 파일로 저장 할 수 있다.

◉ 순서 지우기 : delete sequence

delete sequence 아이콘을 클릭하면 model builder의 geometry1내부의 입력이 모두 지워진다.

◉ 이름 변경 : rename

model builder 내부의 이름을 원하는대로 변경 할 수 있다.

◉ 응용 모드 특성 : properties

model builder 내부에서 응용 모드 특성을 알고 싶은 것을 선택하고 응용 모드 특성 아이콘을 누르면 해당 응용 모드 특성을 파악 할 수 있다.

◉ 다이나믹 도움말 : dynamic help

'COMSOL Multiphysics' 4.2의 도움말을 검색, 확인 할 수 있다.

◉ 불연산-합 : boolean operations-union

union settings에서 원하는 형상에 맞는 둘 혹은 둘이상의 기하 구조를 선택하고 상단의 build all을 클릭하면 둘 혹은 셋 이상의 기하구조가 합쳐진다.

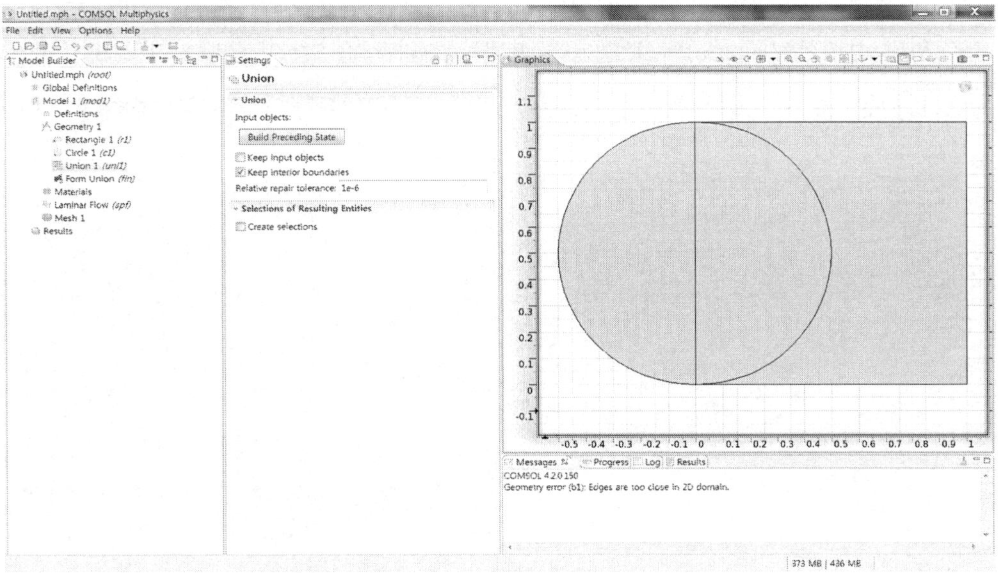

그림 3-12 아이콘 소개 - 불린 연산 - 합

◉ 불연산-교차 : boolean operations-intersection

intersection settings에서 원하는 형상에 맞는 둘 혹은 둘이상의 기하 구조를 선택하고 상단의 build all을 클릭하면 둘 혹은 셋 이상의 기하구조의 교차한 부분만 남는다.

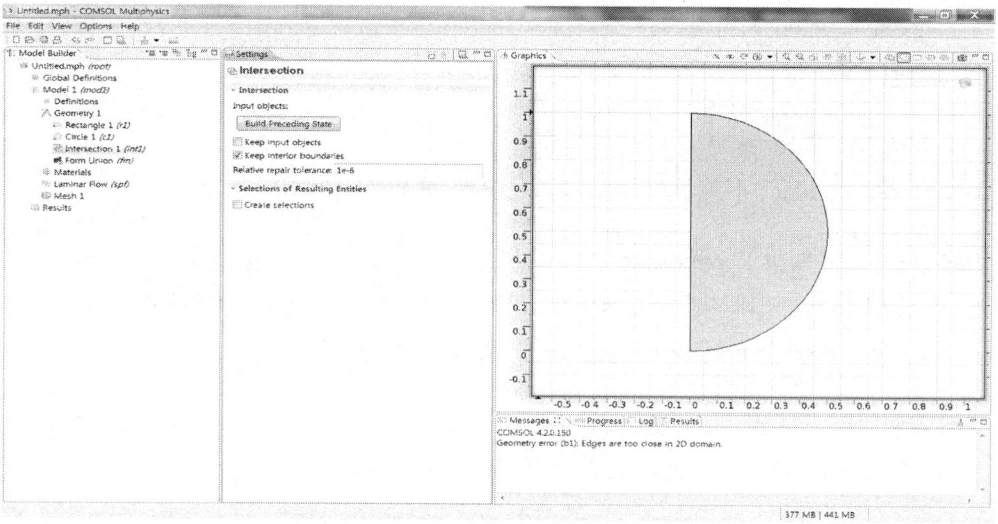

그림 3-13 아이콘 소개 - 불린 연산-교차

◉ 불연산-차이 : boolean operations-difference

difference settings에서 연산 후 남길 기하구조를 먼저 선택하고, 선택된 기하구조에서 뺄 하나 혹은 둘이상의 기하구조를 선택한 다음 상단의 build all을 클릭하면 먼저 선택한 기하구조에서 나중에 선택한 하나 혹은 둘 이상의 기하구조가 빼진다.

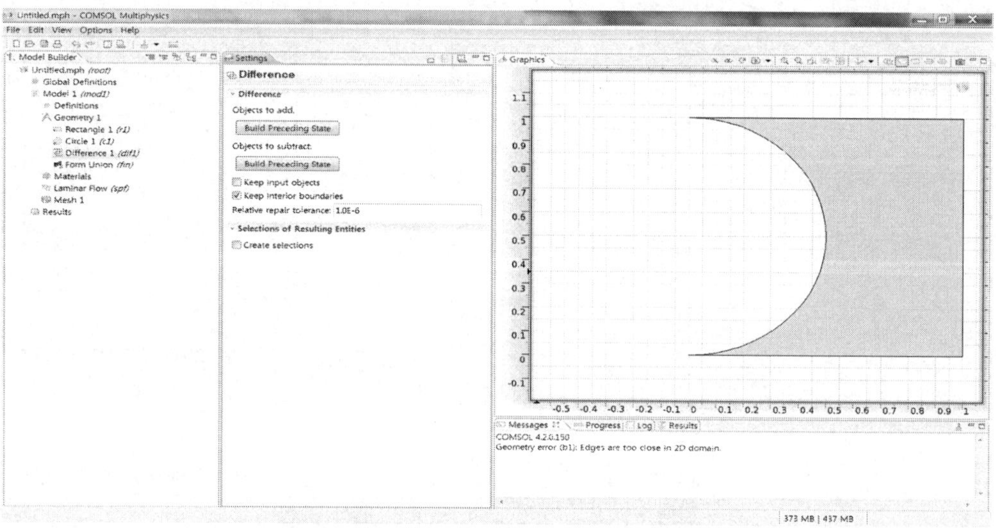

그림 3-14 아이콘 소개 - 불린 연산-차이

◉ 변환－배열 : transforms－Array

array settings에서 배열을 원하는 기하구조를 선택한 다음 x/y로의 원하는 배열 개수를 입력하고 배열 거리를 입력하고 상단의 build all을 클릭하면 배열이 완성된다.

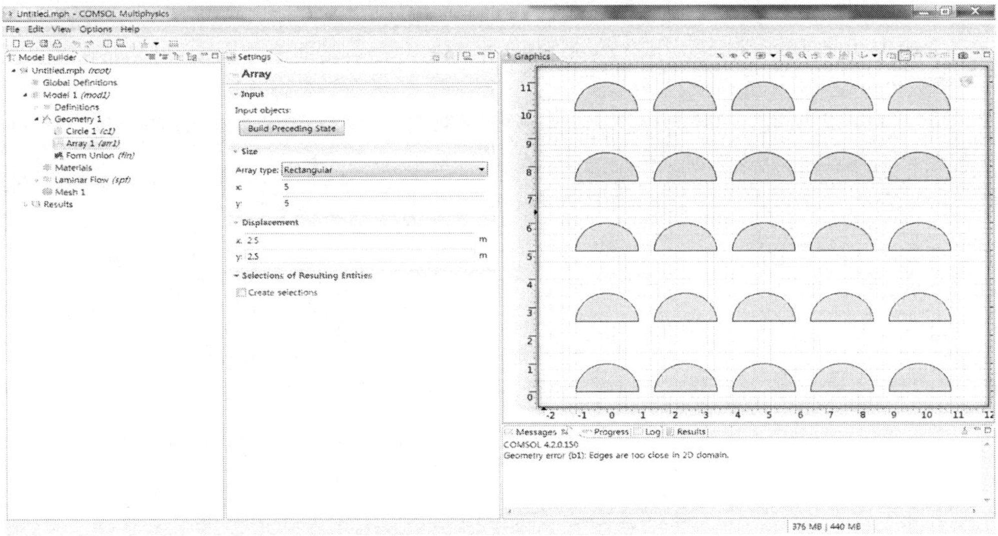

그림 3-15 아이콘 소개 - 변환 - 배열

◉ 변환－복사 : transforms－copy

copy settings에서 복사를 원하는 기하구조를 선택한 다음 x/y로의 원하는 복사 거리를 입력하고 상단의 build all을 클릭하면 복사가 완성된다.

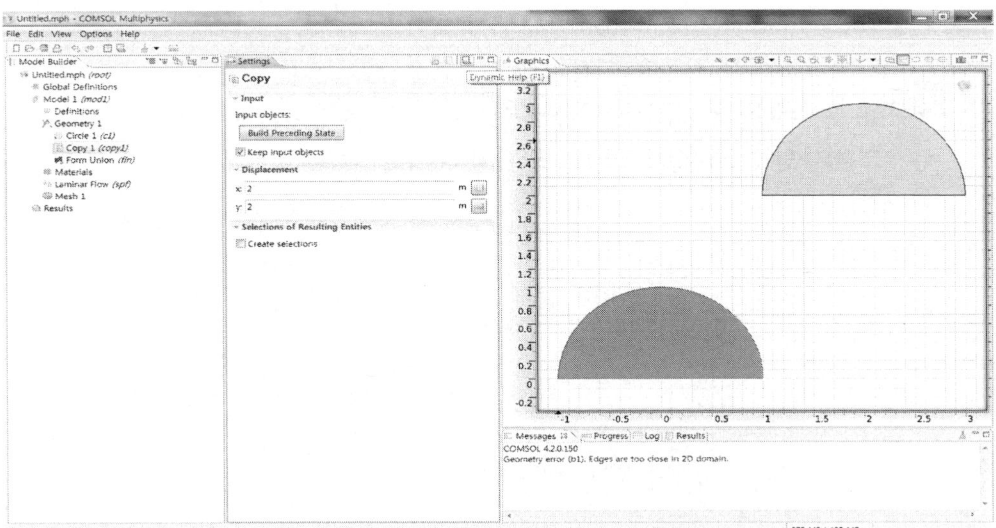

그림 3-16 아이콘 소개 - 변환 - 복사

◉ 변환-대칭 : transforms-mirror

mirror settings에서 대칭을 원하는 기하구조를 선택한 다음 point on line of reflection의 x/y와 normal vector to line of reflection을 입력하고 상단의 build all을 클릭하면 대칭이 완성된다. 여기서 대칭전의 기하구조를 남기고 싶다면 keep input object를 활성화 시키면 된다.

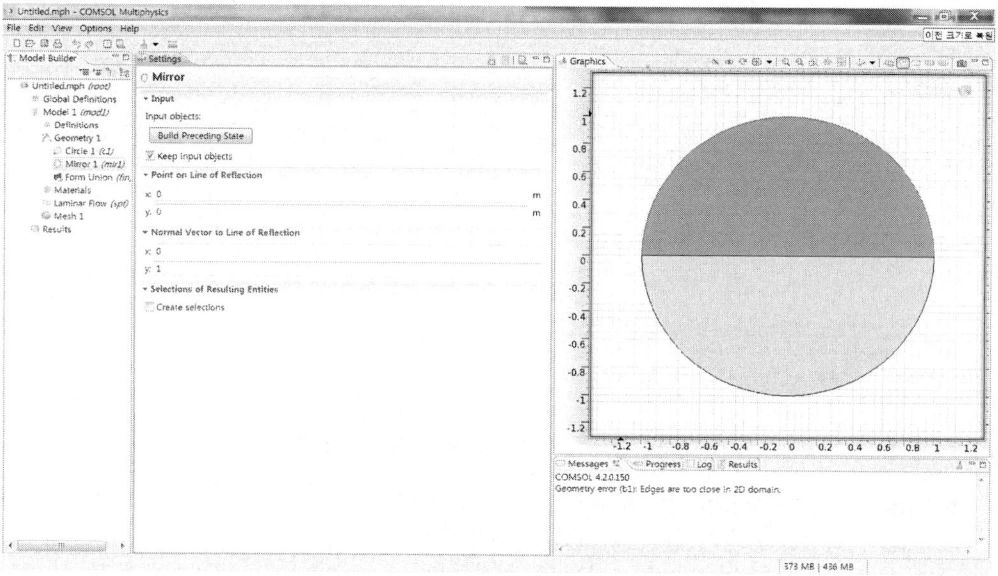

그림 3-17 아이콘 소개 - 변환 - 대칭

◉ 변환-이동 : transforms-move

move settings에서 이동을 원하는 기하구조를 선택한 다음 이동할 거리 x/y를 입력하고 상단의 build all을 클릭하면 이동이 완성된다. 여기서 이동전의 기하구조를 남기고 싶다면 keep input object를 활성화 시키면 된다.

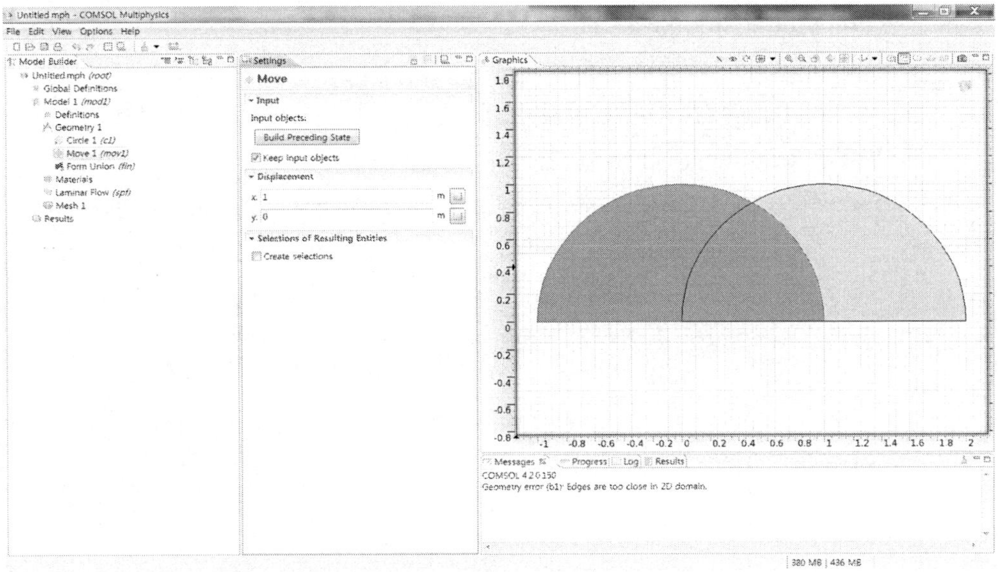

그림 3-18 아이콘 소개 - 변환 - 이동

◉ 변환–회전 : transforms–rotate

rotate settings에서 회전을 원하는 기하구조를 선택한 다음 회전 할 각을 입력한 다음 상단의 build all을 클릭하면 이동이 완성된다. 여기서 회전 전의 기하구조를 남기고 싶다면 keep input object를 활성화 시키면 된다.

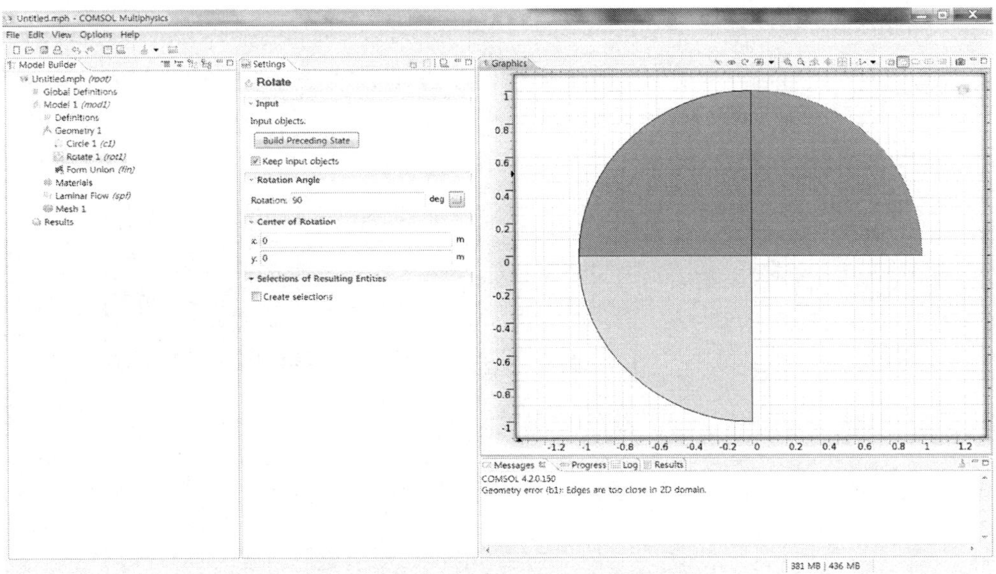

그림 3-19 아이콘 소개 - 변환 - 회전

◉ 변환–비례 : transforms–scale

scale settings에서 비례를 원하는 기하구조를 선택한 다음 비례계수를 입력한 다음 상단의 build all을 클릭하면 비례가 완성된다. 여기서 비례 전의 기하구조를 남기고 싶다면 keep input object를 활성화 시키면 된다.

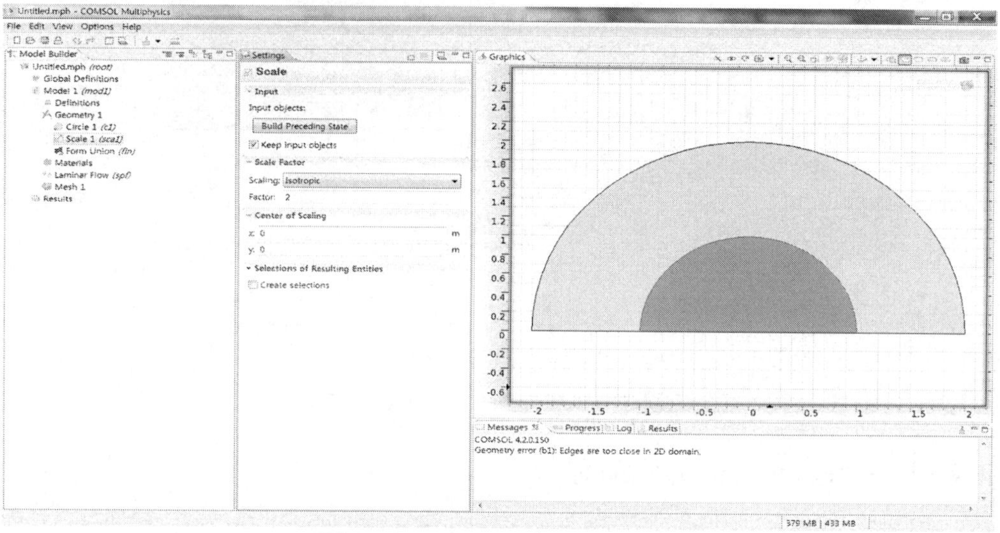

그림 3-20 아이콘 소개 - 변환 - 비례

◉ 전환–고체로 전환하기 : conversions–convert to solid

convert to solid settings에서 고체로 전환 하고 싶은 연결된 선을 선택하여 상단의 build all을 클릭하면 선으로 구성된 기하구조가 고체로 전환 된다.

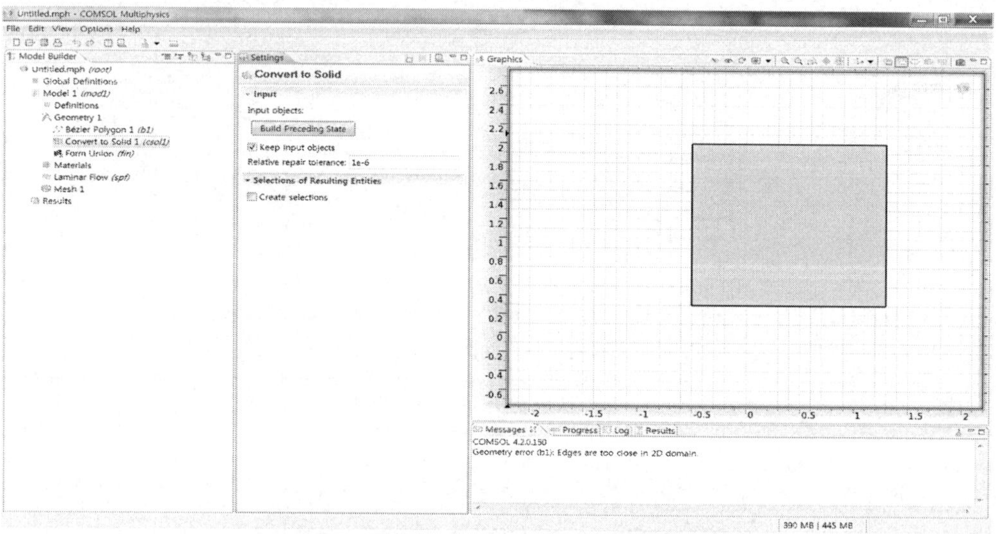

그림 3-21 아이콘 소개 - 전환 - 고체로 전환하기

◉ 전환-선도형으로 전환하기 : conversions-convert to curve

convert to curve settings에서 선도형으로 전환 하고 싶은 고체 기하구조를 선택하여 상단의 build all을 클릭하면 고체로 구성된 기하구조가 선도형으로 전환 된다.

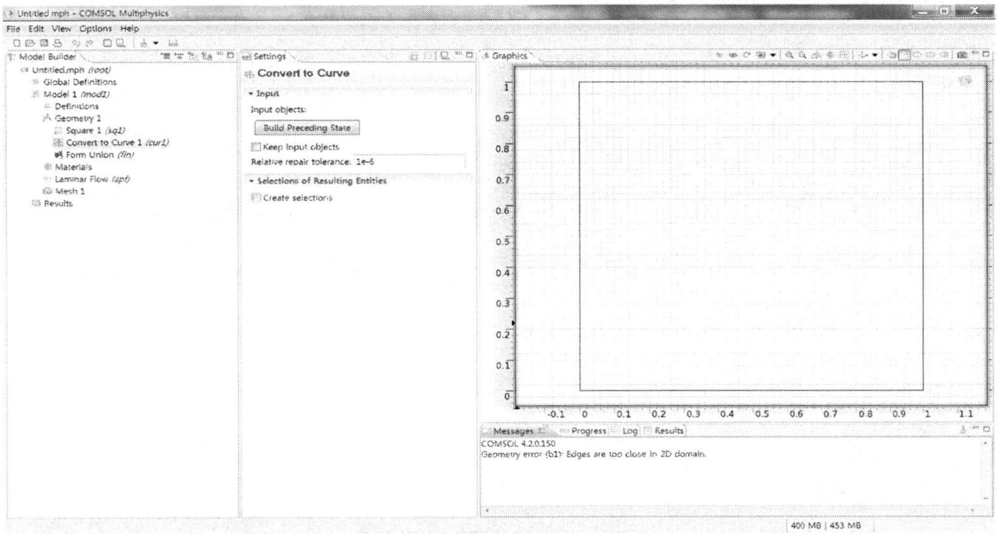

그림 3-22 아이콘 소개 - 전환 - 선도형으로 전환하기

◉ 전환-포인트로 전환하기 : conversions-convert to point

convert to point settings에서 포인트로 전환 하고 싶은 기하구조를 선택하여 상단의 build all을 클릭하면 선택된 기하구조가 포인트로 전환 된다.

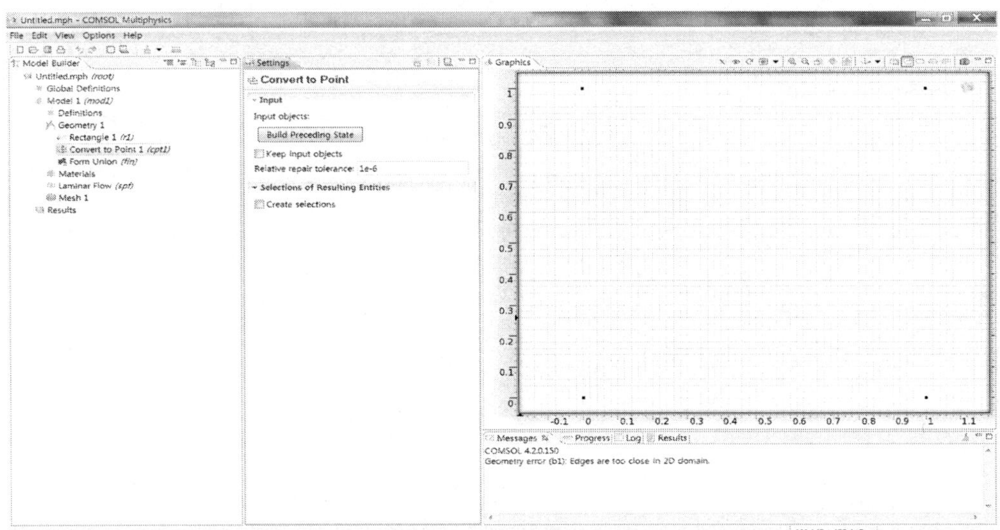

그림 3-23 아이콘 소개 - 전환 - 포인트로 전환하기

<3D 아이콘 소개>

'COMSOL Multiphysics'에서 모델링에 사용되는 3D 아이콘에 대해 기술한다. 'COMSOL Multiphysics'를 실행하고 차원을 3D로 선택 후 finish를 클릭하면 model builder에 기하구조1을 확인 할 수 있다. 여기서 마우스 우 클릭하면 아래와 같은 아이콘들을 확인할 수 있다.

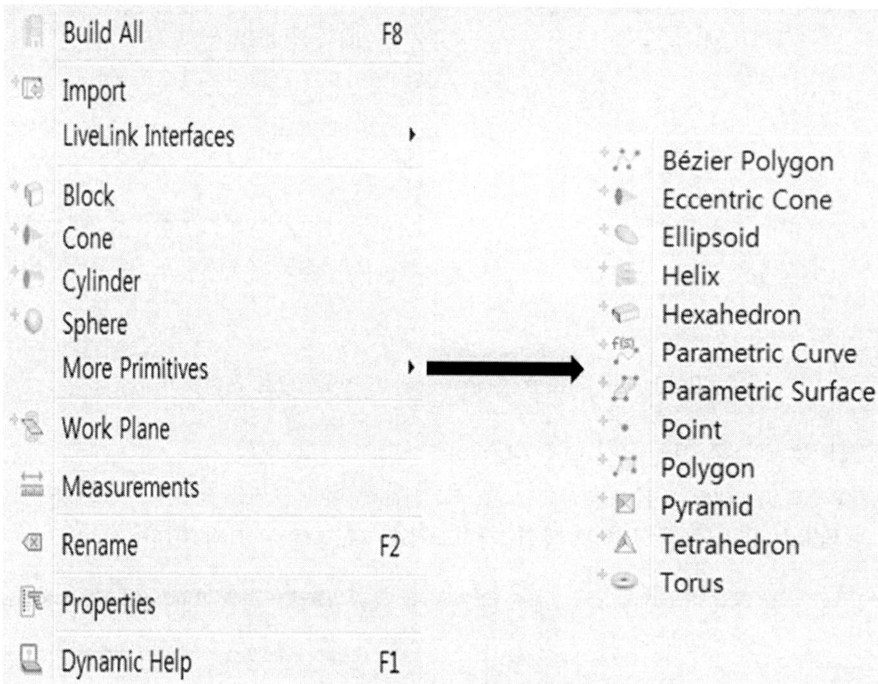

그림 3-24 3D 아이콘 소개

<3D 아이콘 상세 설명>

아이콘은 상단에서 하단의 순서로 설명하도록 하겠다. 2D에서 설명한 아이콘에 대한 설명은 제외하도록 하겠다.

◉ 블록 : block

block settings에서 원하는 형상에 맞는 width와 depth 그리고 height 및 position등을 입력하여 크기와 위치, 회전각에 따른 다양한 종류의 블록 형상 모델링을 할 수 있다.

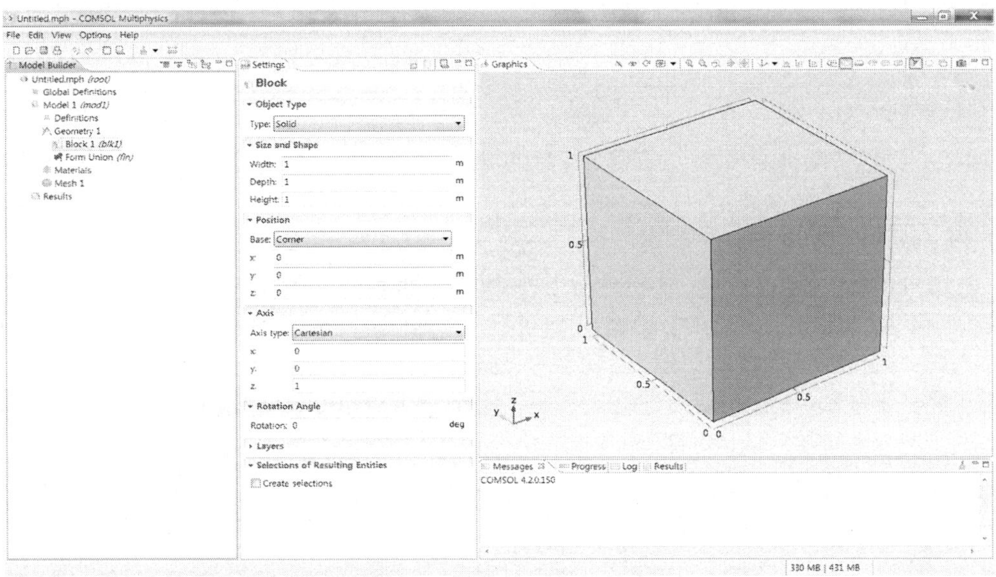

그림 3-25 아이콘 소개 - 블록

◉ 원뿔 : cone

cone settings에서 원하는 형상에 맞는 radius와 height 그리고 semi-angle 및 position등을 입력하여 크기와 위치, 회전각에 따른 다양한 종류의 원뿔 형상 모델링을 할 수 있다.

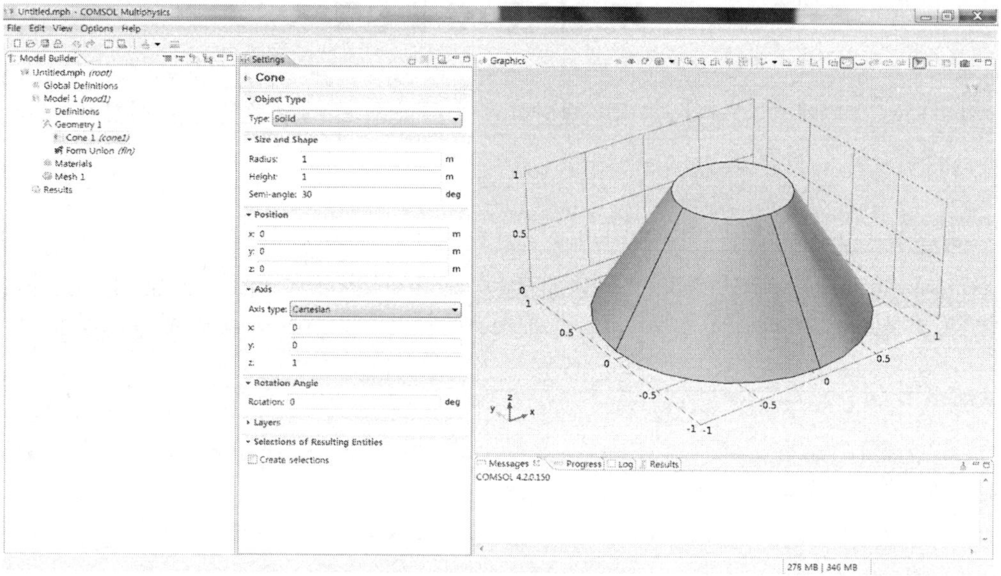

그림 3-26 아이콘 소개 - 원뿔

◉ 실린더 : cylinder

cylinder settings에서 원하는 형상에 맞는 radius와 height 및 position등을 입력하여 크기와 위치, 회전각에 따른 다양한 종류의 실린더 형상 모델링을 할 수 있다.

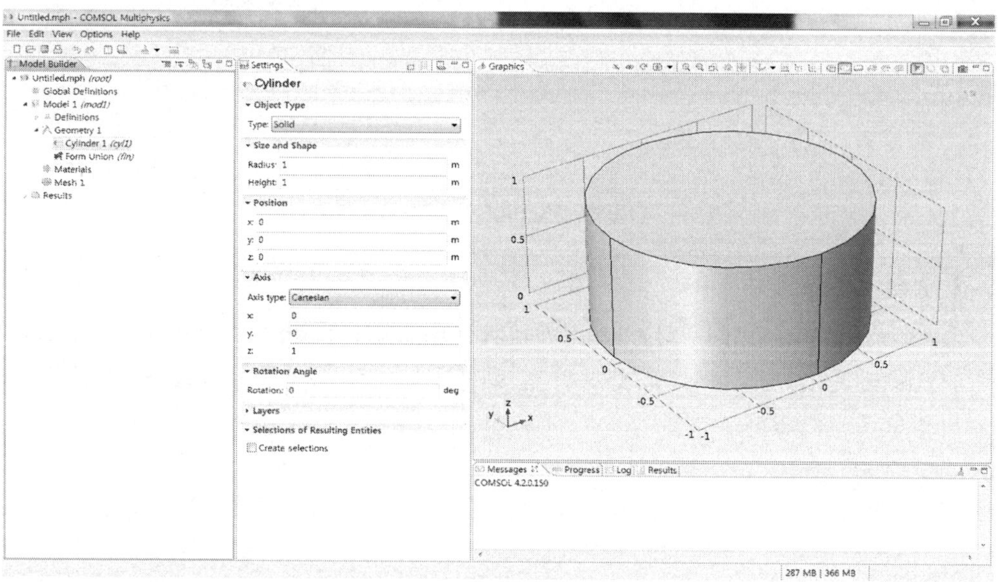

그림 3-27 아이콘 소개 - 실린더

◉ 구 : sphere

sphere settings에서 원하는 형상에 맞는 radius및 position등을 입력하여 크기와 위치, 회전각에 따른 다양한 종류의 블록 형상 모델링을 할 수 있다.

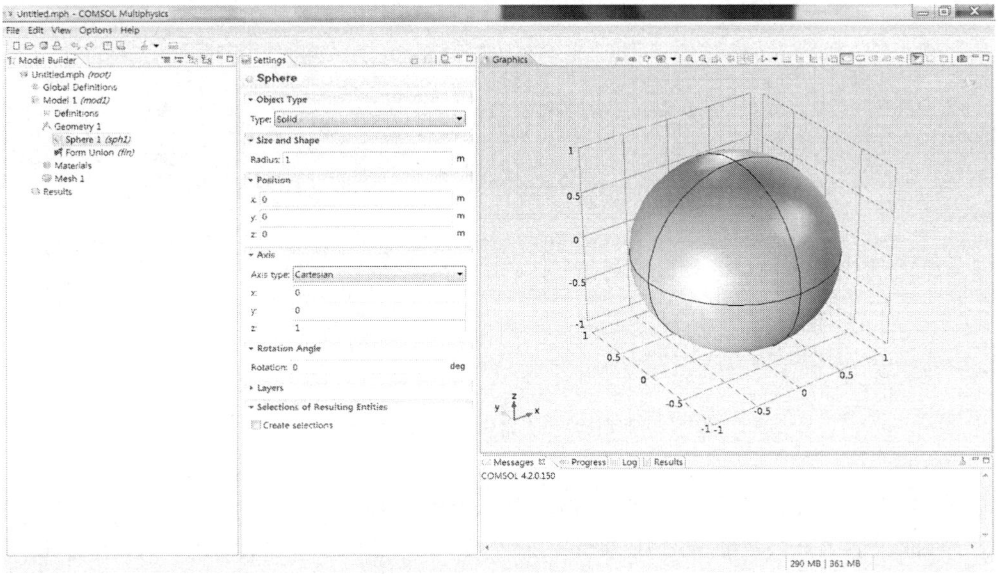

그림 3-28 아이콘 소개 - 구

◉ 더 많은 원함수-중심에서 벗어난 원뿔 : more primitives-eccentric cone

eccentric cone settings에서 원하는 형상에 맞는 radius와 height 그리고 a/b-semiaxis 및 position, ratio 등을 입력하여 크기와 위치, 회전각에 따른 다양한 종류의 원뿔 형상 모델링을 할 수 있다

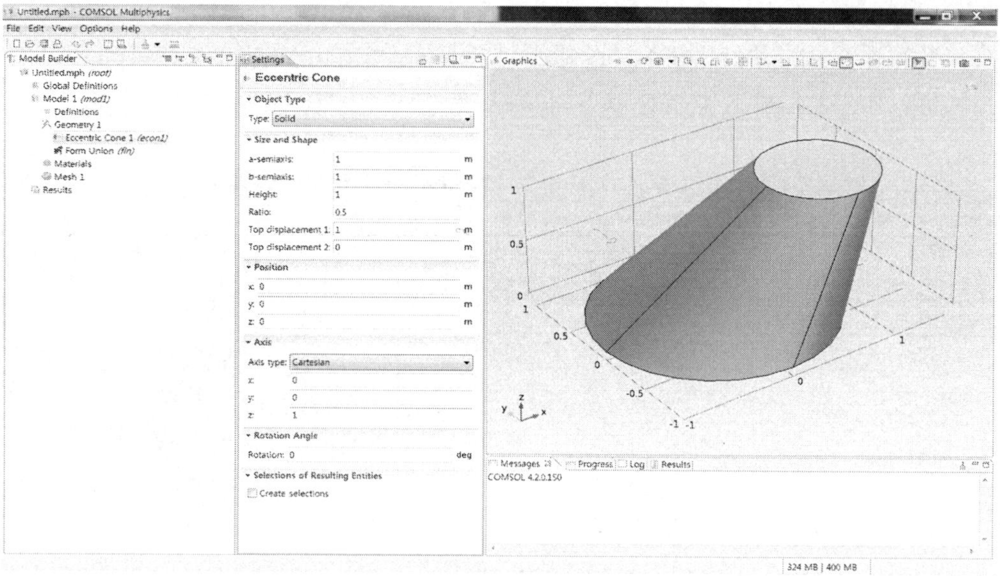

그림 3-29 아이콘 소개 - 중심에서 벗어난 원뿔

◉ 더 많은 원함수-다원체 : more primitives-ellipsoid

ellipsoid cone settings에서 원하는 형상에 맞는 a/b/c-semiaxis 및 position등을 입력하여 크기와 위치, 회전각에 따른 다양한 종류의 다원체 형상 모델링을 할 수 있다.

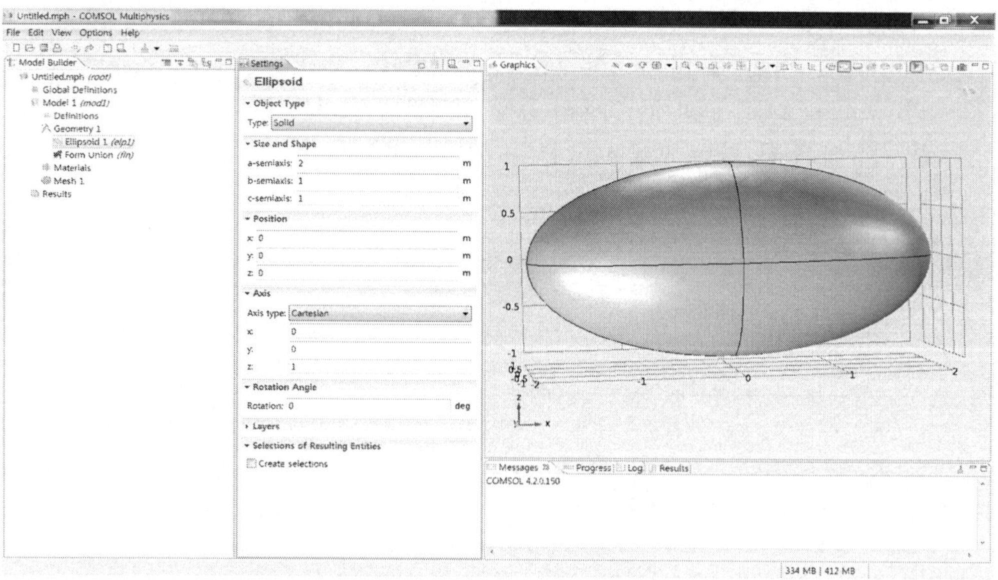

그림 3-30 아이콘 소개 - 다원체

◉ 더 많은 원함수–나선형: more primitives–helix

helix settings에서 원하는 형상에 맞는 number of turns와 major radius, minor radius 및 axial pitch 등을 입력하여 주 반지름, 부 반지름, 그리고 피치, 턴 수에 따른 다양한 종류의 나선형 형상 모델링을 할 수 있다

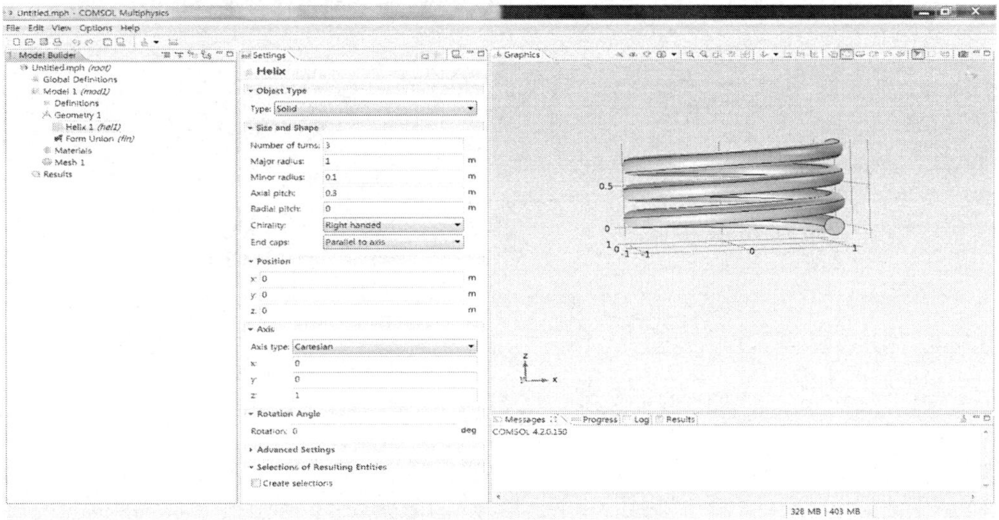

그림 3-31 아이콘 소개 - 나선형

◉ 더 많은 원함수–육면체 : more primitives–hexahedron

hexahedron settings에서 원하는 형상에 맞는 8개의 점을 입력하여 입력된 포인트에 따른 다양한 종류의 육면체 형상 모델링을 할 수 있다

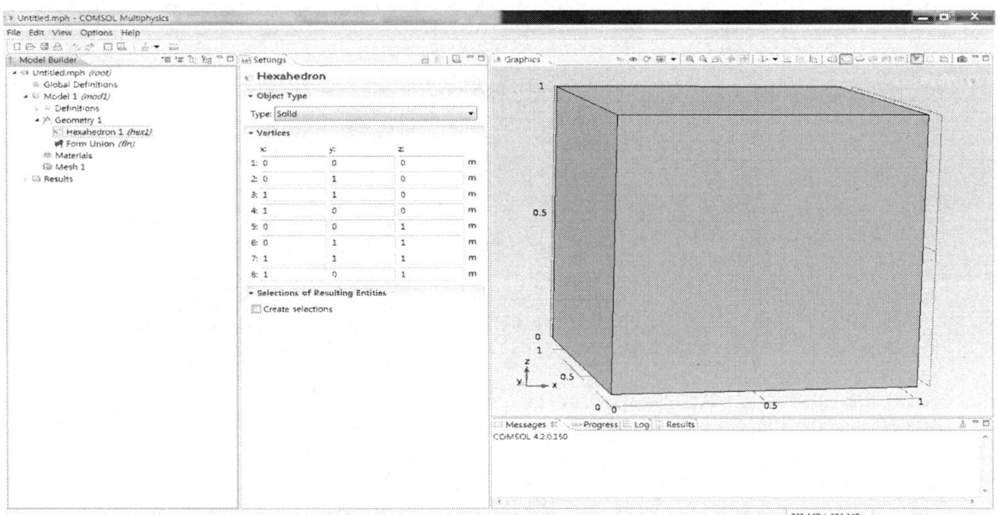

그림 3-32 아이콘 소개 - 육면체

◉ 더 많은 원함수-피라미드: more primitives-pyramid

pyramid settings에서 원하는 형상에 맞는 base length1/2와 height, ratio 및 position등을 입력하여 크기와 위치 비율에 따른 다양한 종류의 피라미드 형상 모델링을 할 수 있다

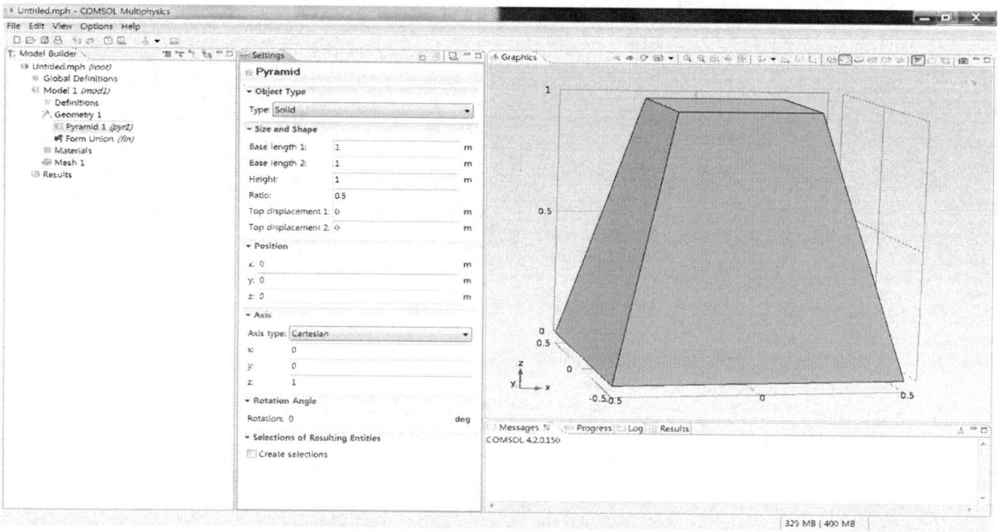

그림 3-33 아이콘 소개 - 피라미드

◉ 더 많은 원함수-사면체 : more primitives-tetrahedron

tetrahedron settings에서 원하는 형상에 맞는 4개의 점을 입력하여 입력된 포인트에 따른 다양한 종류의 사면체 형상 모델링을 할 수 있다

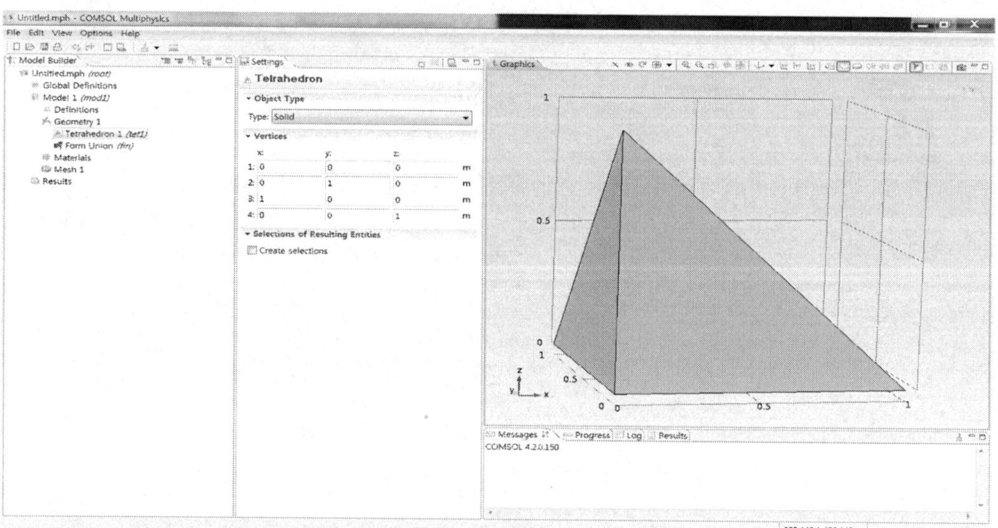

그림 3-34 아이콘 소개 - 사면체

◉ 더 많은 원함수-토러스: more primitives-torus

torus settings에서 원하는 형상에 맞는 major radius, minor radius와 revolution angle 및 position 등을 입력하여 주 반지름, 부 반지름, revolution angle및 위치에 따른 다양한 종류의 토러스 형상 모델링을 할 수 있다

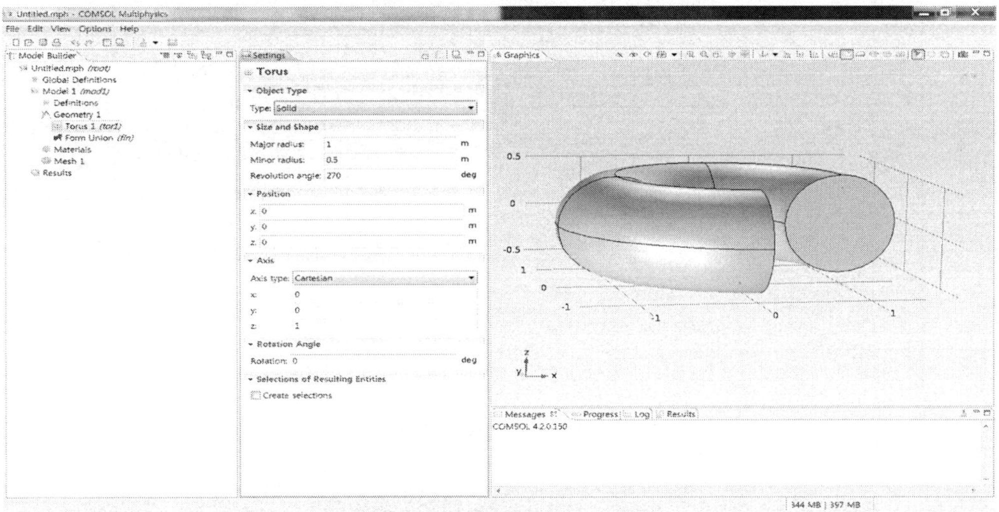

그림 3-35 아이콘 소개 - 토러스

◉ 작업 평면 : work plane

작업 평면은 그려진 기하구조의 어떤 한 면 위에 스케치를 할 때 사용 하는 아이콘이다. work plane settings에서 스케치 하고 싶은 기하구조의 어떤 한 면을 선택하고 상단의 build all을 클릭하면 선택된 면을 바탕으로 작업 평면이 설정 된다.

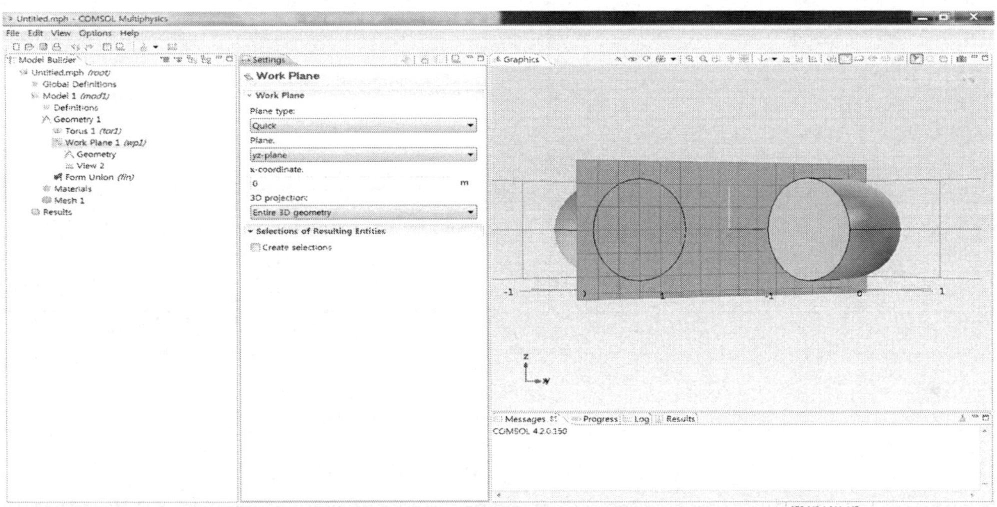

그림 3-36 아이콘 소개 - 작업 평면

예제1. 다음 그림 3-37과 같은 도형을 한번 만들어 보도록 하자.

그림 3-37 예제 도형

1. 그림 3-38과 같이 Select space dimension에서 차원을 2차원(2D)으로 하고 상단의 finish를 선택 한다.

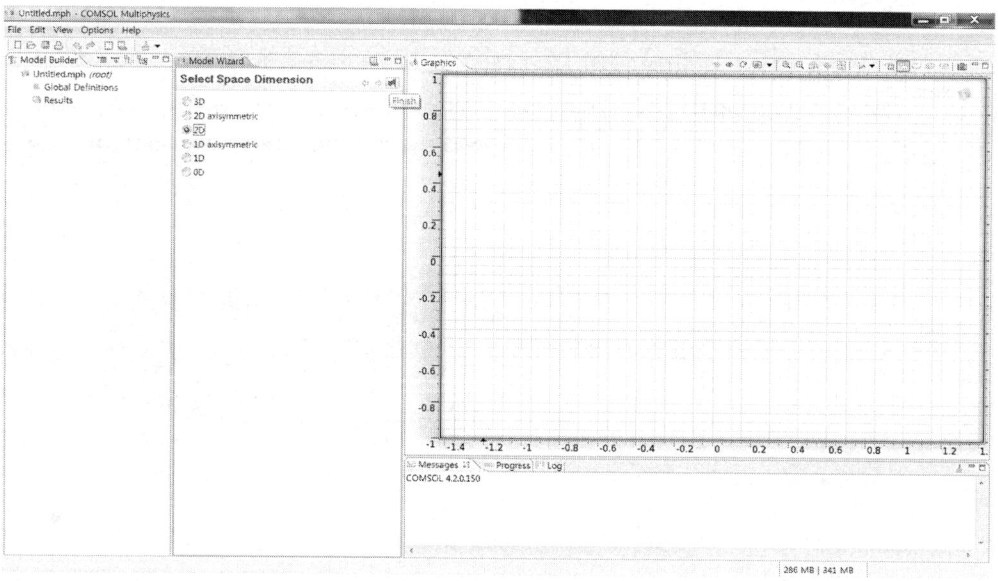

그림 3-38 차원 설정

2. 먼저 그림 3-39와 같이 geometry1을 마우스 우 클릭하여 rectangle을 선택하자. rectangle settings에서 width에 5, 그리고 height에 1을 기입하고 position란에 x/y에 0/0을 기입하고 상단의 build all을 클릭하자. 그러면 아래 그림과 같은 사각형이 생성될 것이다.

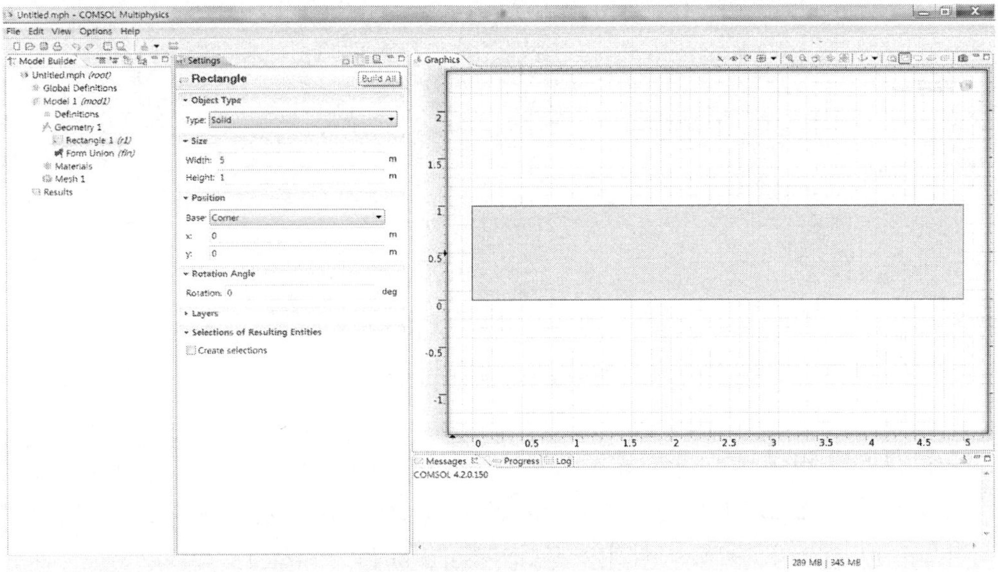

그림 3-39 사각형 그리기

3. 아래 그림 3-40과 같이 geometry1을 마우스 우 클릭하여 circle을 선택하자. circle settings에서 radius에 0.5, 그리고 sector angle에 180을, position란에 x/y에 5/0.5를 마지막으로 rotation에 -90을 기입하고 상단의 build all을 클릭하자. 그러면 아래 그림과 같은 반원이 생성될 것이다.

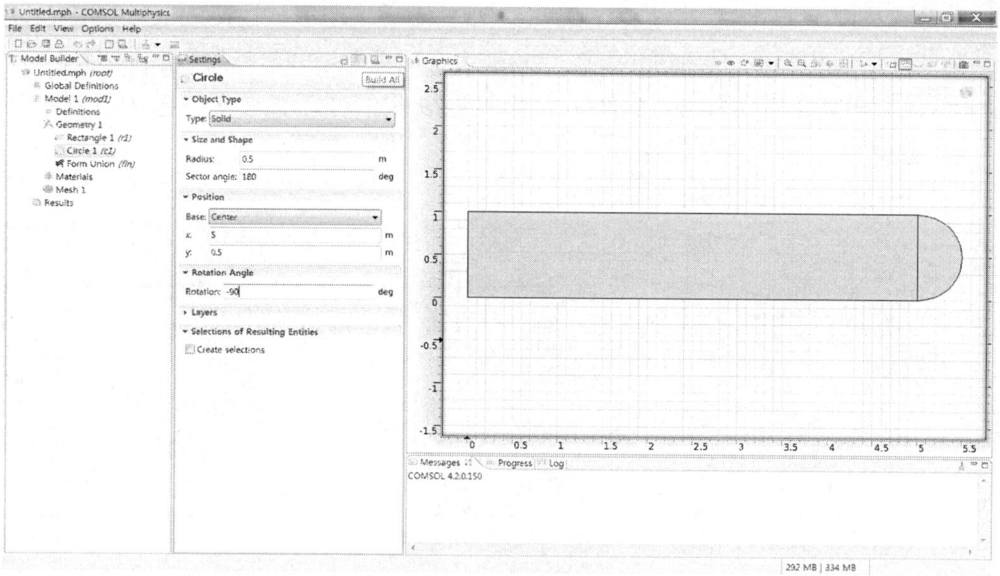

그림 3-40 반원 그리기

4. 아래 그림 3-41과 같이 geometry1을 마우스 우 클릭하여 circle을 선택하자. circle settings에서 radius에 1, 그리고 sector angle에 90을, position란에 x/y에 0/0을 마지막으로 rotation에 -90을 기입하고 상단의 build all을 클릭하자.

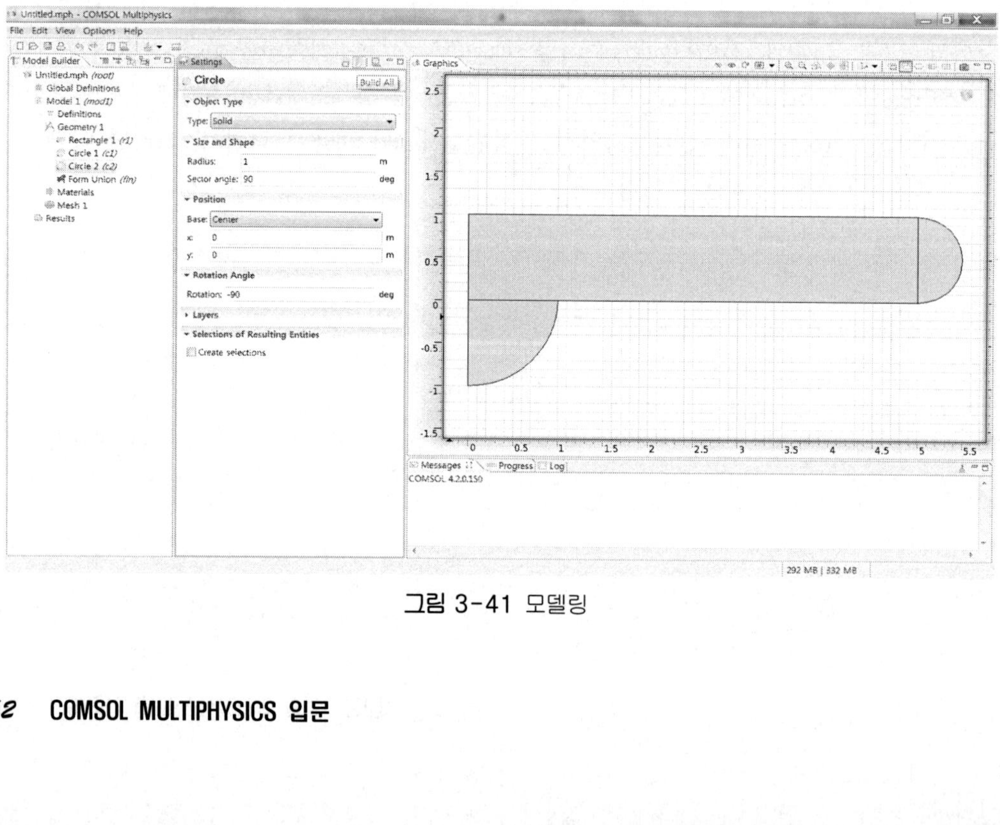

그림 3-41 모델링

5. 지금까지 그린 도형을 복합체로 만들기 위해서 아래 그림 3-42와 같이 geometry1을 마우스 우 클릭하여 boolean operations에서 union을 선택하고 union settings에서 input objects란에 c1,c2, 그리고 r1을 클릭하여 선택하고 아래에 keep interior boundaries를 비활성화 시킨 후 상단에 build all을 클릭하자. 그러면 하나의 복합체가 완성된다.

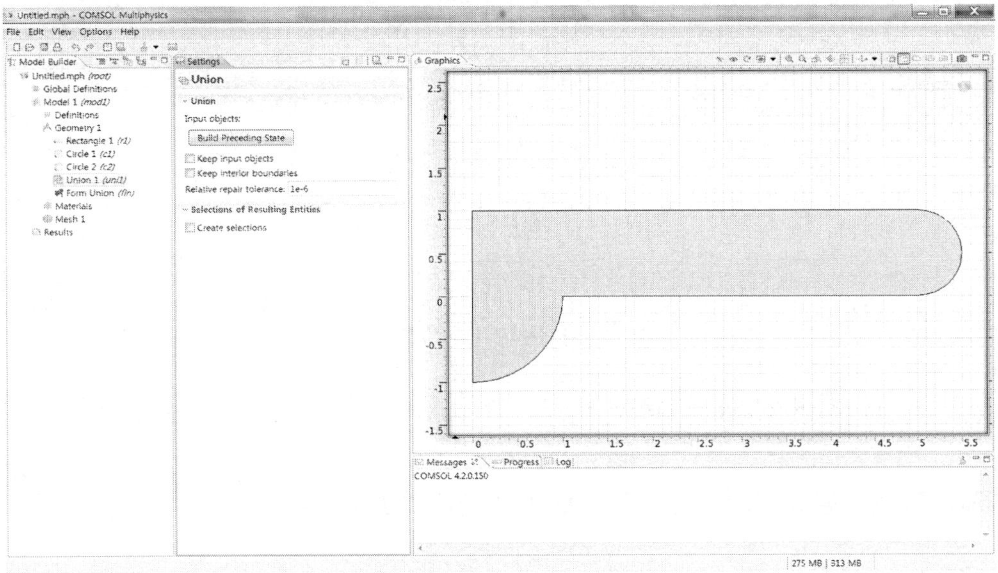

그림 3-42 복합체 만들기

6. 아래 그림 3-43과 같이 geometry1을 마우스 우 클릭하여 fillet을 선택하고 fillet settings에서 fillet point를 point4로 지정하고 radius에 0.1을 기입하고 상단의 build all을 클릭 하자.

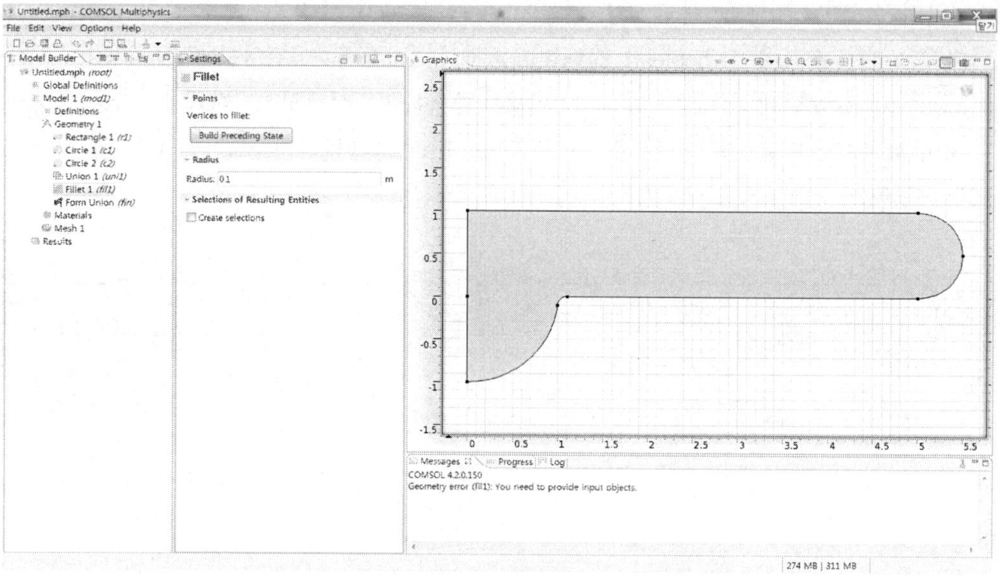

그림 3-43 fillet 설정

이로써 2D 모델링이 완성 되었다.

예제2. 다음 그림 3-44인 도면을 보고 모델링을 완성해 보자.

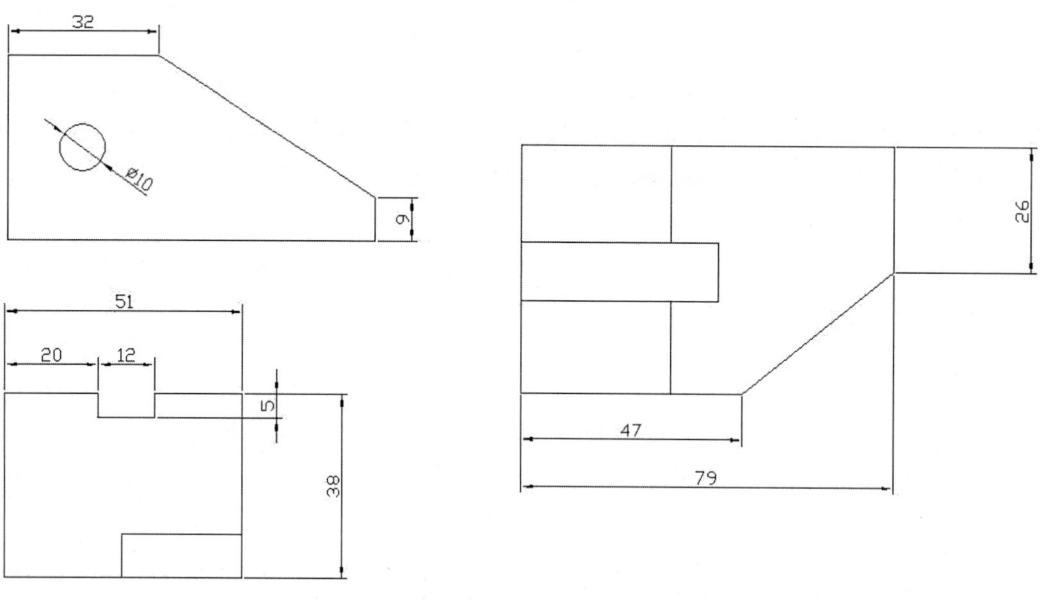

그림 3-44 예제 도면

1. 그림 3-45와 같이 Select space dimension에서 차원을 3차원(3D)으로 하고 상단의 finish를 선택 한다.

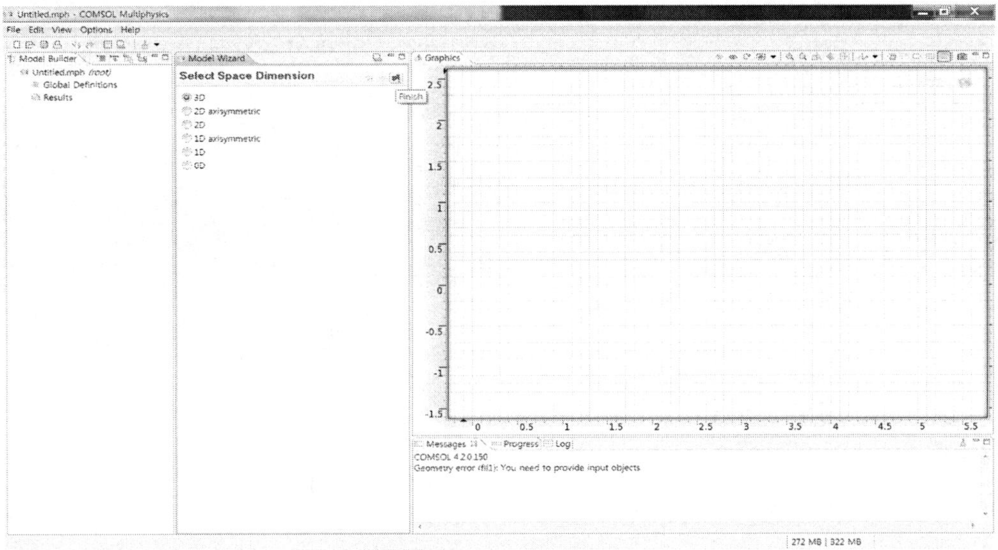

그림 3-45 차원 설정

2. 먼저 그림 3-46과 같이 geometry1을 마우스 우 클릭하여 block을 선택하자. block settings에서 width에 51, depth에 79그리고 height에 38을 기입하고 position란에 x/y/z에 0/0/0을 기입하고 상단의 build all을 클릭하자. 그러면 아래 그림과 같은 육면체가 생성될 것이다.

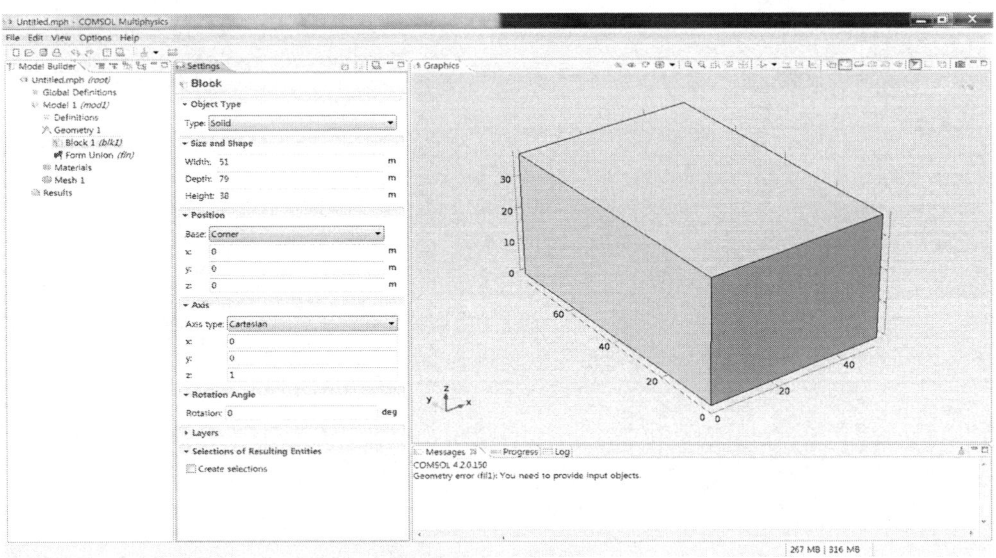

그림 3-46 육면체 그리기

3. 다음으로 그림 3-47과 같이 geometry1을 마우스 우 클릭하여 work plane을 선택하자 work plane settings에서 plane을 x-y plane로 선택 후 상단의 build all 클릭하라.

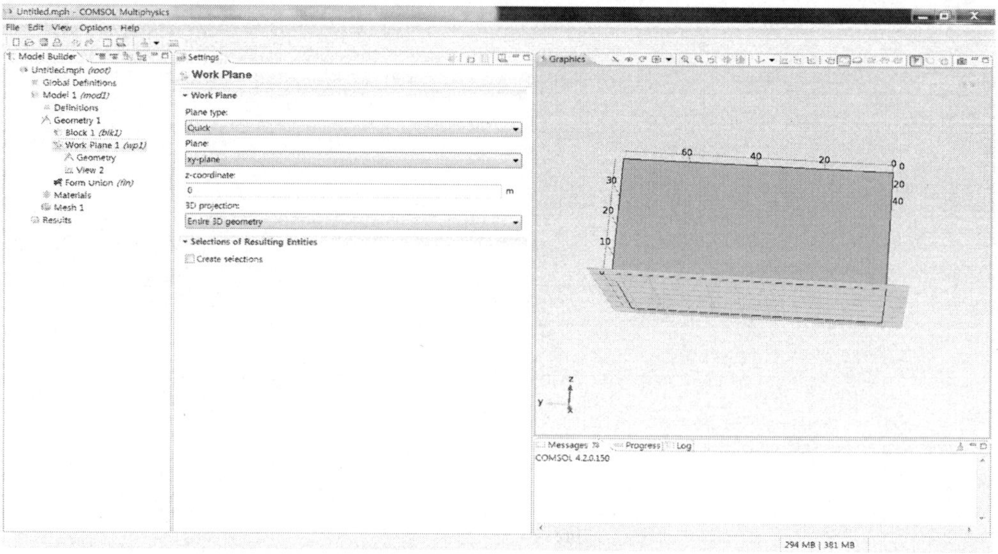

그림 3-47 work plane 설정

4. model builder의 work plane1 하단의 geometry를 마우스 우 클릭 하여 polygon을 선택하고, polygon settings에서 x에 51 51 26을, y에 47 79 79를 기입하고 상단의 build all을 클릭 하자. 그러면 x-y plane에 그림과 같은 삼각형이 그려진다.

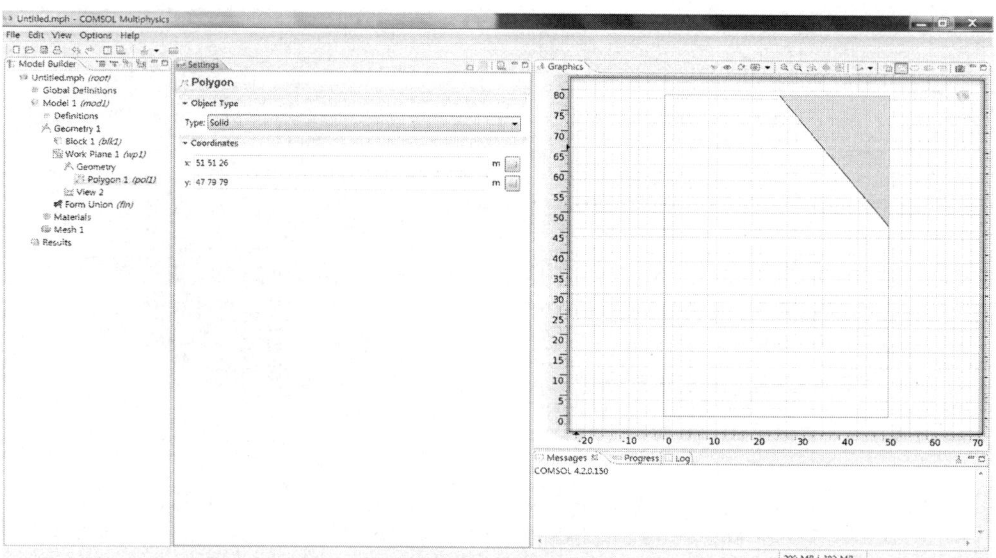

그림 3-48 삼각형 그리기

5. 아래 그림 3-49와 같이 geometry1을 마우스 우 클릭 하여 extrude를 선택하고, extrude settings에서 work plane을 wp1로 선택하고 keep cross-sectional faces를 비활성화 시키자. 마지막으로 distances를 38로 기입하고 상단의 build all을 클릭 하자. 그러면 wok plane1에서 그렸던 삼각형이 38m로 확장 된다.

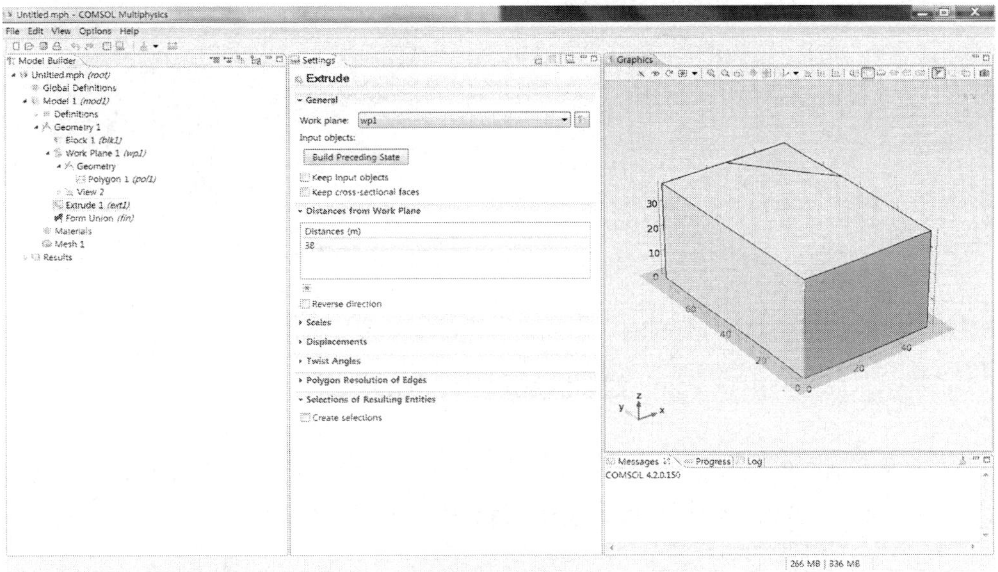

그림 3-49 확장

6. 이제 육면체에서 확장한 삼각형을 빼도록 하겠다. 아래 그림 3-50과 같이 geometry1을 마우스 우 클릭하여 boolean operations에서 difference를 선택하고 difference settings에서 objects to add에 육면체인 blk1을 선택하고, object to subtract에 삼각형을 확장한 ext1을 선택하자. 그리고 아래에 keep interior boundaries를 비활성화 시킨 후 상단에 build all을 클릭하자.

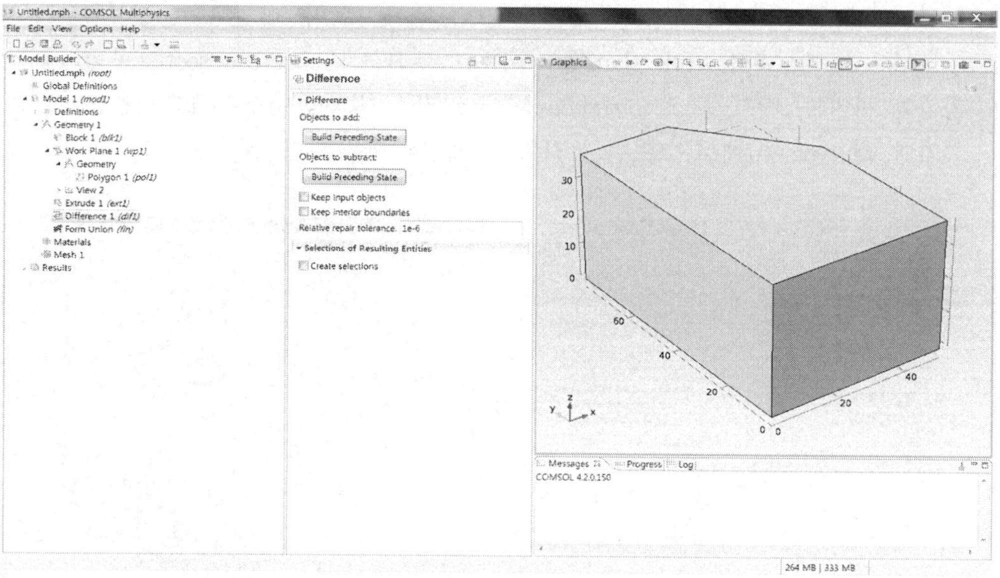

그림 3-50 복합체 만들기

7. 다음으로 그림 3-51과 같이 geometry1을 마우스 우 클릭하여 work plane을 선택하자 work plane settings에서 plane을 y-z plane로 선택 후 상단의 build all 클릭하라.

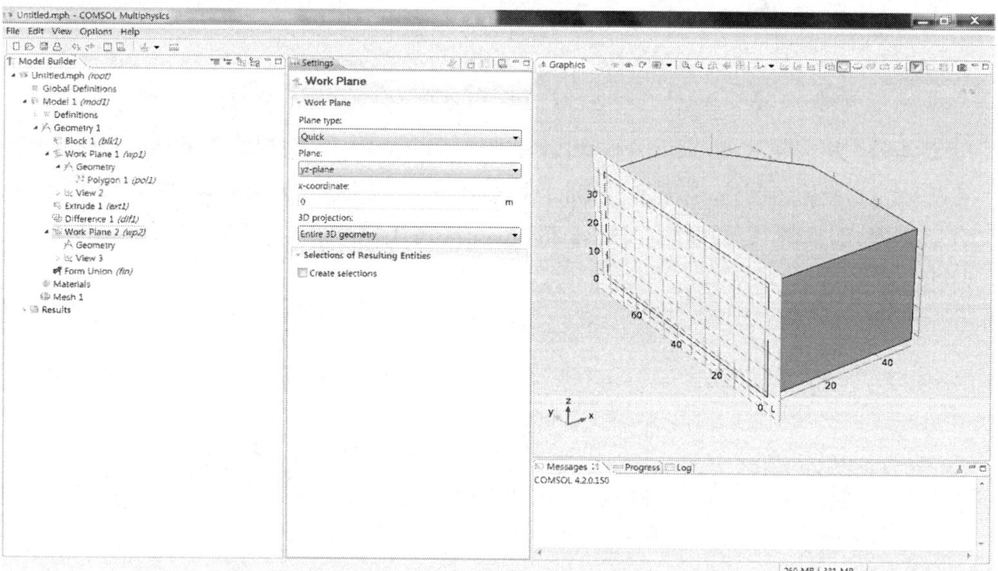

그림 3-51 work plane 설정

8. model builder의 work plane2 하단의 geometry를 마우스 우 클릭 하여 polygon을 선택하고, polygon settings에서 x에 32 79 79를, y에 38 38 9를 기입하고 상단의 build all을 클릭 하자. 그러면 y-z plane에 그림과 같은 삼각형이 그려진다.

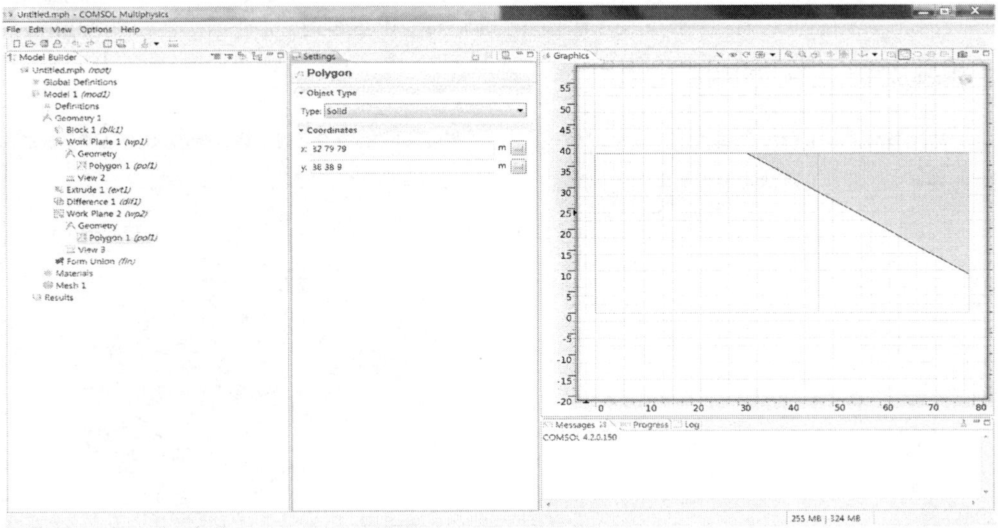

그림 3-52 삼각형 그리기

9. 아래 그림 3-53과 같이 geometry1을 마우스 우 클릭 하여 extrude를 선택하고, extrude settings에서 work plane을 wp2로 선택하고 keep cross-sectional faces를 비활성화 시키자. 마지막으로 distances를 51로 기입하고 상단의 build all을 클릭 하자. 그러면 wok plane2에서 그렸던 삼각형이 51m로 확장 된다.

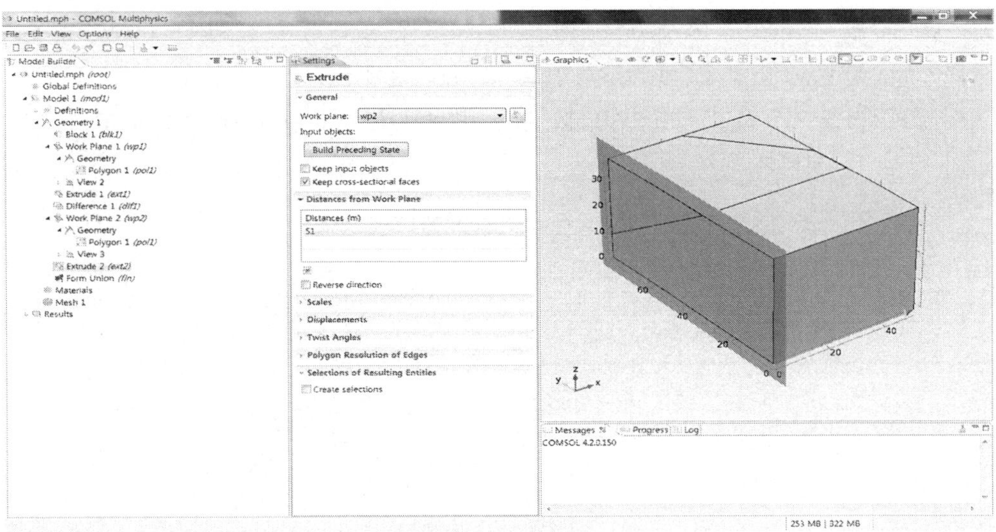

그림 3-53 확장

10. 이제 확장한 삼각형을 빼도록 하겠다. 아래 그림 3-54와 같이 geometry1을 마우스 우 클릭하여 boolean operations에서 difference를 선택하고 difference settings에서 objects to add에 dif1을 선택하고, object to subtract에 삼각형을 확장한 ext2을 선택하자. 그리고 아래에 keep interior boundaries를 비활성화 시킨 후 상단에 build all을 클릭하자.

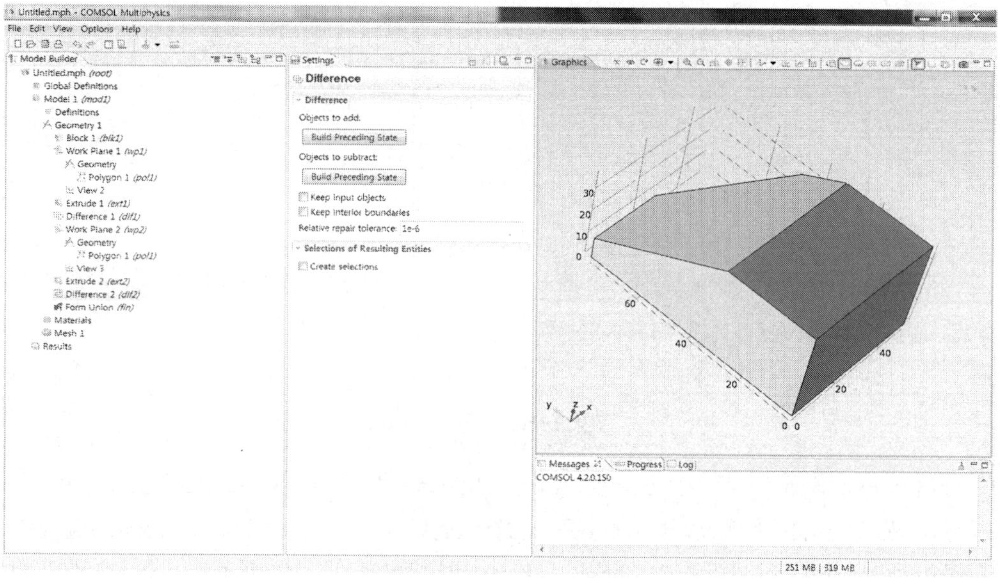

그림 3-54 복합체 만들기

11. 아래 그림 3-55와 같이 geometry1을 마우스 우 클릭하여 block을 선택하자. block settings에서 width에 12, depth에 79그리고 height에 5을 기입하고 position란에 x/y/z에 20/0/33을 기입하고 상단의 build all을 클릭하자. 그러면 아래 그림과 같은 육면체가 생성 될 것이다.

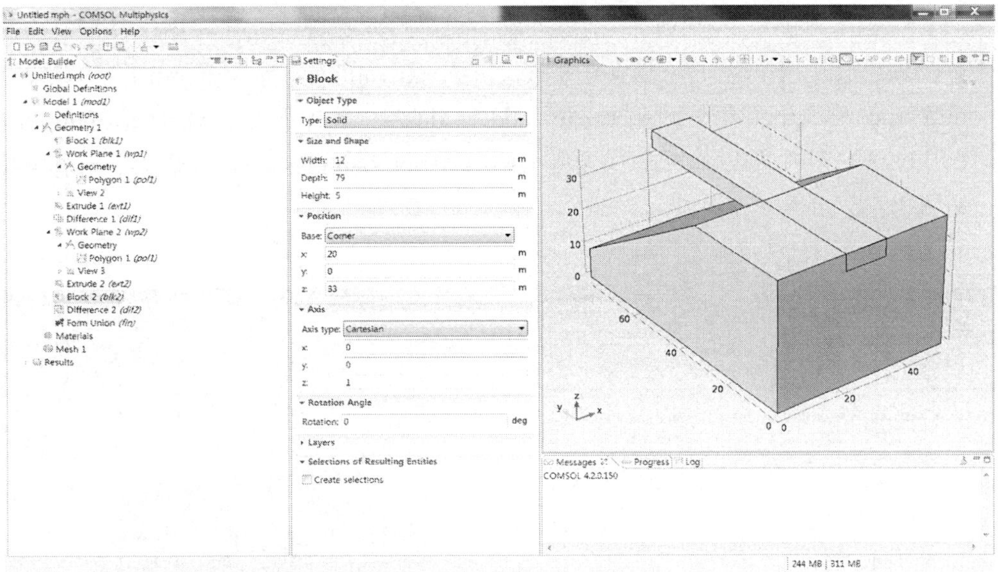

그림 3-55 육면체 그리기

12. 아래 그림 3-56과 같이 geometry1을 마우스 우 클릭하여 cylinder를 선택하자. cylinder settings에서 radius에 5, height에 51을 그리고 position란에 x/y/z에 0/16/19를 마지막으로 axis에 x/y/z란에 1/0/0을 기입하고 상단의 build all을 클릭하자. 그러면 아래 그림과 같은 실린더가 생성 될 것이다.

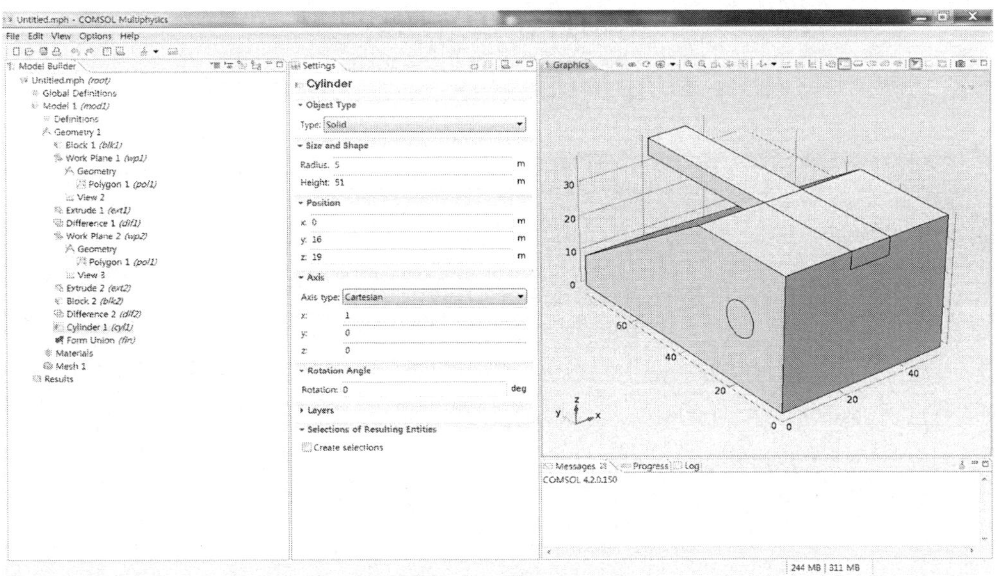

그림 3-56 실린더 그리기

13. 이제 복합체에서 육면체와 실린더를 빼도록 하겠다. 아래 그림 3-57과 같이 geometry1을 마우스 우 클릭하여 boolean operations에서 difference를 선택하고 difference settings에서 objects to add에 dif2을 선택하고, object to subtract에 cyl1,blk2를 선택하자. 그리고 아래에 keep interior boundaries를 비활성화 시킨 후 상단에 build all을 클릭하자.

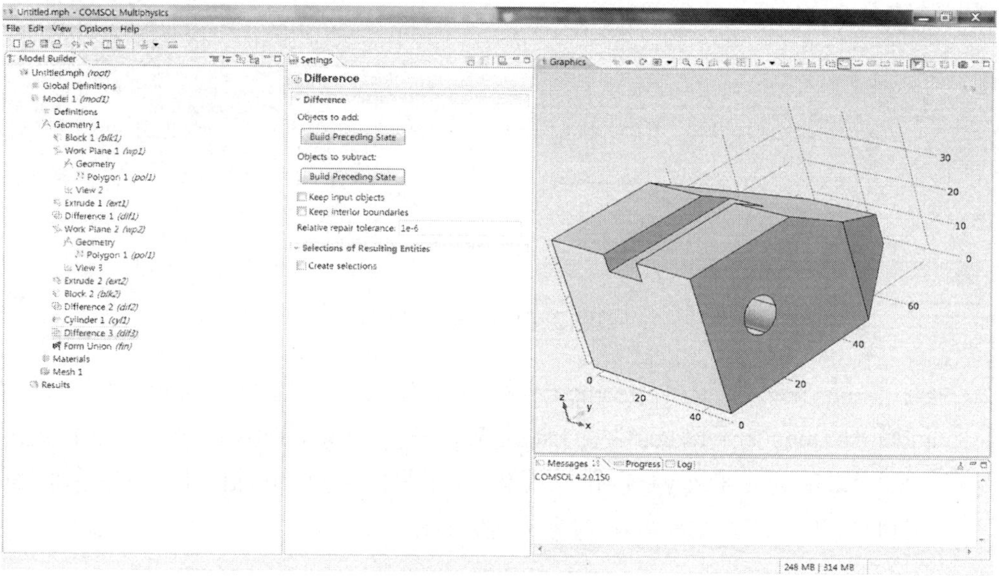

그림 3-57 실린더 그리기

연습문제

1. 아래 도면을 보고 모델링을 완성 하여라.

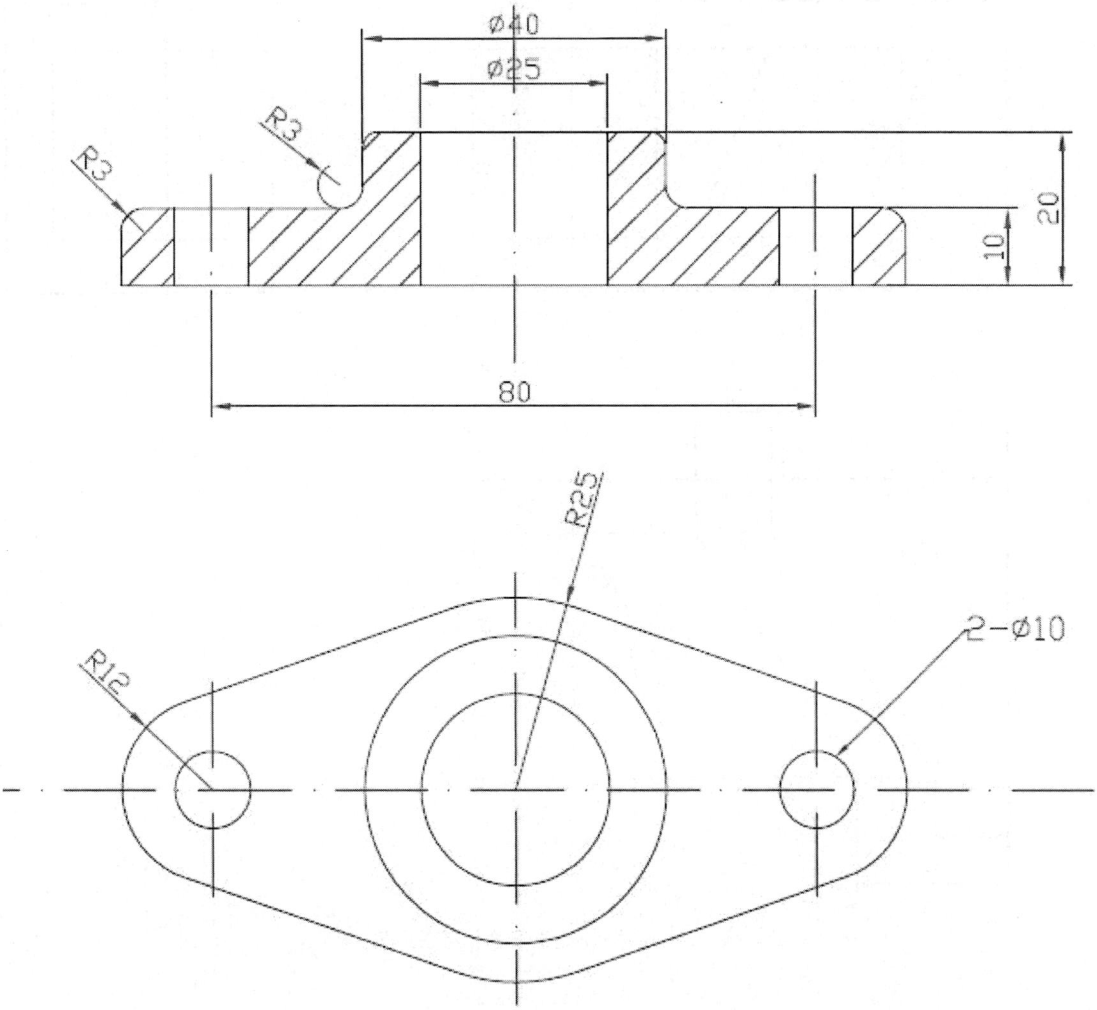

그림 3-58 연습문제 도면1

2. 아래 도면을 보고 모델링을 완성 하여라.

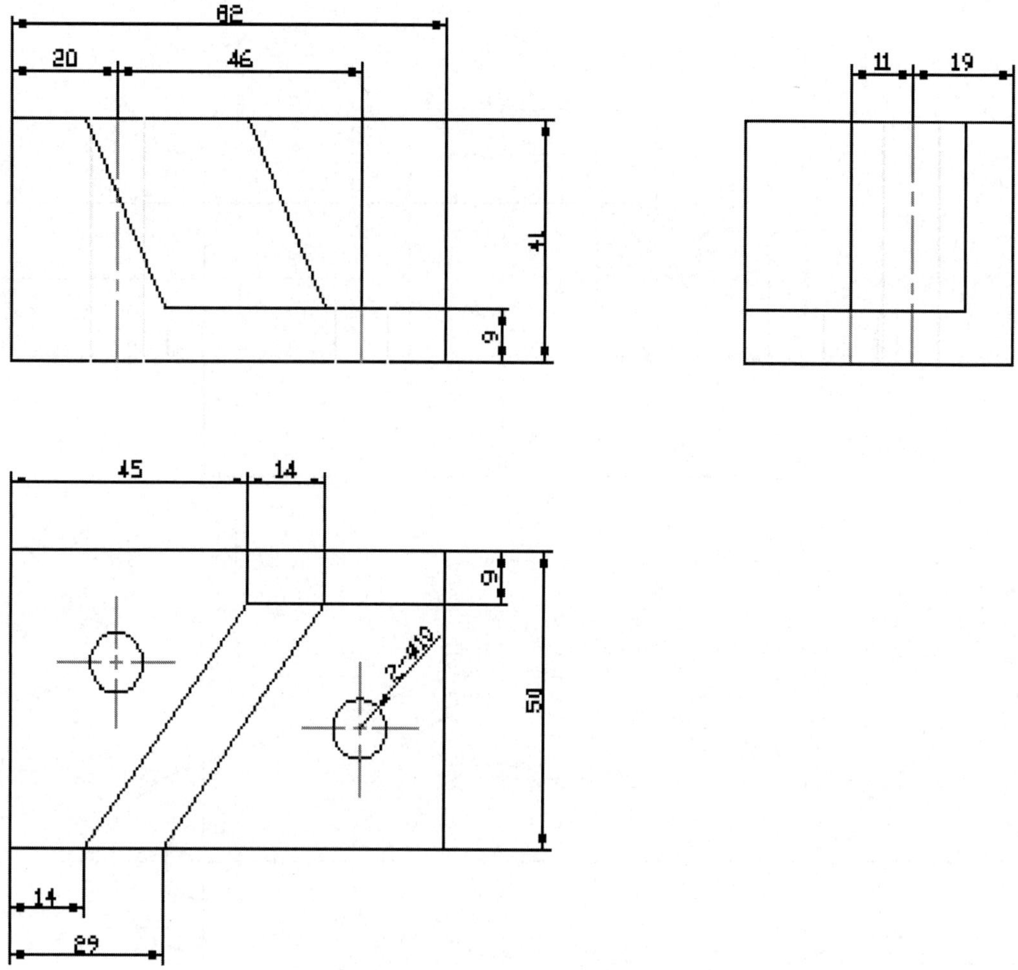

그림 3-59 연습문제 도면2

제4장. 'COMSOL Multiphysics'에서 사용되는 변수 및 함수

▣ 'COMSOL Multiphysics' 에서 사용되는 함수

'COMSOL Multiphysics'를 이용하여 수치해석을 수행하기 전에 해석하고자 하는 문제들의 물리적 특성을 특정한 값이나 함수로서 표현할 때가 많다. 예를 들어, 메인 메뉴의 Parameters / Variables / Expression 등에서 표현될 수 있고, 메인 메뉴의 물리적 특성 / 소영역 설정에서 해석하고자 하는 변수의 초기값 (Init)나 물리적 특성 / 경계조건설정 등에서도 특정한 값이나 변수 값으로 지정할 수 있다. 본장은 'COMSOL Multiphysics'에서 많이 사용되는 수학적 연산자 및 함수를 정리하고자 한다.

표 4-1 'COMSOL Multiphysics'에서 사용되는 연산자

연산자	설명
+	plus
–	minus
*	multiply
/	divide
^	power
==	equal
!=	not equal
>	greater than
>=	greater than or equal to
<	less than
<=	less than or equal to
&&	logical and
||	logical or

'COMSOL Multiphysics'에서는 표 4-1에서 사용된 로지컬 연산자와 함수를 붙여서 사용할 수 있는 것이 큰 특징이다. 예를 들어 그림 4-1과 같이 x-y 축으로 정의된 소영역이 있고, x축으로 P_1, P_2로 압력이 소영역의 거리에 따라서 변화하고, P_3는 시간에 따라서 변한다고 하자.

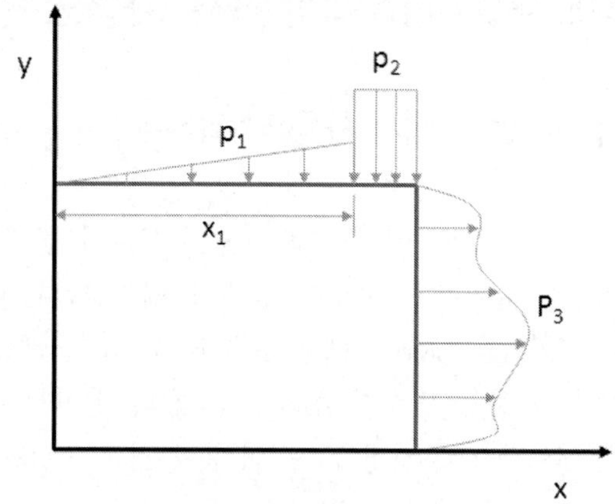

그림 4-1 Discontinuous boundary condition

'COMSOL Multiphysics'에서 위와 같은 함수를 로지컬 연산자와 함수를 사용해서 어떻게 정의할 수 있는지 배워보자.

만약 압력 P_1 = K_1*x, P_2= K_2, P_3=sin (2*pi*t)*sqrt(x)라고 가정할 때, x축에 받는 압력은 K_1*x*(x<=x_1)+K_2*(x>x_1) 로 정의되고, y축에 받는 압력은 cos(2*pi*t)*sqrt(x)* (t<5)와 같이 정의할 수 있다.

표 4-2 'COMSOL Multiphysics'에서 사용되는 함수

함수	설명	함수	설명
abs (x)	absolute value	csch(x)	hyperbolic cosecant
acos (x)	inverse cosine	eps	floating point relative accuracy
acosh (x)	inverse hyperbolic cosine	erf(x)	error function
acot (x)	inverse cotangent	exp(x)	exponential
acoth (x)	inverse hyperbolic cotangent	i	imaginary unit
acsc (x)	inverse cosecant	imag(u)	imaginary part
acsch (x)	inversehyperboliccosecant	inf	infinity
arg (x)	phase angle	log(x)	natural logarithm
asec (x)	inverse secant	log10(x)	common logarithm (base 10)
asech (x)	inverse hyperbolic secant	log2(x)	base 2 logarithm
asin (x)	inverse sine	max(a,b)	maximum of two arguments
asinh(x)	inverse hyperbolic sine	min(a,b)	minimum of two arguments
atan(x)	inverse tangent	mod(a,b)	modulo operator
atan2(y,x)	four-quadrant inverse tangent	nan	not-a-number
atanh(x)	inverse hyperbolic tangent	pi	pi
besselj(a,x)	Bessel function of the first kind	range(a,step,b)	create a range of numbers
bessely(a,x)	Bessel function of the second kind	real(u)	real part
besseli(a,x)	modified Bessel function of the first kind	sec(x)	secant
besselk(a,x)	modified Bessel function of the second kind	sech(x)	hyperbolic secant
conj(x)	complex conjugate	sign(u)	signum function
cos(x)	cosine	sin(x)	sine
cosh(x)	hyperbolic cosine	sinh(x)	hyperbolic sine
cot(x)	cotangent	sqrt(x)	square root
coth(x)	hyperbolic cotangent	tan(x)	tangent
csc(x)	cosecant	tanh(x)	hyperbolic tangent

예제 문제 따라하기

본 예제는 'COMSOL Multiphysics'의 메인 메뉴 속의 'Global Definition'을 이용하여 'Functions'를 정의하는 것을 연습하고자 한다. 식 (4-1)처럼 일반함수를 사용하여 정의 하는 방법과 식(4-2)와 같이 다항식으로 정의된 함수를 정의하는 방법, 식(4-3)과 같이 어느 특정한 포인트를 지나는 함수 등이 있다고 하자.

$$f_1(x) = 1 + abs(3 * \sin(x)) \quad (4\text{-}1)$$

$$f_2(x) = 1 + 2 * x^2 + 5 * x^4 \quad (4\text{-}2)$$

$$f_3(x) = (1, 1), (2, 3), (5, 7), (8, 9) \text{을 지나는 함수} \quad (4\text{-}3)$$

1. 'Model Wizard' 페이지의 공간 차수를 '1D' 로 선택하고 상단의 'Finish' 버튼을 누른다.

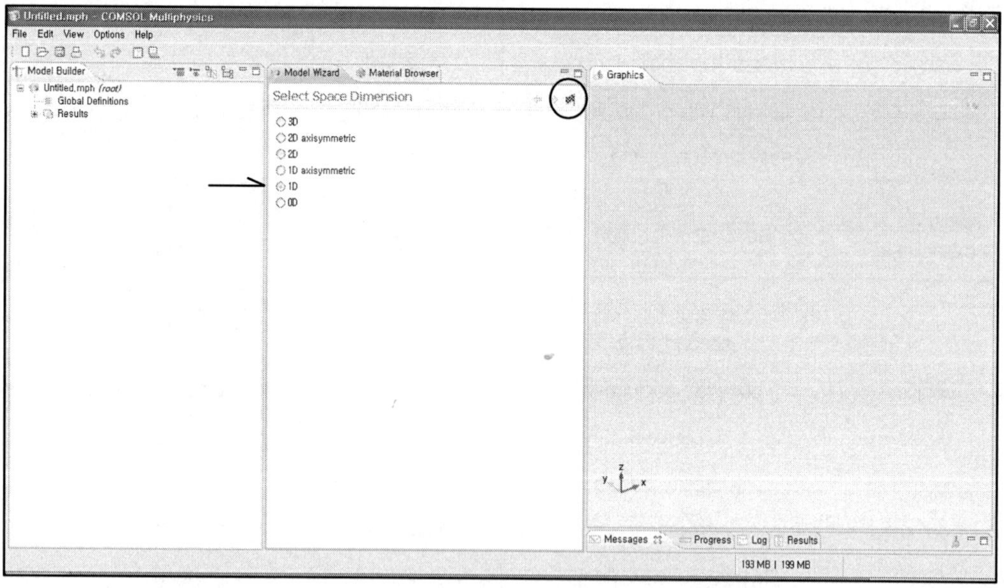

그림 4-2 'Model Wizard' 페이지, 공간 차수 '1D' 로 선택

2-1. 'Model Builder' 페이지에서 'Global Definitions'를 오른쪽 마우스 클릭하여 나타난 메뉴 중 'Functions' - 'Analytic'을 선택한다.

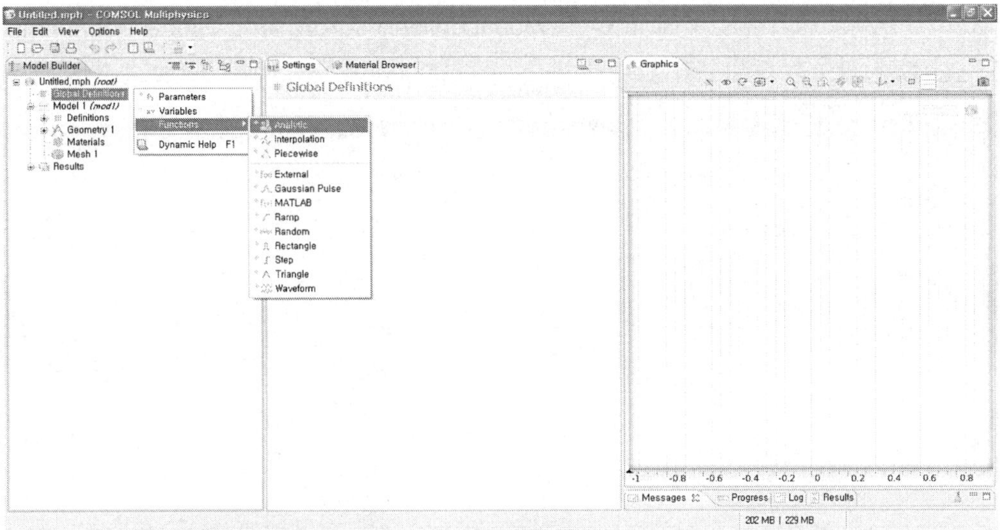

그림 4-3 'Global Definitions ', ' Functions ' - ' Analytic' 선택하기

2-2. 'Analytic 1 (F1)'을 선택하고, 오른쪽의 'Settings' 페이지에 나타난 'Analytic' 윈도우의 'Function name:' 항목에 'F1'으로 타입하고, 'Parameters' 부분의 'Expression:' 항목에 ' 1+abs(3*sin(x))'을 입력하고, 'Arguments:' 항목에는 'x'를 입력하고, 하단의 'Plot Parameters' 부분에서 인수 'x'를 선택하여 하한치에 '0', 상한치에 '2*pi'를 입력하고 상단의 'Plot' 버튼을 클릭하면, 다음과 같은 그림을 얻을 것이다.

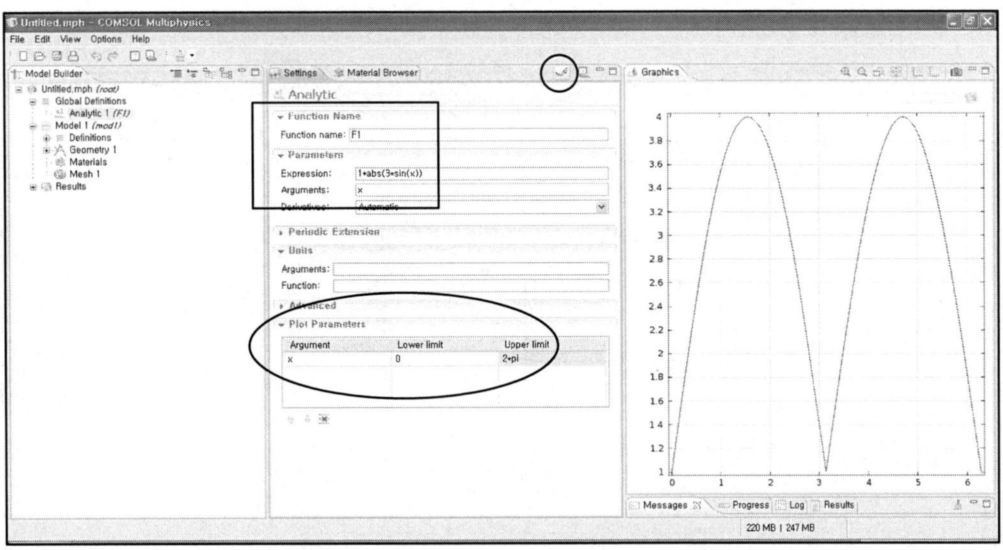

그림 4-4 ' Analytic' 윈도우 설정 / 그림보기

3-1. 식 (4-2)를 정의하기 위해서 다시 'Model Builder' 페이지에서 'Global Definitions'를 오른쪽 마우스 클릭하여 나타난 메뉴 중 'Functions ' - ' Piecewise'을 선택한다.

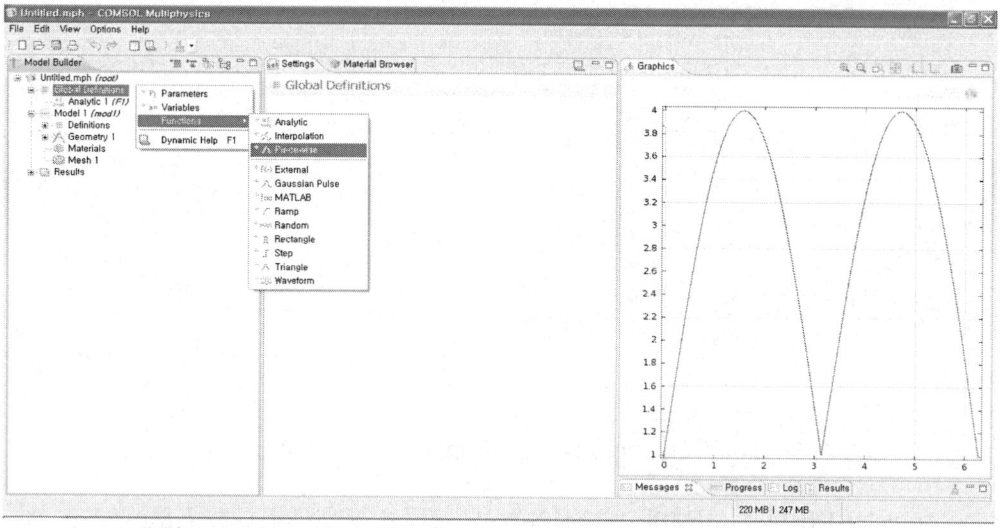

그림 4-5 'Global Definitions' , 'Functions ' - ' Piecewise' 선택하기

3-2. 'Piecewise 1 (pw1)'을 선택하고, 오른쪽의 'Settings' 페이지에 나타난 'Piecewise' 윈도우의 ' Function name:' 항목에 'F2'로 타입하고, ' Intervals ' 부분의 ' Start: '항목에 '0'을 입력하고, ' End: ' 항목에는 'x'를 입력하고, 'Function:' 항목에는 '1+2*x^2+5*x^4'를 입력하고, 상단의 'Plot' 버튼을 클릭하면, 다음과 같은 그림을 얻을 것이다.

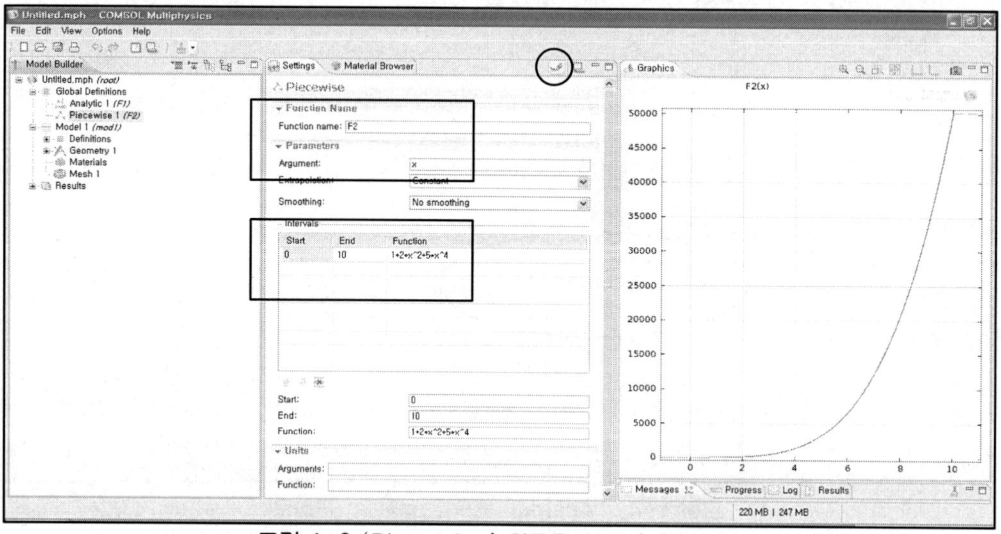

그림 4-6 'Piecewise' 윈도우 설정 / 그림보기

4-1. 식 (4-3)을 정의하기 위해서 다시 'Model Builder' 페이지에서 'Global Definitions'를 오른쪽 마우스 클릭하여 나타난 메뉴 중 'Functions' – 'Interpolation'을 선택한다.

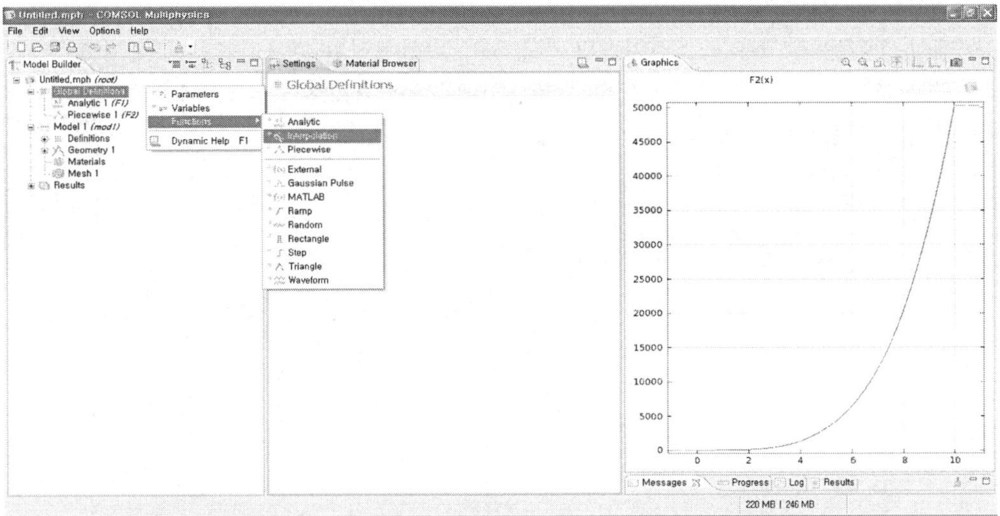

그림 4-7 'Global Definitions', 'Functions' – 'Interpolation' 선택하기

4-2. 'Interpolation 1 (int1)'을 선택하고, 오른쪽의 'Settings' 페이지에 나타난 'Interpolation' 윈도우의 'Function name:' 항목에 'F3'로 타입하고, 't' 란에 '1 2 5 8', 'f(t)' 란에 '1 3 7 9'를 입력하고, 아래의 'Interpolation and Extrapolation' 부분의 'Interpolation' 항목은 'Piecewise cubic'을 선택하고, 'Extrapolation' 항목은 'Linear ' 를 선택하고, 상단의 'Plot ' 버튼을 클릭하면, 다음과 같은 그림을 얻을 것이다.

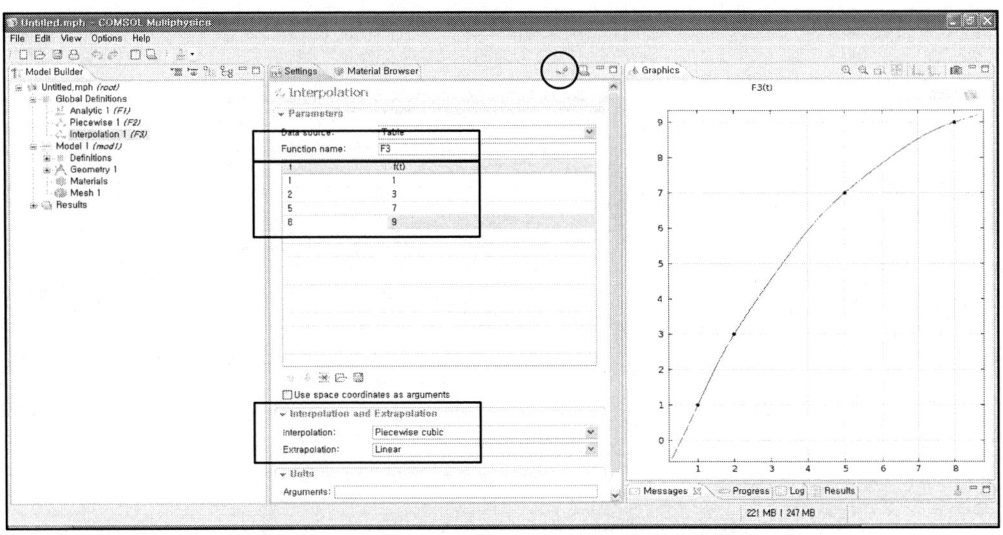

그림 4-8 'Interpolation' 윈도우 설정 / 그림보기

고찰하기

위에서 정의된 함수들은 소영역속의 변수들이 비선형적인 값을 가질 때 함수 값으로 나타내어야 하는 경우나, 경계조건들이 그림 4-1과 같이 거리의 함수나 시간의 함수로 나타내어야 할 때 사용될 수 있다.

제5장. 'COMSOL Multiphysics'에서 사용되는 물질 계수 라이브러리

▣ 물질 및 계수 라이브러리 활용

수치해석에 있어서 해석을 하고자 하는 물체의 성질을 정의하는 것은 매우 중요하다. 물체의 물성치는 단순한 상수로서 정의되는 것도 있지만, 많은 경우에 단순히 상수로서 정의할 수 없을 때가 많이 있다. 예를 들면, 물체의 성질은 온도의 함수로서 변화되거나, 압력이나 비체적에 의해서도 변화될 수 도 있다. 'COMSOL Multiphysics'에서는 이러한 다양한 물질의 물성치를 저장하고, 관리하는 곳이 물질 계수라이브러리이다. 본 장은 물질 계수라이브러리의 활용 방법을 배울 것이다.

▣ 예제 문제 따라하기

1-1. 그림 5-1-1과 같이' Model Wizard' 페이지의' Select Space Dimension '에서 ' 2D '를 선택하고 ' Next' 버튼 ⇨을 누른다.

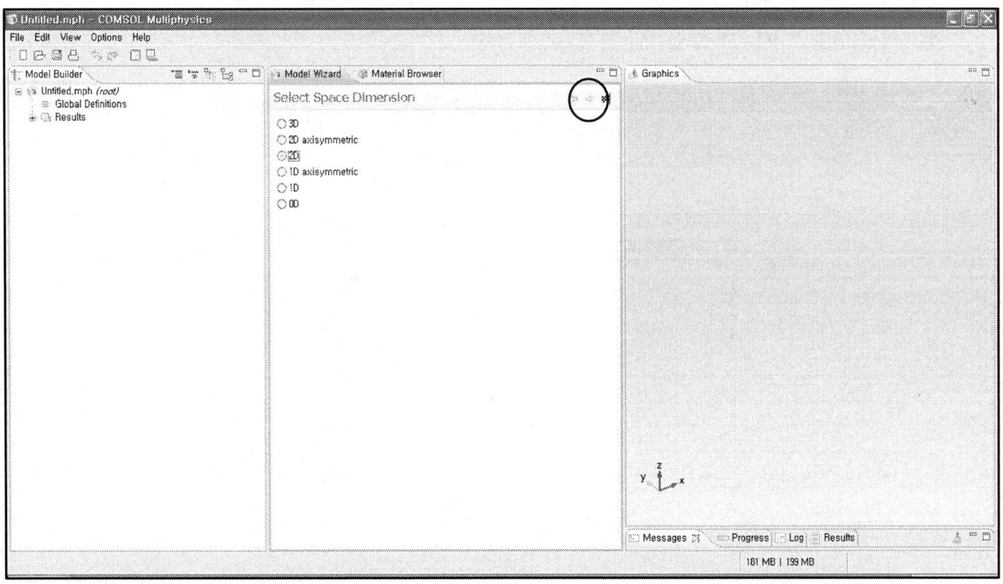

그림 5-1-1 'Model Wizard', 'Select Space Dimension'에서 '2D' 선택하기

1-2. 그림 5-1-2와 같이 ' Add Physics ' 윈도우에서 ' Fluid Flow ' - ' Single-Phase Flow ' - ' Laminar Flow (spf) '을 선택하고, 상단의 ' Next' 버튼 ⇨ 을 클릭한다.

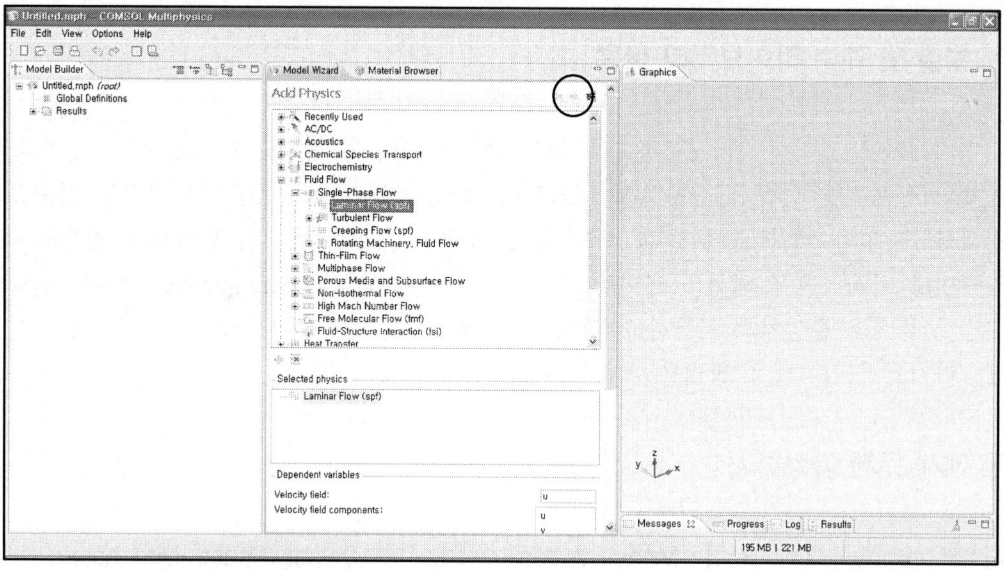

그림 5-1-2 'Fluid Flow' - 'Single-Phase Flow' - 'Laminar Flow (spf)' 선택하기

1-3. 그림 5-1-3과 같이' Select Study Type '에서' Time Dependent '를 선택하고 상단에 ' Finish ' 버튼을 클릭한다.

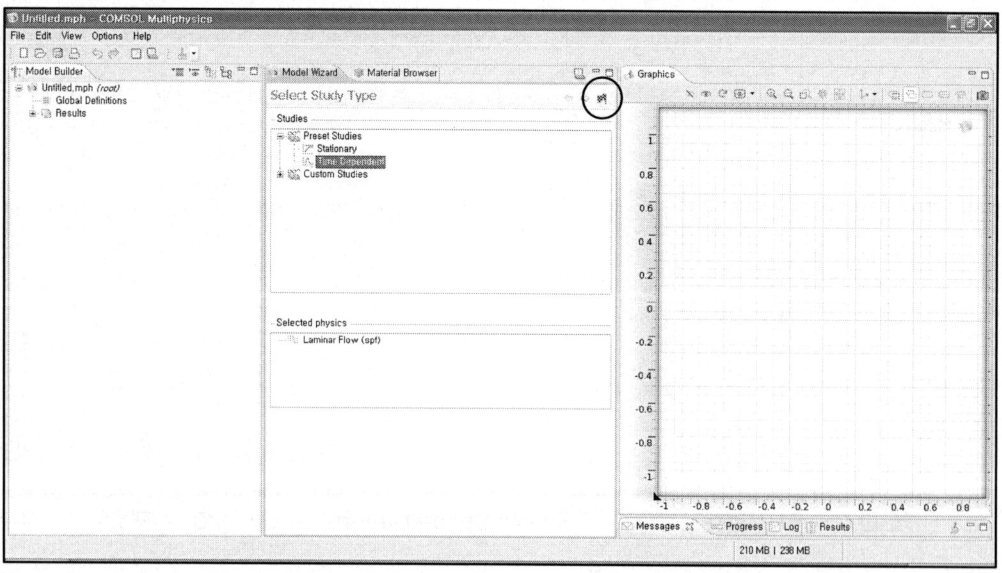

그림 5-1-3 'Select Study Type' 에서 'Time Dependent' 선택하기

2.' Model Wizard' 페이지의 ' Materials '에 오른쪽 마우스 클릭하여 나타난 메뉴 중 ' Open Material Browser '를 선택한다. 'COMSOL Multiphysics'의 물질 / 계수 라이브러리 속에는 기본적으로 2542개의 물질들에 대한 정보를 가지고 있다.

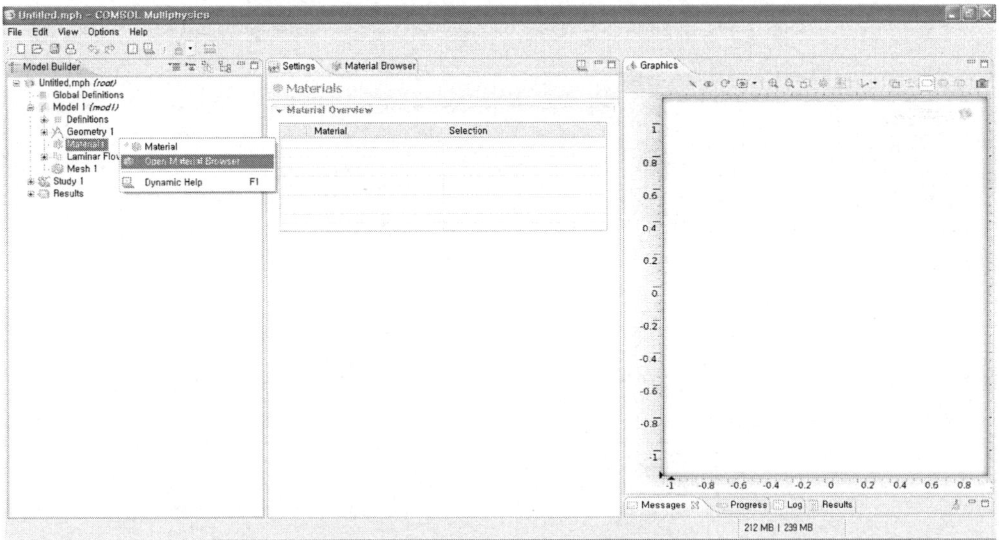

그림 5-2 물질 / 계수 라이브러리

3.' Settings ' 페이지의 ' Material Browser ' 윈도우에서 ' Materials ' 란에 'iron'을 타입한 후 ' Search '를 클릭하면 ' iron '이 포함되어 있는 재료들이 검색 된다.

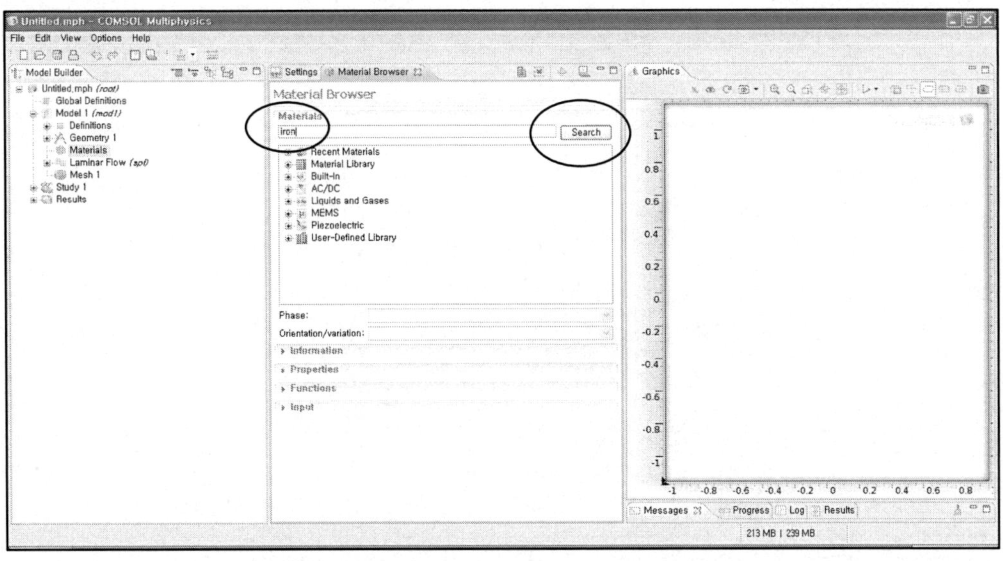

그림 5-3 'Material Browser' 윈도우 검색

4. 검색된 재료 라이브러리에서 ' Elements ' 아래의 ' iron '을 클릭하면 선택된 물질에 대한 물성치 등을 볼 수 있을 것이다. 아래 그림에서 보는 바와 같이 대부분의 물리량들은 특정한 상수가 아닌 온도에 대한 함수로 나타나 있는 것을 볼 수 있을 것이다.

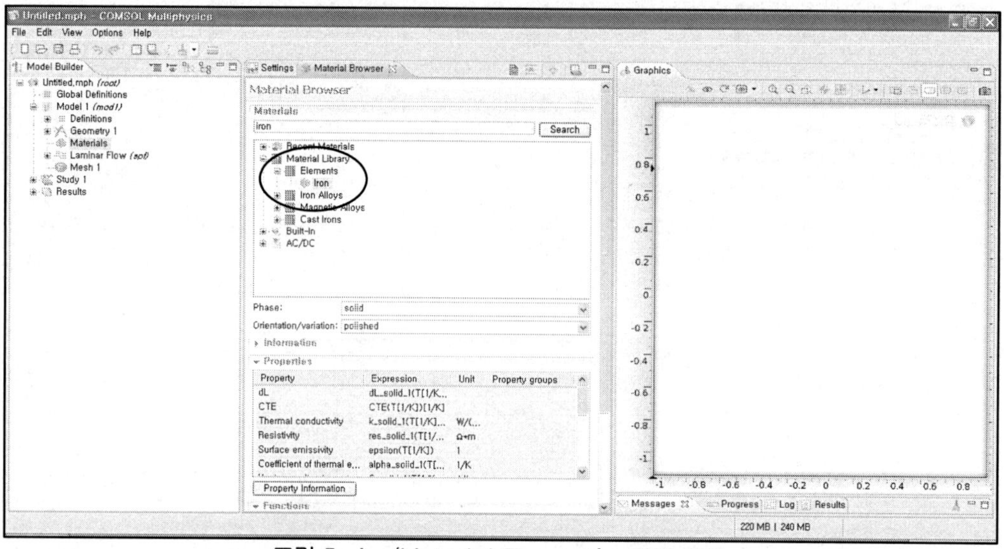

그림 5-4 'Material Browser' 검색 결과

5. 함수를 클릭한 후 ' epsilon '을 클릭하면 다항식으로 된 함수를 볼 수 있을 것이다. ' f(T)=-0.02476819+1.854053e-4*T^1+2.719503e-8*T^2 ' 으로 이루어진 함수임을 알 수 있을 것이다.

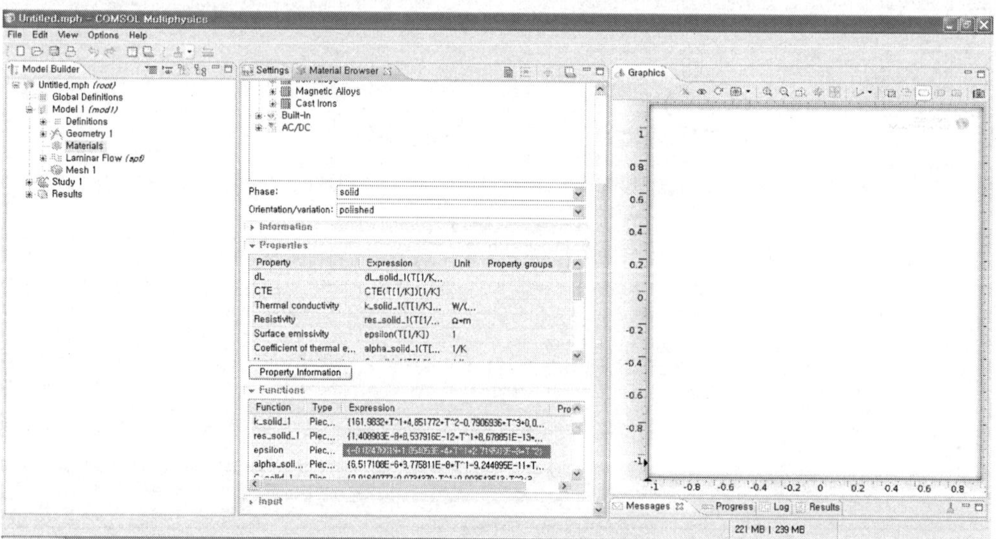

그림 5-5 'Iron' 의 물질 / 계수 라이브러리 - 함수 확인

▣ 고찰하기

' Model Wizard' 페이지에서 ' Materials '를 오른쪽 마우스 클릭하여 나타난 메뉴 중 ' Material '을 선택한다.

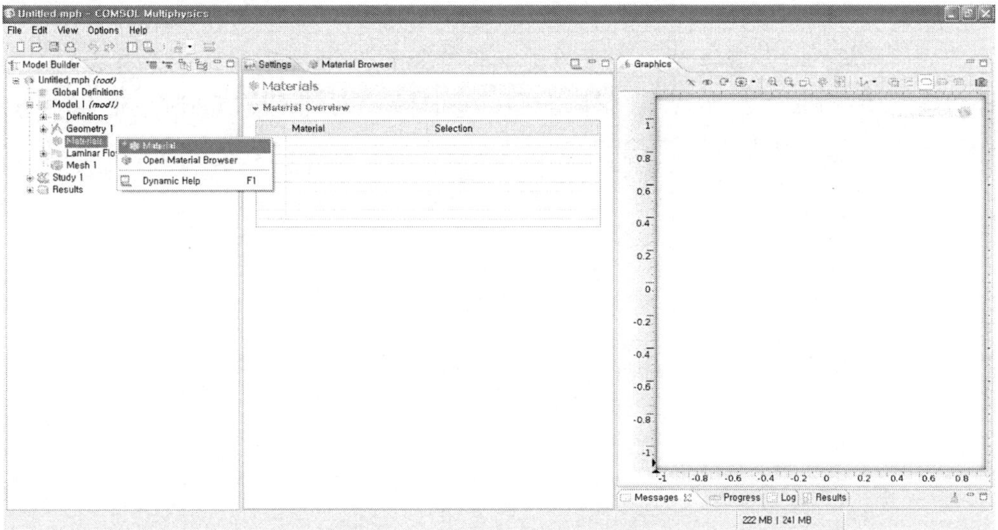

그림 5-6 'Materials' 추가하기 1

오른쪽의 ' Settings ' 페이지의 ' Materials ' 윈도우에서 사용자가 알고 있는 물성치들을 입력함으로서 자신 만의 물질/계수 라이브러리를 활용할 수 있을 것이다.

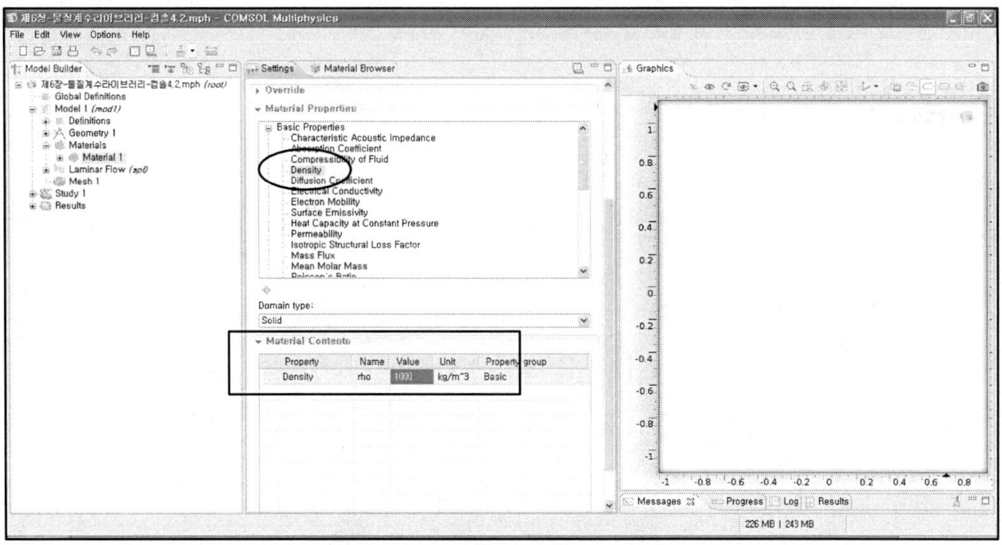

그림 5-7 'Materials' 추가하기 2

물질의 물성치를 제공하는 온라인 사이트를 이용하면 더 많은 물성치를 검색할 수 있다. 그중에 가장 대표적인 온라인 사이트는 'MatWeb'이다. 인터넷 검색 창에 온라인 사이트의 주소를 치고 (http://www.matweb.com/) 찾고자하는 물질을 치면 원하는 물질에 대한 물성치를 쉽게 발견할 수 있을 것이다. ' MatWeb '은 프라스틱, 금속, 세라믹, 반도체물체, 파이프등 상업적으로 이용되고 있는 물질에 대한 수많은 데이터들을 가지고 있다. MatWeb에 접근할 수 있는 범위와 물질에 따라서 유료 사용자와 무료 사용자로 나누어지고 있다. 유료 사용자는 MatWeb에서 검색된 데이터를 'COMSOL Multiphysics'에서 읽을 수 있는 포맷으로 보내기를 할 수 있다.

제6장. 'COMSOL Multiphysics'와 매트랩과의 연동

이번 장에서는 다음은 'COMSOL Multiphysics'와 'MATLAB'이 연동하는 간단한 예제를 소개하겠다. 먼저, 'COMSOL Multiphysics'와 'MATLAB'이 연동되는 순서를 간략히 기술한다. 'MATLAB'과 '**컴솔**'이 연결되기 위해서는, 'COMSOL Multiphysics' 설치 시 'MATLAB' 연동 옵션을 선택해야만 한다. (물론 'COMSOL Multiphysics' 설치 시 'MATLAB' 연동 옵션을 선택하지 않았다고 하다면, 별도의 방법이 있다.)

다음과 같은 순서대로 따라해 보자.

1. 그림 6-1과 같이 'Model Wizard' 페이지에서 'Select Space Dimension' 을 '2D'로 선택하고 'Next' 버튼 ⇨을 누른다.

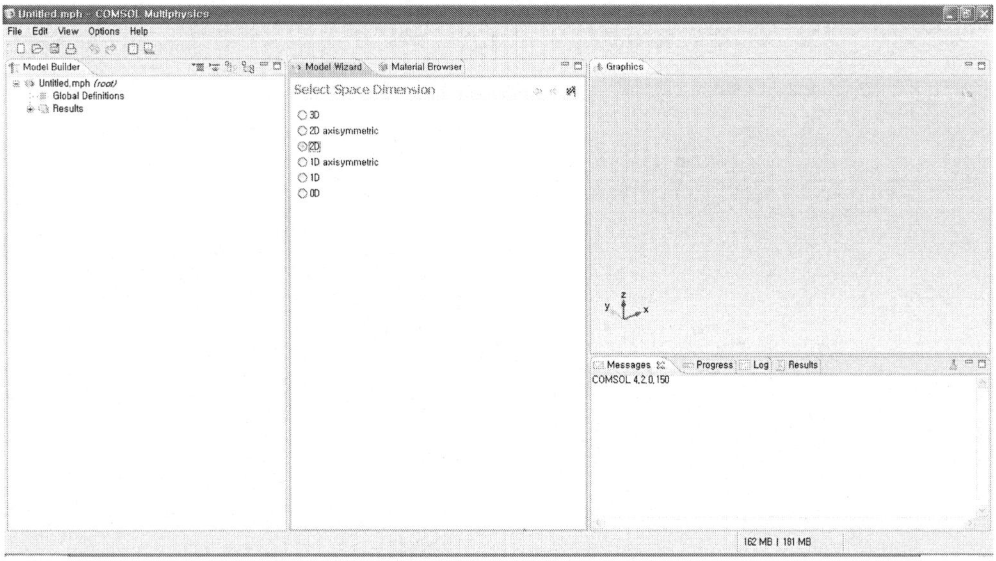

그림 6-1 'Model Wizard' 페이지에서 'Select Space Dimension' 을 '2D'로 선택하기

2. 그림 6-2와 같이 'Model Wizard' 페이지의 'Add Physics' 윈도우에서 'Heat Transfer'의 하위 항목인 'Heat Transfer in Solids' 을 더블클릭하여 선택하고, 상단의 'Next' 버튼 을 누른다.

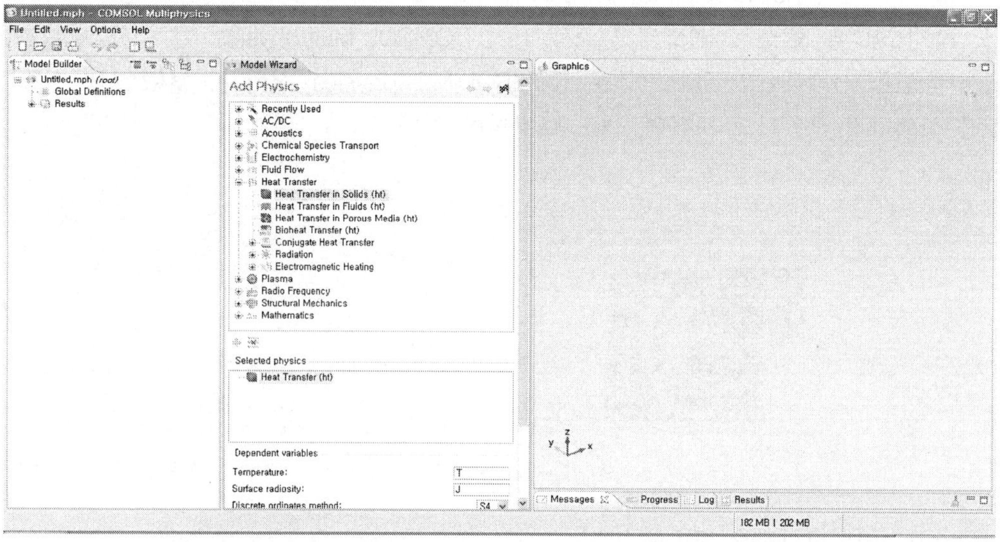

그림 6-2 'Structural Mechanics' 항목 , 'Solid Mechanics' 선택하기

3. 그림 6-3과 같이 'Model Wizard' 페이지의 'Select Study Type' 윈도우에서 'Preset Studies' 항목에서 , 'Stationary'를 선택한 다음, 상단의 'Finish' 버튼을 누른다.

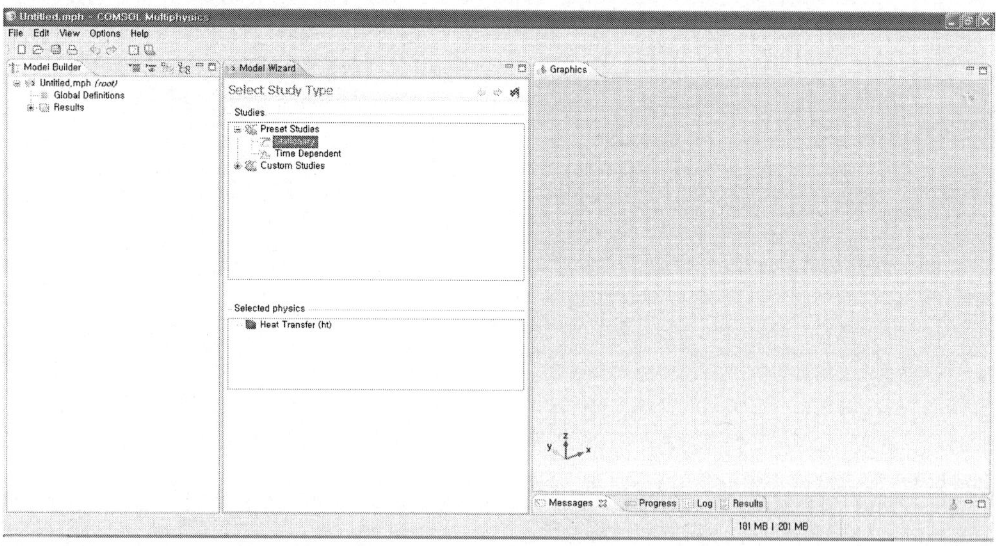

그림 6-3 'Select Study Type' 윈도우, 'Preset Studies' 항목에서 , 'Stationary' 선택하기

4-1. 사각형 모델링을 하기 위해서, 그림 6-4-1과 같이 'Model Builder' 페이지에서 'Geometry 1'을 선택하고, 마우스 오른쪽 버튼을 눌러 'Rectangle'를 선택한다.

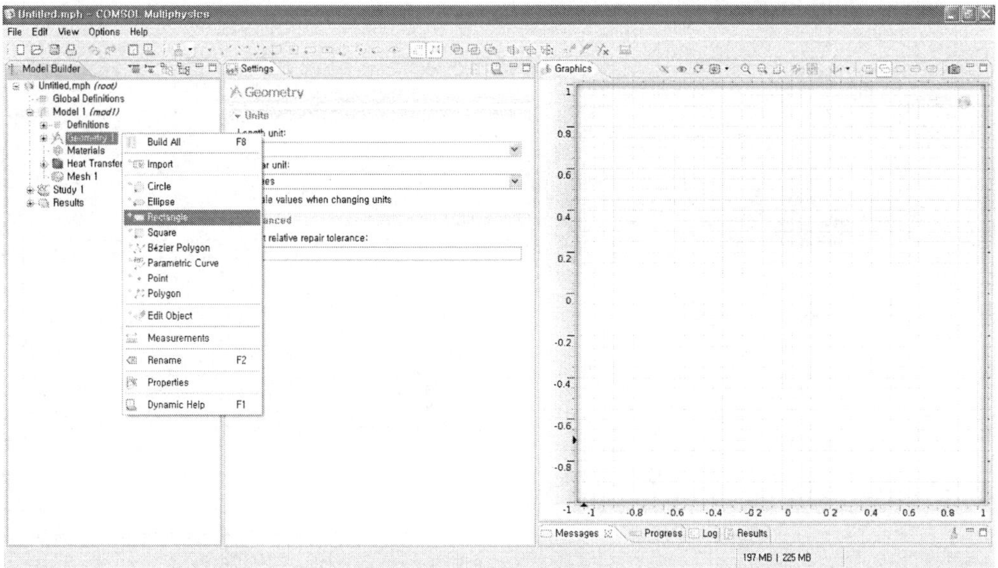

그림 6-4-1 'Model Builder' 페이지에서 'Geometry 1' 선택하고 'Rectangle'를 선택하기

4-2. 그림 6-4-2와 같이 오른쪽의 'Settings' 페이지에 나타난 'Rectangle' 윈도우의 'Size' 항목에 Width: 1, Height: 0.5 로 타입한 후 상단의 'Build All' 버튼을 클릭한다.

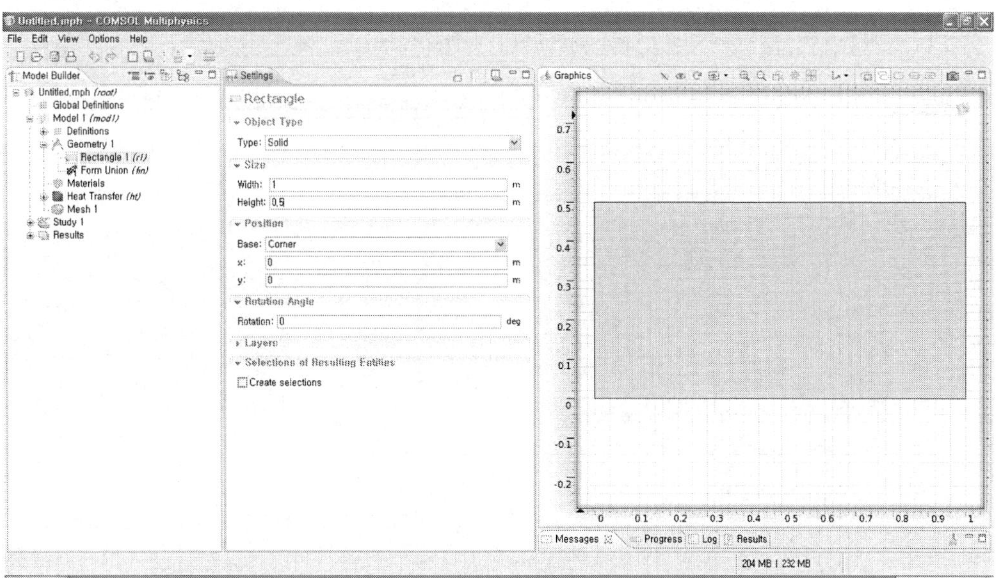

그림 6-4-2 'Settings' 페이지에서 'Rectangle' 설정 및 형성하기

5-1. 이제 해석 모델에 대한 물성치를 설정해 보자. 그림 6-5-1과 같이 'Model Builder' 페이지의 'Materials'를 오른쪽 마우스 버튼을 클릭하여 나타난 팝업 메뉴에서 'Open Material Browser'를 클릭한다.

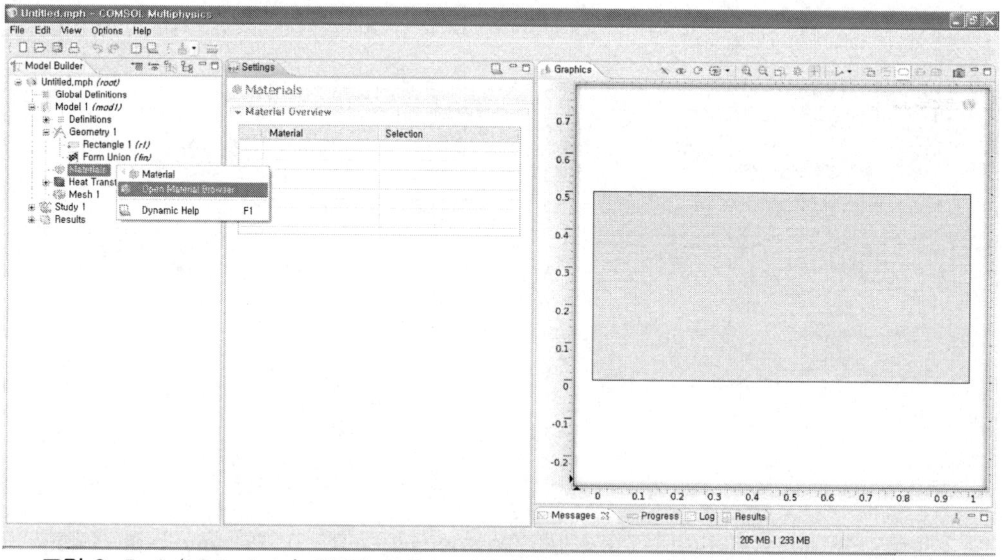

그림 6-5-1 'Materials' 오른쪽 마우스 버튼 클릭 , 'Open Material Browser' 선택하기

5-2. 그림 6-5-2와 같이 'Material Browser' 페이지의 'Material Browser' 윈도우에서 'Liquid and Gases'의 하부 항목인 'Liquids'를 클릭한다.

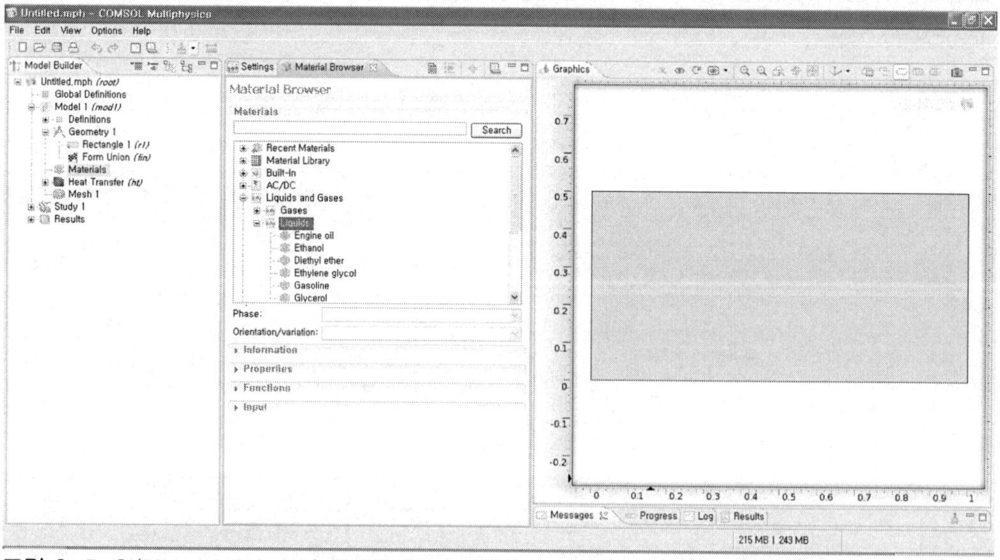

그림 6-5-2 'Material Browser' 윈도우에서 'Liquid and Gases' 의 하부 항목인 'Liquids' 선택하기

5-3. 그림 6-5-3과 같이 'Liquids' 의 하부 항목인 'Water' 을 오른쪽 마우스 버튼을 클릭하여 나타난 'Add Material to Model' 선택하여 모델 물성치 추가하자.

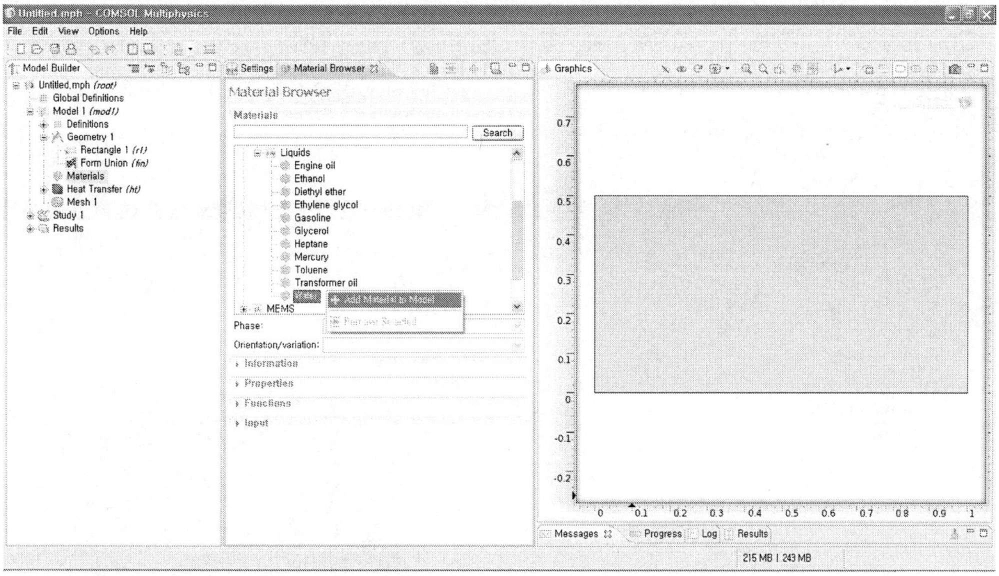

그림 6-5-3 'Liquids' 의 하부 항목인 'Water' 선택하여 모델 물성치 추가하기

5-4. 그림 6-5-4는 모델에 물성치 'Water' 가 추가된 모습을 보여준다.

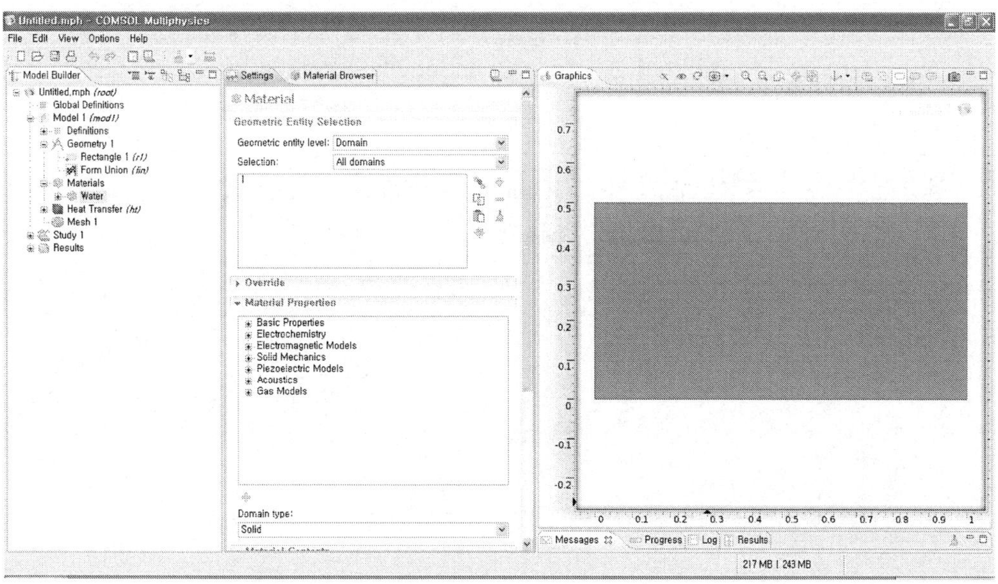

그림 6-5-4 모델 물성치 'Water' 가 추가된 모습

6. 해석 모델의 소영역을 설정해 보자. 그림 6-6과 같이 'Model Builder' 페이지의 'Heat Transfer (ht)' 의 서브 항목인 'Heat Transfer in Solids 1'을 클릭하여 선택하자. 오른쪽에 나타난 'Setting' 페이지의 'Heat Transfer in Solids' 윈도우에서 'Heat Conduction' 부분의 'Thermal Conductivity:'를 'User Defined'로 선택하고 'HeatTransfer(x,y)' 로 타입하자. 이것은 'Thermal Conductivity'를 상수로 보는 것이 아니라 'x , y' 좌표에 따라 달라진다고 생각하는 것이다.

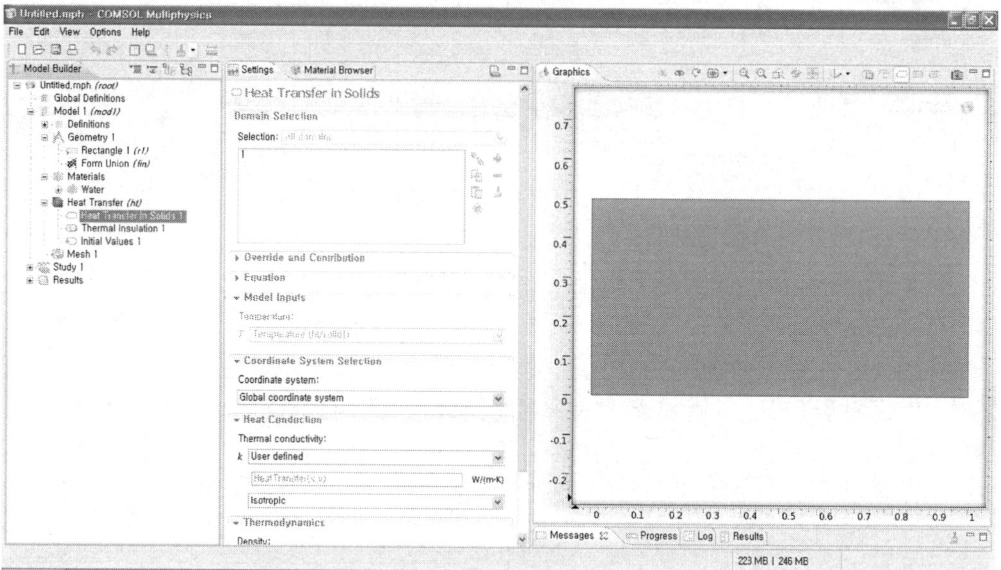

그림 6-6 'Thermal Conductivity:' 설정하기

7-1. 6번 과정에서 설정한 'HeatTransfer(x,y)' 함수를 **매트랩**에서 평가하기 위해서는 다음그림 6-7-1과 같이 하면 된다. 'Global Definitions'를 오른쪽 마우스 버튼 클릭하고 나타난 메뉴 중 'Function' - 'MATLAB' 을 선택하자.

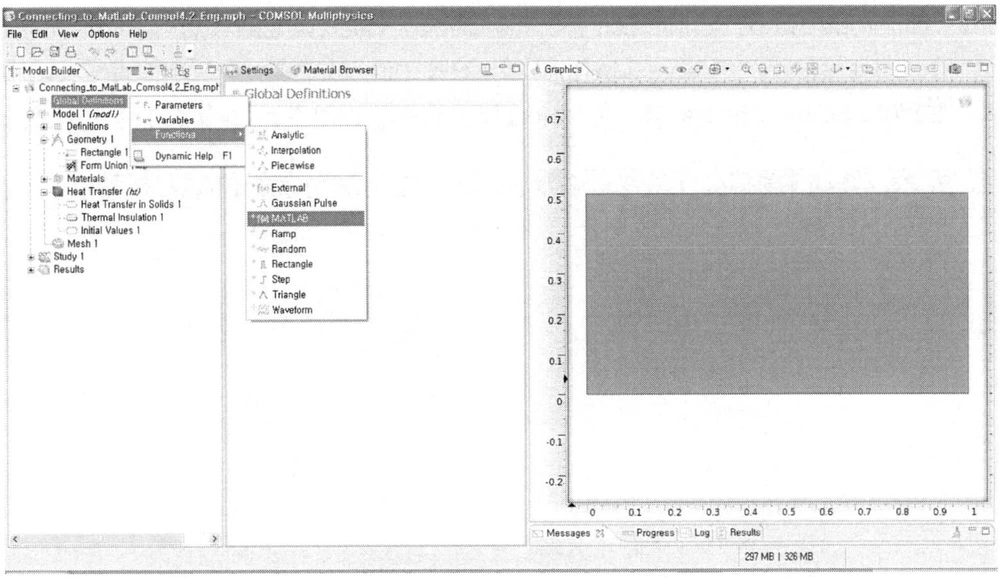

그림 6-7-1 'Global Definitions' , 'Function' - 'MATLAB' 설정하기

7-2. 그림 6-7-2와 같이 'Settings' 페이지에서 'Function:' 란에 'HeatTransfer' 를 타입하고, 'Argument:'란에 'x , y'를 타입하자. 이렇게 설정함으로서 'HeatTransfer' 함수를 **'매트랩'**에서 평가할 수 있게 된다.

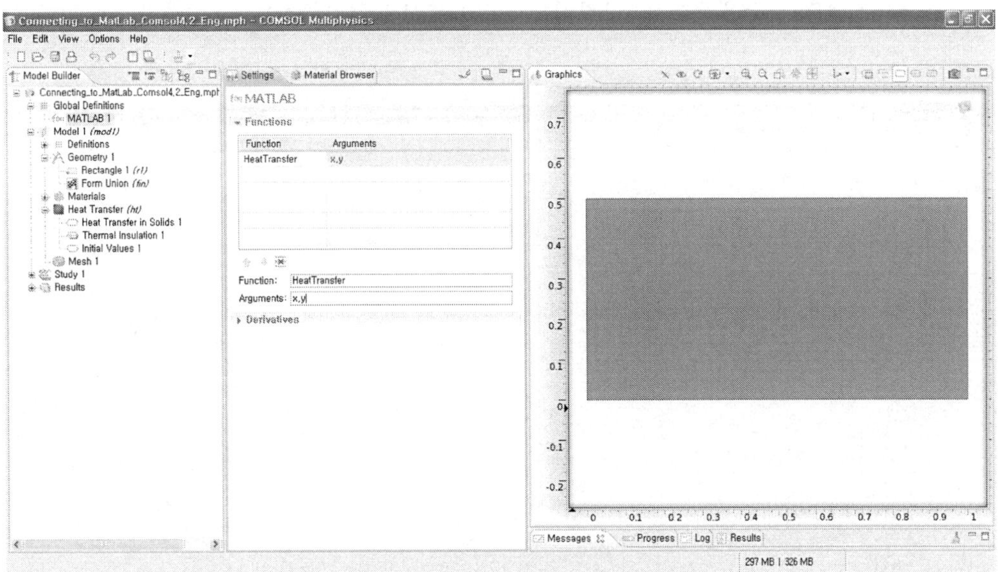

그림 6-7-2 'HeatTransfer' 함수 설정하기

7-3. 이제, 'MATLAB Script Edit'를 이용하여 'HeatTransfer(x,y)' 함수를 만들어 'HeatTransfer.m' 파일로 'MATLAB'의 '**작업** Directory'에 저장 합니다. 'MATLAB Script Edit'를 이용하여 작성한 'HeatTransfer(x,y)' 함수는 그림 6-7-3과 같다.

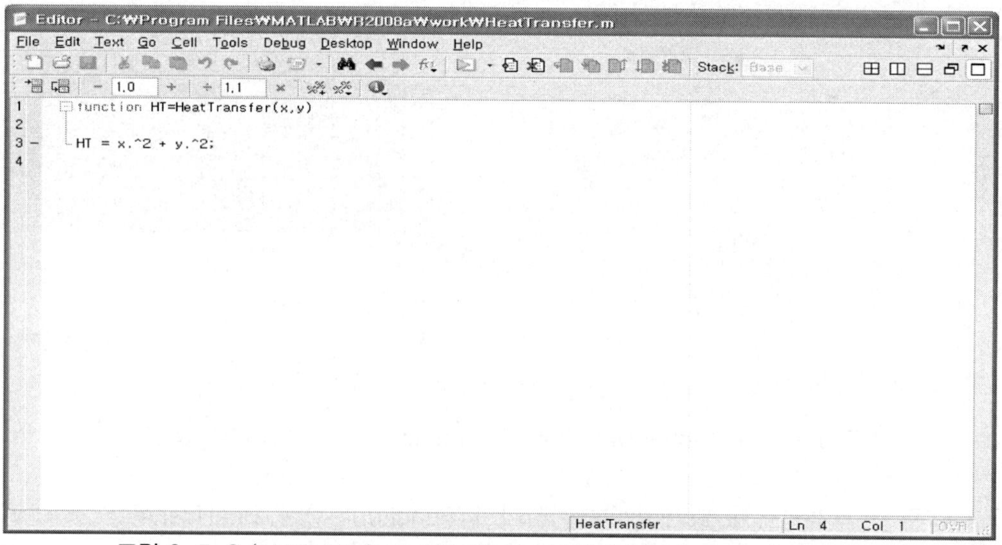

그림 6-7-3 'MATLAB Script Edit' 로 작성한 'HeatTransfer(x,y)' 함수

7-4. 이제, 그림 6-7-4와 같이 'MATLAB Edit'를 이용하여 작성한 'HeatTransfer.m' 파일을 MATLAB의 **작업 폴더**에 저장하고, **동일 폴더**에 'COMSOL Multiphysics' **모델 파일**도 저장합니다.

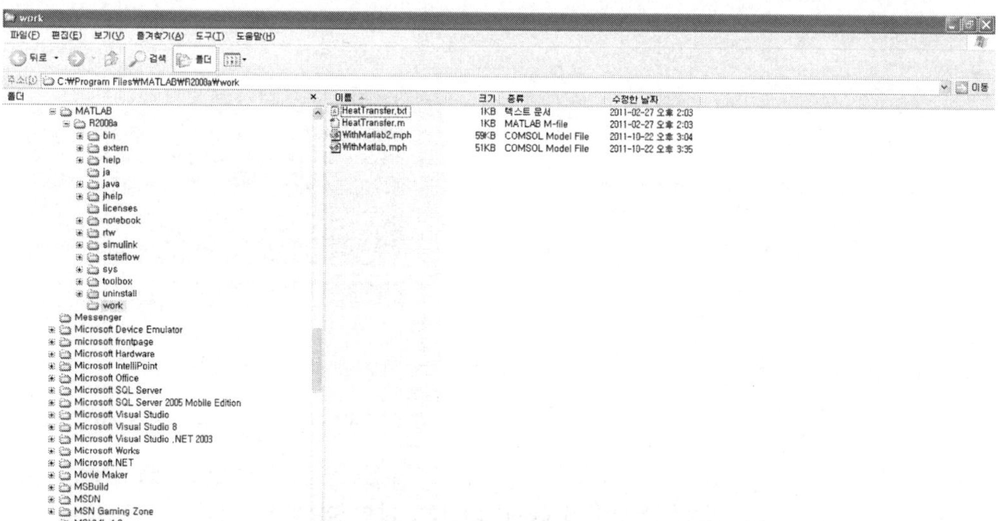

그림 6-7-4 HeatTransfer 함수, 'COMSOL Multiphysics' 모델파일 저장하기

8-1. 이제 해석 모델에 대한 **경계 조건**들을 설정해 보자. 그림 6-8-1과 같이 'Model Builder' 페이지의 'Heat Transfer (ht)' 를 마우스 오른쪽 마우스를 클릭하여 나타난 메뉴에서 'Temperature'를 클릭하여 선택하자. 그러면 그림 6-8-2와 같이 'Heat Transfer (ht)' 아래에 서브 항목인 'Temperature 1' 이 생성된다.

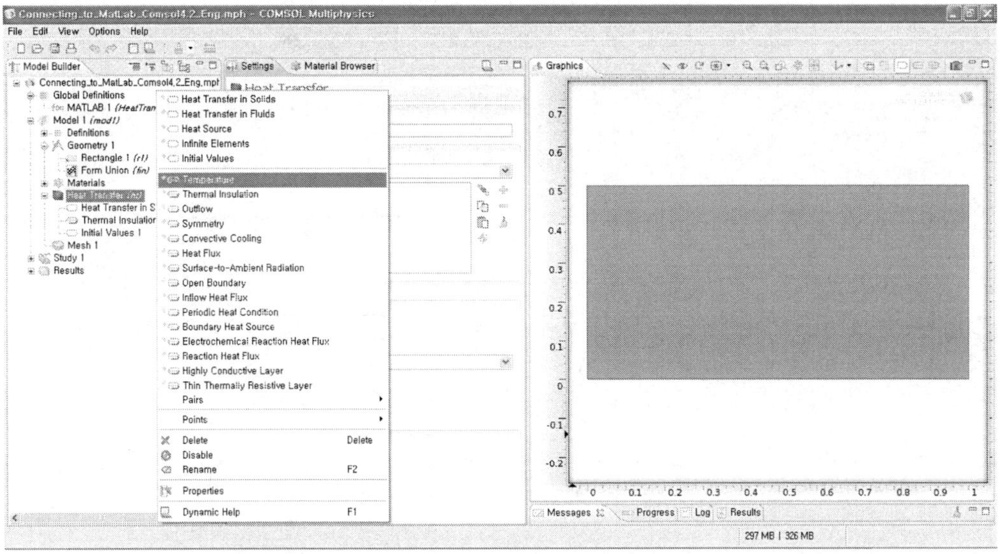

그림 6-8-1 'Heat Transfer (ht)' 아래 'Temperature 1' 서브 항목 추가하기

8-2. 위와 같은 방법으로 그림 6-7-2와 같이 'Temperature 2' 도 생성하자.

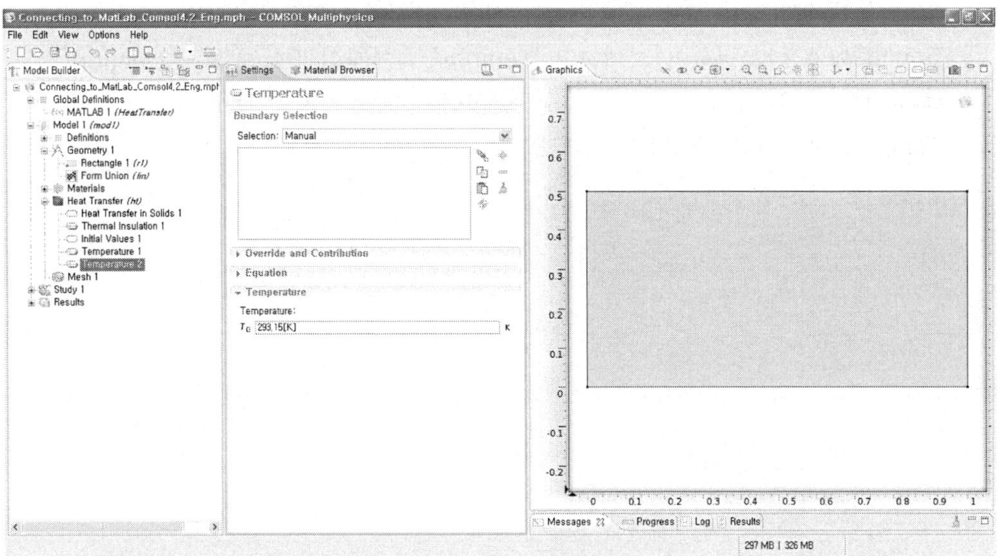

그림 6-8-2 'Heat Transfer (ht)' 아래 'Temperature 2' 서브 항목 추가하기

8-3. 그림 6-8-3과 같이 추가된 'Temperature 1'을 선택하자. 'Graphics' 페이지에서 'Boundary 1'을 클릭하여 선택하고 'Settings' 페이지의 'Boundary Selection' 부분에서 'Add to Selection' ✚ 버튼을 클릭하여 추가하자. 'Temperature' 부분에서 'Temperature: '값을 ' 400[K]' 로 타입하자.

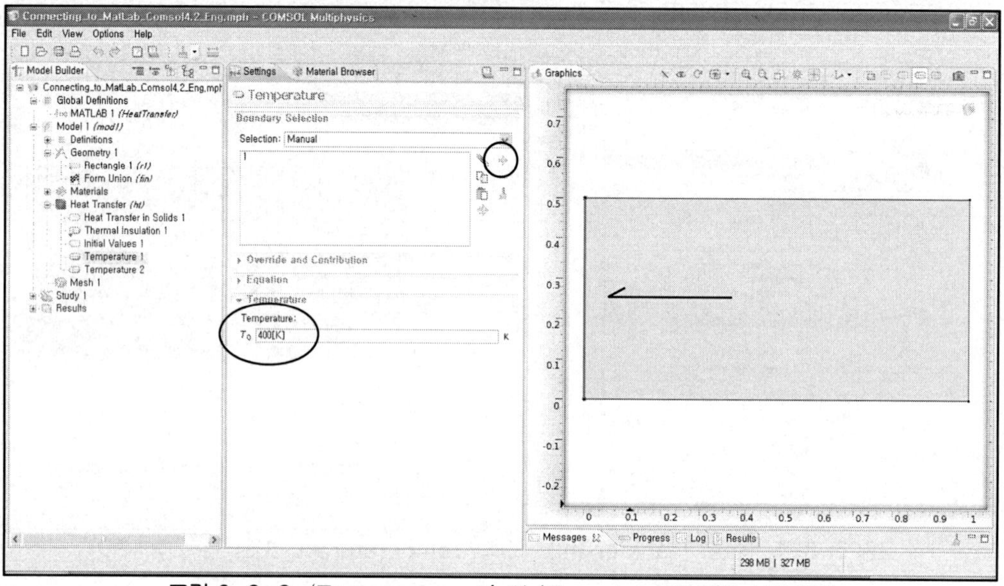

그림 6-8-3. 'Temperature 1' 의 'Boundary 1' 조건 설정하기

8-4. 그림 6-8-4와 같이 추가된 'Temperature 2'를 선택하자. 'Graphics' 페이지에서 'Boundary 4'를 클릭하여 선택하고 'Settings' 페이지의 'Boundary Selection' 부분에서 'Add to Selection' ✚ 버튼을 클릭하여 추가하자. 'Temperature' 부분에서 'Temperature:'값을 '300[K]' 로 타입하자.

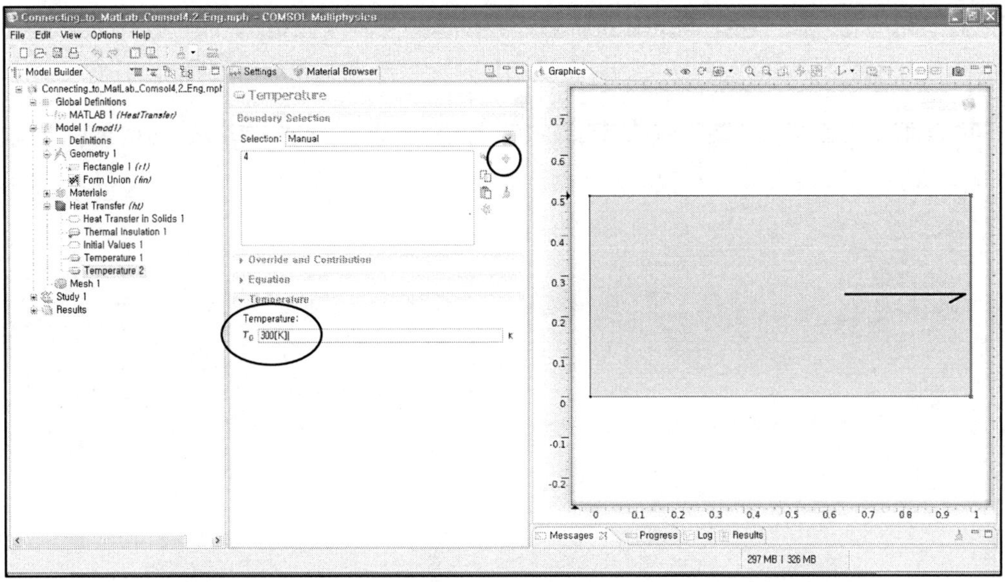

그림 6-8-4. 'Temperature 2' 의 'Boundary 4' 조건 설정하기

9. 그림 6-9와 같이 'Model Builder' 페이지의 항목 중 'Mesh 1'을 선택하고 오른쪽 'Settings' 페이지 상단의 'Build All' 버튼을 클릭하여 메쉬를 생성하자.

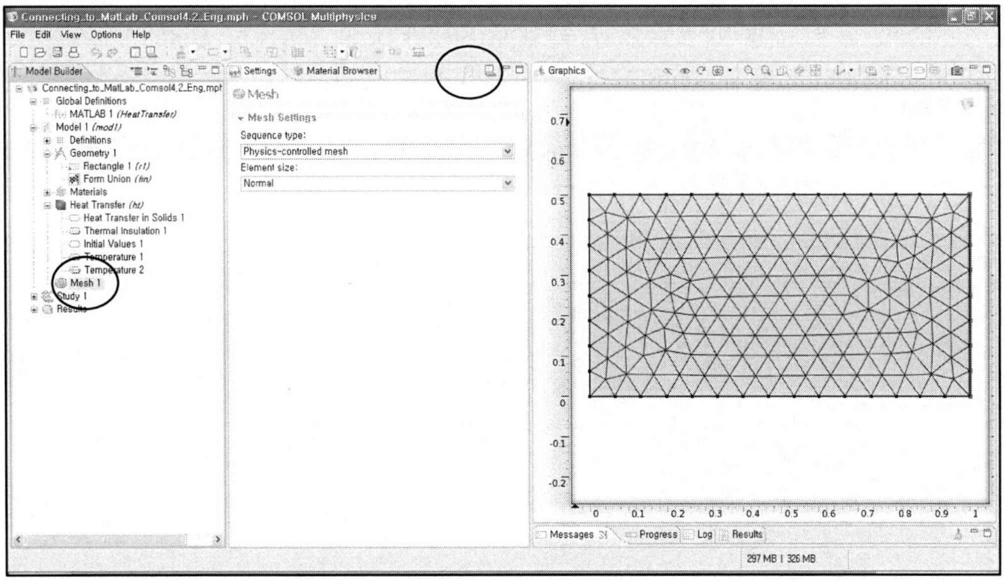

그림 6-9 'Mesh' 설정하기

10-1. 그림 6-10-1과 같이 'Model Builder' 페이지의 항목 중 'Study 1'을 선택하고 오른쪽 'Settings' 페이지 상단의 'Compute' 버튼 을 클릭하여 계산해보자.

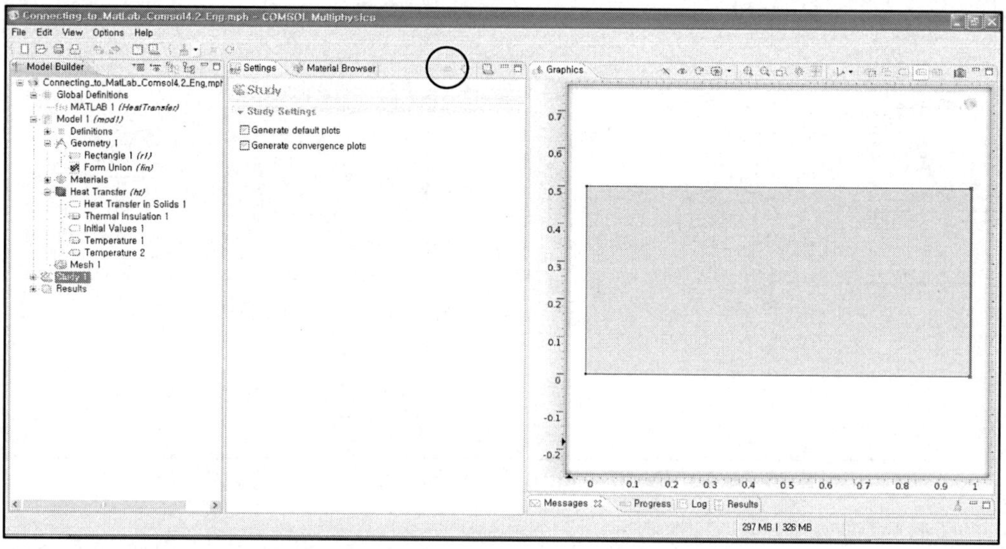

그림 6-10-1 'Compute' 버튼 을 클릭하여 계산하기

10-2. 'COMSOL Multiphysics'에서 'MATLAB'과 연결을 시도한다. 'MATLAB'과 연동하여 해석이 정상적으로 수행될 경우 그림 6-10-2와 같이 'MATLAB Command Window'가 Background에 Loading 되는 것을 확인할 수 있다.

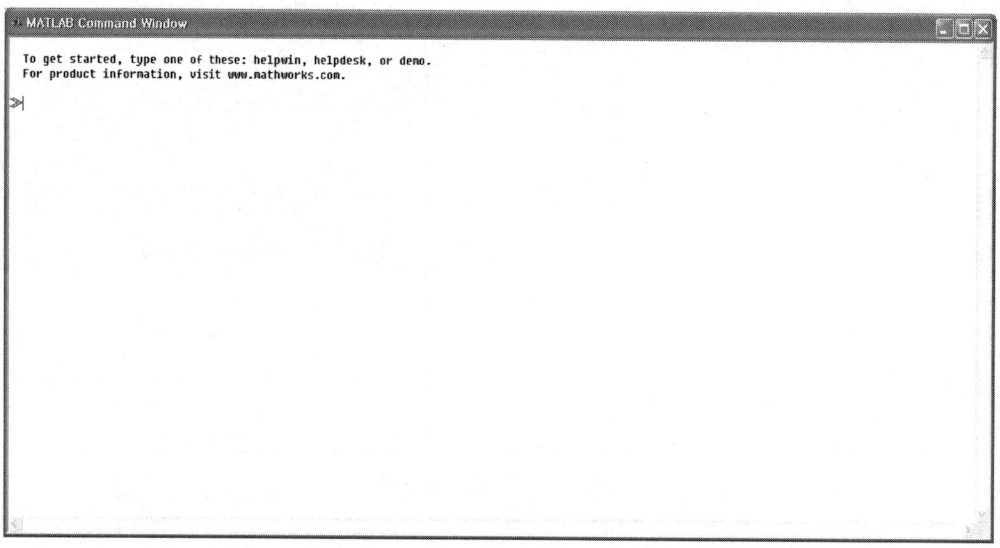

그림 6-10-2 Background에 Loading 된 'MATLAB Command Window'

10-3. 만약 매트랩과 연동하는 부분에 문제가 있을 경우 그림 6-10-3과 같은 에러 메시지가 나타난다. 이 경우 다시 한번 6-10-2과정을 수행한다. 그래도 동일한 에러 메시지가 나타날 경우는 'MATLAB'의 정상 실행 여부를 확인해야 한다.

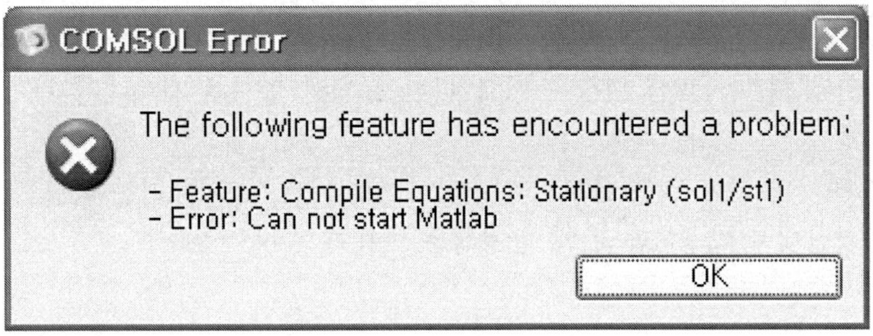

그림 6-10-3 'MATLAB'과의 연동에 실패했을 경우 나타나는 에러 메시지

10-4. 그림 6-10-4와 같이 결과가 보일 것이다.

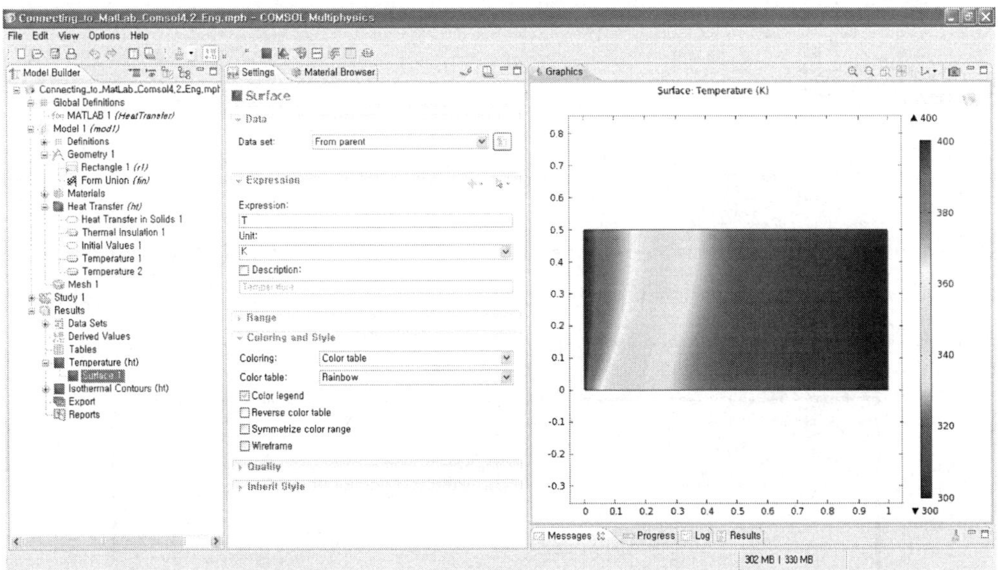

그림 6-10-4. 'MATLAB'과 'COMSOL Multiphysics'가 연동하여 해석한 결과

제7장. 확산 문제 (Diffusion Problem)

확산이란 어떤 물질 속에 서로 다른 이종 물질이 균일하게 섞여 들어가는 현상이다. 예를 들면 잔잔한 순수 물질에 잉크 한 방울을 떨어뜨리면 잉크가 물 전체로 시간의 함수로 펴져 나가는 것을 볼 수 있을 것이다. 이와 같은 현상은 액체와 액체 및 기체와 기체 사이에서도 볼 수 있다. 이 확산 현상은 서로 다른 물질의 밀도의 차이에서 발생하는 자연의 현상이다.

높은 온도에서의 열이 낮은 온도로 열전달이 일어나는 것도 이러한 확산 현상의 하나라고 하겠다. 확산에서 발생하는 지배 방정식은 다음과 같다.

$$\delta_{ts}\frac{\partial c}{\partial t} + \nabla \cdot (-D\nabla c) = R \qquad (7\text{-}1)$$

여기서 δ_{ts}는 'time scaling coefficient', D는 'diffusion coefficient', R은 'reaction rate' 이다. 여기서 D가 위치에 대해서 방향성을 가진다면 확산과정은 'anisotropic' 과정이라고 말할 수 있다.

▣ 예제 문제 정의

그림 7과 같이 '가로 x 세로' (2m x 1m) 인 직사각형 사이에 잉크와 물이 서로 분리되어 있다. 가운데 칸 막이를 갑자기 제거할 때 시간에 따른 잉크와 물이 순수한 확산에 의한 농도 변화를 풀고자 한다. 이때 물속에 잉크의 확산 계수 (Diffusion Coefficient)가 21 ℃에서 3.16E-10 m^2/s [1] 이라고 하자. 나머지 컴퓨터 해석을 위한 물성치는 아래 표 7-1에 잘 나타나 있다.

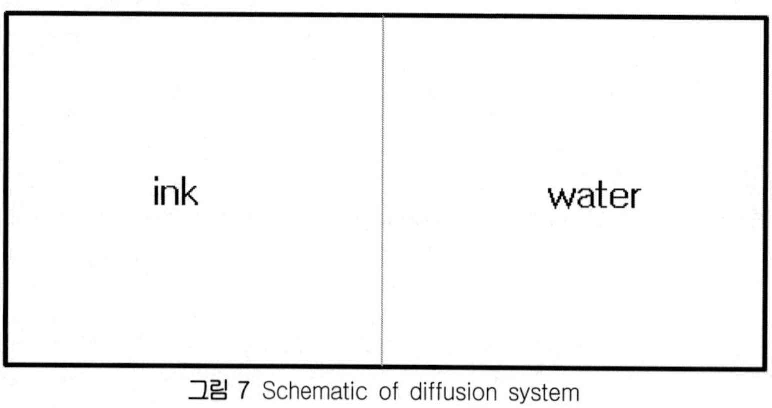

그림 7 Schematic of diffusion system

표 7-1. Properties of diffusion system

MATERIAL PARAMETER	EXPRESSION	VALUE	UNIT
Diffusion coefficient	D	3.16E-10	m^2/s
Initial concentration of water	C_init_water	0	mol/m^3
Initial concentration of ink	C_init_ink	1	mol/m^3

▣ 예제 문제 따라하기

본 예제는 '가로 x 세로 (2m x 1m)' 인 직사각형 사이에 잉크와 물이 완전히 확산되는 시간 등을 컴퓨터 해석을 통해서 예측해 보고 에니메이션을 통해서 확산 정도를 시각화 한다. 또한 고찰을 통해서 결과를 서로 토의해 보고자 한다.

1. 그림 7-1와 같이 'Model Wizard' 페이지의 'Select Space Dimension'에서 '2D'를 선택하고 'Next' 버튼 을 누른다.

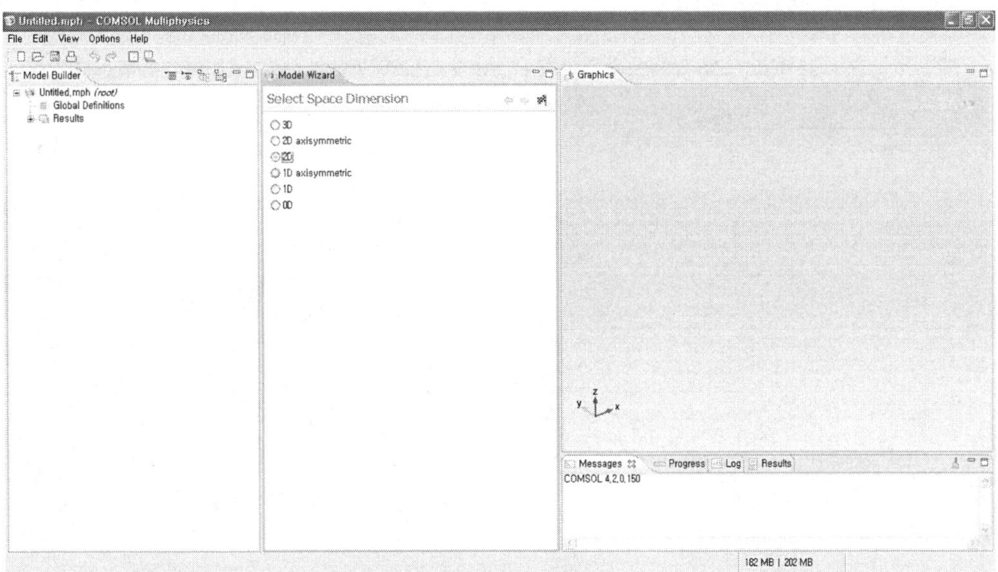

그림 7-1. Model Wizard, 'Select Space Dimension'에서 '2D'를 선택하기

2-1. 그림 7-2-1과 같이 'Add Physics' 윈도우에서 'Chemical Species Transport '-Transport of Diluted Species (chds)'을 선택하고, 상단의 'Next' 버튼 을 클릭한다.

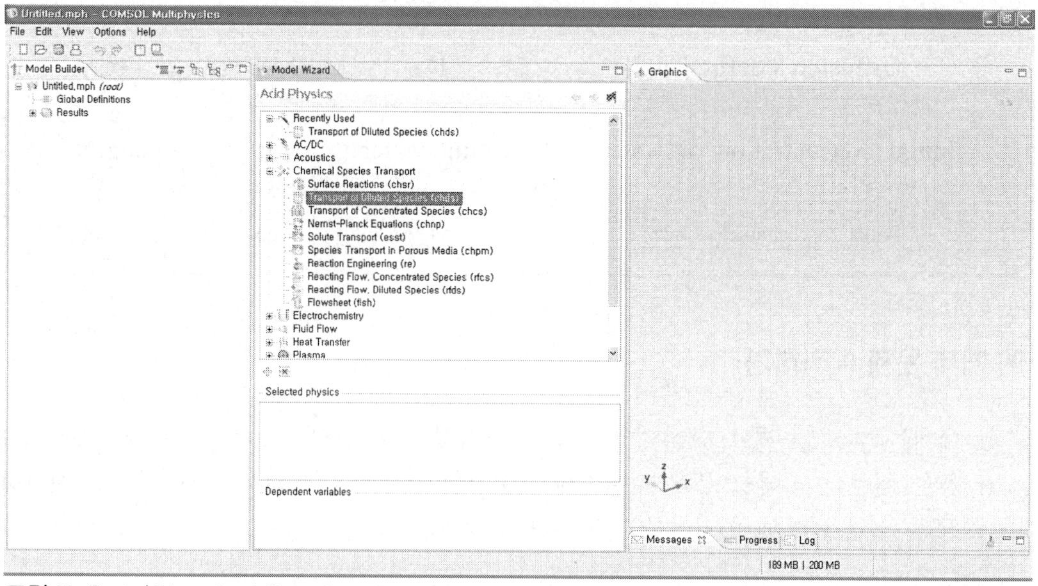

그림 7-2-1 'Chemical Species Transport - Transport of Diluted Species (chds)' 선택하기

2-2. 그림 7-2-2와 같이 'Select Study Type'에서 'Time Dependent'를 선택하고 상단에 'Finish' 버튼을 클릭한다.

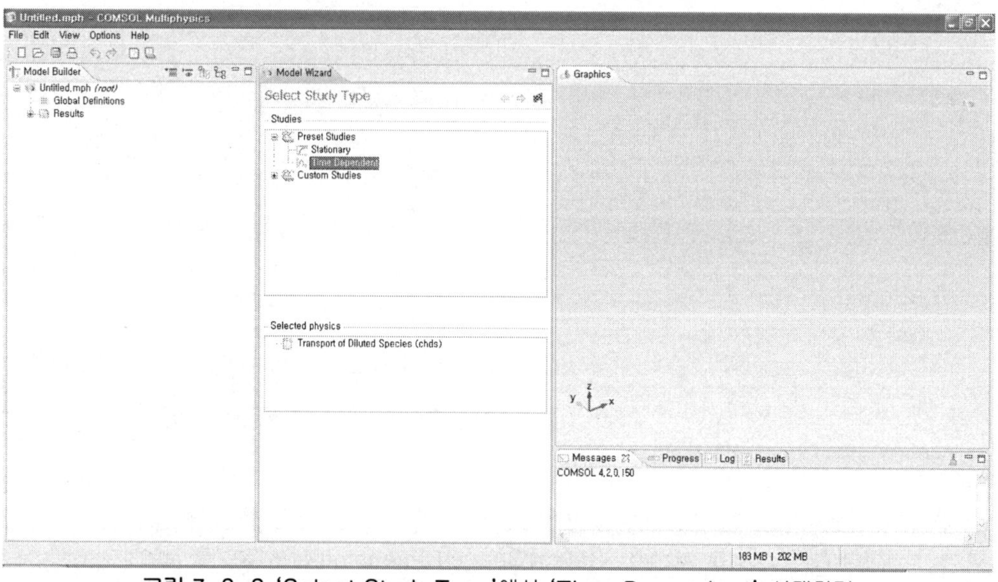

그림 7-2-2 'Select Study Type'에서 'Time Dependent' 선택하기

3-1. 그림 7-3-1과 같이 사각형 모델링을 하기위해서 'Model Builder' 페이지에서 'Geometry 1'에 마우스 오른쪽 클릭하여 나타난 팝업 메뉴에서 'Rectangle'을 선택한다.

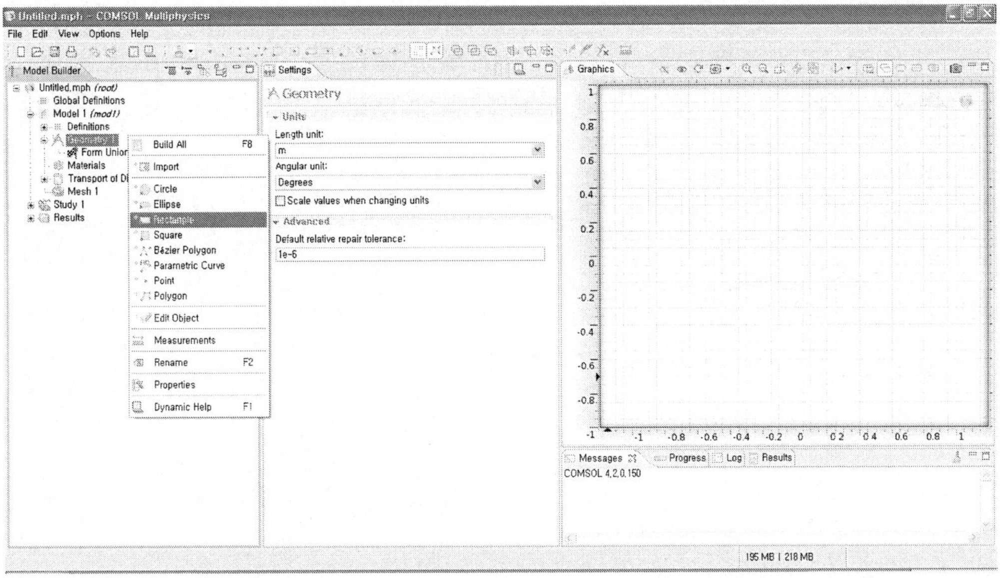

그림 7-3-1 사각형 모델링-'Rectangle'을 선택하기

3-2. 그림 7-3-2와 같이 'Settings' 페이지의 'Rectangle' 윈도우에서 'Size' 항목의 'Width:2 Height:1'로 타입한 후 'Build All' 버튼을 클릭한다.

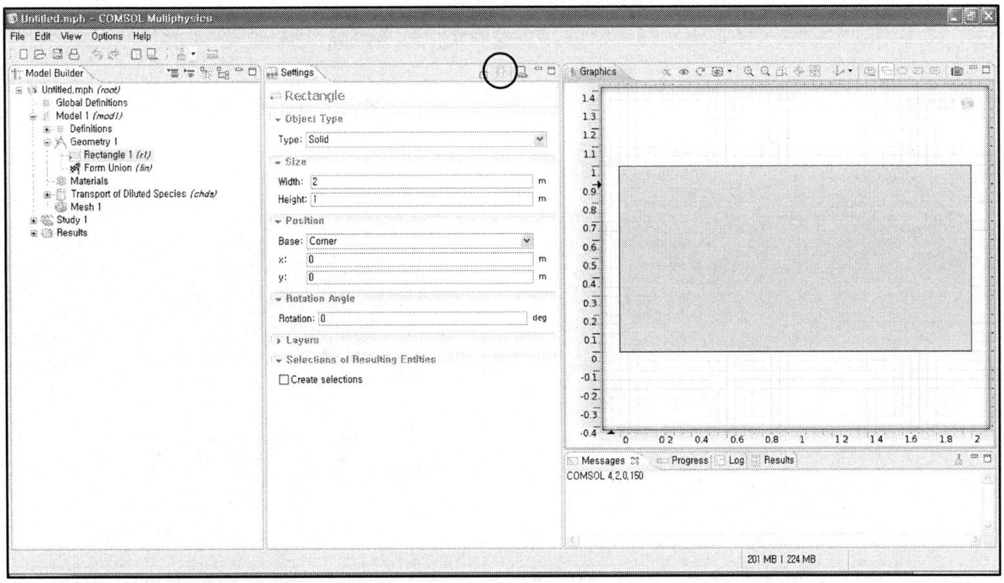

그림 7-3-2 사각형 모델링-'Settings' 페이지, 'Rectangle' 윈도우의 'Size' 항목 설정하기

4-1. 그림 7-4-1과 같이 사각형 내에 칸막이를 그리기 위해서 'Model Builder' 페이지에서 'Geometry 1'을 클릭하고 오른쪽 마우스를 클릭하여 나타난 팝업 메뉴에서 'Polygon'을 선택한다.

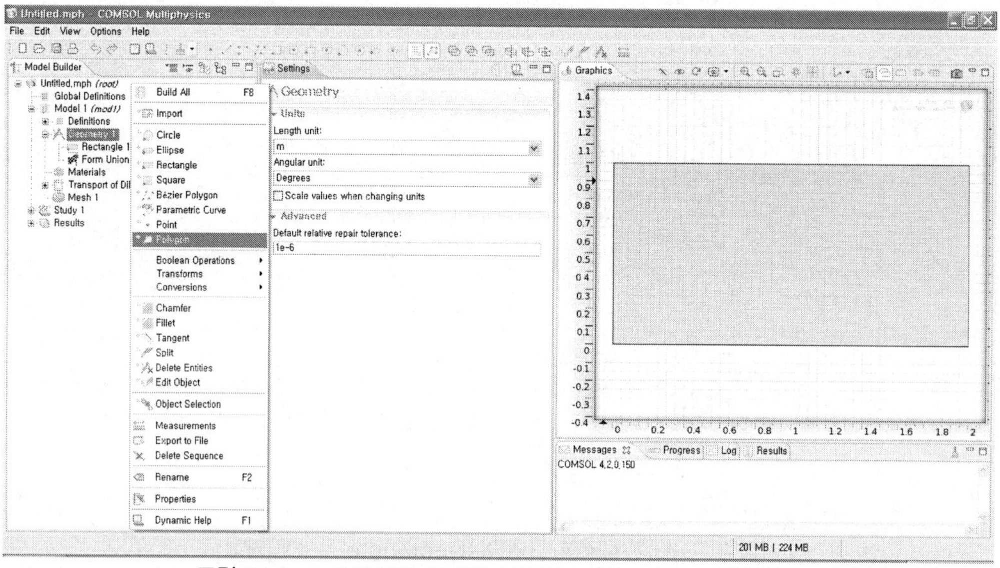

그림 7-4-1 사각형내 칸막이 그리기 - 'Polygon' 선택하기

4-2. 그림 7-4-2와 같이 'Settings' 페이지의 'Polygon' 윈도우에서 'Coordinates'란에 'x'에는 '1 1'을, 'y'에는 '0 1'을 기입하고 'Build Selected' 버튼을 클릭한다.

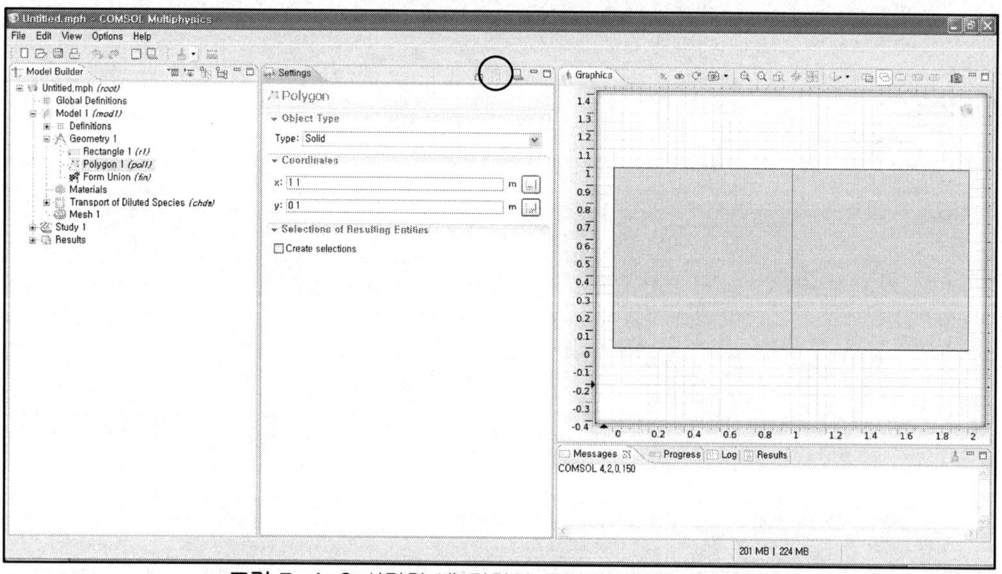

그림 7-4-2 사각형 내 칸막이 그리기- 좌표 기입하기

5-1. 표 7-1의 상수를 정의하기 위하여 그림 7-5-1과 같이 'Model Builder' 페이지의 'Global Definitions'에 마우스 오른쪽 클릭하여 'Parameters'를 선택하면 'Parameters'가 나타난다.

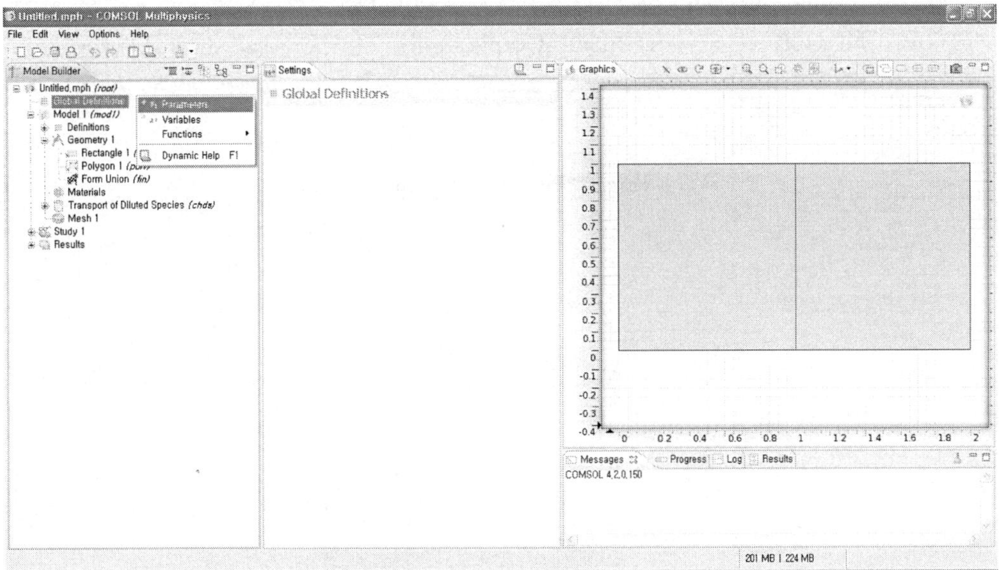

그림 7-5-1 'Parameters' 설정

5-2. 'Parameters'를 선택하고 'Settings' 페이지의 'Parameters' 윈도우에 아래 그림 7-5-2와 같이 메인 메뉴 표 7-1의 값을 타입한다.

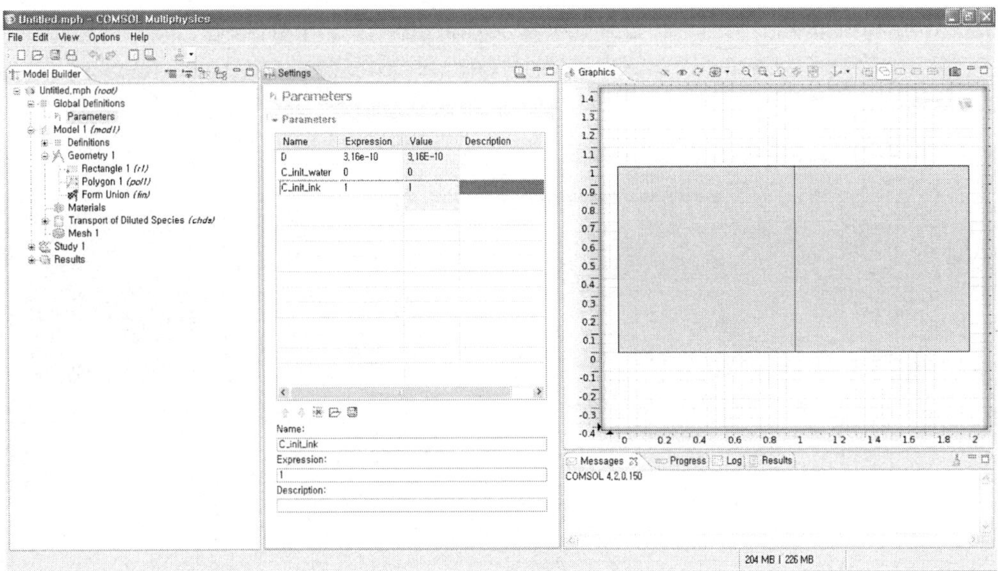

그림 7-5-2 'Parameters' 정의하기

6. ‘소영역 설정’을 위해서 그림 7-6과 같이 ‘Model Builder’ 페이지의 ‘Transport of Diluted Species (chds)’에서 ‘Convection and Diffusion 1’을 선택하고 'Settings' 페이지의 ‘Convection and Diffusion’ 윈도우에서 ‘Domain’부분은 ‘1’영역과 ‘2’영역 모두 선택하고, ‘Diffusion ’부분의 ‘Diffusion Coefficient’를 정의한 대로 ‘D’를 타입한다.

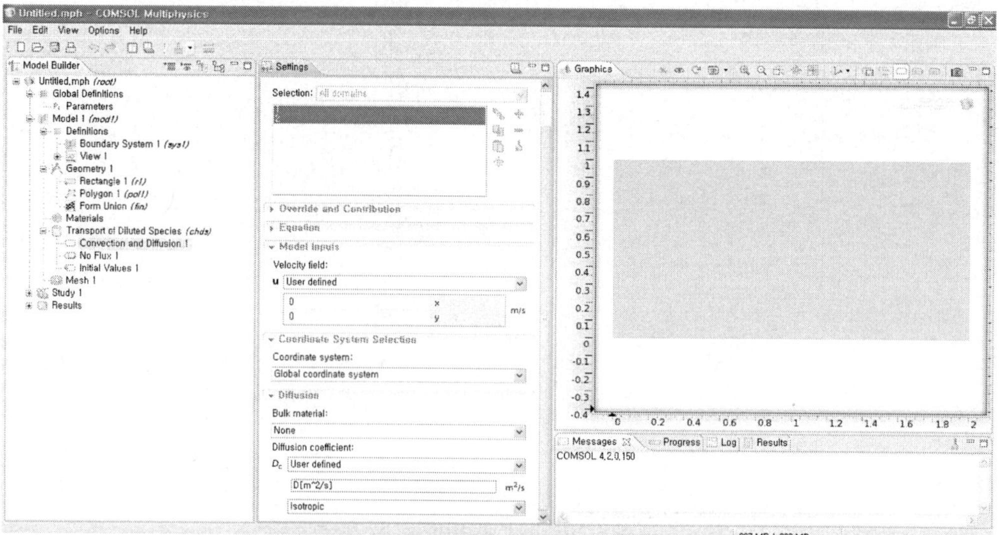

그림 7-6 소영역 설정 - 대류 및 확산1 설정

7-1. 그림 7-7-1과 같이 ‘Model Builder’ 페이지의 ‘Initial Values 1’을 선택하여 'Settings' 페이지의 ‘Domain’ 영역을 ‘1’로 선택한 후 아래의 ‘Initial Values’ 영역의 ‘Concentration c’의 값에 정의한대로 ‘C_init_ink’의 변수를 타입한다.

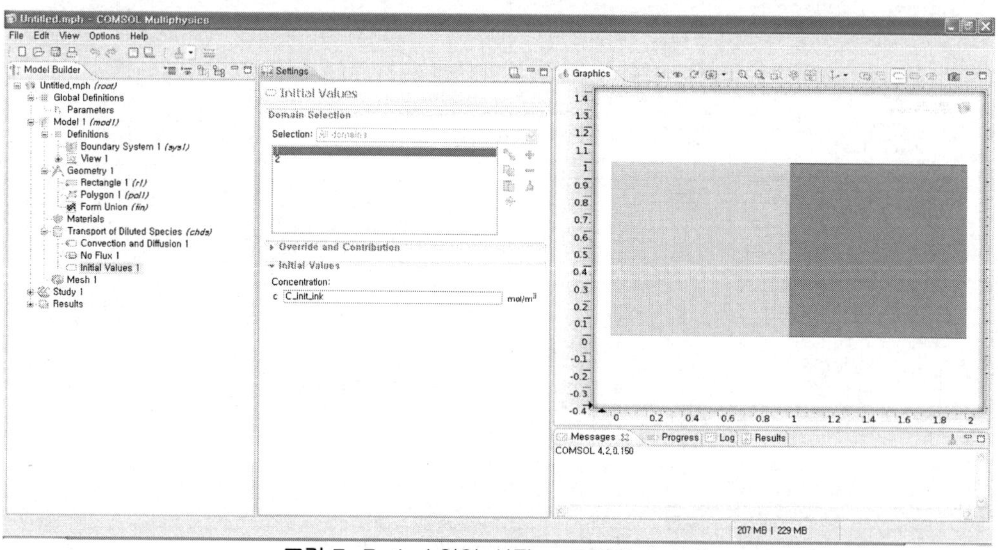

그림 7-7-1 소영역 설정 - 초기값 1 설정

7-2. 그림 7-7-2와 같이 'Model Builder' 페이지의 'Transport of Diluted Species (chds)'을 선택하고 마우스 오른쪽 버튼을 클릭하여 'Initial Values 2'를 생성한다.

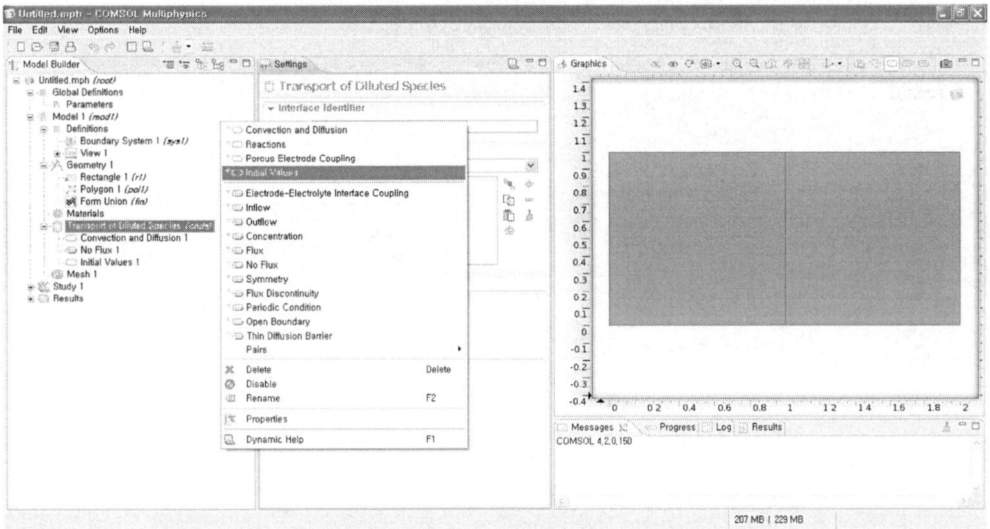

그림 7-7-2 소영역 설정 - 초기값2 생성

7-3. 그림 7-7-3과 같이 새로 생성된 'Model Builder' 페이지의' Initial Values 2 '를 선택하고, 'Settings '페이지의' Initial Values '윈도우에서' Domain ' 부분을 설정한다. 여기서, 오른쪽의 'Graphics' 페이지에서 모델링된 영역 왼쪽을 선택하고(영역1) 'Settings ' 페이지의' Add to Selection '✚버튼을 클릭하여 소영역' 2 '을 추가한다. 추가된 소영역' 2 '을 선택한 후' Concentration c '의 값에' C_init_water '의 변수를 타입한다.

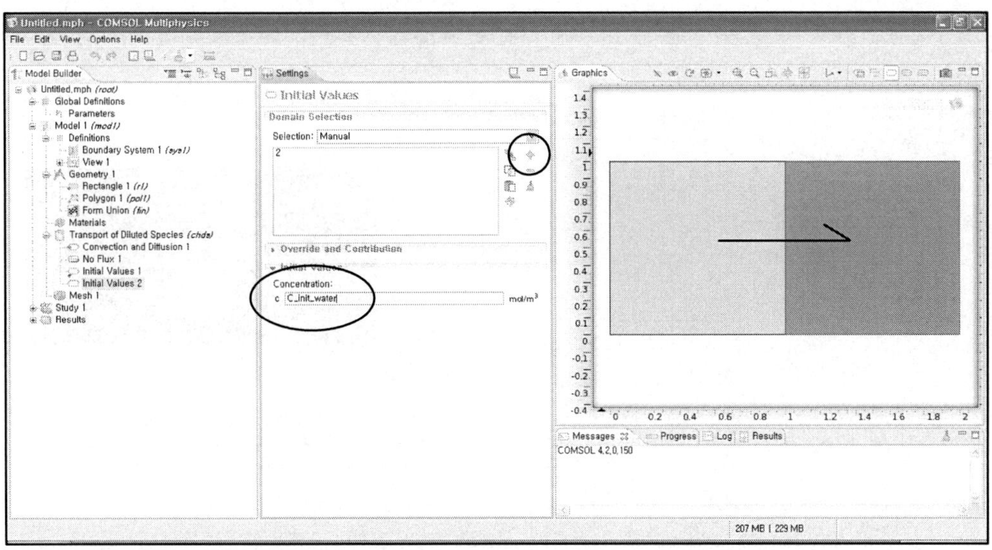

그림 7-7-3 소영역 설정 - 초기값 2 설정하기

8.' **경계조건을 설정** '하기 위해서 그림 7-8과 같이' Model Builder '페이지의 'Transport of Diluted Species (chds)' 에서' No Flux 1 '을 선택하고 오른쪽의' Settings '페이지에서 모든 경계가 유속 없음 설정인지를 확인한다.

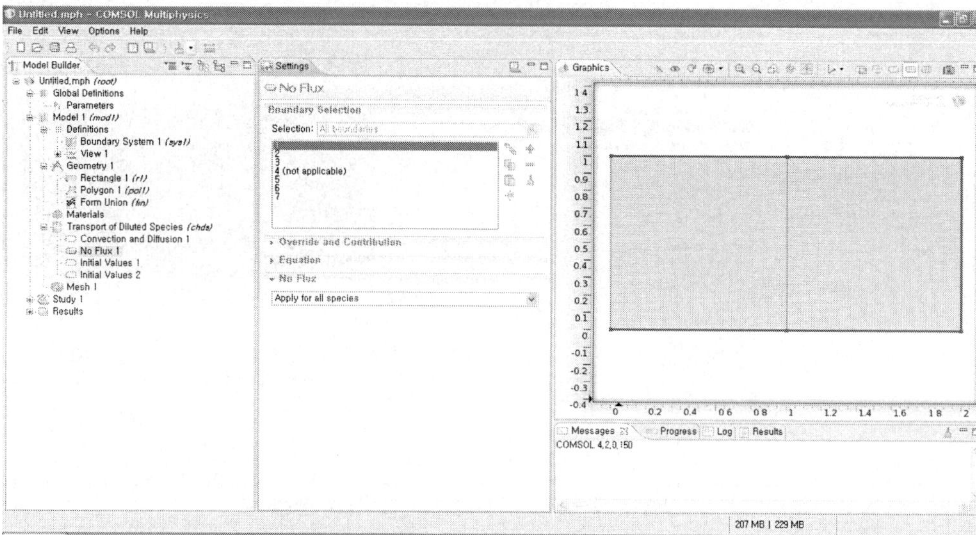

그림 7-8 경계조건 설정 – 'No Flux' 확인

9. 격자 생성을 위해서 그림 7-9와 같이 'Model Builder'에서 'Mesh 1'을 선택하고 메쉬 윈도우에서 요소 크기를 'Extremely fine'으로 설정한 후 ' Build All' 버튼을 클릭한다. 본 메쉬 타입이나 메쉬 크기의 정의는 상당한 경험에 의해 결정해야 한다. 컴퓨터 메모리나 컴퓨터 성능에 따라서 컴퓨터 해석 시간이 메뉴 사이즈에 반비례하게 결정된다.

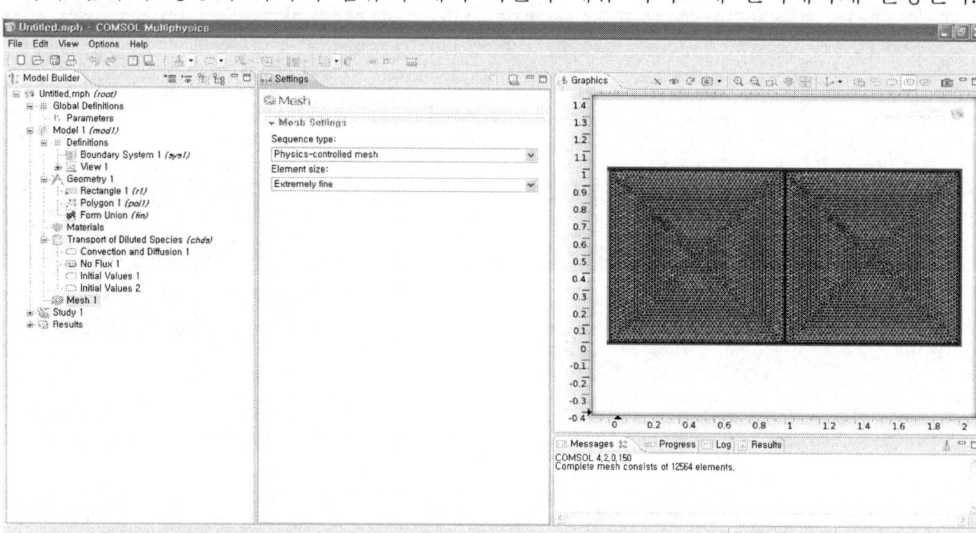

그림 7-9 메쉬 생성

10. 해석을 위해서 그림 7-10과 같이 'Model Builder' 페이지에서 'Study 1'의 'Step1: Time Dependent'을 선택하고 'Setting' 페이지의' Time' 옆의 아이콘을 클릭하여 시간 범위에서' Start/Stop/Step '를 각각' 0/1e10/1e8 '로 타입한 후에 'Replace' 버튼을 누른다.

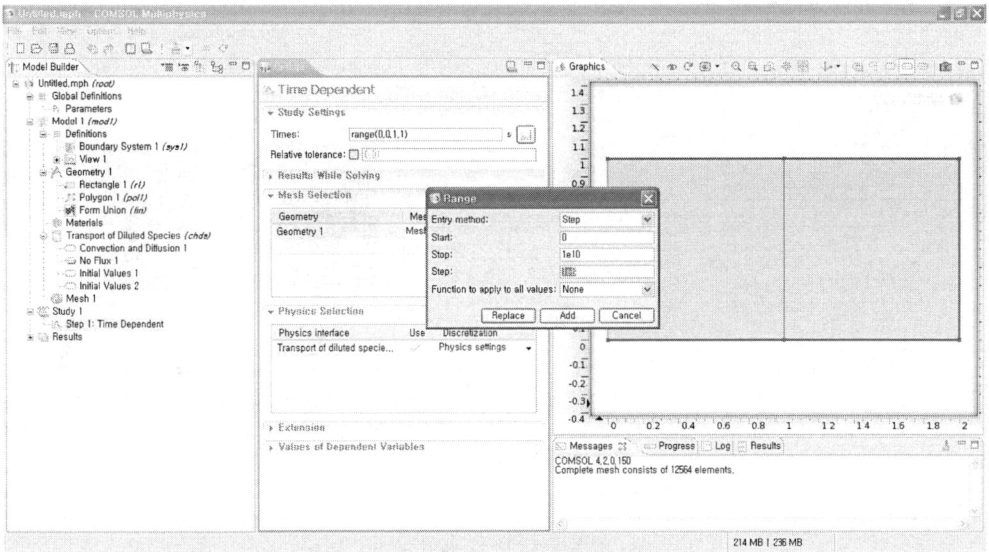

그림 7-10 Time Dependent 설정

11-1. 해석을 수행하기 위하여 그림 7-11-1과 같이 'Model Builder' 페이지에서' Study 1'을 마우스 오른쪽 클릭하여' Compute'를 선택하라. 혹은 상단의 매인 메뉴에서 ' Compute' 를 클릭하라.

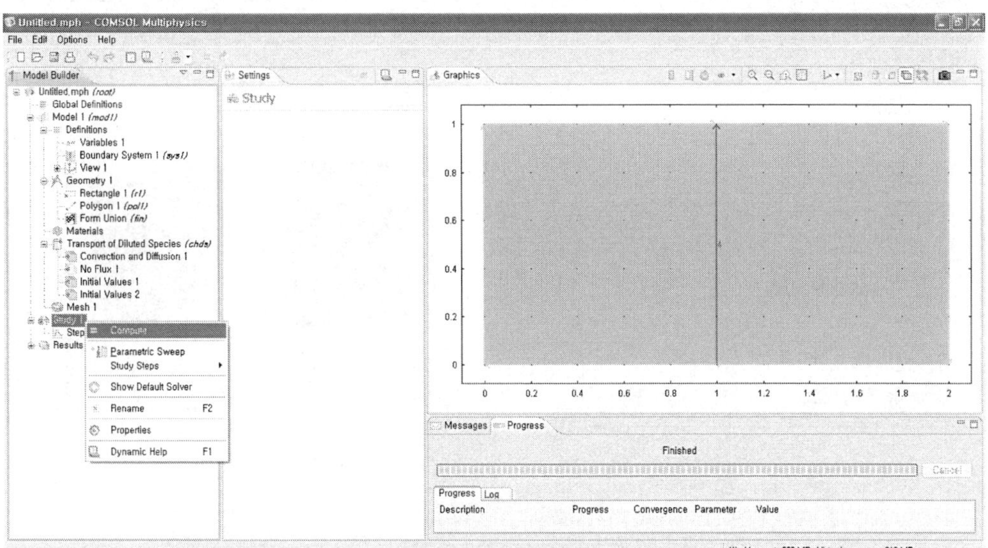

그림 7-11-1 'Compute' 실행하기

11-2. 그림 7-11-2는 해석 결과를 보여준다.

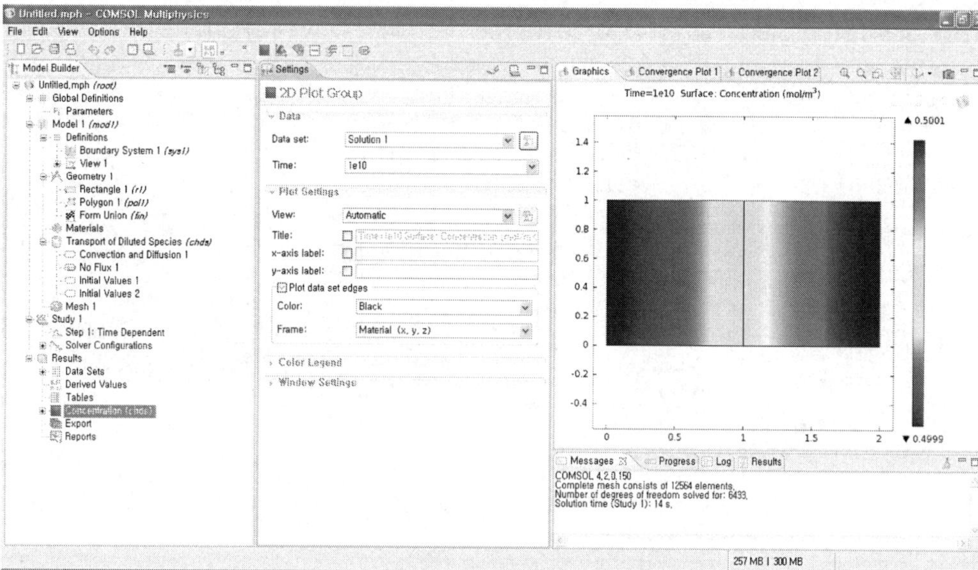

그림 7-11-2 해석 결과

12-1. 애니메이션을 보기위해서 그림 7-12-1과 같이 ' Model Builder ' 페이지에서 ' Export ' 를 오른쪽 마우스 클릭하여 ' Animation '을 선택하라.

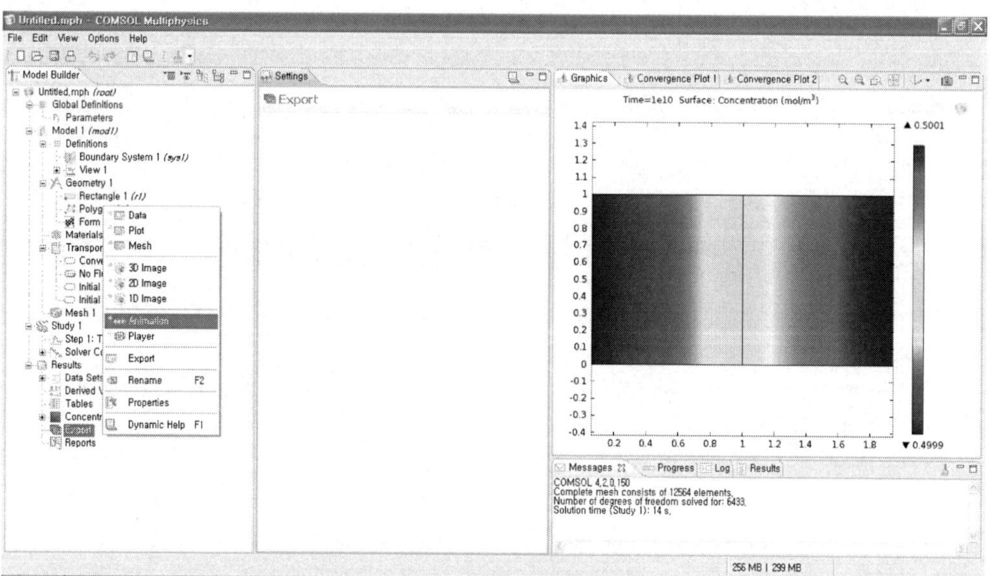

그림 7-12-1 'Animation' 보기 1

12-2. ‘ Settings ’페이지의 ‘ Animation ’윈도우에서 ‘ Parameter Sweep ’부분에서 ‘ Times ’를 모두 선택한 다음, 상단의 ‘ Export ’ 버튼을 클릭하면 애니메이션을 볼 수 있다.

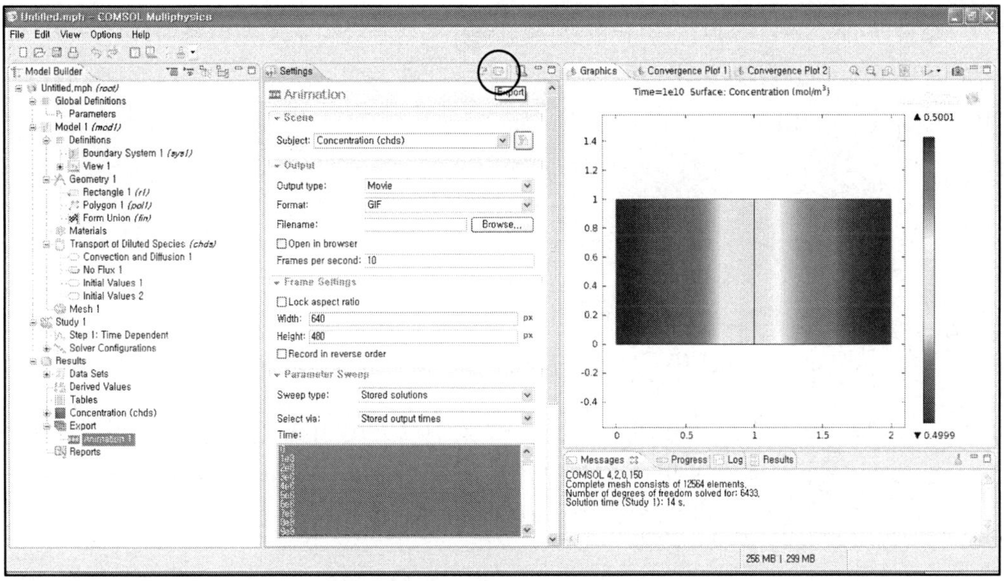

그림 7-12-2 ‘Animation’ 보기 2

12-3. ‘ Settings ’페이지의 ‘ Animation ’윈도우에서 ‘ Output ’부분에서 ‘ Format ’을 ‘ AVI ’로 선택한 다음, ‘ Browse ’버튼을 이용하여 출력할 폴더 및 ‘ Filename ’을 설정하고 상단의 ‘ Export ’ 버튼을 클릭하면 애니메이션을 저장할 수 있다.

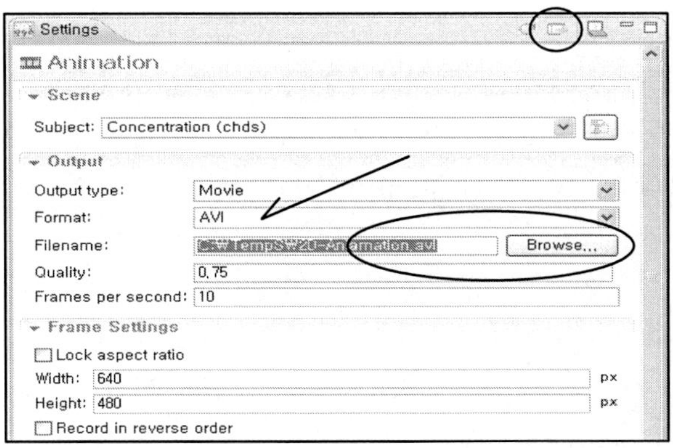

그림 7-12-3 ‘Animation’ 파일 만들기

▣ 결과 고찰하기

물속에 잉크의 확산계수는 3.16E-10 m^2/s 로 매우 작기 때문에 가로 x 세로 (2m x 1m)인 직사각형에서의 확산을 완전히 끝나는 시간이 10^10sec 정도로 무한대의 시간이 걸린다고 생각할 수 있다. 그러므로 순수한 확산만으로 완전한 자연 확산을 기대하기가 힘들기 때문에 Convection의 효과 (쉐이크나 막대로 강제 확산)로 잉크의 확산을 증대시켜 주어야 함을 알 수 있다.

▣ 연습문제

1. 가로 x 세로 (50mm x 1mm)의 채널 한 쪽 끝에 1 mol/m^3의 잉크가 주어진다고 할 때 (c=const), 나머지 채널 벽면은 절연이라고 가정하자. 10분후에 채널 길이에 따라 잉크의 프로파일 변화를 그려라. (잉크의 확산계수, D=3E-9 m^2/s)

2. 가로 x 세로 (10mm x 10mm)의 정사각형 가운데에 직경 1mm의 잉크 1 mol/m^3 한 방울을 떨어뜨렸다고 할 때, 10분후의 잉크의 직경을 그려라. (잉크의 확산계수, D=3E-9 m^2/s)

3. 가로 x 세로 (50mm x 50mm)의 정사각형 왼쪽 상단 귀퉁이에 직경 2mm의 잉크 1 mol/m^3 한 방울을 떨어뜨렸다고 할 때, 20분후에 정사각형 내부 잉크의 농도 프로파일을 그려라. (잉크의 확산계수, D=3E-9 m^2/s)

▣ References

1. Eur. J. Phys. 25 (2004) 331 - 336

제8장. 비압축성 나비어-스톡스 (Incomplessible Navier-Stokes)

초음속으로 비행하는 제트기나, 영화 메트릭스에서 보는 것처럼 공기 속을 가로지르는 탄환, 바다 속에서 움직이는 잠수함, 도로 위를 달리는 자동차들은 모두 그들의 움직임으로 생성되는 유체의 흐름이 있다. 이러한 유체의 움직임은 그 자체로서 끝나는 것이 아니라 움직이는 물체의 상태에도 영향을 끼친다. 예를 들면 항공기 표면의 온도에 영향을 준다든지 자동차의 디자인에 영향을 준다. 따라서 물체 표면에서의 압력, 밀도, 속도와 온도의 분포를 알기 위해서는 유동장의 모든 점에서 유동 성질들인 압력, 밀도, 속도와 온도를 계산해 내면 그 결과로 물체에 작용하는 힘(양력 또는 항력)이나 모멘트 그리고 표면에서의 열의 전달을 계산할 수 있다. 그러므로 물체 표면에서 움직이는 유동적 성질이나 유체의 움직임을 예측하는 것은 매우 중요하다고 하겠다. 이러한 유체의 움직임을 표현하는 대표적인 방정식이 나비어-스톡스 방정식이라고 불리는데, 다음과 같은 몇 가지 가정에 의해서 모멘텀 밸런스의 특별한 형태로 만들어 질 수 있다.

1. 유체는 일정한 밀도를 가지고 있다
2. 유동은 laminar 형태로 움직인다.
3. 유체는 Newtonian 이다.

이러한 가정으로 만들어진 나비어-스톡스 방정식은 다음과 같다.

$$\rho\left(\frac{\partial \vec{u}}{\partial t} + \vec{u}\cdot\nabla\vec{u}\right) = -\nabla p + \nabla\cdot\eta\left(\nabla\vec{u} + (\nabla\vec{u})^{T}\right) + F$$

$$\nabla\cdot\vec{u} = 0 \qquad (8\text{-}1)$$

여기서 ρ는 유체의 밀도이고, η 유체의 점도이며, F는 중력에 의한 효과력 ($\rho\vec{g}$)이다. 또, 심볼 ∇는 gradient로 3차원일 경우 $\nabla = \frac{\partial}{\partial x}i + \frac{\partial}{\partial y}j + \frac{\partial}{\partial z}k$ 로 나타낸다. 그러므로,

$\nabla p = \frac{\partial p}{\partial x}i + \frac{\partial p}{\partial y}j + \frac{\partial p}{\partial z}k$ 이고, $\nabla\cdot\vec{u} = \frac{\partial u_x}{\partial x} + \frac{\partial u_y}{\partial y} + \frac{\partial u_z}{\partial z}$ 이다.

표 8-1. General boundary condition for fluid

경계 (Boundary)	경계조건 (Boundary Condition)	함수 (Equation)	사용처(Usage)
Wall	Sliding Wall	$u = u_{wall}$	Moving wall
	No slip (default)	$u = 0$	일반적인 벽면 경계 조건일 경우
Fluid Inlet	Inflow/Outflow boundary condition of velocity	$u = u_0$	속도 $u = const$ 또는 함수 $u = u_0(1-(\frac{r}{R})^2)$로 표현
	Pressure, No viscous Stress	$p = p_0$ and $\eta(\nabla\vec{u}+(\nabla\vec{u})^T)\vec{n}$	유체의 흐름은 경계에 수직으로 주어야함
Fluid Outlet	Velocity	$u = u_0$	
	Pressure, No viscous Stress	$p = p_0$ and $\eta(\nabla\vec{u}+(\nabla\vec{u})^T)\vec{n}$	
Axis of Symmetry	Slip/Symmetry condition	$\vec{u} \bullet \vec{n} = 0$	대칭조건일때
	Outflow/Pressure boundarycondition	$p = p_0$	압력이 주어질때
	Normal flow/Pressure or"straight-out" boundarycondition	$\vec{u} \bullet \vec{t} = 0$ and $p = p_0$	Fully developed flow

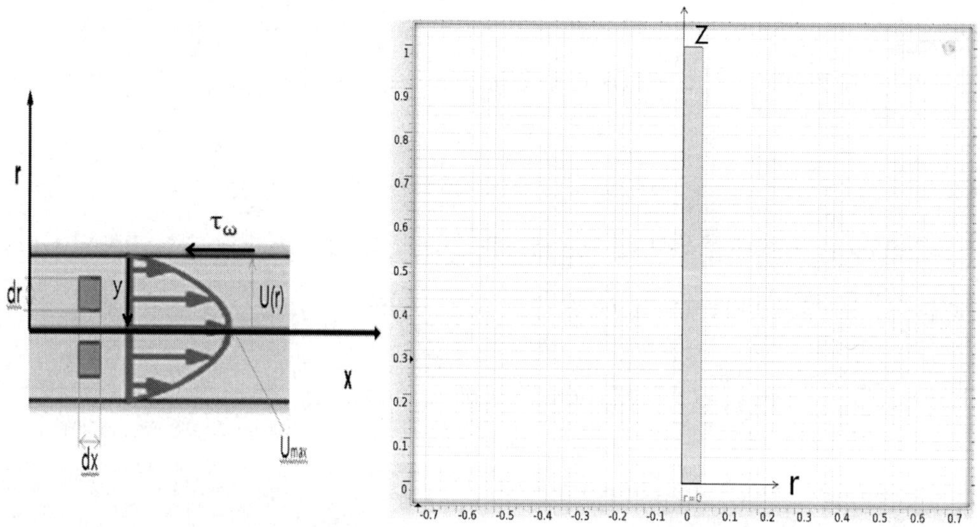

그림 8-1 미소 유체요소에 대한 자유물체도(좌), 컴솔 좌표계(우)

그림 8-1(좌)을 보면 알 수 있듯이 y=R-r이고, dy=-dr이다.

파이프 내부의 완전 발달 유동의 기하학적 식은 아래와 같다.

$$\frac{\mu}{r}\frac{d}{dr}\left(r\frac{du}{dr}\right) = \frac{dp}{dx} = C_1 \tag{8-2}$$

식(8-2)에 적분을 취하여 정리를 해보자.

$$\mu \int_0^r \frac{d}{dr}\left(r\,\frac{du}{dr}\right) dr = \int_0^r C_1\, r\, dr \tag{8-3}$$

$$\mu\, r\,\frac{du}{dr} = \frac{C_1}{2} r^2 + C_2 \tag{8-4}$$

$$\mu\,\frac{du}{dr} = \frac{C_1}{2} r + \frac{C_2}{r} \tag{8-5}$$

식(8-5)에서 경계조건 $\left(\frac{du}{dr} = 0, \text{at } r = 0\right)$을 넣고 정리하자.

$$\mu\,\frac{du}{dr} = \frac{C_1}{2} r \tag{8-6}$$

식(8-6)에서 r=R일 때 벽면에서의 전단응력(τ_w) 값을 얻을 수 있다.

$$\tau_\omega = \mu\frac{du}{dy}\bigg|_{y=0} \tag{8-7}$$

dy= -dr이므로

$$\tau_\omega = -\mu\frac{du}{dr}\bigg|_{r=R} \tag{8-8}$$

그러므로

$$-\mu\frac{du}{dr}\bigg|_{r=R} = -\frac{C_1}{2} R = \tau_\omega \tag{8-9}$$

식(8-2)와 식(8-9)을 다시 조합해보면 아래의 식(8-10)을 얻을 수 있다.

$$\frac{dP}{dx} = -\frac{2\tau_w}{R} \tag{8-10}$$

여기서 완전발달 영역의 점성계수와 속도 분포가 일정하므로, τ_w은 상수이고 따라서 dP/dx는 상수이다.

식 (8-2)를 두 번 적분하여 정리하고 경계조건 $\left(\frac{du}{dr} = 0, \text{at } r = 0\right)$을 넣으면 다음 식이 얻어진다.

$$u(r) = \frac{r^2}{4\mu}\left(\frac{dP}{dx}\right) + C_2 \tag{8-11}$$

식(8-11)에서 경계 조건 r = R에서 u=0(벽면 점착조건)을 대입하면 다음 식이 얻어진다.

$$u(r) = -\frac{R^2}{4\mu}\left(\frac{dP}{dx}\right)\left(1 - \frac{r^2}{R^2}\right) \tag{8-12}$$

따라서 완전 발달된 파이프 내부 층류유동의 속도분포는 파이프 중심선에서 최대속도이고 벽면에서 최소(영)인 포물선 형태이다. 또한 축방향 속도 μ가 모든 r에서 양의 값을 가지므로 축방향 압력구배 dp/dx는 음이 되어야 한다(즉 점성의 영향으로 압력은 유동방향으로 감소한다). 평균속도는 정의에 의하여 식(8-12)를 식(8-13)에 대입하여 구한다. 적분을 수행하면 다음과 같다.

$$V_{avg} = \frac{\int_{A_c} \rho u(r) dA_c}{\rho A_c} = \frac{\int_0^R \rho u(r) 2\pi r\, dr}{\rho \pi R^2} = \frac{2}{R^2}\int_0^R u(r) r\, dr \tag{8-13}$$

$$V_{avg} = \frac{2}{R^2}\int_0^R u(r) r\, dr = \frac{-2}{R^2}\int_0^R \frac{R^2}{4\mu}\left(\frac{dp}{dx}\right)\left(1 - \frac{r^2}{R^2}\right) r\, dr = -\frac{R^2}{8\mu}\left(\frac{dp}{dx}\right) \tag{8-14}$$

마지막 두 방정식을 조합하면 속도분포는 다음과 같이 얻어진다.

$$u(r) = 2V_{avg}\left(1 - \frac{r^2}{R^2}\right) \tag{8-15}$$

V_{avg}는 유량에 관한 정보로부터 손쉽게 구해지므로, 위 식은 속도분포에 대한 유용한 형태의 식이다.

최대속도는 중심선에서 나타나고 식(8-15)에 'r=0'을 대입하여 구한다.

$$U_{max} = 2V_{avg} \tag{8-16}$$

따라서 완전 발달된 층류 파이프 유동의 평균속도는 최대속도의 절반이 된다.

▣ 예제 문제 정의

균일한 속도로 원형 파이프 내로 유입되는 유동을 고려해 보자. 점착 조건에 의해 파이프 표면과 접촉하는 층에서의 유체입자의 속도는 영이다. 이와 인접한 층은 마찰에 의해 점차 속도가 느려진다. 파이프 중심부에서의 유동속도는 느려진 벽면 부근의 속도를 보상하기 위해 빨리 흐르게 되어, 파이프 내의 질량유량이 일정하게 유지하게 된다. 이에 따라 파이프를 따라 속도구배가 생기게 되는데 파이프 입구에서부터 속도 분포가 완전 발달하는 영역으로 이르기 전까지의 영역을 입구 영역(Entrance region)이라 부르고 이 영역까지의 길이를 입구 길이(L_e)라고 부른다. 입구 영역 이후 속도 분포가 변하지 않는 영역을 완전발달 영역(fully developed region)이라 부른다. 여기서 입구 길이는 레이놀즈 넘버에 의해 정의 된 유동의 종류에 따라 각기 다른 식을 가지게 되는데, 층류 유동의 경우 $L_e/D = 0.05Re$ 난류 유동일 경우 $L_e/D = 1.359(Re)^{1/4}$이다. 레이놀즈 넘버에 의한 유동의 구분은 표 8-3을 참고 하자. 그림 8-1에서 보는 바와 같이 원형 파이프의 길이는 1m 이고 원형 파이프의 직경은 0.1m이다. 만약 유체가 왼쪽에서 균일한 속도 V_{inlet} = 1E-2 m/s로 유입되고 있으며, 유체는 단순한 유체로 $\eta = 0.01\ kg/ms$, $\rho = 1000\ kg/m^3$ 로 가정 한다.(위의 조건으로부터 이 예제는 층류 유동임을 알 수 있다.) 여기서 우리는 이 원형 파이프 내부의 입구길이, 그리고 식(8-8)로부터 구할 수 있는 벽면에서의 전단응력, 마지막으로 식(8-13)과 식(8-14)로부터 구할 수 있는 최대 속도식, 평균 속도를 우리가 알고 있는 이론식에 의해 계산된 값과 해석에 의해 얻은 값을 비교하고자 한다.

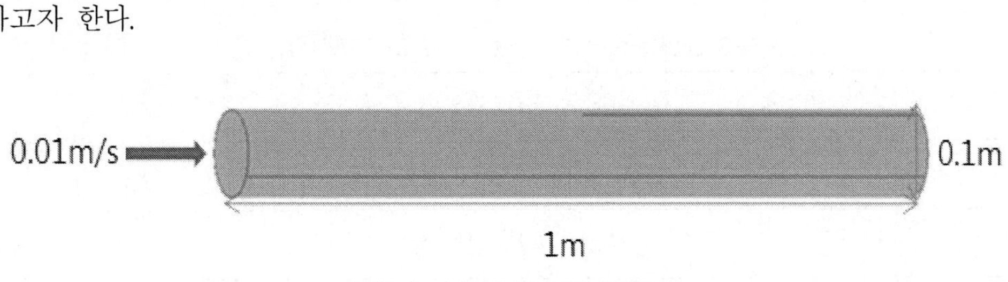

그림 8-1 원형 파이프 모델링

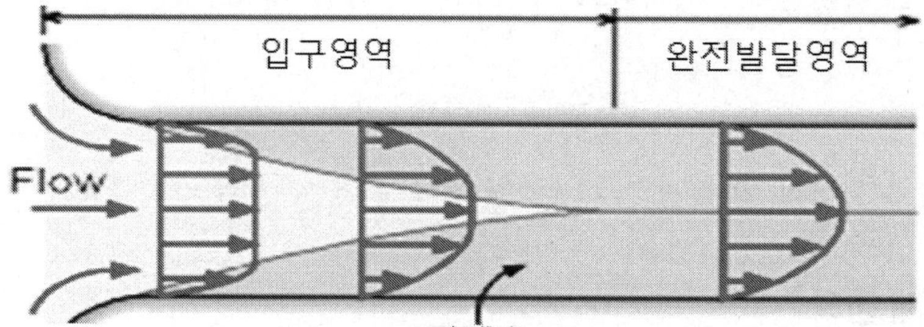

그림 8-2 원형 파이프 내의 속도 경계층 발달

표 8-2 Properties of incompressible Navier-Stokes

MATERIAL PARAMETER	EXPRESSION	VALUE	UNIT
Velocity of inlet	V_inlet	1E-2	m/s
viscosity	eta	0.01	kg/ms
density	rho	1000	kg/m^3

※ 우리가 알고 있듯이 원형 파이프 내 유동의 경우 레이놀즈 넘버는 $Re = \frac{\rho u_{ave} D}{\mu}$ 의 식에 의해서 알 수 있다. 위의 식에 의해 계산된 레이놀즈 넘버에 따라 원형 파이프의 유동은 표 8-3과 같다. 여기서 층류 유동이란 유선이 매끈하고 질서정연한 유동특성을 가지는 유동을 뜻하고, 난류 유동이란 속도 변동과 매우 무질서한 운동의 유동특성을 가지는 유동을 말한다. 그리고 층류 유동에서 난류 유동의 모든 유동특성을 가지는 유동을 천이 유동이라 부른다.

표 8-3 레이놀즈 넘버에 의한 원형 파이프의 유동 분류

Re ≤ 2300 층류 유동
2300 ≤ Re ≤ 4000 천이 유동
Re ≥ 4000 난류 유동

표 8-4 유동 종류에 따른 입구 길이 계산 식

층류 유동 : $L_e / D = 0.05Re$
난류 유동 : $L_e / D = 1.359(Re)^{1/4}$

▣ 예제 문제 따라하기

원형 파이프 내부에서 발생하는 'Flow velocity '의 이미지로 나타내고 완전 발달 영역이 시작되는 입구길이가 얼마인지 구하여 보자.

'Arrow plot'을 통해서 ' velocity'의 크기와 방향을 그려보자.

1. 그림 8-3과 같이 'Model Wizard' 페이지에서 'Select Space Dimension' 을 '2D axisymmetric'로 선택하고 'Next' 버튼 을 누른다.

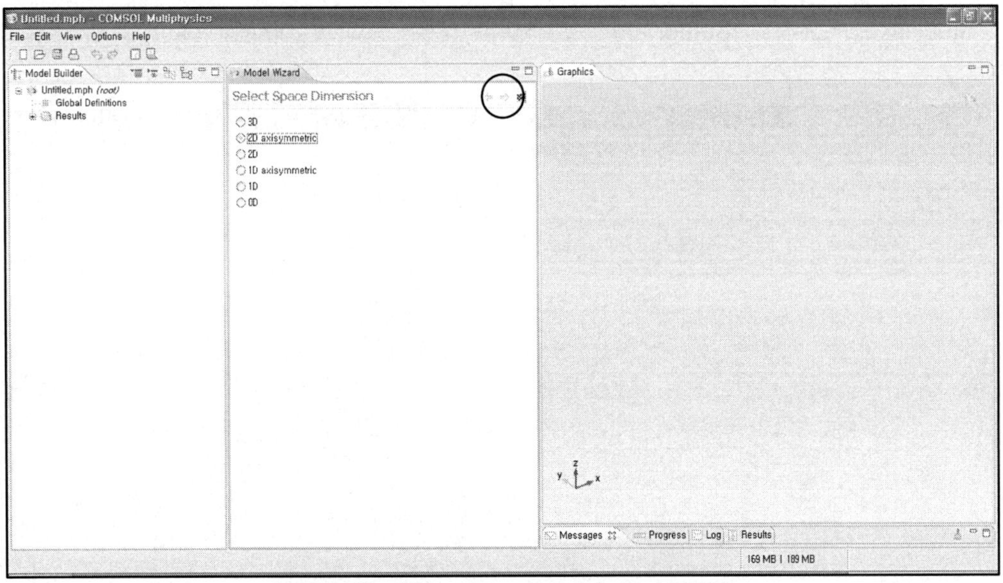

그림 8-3 '2D axisymmetric' 로 선택하기

2. 그림 8-4와 같이 'Model Wizard' 페이지의 'Add Physics' 윈도우에서 'Fluid fiow' 항목의 하부 항목인' Single-Phase flow '에서' Laminar flow(spf) '을 더블클릭하여 선택하고, 상단의' Next' 버튼 을 누른다.

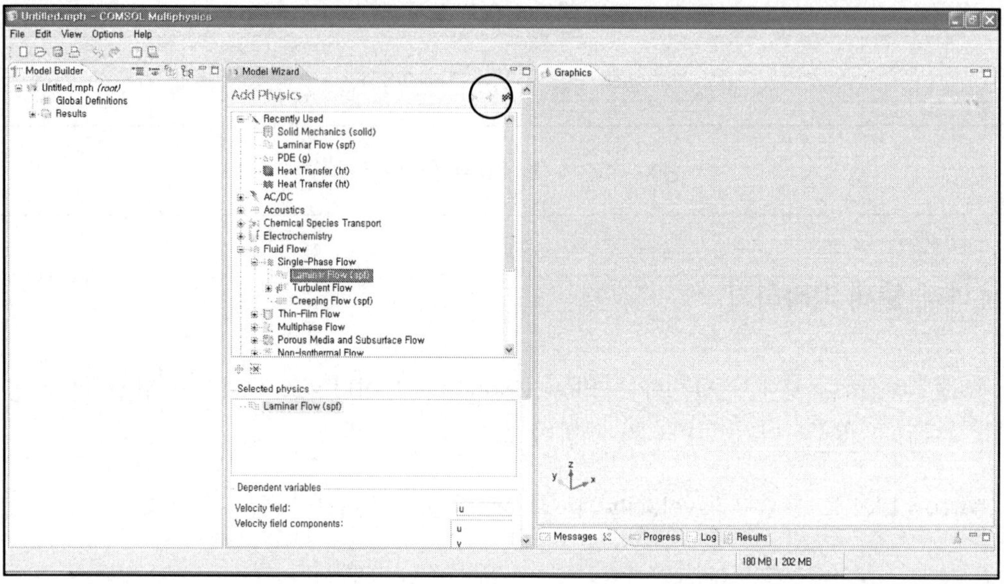

그림 8-4 'Single-Phase flow' 에서 'Laminar flow(spf)' 로 선택하기

3. 그림 8-5와 같이 'Model Wizard' 페이지의 'Select Study Type' 윈도우에서 'Preset Studies' 항목에서 ,' Stationary '를 선택한 다음, 상단의' Finish' 버튼을 누른다.

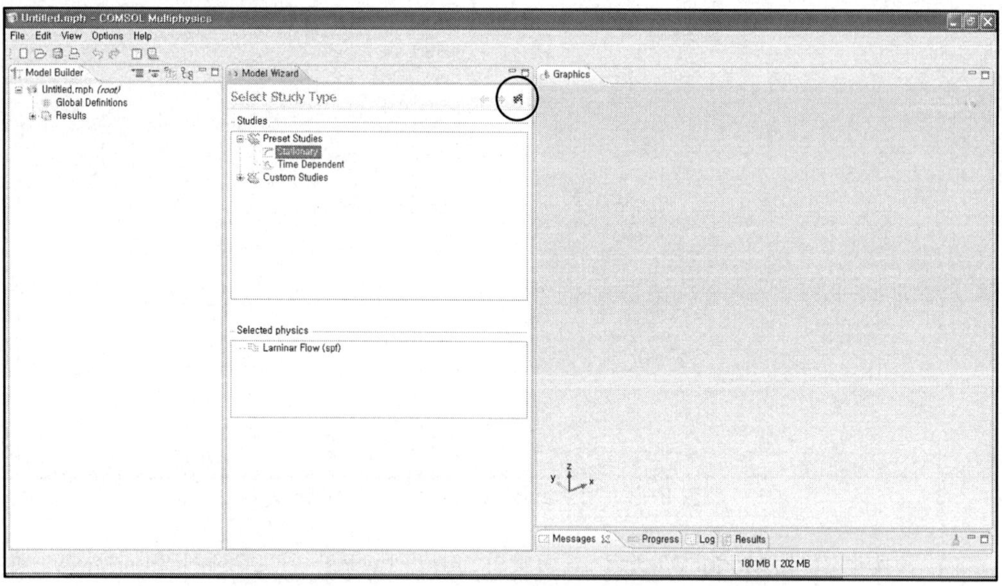

그림 8-5 'Stationary' 선택하기

4. 그림 8-6과 같이 사각형 모델링을 하기위해서, 'Model Builder' 페이지에서 ' Geometry 1 '을 선택하고, 마우스 오른쪽 버튼을 눌러' Rectangle '를 선택한다.

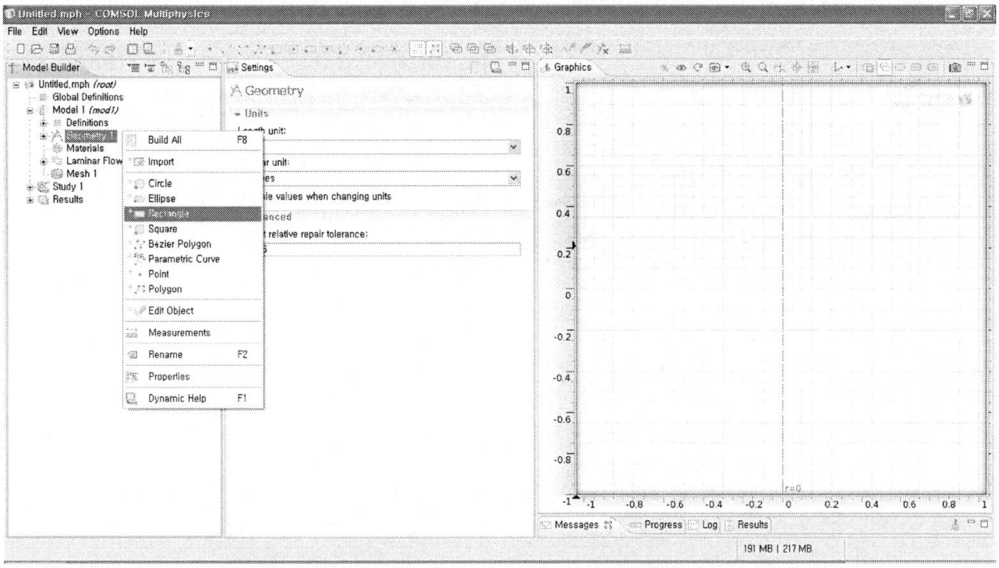

그림 8-6 'Geometry 1', 'Rectangle' 선택하기

5. 그림 8-7과 같이 오른쪽의 'Settings '페이지에 나타난' Rectangle '윈도우의' Size ' 항목의 Width: ' 0.05 ', Height: ' 1 '로 타입하고,' Position '항목의 r:' 0 ', z:' 0 '로 타입한 후 상단의 'Build All' 버튼을 클릭한다.

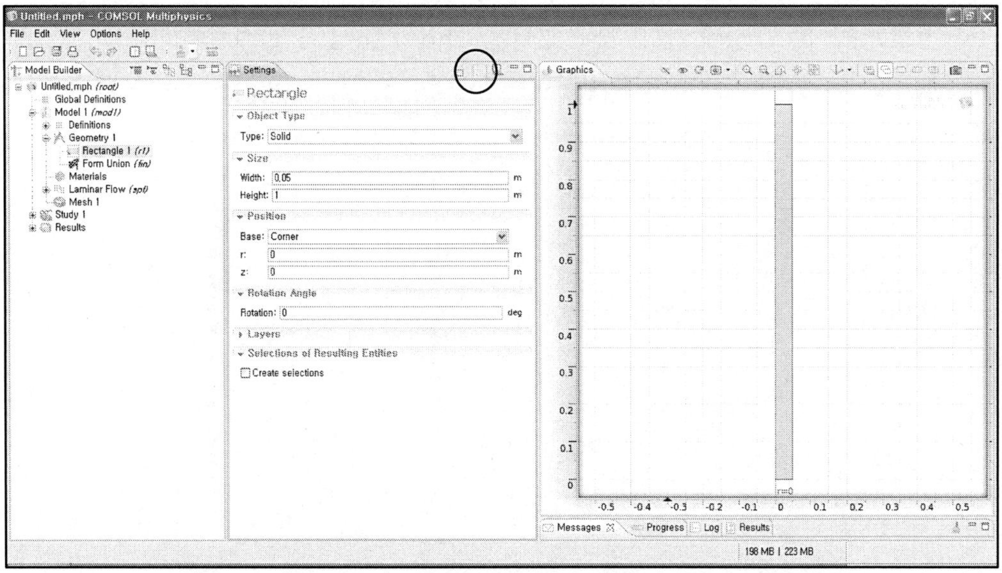

그림 8-7 'Settings' 페이지에 나타난 'Rectangle' 설정하기

6. 표 8-2의 변수를 정의하기 위하여 그림 8-8과 같이 'Model Builder' 페이지에서 ' Definitions '를 오른쪽 마우스 클릭하여 ' Variables '를 생성한 후 오른쪽의 'Settings' 페이지의 ' Variable ' 윈도우에서 변수를 표 8-2의 값과 같이 타입한다.

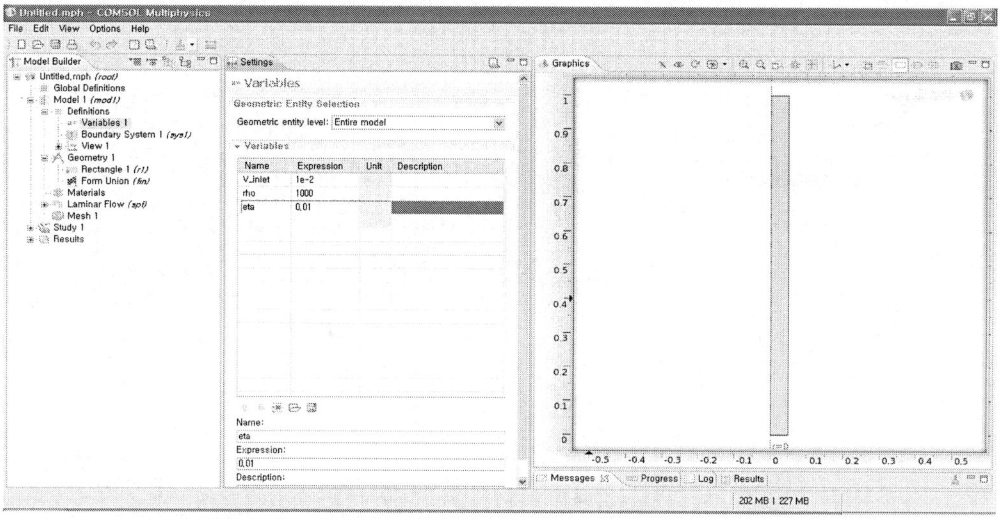

그림 8-8 'Settings' 페이지의 'Variables' 설정하기

7. 이제 해석 모델에 대한 소영역을 설정해 보자. 그림 8-9와 같이 'Model Builder' 페이지에서 'Laminar Flow (spf)'의 서브 항목인 'Fluid properties 1'을 클릭하여 선택하고, 오른쪽에 나타난' Setting '페이지의' Fluid properties '윈도우에서 ' Domain Selection '에 'Domain 1'을 선택한 후 'Fluid properties '항목을 'User defined'로 설정하고, ρ / η 에 표 8-2에 정의한 'rho' / 'eta'를 타이핑한다.

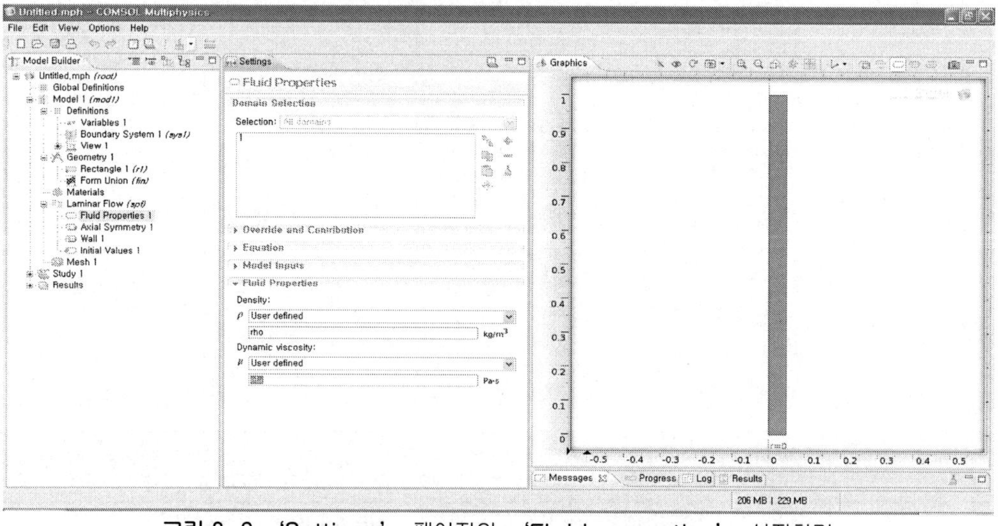

그림 8-9 'Settings' 페이지의 'Fluid properties' 설정하기

8. 경계조건을 설정하기 위해서 그림 8-10과 같이 'Model Builder' 페이지에서 'Laminar Flow (spf)'를 오른쪽 마우스 클릭하여 나타난 메뉴 중 'Inlet'을 선택한다.

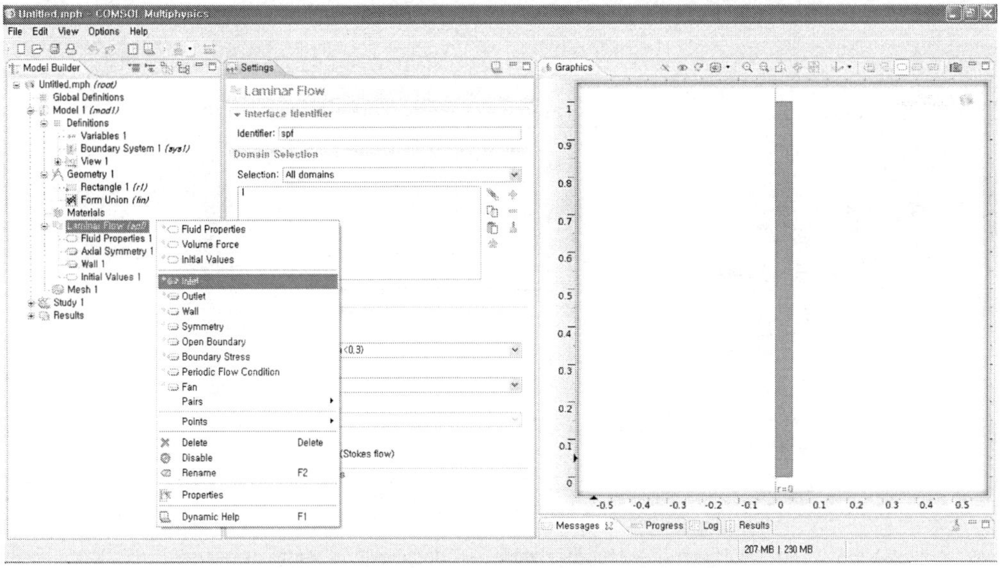

그림 8-10 경계조건 설정, 'Inlet' 생성하기

9. 그림 8-11과 같이 오른쪽 'Graphics' 페이지에서 모델의 경계 '2'를 선택하고 다시 왼쪽의 'Settings' 페이지에서 ✚ 기호를 클릭하여 'Boundary Selection'에 경계 '2'를 추가한다. 'Inlet' 윈도우에서 추가된 경계 '2'를 선택한 후 'Velocity'의 'U0'에 'V_inlet' 타입한다.

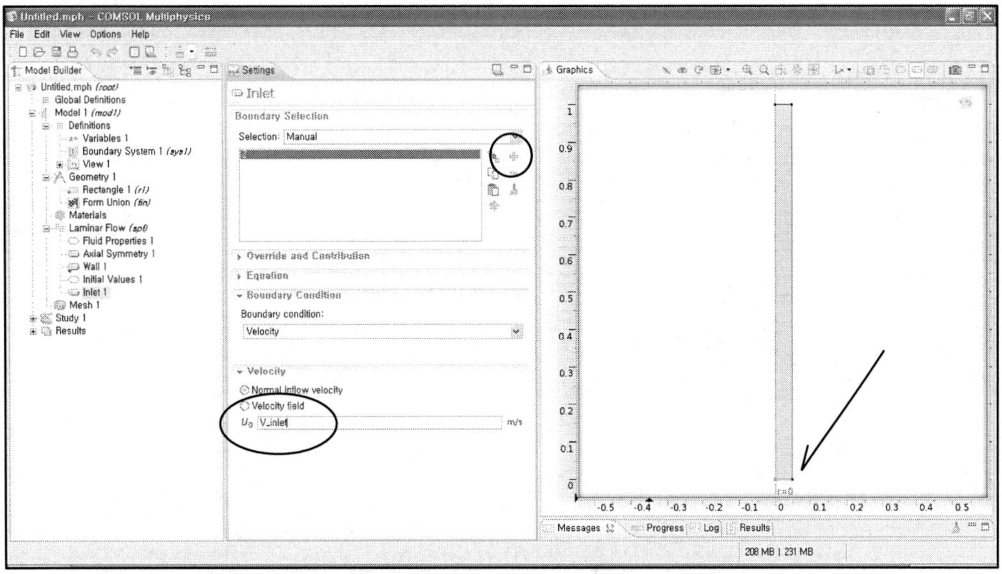

그림 8-11 경계조건 설정 - 'Inlet' 설정하기

10. 마찬가지로 그림 8-12와 같이 'Model Builder' 페이지에서' Laminar Flow'를 선택하고 마우스 오른쪽 클릭 후' Outlet '을 선택한다.

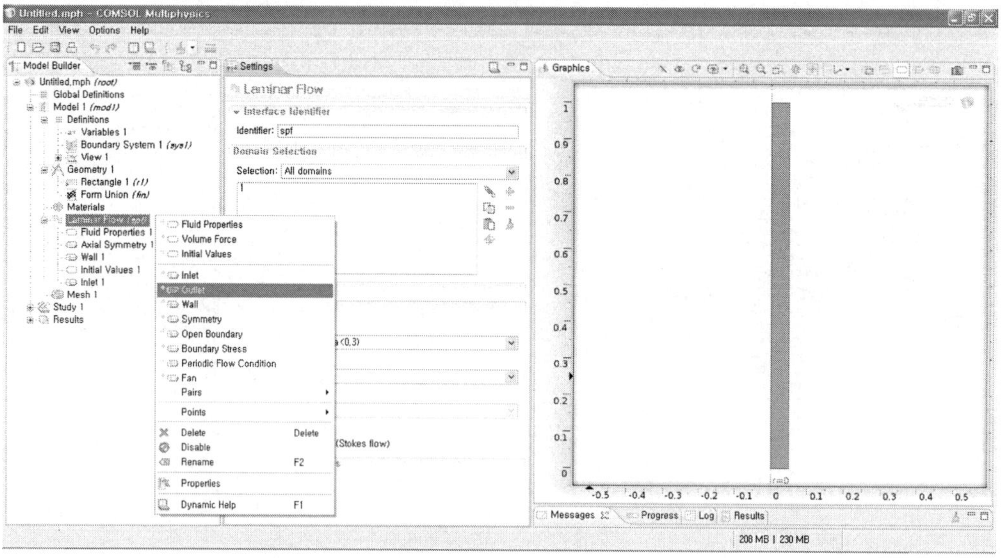

그림 8-12 경계조건 설정 - 'Outlet' 생성하기

11. 그림 8-13과 같이 오른쪽' Graphics' 페이지에서 모델의 경계' 3 '를 선택하고 다시 왼쪽의' Settings' 페이지에서 ✢기호를 클릭하여 ' Boundaries '에 경계' 3 '를 추가한다.' Outlet '윈도우에서 추가된 경계' 3 '를 선택한 후' Pressure '란에 '0'을 타입한다. 여기서 압력은' COMSOL Multiphysics '에서는 대기 압력 대신 게이지 압력을 사용한다.

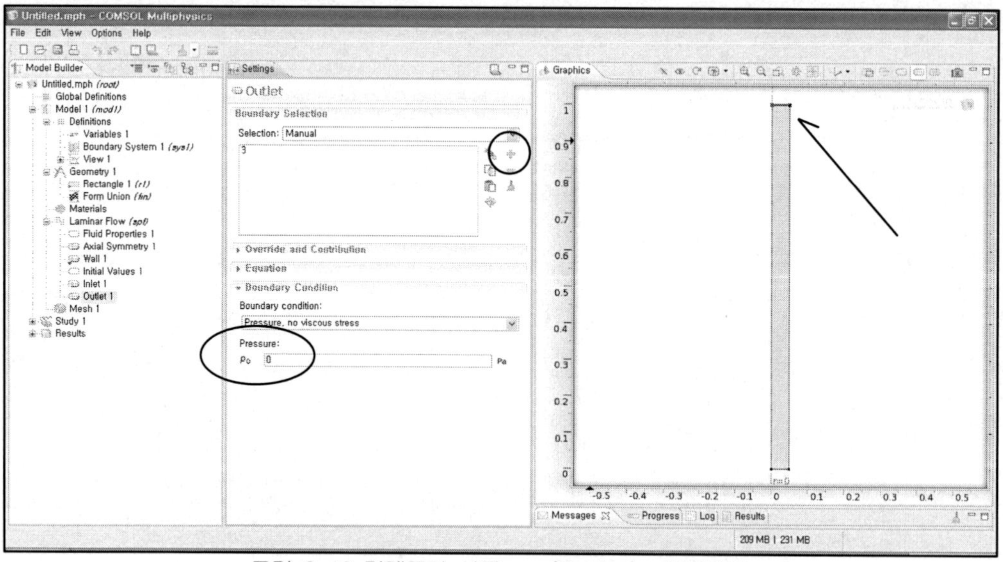

그림 8-13 경계조건 설정 - 'Outlet' 생성하기

12. 다음으로 그림 8-14와 같이' Model Builder ' 페이지에서' Wall 1 '을 선택하고, ' Settings' 페이지의' Boundaries '윈도우에서 경계' 4 '를 선택한 후' Boundary Condition '으로' No Slip' 으로 설정하라.

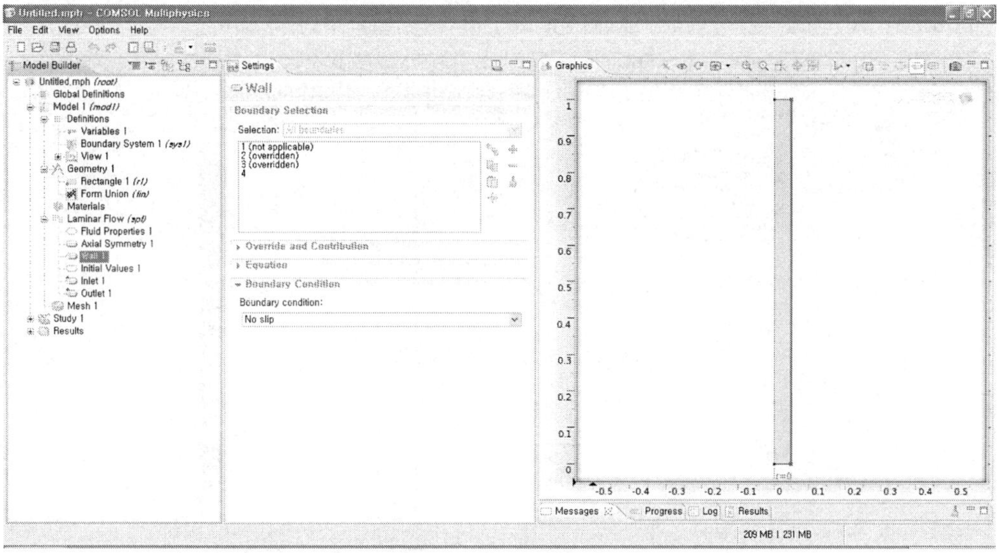

그림 8-14 경계조건 설정 - 'Wall 1' 설정하기

13. 마지막으로 그림 8-15와 같이' Model Builder '페이지에서' Axial Symmetry 1 '을 선택하고,' Settings' 페이지의' Boundaries ' 윈도우에서 경계' 1 '을 선택하라. 선택된 경계' 1 '은' Axial Symmetry '로 설정된 상태이다.

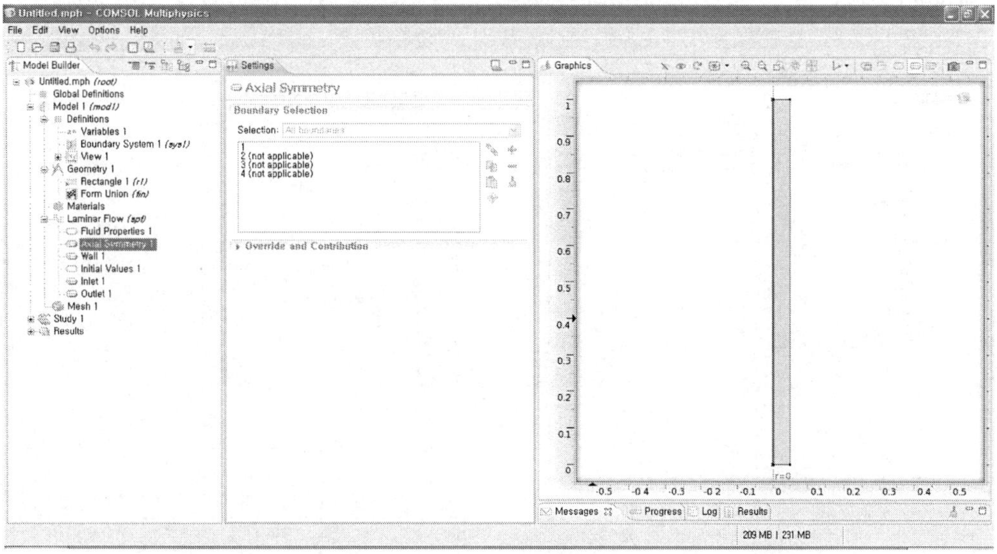

그림 8-15 경계조건 설정 - ' Axial Symmetry 1 ' 설정하기

14. 컴퓨터 도메인에 메쉬 격자를 생성시키기 위해서 그림 8-16과 같이' Model Builder ' 페이지에서' Mesh 1 '을 선택하고, 오른쪽의' Settings ' 페이지에서' Sequence type '란에' Physics-controlled mesh '를 선택하고' Element size '란에 ' Extremely coarse '를 선택 후 상단의 'Build All' 버튼을 클릭하라.

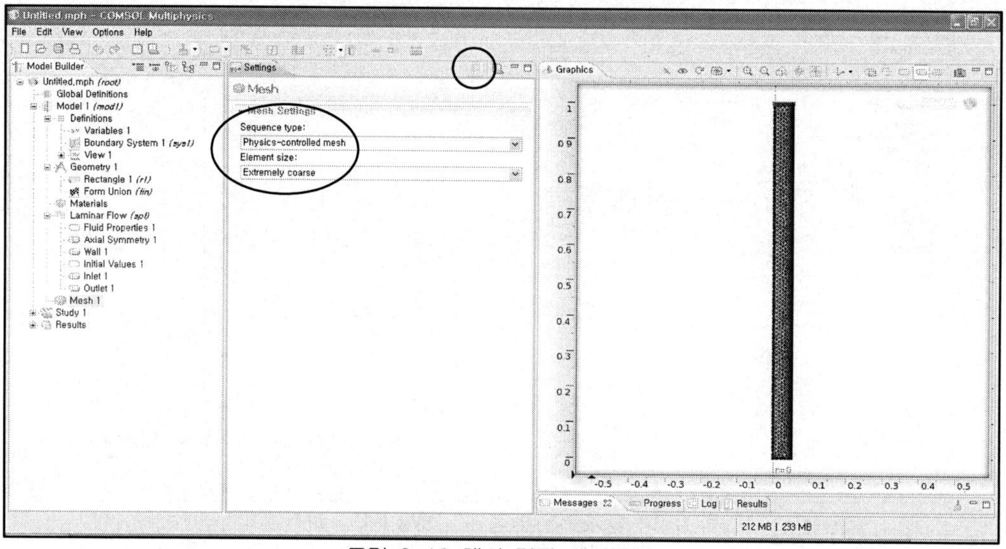

그림 8-16 메쉬 격자 생성하기

15. 이제 해석을 위하여 그림 8-17과 같이 ' Model Builder ' 페이지에서 ' Study 1 '을 마우스 우 클릭하여 'Compute'를 선택하면 해석이 진행된다. 기본적으로 ' COMSOL Multiphysics '는 비압축성 나비어-스톡스의 결과로 속력이 디볼트로 되어 있다.

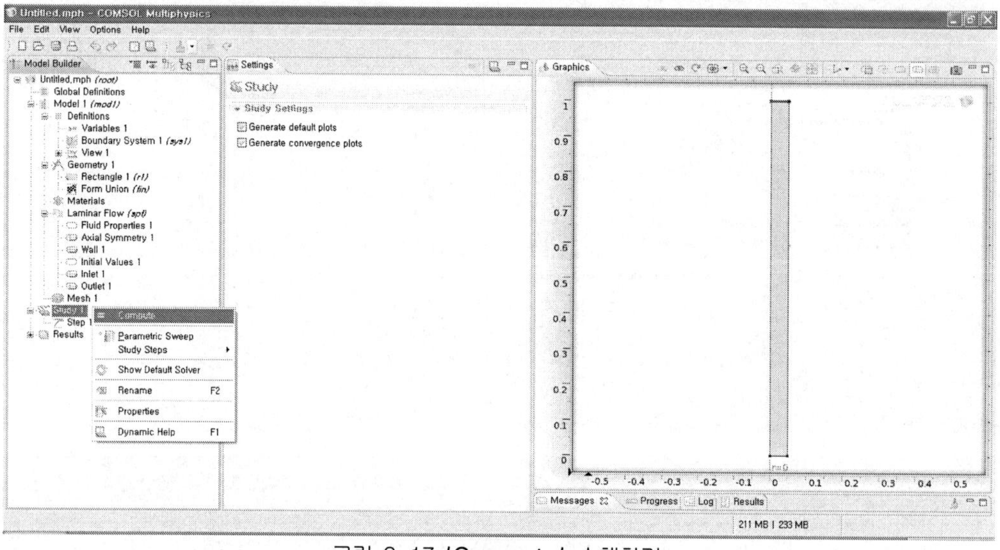

그림 8-17 'Compute' 수행하기

16. 그림 8-18은 해석 결과를 보여준다.

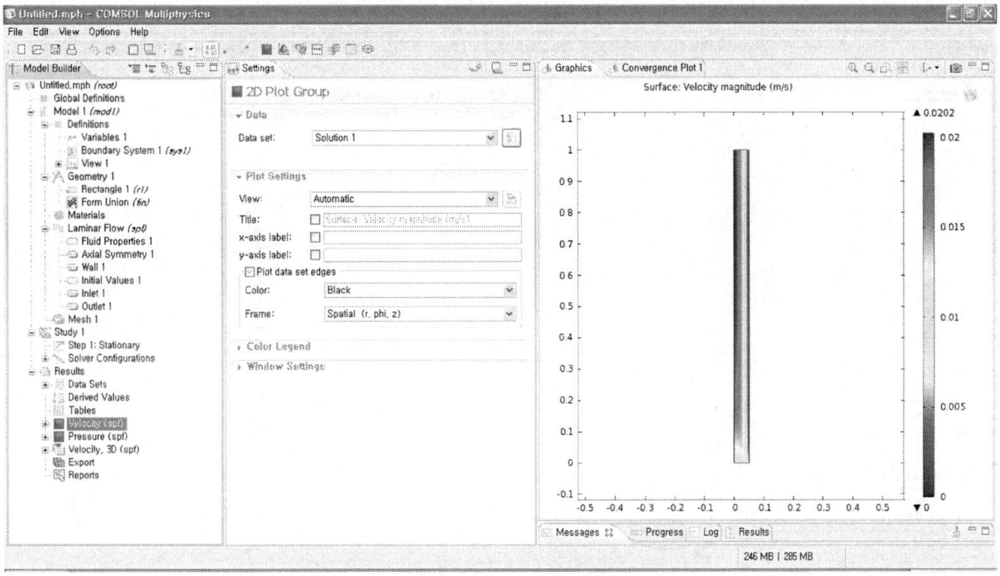

그림 8-18 해석 결과

17. 이제부터 속도의 크기와 방향을 표시해 주는 화살표(Arrow)를 위의 결과의 이미지에 오버랩 시켜보자. 그림 8-19와 같이' Model Builder '페이지의' Result' -'Velocity(spf)'를 오른쪽 마우스 클릭하여 나타난 메뉴 중 ' Arrow Surface '를 선택하자.

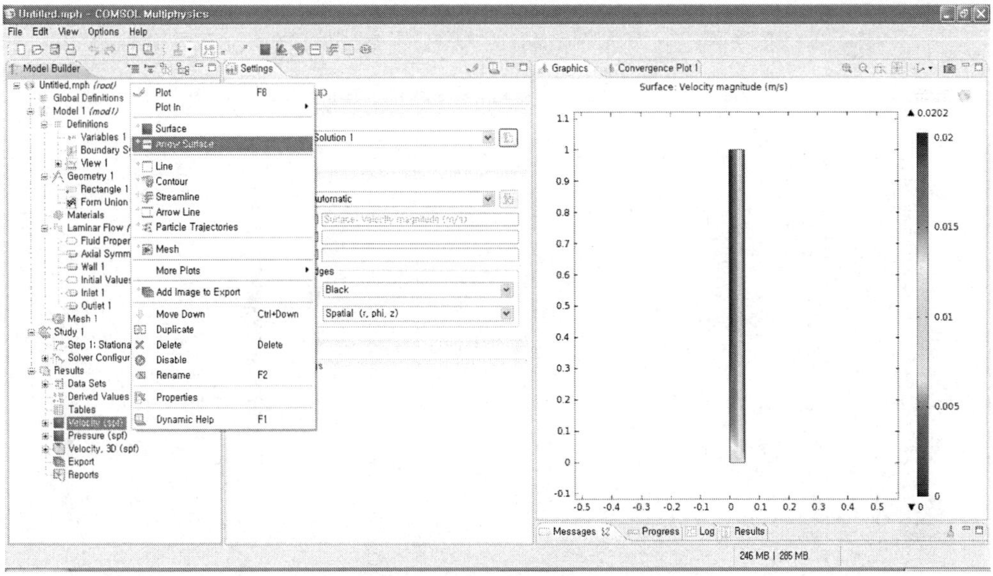

그림 8-19 'Arrow Surface' 선택하기

18. 그림 8-20과 같이 오른쪽의 ' Settings ' 페이지에서 ' Color '를 ' Black '으로 설정하자. 그러면 화살표가 결과 이미지에 오버랩 될 것이다.

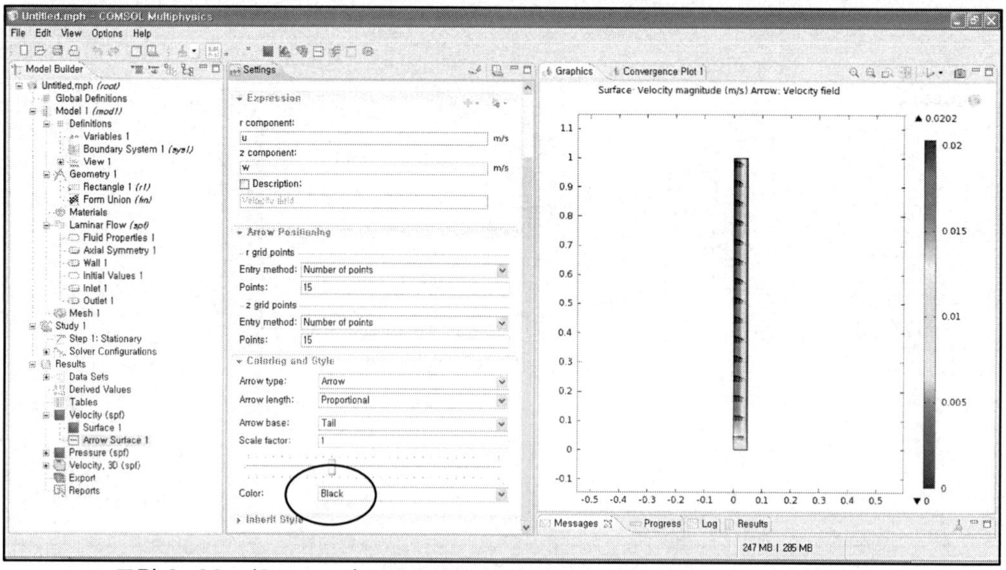

그림 8-20 'Settings' 페이지에서 'Color'를 'Black'으로 설정하기

19. 위 결과로부터 원형 파이프 내에 속도 변화를 그래프로 그리고 <u>fully developed</u>가 되는 거리 (distance)를 구해보자. 먼저, 그림 8-21과 같이' Model Builder '페이지에서 ' Result' -'Date Sets'를 오른쪽 마우스 클릭하여 나타난 메뉴 중' Cut Line 2D '를 선택하자.

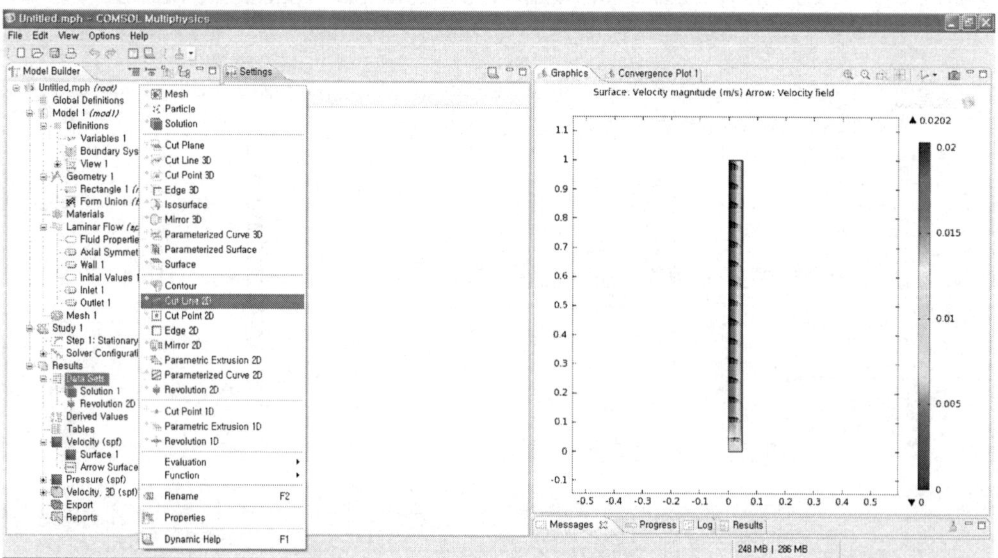

그림 8-21 'Cut Line 2D'를 선택하기

20. 그림 8-22와 같이 오른쪽의 ' Settings' 페이지의 ' Line Data ' 부분에,

' Point 1 ' 란에

'r : 0' , 'z : 0'

'Point 2' 란에

'r : 0.05' , 'z : 0' 을 기입하자.

아래의 ' Additional parallel lines'를 체크하여 활성화한다. 그리고,

' Distances ' 란에 ' range(0,0.02,1) '를 타입하자.
여기서, ' range(0,0.02,1) '는 range(0,0.02,1)=0 0.02 0.04 0.06 0.08 ..... 1과 같다.

혹은, 옆의 ' Range ' 버튼을 눌러

'start : 0'
'stop : 1'
'step : 0.02' 를 기입 후 'Replace'를 클릭하자.

상단의 'Plot' 버튼을 클릭하라.
그러면 모델링한 사각형 표면에 **'컷 라인'**이 생성되는 것을 확인할 수 있다.

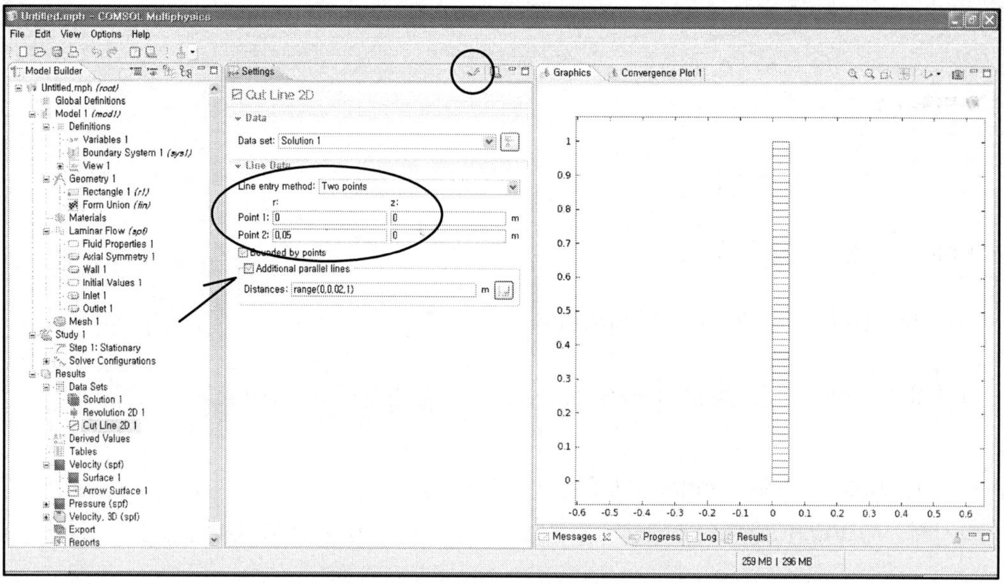

그림 8-22 'Cut Line 2D', 컷 라인 설정

21-1. 이제 컷 라인 데이터, 'Cut Line 2D'를 가지고 각각의 라인에서의 속도를 그래프로 그려보자. 그림 8-23과 같이 'Model Builder'에서 'Results'를 오른쪽 마우스 클릭하여 '1D Plot Group'을 선택하자.

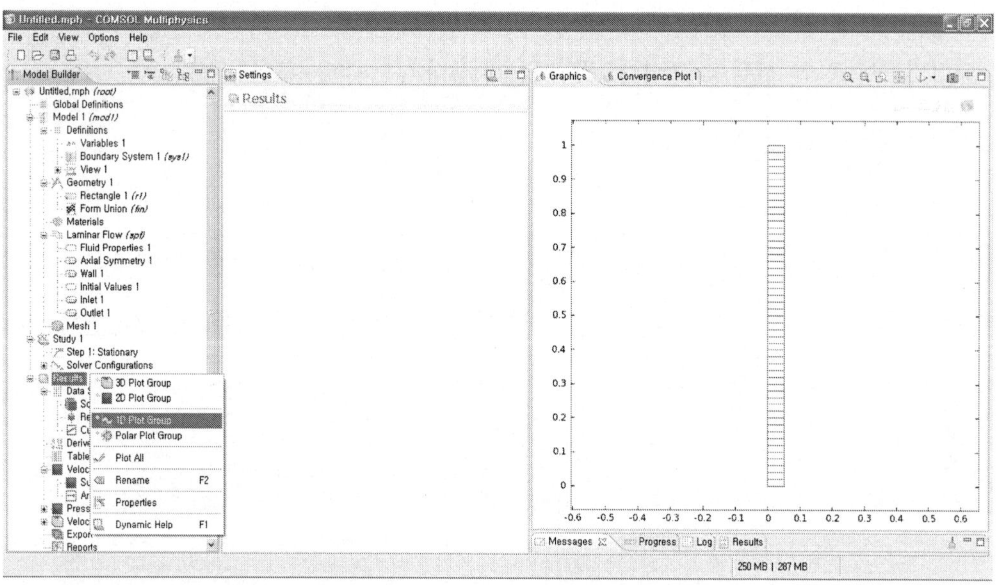

그림 8-23 '1D Plot Group' 선택하기

21-2. 생성된 '1D Plot Group 4'를 그림 8-24와 같이 다시 오른쪽 마우스 클릭하여 'Line Graph'를 선택하자.

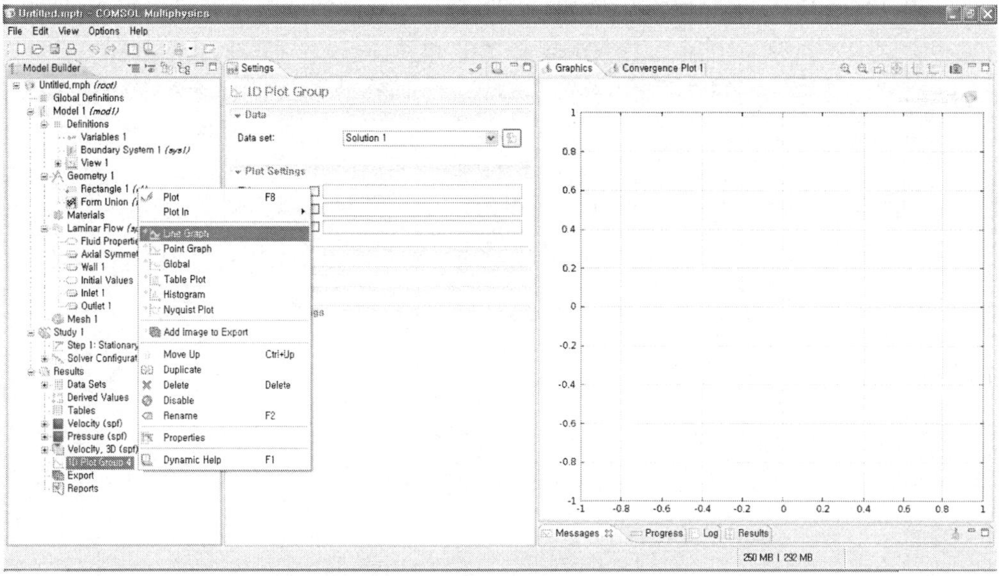

그림 8-24 'Line Graph' 선택하기

21-3. 그림 8-25와 같이 오른쪽의 'Settings' 페이지에서 'Line graph' 윈도우의 'Date set'을 'From Parent' 에서 위에서 설정한 'Cut Line 2D 1'으로 선택하자.

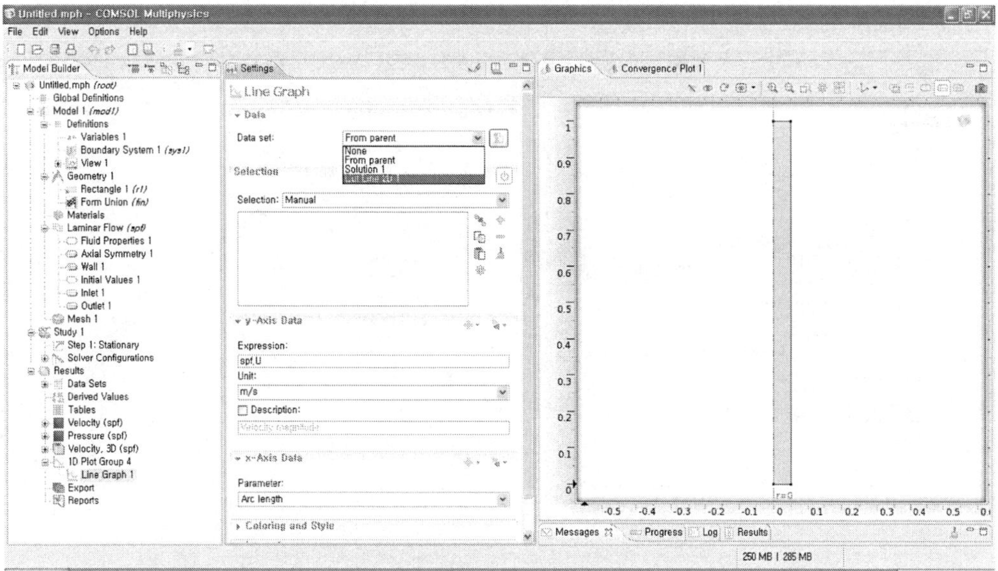

그림 8-25 'From Parent' 에서 'Cut Line 2D 1'으로 선택 선택하기

21-4. 그림 8-26과 같이 'y-Axis Data'의 'Expression'을 'spf.U'에서 'w' (velocity field, z component)로 변경하고, 'x-Axis Data'의 'Parameter:'를 'Arc length' 에서 'Eexpression'으로 변경하여 나타난 'Eexpression:' 란에 'r' (r-coordinate)을 타입 후 상단에 'Plot' 버튼을 클릭하자. 그러면 오른쪽 화면에 'r'에 따른 속도 그래프가 생성된다.

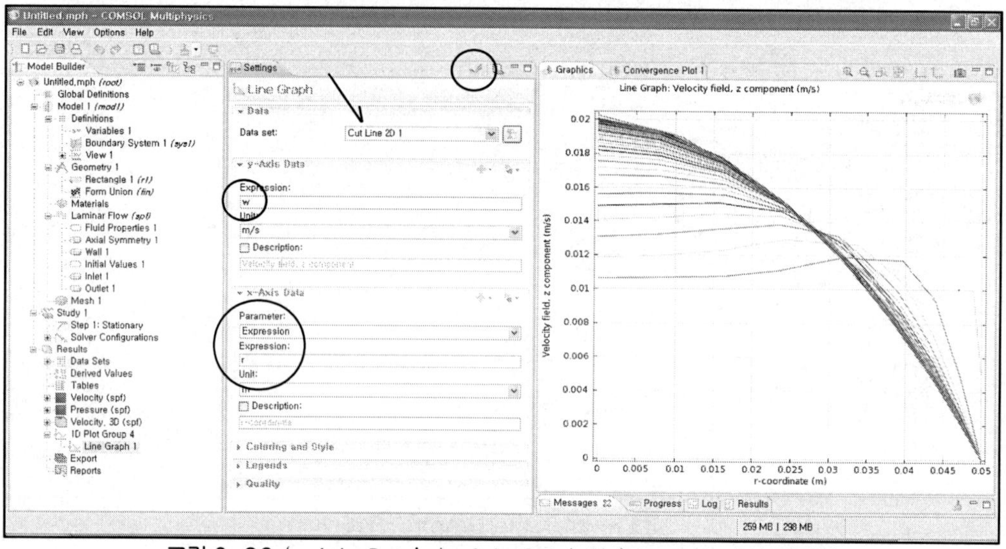

그림 8-26 'y-Axis Data', 'x-Axis Data' 의 'Expression' 설정하기

22-1. 이제 평균속도를 구하여 보자. 그림 8-27과 같이 'Model Builder'의 'Derived Values'에서 오른쪽 마우스 클릭하여 나타난 메뉴 중 'Average'의 서브 메뉴 'Line Average'를 선택하자.

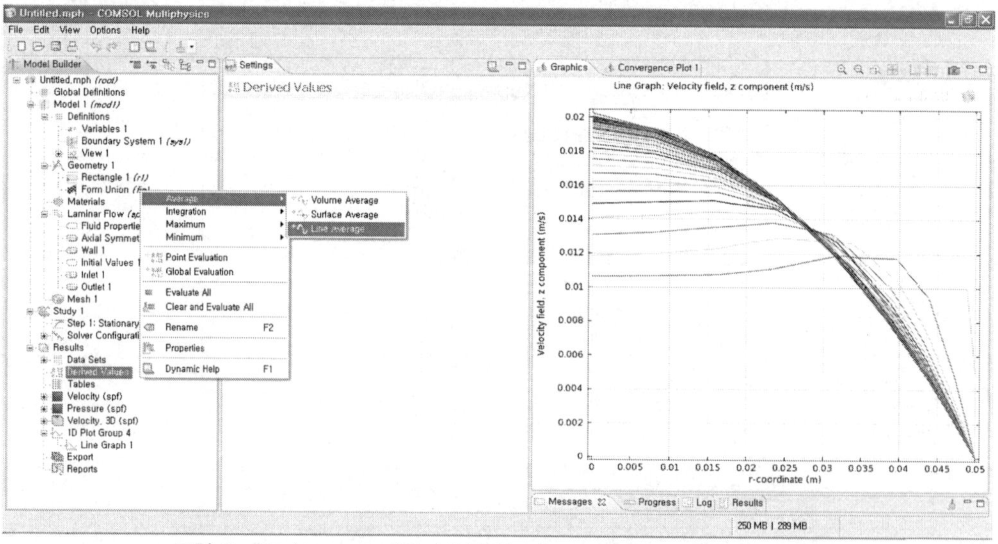

그림 8-27 'Average'의 서브 메뉴 'Line Average'를 선택하기

22-2. 그림 8-28과 같이 오른쪽의 'Settings' 페이지에서 'Selection'을 '**경계 3**'으로 지정하고, 'Expression'란에 'w'를 타입한 후 아래에 있는 'Integral Settings' 부분의 'Compute surface integral'을 체크하여 활성화시킨 다음 'Settings' 페이지 상단에 있는 'Evaluate (New Table)' 버튼을 클릭하자. 그러면 우측 하단에 'Results' 윈도우에 계산된 완전 발달영역에서의 평균 속도'0.0099'을 확인할 수 있다. V_{max} 는 식(8)을 이용하여, $2V_{avg}$와 같은 것을 알 수 있다.

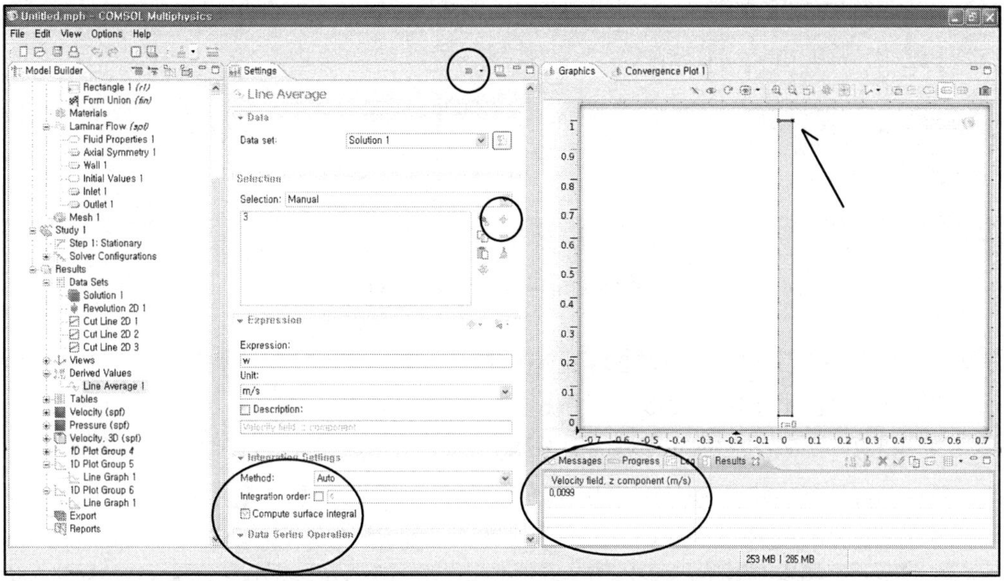

그림 8-28 'Evaluate (New Table)' 실행하기

23-1. 이제 벽면에서의 ' **전단응력**(τ_w) ' 을 구해보자. 그림 8-1을 보면 수식을 전개하기 위해 ' x / r ' 좌표계를 사용하였지만, 컴솔의 좌표계는 ' r / z ' 좌표계로 설정되어 있다.

그러므로 전단응력 $\tau_\omega = \mu \left.\frac{dV}{dz}\right|_{z=R}$ 로 고려되어야 한다. 그림 8-29와 같이 'Model Builder'에서 'Date Sets' 을 오른쪽 마우스 클릭하여 'Cut Line 2D'를 선택하자.

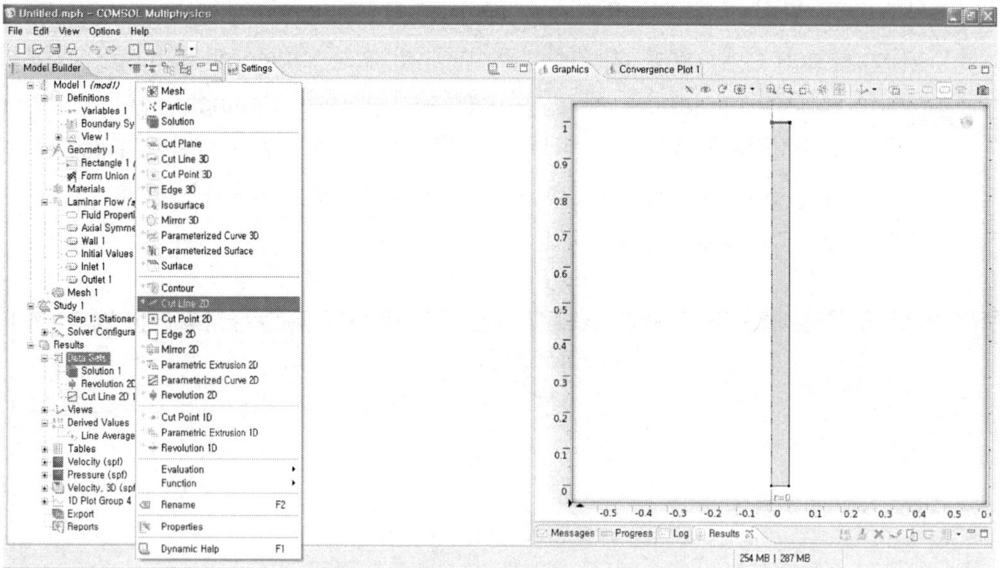

그림 8-29 'Cut Line 2D'를 선택하기

23-2. 그림 8-30과 같이 ' Settings' 페이지에서

'Point 1' 란에 'r:0.05, z:0'를 기입하라.

'Point 2' 란에 'r:0.05, z:1'을 기입하라.

'Settings' 상단의 'Plot' 버튼을 클릭하자. 그러면 ' **컷 라인** '이 형성될 것이다.

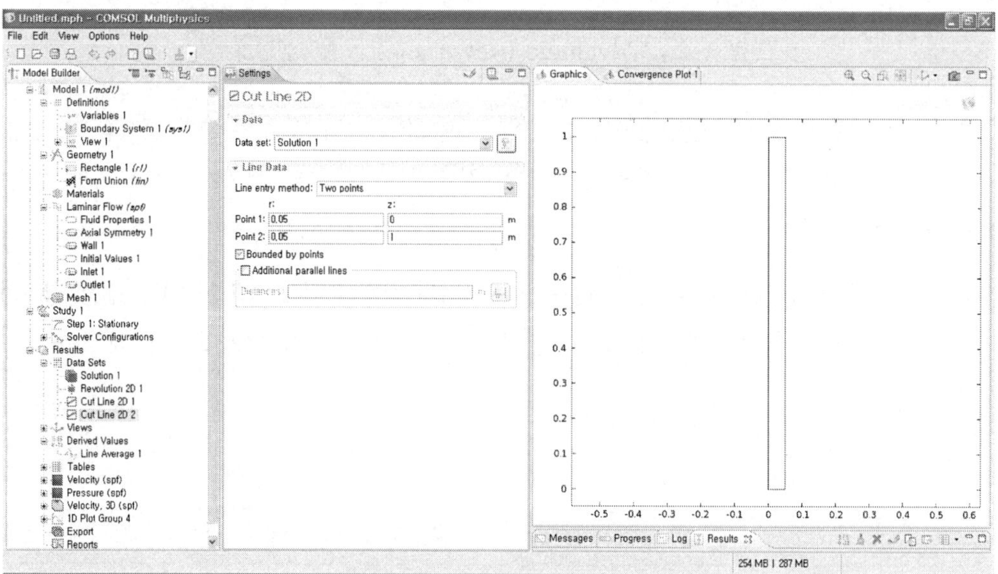

그림 8-30 컷 라인이 형성하기

23-3. 다음으로 'Model Builder'에서 'Results'를 마우스 우 클릭하여 '1D plot group'를 클릭하여 생성된 '1D plot group 5'에 오른쪽 마우스 클릭하여 'Line graph'를 선택하자.

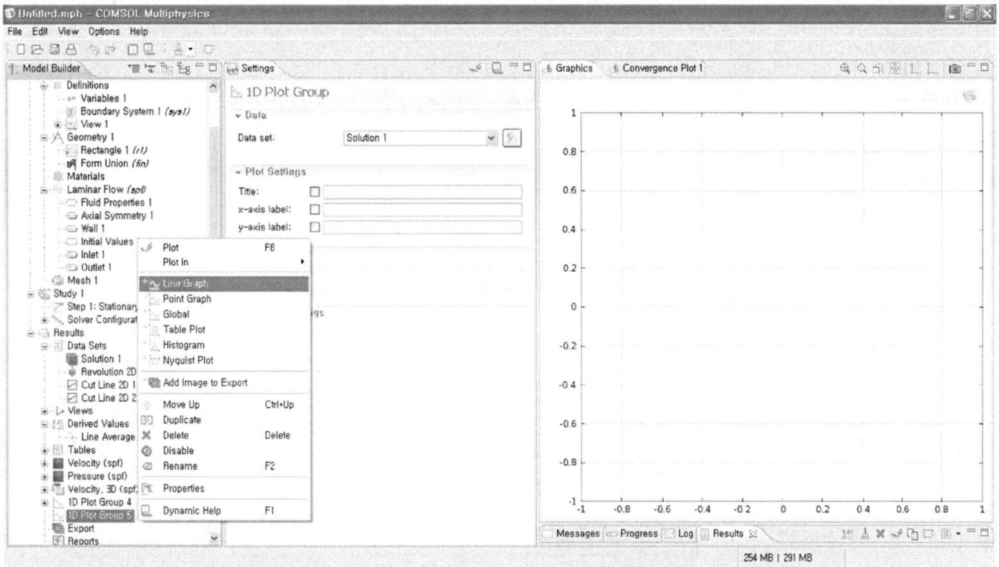

그림 8-31 '1D plot group' , 'Line graph'를 선택하기

23-4. 오른쪽의 'Settings' 페이지에서 'Date set'를 'Cut line2D 2'로 선택하고, 'y-axis data'의 'Expression'을 'spf.U' 를 'wr' (컴솔에서 dv/dz은 wr과 같다)로 기입하자. 그리고 'x-axis data'의 'Arc length'를 'Expression'로 변경하고, 'Expression:'을 'z'로 기입한 후 상단의 'Plot' 버튼을 클릭하자. 그러면 그림 8-32 과 같은 결과 그래프를 얻을 수 있다. 아래 그래프를 확대해보면 벽면에서의 압력이 '-0.79'와 근사한 값임을 확인 할 수 있다. 그리고 전단응력은 식(6)과 같기 때문에 점성을 곱하면 '-0.0079'를 얻을 수 있다. 이는 식(6)을 통하여 얻은 이론식과 같은 값임을 알 수 있다.

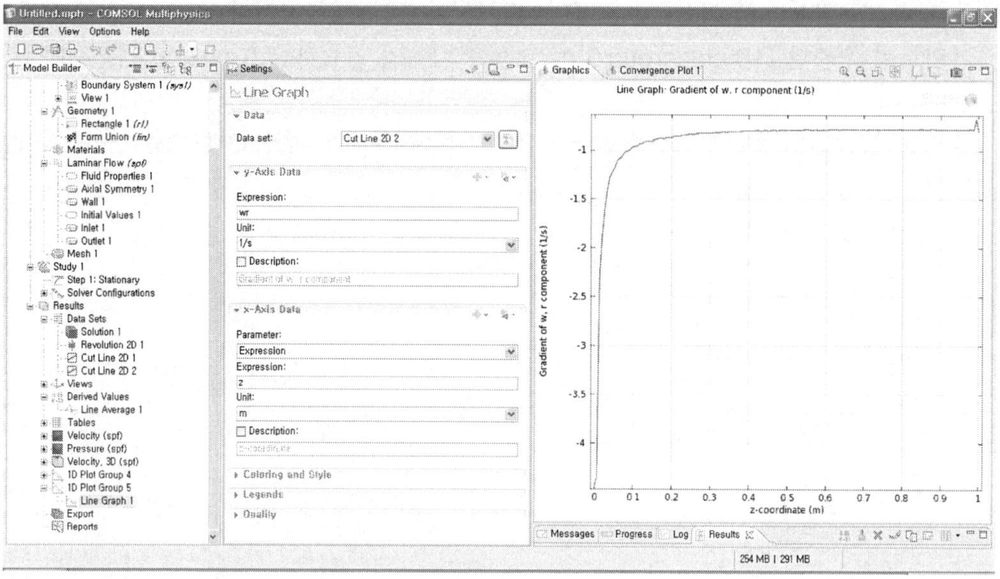

그림 8-32 'Line graph' 설정하기

24-1. 다른 방법으로 벽면에서의 전단응력을 구해보자.

식(10)을 보면 전단응력은 압력구배와 파이프의 반경의 함수로 구할 수 있다. 그림 8-33과 같이 'Model Builder'에서 'Date sets'를 오른쪽 마우스 클릭하여 'Cut line 2D'를 선택하자.

오른쪽 'Settings' 페이지에서

'Point 1' 란에 'r:0.025, z:0'를 기입하자.
'Point 2' 란에 'r:0.025, z:1'을 기입하자.

'Settings' 상단에 있는 'Plot' 버튼을 클릭하자.
그러면 그림 8-33과 같이 컷 라인 'Cut line 2D 3' 가 형성 될 것이다.

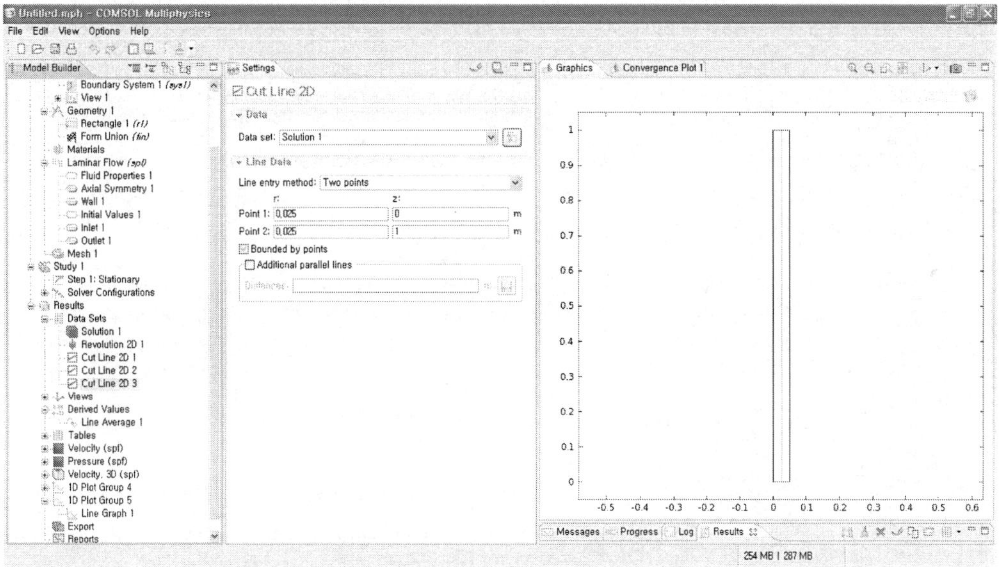

그림 8-33 'Cut line 2D 3' 형성하기

24-2. 다음으로 'Model Builder'에서 'Results'를 마우스 우 클릭하여 '1D plot group'를 클릭하자. 생성된 '1D plot group 6'에 오른쪽 마우스 클릭하여 'Line Graph'를 선택하자.

오른쪽의 'Settings' 페이지에서 'Date Set'을 'Cut line2D 3'으로 선택하자.

'y-axis data'의 'Expression' 을 'spf.U'에서 'pz' 로 변경하여 기입하자.
(식(8)에서의 dp/dy은 컴솔 좌표계에서 dp/dz로 바꾸어야 됨을 명심하라)

'x-axis data'의 'Arc length'를 'Expression'로 변경하자.

'Expression:' 란에 또한 'spf.U'대신에 'z'로 기입하자.

상단의 'Plot' 버튼을 클릭하자.

그러면 그림 8-34와 같은 결과 그래프를 얻을 수 있다.

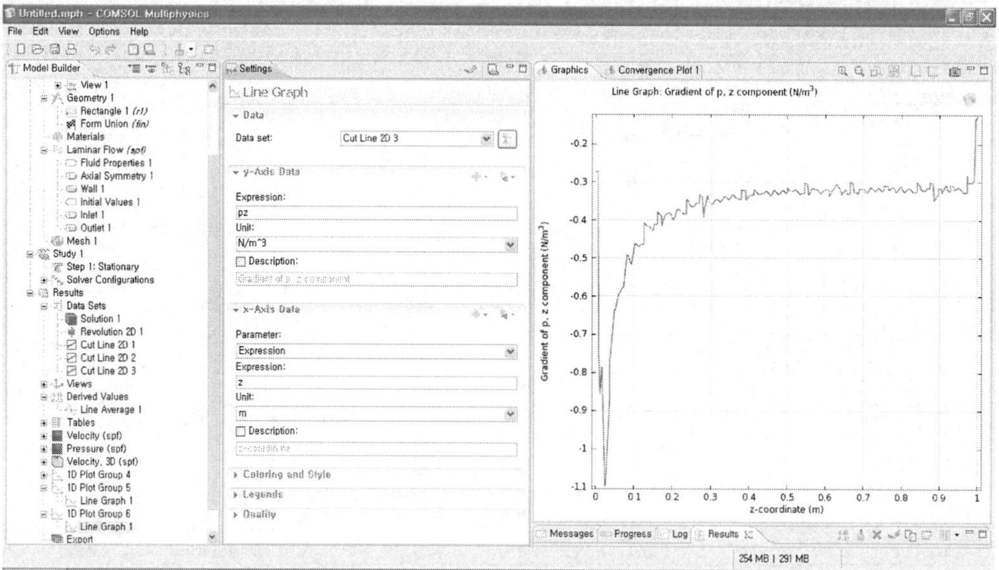

그림 8-34 결과 그래프 'Line Graph'

25\. 완전발달영역에서의 'dp/dz'는 '-0.316'과 근사한 값임을 확인할 수 있다. 그러므로 벽면에서의 전단응력은 식(8)을 통하여 계산하면 '-0.0079'임을 알 수 있다.

▣ 결과 고찰하기

완전발달영역이 되는 입구 길이를 구하여 보자. 위 예제의 레이놀즈 넘버는 '100'이다. 그 값을 이론식 $L_e/D = 0.05Re$에 대입하여 얻을 수 있는 입구 길이는 '0.5'm이다.

해석 결과를 활용하여 완전발달영역으로 전환 되는 입구 길이는 아래와 같은 방법으로 구할 수 있다. 앞에서 수행했던 것과 같이 'Model Builder'에서 'Date Set'에 오른쪽 마우스 클릭하여 'Cut Line 2D'를 선택하라. 'Cut Line Settings'에서 'Point 1'란에 'r : 0, z : 0'을 'Point 2'란에 'r : 0.05, z : 0'을 기입하고, 'Additional Parallel Lines'를 활성화시킨 다음 'Distances'란 'Range(0,0.02,5)'를 타입하거나 옆의 'Range'버튼을 눌러 'Start : 0, Stop : 5, Step : 0.02'를 기입 후 'Replace'를 클릭하고 상단의 'Plot'버튼을 클릭하라, 그러면 모델링한 사각형 표면에 컷 라인이 생성되는 것을 확인 할 수 있다. 이 컷 라인을 이용하여 1D그래프를 그려보라. 그리고 다시 컷 라인 설정에서 'range(0.5,0.02,5)'로 바꾸어 바뀐 컷 라인을 이용하여 다시 1D그래프를 그려보라.

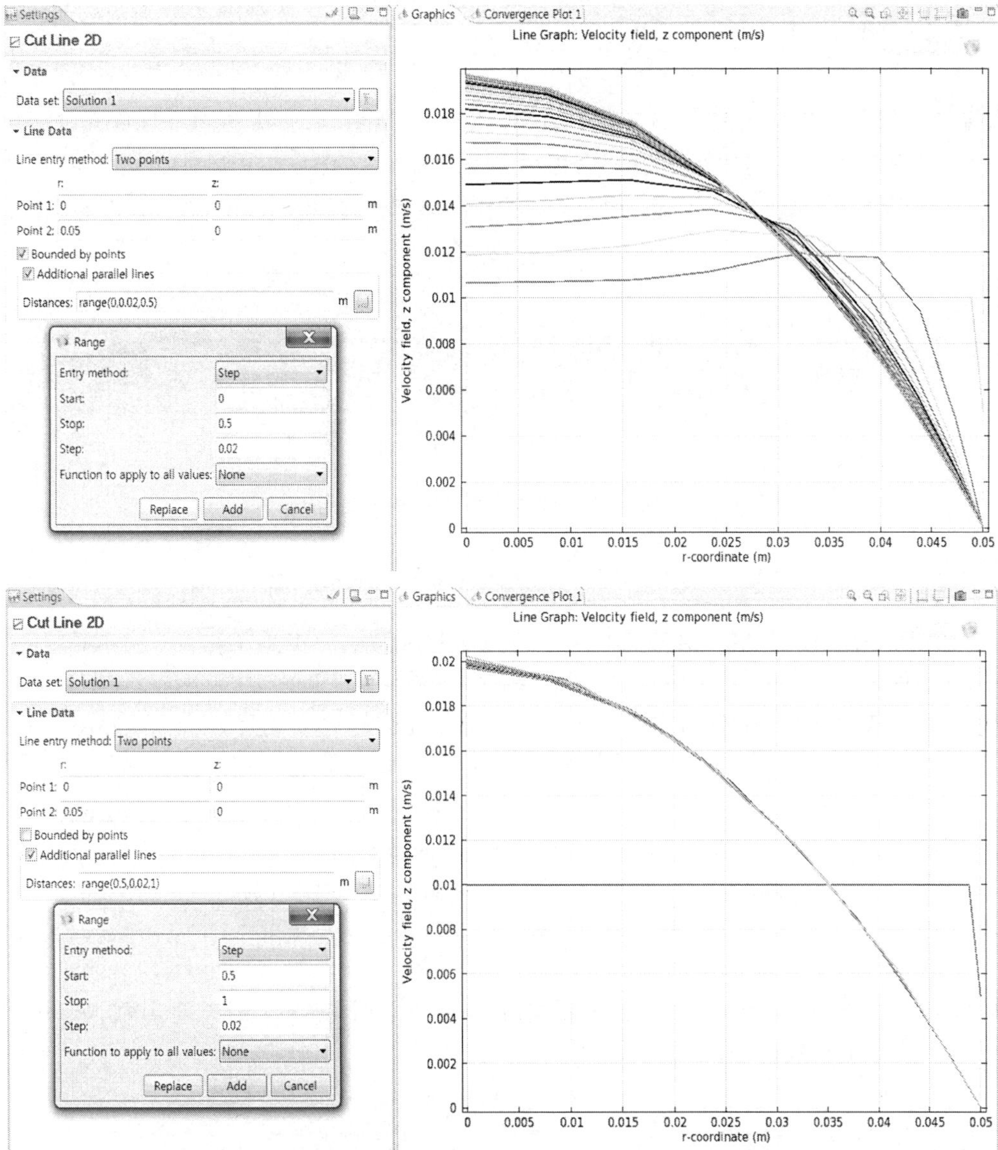

그림 8-35 그래프 결과 : 0~0.5m(위), 0.5~1m(아래)

우리가 이론식에서 얻을 수 있는 입구 길이인 0.5m 이후에서 부터는 속도 프로파일의 변화가 거의 없다는 것을 알 수 있다. 반면 0.5m 이전의 속도 프로파일을 보면 입구 영역임을 알 수 있다. 그러므로 0.5m 이후에는 완전발달영역임을 우리는 확인 할 수 있다.

▣ 연습문제

예제 1) 만약 물성치가 아래 표 8-5와 같고 직경이 2m이고 관의 길이가 40m인 대형 원형파이프의 내부의 난류 유동이 있다면, 표 8-3, 표 8-4를 통하여 이론값인 입구길이를 계산하고 시뮬레이션을 통하여 해석된 결과의 속도 프로파일을 통하여 얻을 수 있는 입구 길이와 비교를 하라.

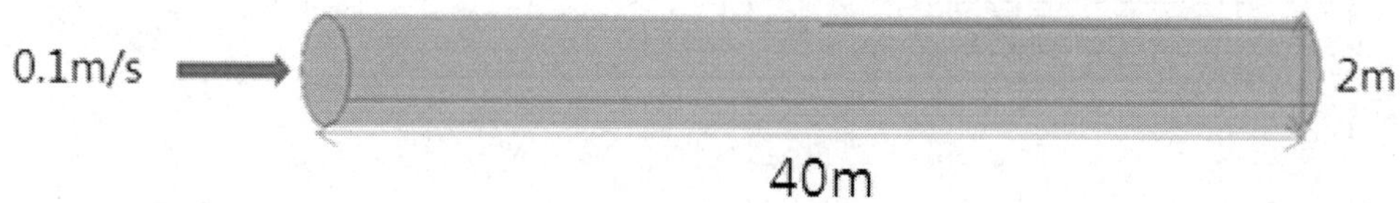

그림 8-36 대형 원형 파이프 모델링

표 8-5 Properties of incompressible Navier-Stokes

MATERIAL PARAMETER	EXPRESSION	VALUE	UNIT
Velocity of inlet	V_inlet	1E-1	m/s
viscosity	eta	0.01	kg/ms
density	rho	1000	kg/m^3

예제 3) 그림 8-37과 같이 병렬 평판 사이의 층류 유동이 있다면 완전발달영역이 시작되는 입구길이를 구하라.

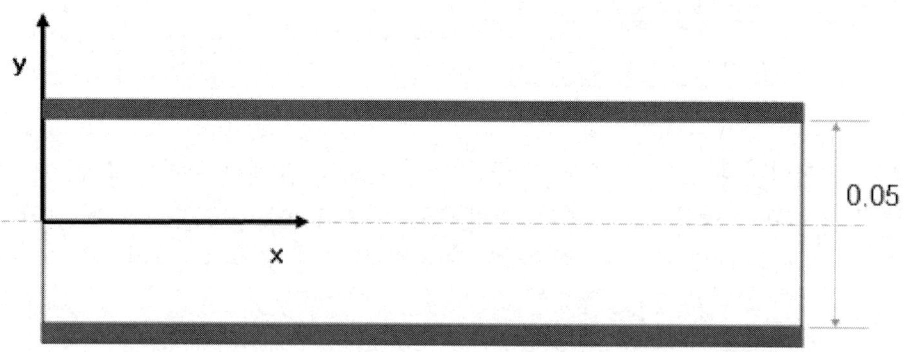

그림 8-37 Schematic of two parallel plates. Unit is [m]

그림 8-37에서 보는 바와 같이 평판의 길이는 20 cm 이고 평판 사이는 5 cm로 병렬로 놓여 있다. 만약 유체가 왼쪽에서 균일한 속도 V_{inlet} = 1E-2 m/s 이며, 유체는 단순한 유체로 $\eta = 0.01\ kg/ms$, $\rho = 1000\ kg/m^3$ 가정한다. (표 8-6 참고)

표 8-6 Properties of incompressible Navier-Stokes

MATERIAL PARAMETER	EXPRESSION	VALUE	UNIT
Velocity of inlet	V_inlet	1E-2	m/s
viscosity	eta	0.01	kg/ms
density	rho	1000	kg/m^3

제9장. 마이크로채널에서의 유동 가시화

▣ Microchannel에서의 유동 가시화

현재 랩온어칩(Lab-on-a-chip)분야는 biochemistry, bioengineering 분야의 분석도구로서 매우 인기 있는 연구 분야이다. 랩온어칩 장치들은 separator, mixer, chemical reactor 등의 기술을 통합하여 이를 microchannel 장치에 장착, 적용되어 있다.

이번 예제는 여러 개의 주입부를 통하여 흘러들어가 하나의 배출부로 흘러나오는 비교적 간단한 채널을 형상화 하였다. 이 예제에서 우리는 유체가 채널 형상에 따른 유체의 흐름과 유속을 얻을 수가 있을 것이며, 이러한 해석을 통하여 용도에 맞는 주입부분의 압력, 마이크로채널 디자인, 시간 조절에 대한 최적 부분을 파악할 수 있고, 유체 유동에 대한 가시화를 이룰 수가 있다.

$$\rho\frac{\partial \vec{u}}{\partial t} - \nabla\cdot(\nabla\vec{u} + (\nabla\vec{u})^T) + \rho\vec{u}\cdot\nabla\vec{u} + \nabla p = 0 \quad (9\text{-}1)$$

$$\nabla\cdot\vec{u} = 0 \quad (9\text{-}2)$$

채널 내로 들어가는 유체는 채널 사이즈의 영향으로 기인하여 층류 현상을 띄기 때문에 적용되는 지배식은 나비어-스톡스(Navier-Stokes) 방정식을 이용하였다.

$$p_i = 50 + 10\sin(omega * t + \alpha)\ Pa \quad (9\text{-}3)$$

위의 식에서 t는 시간을 뜻하며, α는 0, π/2, π 이다. 위의 식과 같이 압력을 시간(t)에 따른 식으로 표현함으로써 3개의 입구에 유체가 동시에 들어가는 것이 아니라 시간에 따라 순차적으로 유체가 흘러 들어가게 하였다.

$$u = (0, 0, 0) \quad (9\text{-}4)$$

그리고 입, 출입 면을 제외한 모든 boundary는 no slip 상태로 선택한다. 이는 벽면에서 x-, y-, z-방향으로의 속도가 0임을 의미한다.

▣ 예제 문제 정의

3부분의 Inlet에서 1부분의 Outlet으로 유체가 흐르는 그림 9-1과 같은 마이크로 채널에서의 유체의 흐름을 시각화 해보기로 한다. Inlet 부분의 압력은 시간에 관한 함수로 표현하였으며, 이는 다음과 같다.

p_in_t = p0+p1*sin(omega*t) (9-5)

p_in_c = p0+p1*sin(omega*t+pi/2) (9-6)

p_in_b = p0+p1*sin(omega*t+pi) (9-7)

여기서 p_in_t는 맨 위의 Inlet 영역을 의미하며, 중간은 p_in_c, 맨 아래는 p_in_b이다. 그리고 유체는 물이라 가정하고 해석하였다.

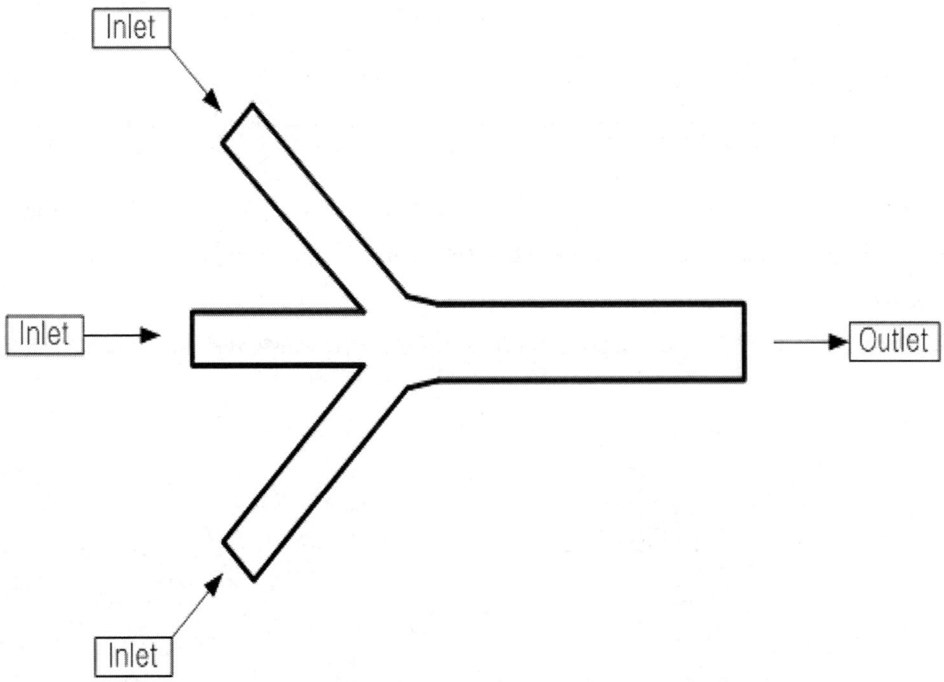

그림 9-1 마이크로 채널 시스템의 모식도

▣ 예제 문제 따라하기

1. 그림 9-1과 같이 'Model Wizard' 페이지에서 ' Select Space Dimension '을 ' 3D ' 로 선택하고 ' Next' 버튼 ⇨을 누른다.

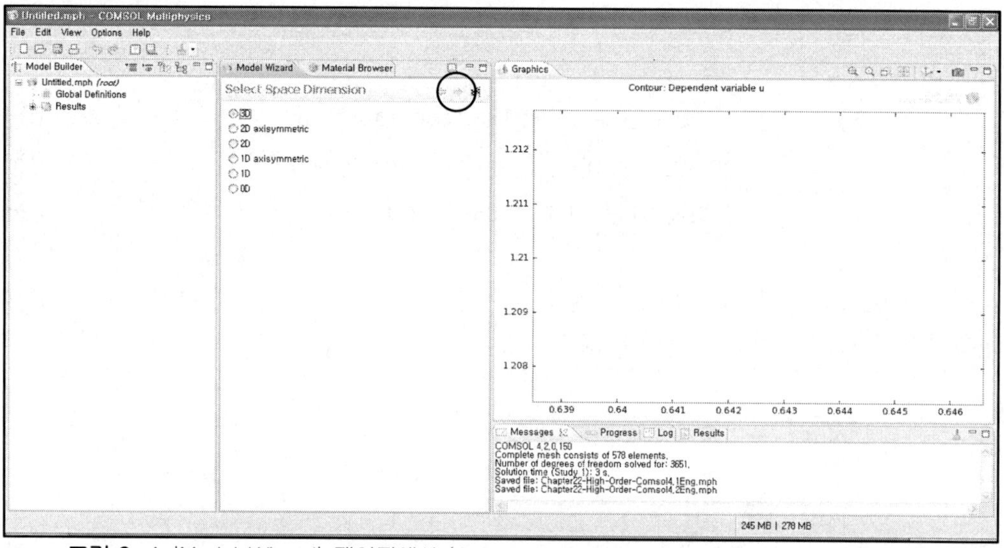

그림 9-1 'Model Wizard' 페이지에서 'Select Space Dimension'을 '3D'로 선택하기

2. 그림 9-2와 같이 'Model Wizard' 페이지의 'Add Physics' 윈도우에서 'Fluid Flow' 항목에서 'Single-Phase Flow', ' Laminar Flow (spf) '을 더블클릭하여 선택하고, 상단의 ' Next' 버튼 ⇨을 누른다.

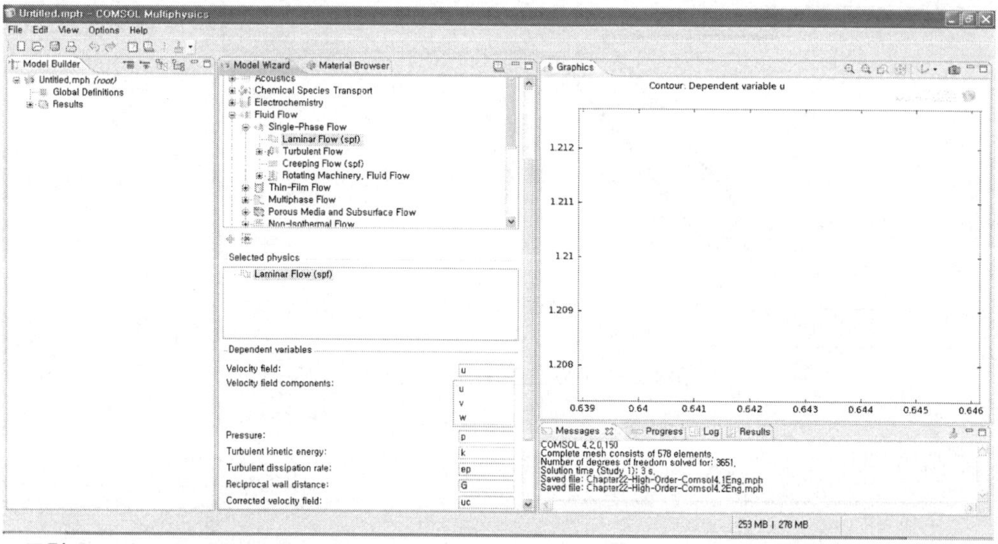

그림 9-2 'Fluid Flow' 항목, 'Single-Phase Flow', 'Laminar Flow (spf)' 선택하기

3. 그림 9-3과 같이 'Model Wizard' 페이지의 'Select Study Type' 윈도우에서 'Preset Studies' 항목에서,' Time Dependent '를 선택한 다음, 상단의' Finish' 버튼을 누른다.

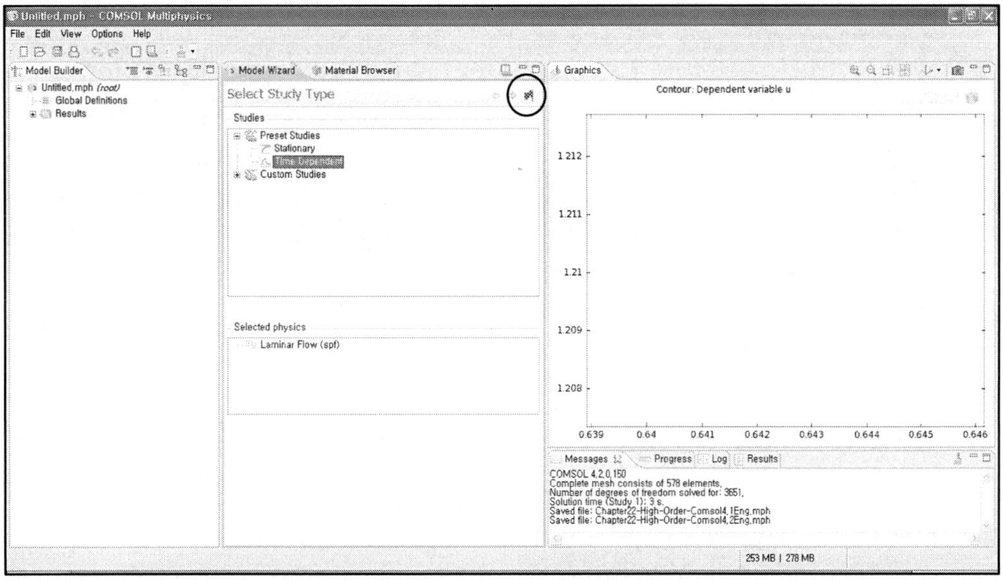

그림 9-3 ' Select Study Type '윈도우,' Preset Studies '항목,' Time Dependent 를 선택하기

4-1. 그림 9-4-1과 같이 'Solid'를 모델링을 하기 위해서, 'Model Builder' 페이지에서 ' Geometry 1 '을 선택하고, 마우스 오른쪽 버튼을 눌러 ' Work Plane '를 선택한다.

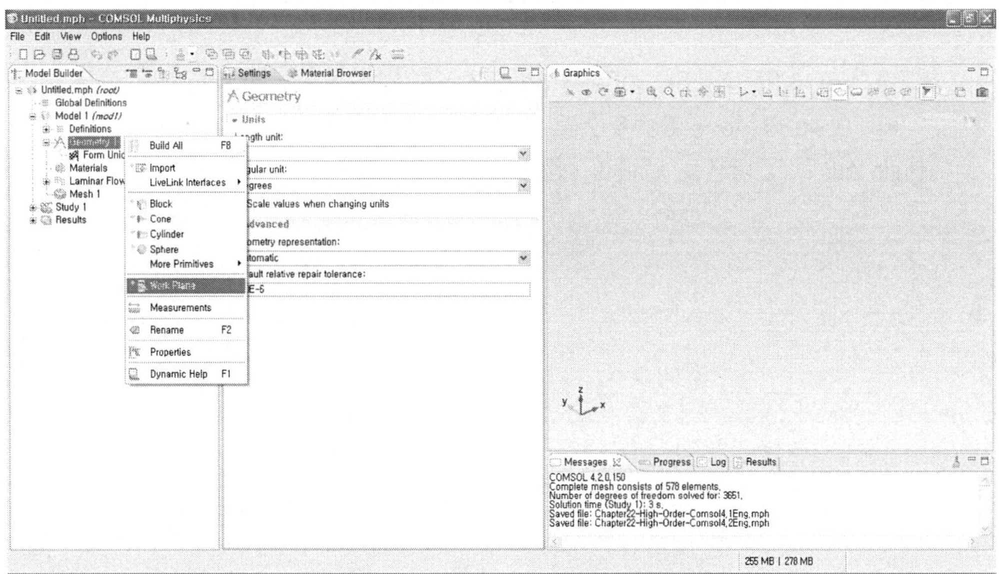

그림 9-4-1 'Work Plane' 선택하기

4-2. 그림 9-4-2와 같이 'Work Plane 1 (wp1)' 항목에서 ‘ Geometry ’를 선택하고, 마우스 오른쪽 버튼을 눌러 ‘ Polygon ’을 선택한다.

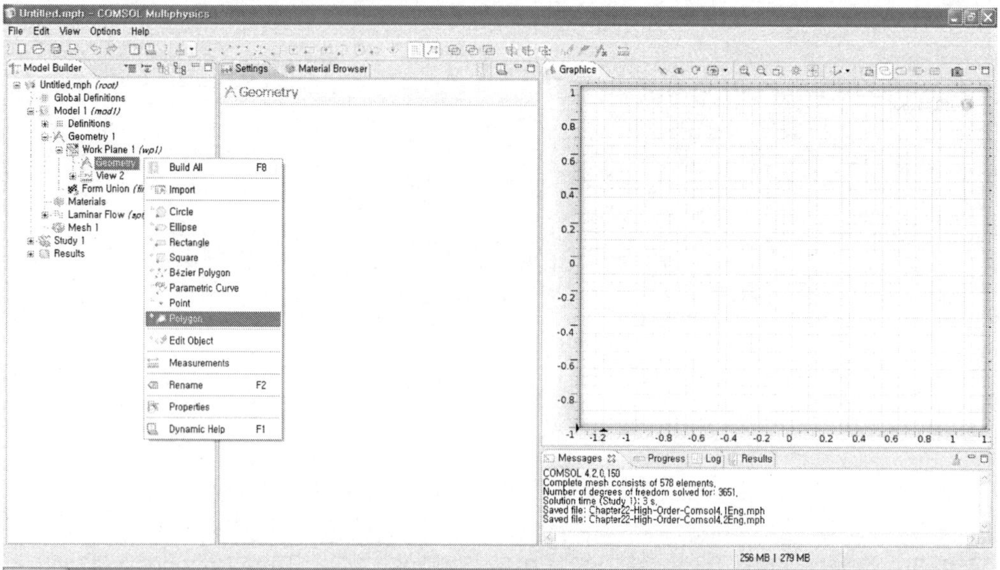

그림 9-4-2 ‘Work Plane’ 선택하기

4-3. 그림 9-4-3과 같이 'Model Builder' 페이지에서 'Polygon 1 (pol1)' 항목을 선택하고, 오른쪽 ‘ Settings ’페이지의 'Coordinates' 부분에 있는,

‘ x: ’에‘ 9e-4 9e-4 3.8e-4 3e-4 8e-5 4e-5 2.6e-4 -6e-5 -6e-5 ’

‘ y: ’에‘ 0 4e-5 4e-5 6e-5 2.8e-4 2.4e-4 3e-5 3e-5 0 ’를 타입하고 상단의 ‘ Build All ’ 버튼을 눌러 ‘ Polygon ’을 생성한다.

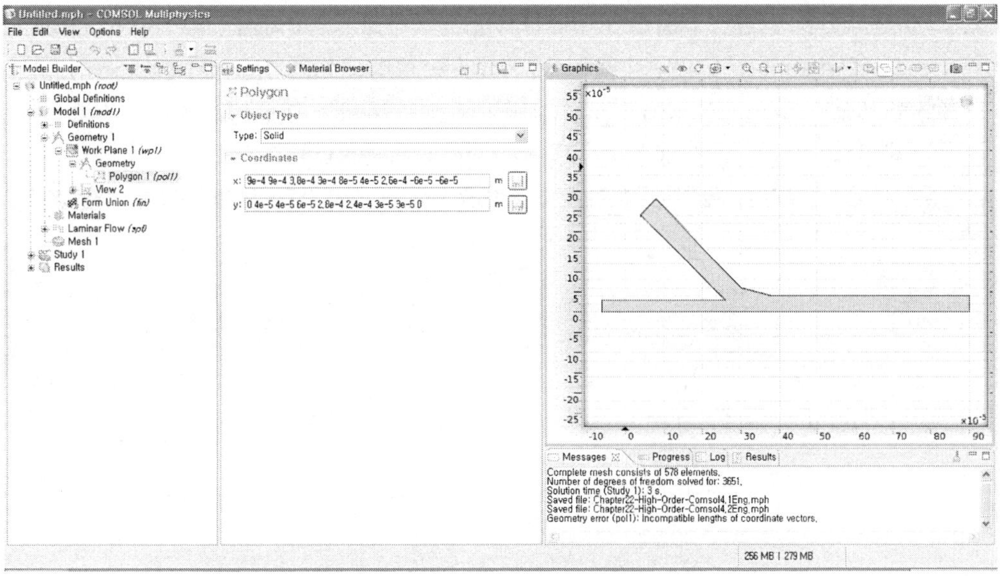

그림 9-4-3 'Polygon' 설정하기

4-4. 그림 9-4-4와 같이 ' Geometry ' 항목을 오른쪽 마우스 클릭하고 나타난 메뉴 중 ' Transform ', 이것의 하위 메뉴 ' Mirror '를 선택하자.

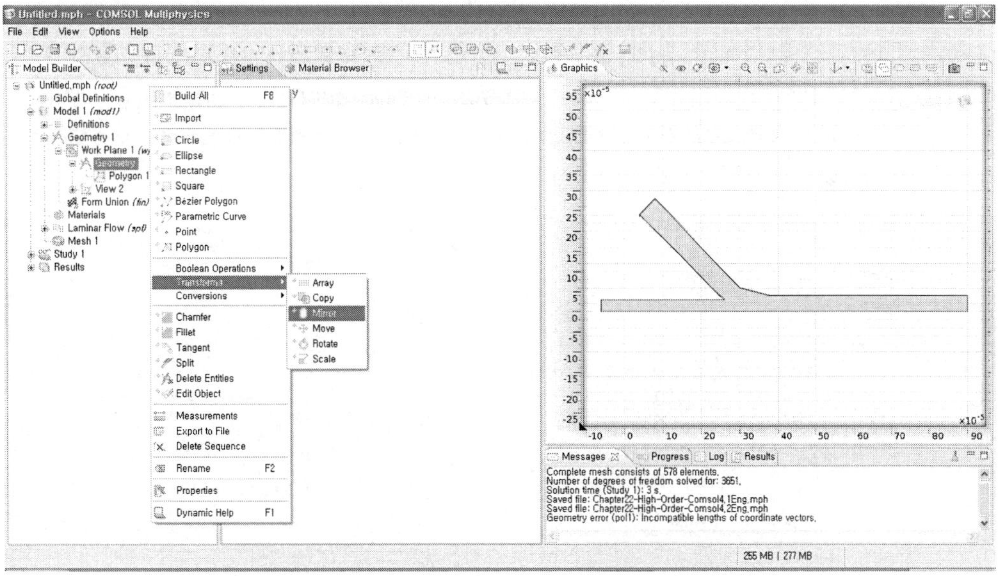

그림 9-4-4 'Transform' - 'Mirror' 선택하기

4-5. 그림 9-4-5와 같이 ' Mirror 1 (mir1) '을 선택하고, 'Settings' 페이지의 ' Point on Line of Reflection ' 항목의 ' x: 0 , y: 0'을 타입하고, ' Normal Vector to Line of Reflection ' 항목의 ' x: 0 , y: 1'을 타입하고 상단의 ' Build All ' 버튼을 클릭하자. 이렇게 하면 x축에 대칭이 되도록 모델이 형성된다.

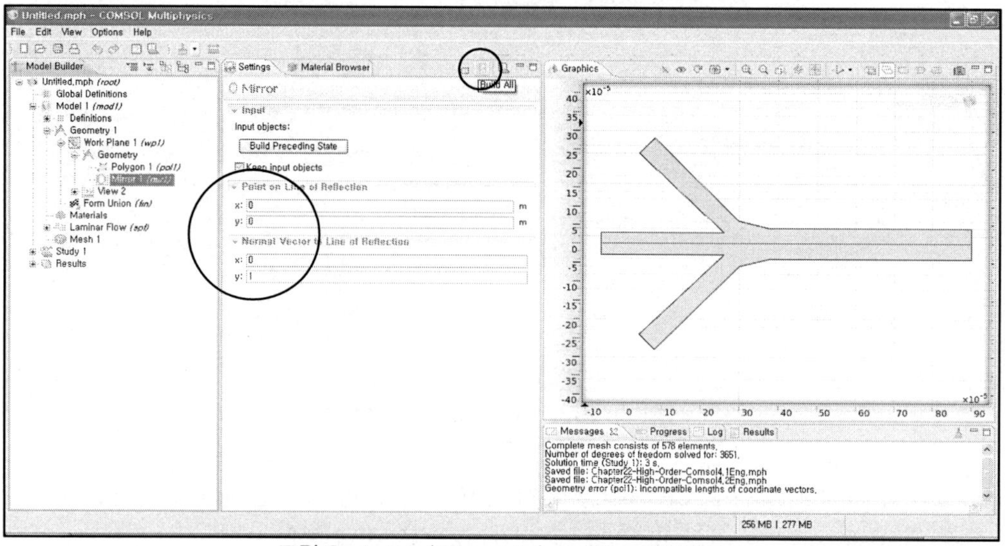

그림 9-4-5 'Mirror 1 (mir1)' 설정하기

4-6.' Mirror 로 형성된 모델은 아직 하나로 합성된' Solid 가 아니다. 하나로 합성된' Solid ' 를 만들기 위해 다음과 같이 수행한다. 그림 9-4-6과 같이 ' Geometry '항목을 오른쪽 마우스 클릭하고 나타난 메뉴 중' Boolean Operation '-' Union '을 선택하자.

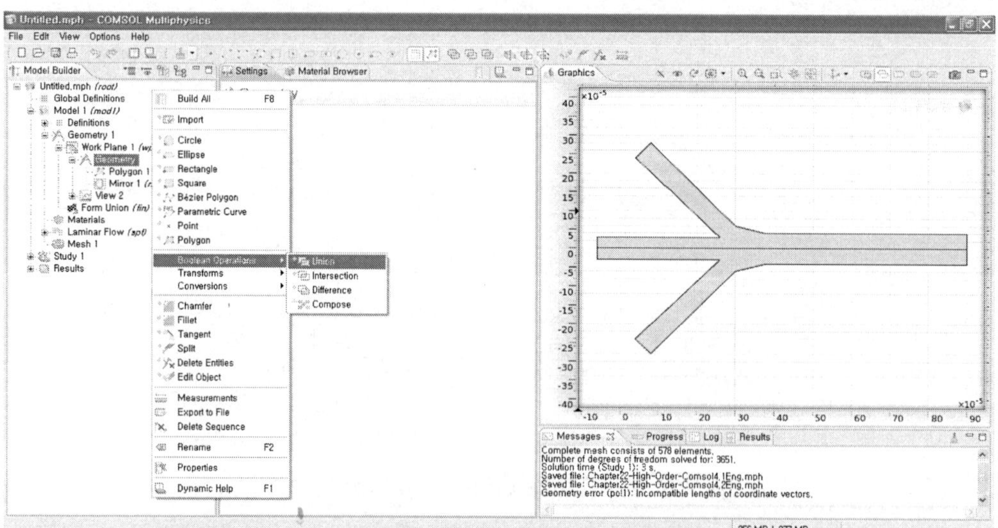

그림 9-4-6 'Boolean Operation' - 'Union' 선택하기

4-7. 생성된 ' Union 1 (uni1) '을 클릭하여 선택하고, ' Graphics ' 페이지에서 상,하 모델을 차례로 클릭하여 선택하고 ' Settings ' 페이지의 ' Input objects: ' 부분에서 ' Add to Selection ' ✚ 버튼을 클릭하여 추가하자. 즉, 그림 9-4-7과 같이 ' Graphics ' 페이지에서 하나씩 선택하고 ✚ 버튼을 클릭하여 추가하면 된다. 그리고 ' Settings ' 페이지의 ' Keep interior boundaries '는 체크 해제하여야 한다. 상단의 ' Build All ' 버튼을 클릭하자.

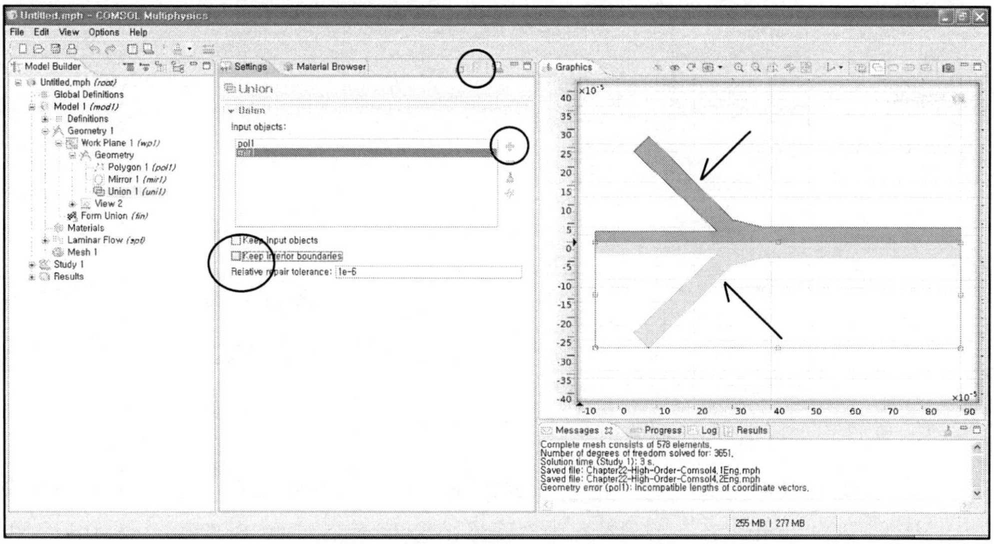

그림 9-4-7 'Union' 설정하기

4-8. 그림 9-4-8은 ' Union ' 설정된 모습을 보여준다.

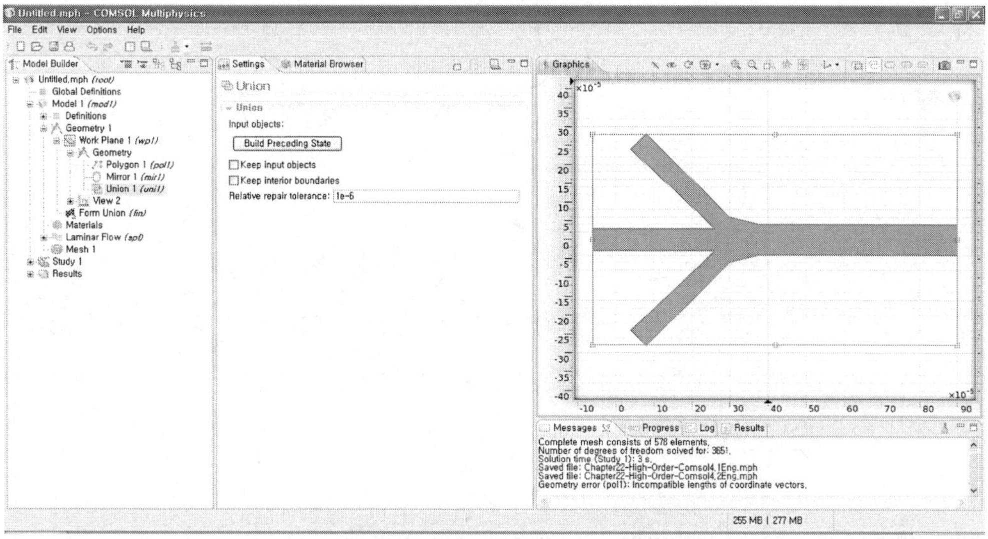

그림 9-4-8 'Union' 설정된 모습

5-1. 이제까지 설정된 ‘ Solid ’ 모델을 ‘ Extrude ’시켜 ‘ **입체** ’를 만들어 보자. 그림 9-5-1과 같이 ‘ Work Plane 1 (wp1) ’항목을 선택하고 나타난 메뉴 중 ‘ Extrude ’를 선택한다.

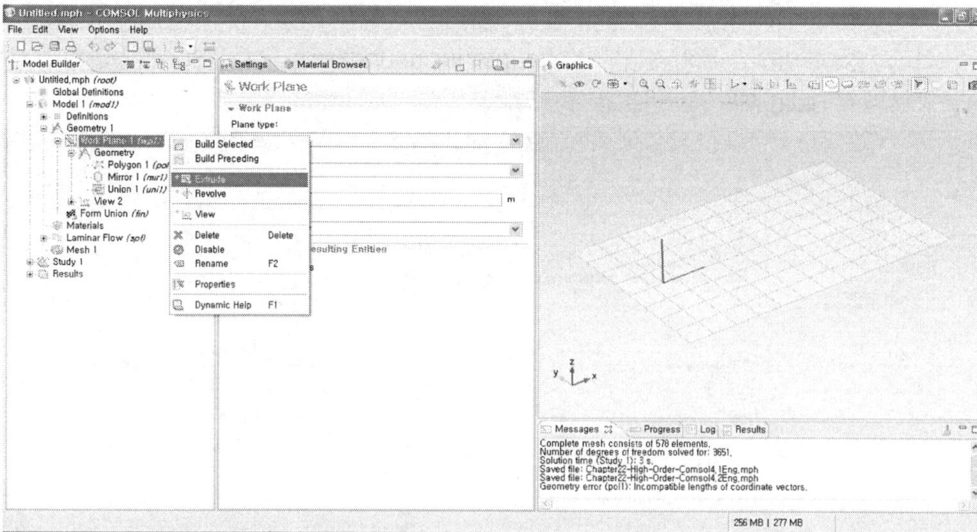

그림 9-5-1 ‘Extrude’ 선택하기

5-2. ‘ Extrude 1 (ext1) ’을 선택하고 ‘ Graphics’ 페이지에서 모델 ‘ wp1 ’을 클릭하여 선택하고, ‘ Settings ’페이지에서 ‘ Add to Selection ’ 버튼을 클릭하여 추가하자. 그리고, ‘ Distances from Work Plane ’부분의 ‘ Distances(m) ’을 ‘ 5e-5 ’로 타입하고, 상단의 ‘ Build All ’ 버튼을 클릭하자.

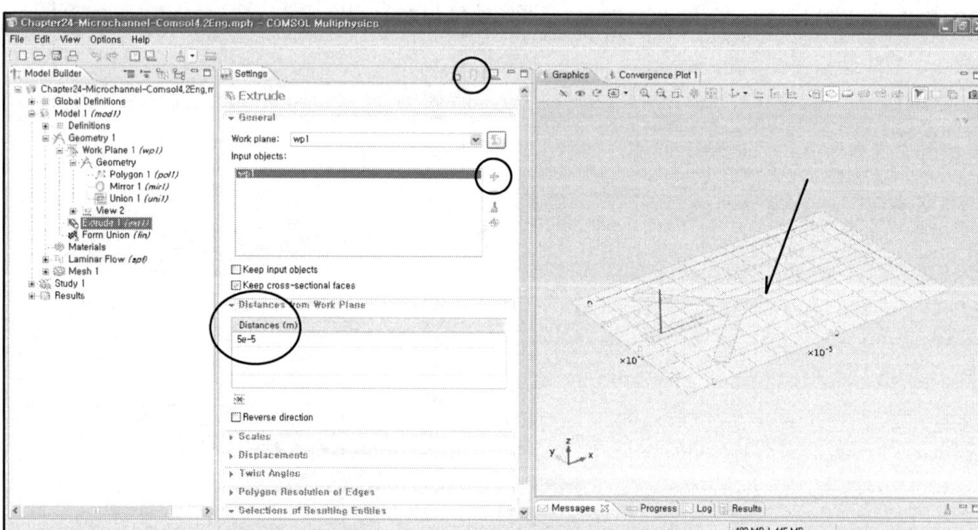

그림 9-5-2 ‘Extrude’ 설정하기

5-3. 아래 그림 9-5-3은 ' Extrude '가 실행된 모습을 보여준다.

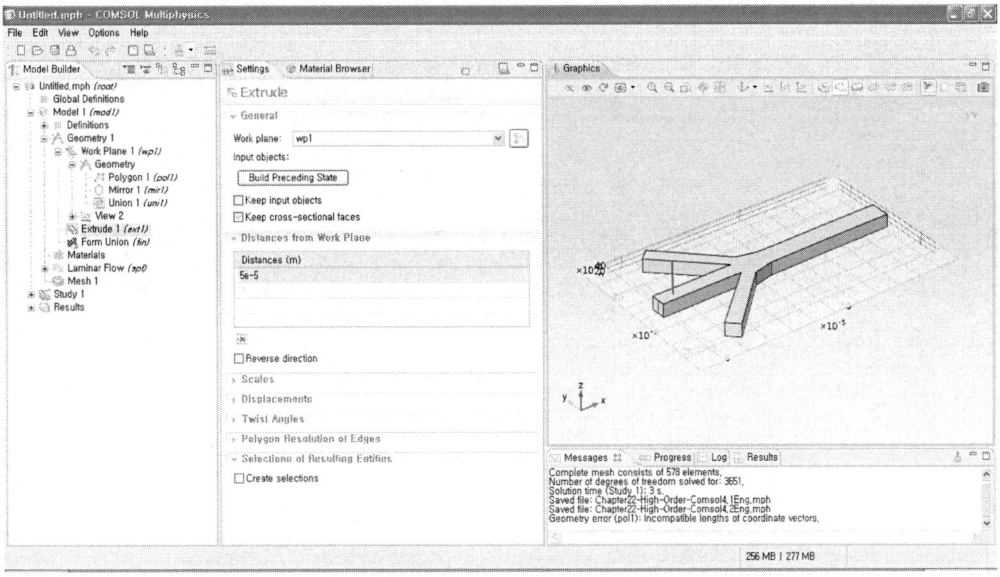

그림 9-5-3 'Extrude' 실행된 모습

6-1. 상수를 정의하기 위하여 그림 9-6-1과 같이 'Model Builder' 페이지에서 ' Global Definition'를 마우스 오른쪽 클릭 후 ' Parameters '를 선택한다.

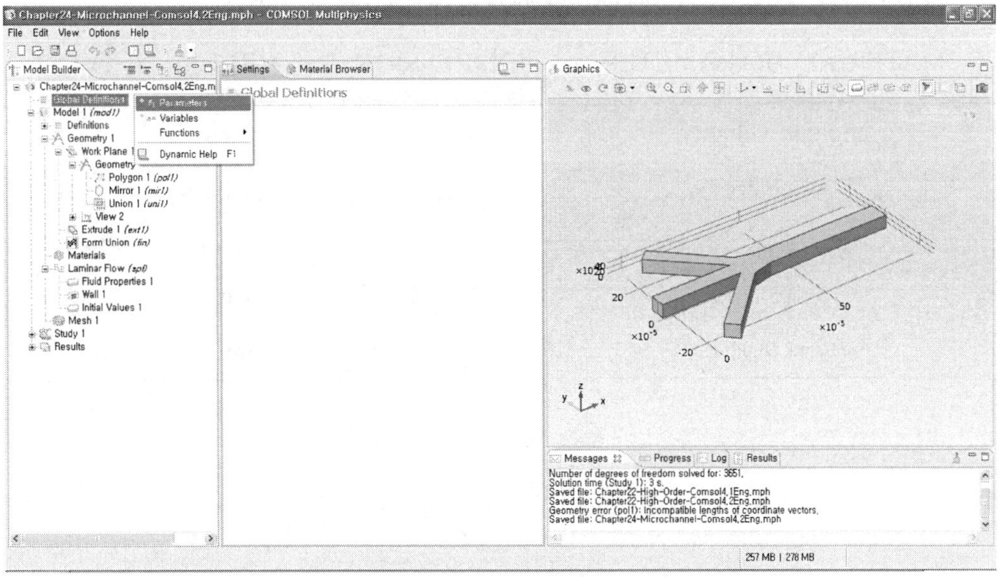

그림 9-6-1 'Parameters' 선택하기

6-2. 그림 9-6-2와 같이 'Model Builder' 페이지에서 ' Parameters '를 클릭하여 선택하고, 표 9-1 값을 입력한다.

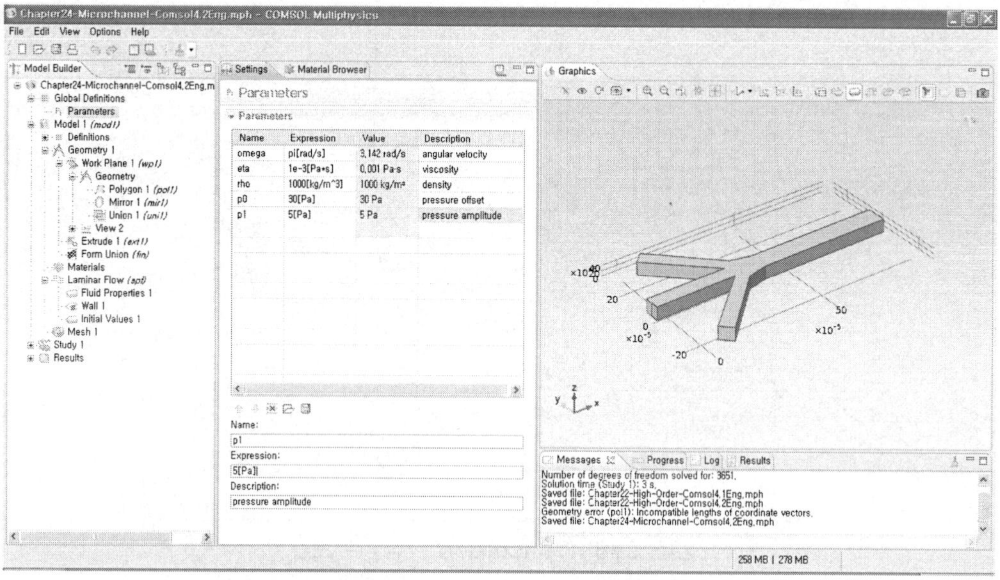

그림 9-6-2 'Parameters' 설정하기

표 9-1 Properties of incompressible Navier-Stokes

MATERIAL PARAMETER	EXPRESSION	VALUE	UNIT
angular velocity	omega	pi[rad/s]	rad/s
viscosity	eta	1e-3[Pa*s]	kg/ms
density	rho	1000[kg/m^3]	kg/m^3
pressure offset	p0	30[Pa]	Pa
pressure amplitude	p1	5[Pa]	Pa

7-1. 변수를 정의하기 위하여 그림 9-7-1과 같이 ‘ Model Builder ’페이지에서 ‘ Definitions ’를 마우스 오른쪽 클릭 후 ‘ Variables ’를 선택한다.

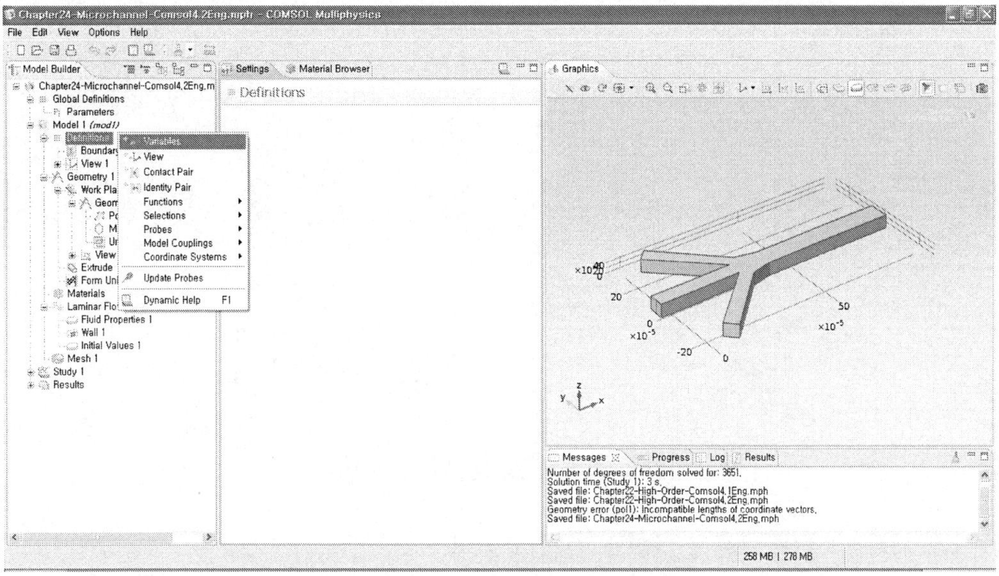

그림 9-7-1 ‘Variables’ 선택하기

7-2. 그림 9-7-2와 같이 'Model Builder' 페이지에서 ‘ Variables ’를 클릭하여 선택하고, 표 9-2 값을 입력한다. 여기서 ‘ Variables ’는 각 입력부분의 압력들의 값들을 나타내준다. Inlet 부분의 각 영역의 압력을 다음과 같은 함수로 표현함으로서 각 부분마다 시간에 따라 압력 값이 변하게 된다.

표 9-2. Pressure in inlet of microchannel

Name	EXPRESSION	UNIT
p_in_t	p0+p1*sin(omega*t)	Pa
p_in_c	p0+p1*sin(omega*t+pi/2)	Pa
p_in_b	p0+p1*sin(omega*t+pi)	Pa

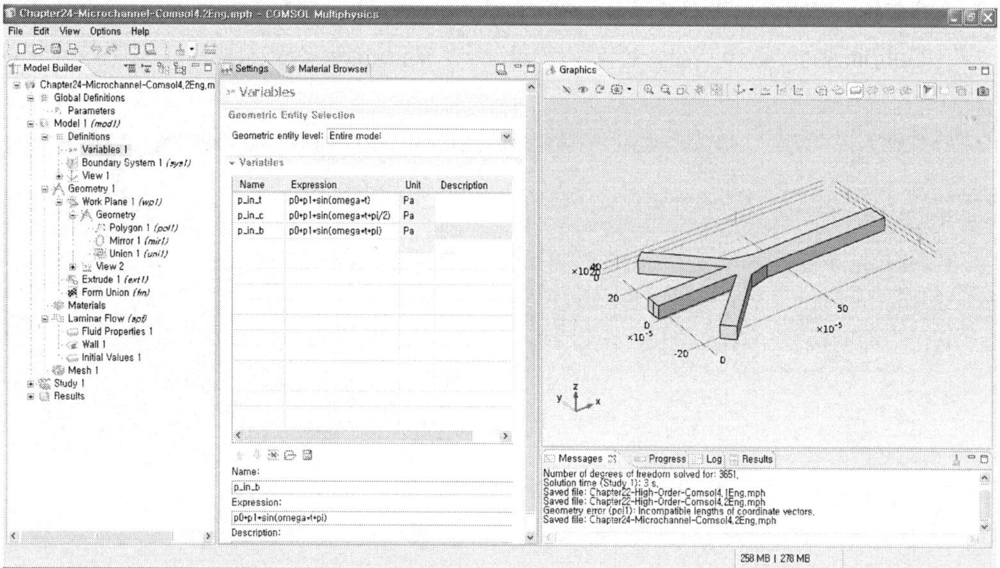

그림 9-7-2 'Variables' 설정하기

8. 이제 해석 모델에 대한 소영역을 설정해 보자.

그림 9-8과 같이' Model Builder '페이지의' Laminar Flow (spf) '의 서브 항목인 ' Fluid Properties 1 '을 클릭하여 선택하자.

오른쪽에 나타난' Setting '페이지의' Fluid Properties '영역에서

' Density: ' 부분을' User Defined '로 선택하고' rho '로 타입하자. 또한,
' Dynamic Viscosity: '부분을 ' User Defined '로 선택하고 ' eta '로 타입하자.

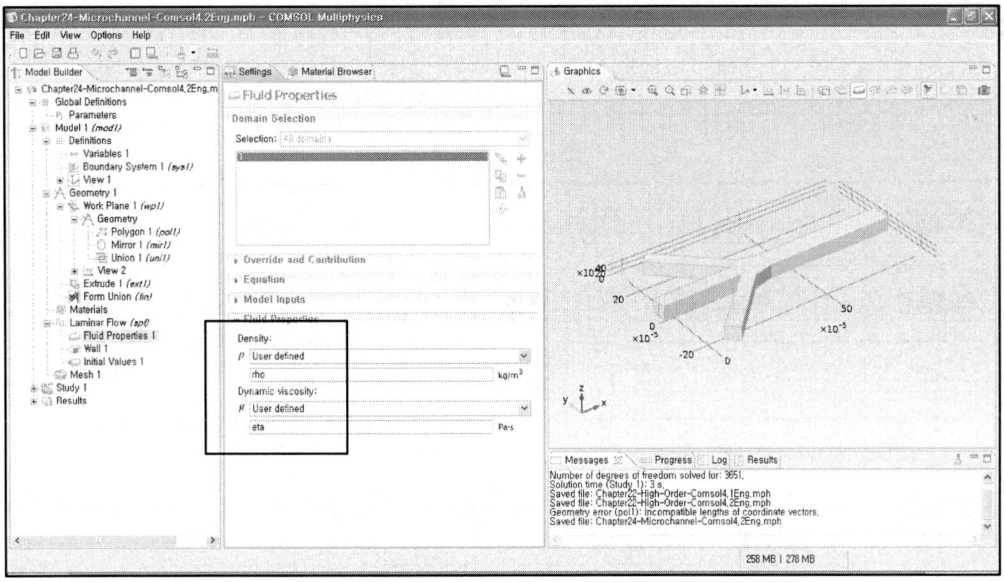

그림 9-8 소영역 설정하기

9. 그림 9-9와 같이 초기 조건을 설정하기 위해,' Model Builder '페이지의' Laminar Flow (spf) '의 서브 항목인' Initial Values 1 '을 클릭하여 선택하자.
오른쪽에 나타난' Setting '페이지의' Initial Values '윈도우에서 모두' 0 '상태를 확인한다.

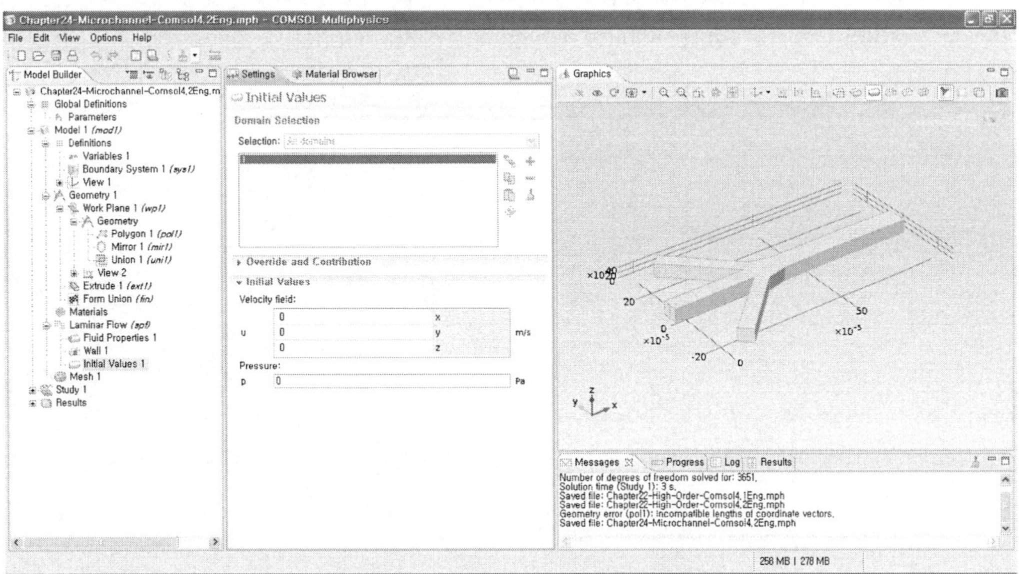

그림 9-9 'Initial Values' 설정하기

10. 이제 해석 모델에 대한 **경계 조건**들을 설정해 보자. 아래 표 9-3은 앞으로 설정해야 할 경계 조건을 나타낸 것이다.

표 9-3. 경계조건

경계영역	Boundaries 1,5	Boundary 7	Boundary 9	Boundaries 17,18
경계종류	유입	유입	유입	유출
p0	p_in_c	p_in_b	p_in_t	0
경계조건	압력, 무 점성 응력	압력, 무 점성 응력	압력, 무 점성 응력	압력, 무 점성 응력

먼저 그림 9-10-1과 같이 ' Model Builder '페이지의 ' Laminar Flow (spf) '를 오른쪽 마우스 클릭하여 나타난 서브 메뉴 중' Inlet '를 선택하자. 그러면 하위 항목' Inlet ' Inlet '항목은 유입을 설정할 때 사용된다. 1 '이 생성된다. 동일한 방식으로' Inlet 1 ', ' Inlet 2 ', ' Inlet 3 '을 생성하자.

또한 동일한 방식으로' Laminar Flow (spf) '를 오른쪽 마우스 클릭하여 나타난 서브 메뉴 중' Outlet '를 선택하여' Outlet 1 '을 생성하자.' Outlet ' 항목은 유출을 설정할 때 사용된다.

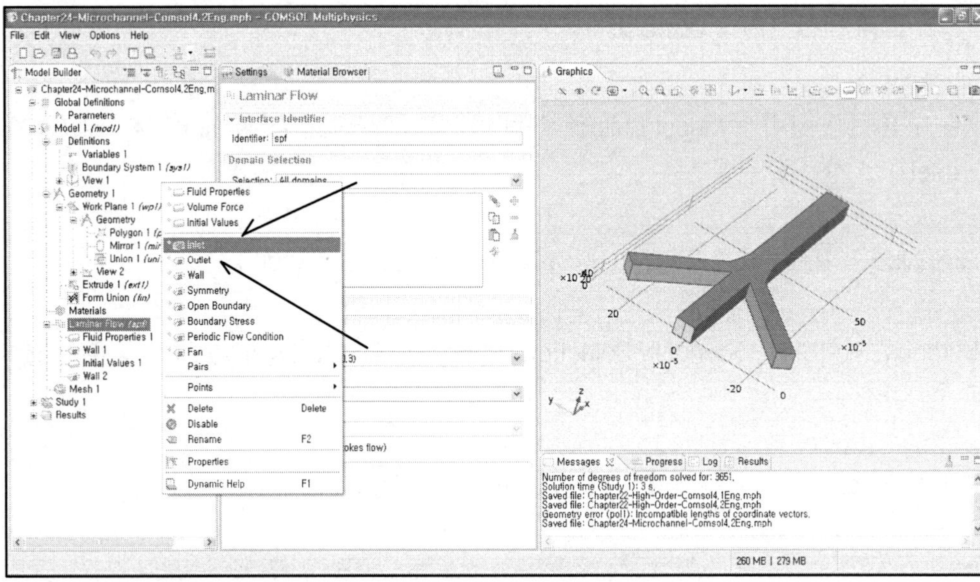

그림 9-10-1 'Inlet', 'Outlet' 항목 생성하기

그림 9-10-2는 ' Inlet ' 항목과 ' Outlet ' 항목이 생성된 모습을 보여준다.

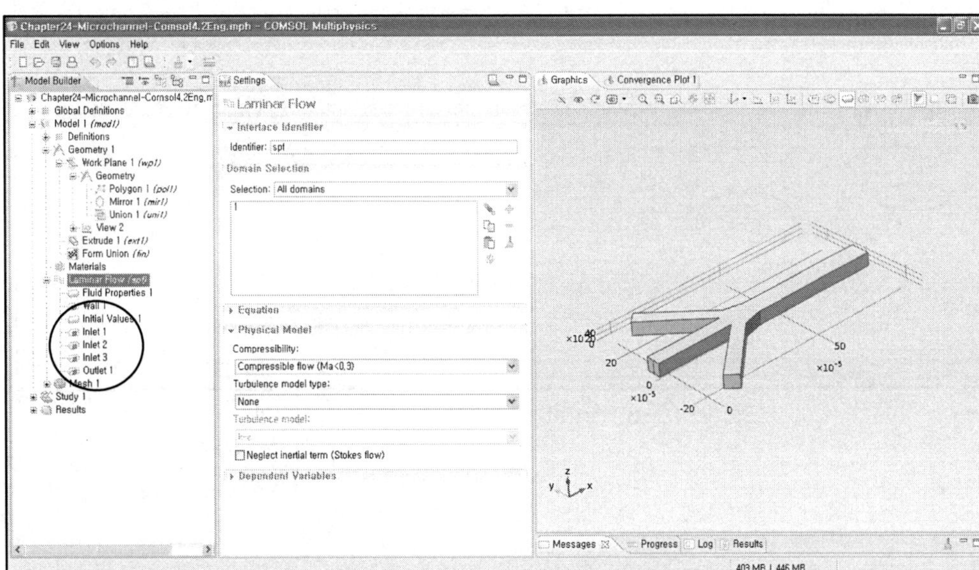

그림 9-10-2 'Inlet', Outlet' 항목 생성된 모습

10-1. '경계 조건 1,5' 설정하기

그림 9-10-3과 같이 ' Model Builder ' 페이지의 ' Laminar Flow (spf) '의 하위 항목인 ' Inlet 1 ' 항목을 선택하자.

' Graphics ' 페이지에서 ' **경계** 1'과 '**경계** 5'를 클릭하여 선택하자.

' Settings' 페이지의 'Boundary Selection' 부분에서 'Add to Selection' ✚ 버튼을 클릭하여 추가하자.

아래의 'Pressure:' 부분에서 'p_0' 값을 'p_in_c' 로 타입하자.

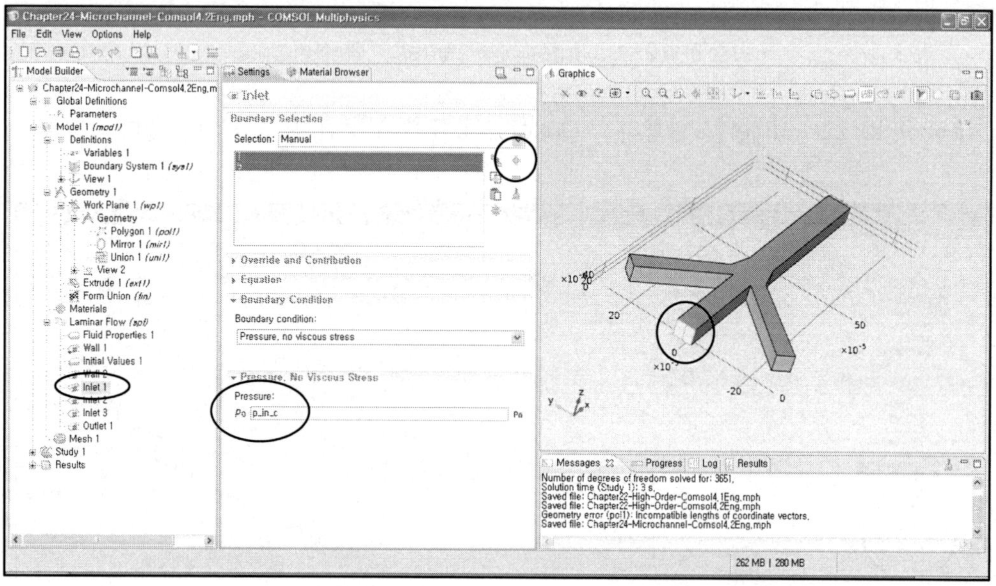

그림 9-10-3 'Inlet 1', '경계 조건 1,5' 설정하기

10-2. '경계 조건 7' 설정하기

그림 9-10-4와 같이 ' Model Builder ' 페이지의 ' Laminar Flow (spf) '의 하위 항목인 ' Inlet 1 ' 항목을 선택하자.

' Graphics ' 페이지에서' **경계 7** '을 클릭하여 선택하자.

' Settings ' 페이지의' Boundary Selection '부분에서' Add to Selection' ✚ 버튼을 클릭하여 추가하자.

아래의' Pressure:' 부분에서' p_0' 값을' p_in_b' 로 타입하자.

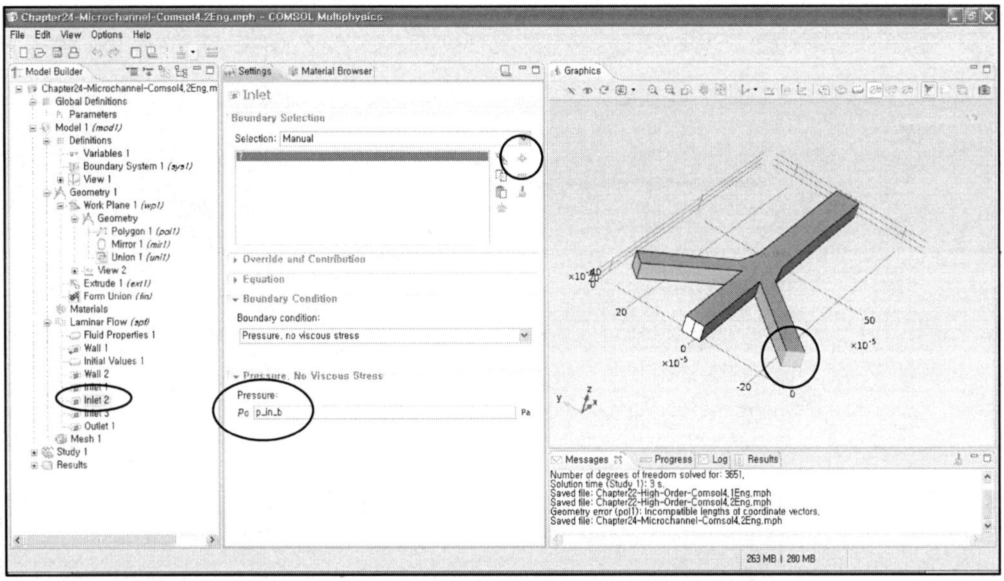

그림 9-10-4 'Inlet 2', '경계 조건 7' 설정하기

10-3. '경계 조건 9' 설정하기

그림 9-10-5와 같이 'Model Builder' 페이지의 'Laminar Flow (spf)'의 하위 항목인 ' Inlet 3' 항목을 선택하자.

'Graphics' 페이지에서 **'경계 9'**를 클릭하여 선택하자.

'Settings' 페이지의 'Boundary Selection' 부분에서 'Add to Selection' 버튼을 클릭하여 추가하자.

아래의 'Pressure:' 부분에서 'p_0' 값을 ' p_in_t' 로 타입하자.

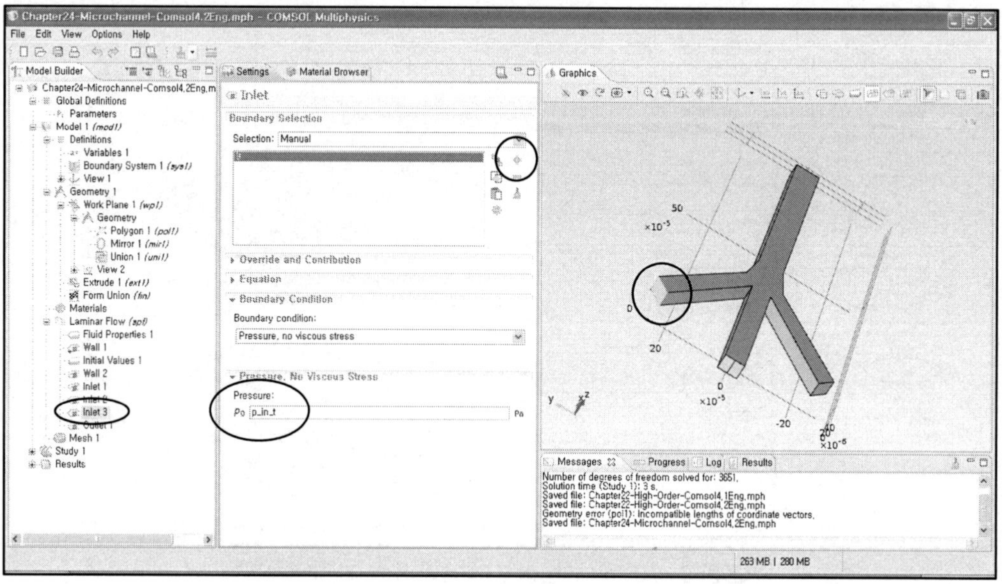

그림 9-10-5 'Inlet 3', '경계 조건 9' 설정하기

10-4. '경계 조건 17,18' 설정하기

그림 9-10-6과 같이 'Model Builder' 페이지의 'Laminar Flow (spf)'의 하위 항목인 'Outlet 1' 항목을 선택하자.

'Graphics' 페이지에서 **'경계 17'**과 **'경계 18'**을 클릭하여 선택하자.

'Settings' 페이지의 'Boundary Selection' 부분에서 'Add to Selection' ✚ 버튼을 클릭하여 추가하자.

아래의 'Pressure:' 부분에서 'p_0' 값을 '0' 로 타입하자. 이것은 대기압을 나타낸다.

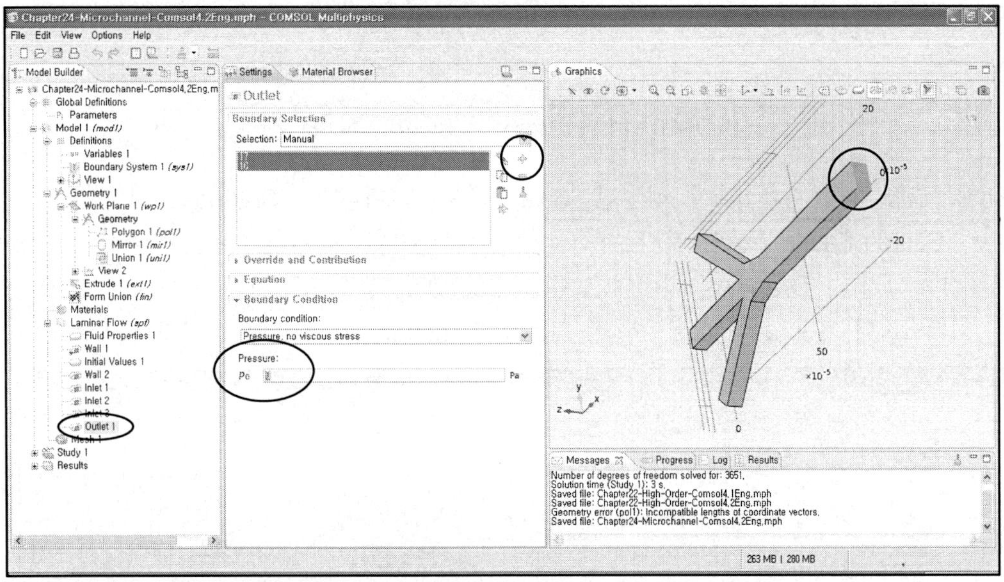

그림 9-10-6 'Outlet 1', '경계 조건 17,18' 설정하기

11-1. 그림 9-11-1과 같이 'Model Builder' 페이지의 항목 중 'Mesh 1'을 오른쪽 마우스 클릭하고 나타난 메뉴 중 'Swept'를 선택한다.

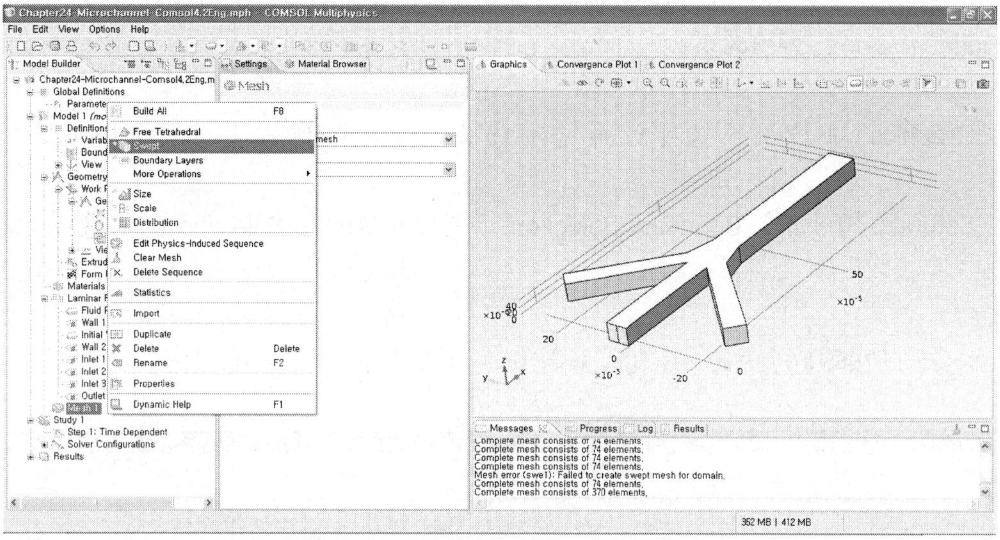

그림 9-11-1 'Mesh' - 'Swept' 추가하기

11-2. 그림 9-11-2와 같이 생성된 'Swept 1'을 선택한다. 'Settings' 페이지에 있는 'Source Faces'부분의 사각 박스 내부를 클릭하면 'Source Faces'부분이 활성화된다. 그리고, 'Graphics' 페이지 모델의 'Boundary 4'를 클릭하여 선택하고 'Settings' 페이지의 'Source Faces'부분의 'Add to Selection' ✚ 버튼을 클릭하여 추가한다.

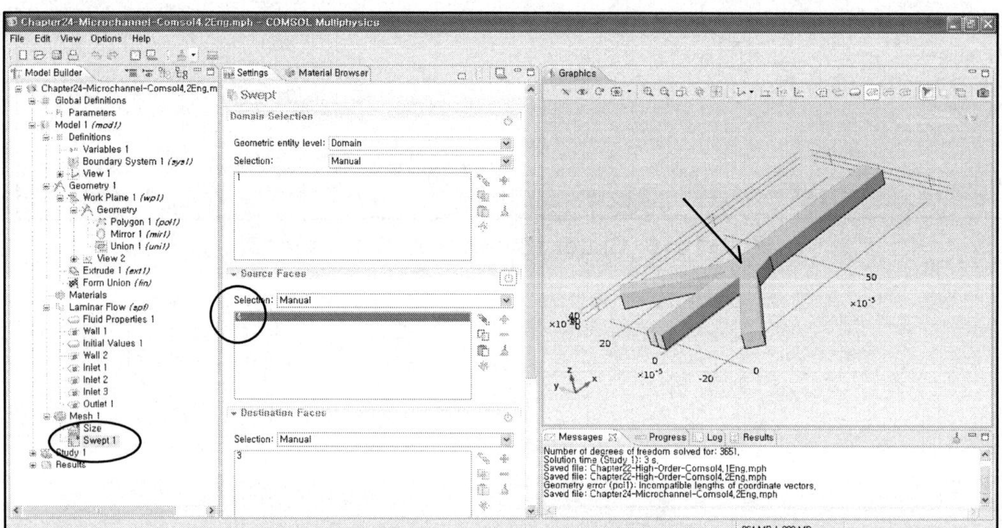

그림 9-11-2 'Mesh' - 'Swept' , 'Boundary 4' 추가하기

11-3. 이제, 그림 9-11-3과 같이 'Settings' 페이지에 있는 'Destination Faces'부분의 사각 박스 내부를 클릭하면 'Destination Faces'부분이 활성화된다. 그리고, 'Graphics' 페이지 모델의 'Boundary 3'를 클릭하여 선택하고 'Settings' 페이지의 'Destination Faces'부분의 'Add to Selection' 버튼을 클릭하여 추가한다.

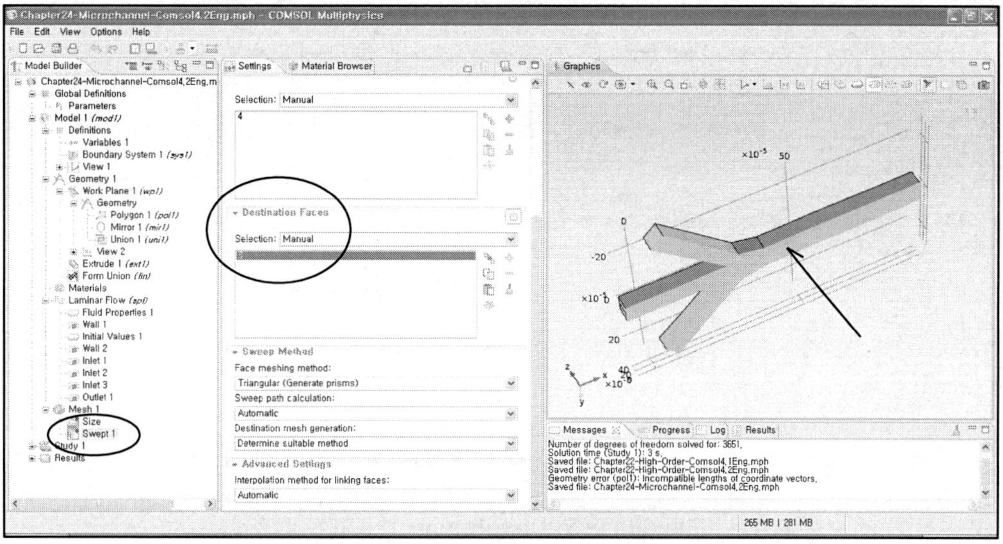

그림 9-11-3 'Mesh' - 'Swept' , 'Boundary 3' 추가하기

11-4. 다음으로, 그림 9-11-4와 같이 'Model Builder' 페이지에 있는 'Mesh 1'을 오른쪽 마우스 클릭하고 나타난 메뉴 중 'Distribution'을 선택한다.

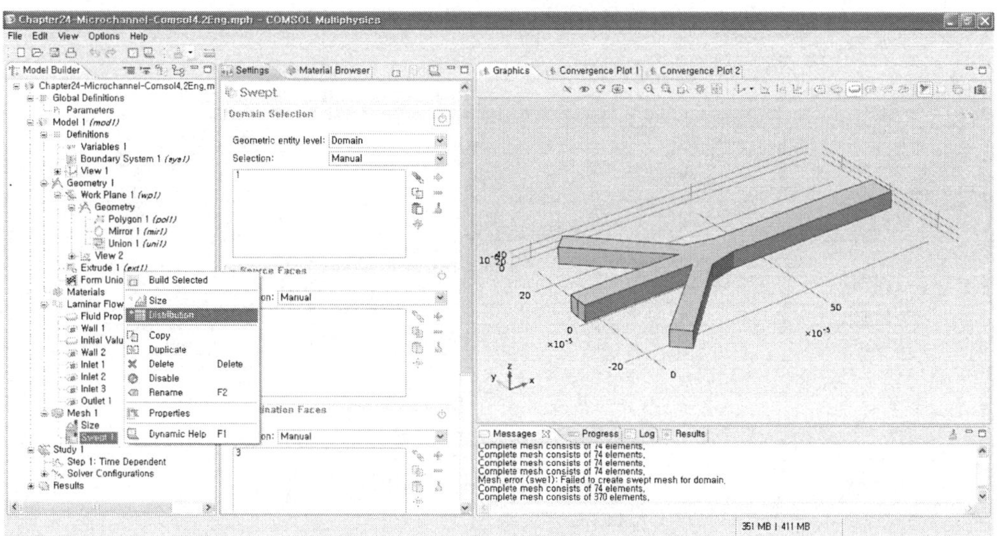

그림 9-11-4 'Distribution' 선택하기

11-5. 다음으로, 그림 9-11-5와 같이 생성된 'Distribution 1'을 클릭하여 선택하고, 오른쪽 'Settings' 페이지의 'Distribution' 윈도우의 ' Number of elements:' 항목을 '4'로 설정하자. 그리고 'Settings' 페이지 상단의 'Build All' 버튼을 클릭하자. 이것은 메쉬 생성전에 모델을 4개의 층으로 나누겠다는 의미이다.

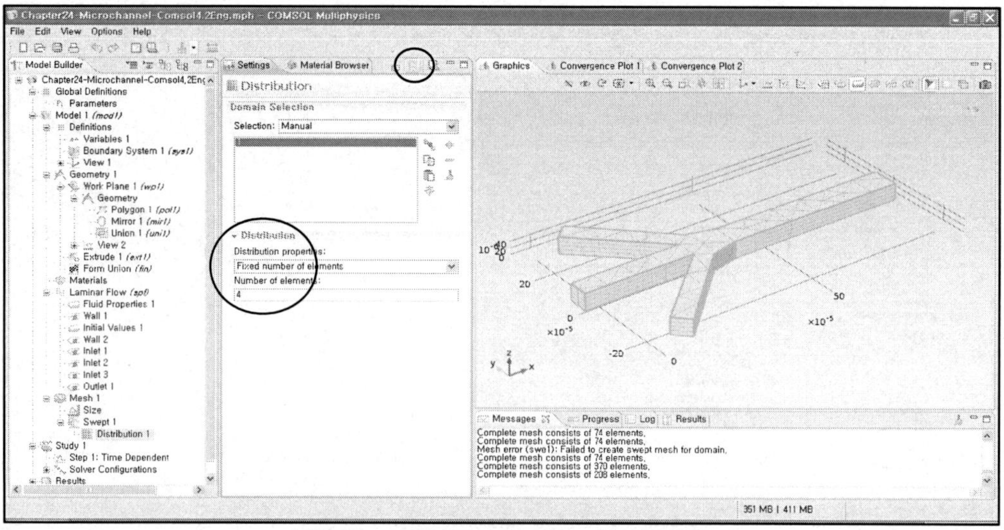

그림 9-11-5 'Distribution 1' 설정하기

11-6. 마지막으로, 그림 9-11-6과 같이 'Model Builder' 페이지에 있는 'Mesh 1'의 하위 항목인 'Size' 를 클릭하여 선택하고, 'Settings' 페이지 상단의 'Build All' 버튼을 클릭하자. 전체적으로 메쉬가 생성될 것이다.

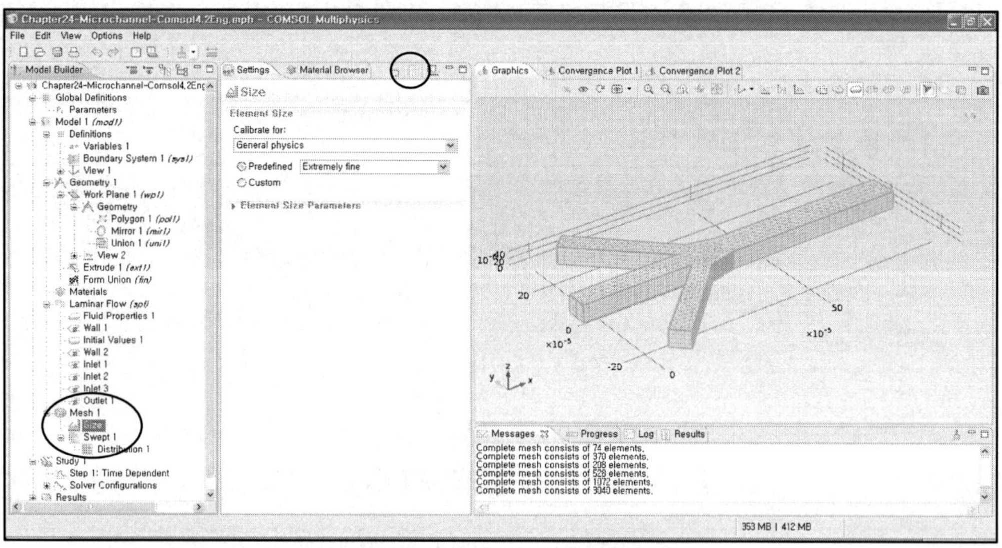

그림 9-11-6 메쉬 생성하기

12. 그림 9-12와 같이 'Model Builder' 페이지에서 'Study 1 '-' Step1: Time Dependent'을 선택하고, 'Settings' 페이지의 'Study Settings'의 'Times' 부분에서 'Range' 버튼을 클릭하여 나타난 'Range' 상자에 'Start/Stop/Step'을 '0/4/0.1'으로 타입하고 'Replace'를 클릭하자. 툴바의 'Compute' 버튼 을 클릭하여 계산해보자.

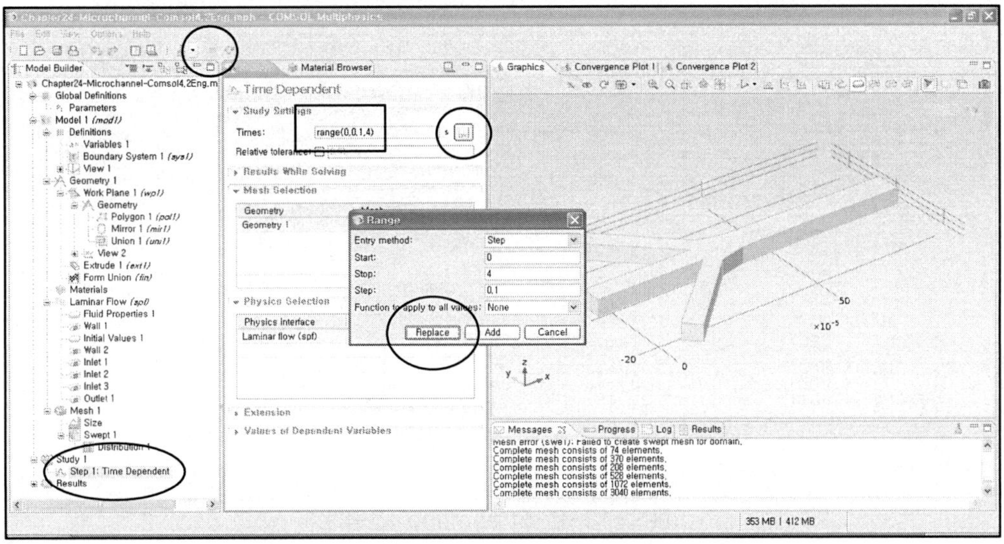

그림 9-12 'Range' 설정 및 'Compute' 수행하기

13-1. 그림 9-13-1과 같이 'Model Builder' 페이지의 항목 중 'Results'를 오른쪽 마우스 클릭하여 나타난 메뉴 중 '3D Plot Group'을 선택하자.

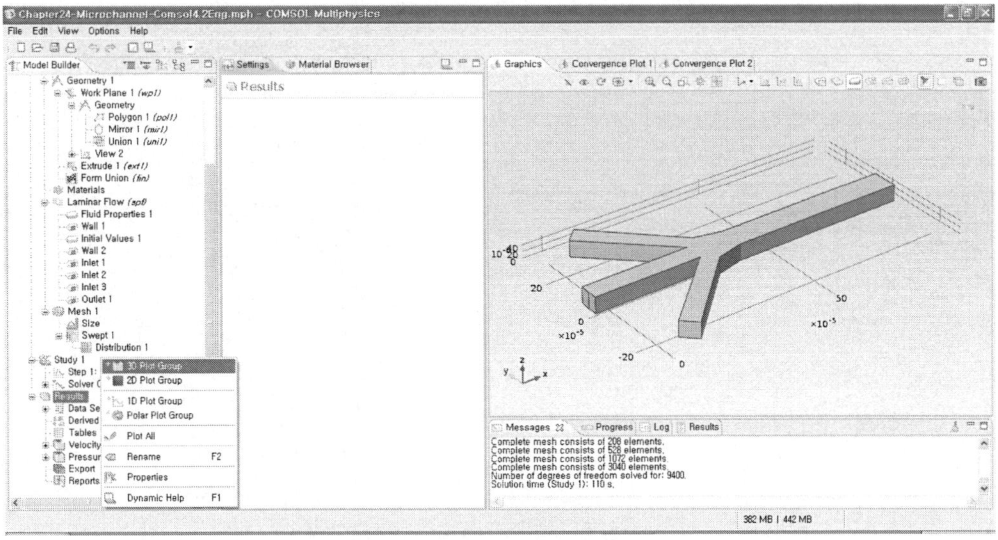

그림 9-13-1 '3D Plot Group' 선택하기

13-2. 그림 9-13-2와 같이 'Model Builder' 페이지에서 생성된 '3D Plot Group 1'을 오른쪽 마우스 클릭하여 나타난 메뉴 중 'Streamline'을 선택하자.

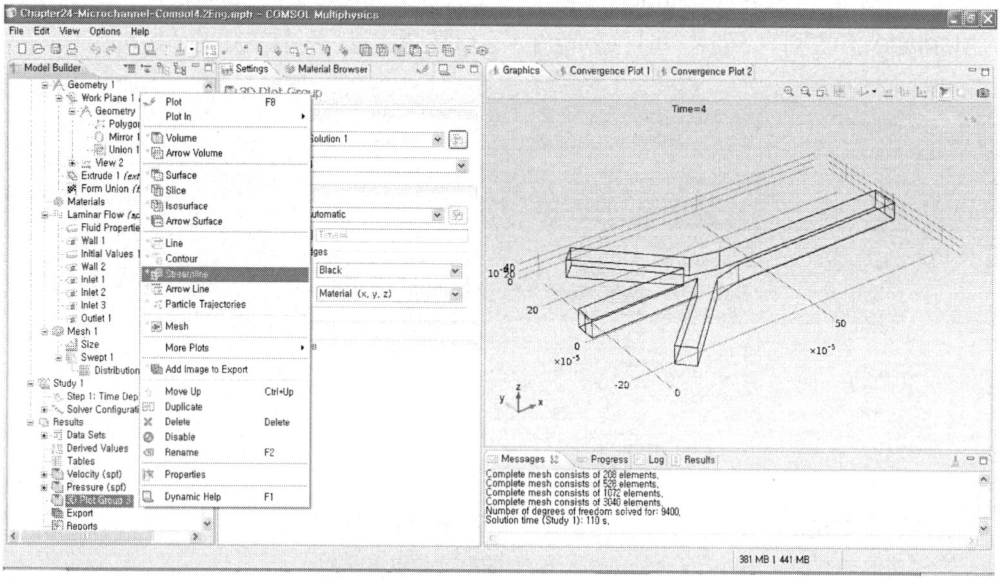

그림 9-13-2 'Streamline' 선택하기

13-3. 그림 9-13-3은 'Streamline'을 보여준다.

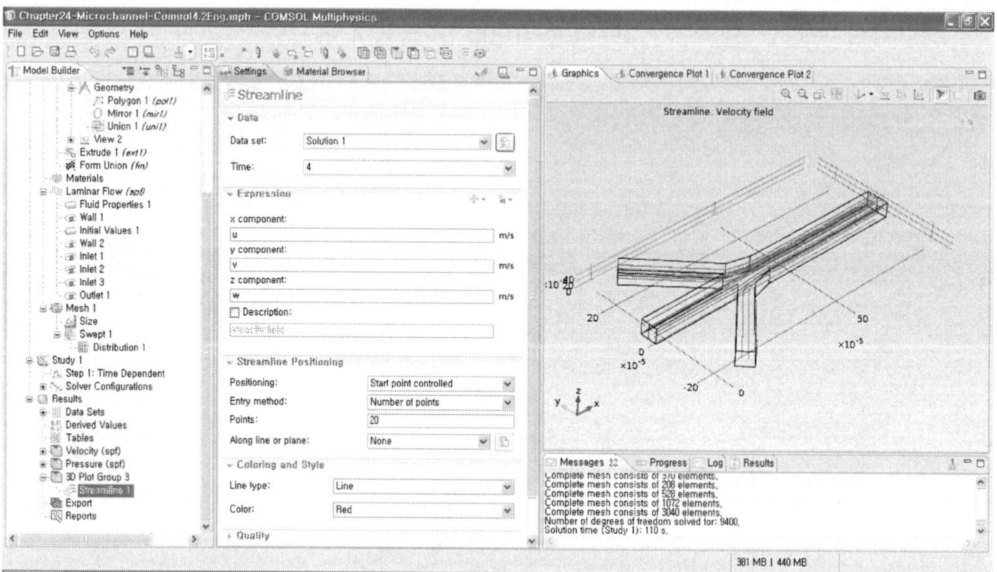

그림 9-13-3 'Streamline'

13-4. 그림 9-13-4와 같이 'Model Builder' 페이지의 '3D Plot Group 1'을 오른쪽 마우스 클릭하여 나타난 메뉴 중 'Slice'를 선택하자. (그림 9-13-5 'Slice' 화면)

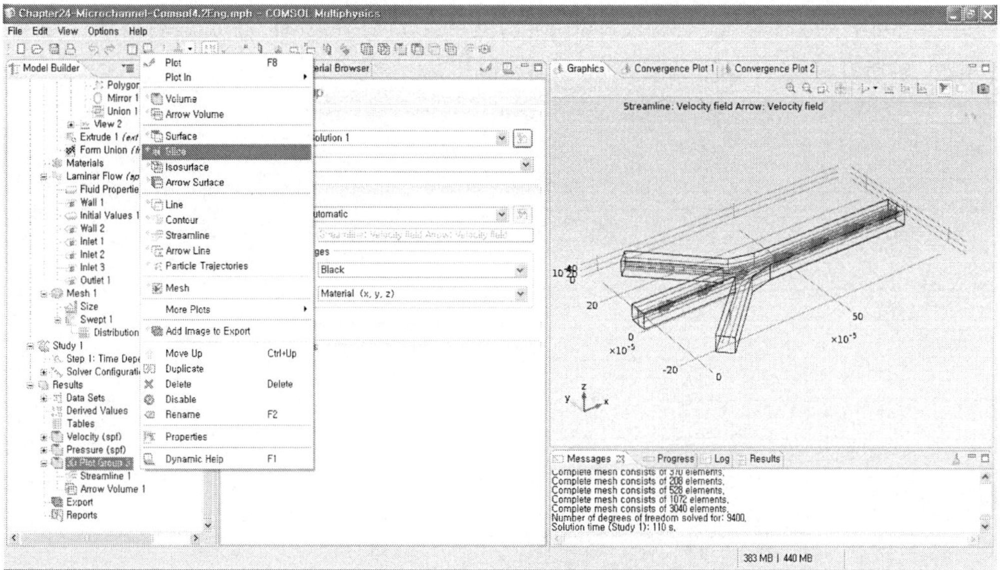

그림 9-13-4 'Slice' 선택하기

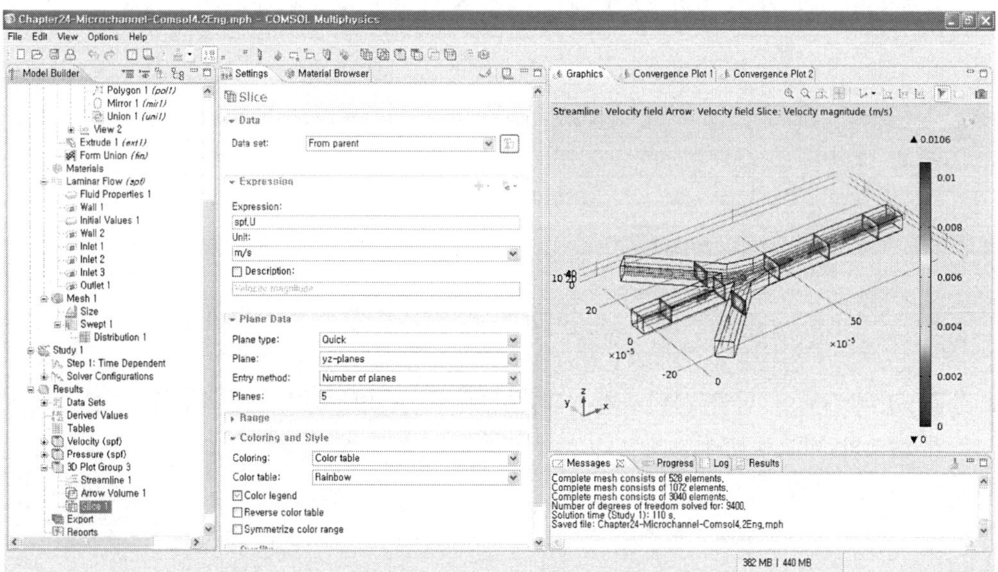

그림 9-13-5 'Slice' 화면

▣ 결과 고찰하기

위의 결과에서 유선, 화살표, 슬라이스 부분을 통하여 유동의 속도 및 흐름을 확인할 수 있으며, 경계부분에서의 압력도 확인할 수 있으므로 다양한 결과 값을 확인해보고 레이놀즈 수와 관련하여 결과 프로파일을 확인하여라.

▣ 연습문제

1. 만약 압력 값이 시간에 관한 함수가 아니라 일정하다면, 어떤 유동을 보일 것인지를 확인해보고, 물보다 점성이 큰 유체를 사용했을 경우도 고려해보라.

2. 같은 형상 채널이 만약 사이즈가 미터 단위 커진다면 어떤 프로파일을 보일 것인가? 위의 예제와 비교해보라.

제10장. Swirl Flow Around a Rotating Disk

▣ 예제 문제 정의

이 모델은 원형 탱크내의 디스크(교반기)가 회전을 할 때 각속도(ω)에 따른 탱크 내 유체의 속도를 알아보는 것입니다. 탱크내의 디스크 구조는 아래 그림 10-1 과 같으며, 축대칭을 이루고 있어서 2차원 축대칭으로 표현할 수 있다.

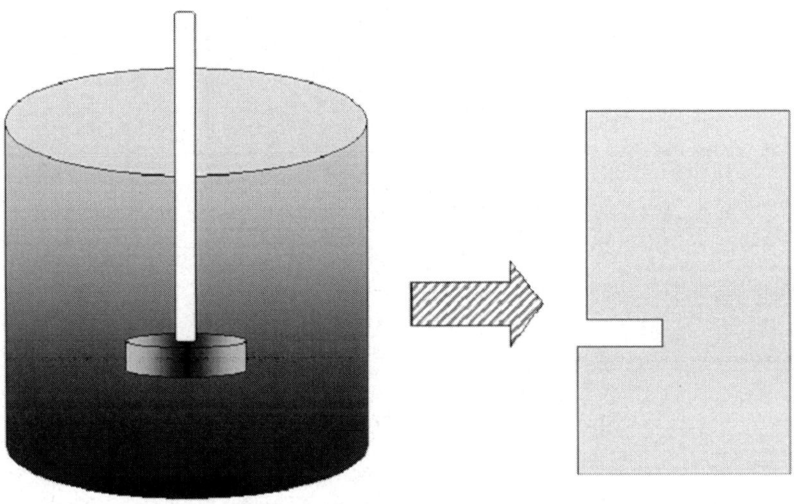

그림 10-1 탱크내의 디스크 구조

모델에 적용하는 지배방정식은 나비어-스톡스(Navier-Stokes) 방정식이지만 이를 2차원 축대칭으로 표현하면 다음과 같다.

$$\rho\left(u\frac{\partial u}{\partial r} - \frac{v^2}{r} + w\frac{\partial u}{\partial z}\right) + \frac{\partial p}{\partial r} = \eta\left[\frac{1}{r}\frac{\partial}{\partial r}\left(r\frac{\partial u}{\partial r}\right) - \frac{u}{r^2} + \frac{\partial^2 u}{\partial z^2}\right] + F_r \quad (10\text{-}1)$$

$$\rho\left(u\frac{\partial v}{\partial r} + \frac{uv}{r} + w\frac{\partial v}{\partial z}\right) = \eta\left[\frac{1}{r}\frac{\partial}{\partial r}\left(r\frac{\partial v}{\partial r}\right) - \frac{v}{r^2} + \frac{\partial^2 v}{\partial z^2}\right] + F_\varphi \quad (10\text{-}2)$$

$$\rho\left(u\frac{\partial w}{\partial r} + w\frac{\partial w}{\partial z}\right) + \frac{\partial p}{\partial z} = \eta\left[\frac{1}{r}\frac{\partial}{\partial r}\left(r\frac{\partial w}{\partial r}\right) + \frac{\partial^2 u}{\partial z^2}\right] + F_z \quad (10\text{-}3)$$

여기서, u는 반지름방향 속도, v 회전방향 속도, w 축방향 속도(m/s)입니다. 하지만, 'COMSOL Multiphysics'의 Swirl Flow식에서의 v, w는 위에 언급한 v, w와 다르다. 즉, Swirl Flow에서의 v는 축방향 속도이며, w는 회전방향 속도를 나타낸다.

경계 설정 조건 부분은 다음 그림 10-2와 같다.

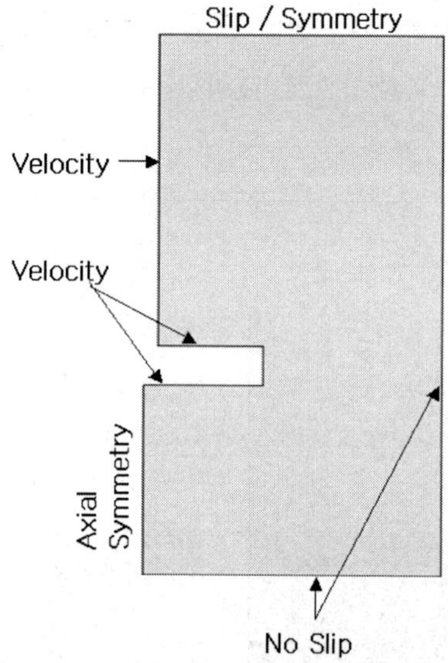

그림 10-2 탱크내의 디스크의 경계 조건 설정

교반기 부분은 반지름 방향과 축 방향으로는 속도가 없고, 단지 회전 방향으로만 속도(w=rω, ω는 각속도)가 있다. 탱크 표면은 No-slip(모든 속도방향 0)이며, 축대칭 부분에서는 경계의 접선방향으로는 속도가 있지만 수직방향으로는 속도가 없다(u=0). 탱크의 위 경계부분은 자유표면으로 축 방향 및 회전방향으로만 속도가 존재한다(u=0).

▣ 예제 문제 따라하기

1-1. 그림 10-3과 같이 'Model Wizard' 페이지의 'Select Space Dimension'에서 차원을 '2D axisymmetric'로 선택하고 'Next' 버튼을 클릭한다.

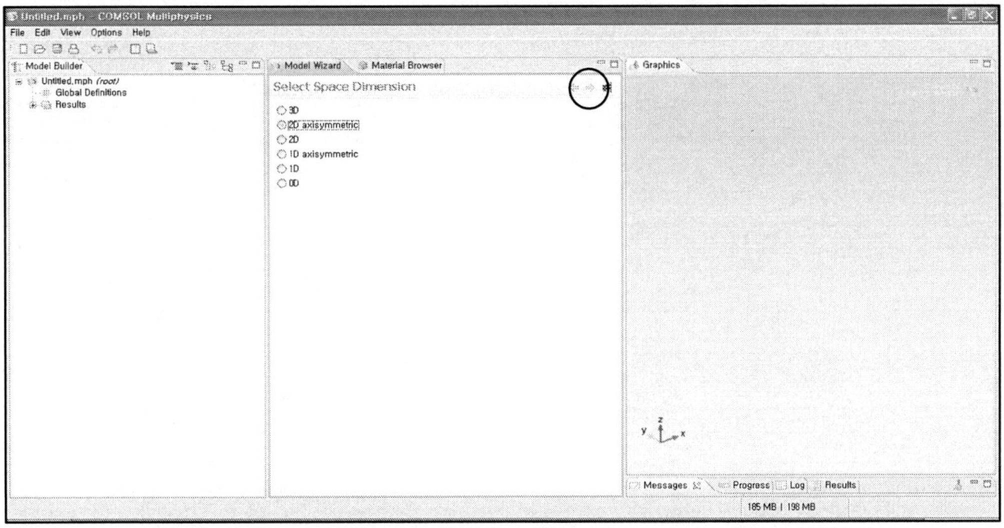

그림 10-3 'Model Wizard' 페이지 , '2D axisymmetric'으로 선택하기

1-2. 그림 10-4와 같이 'Model Wizard' 페이지에 있는 'Add Physics'에서 'Fluid Flow'의 하위 항목인 'Single-Phase Flow ', ' Laminar Flow'을 더블클릭하여 선택하고, 상단의 'Next' 버튼을 클릭한다.

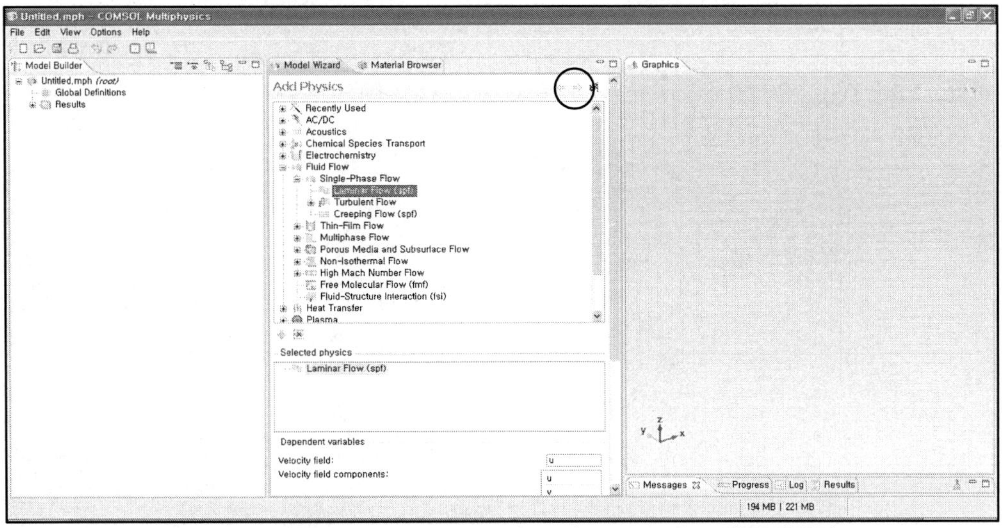

그림 10-4 'Single-Phase Flow' , 'Laminar Flow' 추가하기

1-3. 그림 10-5와 같이 'Model Wizard' 페이지에 있는 'Select Study Type' 윈도우의 'Preset Studies' 항목에서 , 'Stationary'를 선택한 다음, 상단의 'Finish' 버튼을 누른다.

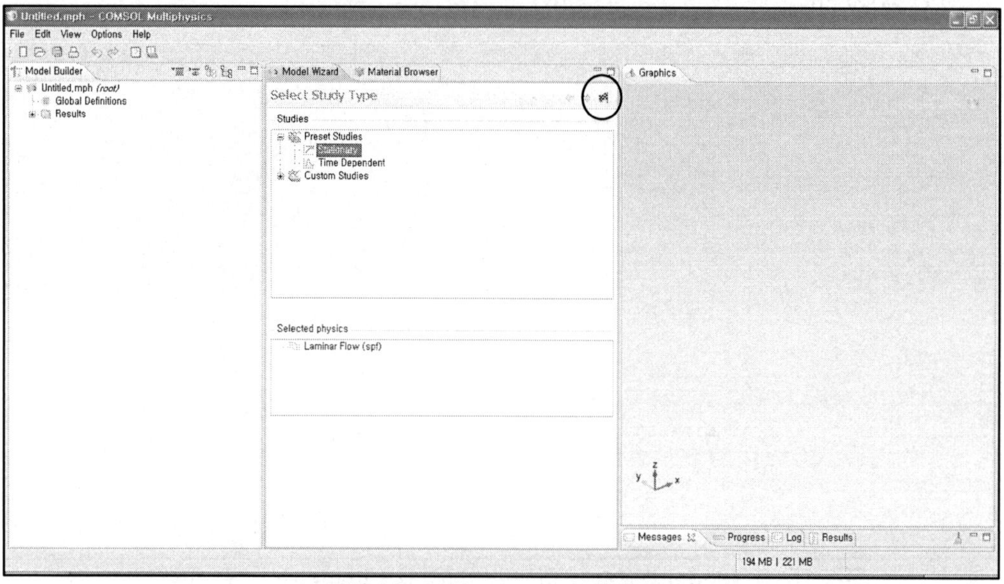

그림 10-5 'Stationary' 선택하기

2. 그림 10-6과 같이 'Model Builder' 페이지에서 'Geometry 1'에 마우스를 오른쪽 클릭하여 'Polygon'을 선택한다.

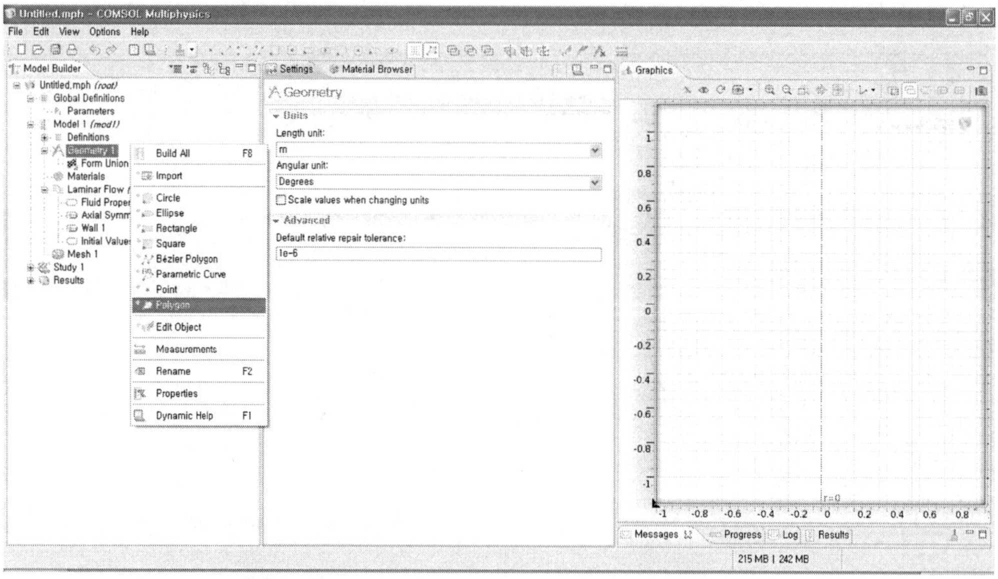

그림 10-6 'Geometry 1', 'Polygon' 선택하기

3. 그림 10-7과 같이 'Settings' 페이지의 'Polygon' 윈도우에서 'Coordinates' **항목에** 'r: 0 0.02 0.02 0.001 0.001 0.008 0.008 0' , z: 0 0 0.04 0.04 0.017 0.017 0.014 0.014' 로 타입하고 상단의 'Build All' 버튼을 클릭한다.

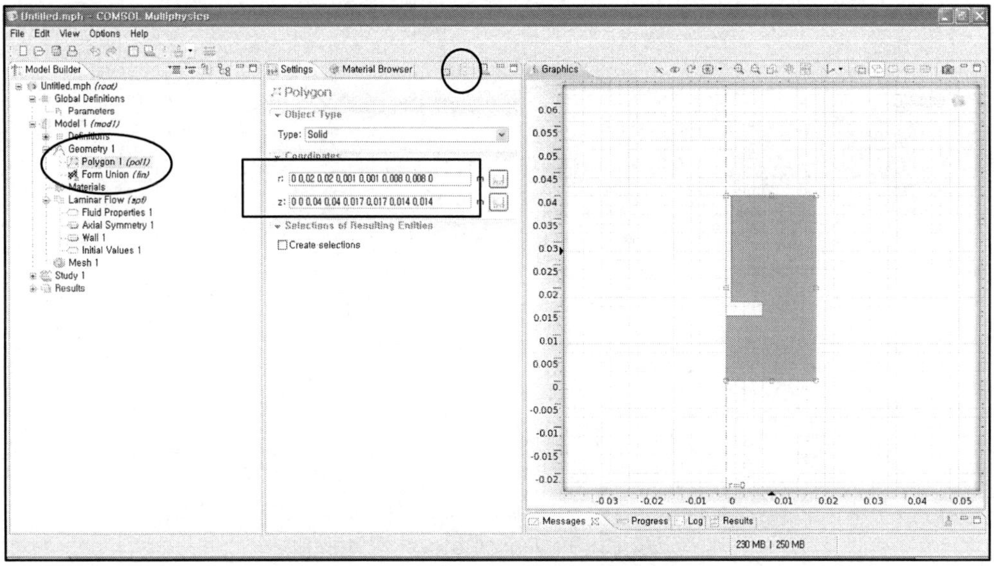

그림 10-7 'Polygon' 윈도우 세팅하기

4. 상수를 정의하기 위하여 그림 10-8과 같이 'Model Builder' 페이지에서 'Global Definitions'를 마우스 오른쪽 클릭 후 'Parameters'를 선택한다.

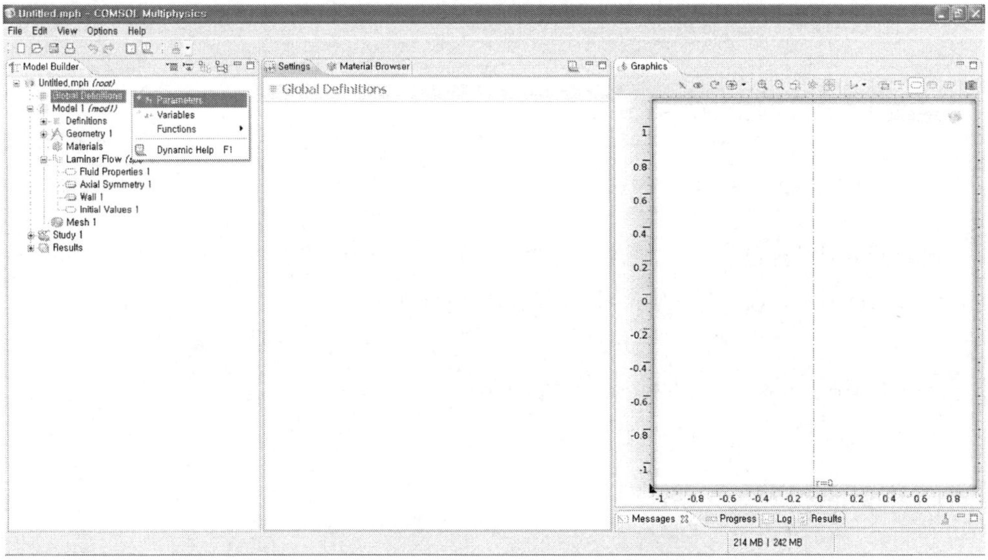

그림 10-8 'Global Definitions', 'Parameters' 추가하기

5. 'Settings' 페이지에 있는 'Parameters' 윈도우의 변수 박스에 그림 10-9와 같은 값을 타입한다.

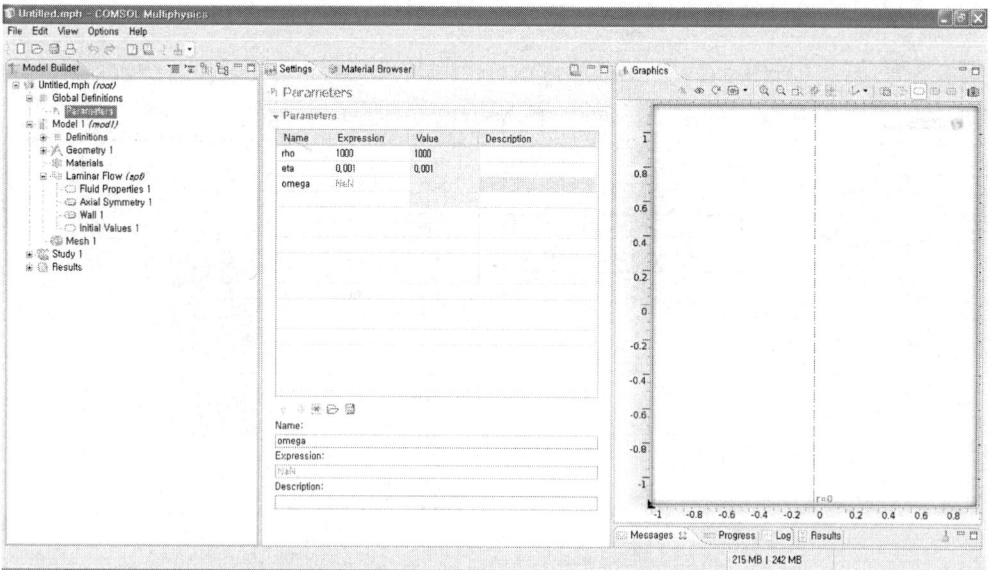

그림 10-9 'Parameters' 정의하기

6. 그림 10-10과 같이 'Model Builder' 페이지 상단의 'Show' 버튼을 클릭하여 나타난 서브 메뉴 중, 'Discretization'과 'Stabilization'을 클릭하여 활성화한다. 그러면 오른쪽의 'Settings' 페이지에 'Consistent Stabilization' 부분과 'Discretization' 부분이 나타난다. 다음과 같이 세팅하자.

'Consistent Stabilization' 부분 세팅

Navier-Stokes equations

'Streamline diffusion'
'Crosswind diffusion' 의 '체크'된 상태를 확인하고,

'Tuning parameter:' 의 'Ck' 를 '1'로 세팅하라.

'Discretization' 부분

'Discretization of fluids:' 'P2+P1' 으로 세팅하라.

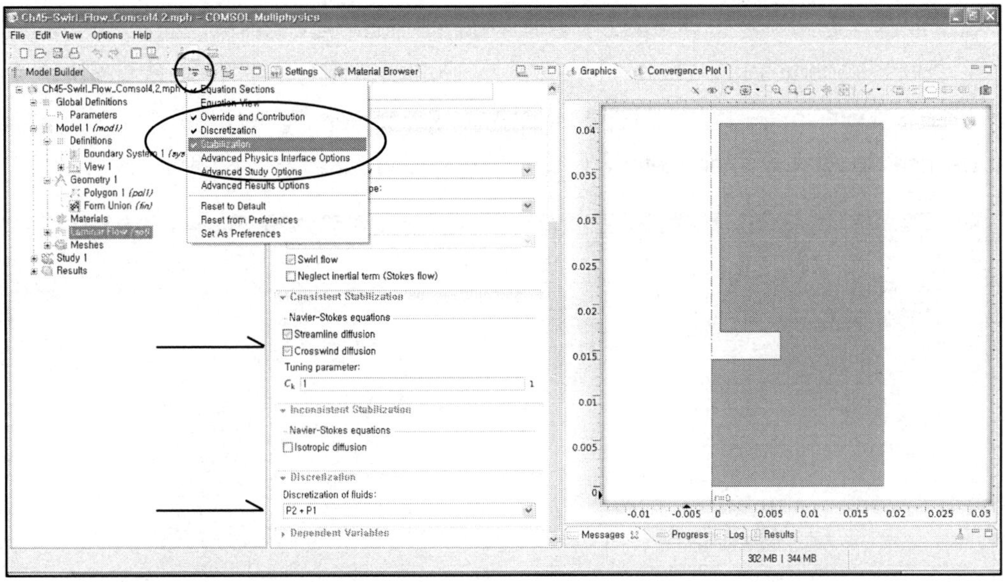

그림 10-10 'Consistent Stabilization' 부분과 'Discretization' 부분 설정하기

7. 그림 10-11과 같이 ' Model Builder' 페이지에서 'Laminar Flow (spf)'를 클릭하여 선택하고, 'Settings' 페이지에서 'Physical Model' 부분의 'Compressibility:'를 'Incompressible flow' 로 선택하고, 'Swirl flow'를 체크하여 활성화하자.

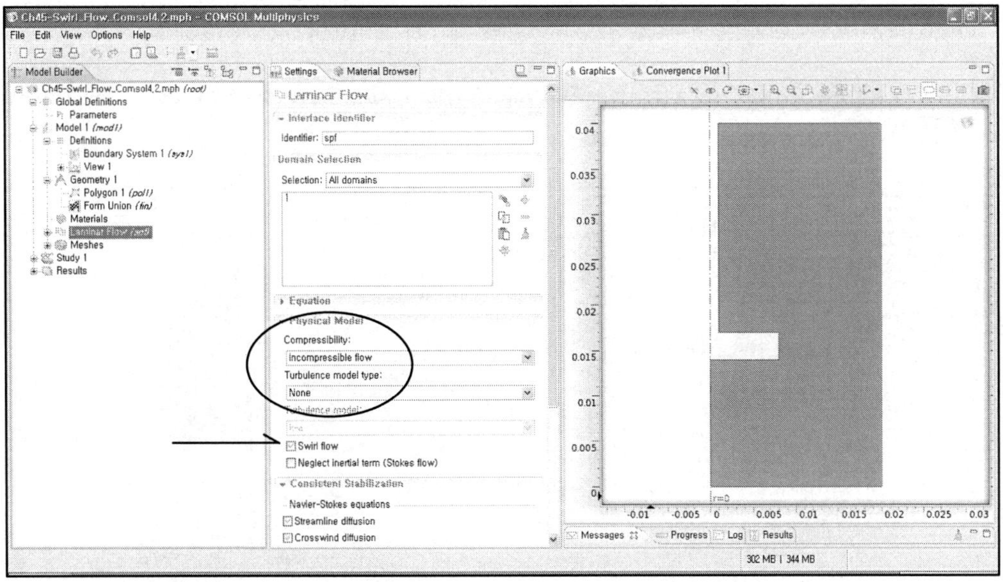

그림 10-11 'Compressibility:'를 'Incompressible flow' 로 선택하기

8. 소영역 설정을 위해서 그림 10-12와 같이 'Model Builder' 페이지에서 'Laminar Flow (spf)'의 'Fluid Properties 1'을 클릭한 후, 오른쪽의 'Settings' 페이지의' Fluid Properties' 윈도우에서 'Domain' ,' 1 '을 선택한 후 'Fluid Properties '영역의 ' ρ / μ ' 에 'User Defined' 를 선택 후 'Parameters'에 정의한 변수 'rho / eta' 를 타입한다.

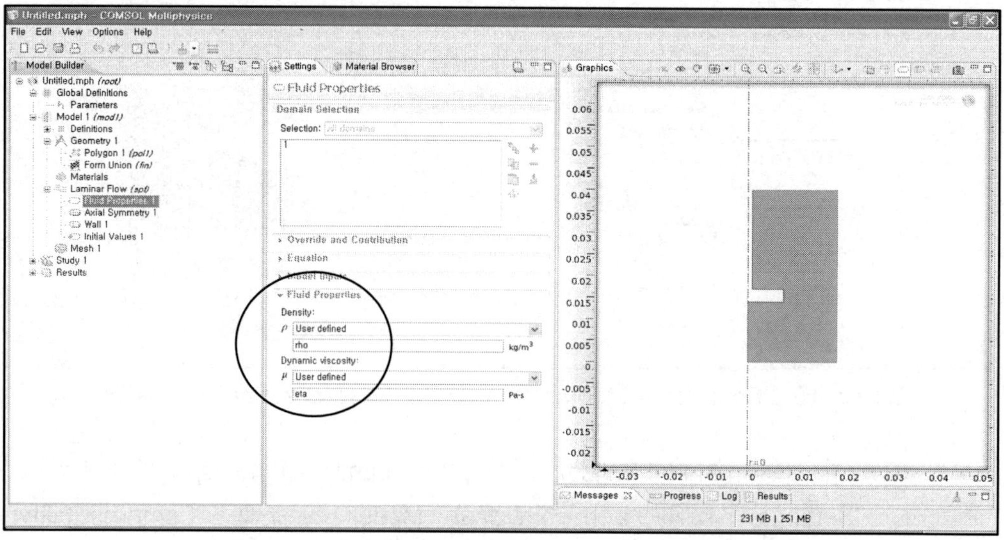

그림 10-12 'Fluid Properties' ' ρ / μ ' 설정하기

9. 경계조건을 설정하기 위해서 그림 10-13과 같이 'Model Builder' 페이지에서 'Laminar Flow (spf)'를 선택하고 마우스 오른쪽 클릭 후 각각 'Wall' 을 선택한다.

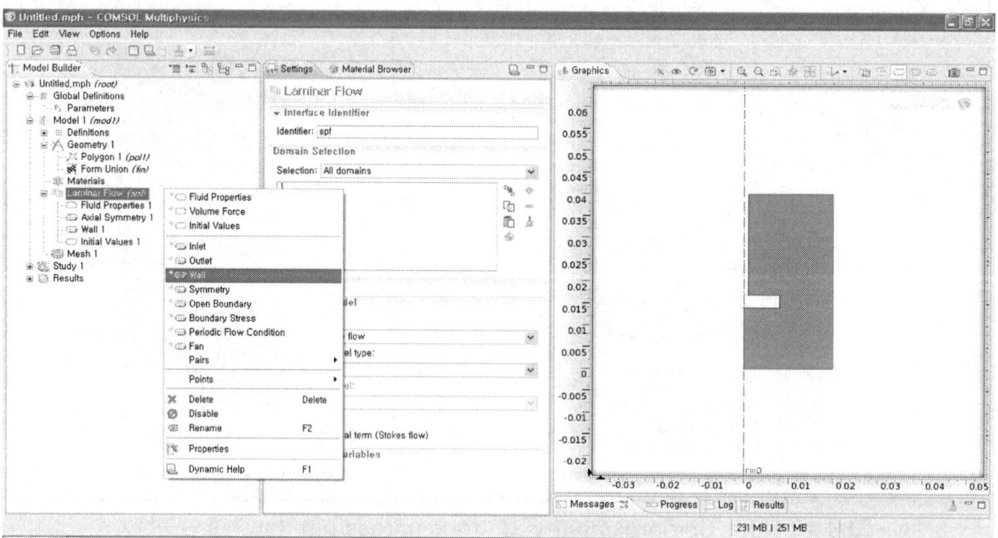

그림 10-13 'Wall' 추가하기

10. ‘Graphics’ 페이지에서 모델의 경계 ‘6’을 선택하고 다시 왼쪽의 ‘Settings’ 페이지에서 ✚ 버튼을 클릭하여 ‘Boundary Selection’에 경계 ‘6’을 추가한다. ‘Wall’ 윈도우에서 추가된 경계 ‘6’을 선택한 후 아래의 ‘Boundary condition: ’부분을 ‘Slip’으로 선택한다.

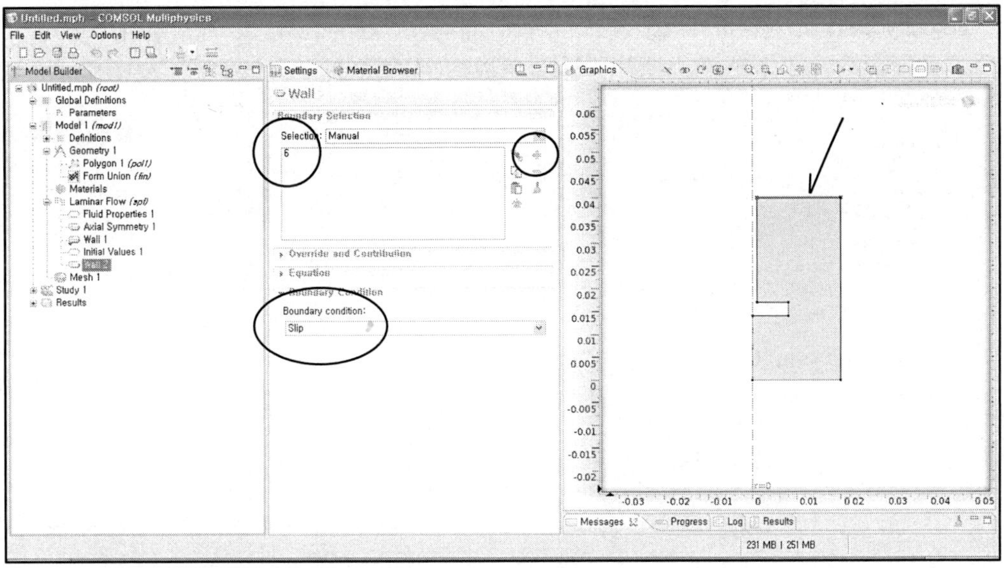

그림 10-14 ‘Wall’ 경계조건 세팅하기

11. ‘Inlet’ 경계조건을 설정하기 위해서 그림 10-15와 같이 ‘Model Builder’ 페이지에서 ‘Laminar Flow (spf)’를 선택하고 마우스 오른쪽 클릭 후 각각 ‘Inlet’ 을 선택한다.

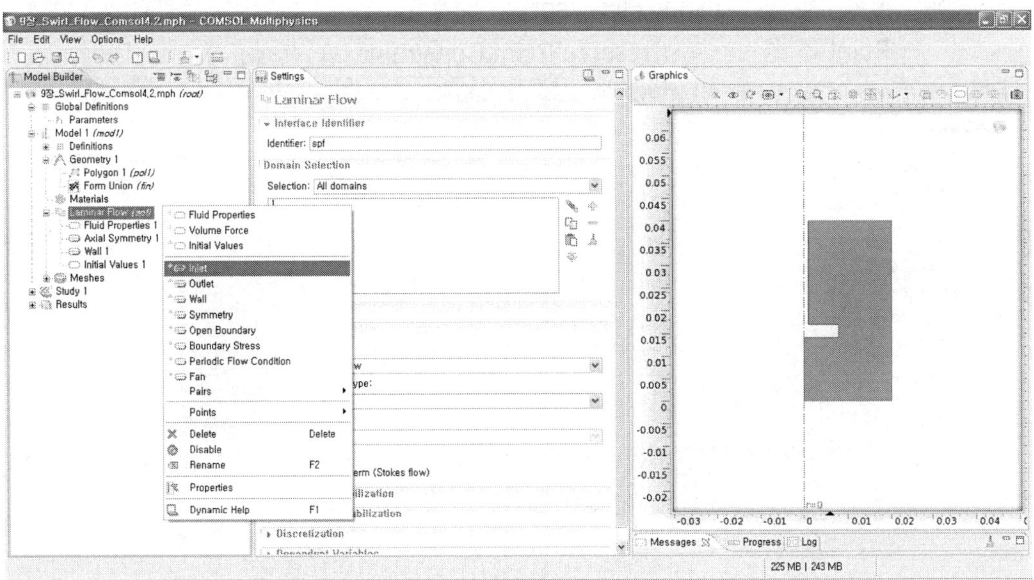

그림 10-15 ‘Inlet’ 추가하기

12. 'Graphics' 페이지에서 모델의 경계 '3,4,5,7'을 하나씩 선택하고 다시 왼쪽의 'Settings' 페이지에서 ✚ 버튼을 한번씩 클릭하여 'Boundary Selection'에 경계 '3,4,5,7'을 각각 추가한다. 'Boundary condition:' 부분을 'Velocity'로 선택하고, 아래의 'Velocity' 부분을 'Velocity field'로 선택하고 'u_0' 필드의 'phi' 항목을 'omega*r' 로 타입한다.

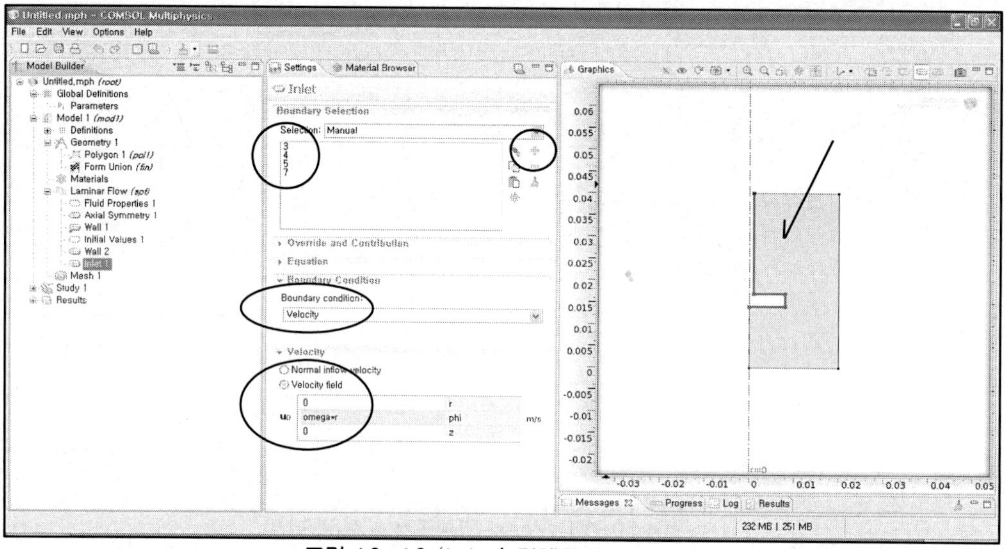

그림 10-16 'Inlet' 경계조건 세팅하기

13. 'Pressure Point Constraint' 경계조건을 설정하기 위해서 그림 10-17과 같이 'Model Builder' 페이지에서 'Laminar Flow (spf)'를 선택하고 마우스 오른쪽 클릭 후 나타난 메뉴 중 'Point'를 클릭하고 'Pressure Point Constraint' 을 선택한다.

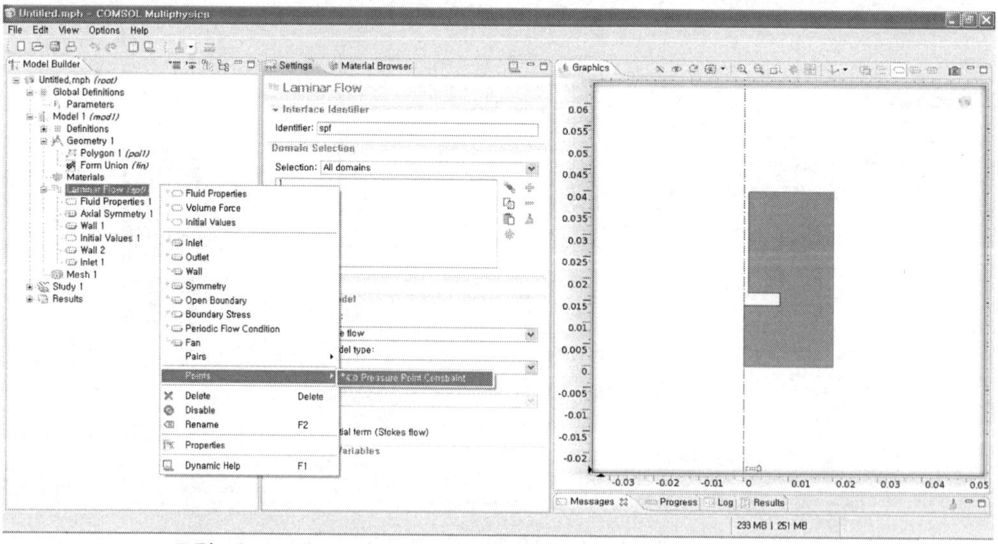

그림 10-17 'Pressure Point Constraint' 경계 조건 추가하기

14. 'Graphics' 페이지에서 모델의 경계 포인트 '8'을 선택하고 다시 왼쪽의 ' Settings' 페이지에서 ✚ 버튼을 클릭하여 'Point Selection'에 포인트 '8'을 추가한다. 'Pressure Point Constraint' 윈도우에서 추가된 포인트 '8'을 선택한 후 아래의 'Pressure Constraint' 부분의 'Pressure:' 부분의 'p_0' 에 '0' 타입한다. 'COMSOL Multiphysics'에서는 대기 압력 대신 게이지 압력을 사용한다.

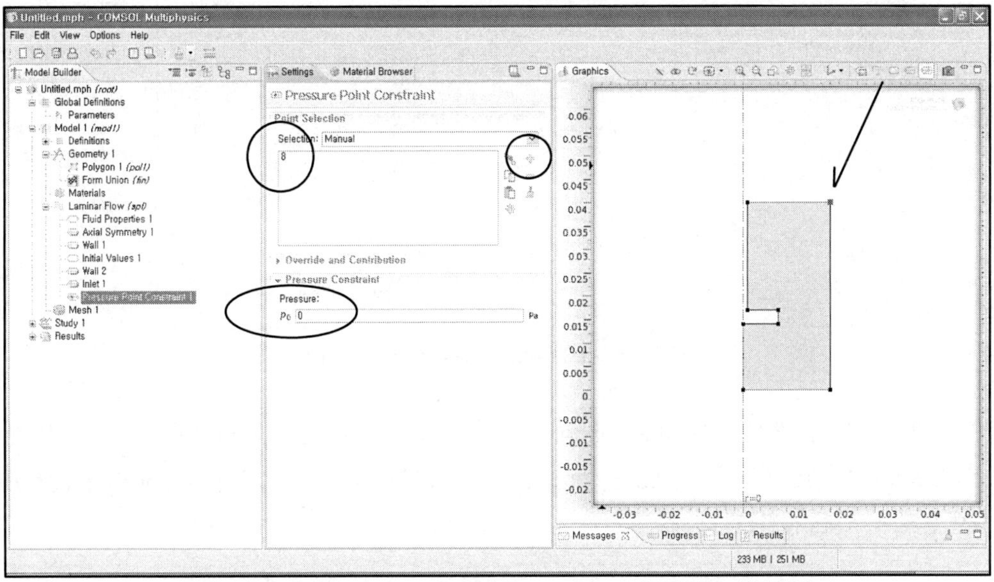

그림 10-18 'Pressure Point Constraint' 경계조건 세팅하기

15. 그림 10-19와 같이 'Model Builder' 페이지에서 'Wall 1'을 선택하고, 'Settings' 페이지의 'Wall' 윈도우에서 'Boundary condition:'이 'No Slip' 으로 설정되어 있는지 확인하자.

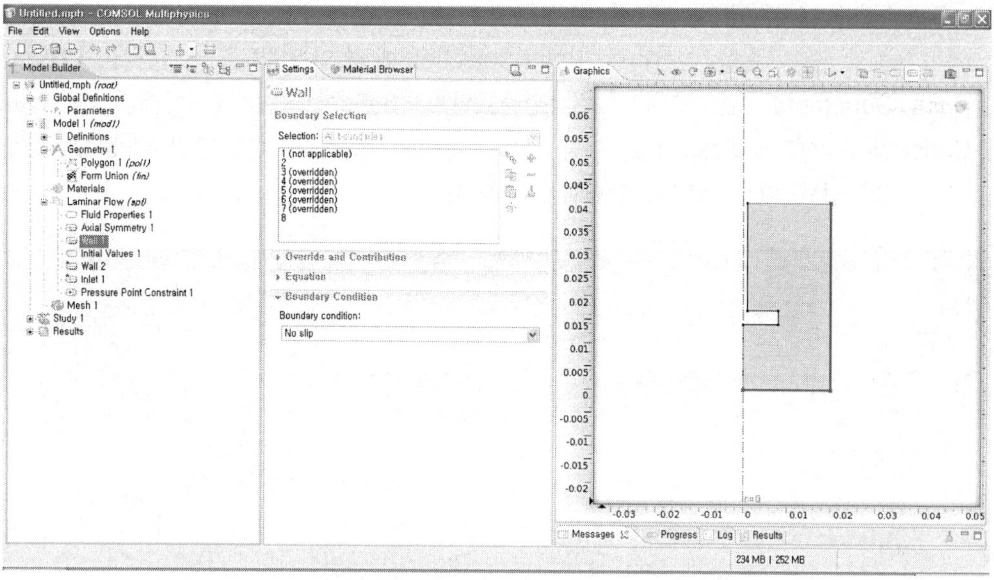

그림 10-19 'Wall' 경계조건 확인하기

16. 그림 10-20과 같이 ' Model Builder ' 페이지에서 ' Axial Symmetry 1 '을 선택하고, ' Settings' 페이지의 ' Axial Symmetry ' 윈도우에서 경계 '1'이 'Axial Symmetry'로 설정되어 있는지 확인하자.

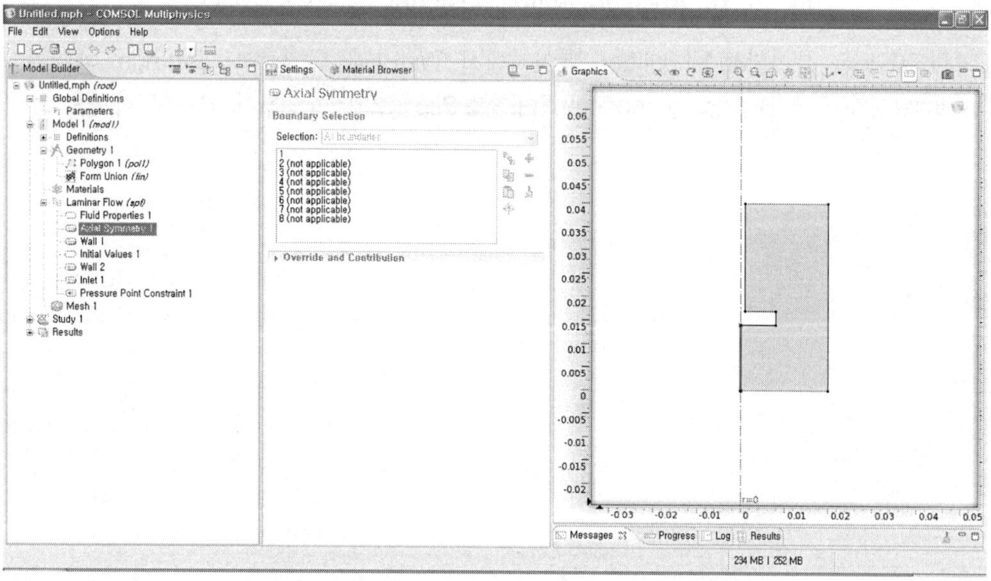

그림 10-20 'Axial Symmetry' 경계조건 확인하기

17-1. 메쉬 격자를 생성시키기 위해서 그림 10-21과 같이 'Model Builder' 페이지에서 'Mesh 1'을 오른쪽 마우스 클릭하여 나타난 메뉴 중 'Free Triangular'를 선택하자.

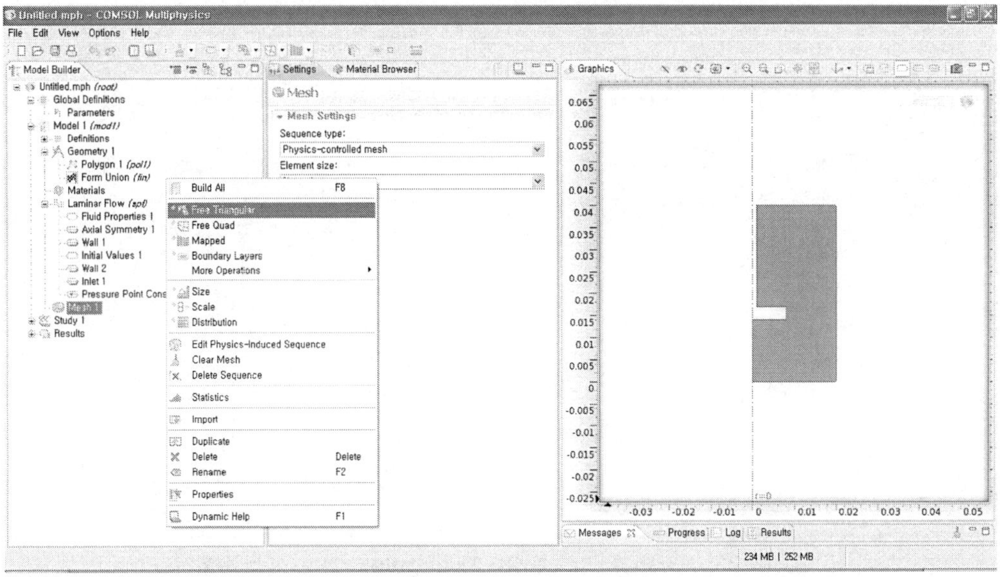

그림 10-21 'Mesh 1', 'Free Triangular' 선택하기

17-2. 'Model Builder' 페이지에서 'Mesh 1'아래에 'Size' 항목과 'Free Triangular 1' 항목이 생성되어 있다. 'Size' 항목을 선택하고 그림 10-22와 같이 설정되어 있는지 확인하자.

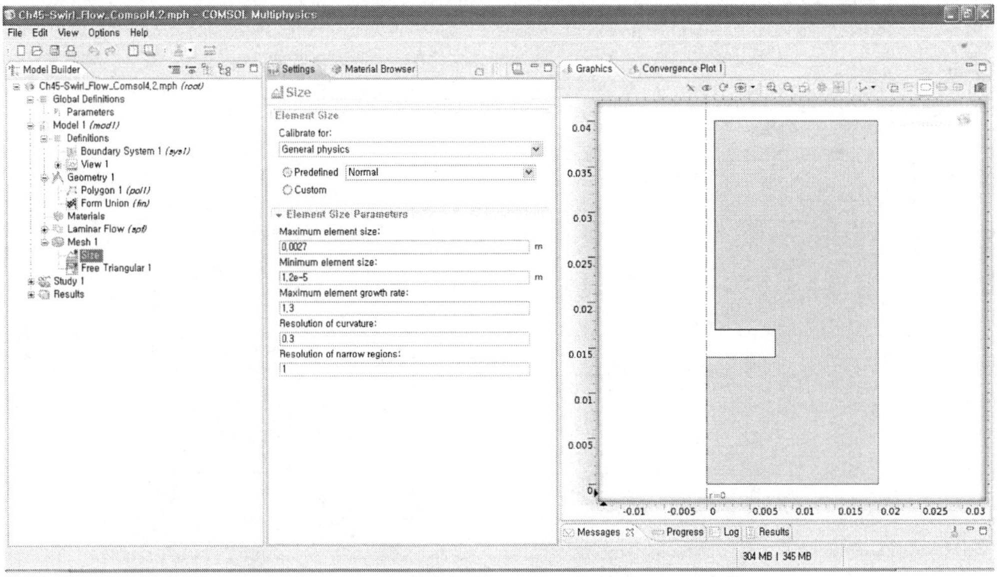

그림 10-22 'Mesh 1', 'Size' 항목 설정 확인하기

17-3. 'Free Triangular 1' 항목을 선택하고 그림 10-23과 같이 설정되어 있는지 확인하자.

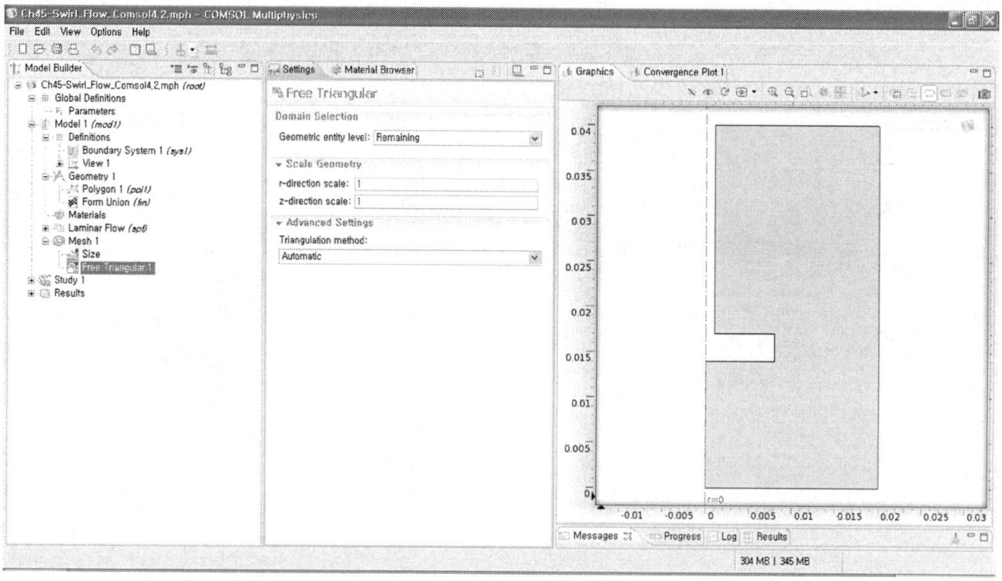

그림 10-23 'Mesh 1', 'Free Triangular' 항목 설정 확인하기

17-4. 그림 10-24와 같이 'Model Builder' 페이지에서 'Model 1 (mod1)'을 오른쪽 마우스 클릭하여 또 하나의 'Mesh'를 추가하자.

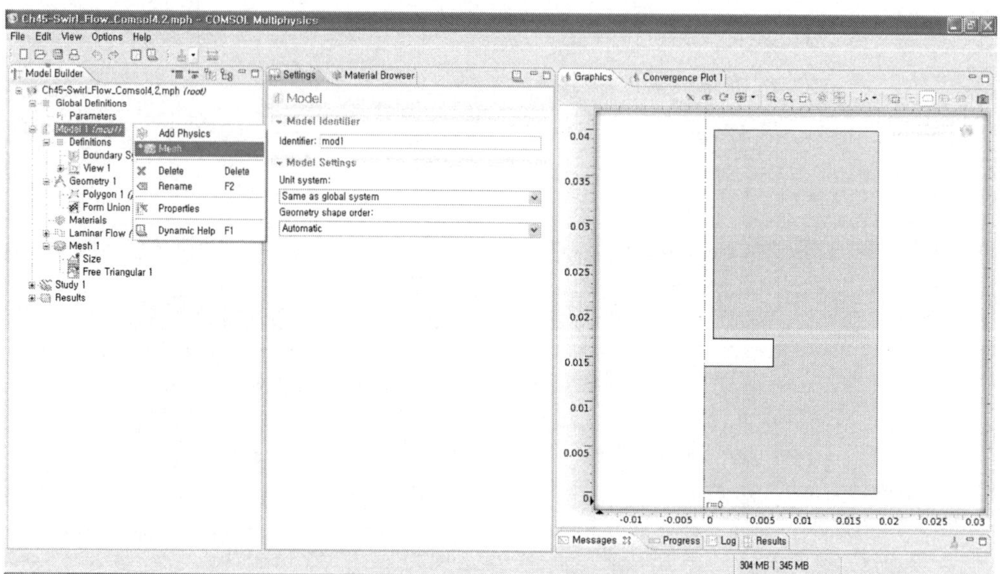

그림 10-24 'Mesh 2' 추가하기

17-5. 그림 10-25와 같이 'Model Builder' 페이지에서 추가된 'Mesh 2'를 오른쪽 마우스 클릭하여 나타난 메뉴 중 'Size'를 선택하자.

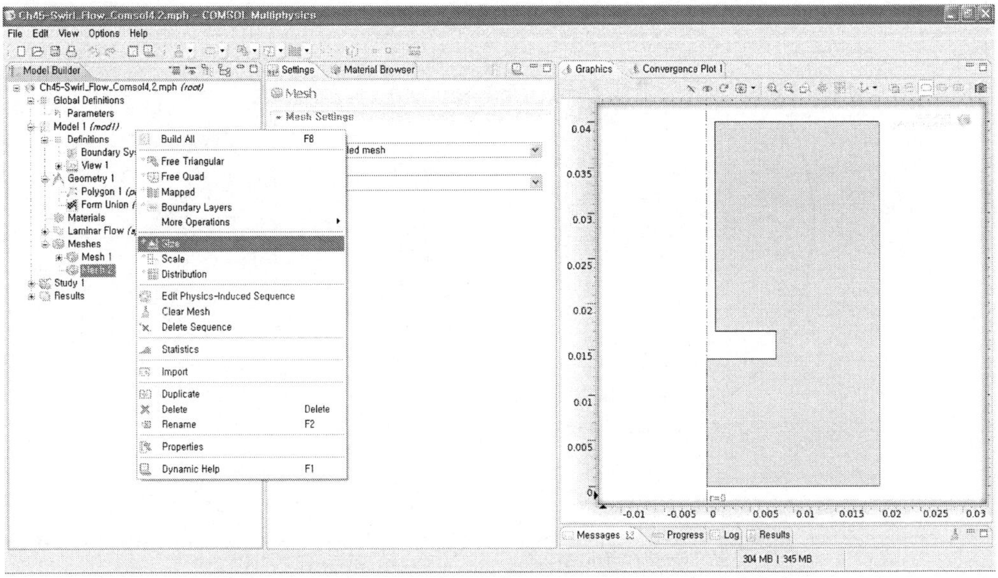

그림 10-25 'Mesh 1', 'Free Triangular' 선택하기

17-6. ' Model Builder ' 페이지에서 'Mesh 2'아래에 'Size' 항목과 'Size 1' 항목이 생성되어 있다. 'Size' 항목을 선택하고 그림 10-26과 같이 설정하자.

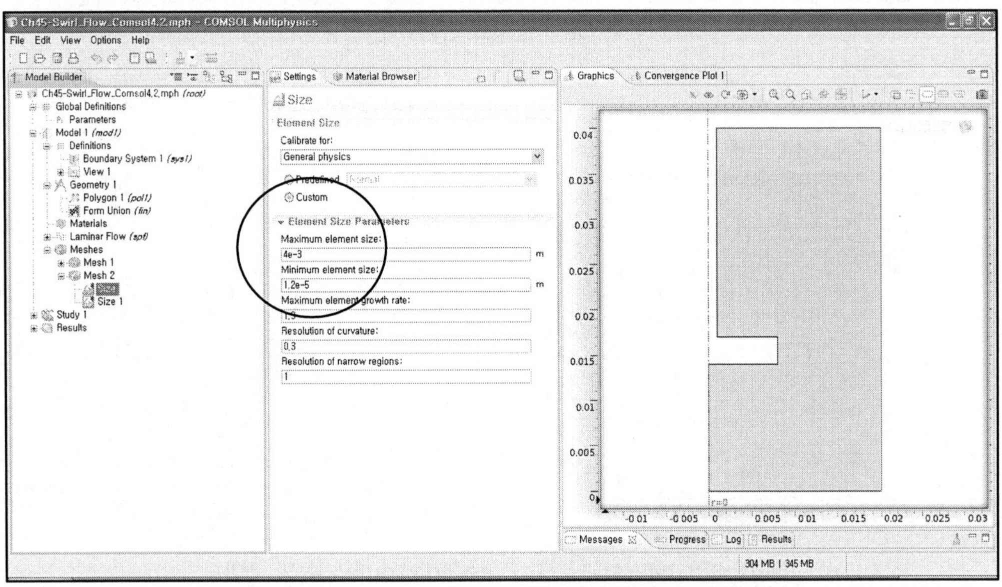

그림 10-26 'Mesh 2', 'Size' 항목 설정 확인하기

17-7. 'Size 1' 항목을 선택하고 그림 10-27과 같이 설정하자.

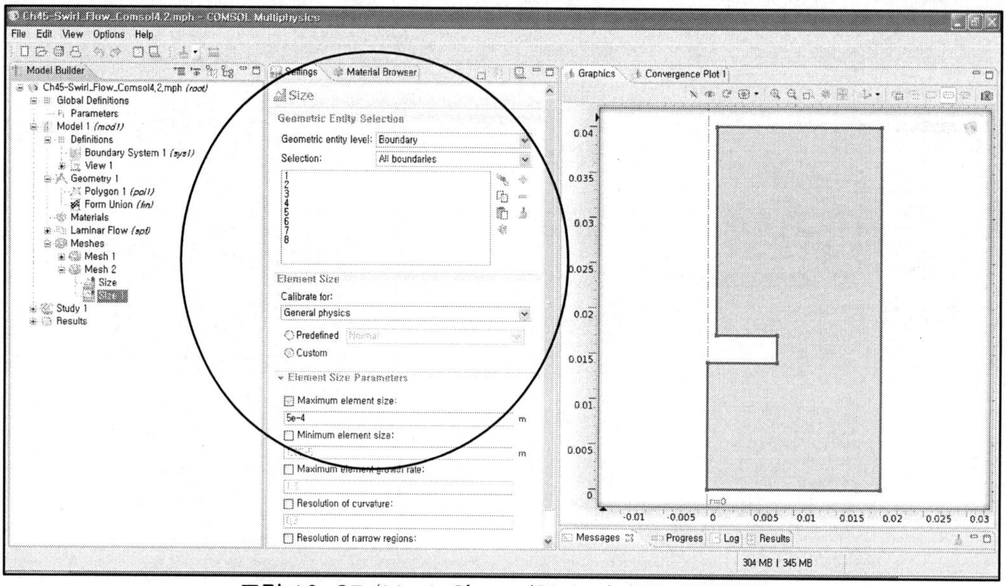

그림 10-27 'Mesh 2', 'Size 1' 항목 설정하기

17-8. 그림 10-28과 같이 'Model Builder' 페이지에서 'Mesh 2'를 오른쪽 마우스 클릭하여 나타난 메뉴 중 'Free Triangular'를 선택하자.

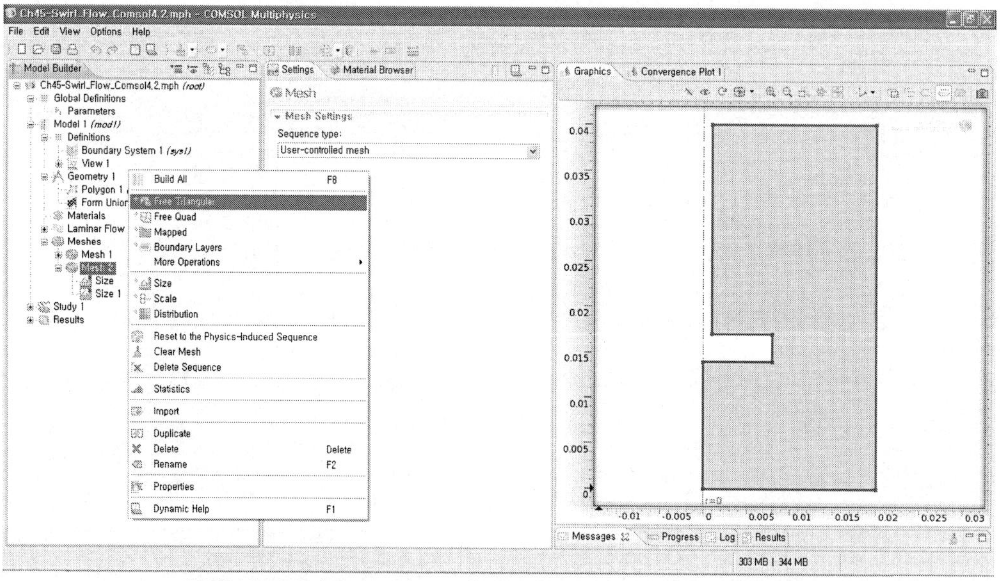

그림 10-28 'Mesh 2', 'Free Triangular' 항목 추가하기

17-9. 'Mesh 2'아래 생성된 'Free Triangular 1'을 선택하자. 'Free Triangular 1' 항목을 선택하고 그림 10-29와 같이 설정되어 있는지 확인하자.

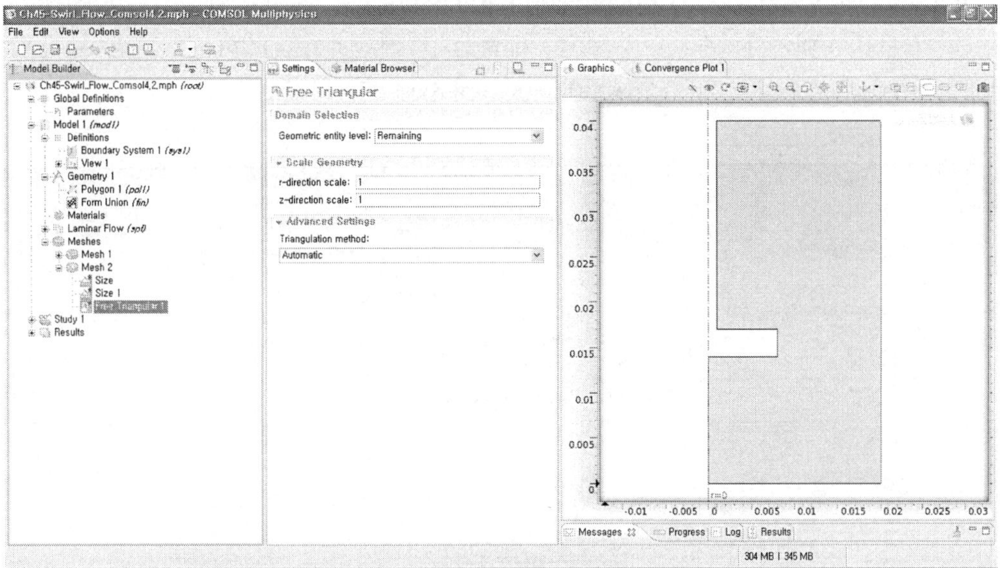

그림 10-29 'Mesh 2', 'Free Triangular' 항목 설정 확인하기

17-10. 'Settings' 페이지 상단의 'Build All' 버튼을 클릭하자. 그러면 그림 10-30과 같이 메쉬가 생성될 것이다.

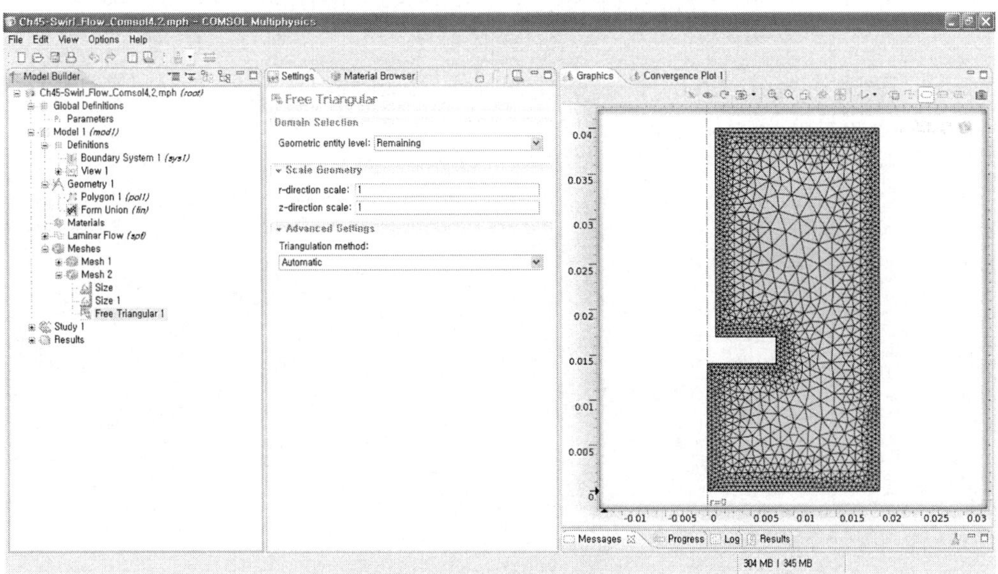

그림 10-30 'Mesh' 생성하기

18. 그림 10-31과 같이 'Model Builder' 페이지에서 'Study 1'을 선택 후 'Step1 : Stationary'을 선택하고, 'Settings' 페이지의 'Extension' 부분을 펼쳐서 'Continuation'을 체크하고, 'Add' 버튼을 클릭하면 'Continuation parameters: '를 설정할 수 있는 'Add' 윈도우가 나타난다. 여기서 나타난 항목 중 'omega'를 선택하고 'OK'버튼을 누른다. 그리고, 'Parameter values:' 란에 '0.25*pi 0.5*pi 2*pi 4*pi '를 타입한다.

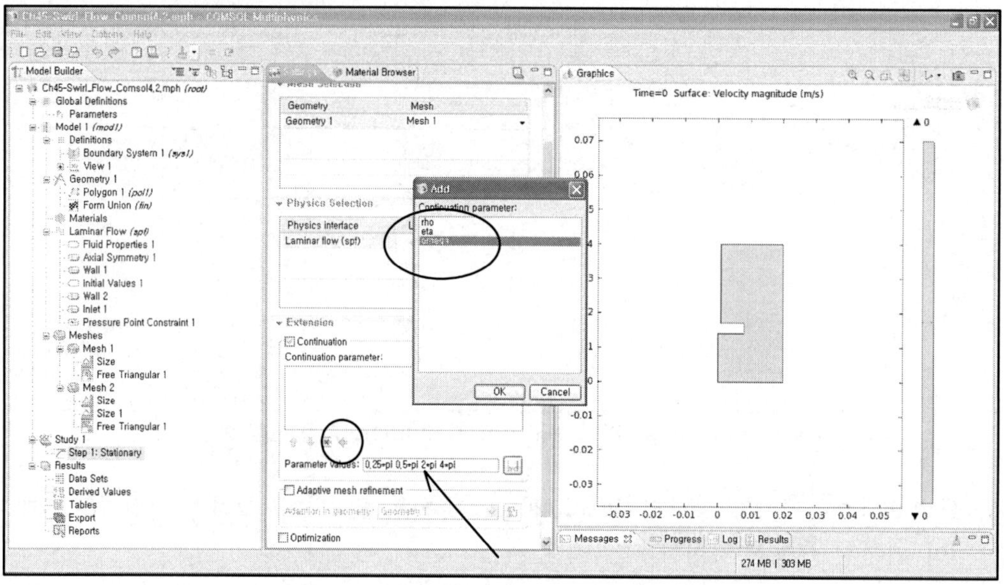

그림 10-31 'Step1 : Stationary' 설정하기

19. 그림 10-32와 같이 'Study 1'을 우 클릭하여 'Compute'를 선택하거나, 툴바에서 버튼을 클릭하면 해석이 진행된다.

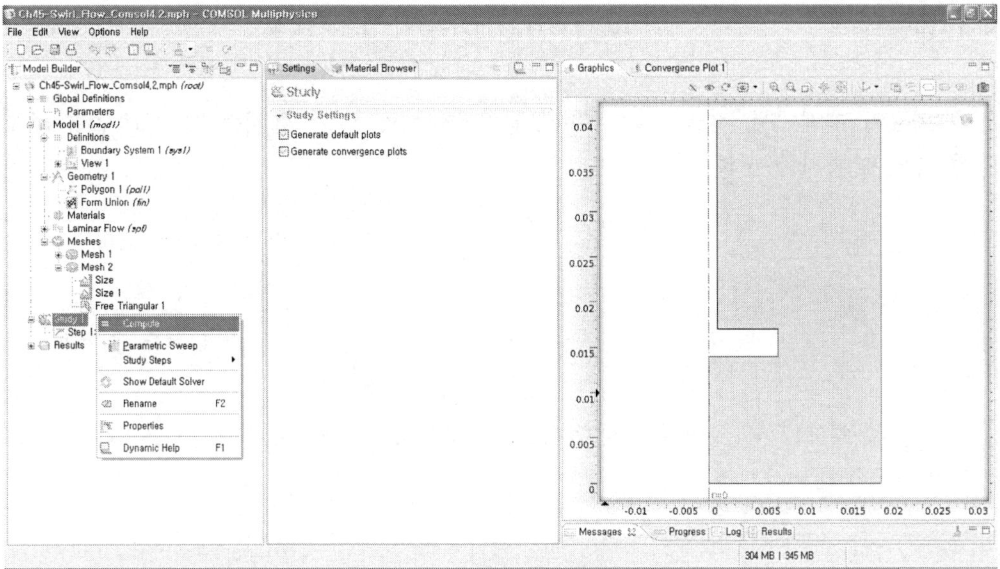

그림 10-32 'Compute' 수행하기

20. 그림 10-33은 해석결과를 보여준다.

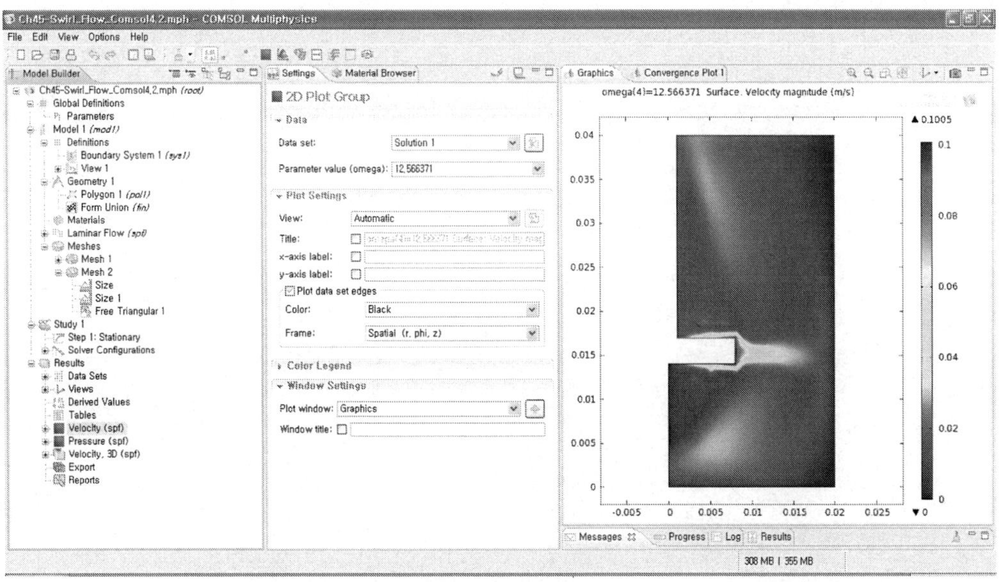

그림 10-33 해석결과

▣ 연습문제

1. 제 10장의 예제에서, 각속도를 각각 0.5π, 1.5π, 4.5π rad/s 에서의 모델 내부의 회전방향 속도 이미지를 구해보자.

2. 제 10장의 예제에서, 각속도를 각각 0.25π, 0.5π, 2π, 5π rad/s 에서의 모델 내부의 속도 이미지를 구해보자

제11장. 대류와 확산 (Convection and diffusion)〉

제 7장에서 이미 확산에 대한 예제를 풀어 보았다. 순수한 확산은 브라우니안 운동(Brownian motion)에 의해서 얻어진 확산 계수(Diffusion coefficient)에 의해서 결정되며 순수 농도 차에 의한 완전한 확산을 얻는 데는 아주 많은 시간이 소요된다. 하지만 외부에 유동에 의한 컨벡션 효과에 의한 확산 (커피 입자를 더운물에 넣고 스푼으로 저어주거나 흔들어 주는 경우)효과를 더해 주면 매우 빠른 확산을 얻을 수 있는 것은 경험으로부터 매우 잘 알려져 있는 사실이다. 예를 들어 인공신장 (혈액 투석기)은 현재의 신장이 재 기능을 할 수가 없을 때 외부에서 깨끗한 혈액을 혈관 내로 주사하는 장치이다. 그야말로 인공신장의 효율은 인간의 생명과 매우 직결되는 중요한 인자이다. 고효율 고유량 투석기를 사용하여 장기간 혈액 투석 시에 발생하는 합병증을 예방 또는 지연하는 효과를 최대로 해야 한다. 혈액 투석의 방법 중에서 혈액투석여과요법(HDF)은 확산을 이용하여 분자량이 작은 물질이 주로 제거되는 혈액투석(HD)과 대류를 이용하여 분자량이 큰 물질이 주로 제거되는 혈액여과(HF)를 결합시킨 것으로 확산(diffusion)과 대류(convection)를 이용하여 소분자 및 중분자 물질의 제거율을 높인 투석방법이다. 확산에 의해 요독 제거가 되고 있는 혈액투석(HD)에 비해서 대류(convection)와 확산(diffusion)에 의해 요독 제거가 일어나는 혈액투석여과(HDF)는 중분자 요독은 물론 저분자 요독의 제거에도 효과적임이 알려져 있다. 이야말로 대류와 확산은 우리가 알게 모르게 우리의 생명과도 매우 직결되어 있다고 하겠다. 대류와 확산에 의한 지배 방정식은 다음과 같다.

$$\delta_{ts}\frac{\partial c}{\partial t} + \vec{u}\cdot\nabla c = \nabla\cdot(D\nabla c) + R \tag{11-1}$$

여기서 δ_{ts} 는 'time scaling coefficient', D 는 'diffusion coefficient', R 은 'reaction rate' 이다. $\vec{u}$ 는 외부에서 주어지는 대류이다. 위의 대류 확산에 의해 주어지는 지배 방정식은 많은 경우에 나비어-스톡스 방정식에서 보이는 압력에 의한 외부 유체에 의한 움직임과 연성(couple)이 되어서 작용하는 경우가 많다. 나비어-스톡스의 지배방정식은 다음과 같다.

$$\rho\left(\frac{\partial \vec{u}}{\partial t} + \vec{u}\cdot\nabla\vec{u}\right) = -\nabla p + \nabla\cdot\eta\left(\nabla\vec{u} + (\nabla\vec{u})^{T}\right) + F$$
$$\nabla\cdot\vec{u} = 0 \tag{11-2}$$

여기서, ρ 는 유체의 밀도이고, η 는 유체의 점도이며, F 는 중력에 의한 효과력 ($\rho \vec{g}$)이다. 또, 심볼 ∇는 gradient로 3차원일 경우 $\nabla = \frac{\partial}{\partial x} i + \frac{\partial}{\partial y} j + \frac{\partial}{\partial z} k$ 로 나타낸다.

그러므로

$$\nabla p = \frac{\partial p}{\partial x} i + \frac{\partial p}{\partial y} j + \frac{\partial p}{\partial z} k \text{ 이고,}$$

$$\nabla \cdot \vec{u} = \frac{\partial u_x}{\partial x} + \frac{\partial u_y}{\partial y} + \frac{\partial u_z}{\partial z} \text{ 이다.}$$

▣ 예제 문제 정의

이번 장에서는 유체 유동 방정식(Navier-Stokes Equation)과 대류/확산 방정식(Convection Diffusion Equation)을 서로 연성하여 풀어 보고자 한다. 순수 확산만 가해질 경우와 외부의 유동의 변화 성분으로 속도 성분이 대류/확산 방정식이 가해진 경우를 서로 비교해 볼 수 있을 것이다. 해석 모델은 다음 그림과 같은 마이크로 채널을 이용할 것이다.

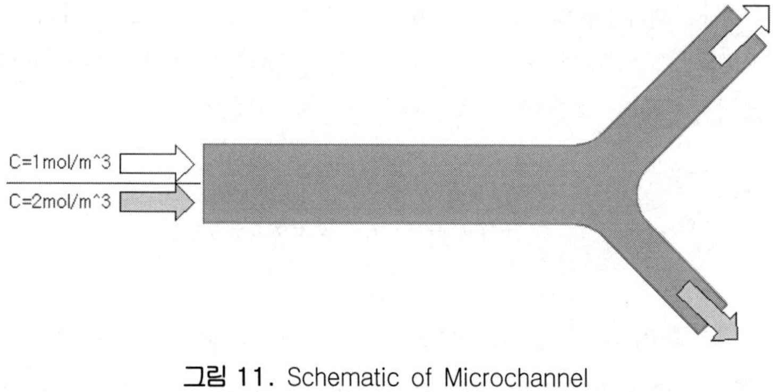

그림 11. Schematic of Microchannel

그림 11에서 보는 바와 같은 마이크로채널은 입구는 출구의 대략 2배정도이고 출구는 2군데로 분기되고 있다. 유체가 왼쪽에서 균일한 속도 V_{inlet} = 1E-3 m/s 이며, 유체는 농도가 서로 다른 유체로 η = 0.01 kg/ms, ρ = 1000 kg/m^3 가정한다. 상반부 유체의 농도는 1mol/m^3 이고 하반부 유체 농도는 2mol/m^3 이다.

표 11-1. Properties of convection & diffusion problem

MATERIAL PARAMETER	EXPRESSION	VALUE	UNIT
Velocity of inlet	V_inlet	1E-3	m/s
viscosity	eta	0.01	kg/ms
density	rho	1000	kg/m^3
Diffusion coefficient	D	3.17E-10	m^2/s

▣ 예제 문제 따라하기

1. 그림 11-1과 같이 'Model Wizard' 페이지에서 'Select Space Dimension' 을 '2D'로 선택하고 'Next' 버튼 ⇨을 누른다.

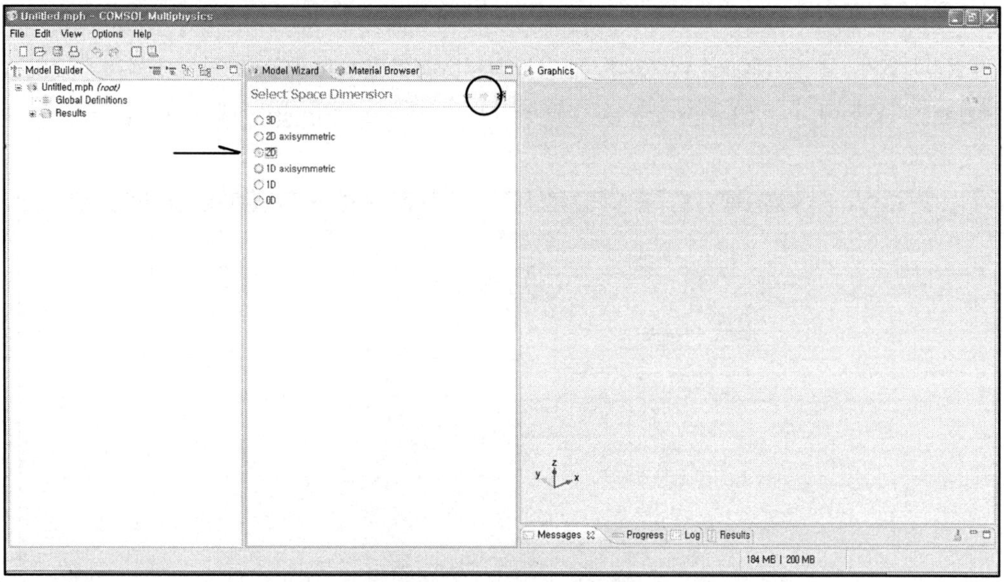

그림 11-1 '2D'로 선택하기

2. 그림 11-2와 같이 'Model Wizard' 페이지의 'Add Physics' 윈도우에서 'Fluid fiow' 항목의 하부 항목인 'Single-Phase flow'에서 'Laminar flow(spf)' 을 더블클릭하여 선택하고, 상단의 'Next' 버튼 ⇨을 누른다.

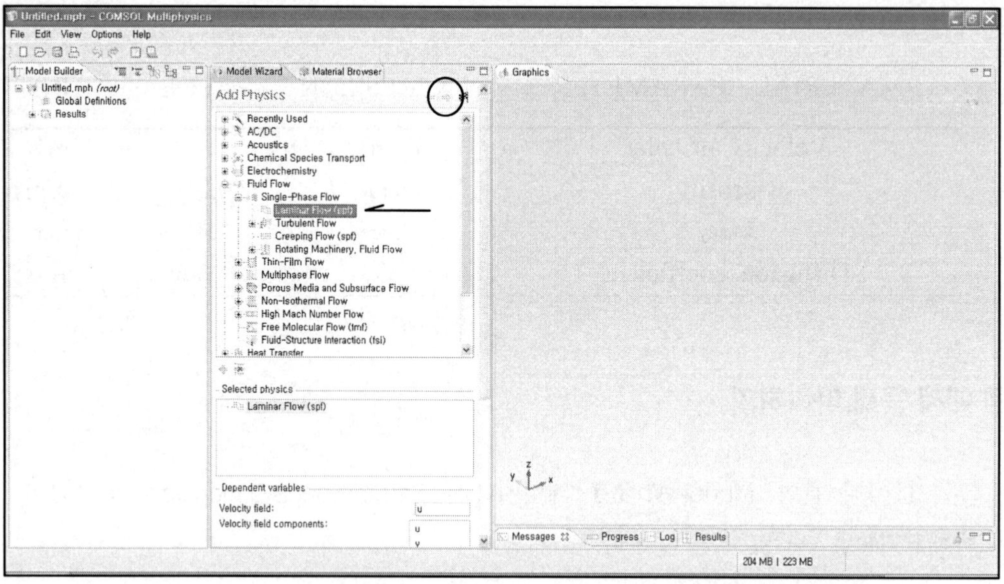

그림 11-2 'Single-Phase flow'에서 'Laminar flow(spf)' 로 선택하기

3. 그림 11-3과 같이 'Model Wizard' 페이지의 'Select Study Type' 윈도우에서 'Preset Studies' 항목에서 , 'Stationary'를 선택한 다음, 상단의 'Finish' 버튼을 누른다.

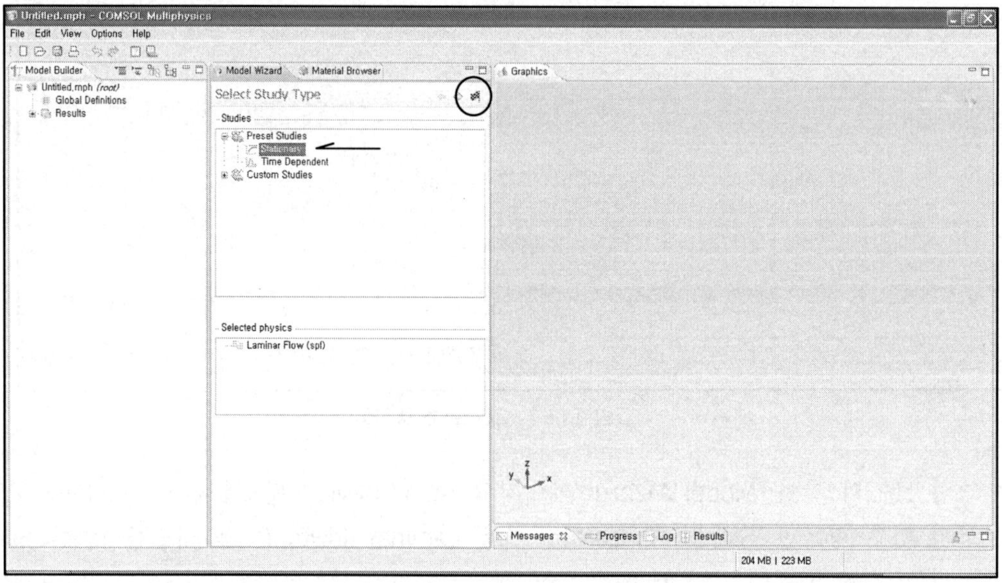

그림 11-3 'Stationary' 선택하기

4. 그림 11-4와 같이 'Model Builder' 페이지의 'Model 1(mod1)'을 오른쪽 마우스 클릭하여 나타난 'Add Physics'를 선택한다.

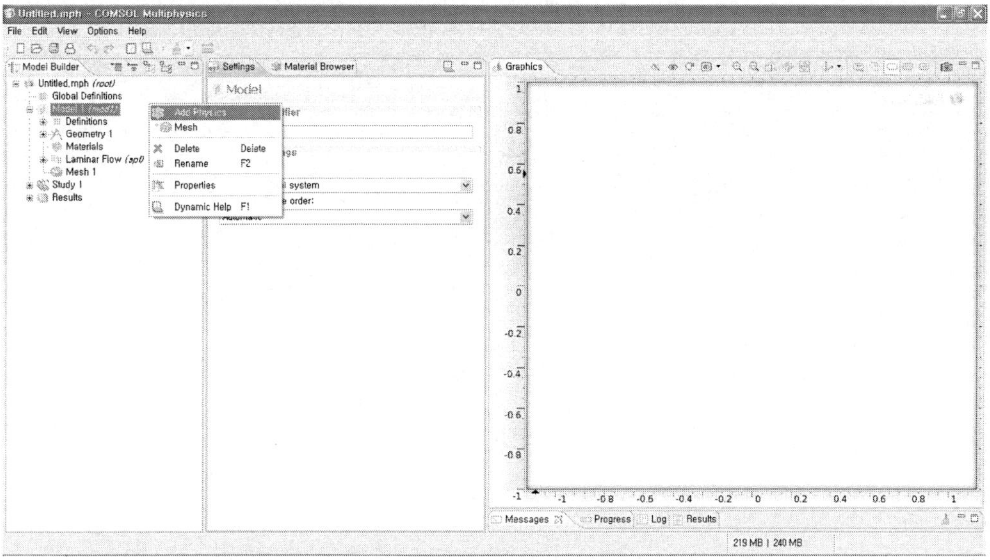

그림 11-4. 'Model 1(mod1)', 'Add Physics' 선택하기

5. 그림 11-5와 같이 오른쪽의 'Model Wizard' 페이지의 'Add Physics' 윈도우에서 'Chemical Species Transport - Transport of Diluted Species (chds)'을 더블클릭하여 선택하고, 상단의 'Next' 버튼 ⇨을 클릭한다.

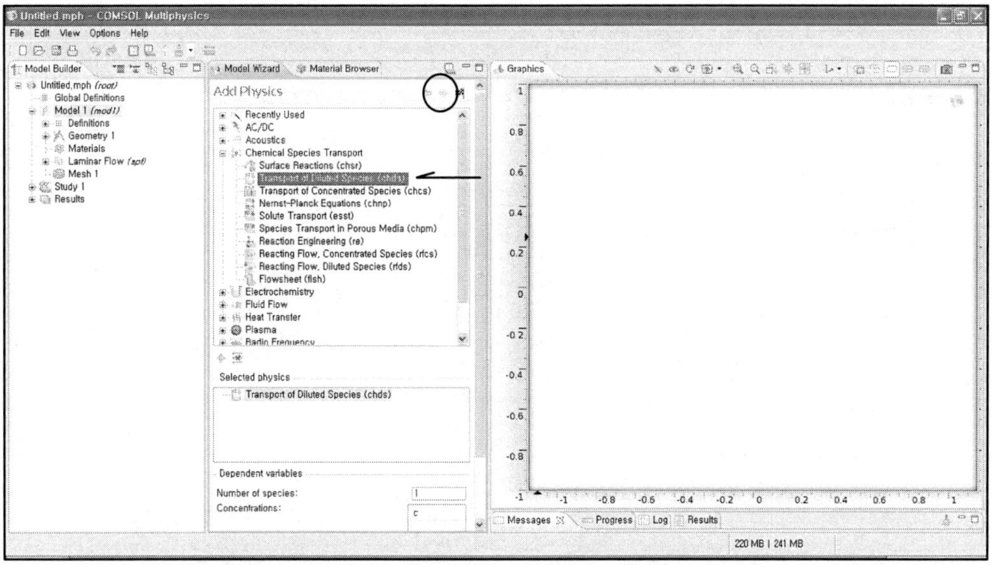

그림 11-5. 'Chemical Species Transport' - 'Transport of Diluted Species (chds)' 더블클릭하여 선택하기

6. 그림 11-6과 같이 'Model Wizard' 페이지의 'Select Study Type'에서 'Stationary'를 선택하고 상단에 'Finish' 버튼을 클릭한다. 이렇게 함으로써, 방금 추가한 대류와 확산 모듈을 기존의 비압축성 나비어 스톡스 모듈과 연성시킬 수 있는 것이다.

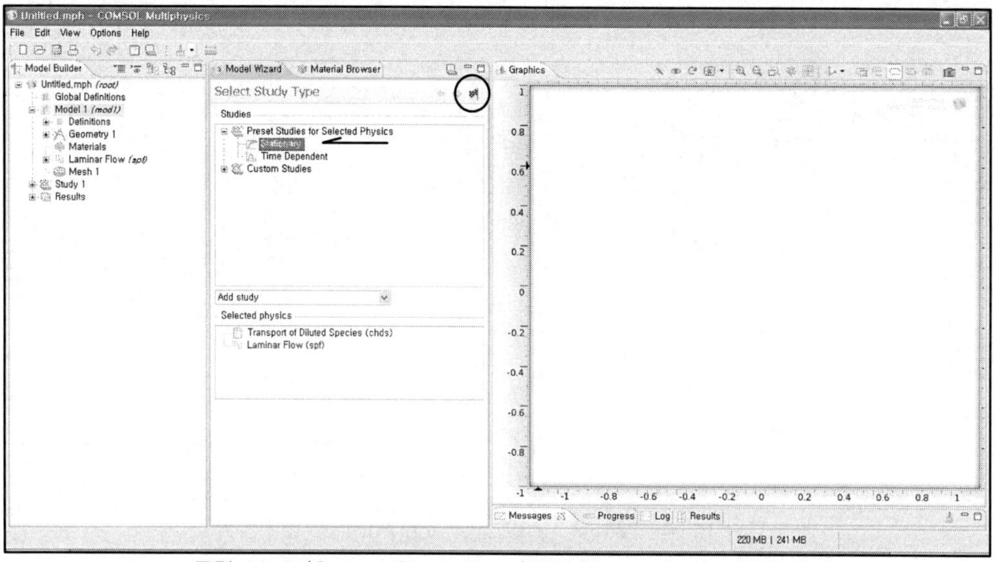

그림 11-6 'Select Study Type'에서 'Stationary' 선택하기

7. 자 이제, 그림 11-7에서와 같이, 'Model Builder' 페이지를 보면 비압축성 나비어-스톡스(Laminar Flow (spf)) 모듈과 대류와 확산(Transport of Diluted Species (chds))모듈이 함께 있음을 알 수 있다.

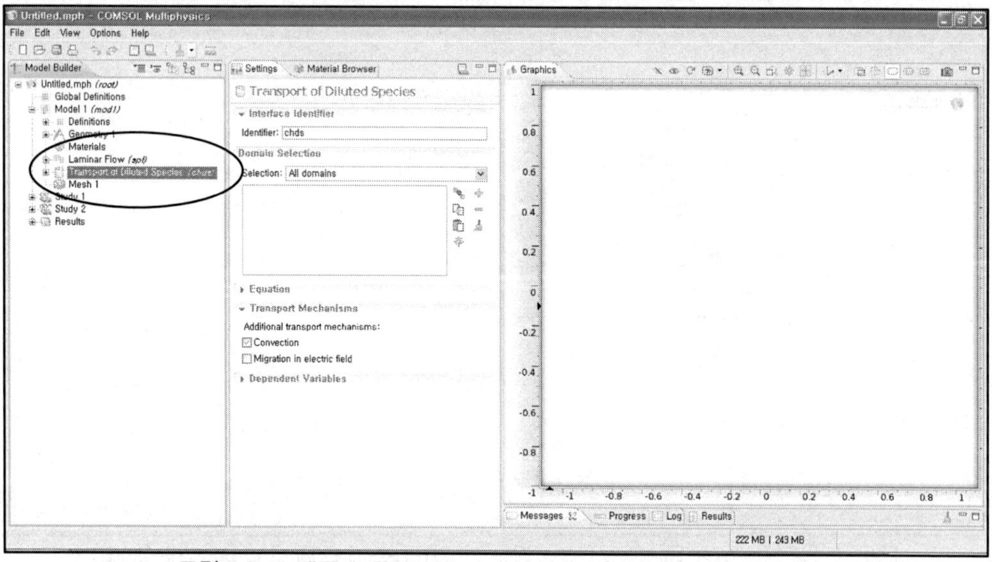

그림 11-7 대류와 확산 방정식과 비압축성 나비어 스톡스와 연결

8. 그림11-8과 같이 다각형 모델링을 하기위해서, 'Model Builder' 페이지에서 'Geometry 1'을 선택하고, 마우스 오른쪽 버튼을 눌러 'Ploygon'을 선택한다.

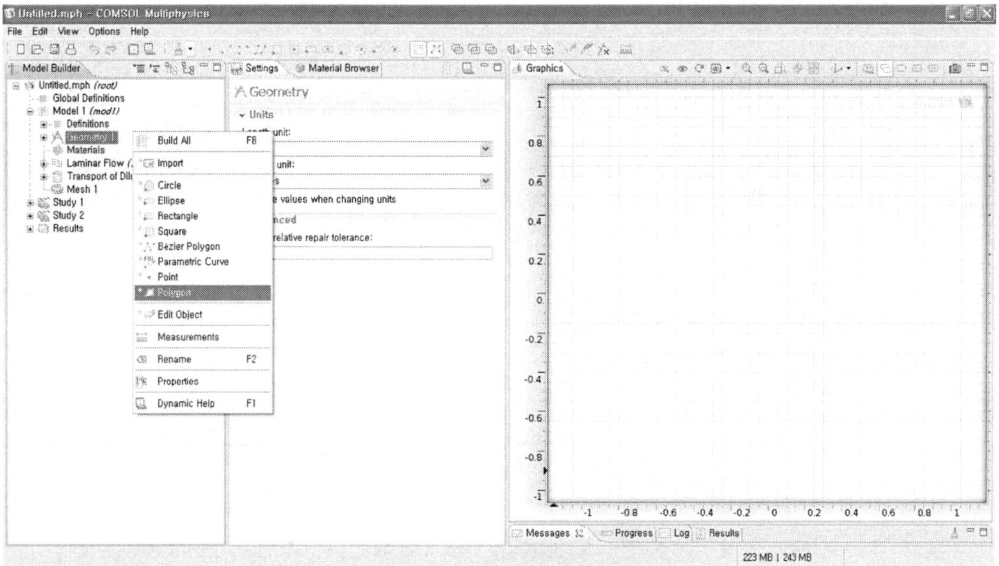

그림 11-8 'Ploygon' 형성하기

9. 그림 11-9와 같이 오른쪽의 'Settings' 페이지에 나타난 'Ploygon' 윈도우의 'Coordinate' 섹션에,

x: '0 0 0 5e-4 6.75e-4 7.25e-4 5.375e-4 6.75e-4 6.375e-4 5e-4 0'

y: '0 5e-5 1e-4 1e-4 2.75e-4 2.25e-4 3.75e-5 -1e-4 -1.375e-4 0 0' 로 타입한 후, 상단의 'Build All' 버튼을 클릭한다.

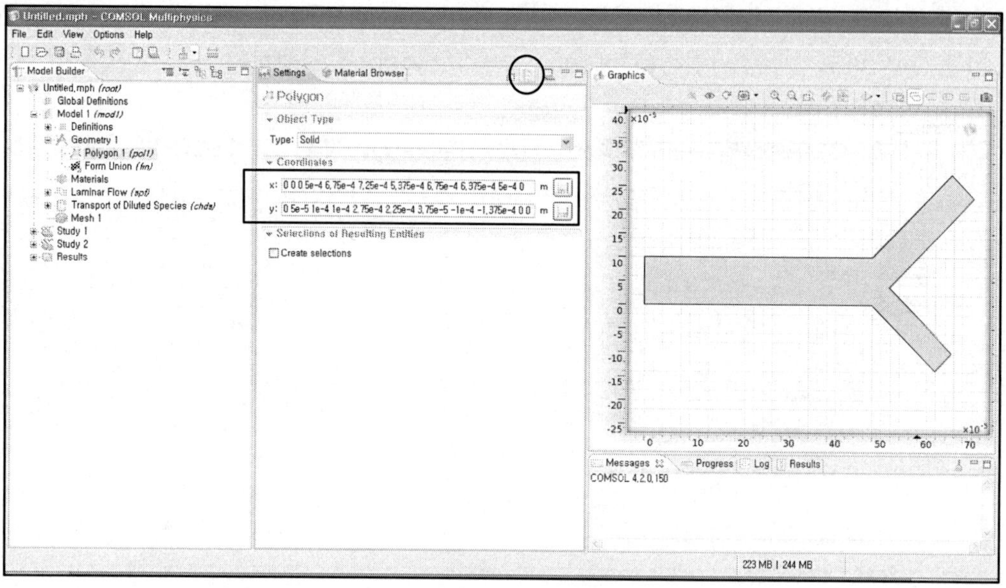

그림 11-9 'Ploygon' 설정하기

10. 그림 11-10과 같이 다각형 모델링을 하기위해서, 'Model Builder' 페이지에서 'Geometry 1'을 선택하고, 마우스 오른쪽 버튼을 눌러 'Filet'를 선택한다.

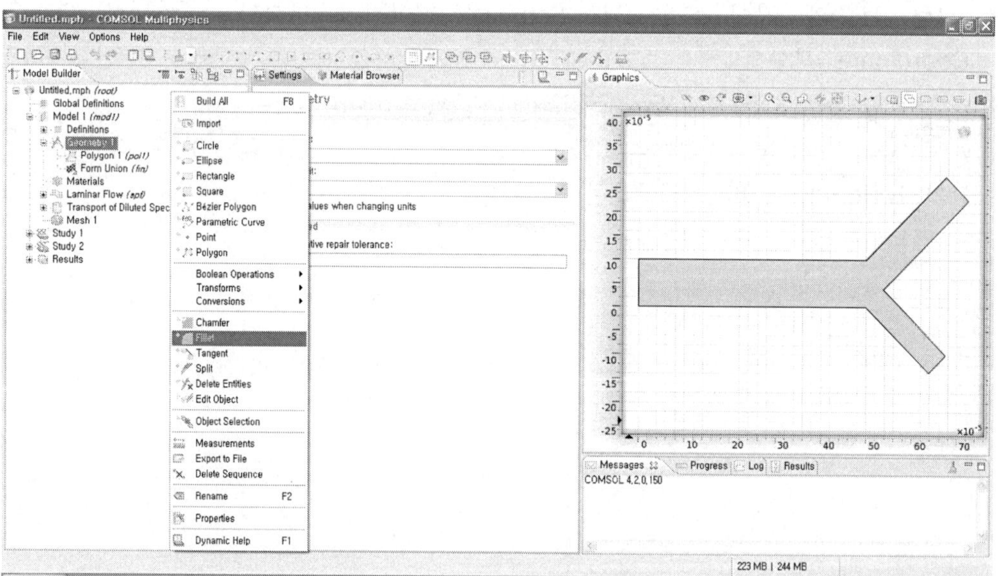

그림 11-10 'Filet' 선택하기

11. 그림 11-11과 같이 'Model Builder' 페이지, 'Filet 1'를 클릭하고, 오른쪽 'Graphics' 페이지에서 모델의 포인트 '4,5,6'을 선택하고 다시 왼쪽의 'Settings' 페이지에서 + 기호를 클릭하여 'Vertices to filet:'에 경계 '4,5,6'을 추가한다. 'Radius' 섹션에는 '5e-5'를 타입하고, 상단의 'Build All' 버튼을 클릭하라.

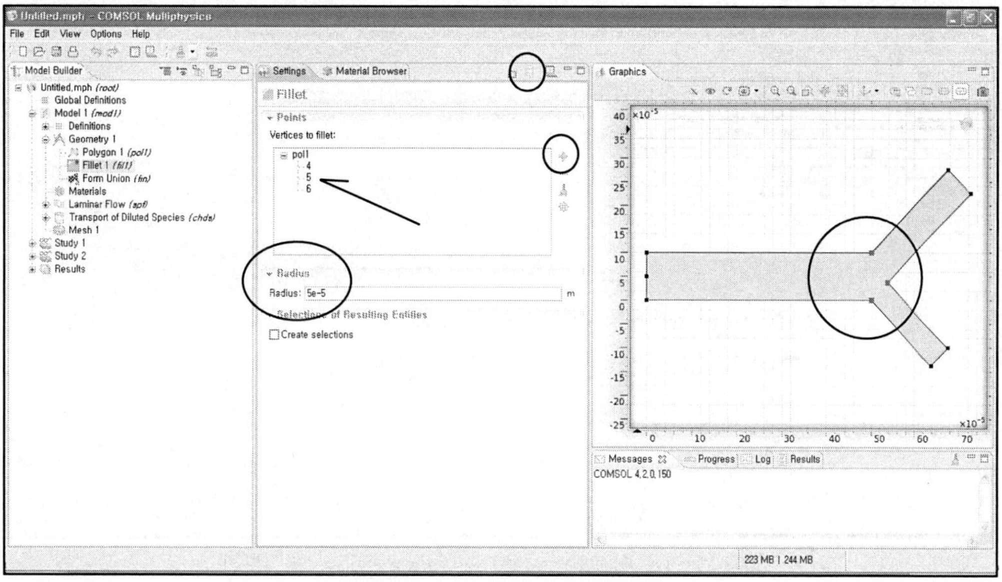

그림 11-11 'Filet' 실행하기

12. 그림 11-12는 'Filet'을 실행한 화면을 보여준다.

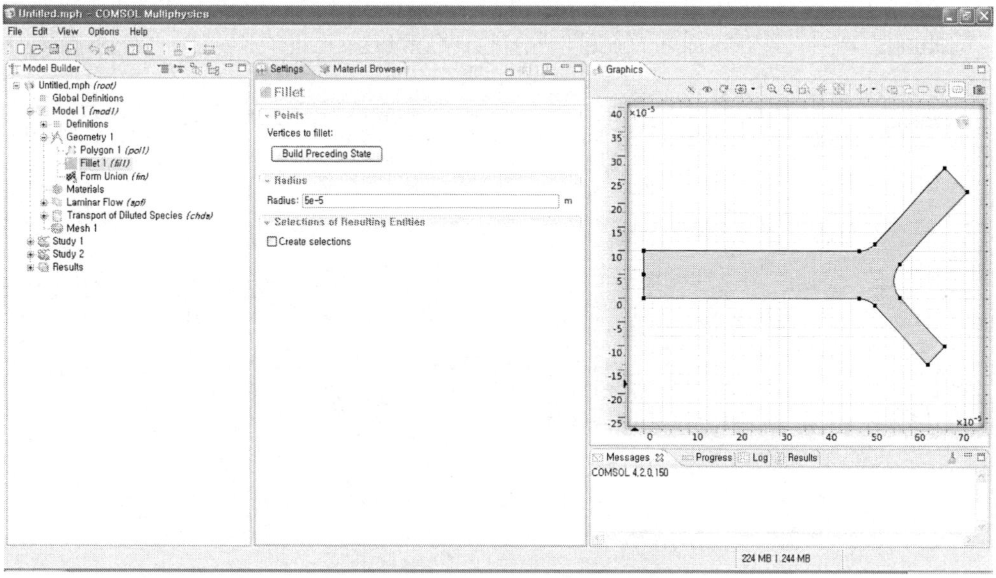

그림 11-12 'Filet' 실행 결과

13. 그림 11-13과 같이 'Model Builder' 페이지 상단의 'Show' 버튼을 클릭하고, 'Discretization'과 'Stabilization'을 클릭하여 활성화한다.

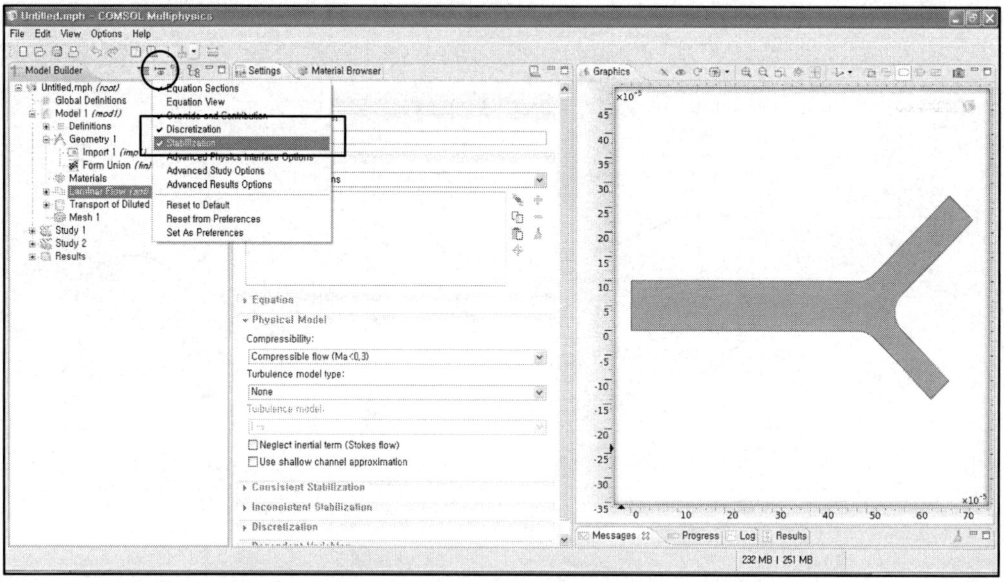

그림 11-13 'Discretization'과 'Stabilization' 체크하기

14. 그림 11-14와 같이 'Model Builder' 페이지의 'Laminar Flow (spf)'을 클릭하여 선택한다.

'Settings' 페이지의 'Physical Model' 섹션에서 'Compressibility:' 부분을 'Incompressible flow'로 선택하자.

'Discretization' 섹션에서 'Discretization of fluids:' 부분을 'P2 + P1' 으로 선택한다.

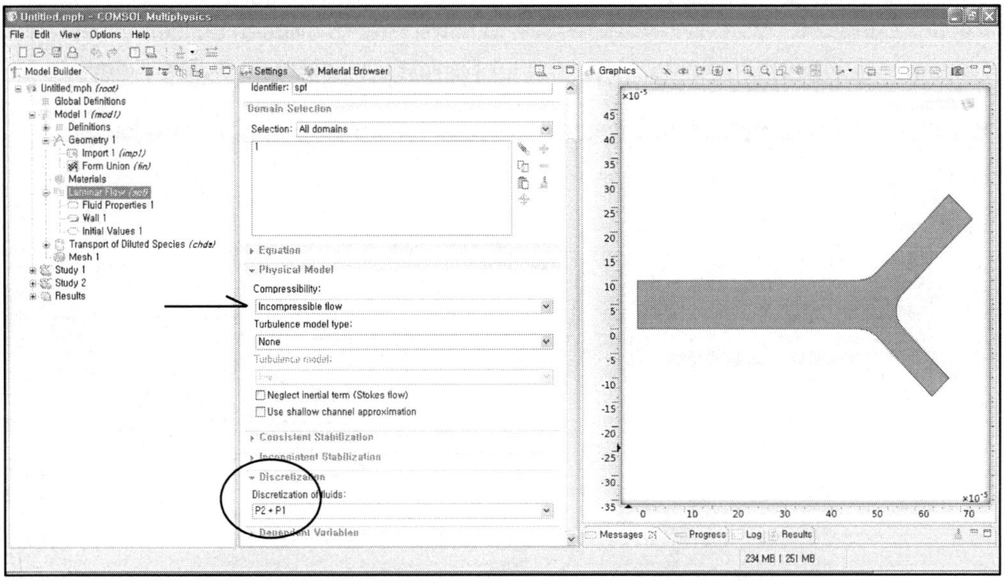

그림 11-14 'Laminar Flow (spf)', 'Discretization' 설정하기

15. 그림 11-15에서와 같이 'Laminar Flow (spf)' 하부 항목인 'Fluid Properties 1' 클릭하여 선택한 후 오른쪽의 'Settings' 페이지의 'Fluid Properties' 섹션에서 'Density:' 부분을 'User defined'로 설정하고 '1000'으로 설정하자. 'Dynamic viscosity:' 부분을 'User defined'로 설정하고 '0.01'로 설정하자.

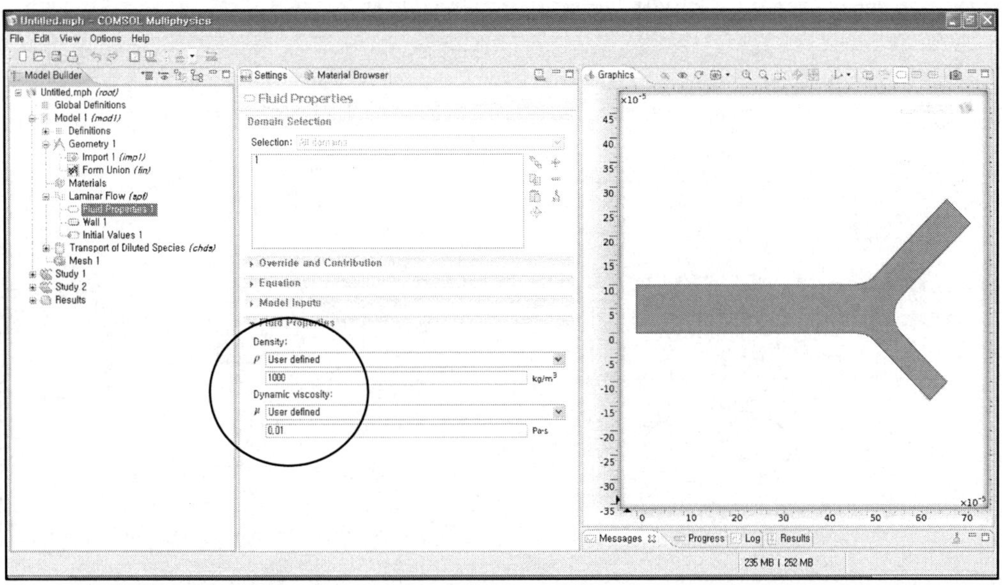

그림 11-15 'Fluid Properties 1' 설정하기

16. 유입 경계조건을 설정하기 위해서 그림 11-16과 같이 'Model Builder' 페이지에서 'Laminar Flow (spf)'를 오른쪽 마우스 클릭하여 나타난 메뉴 중 'Inlet'을 선택한다.

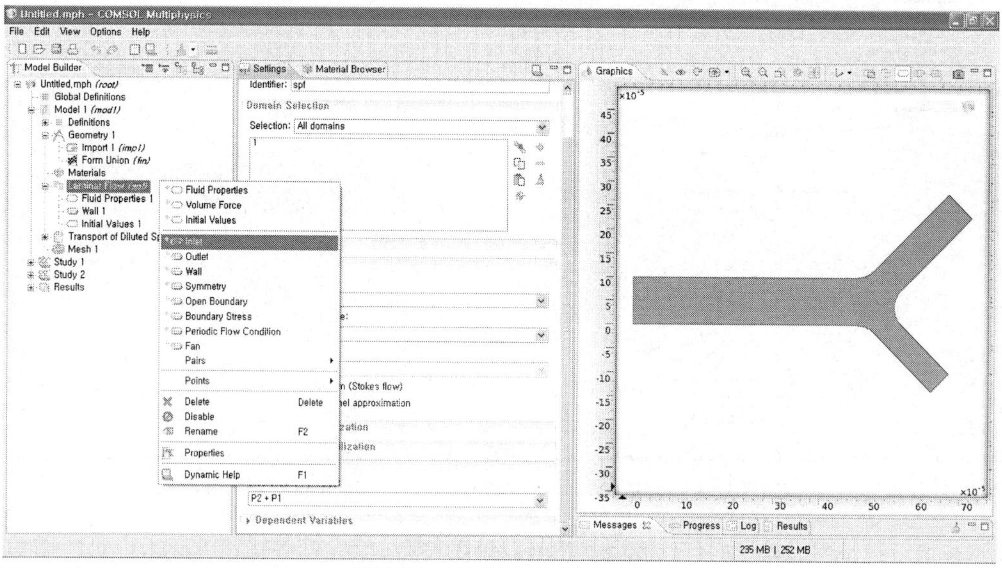

그림 11-16 'Inlet' 추가하기

17. 그림 11-17과 같이 오른쪽 'Graphics' 페이지에서 모델의 경계 '1'과 '3'을 선택하고 다시 왼쪽의 'Settings' 페이지에서 ✚ 기호를 클릭하여 'Boundary Selection'에 경계 '1'과 '3'을 추가한다. 'Velocity' 섹션의 'U_0' 에 '0.001'을 타입한다.

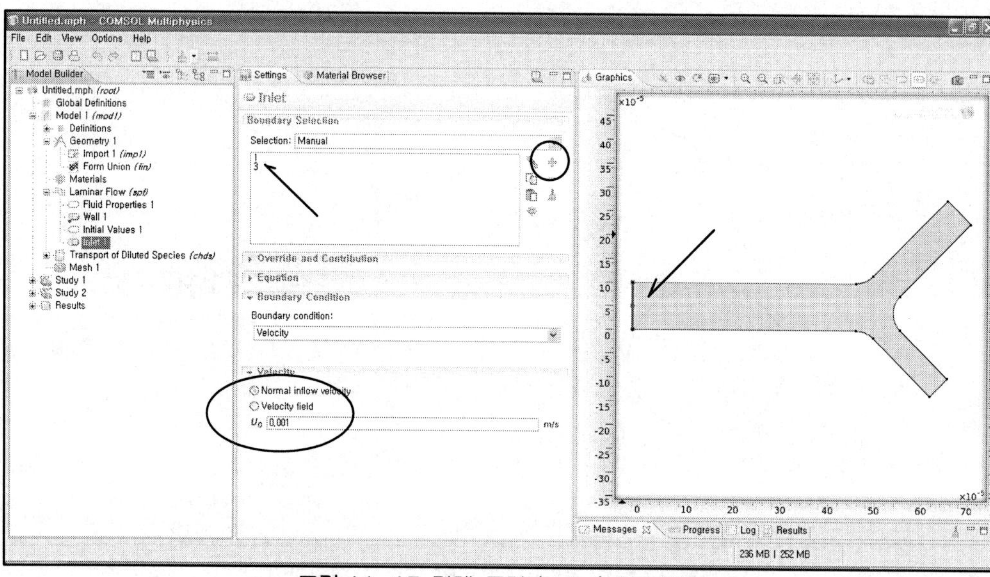

그림 11-17 경계 조건 'Inlet' 설정하기

18. 유출 경계조건을 설정하기 위해서 그림 11-18과 같이 ‘ Model Builder’ 페이지에서 ‘ Laminar Flow (spf)’를 오른쪽 마우스 클릭하여 나타난 메뉴 중 ‘Outlet’을 선택한다.

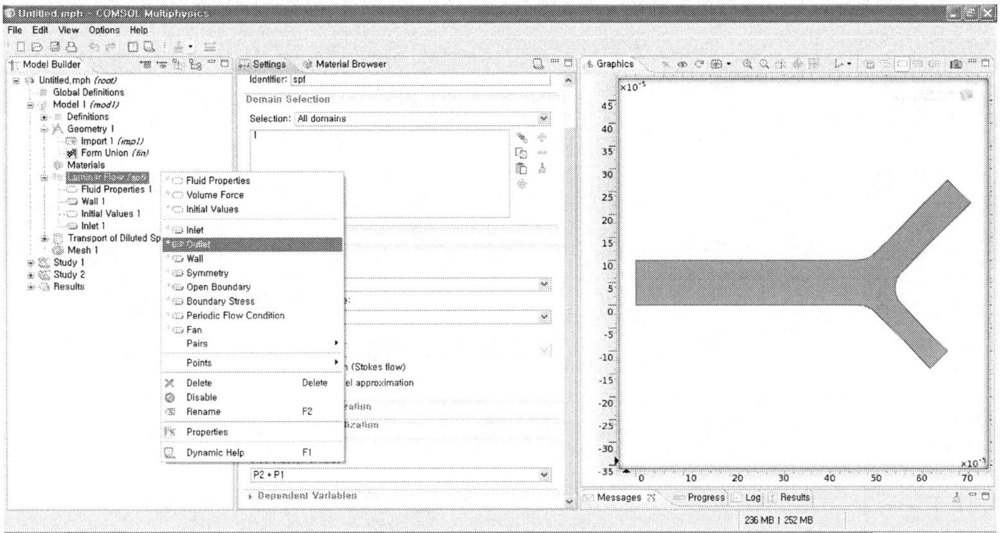

그림 11-18 유출 경계 조건 ‘Outlet’ 추가하기

19. 그림 11-19와 같이 오른쪽 ‘Graphics’ 페이지에서 모델의 경계 ‘9’와 ‘10’을 선택하고 다시 왼쪽의 ‘Settings’ 페이지에서 ✚ 기호를 클릭하여 ‘Boundary Selection’에 경계 ‘9’와 ‘10’을 추가한다. ‘Boundary Condition’ 섹션의 ‘Boundary Condition:’ 부분은 ‘Pressure, no viscous stress’임을 확인하고, ‘Pressure:’ 부분은 ‘P_0’ 에 ‘0’ 임을 확인한다.

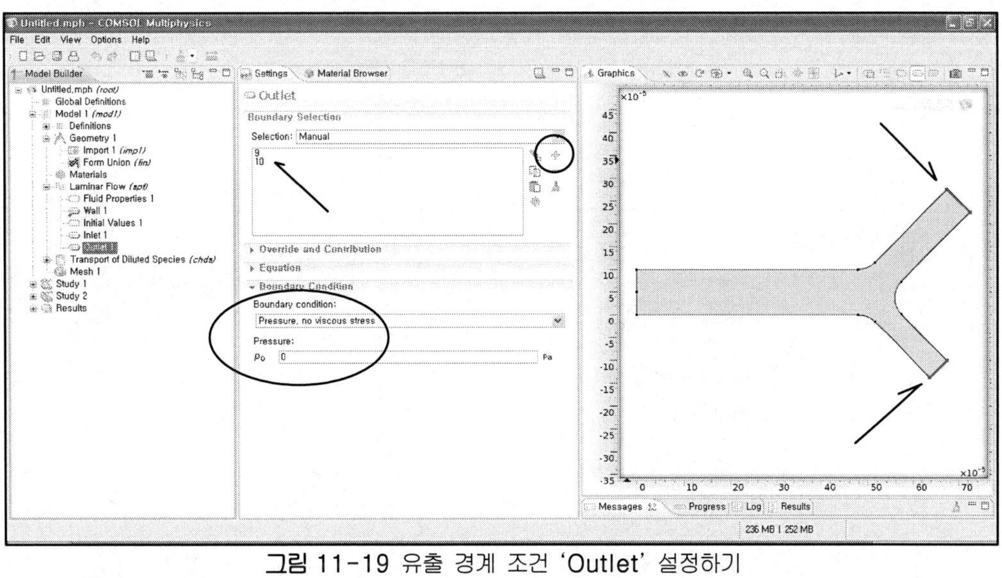

그림 11-19 유출 경계 조건 ‘Outlet’ 설정하기

20. 그림 11-20은 'Transport of Diluted Species (chds)'을 클릭하여 선택하였을 때 나타나는 화면이다.

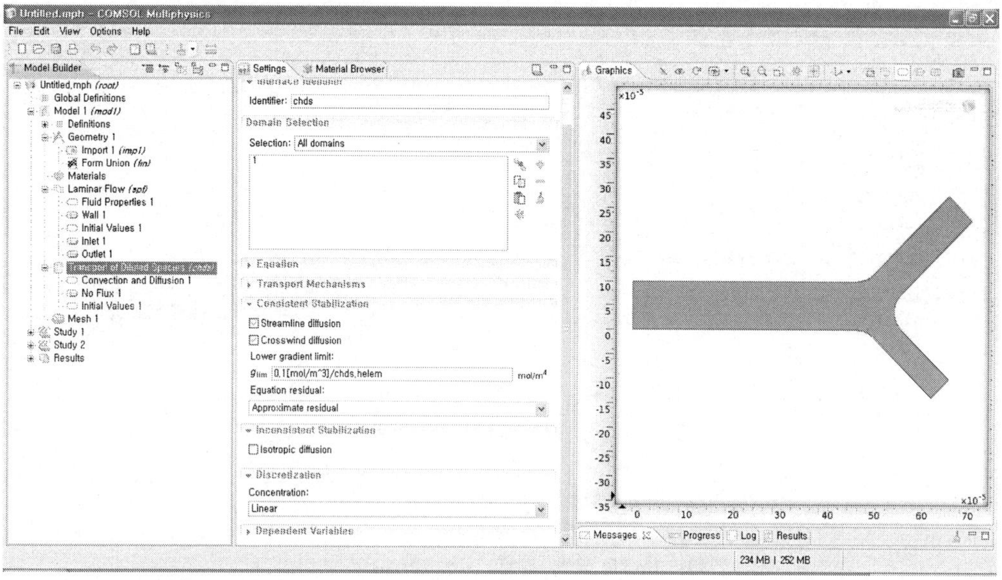

그림 11-20 'Transport of Diluted Species (chds)' 초기 설정화면

21. 다음과 같이 변경 설정하자. 'Consistent Stabilization' 섹션에서, 'Streamline diffusion ', ' Crosswind diffusion' 의 체크를 해제하자.

'Discretization' 섹션은 'Discretization:' 부분을 'Quadratic' 으로 세팅하라.

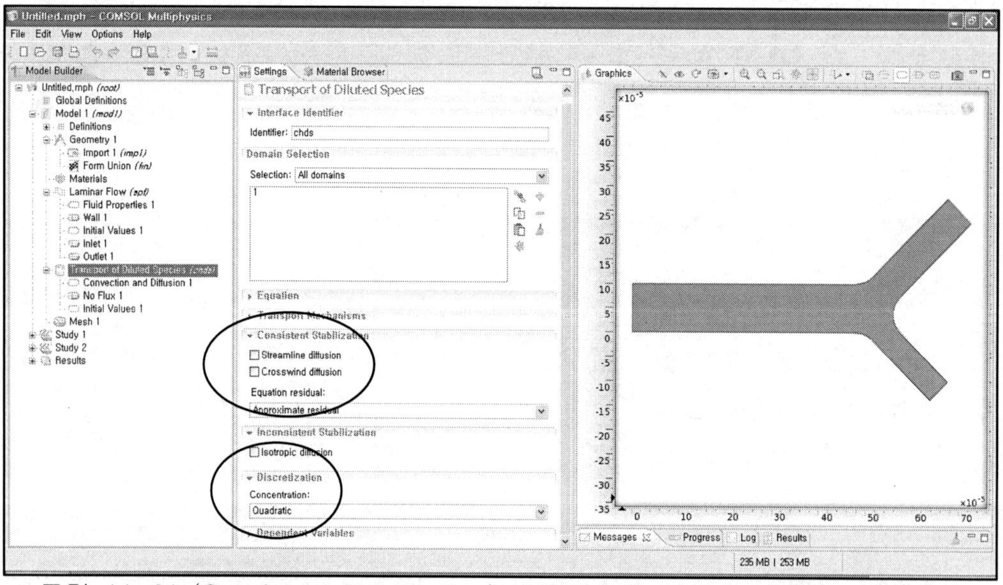

그림 11-21 'Consistent Stabilization' 섹션과 'Discretization' 섹션 설정하기

22. 그림 11-22에서와 같이 'Transport of Diluted Species (chds)' 하부 항목인 'Convection and Diffusion 1' 클릭한 후 'Velocity field:' 의 x , y 방향에 각각 'u , v'라는 값을 타입하자. 이렇게 설정함으로써, 유체 유동 방정식(Navier-Stokes Equation)과 대류/확산 방정식(Convection Diffusion Equation)을 서로 연성시킬 수 있다. 또한, 'Diffusion Coefficient: ' **부분에** ' 3.17e-11[m^2/s]' 값을 입력하자.

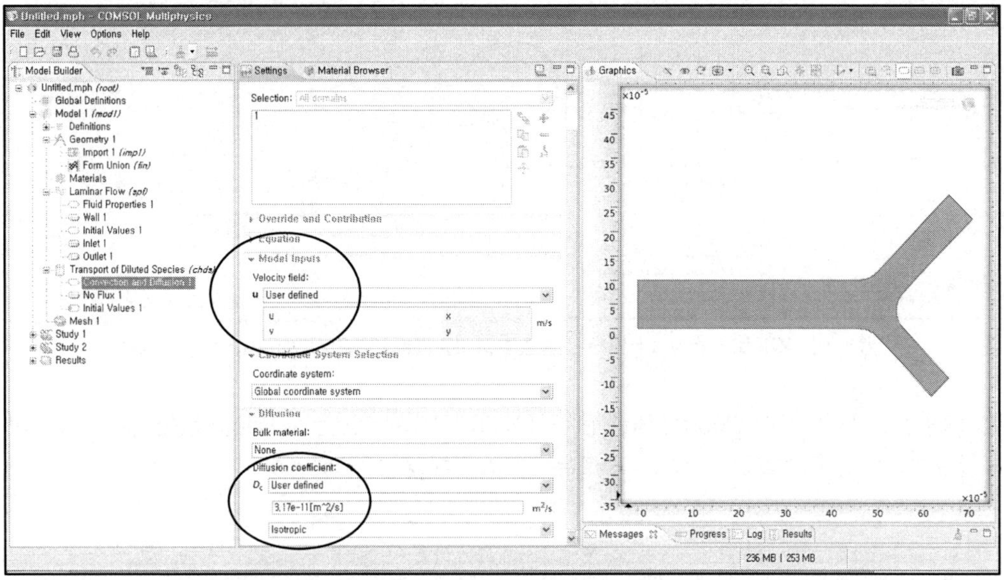

그림 11-22 'Convection and Diffusion 1' 설정하기

23. 대류 확산에 대한 대류인자 (convection term)에서 벡터 $\vec{u}$ (u, v, w)는 나비어-스톡스의 결과 값(압력 차, 혹은 속도에 의한 유동)으로 나온 $\vec{u}$ (u, v, w) 와 서로 연성되도록 되어 있다. 그림 11-23과 같이 ' Model Builder' 페이지의 ' Laminar Flow (spf)'을 클릭한 후 아래의 'Dependent Variables'를 보면 'Velocity field:' 는 'u, v, w' 이고, 'Pressure field:' 는 'p' 임을 확인할 수 있다.

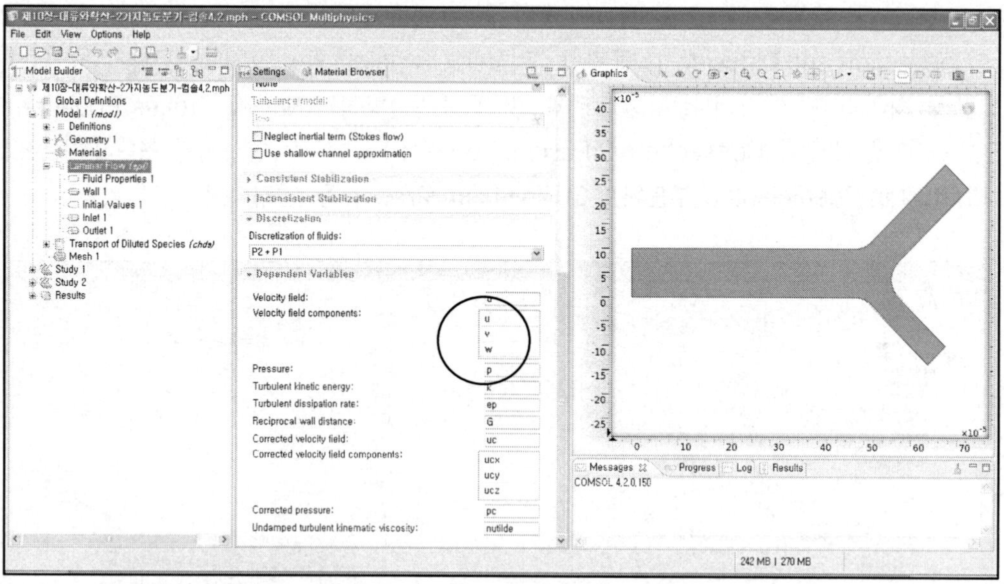

그림 11-23 비압축성 나비어-스톡스방정식과 대류 / 확산 방정식의 연성 확인

24. 그림 11-24와 같이 'Model Builder' 페이지의 'Transport of Diluted Species (chds)'을 오른쪽 마우스 클릭하여 나타난 메뉴 중 'No Flux'를 선택한다.

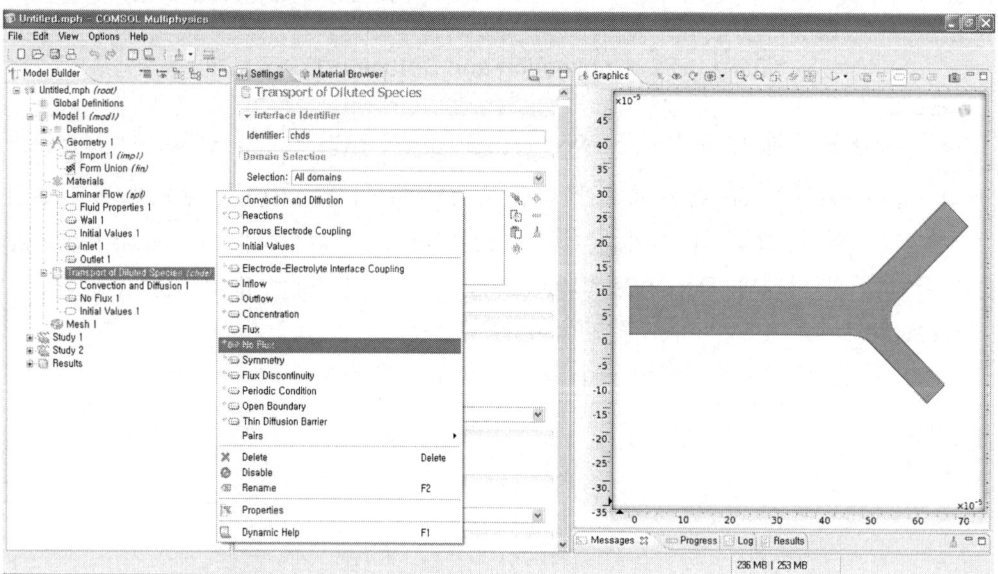

그림 11-24 'No Flux' 추가하기

25. 그림 11-25와 같이 오른쪽의 'Settings' 페이지의 'Boundary Selection' 섹션에서 'Selection:'을 **'유입'**과 **'유출'** 경계를 제외한 나머지 경계를 모두 선택하고, 맨 아래의 'No Flux' 부분을 'Apply for...' 로 선택하고 'Species c'를 체크하여 활성화한다.

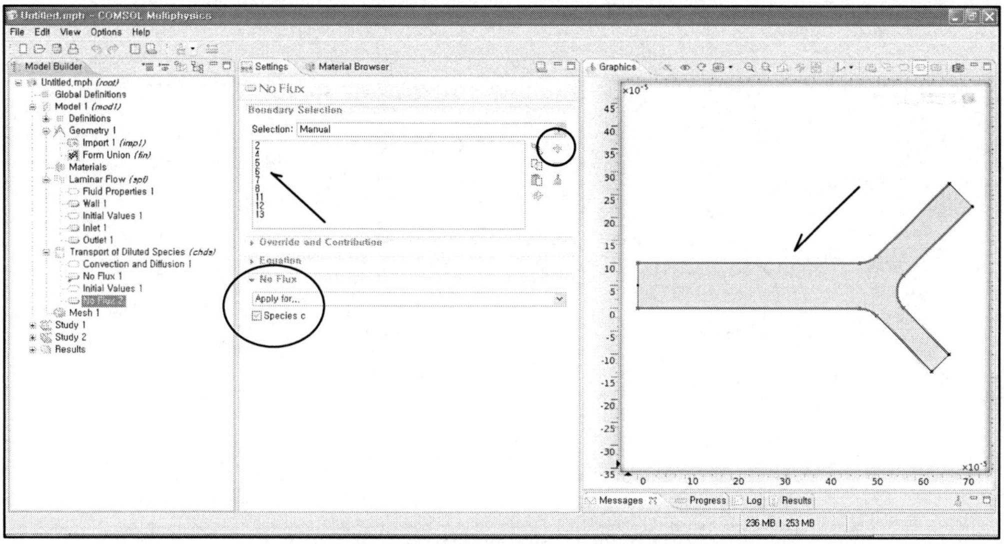

그림 11-25 'No Flux' 설정하기

26. 그림 11-26과 같이 'Model Builder' 페이지의 'Transport of Diluted Species (chds)'을 오른쪽 마우스 클릭하여 나타난 메뉴 중 'Concentration'을 선택한다.
그러면 'Concentration 1'이 생성된다. 같은 방법으로 'Concentration 2'도 생성하자.

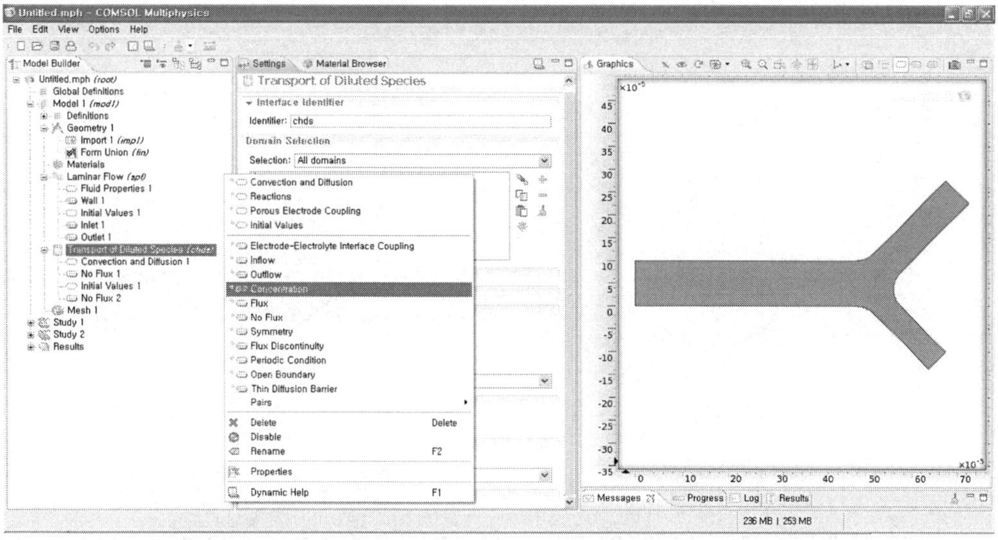

그림 11-26 'Concentration 1', 'Concentration 2' 설정하기

27. 그림 11-27과 같이 'Graphics' 페이지에서 경계 '1'을 선택하고, 'Settings' 페이지에서 'Add to selection' ✚ 버튼을 클릭하여 'Boundaries'에 경계 '1'을 추가한다. 'Settings' 페이지의 'Concentration' 섹션에서 'Species c'를 체크하고 'c_0,c'를 농도 '2'로 타입한다.

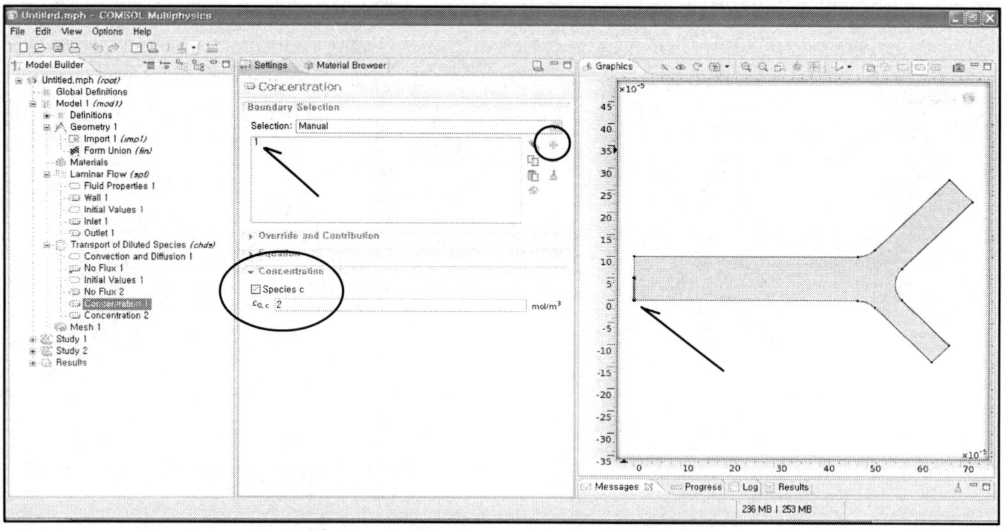

그림 11-27 'Concentration 1' 설정하기

28. 그림 11-28과 같이 'Graphics' 페이지에서 경계 '2'을 선택하고, ' Settings' 페이지에서 'Add to selection' ✚ 버튼을 클릭하여 'Boundaries'에 경계 '2'을 추가한다. 'Settings' 페이지의 'Concentration' 섹션에서 'Species c'를 체크하고 'c_0,c'를 농도 '1'로 타입한다.

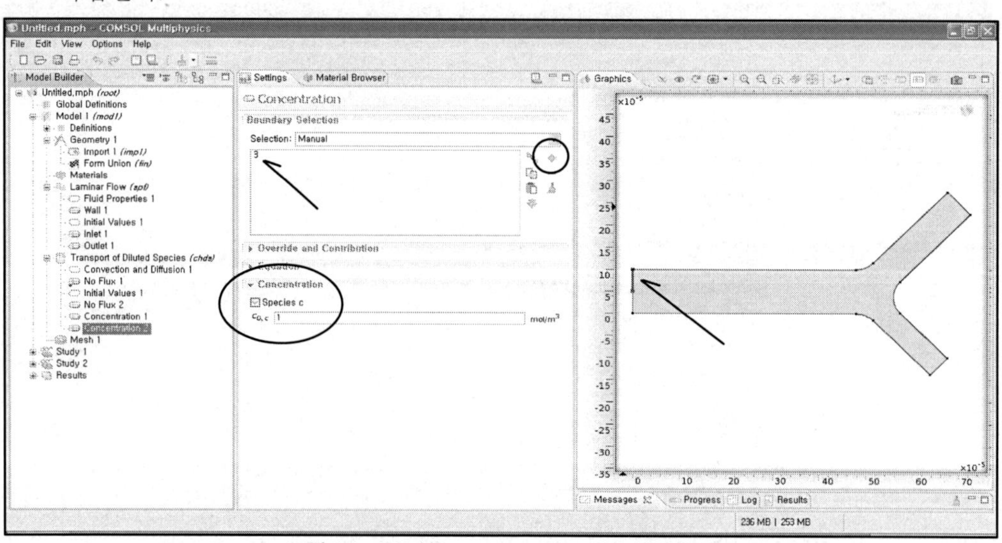

그림 11-28 'Concentration 2' 설정하기

29. 유출 경계조건을 설정하기 위해서 그림 11-29와 같이 'Model Builder' 페이지에서 'Transport of Diluted Species (chds)'를 오른쪽 마우스 클릭하여 나타난 메뉴 중 'Outflow'을 선택한다.

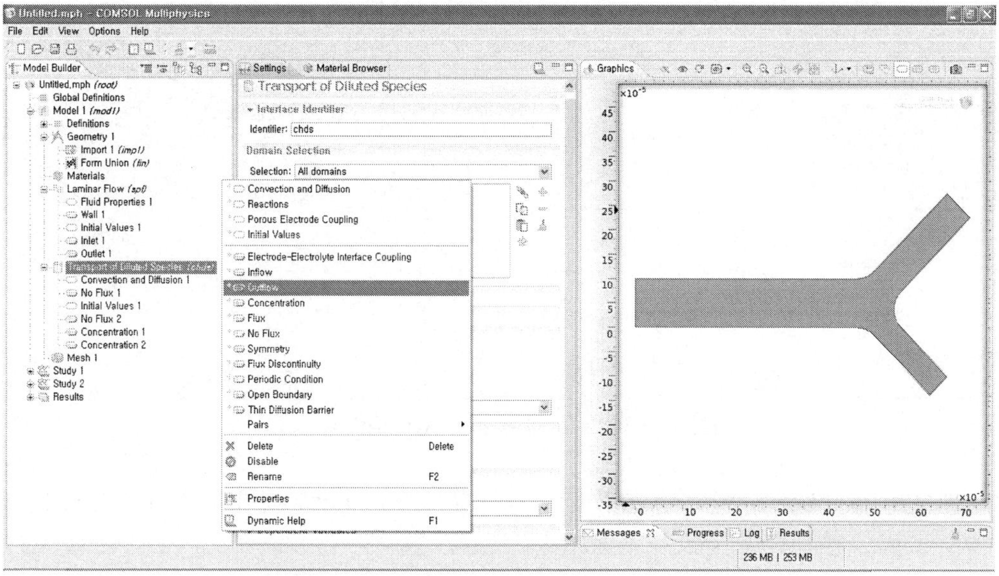

그림 11-29 유출 경계 조건 'Outlet' 추가하기

30. 그림 11-30과 같이 'Graphics' 페이지에서 경계 '9'와 경계 ' 10'을 클릭하여 선택하고, 'Settings' 페이지에서 'Add to selection' ✚ 버튼을 클릭하여 'Boundaries'에 경계 '9'와 경계 '10'을 추가한다.

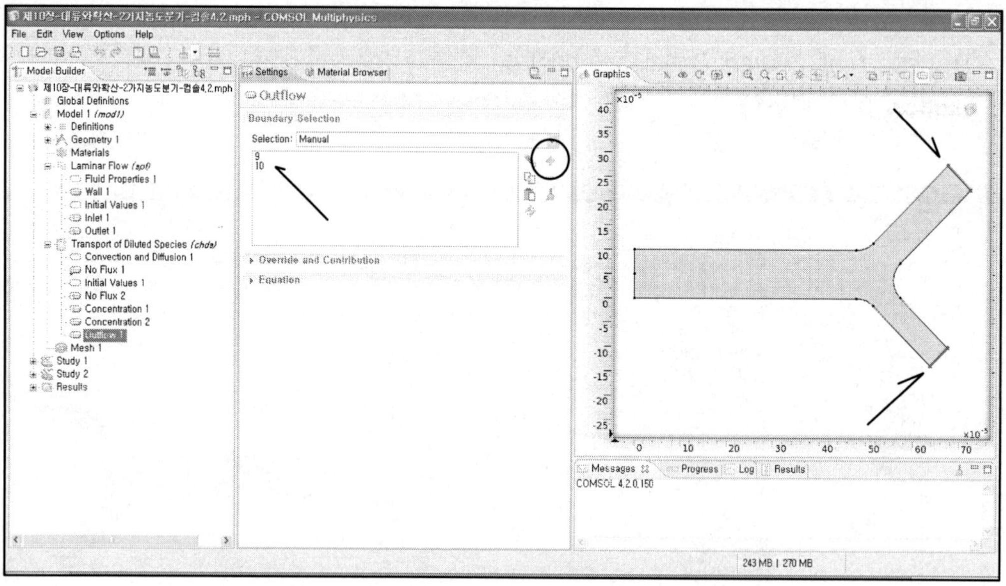

그림 11-30 유출 경계 조건 'Outlet' 설정하기

31. 메쉬를 생성시키기 위해서 그림 11-31과 같이 'Settings' 페이지 상단의 ' Build All' 버튼을 클릭한다.

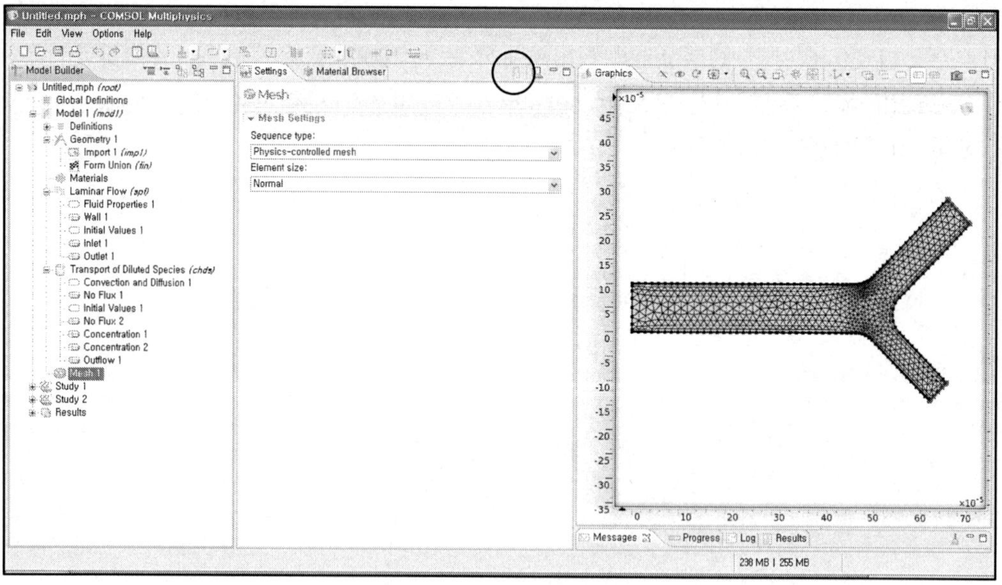

그림 11-31 메쉬 생성하기

32. 그림 11-32와 같이 'Model Builder' 페이지의 'Study 1'을 선택하고, 툴바의 'Compute' 버튼을 클릭하여 해석을 수행한다.

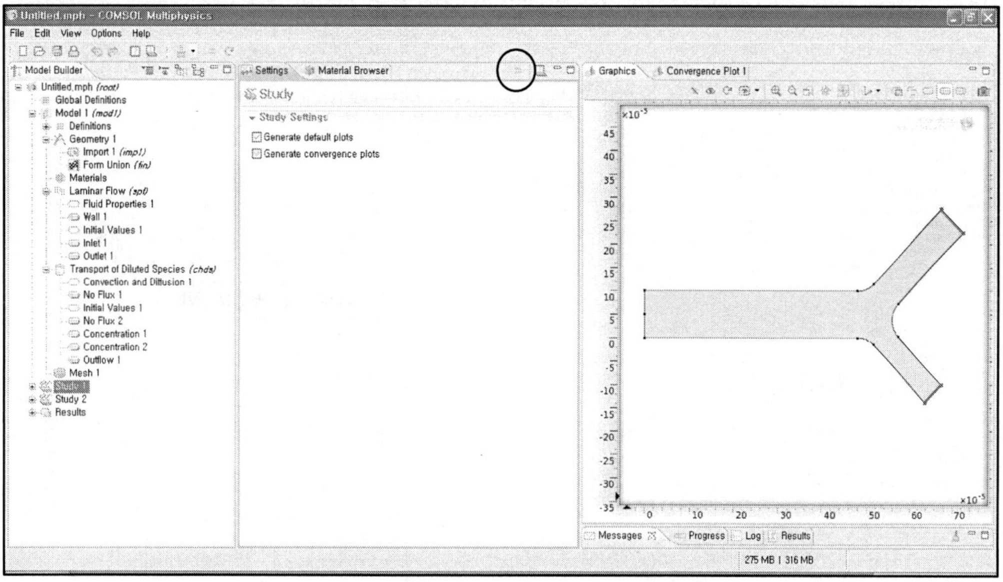

그림 11-32 'Compute' 수행하기

33. 그림 11-33과 같은 결과를 얻는다. 기본적으로 해석 결과가 속력이 디폴트로 되어 있다.

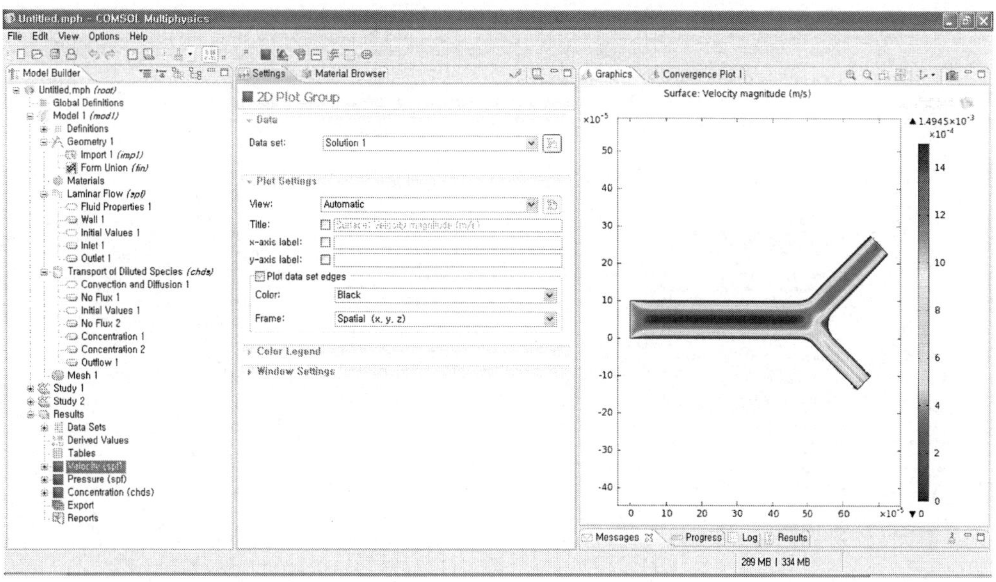

그림 11-33 해석 결과

34. 그림 11-34와 같이 'Model Builder'에서 'Results'를 오른쪽 마우스 클릭하여 '2D Plot Group'을 선택하자.

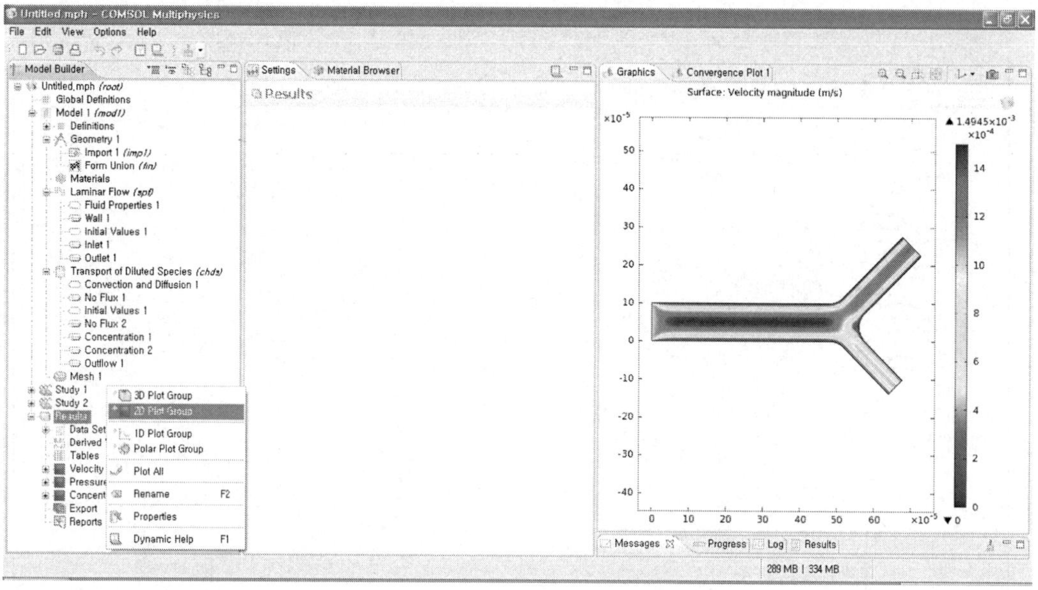

그림 11-34 '2D Plot Group' 선택하기

35. 생성된 '2D Plot Group 4'를 그림 11-35와 같이 다시 오른쪽 마우스 클릭하여 'Surface'를 선택하자.

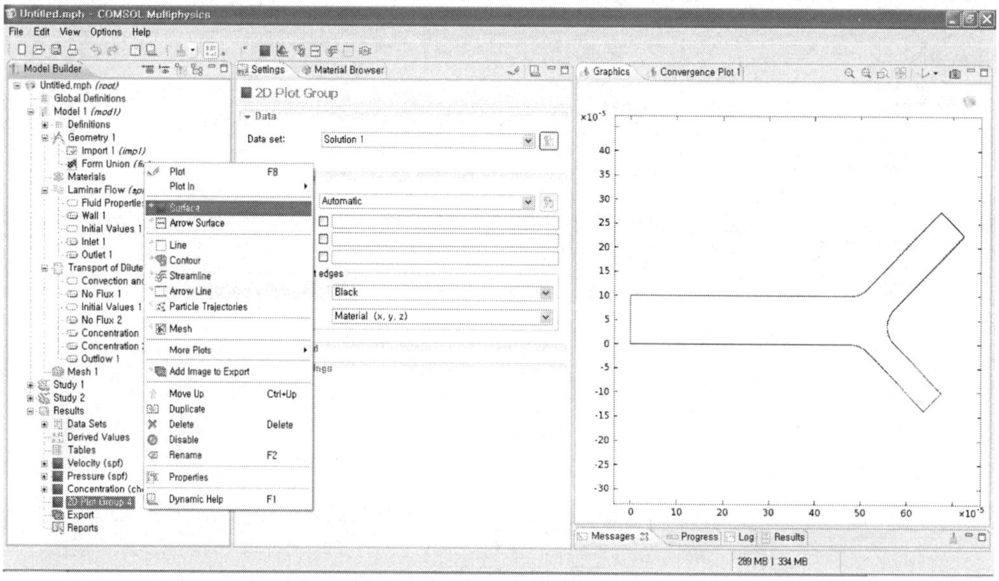

그림 11-35 'Surface' 선택하기

36. 추가된 'Surface'를 클릭하여 선택하고, 그림 11-36과 같이 'Eexpression' 섹션에서 'Eexpression:' 부분에 농도 'c'를 타입 후 상단에 'Plot' 버튼을 클릭하자. 그러면 오른쪽 화면에 농도 'c'에 따른 이미지가 생성된다.

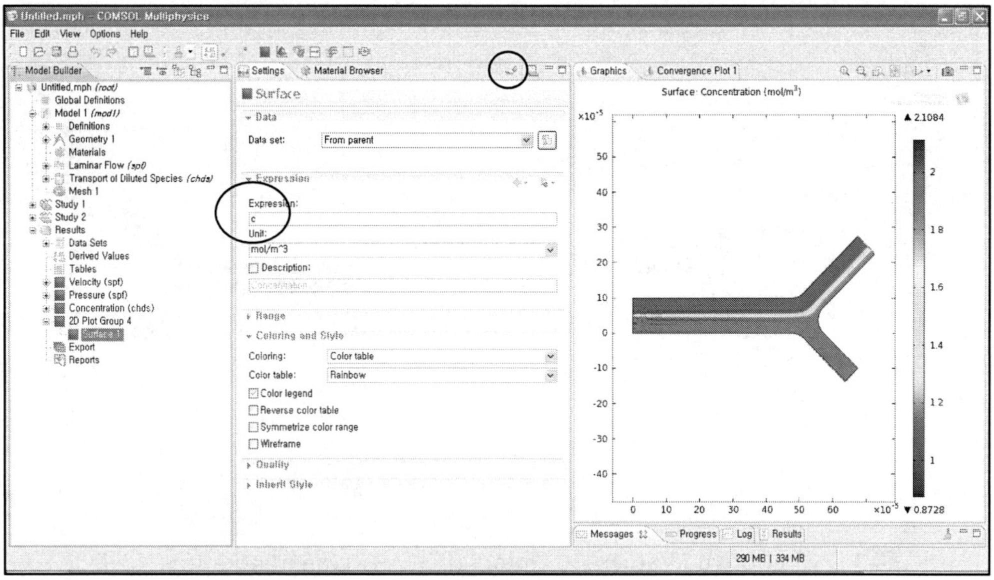

그림 11-36 농도 변화 이미지

37. 이제, 유출 경계 '10'에서의 평균 농도를 구해보자.

우선, 평균 속도를 구하는 공식은 아래 식(11-3)과 같다. 컴솔에서는 ' Results ' - ' Derived Values' 부분에서 'Integration ' - ' Line Integration' 항목을 추가하여 아래 식에 맞는 값을 기입하면 평균 속도 결과 값을 얻을 수 있다.

$$V_{avg} = \frac{\int V\,dA}{A\_tot} \qquad \text{식(11-3)}$$

현재 모델은 2차원 평면이지만, 'Depth'를 '1'로 가정하면 단순 길이를 구하여 면적을 계산하면된다. 다음으로, 평균 농도를 구하는 공식은 아래 식(11-4)와 같다.

$$C_{avg} = \int \frac{C\,V\,dA}{A\_tot\ \ V_{avg}} \qquad \text{식(11-4)}$$

잎의 평균 속도를 구하는 것과 동일한 방법으로 평균 농도를 얻을 수 있다.

그림 11-37과 같이 'Model Builder'에서 'Results ' - ' Derived Values'를 오른쪽 마우스 클릭하여 ' Integration ' - ' Line Integration'을 선택하자.

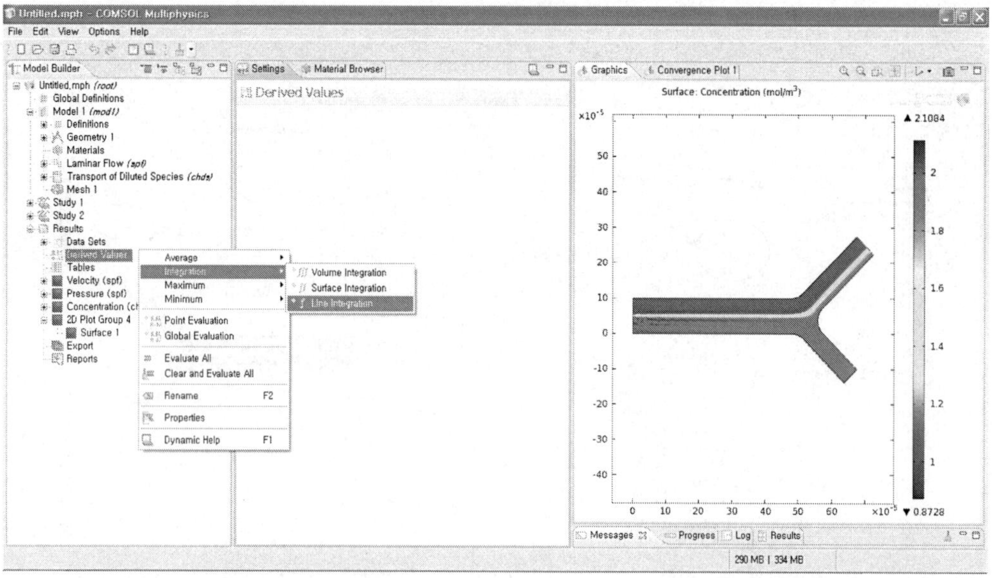

그림 11-37 'Derived Values' - 'Integration' - 'Line Integration' 추가하기

38. 그림 11-38과 같이 추가된 'Line Integration'을 선택하고, 'Graphics' 페이지에서 경계 경계 '10'을 클릭하여 선택하고, 'Settings' 페이지에서 'Add to selection' 버튼을 클릭하여 'Selection:'에 유출 경계 '10'을 추가한다.

'Eexpression:' 부분에 'c*spf.U/7.07107e-5'를 타입 후 상단에 'Evaluate' 버튼을 클릭하자. 그러면 'Graphics' 페이지 하단의 'Results' 탭에 경계 '10'의 평균 농도가 나타난다.

그리고 'Eexpression:' 부분에 'c*spf.U/(9.14933170176004E-4*7.07107e-5)'를 다시 타입 후 상단에 'Evaluate' 버튼을 클릭하자. 그러면 'Graphics' 페이지 하단의 'Results' 탭에 경계 '2'의 평균 농도가 나타난다.

'Eexpression:' 부분에 사용된 'c*spf.U/(9.14933170176004E-4*7.07107e-5)'를 보면, '9.14933170176004E-4' 는 같은 방식으로 계산된 평균 속도를 나타낸다.

또한 '7.07107e-5'는 유출 경계 '10'의 면적(' Depth'를 '1'로 가정하여 단순 길이를 계산한 것)을 나타낸다.

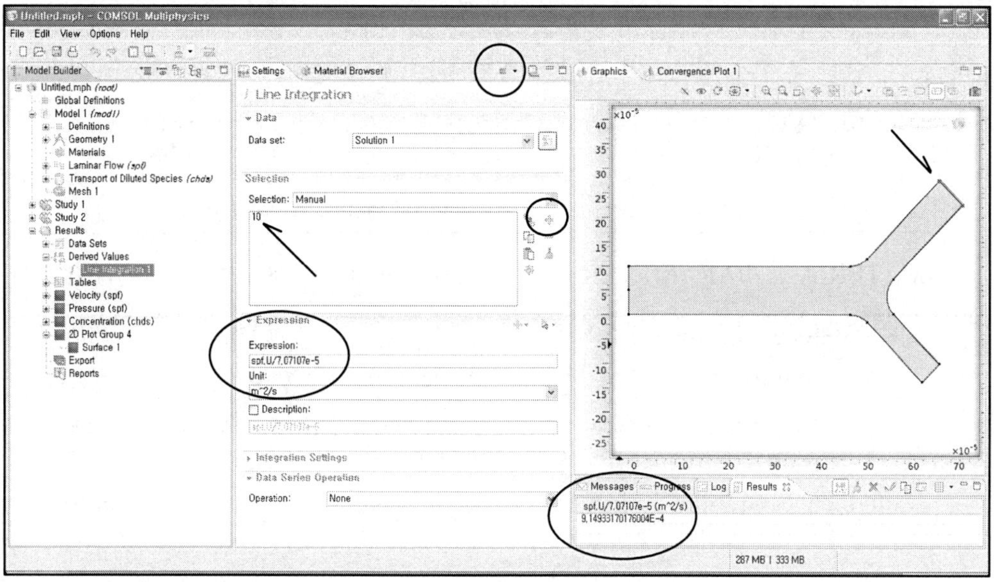

그림 11-38 'Line Integration' 'Evaluate'

▣ 연습문제

1. 아래 그림 11-39와 같은 병렬 평판 사이에서 발생한 시간에 따른 유동 (Navier-Stokes Equation)과 대류/확산 방정식(Convection Diffusion Equation)과 서로 연성하여 풀어라. 순수 확산만 가해질 경우와 외부의 유동의 변화 성분으로 속도 성분이 대류/확산 방정식이 가해진 경우를 서로 비교하라.

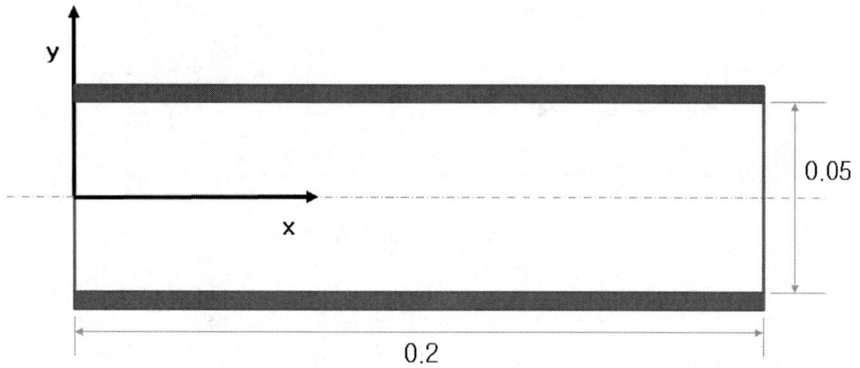

그림 11-39. Schematic of two parallel plates. Unit is [m]

그림 11-39에서 보는 바와 같이 평판의 길이는 20 cm 이고 평판 사이는 5 cm로 병렬로 놓여 있다. 만약 유체가 왼쪽에서 균일한 속도 V_{inlet} = 1E-2 m/s 이며, 유체는 단순한 유체로 η = 0.01 kg/ms, ρ = 1000 kg/m^3 가정한다.

표 11-2. Properties of convection & diffusion problem

MATERIAL PARAMETER	EXPRESSION	VALUE	UNIT
Velocity of inlet	V_inlet	1E-2	m/s
viscosity	eta	0.01	kg/ms
density	rho	1000	kg/m^3
Diffusion coefficient	D	3.16E-7	m^2/s
Initial concentration of ink	C_init_ink	1	mol/m^3

2. 위 1번 문제에 대해 자유메쉬를 사용하여 메쉬 크기에 따른 속도 프로파일을 그래프를 그리고 비교하라.

3. 다음 그림 11-40과 같은 구조의 디퓨져에서 목부분의 속도 프로파일을 아래의 각 경계 조건에 따라 그래프로 그려라. (점도 , 밀도는 상기 예제와 동일)

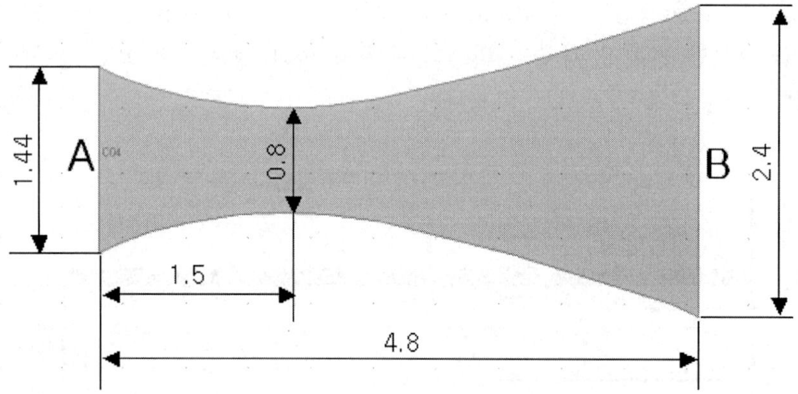

그림 11-40 디퓨져

ㄱ. A: 유입압력 30Pa / B: 유출 압력 : 대기압 (0Pa)

ㄴ. A: 유입속력 1E-3 m/sec / B: 유출 압력 : 대기압 (0Pa)

해석 예)

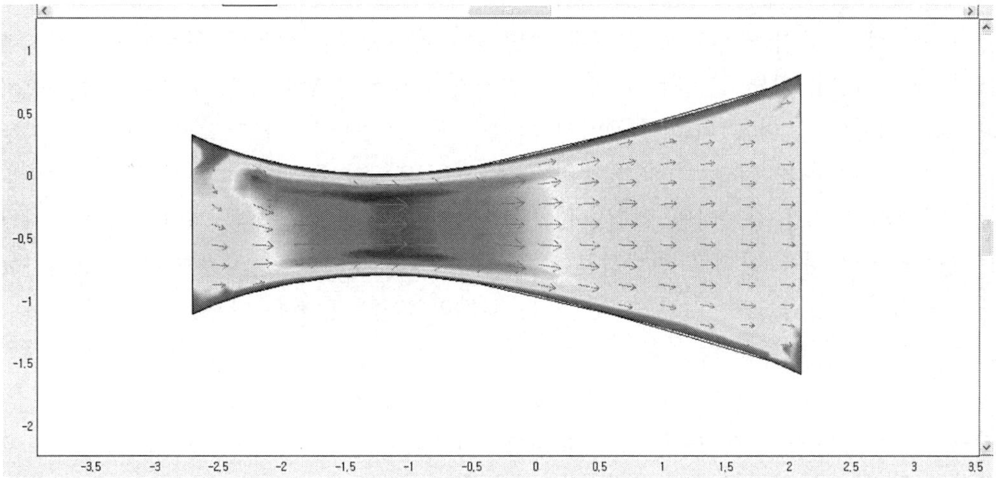

그림 11-41 디퓨져 해석 예

4. 본문의 예제 D=3.17E-10 m^2/s 의 값을 D=3.17E-9 m^2 및 D= D=3.17E-11 m^2 로 변경한 후 본문 예제를 반복하라. 그리고 확산 계수가 전체 농도 변화에 미치는 영향도를 고찰하라.

제12장. 대류와 열전달

전자 렌지에서 음식을 데워서 실내에 두면 음식이 식으며, 상온의 음료수를 냉장고에 넣으면 차가워진다. 이는 열역학, 열전달을 전공하지 않은 사람이라도 누구나 경험적으로 알고 있는 사실이다. 이는 더운 물체에서 차가운 쪽으로 에너지가 전달되기 때문에 발생하는 것이다. 에너지의 전달, 즉 열전달은 항상 높은 온도의 물체에서 낮은 온도로 전달되며, 두 물체의 온도가 같아지면 열전달은 그치게 된다. 흔히 아는 열역학 (시스템이 하나의 평형상태에서 다른 상태로 변화하는 것을 다룸. 열전달 양에만 국한할 뿐 소요시간에 대해서는 다루지 않음)과는 다르게 열전달은 실제적인 공학문제를 다루며, 열평형이 아닌 시스템, 즉 비평형 현상을 다룬다.

자연계에 존재하는 열의 흐름, 유체의 흐름, 전류의 흐름은 각각의 중요한 구동력으로 인하여 실현되는데, 열전달의 구동력은 온도차(△T) 이며, 유체 흐름의 구동력은 압력차(△P), 전류의 흐름은 전위차(△V) 이다. 어떤 특정 방향으로의 열전달률은 그 방향으로의 온도구배(단위 길이당 온도차, 또는 온도변화율)의 크기에 달려있으며, 온도 구배가 크면, 열전달률도 크게 된다.

1. 대류 열전달

대류(Convection)는 고체 면과 인접한 유동하는 액체 또는 기체 사이에서 발생하는 열전달이며, 전도(Conduction)와 유체운동(Fluid motion)이 복합적으로 영향을 주게 된다. 유체 유동이 빠르면 대류 열전달도 많아지게 되는데, 뜨거운 물체를 식히기 위해 입으로 바람을 불게 되면, 빠르게 식게 되는 것을 통하여 쉽게 인지할 수 있다. 유체운동이 없는 상태에서는 고체 면과 유체 사이에는 순수한 전도만 있게 되는데, 특별한 경우를 제외하고는 부력(Buoyancy)이 발생하므로, 일반 전자 제품은 대류 열전달이 주요한 방열 수단임을 알 수 있다. 대류 열전달 율은 단순히 온도차에 비례하는데, 다음과 같이 Newton 의 냉각 법칙(Newton's law of cooling) 으로 표시된다.

$$\dot{Q} = h \cdot A(T_s - T_\infty) \qquad (12\text{-}1)$$

여기서, h 는 대류열전달계수이며, A는 대류열전달이 발생하는 면적, T_s는 물체의 표면 온도, T_∞ 는 표면에서 충분히 멀리 떨어진 곳에서의 유체 온도를 나타낸다.

대류열전달계수인 h는 물체의 특성이 아니며, 이 값은 실험적으로 결정되고, 대류에 영향을 주는 모든 변수들, 표면의 기하학적 형상, 유체 유동, 유체 특성, 유체 속도 등에 의해 영향을 받는다.

2. 대류 열전달을 증가시키기 위한 방법

온도 Ts 와 T∞가 설계 조건에 의해서 고정되어 있을 때, 열전달을 증가시키기 위해서는 두 가지의 방법이 고려된다. 첫째는 대류열전달계수 h를 증가시키는 것이며, 두번째는 표면적 A를 증가시키는 것이다. h를 증가시키기 위해서는 pump 나 Fan 을 설치하거나 현재의 것보다 더 큰 것으로 교체하여야 한다. 그러나 이 접근방법은 실용적이지 않을 수도 있다. Fan 을 사용해야만 하는 고 발열의 전자 제품을 제외하고는 일반 전자 제품은 Fan 을 사용하지 않는 자연대류형태의 방열구조를 지향하고 있기 때문이다. 또한 Fan 을 고려한 설계 시 Fan 이 오작동할 경우, 제품에 치명적인 손상을 가져오므로 Fan 을 통한 방열 구조설계자는 항상 신뢰성이 보증된 제품을 신중하게 고려하여야 한다. 표면적 A를 증가시키기 위해서는 Fin을 다수 확보하면 되며, 그 제작방법은 다양하다. 각각의 Heat Sink 에 대한 적용성 검토시 우선적인 고려 부분은 방열 효과이며, 이후 금액적인 부분이 검토된다.

3. 강제대류와 자연대류

대류는 크게 2가지로 구분을 하는데, 강제대류(F.C.: Forced Convection) 와 자연대류(N.C.: Natural Convection) 가 그것이다. 이는 유체의 이동이 어떻게 시작되었느냐에 따른 구분되는데, 강제대류에서 유체는 pump 나 Fan 등의 외부 도구에 의하여 발열체로 공급이 되게 된다. 자연대류에서 유체의 이동은, 따뜻한 유체는 상승하고 차가운 유체는 하강하는 부력(Buoyancy) 효과와 같이 자연적인 방식으로 일어나게 된다. 대류는 또한 유체가 어떤 표면 위를 흐르느냐 또는 관 내부를 흐르느냐에 따라 외부 유동과 내부 유동으로 분류되는데, 전자제품의 방열을 위한 Heat Sink 적용 제품의 경우, 대부분 외부 유동이며, 수냉 Cooler 의 경우, 냉각액의 공급량 산정을 위해서는 내부 유동으로 계산을 하게 된다. 동일한 제품에 대해서 강제대류와 자연대류의 방열의 효과에 대하여 Simulation 결과를 토대로 설명하겠다.

직관적으로 예상된 것처럼 Fan 을 사용할 경우, 자연대류 방열보다 약 20℃ 이상의 냉각 효과를 얻음을 알 수 있다. 이렇듯 유용한 방열 솔루션인 Fan은 공간 및 환경의 제약사항에만 위배되지 않으면, 충분한 효과를 설계자에게 주고 있으며, 이때 적용되는 Heat

Sink 는 최대한 많은 양의 Fin을 확보한 제품을 사용하면 된다. 하지만 Fan 을 적용할 수 없는 경우는 자연대류 형태로 방열을 하게 되는데 이때의 Heat Sink는 조밀한 Fin 을 적용할 경우, 공기의 마찰력에 의하여 그 효과가 감소되게 된다. 자연대류 형태로 방열을 해야 하는 설계자는 서로 접촉하고 있는 두 물체 (고체-고체, 고체-유체, 유체-유체)가 서로 상대적으로 움직일 때마다 그 움직임의 반대 방향으로 접촉표면에 마찰력이 생긴다는 사실을 알아야 하며, 이 반발력이 유체를 감속시키고, 유체의 유동율을 감소시키게 되므로, 정상상태에서는 이러한 두 효과(부력 vs. 마찰력) 가 서로 평형을 이루는 최적의 Fin 간격을 찾는 것이 관건이라고 할 수 있다. 이러한 이유로 Fin 이 조밀한 Heat Sink 는 자연대류 냉각에 적합하지 않게 된다.

▣ 예제 문제 정의

이 모델은 자연대류에 의한 상온에 놓여 있는 찻잔 내에서의 물의 유체 패턴 및 온도 분포를 구현한 것입니다. 주위의 온도와 잔이 놓여 있는 탁자의 온도는 25°C이며, 찻잔 및 물의 온도는 5°C로 가정한다. 모델에 적용할 물체는 다음과 같다.

그림 12-0. 찻잔속의 찬물 모델링

위의 모델을 구현하기 위해서 'COMSOL Multiphysics'에서 제공하고 있는 열전달 모듈(Heat Transfer Module)의 비등온 유체 식 (Non-Isothermal Flow)과 열전달 식(Convection and Conduction)을 적용할 것입니다. 비등온 유체 식과 열전달 식은 다음과 같다.

$$\rho\frac{\partial u}{\partial t}+\rho(u\cdot\nabla u)=-\nabla p+\nabla((\eta(\nabla u+(\nabla u)^{T}-(\frac{2}{3}\eta-\kappa_{dv})(\nabla u)\mathrm{I})+\rho g \quad (12\text{-}2)$$

$$\frac{\partial u}{\partial t}+\nabla\cdot(\rho u)=0 \quad (12\text{-}3)$$

$$\rho C_{p}(\frac{\partial T}{\partial t}+u\cdot\nabla T)=\nabla\cdot(k\nabla T) \quad (12\text{-}4)$$

열전달에서 유리잔 부분에서는 전도만 고려되는 반면에 물(유체)에서는 전도와 대류가 동시에 고려됩니다. 또한 유리잔의 물성과 물의 물성은(온도에 따라서 변하게 됨) 'COMSOL Multiphysics'의 Material Library에서 제공하고 있습니다. 이외에 찻잔 외부로 열 손실이 발생하는데, 'COMSOL Multiphysics'에서 제공하는 열전달 계수(h)를 이용하여 열손실을 고려할 것이다.

▣ 예제 문제 따라하기

1. 그림 12-1과 같이 'Model Wizard' 페이지에서 'Select Space Dimension' 을 '2D axisymmetirc'로 선택하고 'Next' 버튼 을 누른다.

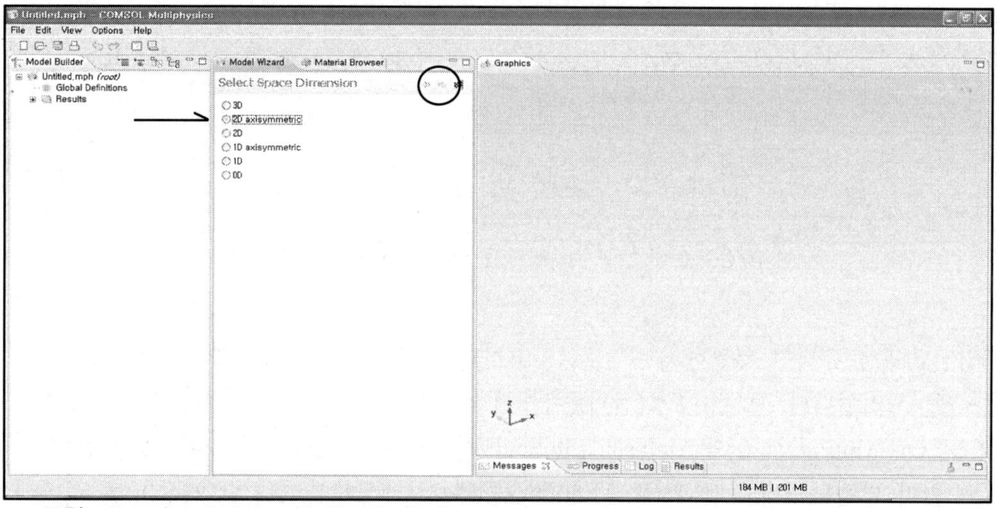

그림 12-1 'Model Wizard' 페이지, 'Select Space Dimension', '2D axisymmetirc' 선택하기

2. 그림 12-2와 같이 'Model Wizard' 페이지의 'Add Physics' 윈도우에서 'Fluid Flow' 항목에서 'Non-Isothermal Flow ' - ' Laminar Flow (nitf)'을 더블클릭하여 선택하고, 상단의 'Next' 버튼 을 누른다.

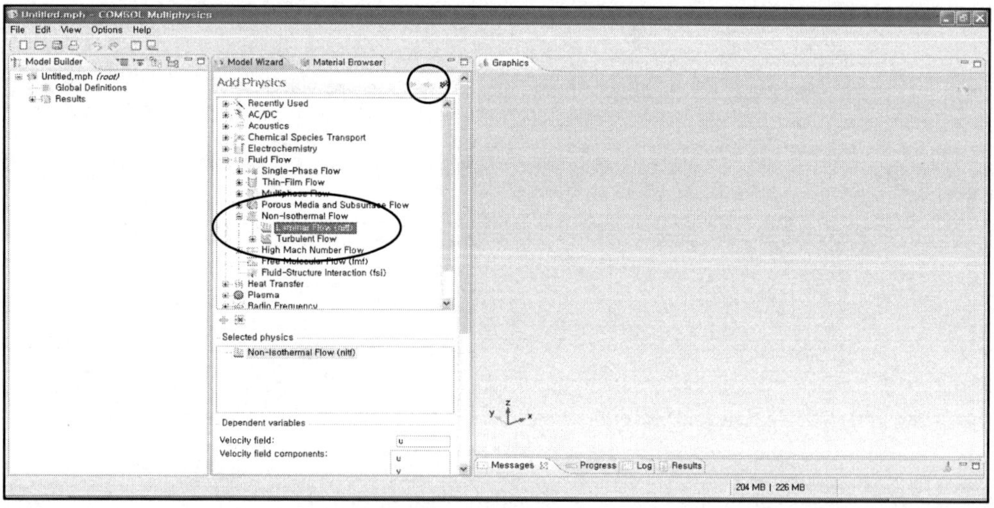

그림 12-2 'Fluid Flow' 항목 , 'Non-Isothermal Flow' - 'Laminar Flow (nitf)' 선택하기

3. 그림 12-3과 같이 'Model Wizard' 페이지의 'Select Study Type' 윈도우에서 'Preset Studies' 항목에서 , 'Time Dependent'를 선택한 다음, 상단의 'Finish' 버튼을 누른다.

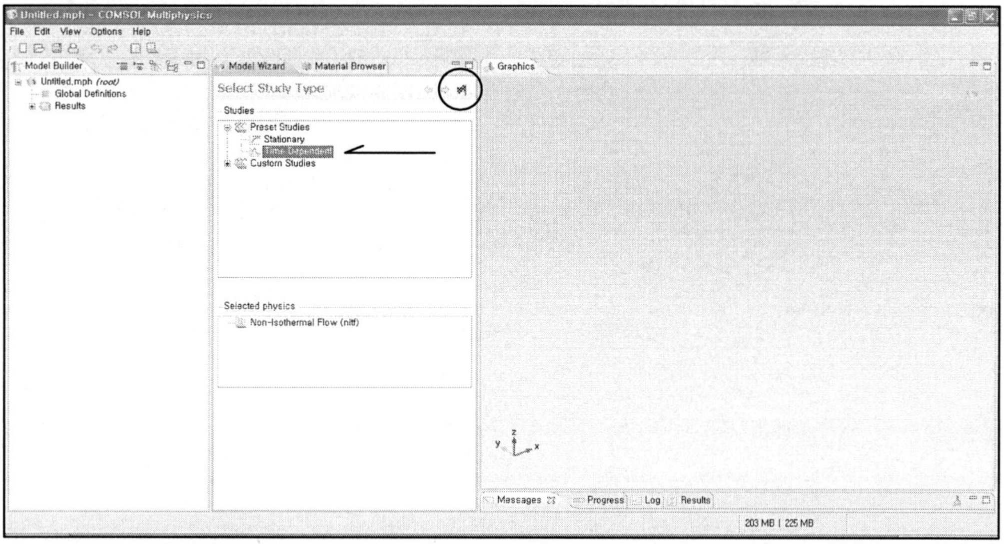

그림 12-3 'Select Study Type' 윈도우, 'Preset Studies' 항목, 'Time Dependent' 선택하기

4-1. 유체를 담은 컵을 모델링하기 위하여 다음과 같은 순서로 진행한다. (4-1 ~ 4-29)

그림 12-4-1과 같이 'Model Builder' 페이지에서 'Geometry 1'을 선택하고, 마우스 오른쪽 버튼을 눌러 'Polygon'을 선택한다.

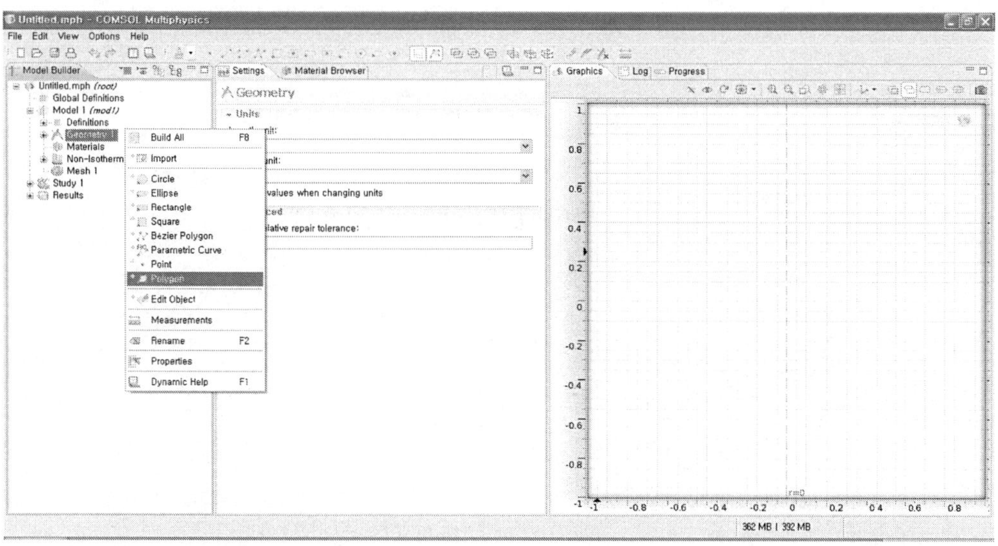

그림 12-4-1 'Model Builder' 페이지, 'Geometry 1' , 'Polygon' 선택하기

4-2. 그림 12-4-2와 같이 'Settings' 페이지, ' Polygon'윈도우에 있는 'Coordinate'섹션의 'r' 편집창에 '0 0.05'을 타입하고 'z' 편집창에 '0 0'을 타입한 후, 상단의 'Build All' 버튼을 클릭한다.

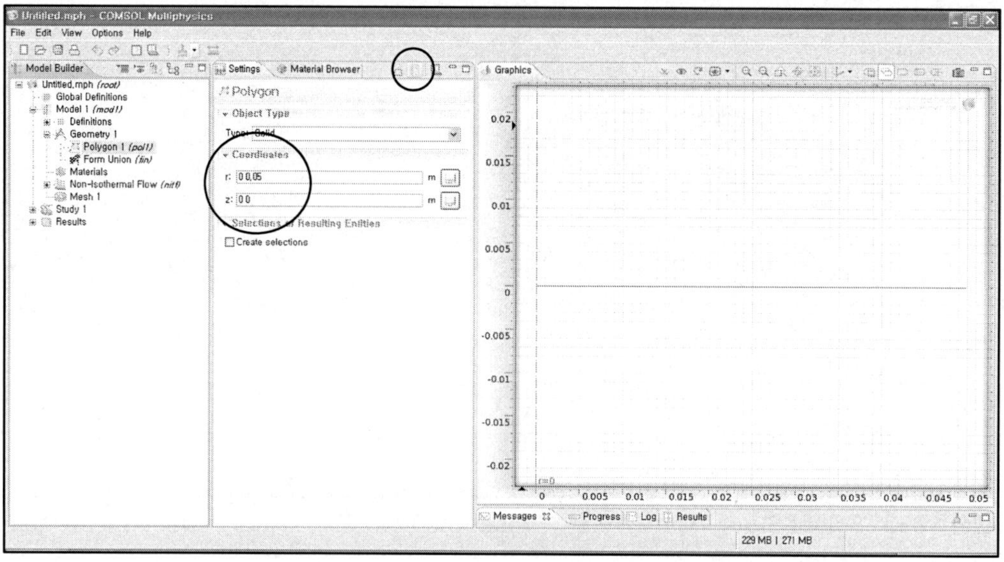

그림 12-4-2 'Settings' 페이지, 'Polygon' 설정하기

4-3. 그림 12-4-3과 같이 'Model Builder' 페이지에서 'Geometry 1'을 선택하고, 마우스 오른쪽 버튼을 눌러 'Bézier Polygon'을 선택한다.

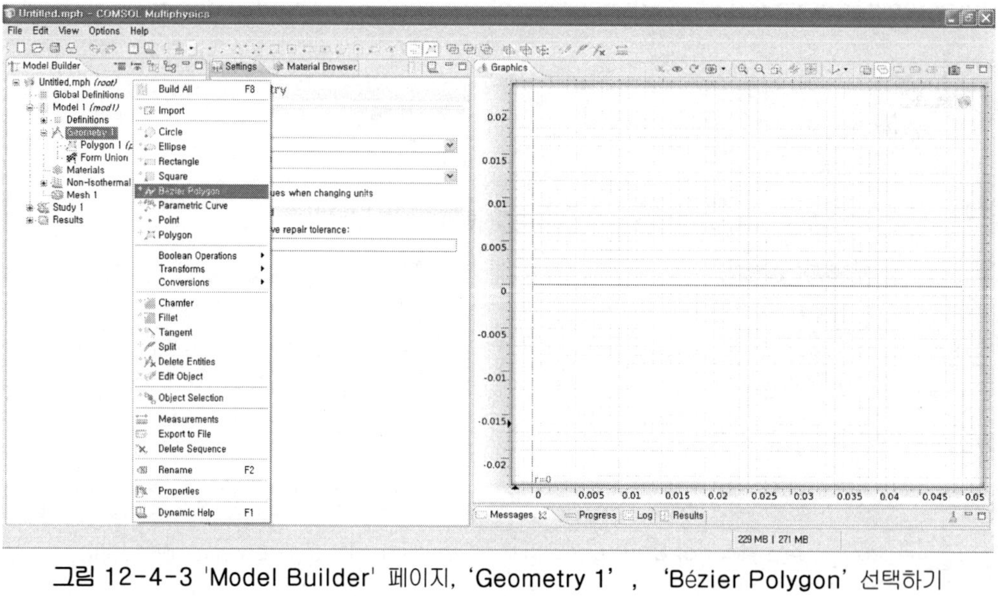

그림 12-4-3 'Model Builder' 페이지, 'Geometry 1' , 'Bézier Polygon' 선택하기

4-4. 그림 12-4-4와 같이 'Settings' 페이지, 'Bézier Polygon'윈도우에 있는 'General' 섹션의 'Type'을 'Open'으로 변경하고, 'Added segments' 섹션에 있는 'Add Quadratic' 버튼을 눌러 'Segment 1 (quadratic)'을 추가하자. 그러면 'Settings' 페이지 화면이 그림 12-4-4와 같이 바뀔 것이다. 이제 'Control points' 섹션에 있는 'r:'과 'z:' 편집창에 각각 '0.05 0 ', ' 0.1 0.05 ', ' 0.1 0.15'를 타입한 후, 상단의 'Build All' 버튼을 클릭한다.

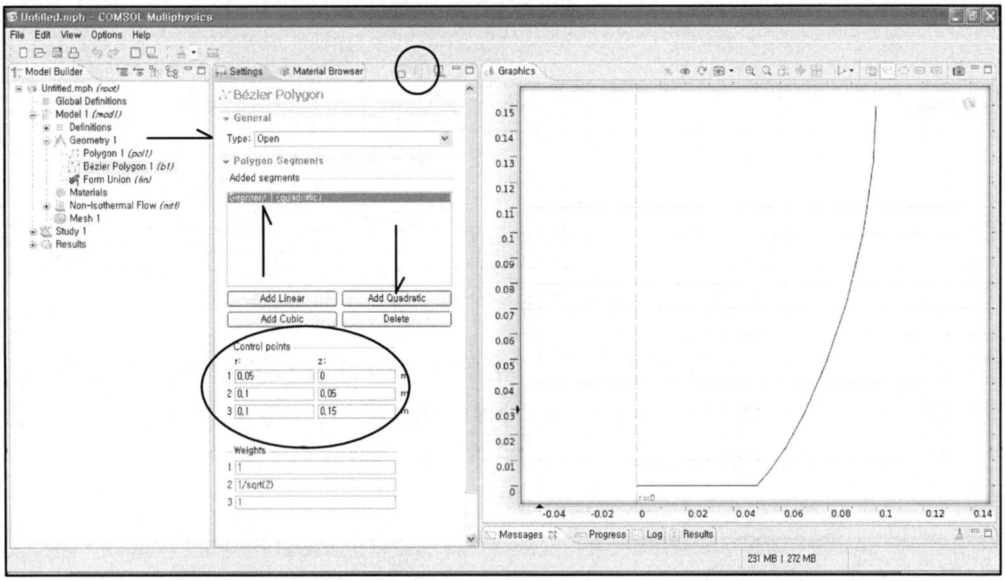

그림 12-4-4 'Settings' 페이지, 'Polygon' 설정하기

4-5. 그림 12-4-1과 동일한 방법으로 'Polygon'을 다시 추가하고, 그림 12-4-5와 같이 'Settings' 페이지, 'Polygon'윈도우에 있는 'Object Type'을 'Open'으로 변경하고, 'Coordinate'섹션의 'r' 편집창에 '0.1 0 0'을 타입하고 'z' 편집창에 '0.15 0.15 0'을 타입한 후, 상단의 'Build All' 버튼을 클릭한다.

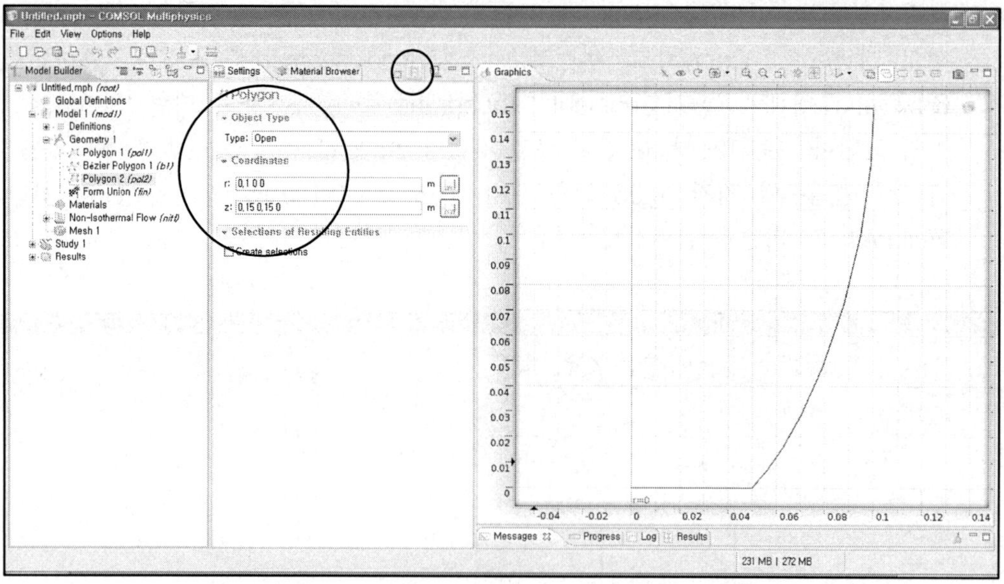

그림 12-4-5 'Settings' 페이지, 'Polygon' 설정하기

4-6. 이제 지금까지 생성한 'Object'들을 합쳐서 하나의 'Solid'로 만들어 보자. 그림 12-4-6과 같이 'Model Builder' 페이지에서 'Geometry 1'을 선택하고, 마우스 오른쪽 버튼을 눌러 'Conversion '-' Convert to Solid'를 선택한다.

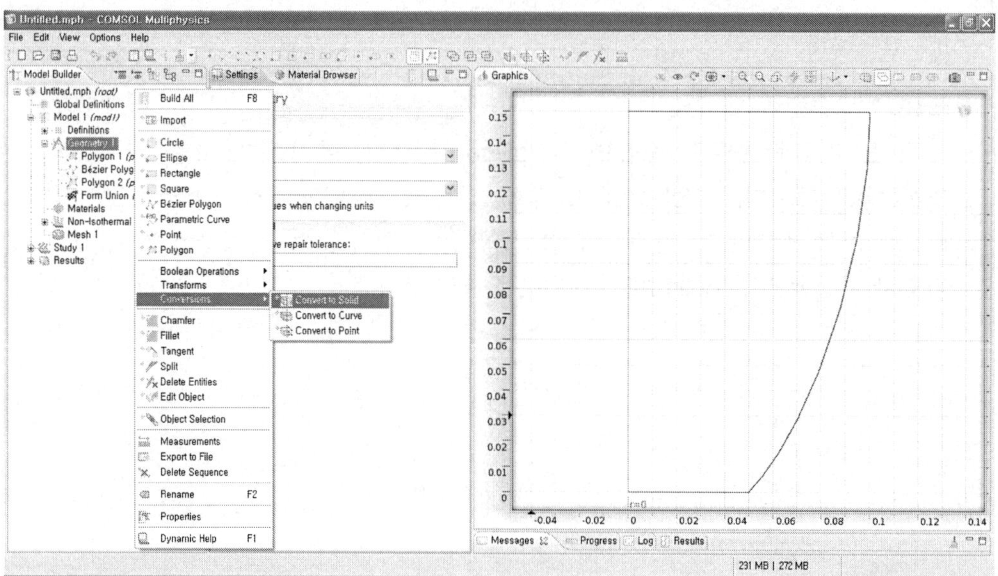

그림 12-4-6 'Model Builder' 페이지, 'Conversion' - 'Convert to Solid' 선택하기

4-7. 그림 12-4-7과 같이 'Model Builder' 페이지에서 'Convert to Solid 1'을 선택하고, 'Graphics' 페이지에서 'pol1 ', ' b1 ', ' pol2' 등 3개의 'Object'를 클릭하여 선택하고, 'Settings' 페이지의 'Add to Selection' 버튼을 클릭하여 'Input objects:' 리스트에 추가한다. 그리고 상단의 'Build All' 버튼을 클릭한다.

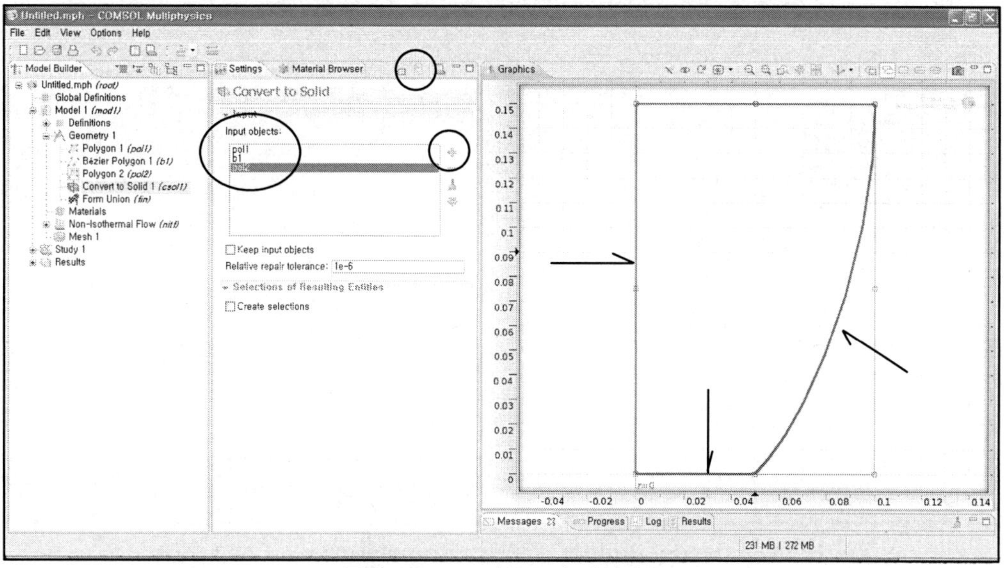

그림 12-4-7 'Solid' 생성하기

4-8. 그림 12-4-8은 완성된 컵 형상의 'Solid'를 보여준다.

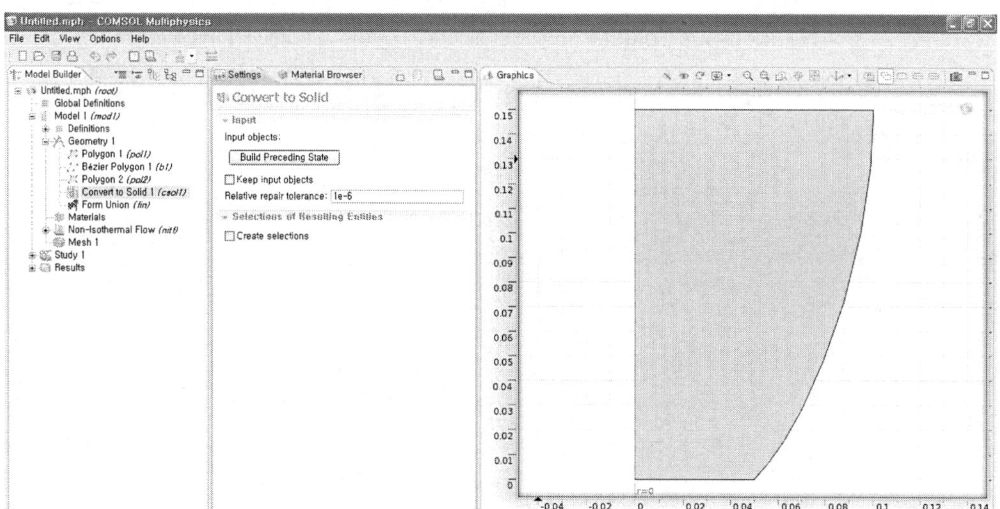

그림 12-4-8 완성된 컵 형상의 'Solid'

4-9. 생성된 'Solid'를 이용하여 **'컵 속의 물'**과 **'컵을 이루는 일정한 두께의 실제 컵 형상'**을 만들어 보자. 그림 12-4-9와 같이 'Model Builder' 페이지에서 'Geometry 1'을 선택하고, 마우스 오른쪽 버튼을 눌러 'Transforms ' - ' Copy'를 선택한다.

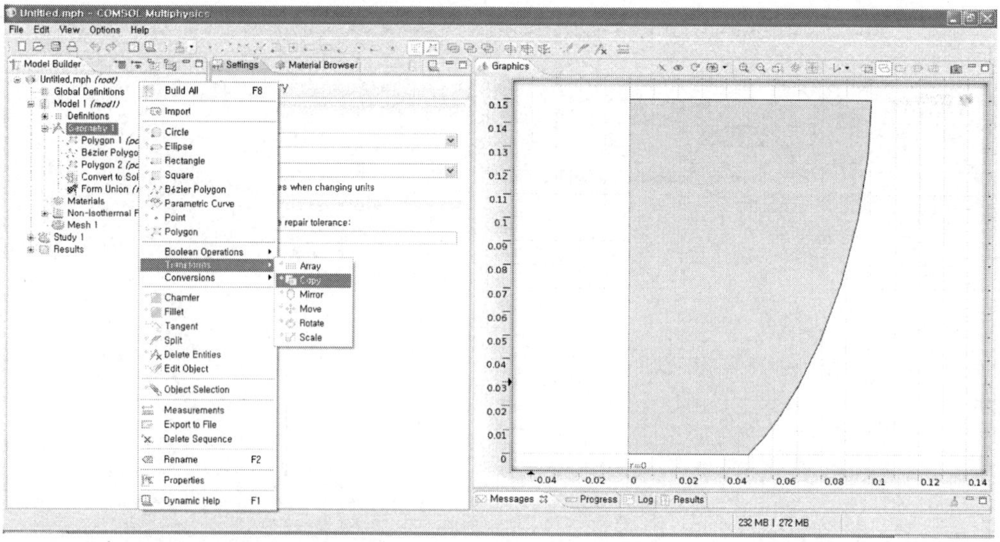

그림 12-4-9 'Model Builder' 페이지, 'Transforms' - 'Copy' 선택하기

4-10. 그림 12-4-10과 같이 'Model Builder' 페이지에서 'Copy 1'을 선택하고, 'Graphics' 페이지에서 'csol1'을 클릭하여 선택하고, 'Settings' 페이지의 'Add to Selection' 버튼을 클릭하여 'Input objects:' 리스트에 추가한다. 그리고 'Displacement' 섹션의 'r' 편집창에 '0.2'을 타입하고 'z' 편집창에 '0.2'를 타입한 후, 상단의 'Build All' 버튼을 클릭한다.

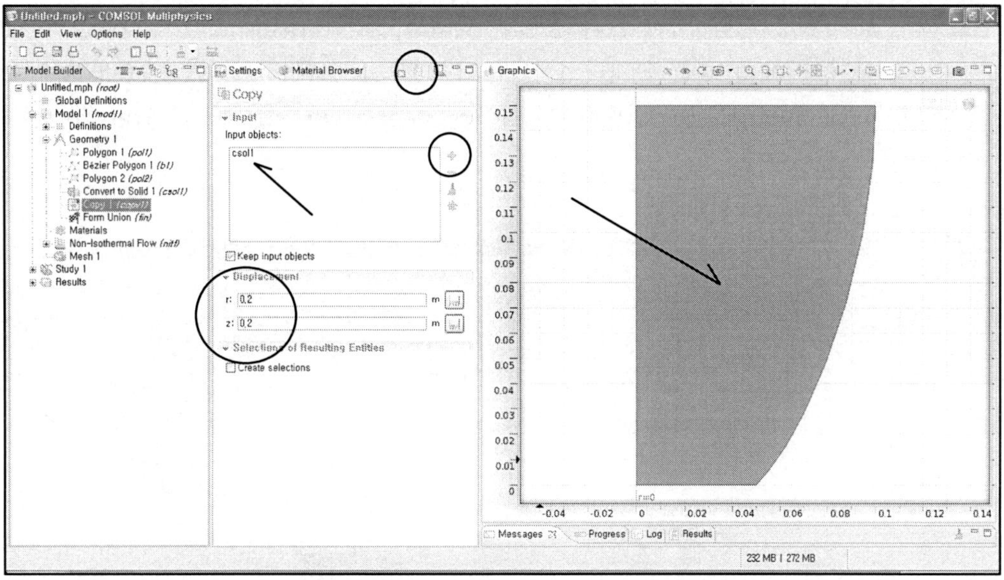

그림 12-4-10 'Transforms' - 'Copy' 설정하기

4-11. 그림 12-4-11은 'Copy'가 실행된 결과를 보여준다. 원래 'objects'를 카피하여 'r' - '0.2', 'z' - '0.2' 만큼 이동된 위치에 생성되었음을 알 수 있다.

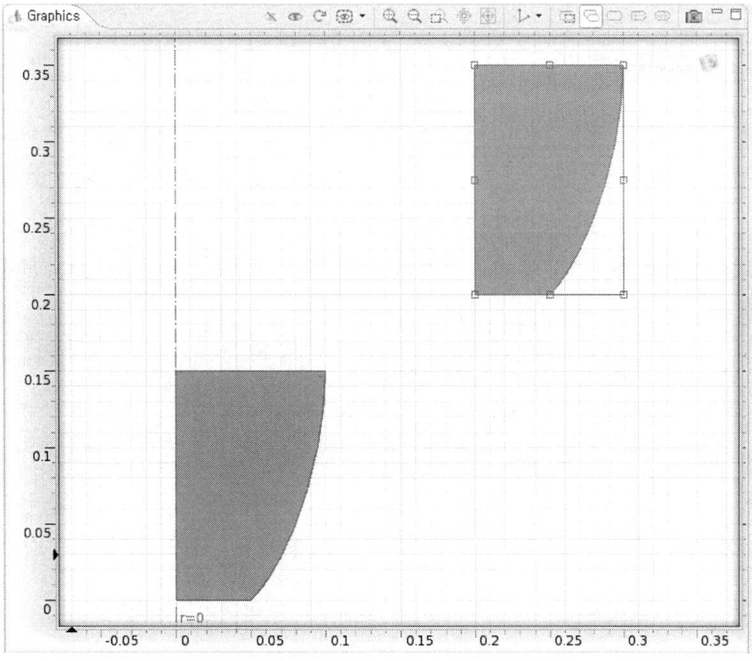

그림 12-4-11 'Transforms' - 'Copy' 실행 결과

4-12. 그림 12-4-9 ~ 그림 12-4-11과 동일한 방법으로 'Transforms' - 'Copy'를 이용하여 또 하나의 'objects'를 카피하여 보자. 그림 12-4-12와 같이 'Model Builder' 페이지에서 'Geometry 1'을 선택하고, 마우스 오른쪽 버튼을 눌러 'Transforms' - 'Copy'를 선택한다.

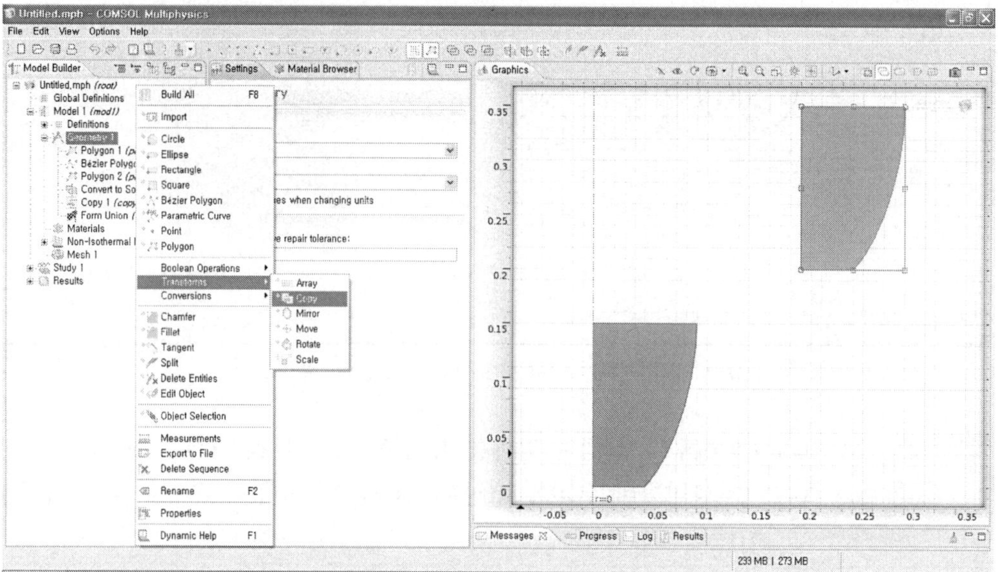

그림 12-4-12 'Transforms' - 'Copy' 선택하기

4-13. 그림 12-4-13과 같이 'Model Builder' 페이지에서 'Copy 2'를 선택하고, 'Graphics' 페이지에서 'csol1'을 클릭하여 선택하고, 'Settings' 페이지의 'Add to Selection' 버튼을 클릭하여 'Input objects:' 리스트에 추가한다. 그리고 'Displacement' 섹션의 'r' 편집창에 '0.2'을 타입하고 'z' 편집창에 '0'을 타입한 후, 상단의 'Build All' 버튼을 클릭한다.

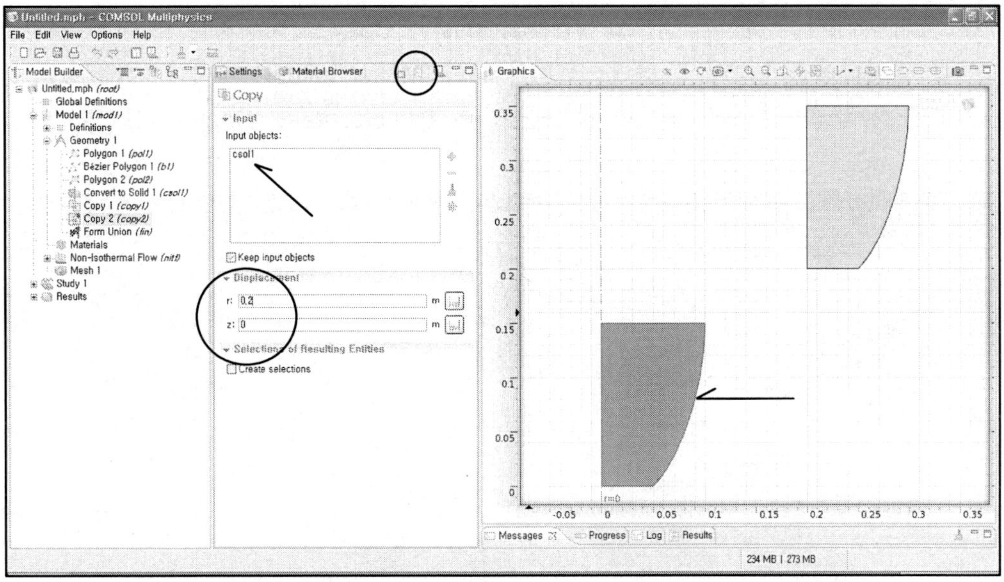

그림 12-4-13 'Transforms' - 'Copy' 설정하기

4-14. 그림 12-4-14는 'Copy'가 실행된 결과를 보여준다. 원래 'objects'를 카피하여 'r' - '0.2', 'z' - '0' 만큼 이동된 위치에 생성되었음을 알 수 있다.

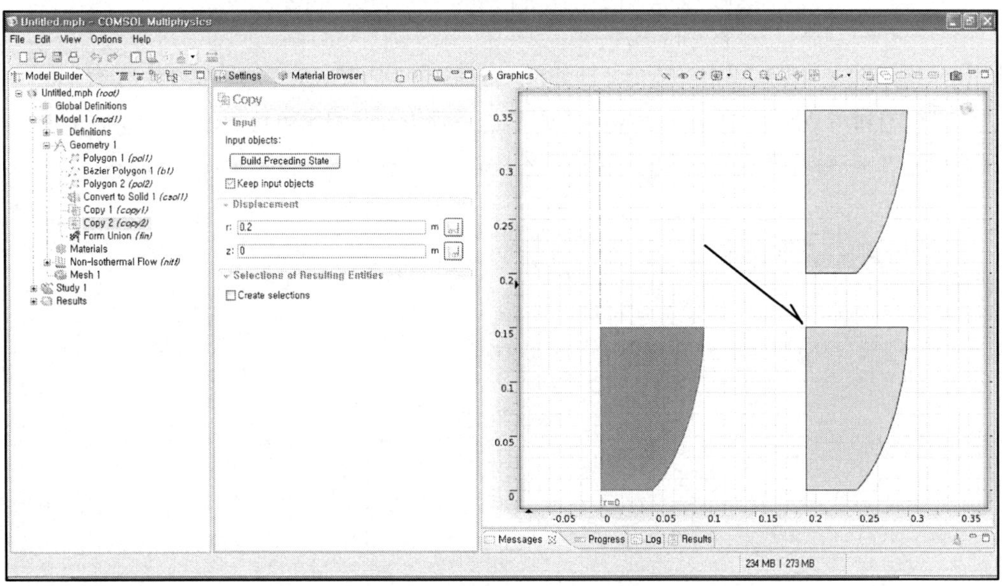

그림 12-4-14 'Transforms' - 'Copy' 실행 결과

4-15. 앞의 과정과 동일한 방법으로 'Transforms' - 'Copy'를 이용하여 또 다른 'objects'를 카피하여 생성하자. 그림 12-4-15와 같이 'Model Builder' 페이지에서 'Geometry 1'을 선택하고, 마우스 오른쪽 버튼을 눌러 'Transforms' - 'Copy'를 선택한다.

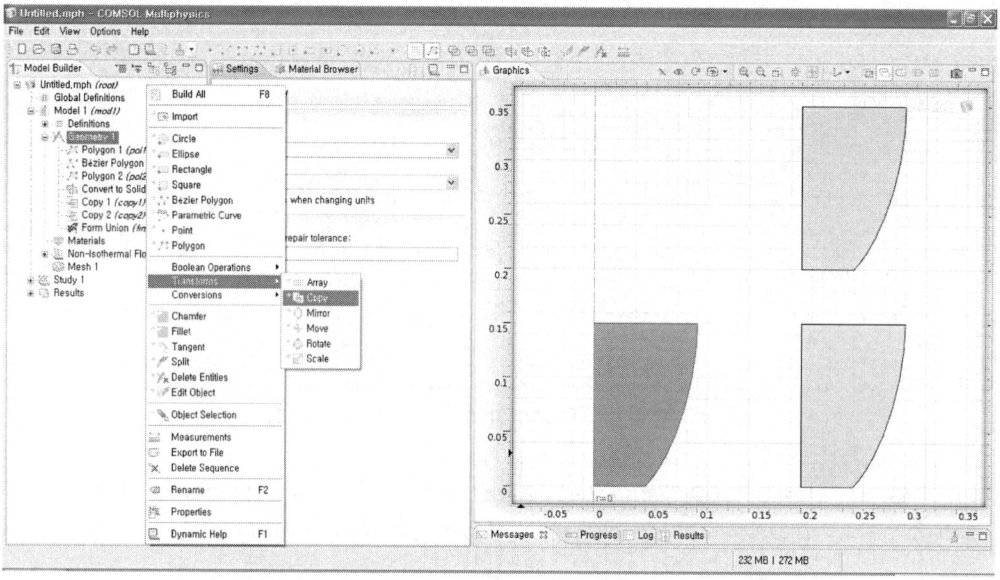

그림 12-4-15 'Transforms' - 'Copy' 선택하기

4-16. 그림 12-4-16과 같이 'Model Builder' 페이지에서 'Copy 3'를 선택하고, 'Graphics' 페이지에서 'csol1'을 클릭하여 선택하고, 'Settings' 페이지의 'Add to Selection' 버튼을 클릭하여 'Input objects:' 리스트에 추가한다. 그리고 'Displacement' 섹션의 'r' 편집창에 '-0.01'을 타입하고 'z' 편집창에 '0.01'을 타입한 후, 상단의 'Build All' 버튼을 클릭한다.

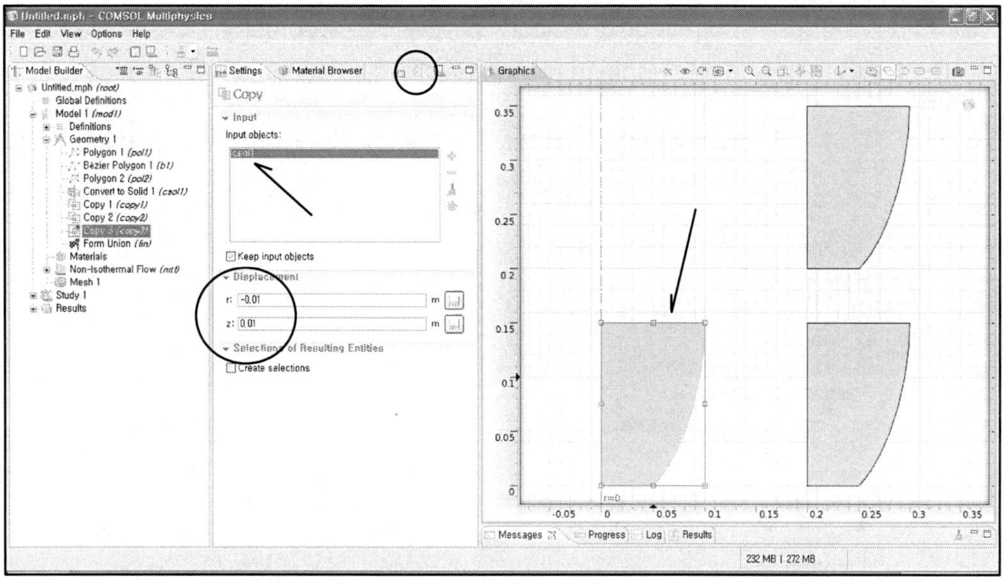

그림 12-4-16 'Transforms' - 'Copy' 설정하기

4-17. 그림 12-4-17은 'Copy'가 실행된 결과를 보여준다. 원래 'objects'를 카피하여 'r' - '-0.01', 'z' - '0.01' 만큼 이동된 위치에 생성되었음을 알 수 있다.

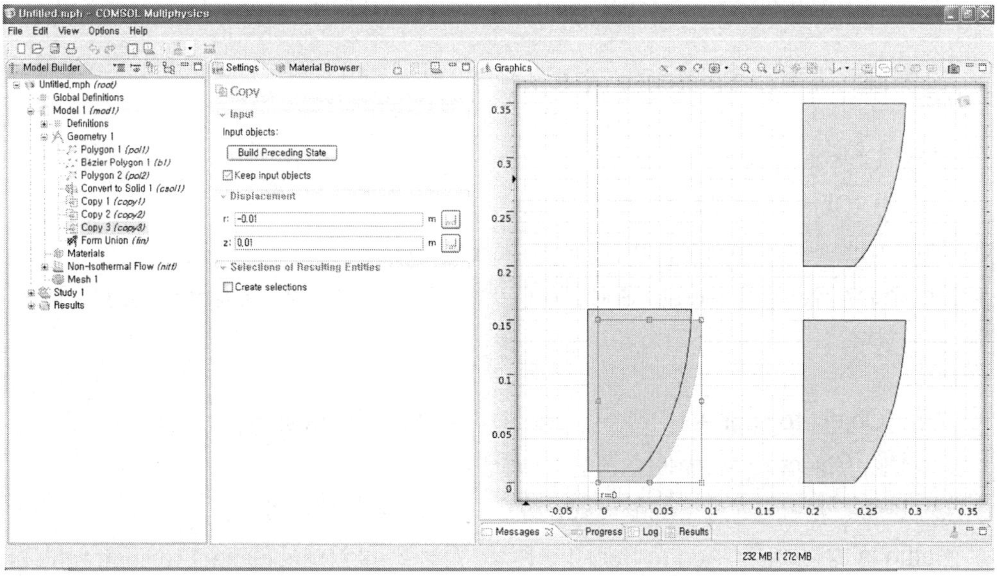

그림 12-4-17 'Transforms' - 'Copy' 실행 결과

4-18. 그림 12-4-18과 같이 'Model Builder' 페이지에서 'Geometry 1'을 선택하고, 마우스 오른쪽 버튼을 눌러 'Boolean Operations' - 'Difference'를 선택한다.

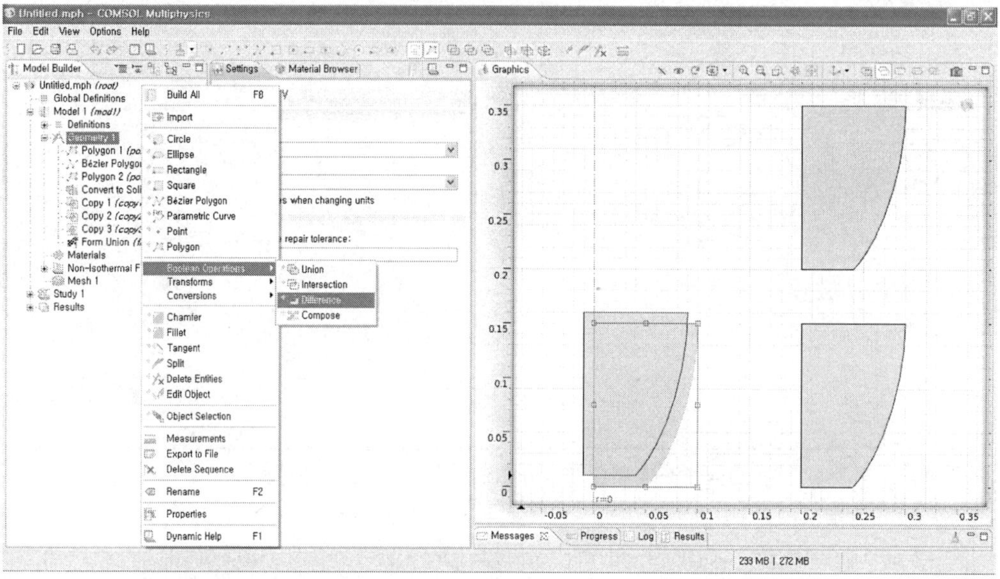

그림 12-4-18 'Boolean Operations' - 'Difference' 선택하기

4-19. 그림 12-4-19와 같이 'Model Builder' 페이지에서 'Difference 1'을 선택한다.

'Settings' 페이지, 'Difference' 윈도우에서,

먼저, 'Object to add:' 섹션을 활성화하기 위해 'Activation' 버튼을 클릭하자
(그러면 'Object to add:' 섹션이 활성화됨)
'Graphics' 페이지에서 Solid ' csol1'을 클릭하여 선택하자.
'Settings' 페이지의 'Add to Selection' 버튼을 클릭하여 Object to add:' 리스트에 추가한다.

다음, 'Object to subtract:' 섹션을 활성화하기 위해 'Activation' 버튼을 클릭하자.
(그러면 'Object to subtract:' 섹션이 활성화됨)
'Graphics' 페이지에서 Solid ' copy3'를 클릭하여 선택하자.
'Settings' 페이지의 'Add to Selection' 버튼을 클릭하여 Object to subtract:' 리스트에 추가한다.

마지막으로 상단의 'Build All' 버튼을 클릭한다.

그러면 순수한 컵 형상이 형성된다.

이제 따로 생성해 두었던 컵 내용물 형상들을 이용해 컵 내용물을 만들고 제 위치로 옮기면 우리가 해석하고자 하는 일정 두께를 가진 솔리드 모델(컵)이 완성된다.

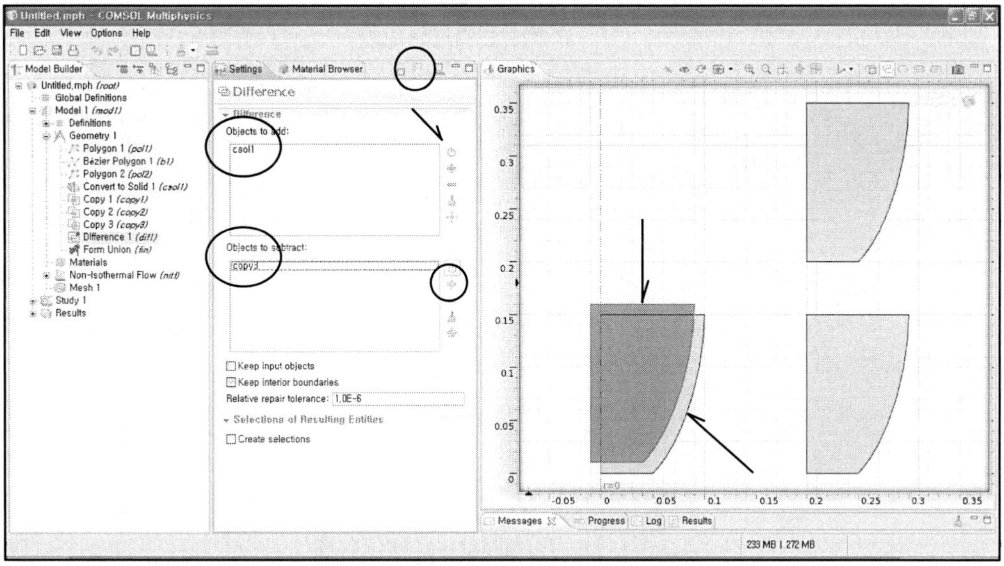

그림 12-4-19 'Difference' 설정하기

4-20. 그림 12-4-20은 'Difference' 실행한 결과를 보여준다.

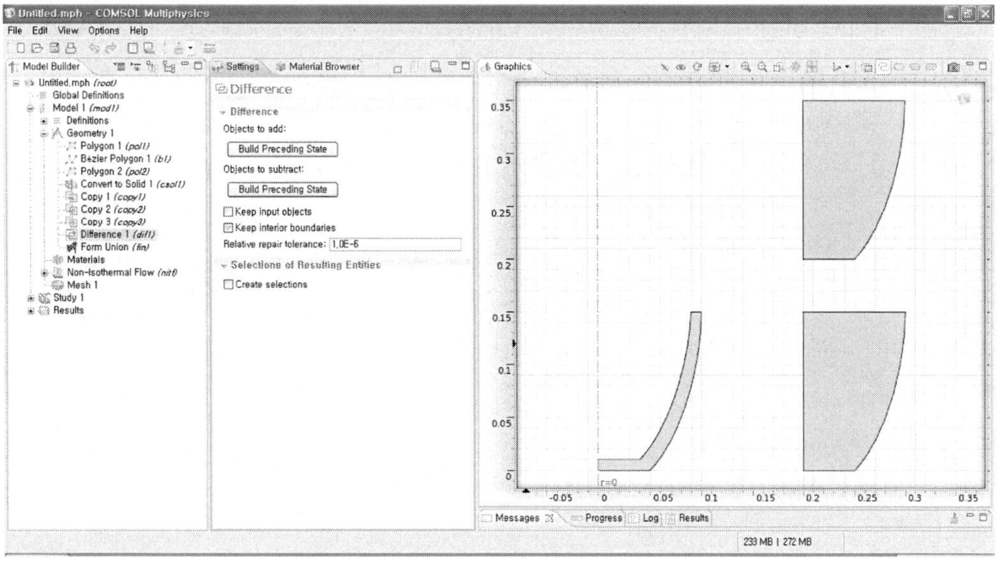

그림 12-4-20 'Difference' 실행 결과

4-21. 이제 컵 속의 내용물을 만들어 보자. 그림 12-4-21과 같이 'Model Builder' 페이지에서 'Geometry 1'을 선택하고, 마우스 오른쪽 버튼을 눌러 'Transforms' - 'Move'를 선택한다.

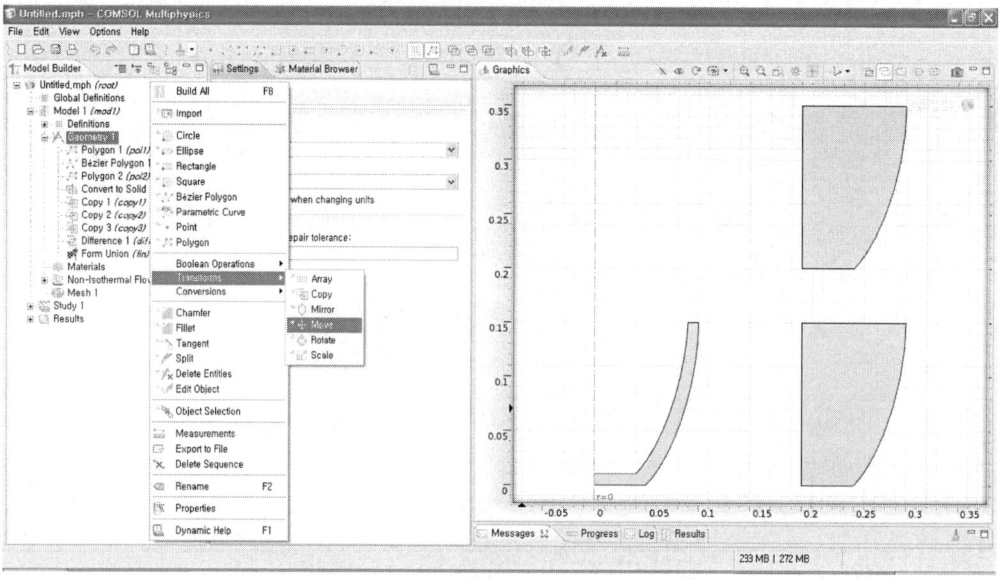

그림 12-4-21 'Transforms' - 'Move' 생성하기

4-22. 그림 12-4-22와 같이 'Model Builder' 페이지에서 'Move 1'을 선택하고, 'Graphics' 페이지에서 이전해 생성했던 Solid ' copy1'을 클릭하여 선택하고, 'Settings' 페이지의 'Add to Selection' 버튼을 클릭하여 'Input objects:' 리스트에 추가한다. 그리고 'Displacement' 섹션의 'r' 편집창에 '-0.01'을 타입하고 'z' 편집창에 '-0.2 + 0.01'을 타입한 후, 상단의 'Build All' 버튼을 클릭한다.

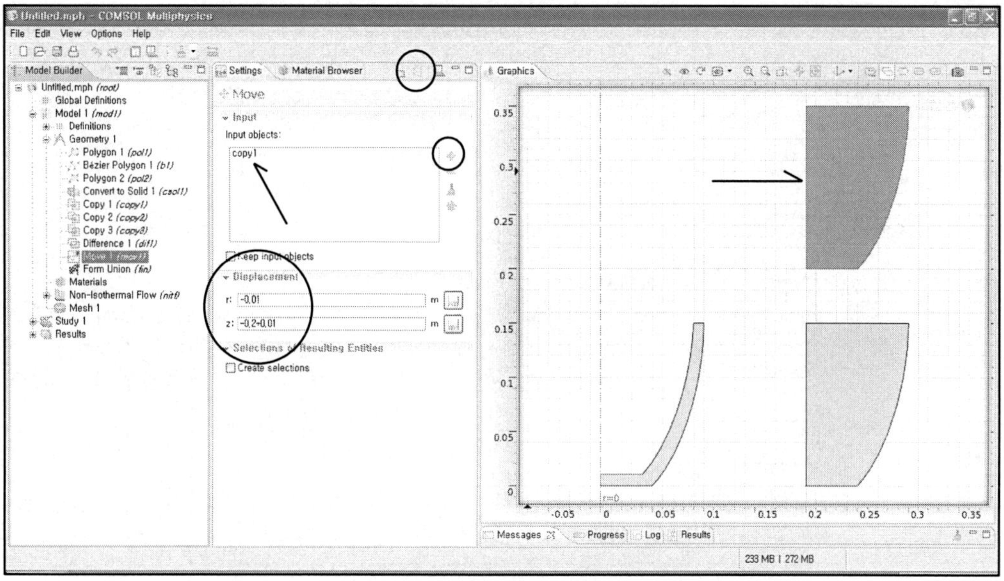

그림 12-4-22 'Transforms' - 'Move' 설정, 실행하기

4-23. 그림 12-4-23은 'Move'를 실행한 결과를 보여준다.

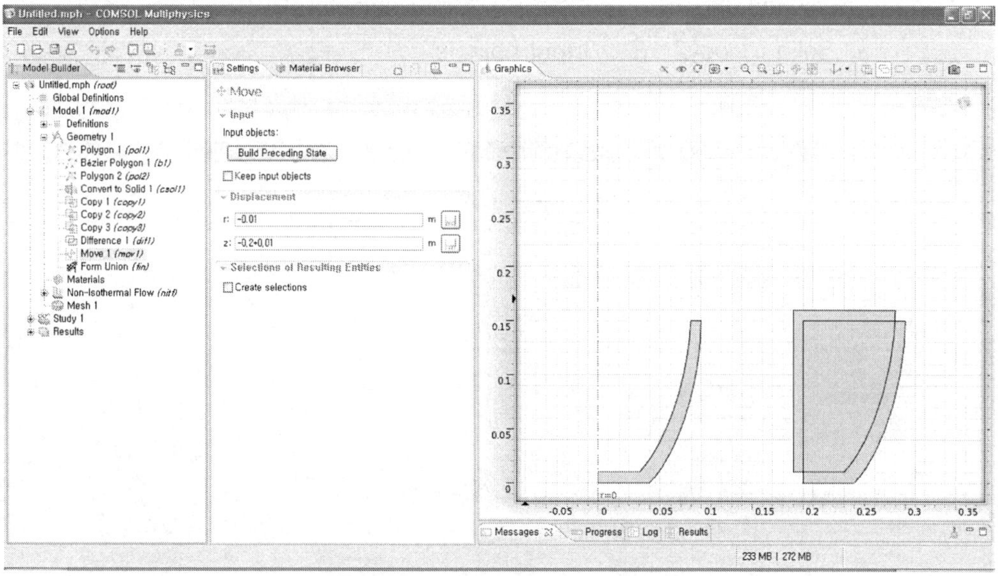

그림 12-4-23 'Move' 실행결과

4-24. 그림 12-4-24와 같이 'Model Builder' 페이지에서 'Geometry 1'을 선택하고, 마우스 오른쪽 버튼을 눌러 'Boolean Operations' - 'Intersection'을 선택한다.

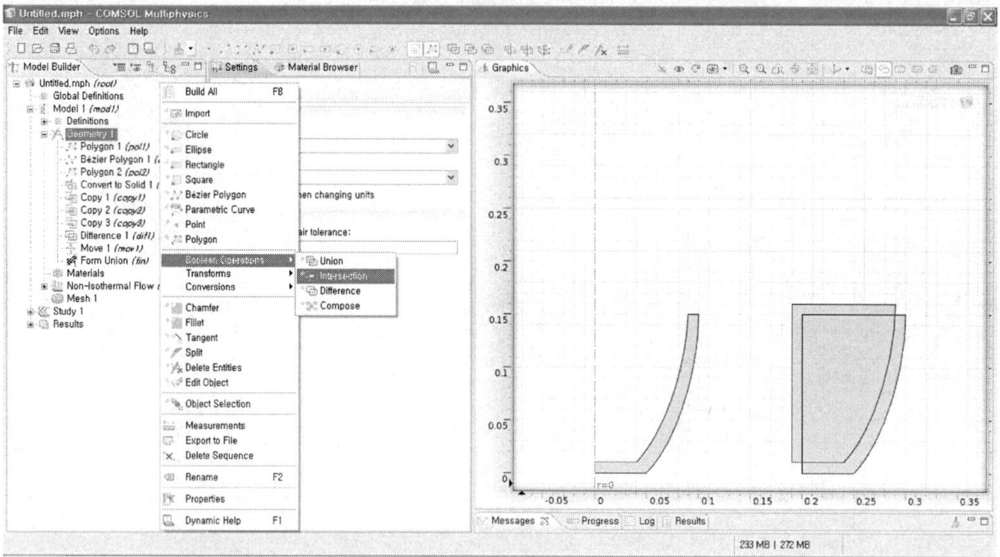

그림 12-4-24 'Boolean Operations' - 'Intersection' 선택하기

4-25. 그림 12-4-25와 같이 'Model Builder' 페이지에서 'Intersection 1'을 선택하고, 'Graphics' 페이지에서 Solid ' mov1'을 클릭하여 선택하고, 'Settings' 페이지의 'Add to Selection' 버튼을 클릭하여 'Input objects:' 리스트에 추가한다. 동일한 방법으로 Solid ' copy2 '도 ' Input objects:' 리스트에 추가한다. 상단의 'Build All' 버튼을 클릭한다.

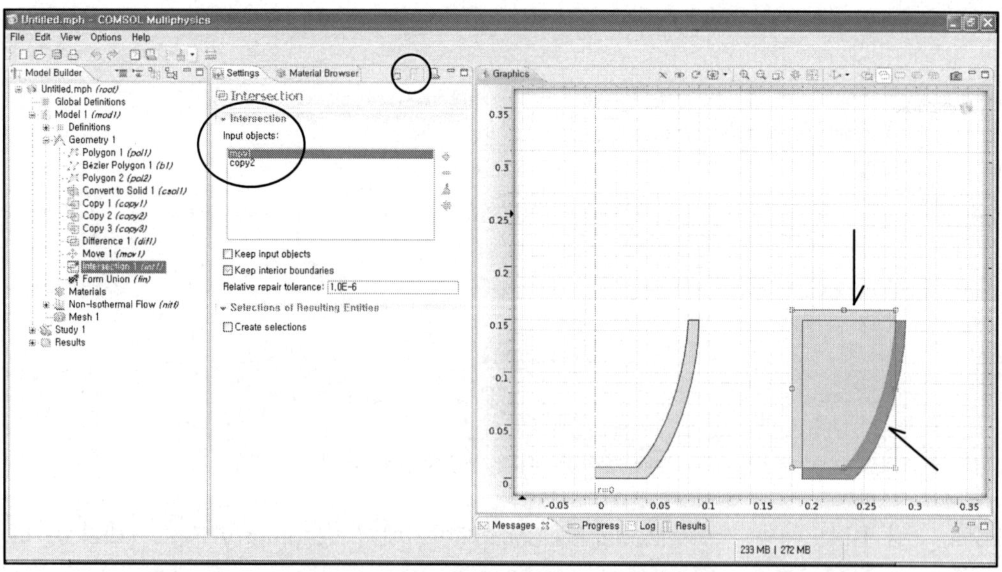

그림 12-4-25 'Intersection' 수행하기

4-26. 그림 12-4-26은 'Intersection'을 수행한 결과를 보여준다.

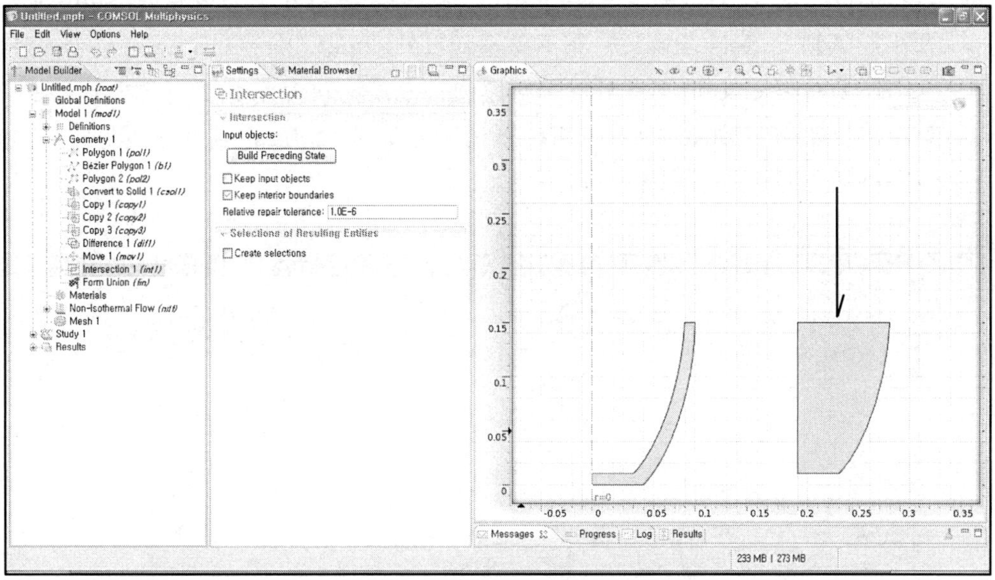

그림 12-4-26 'Intersection' 수행결과

4-27. 그림 12-4-27과 같이 'Model Builder' 페이지에서 'Geometry 1'을 선택하고, 마우스 오른쪽 버튼을 눌러 'Transforms' - 'Move'를 선택한다.

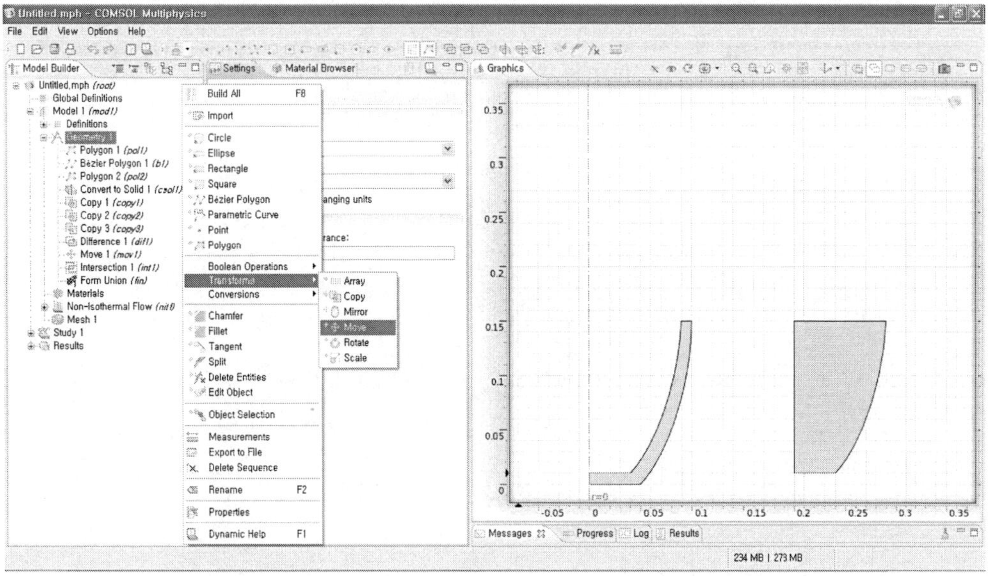

그림 12-4-27 'Transforms' - 'Move' 선택하기

4-28. 그림 12-4-28과 같이 'Model Builder' 페이지에서 'Move 2'를 선택하고, 'Graphics' 페이지에서 앞 단계에서 생성했던 Solid 'int1'을 클릭하여 선택하고, 'Settings' 페이지의 'Add to Selection' 버튼을 클릭하여 'Input objects:' 리스트에 추가한다. 그리고 'Displacement' 섹션의 'r' 편집창에 '-0.2'을 타입하고 'z' 편집창에 '0'을 타입한 후, 상단의 'Build All' 버튼을 클릭한다. 'Graphics' 페이지 상단의 'Zoom Extents' 버튼을 클릭한다.

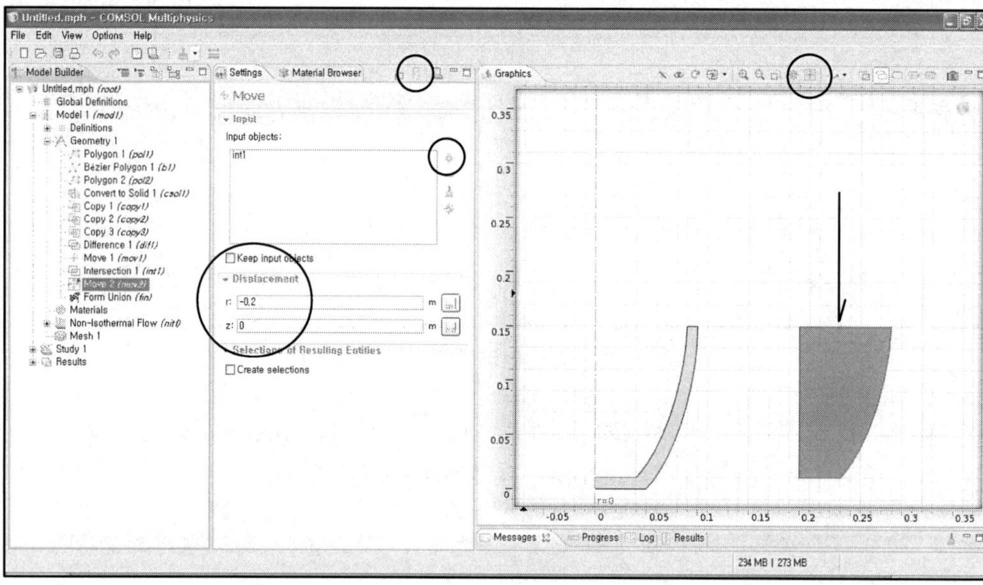

그림 12-4-28 'Move' 실행하기

4-29. 그림 12-4-29는 최종적으로 생성된 모델을 보여준다.

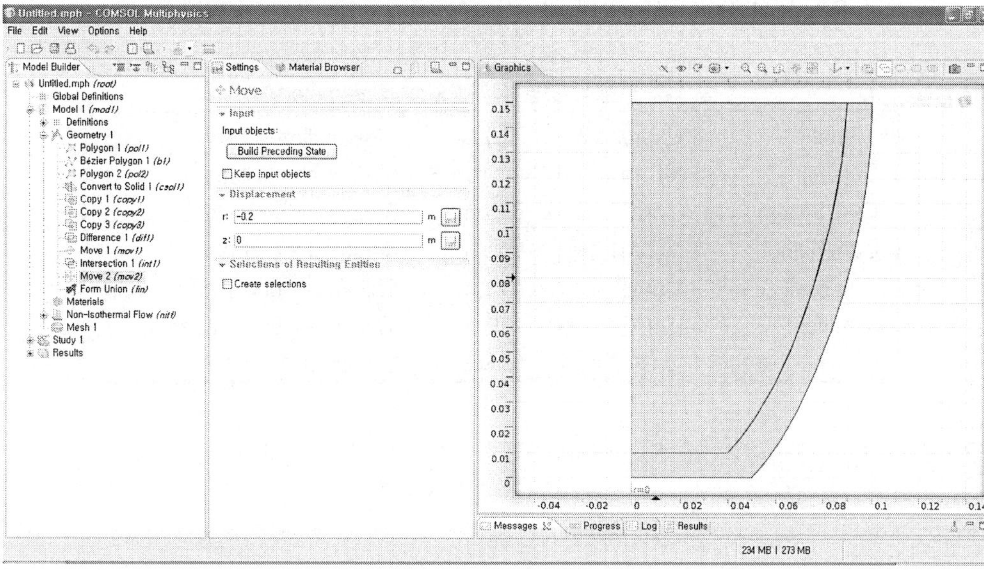

그림 12-4-29 최종 해석 모델

5-1. 해석 모델에 사용되는 상수(파라메타)를 정의하기 위하여 'Model Builder' 페이지의 'Global Definitions'를 오른쪽 마우스 클릭하여 나타난 메뉴 중 'Parameters'를 선택하여 클릭한다.

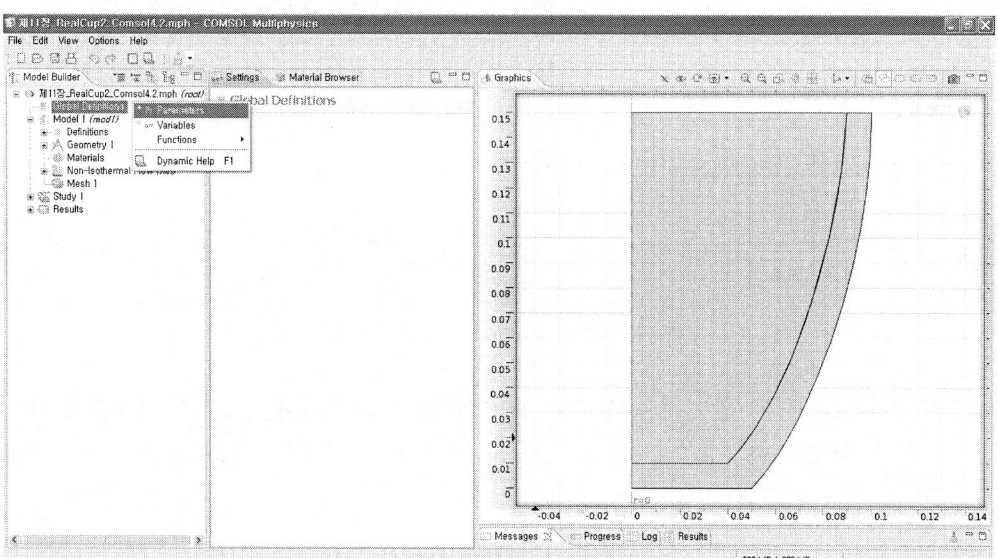

그림 12-5-1 'Parameters' 생성하기

5-2. 'Model Builder' 페이지의 'Global Definitions'아래에 생성된 'Parameters'를 클릭하고 오른쪽의 'Settings' 페이지에 표 12-1의 파라메타 값을 타입한다.

표 12-1 해석 모델에 사용되는 'Parameters'

Name	Expression	Value	Description
Cup_top	10[cm]	0.1 m	Radius on the top
Cup_bottom	4[cm]	0.04 m	Radius at the bottom
Cup_Height	15[cm]	0.15 m	Height of the glass
Cup_wall	1[cm]	0.01 m	Thickness of the glass wall
h_bottom	1[cm]	0.01 m	Thickness of the bottom
Cup_out_length	16.0923[cm]	0.1609 m	Length of the outer wall

5-3. 아래 그림 12-5-2는 표 12-1의 파라메타 값을 타입한 결과를 보여준다.

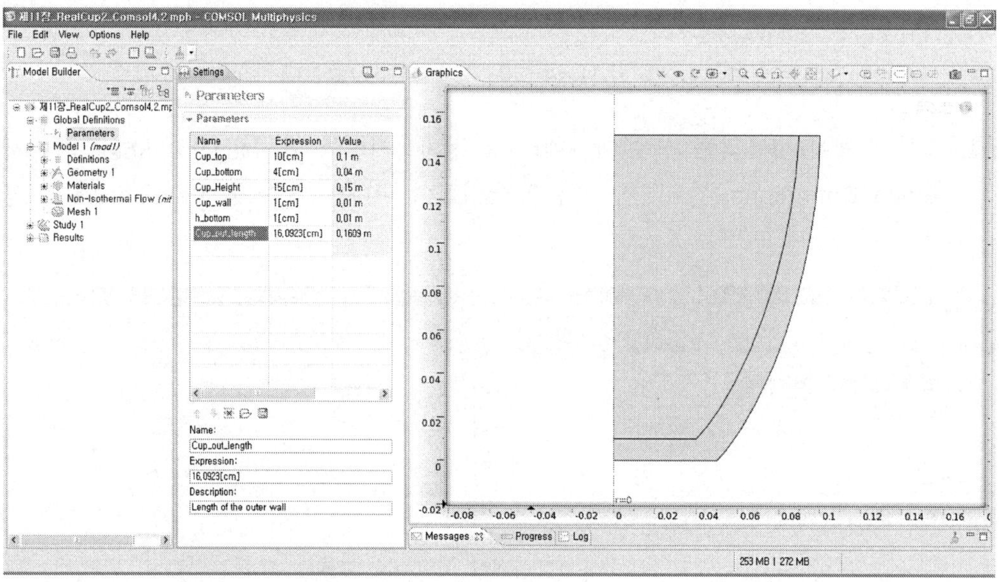

그림 12-5-2 'Parameters' 정의하기

6-1. 이제 모델 재료의 물성치를 설정하기 위해 그림 12-6-1과 같이 'Model Builder' 페이지의 'Materials' 항목을 마우스 오른쪽 버튼을 클릭하여 'Open Material Browser'를 클릭하자.

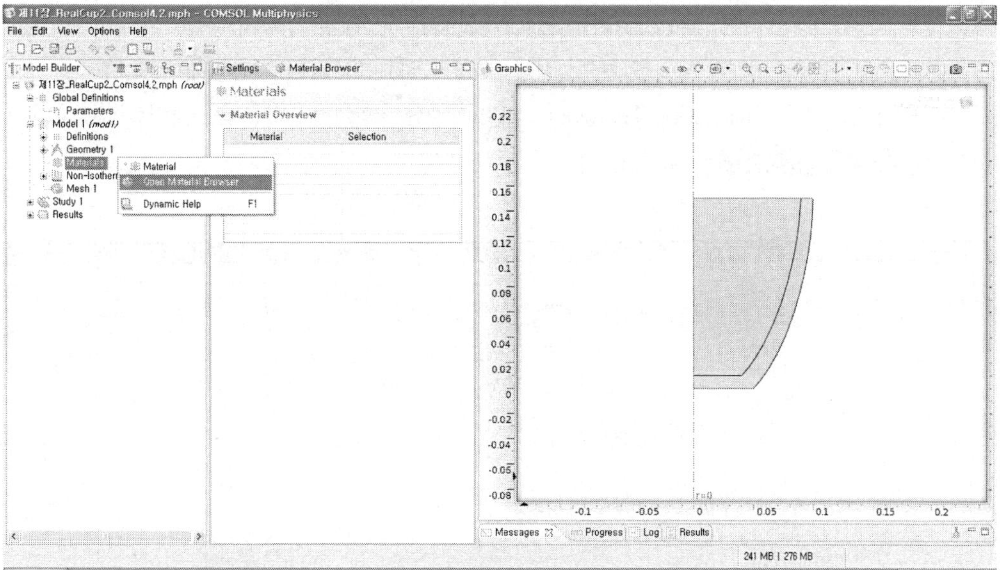

그림 12-6-1 'Model Builder' 페이지의 'Materials' 항목 , 'Open Material Browser' 선택

6-2. 그러면 그림 12-6-2와 같이 'Settings' 페이지에 'Material Browser' 윈도우가 나타난다. 'Material Browser' 윈도우에는 컴솔 멀티피직스가 가지고 있는 여러 분야 물질의 물성치 데이터 베이스가 나타난다.

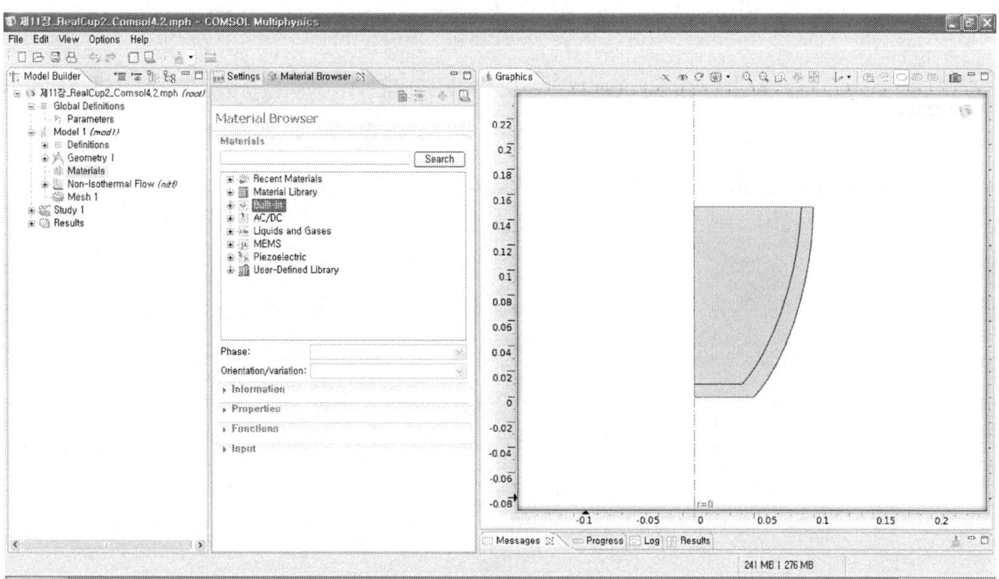

그림 12-6-2 'Model Builder' 페이지의 'Materials' 항목 , 'Open Material Browse' 선택

6-3. 그림 12-6-3과 같이 'Material Browser' 윈도우의 'Built-in' 항목을 전개하고, 'Silica glass'를 선택하여 마우스 오른쪽 버튼을 클릭하여 나타난 'Add Material to Model'를 클릭하자. 혹은 'Material Browser' 페이지 상단의 + 버튼을 클릭하고 나타나는 + Add Material to Model 를 클릭하자.

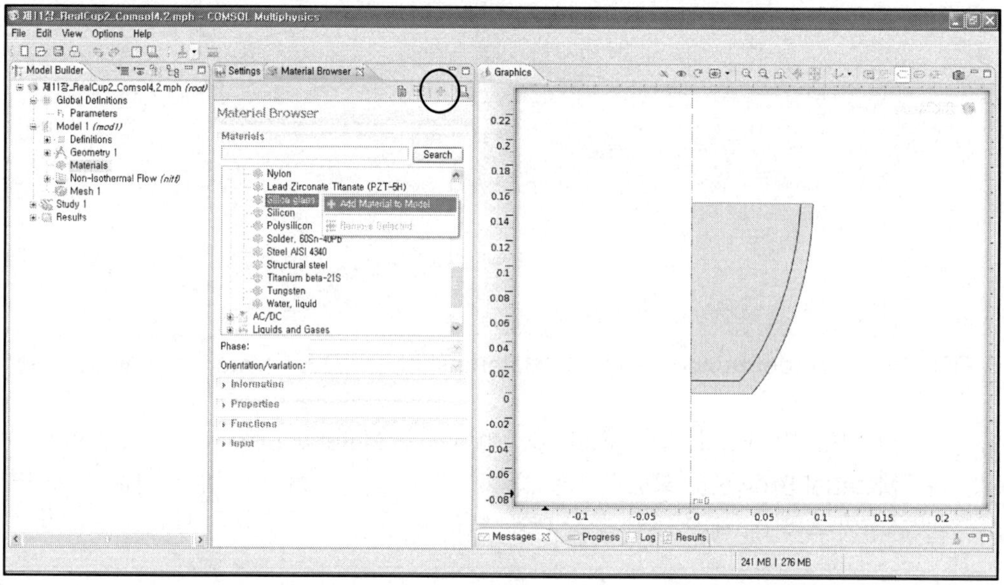

그림 12-6-3 'Built-in' 항목을 전개하고 'Silica glass' 선택하기 1

6-4. 그림 12-6-4는 'Material Browser' 윈도우의 'Built-in' 항목을 전개하여 'Silica glass'를 선택하고 'Material Browser' 페이지 상단의 +버튼을 클릭하고 나타나는 + Add Material to Model 를 선택하여 물성치를 선택하는 것을 보여준다.

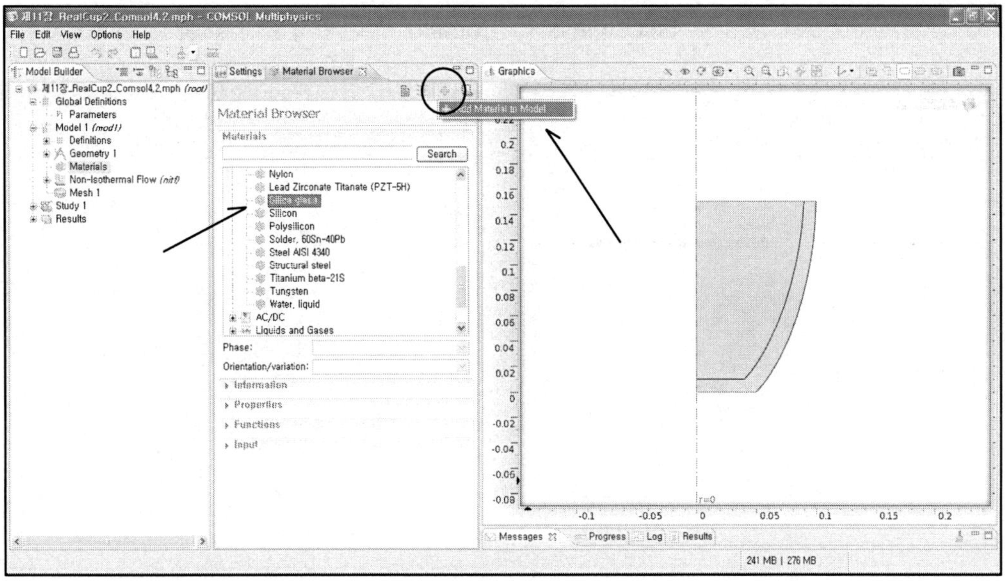

그림 12-6-4 'Built-in' 항목을 전개하고 'Silica glass' 선택하기 2

6-5. 그림 12-6-5와 같이 추가된 물성치 'Silica glass'를 'Domain 1' 에 해당하는 컵에 설정되도록 'Domain 2'를 삭제한다.

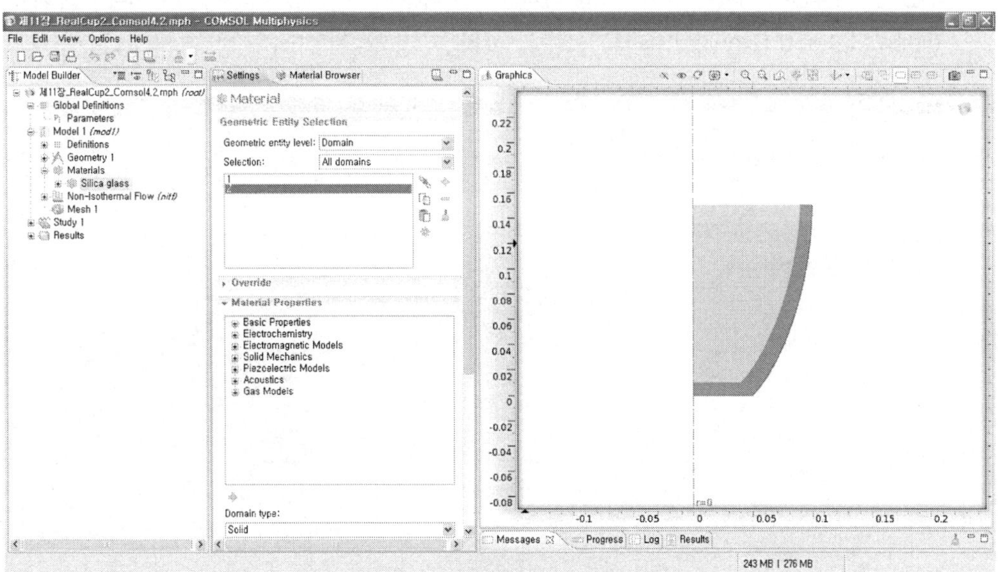

그림 12-6-5 'Domain 2' 삭제하기

6-6. 그림 12-6-6은 물성치 'Silica glass'가 'Domain 1'에 설정된 상태를 보여준다.

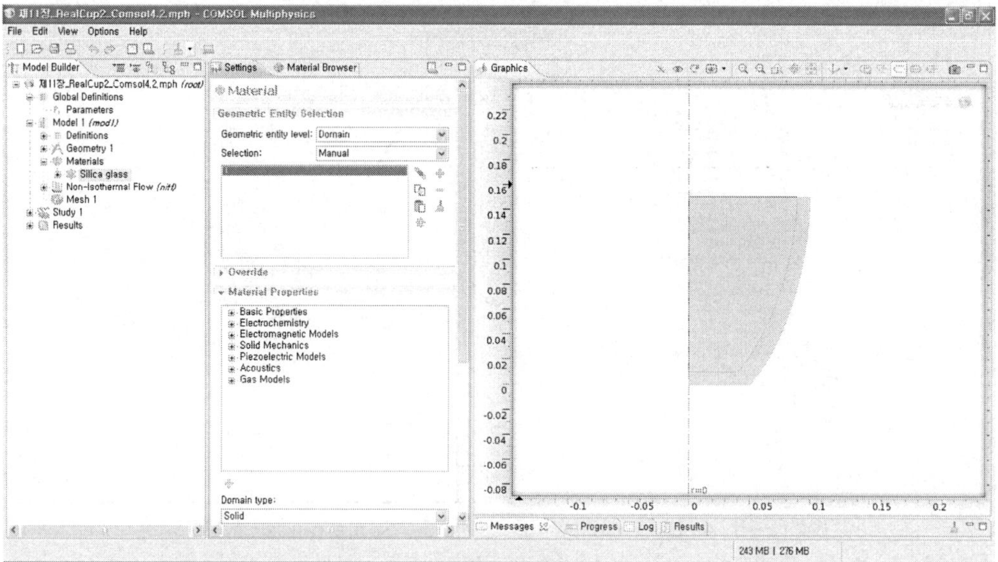

그림 12-6-6 물성치 'Silica glass'가 'Domain 1'에 설정된 상태

6-7. 이제 컵에 담겨 있는 유체인 물의 물성치를 설정하기 위해 그림 12-6-7과 같이 'Model Builder' 페이지의 'Materials' 항목을 마우스 오른쪽 버튼을 클릭하여 'Open Material Browser'를 클릭하자. 이하 과정은 6-2 ~ 6-6과 유사하다.

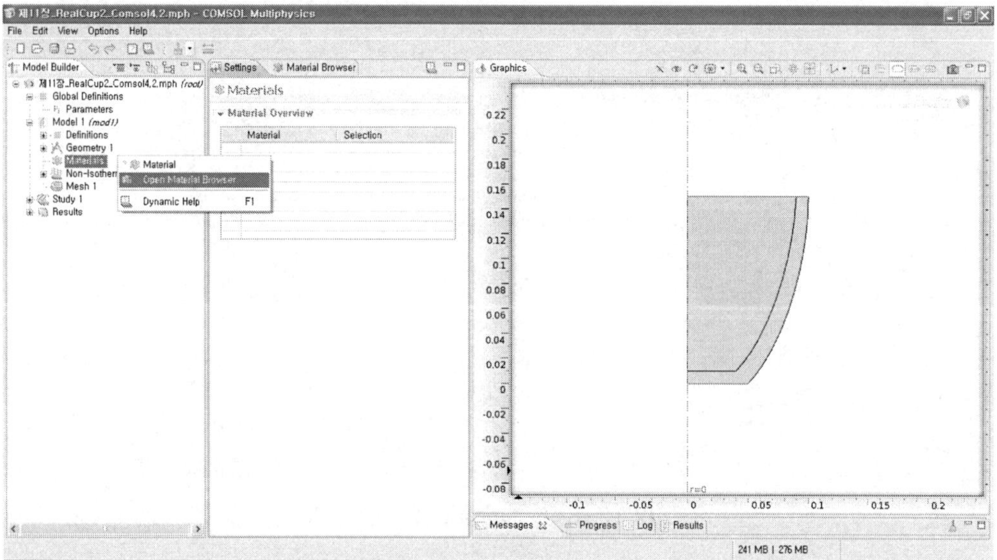

그림 12-6-7 'Model Builder' 페이지의 'Materials' 항목, 'Open Material Browser' 선택

6-8. 그림 12-6-8은 앞에서 수행한 6-2 ~ 6-6 과정을 동일하게 진행하여, 컵에 담겨 있는 유체인 물인 'Domain 2'에 물성치 'Water - liquid'를 설정한 모습을 보여준다.

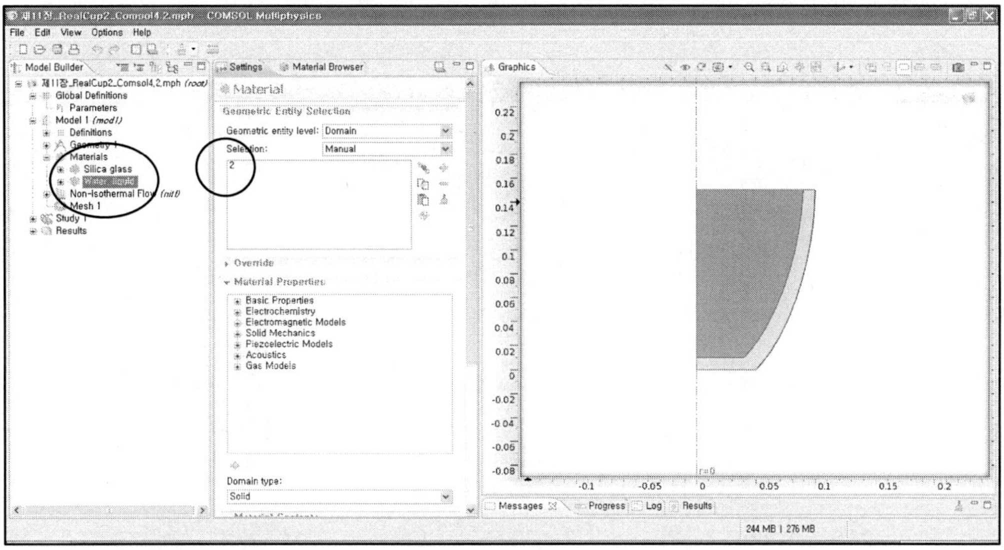

그림 12-6-8 'Domain 2'에 물성치 'Water - liquid'를 설정한 모습

7-1. 그림 12-7-1과 같이 'Model Builder' 페이지 상단의 'Show' 을 클릭하여 나타난 하부 매뉴에서 'Discretization' 항목을 클릭하여 선택한다. 'Discretization' 항목을 클릭하면, 메뉴 왼쪽에 체크 표시✔가 나타난다.

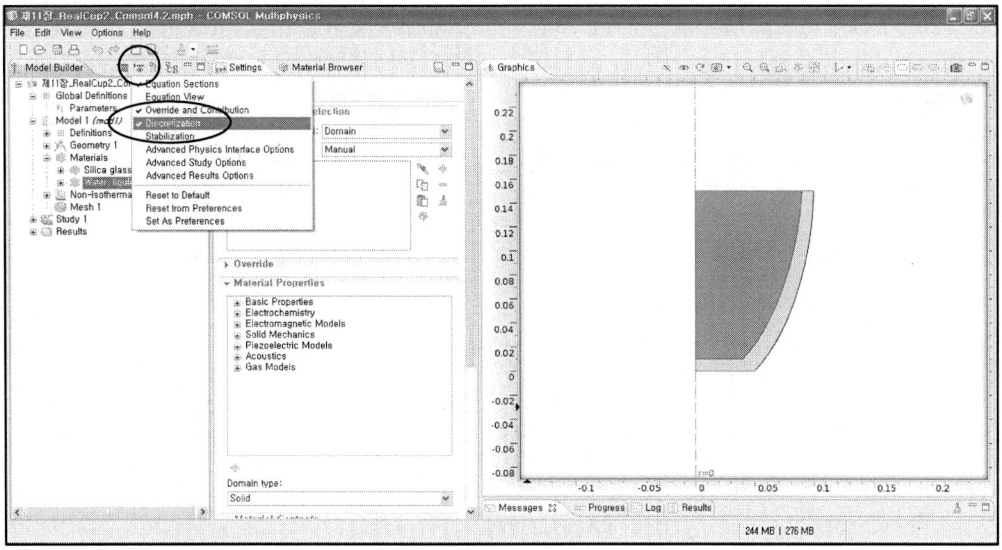

그림 12-7-1 'Show' 매뉴에서 'Discretization' 항목 선택하기

7-2. 그림 12-7-2와 같이 'Non-Isothermal Flow (nitf)'을 클릭하고, 오른쪽 'Settings' 페이지의 'Discretization' 항목을 클릭하여 전개하자. 'Discretization' 항목에서 'P2 + P1'으로 변경한다.

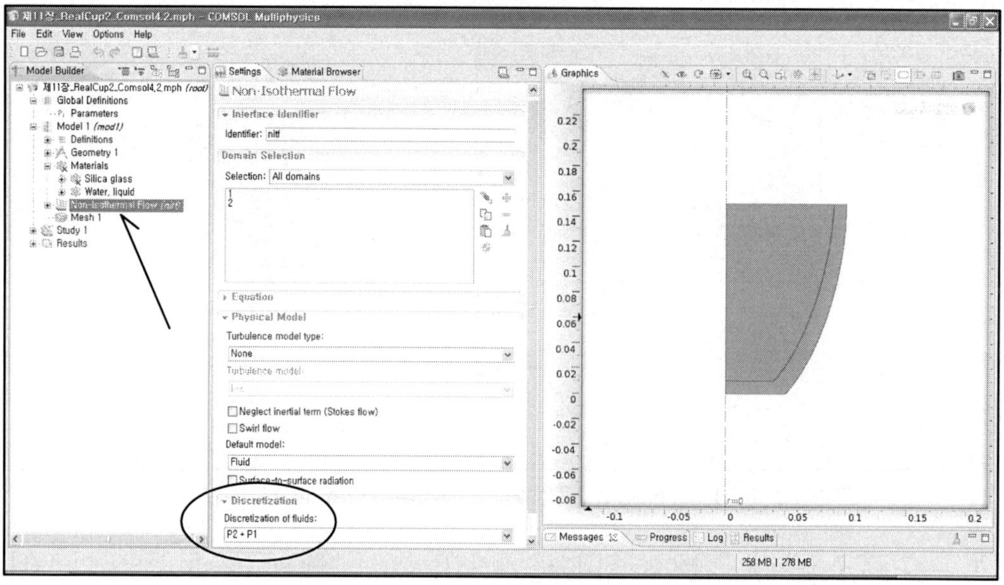

그림 12-7-2 'Discretization' 항목 설정

8. 해석 모델에 대한 초기 조건을 설정해 보자.

그림 12-8과 같이 'Model Builder' 페이지의 'Non-Isothermal Flow (nitf)' 아래 하부 항목 'Initial Values 1'을 클릭하자. 오른쪽에 나타난 'Setting' 페이지의 'Initial Values' 윈도우에서 'Pressure:' 부분과 'Temperature:' 부분을 다음과 같이 설정하자.

'Pressure:' 부분 : 'nitf.rho*g_const*(0.15-z) ' (0.15는 컵의 Height)

'Temperature:' 부분 : '278.15[K]'

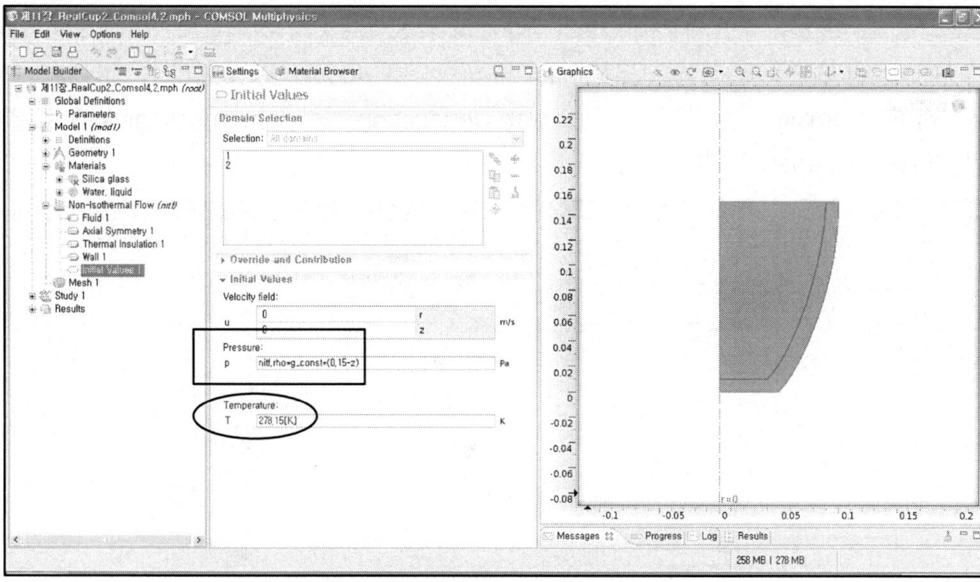

그림 12-8 'Initial Values 1' 설정하기

9-1. 그림 12-9-1과 같이 'Model Builder' 페이지의 'Non-Isothermal Flow (nitf)'를 오른쪽 마우스 클릭하여 나타난 하부 항목 'Heat Transfer in Solids 1'을 선택하자.

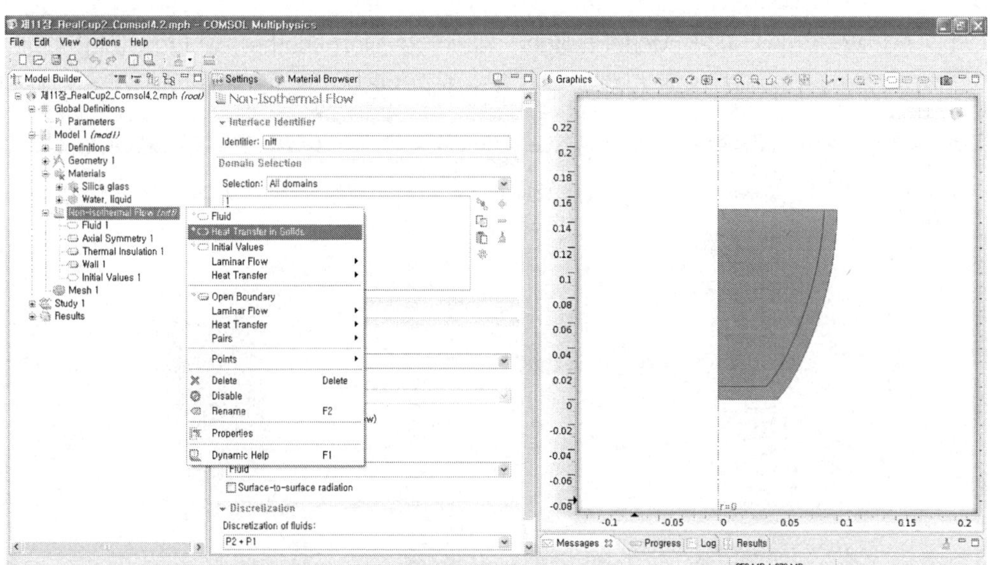

그림 12-9-1 'Heat Transfer in Solids 1' 선택하기

9-2. 그림 12-9-2와 같이 추가된 'Heat Transfer in Solids 1'을 선택하고, 'Graphics' 페이지의 컵 부분을 선택하고 'Settings' 페이지에서 'Add to Selection' ✚ 버튼을 클릭하여 'Domain 1'을 추가하자. 'Heat Conduction' 와 'Thermodynamics' 부분은 'From Material' 상태로 두자.

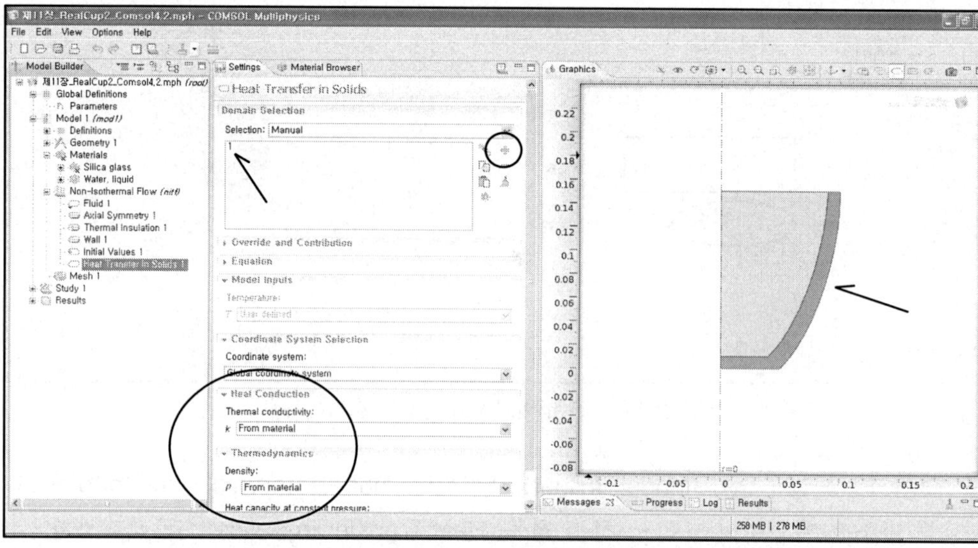

그림 12-9-2 'Heat Transfer in Solids 1' 설정하기

10-1. 그림 12-10-1과 같이 'Model Builder' 페이지의 'Non-Isothermal Flow (nitf)'를 오른쪽 마우스 클릭하여 나타난 하부 항목 'Laminar Flow '-' Volume Force'을 선택하자.

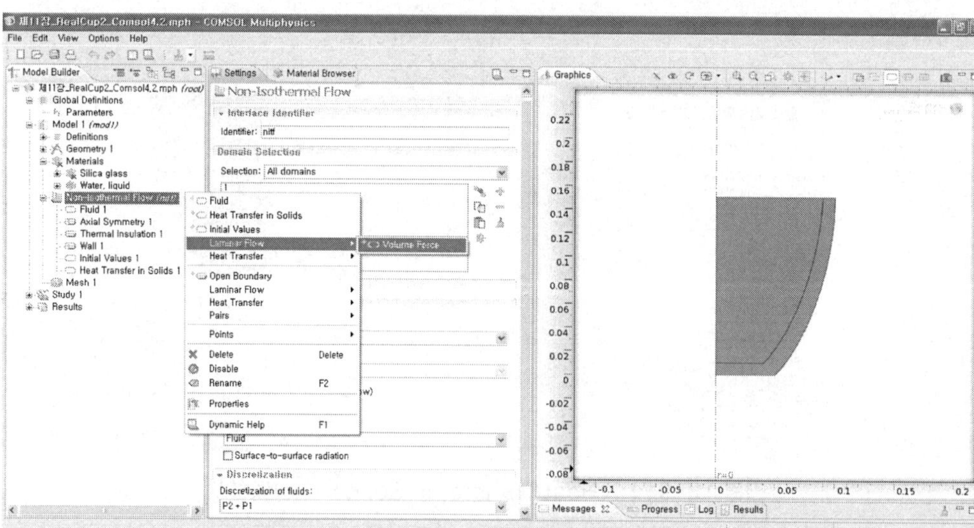

그림 12-10-1 'Laminar Flow' - 'Volume Force' 선택하기

10-2. 그림 12-10-2와 같이 추가된 'Volume Force 1'을 선택하고, 'Graphics' 페이지의 유체(물) 부분을 선택하고 'Settings' 페이지에서 'Add to Selection' ✚ 버튼을 클릭하여 'Domain 2'을 추가하자. 'Volume force:' 부분에 '-g_const*nitf.rho'로 타입하자.

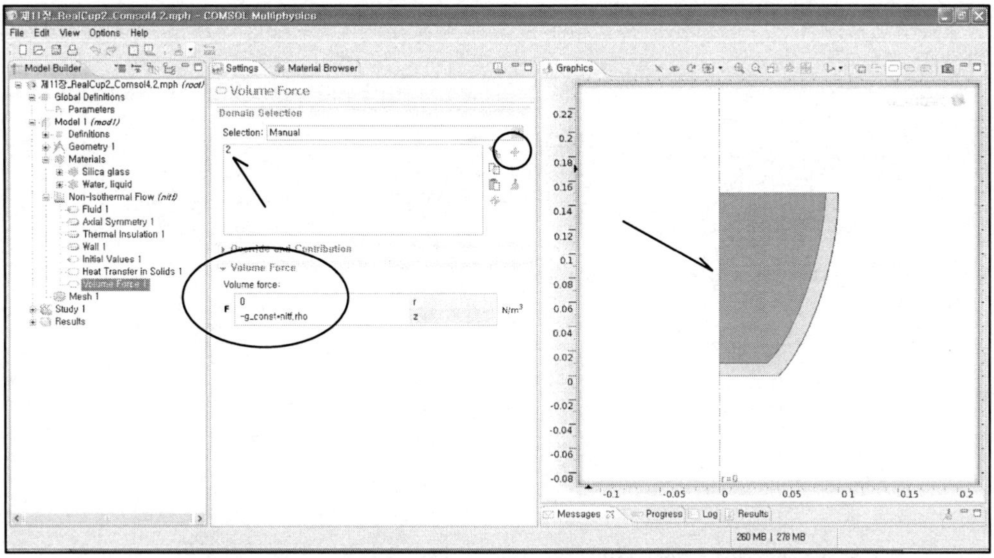

그림 12-10-2 'Laminar Flow' - 'Volume Force' 설정하기

11-1. 그림 12-11-1과 같이 'Model Builder' 페이지의 'Non-Isothermal Flow (nitf)'를 오른쪽 마우스 클릭하여 나타난 하부 항목 'Laminar Flow' - 'Wall'을 선택하자.

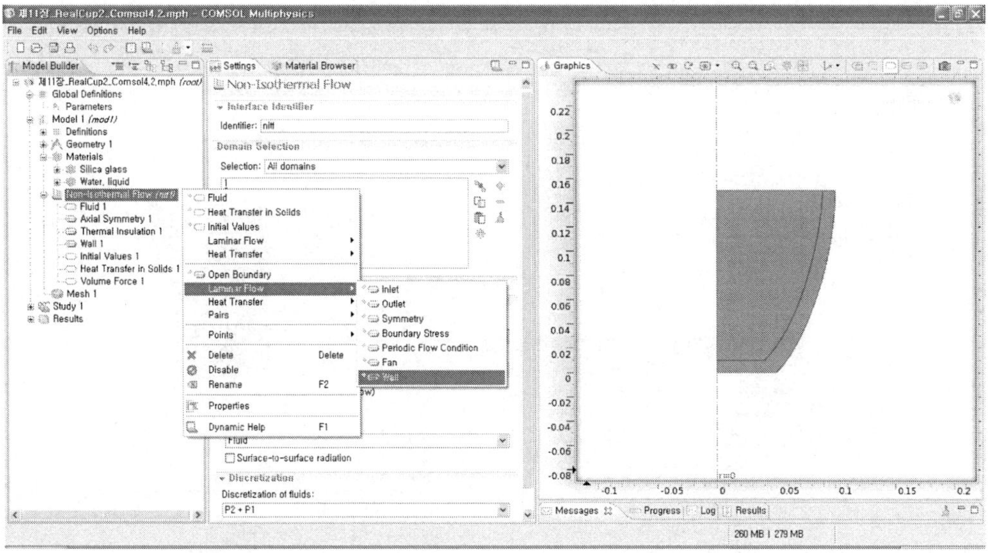

그림 12-11-1 'Laminar Flow' - 'Wall' 선택하기

11-2. 그림 12-11-2와 같이 추가된 'Wall 2'를 선택하고, 'Graphics' 페이지의 유체(물) 상부 경계 부분을 선택하고 'Settings' 페이지에서 'Add to Selection' ✚ 버튼을 클릭하여 'Boundary 5'를 추가하자. 아래의 'Boundary condition:' 부분은 'Slip'으로 선택하자.

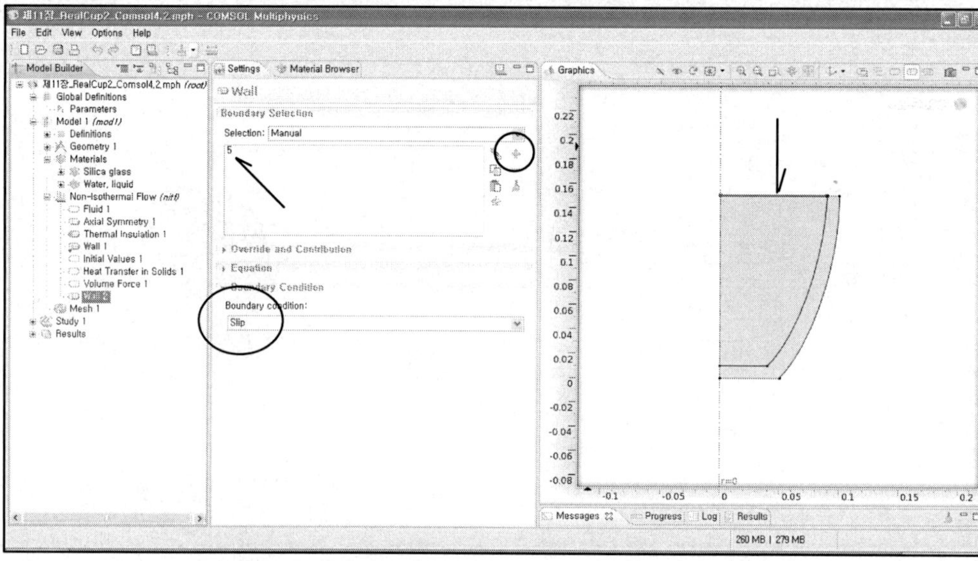

그림 12-11-2 'Laminar Flow' - 'Wall 2' 설정하기

12-1. 그림 12-12-1과 같이 'Model Builder' 페이지의 'Non-Isothermal Flow (nitf)'를 오른쪽 마우스 클릭하여 나타난 하부 항목 'Points' - 'Pressure Point Constraint'를 선택하자.

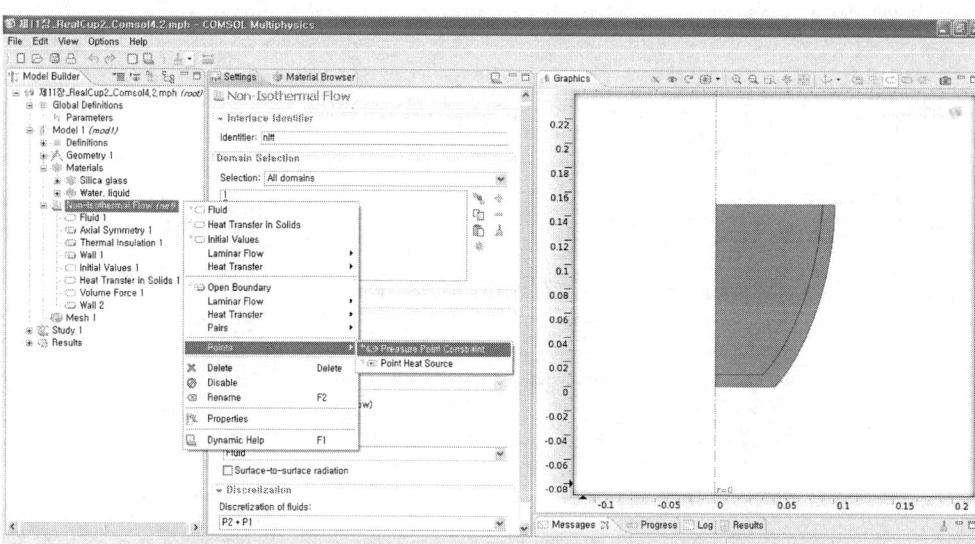

그림 12-12-1 'Points' - 'Pressure Point Constraint' 선택하기

12-2. 그림 12-12-2와 같이 추가된 'Pressure Point Constraint 1'를 선택하고, 'Graphics' 페이지의 포인트 경계 부분 '6'을 선택하고 'Settings' 페이지에서 'Add to Selection' 버튼을 클릭하여 'Point 6'를 추가하자. 아래의 'Pressure:' 부분은 '0'으로 선택하자.

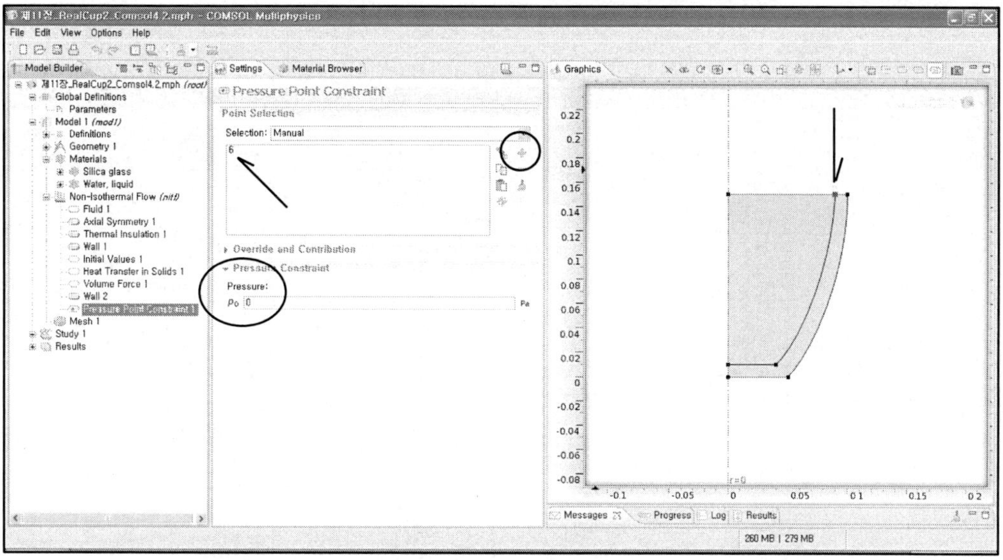

그림 12-12-2 'Pressure Point Constraint 1' 설정하기

13-1. 그림 12-13-1과 같이 'Model Builder' 페이지의 'Non-Isothermal Flow (nitf)'를 오른쪽 마우스 클릭하여 나타난 하부 항목 'Heat Transfer' - 'Temperature'을 선택하자.

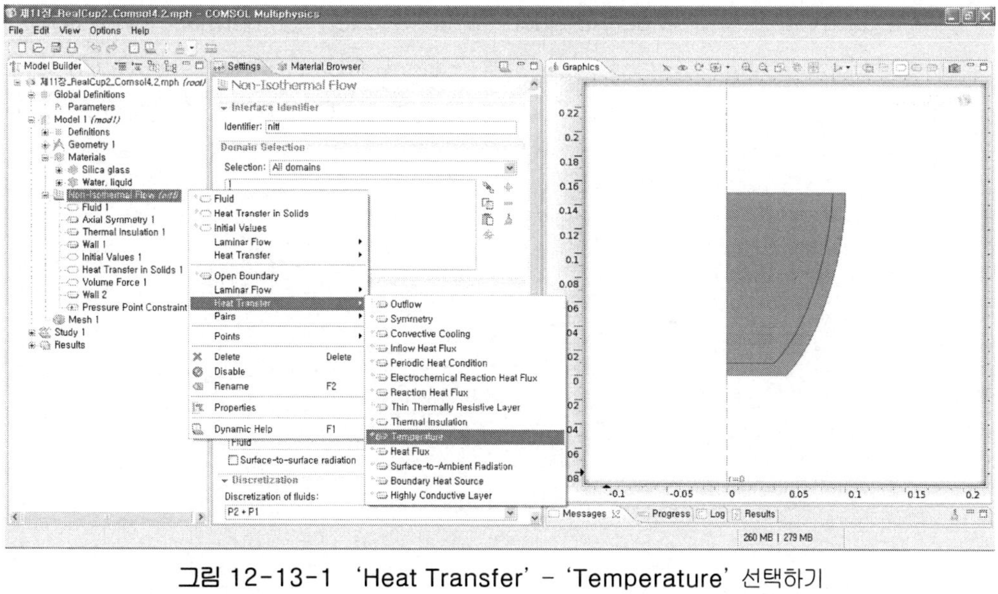

그림 12-13-1 'Heat Transfer' - 'Temperature' 선택하기

13-2. 그림 12-13-2와 같이 추가된 'Temperature 1'을 선택하고, 'Graphics' 페이지의 컵 바닥 경계 부분 '2'를 선택하고 'Settings' 페이지에서 'Add to Selection' 버튼을 클릭하여 'Boundary 2'를 추가하자. 아래의 'Temperature:' 부분은 '312[K]'으로 설정하자.

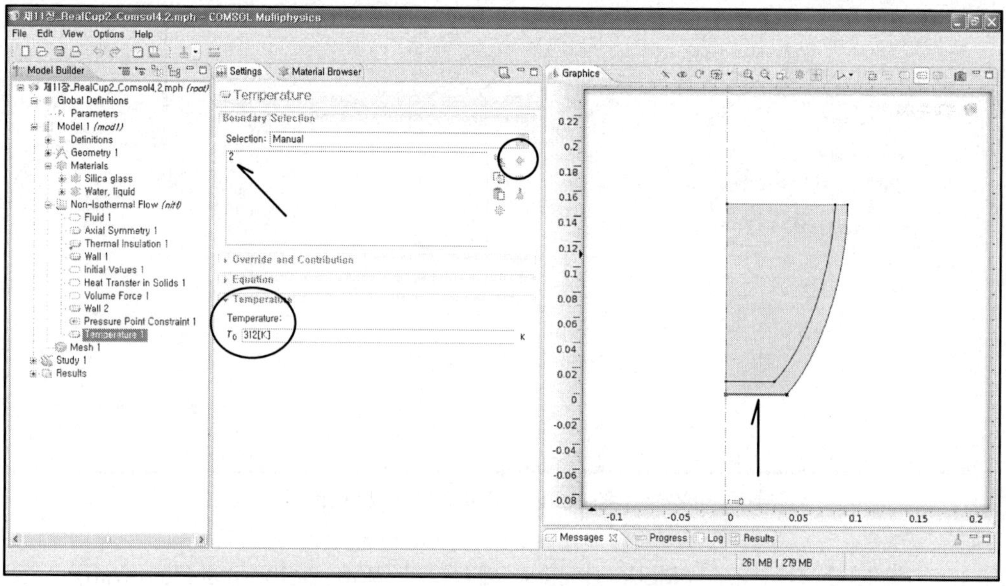

그림 12-13-2 'Temperature 1' 설정하기

14-1. 그림 12-14-1과 같이 'Model Builder' 페이지의 'Non-Isothermal Flow (nitf)'를 오른쪽 마우스 클릭하여 나타난 하부 항목 'Heat Transfer' - 'Convective Cooling'을 선택하는 방법으로 'Convective Cooling 1' 항목과 'Convective Cooling 2' 항목을 추가하자.

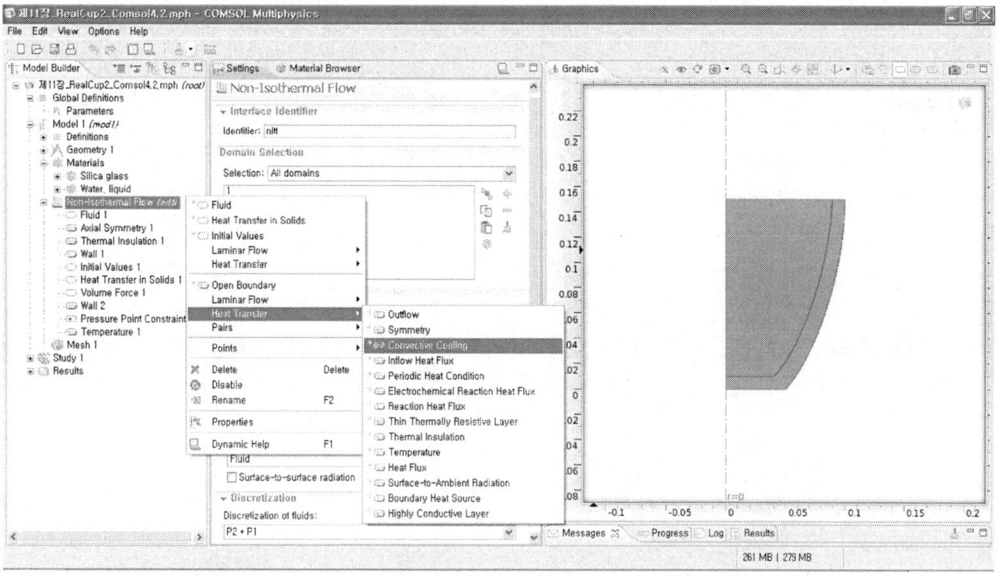

그림 12-14-1 'Heat Transfer' - 'Convective Cooling' 선택하기

14-2. 그림 12-14-2와 같이 추가된 'Convective Cooling 1'을 선택하자.

'Graphics' 페이지의 컵 외부 경계 부분 '8'을 선택하고 'Settings' 페이지에서 'Add to Selection' 버튼을 클릭하여 'Boundary 8'를 추가하자.

'Convective Cooling' 윈도우의 'Heat Flux' 섹션을 설정해보자.

'Heat Transfer coefficient:' 부분은 'External natural convection'으로 선택하여 설정하자.

바로 아래 부분은 'Vertical wall'로 선택하여 설정하자.

'Wall height:' 부분은 'Parameters'에 설정한 'Cup_out_length'으로 타입하여 설정하자.

'External fluid:' 부분은 'Air'로 선택하여 설정하자.

'Absolute pressure:' 부분은 '1[atm]'로 타입하여 설정하자.

'External temperature:' 부분은 '312[K]'로 설정하자.

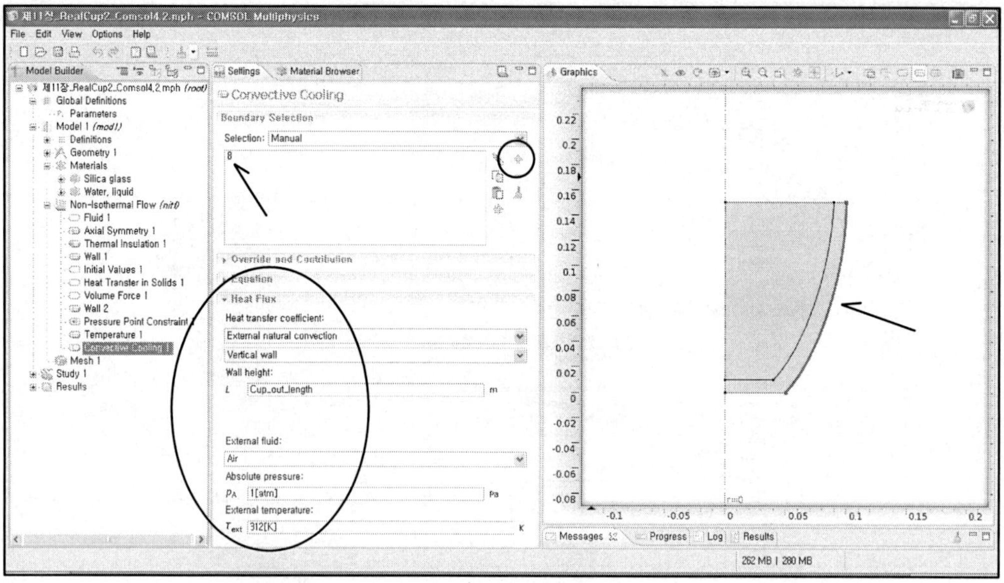

그림 12-14-2 'Convective Cooling 1' 설정하기

14-3. 그림 12-14-3과 같이 추가된 'Convective Cooling 2'을 선택하자.

'Graphics' 페이지에서 유체(물)의 상부 경계 '5'를 선택하고 'Settings' 페이지에서 'Add to Selection' ✚ 버튼을 클릭하여 'Boundary 5'를 추가하자.
'Graphics' 페이지에서 컵의 상부 경계 '6'을 선택하고 'Settings' 페이지에서 'Add to Selection' ✚ 버튼을 클릭하여 'Boundary 6'을 추가하자.

'Convective Cooling' 윈도우의 'Heat Flux' 섹션을 설정해보자.

'Heat Transfer coefficient:' 부분은 'External natural convection'으로 선택하여 설정하자.
바로 아래 부분은 'Horizontal plate, upside'로 선택하여 설정하자.

'Plate diameter (area/perimeter):' 부분은 'Parameters'에 설정한 'Cup_top'으로 타입하여 설정하자.

'External fluid:' 부분은 'Air'로 선택하여 설정하자.

'Absolute pressure:' 부분은 '1[atm]'로 타입하여 설정하자.

'External temperature:' 부분은 '312[K]'로 설정하자.

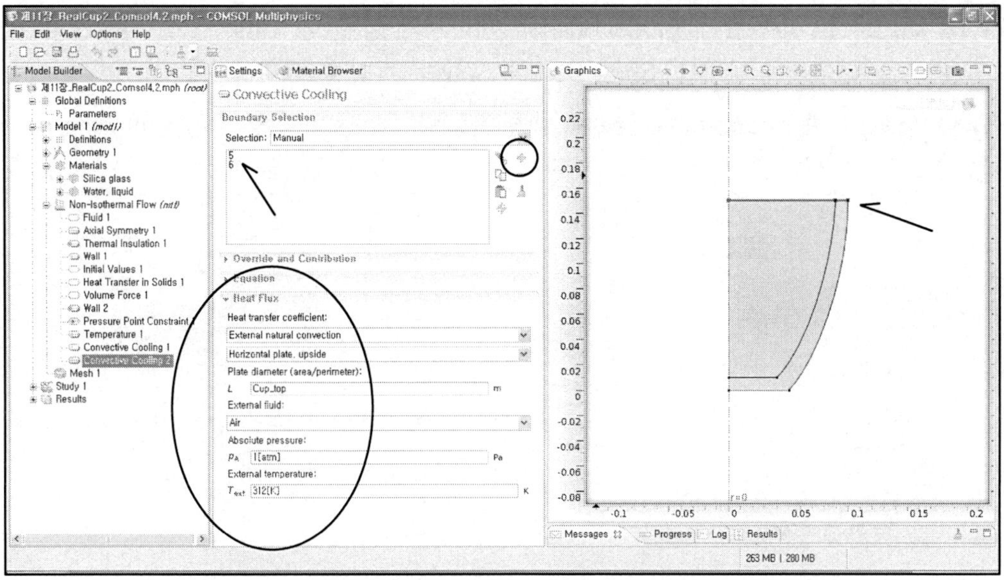

그림 12-14-3 'Convective Cooling 2' 설정하기

15. 그림 12-15와 같이 'Model Builder' 페이지의 항목 중 'Mesh 1'을 선택하고 오른쪽 'Settings' 페이지의 상단의 'Build All' 버튼을 클릭하여 메쉬를 생성하자.

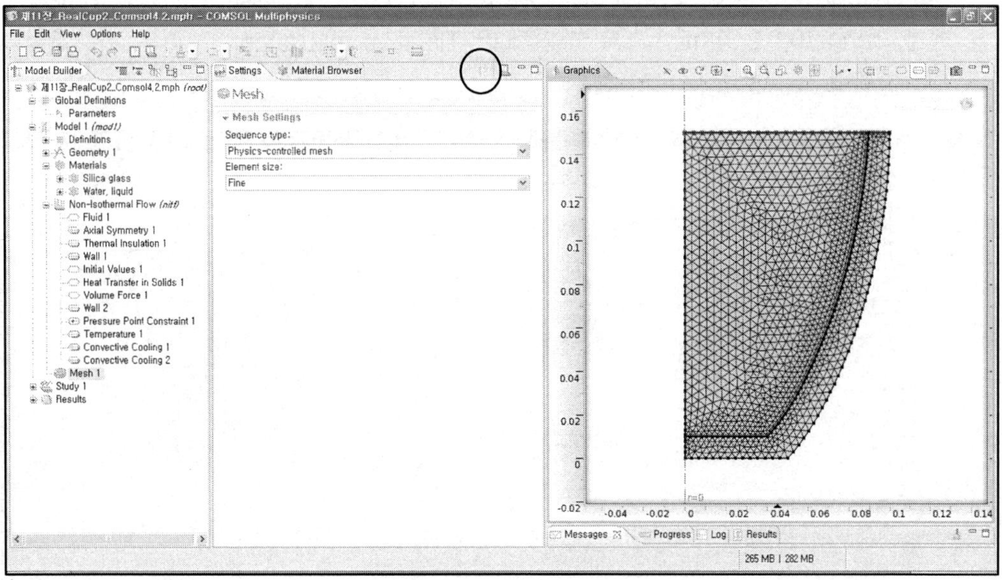

그림 12-15 'Mesh' 설정하기

16-1. 그림 12-16-1과 같이 'Model Builder' 페이지의 항목 중 'Study 1'을 마우스 오른쪽 버튼을 클릭하여 나타난 'Show Default Solver' 메뉴를 선택하자.

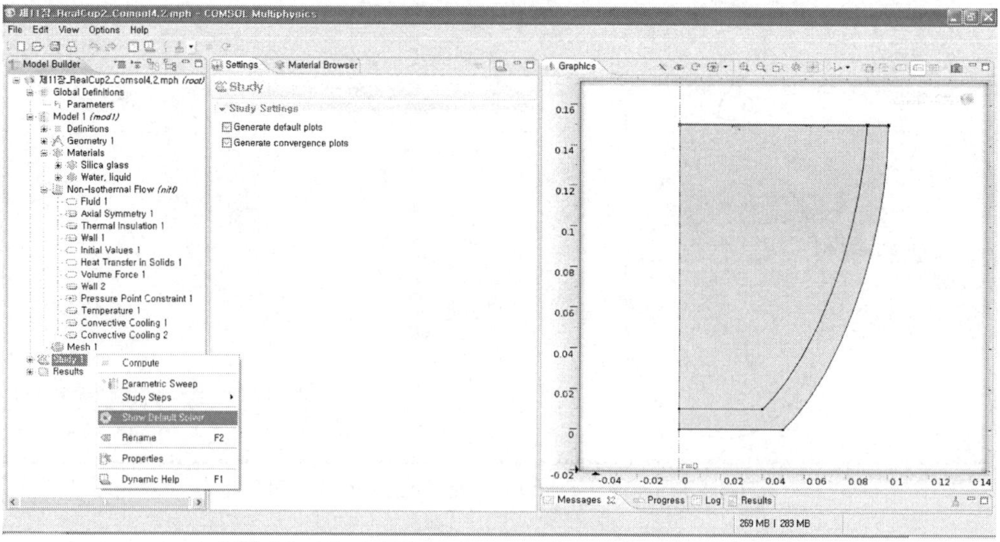

그림 12-16-1 'Show Default Solver' 메뉴 선택하기

16-2. 그림 12-16-2와 같이 'Model Builder' 페이지의 항목 중 'Study 1' - 'Step 1: Time Dependent'를 클릭하고, 'Settings' 페이지의 'Study Settings' 섹션에서 'Times:' 부분을 'range(0,0.2,5)[min]'으로 타입하고, 'Relative tolerance:' 부분을 체크하여 활성화시키고 '1e-5'로 세팅한다.

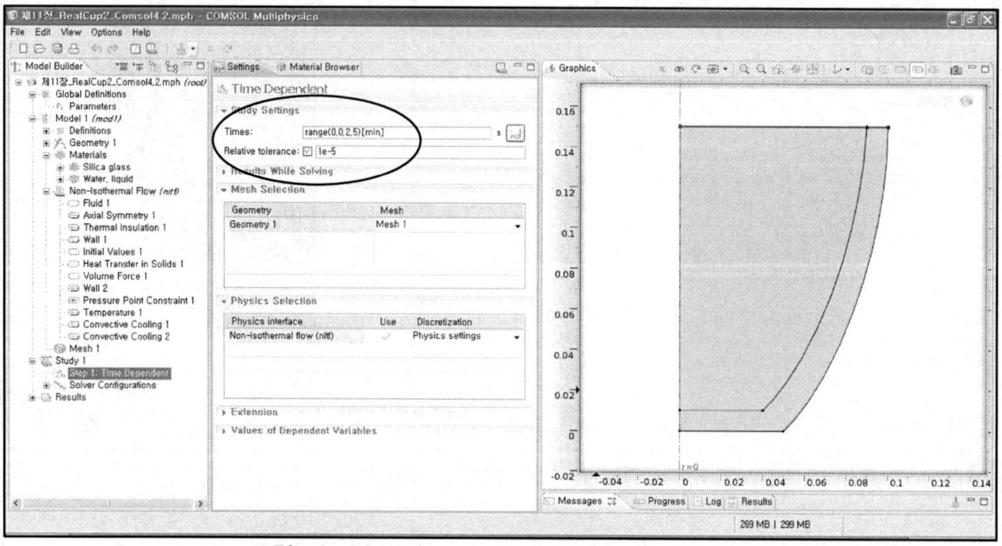

그림 12-16-2 'Study Settings' 섹션 설정하기

16-3. 그림 12-16-3과 같이 'Model Builder' 페이지의 항목 중 'Study 1'를 마우스 오른쪽 버튼을 클릭하여 나타난 'Compute' 메뉴를 선택하여 클릭하거나, 혹은 오른쪽 'Settings' 페이지 상단의 'Compute' 버튼 을 클릭하여 해석을 수행해 보자.

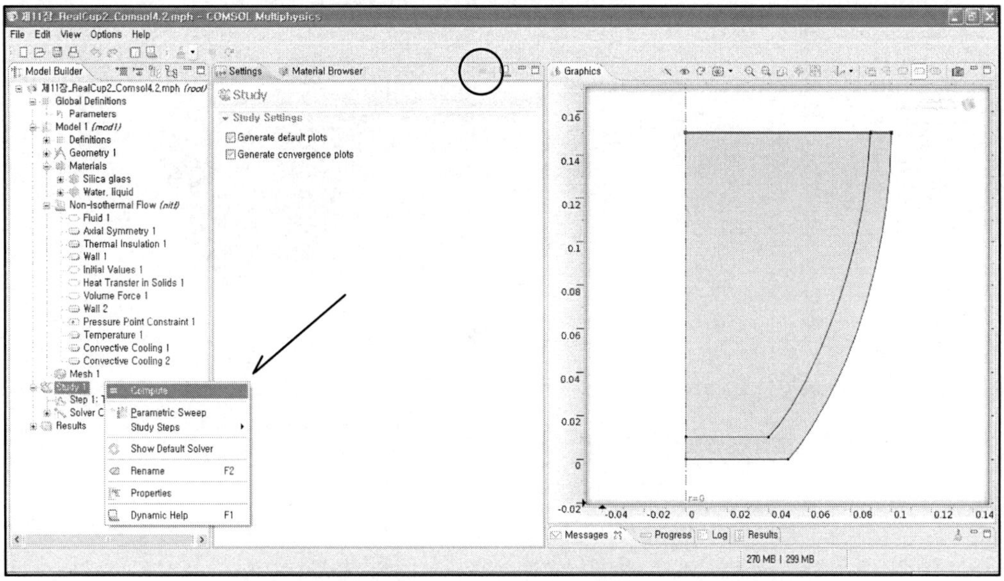

그림 12-16-3 'Compute' 수행하기

16-4. 그림 12-16-4는 해석이 진행되는 모습을 보여준다.

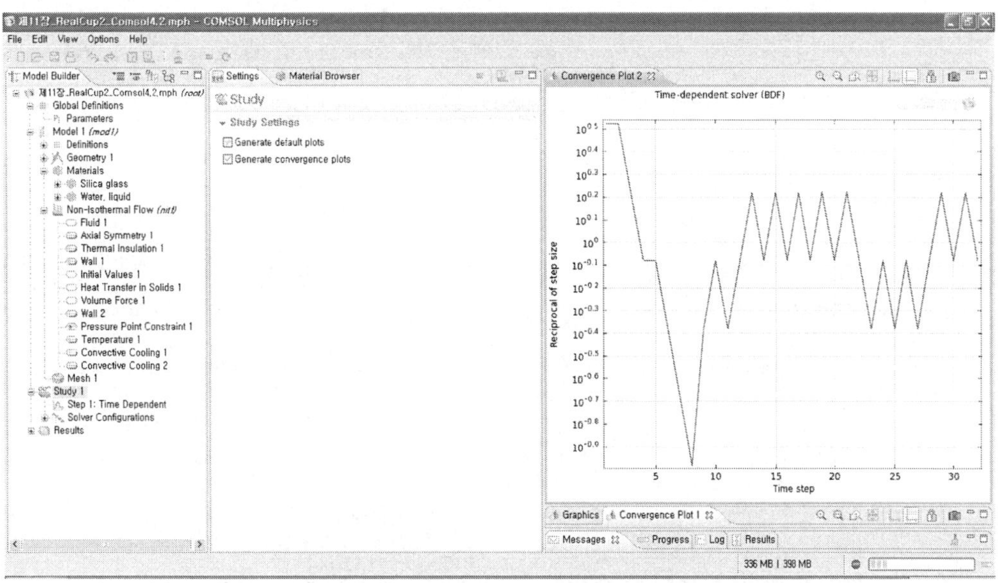

그림 12-16-4 해석이 진행되는 모습

16-5. 그림 12-16-5는 해석이 완료된 모습을 보여준다.

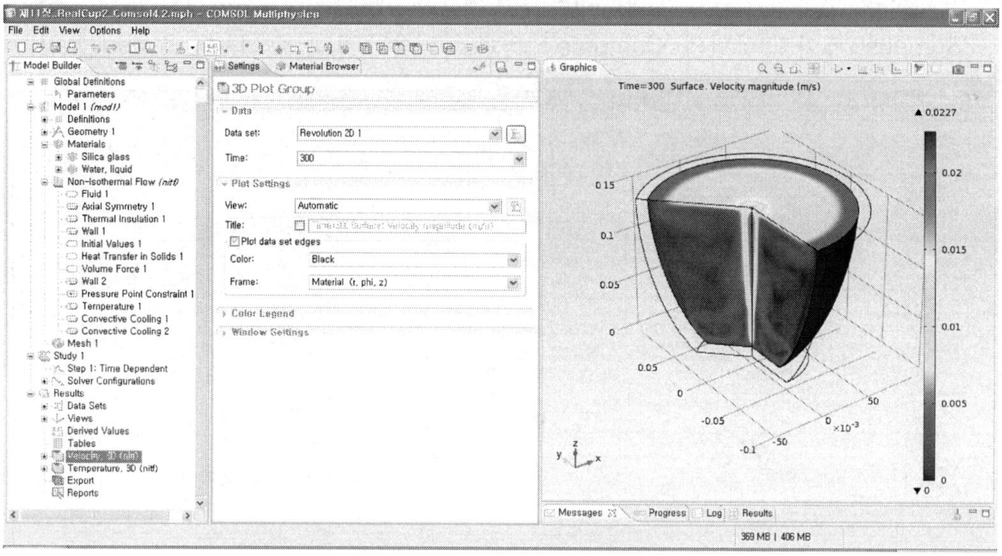

그림 12-16-5 해석이 완료된 모습

17-1. 해석 결과가 나왔다. 이제 유체(물)를 포함한 컵의 온도 분포를 표시해 주는 결과의 이미지를 얻어 보자. 그림 12-17-1과 같이 'Model Builder' 페이지의 항목 중 'Results'를 오른쪽 마우스 버튼을 클릭하고 나타난 메뉴 중 '2D Plot Group'를 선택하자.

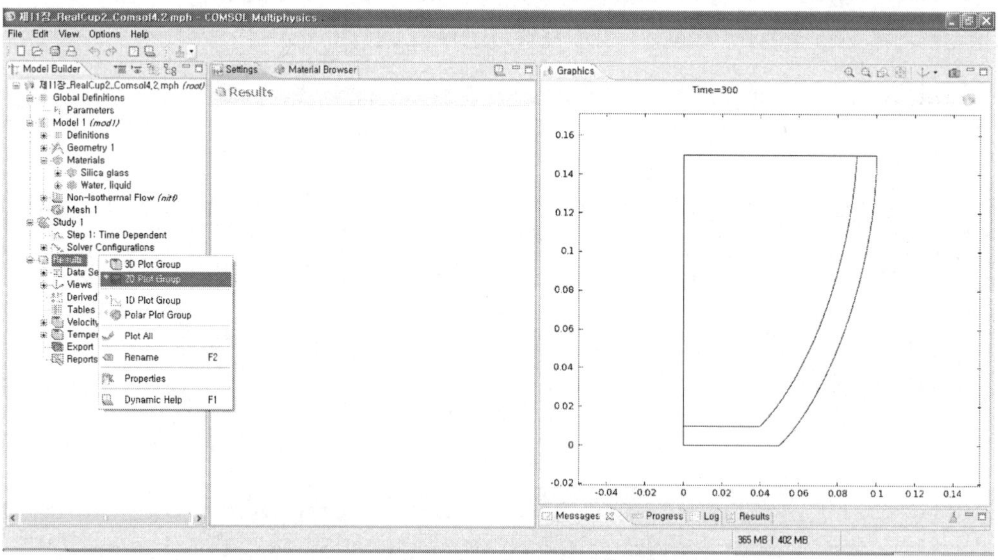

그림 12-17-1 'Results' , '2D Plot Group' 선택하기

17-2. 그림 12-17-2와 같이 추가된 '2D Plot Group'를 오른쪽 마우스 버튼을 클릭하고 나타난 메뉴 중 'Surface'를 선택하자.

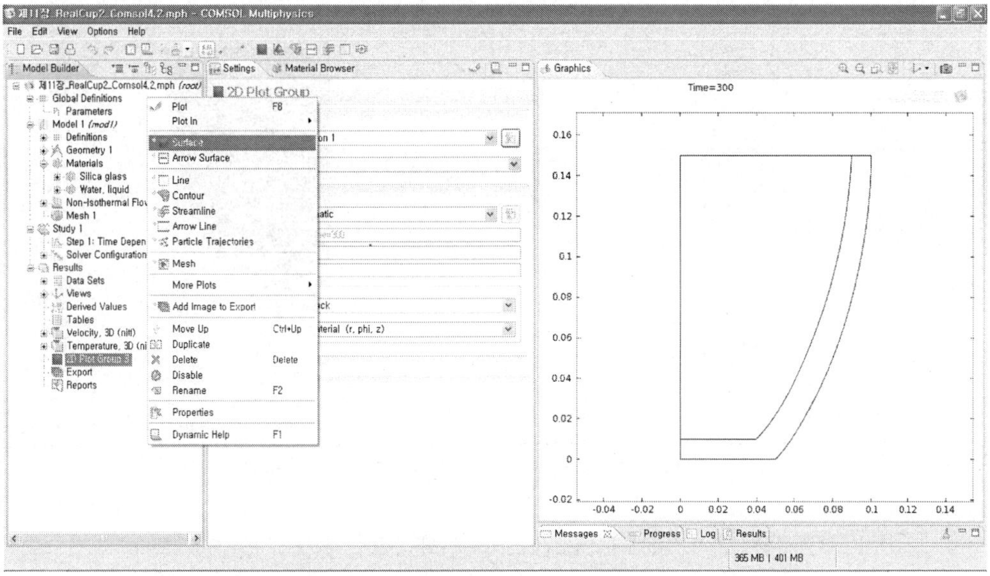

그림 12-17-2 '2D Plot Group', 'Surface' 선택하기

17-3. 그림 12-17-3은 유체(물)를 포함한 컵의 온도 분포를 표시해 주는 이미지를 보여준다. 현재 나타난 이미지는 해석 시간 '300' 초에 해당하는 이미지이다. 다른 시간의 해석 이미지를 보려면 '2D Plot Group'를 클릭하여 조정하면 된다. 다른 '2D Plot'을 얻으려면 'Settings' 페이지의 'Expression' 섹션에 있는 'Replace Expression' 버튼을 클릭하고 나타나는 원하는 물리량을 선택한 후, 상단의 'Plot' 버튼을 클릭하면 된다.

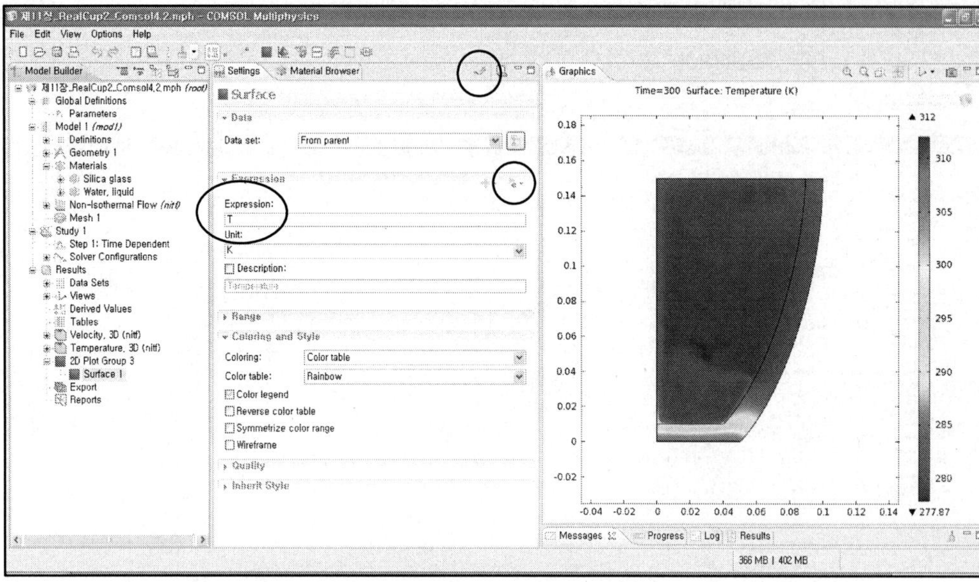

그림 12-17-3 유체(물)를 포함한 컵의 온도 분포

17-4. 그림 12-17-4와 같이 '2D Plot Group 4'를 하나 더 추가하고, 오른쪽 마우스 버튼을 클릭하고 나타난 메뉴 중 'Streamline'을 선택하자.

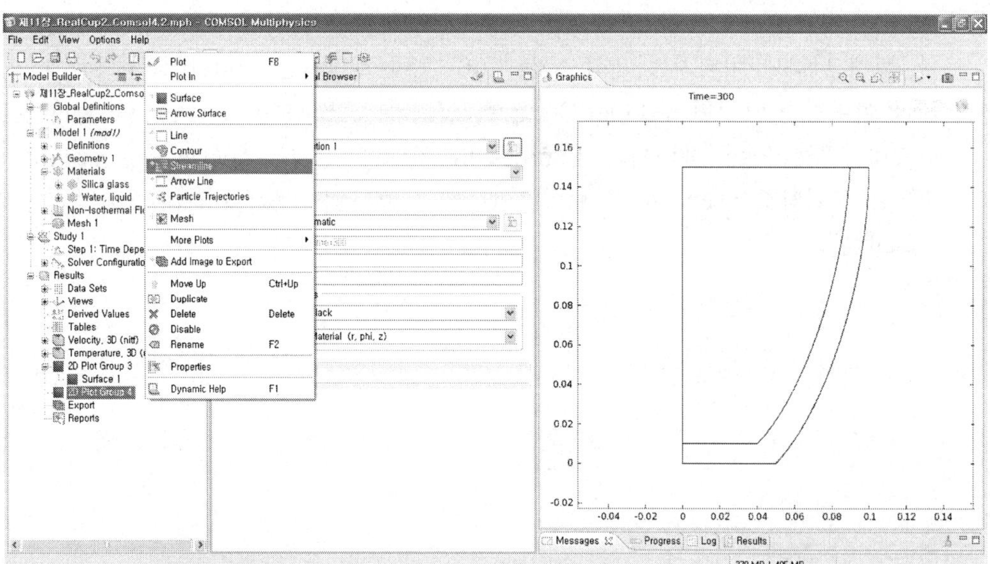

그림 12-17-4 '2D Plot Group 4' 추가, 'Streamline' 선택하기

17-5. 그림 12-17-5와 같이 추가된 'Streamline'를 클릭하자. 'Settings' 페이지의 'Expression' 섹션에 있는 'Replace Expression' 버튼을 클릭하고 나타나는 메뉴 중 'Non-Isothermal Flow (Laminar Flow)' - 'Velocity field (u,w)'를 선택한 후, 상단의 'Plot' 버튼을 클릭하면 된다.

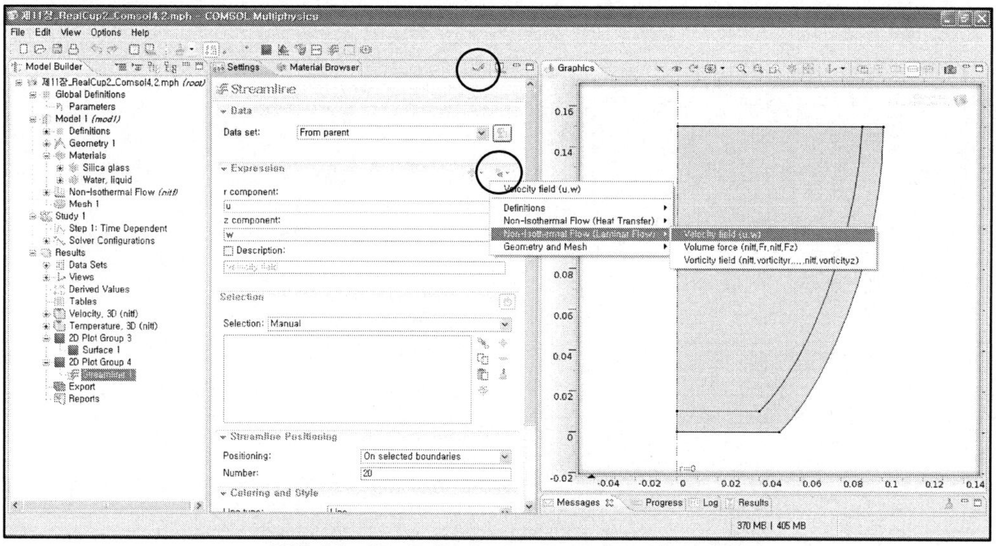

그림 12-17-5 'Velocity field (u,w)' 선택하기

17-6. 그림 12-17-6은 'Non-Isothermal Flow (Laminar Flow)' - 'Velocity field (u,w)'의 이미지를 보여준다.

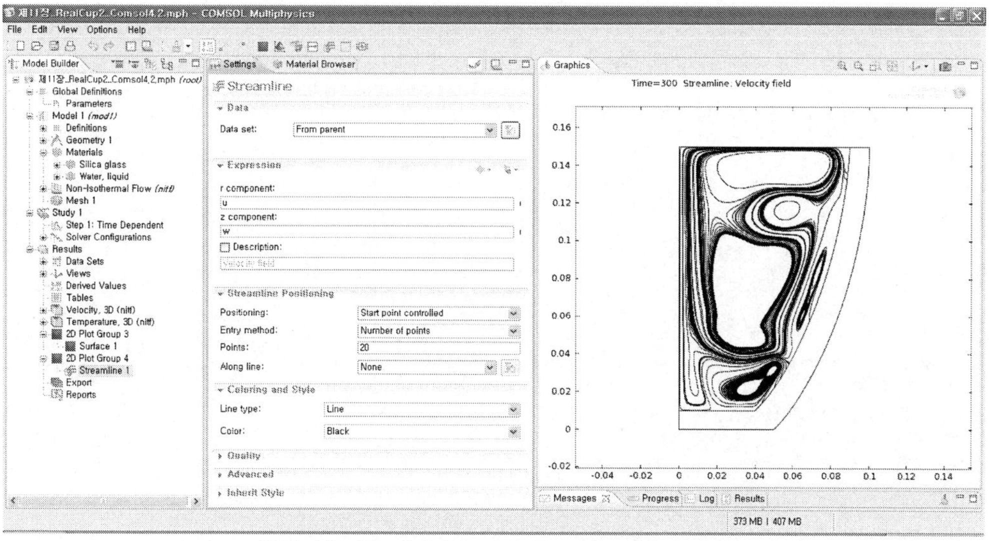

그림 12-17-6 'Velocity field (u,w)' 이미지

▣ 연습 문제

1. 제 12장에서 수행한 대류 열전달이 일어나는 컵 모델링 결과를 가지고 각각의 시간 12초, 20초, 24초, 100초, 300초 일 때, 속력 , 온도를 나타내는 이미지를 구하라. 기타 조건은 동일하다고 가정한다.

제13장. 잉크 제트 수치 해석

다음과 같이 잉크 제트 수치 해석을 'COMSOL Multiphysics'에서 수행해 보자.

1. 그림 13-1과 같이 'Model Wizard' 페이지에서 'Select Space Dimension' 을 '2D axisymmetric'으로 선택하고 'Next' 버튼 을 누른다.

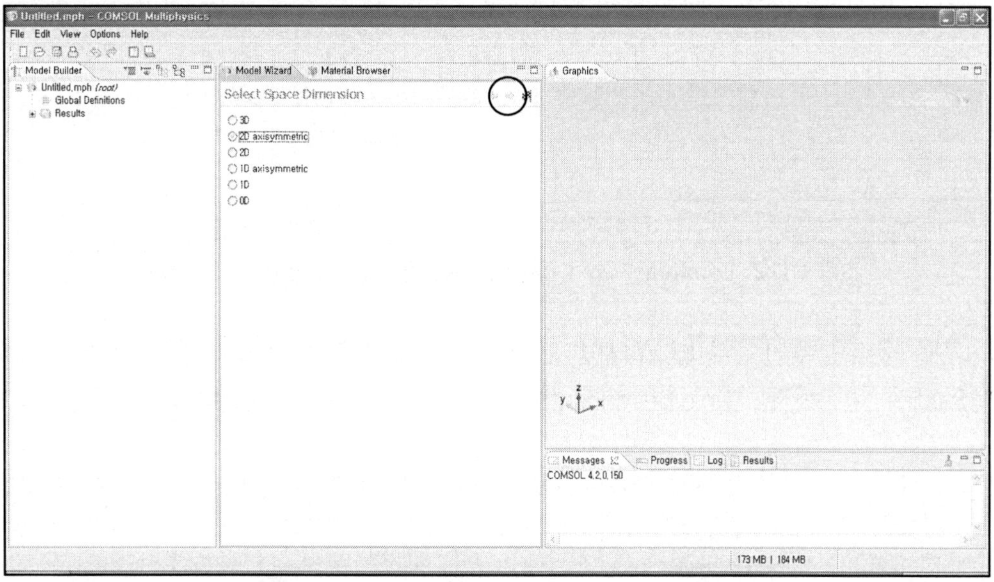

그림 13-1 'Model Wizard' , 'Select Space Dimension', '2D axisymmetric' 선택하기

2. 그림 13-2와 같이 'Model Wizard' 페이지의 'Add Physics' 윈도우에서 'Fluid Flow' - 'Multiphase Fluid' - 'Two-Phase Flow, Phase Field' - 'Laminar Two-Phase Flow, Phase Field (tpf)'을 더블클릭하여 선택하고, 상단의 'Next' 버튼 을 누른다.

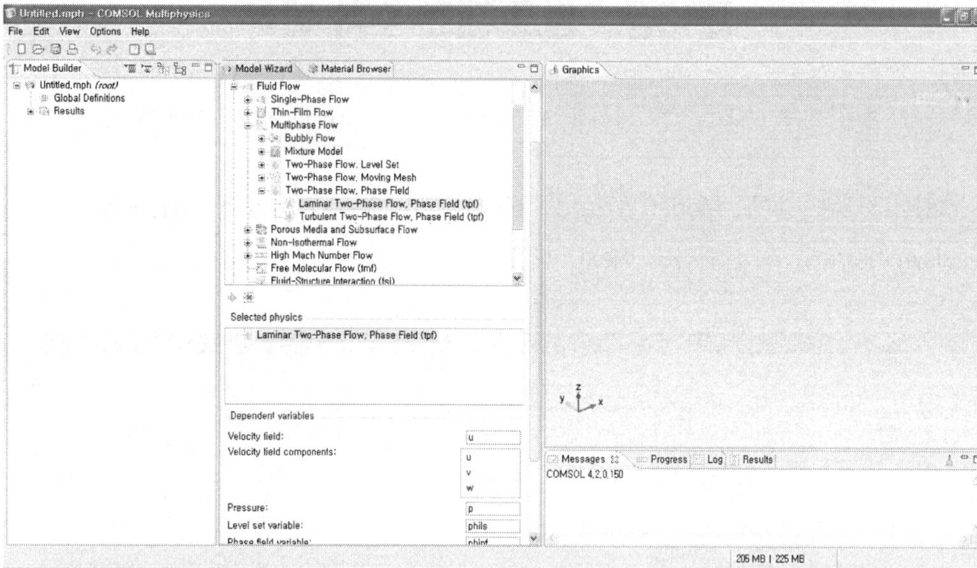

그림 13-2 'Laminar Two-Phase Flow, Phase Field (tpf)' 선택하기

3. 그림 13-3과 같이 'Model Wizard' 페이지의 'Select Study Type' 윈도우에서 'Preset Studies' 항목에서, 'Time Dependent'를 선택한 다음, 상단의 'Finish' 🏁 버튼을 누른다.

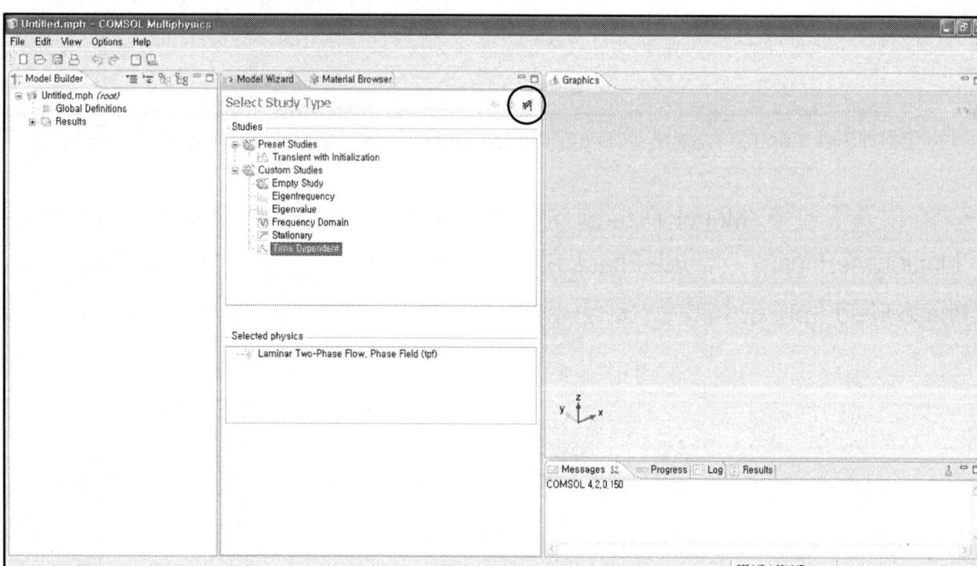

그림 13-3 'Select Study Type', 'Preset Studies', 'Time Dependent' 선택하기

4-1. 그림 13-4-1과 같이 다각형 모델링을 하기위해서, 'Model Builder' 페이지에서 'Geometry 1'을 선택하고, 마우스 오른쪽 버튼을 눌러 'Ploygon'을 선택한다.

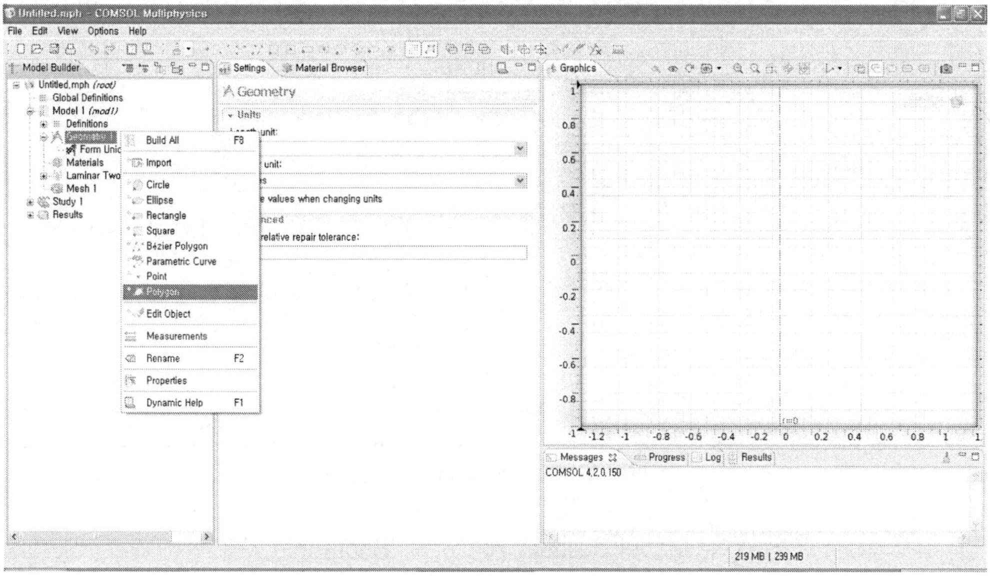

그림 13-4-1 'Ploygon' 형성하기

4-2. 그림 13-4-2와 같이 오른쪽의 'Settings' 페이지에 나타난 'Ploygon' 윈도우의 'Coordinate' 항목에,

r: '0 1e-4 1e-4 2.5e-5 2.5e-5 1e-4 1e-4 2e-4 2e-4 0'

z: '0 0 3.8e-4 4e-4 6e-4 6e-4 1e-3 1e-3 1.1e-3 1.1e-3' 로 타입한 후, 상단의 'Build All' 버튼을 클릭한다.

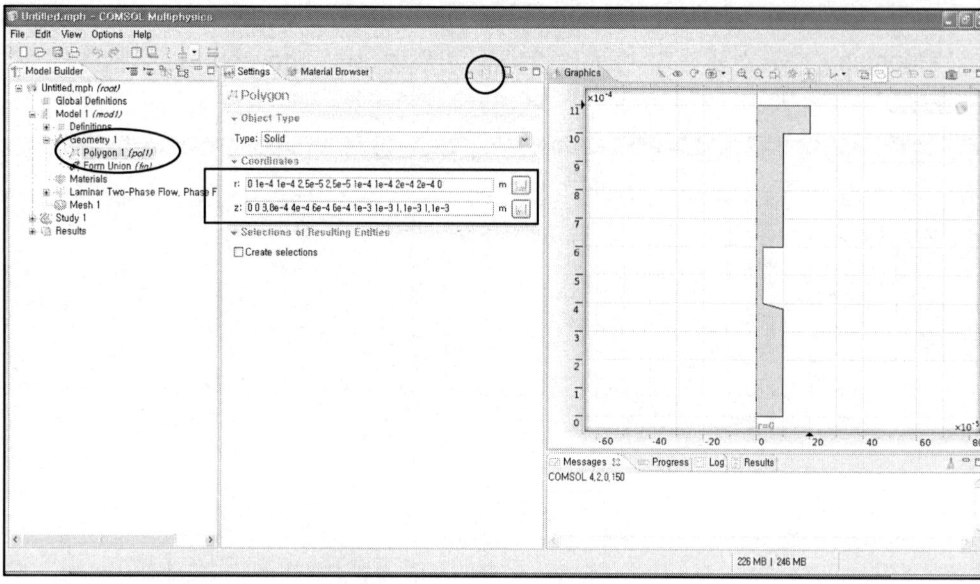

그림 13-4-2 'Ploygon' 설정하기

4-3. 그림 13-4-3과 같이 'Model Builder' 페이지에 'Rectangle 1'을 추가하고, 'Settings' 페이지의 'Rectangle' 윈도우의 'Size' 항목에서, Width: '1e-4' , Height: '3.8e-4'를 타입하고 상단의 'Build All' 버튼을 클릭한다.

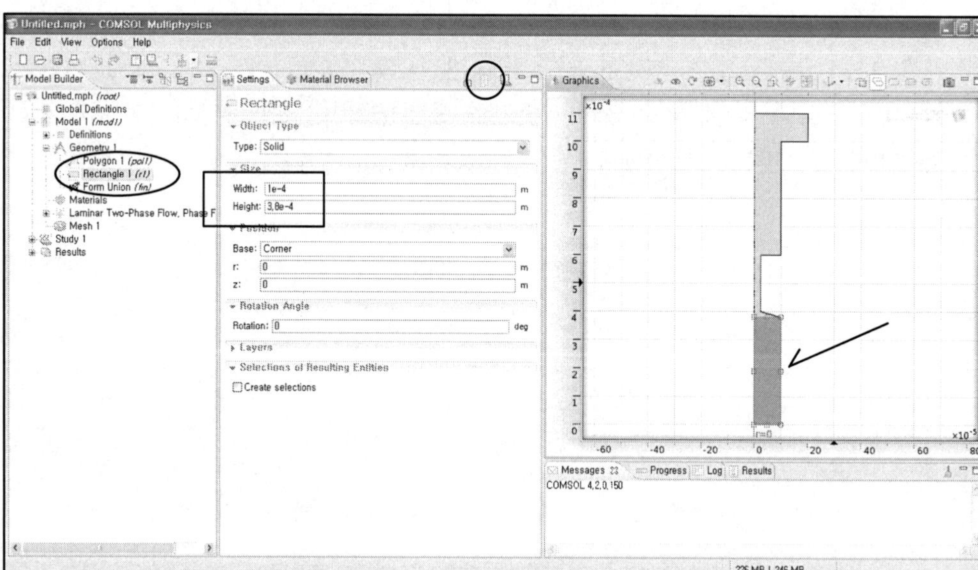

그림 13-4-3 'Rectangle 1' 설정하기

4-4. 그림 13-4-4와 같이 'Model Builder' 페이지에 'Rectangle 2'를 추가하고, 'Settings' 페이지의 'Rectangle' 윈도우의 'Size' 항목에서, Width: '2.5e-5' , Height: '2e-4'를 타입하고 상단의 'Build All' 버튼을 클릭한다.

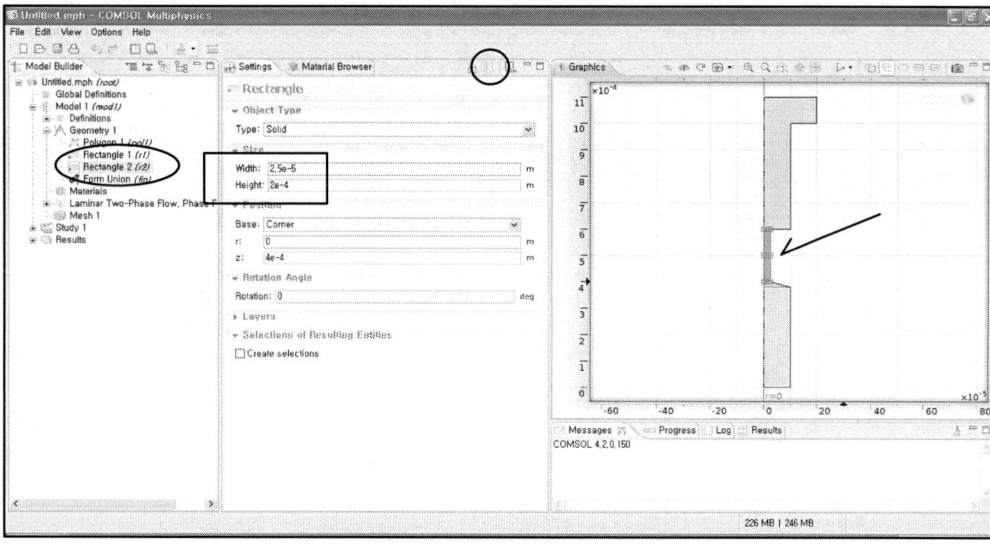

그림 13-4-4 'Rectangle 2' 설정하기

4-5. 그림 13-4-5와 같이 'Model Builder' 페이지에 'Rectangle 3'을 추가하고, 'Settings' 페이지의 'Rectangle' 윈도우의 'Size' 항목에서, Width: '2.5e-5' , Height: '5e-4'를 타입하고 상단의 'Build All' 버튼을 클릭한다.

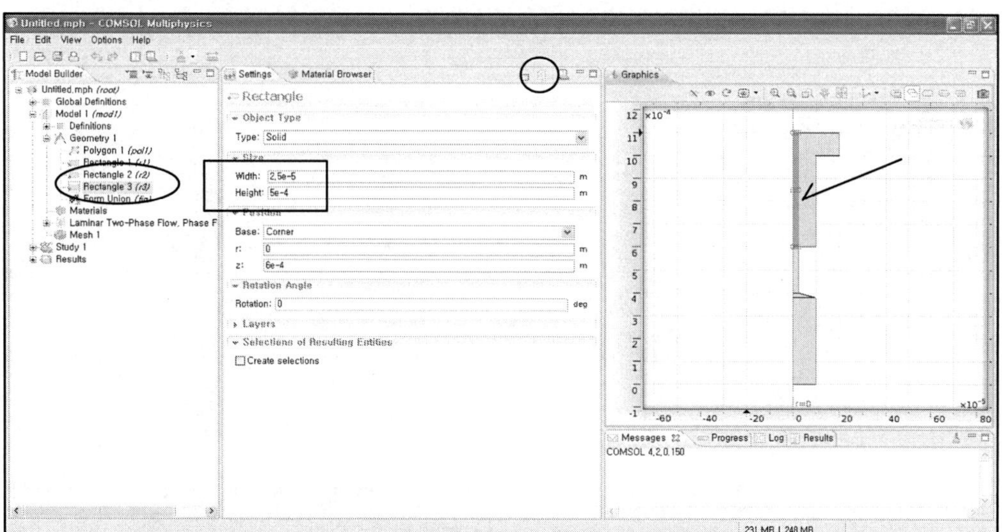

그림 13-4-5 'Rectangle 3' 설정하기

4-6. 그림 13-4-6과 같이 'Model Builder' 페이지에 'Rectangle 4'를 추가하고, 'Settings' 페이지의 'Rectangle' 윈도우의 'Size' 항목에서, Width: '2.5e-5' , Height: '5e-4'를 타입하고 상단의 'Build All' 버튼을 클릭한다.

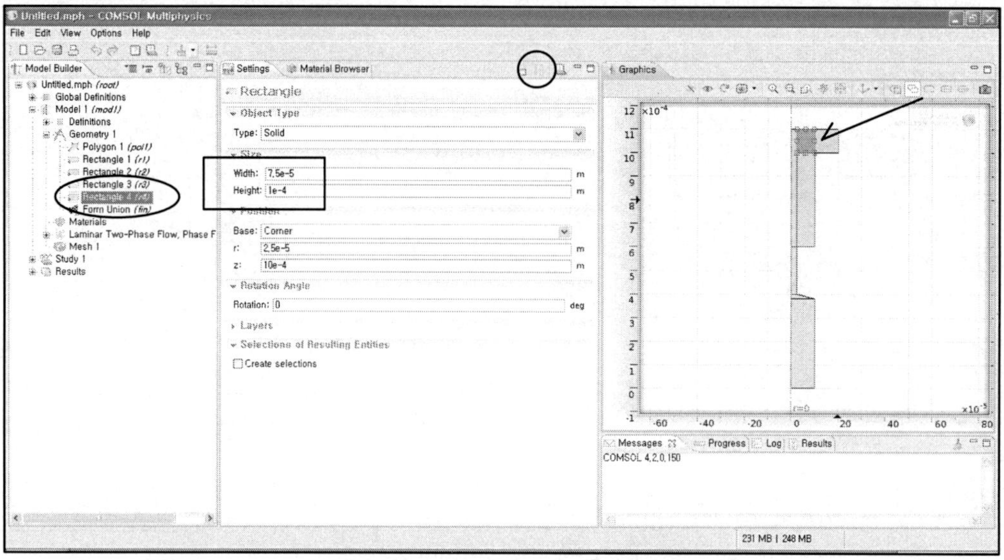

그림 13-4-6 'Rectangle 4' 설정하기

5-1. 상수를 정의하기 위하여 그림 13-5-1과 같이 'Model Builder' 페이지에서 'Global Definitions'를 마우스 오른쪽 클릭 후 'Parameters'를 선택한다.

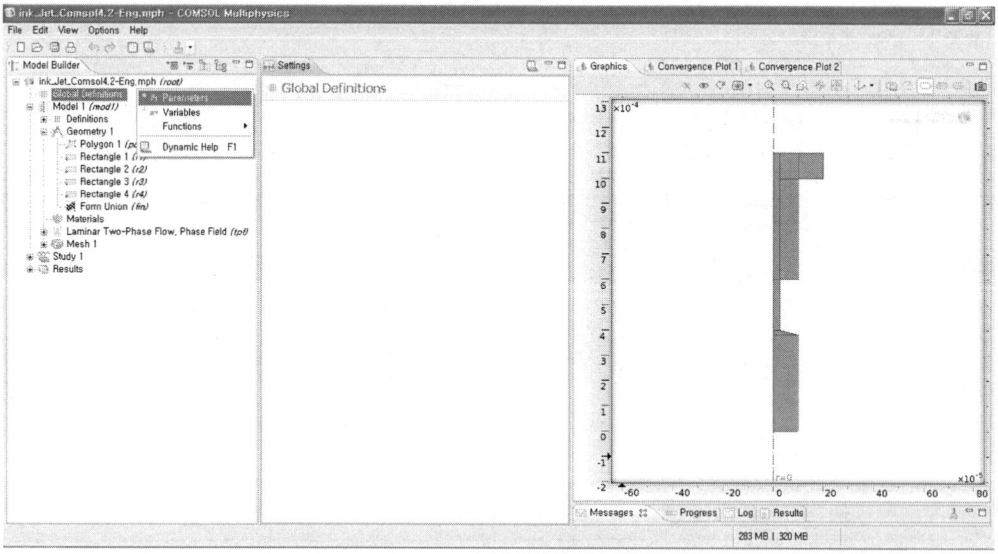

그림 13-5-1 'Parameters' 추가하기

5-2. 그림 13-5-2와 같이 'Settings' 페이지에 있는 'Parameters' 윈도우에 상수값을 표 13-1에 따라 타입한다.

표 13-1. 상수 정의하기

NAME	EXPRESSION	DESCRIPTION
rhoair	1.225[kg/m^3]	Density of air
rhoink	1e3[kg/m^3]	Density of ink
etaair	1.7894e-5[Pa*s]	Viscosity of air
etaink	1e-2[Pa*s]	Viscosity of ink
sigma	0.07[N/m]	Surface tension

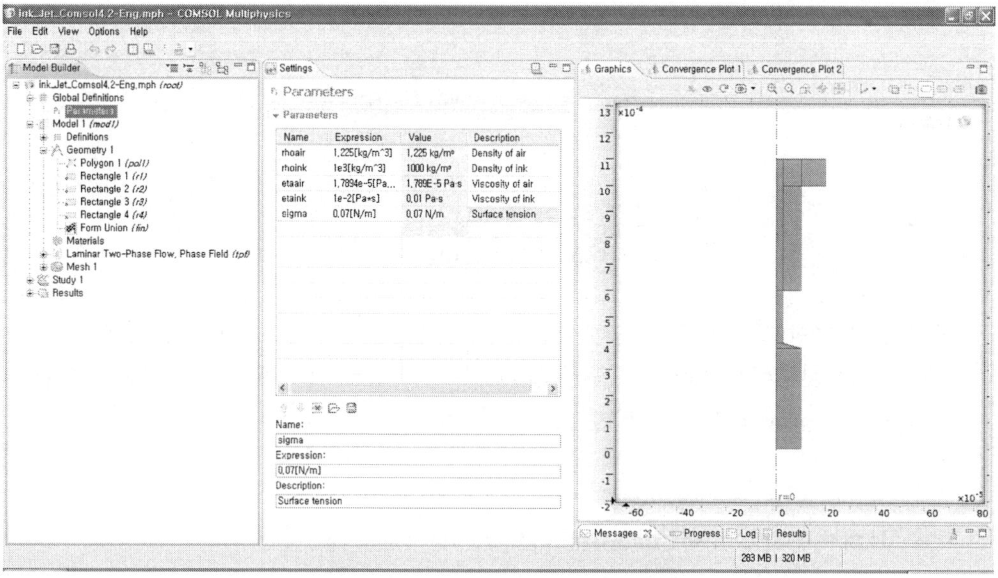

그림 13-5-2 'Parameters' 설정하기

5-3. 그림 13-5-3과 같이 변수를 정의하기 위하여 'Model Builder' 페이지에서 'Global Definitions'를 마우스 오른쪽 클릭 후 'Variables'를 선택한다.

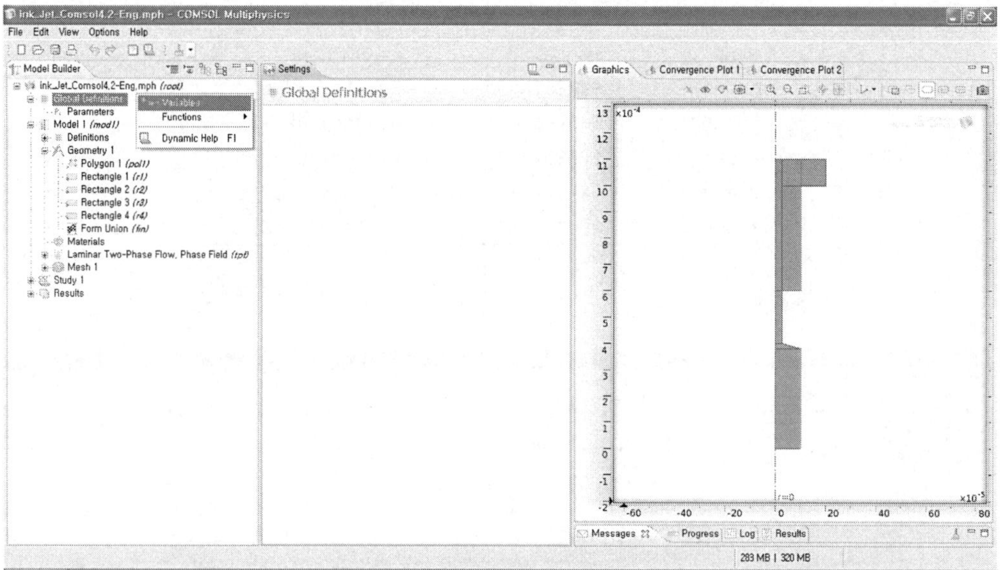

그림 13-5-3 'Variables' 추가하기

5-4. 추가된 'Variables' 를 정의하기 위하여 그림 13-5-4와 같이 'Model Builder' 페이지에서 'Global Definitions' - 'Variables'를 클릭하여 선택한다. 오른쪽의 'Settings' 페이지의 'Variables' 부분에 다음과 같이 변수를 정의한다.

변수 Name : 'mass_droplet'

변수 Expression : 'mod1.intop1(intcpl_source_mass_droplet)'

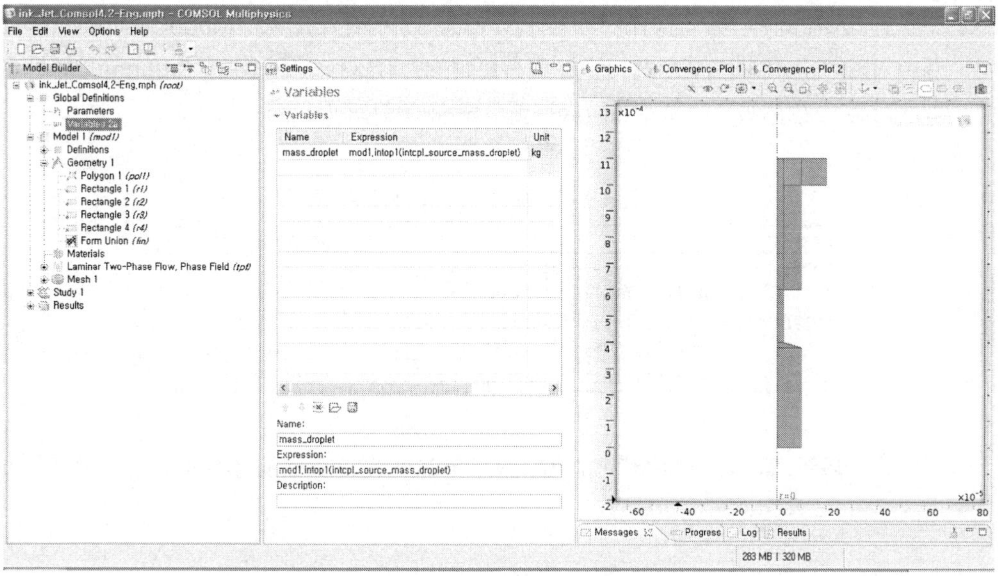

그림 13-5-4 'Variables' 설정하기

5-5. 그림 13-5-5와 같이 또 다른 변수를 정의하기 위하여 'Model Builder' 페이지에서 'Definitions'를 마우스 오른쪽 클릭 후 'Variables'를 선택한다.

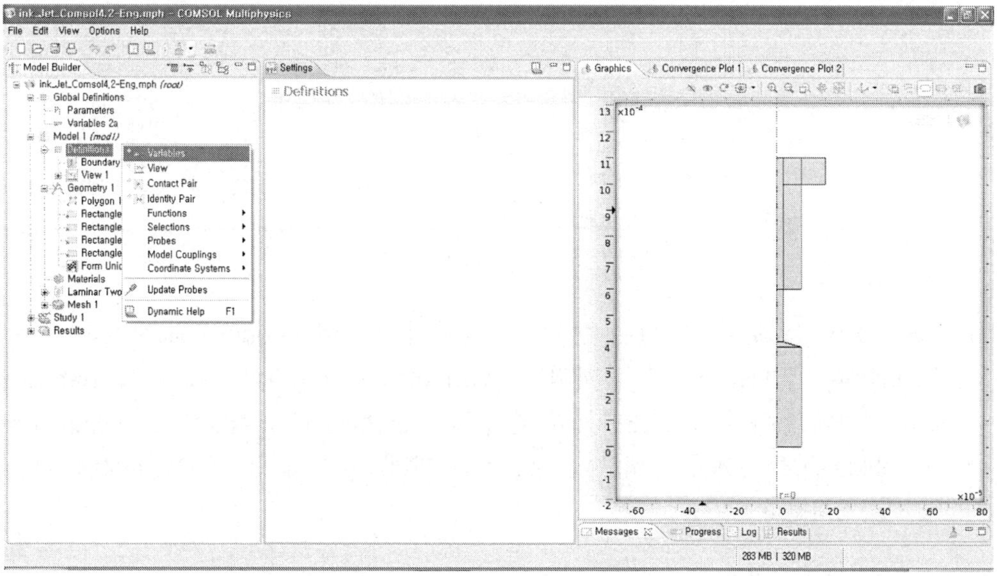

그림 13-5-5 'Variables' 추가하기

5-6. 추가된 'Variables' 를 정의하기 위하여 그림 13-5-6과 같이 'Model Builder' 페이지에서 'Definitions' - 'Variables'를 클릭하여 선택한다. 오른쪽의 'Settings' 페이지의 'Variables' 부분에 표 13-2와 같이 변수를 정의한다.

표 13-2. 표현 - 스칼라 표현

NAME	EXPRESSION	DESCRIPTION
inletr	4.5[m/s]*((r[1/m]+1e-4)/2e-4)*(1-((r[1/m]+1e-4)/2e-4))	
inlett	flc2hs(t[1/s]-1e-6,1e-6)-flc2hs(t[1/s]-13e-6,1e-6)	
inletvel	inletr*inlett	Inlet velocity

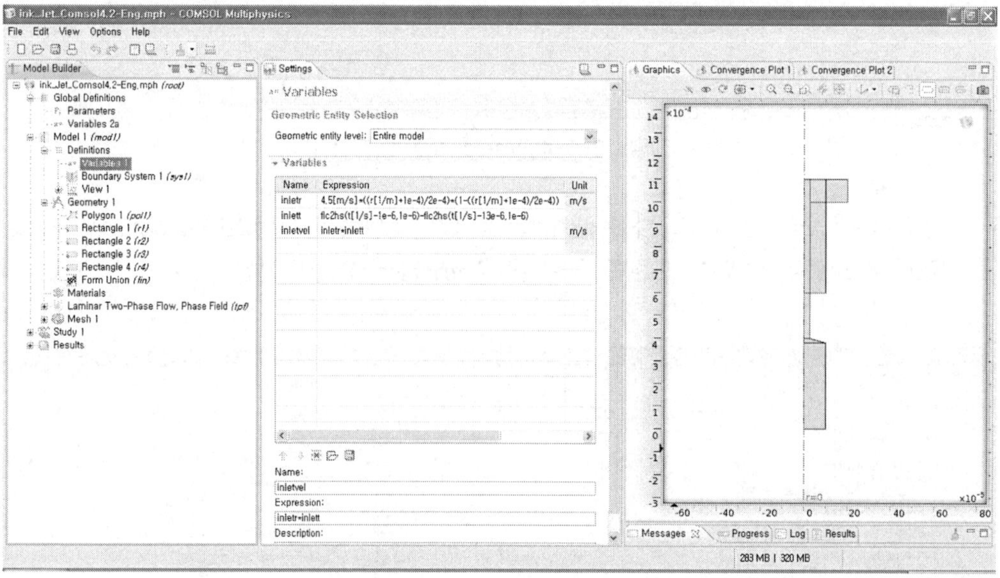

그림 13-5-6 'Variables' 설정하기

5-7. 그림 13-5-7과 같이 또 다른 변수를 정의하기 위하여 'Model Builder' 페이지에서 'Definitions'를 마우스 오른쪽 클릭 후 'Variables'를 선택한다. 추가된 'Variables 3a'를 정의하기 위하여 그림 13-5-7과 같이 'Model Builder' 페이지에서 'Definitions' - 'Variables'를 클릭하여 선택한다. 오른쪽의 'Settings' 페이지의 'Variables' 부분에 변수를 정의한다.

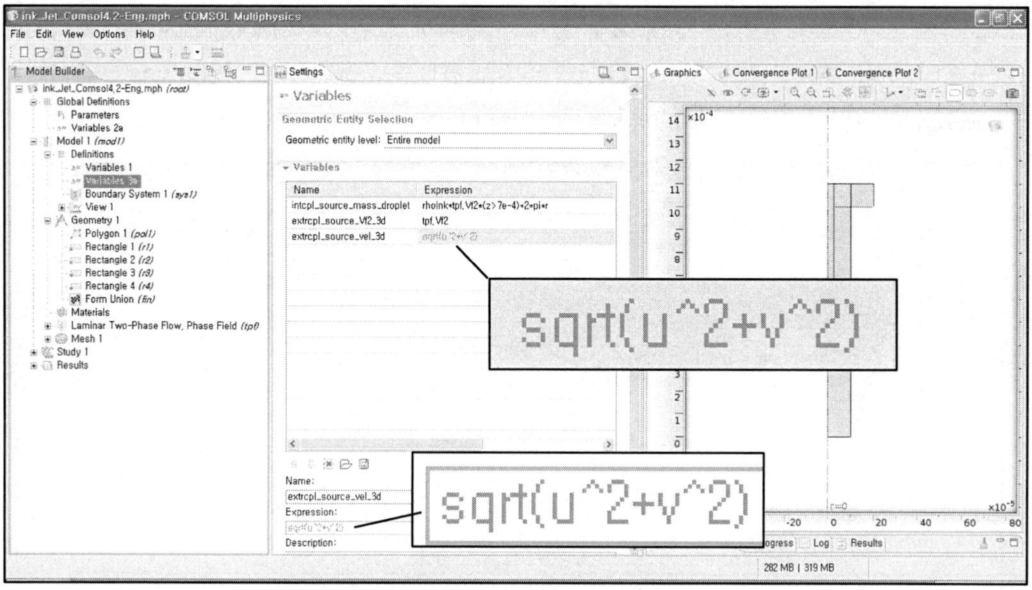

그림 13-5-7 'Variables' 설정하기

5-8. 그림 13-5-8과 같이 적분 변수를 추가하기 위하여 'Model Builder' 페이지에서 'Definitions'를 마우스 오른쪽 클릭 후 'Model Coupling' - 'Integration'을 선택한다.

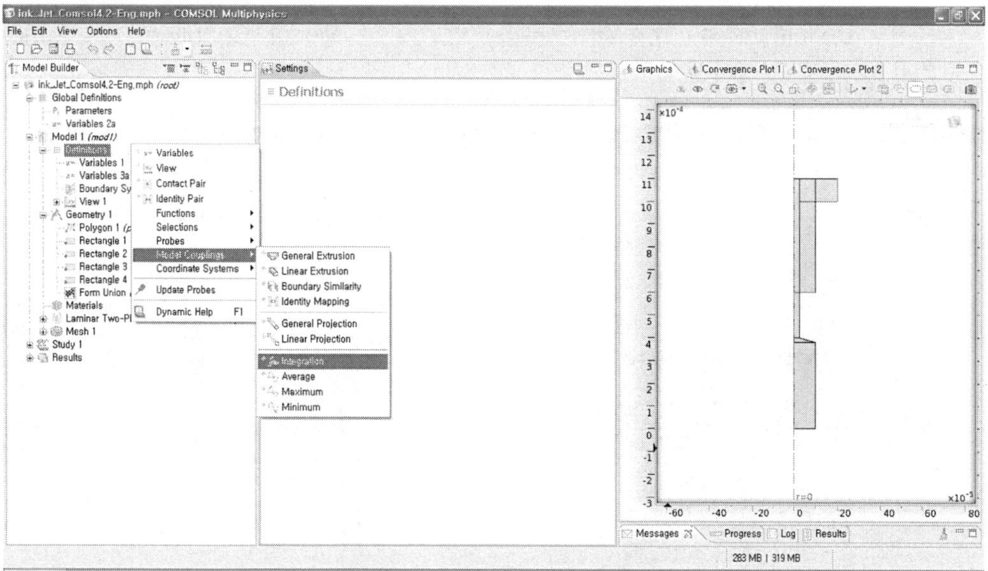

그림 13-5-8 'Model Coupling' - 'Integration' 선택하기

5-9. 그림 13-5-9와 같이 추가된 적분 변수를 정의하기 위하여 'Model Builder' 페이지에서 'Definitions' – 'Integration 1 (intop1)'를 선택하고, 'Settings' 페이지의 'Selection:' 부분을 'All domains'로 선택하자.

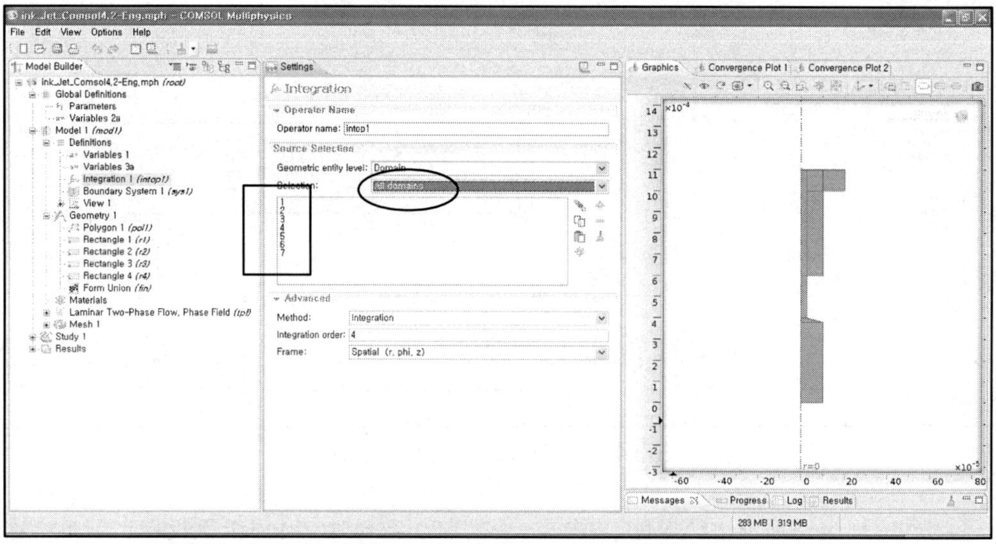

그림 13-5-9 'Definitions' – 'Integration 1 (intop1)' 설정하기

5-10. 그림 13-5-10과 같이 'Extrusion' 변수를 추가하기 위하여 'Model Builder' 페이지에서 'Definitions'를 마우스 오른쪽 클릭 후 'Model Coupling' – 'General Extrusion'을 선택한다.

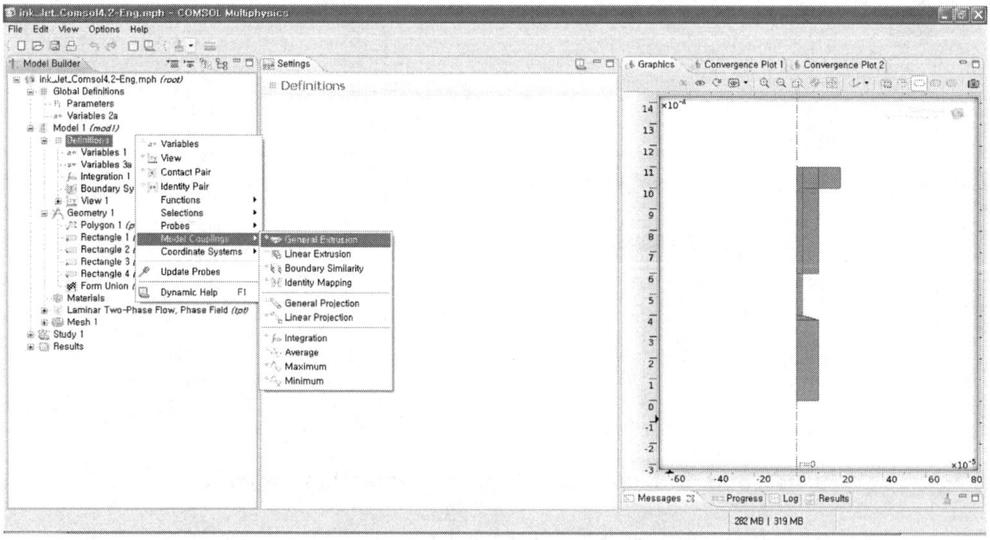

그림 13-5-10 'Model Coupling' – 'General Extrusion' 선택하기

5-11. 그림 13-5-11과 같이 추가된 'Extrusion' 변수를 정의하기 위하여 'Model Builder' 페이지에서 'Definitions' - 'General Extrusion (genext1)'을 선택하고, 'Settings' 페이지의 'Selection:' 부분을 'All domains'로 선택하자.

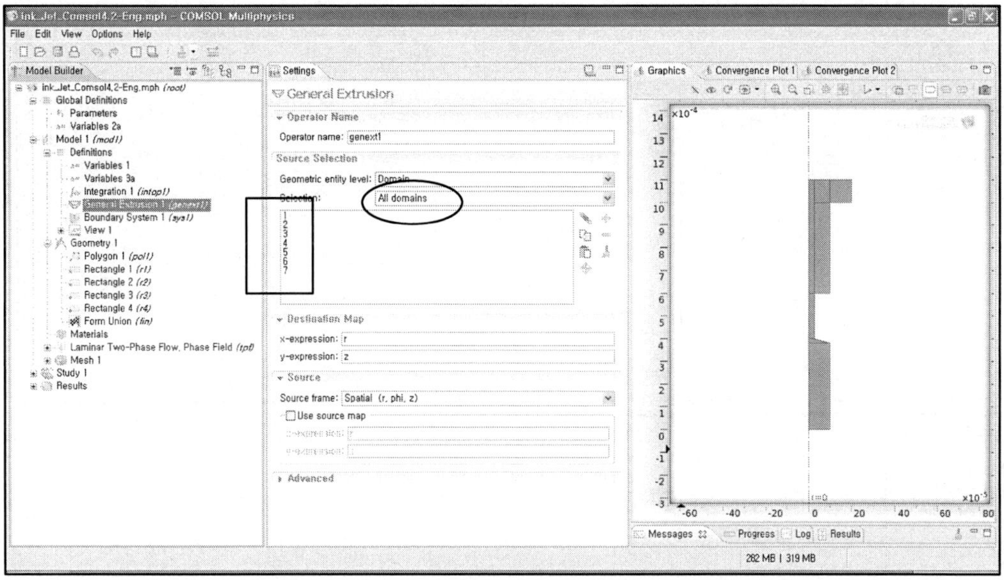

그림 13-5-11 'Definitions' - 'General Extrusion (genext1)' 설정하기

6. 이제 소영역을 설정해 보자. 그림 13-6과 같이 'Model Wizard' 페이지의 'Laminar Two-Phase Flow, Phase Field (tpf)' 의 하위 항목인 'Fluid Properties 1'을 클릭하여 선택하고, 'Setting' 페이지를 다음과 같이 세팅한다.

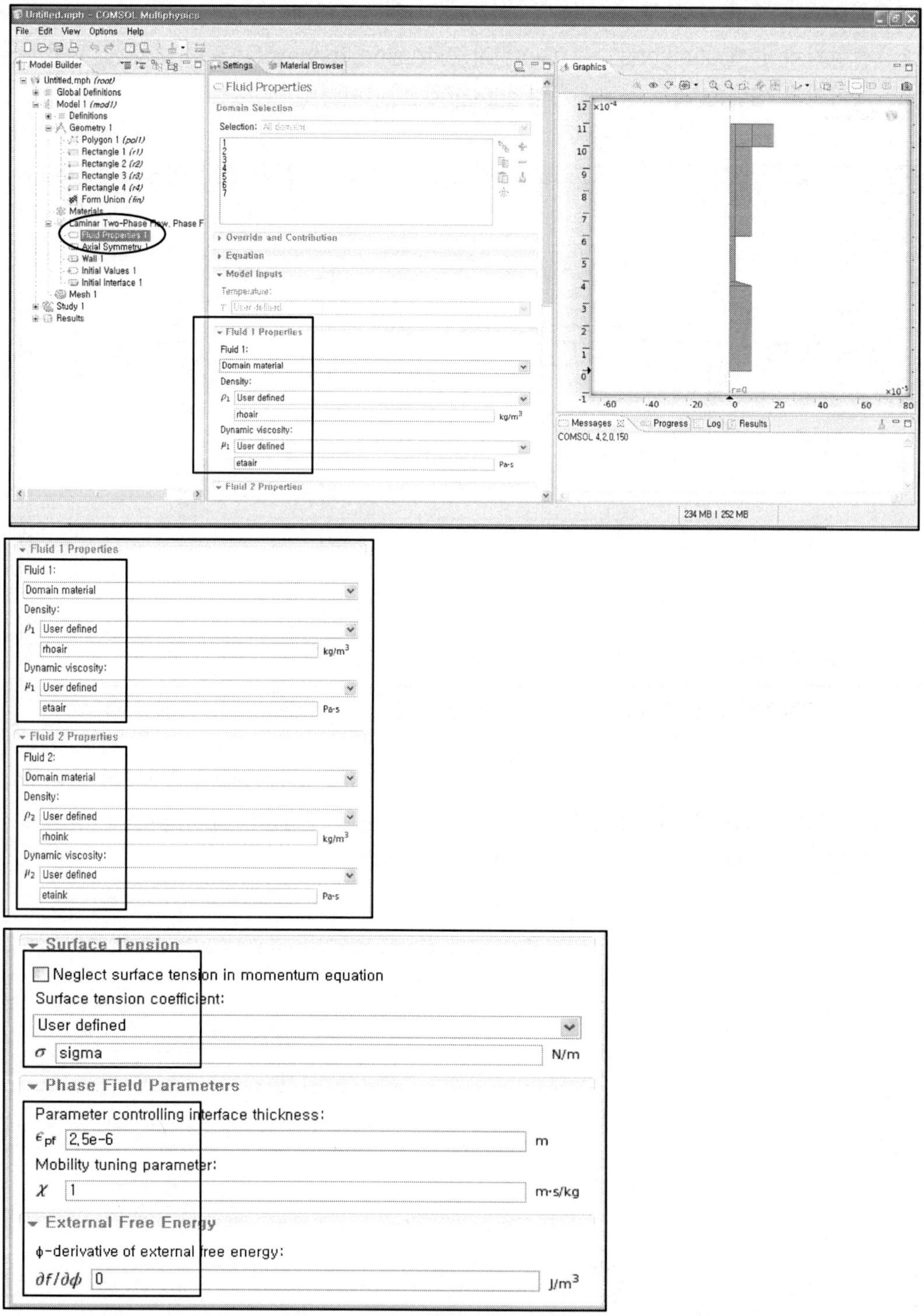

그림 13-6 소영역 'Fluid Properties 1' 설정하기

'Fluid 1 Properties' 영역

'Fluid 1:'의 'Density:' 를 'User Defined'로 선택하고 'rhoair'로 타입하고
'Dynamic viscosity:' 를 'User Defined'로 선택하고 'etaair'로 타입한다.

'Fluid 2 Properties' 영역

'Fluid 2:'의 'Density:' 를 'User Defined'로 선택하고 'rhoink'로 타입하고
'Dynamic viscosity:' 를 'User Defined'로 선택하고 'etaink'로 타입한다.

'Surface Tension' 영역 - 표면장력계수(Surface tension coefficient)

σ 를 'User Defined'로 선택하고 'sigma'로 타입한다.

'Phase Field Parameters' 영역

'Parameter controlling the interface thickness:'의 'ε_{pf}' 를 '2.5e-6'로 설정하자.

'Mobility tuning parameter:' 'χ'를 '1'로 설정하자.

'External Free Energy' 영역

'0'으로 설정하자.

7. 이제, 경계조건을 설정해야한다. 다음과 같은 항목들을 추가해보자. 'Laminar Two-Phase Flow, Phase Field' 항목을 오른쪽 마우스 버튼 클릭하여 나타나는 메뉴 중, 'Wall ', ' Initial Values ', ' Initial Interface ', ' Inlet ', ' Outlet'을 선택하여 순서와 상관없이 추가한다.

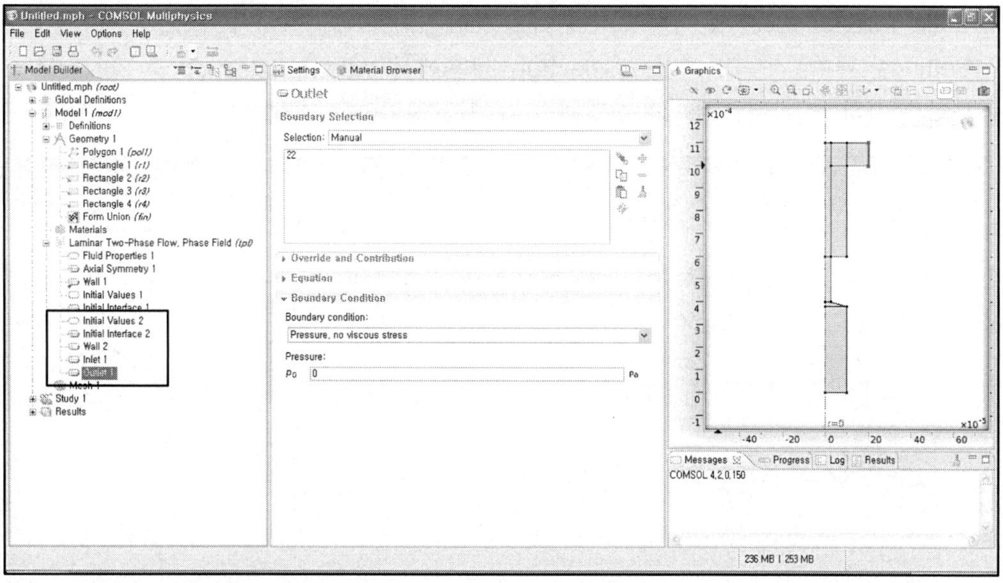

그림 13-7 'Wall', 'Initial Values', 'Initial Interface', 'Inlet', 'Outlet' 추가하기

8. 'Initial Values 2'를 클릭하여 선택하고 'Graphics' 페이지에서 '**영역** 1,2,3'을 선택하여 'Settings' 페이지의 'Domain Selection' 부분에서 'Add to Selection' 버튼을 클릭하여

추가하자. 이때, 'Fluid initially in domain:' 부분에서 'Fluid 2'로 선택하자. 'Initial Values 1'을 클릭해보면 나머지 '**영역** 4,5,6,7'은 'Fluid 1'으로 설정되어 있음을 알 수 있다.

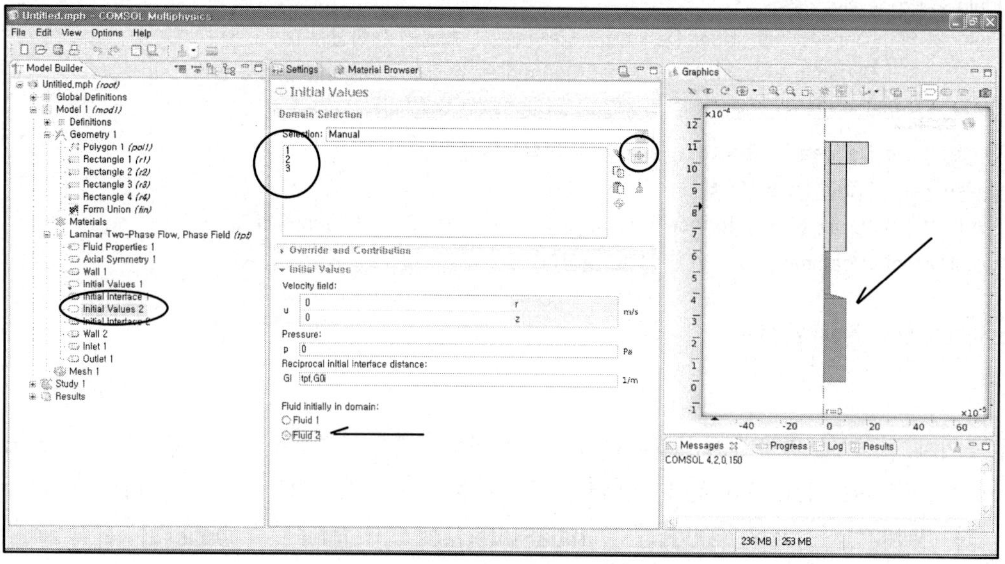

그림 13-8 'Initial Values 2' 설정하기

9. 'Initial Interface 2'를 클릭하여 선택하고 'Graphics' 페이지에서 '**경계** 8'을 선택하여 'Settings' 페이지의 'Boundary Selection' 부분에서 'Add to Selection' ✚ 버튼을 클릭하여 추가하자. 이것은 2가지 상영역의 경계를 정의하는 것이다.

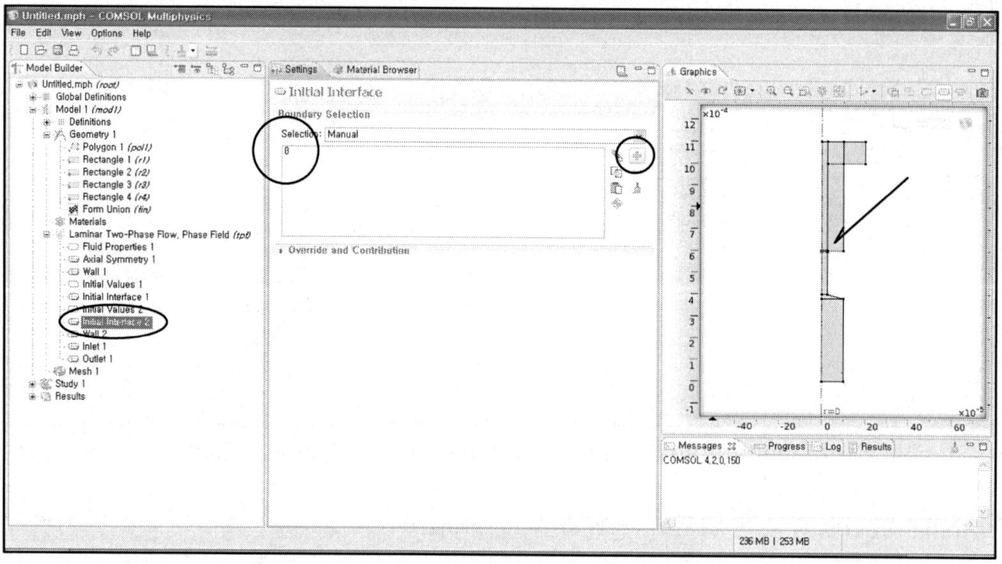

그림 13-9 'Initial Interface 2' 설정하기

10. 'Inlet 1'를 클릭하여 선택하고 'Graphics' 페이지에서 '**경계 2**'를 선택하여 'Settings' 페이지의 'Boundary Selection' 부분에서 'Add to Selection' ✚ 버튼을 클릭하여 추가하자. 'Boundary Condition:' 부분을 'Velocity'로 선택하고, 'Volume fraction of fluid 2:' 부분의 'V_f' 을 '1'로 타입하고, 아래의 'Velocity' 부분에서 'U_0' 을 'inletvel'로 설정하자.

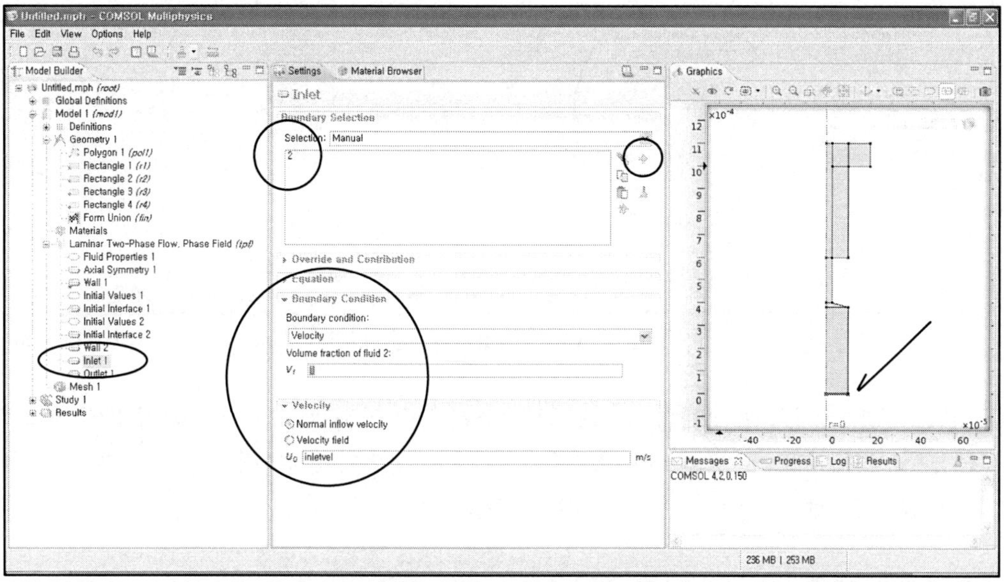

그림 13-10 'Inlet 1' 설정하기

11. 'Outlet 1'를 클릭하여 선택하고 'Graphics' 페이지에서 '**경계 22**'를 선택하여 'Settings' 페이지의 'Boundary Selection' 부분에서 'Add to Selection' ✚ 버튼을 클릭하여 추가하자. 'Boundary Condition:' 부분을 'Pressure, no viscous stress'로 선택하고, 'Pressure:' 부분의 'P_0' 을 '0'로 타입하자. 이것은 대기압을 설정하는 것이다.

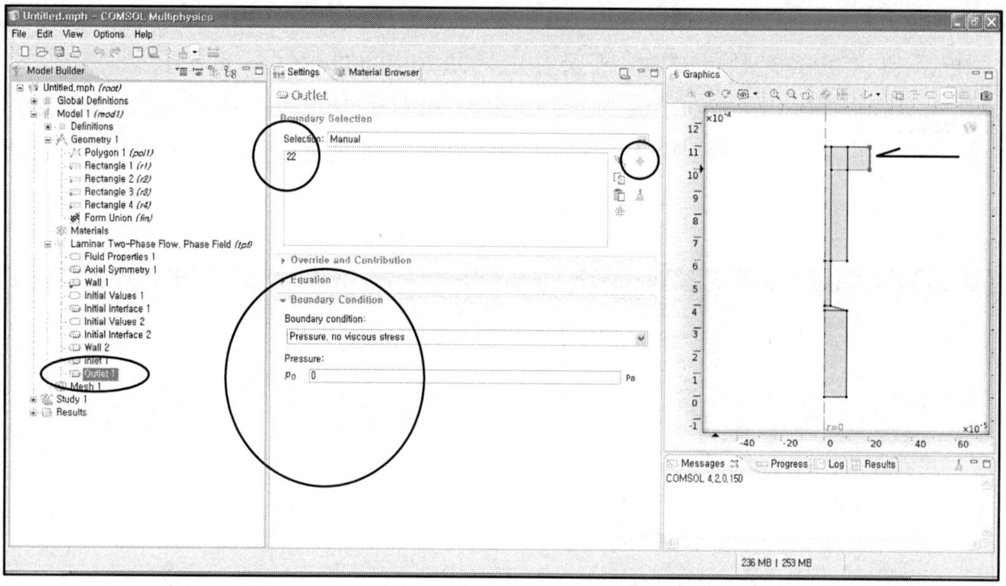

그림 13-11 'Outlet 1' 설정하기

12. 'Wall 2'를 클릭하여 선택하고 벽면 경계조건을 확인해 보자. 앞선 과정에서 여러 부분을 설정하였으므로 벽면 경계조건은 나머지 설정되지 않은 경계로 자동적으로 설정되어 있음을 알 수 있다.

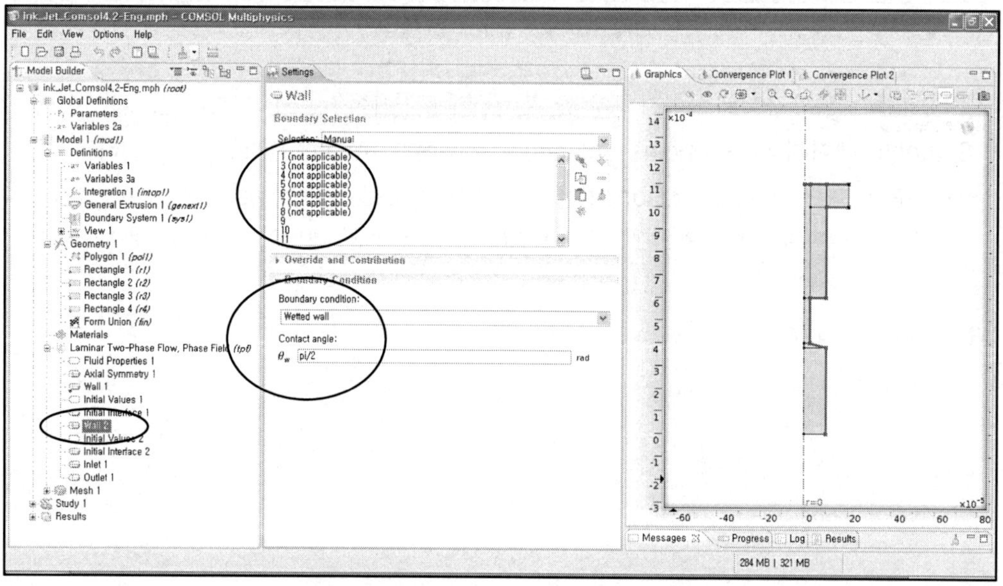

그림 13-12 'Wall 2' 벽면 경계조건 확인

13. 그림 13-13과 같이 'Model Builder' 페이지의 항목 중 'Mesh 1'을 오른쪽 마우스 버튼을 클릭하여 선택하고 나타난 메뉴 중, 'Free Triangular'를 선택하자.

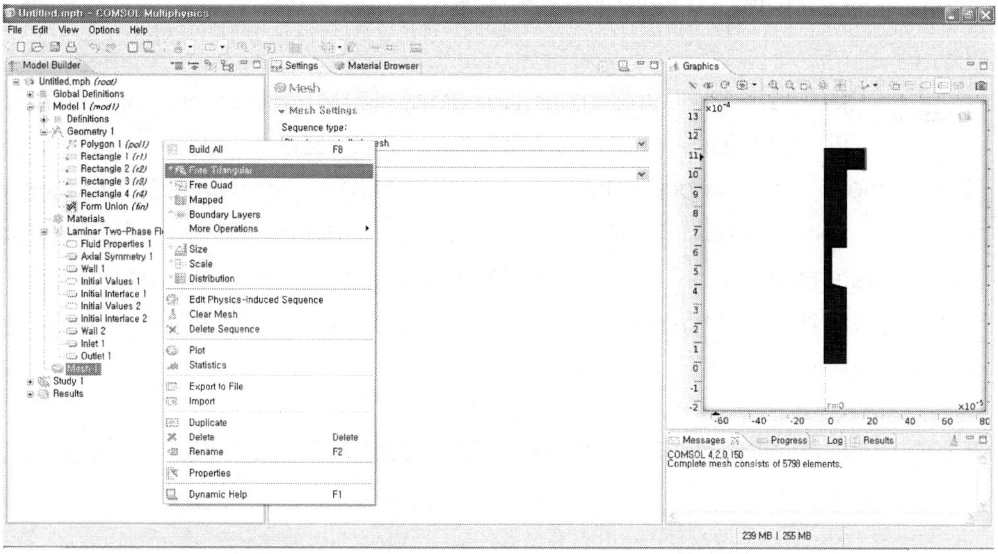

그림 13-13 'Mesh' - 'Free Triangular' 선택하기

14. 그림 13-14와 같이 'Model Builder' 페이지의 항목 중 'Mesh 1' - 'Size'를 선택하고 오른쪽 'Settings' 페이지의 'Size' 윈도우의 'Predefined' 영역을 'Extra fine' 으로 설정하고, 'Settings' 페이지 상단의 'Build All' 버튼을 클릭하여 메쉬를 생성하자.

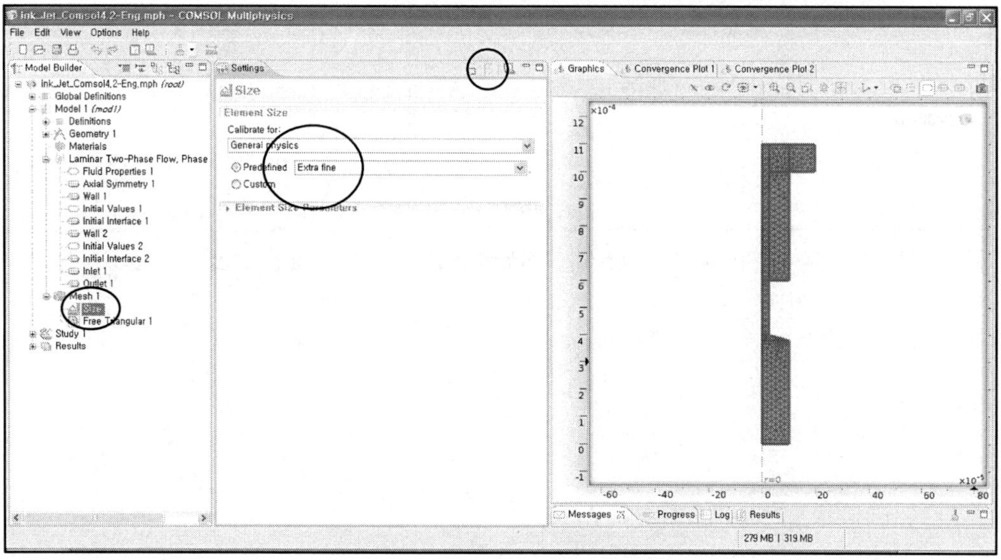

그림 13-14 'Mesh'가 생성된 모습

15. 그림 13-15-1과 같이 'Model Builder' 페이지 상단의 'Show' 을 클릭하여 나타난 하부 메뉴에서 'Stabilization' 와 'Discretization' 항목을 클릭하여 선택한다. 'Stabilization' 와 'Discretization' 항목을 클릭하면, 매뉴 왼쪽에 체크 표시✔가 나타난다.

그리고 그림 13-15-2와 같이'Laminar Two-Phase Flow, Phase Field (tpf)' 을 클릭하면 오른쪽의 'Settings' 페이지에 'Consistent Stabilization' 항목과 'Inconsistent Stabilization' 항목, 'Discretization' 항목이 나타나 있다. 'Consistent Stabilization' 항목에서는 'Streamline diffusion'과 'Crosswind diffusion'을 선택 해제하고, 'Inconsistent Stabilization' 항목에서는 'Anisotropic diffusion'을 체크하고 'δ_{sd}'항목을 '0.25'로 설정하자. 'Discretization' 항목에서는 'Discretization of fluids' 부분을 'P2 + P1'로 설정하자.

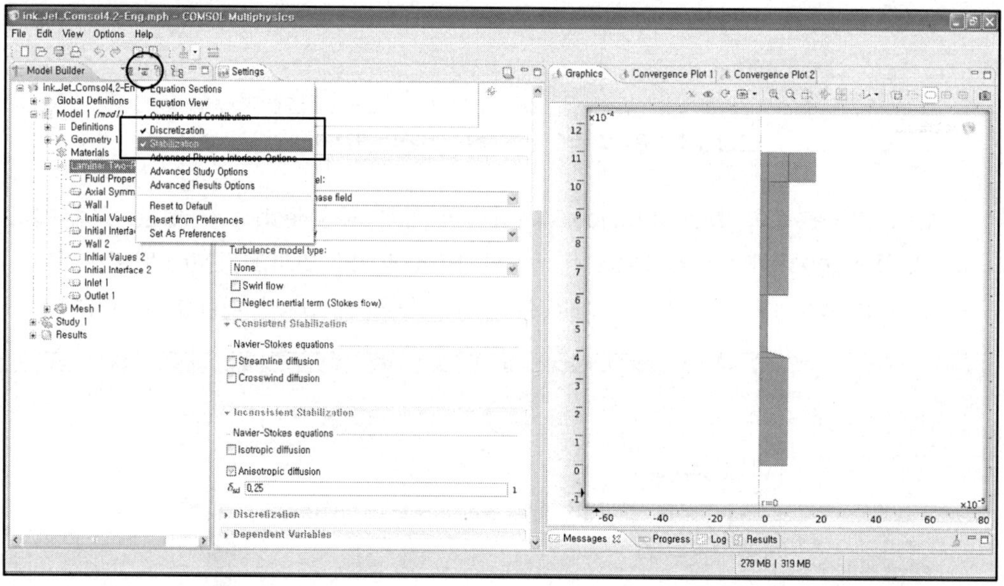

그림 13-15-1 'Show' 메뉴에서 'Stabilization' 와 'Discretization' 항목 선택

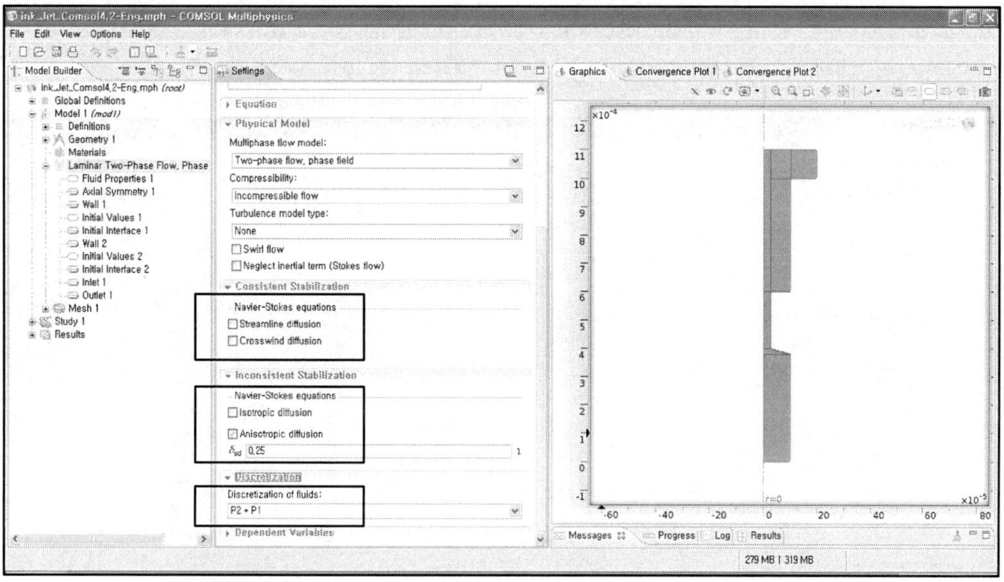

그림 13-15-2 'Stabilization' 와 'Discretization' 항목 설정

16. 그림 13-16과 같이 'Model Builder' 페이지에서 'Study 1' – 'Step1: Time Dependent'을 선택하고, 'Settings' 페이지의 'Study Settings'의 'Times' 부분에서 'Range' 버튼을 클릭하여 나타난 'Range' 상자에 'Start/Stop/Step'을 '10/2e-4/1e-5'으로 타입하고 'Replace'를 클릭하자

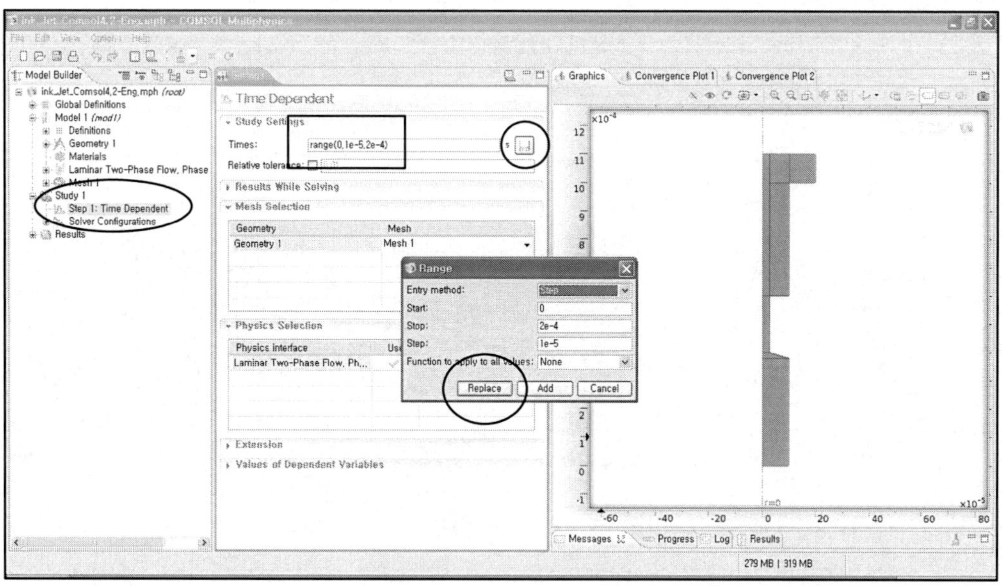

그림 13-16 시간 간격 설정

17. 그림 13-17과 같이 'Model Builder' 페이지의 항목 중 'Study 1'을 선택하고 오른쪽 'Settings' 페이지 상단의 'Compute' 버튼 을 클릭하여 계산해보자.

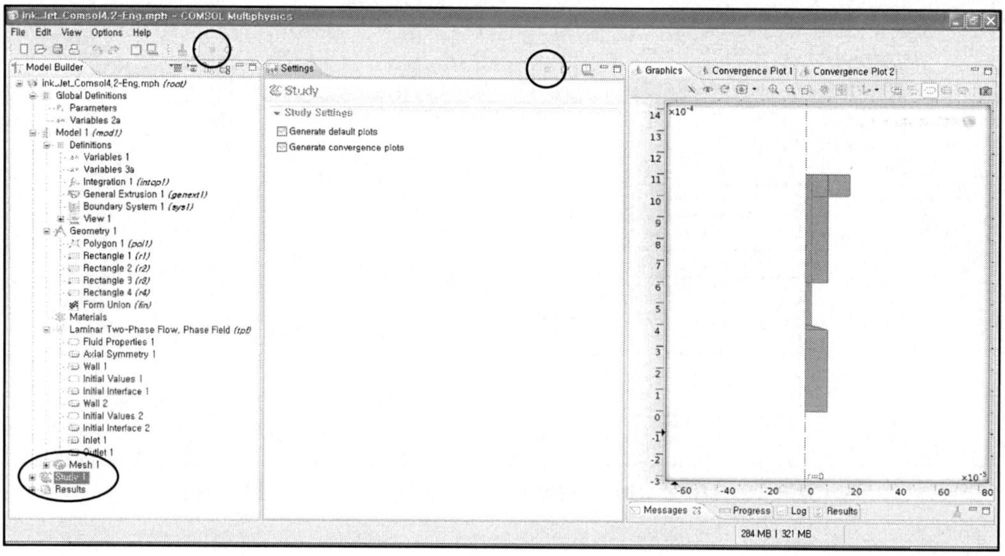

그림 13-17 'Compute' 수행하기

18. 그림 13-18은 'Compute' 수행하는 모습을 보여준다. 필자의 컴퓨터에서는 이번 부록 예제를 계산 완료하는데 대략 15분 정도의 시간이 소요되었다. 이것은 컴퓨터의 사양에 따라 달라질 수 있겠다.

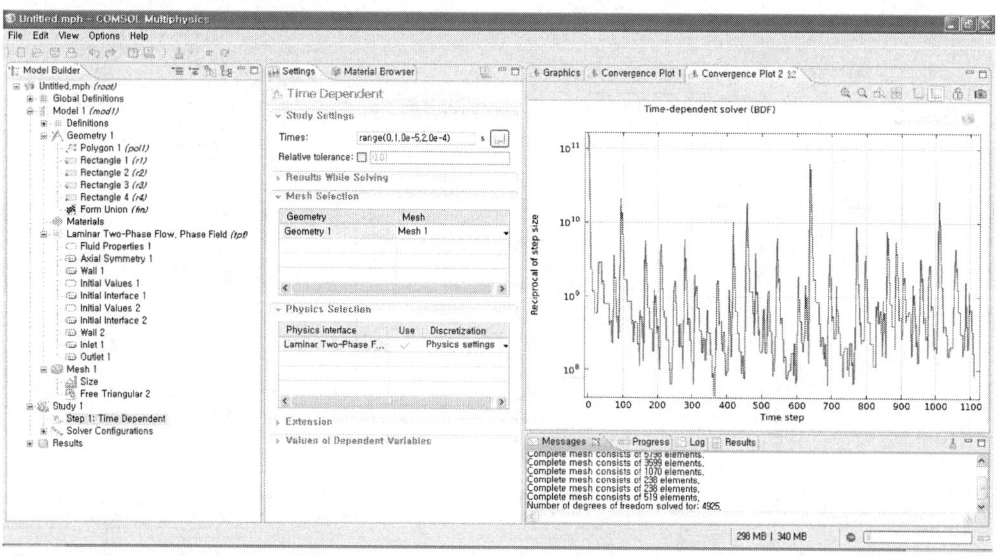

그림 13-18 'Compute' 수행하는 모습

19. 그림 13-19는 해석 결과를 보여준다. 'Results' 아래의 'Export' - 'Player 1'을 클릭하여 'Animation'을 볼 수 있다.

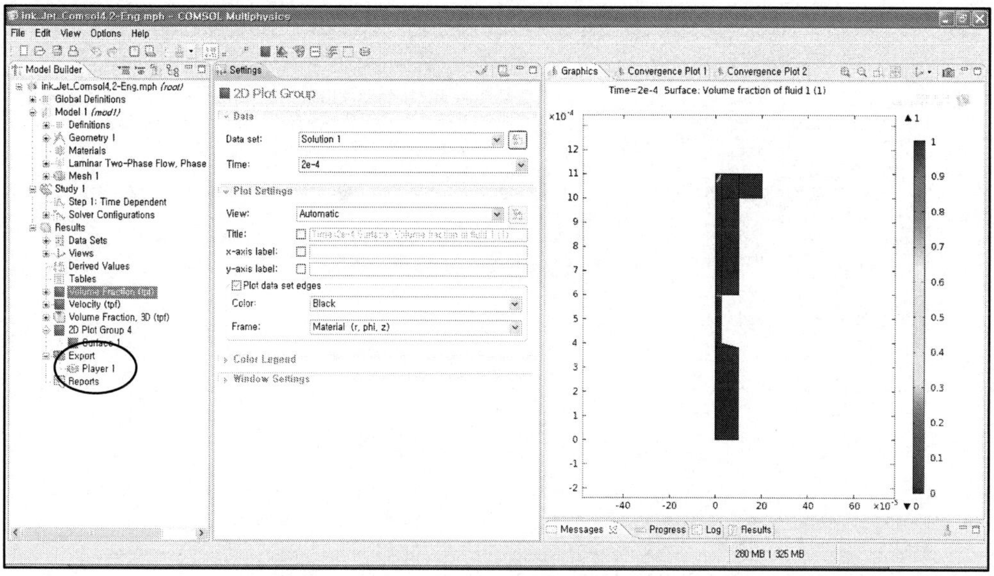

그림 13-19 해석 결과

20. 그림 13-20과 같이 'Results'를 오른쪽 마우스 클릭하여 나타난 메뉴 중 '1D Plot Group'를 선택하자.

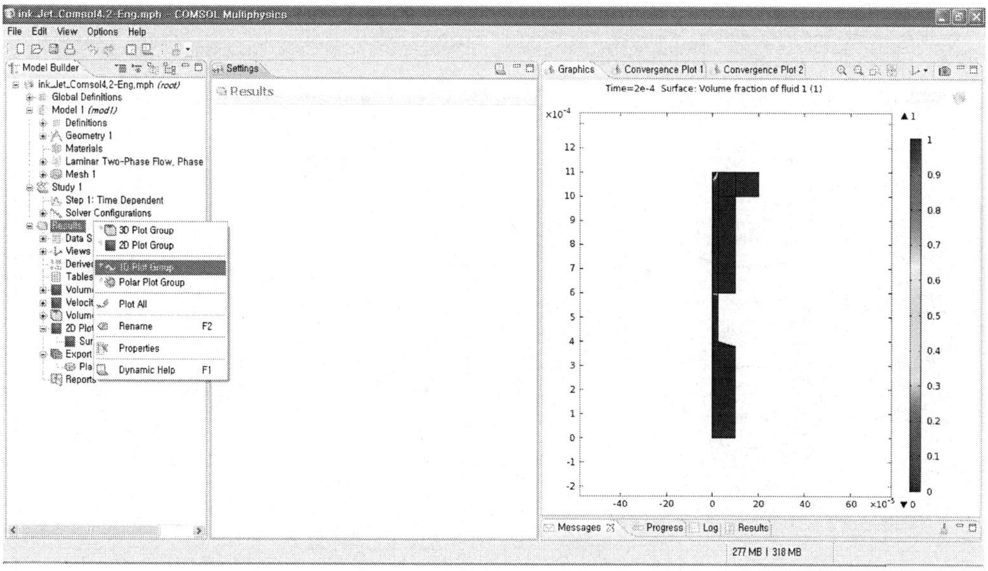

그림 13-20 '1D Plot Group' 추가하기

21. 그림 13-21과 같이 추가된 '1D Plot Group 1'을 오른쪽 마우스 클릭하여 나타난 메뉴 중 'Global'을 선택하자.

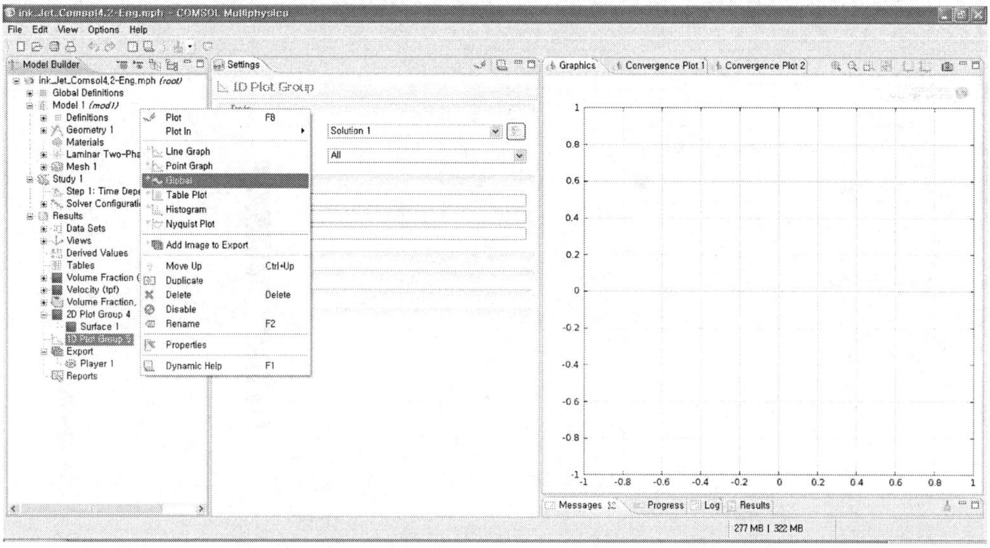

그림 13-21 '1D Plot Group 1' - 'Global' 추가하기

22. 그림 13-22와 같이 추가된 'Global 1'을 선택하고, 'Settings' 페이지의 'Expression:'에 'mass_droplet'를 타입하자. 그러면, 시간대 별로 방출된 잉크의 양이 그래프로 표시될 것이다.

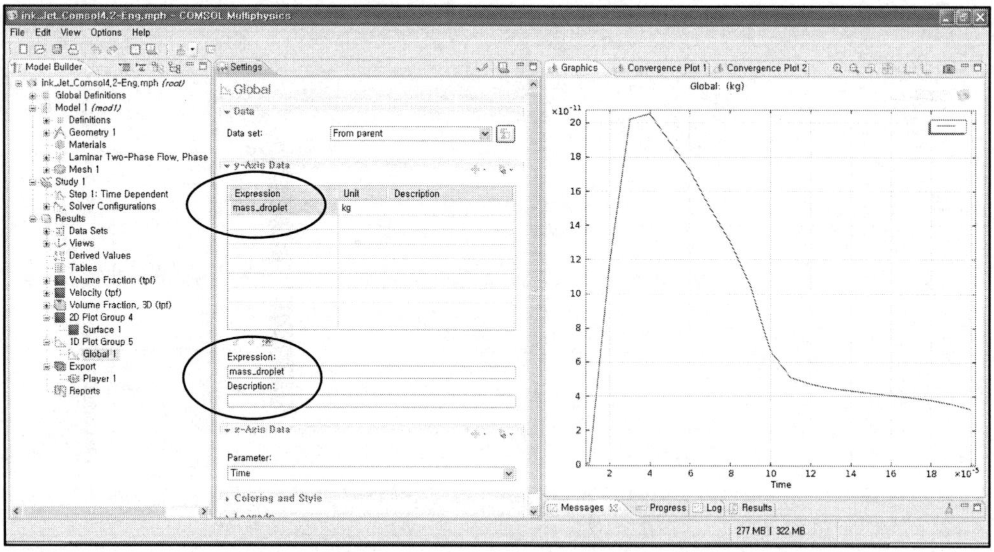

그림 13-22 'Global 1' - '방출된 잉크 양'

제14장. 2차원 축대칭 결과를 3차원으로 매핑하기 (2D→3D)

덕트나 실린더 형상의 영역을 다루는 공학 문제는 많은 경우에 2차원 축대칭으로 해석을 하면 매우 편리하다. 대부분의 문제들이 덕트나 실린더를 통해서 움직이는 물질들의 성질이 관의 반경 방향으로 대칭을 이루기 때문이다. 그러므로 해석을 할 때 3차원 형상으로 해석을 해야 할 이유가 없다. 오히려 2차원 축대칭으로 해석을 할 때 컴퓨터의 해석 시간을 많이 줄일 수 가 있으므로 많은 엔지니어들은 2차원 축대칭을 더 선호하게 된다. 하지만 공학자들이 시각적으로 3차원이 더 직관적으로 현상을 인식할 수 있기 때문에, 2차원으로 해석을 수행한 후 3차원 형상으로 단순히 매핑을 한다면 컴퓨터의 해석 시간 및 노력을 매우 줄일 수 있을 뿐만 아니라 3차원으로 시각화하여 해석 결과를 더 빨리 인지할 수 있게 된다. 본 장은 'COMSOL Multiphysics'의 2차원 축 대칭의 결과를 3차원 형상으로 매핑하는 연습을 수행할 것이다.

그림 14-1에서 보는 바와 같이 2차원 축 대칭문제에서 r-z 평면에 속도 ($\overrightarrow{V}= V(u, v)$)를 가지고 있다고 가정해 보자. 만약 z-축 방향으로 속도성분들이 축대칭을 이룬다고 하고, 3차원 형상으로 매핑한다고 하자. 2차원 z-축대칭은 'COMSOL Multiphysics'에서 y-축을 기준으로 x-z 평면을 가지도록 디폴트로 되어 있다. 그러므로 $z= y$ 이고 $\sqrt{(x^2+z^2)}= r$로 표현된다.

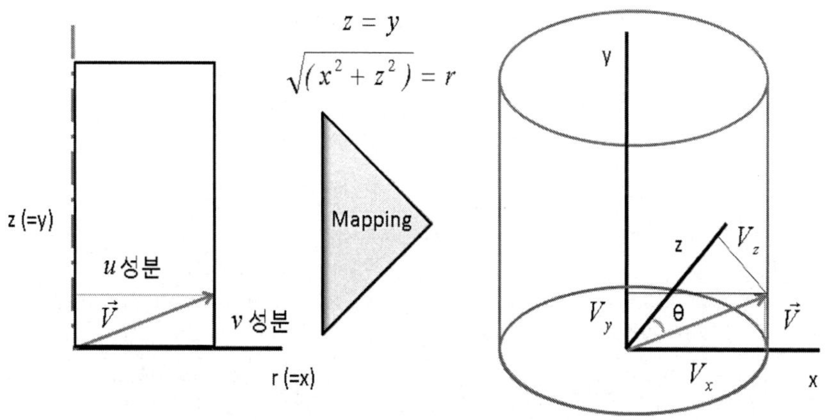

$$V_x = u * sin(a\tan 2(x, z))$$
$$\vec{V} = V(u, v) \qquad V_y = v \qquad \vec{V} = V(V_x, V_y, V_z)$$
$$V_z = u * cos(a\tan 2(x, z))$$
$$\theta = a\tan 2(x, z)$$

그림 14-1 Mapping from 2D-axis components to 3D components

만약 2차원 축대칭에서의 속도 성분 $V(u, v)$을 3차원 $V(V_x, V_y, V_z)$로 매핑하기 위해서 약간의 도식적인 이해가 필요하다. 직관적으로 2차원 축의 v성분은 3차원에서 V_y와 같음을 쉽게 인식할 것이다. 하지만 u 성분은 3차원에서 V_x와 V_z 성분으로 분리가 되기 때문에 약간의 주의를 요할 것이다. 먼저 'COMSOL Multiphysics'에서는 그림 14-1에서 보는 봐와 같이 3차원 형상에서의 속도는 x-z 사이에서 각 $\Theta = atan2(x, z)$로 정의되기 때문에, 3차원 형상에서 분리된 속도 성분은 $V_x = u * \sin(atan2(x, z))$로 $V_z = u * \cos(atan2(x, z))$로 가짐을 알 수 있다. 결론으로, 2차원 축대칭에서의 $V(u, v)$는 3차원 형상에서 다음과 같은 관계식을 가짐을 기억해 두면 된다.

$$V_x = u * \sin(atan2(x, z))$$

$$V_y = v$$

$$V_z = u * \cos(atan2(x, z))$$

▣ 예제 문제 따라하기

1-1. 2차원 축대칭 모델을 추가하기 위해 그림 14-1-1과 같이 'Model Wizard' 페이지에서 'Select Space Dimension' 을 '2D axisymmetric'로 선택하고 'Next' 버튼 ⇨을 누른다.

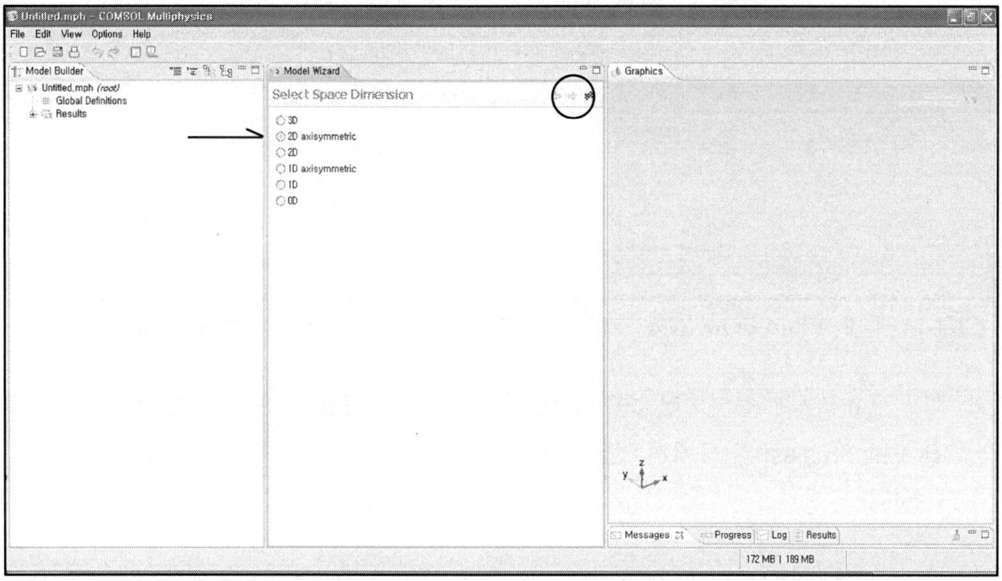

그림 14-1-1 'Model Wizard' 페이지, 'Select Space Dimension', '2D axisymmetric' 선택하기

1-2. 그림 14-1-2와 같이 'Model Wizard' 페이지의 'Add Physics' 윈도우에서 'Fluid Flow' 항목에서 'Single-Phase Flow' , 'Laminar Flow (spf)' 을 더블클릭하여 선택하고, 상단의 'Next' 버튼 ⇨을 누른다.

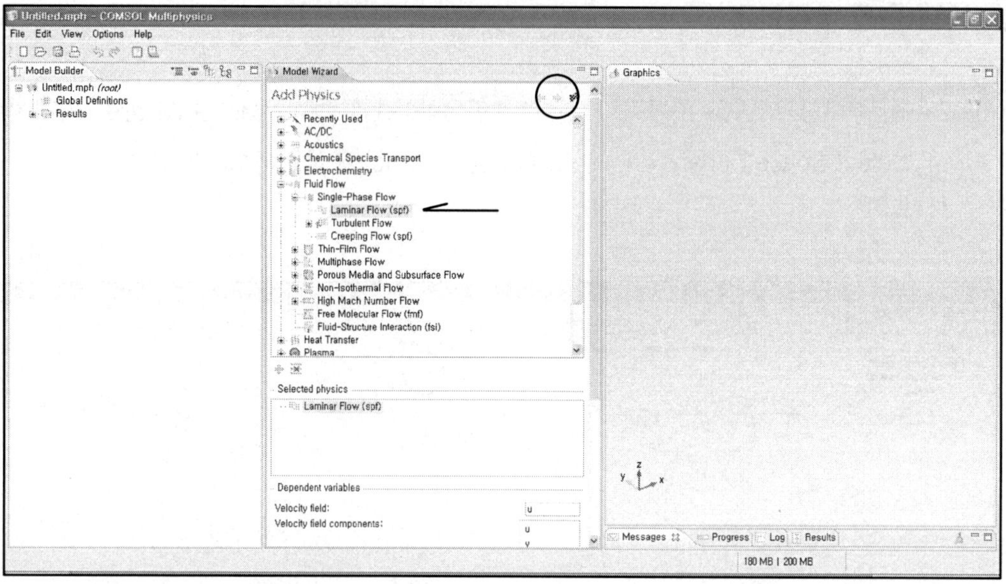

그림 14-1-2 'Fluid Flow' 항목 , 'Single-Phase Flow' , 'Laminar Flow (spf)' 선택하기

1-3. 그림 14-1-3과 같이 'Model Wizard' 페이지의 'Select Study Type' 윈도우에서 'Preset Studies' 항목에서 'Stationary'를 선택한 다음, 상단의 'Finish' 🏁 버튼을 누른다.

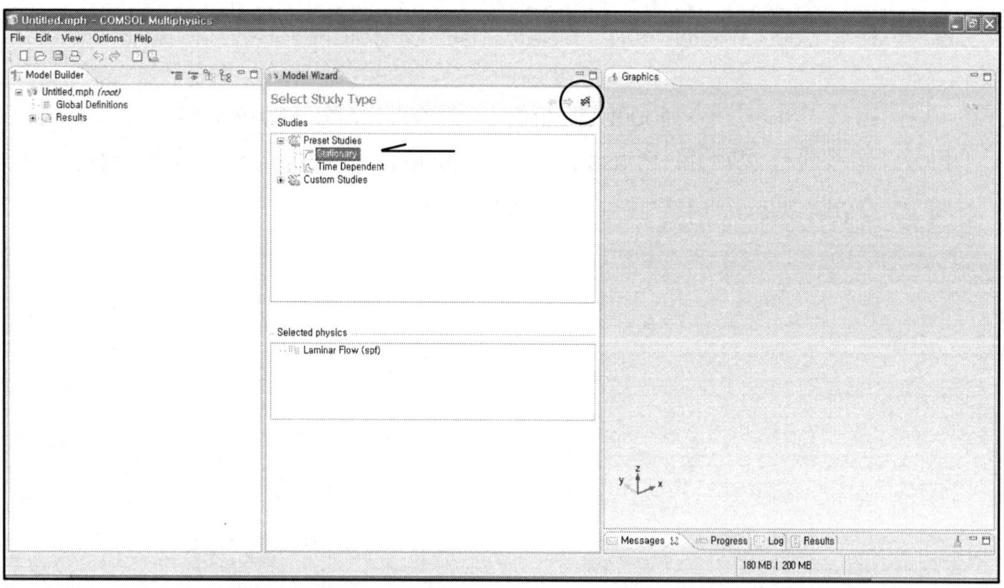

그림 14-1-3 'Select Study Type' 윈도우, 'Preset Studies' 항목, 'Stationary' 선택하기

2-1. 3차원 모델을 추가하기 위해 그림 14-2-1과 같이 'Model Wizard' 페이지의 'Untitled.mph (root)'를 오른쪽 마우스 클릭하여 나타난 메뉴 중 'Add Model'를 선택한다.

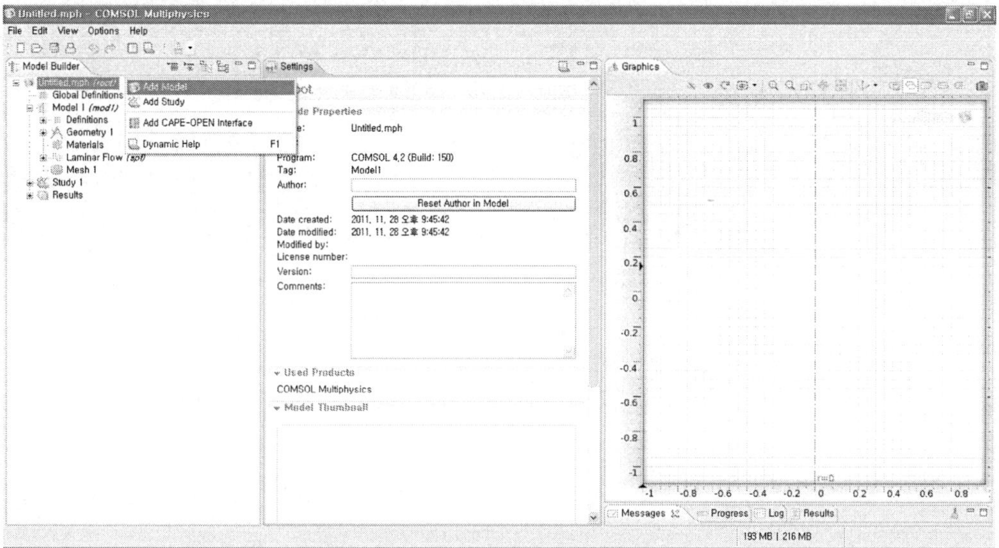

그림 14-2-1 'Add Model' 선택하기

2-2. 그림 14-2-2와 같이 'Model Wizard' 페이지의 'Select Space Dimension' 윈도우에서 '3D'를 선택한 다음, 상단의 'Next' 버튼 ⇨을 누른다.

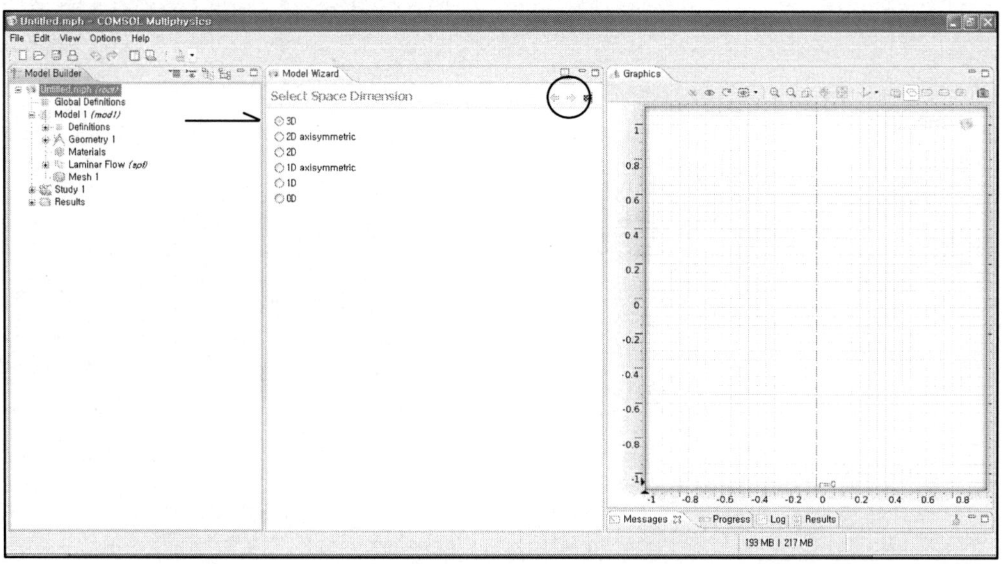

그림 14-2-2 'Select Space Dimension' 윈도우에서 '3D'를 선택하기

2-3. 일반적인 과정과 좀 상이하게 그림 14-2-3과 같이 곧바로 'Model Wizard' 페이지 상단의 'Finish' 버튼을 누른다.

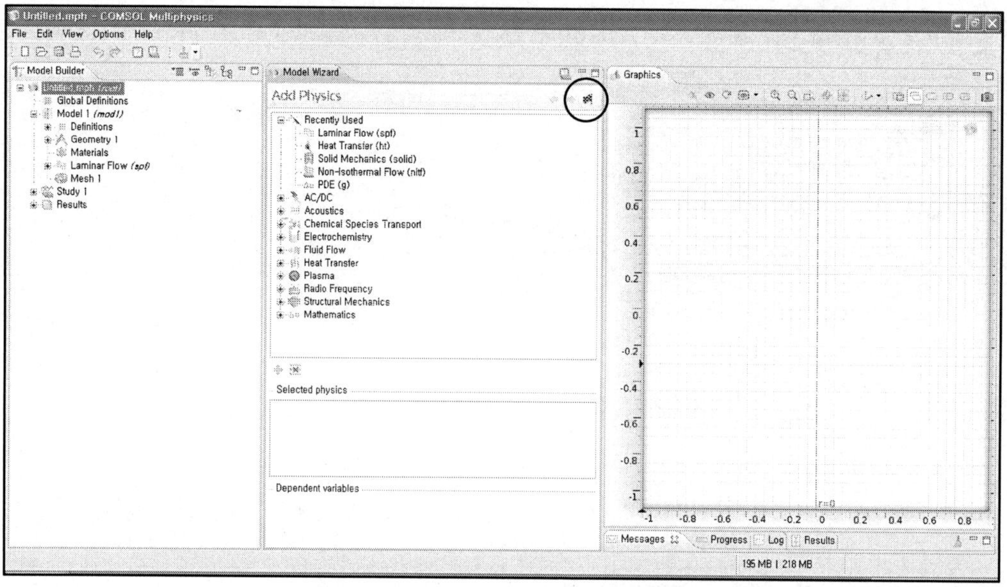

그림 14-2-3 'Model Wizard' 페이지 상단의 'Finish' 버튼 클릭하기

3. 그림 14-3은 '2D axisymmetric' 모델과 '3D' 모델이 함께 추가된 모습을 보여준다.

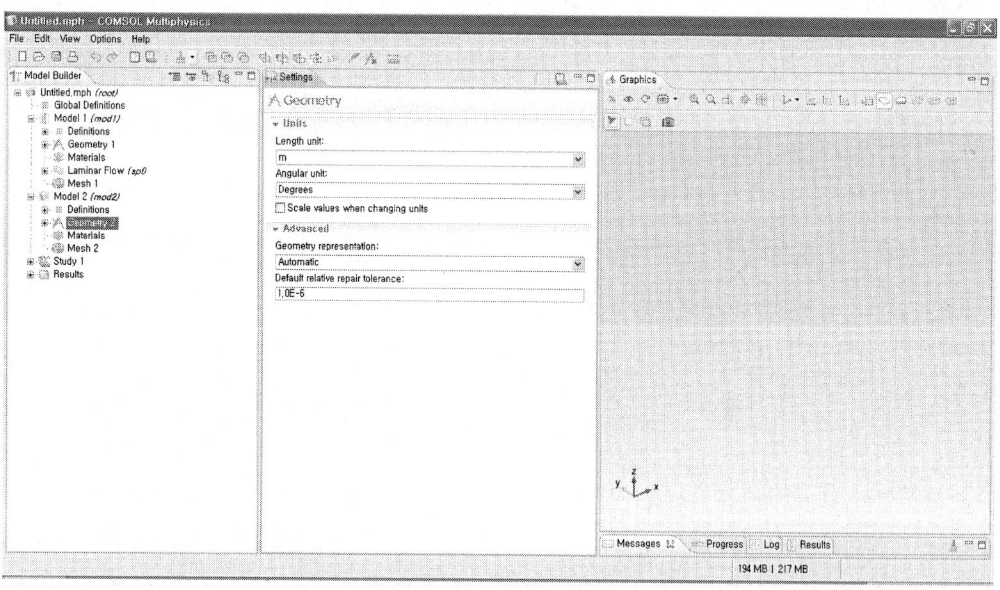

그림 14-3 '2D axisymmetric' 모델과 '3D' 모델이 함께 추가된 모습

4-1. 그림 14-4-1과 같이 'Solid'를 모델링을 하기위해서, 'Model Builder' 페이지에서 'Geometry 1'을 선택하고, 마우스 오른쪽 버튼을 눌러 'Polygon'을 선택한다.

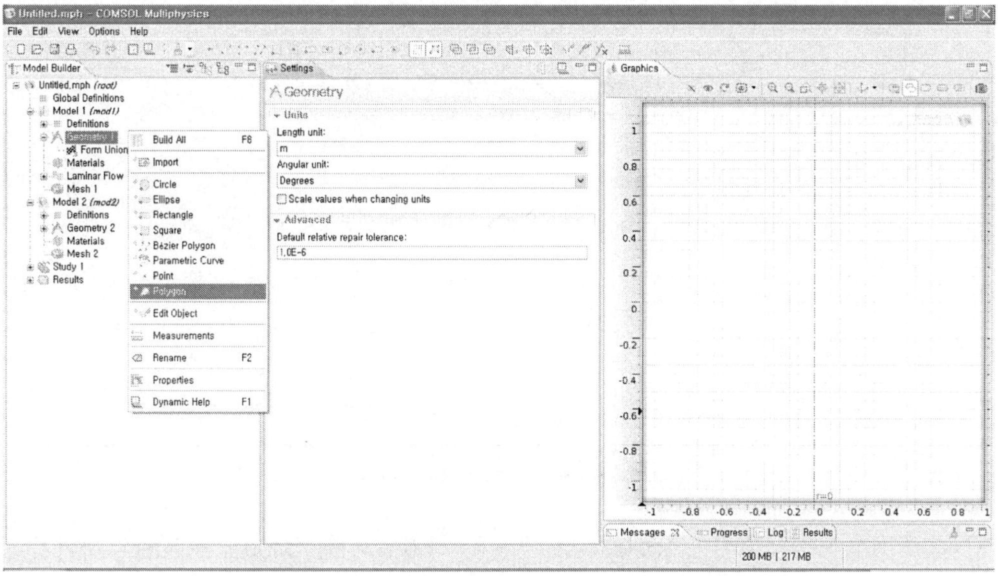

그림 14-4-1 'Geometry 1', 'Polygon' 선택하기

4-2. 그림 14-4-2와 같이 'Model Builder' 페이지에서 'Polygon 1 (pol1)' 항목을 선택하고, 오른쪽 'Settings'페이지의 'Coordinates' 부분에 있는,

'r:' 에 '0 0.2 0.2 0.4 0.4 0.2 0.2 0 0'

'z:' 에 '0.6 0.6 0.4 0.2 -0.2 -0.4 -0.6 -0.6 0.6'를 타입하고 상단의 'Build All' 버튼을 눌러 'Polygon'을 생성한다.

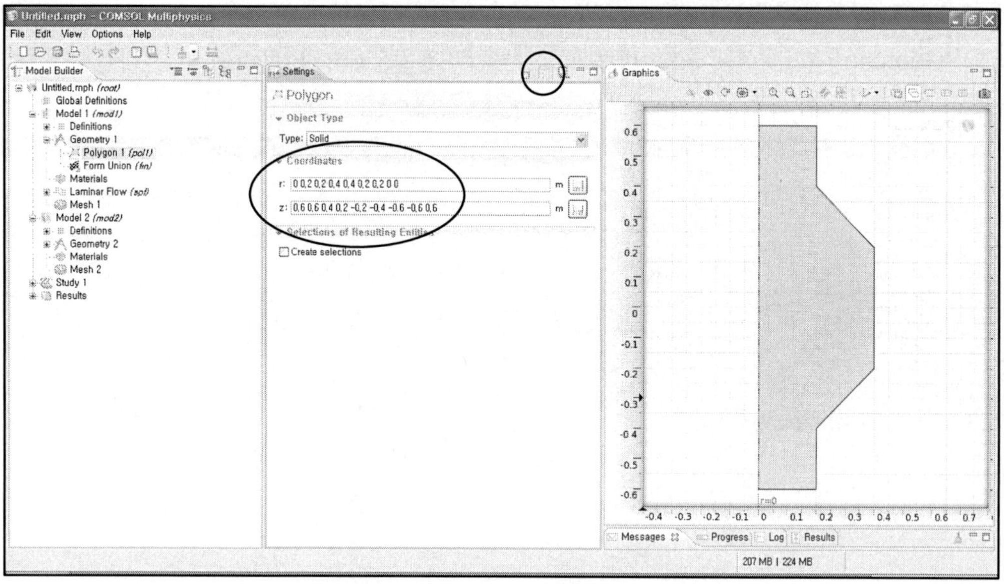

그림 14-4-2 'Polygon' 설정하기

4-3. 그림 14-4-3과 같이 'Circle'를 모델링을 하기위해서, 'Model Builder' 페이지에서 'Geometry 1'을 선택하고, 마우스 오른쪽 버튼을 눌러 'Circle'를 선택한다.

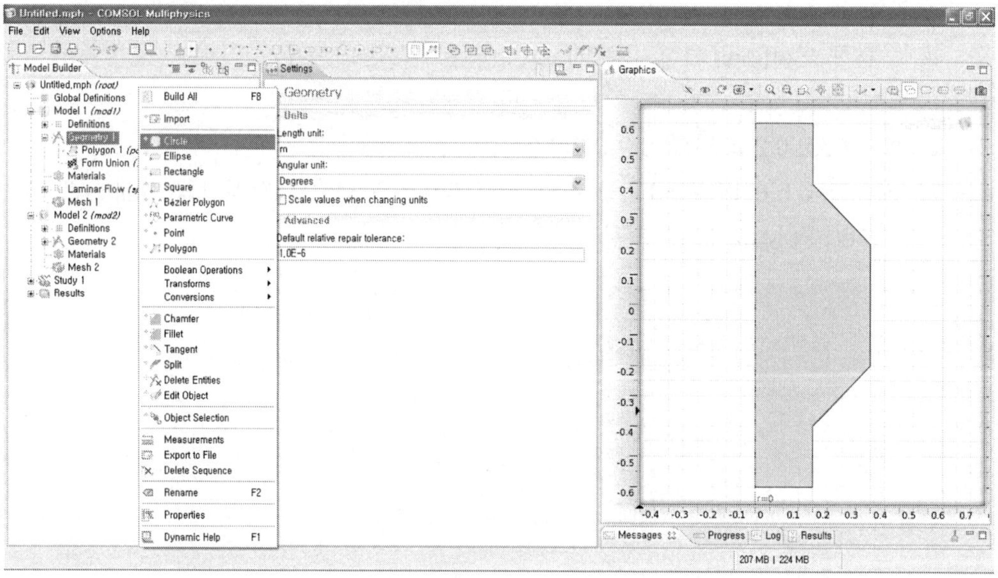

그림 14-4-3 'Geometry 1', 'Circle' 선택하기

4-4. 그림 14-4-4와 같이 'Model Builder' 페이지에서 'Circle 1 (c1)' 항목을 선택하고, 오른쪽 'Settings'페이지의 'Size and Shape' 부분에 있는, 'Radius:' 에 '0.2'를 타입하고 상단의 'Build All' 버튼을 눌러 'Circle'을 생성한다.

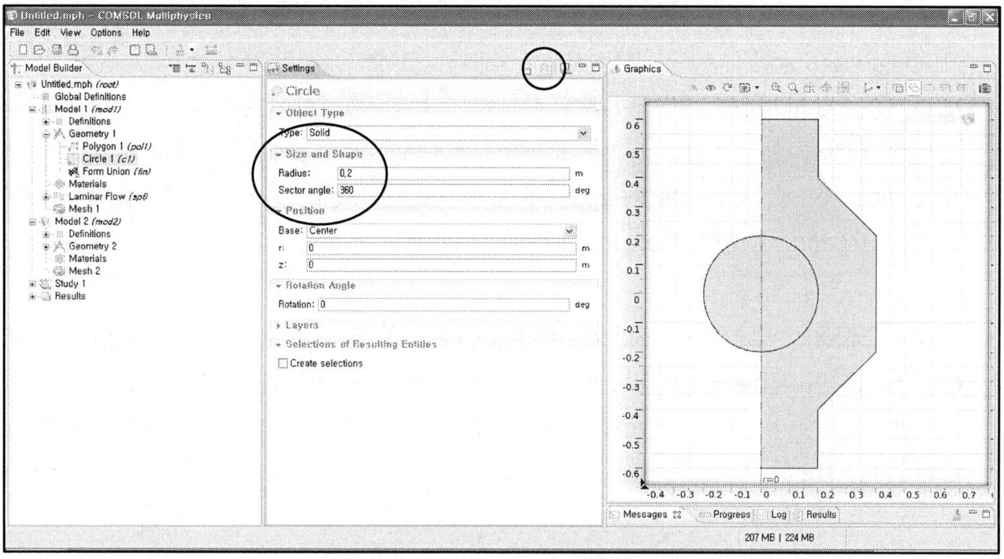

그림 14-4-4 'Circle' 생성하기

4-5. 그림 14-4-5와 같이 'Geometry' 항목을 오른쪽 마우스 클릭하고 나타난 메뉴 중 'Boolean Operations', 이것의 하위 메뉴 'Difference'를 선택하자.

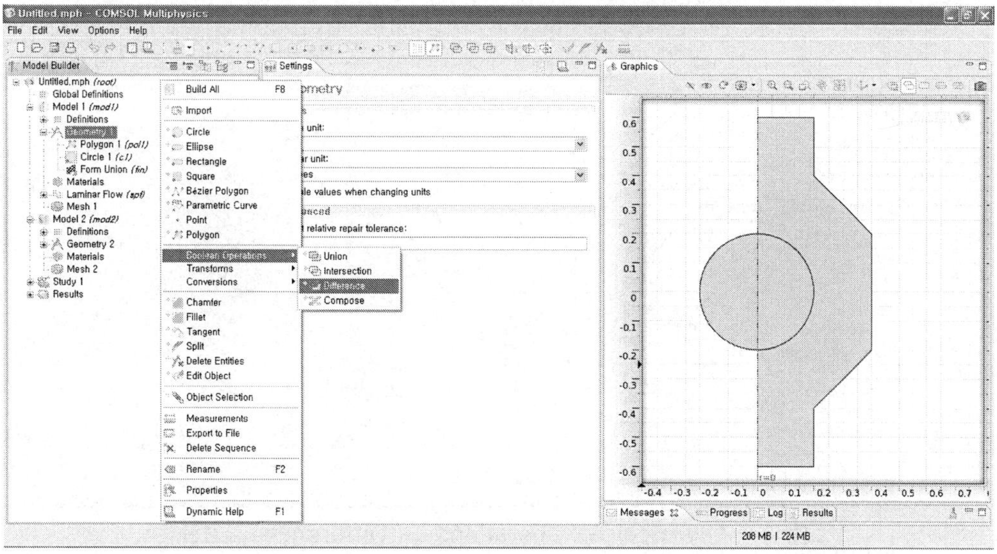

그림 14-4-5 'Boolean Operations' - 'Difference' 선택하기

4-6. 이제, 'Boolean Operations' - 'Difference' 부분이 동작하도록 설정해보자.

먼저, 'Model Builder' 페이지에 생성된 'Difference 1 (dif1)'을 클릭하여 선택하자. 'Settings' 페이지의 'Objects to add:' 부분의 'Activate Selection' 버튼을 클릭하여 'Objects to add:' 부분을 선택하도록 하자.
혹은 'Objects to add:' 부분 아래의 사각형 내부를 클릭하여도 된다.
이러한 동작을 한 후 'Graphics' 페이지에서 Polygon ' pol1'을 클릭하여 선택하고 'Settings' 페이지, 'Objects to add:' 부분의 'Add to Selection' 버튼을 클릭하면 'Objects to add:' 부분에 Polygon ' pol1' 추가된다.

이제, 'Settings' 페이지의 'Objects to subtract:' 부분의 'Activate Selection' 버튼을 클릭하여 'Objects to subtract:' 부분을 선택하도록 하자.
'Graphics' 페이지에서 Circle 'c1'을 클릭하여 선택하고 'Settings' 페이지의 'Objects to subtract:' 부분에서 'Add to Selection' 버튼을 클릭하여 Circle 'c1'을 추가하자.

상단의 'Build All' 버튼을 클릭하자.

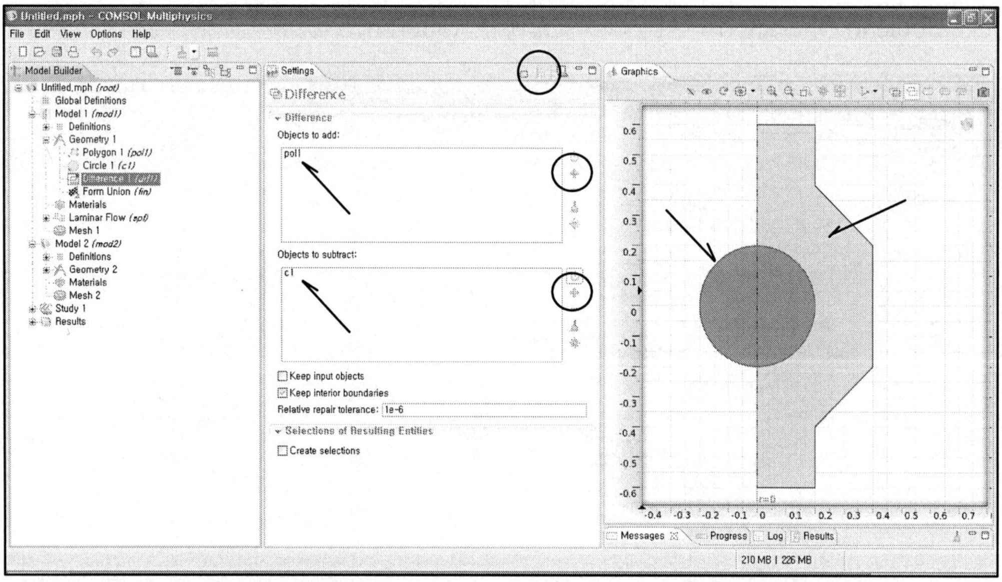

그림 14-4-6 'Boolean Operations' - 'Difference' 설정하기

4-7. 그림 14-4-7은 'Difference'가 설정된 모습을 보여준다.

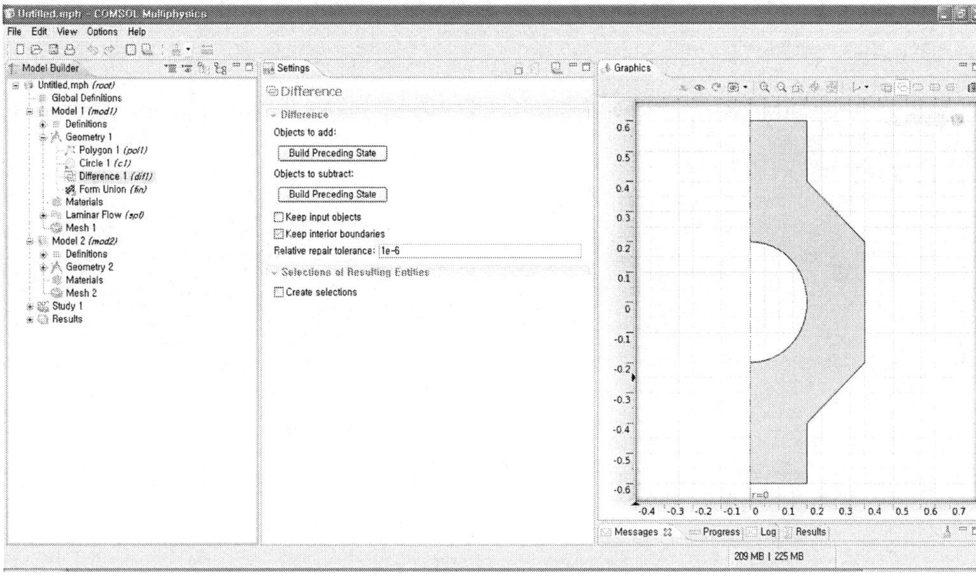

그림 14-4-7 'Difference' 설정된 모습

4-8. 그림 14-4-8과 같이 'Model Builder' 페이지의 항목 중 'Model 1' 아래의 'Mesh 1' 을 선택하고 오른쪽 'Settings' 페이지의 상단의 'Build All' 버튼을 클릭하여 메쉬를 생성하자.

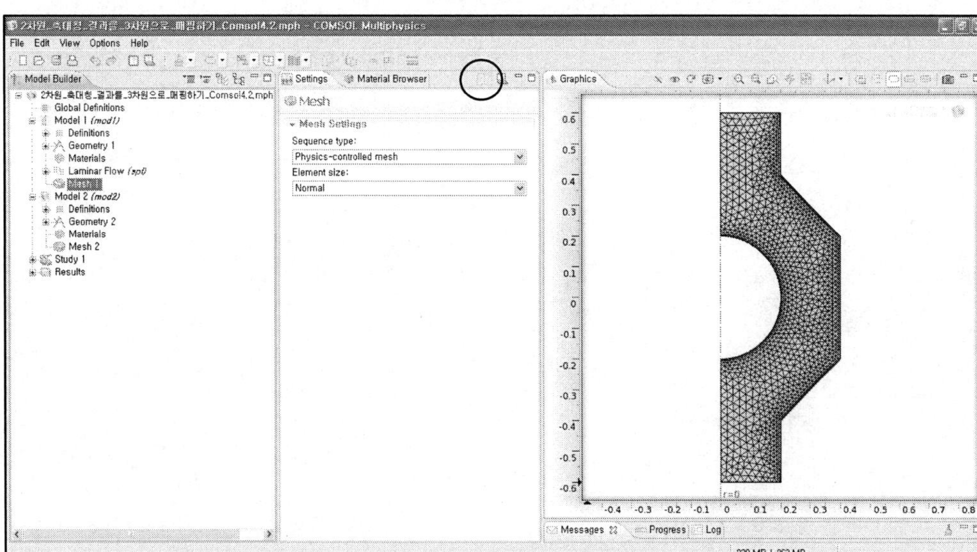

그림 14-4-8 'Mesh' 생성하기

5-1. 그림 14-5-1과 같이 3D Solid를 모델링을 하기위해서, 'Model Builder' 페이지에서 'Model 2 (mod2)' – 'Geometry 2'를 선택하고, 마우스 오른쪽 버튼을 눌러 'Work Plane'를 선택한다.

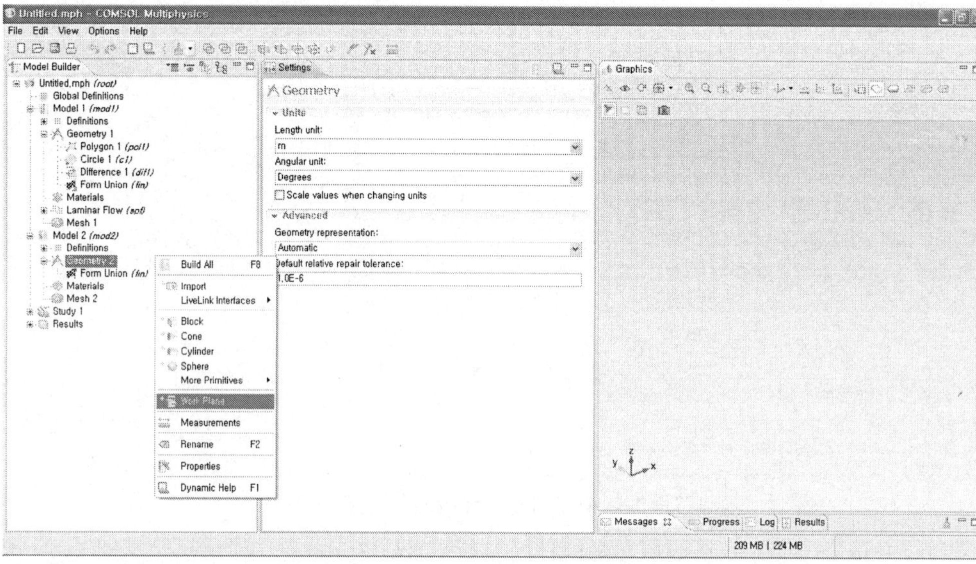

그림 14-5-1 'Work Plane' 선택하기

5-2. 그림 14-5-2와 같이 'Work Plane 1 (wp1)' 항목에서 'Geometry'를 선택하고, 마우스 오른쪽 버튼을 눌러 'Polygon'을 선택한다.

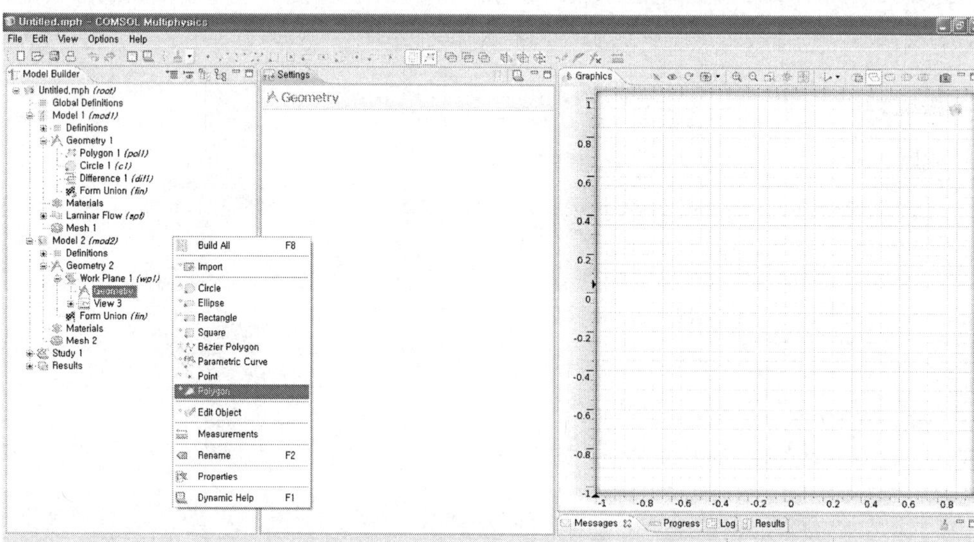

그림 14-5-2 'Work Plane 1 (wp1)', 'Geometry', 'Polygon' 선택하기

5-3. 그림 14-5-3과 같이 'Model Builder' 페이지에서 'Work Plane 1 (wp1)' 아래의 'Polygon 1 (pol1)' 항목을 선택하고, 오른쪽 'Settings'페이지의 'Coordinates' 부분에 있는,

'r:' 에 '0 0.2 0.2 0.4 0.4 0.2 0.2 0 0'

'z:' 에 '0.6 0.6 0.4 0.2 -0.2 -0.4 -0.6 -0.6 0.6'를 타입하고 상단의 'Build All' 버튼을 눌러 'Polygon'을 생성한다.

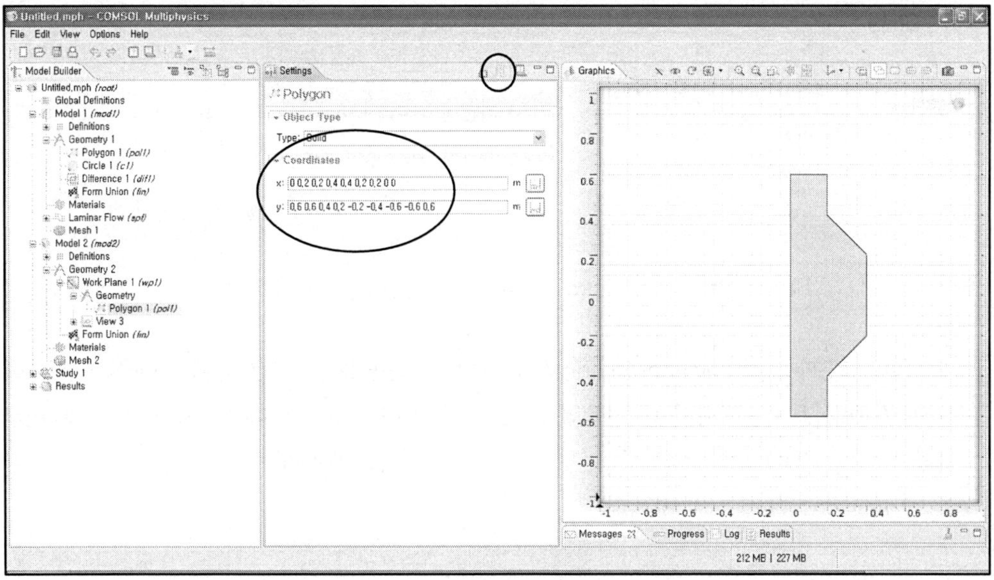

그림 14-5-3 'Polygon' 설정하기

5-4. 그림 14-5-4와 같이 'Circle'를 모델링을 하기위해서, 'Model Builder' 페이지에서 'Work Plane 1 (wp1)' 아래의 'Geometry'를 선택하고, 마우스 오른쪽 버튼을 눌러 'Circle'를 선택한다.

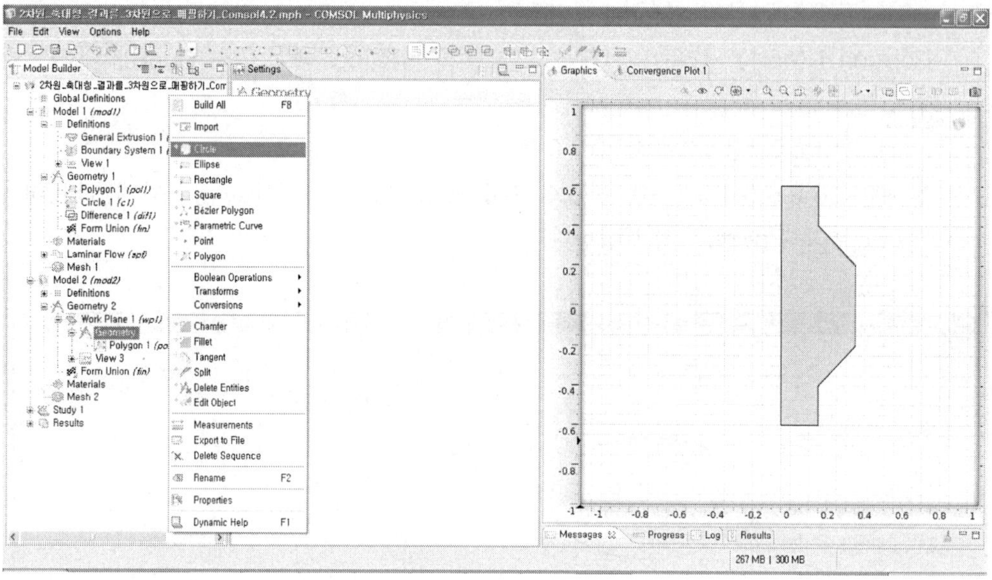

그림 14-5-4 'Geometry', 'Circle' 선택하기

5-5. 그림 14-5-5와 같이 'Model Builder' 페이지, 'Work Plane 1 (wp1)', 'Geometry' 아래의 'Circle 1 (c1)' 항목을 선택하고, 오른쪽 'Settings'페이지의 'Size and Shape' 부분에 있는, 'Radius:' 에 '0.2'를 타입하고 상단의 'Build All' 버튼을 눌러 'Circle'을 생성한다.

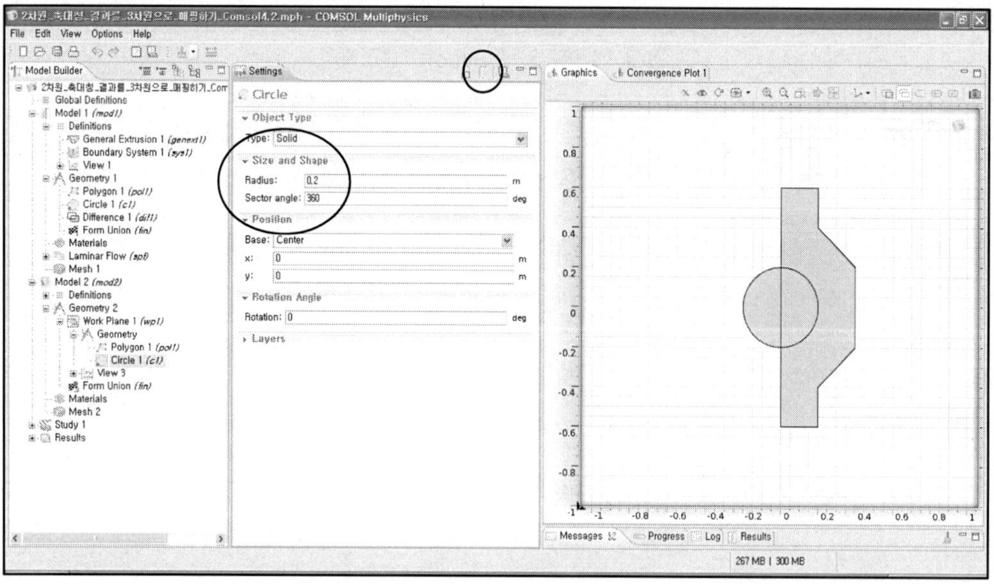

그림 14-5-5 'Circle' 생성하기

5-6. 앞의 4-5 ~ 4-7과정을 동일하게 수행하여 그림 14-5-6과 같은 그림을 얻는다.

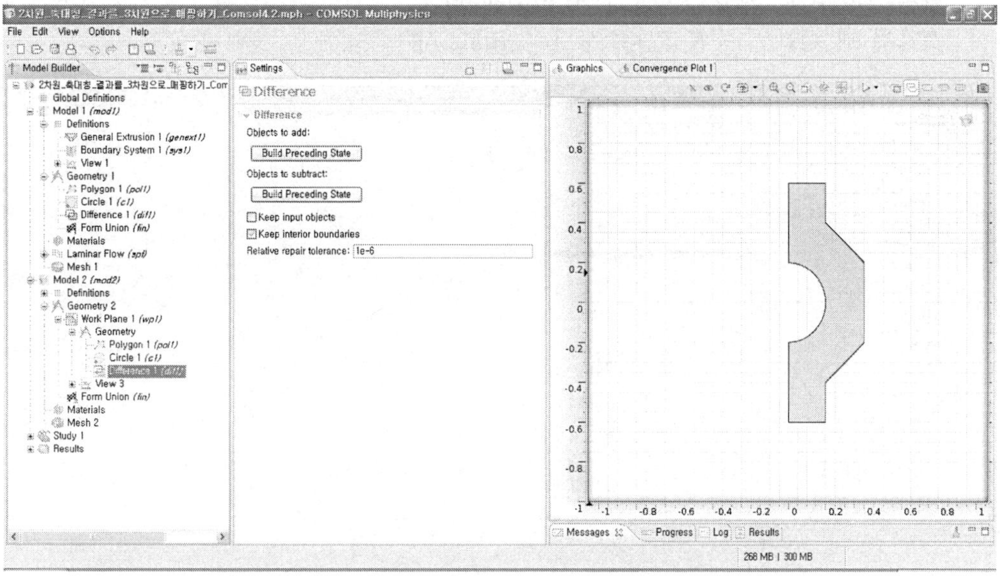

그림 14-5-6 'Boolean Operations' - 'Difference' 수행하기

5-7. 이제까지 설정된 'Solid' 모델을 회전시켜 '**입체**'를 만들어 보자. 그림 14-5-7과 같이 'Work Plane 1 (wp1)' 항목을 선택하고 나타난 메뉴 중 'Revolve'를 선택한다.

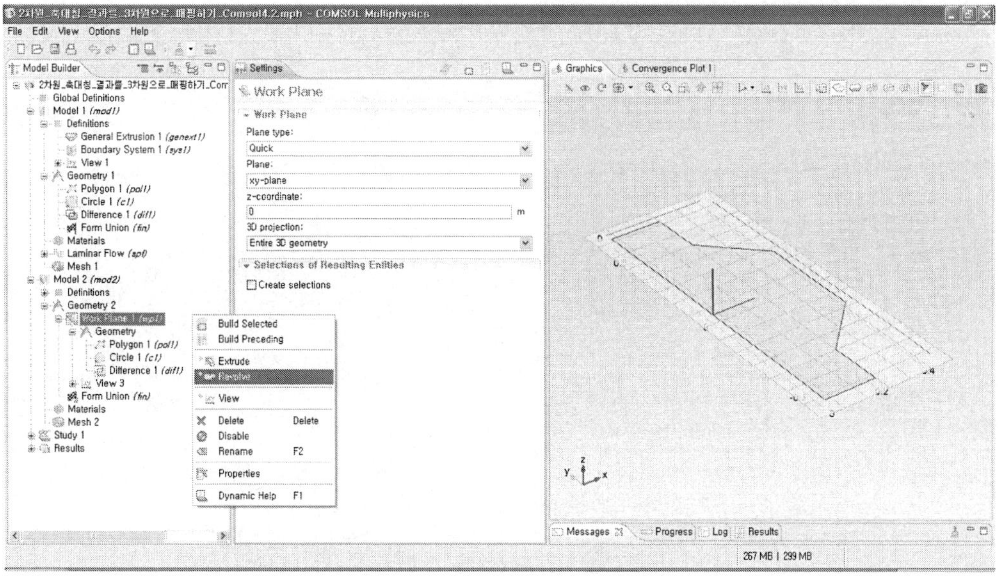

그림 14-5-7 'Revolve' 선택하기

5-8. 'Revolve 1 (rev1)'을 선택하고 'Graphics' 페이지에서 모델 'wp1'를 클릭하여 선택하고, 'Settings' 페이지에서 'Add to Selection' 버튼을 클릭하여 추가하자. 이미 추가가 된 상태일 수도 있다. 상단의 'Build All' 버튼을 클릭하자.

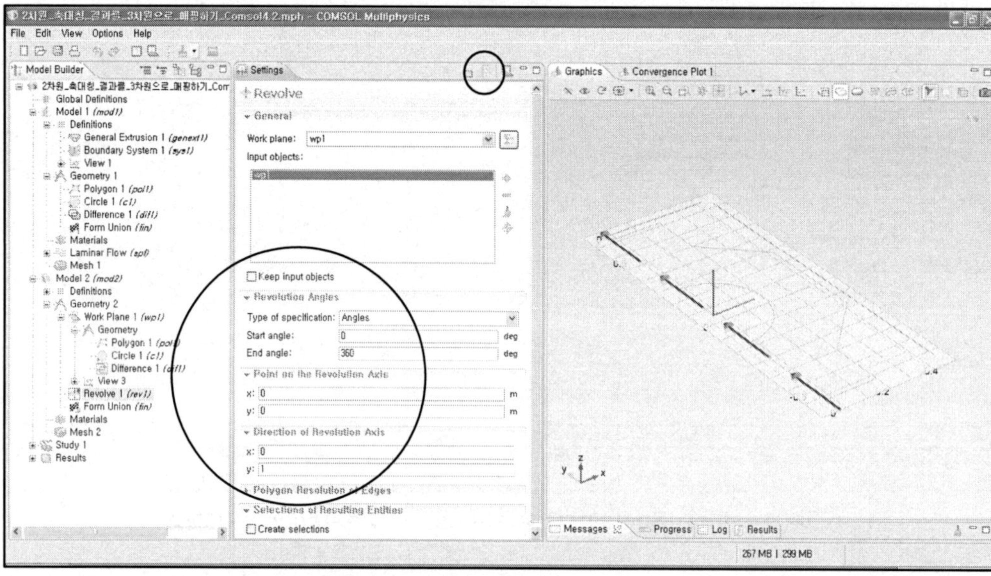

그림 14-5-8 'Revolve' 설정하기

5-9. 아래 그림 14-5-9는 'Revolve'가 실행된 모습을 보여준다.

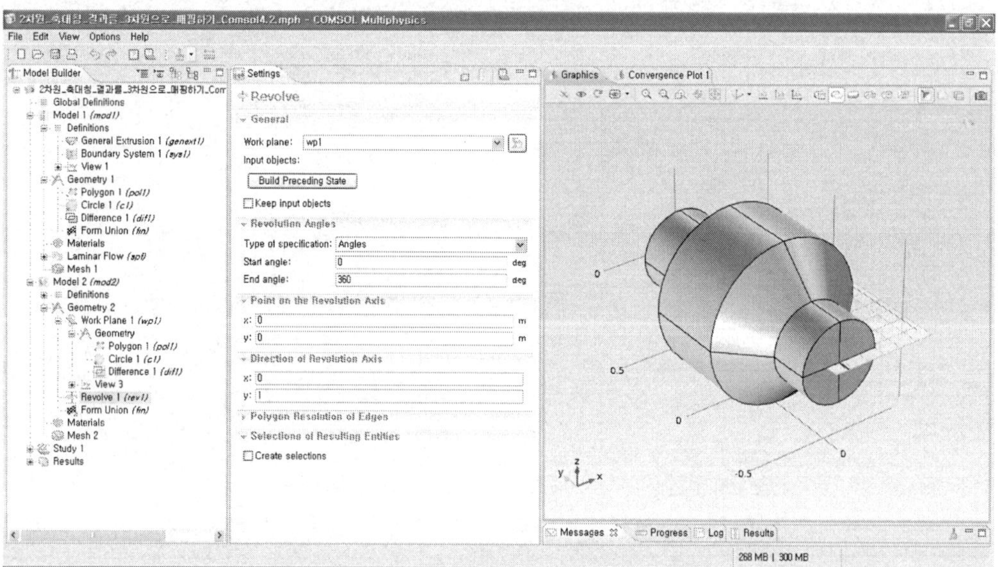

그림 14-5-9 'Revolve' 실행된 모습

5-10. 그림 14-5-10과 같이 'Model Builder' 페이지의 항목 중 'Model 2'의 하위 항목 'Mesh 2'를 선택하고 오른쪽 'Settings' 페이지의 상단의 'Build All' 버튼을 클릭하여 메쉬를 생성하자.

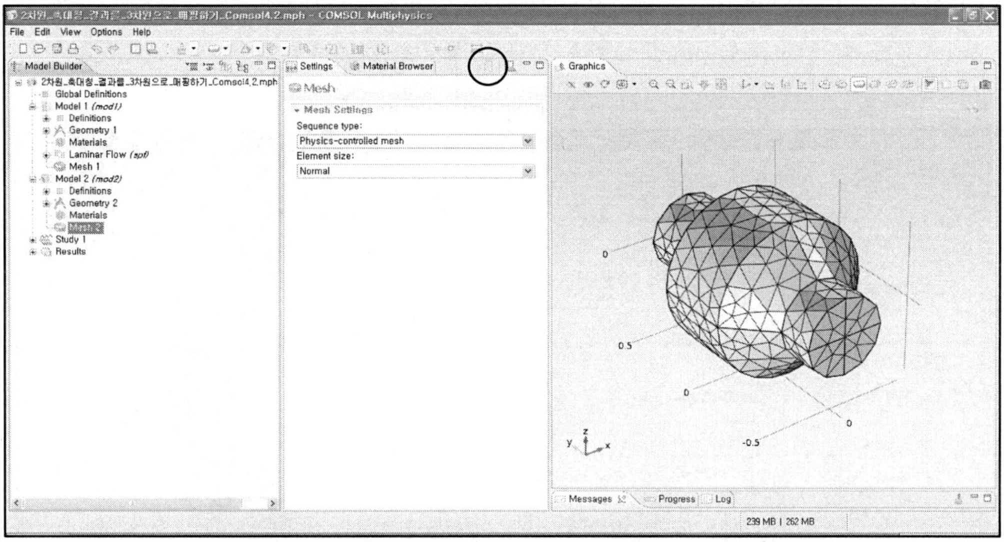

그림 14-5-10 'Mesh' 생성하기

6. 그림 14-6과 같이 'Model Builder' 페이지 상단의 'Show' 버튼을 클릭하여 나타난 메뉴 중 'Discretization', 'Stabilization'을 클릭하여 활성화하자.

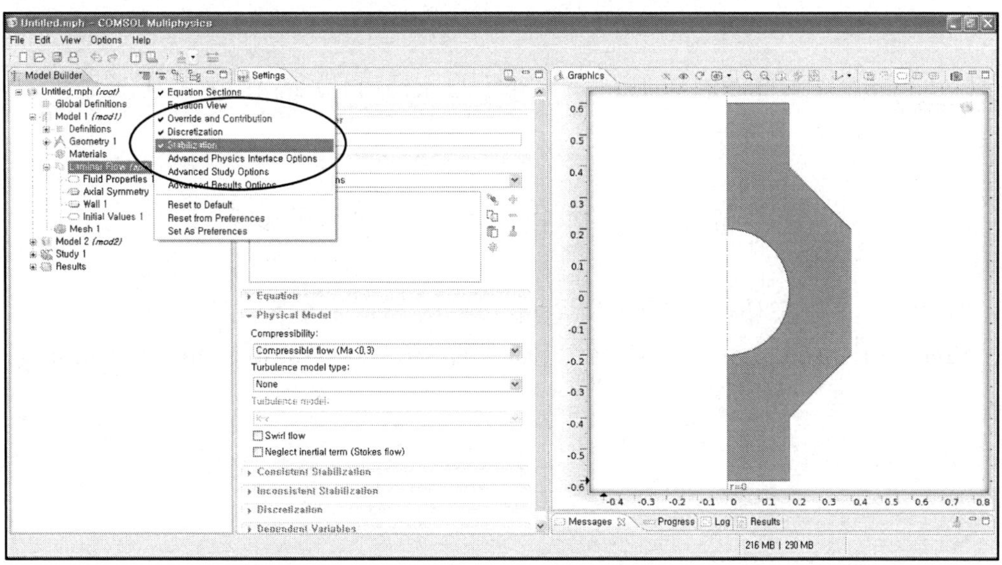

그림 14-6 'Discretization', 'Stabilization' 활성화

7. 이제 해석 모델에 대한 소영역을 설정해 보자.

그림 14-7과 같이 'Model Builder' 페이지의 'Laminar Flow (spf)'를 클릭하여 선택하자.

오른쪽에 나타난 'Setting' 페이지의 'Compressibility:' 영역을 ' Incompressible flow'로 선택하자. 'Discretization' 영역을 ' P2 + P1'로 선택하자.

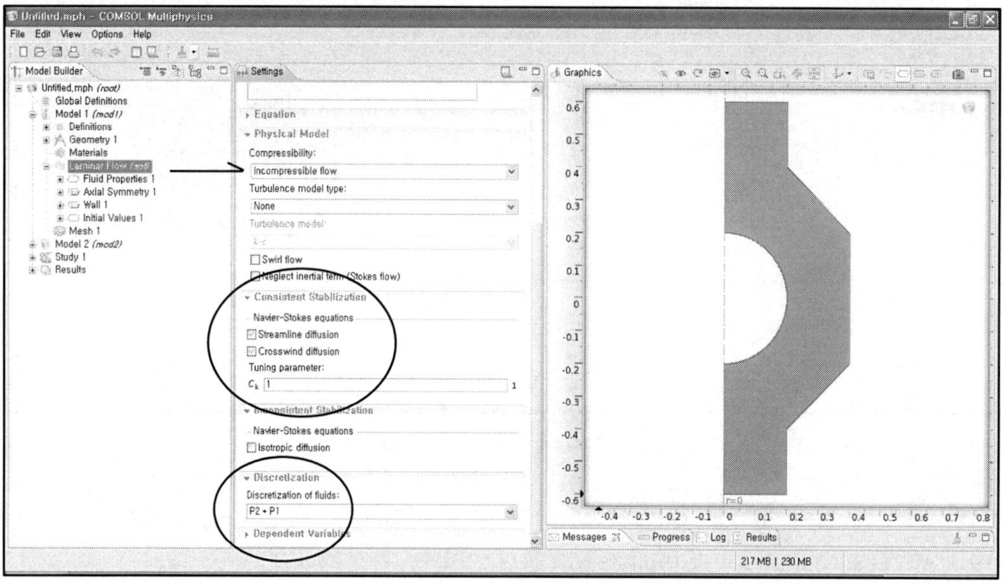

그림 14-7 소영역 설정하기

8. 그림 14-8과 같이 'Model Builder' 페이지의 'Laminar Flow (spf)' 의 서브 항목인 'Fluid Properties 1'을 클릭하여 선택하자.

오른쪽에 나타난 'Setting' 페이지의 'Fluid Properties' 영역에서

'Density:' 부분을 'User Defined'로 선택하고 '1000'로 타입하자.
또한, 'Dynamic Viscosity:' 부분을 ' User Defined'로 선택하고 '0.001'로 타입하자.

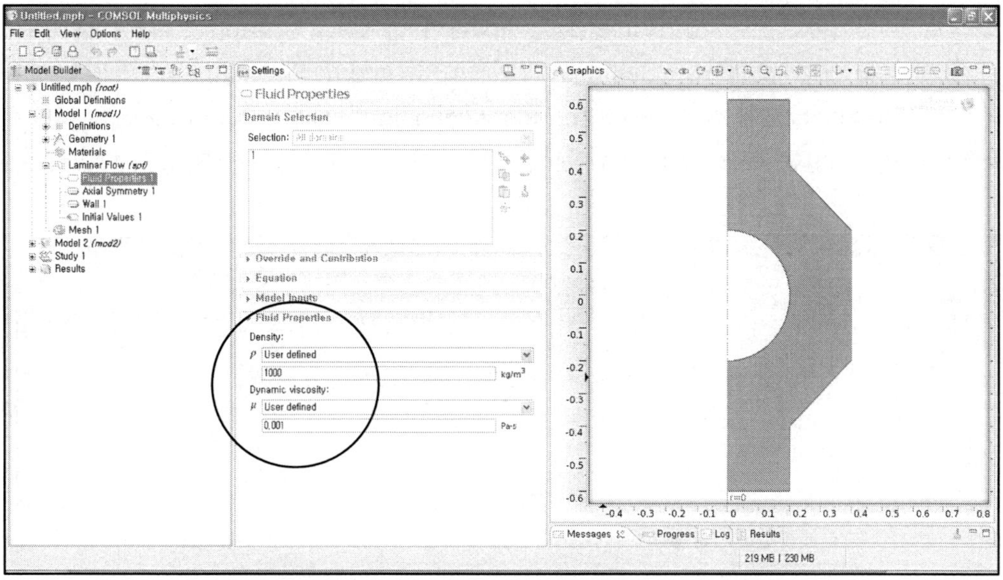

그림 14-8 소영역 'Fluid Properties 1' 설정하기

9-1. 먼저 그림 14-9-1과 같이 'Model Builder' 페이지의 'Laminar Flow (spf)'를 오른쪽 마우스 클릭하여 나타난 하위 메뉴 중 'Inlet'를 선택하여 'Inlet 1'이 생성하자. 'Inlet' 항목은 유입을 설정할 때 사용된다. 동일한 방식으로 서브 메뉴 'Outlet'를 선택하여 'Outlet 1'을 생성하자. 'Outlet' 항목은 유출을 설정할 때 사용된다.

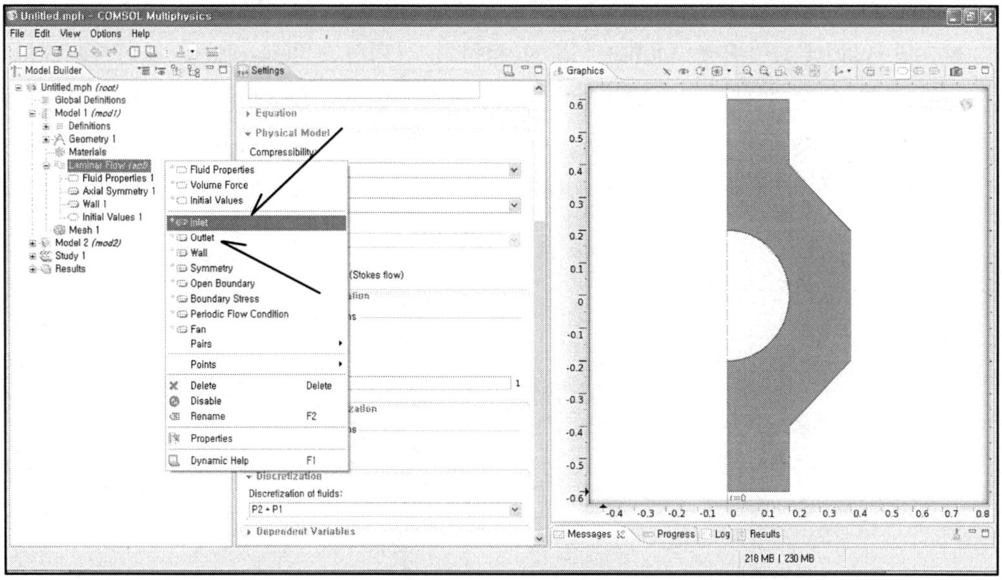

그림 14-9-1 'Inlet', 'Outlet' 항목 생성하기

9-2. 그림 14-9-2와 같이 생성된 'Inlet 1'을 클릭하여 선택하고, 'Graphics' 페이지의 바닥 경계 부분 '2'를 선택하고 'Settings' 페이지에서 'Add to Selection' ✚ 버튼을 클릭하여 'Boundary 2'를 추가하자. 'Boundary condition:' 섹션은 'Velocity'로 선택하자. 'Velocity' 섹션은 'Normal inflow velocity'로 선택하고 'U_0'에는 '0.001'을 타입하자.

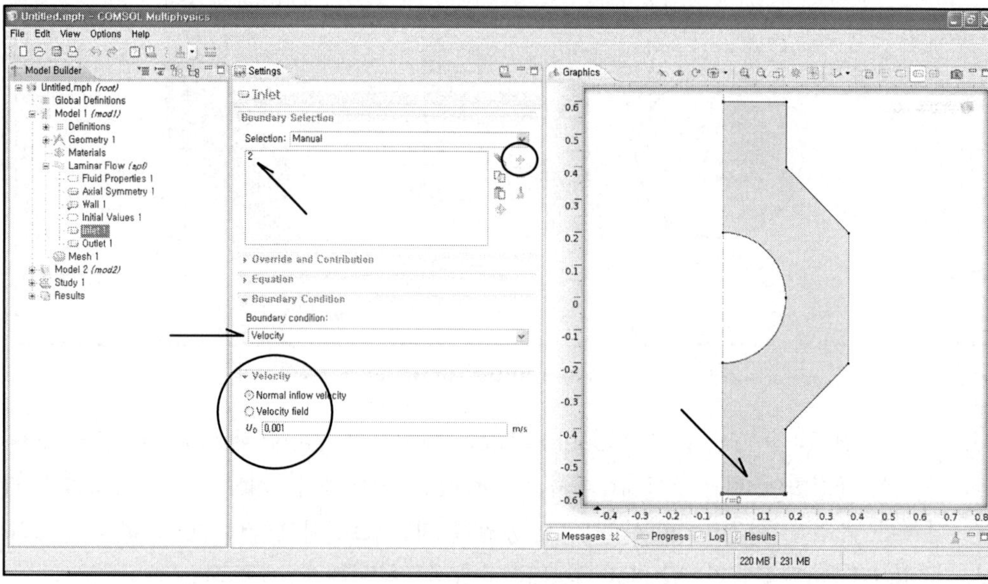

그림 14-9-2 'Inlet 1' 설정하기

9-3. 'Model Builder'페이지의 'Outlet 1'을 클릭하여 선택하고, 'Graphics' 페이지의 위쪽 경계 부분 '4'를 선택하고 'Settings' 페이지에서 'Add to Selection' ✚ 버튼을 클릭하여 'Boundary 4'를 추가하자. 'Boundary condition:' 섹션은 'Pressure, no viscous stress'로 선택하자. 아래의 'Pressure:' 부분 'P_0'에는 대기압 '0'을 타입하자.

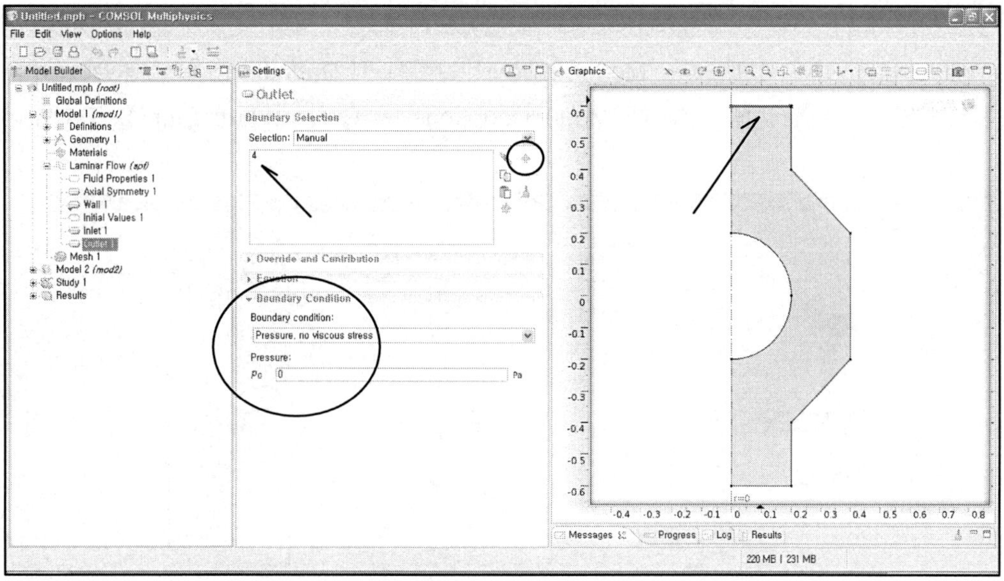

그림 14-9-3 'Outlet 1' 설정하기

10. 그림 14-10과 같이 초기 조건을 설정하기 위해, 'Model Builder' 페이지의 'Laminar Flow (spf)' 의 서브 항목인 'Initial Values 1'을 클릭하여 선택하자.

오른쪽에 나타난 'Setting' 페이지의 'Initial Values' 윈도우에서 모두 '0' 상태를 확인한다.

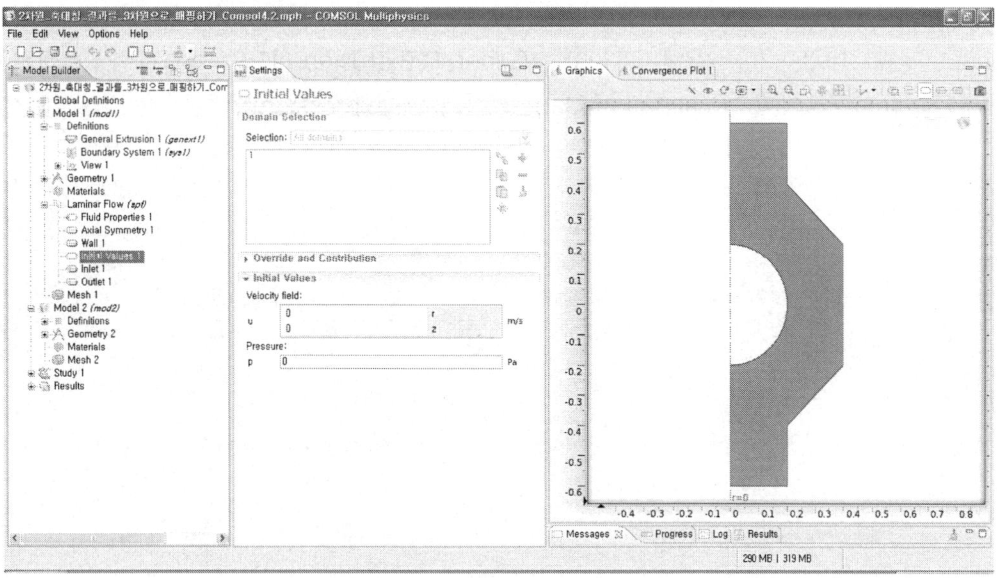

그림 14-10 'Initial Values' 설정하기

11-1. 그림 14-11-1과 같이 2D 해석 결과를 3D로 매핑하기 위한 조건식을 정의하기 위해 다음과 같이 수행한다. 'Model Builder' 페이지의 'Definitions'를 오른쪽 마우스 클릭하여 나타난 서브 항목인 'Model Couplings' - 'General Extrusion'을 클릭하여 선택하자.

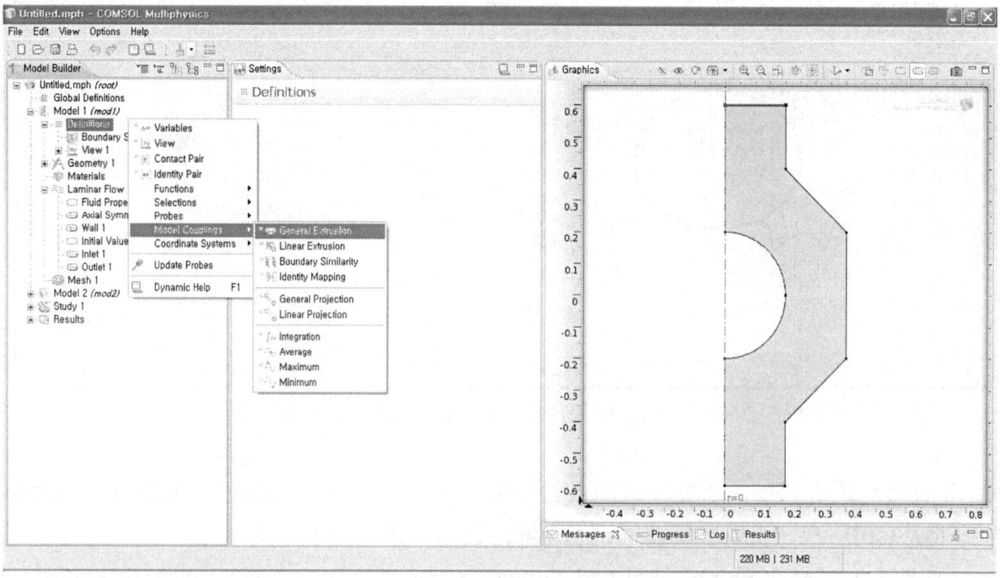

그림 14-11-1 2D 해석 결과를 3D로 매핑하기 위한 조건식 정의
'Model Couplings' - 'General Extrusion' 선택하기

11-2. 그림 14-11-2와 같이 추가된 'General Extrusion 1'을 클릭하여 선택하자. 'Settings' 페이지, 'Destination Map' 섹션의 'x-expression:' 에는 'sqrt(x^2+z^2)'로 타입하고, 'y-expression:' 에는 'z'로 타입하고 나머지는 디폴트로 두자.

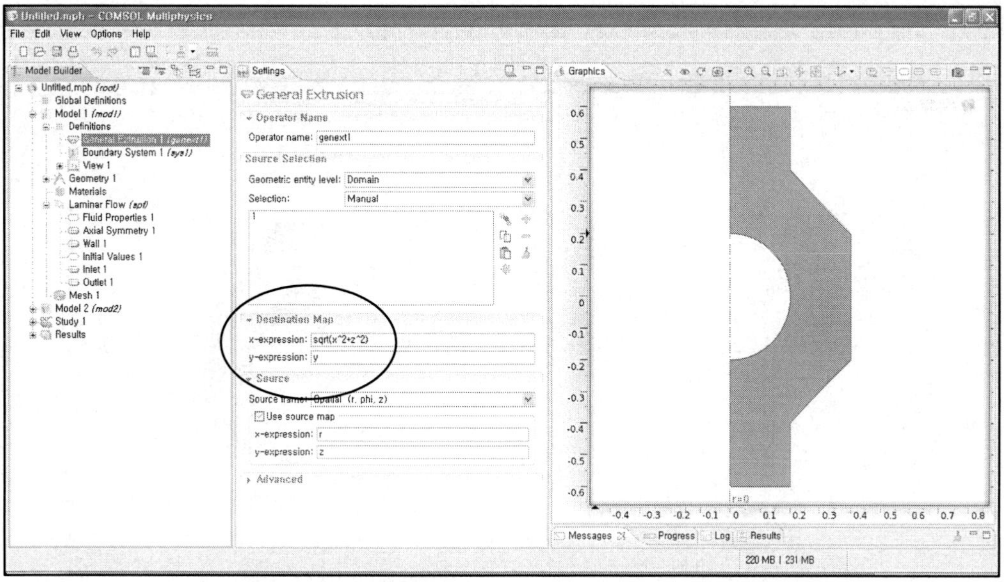

그림 14-11-2 'General Extrusion 1' 설정하기

12-1. 그림 14-12-1과 같이 'Model Builder' 페이지의 항목 중 'Study 1'을 마우스 오른쪽 버튼을 클릭하여 나타난 'Compute' 메뉴를 선택하여 클릭하거나, 혹은 오른쪽 'Settings' 페이지 상단의 'Compute' 버튼 을 클릭하여 해석을 수행해 보자.

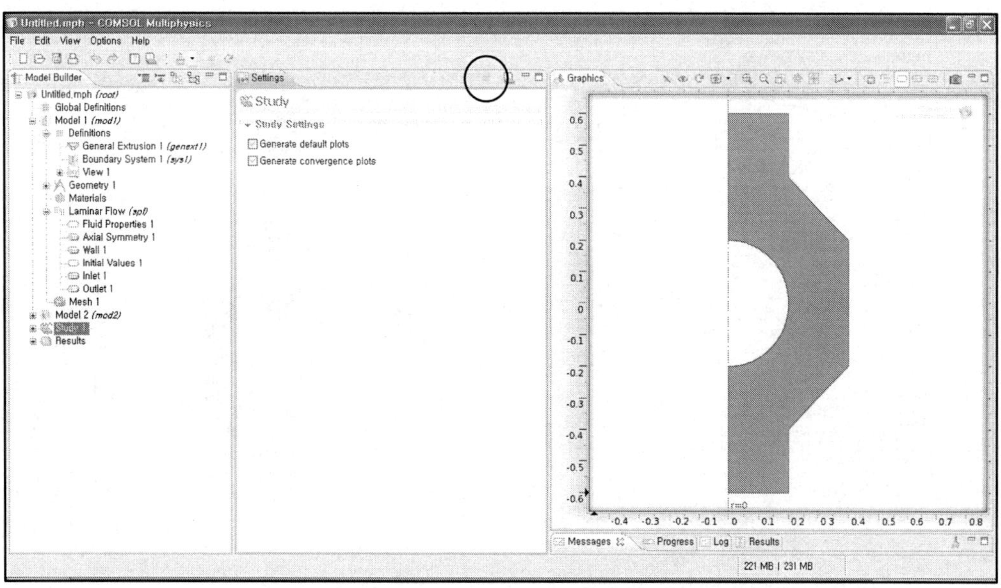

그림 14-12-1 'Compute' 수행하기

12-2. 그림 14-12-2는 해석이 완료된 모습을 보여준다.

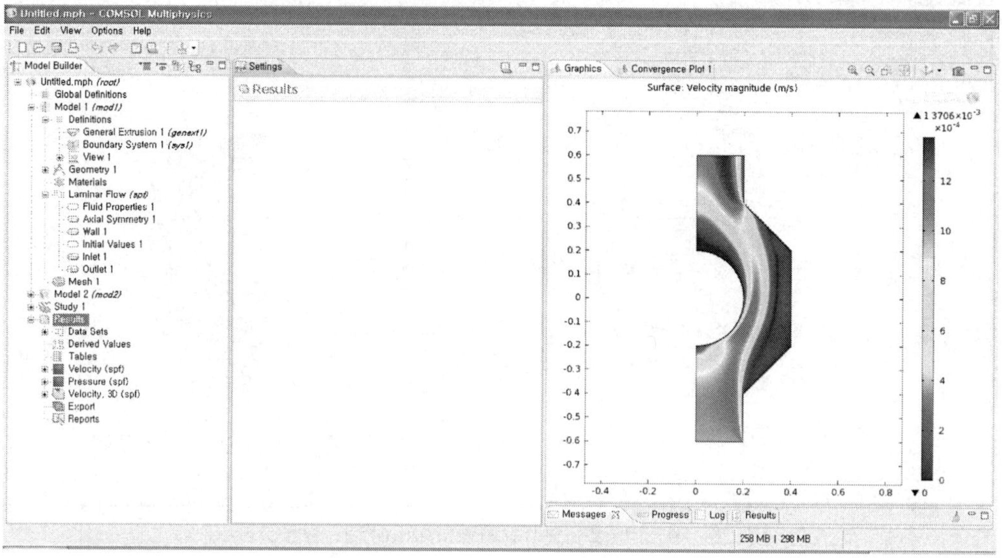

그림 14-12-2 해석이 완료된 모습

13-1. 해석 결과가 나왔다. 이제 내부의 유동장 속도 분포를 표시해 주는 결과의 이미지를 얻어 보자. 그림 14-13-1과 같이 'Model Builder' 페이지의 항목 중 'Results' - 'Velocity (spf)'를 오른쪽 마우스 버튼을 클릭하고 나타난 메뉴 중 'Arrow Surface'를 선택하자.

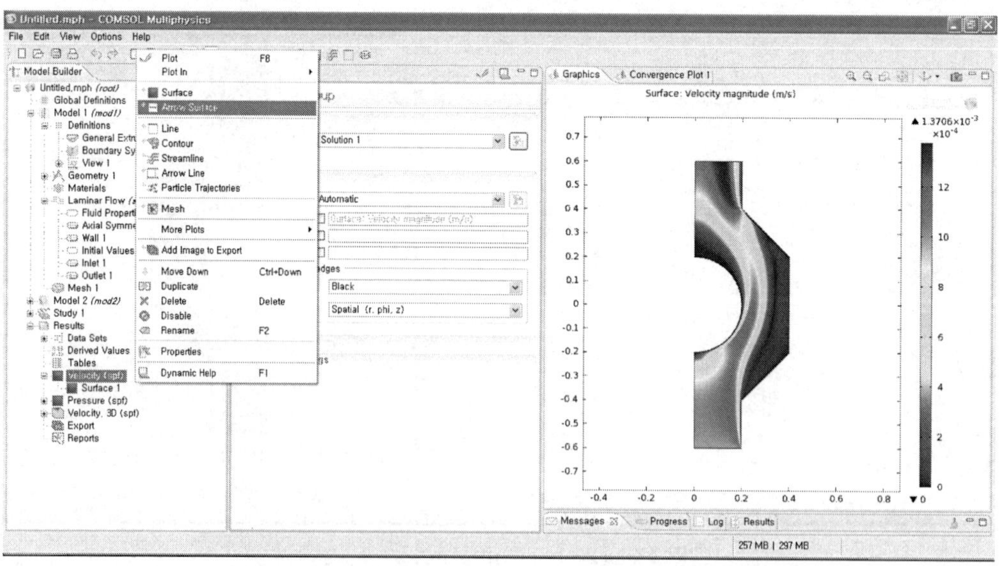

그림 14-13-1 'Velocity (spf)', 'Arrow Surface' 선택하기

13-2. 그림 14-13-2와 같이 추가된 'Arrow Surface'를 클릭하여 선택하고, 'Settings' 페이지의 'Coloring and Style' 섹션에 있는 'Arrow length'를 'Normalized'로 선택한 후, 상단의 'Plot' 버튼을 클릭하자.

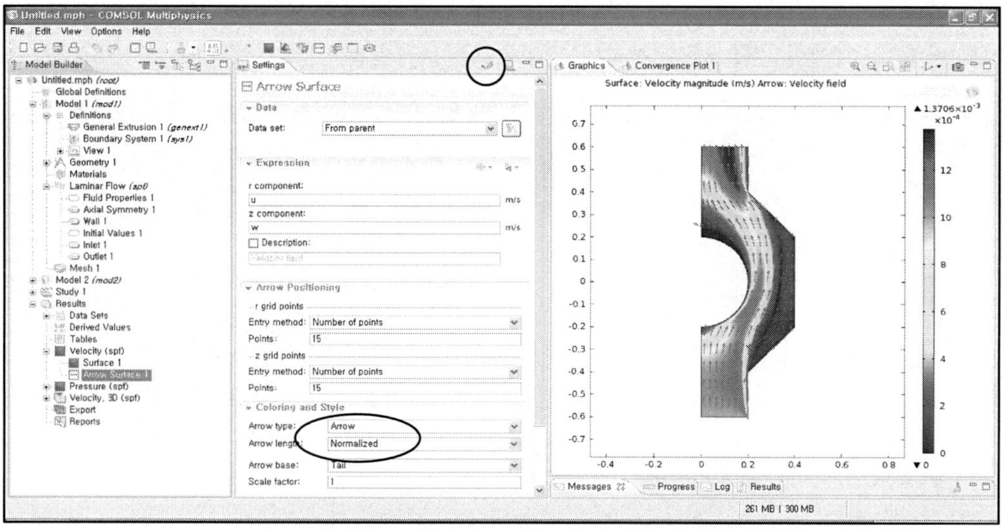

그림 14-13-2 'Arrow Surface' 설정하기

13-3. 이제 3D로 메핑된 결과 이미지를 얻어 보자. 그림 14-13-3과 같이 'Model Builder' 페이지의 항목 중 'Results'를 오른쪽 마우스 버튼을 클릭하고 나타난 메뉴 중 '3D Plot Group'를 선택하자.

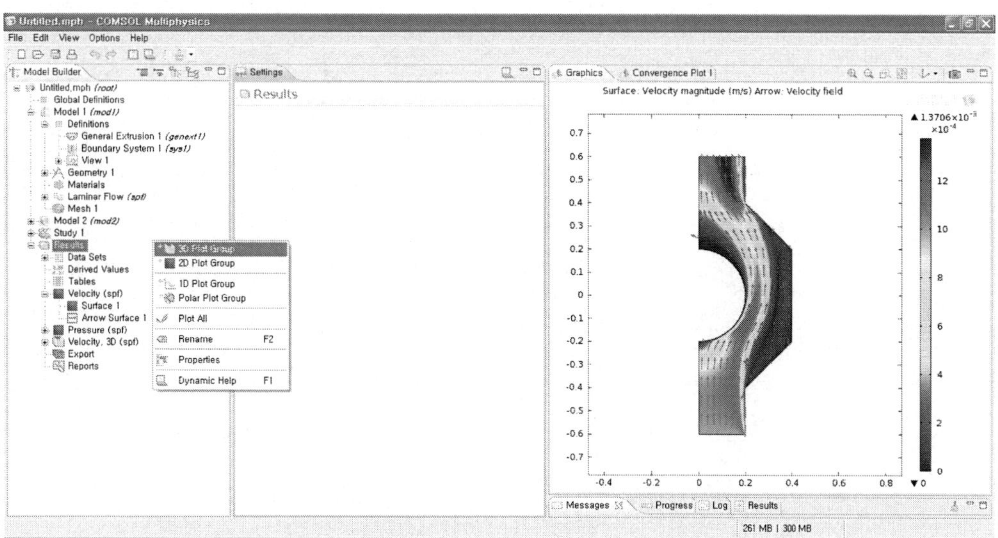

그림 14-13-3 '3D Plot Group' 선택하기

13-4. 그림 14-13-4와 같이 추가된 '3D Plot Group' 아래의 'Arrow Volume 1'을 선택하고, 'Settings' 페이지의 'Expression' 섹션에 있는 'x componenet'는 'u'로 설정하고, 'y componenet'는 '0'으로, 'z componenet'는 'w'로 설정하고, 'Coloring and Style' 섹션에 있는 'Arrow length'를 'Normalized'로 선택한 후, 상단의 'Plot' 버튼을 클릭하자. 그러면 '2D' 해석 결과가 '3D'로 매핑된 결과 이미지가 나타날 것이다.

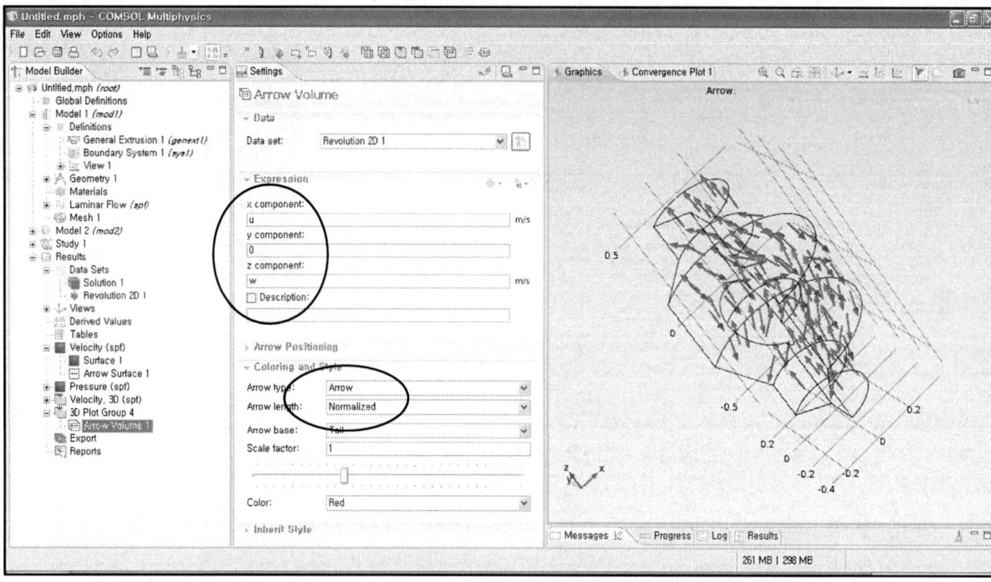

그림 14-13-4 '2D' 해석 결과가 '3D'로 메핑된 결과 이미지

▣ 연습문제

1. 제 14장에서 수행한 예제를 실제로 3차원으로 모델링을 수행한 후 2차원으로 해석을 수행한 결과와 비교해 보라. 2차원 및 3차원 해석 시간을 서로 비교해 보고 결과도 비교해 본 후 자신의 생각을 고찰 해 보자.

제15장. Non-Newtonian Flow

유체는 전단응력을 받으면 그 크기가 아무리 작더라도 연속적으로 변형이 일어난다. 전단력은 생각하는 표면에 작용하는 힘의 접선성분이고 이 힘을 표면적으로 나눈 값은 그 면에 작용하는 평균전단응력이다. 어느 한 점에서 작용하는 전단응력이란 그 점을 포함하는 면적이 한 점으로 접근할 때 그 면적에 작용하는 전단력의 극한값이다.

유체의 점성이란 유체 분자가 상대적인 운동을 할 때 유체 분자간 혹은 유체 분자의 고체경계면 사이에 마찰력을 유발시키는 유체의 성질을 말하며 이는 유체 분자의 응집력 및 유체 분자간의 상호작용 때문에 생긴다.

그림 15-1과 같이, 서로 인접하는 두 개의 평행평판 사이에 특정 물질이 충만되어 있고, 평행평판은 너무 넓어서 가장자리에서 생기는 영향을 무시할 수 있다고 가정한다. 아래 평판을 고정시키고 위 평판에 힘 F를 평판에 평행하게 가하면, 이 힘은 점성에 의하여 평판 사이 의 물질에 전파되고, 이로 인하여 물질 내에 F/A의 전단응력이 발생하게 될 것이다.

여기서, A는 위 평판의 면적이다. 힘 F의 크기가 작을지라도 이 힘에 의하여 위 평판이 일정속도(0가 아님)로 계속해서 움직인다면, 두 평판 사이에 들어있는 물질은 명백히 유체(fluid)라고 결론지을 수 있다.

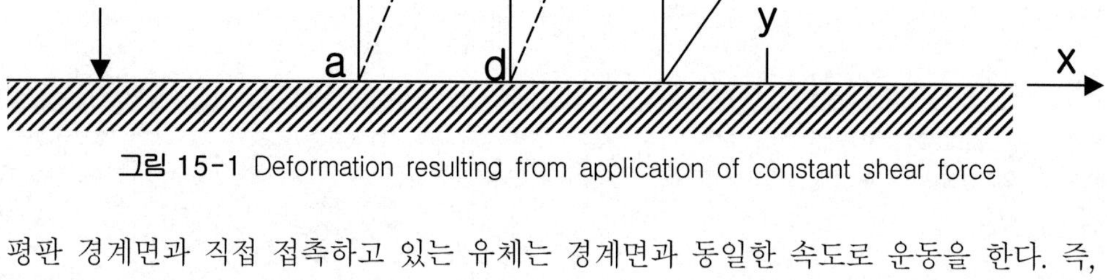

그림 15-1 Deformation resulting from application of constant shear force

평판 경계면과 직접 접촉하고 있는 유체는 경계면과 동일한 속도로 운동을 한다. 즉, 경계면에서의 미끄럼(Slip)은 없다. 이 같은 사실은 여러 종류의 유체와 여러 재질의 경계면에 대해 많은 실험을 통하여 확인된 결과이다. 면적 abcd에 있던 유체는 새로운 위치 ab'c'd로 흐르게 되고, 모든 유체입자는 평판에 평행한 운동을 하며, 속도 u는 고정판상에서 0 으로부터 위 평판위에서 U까지 직선적으로 변한다.

실험에 의하면 다른 물성값들이 일정할 때 F는 A와 U에 비례하고 두께 ℓ에 반비례한다. 이것을 식으로 표현하면 Newton's 2nd Law of Motion 뉴톤의 제2법칙으로 나타낼 수 있다.

$$\frac{F}{A} = \mu \frac{U}{\ell}, \quad \frac{F_2}{A} = \mu \frac{U}{\ell_2}, \quad \ell_2 = \frac{1}{2}\ell, \quad F_2 = 2F, \quad F = \mu \frac{AU}{\ell} \tag{15-1}$$

여기서 μ는 비례상수이고 각 유체가 갖는 어떤 특성의 효과를 나타내는 값이다. 전단응력 F/A를 τ로 표기하면,

$$\tau = \mu \frac{U}{\ell} \tag{15-2}$$

여기서 U/t는 직선 ab의 각속도 또는 유체의 각변형속도(rate of angular deformation), 즉 각 bad의 감소속도를 나타낸다. 각속도는 du/dy로 표현할 수도 있다. 왜냐하면, U/t나 du/dy 모두 변화가 일어나는 거리에 대한 속도의 변화율을 나타내기 때문이다. 그러나 각속도와 전단응력이 높이 y에 따라 변화하는 경우에도 적용할 수 있는 du/dy가 더 일반적으로 사용된다. 속도구배 du/dy는 유체의 한 층이 인접층에 대하여 상대운동을 할 때 상대운동의 정도를 나타내는 척도로 생각할 수도 있다.

유체의 일차원유동에서 전단응력과 각변형속도 사이의 관계를 미분형으로 표시하면 상기 식과 같으며, 비례상수μ를 유체의 점성계수(viscosity)라 하고 식 (15-3)을 Newton의 점성법칙(Newton's law of viscosity)이라 한다.

$$\mu = \frac{F/A}{du/dy} = \frac{\tau}{du/dy}, \quad \tau = \mu \frac{du}{dy} \tag{15-3}$$

유체가 아닌 물질은 유체의 정의를 만족시키지 않는다. 플라스틱은 어느 정도 힘에 비례하여 변형하지만 항복전단응력(yield shear stress)이하에서는 연속적으로 변형하지 않는다. 두 평판 사이가 완전히 진공상태로 되었다면 평형속도가 끊임없이 증가하게 될 것이다. 두 평판 사이에 모래가 들어 있다면 Coulomb 마찰 때문에 연속적인 운동을 할 수

있기까지는 어느 정도의 힘을 필요로 한다. 그러므로 플라스틱이나 고체는 유체로 분류하지 않는다.

유체는 Newton 유체와 비 Newton 유체로 분류된다. Newton 유체에서 가해진 전단응력의 크기와 각 변형 속도 사이에는 그림 15-1에 보인 것처럼 직선적인 비례관계가 성립한다.

해석을 용이하게 하기 위하여 유체는 흔히 비점성 유체라는 가정을 한다. 점성계수가 '0'이면 유체의 운동이 어떠한 경우라도 전단응력은 항상 '0'이다. 여기에 비압축성이라는 가정을 추가한 유체를 이상유체(ideal fluid)라 하고 그림 15-2와 같이 τ대 du/dy 선도에서 세로 좌표축으로 나타내어진다.

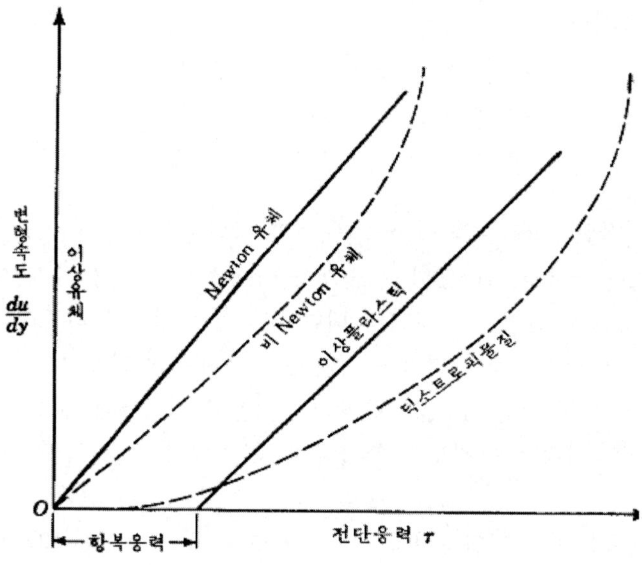

그림 15-2 Rheological diagram.

▣ 모델 설명

이 모델은 폴리스틸렌(polystyrene)용액에서의 전단 속도(shear rate)에 따른 점도(viscosity)가 용액의 흐름에 어떠한 영향을 미치는지에 대해서 알아볼 것이다. 여기에 적용하는 점도는 카레라우(Carreau) 점도 모델을 이용할 것이며, 적용할 모델은 아래 그림과 같이 축 대칭이어서 2D로 할 것이다.

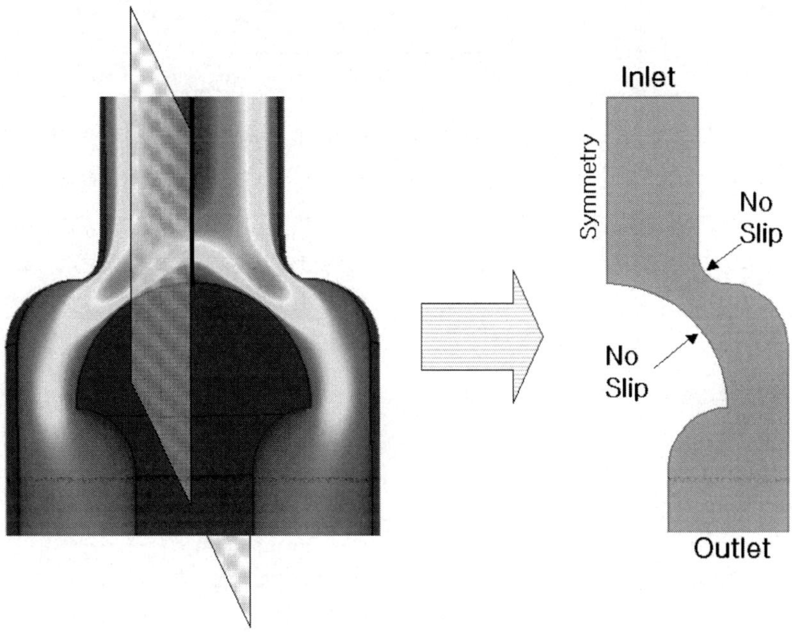

그림 15-3 적용 모델

지배 식은 Navier-Stokes식을 이용하고, 전단 속도 및 점도는 각각 다음과 같다.

$$\dot{\gamma} = \sqrt{\frac{1}{2}\left((2u_r)^2 + 2(u_z + v_r^2) + (2v_z)^2 + 4\left(\frac{u}{r}\right)^2\right)}$$

$$\eta = \eta_\infty + (\eta_0 - \eta_\infty)\,[1 + (\lambda\dot{\gamma})^2]^{\frac{(n-1)}{2}} \qquad (15\text{-}4)$$

'COMSOL Multiphysics'에서는 비뉴턴식에 적용하는 점도는 Carreau, Power, User-defined형태로 제공하고 있다. 여기서는 카레라우(Carreau) 점도 모델을 이용하였으며, 용액의 물성 값은 다음과 같다.

표 15-1 적용 모델의 물성 값

PARAMETER	VALUE
η_∞	0
η_0	166
λ	1.73e-2
n	0.538
ρ	450

경계 값은 위의 그림 15-3 같이 용액이 오른쪽에서 왼쪽으로 흘러가게 되는데 입구부분의 용액의 압력을 10kPa에서 210kPa로 변화시키면서 점도의 변화를 검토할 것이다. 나머지 경계는 위의 그림 15-3과 같다.

■ 예제 문제 따라하기

1. 그림 15-1과 같이 'Model Wizard' 페이지에서 'Select Space Dimension' 을 '2D axisymmetirc'로 선택하고 'Next' 버튼 을 누른다.

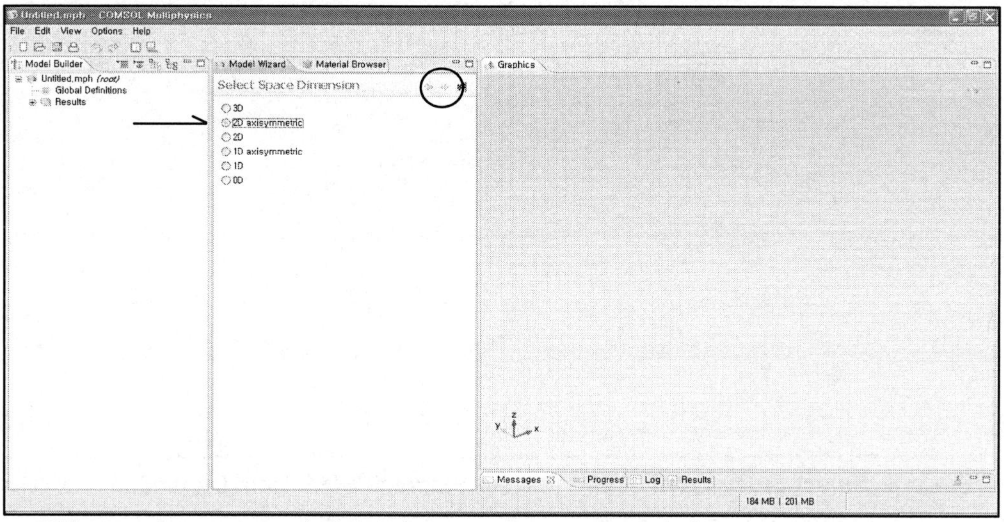

그림 15-1 'Model Wizard' 페이지, 'Select Space Dimension', '2D axisymmetirc' 선택하기

2. 그림 15-2와 같이 'Model Wizard' 페이지의 'Add Physics' 윈도우에서 'Fluid Flow' 항목에서 'Single-Phase Flow' - 'Laminar Flow (spf)'를 더블클릭하여 선택하고, 상단의 'Next' 버튼 을 누른다.

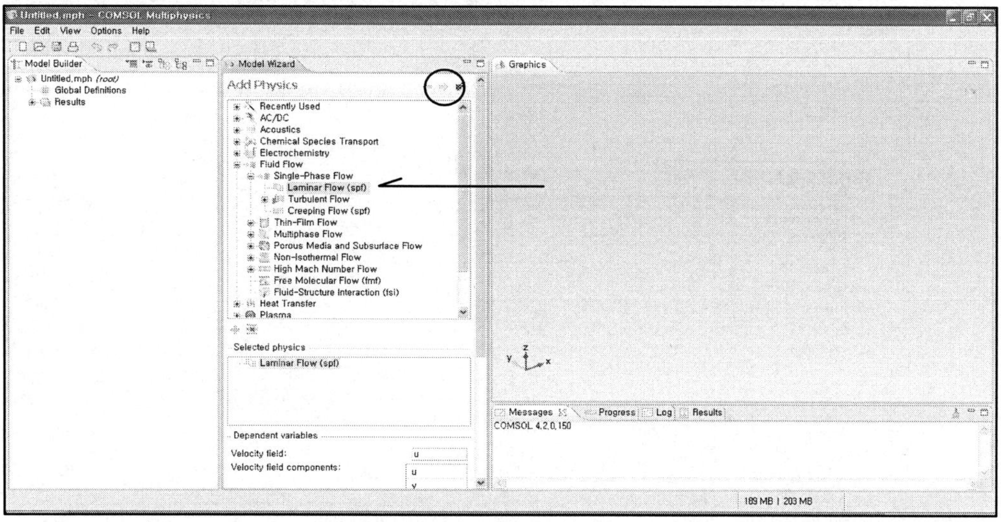

그림 15-2 'Fluid Flow' 항목 , 'Single-Phase Flow' - 'Laminar Flow (spf)' 선택하기

3. 그림 15-3과 같이 'Model Wizard' 페이지의 'Select Study Type' 윈도우에서 'Preset Studies' 항목에서 , 'Time Dependent'를 선택한 다음, 상단의 'Finish' 버튼을 누른다.

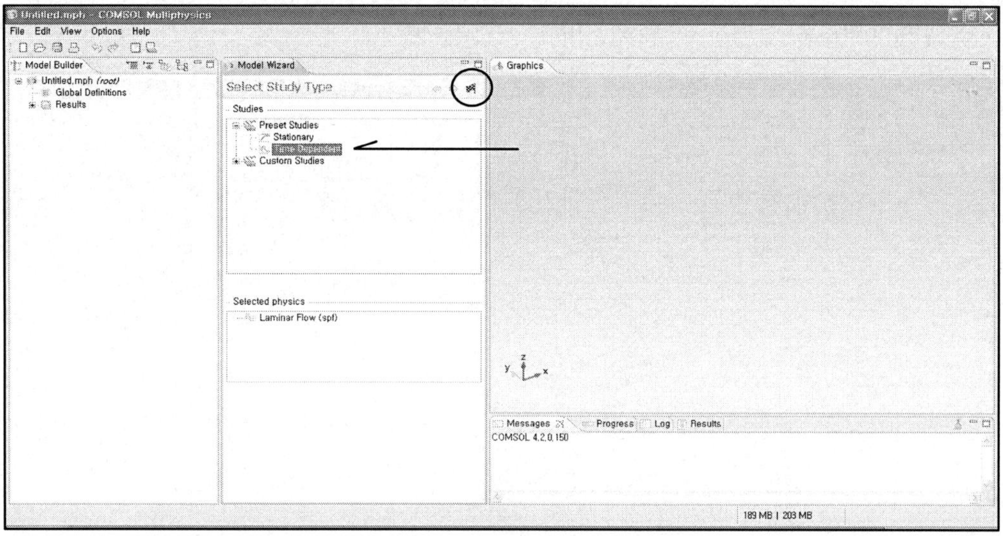

그림 15-3 'Select Study Type' 윈도우, 'Preset Studies' 항목, 'Time Dependent' 선택하기

4-1. 적용 모델을 모델링하기 위하여 다음과 같은 순서로 진행한다. (4-1 ~ 4-16)

그림 15-4-1과 같이 사각형 모델링을 하기위해서 'Model Builder' 페이지에서 'Geometry 1'에 마우스 오른쪽 클릭하여 나타난 팝업 매뉴에서 'Rectangle'을 선택한다.

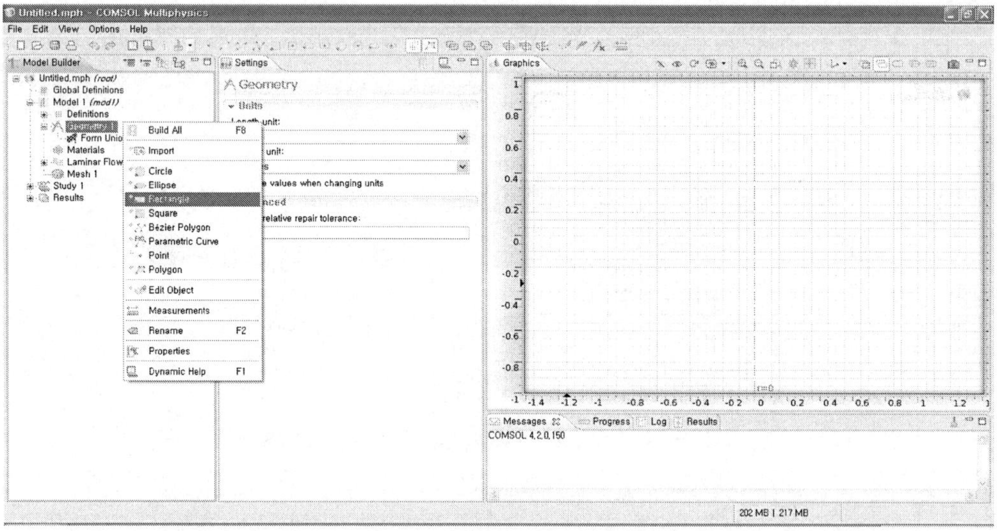

그림 15-4-1 'Model Builder' 페이지, 'Geometry 1', 'Rectangle' 선택하기

4-2. 그림 15-4-2와 같이 'Settings' 페이지의 'Rectangle' 윈도우에서 'Size' 항목의 'Width: 9e-3 Height: 21e-3'로 타입한 후 'Build All' 버튼을 클릭한다.

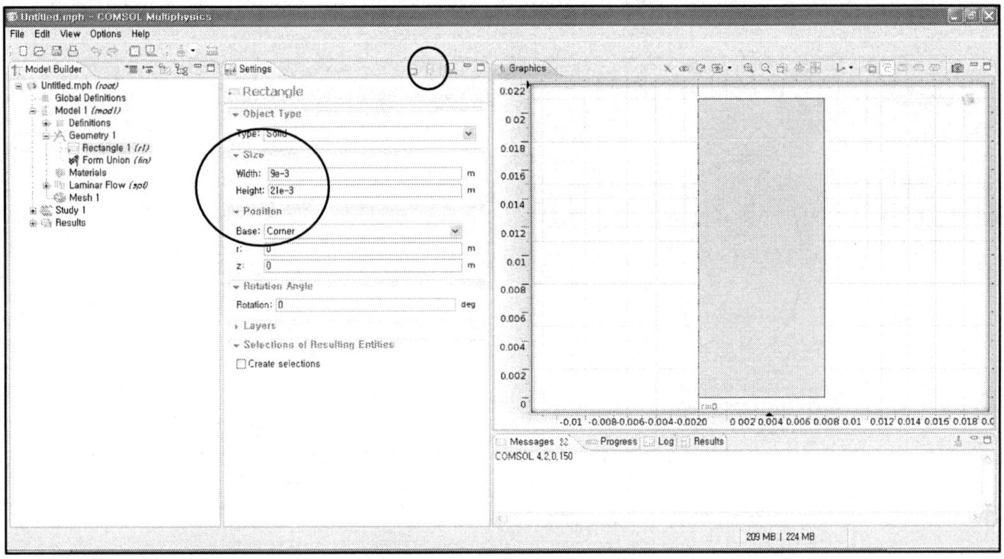

그림 15-4-2 'Settings' 페이지, 'Rectangle' 설정하기

4-3. 그림 15-4-3과 같이 또 하나의 사각형 모델링을 하기위해서 'Model Builder' 페이지에서 'Geometry 1'에 마우스 오른쪽 클릭하여 나타난 팝업 매뉴에서 'Rectangle'을 선택한다.

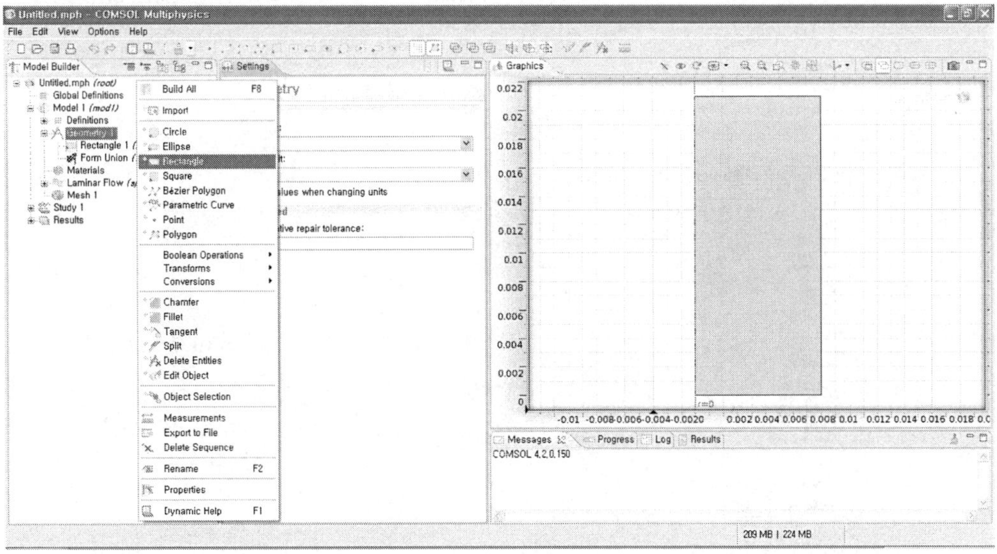

그림 15-4-3 'Model Builder' 페이지, 'Geometry 1', 'Rectangle' 선택하기

4-4. 그림 15-4-4와 같이 'Settings' 페이지, 'Rectangle' 윈도우의 'Size' 섹션에서 'Width: 12e-3 Height: 27e-3'로 타입하고, 'Position' 섹션에서 'Base: Corner' 로 선택하고, 'r: 6e-3 z: -21e-3'로 타입한 후, 상단의 'Build All' 버튼을 클릭한다.

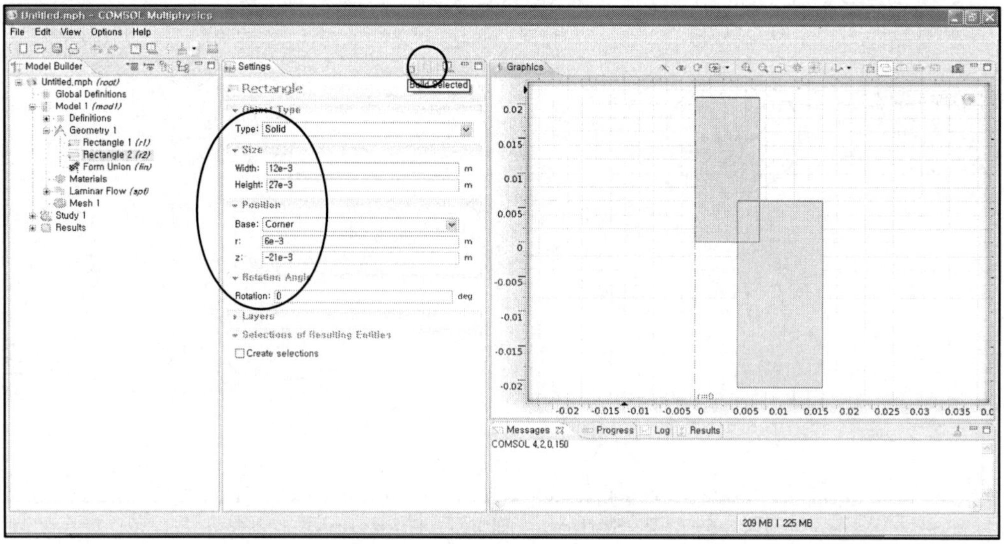

그림 15-4-4 'Settings' 페이지, 'Rectangle' 설정하기

4-5. 그림 15-4-5와 같이 'Model Builder' 페이지에서 'Geometry 1'을 선택하고, 마우스 오른쪽 버튼을 눌러 ' Bézier Polygon'을 선택한다.

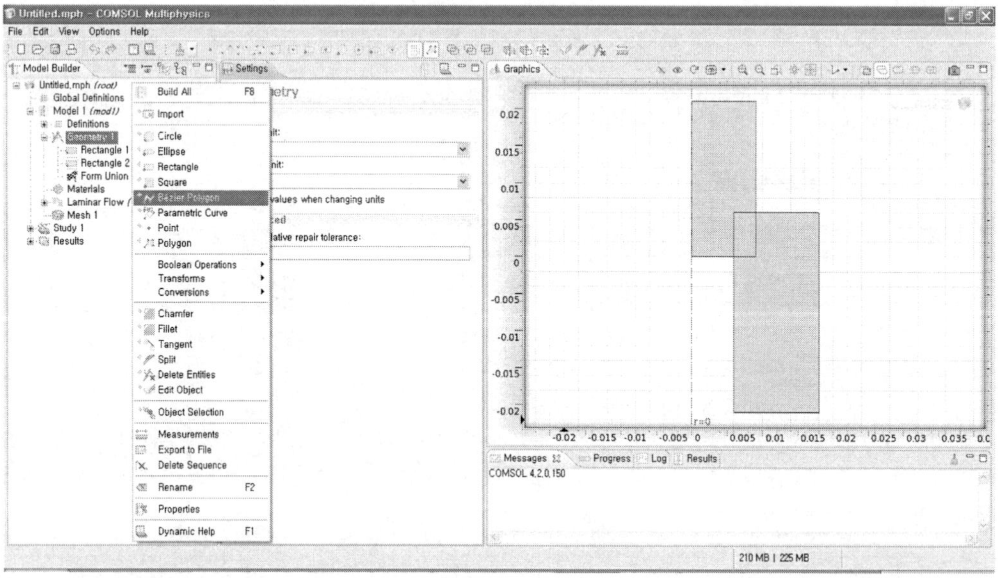

그림 15-4-5 'Model Builder' 페이지, 'Geometry 1', 'Bézier Polygon' 선택하기

4-6. 그림 15-4-6과 같이 'Settings' 페이지, 'Bézier Polygon'윈도우에 있는 'General' 섹션의 'Type'을 'Open'으로 변경하고, 'Added segments' 섹션에 있는 'Add Quadratic' 버튼을 눌러 'Segment 1 (quadratic)'을 추가하자. 그러면 'Settings' 페이지 화면이 그림 15-4-6과 같이 바뀔 것이다. 이제 'Control points' 섹션에 있는 'r:'과 'z:' 편집 창에 각각 '0 3e-3', '12e-3 3e-3', '12e-3 -9e-3'를 타입한 후, 상단의 'Build All' 버튼을 클릭한다.

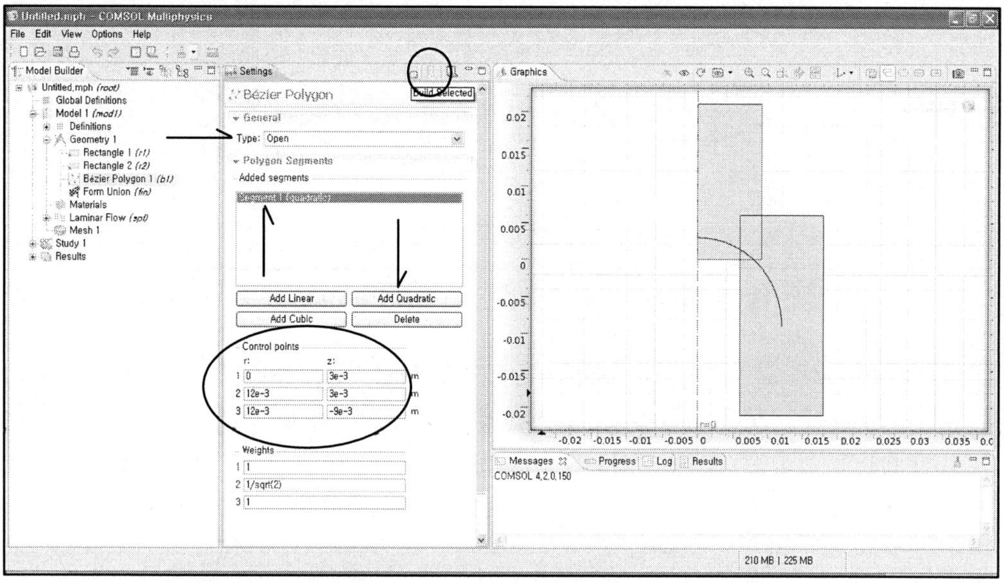

그림 15-4-6 'Settings' 페이지, 'Bézier Polygon' 설정하기 1

4-7. 그림 15-4-7과 같이 'Settings' 페이지, 'Bézier Polygon'윈도우에 있는 'General' 섹션의 'Type'을 'Open'으로 유지하고, 'Added segments' 섹션에 있는 'Add Quadratic' 버튼을 눌러 'Segment 2 (quadratic)'을 하나 더 추가하자. 'Control points' 섹션에 있는 'r:'과 'z:' 편집 창에 각각 '12e-3 -9e-3', '6e-3 -9e-3', '6e-3 -15e-3'을 타입한 후, 상단의 'Build All' 버튼을 클릭한다.

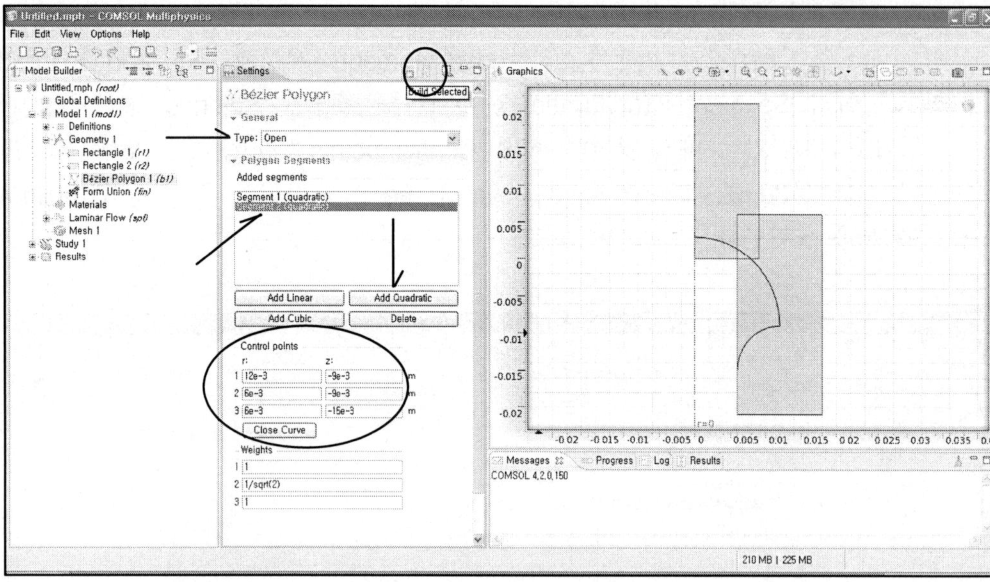

그림 15-4-7 'Settings' 페이지, 'Bézier Polygon' 설정하기 2

4-8. 그림 15-4-8과 같이 'Bézier Polygon'윈도우에 있는 'General' 섹션의 'Type'을 'Open'으로 유지하고, 'Added segments' 섹션에 있는 'Add Linear' 버튼을 눌러 'Segment 3 (linear)'을 하나 추가하자. 'Control points' 섹션에 있는 'r:'과 'z:' 편집 창에 각각 '6e-3 -15e-3', '0 -15e-3'을 타입한 후, 상단의 'Build All' 버튼을 클릭한다.

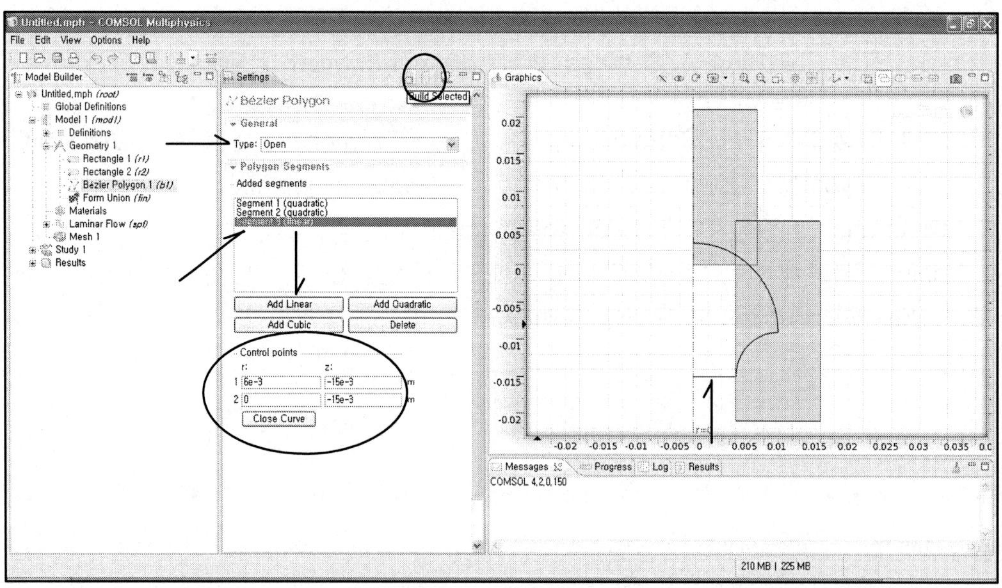

그림 15-4-8 'Settings' 페이지, 'Bézier Polygon' 설정하기 3

4-9. 그림 15-4-9와 같이 'Bézier Polygon'윈도우에 있는 'General' 섹션의 'Type'을 'Open'으로 유지하고, 'Added segments' 섹션에 있는 'Add Linear' 버튼을 눌러 'Segment 3 (linear)'을 하나 더 추가하자. 'Control points' 섹션에 있는 'r:'과 'z:' 편집 창에 각각 '0 -15e-3', '0 3e-3'을 타입한 후, 상단의 'Build All' 버튼을 클릭한다.

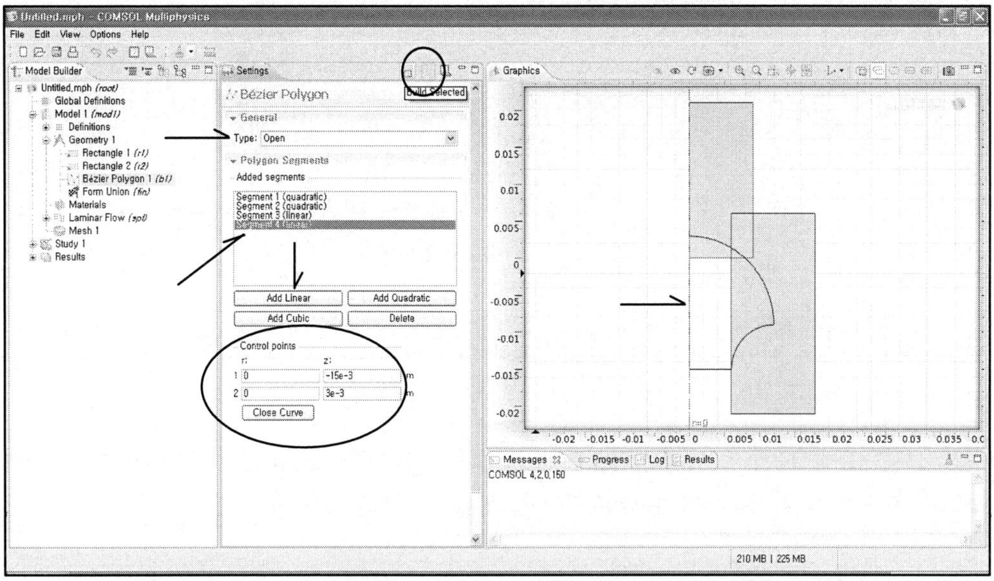

그림 15-4-9 'Settings' 페이지, 'Bézier Polygon' 설정하기 4

4-10. 그림 15-4-10과 같이 'Bézier Polygon'윈도우의 'Polygon segments' 섹션에 있는 4개의 항목을 컨트롤 키와 마우스를 이용해 모두 선택하고 (혹은 형성된 다각형을 더블클릭하여 선택한다) 'General' 섹션의 'Type'을 'Solid'로 선택하자. 그리고 상단의 'Build All' 버튼을 클릭한다. 그러면 선택한 4개의 항목이 하나의 'Solid'가 된다.

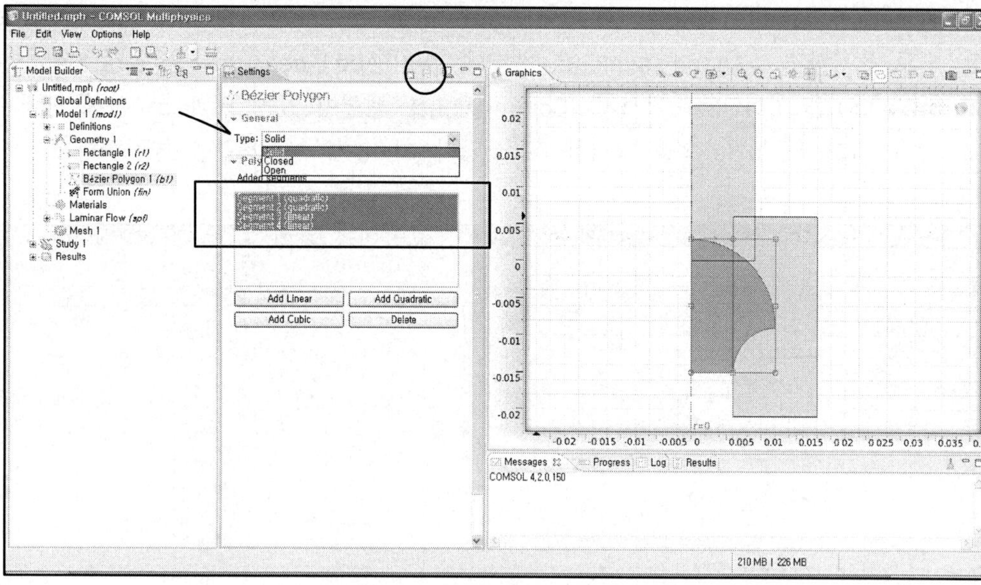

그림 15-4-10 'Solid' 형성하기

4-11. 그림 15-4-11과 같이 'Model Builder' 페이지에서 'Geometry 1'을 선택하고, 마우스 오른쪽 버튼을 눌러 'Bézier Polygon'을 또 하나 추가한다.

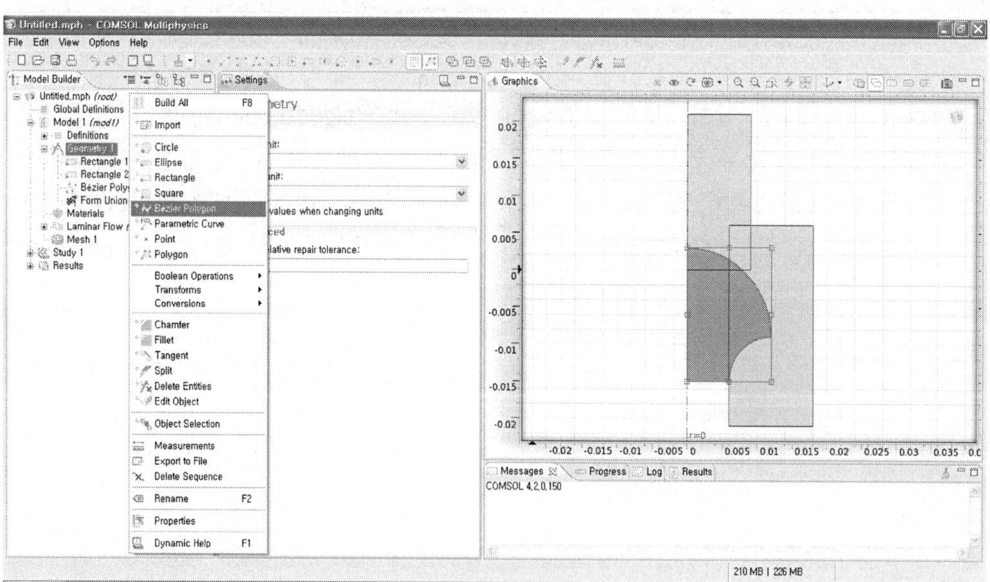

그림 15-4-11 'Model Builder' 페이지, 'Geometry 1', 'Bézier Polygon' 선택하기

4-12. 그림 15-4-12와 같이 'Settings' 페이지, 'Bézier Polygon'윈도우에 있는 'General' 섹션의 'Type'을 'Open'으로 변경하고, 'Added segments' 섹션에 있는 'Add Quadratic' 버튼을 눌러 'Segment 1 (quadratic)'을 추가하자. 그러면 'Settings' 페이지 화면이 그림 15-4-6과 같이 바뀔 것이다. 이제 'Control points' 섹션에 있는 'r:'과 'z:' 편집 창에 각각 '9e-3 6e-3', '9e-3 3e-3', '12e-3 3e-3'를 타입한 후, 상단의 'Build All' 버튼을 클릭한다.

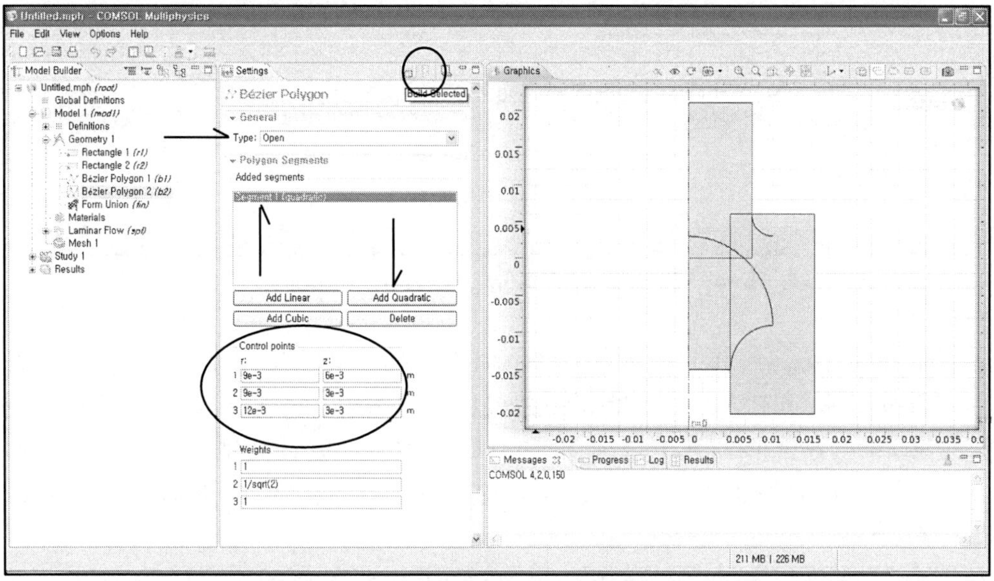

그림 15-4-12 'Settings' 페이지, 'Bézier Polygon' 설정하기 5

4-13. 그림 15-4-13과 같이 'Settings' 페이지, 'Bézier Polygon'윈도우에 있는 'General' 섹션의 'Type'을 'Open'으로 유지하고, 'Added segments' 섹션에 있는 'Add Quadratic' 버튼을 눌러 'Segment 2 (quadratic)'을 하나 더 추가하자. 'Control points' 섹션에 있는 'r:'과 'z:' 편집 창에 각각 '12e-3 3e-3', '18e-3 3e-3', '18e-3 -3e-3'을 타입한 후, 상단의 'Build All' 버튼을 클릭한다.

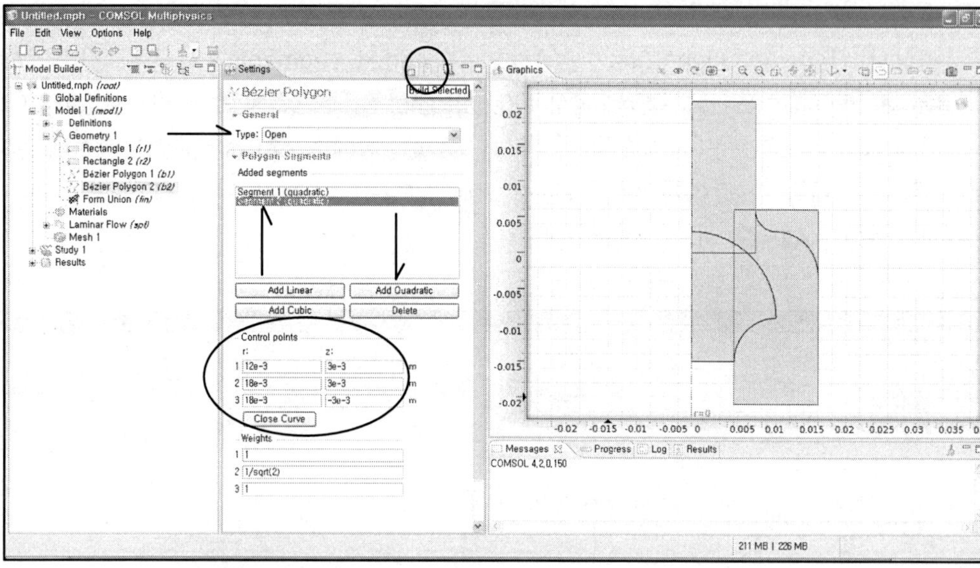

그림 15-4-13 'Settings' 페이지, 'Bézier Polygon' 설정하기 6

4-14. 그림 15-4-14와 같이 'Bézier Polygon'윈도우에 있는 'General' 섹션의 'Type'을 'Open'으로 유지하고, 'Added segments' 섹션에 있는 'Add Linear' 버튼을 눌러 'Segment 3 (linear)'을 하나 추가하자. 'Control points' 섹션에 있는 'r:'과 'z:' 편집창에 각각 '18e-3 -3e-3', '18e-3 6e-3'을 타입한 후, 상단의 'Build All' 버튼을 클릭한다.

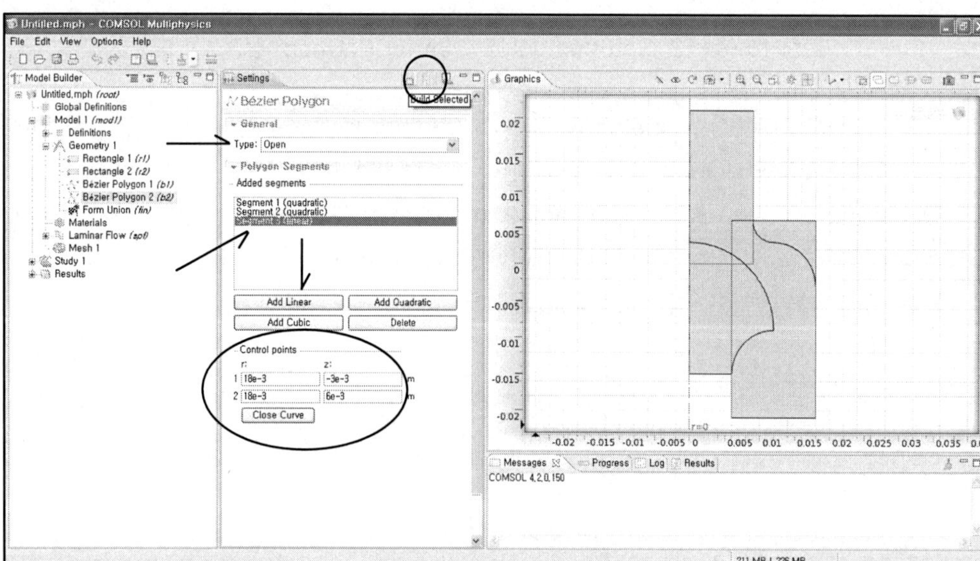

그림 15-4-14 'Settings' 페이지, 'Bézier Polygon' 설정하기 7

4-15. 그림 15-4-15와 같이 'Bézier Polygon'윈도우에 있는 'General' 섹션의 'Type'을 'Open'으로 유지하고, 'Added segments' 섹션에 있는 'Add Linear' 버튼을 눌러 'Segment 3 (linear)'을 하나 더 추가하자. 'Control points' 섹션에 있는 'r:'과 'z:' 편집 창에 각각 '18e-3 6e-3', '9e-3 6e-3'을 타입한 후, 상단의 'Build All' 버튼을 클릭한다.

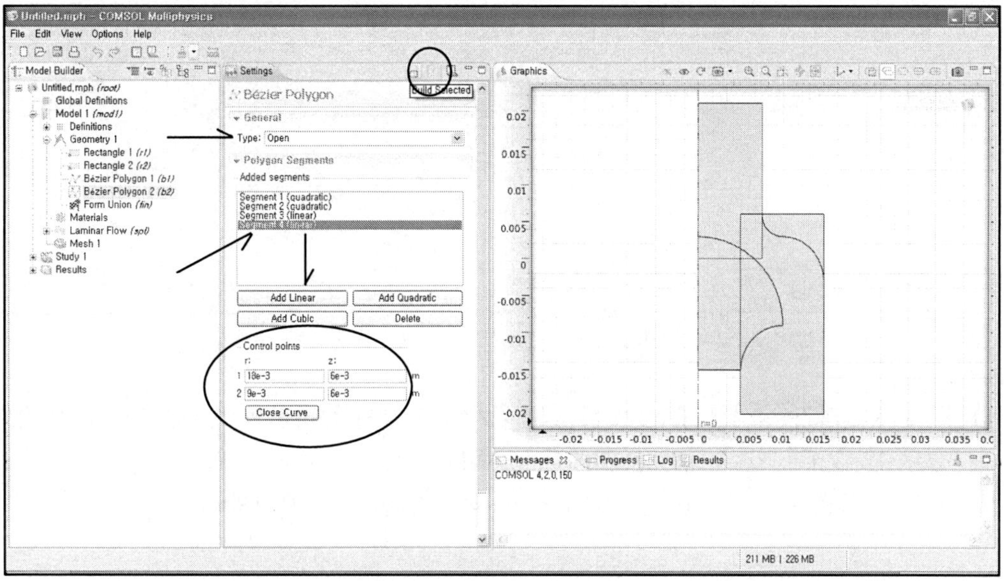

그림 15-4-15 'Settings' 페이지, 'Bézier Polygon' 설정하기 8

4-16. 그림 15-4-16과 같이 'Bézier Polygon'윈도우의 'Polygon segments' 섹션에 있는 4개의 항목을 컨트롤 키와 마우스를 이용해 모두 선택하고 (혹은 형성된 다각형을 더블클릭하여 선택한다) 'General' 섹션의 'Type'을 'Solid'로 선택하자. 그리고 상단의 'Build All' 버튼을 클릭한다. 그러면 선택한 4개의 항목이 하나의 'Solid'가 된다.

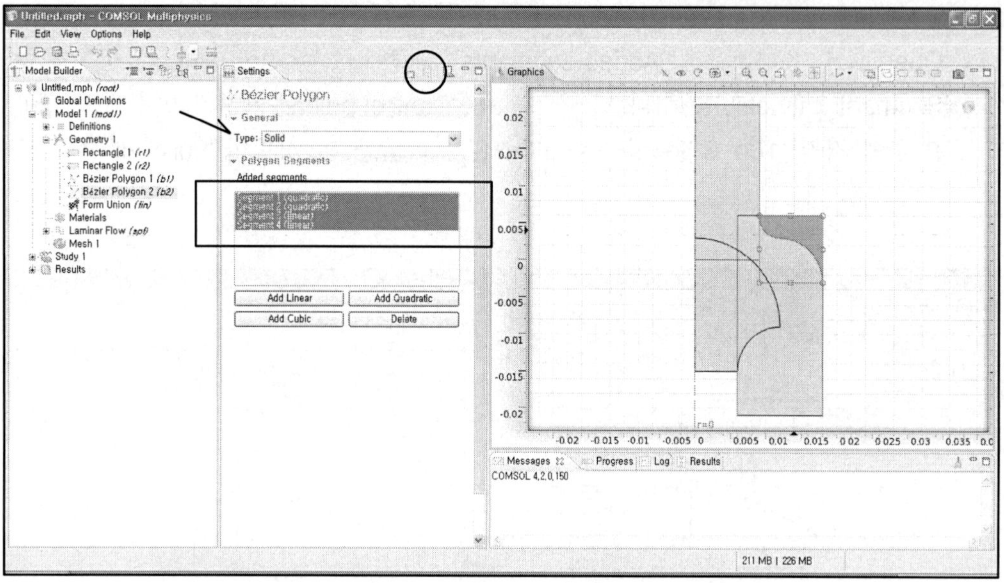

그림 15-4-16 'Solid' 형성하기

5-1. 이제 지금까지 생성한 'Object'들을 합치거나 조작해서 하나의 'Solid'로 만들어 보자. 그림 15-5-1과 같이 'Model Builder' 페이지에서 'Geometry 1'을 선택하고, 마우스 오른쪽 버튼을 눌러 'Boolean Operations' - 'Union'을 선택한다.

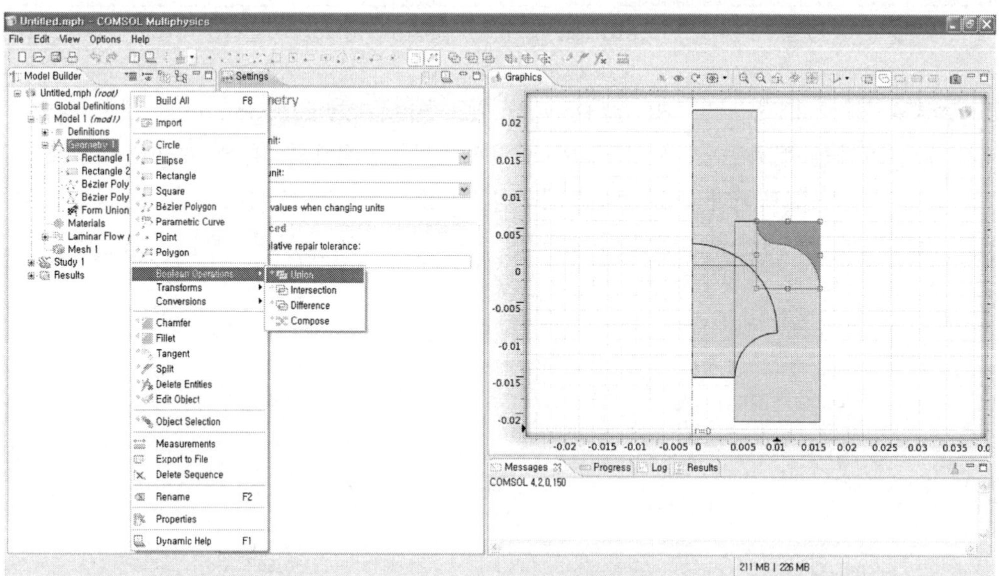

그림 15-5-1 'Model Builder' 페이지, 'Boolean Operations' - 'Union' 선택하기

5-2. 그림 15-5-2와 같이 'Model Builder' 페이지에서 'Union 1'을 선택한다. 'Graphics' 페이지에서 Solid 'r1'을 클릭하여 선택하자. 'Settings' 페이지의 'Add to Selection' 버튼을 클릭하여 'Input objects' 리스트에 추가한다. 다음, 'Graphics' 페이지에서 Solid 'r2'를 클릭하여 선택하자. 'Settings' 페이지 'Add to Selection' 버튼 클릭하여 'Input objects' 리스트에 추가한다. 'Keep interior boundaries'을 체크 해제한다. 상단의 'Build All' 버튼을 클릭한다. 그림 15-5-3은 'Union'을 수행한 결과를 보여준다.

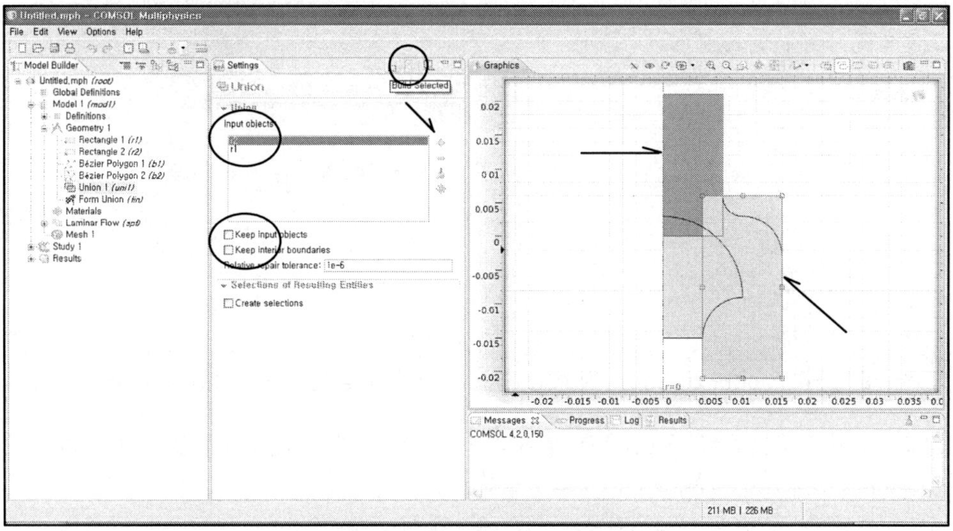

그림 15-5-2 'Union' 수행하기

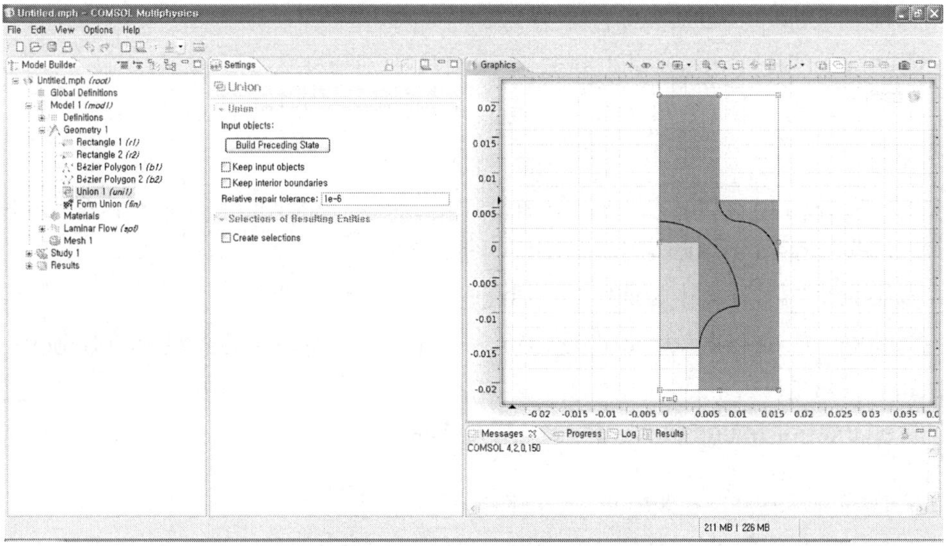

그림 15-5-3 'Union' 수행 결과

5-3. 그림 15-5-4와 같이 'Model Builder' 페이지에서 'Geometry 1'을 선택하고, 마우스 오른쪽 버튼을 눌러 'Boolean Operations' - 'Difference'를 선택한다.

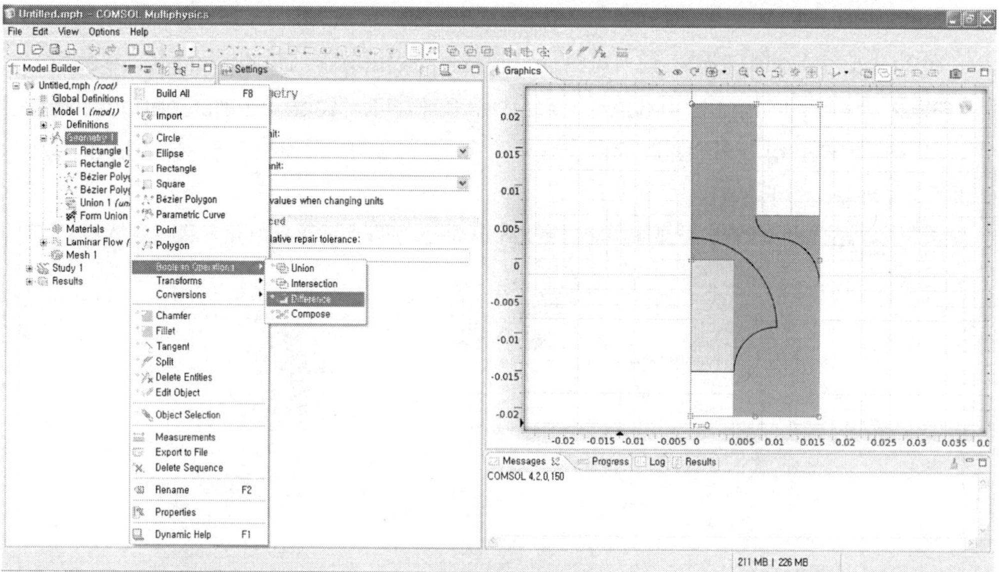

그림 15-5-4 'Model Builder' 페이지, 'Boolean Operations' - 'Difference' 선택하기

5-4. 그림 15-5-5와 같이 'Model Builder' 페이지에서 'Difference 1'을 선택한다.

'Settings' 페이지, 'Difference' 윈도우에서,

먼저, 'Object to add:' 섹션을 활성화하기 위해 'Activation' 버튼을 클릭하자

(그러면 'Object to add:' 섹션이 활성화됨)

'Graphics' 페이지에서 Solid 'uni1'을 클릭하여 선택하자.

'Settings' 페이지의 'Add to Selection' 버튼을 클릭하여 Object to add:' 리스트에 추가한다.

다음, 'Object to subtract:' 섹션을 활성화하기 위해 'Activation' 버튼을 클릭하자.

(그러면 'Object to subtract:' 섹션이 활성화됨)

'Graphics' 페이지에서 Solid 'b1', 'b2'를 클릭하여 선택하자.

'Settings' 페이지의 'Add to Selection' 버튼을 클릭하여 Object to subtract:' 리스트에 추가한다.

'Keep interior boundaries' 를 체크 해제한다.

마지막으로 상단의 'Build All' 버튼을 클릭한다.

그러면 우리가 원하는 형상의 'Solid Object'가 완성된다.

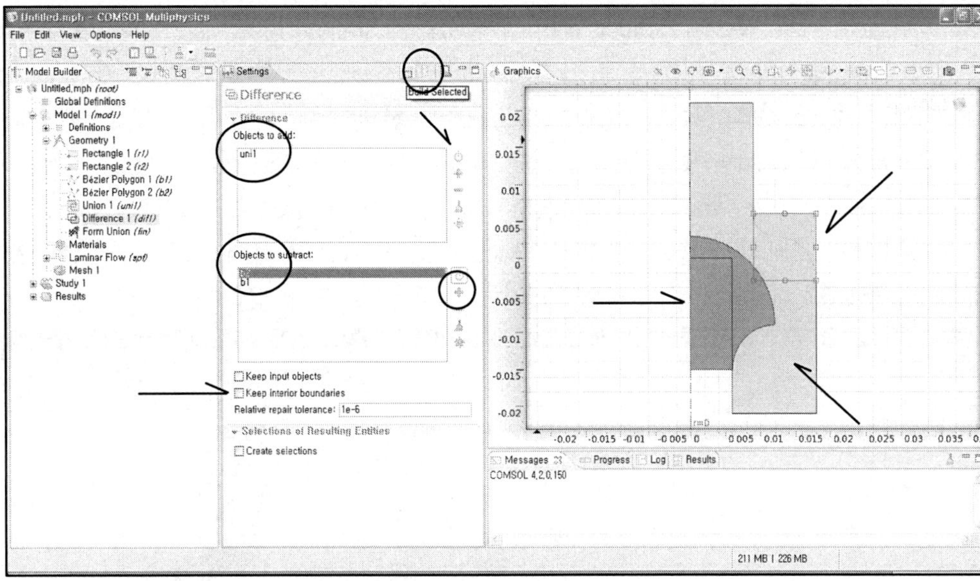

그림 15-5-5 'Difference' 수행하기

5-5. 그림 15-5-6은 'Difference' 실행한 결과를 보여준다.

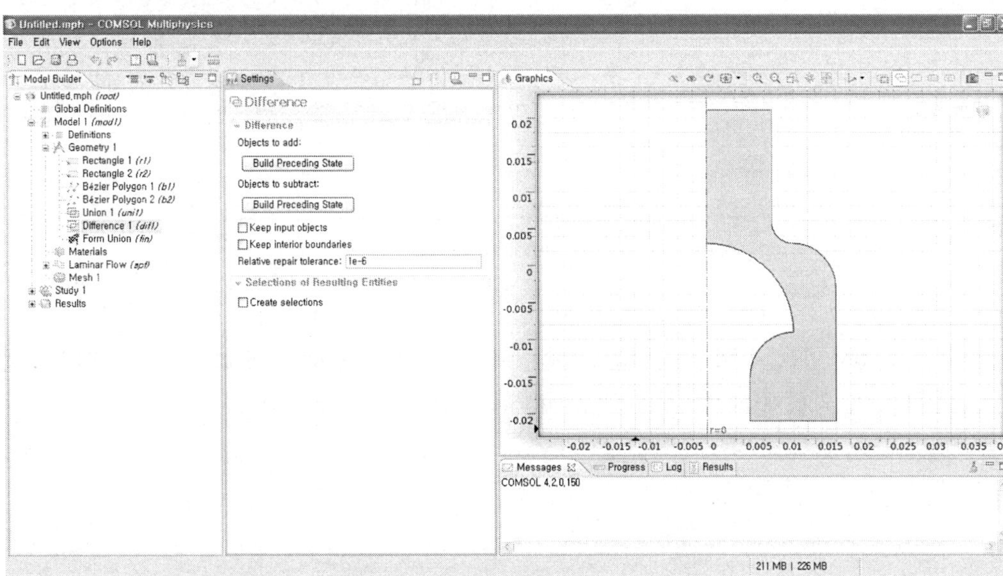

그림 15-5-6 'Difference' 실행 결과

6-1. 그림 15-6-1의 'Model Builder' 페이지에 있는 'Laminar Flow (spf)' 항목을 선택하고, 'Laminar Flow (spf)' 항목 아래의 'Fluid Properties 1'를 선택하고, 'Settings' 페이지의 'Density:' 항목을 'User defined'로 선택하여 '450 kg/m^3'로 타입하자. 'Dynamic viscosity:'에 있는 매뉴 중 'Non-Newtonian Carreau model'를 선택하자. 'Zero shear rate viscosity:' 항목의 'μ_0'에는 '166[Pa*s]'로, 'Infinite shear rate viscosity:' 항목의 'μ_{inf}'에는 '0'로, 'Model parameter:' 항목의 'λ'에는 '1.73e-2'로, 다음 'Model parameter:' 항목의 'n'에는 '0.538'로 각각 타입하자.

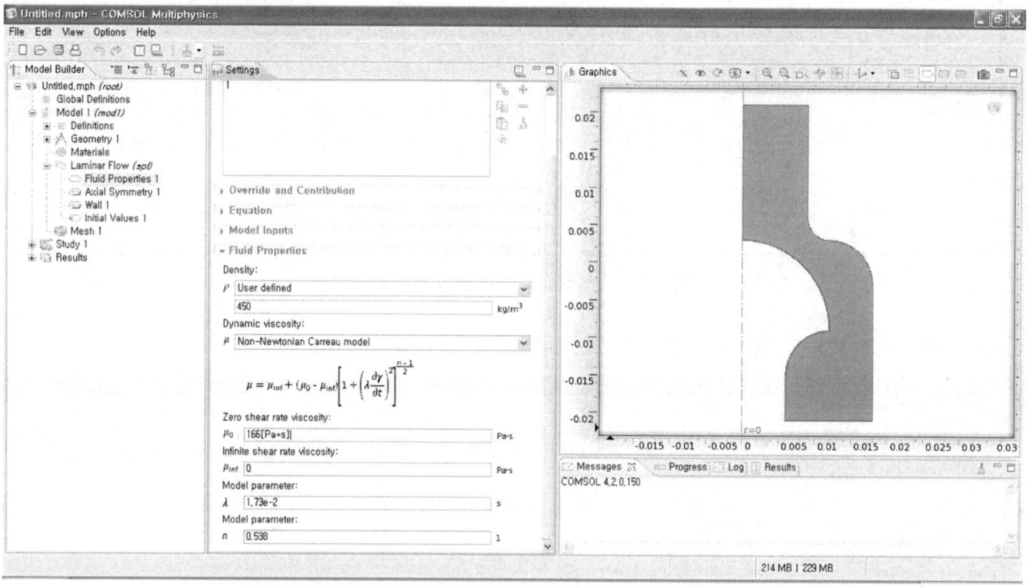

그림 15-6-1 'Fluid Properties 1' 설정하기

6-2. 그림 15-6-2의 'Model Builder' 페이지에 있는 'Laminar Flow (spf)' 아래의 'Axial Symmetry 1'을 선택하고, 'Settings' 페이지의 'Boundary Selection'에서 경계 '1'을 선택하자. 이렇게 하면, 경계 '1'을 축 대칭으로 설정하게 된다.

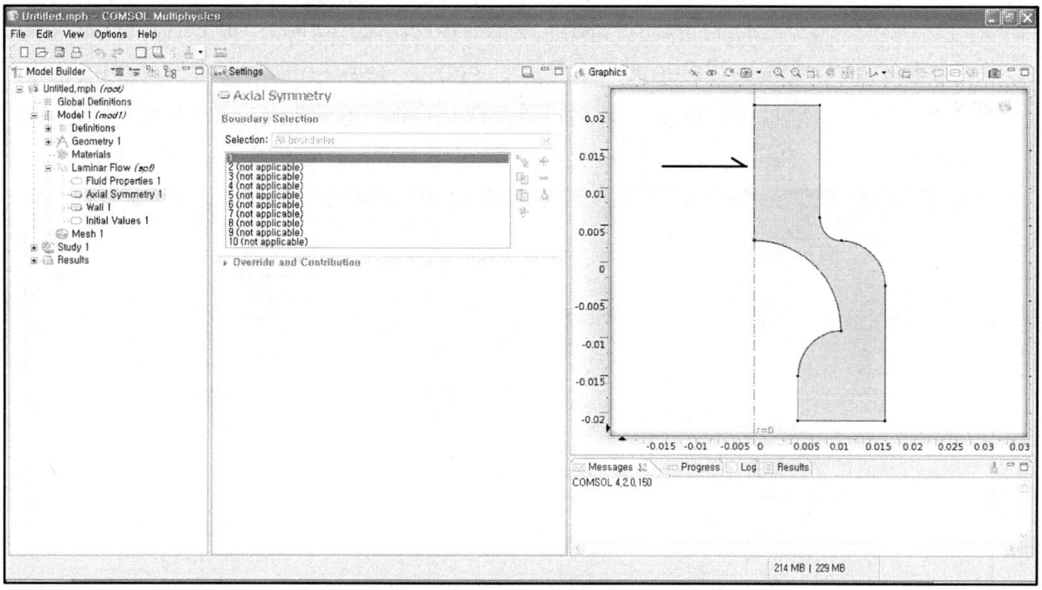

그림 15-6-2 'Axial Symmetry 1' 설정하기

6-3. 그림 15-6-3과 같이 **'Model Builder'** 페이지의 'Laminar Flow (spf)'을 마우스 오른쪽 클릭하여 나타난 항목 중 'Outlet'를 선택하여 '유출 경계'를 설정해보자. 이렇게 하여 동일한 'Outlet'를 2개 만들자.

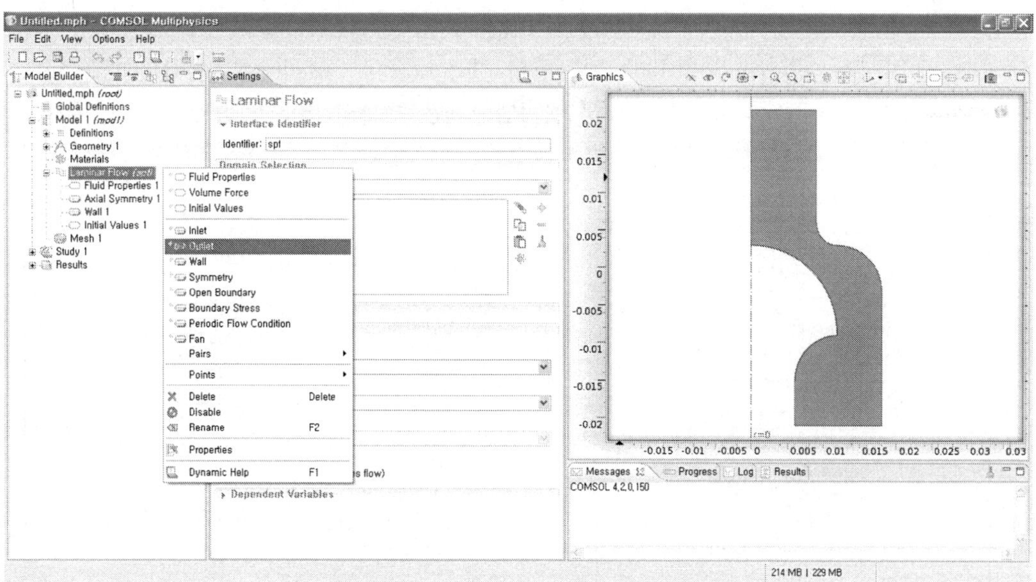

그림 15-6-3 'Outlet1', 'Outlet2' 만들기

6-4. 그림 15-6-4와 같이 추가된 'Outlet 1'을 선택하자. 'Graphics' 페이지에 나타난 모델의 '경계 2'를 선택하고 'Settings' 페이지의 'Add to Selection' ✚을 클릭하여 '경계 2'를 추가하자. 또한 'Settings' 페이지의 'Boundary Condition' 섹션의 'Boundary Condition:' 란을 'Pressure'로 선택하고, 'Pressure' 부분의 'p_0' 을 'pin'으로 타입하자.

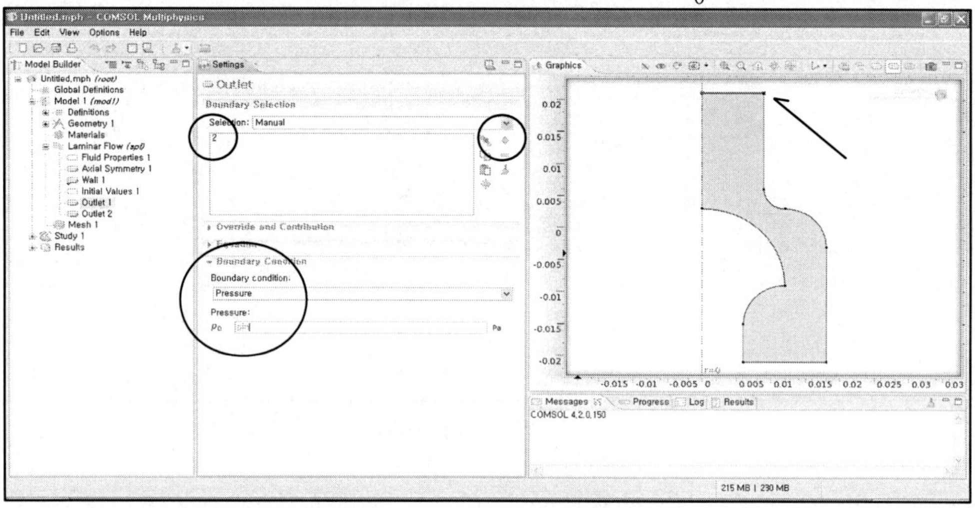

그림 15-6-4 'Outlet1' 설정하기

6-5. 이제, 그림 15-6-5와 같이 추가된 'Outlet 2'를 선택하자. 'Graphics' 페이지에 나타난 모델의 '경계 4'를 선택하고 'Settings' 페이지의 'Add to Selection' ✚을 클릭하여 '경계 4'를 추가하자. 또한 'Settings' 페이지의 'Boundary Condition' 섹션의 'Boundary Condition:' 란을 'Pressure'로 선택하고, 'Pressure' 부분의 'p_0' 을 '0'으로 타입하자.

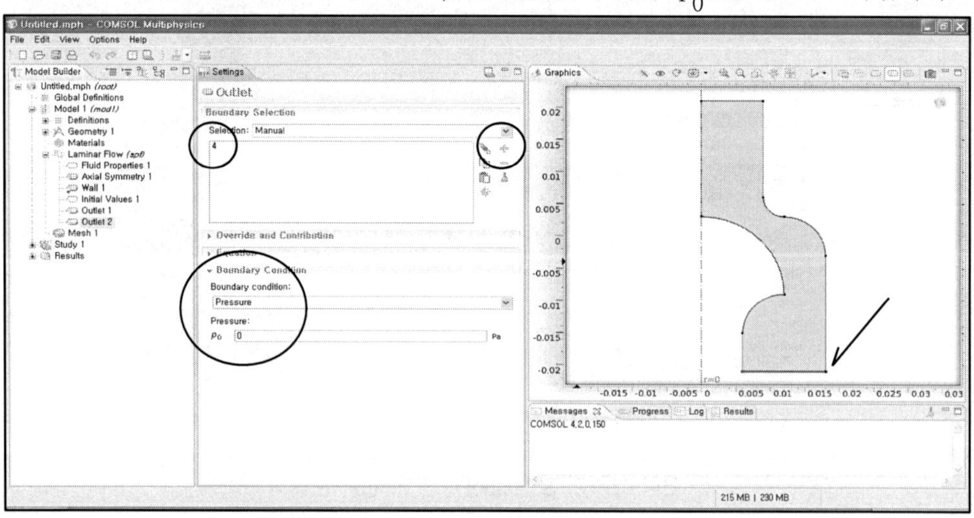

그림 15-6-5 'Outlet2' 설정하기

6-6. 그림 15-6-6과 같이 'Model Builder' 페이지 상단의 'Show' 을 클릭하여 나타난 하부 매뉴에서 'Discretization' 항목을 클릭하여 선택한다. 'Stabilization' 항목과 'Discretization' 항목을 클릭하면, 메뉴 왼쪽에 체크 표시✔가 나타난다. 'Settings' 페이지에 'Consistent Stabilization' 항목과 'Discretization' 항목이 보인다.

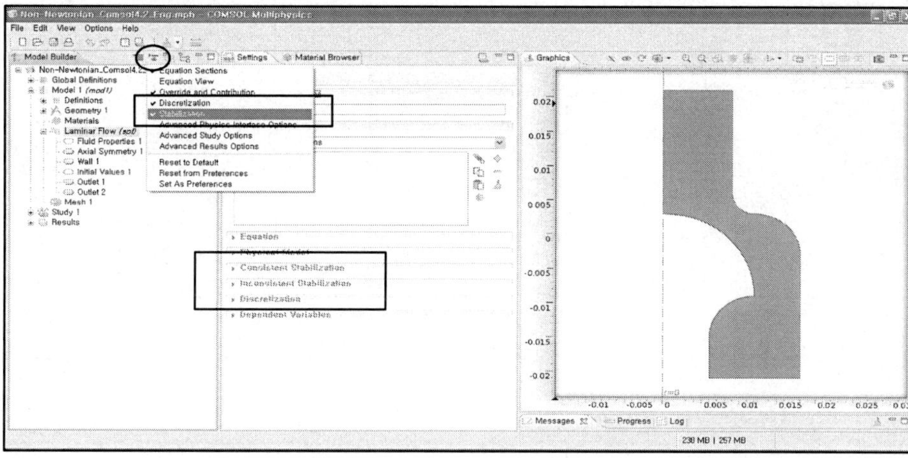

그림 15-6-6 'Show' 매뉴에서 'Discretization' 항목, 'Stabilization' 항목 선택하기

6-7. 그림 15-6-7과 같이 'Model Builder' 페이지의 'Laminar Flow (spf)'을 클릭하고, 오른쪽 'Settings' 페이지의 'Stabilization' 항목과 'Discretization' 항목을 클릭하여 전개하자. 'Consistent Stabilization' 섹션에서는 'Streamline diffusion'과 'Crosswind diffusion'을 체크하고, 'Tuning parameter:' 항목 'C_k'를 '0.1' 로 타입하자. 'Discretization' 항목은 'P2 + P1'로 변경한다.

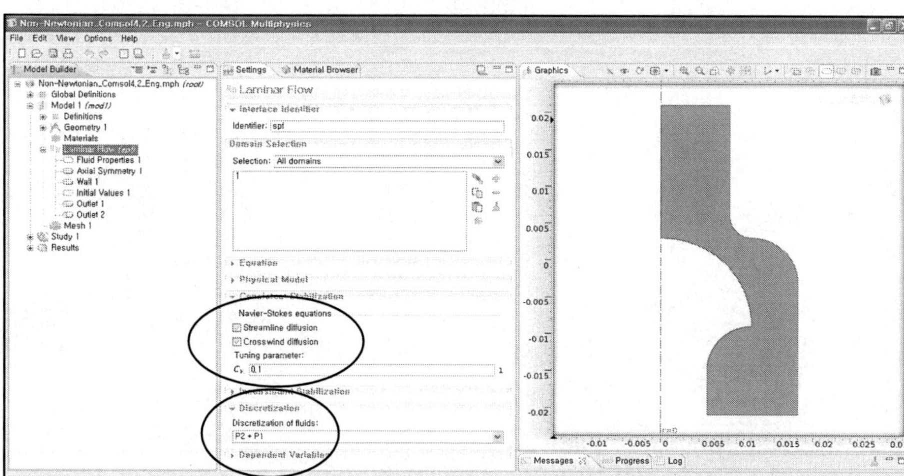

그림 15-6-7 'Stabilization' 항목과 'Discretization' 항목 설정

7-1. 해석 모델에 사용되는 상수(파라메타)를 정의하기 위하여 'Model Builder' 페이지의 'Global Definitions'를 오른쪽 마우스 클릭하여 나타난 메뉴 중 'Parameters'를 선택하여 클릭한다.

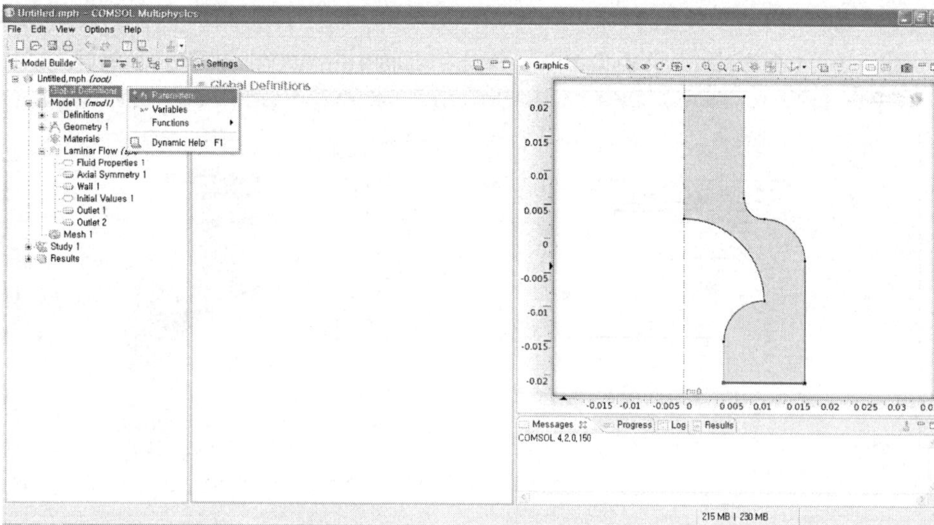

그림 15-7-1 'Parameters' 생성하기

7-2. 'Model Builder' 페이지의 'Global Definitions'아래에 생성된 'Parameters'를 클릭하고 오른쪽의 'Settings' 페이지에 파라메타 이름으로 'pin'을 타입하고, 표현으로는 'NaN'을 타입한다.

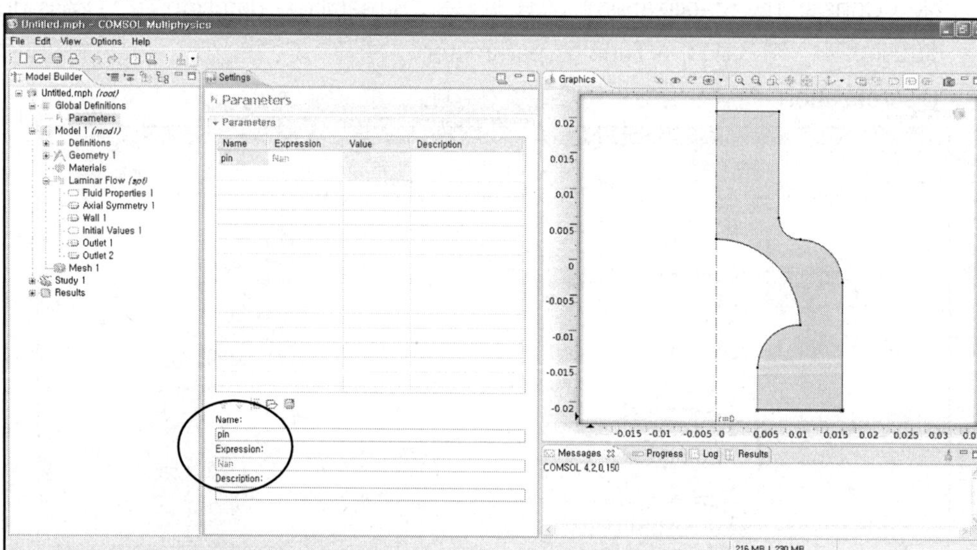

그림 15-7-2 'Parameters' 정의하기

8. 그림 15-8과 같이 'Model Builder' 페이지의 항목 중 'Mesh 1'을 선택하고 오른쪽 'Settings' 페이지의 상단의 'Build All' 버튼을 클릭하여 메쉬를 생성하자.

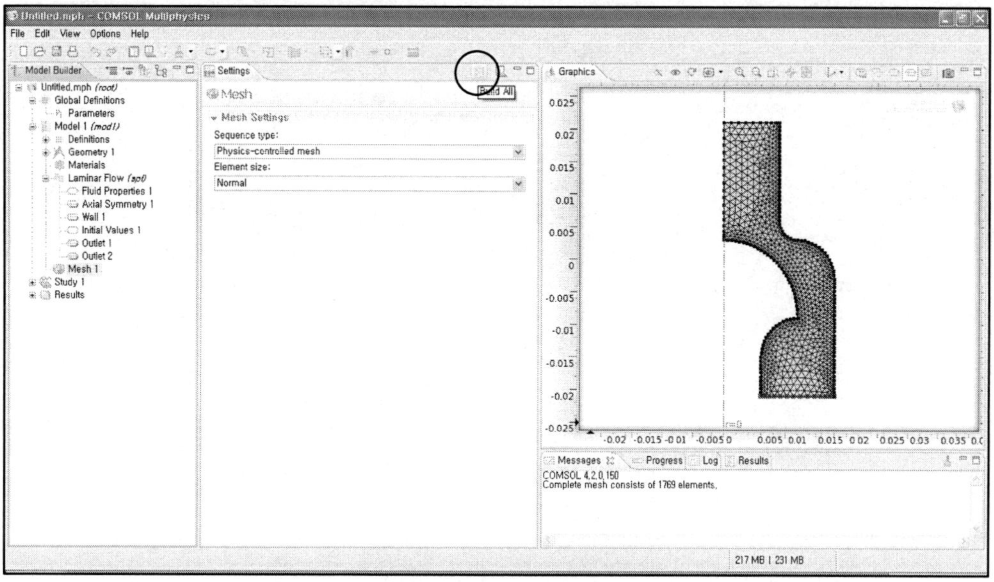

그림 15-8 'Mesh' 설정하기

9-1. 그림 15-9-1과 같이 'Model Builder' 페이지의 항목 중 'Study 1' 마우스 오른쪽 버튼을 클릭하여 나타난 'Study Steps' - 'Stationary' 메뉴를 선택하자.

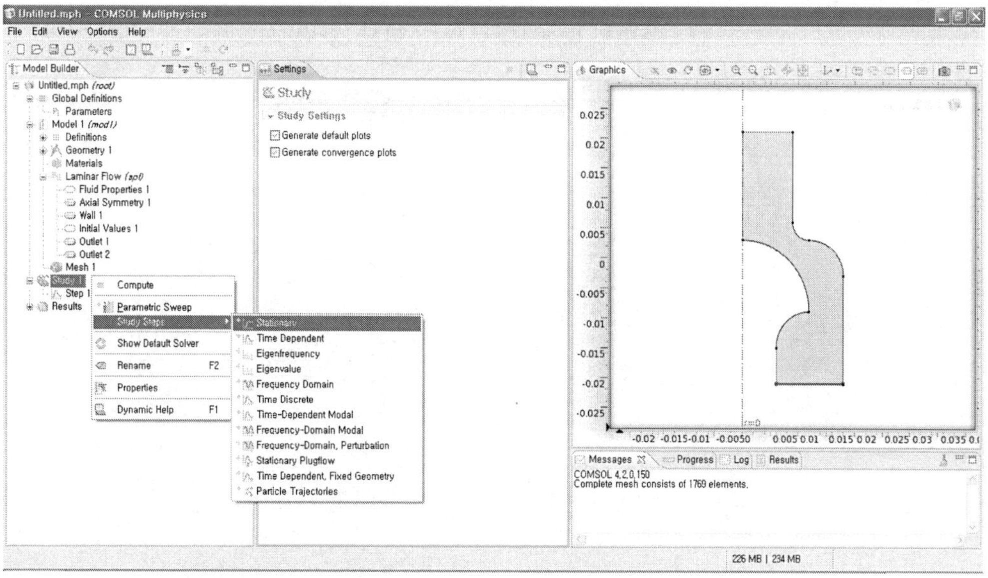

그림 15-9-1 'Study Steps' - 'Stationary' 메뉴 선택하기

9-2. 그림 15-9-2와 같이 'Model Builder' 페이지의 항목 중 'Study 1' 아래의 'Step 1: Time Dependent'를 오른쪽 마우스 클릭하여 나타난 ' Delete'를 클릭하여 삭제한다.

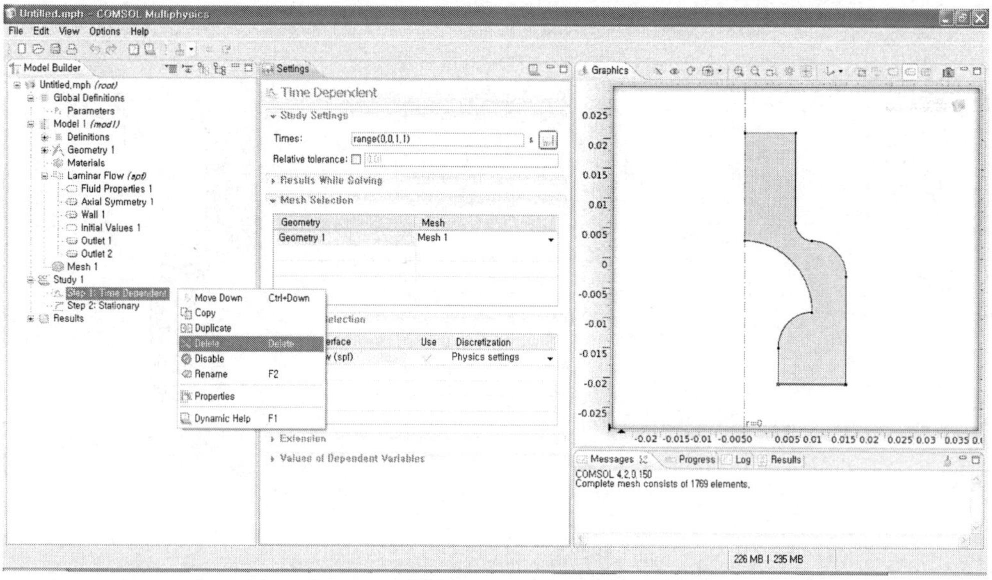

그림 15-9-2 'Study Steps' - 'Step 1: Time Dependent' 항목 삭제하기

9-3. 'Study 1' 아래에는 'Step 1: Stationary'로 바뀌었을 것이다. 그림 15-9-3과 같이 'Model Builder' 페이지의 항목 중 'Study 1'을 마우스 오른쪽 버튼을 클릭하여 나타난 'Show Default Solver' 메뉴를 선택하자.

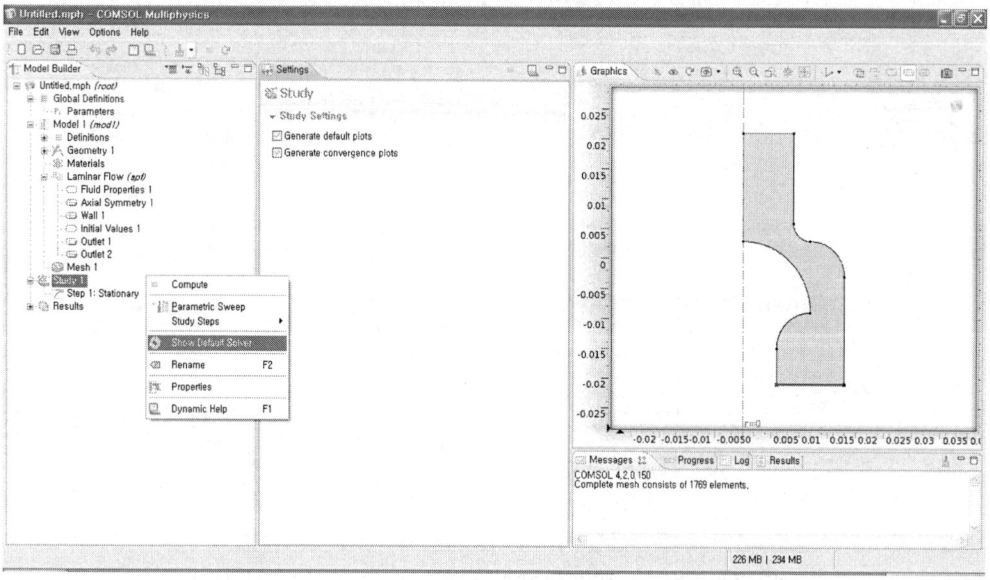

그림 15-9-3 'Show Default Solver' 메뉴 선택하기

9-4. 'Study 1' 아래의 'Solver Configuration' - 'Solver 1' - 'Stationary Solver 1' 항목을 마우스 오른쪽 버튼을 클릭하여 'Parametric' 항목을 추가하자.

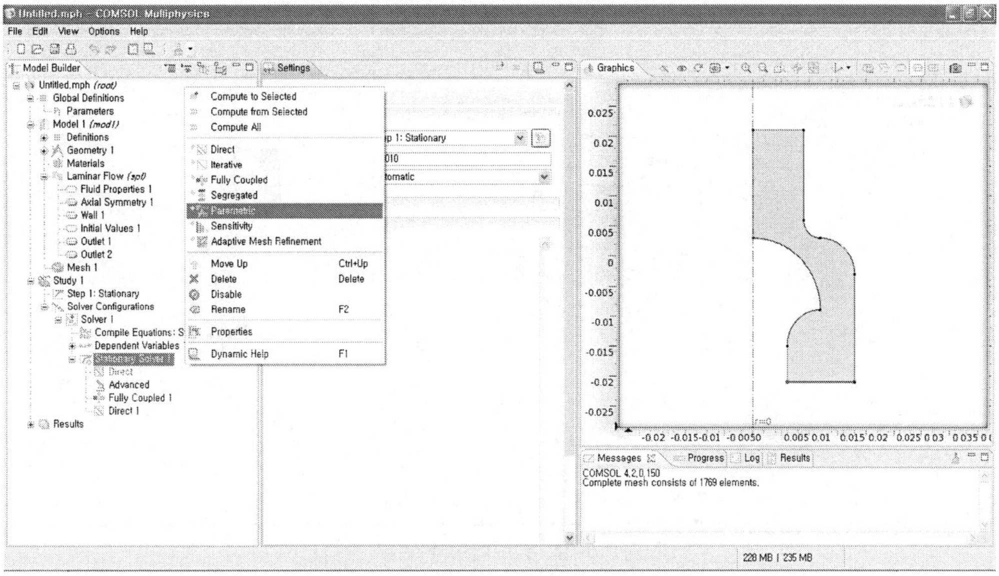

그림 15-9-4 'Parametric' 항목 추가하기

9-5. 추가된 'Parametric 1' 항목을 클릭하고, 'Settings' 페이지에서 'Parameter names:' 항목에 'pin'을 타입하고, 'Parameter values:' 항목에 'range(10000,40000,210000)'을 타입하자. 상단의 'Compute' 버튼 을 클릭하여 해석을 수행해 보자.

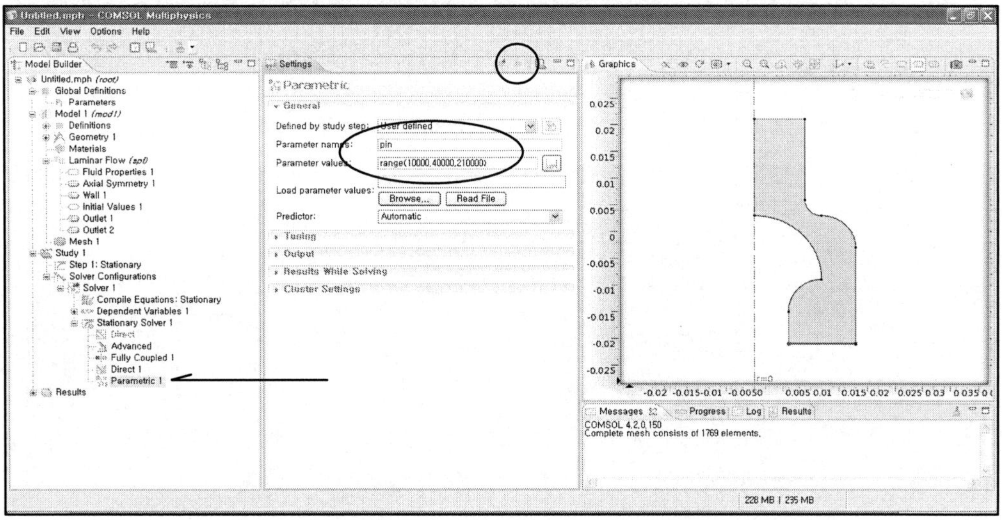

그림 15-9-5 'Parametric' 항목 설정하기 , 'Compute' 수행하기

9-6. 그림 15-9-6은 해석이 완료된 모습을 보여준다. 'Parameter value(pin):' 부분을 보면 'pin'의 값이 '2.1e5' 일 경우의 해석 결과를 나타냄을 알 수 있다.

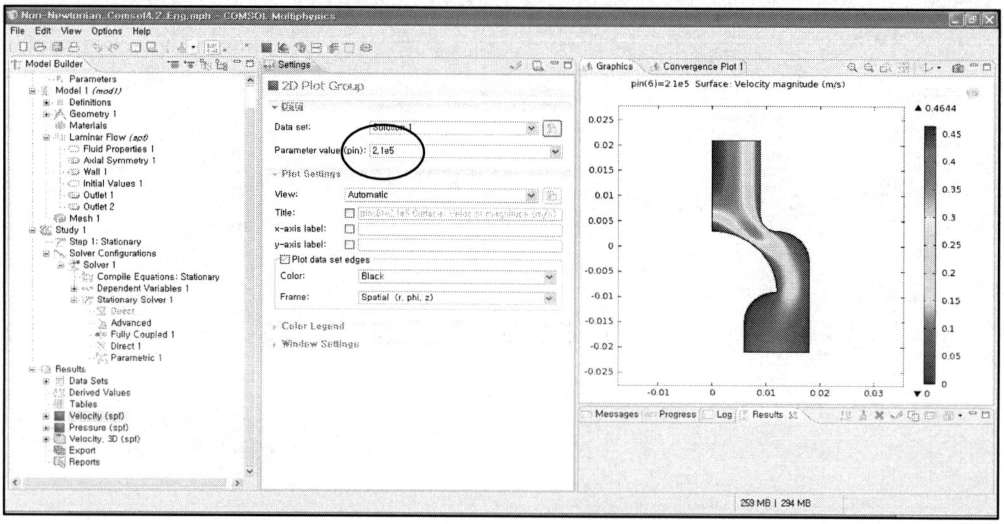

그림 15-9-6 해석이 완료된 모습

9-7. 'Model Builder' 페이지, 'Results ' - ' Pressure (spf)' - 'Contour' 항목을 선택하면 압력 분포의 'Contour' 이미지를 볼 수 있다.

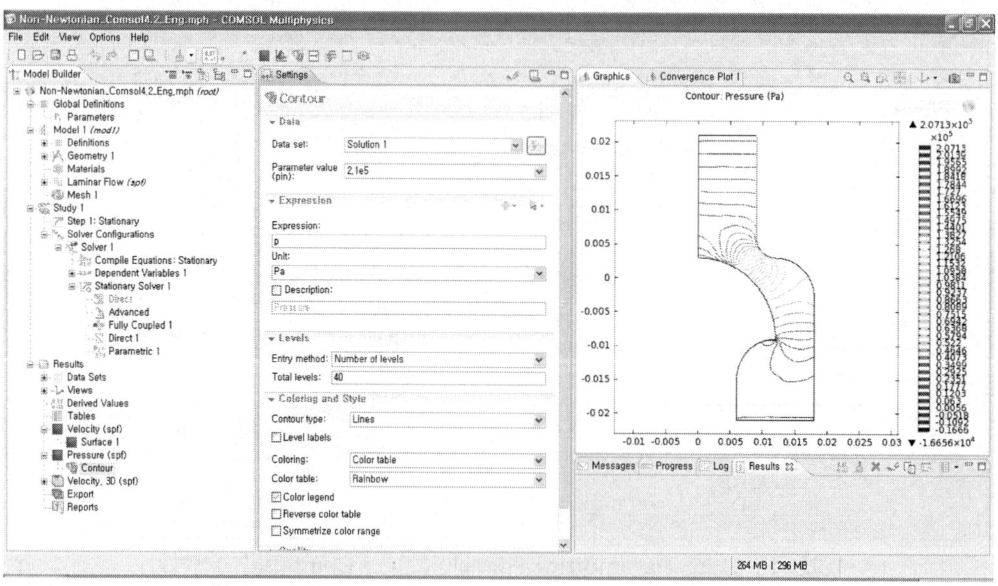

그림 15-9-7 'Pressure (spf)' - 'Contour' 보기

9-8. 'Model Builder' 페이지, 'Results' - 'Velocity, 3D (spf)' - 'Surface 1' 항목을 선택하면 속도 분포의 이미지를 볼 수 있다.

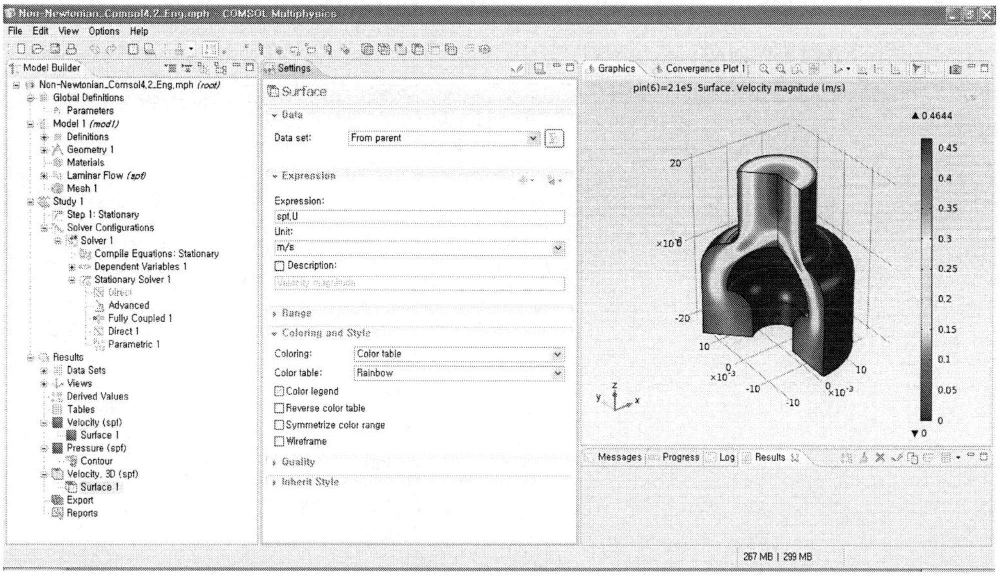

그림 15-9-8 'Velocity, 3D (spf)' - 'Surface 1' 보기

10-1. 이제부터 해석 모델의 특정 부분의 물리량을 그래프로 나타내는 방법을 알아보자. 'Model Builder' 페이지, 'Results' - 'Data Sets'를 오른쪽 마우스 클릭하여 나타나는 메뉴 중 'Cut Point 2D 1'을 선택하자.

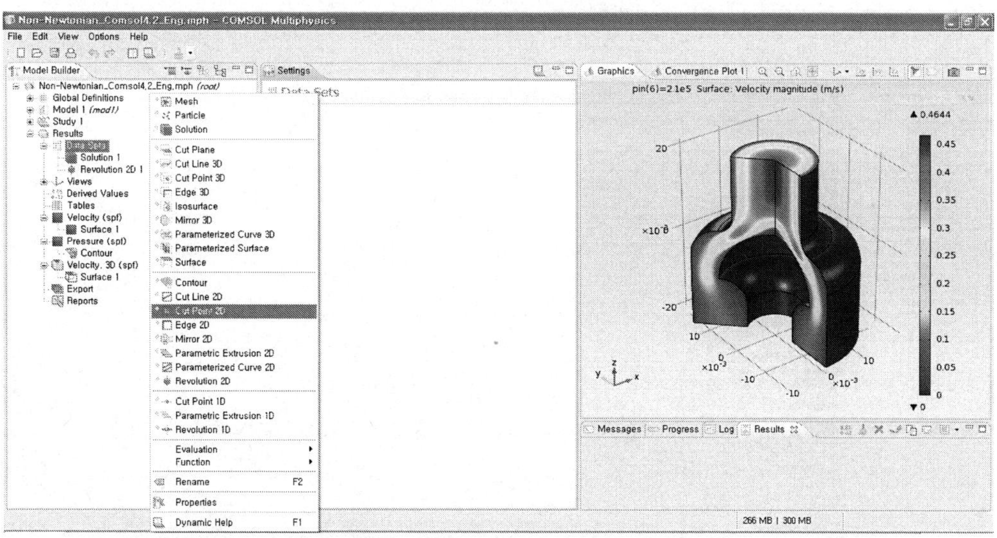

그림 15-10-1 'Results' - 'Data Sets' - 'Cut Point 2D 1' 선택하기

10-2. 추가된 'Cut Point 2D 1'을 클릭하여 선택하고, 'Settings' 페이지의 'Point Data' 섹션의 'r:'에 'range(0.0070,5.0e-4,0.01)'로 타입하고 'z:'에 'range(7.0e-4,5.5e-4,0.0040)'로 타입하고, 상단의 'Plot' 버튼을 클릭하자. 그러면 'Graphics' 페이지의 해석 모델에 설정한 'Point Graph'가 표시된다.

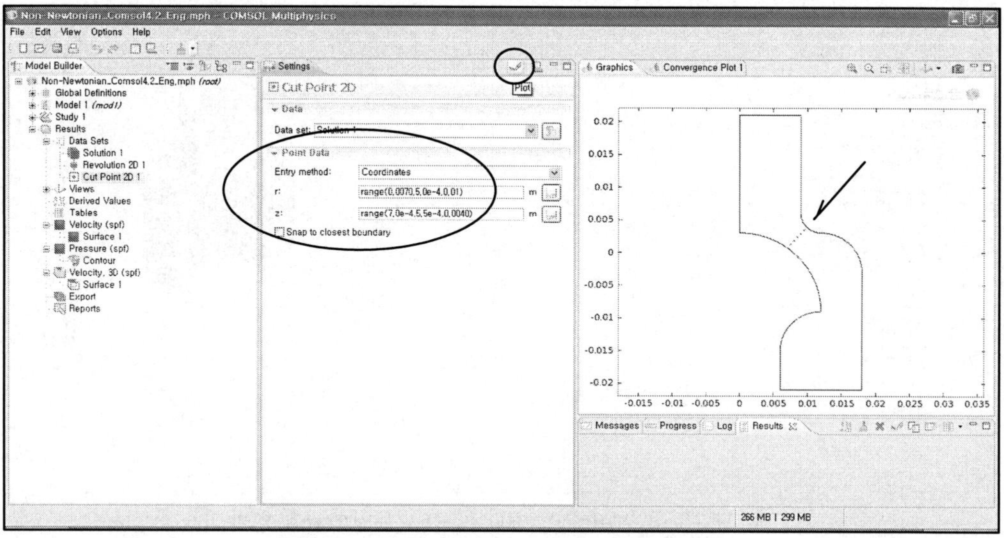

그림 15-10-2 'Cut Point 2D 1' 설정하기

10-3. 이번에는 'Model Builder' 페이지, 'Results' - 'Data Sets'를 오른쪽 마우스 클릭하여 나타나는 메뉴 중 'Cut Line 2D 1'을 선택하자.

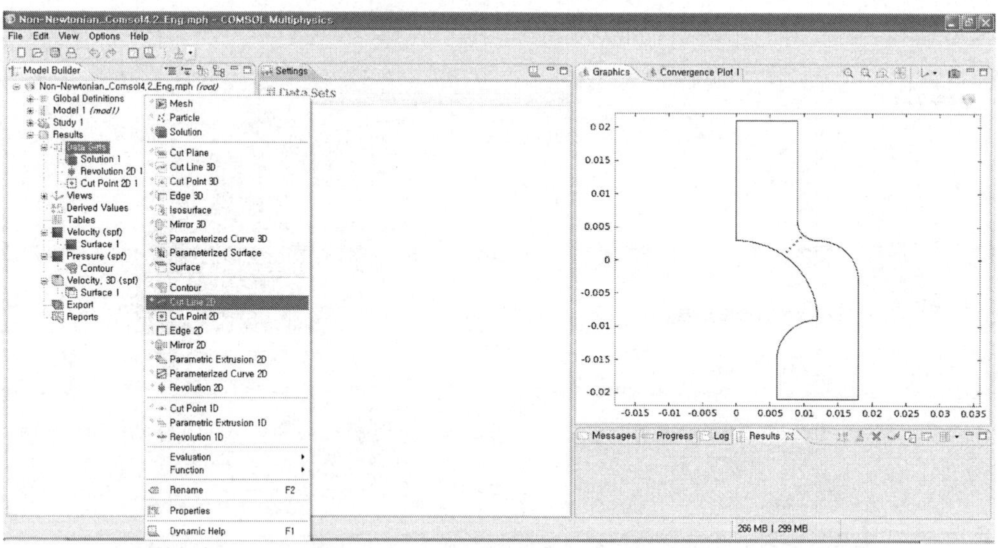

그림 15-10-3 'Results' - 'Data Sets' - 'Cut Line 2D 1' 선택하기

10-4. 추가된 'Cut Line 2D 1'을 선택하고, 'Settings' 페이지의 'Line Data' 섹션의 'Point 1:'의 'r:'에 '0.007'로, 'z:'에는 '7.0e-4'로, 'Point 2:'의 'r:'에 '0.01'로, 'z:'에 '0.004'로 타입한 후 상단의 'Plot' 버튼을 클릭하자. 그러면 'Graphics' 페이지의 해석 모델에 설정한 'Line Graph'가 표시된다.

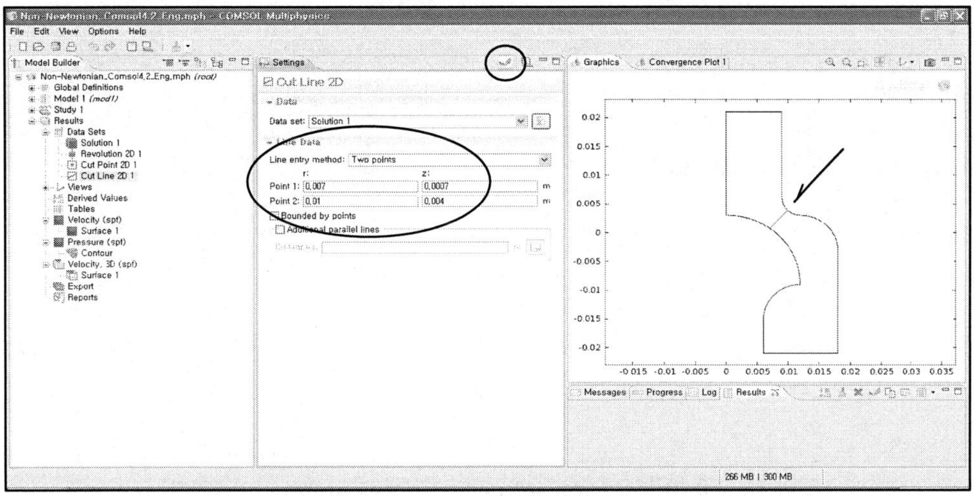

그림 15-10-4 'Cut Line 2D 1' 설정하기

10-5. 'Model Builder' 페이지의 항목 중 'Results'를 오른쪽 마우스 버튼을 클릭하고 나타난 메뉴 중 '1D Plot Group'를 선택하여 '1D Plot Group 1'을 추가하자. 같은 방법으로 '1D Plot Group 2'를 하나 더 추가하자.

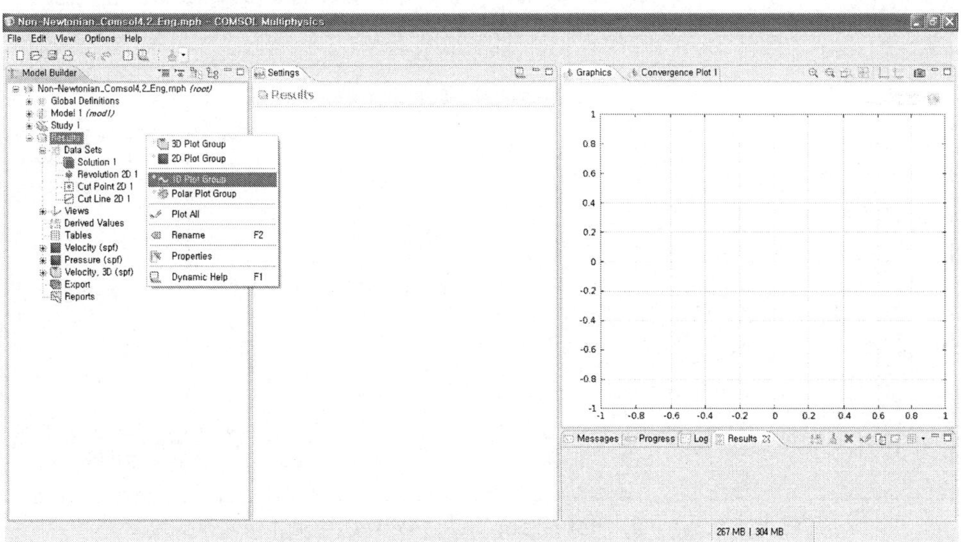

그림 15-10-5 '1D Plot Group' 선택하기

10-6. 그림 15-10-6과 같이 추가된 '1D Plot Group'를 오른쪽 마우스 버튼을 클릭하고 나타난 메뉴 중 'Point Graph 1'을 선택하자.

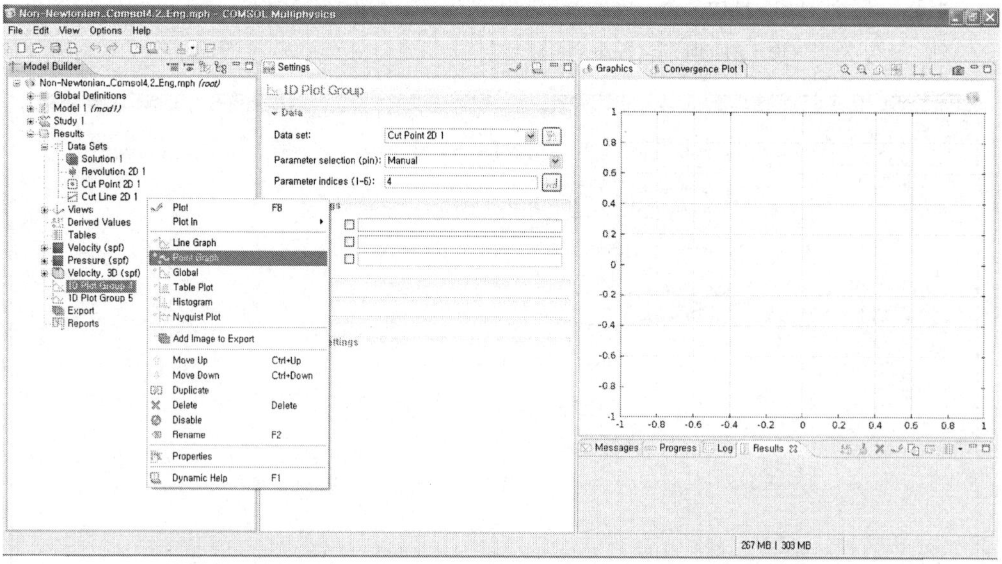

그림 15-10-6 '1D Plot Group', 'Point Graph 1' 추가하기

10-7. 'Point Graph 1'을 선택하고 'Settings' 페이지 'Data' 섹션의 'Expression:' 부분에 'Velocity magnitude'를 의미하는 'spf.U'로 설정하고, 'x-Axis Data' 섹션의 'Parameter:' 부분을 'Expression', 그 아래의 'Expression:' 부분은 'r'로 타입하자.

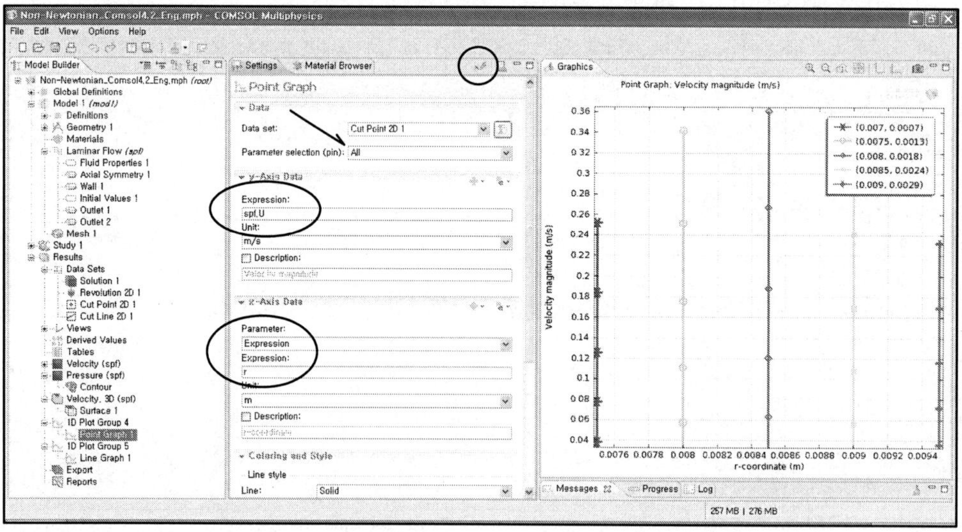

그림 15-10-7 '1D Plot Group', 'Point Graph 1' 설정하기 1

10-8. 'Settings' 페이지 'Coloring and Style' 섹션 부분, 'Line style' 항목의 'Width'를 '3' 로 설정하고, 'Line makers' 항목의 'Makers:'를 'Cycle' 로 설정하고, 'Positioning:'는 은 'In data points' 로 설정하고, 상단의 'Plot' 버튼을 클릭하자.

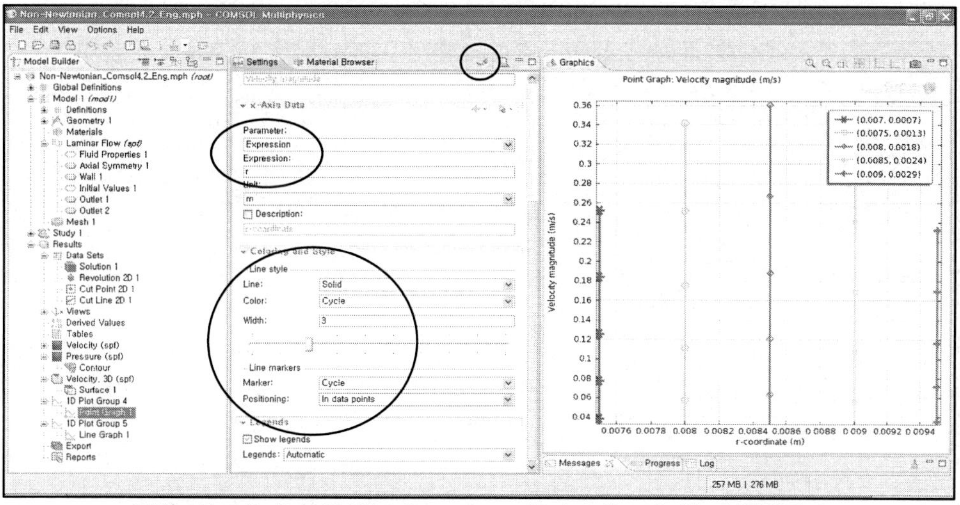

그림 15-10-8 '1D Plot Group', 'Point Graph 1' 설정하기 2

10-9. 추가된 '1D Plot Group 2'를 오른쪽 마우스 버튼을 클릭하고 나타난 메뉴 중 'Line Graph'을 선택하여 'Line Graph 1'을 추가하자.

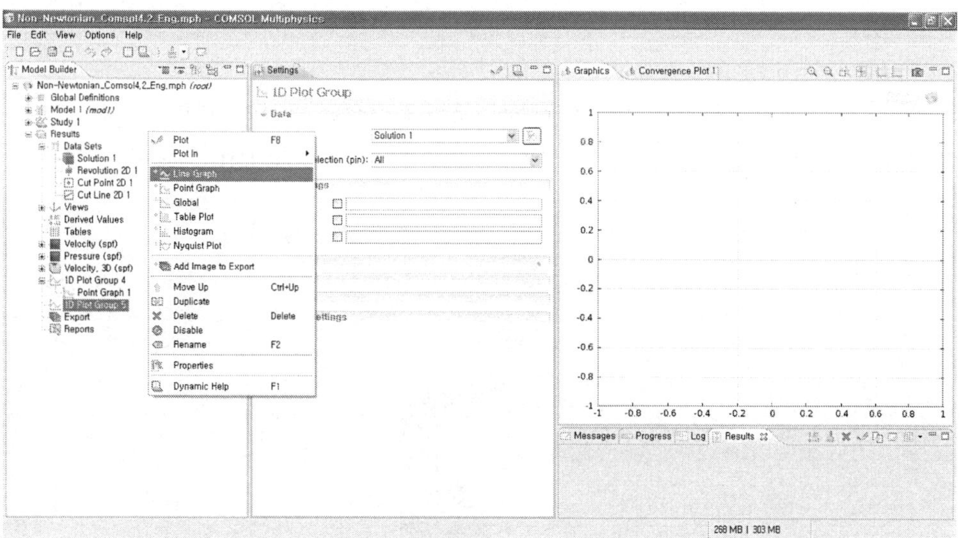

그림 15-10-9 '1D Line Group', 'Line Graph 1' 추가하기

10-10. 추가된 'Line Graph 1'을 클릭하여 선택하고 'Settings' 페이지 'Data' 섹션의 'Data set:' 부분을 'Cut Line 2D 1'으로 선택하고, 'y-Axis Data' 섹션의 ' Expression:' 부분을 'Velocity magnitude'를 의미하는 'spf.U'로 설정하고, 'x-Axis Data' 섹션의 'Parameter:' 부분을 'Arc length'으로 선택하고, 상단의 'Plot' 버튼을 클릭하자.

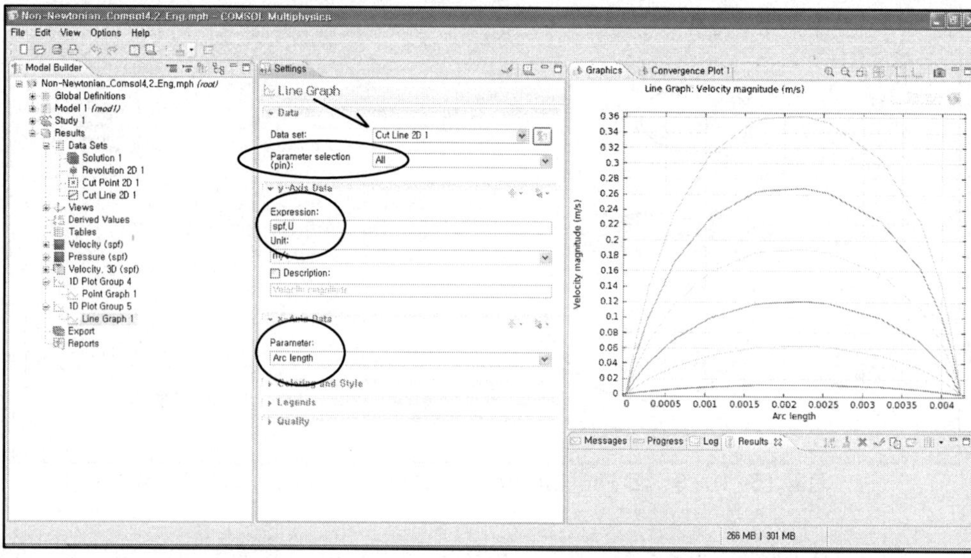

그림 15-10-10 '1D Line Group' , 'Line Graph 1' 설정하기

▣ 연습 문제

1. 아래 그림 15-11에서와 같이 바닥에서 '6e-3' 되는 지점의 단면에 대한 'Velocity magnitude' 그래프를 구하라. 단, 'Point Graph'와 'Line Graph'를 모두 구하라.

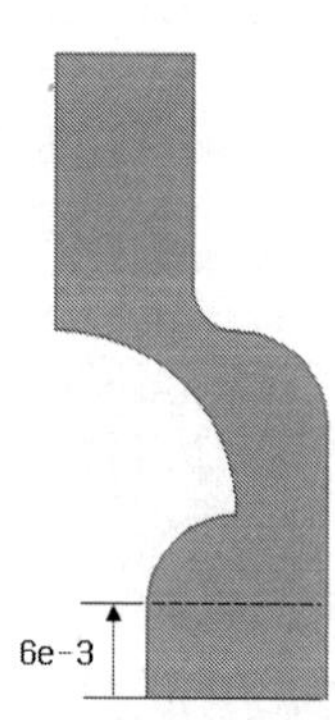

그림 15-11 'Point Data', 'Line Data' 설정 지점

제16장. 보의 구조 해석 (Cantilever Beam Problem)

구조해석은 1452년 레오나르도 다빈치 (Leonardo da Vinci)에 기원을 두고 있지만, 1638년 갈릴레오 갈릴레이 (Galileo Galilei)의 저서에 “Two New Sciences”라는 책을 발간하면서, 간단한 구조물의 파괴를 밝혔고, 1660년도에 로버트 후크 (Robert Hooke)에 의해서 후크의 법칙이 오늘날의 탄성학에서 다루는 모든 구조물의 기초를 만들었다. 이러한 여러 유명한 학자들의 위대한 발견으로 항공기의 구조물이나 다리, 집 등의 뼈대를 이루고 있는 여러 구조물들을 설계하고 또한 새로운 재료나 구조물들이 발견될 때마다 검증할 수 있는 것이라고 하겠다. 그러므로 구조해석은 엔지니어에 있어서는 가장 기본이 된다고 할 수 있다. 본 장은 구조해석의 가장 기본적은 보(Cantilever beam)를 이용하여 ‘COMSOL Multiphysics’에서 제공하는 구조해석 툴을 배우며 이론적인 식과 구조해석에서 나오는 결과를 비교하여 볼 것이다. 아래 테이블은 여러 가지 힘과 구속조건에서 보의 거동을 수식화가 되어 있다. 아래의 수식에서 E의 값은 Young’s Modulus이고 일반적인 철의 경우 200 [GPa]을 갖는다. I는 단면 2차 관성 모멘트로 보의 형상에 관련된 변수 값이다. 만약 보의 단 면이 직사각형의 형상을 가진 경우 단면적(width (b) x height (h))라고 할 때 $I = bh^3/12$의 값이다.

보에 대한 자세한 이론은 고체역학 책을 참고하기 바란다.

표 16-1 Equations of beam under various load and boundary conditions

	Load Condition & BC	Slope	Deflection	Maximum Deflection
1	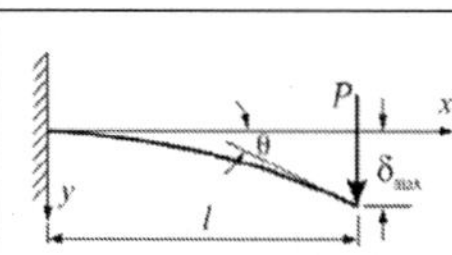	$\theta = \frac{Pl^2}{2EI}$	$y = \frac{Px^2}{6EI}(3l - x)$	$\delta_{max} = \frac{Pl^3}{3EI}$
2	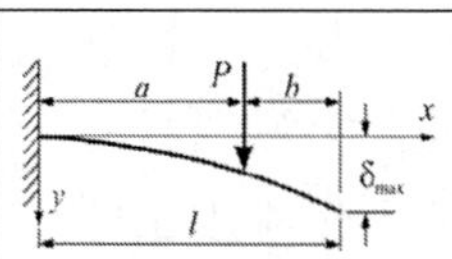	$\theta = \frac{Pa^2}{2EI}$	$y = \frac{Px^2}{6EI}(3a - x)$ for $0 < x < a$ $y = \frac{Pa^2}{6EI}(3a - x)$ for $a < x < l$	$\delta_{max} = \frac{Pa^2}{6EI}(3l - a)$
3	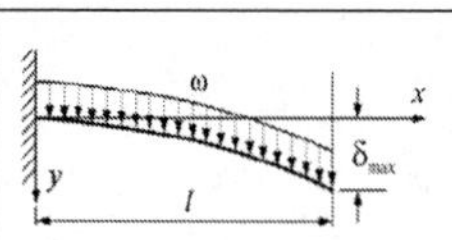	$\theta = \frac{wl^3}{6EI}$	$y = \frac{wx^2}{24EI}(x^2 + 6l^2 - 4lx)$	$\delta_{max} = \frac{wl^4}{8EI}$
4	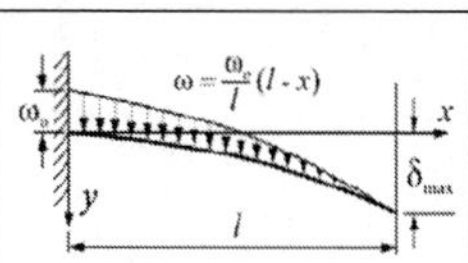	$\theta = \frac{w_0 l^3}{24EI}$	$y = \frac{w_0 x^2}{120lEI}(10l^3 - 10l^2 x + 5lx^2 - x^3)$	$\delta_{max} = \frac{w_0 l^4}{30EI}$

5	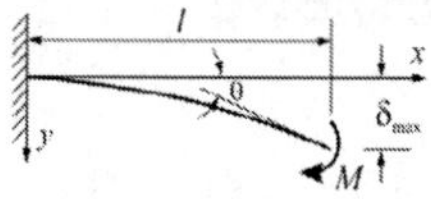	$\theta = \frac{Ml}{EI}$	$y = \frac{Mx^2}{2EI}$	$y = \frac{Ml^2}{2EI}$
6	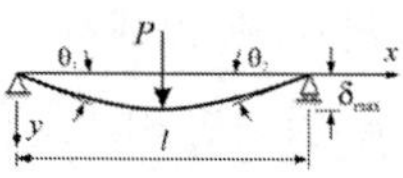	$\theta_1 = \theta_2 = \frac{Pl^2}{16EI}$	$y = \frac{Px}{12EI}\left(\frac{3l^2}{4} - x^2\right)$ for $0 < x < \frac{l}{2}$	$\delta_{max} = \frac{Pl^3}{48EI}$
7	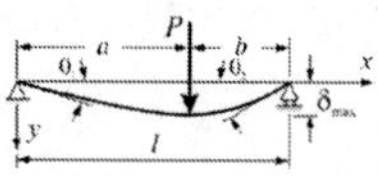	$\theta_1 = \frac{Pb(l^2 - b^2)}{6lEI}$ $\theta_2 = \frac{Pab(2l - b)}{6lEI}$	$y = \frac{Pbx}{6lEI}(l^2 - x^2 - b^2)$ for $0 < x < a$ $y = \frac{Pb}{6lEI}\left(\frac{l}{b}(x-a)^3 + (l^2 - b^2)x - x^3\right)$ for $a < x < l$	$\delta_{max} = \frac{Pb}{9\sqrt{3}lEI}(l^2 - b^2)^{3/2}$ at $x = \sqrt{(l^2 - b^2)/3}$ $\delta_{max} = \frac{Pb}{48lEI}(3l^2 - 4b^2)$ at the center, if $a > b$
8	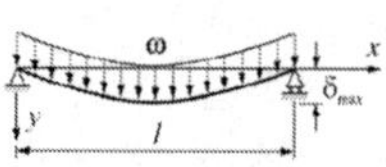	$\theta_1 = \frac{wl^3}{24EI}$ $\theta_1 = \frac{wl^3}{24EI}$	$y = \frac{wx}{24EI}(l^3 - 2lx^2 + x^3)$	$\delta_{max} = \frac{5wl^4}{284EI}$
9	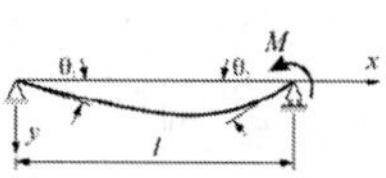	$\theta_1 = \frac{Ml}{6EI}$ $\theta_1 = \frac{Ml}{3EI}$	$y = \frac{Mlx}{6EI}\left(1 - \frac{x^2}{l^2}\right)$	$\delta_{max} = \frac{Ml^2}{9\sqrt{3}EI}$ at $x = \frac{l}{\sqrt{3}}$ $\delta_{max} = \frac{Ml^2}{16EI}$ at the center
10	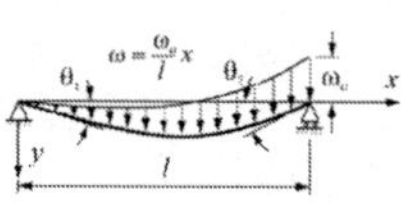	$\theta_1 = \frac{7w_0l^3}{360EI}$ $\theta_2 = \frac{w_0l^3}{45EI}$	$y = \frac{w_0x}{360lEI}(7l^4 - 10l^2x^2 + 3x^4)$	$\delta_{max} = 0.00652\frac{w_0l^4}{EI}$ at $x = 0.519l$ $\delta_{max} = 0.00651\frac{w_0l^4}{EI}$ at the center

▣ 예제 문제 정의

그림 16-1과 같이 가로 x 세로 x 길이 (m x 1m x 10m)인 보의 한 쪽 끝단은 벽에 완전히 고정 (fixed)되어 있고, 한 쪽 끝단은 압력 P=10 [kPa] 힘을 받고 있다. 한 쪽 끝단의 압력에 의한 보의 최대 변위 (Maximum deflection)와 보 전체의 응력 변화를 구해 보고자 한다.

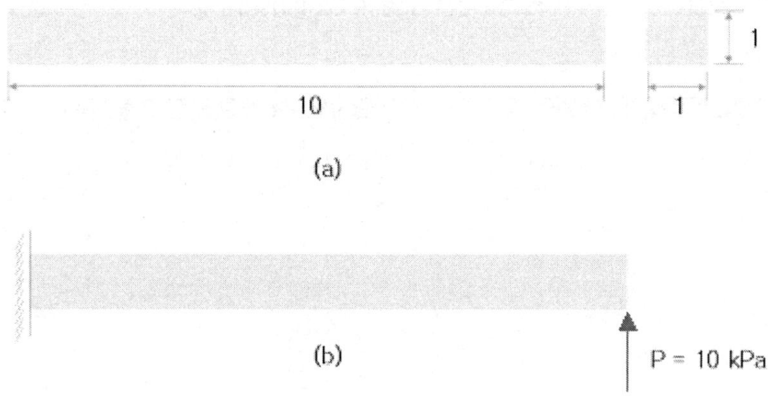

그림 16-1 The schematic of cantilever beam with square type section area

MATERIAL PARAMETER	EXPRESSION	VALUE	UNIT
Young's modulus	E	200E+9	Pa
Poisson's ratio	nu	0.33	
Density	rho	1.2E-5	1/K
Thermal expansion coefficient	alpha	7850	kg/m^3

그림 16-2 Properties of 3D beam analysis

▣ 예제 문제 따라하기

본 예제는 가로 x 세로 x 길이 (1m x 1m x 10m) 인 직사각형 켄틸레버 보에 외부 압력 10 [kPa]의 힘에 의한 보의 최대 변형을 구하고, 표 16-1의 이론 식 (1)과 비교해 볼 것이다. 또한 격자의 수가 증가함에 최대 변형값을 변화를 이론 식 (1)과 비교해 볼 것이다. 마지막으로 학생들은 다양한 단면 형상 및 경계 조건을 갖는 켄틸레버 보의 응력 및 최대 변위를 구해보고 결과를 토의해 보고자 한다.

1-1. 'Model Wizard' 페이지에서 'Select Space Dimension'에서 차원을 '3D'로 하고 'Next' ⇨ 버튼을 클릭하자.

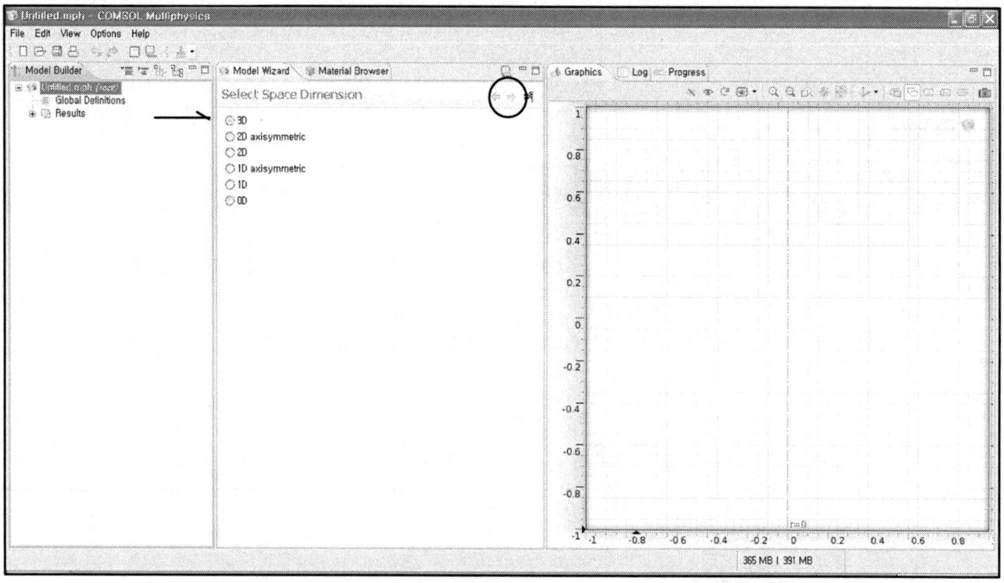

그림 16-1-1 'Model Wizard' 페이지, '3D' 선택하기

1-2. 'Model Wizard' 페이지에서 'Structural Mechanics' - 'Solid Mechanics(solid)'를 선택하고, 'Next' ⇨ 버튼을 클릭하자.

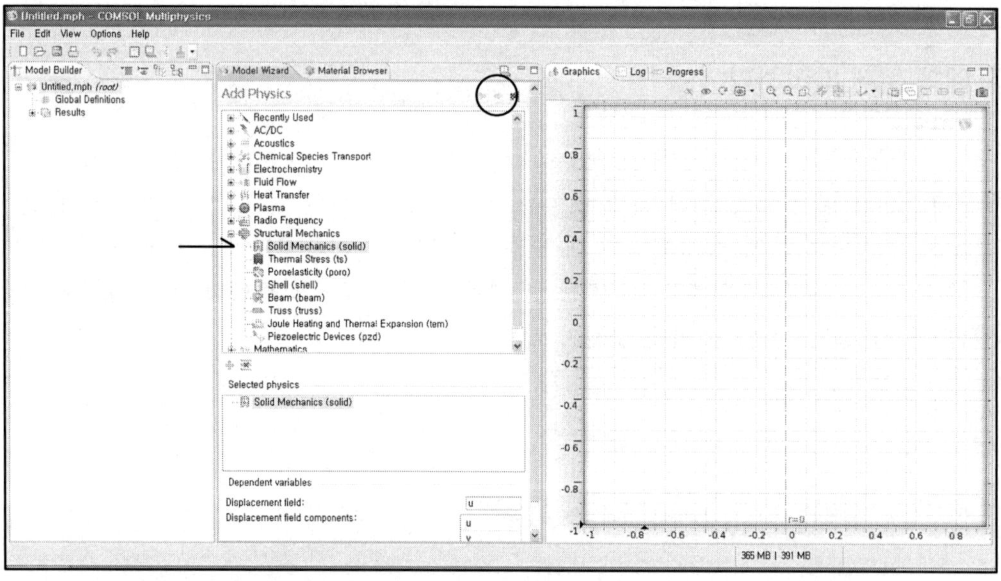

그림 16-1-2 'Model Wizard' 페이지, 'Solid Mechanics(solid)' 선택하기

1-3. 'Select Study Type' 윈도우에서 'Stationary'를 선택하고 상단의 'Finish' 버튼을 클릭한다.

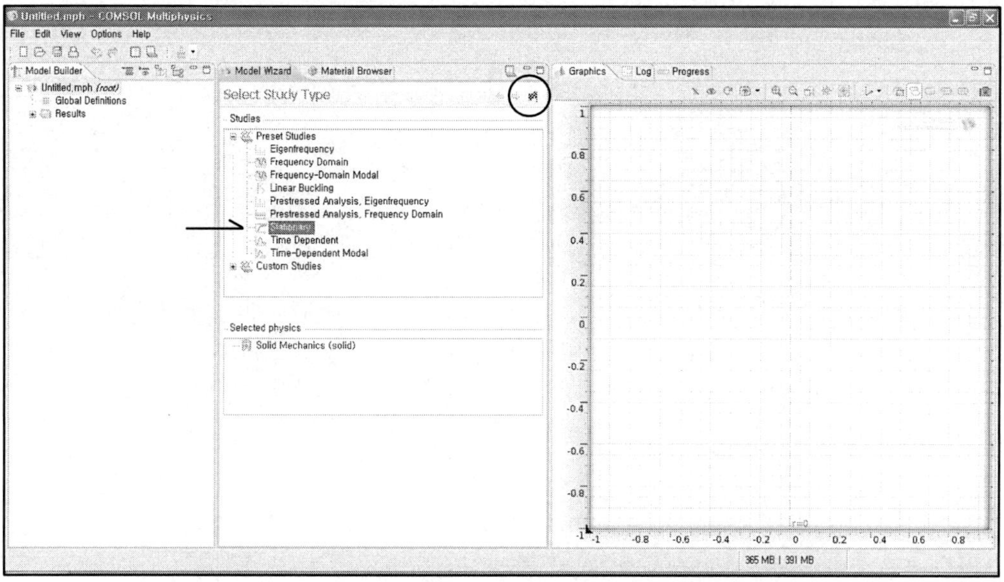

그림 16-1-3 'Model Wizard' 페이지, 'Stationary' 선택하기

2-1. 그림 16-2-1과 같이 직사각형 칸틸레버 보를 만들기 위하여 'Model Builder' 탭에서 'Geometry 1'을 선택하고 오른쪽 마우스 클릭하여 'Block'을 선택한다.

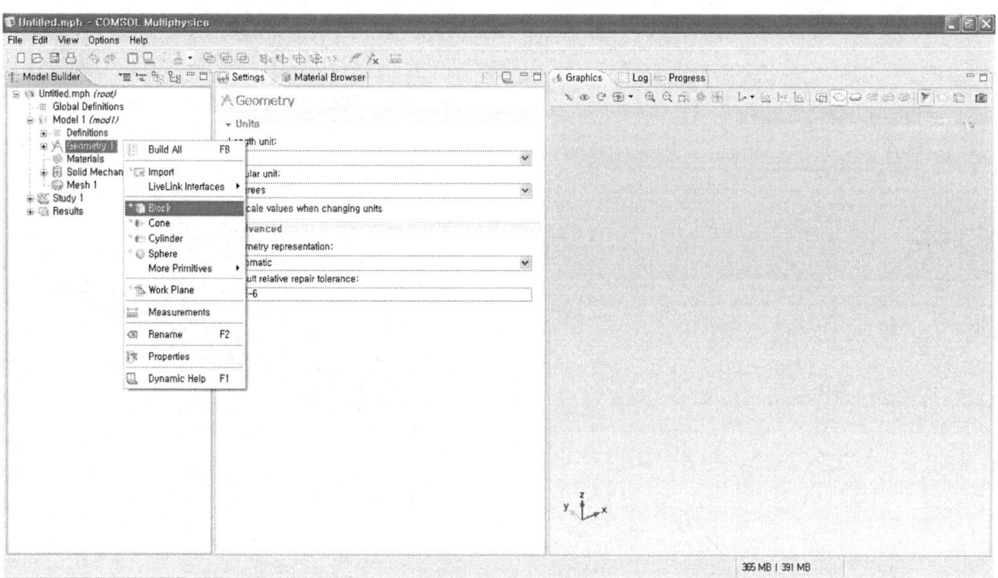

그림 16-2-1 'Geometry 1', 'Block' 선택하기

2-2. 'Settings' 탭의 'Size and Shape' 부분에 'Width/Depth/Height'를 '10/1/1'을 입력하고 'Build Selected' 버튼을 클릭한다. 그러면 3차원 켄틸레버 보가 만들어질 것이다.

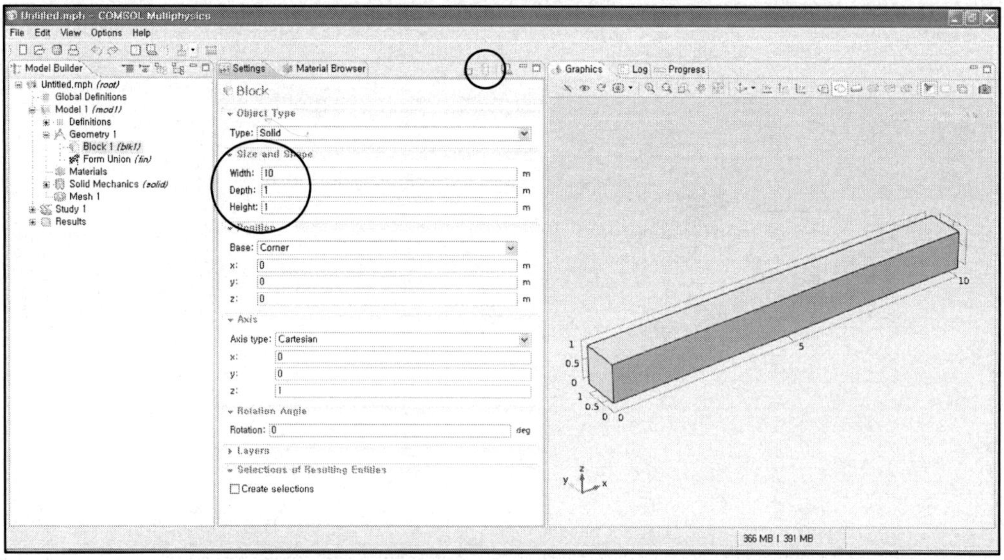

그림 16-2-2 'Settings' 페이지, 'Block' 설정하기

3-1. 'Model Builder' 페이지의 'Global Definition' 부분에서 오른쪽 마우스를 클릭하여 'Parameters'를 선택하자.

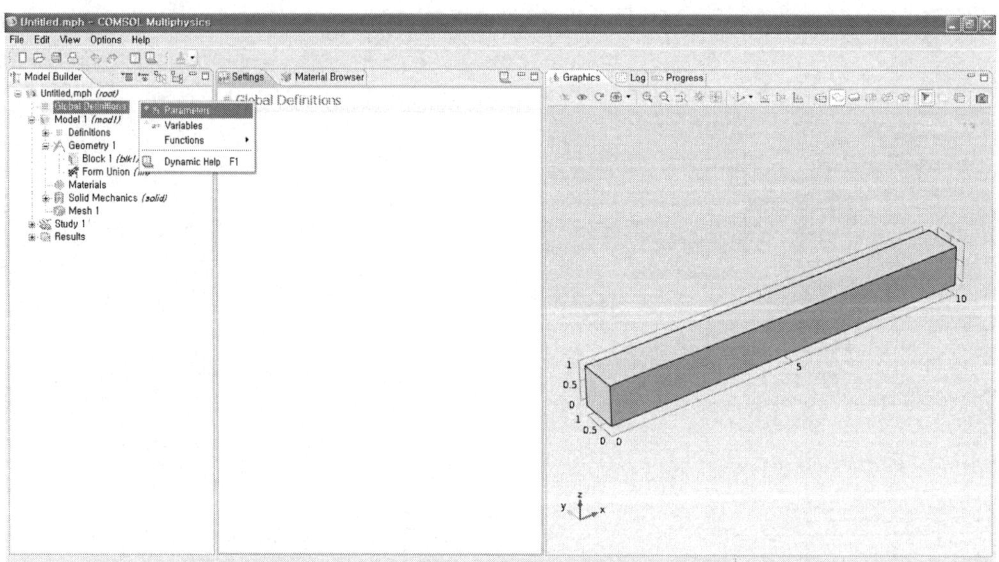

그림 16-3-1 'Global Definition', 'Parameters' 추가하기

3-2. 'Settings' 페이지의 'Parameters' 윈도우에 표 16-2의 상수 값을 기입한다.

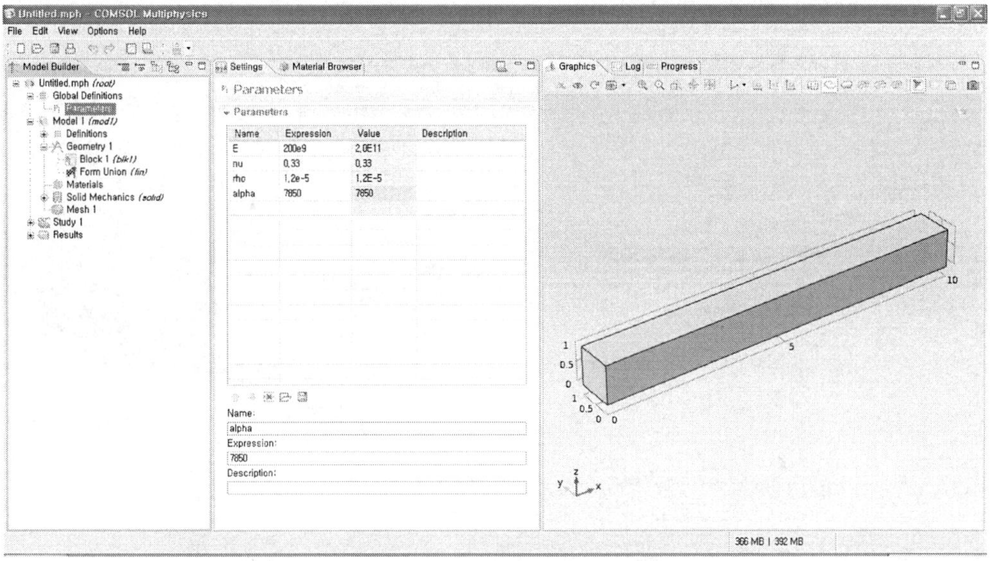

그림 16-3-2 'Parameters' 설정하기

4. 소영역 설정을 위해서 그림 16-4와 같이 'Model Builder' 페이지의 'Solid Mechanics (Solid)' 항목에서 'Linear Elastic Material Model 1'을 선택하고 'Settings' 페이지의 'Young's modulus , Poisson's ratio , Density' 입력란에 'User defined'를 선택하고 아래에 나타난 입력란에 각각 'E/nu/rho'를 기입한다.

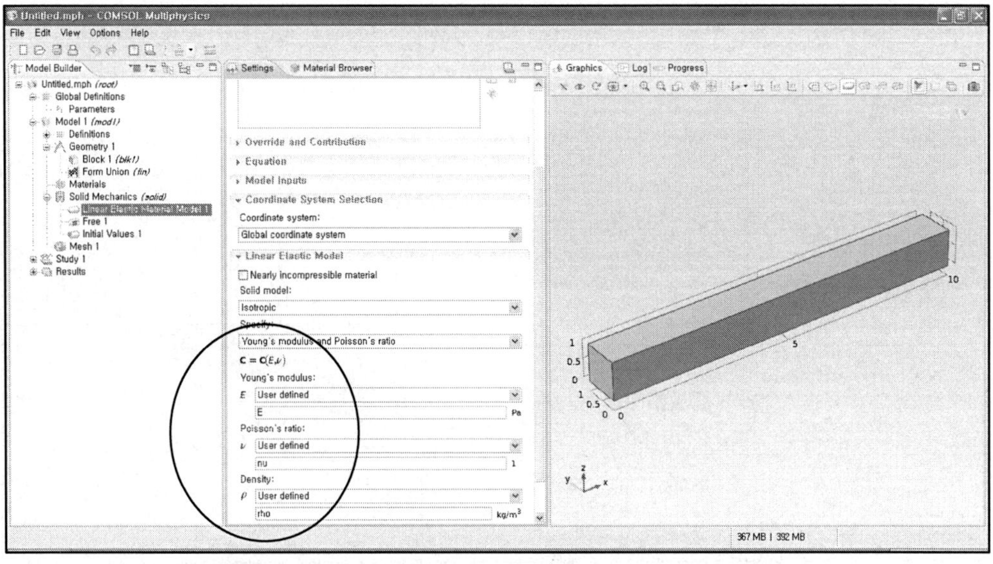

그림 16-4 'Linear Elastic Material Model 1' 설정하기

5-1. 'Linear Elastic Material Model 1'을 오른쪽 마우스 클릭하여 나타난 메뉴 중 'Thermal Expansion'을 선택한다.

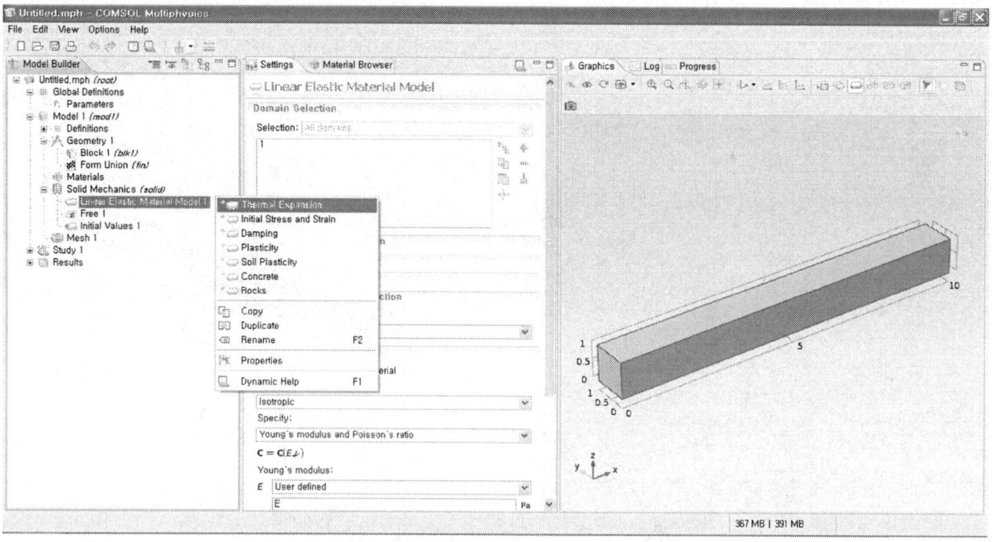

그림 16-5-1 'Thermal Expansion' 선택하기

5-2. 'Thermal Expansion 1'을 클릭하고, 'Settings' 페이지의 'Thermal Expansion' 윈도우 'Thermal Expansion' 섹션의 'Coefficient of thermal expansion:' 입력란을 'User defined'로 선택하고 아래에 나타난 입력란에는 'Variables'에서 정의한 상수 'alpha'를 기입한다.

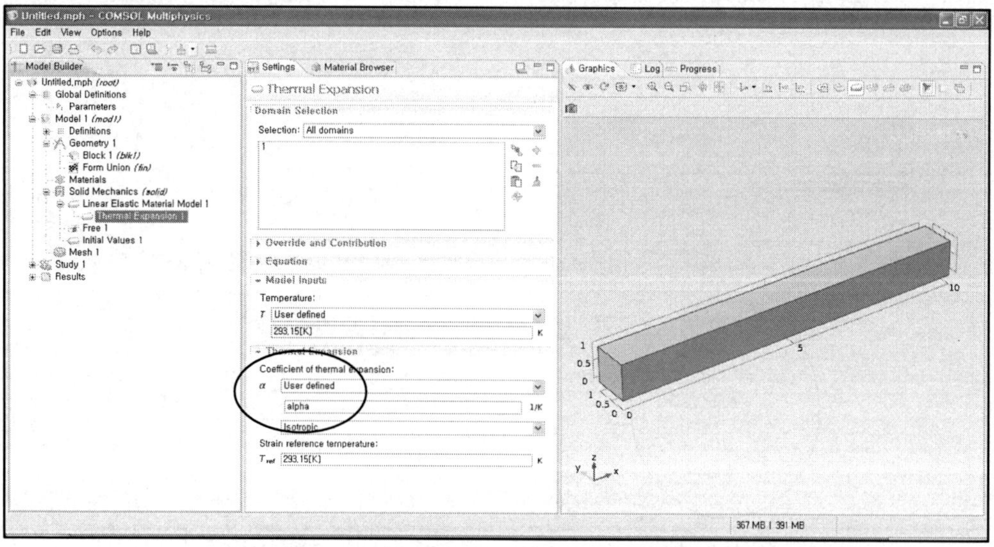

그림 16-5-2 'Thermal Expansion 1' 설정하기

6-1. 경계조건을 설정하기 위해서 'Model Builder' 탭의 'Linear Elastic Material Model 1' 부분에서 오른쪽 마우스 클릭하여 'Fixed Constraint'를 선택하자.

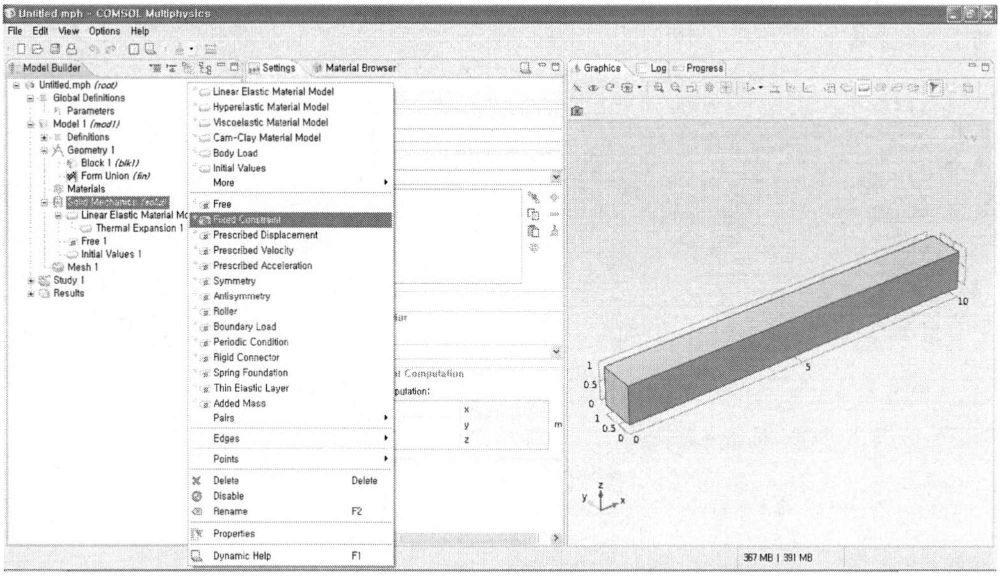

그림 16-6-1 경계조건 'Fixed Constraint' 추가하기

6-2. 생성된 'Fixed Constraint 1'을 클릭한다. 'Graphics' 페이지에서 빔 모델의 경계 '1'을 클릭하여 선택하고 'Settings' 페이지에서 'Add to Selection' ✚ 버튼을 클릭하여 경계 '1'을 추가한다.

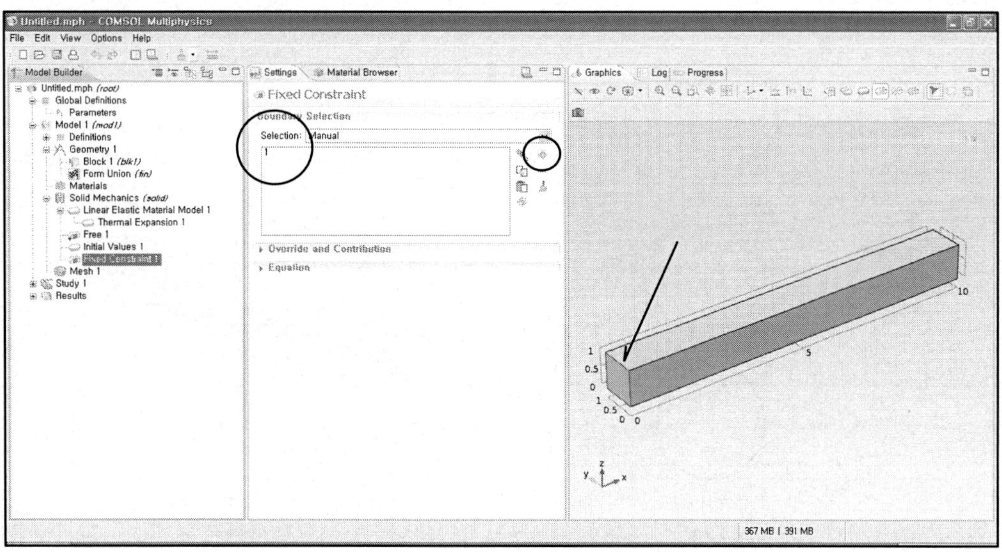

그림 16-6-2 경계조건 'Fixed Constraint 1' 설정하기

7-1. 다음으로 하중을 주기 위하여 'Model Builder' 페이지의 'Solid Mechanics (Solid)' 부분에서 오른쪽 마우스 클릭하여 'Edge Load'를 선택하자.

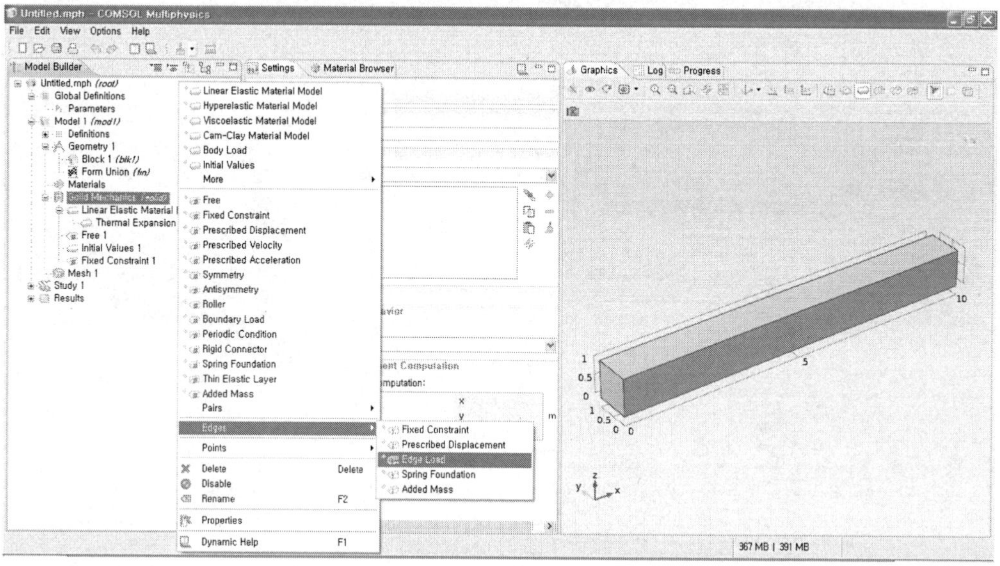

그림 16-7-1 하중 경계조건 'Edge Load' 추가하기

7-2. 추가한 'Edge Load 1'을 선택하고, **'하중 경계 11'**을 선택하여 **'Z축'**에 하중을 '1e4'로 기입한다. 나머지 경계는 디폴트인 자유로 되어 있음을 확인한다.

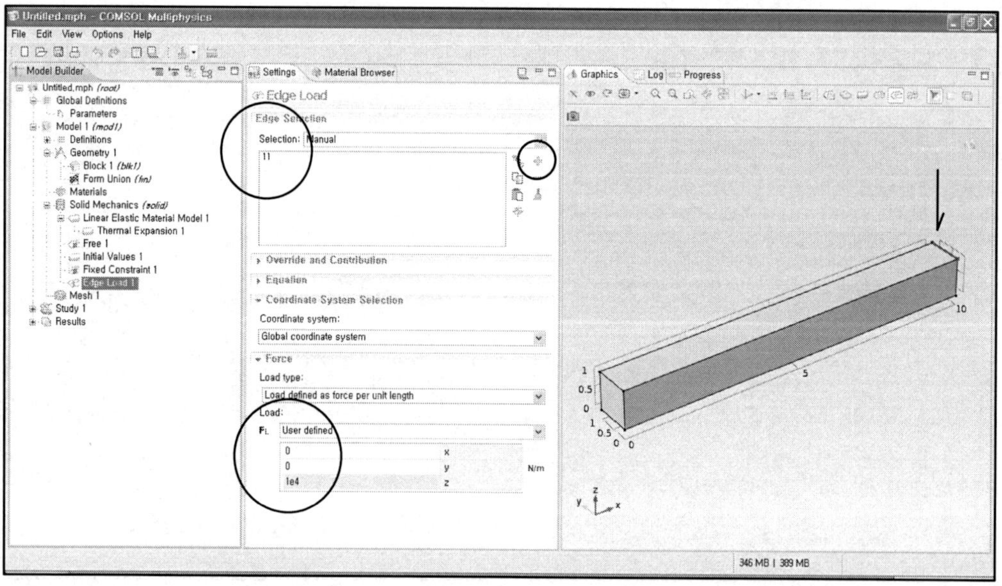

그림 16-7-2 하중 경계조건 'Edge Load 1' 설정하기

8. 격자 생성을 위해서 'Model Builder' 페이지에서 'Mesh 1'을 선택하고 'Settings' 페이지 상단의 'Build All' 버튼을 클릭한다. 아래와 같이 3차원 격자가 생성될 것이다.

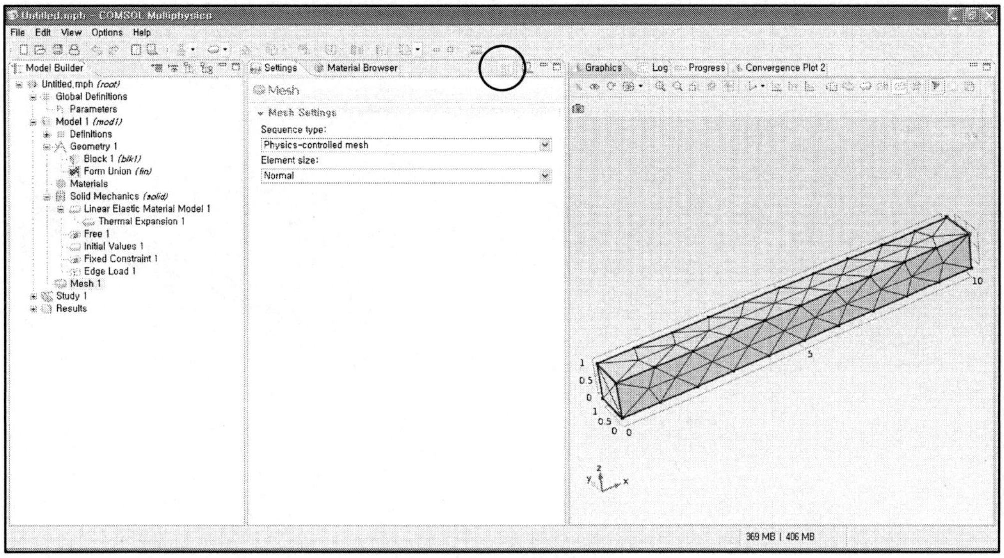

그림 16-8 메쉬 생성하기

9. 해석을 수행하기 위하여 그림 16-9와 같이 'Model Builder' 페이지에서 'Study 1'을 마우스 오른쪽 클릭하여 'Compute'를 선택하자. 혹은 상단의 메인 메뉴에서 'Compute' 를 클릭하자.

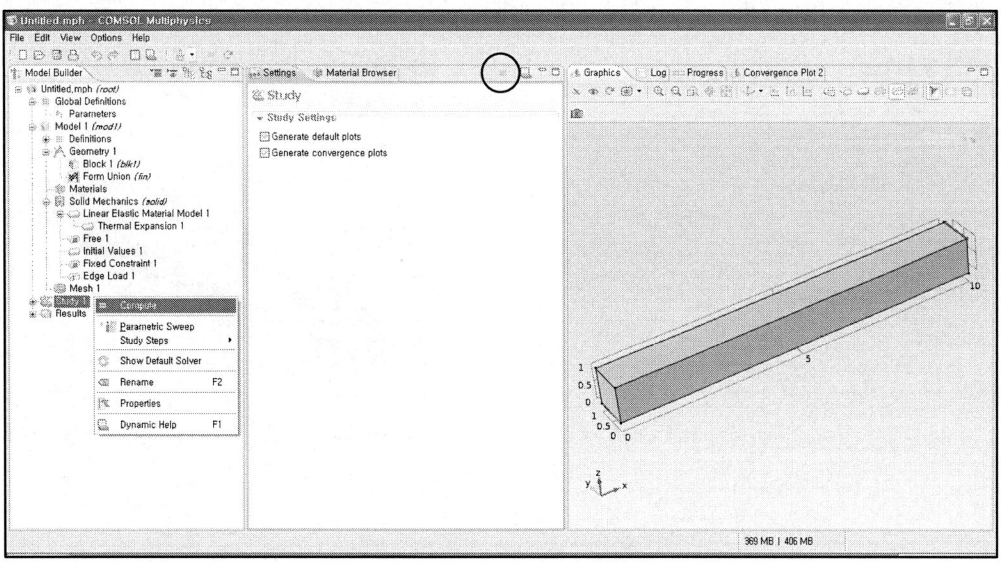

그림 16-9 'Compute' 실행하기

10. 그림 16-10은 해석 결과를 보여준다.

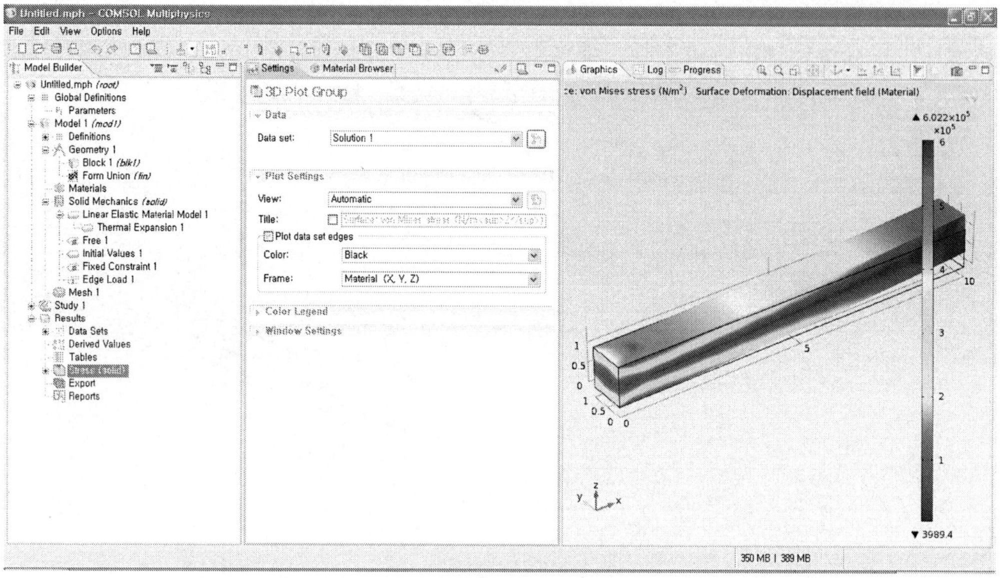

그림 16-10 해석 결과

11-1. 그림 16-11-1과 같이 'Model Builder' 페이지의 항목 중 'Results'를 선택하고 마우스 오른쪽 버튼을 클릭하여 '3D Plot Group'를 선택한다.

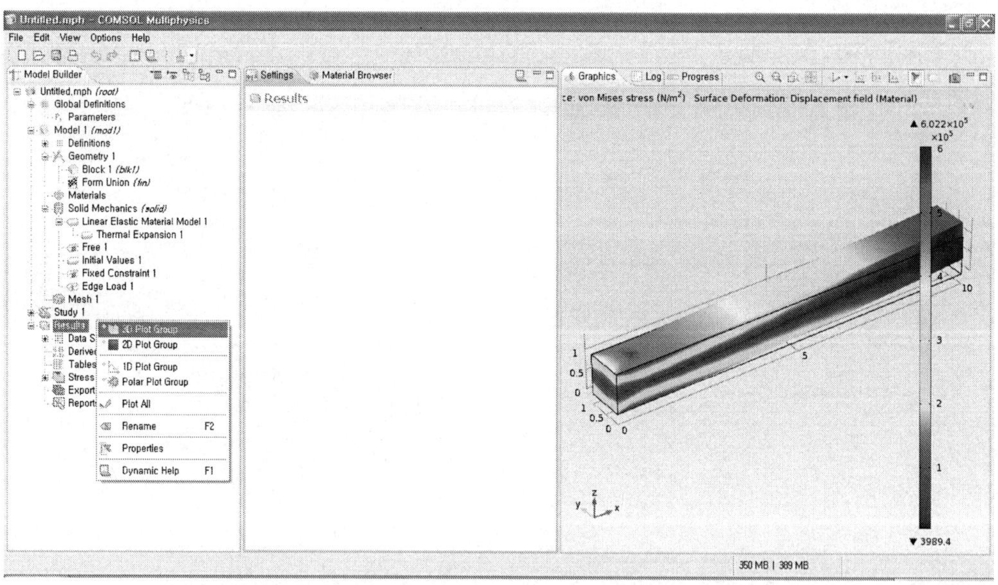

그림 16-11-1 'Results', '3D Plot Group' 선택하기

11-2. 그림 16-11-2와 같이 생성된 '3D Plot Group 1'을 선택하고 마우스 오른쪽 버튼을 클릭하여 나타난 메뉴 중 'Volume'을 선택한다.

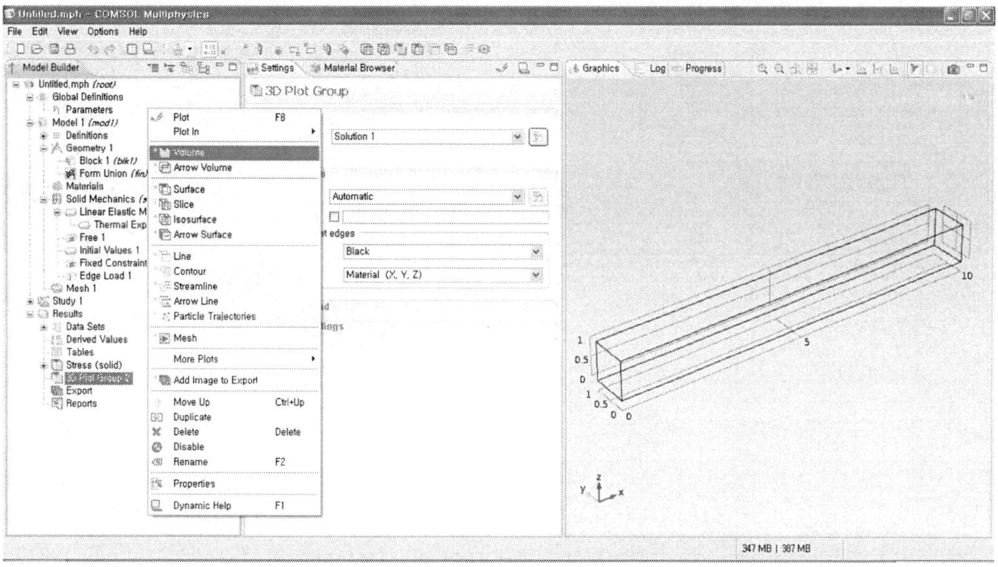

그림 16-11-2 '3D Plot Group', 'Volume' 선택하기

11-3. 그림 16-11-3과 같이 생성된 'Volume 1'을 선택하고 마우스 오른쪽 버튼을 클릭하여 나타난 메뉴 중 'Deformation'을 선택한다.

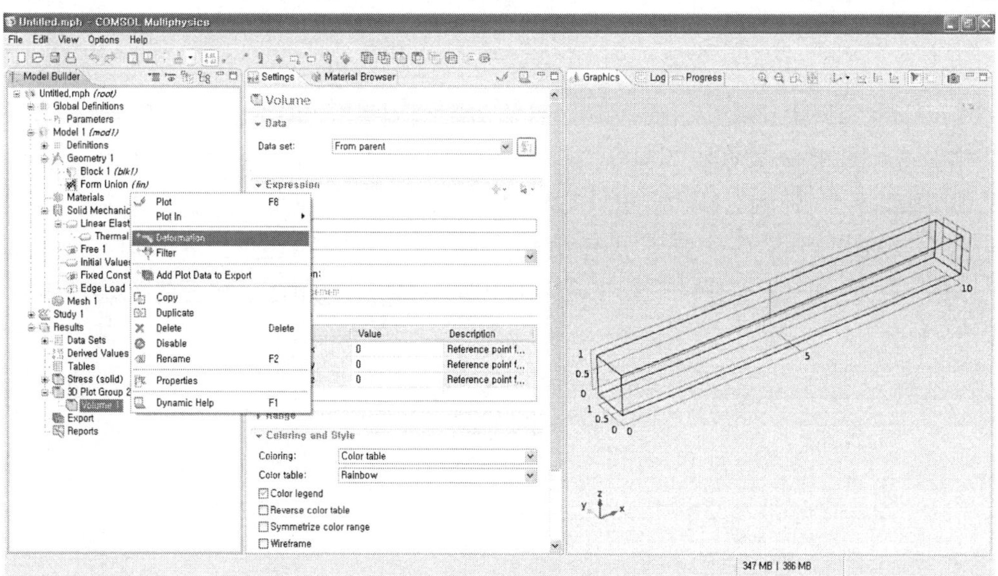

그림 16-11-3 'Volume', 'Deformation' 선택하기

11-4. 그림 16-11-4는 모델의 최대 변형량을 보여준다.

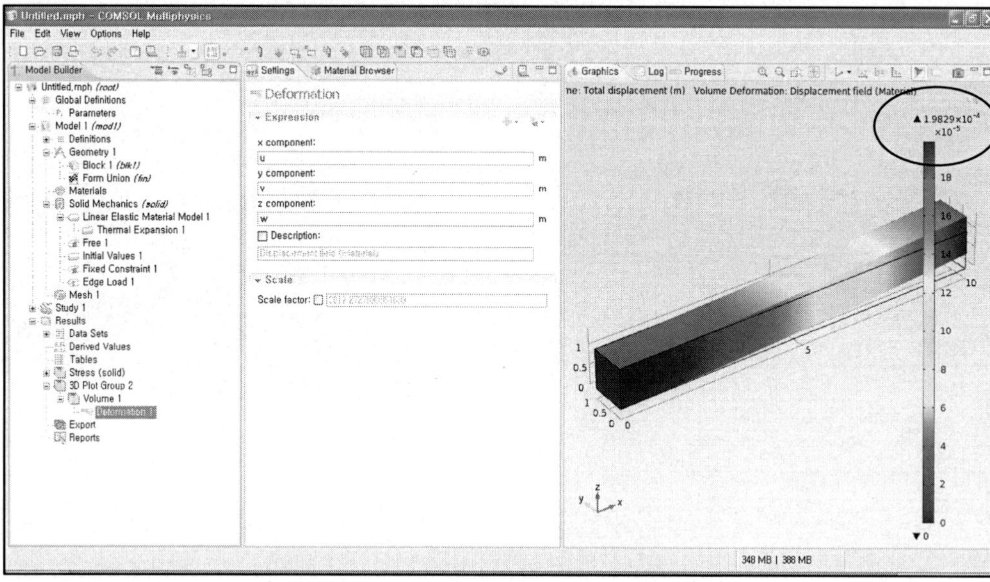

그림 16-11-4 모델의 최대 변형량

▣ 결과 고찰하기

외부 압력 10 [kPa]에 의한 보의 최대 변형값으로 1.9829E-4 [m]이 얻어졌다.

위의 값을 이론 식 (1) $\delta_{max} = \dfrac{Pl^3}{3EI}$ 의 값과 비교하여 보자. 여기서 P=10,000 [Pa], l=10 m, E = 2E+11 [Pa], I= 1/12 이다. 위의 값을 계산하면 2E-4 [m]가 계산된다. 약간의 차이가 생기는 것을 발견할 것이다. 다시 모델 만들기에서 메쉬를 선택하고 요소 크기를 미세하게로 선택 후 계산하기를 클릭하여 보자. 그러면 최대값이 1.997E-4가 되었음을 확인할 수 있을 것이다. 다시 모델 만들기에서 메쉬를 선택하고 요소 크기를 아주 미세하게로 선택 후 한 번 더 계산하기를 클릭하여 보라. 그러면 2.001E-4로 조금 가까워짐을 볼 수 있다.

▣ 연습 문제

1. 만약 외부압력에 의해 보가 최대로 견딜 수 있는 최대 응력이 300 [MPa]이라고 하자. 만약 외부 압력을 변화시켜서 발생한 폰 미세스 응력 결과값이 철의 최대 응력 300 [MPa]이 넘는다면 켄틸레버 보는 파괴되었다고 가정할 수 있다. 보가 만약 파괴시키기 위한 최소의 외부압력은 얼마인지 계산하시오.

2. 만약 외부 압력을 한 쪽 끝에서 가운데에 옮겼다고 가정하자. 그리고 최대 변형 값을 구하고, 이론식과 비교하여 보자. 이론식은 표 16-1의 식 (2)를 참고하라.

3. 외부 압력이 표 16-1의 식 (3)번과 같이 w=1E4와 같이 주어졌다고 가정할 때 최대 변형 값을 구하고, 이론 식과 비교하여 보자.

4. 표 16-1의 식 (6)을 외부압력 w=1E4으로 두고 최대 변형 값을 구하고, 이론 식과 비교하라.

5. 실제 구조물에서는 보의 무게를 줄이기 위해서 많은 경우에 I형 보를 사용하고 있다. 그림 16-12와 같이 I형 보가 주어 졌을 때 최대 변형값을 구하고, 정사각형 단면과 비교할 때 몇%인가? 철의 최대 응력 300 [MPa]이라고 할 때, I형 보의 켄티레버 보가 파괴하기 위해서 최소의 외부압력은 얼마인지 계산하시오.

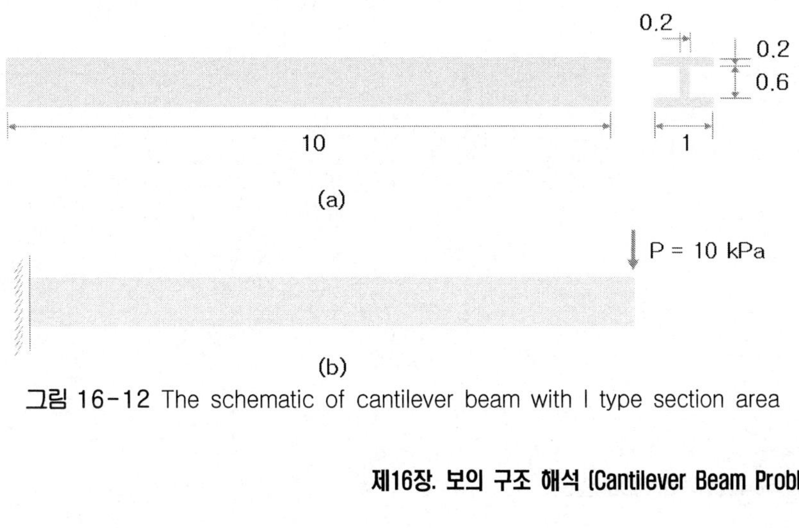

그림 16-12 The schematic of cantilever beam with I type section area

▣ References

1. http://en.wikipedia.org/wiki/Tensile_strength

제17장. 구조 역학

우리들의 주변을 살펴보면 일반적인 하중(축 하중을 받는 부재, 비틀림 하중을 받는 축, 보, 기둥 등)을 영향을 받는 구조물을 흔히 볼 수 있다. 이러한 구조물들은 기본적으로 탄성과 소성을 함께 가지고 있는 부재이다. 힘을 받는 구조물은 구조물 내부에서 응력이 발생하며 응력은 곧, 인장, 압축, 굽 힘, 전단, 비틀림 등의 조합 응력 상태에 놓이는 경우가 많다. 응력 상태는 실용상 중요한 평면응력과 평면 변형률 상태 등으로 나눌 수 있다.

이번 장에서는 이러한 하중을 받는 구조물들의 역학적 거동을 다루도록 하겠다. 정력학이나 동력학에서는 주로 질점이나 강체에 작용하는 힘과 운동을 다루지만 구조역학에서는 이러한 부재들이 하중을 받아 변형을 일으키는 요소의 내부 응력이나 변형률을 다루며 나아가서는 동적인 상태를 고려하여 부재의 고유값 해석을 수행해 볼 것이다.

▣ 예제 문제 따라 하기

(1) 정적 해석

1. 그림 17-1과 같이 'Model Wizard' 페이지에서 'Select Space Dimension' 을 '2D'로 선택하고 'Next' 버튼 ⇨을 누른다.

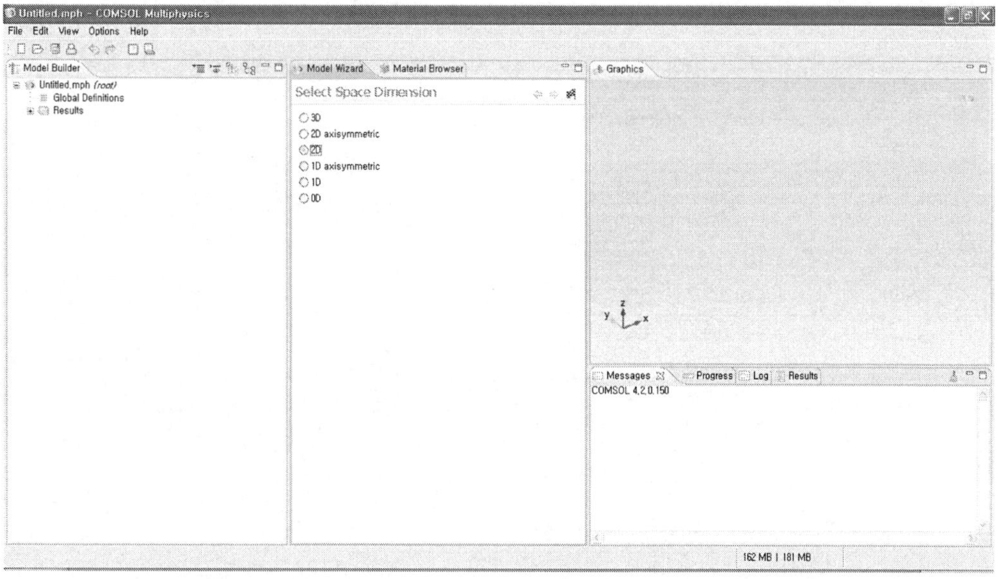

그림 17-1 'Model Wizard' 페이지에서 'Select Space Dimension' 을 '2D'로 선택하기

2. 그림 17-2와 같이 'Model Wizard' 페이지의 'Add Physics' 윈도우에서 'Structural Mechanics' 항목에서 'Solid Mechanics'을 더블클릭하여 선택하고, 상단의 'Next' 버튼 ⇨을 누른다.

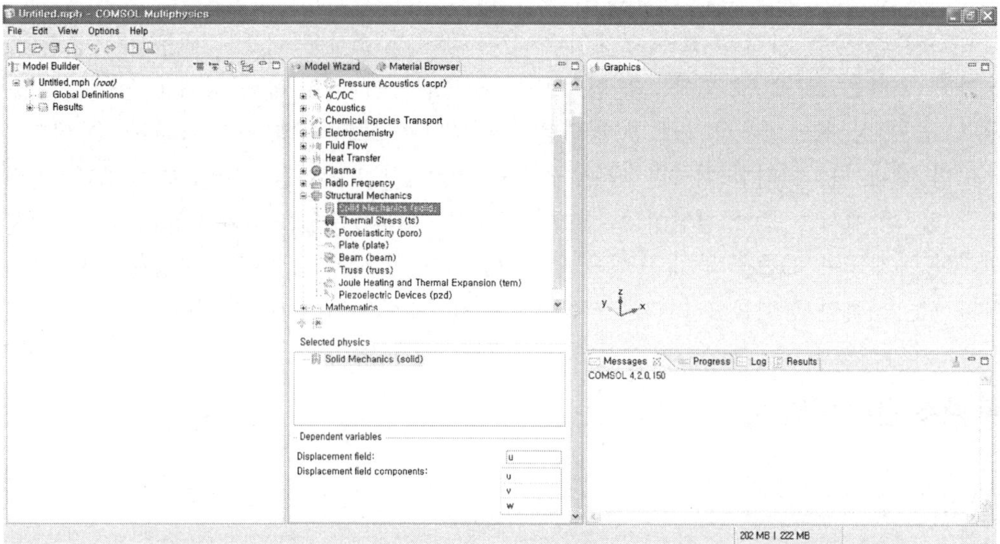

그림 17-2 'Structural Mechanics' 항목, 'Solid Mechanics' 선택하기

3. 그림 17-3과 같이 'Model Wizard' 페이지의 'Select Study Type' 윈도우에서 'Preset Studies' 항목에서, 'Stationary'를 선택한 다음, 상단의 'Finish' 🏁 버튼을 누른다.

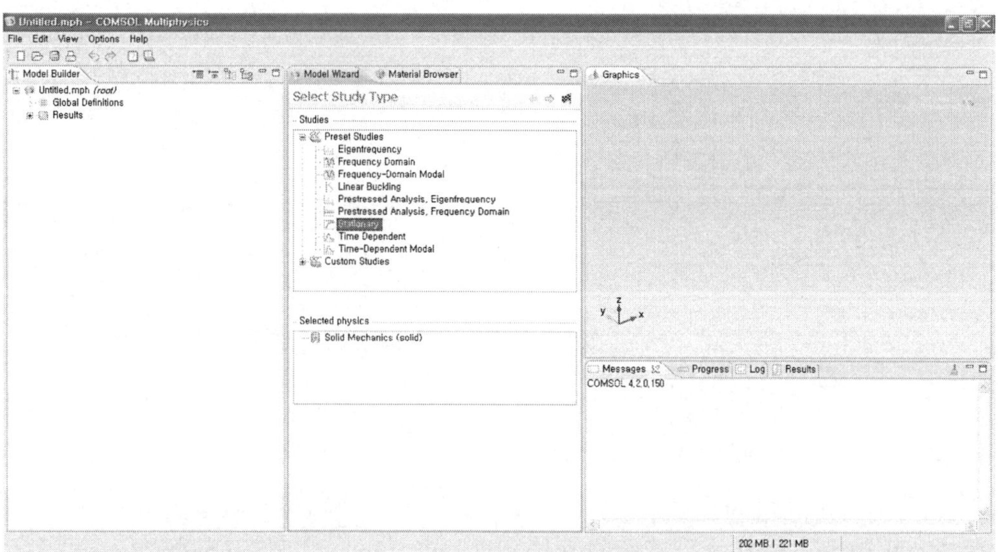

그림 17-3 'Select Study Type' 윈도우, 'Preset Studies' 항목에서, 'Stationary' 선택하기

4. 다음 그림 17-4의 '꺽쇠 모델링 도면'과 같은 형상을 모델링하자.
모델링 자료는 출판사 홈페이지 'http://www.ohm.co.kr'의 자료실에서 얻을수 있다.

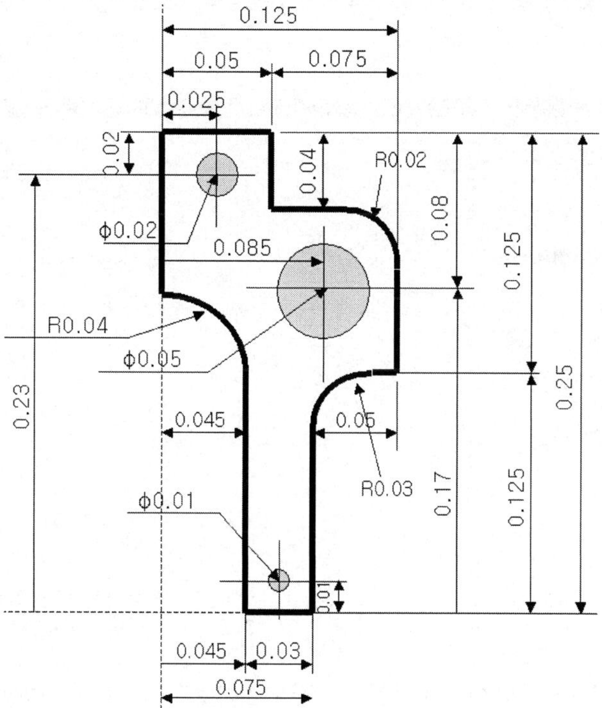

그림 17-4 '꺽쇠 모델링 도면'

그림 17-5 ~ 그림 17-10은 **'꺽쇠 모델링 도면'** 파일을 불러오는 과정을 나타낸 그림이다. 그림 17-5에서와 같이 'Model Builder' 페이지에서 'Geometry 1'을 선택하고, 마우스 오른쪽 버튼을 눌러 'Import'를 선택한다. 그러면 오른쪽의 'Settings' 페이지에 'Import' 윈도우가 나타난다.

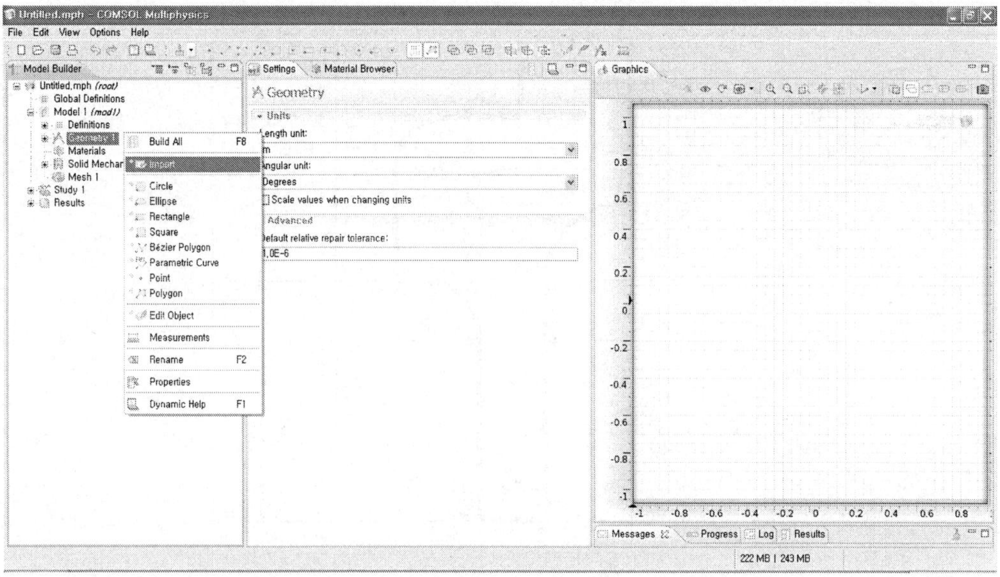

그림 17-5 'Model Builder' 페이지에서 'Geometry 1' 선택하여, 'Import'를 선택하기

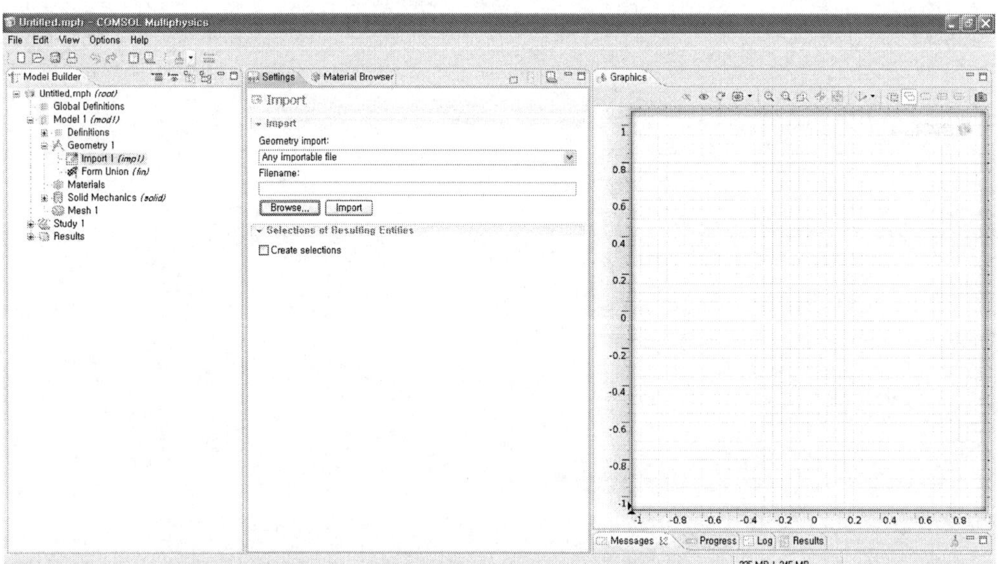

그림 17-6 'Settings' 페이지의 'Import' 윈도우

'Settings' 페이지의 'Import' 윈도우에서 [Browse...] 를 선택하면 그림 17-7과 같이 'Import Geometry' 윈도우 탐색기가 나타나고 삽입할 '꺽쇠 모델링 도면' 파일을 선택하고 '열기'를 클릭한다.

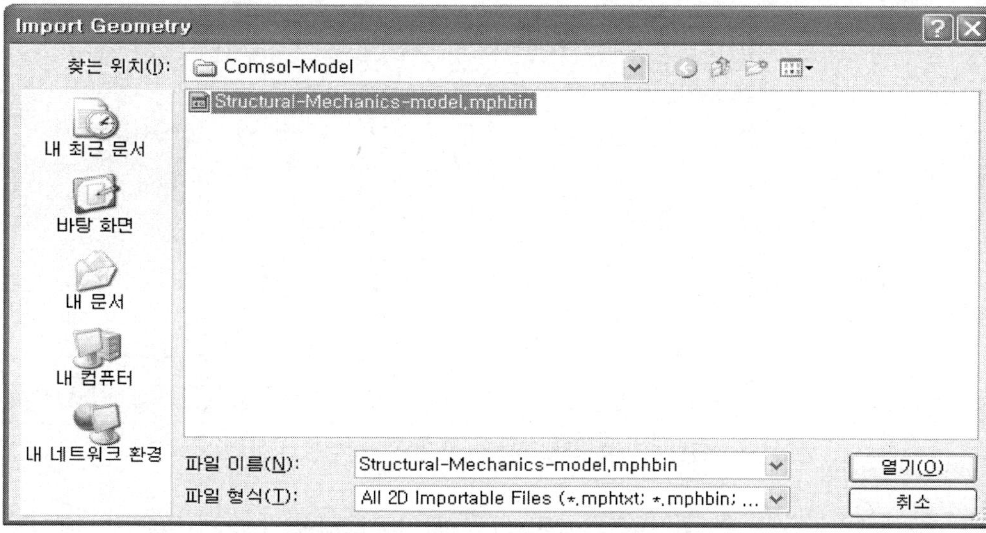

그림 17-7 'Import Geometry' 윈도우 탐색기

그러면 그림 17-8과 같이 'Settings' 페이지의 'Import' 윈도우의 'Filename:' 항목에 선택한 **'꺽쇠 모델링 도면'** 파일의 경로와 파일 이름이 나타난다.

이제 그림 17-9와 같이 [Import] 버튼을 클릭하여 '꺽쇠 모델링 도면'을 삽입하자.

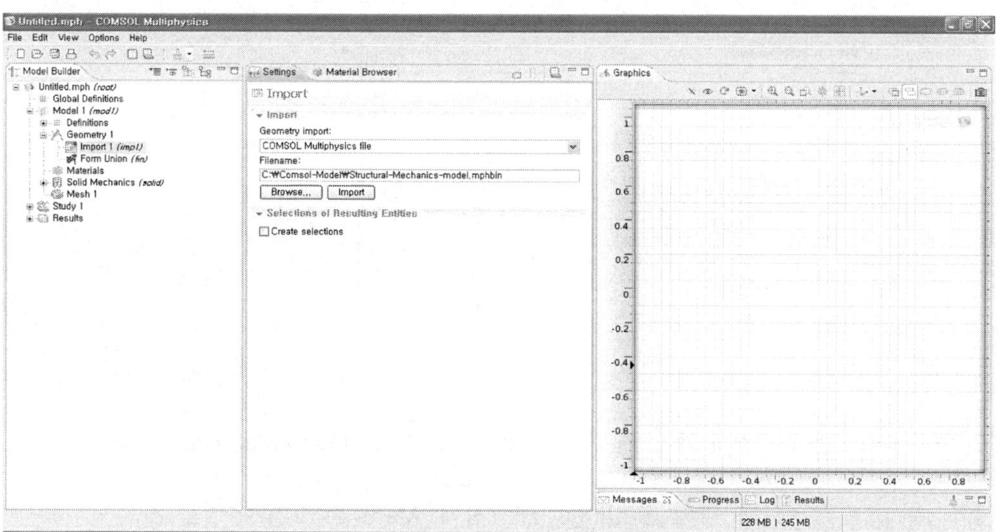

그림 17-8 'Settings' 페이지의 'Import' 윈도우의 'Filename:' 항목

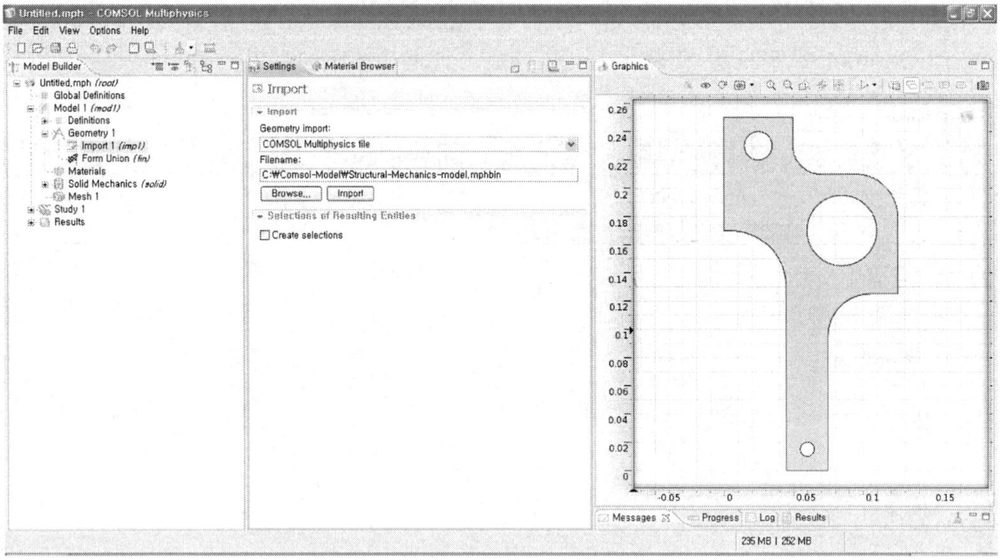

그림 17-9 '꺽쇠 모델링 도면' 삽입된 모습

5. 이제 재료의 물성치를 설정하기 위해 그림 17-10과 같이 'Model Builder' 페이지의 'Materials' 항목을 마우스 오른쪽 버튼을 클릭하여 'Open Material Browser'를 클릭하자.

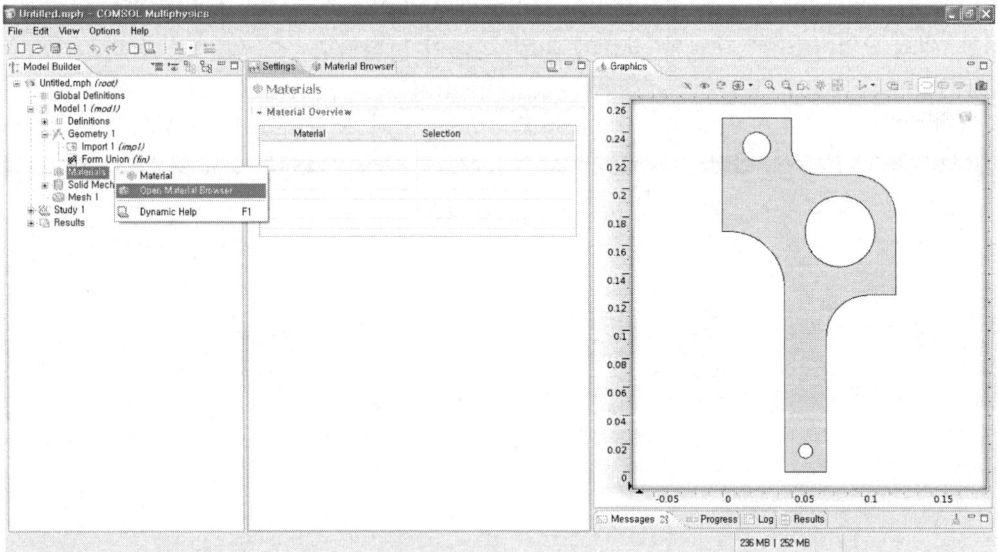

그림 17-10 'Model Builder' 페이지의 'Materials' 항목, 'Open Material Browser' 선택

6. 그러면 그림 17-11과 같이 'Settings' 페이지에 'Material Browser' 윈도우가 나타난다. 'Material Browser' 윈도우에는 컴솔 멀티피직스가 가지고 있는 여러 분야 물질의 물성

치 데이터베이스가 나타난다.

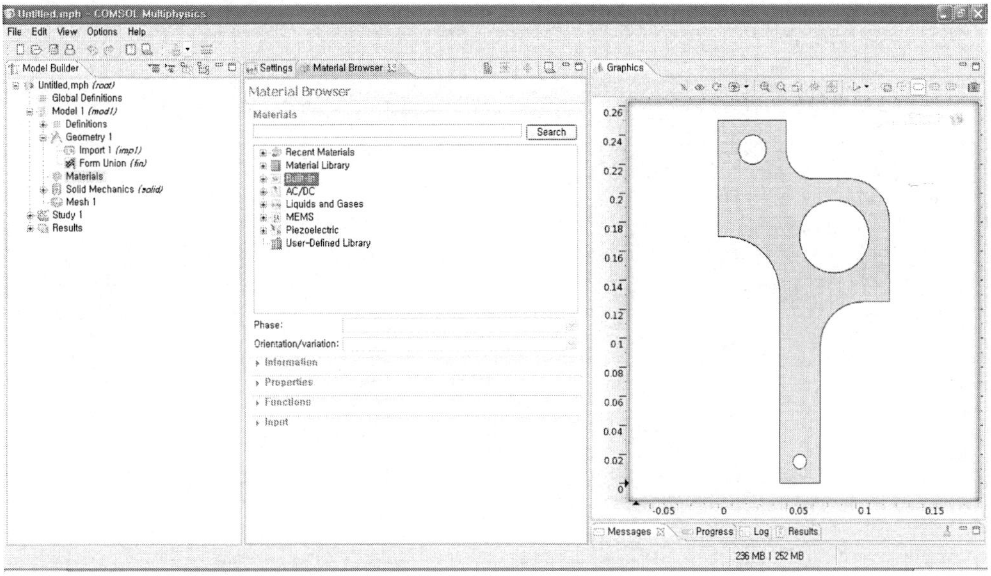

그림 17-11 'Model Builder' 페이지의 'Materials' 항목, 'Open Material Browse' 선택

7. 그림 17-12와 같이 'Material Browser' 윈도우의 'Built-in' 항목을 전개하고, 'Structural steel'을 선택하여 마우스 오른쪽 버튼을 클릭하여 나타난 'Add Material to Model'를 클릭하자.

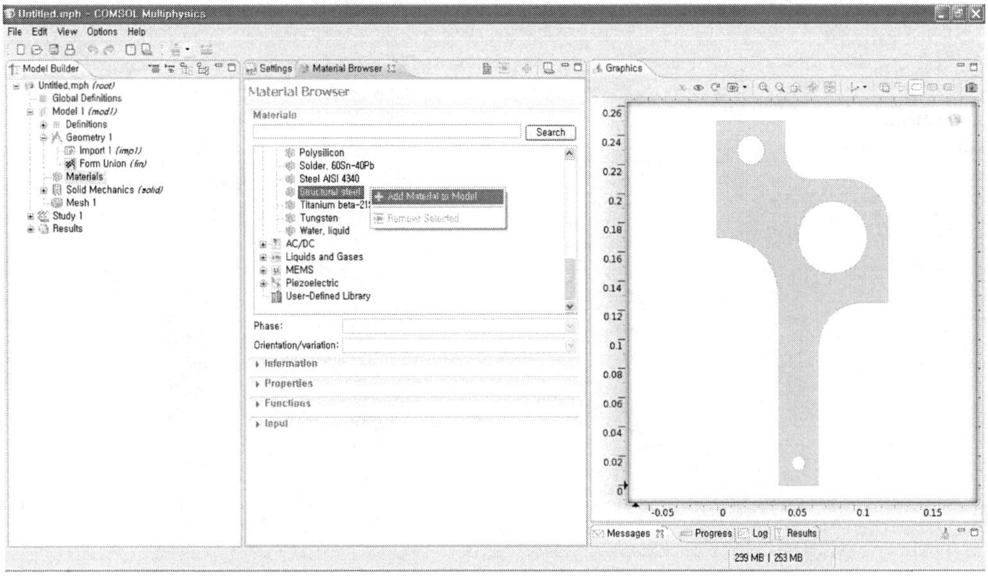

그림 17-12 'Built-in' 항목을 전개하고 'Structural steel'을 선택하기

8. 그러면 아래 그림 17-13과 같이 'Structural steel'의 물성치가 추가된 것을 알 수 있다.

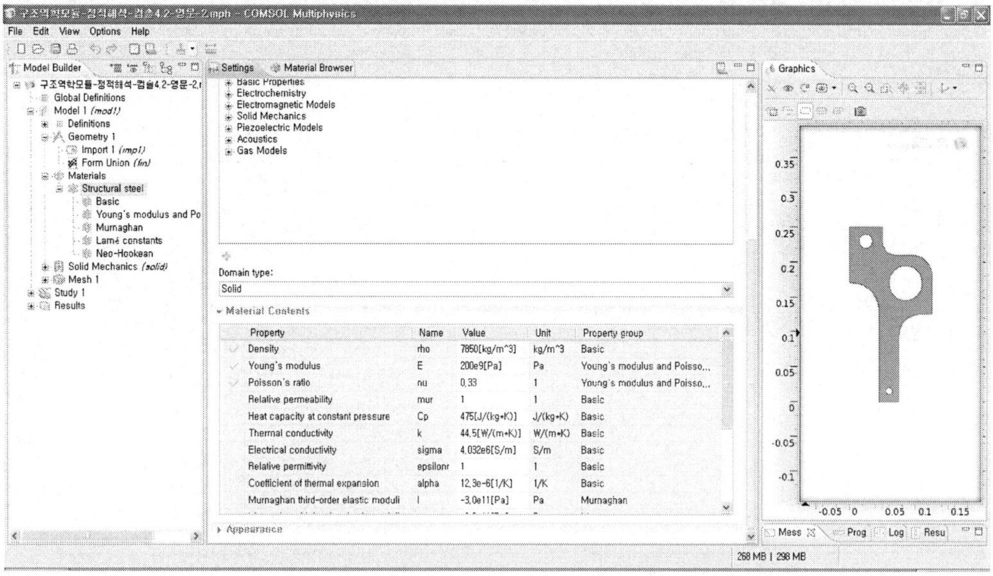

그림 17-13 'Structural steel'의 물성치가 추가된 모습

9. 그림 17-14와 같이 'Model Builder' 페이지의 'Solid Mechanics (solid)'을 선택하고, 오른쪽에 나타난 'Setting' 페이지에서 'Thickness' 부분에 '4e-3'을 타입하자.

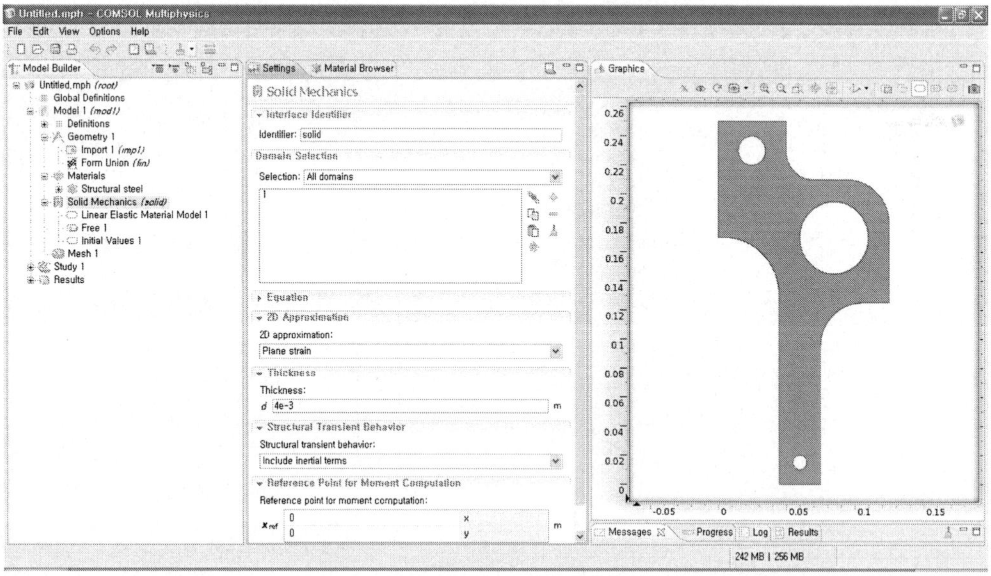

그림 17-14 'Thickness' 설정하기

10. 그림 17-15와 같이 'Model Builder' 페이지의 'Solid Mechanics (solid)'을 마우스 오른쪽 클릭하여 나타난 항목 중 'Fixed Constraints'를 선택하여 제한 조건을 설정해보자.

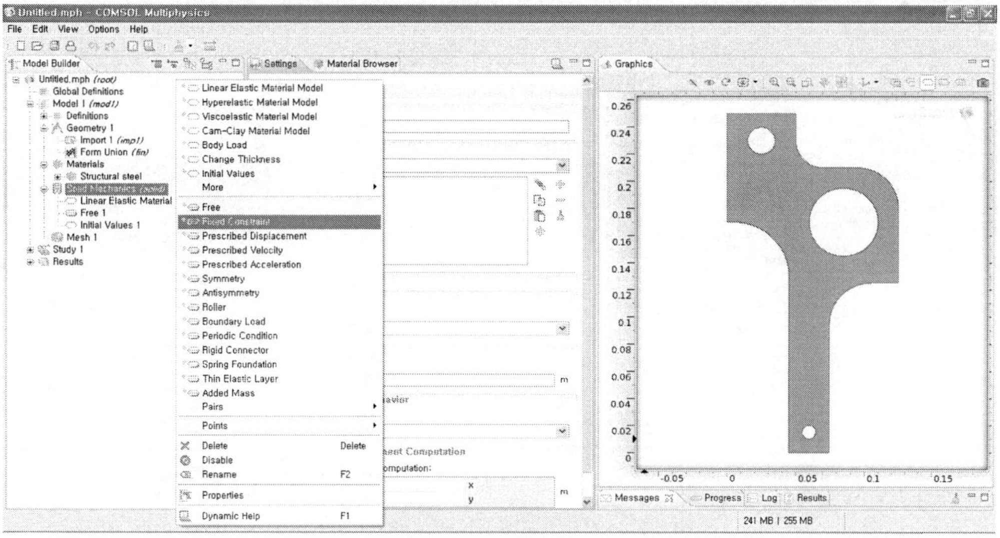

그림 17-15 'Fixed Constraints' 설정하기 1

11. 그림 17-16과 같이 'Model Builder' 페이지의 항목 중 'Fixed Constraints 1'을 선택하고 오른쪽 'Settings' 페이지의 'Boundary Selection'을 설정해보자. 'Graphics' 페이지에 나타난 모델의 '**경계** 1'과 '**경계** 3'을 선택하고 'Settings' 페이지의 'Add to Selection' ✚을 클릭하면 선택한 경계가 추가되고, 고정된 경계로 설정된다.

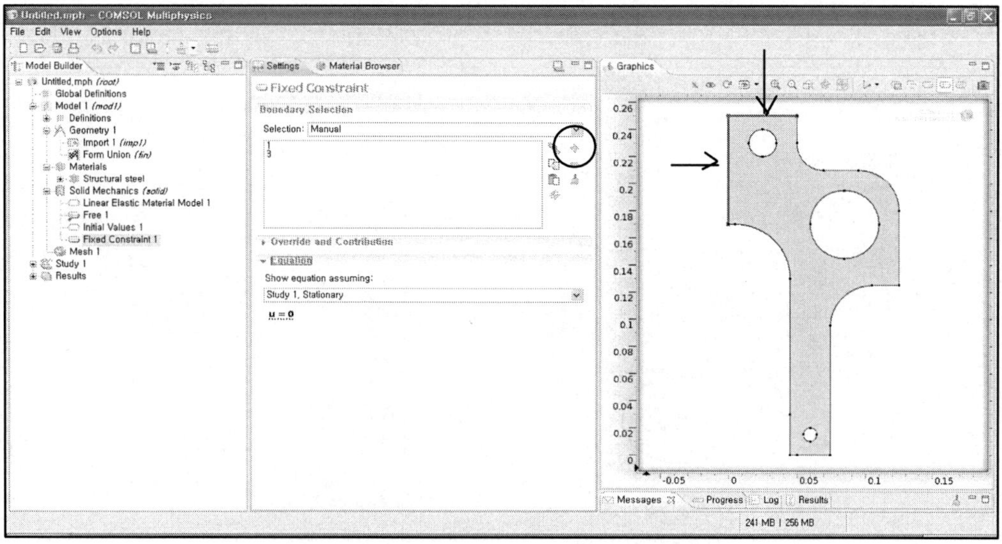

그림 17-16 'Fixed Constraints' 설정하기 2

12. 그림 17-17과 같이 'Model Builder' 페이지의 'Solid Mechanics (solid)'을 마우스 오른쪽 클릭하여 나타난 항목 중 'Boundary Load'를 선택하여 **'경계 하중'**을 설정해보자.

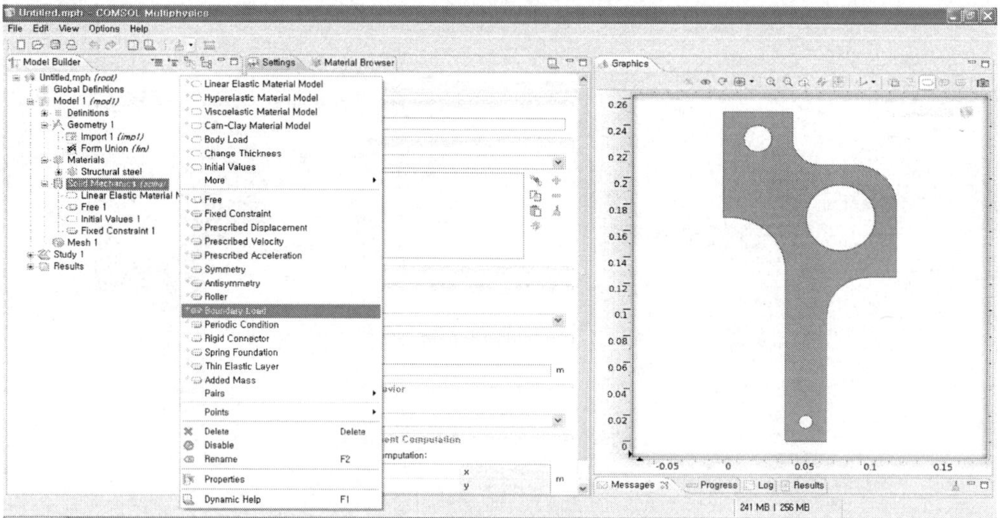

그림 17-17 'Boundary Load' 설정하기 1

13. 그림 17-18과 같이 'Model Builder' 페이지의 항목 중 'Boundary Load 1'을 선택하고 오른쪽 'Settings' 페이지의 'Boundary Load'를 설정해보자. 'Graphics' 페이지에 나타난 모델의 **'경계 4'**를 선택하고 'Settings' 페이지의 'Add to Selection' 을 클릭하면 선택한 경계가 추가된다. 또한 'Settings' 페이지의 'Force' 항목의 'Load' 란에 '60e3'을 타입하자. 이것은 단위 면적당 '60e3' 힘을 선택된 경계에 가하도록 설정하는 것이다.

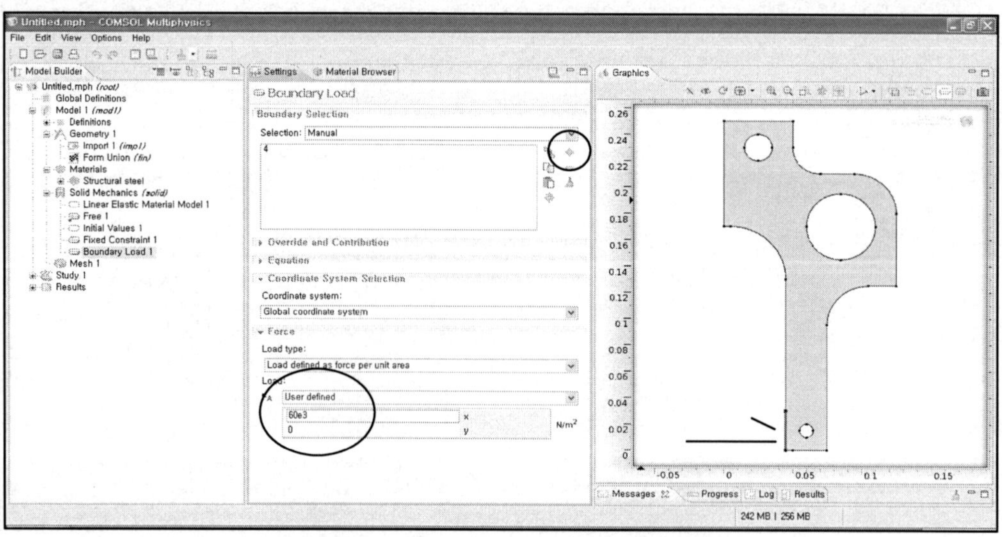

그림 17-18 'Boundary Load' 설정하기 2

14. 그림 17-19와 같이 'Model Builder' 페이지의 항목 중 'Mesh 1'을 선택하고 오른쪽 'Settings' 페이지의 'Mesh' 윈도우의 'Sequence type' 항목을 'User-controlled mesh'으로 설정하자. 'Settings' 페이지 상단의 'Build All' 버튼을 클릭하여 메쉬를 생성하자.

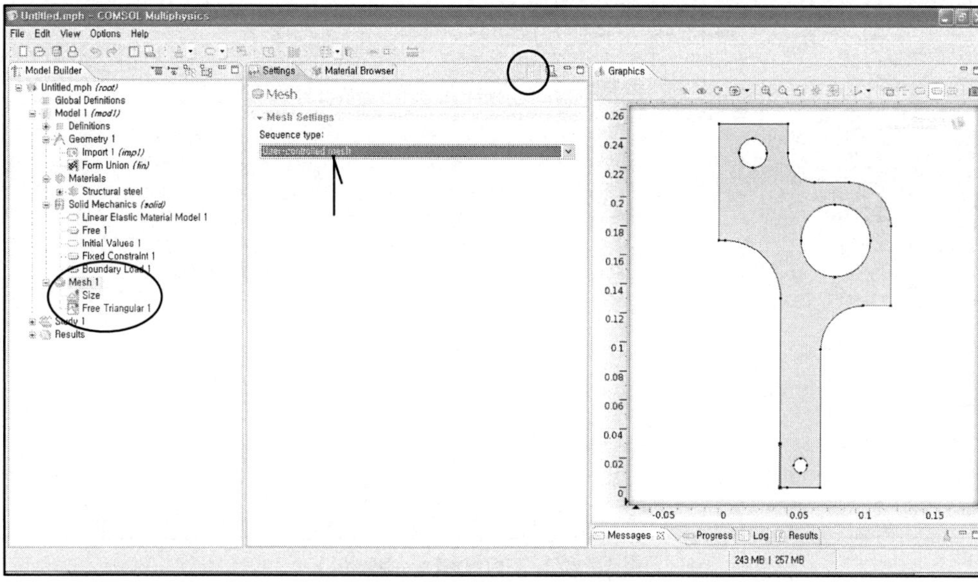

그림 17-19 'Mesh' 설정하기

15. 그림 17-20은 메쉬가 생성된 모습을 보여준다.

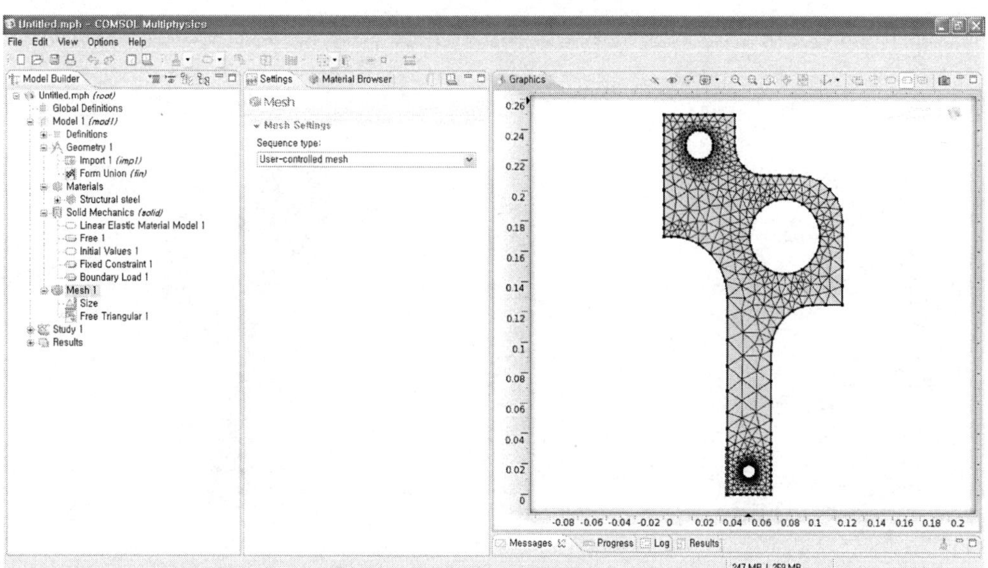

그림 17-20 'Mesh'가 생성된 모습

16. 그림 17-21과 같이 'Model Builder' 페이지의 항목 중 'Study 1'을 선택하고 오른쪽 'Settings' 페이지 상단의 'Compute' 버튼 을 클릭하여 계산해보자.

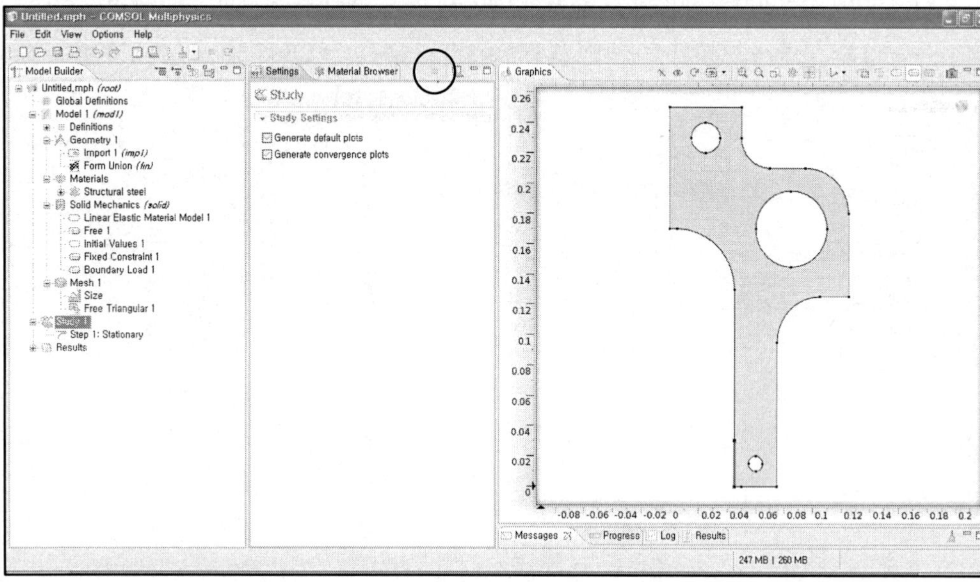

그림 17-21 'Compute' 수행하기

17. 그림 17-22와 같이 'Model Builder' 페이지의 항목 중 'Results'를 선택하고 마우스 오른쪽 버튼을 클릭하여 '2D Plot Group'를 선택한다.

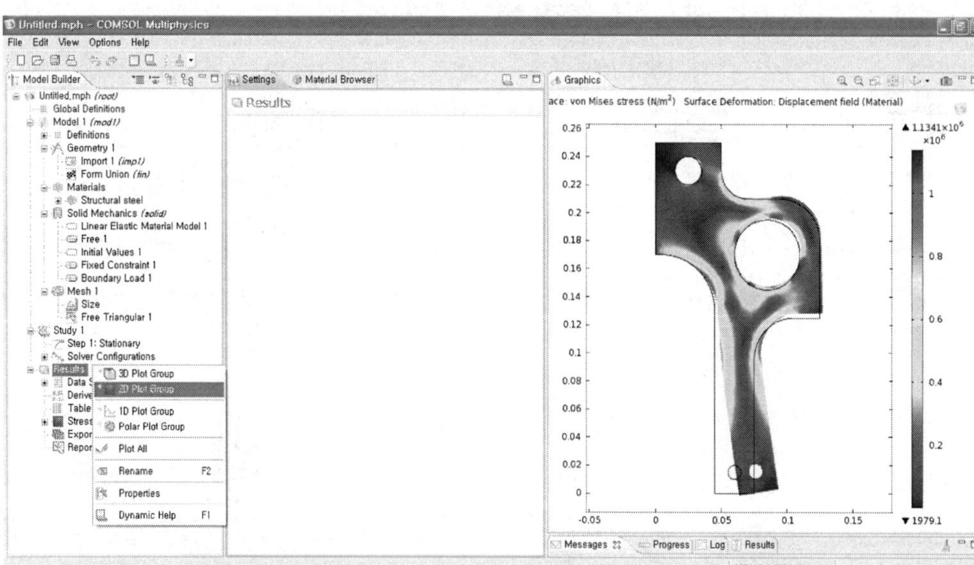

그림 17-22 '2D Plot Group' 선택하기

18. 그림 17-23과 같이 생성된 '2D Plot Group 1'을 선택하고 마우스 오른쪽 버튼을 클릭하여 'Surface'를 선택한다.

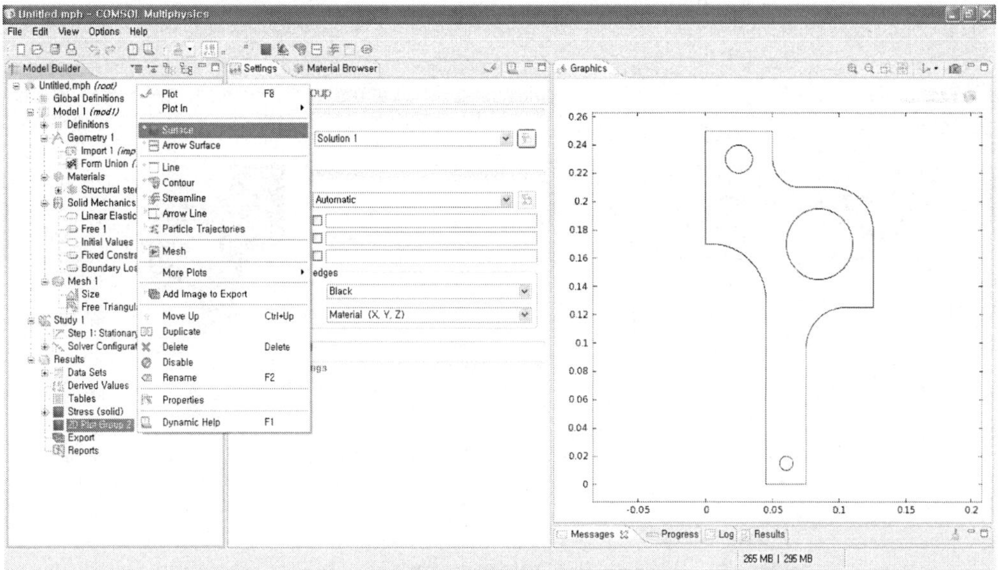

그림 17-23 '2D Plot Group' - 'Surface' 선택하기

19. 그림 17-24와 같이 생성된 'Surface 1'을 선택하고 마우스 오른쪽 버튼을 클릭하여 'Deformation'을 선택한다.

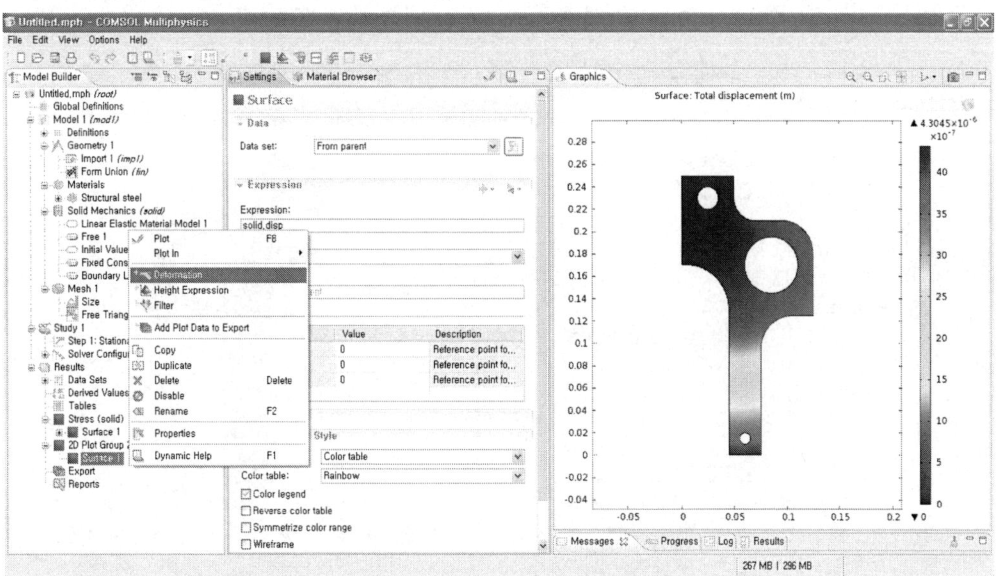

그림 17-24 '2D Plot Group' - 'Surface' 선택하기

20. 그림 17-25와 같이 생성된 'Deformation 1'을 선택하면 오른쪽의 'Graphics' 페이지에 하중을 가한 결과로 모델이 변형된 상태를 관찰할 수 있다.

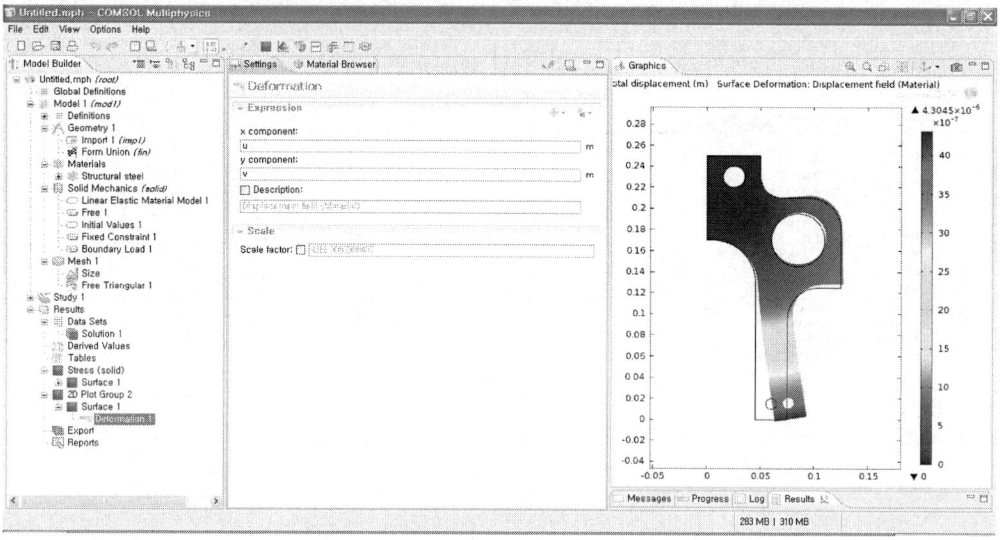

그림 17-25 'Deformation' 결과 보기

(2) 고유진동수 해석(Eigenfrequency)

1. 그림 17-26에서와 같이 'Model Builder' 페이지에서 'Study 1'을 선택하고, 마우스 오른쪽 버튼을 눌러 'Study Steps'를 선택하고, 하부 메뉴에서 'Eigenfrequency'를 선택하자.

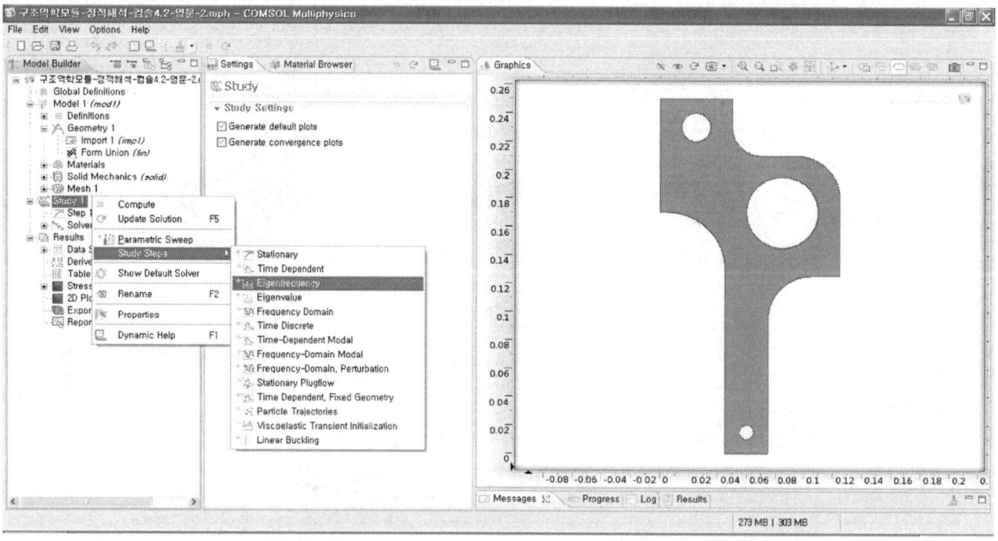

그림 17-26 'Study Steps', 하부 메뉴 'Eigenfrequency' 선택하기

2. 그림 17-27에서와 같이 오른쪽의 'Settings' 페이지에 'Eigenfrequency' 윈도우의 'Desired number of Eigenfrequencies'를 '10'을 타입하자. 이것은 해석하고자 하는 고유주파수를 10개 찾겠다는 의미이다. 그리고 툴바에서 'Compute' 버튼 을 클릭해서 해석해 보자.

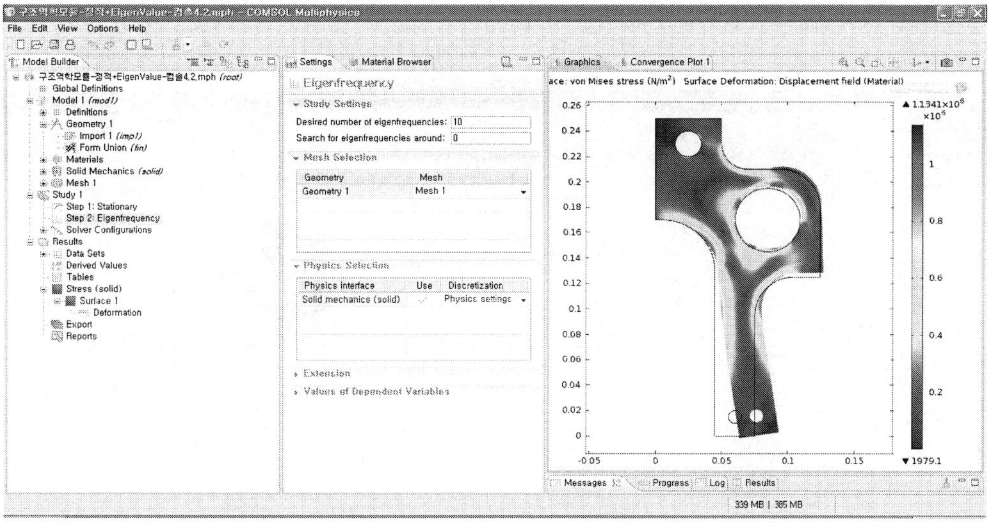

그림 17-27 응용 모드 특성 설정

3. 그림 17-28은 고유주파수 해석이 완료된 상태를 나타낸다. 'Model Builder' 페이지의 'Mode Shape (solid)'를 클릭하고, 'Settings' 페이지의 '2D Ploy Group' 윈도우에서 'Eigenfrequency' 부분에 찾고자 했던 10개의 고유주파수가 나타나있다.

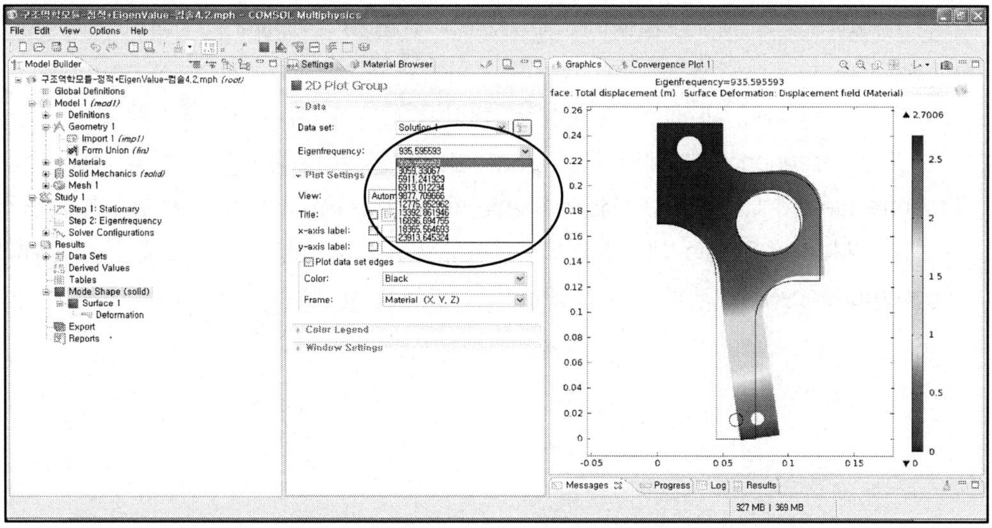

그림 17-28 고유주파수 해석 결과 보기 1

4. 그림 17-29와 같이 'Settings' 페이지의 'Eigenfrequency' 부분에서 '5911 Hz'의 고유주파수를 선택하고 상단의 'Plot' 버튼을 클릭하면 오른쪽의 'Graphics' 페이지에 해당하는 고유주파수의 'Mode Shape'이 나타난다. 그리고 툴바에서 'Player' 버튼을 클릭하면 그림 17-30과 같이 선택한 'Eigenfrequency'의 애니메이션을 볼 수 있도록 'Model Builder' 페이지에 'Export - Player 1' 항목이 생성된다.

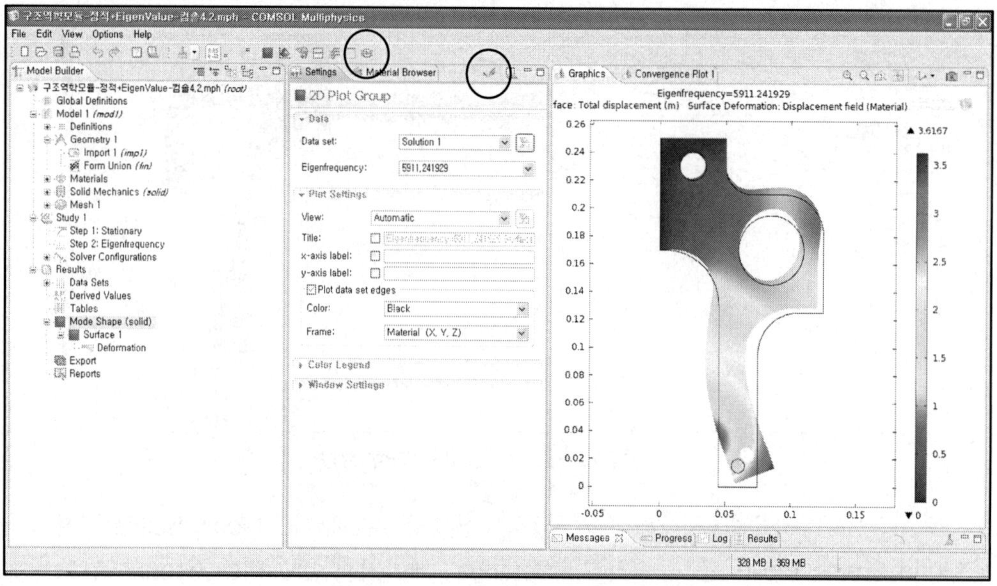

그림 17-29 고유주파수 해석 결과 보기 2

5. 그림 17-30과 같이 'Model Builder' 페이지에는 'Export - Player 1' 항목이 생성되었고, 'Player 1'을 마우스 오른쪽 버튼 클릭하여 나타난 팝업 메뉴에서 'Play' 버튼을 클릭하거나, 그림 17-31과 같이 'Graphics' 페이지 상단의 'Play' 버튼을 클릭하면 선택한 'Eigenfrequency'에 해당하는 'Mode Shape'의 애니메이션을 볼 수 있다. 다른 'Eigenfrequency'에 해당하는 'Mode Shape'의 애니메이션을 보려면 'Model Builder' 페이지의 'Mode Shape (solid)'를 선택하고 'Settings' 페이지의 보고자하는 'Eigenfrequency'를 선택하고 다시 'Play' 버튼을 클릭하면 된다.

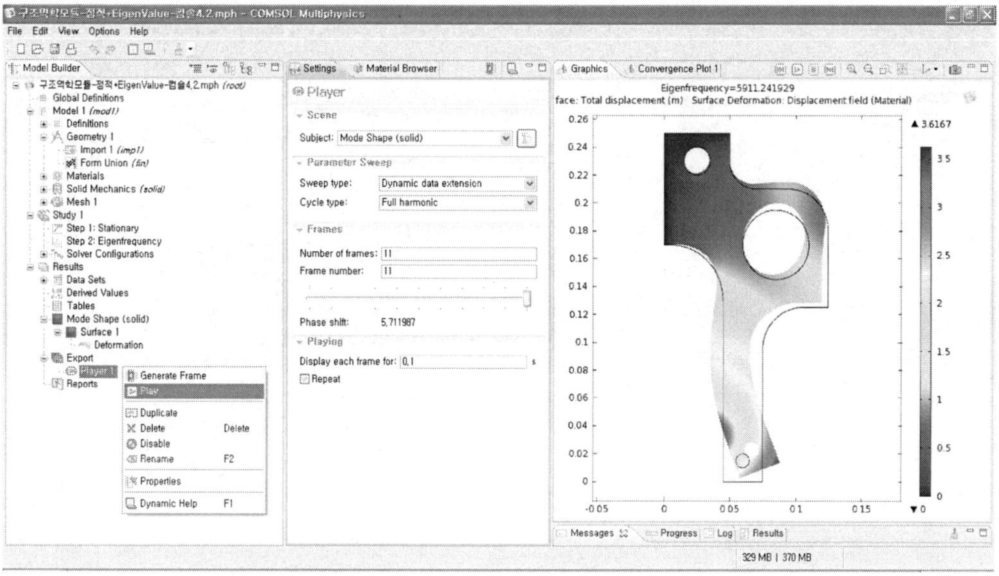

그림 17-30 고유주파수 해석 결과 애니메이션 보기 1

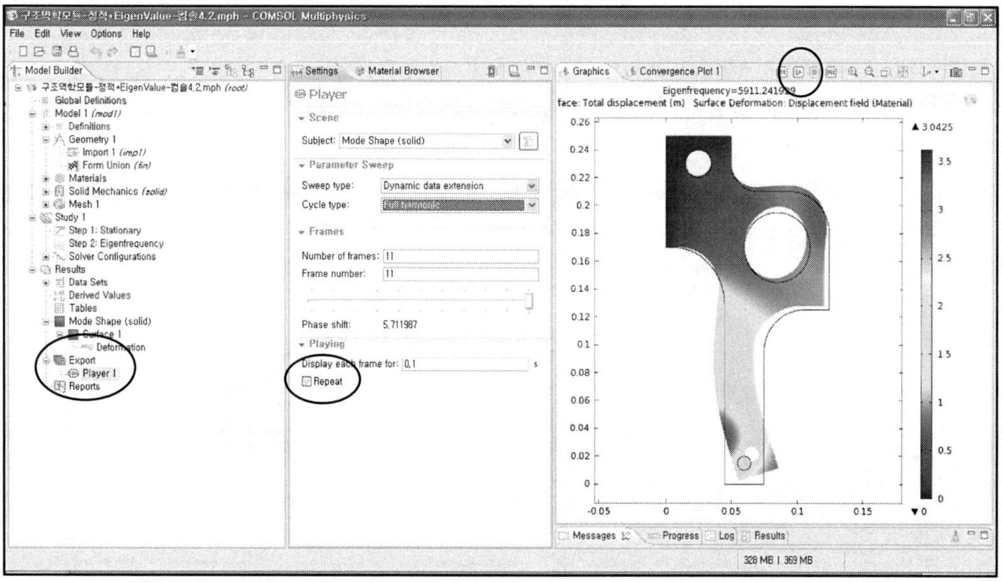

그림 17-31 고유주파수 해석 결과 애니메이션 보기 2

(3) 시변 해석(Time dependent)

1. 그림 17-32와 같이 앞 과정에서 해석한 파일을 Open한다. 현재, (1) 정적 해석과 (2) 고유진동수 해석이 수행된 상태이다.

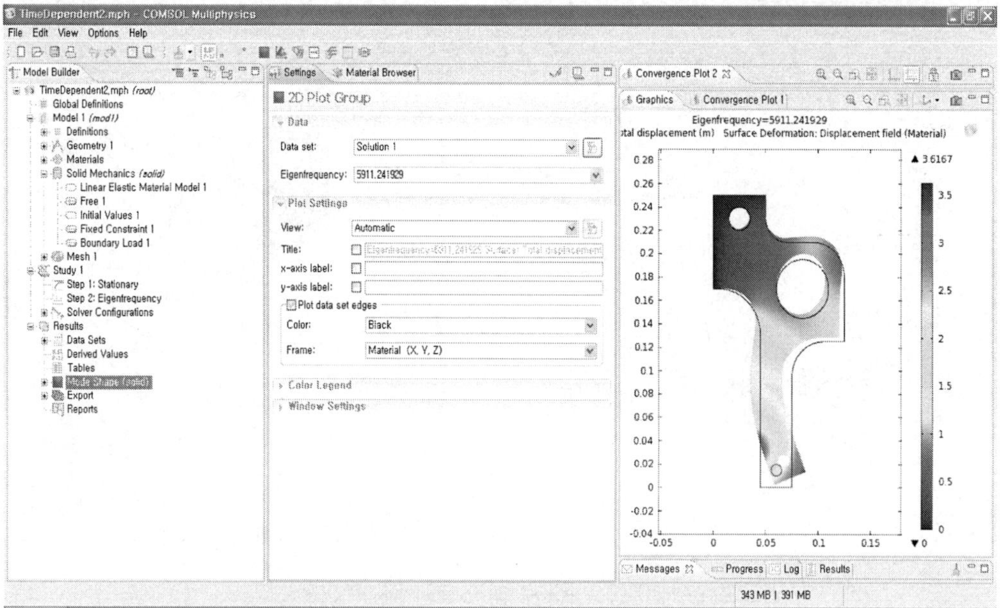

그림 17-32 앞 과정에서 해석한 파일 Open하기

2. 그림 17-33과 같이 'Model Builder' 페이지의 'Study 1'을 오른쪽 마우스 클릭하여 나타난 메뉴 중 'Study Steps' – 'Time Dependent'를 클릭하여 선택한다.

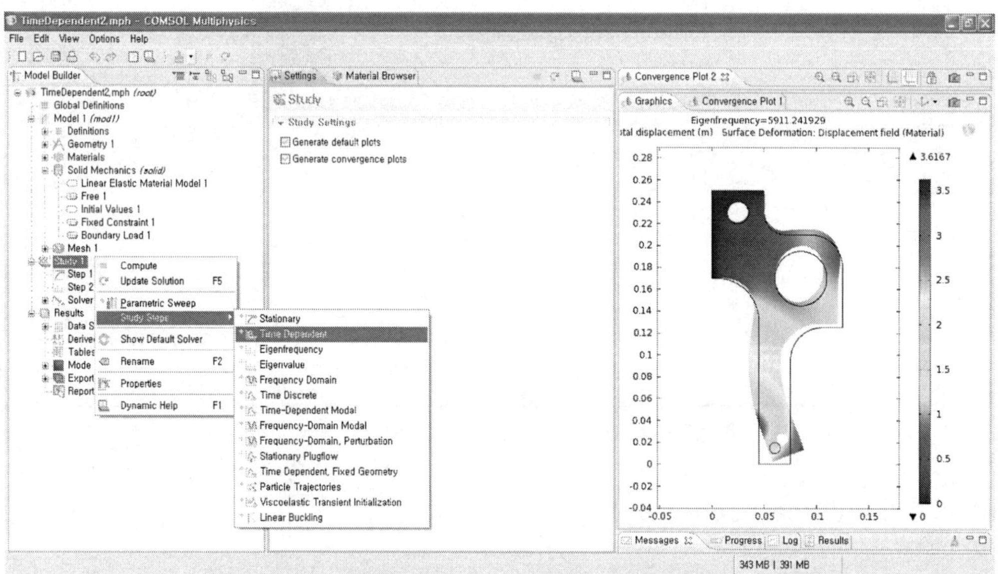

그림 17-33 'Study Steps' – 'Time Dependent' 선택하기

3. 그림 17-34, 그림 17-35와 같이 'Model Builder' 페이지, 'Study 1' 아래의 'Step 1: Stationary' 항목을 오른쪽 마우스 클릭하여 나타난 메뉴 중 'Delete' Delete를 선택하여 삭제한다. 나타난 팝업 메뉴에 'Yes'를 클릭한다.

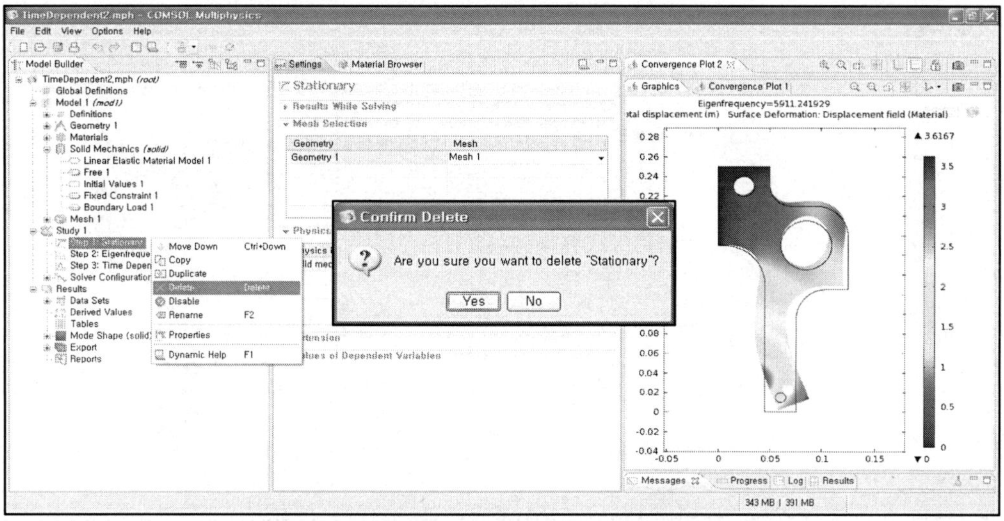

그림 17-34 'Step 1: Stationary' 항목 삭제하기

4. 그림 17-35와 같이 'Model Builder' 페이지, 'Study 1' 아래의 'Step 1: Eigenfrequency' 항목(Step 1: Stationary 항목이 삭제되었으므로 Step 2:Eigenfrequency 였던 항목이 Step 1:이 된 것이다.)을 오른쪽 마우스 클릭하여 나타난 메뉴 중 'Delete' Delete를 선택하여 삭제한다. 나타난 팝업 메뉴에 'Yes'를 클릭한다.

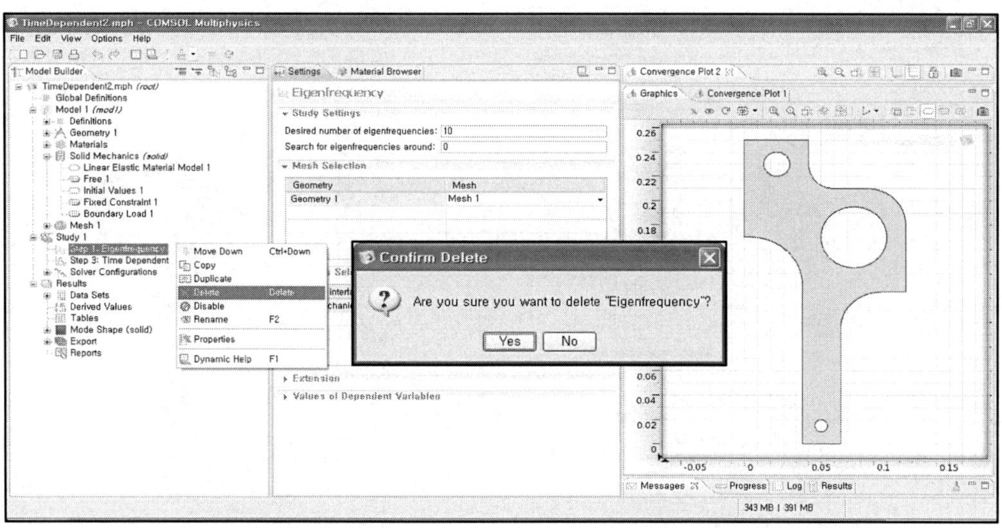

그림 17-35 'Step 1 : Eigenfrequency' 항목 삭제하기

5. 그림 17-36과 같이 'Model Builder' 페이지, 'Solid Mechanics (solid)'를 선택하고, 'Settings' 페이지의 '2D approximation' 섹션을 'Plane stress'로 선택하자.

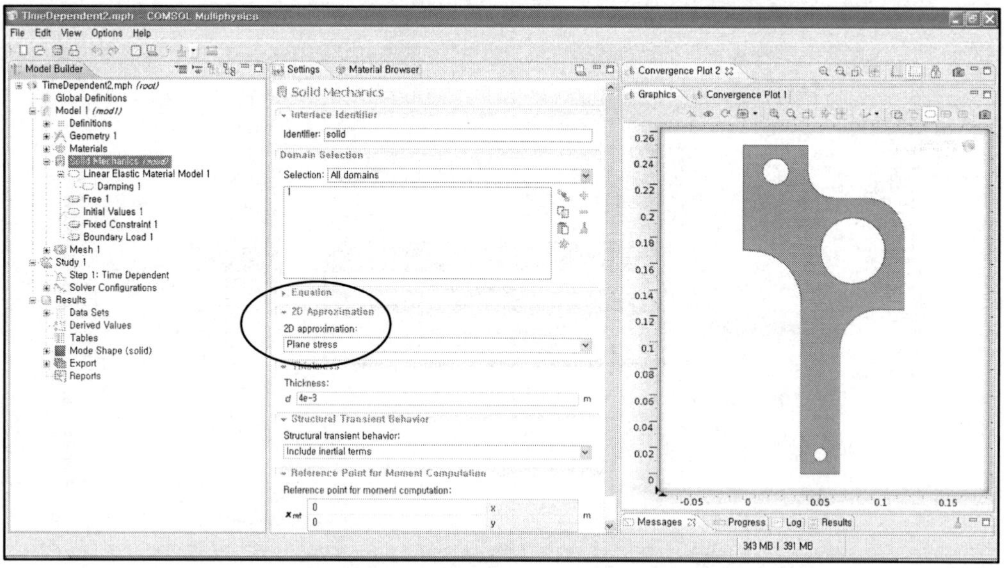

그림 17-36 '2D approximation' 섹션, 'Plane stress' 선택하기

6. 그림 17-37과 같이 'Model Builder' 페이지, 'Solid Mechanics (solid)' 아래의 'Linear Elastic Material Model 1'을 오른쪽 마우스 클릭하여 나타난 메뉴 중 'Dampings'를 선택하자.

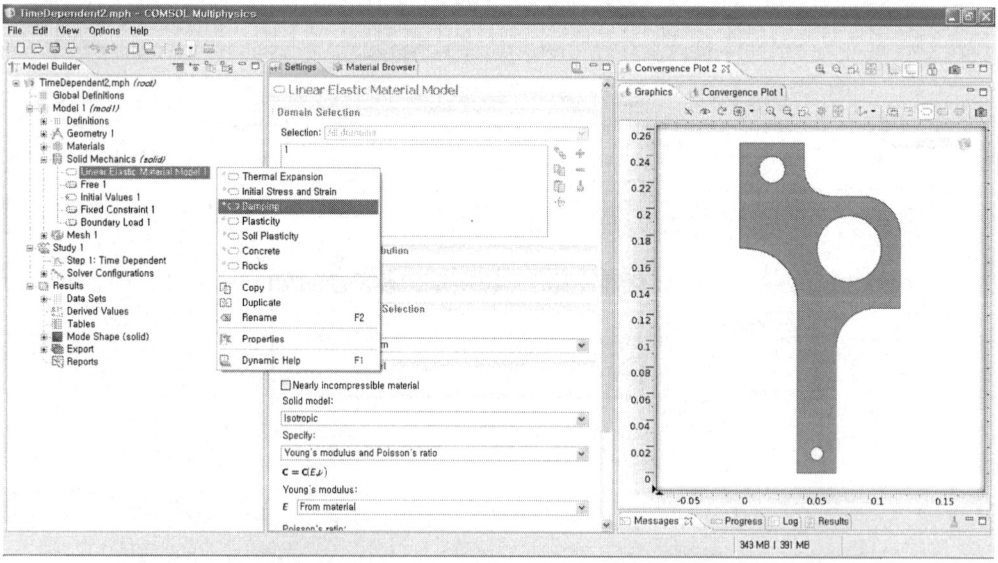

그림 17-37 'Linear Elastic Material Model 1', 'Dampings' 선택하기

7. 이제 추가된 'Linear Elastic Material Model 1' - 'Dampings'를 클릭하여 선택하고, 'Settings' 페이지, 'Damping Settings' 섹션의 'Mass damping parameter:' 항목에는 '1.89e2'를 타입하고, 'Stiffness damping parameter:' 항목에는 '3.98e-5'를 타입하자.

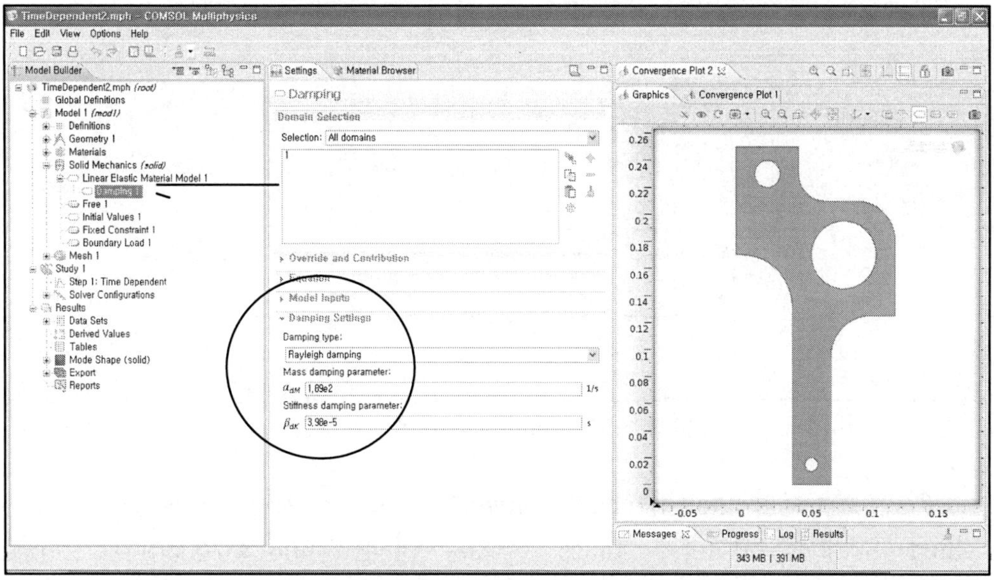

그림 17-38 'Dampings' 설정하기

8. 그림 17-39와 같이 'Linear Elastic Material Model 1' - 'Boundary Load 1'을 클릭하여 선택하고, 'Settings' 페이지, 'Force' 섹션에서 'Load type:' 항목은 'Load defined as force per unit length'로 선택하고, 'Load:' 항목에는 힘 'FA'의 'x' 방향성분으로 '60e3*sin(2*pi*500*t)'로 타입하자. 이것은 500Hz의 주파수의 60kN/m 힘을 인가하는 것이다.

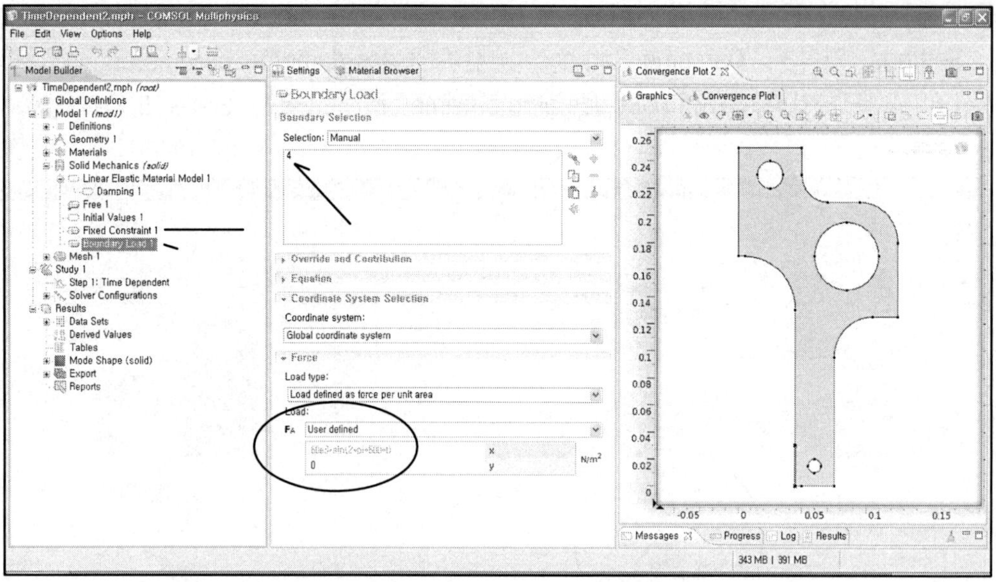

그림 17-39 'Boundary Load 1' 설정하기

9. 그림 17-40과 같이 'Step 1:Time Dependent'를 클릭하여 선택하고, 'Settings' 페이지, 'Study Settings' 섹션에서 'Times:' 항목은 'range(0,1.0e-4,0.0040)'로 설정하고, 'Relative tolerance:' 항목을 체크하고 '0.01'로 설정하자.

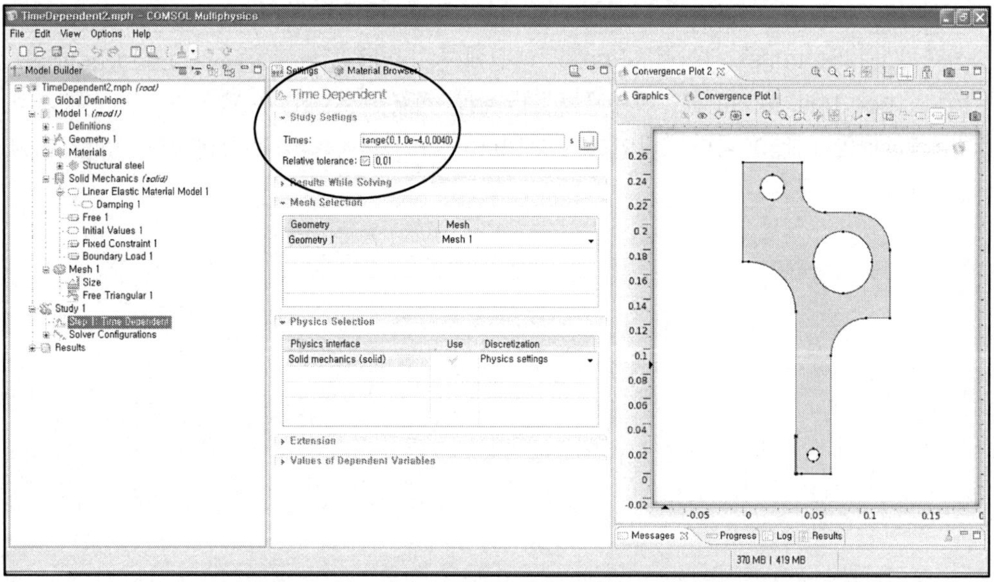

그림 17-40 'Step 1:Time Dependent' 설정하기

10. 그림 17-41과 같이 'Solver 1' 아래의 'Time-Dependent Solver 1'을 클릭하여 선택하고, 'Settings' 페이지의, 'Absolute tolerance:' 섹션에서 'Global method:' 항목은 'unscaled'로 설정하고, 'Tolerance:' 항목은 '1e-9'로 설정하자.
이제, 'Settings' 페이지 상단의 'Compute All' 버튼을 클릭하여 해석을 수행하자.

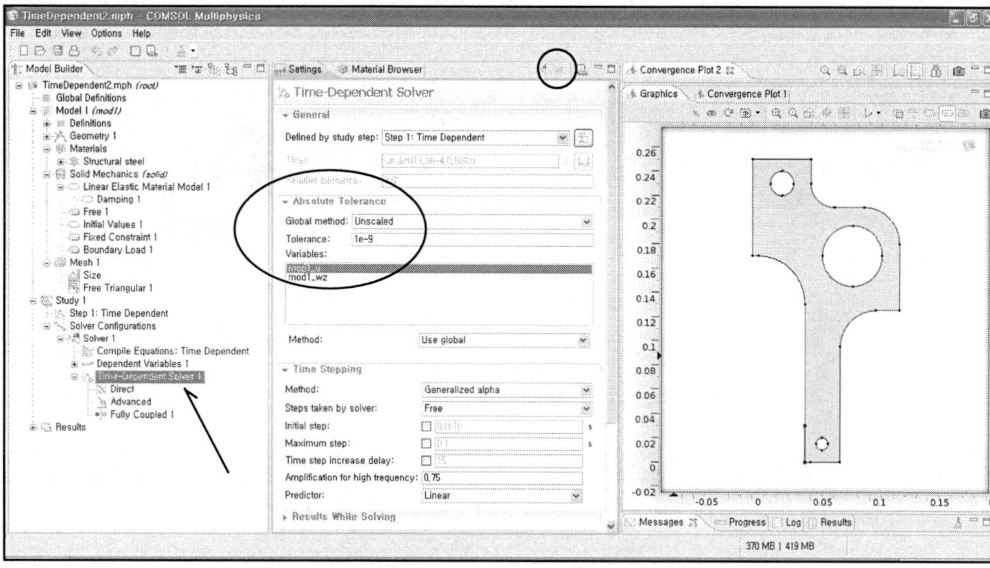

그림 17-41 'Time-Dependent Solver 1' 설정하기

11. 그림 17-42는 해석 결과를 보여준다.

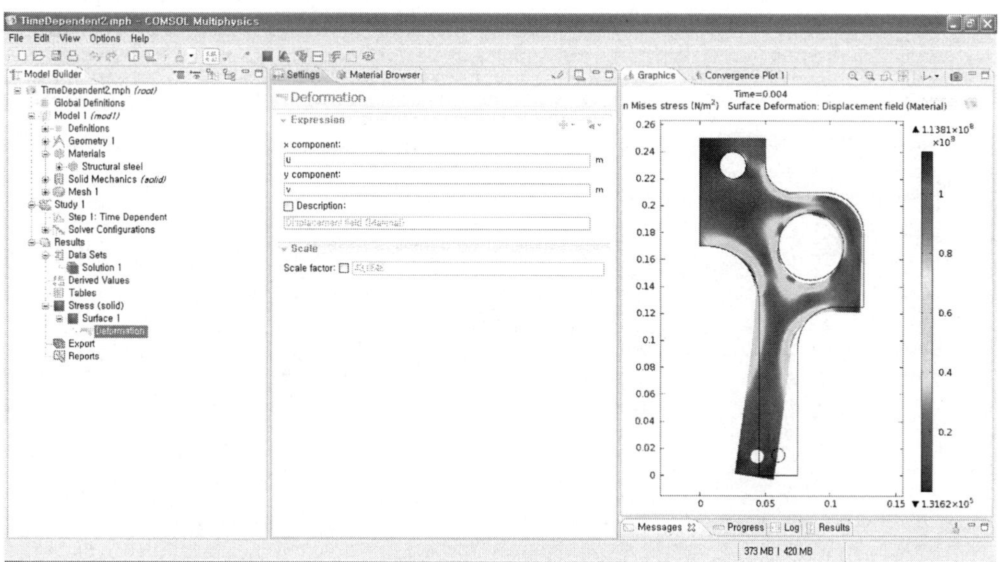

그림 17-42 해석 결과

12. 이제, 모델의 특정 지점의 시간에 따른 변위를 알아보자. 'Model Builder' 페이지의 'Results'를 오른쪽 마우스 클릭하여 나타난 메뉴 중 '1D Plot Group'을 선택하자.

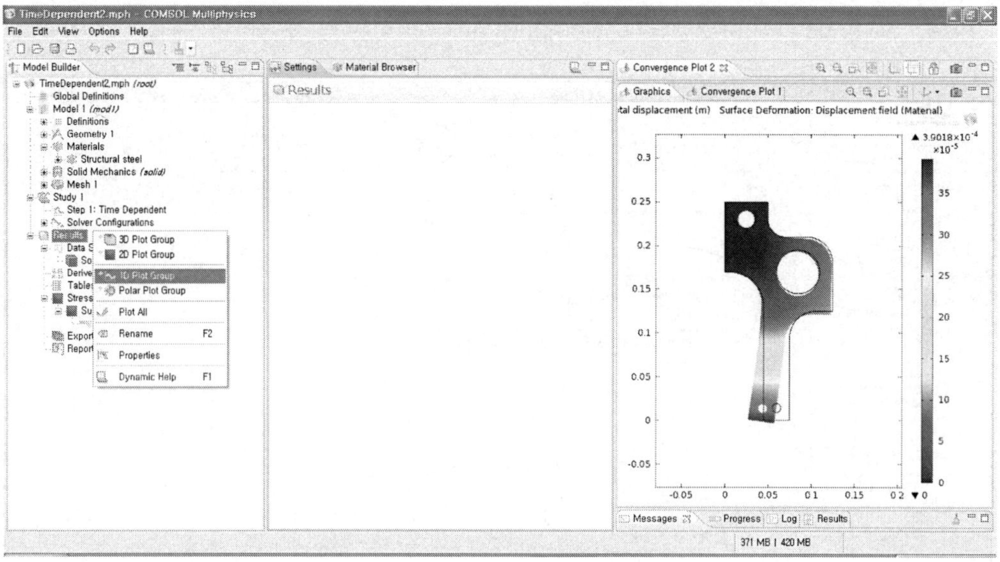

그림 17-43 '1D Plot Group' 추가하기

13-1. 추가된 '1D Plot Group'을 오른쪽 마우스 클릭하여 나타난 메뉴 중 'Point Graph'를 선택하자.

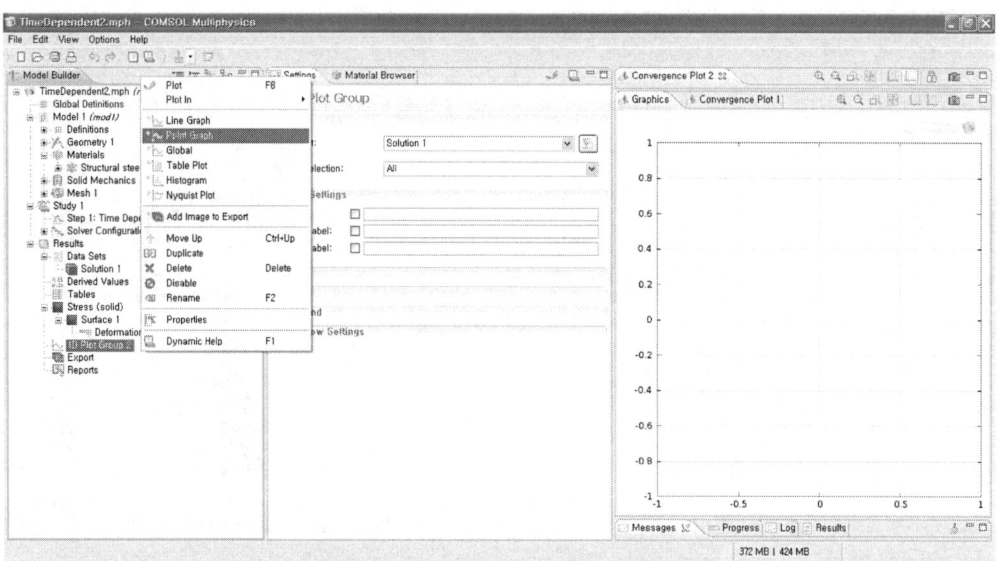

그림 17-44-1 'Point Graph' 추가하기

13-2. 추가된 'Point Graph'를 클릭하여 선택하여 'Graphics' 페이지에 모델이 나타나지 않을 경우, 'Settings' 페이지의 'Activate Selection' 버튼을 클릭하면 된다.

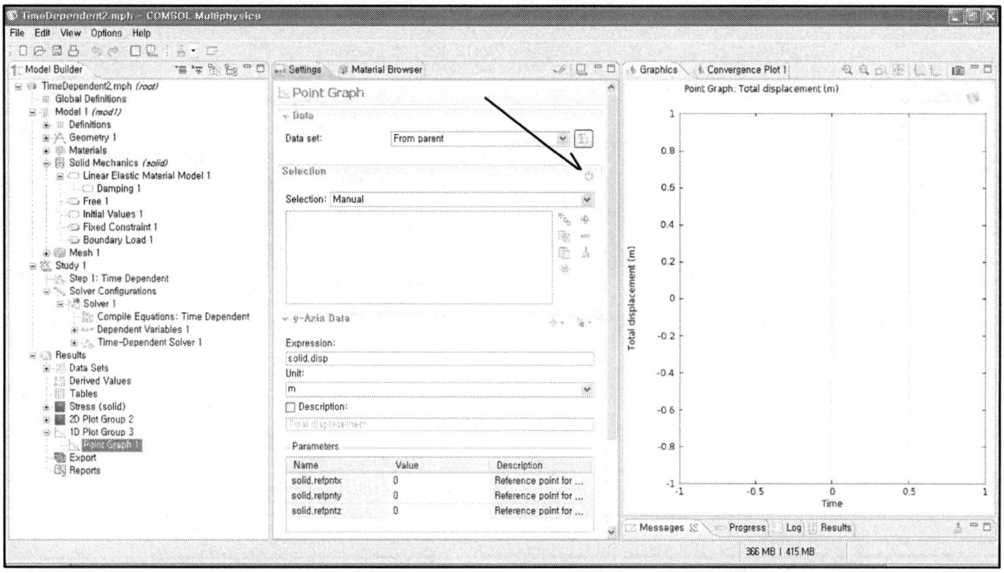

그림 17-44-2 'Settings' 페이지, 'Activate Selection' 버튼 클릭하기

14. 추가된 'Point Graph'를 클릭하여 선택하고, 'Graphics' 페이지 모델의 Point '8'을 선택하고 'Settings' 페이지의 'Add to Selection' 버튼을 클릭하여 추가하자.

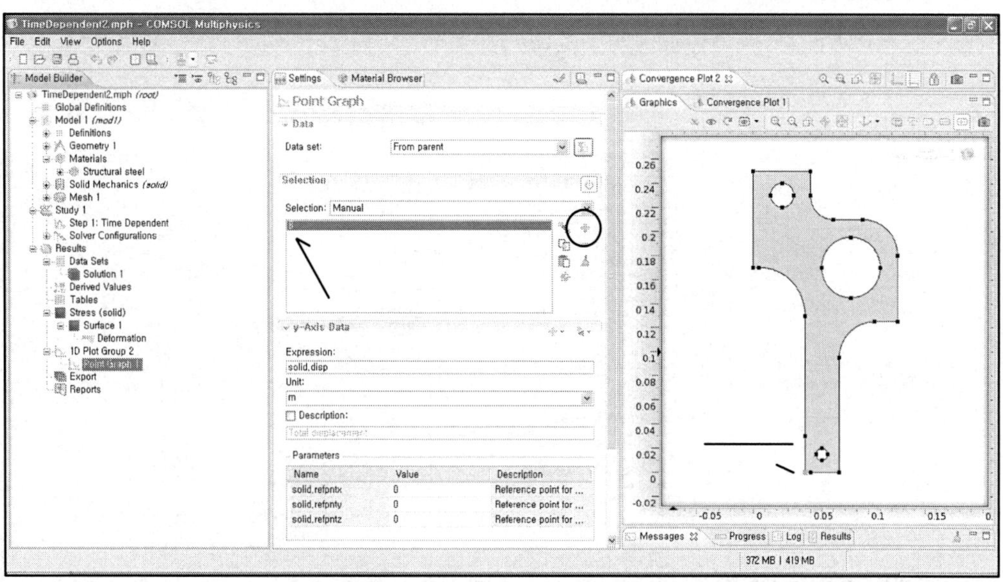

그림 17-45 Point '8' 추가하기

15. 'Settings' 페이지의 'Replace Expression' 버튼을 클릭하여 나타난 메뉴 중 'Displacement field, x component (u)'를 선택하자.

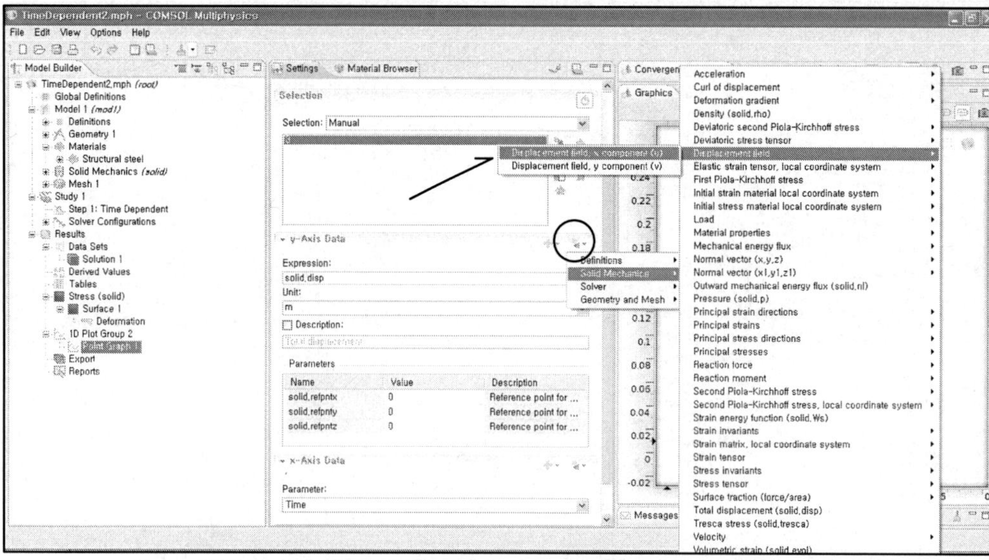

그림 17-46 'y-Axis Data Expression:' 설정하기

16. 앞의 과정 13과 같은 방법으로 'Point Graph 2'를 추가하여 선택하고, 'Settings' 페이지의 'Replace Expression' 버튼을 클릭하여 나타난 메뉴 중 'Displacement field, y component (v)'를 선택하자.

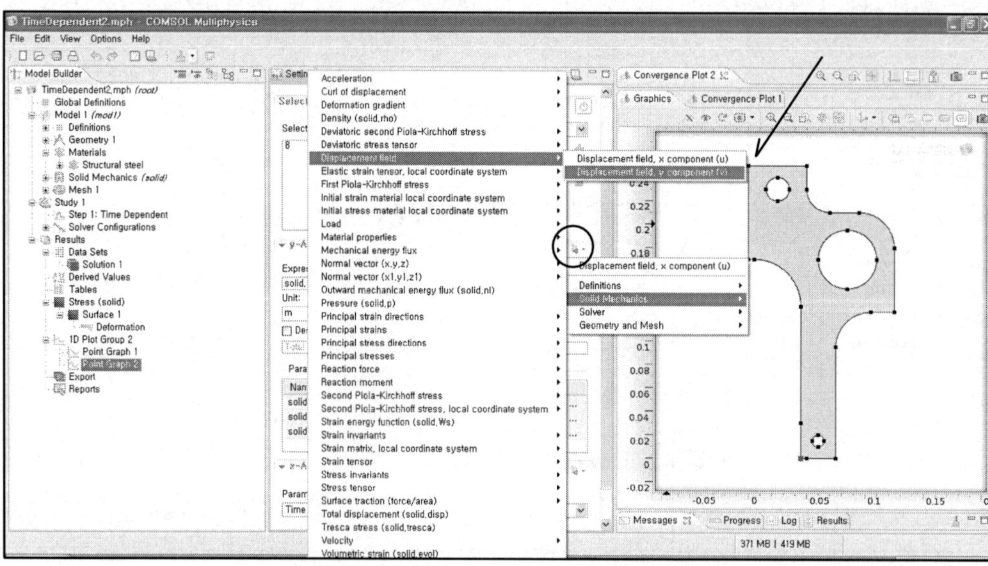

그림 17-47 'Point Graph 2' 추가하기, 'y-Axis Data Expression:' 설정하기

17. 최종적으로 'Settings' 페이지 상단의 'Plot' 버튼을 클릭하자. 그러면 17-48과 같이 'Displacement field, x component (u)'와 'Displacement field, y component (v)' 의 시간의 변화에 따른 그래프를 볼 수 있다.

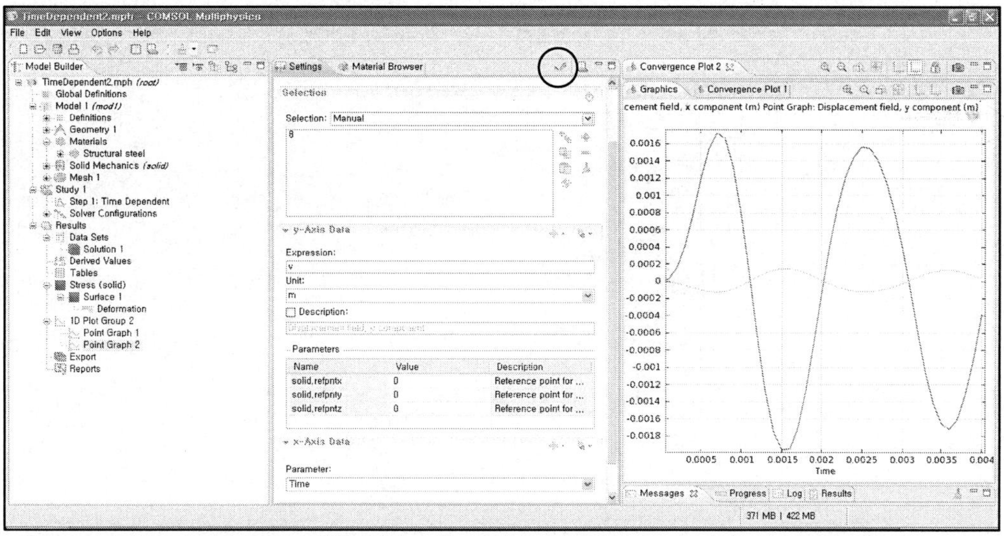

그림 17-48 'Plot' 하기, 점 '8'에서 시간에 따른 x-거리, y-거리 그래프

(4) 주파수 응답 해석 (Frequency Response)

1. 그림 17-4-1과 같이 'Model Wizard' 페이지에서 'Select Space Dimension'을 '2D'로 선택하고 'Next' 버튼 을 누른다.

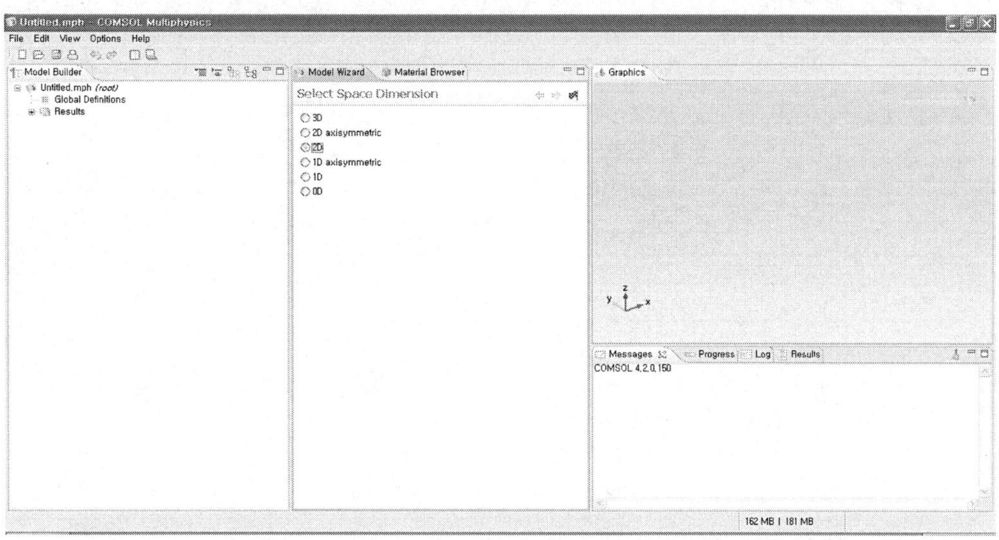

그림 17-4-1 'Model Wizard' 페이지에서 'Select Space Dimension' 을 '2D'로 선택하기

2. 그림 17-4-2와 같이 'Model Wizard' 페이지의 'Add Physics' 윈도우에서 'Structural Mechanics' 항목에서 'Solid Mechanics'를 더블클릭하여 선택하고, 상단의 'Next' 버튼 을 누른다.

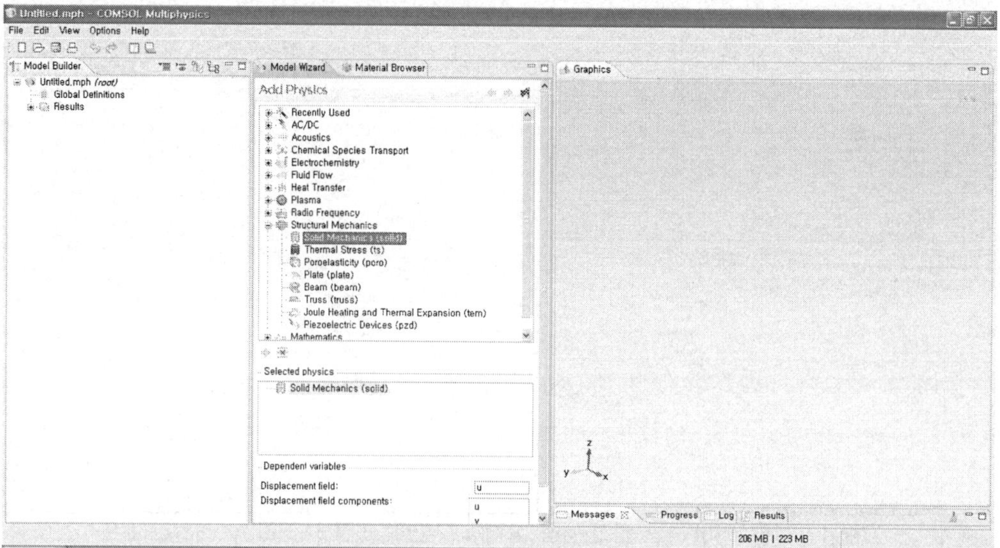

그림 17-4-2 'Structural Mechanics' 항목, 'Solid Mechanics' 선택하기

3. 그림 17-4-3과 같이 'Model Wizard' 페이지의 'Select Study Type' 윈도우에서 'Preset Studies' 항목에서, 'Frequency Domain'을 선택한 다음, 상단의 'Finish' 버튼을 누른다.

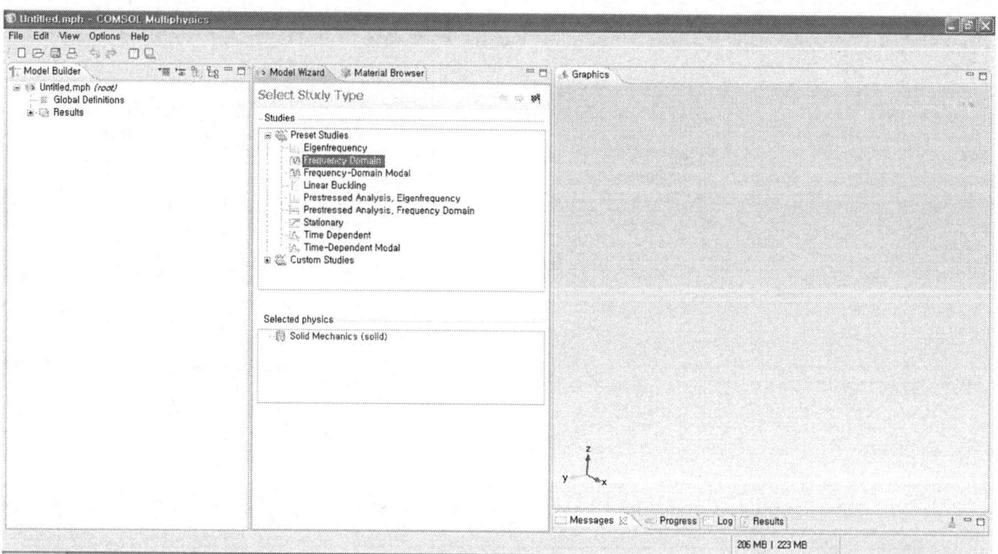

그림 17-4-3 'Select Study Type' - 'Preset Studies' - 'Frequency Domain' 선택하기

4. 앞의 **(1) 정적 해석**에서 수행했던 대로 그림 17-4-4와 같이 해석 모델을 로딩하자.

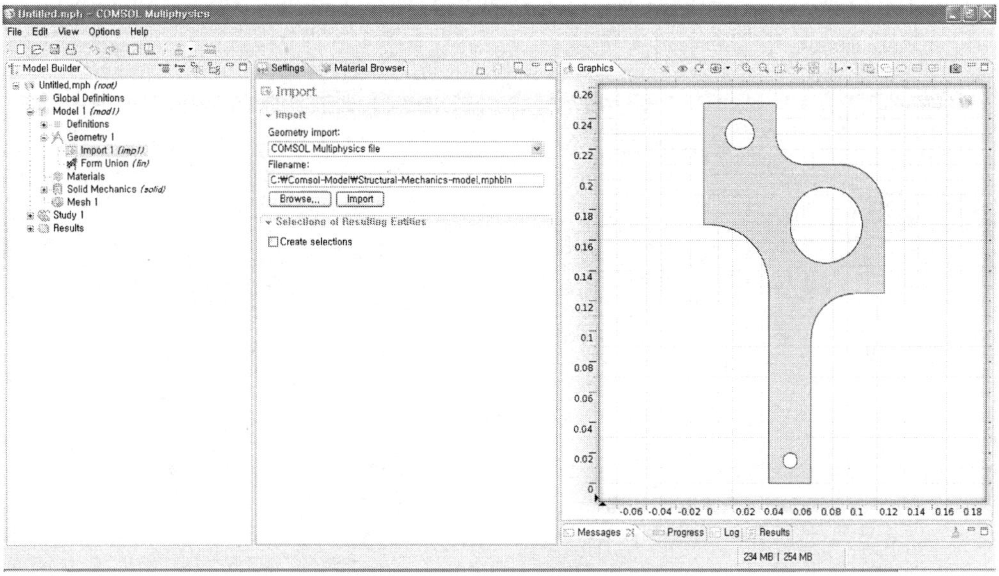

그림 17-4-4 모델이 로딩된 모습

5. 이제 재료의 물성치를 설정하기 위해 그림 17-4-5와 같이 'Model Builder' 페이지의 'Materials' 항목을 마우스 오른쪽 버튼을 클릭하여 'Open Material Browser'를 클릭하자.

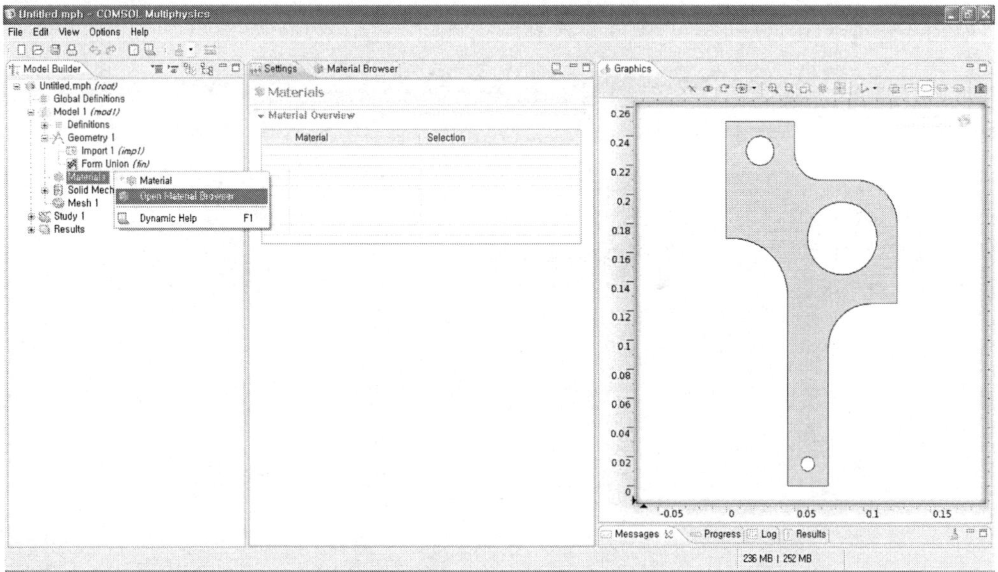

그림 17-4-5 'Model Builder' 페이지의 'Materials' 항목, 'Open Material Browser' 선택

6. 그러면 그림 17-4-6과 같이 'Settings' 페이지에 'Material Browser' 윈도우가 나타난다. 'Material Browser' 윈도우에는 컴솔 멀티피직스가 가지고 있는 여러 분야 물질의 물성치 데이터베이스가 나타난다.

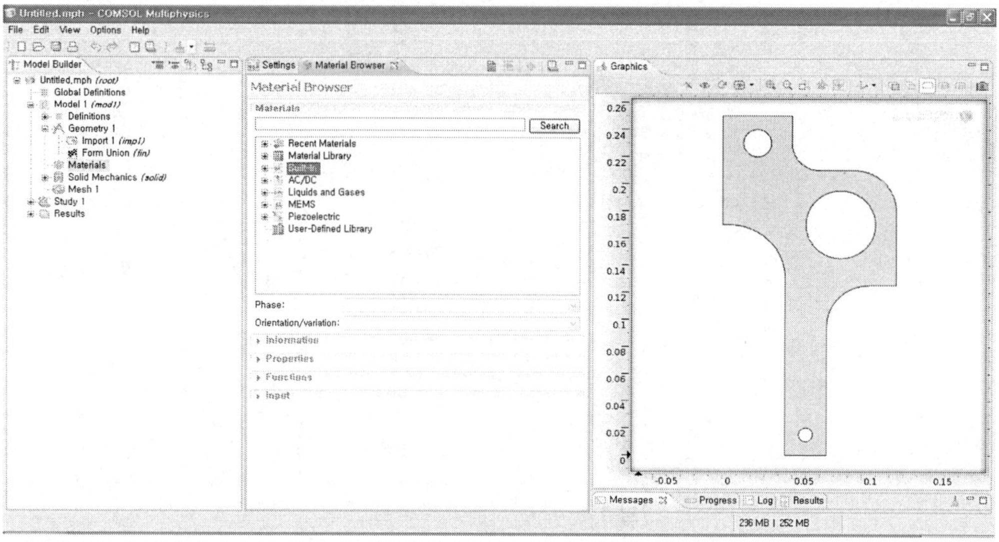

그림 17-4-6 'Model Builder' 페이지의 'Materials' 항목, 'Open Material Browse' 선택

7. 그림 17-4-7과 같이 'Material Browser' 윈도우의 'Built-in' 항목을 전개하고, 'Structural steel'을 선택하여 마우스 오른쪽 버튼을 클릭하여 나타난 'Add Material to Model'를 클릭하자.

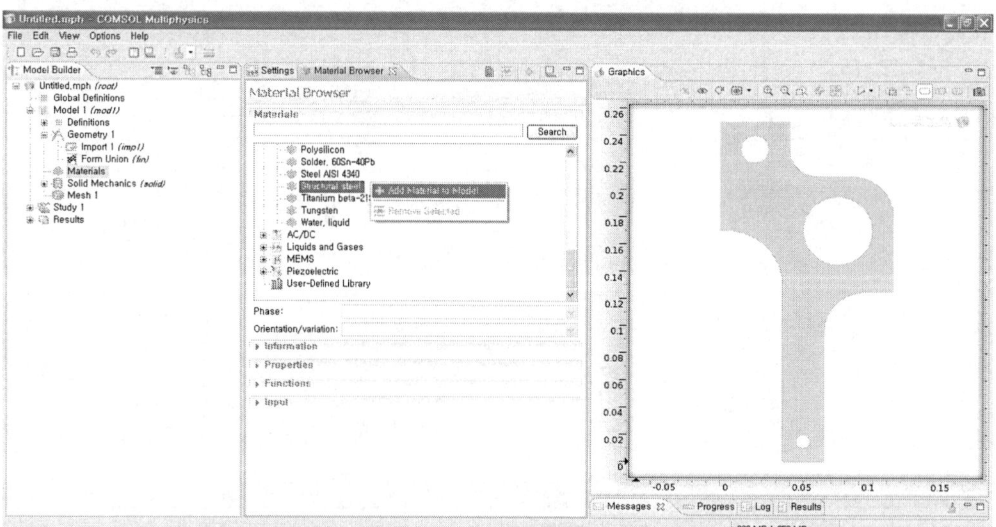

그림 17-4-7 'Built-in' 항목을 전개하고 'Structural steel'을 선택하기

8. 그러면 아래 그림 17-4-8과 같이 'Structural steel'의 물성치가 추가된 것을 알 수 있다.

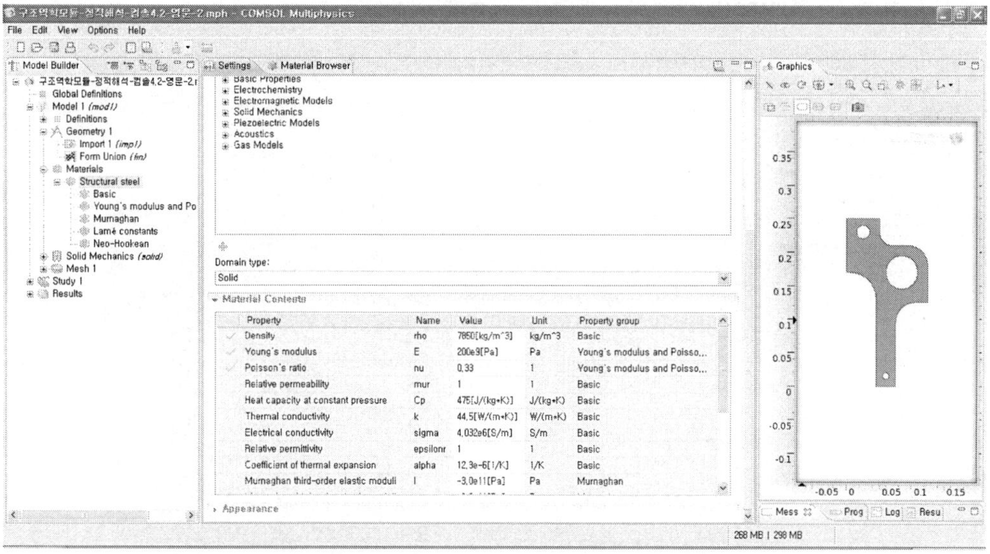

그림 17-4-8 'Structural steel'의 물성치가 추가된 모습

9. 그림 17-4-9와 같이 'Model Builder' 페이지의 'Solid Mechanics (solid)' 을 선택하고, 오른쪽에 나타난 'Setting' 페이지에서 '2D Approximation' 섹션의 '2D Approximation:' 부분을 'Plane stress'로 선택하고, 'Thickness' 섹션의 'Thickness:' 부분을 '4e-3'을 타입하자.

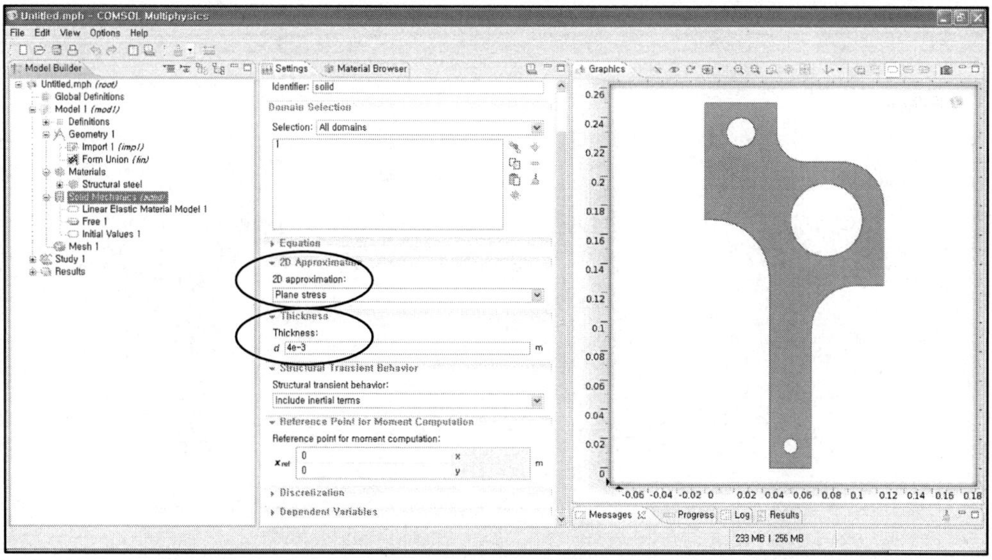

그림 17-4-9 '2D Approximation' 섹션, 'Thickness' 섹션 설정하기

10. 그림 17-4-10과 같이 'Linear Elastic Material Model 1'을 마우스 오른쪽 클릭하여 나타난 항목 중 'Damping'을 선택하여 추가하자.

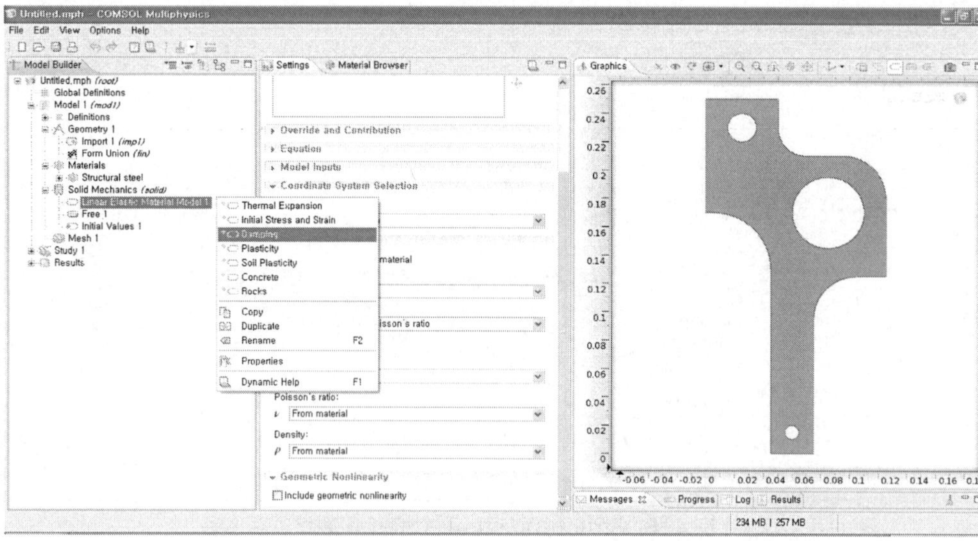

그림 17-4-10 'Damping' 추가하기

11. 그림 17-4-11과 같이 'Damping'을 클릭하여 선택하고, 'Settings' 페이지에서 'Damping Settings' 섹션의 'Damping type:'을 'Rayleigh damping'으로 선택하고, 'Mass damping parameter:'을 '1.89e2'로 타입하고, 'Stiffness damping parameter:'을 '3.98e-5'로 타입하자.

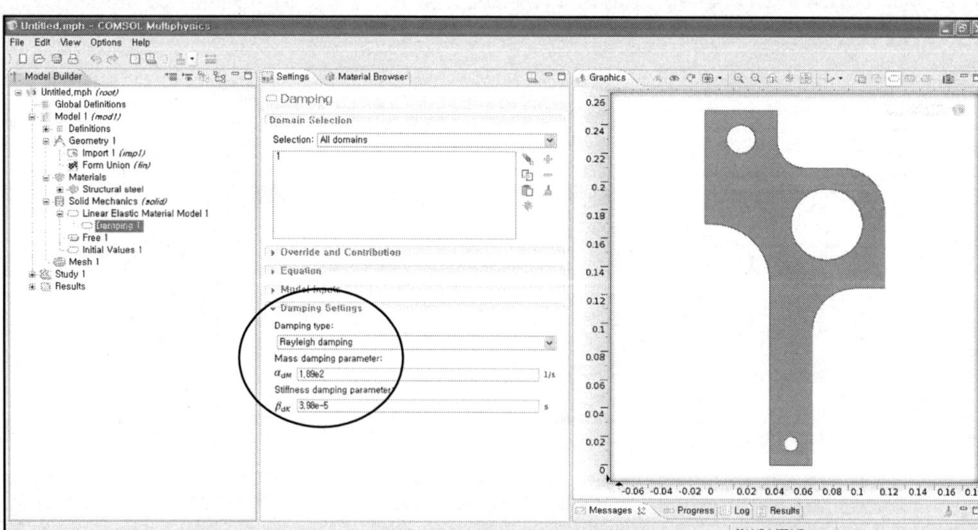

그림 17-4-11 'Damping' 설정하기

12. 그림 17-4-12와 같이 'Model Builder' 페이지의 'Solid Mechanics (solid)'을 마우스 오른쪽 클릭하여 나타난 항목 중 'Fixed Constraints'를 선택하여 고정제한 조건을 설정해보자.

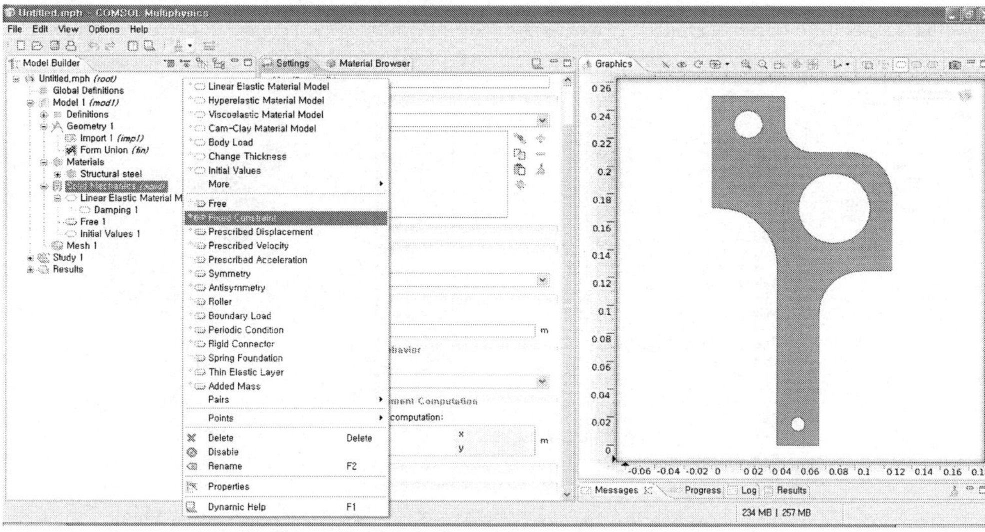

그림 17-4-12 'Fixed Constraints' 설정하기 1

13. 그림 17-4-13과 같이 'Model Builder' 페이지의 항목 중 'Fixed Constraints 1'을 선택하고 오른쪽 'Settings' 페이지의 'Boundary Selection'을 설정해보자. 'Graphics' 페이지에 나타난 모델의 **'경계 3'**을 선택하고 'Settings' 페이지의 'Add to Selection' 을 클릭하면 선택한 경계가 추가되고, 고정된 경계로 설정된다.

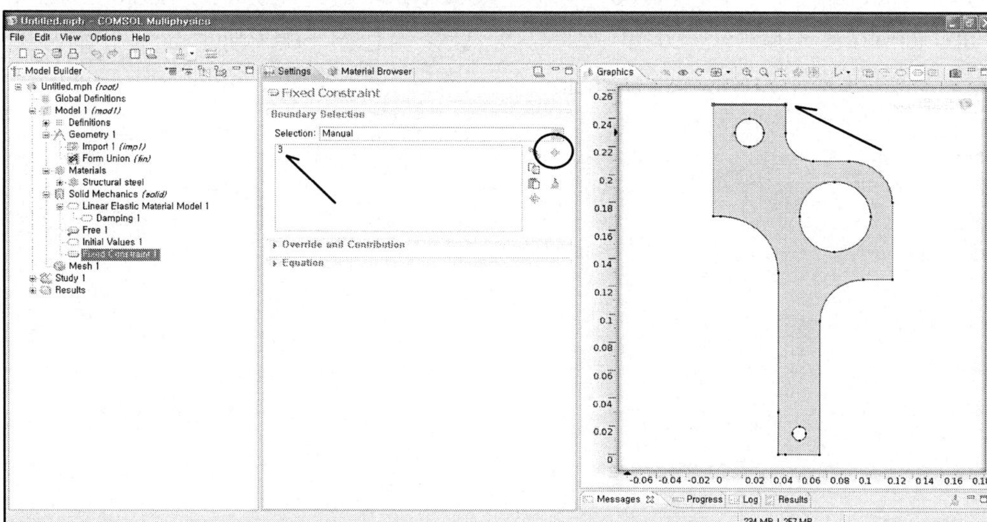

그림 17-4-13 'Fixed Constraints' 설정하기 2

14. 그림 17-4-14와 같이 'Model Builder' 페이지의 'Solid Mechanics (solid)'을 마우스 오른쪽 클릭하여 나타난 항목 중 'Boundary Load'를 선택하여 '경계 하중'을 설정해보자.

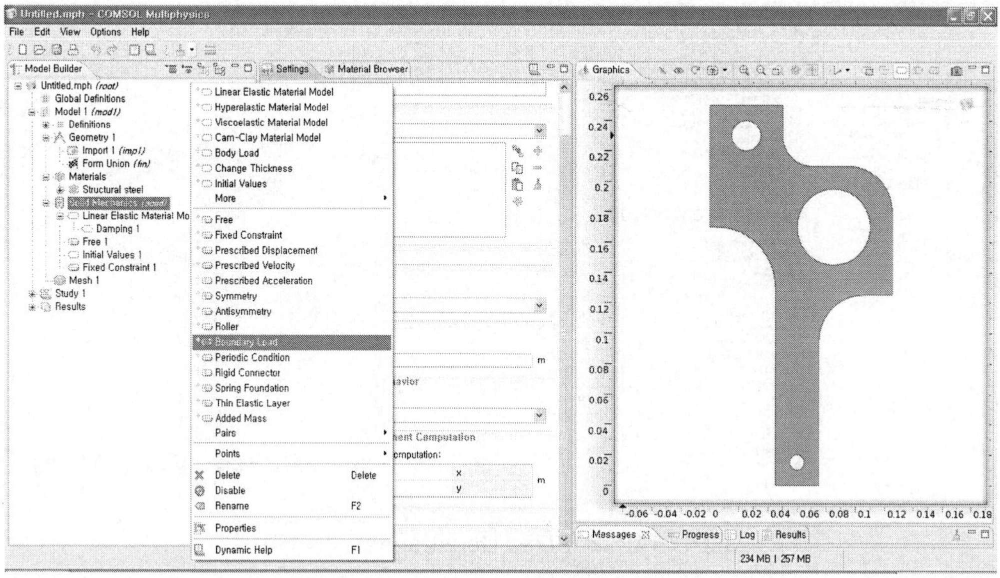

그림 17-4-14 'Boundary Load' 설정하기 1

15. 추가된 'Boundary Load 1'을 선택하자. 'Graphics' 페이지에 나타난 모델의 '**경계 4**'를 선택하고 'Settings' 페이지의 'Add to Selection' ✚을 클릭하여 '경계 4'를 추가하자. 또한 'Settings' 페이지의 'Force' 섹션의 'Load type:' 란을 'Load defined as force per unit length'로 선택하고, 'Load:' 부분의 'x' 방향 성분을 '60e3[N]'으로 타입하자. 이렇게 설정함으로써 Frequency Domain 해석에서는 단위 길이당 '60e3[N]'의 힘을 주기적으로 선택한 경계에 가하도록 설정하는 것이다.

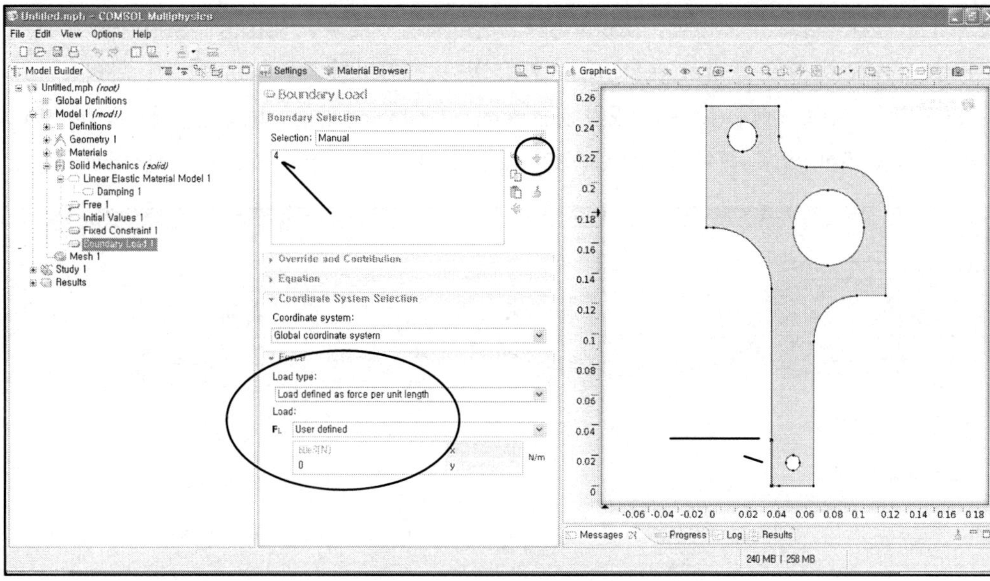

그림 17-4-15 'Boundary Load' 설정하기 2

16. 그림 17-4-16과 같이 'Model Builder' 페이지의 항목 중 'Mesh 1'을 선택하고 오른쪽 'Settings' 페이지 상단의 'Build All' 버튼을 클릭하여 메쉬를 생성하자.

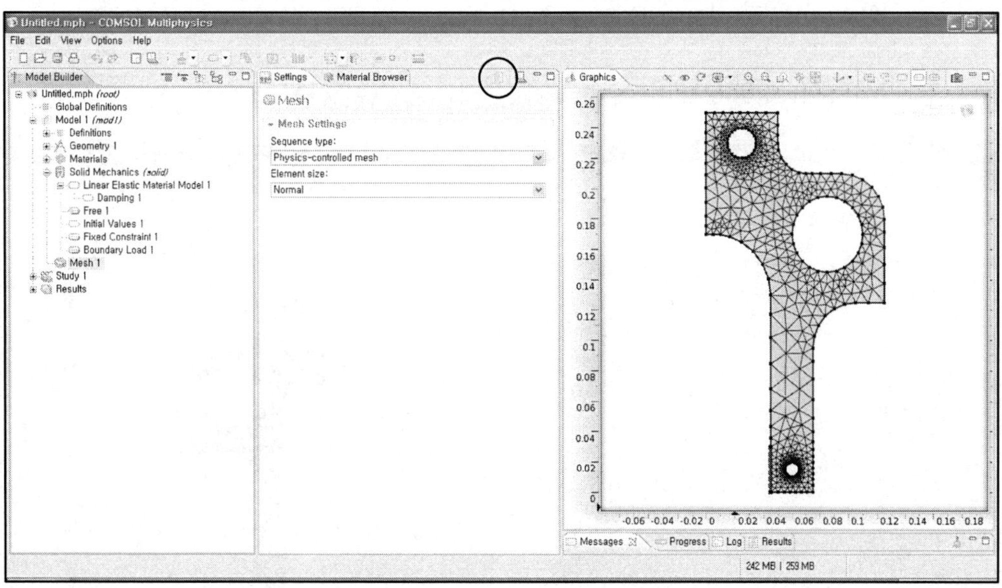

그림 17-4-16 'Mesh' 설정하기

17. 'Model Builder' 페이지의 항목 중 'Study 1' 아래의 'Step 1:Frequency Domain'을 클

릭하여 선택하고 오른쪽 'Settings' 페이지에 있는 'Study Settings' 섹션의 'Frequencies:' 부분을 'range(100,10,2000)'로 타입하자. 이것은 경계에 가하는 힘 주파수 값을 '100Hz'의 값부터 '2000Hz'까지 '10Hz' 단위로 변화하면서 관찰하겠다는 의미이다. 'Settings' 페이지 상단의 'Compute' 버튼 을 클릭하여 계산해보자.

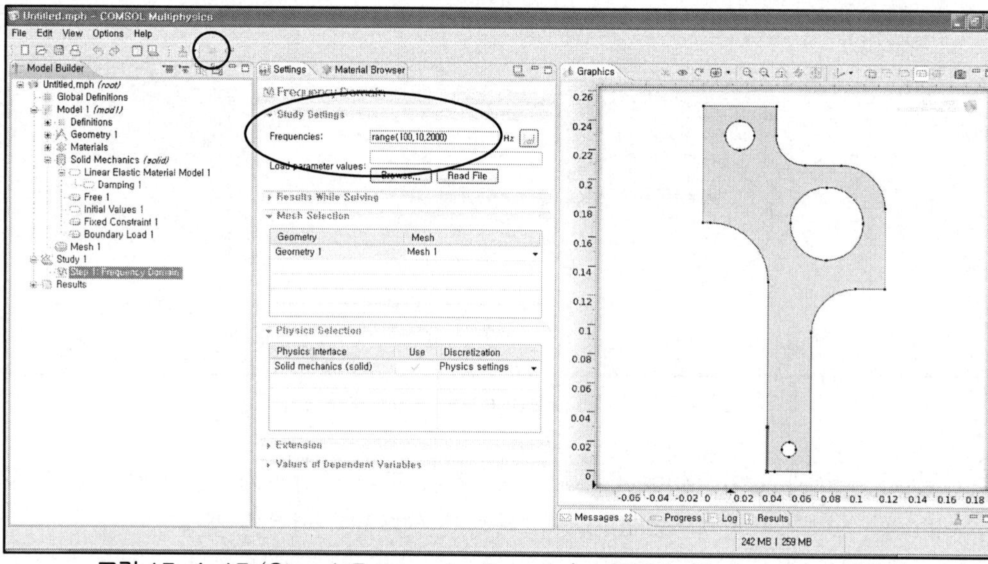

그림 17-4-17 'Step 1:Frequency Domain' 설정하기, 'Compute' 수행하기

18. 그림 17-4-18은 '2000Hz' 주파수의 해석 결과를 보여준다.

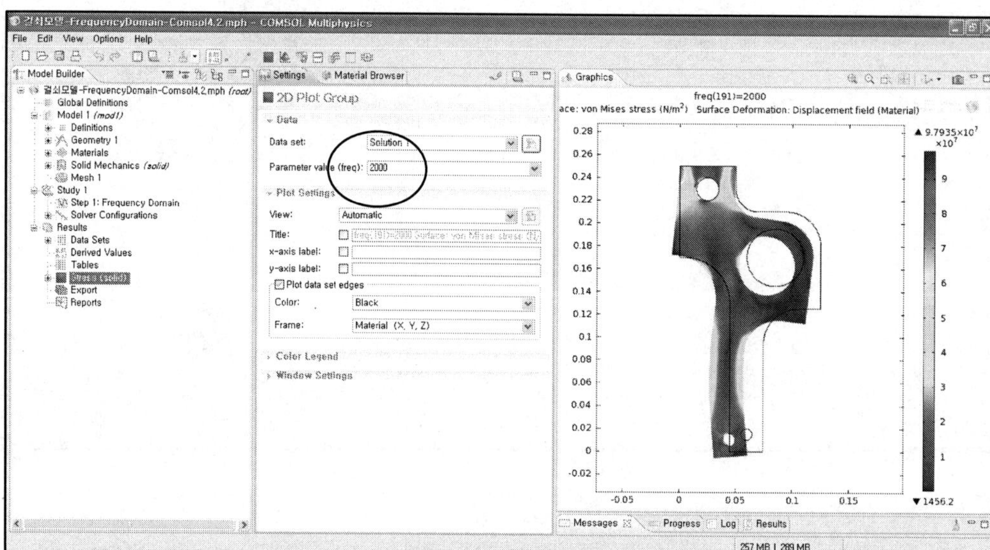

그림 17-4-18 '2000Hz' 주파수 해석 결과

19-1. 그림 17-4-19-1과 같이 'Model Builder' 페이지의 항목 중 'Results'를 선택하고 마우스 오른쪽 버튼을 클릭하여 '1D Plot Graph'를 선택한다.

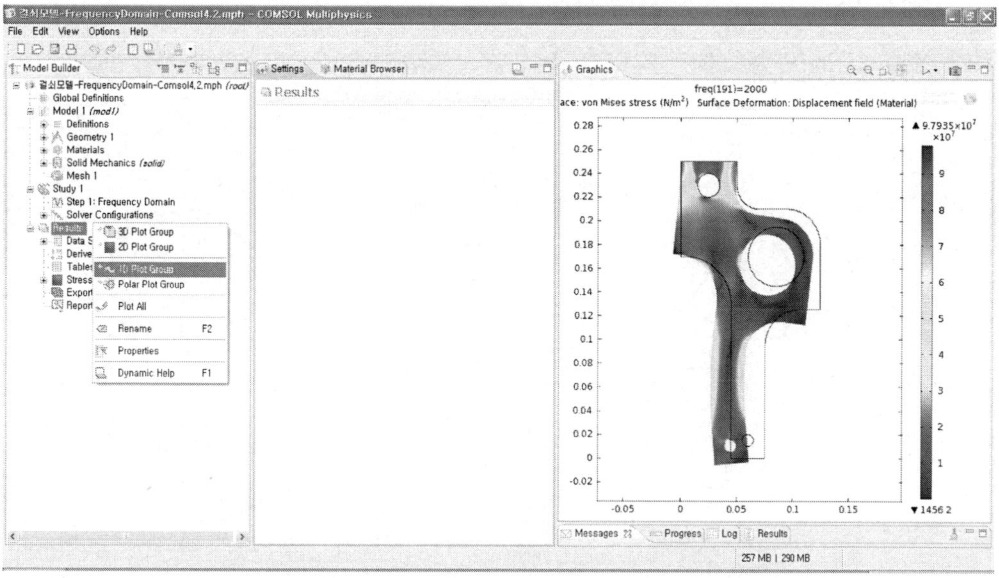

그림 17-4-19-1 '1D Plot Group' 선택하기

19-2. 그림 17-4-19-2와 같이 생성된 '1D Plot Group 1'을 선택하고 마우스 오른쪽 버튼을 클릭하여 나타난 메뉴 중 'Point Group'를 선택한다.

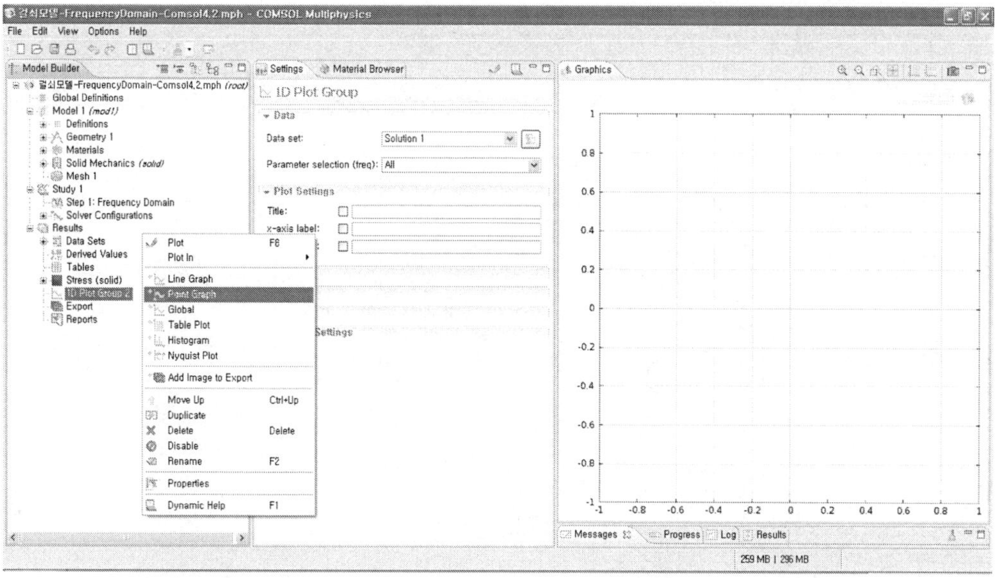

그림 17-4-19-2 '1D Plot Group' – 'Point Group' 선택하기

19-3. 추가된 'Point Group'를 선택하고 'Graphics' 페이지에서 'Point 8'을 선택하고 'Settings' 페이지의 'Add to Selection' 을 클릭하면 선택한 'Point 8'이 추가된다. 상단의 'Plot' 버튼을 클릭하자.

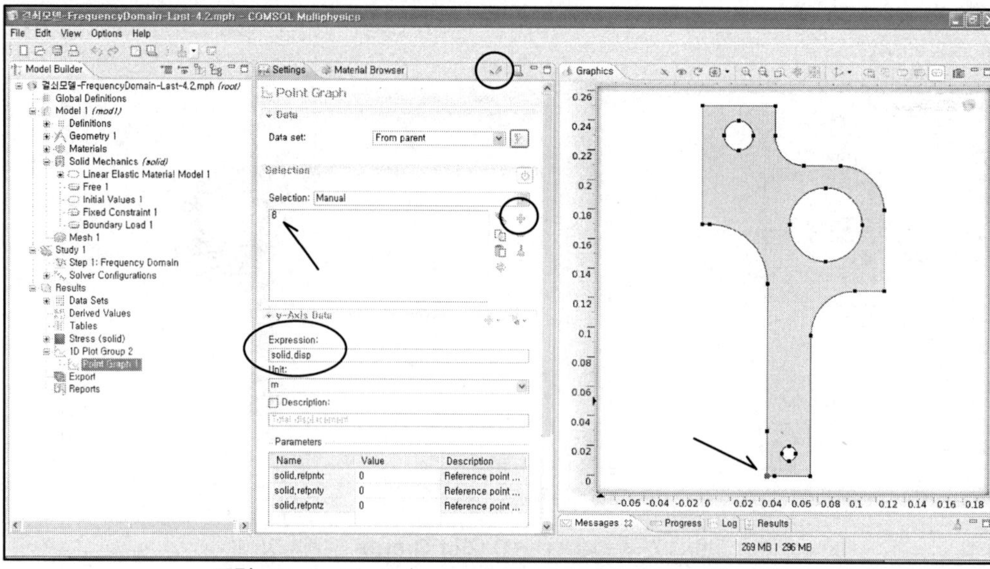

그림 17-4-19-3 'Point Group' - 'Point 8' 추가하기

19-4. 그림 17-4-19-4는 'Point 8'의 주파수 변화에 따른 'solid.disp'(변위) 값의 변화를 보여준다.

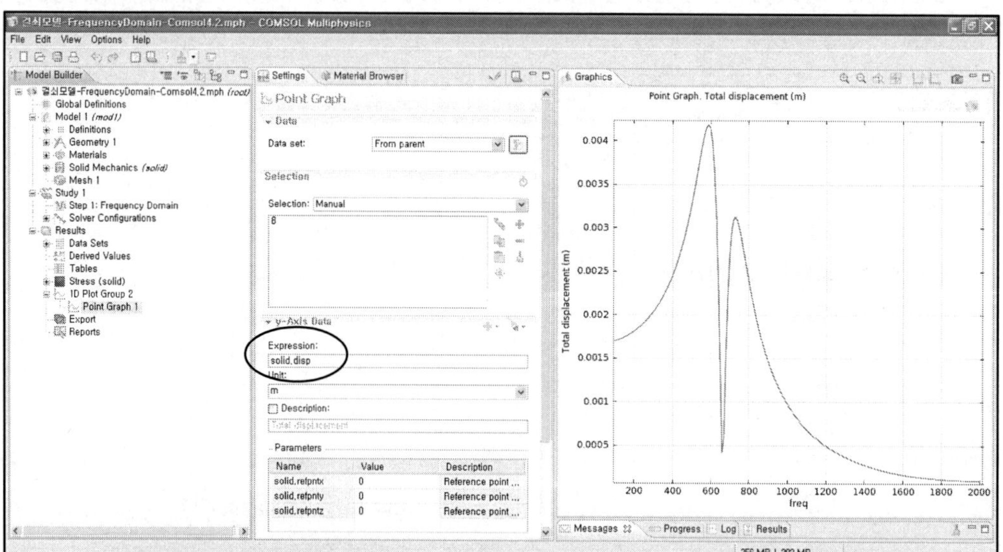

그림 17-4-19-4 'Point 8'의 주파수 변화에 따른 'solid.disp'(변위) 값의 변화

(5) 파라메트릭 해석 (Parametric)

1. 그림 17-5-1과 같이 'Model Wizard' 페이지에서 'Select Space Dimension'을 '2D'로 선택하고 'Next' 버튼 을 누른다.

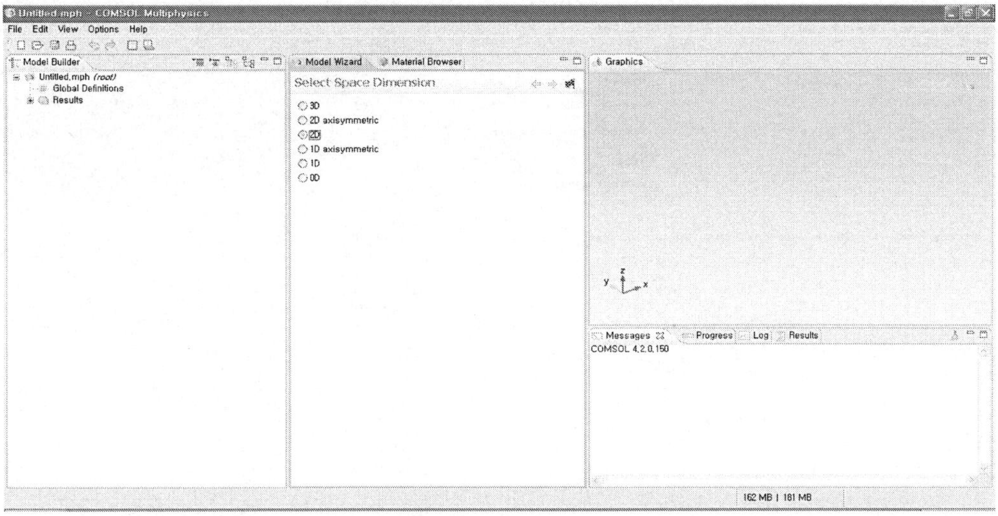

그림 17-5-1 'Model Wizard' 페이지에서 'Select Space Dimension'을 '2D'로 선택하기

2. 그림 17-5-2와 같이 'Model Wizard' 페이지의 'Add Physics' 윈도우에서 'Structural Mechanics' 항목에서 'Solid Mechanics'를 더블클릭하여 선택하고, 상단의 'Next' 버튼 을 누른다.

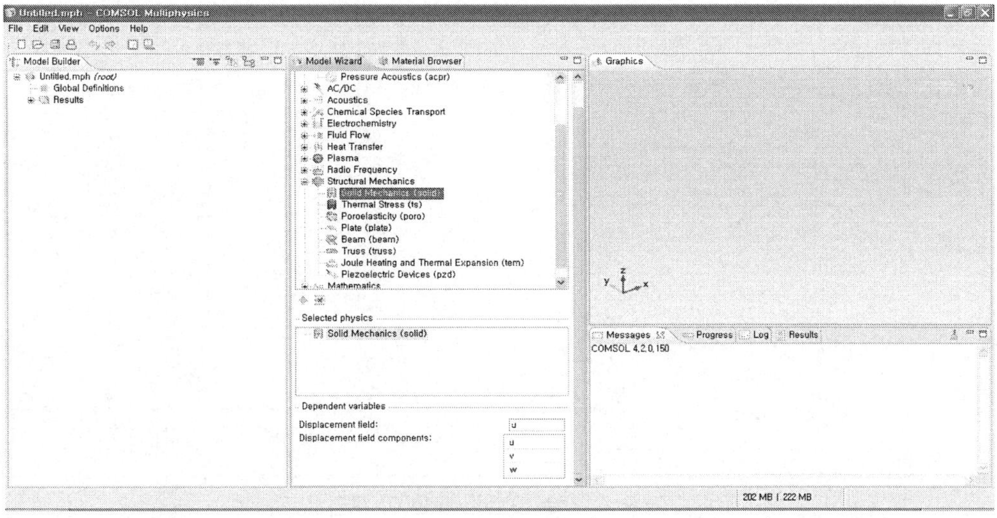

그림 17-5-2 'Structural Mechanics' 항목, 'Solid Mechanics' 선택하기

3. 그림 17-5-3과 같이 'Model Wizard' 페이지의 'Select Study Type' 윈도우에서 'Preset Studies' 항목에서, 'Stationary'를 선택한 다음, 상단의 'Finish' 버튼을 누른다.

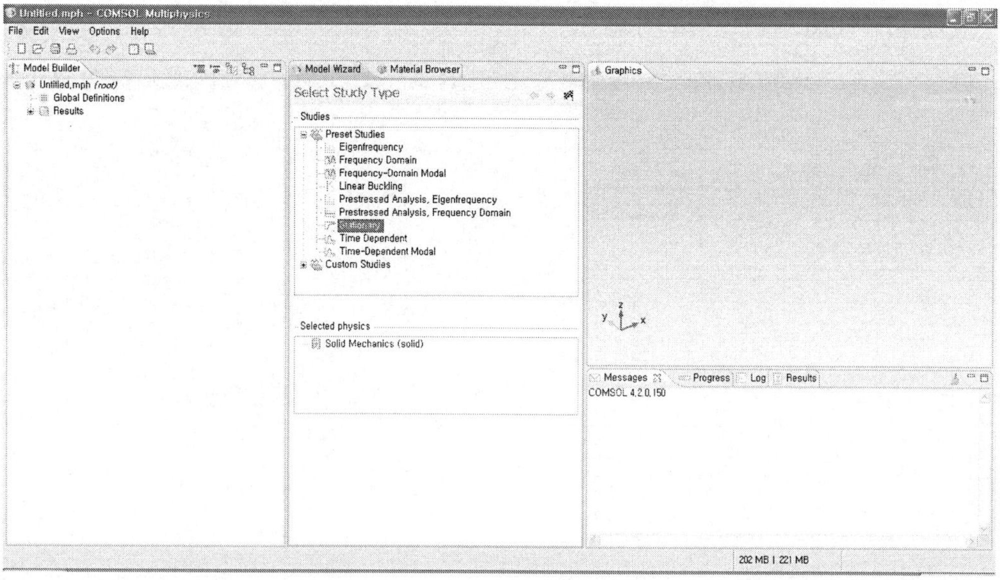

그림 17-5-3 'Select Study Type' 윈도우, 'Preset Studies' 항목에서, 'Stationary' 선택하기

4. 앞의 **(1) 정적 해석**에서 수행했던 대로 그림 17-5-4와 같이 해석 모델을 로딩하자.

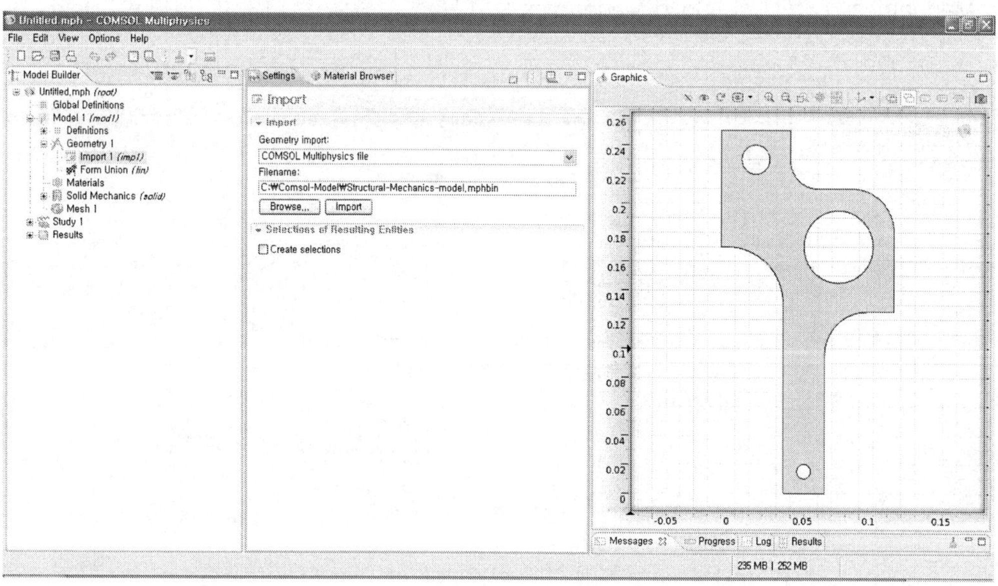

그림 17-5-4 '꺽쇠 모델링 도면'이 로딩된 모습

5. 이제 재료의 물성치를 설정하기 위해 그림 17-5-5와 같이 'Model Builder' 페이지의 'Materials' 항목을 마우스 오른쪽 버튼을 클릭하여 'Open Material Browser'를 클릭하자.

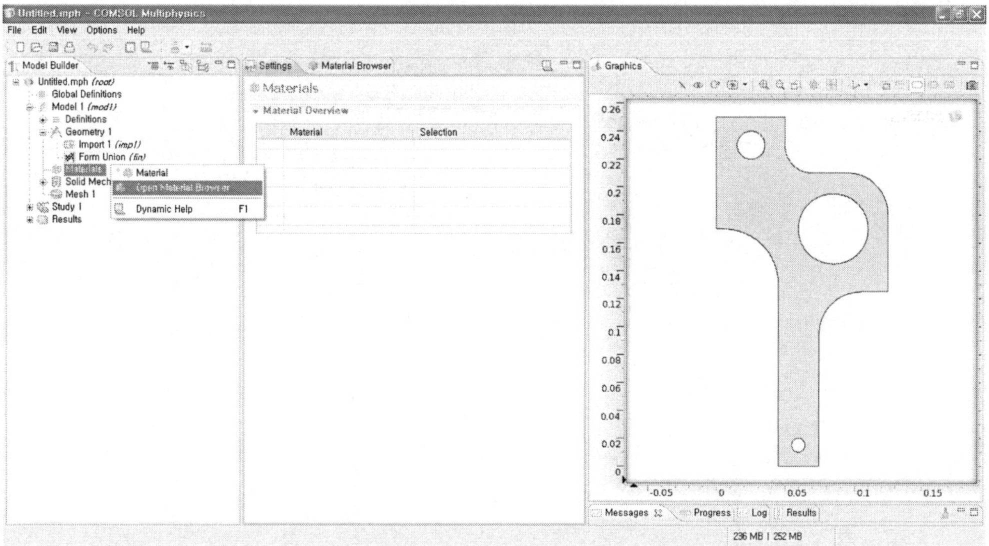

그림 17-5-5 'Model Builder' 페이지의 'Materials' 항목, 'Open Material Browser' 선택

6. 그러면 그림 17-5-6과 같이 'Settings' 페이지에 'Material Browser' 윈도우가 나타난다. 'Material Browser' 윈도우에는 컴솔 멀티피직스가 가지고 있는 여러 분야 물질의 물성치 데이터베이스가 나타난다.

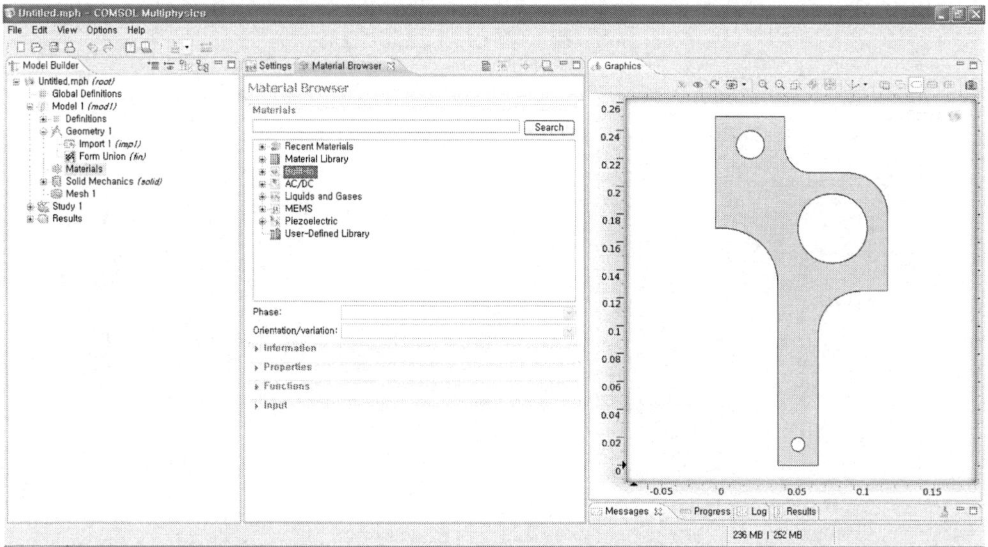

그림 17-5-6 'Model Builder' 페이지의 'Materials' 항목, 'Open Material Browse' 선택

7. 그림 17-5-7과 같이 'Material Browser' 윈도우의 'Built-in' 항목을 전개하고, 'Structural steel'을 선택하여 마우스 오른쪽 버튼을 클릭하여 나타난 'Add Material to Model'를 클릭하자.

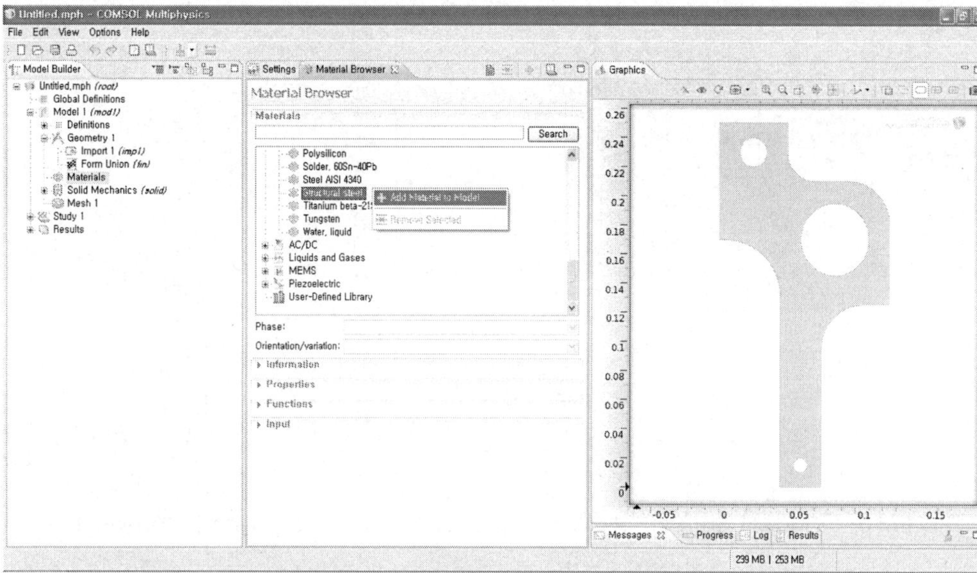

그림 17-5-7 'Built-in' 항목을 전개하고 'Structural steel'을 선택하기

8. 그러면 아래 그림 17-5-8과 같이 'Structural steel'의 물성치가 추가된 것을 알 수 있다.

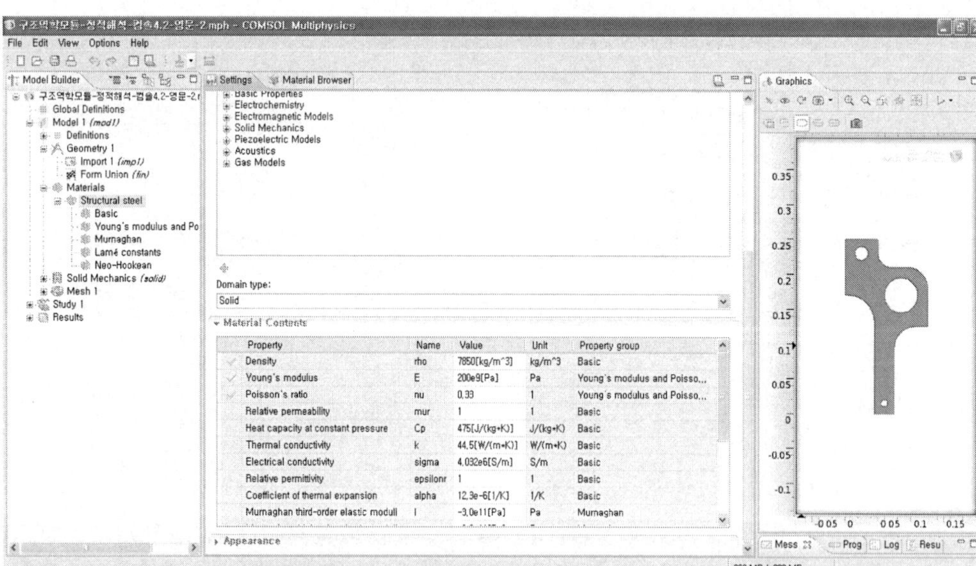

그림 17-5-8 'Structural steel'의 물성치가 추가된 모습

9. 그림 17-5-9와 같이 'Model Builder' 페이지의 'Solid Mechanics (solid)'을 선택하고, 오른쪽에 나타난 'Setting' 페이지에서 '2D Approximation' 섹션의 '2D Approximation:' 부분을 'Plane stress'로 선택하고, 'Thickness' 섹션의 'Thickness:' 부분을 '4e-3'을 타입하자.

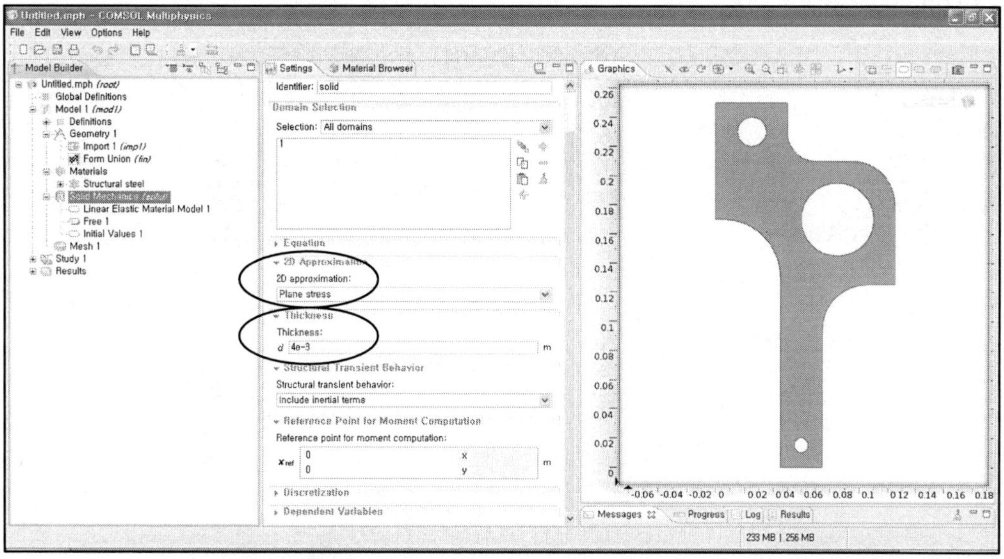

그림 17-5-9 '2D Approximation' 섹션, 'Thickness' 섹션 설정하기

10. 그림 17-5-10과 같이 'Linear Elastic Material Model 1'을 마우스 오른쪽 클릭하여 나타난 항목 중 'Damping'을 선택하여 추가하자.

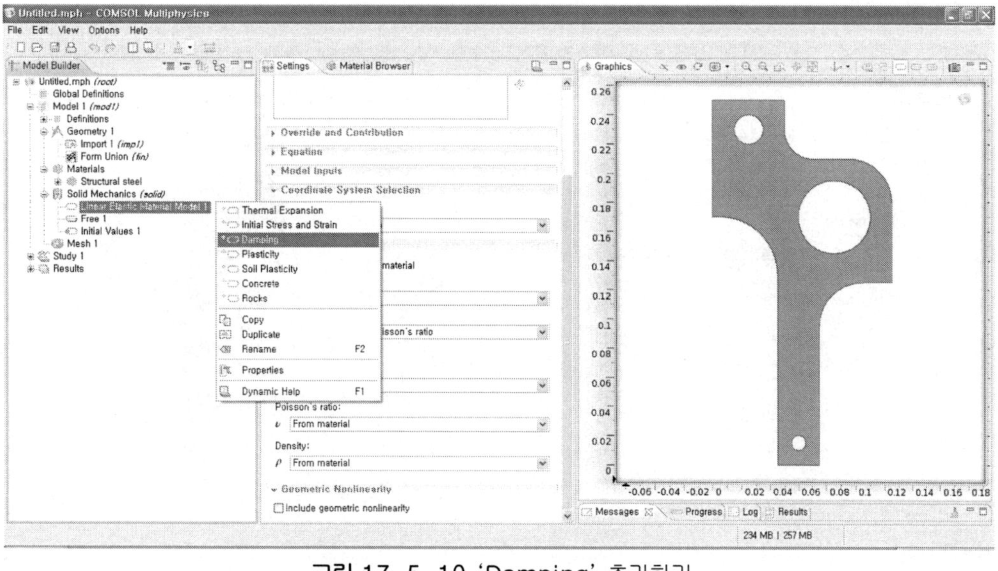

그림 17-5-10 'Damping' 추가하기

11. 그림 17-5-11과 같이 'Damping'을 클릭하여 선택하고, 'Settings' 페이지에서 'Damping Settings' 섹션의 'Damping type:'을 'Rayleigh damping'으로 선택하고, 'Mass damping parameter:'을 '1.89e2'로 타입하고, 'Stiffness damping parameter:'을 '3.98e-5'로 타입하자.

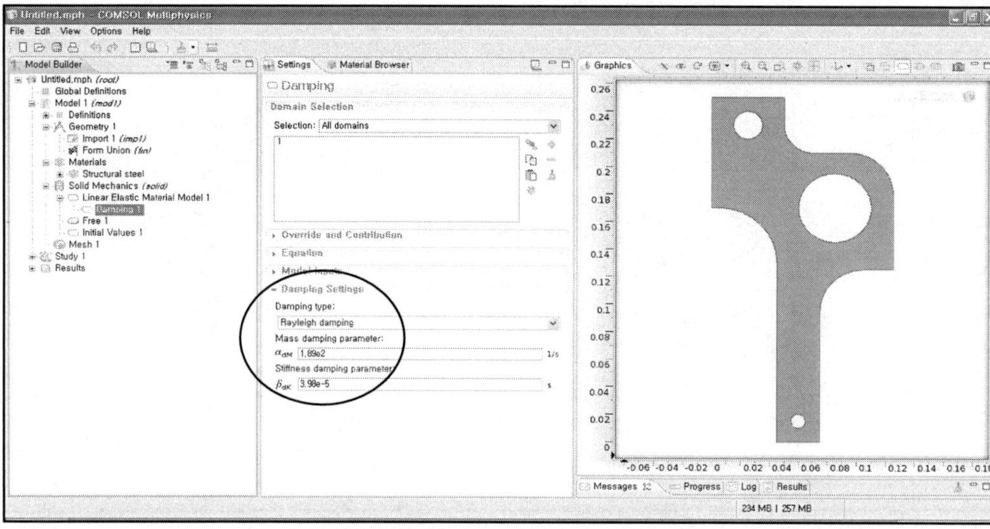

그림 17-5-11 'Damping' 설정하기

12. 그림 17-5-12와 같이 'Model Builder' 페이지의 'Solid Mechanics (solid)'을 마우스 오른쪽 클릭하여 나타난 항목 중 'Fixed Constraints'를 선택하여 고정제한 조건을 설정해보자.

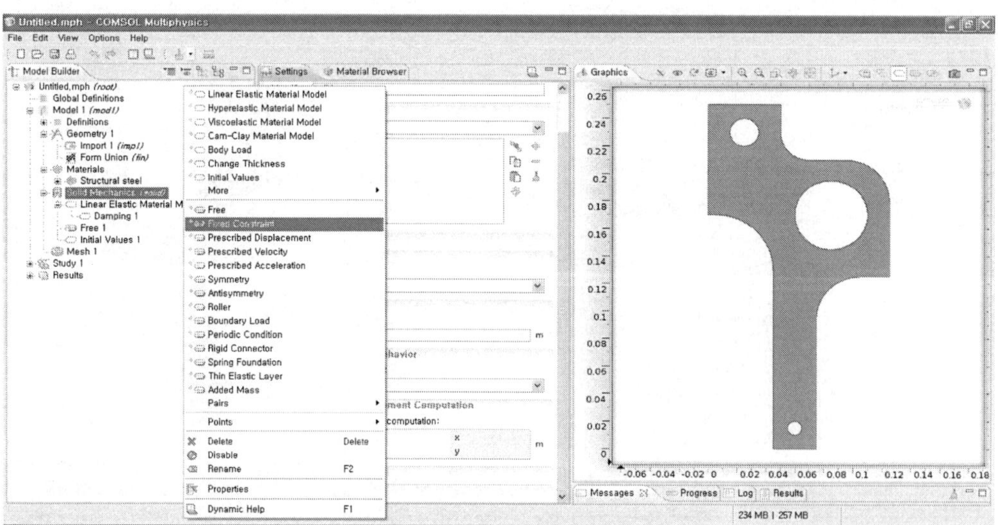

그림 17-5-12 'Fixed Constraints' 설정하기 1

13. 그림 17-5-13과 같이 'Model Builder' 페이지의 항목 중 'Fixed Constraints 1'을 선택하고 오른쪽 'Settings' 페이지의 'Boundary Selection'을 설정해보자. 'Graphics' 페이지에 나타난 모델의 **'경계 3'**을 선택하고 'Settings' 페이지의 'Add to Selection' ✣을 클릭하면 선택한 경계가 추가되고, 고정된 경계로 설정된다.

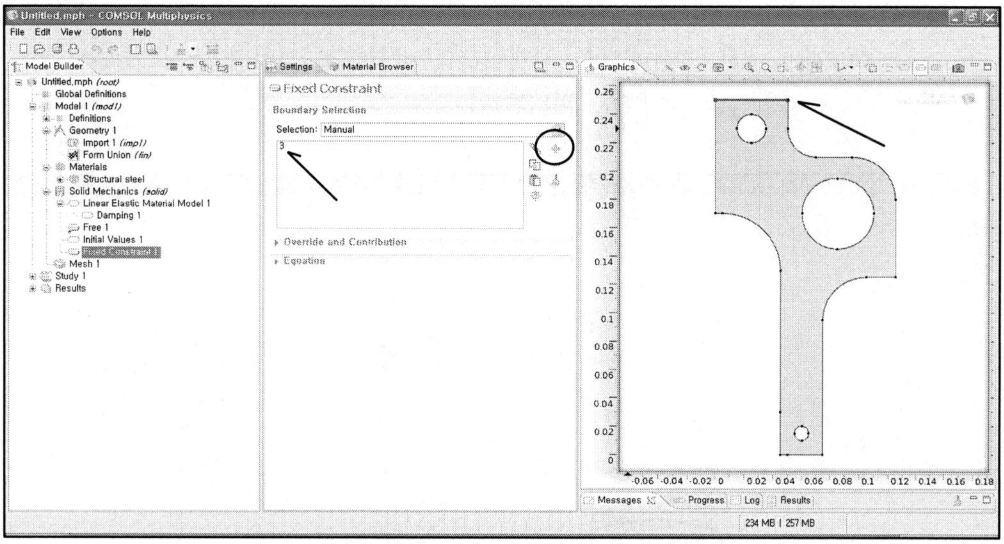

그림 17-5-13 'Fixed Constraints' 설정하기 2

14. 그림 17-5-14와 같이 'Model Builder' 페이지의 'Solid Mechanics (solid)'을 마우스 오른쪽 클릭하여 나타난 항목 중 'Boundary Load'를 선택하여 **'경계 하중'**을 설정해보자.

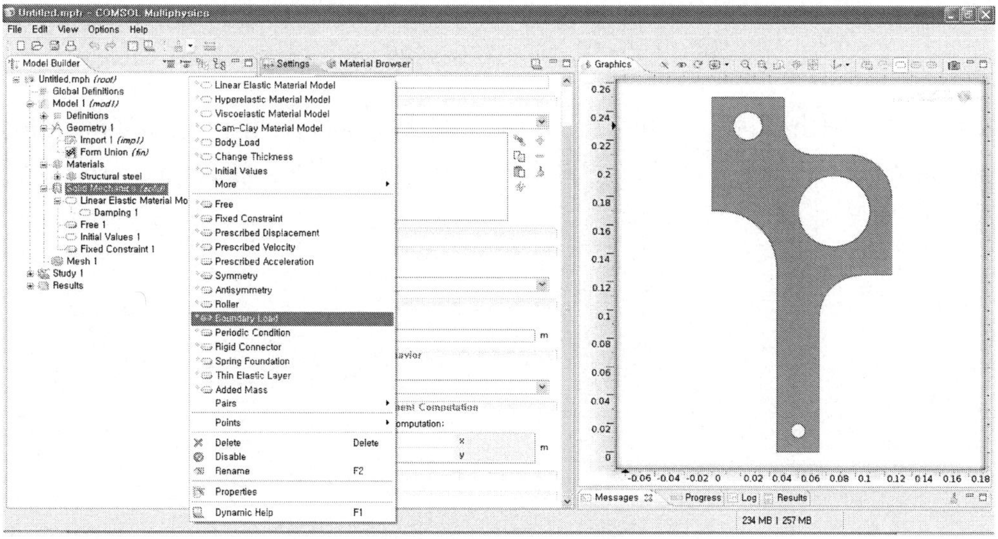

그림 17-5-14 'Boundary Load' 설정하기 1

15. 추가된 'Boundary Load 1'을 선택하자. 'Graphics' 페이지에 나타난 모델의 **'경계 4'**를 선택하고 'Settings' 페이지의 'Add to Selection' ✚을 클릭하면 선택한 경계가 추가된다. 또한 'Settings' 페이지의 'Force' 섹션의 'Load type:'란을 'Load defined as force per unit length'로 선택하고, 'Load:' 부분의 'x' 방향과 'y' 방향에 '60e3*cos(alpha*pi/180)'과 '60e3*sin(alpha*pi/180)'으로 타입하자. 이것은 단위 길이 당 '60e3'의 힘을 'alpha'라는 매개변수를 도입하고 정현과 여현 함수를 사용해 선택된 경계에 가하도록 설정하는 것이다.

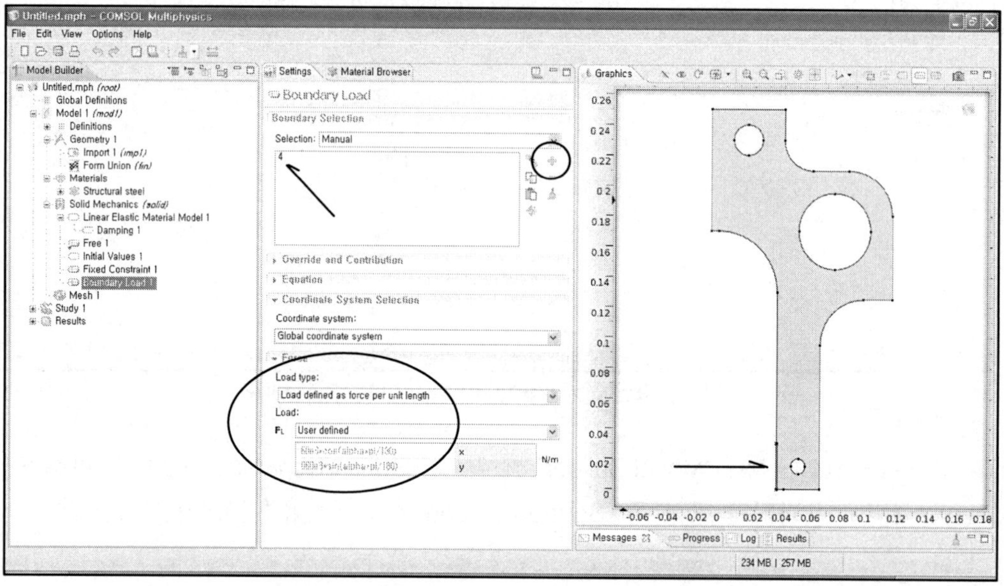

그림 17-5-15 'Boundary Load' 설정하기 2

16-1. 도입된 'alpha'라는 매개변수를 처리하기 위해 'Model Builder' 페이지에서 'Global Definitions'를 오른쪽 마우스 클릭하고 나타난 메뉴 중 'Parameters'를 선택하자.

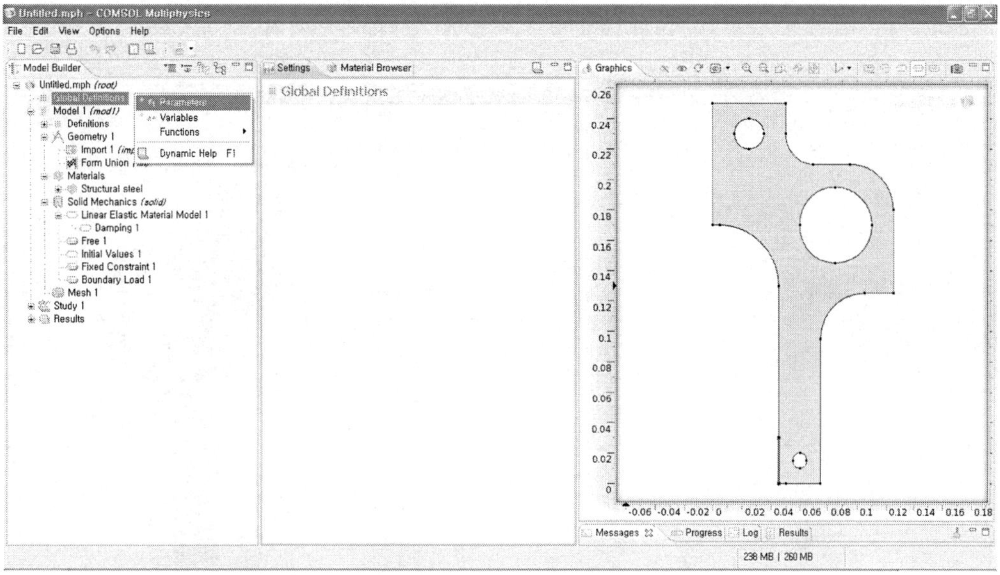

그림 17-5-16-1 'Global Definitions' - 'Parameters' 선택하기

16-2. 추가된 'Parameters'를 선택하고, 그림 17-5-16-2와 같이 매개변수 'alpha'를 정의하자. 'Expression' 란에는 'NaN'으로 타입하면 된다.

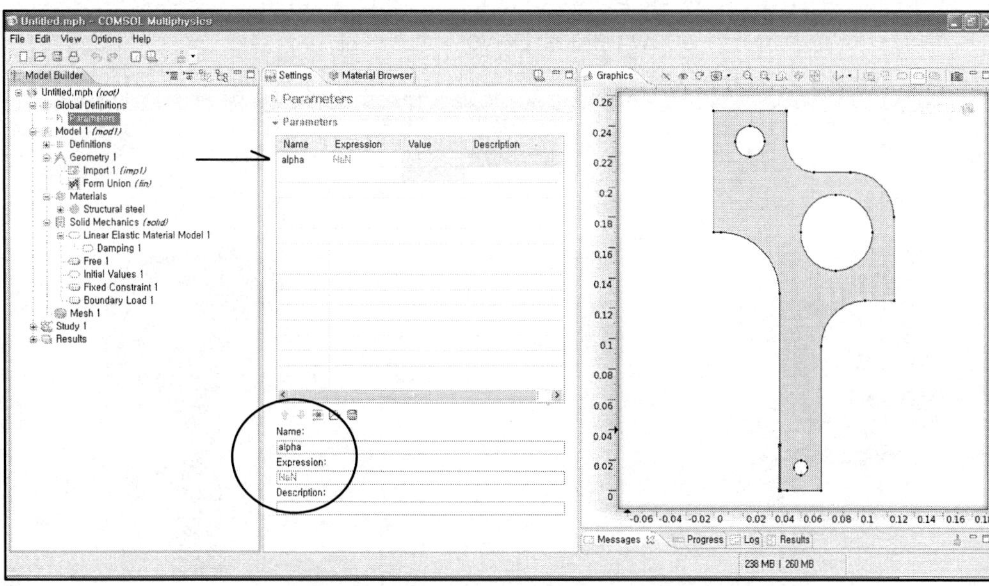

그림 17-5-16-2 'Parameters' 설정하기

17. 그림 17-5-17과 같이 'Model Builder' 페이지의 항목 중 'Mesh 1'을 선택하고 오른쪽

'Settings' 페이지 상단의 'Build All' 버튼을 클릭하여 메쉬를 생성하자.

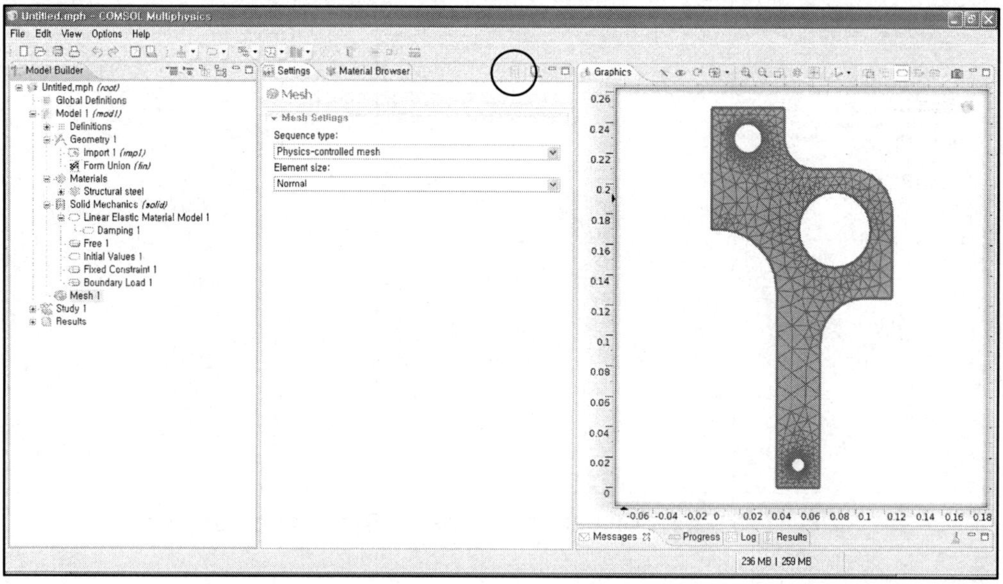

그림 17-5-17 'Mesh' 설정하기

18. 그림 17-5-18과 같이 'Model Builder' 페이지의 항목 중 'Study 1'을 오른쪽 마우스 클릭하여 나타난 메뉴 중 'Show Default Solver' 선택하자.

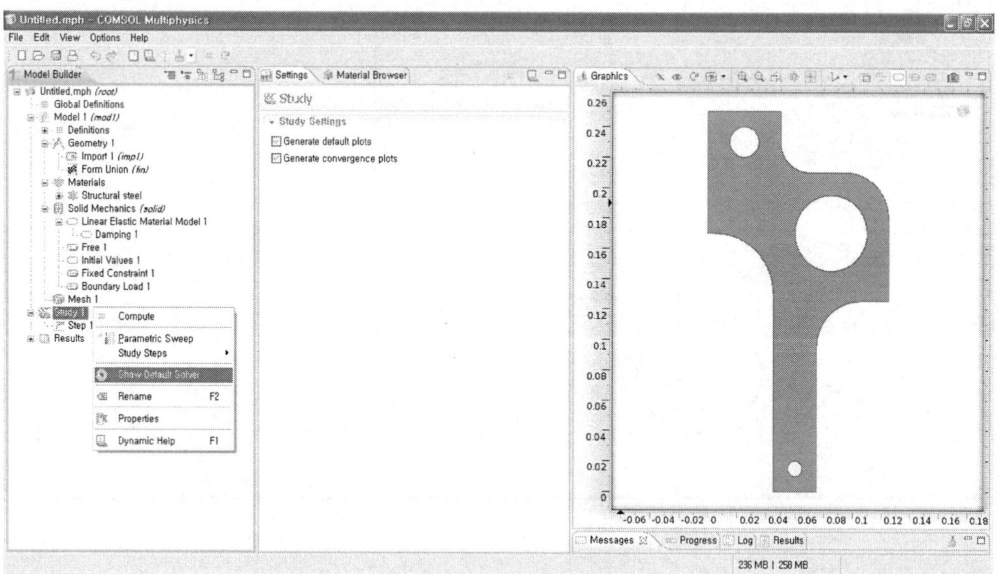

그림 17-5-18 'Show Default Solver' 선택하기

19-1. 'Model Builder' 페이지의 항목 중 'Study 1' 아래의 'Step 1:Stationary' 선택하고 오른쪽 'Settings' 페이지의 'Extension' 섹션을 클릭하여 전개하자. 'Continuation'을 체크하면 'Continuation parameter:' 부분이 활성화된다. 이때, 'Add' ✚ 버튼을 클릭하면 그림 17-5-19-1과 같이 'Add' 윈도우가 나타나고 'Add' 윈도우에 있는 'alpha'를 선택하고 'Add' 윈도우의 'OK' 버튼을 클릭하자.

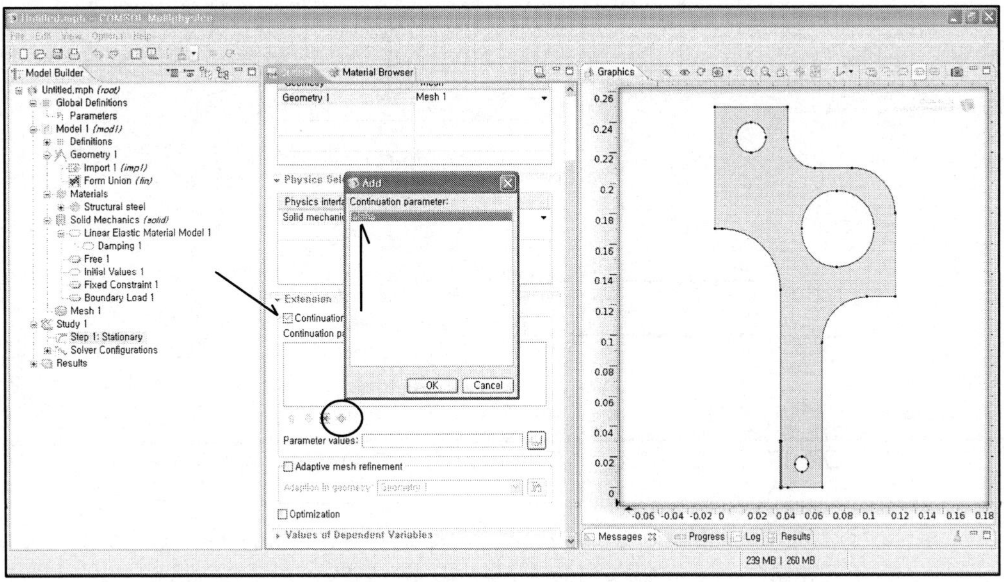

그림 17-5-19-1 'Step 1:Stationary' - 'Extension' 설정하기 1

19-2. 'Extension' 섹션의 'Parameter value:' 부분에는 'range(0,10,360)'를 타입하자. 이것은 매개변수 'alpha' 값을 '0'의 값부터 '360'까지 '10' 단위로 변화시키겠다는 의미이다.

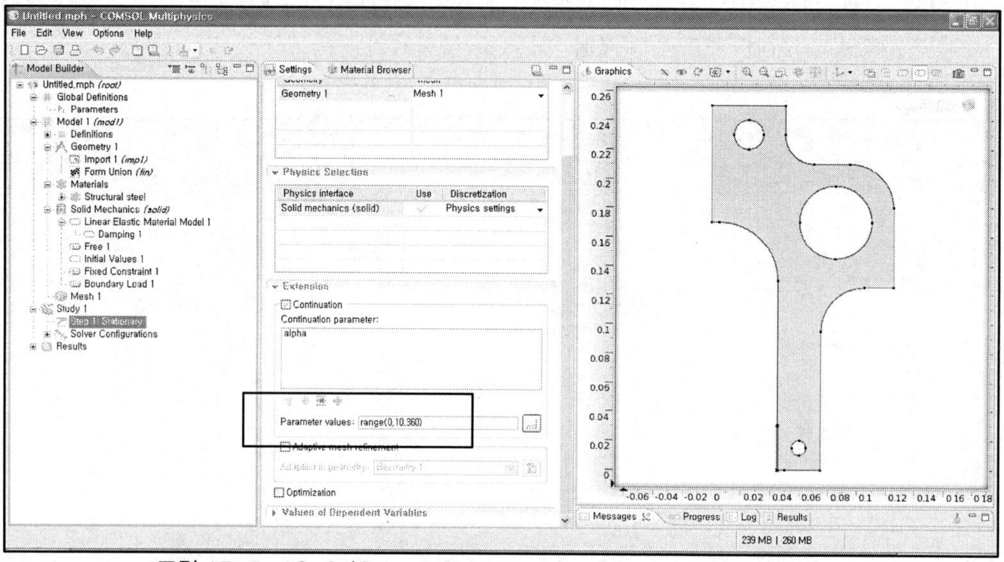

그림 17-5-19-2 'Step 1:Stationary' - 'Extension' 설정하기 2

20. 그림 17-5-20과 같이 'Model Builder' 페이지의 항목 중 'Study 1'을 선택하고 오른쪽 'Settings' 페이지 상단의 'Compute' 버튼 을 클릭하여 계산해보자.

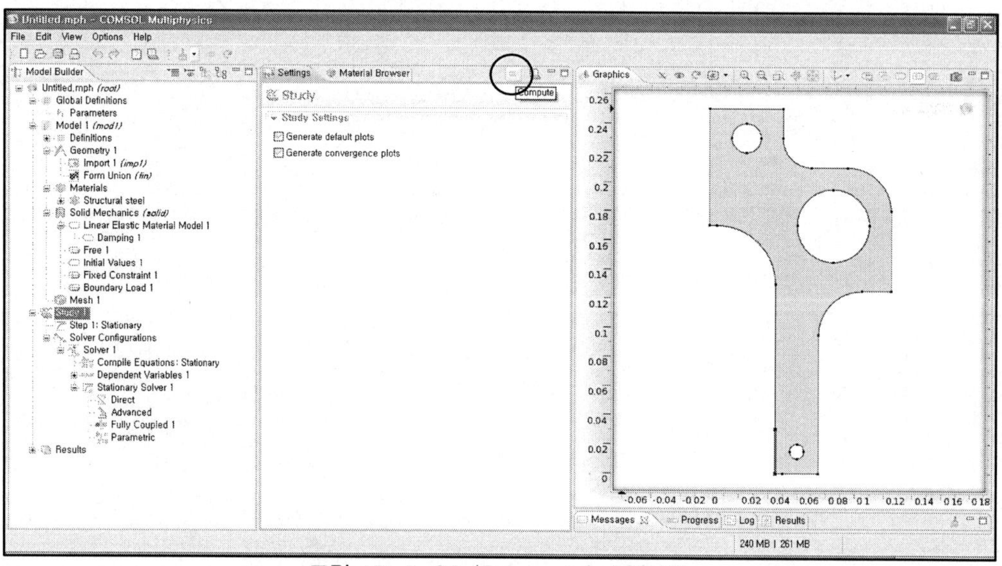

그림 17-5-20 'Compute' 수행하기

21. 그림 17-5-21는 해석 결과를 보여준다.

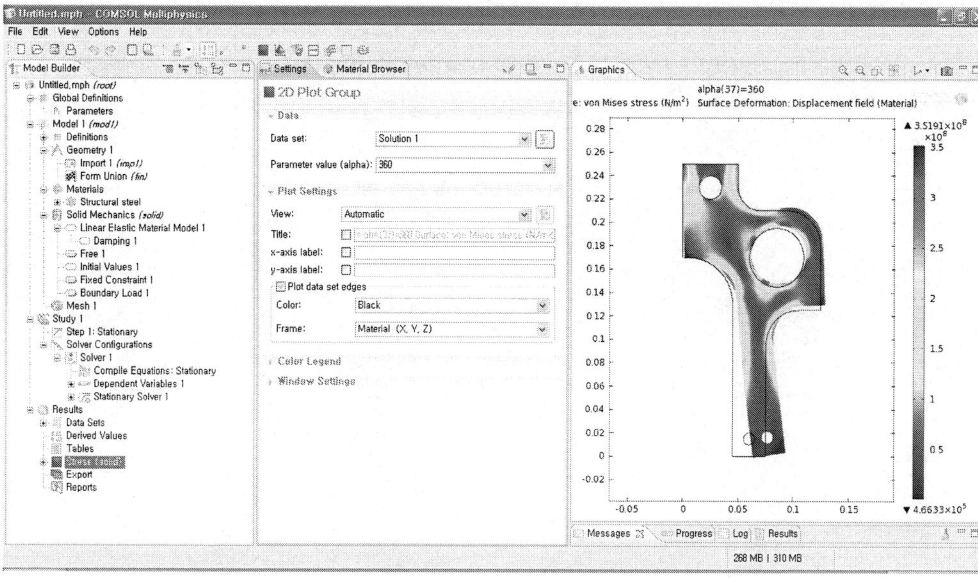

그림 17-5-21 해석 결과

22-1. 그림 17-5-22-1과 같이 'Model Builder' 페이지의 항목 중 'Results'를 선택하고 마우스 오른쪽 버튼을 클릭하여 '1D Plot Group'를 선택한다.

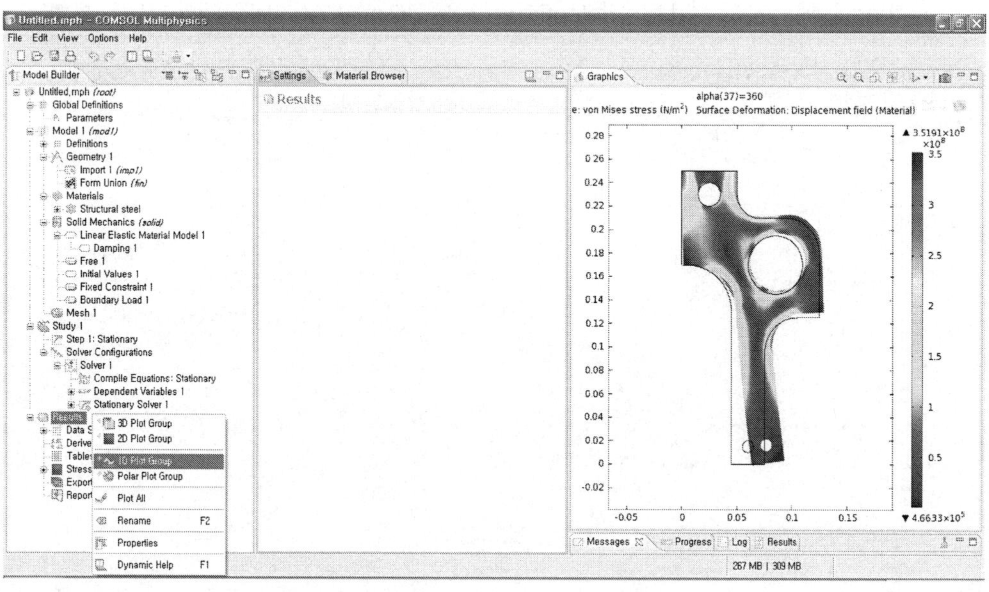

그림 17-5-22-1 '1D Plot Group' 선택하기

22-2. 그림 17-5-22-2와 같이 생성된 '1D Plot Group 1'을 선택하고 마우스 오른쪽 버튼을 클릭하여 나타난 메뉴 중 'Point Graph'를 선택한다.

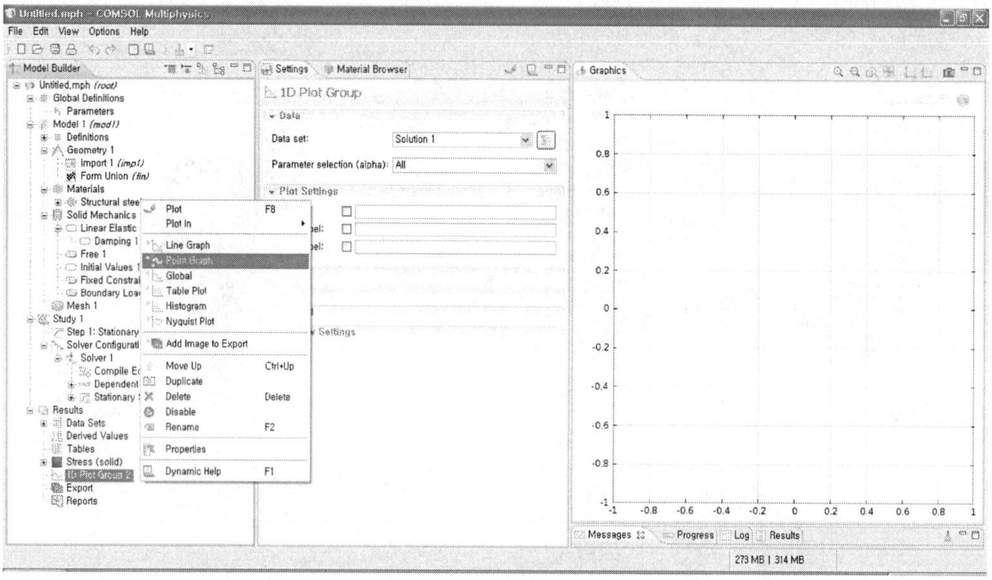

그림 17-5-22-2 '1D Plot Group' - 'Point Group' 선택하기

22-3. 추가된 'Point Group'를 선택하고 'Graphics' 페이지에서 'Point 8'을 선택하고 'Settings' 페이지의 'Add to Selection' 을 클릭하면 선택한 'Point 8'이 추가된다.

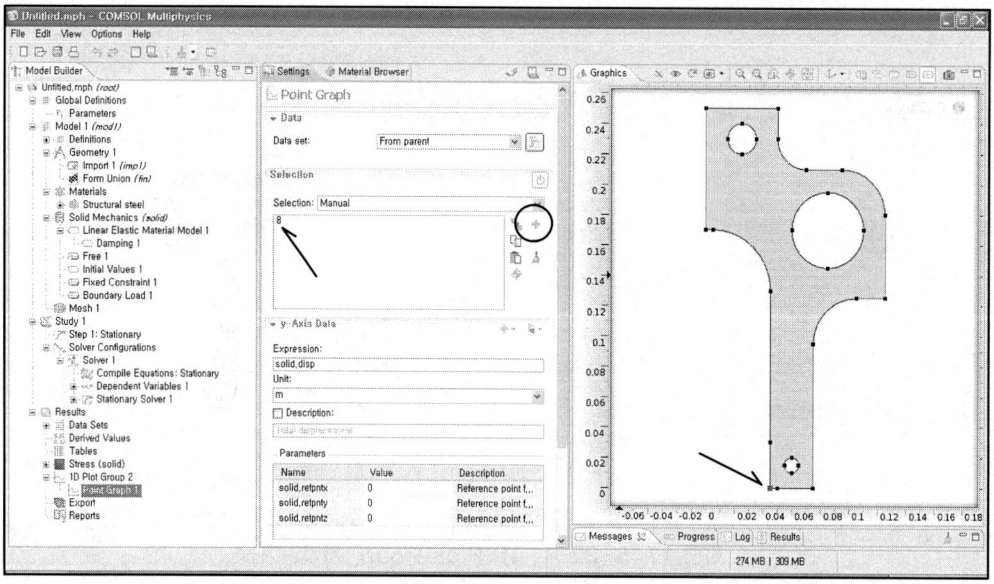

그림 17-5-22-3 'Point Group' - 'Point 8' 추가하기

22-4. 'Settings' 페이지의 'y-Axis Data' 섹션에서 'Replace Expression' 버튼을 클릭하고, 나타난 메뉴 중 'Solid Mechanics' - 'Displacement field (Material)' - 'Displacement field, Y component (v)'를 선택하고, 상단의 'Plot' 버튼을 클릭하자.

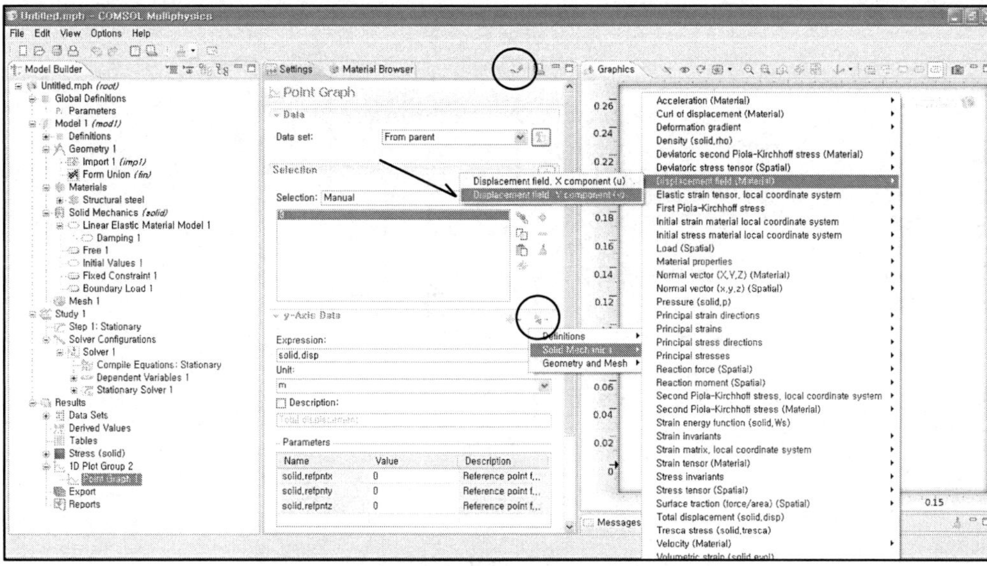

그림 17-5-22-4 'y-Axis Data' 섹션 설정하기

22-5. 그림 17-5-22-5는 'Point 8'의 'alpha' 값의 변화에 따른 'Displacement field, Y component (v)'를 보여준다. 즉, y방향의 변위를 나타내고 있다.

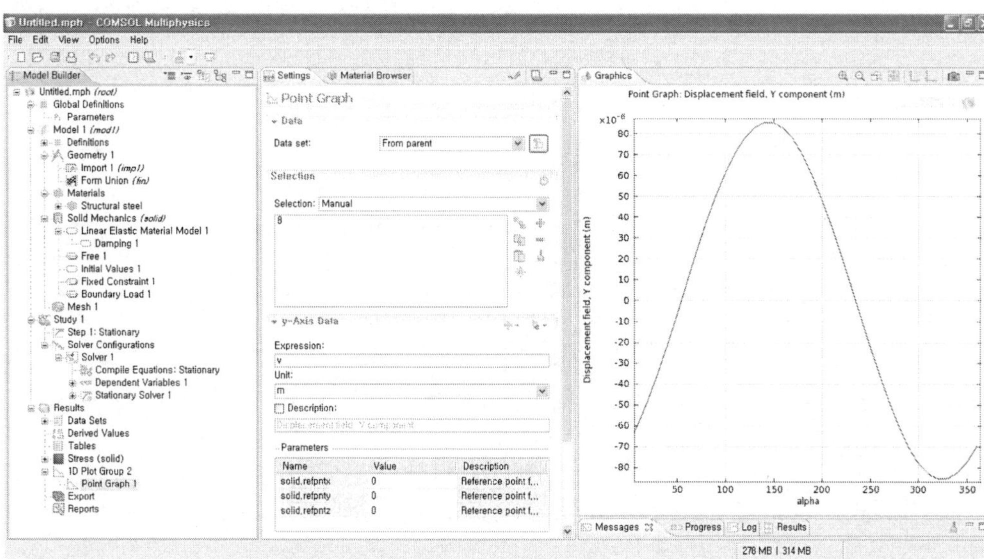

그림 17-5-22-5 'Point 8'의 'alpha' 값의 변화에 따른 'y' 방향의 변위

▣ 연습문제

1. 지금까지 사용되어진 모델을 컴솔을 사용하여 모델링하라.

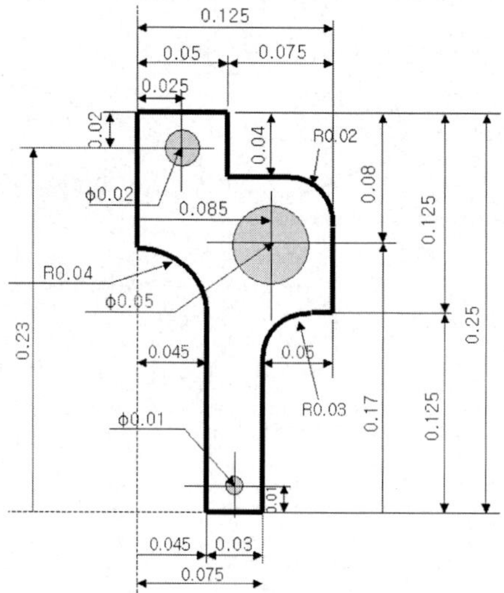

그림 17-23 '꺽쇠 모델링 도면'

2. 그림 17-24와 같이 '경계 1'을 고정하고, '경계 10'에 '60e3[N]'의 힘을 가할 경우에 대해 (1) 정적 해석, (2) 시변 해석, (3) 고유진동수 해석, (4) 주파수 응답 해석을 수행하라.

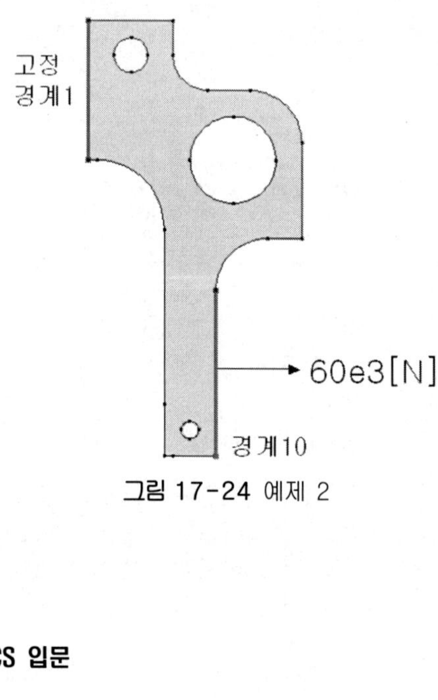

그림 17-24 예제 2

제18장. 스프링 해석 (Spring Analysis)

스프링이란 힘(외력)을 가하면 형태가 변하지만, 그 힘을 제거하면 원래 형태로 되돌아가는 성질(물체의 탄성)을 이용해서 에너지를 흡수/축척시켜 완충작용을 하게 하는 기계요소의 하나이다. 기차나 자동차에서부터 일반 가정에서 사용되는 저울, 소파에서도 흔히 볼 수 있기 때문에 그 응용범위가 실제로 넓다고 하겠다. 본 장은 나선형태의 3D 모델링을 직접 구현해 보고, 다양한 힘에 의해서 변형되는 스프링의 처짐과 스프링 상수 등을 구해보고 해석 결과와 이론식을 직접 비교해 보고자 한다.

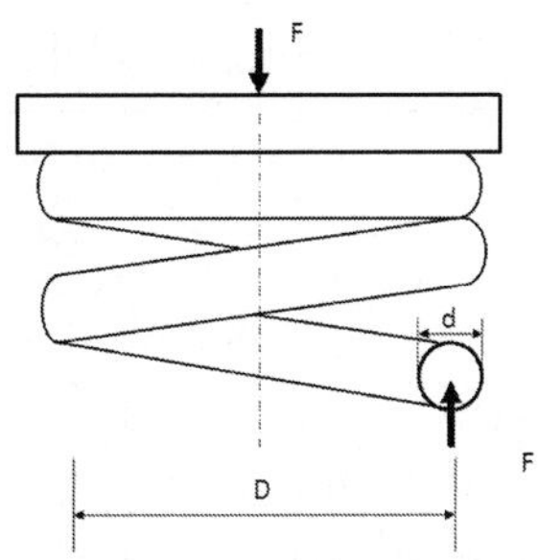

그림 18-1 Free body diagram of a coil spring

그림 18-1과 같이 축하중을 받는 스프링의 처짐 및 스프링 상수는 다음과 같이 주어진다.

$$\delta = \frac{8FD^3N}{Gd^4} \tag{18-1}$$

$$k = \frac{F}{\delta} = \frac{Gd^4}{8D^3N} \tag{18-2}$$

여기서 F는 힘이고, D는 스프링의 평균 지름, N는 유효 감김수, d는 와이어의 직경이다. 그리고, G는 스프링의 횡탄성 계수로서 실제로 많이 사용되고 있는 스프링의 종탄성/횡탄성 계수는 표 18-1에 정리하였다.

표 18-1 Young's modulus and modulus of rigidity Various materials

(kgf/mm^2)

재 료	인장항복강도	전단항복응력	E	G
피아노선	170	100	2.00E+04	7.70E+03
크롬-바나듐강	130	75	2.00E+04	8.00E+03

규소-망간강	110	64	2.00E+04	7.70E+03
C95강	90	57	2.00E+04	7.70E+03
C50강	51	30	2.00E+04	7.70E+03
모넬메탈	47	28	1.75E+04	6.50E+03
인청동	34	20	1.00E+04	4.20E+03
황동	32	19	1.00E+04	3.70E+03
황도(냉간인발)	30	18	1.00E+04	3.70E+03
듀랄루민	23	13.5	6.70E+03	2.70E+03

▣ 예제 문제 정의

그림 18-2와 같이 스프링의 평균지름(D)이 0.02m인 와이어지름(d)는 0.002m, 유효 감김수(N)는 9와 10 사이에 있다. 스프링의 재질로는 일반적인 연강을 사용하였고, 연강에 대한 재질을 사용하고자 한다. 연강에 대한 재질은 표 18-2와 같다.

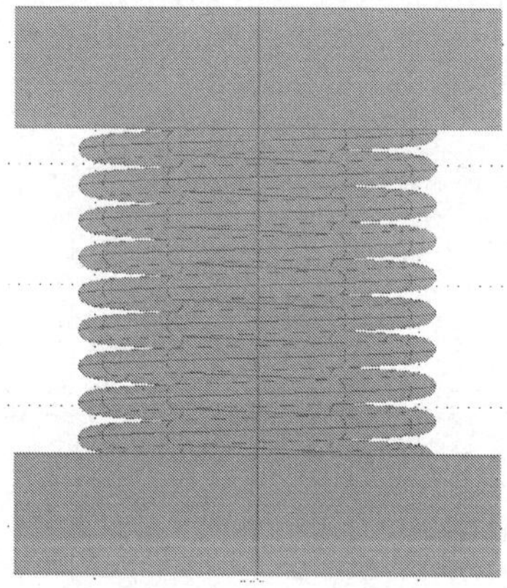

그림 18-2 The schematic of coil spring

표 18-2 Properties of the 3D coil spring

MATERIAL PARAMETER	EXPRESSION	VALUE	UNIT
Young's modulus	E	200E+9	Pa
Poisson's ratio	nu	0.33	
Density	rho	7850	kg/m3
Modulus of rigidity	G	7.84E-2	N/m2

▣ 예제 문제 따라하기

본 예제는 그림 18-2와 같이 모델링을 수행한 후 100N의 힘을 가하였을 때 스프링의 처짐을 구하고, 이론식과 비교해 보고자 한다. 또한 스프링의 강성을 해석 값과 이론값을 비교하고, 그 결과를 토론하고자 한다.

1. 그림 18-3과 같이 'Model Wizard' 페이지에서 'Select Space Dimension'을 '3D'로 선택하고 'Next' 버튼 을 누른다.

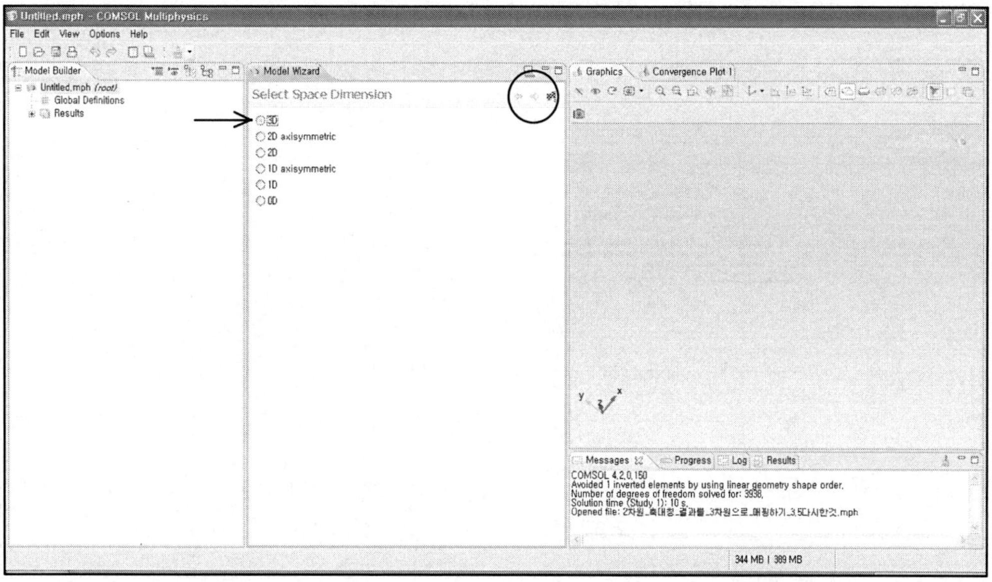

그림 18-3 'Model Wizard' 페이지-Structural mechanics-solid mechanics(soild) 선택하기

2. 그림 18-4와 같이 'Model Wizard' 페이지의 'Add Physics' 윈도우에서 'Structural mechanics' 항목에서 'Solid mechanics (soild)'을 더블 클릭하여 선택하고, 상단의 'Next' 버튼 을 누른다.

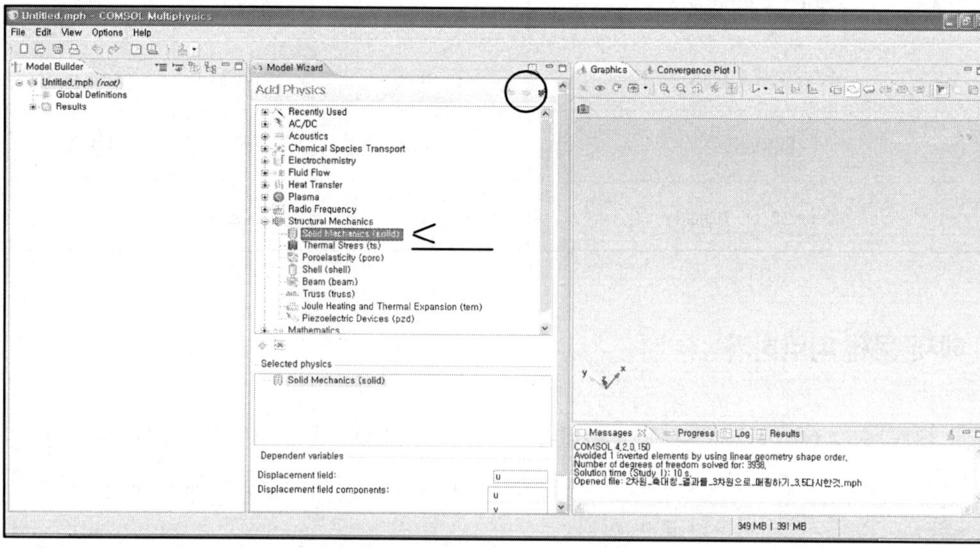

그림 18-4 'Add Physics' 윈도우의 'Structural mechanics' 항목에서 'Solid mechanics(soild)' 선택하기

3. 그림 18-5와 같이 'Model Wizard' 페이지의 'Select Study Type' 윈도우에서 'Preset Studies' 항목에서, 'Stationary'를 선택한 다음, 상단의 'Finish' 버튼을 누른다.

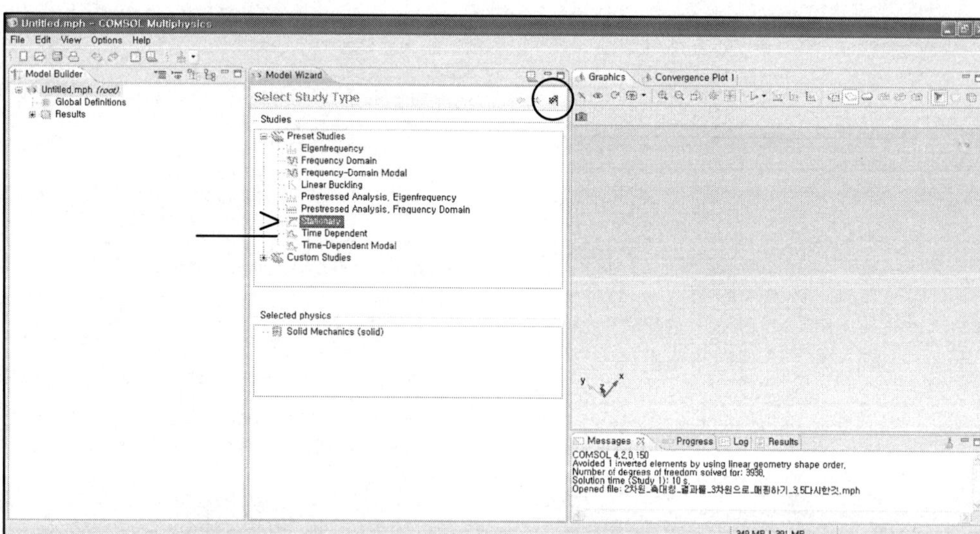

그림 18-5 'Select Study Type' 윈도우의 'Preset Studies' 항목에서, 'Stationary' 선택하기

4. 먼저 스프링을 그려보자 그림 18-6과 같이 'Model Builder' 페이지에서 'Geometry 1'을 오른쪽 마우스 클릭하여 나타난 'More primitives' - 'Helix' 메뉴를 선택하자.

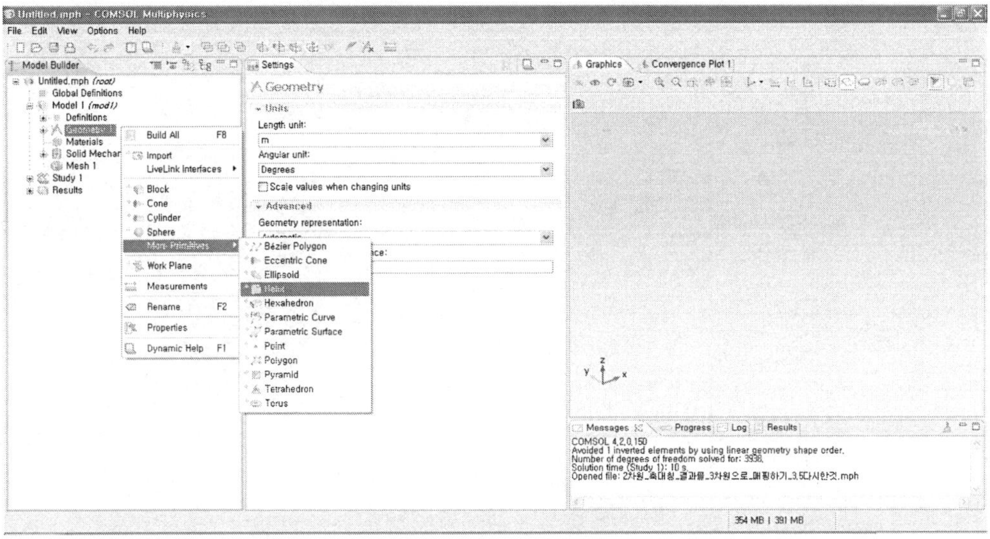

그림 18-6 'Geometry 1' 항목에서 'More primitives' - 'Helix' 메뉴 선택하기

5. 오른쪽의 'Settings' 페이지에 나타난 'Helix' 윈도우에서 'Number of turns'에 '10', 'Major radius'에 '0.01', 'Minor radius'에 '0.001', 마지막으로 'Axial pitch'에 '0.003'을 기입하고 후 상단의 'Build All' 버튼을 클릭한다. 그러면 오른쪽의 'Graphics' 페이지에 그림 18-7과 같은 스프링이 생성될 것이다.

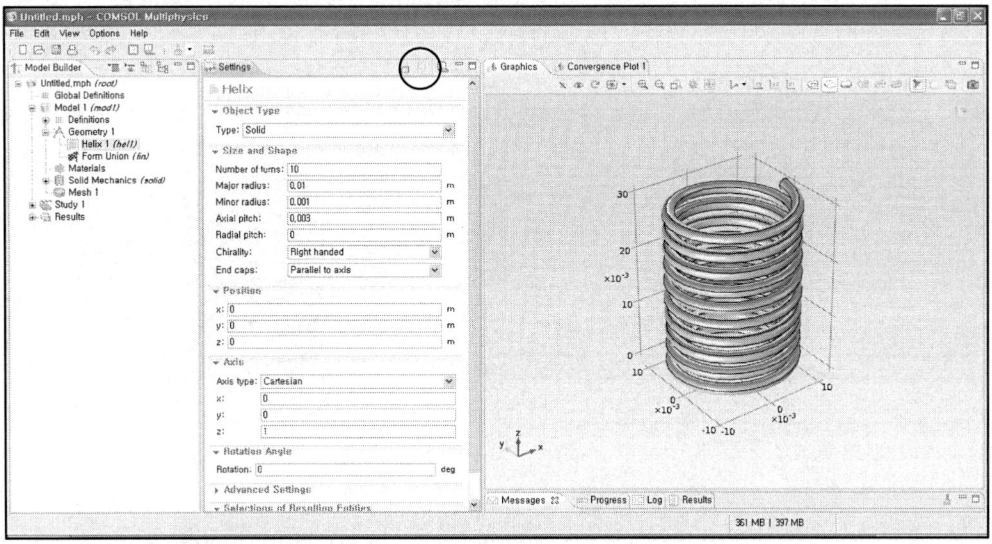

그림 18-7 'Settings' 페이지의 'Helix' 설정하기 - 스프링 모델링

6. 힘을 지지하는 부분을 모델링하기 위해서 그림 18-8과 같이 'Model Builder' 페이지에서 'Geometry 1'을 오른쪽 마우스 클릭하여 나타난 'Cylinder' 메뉴를 선택하자.

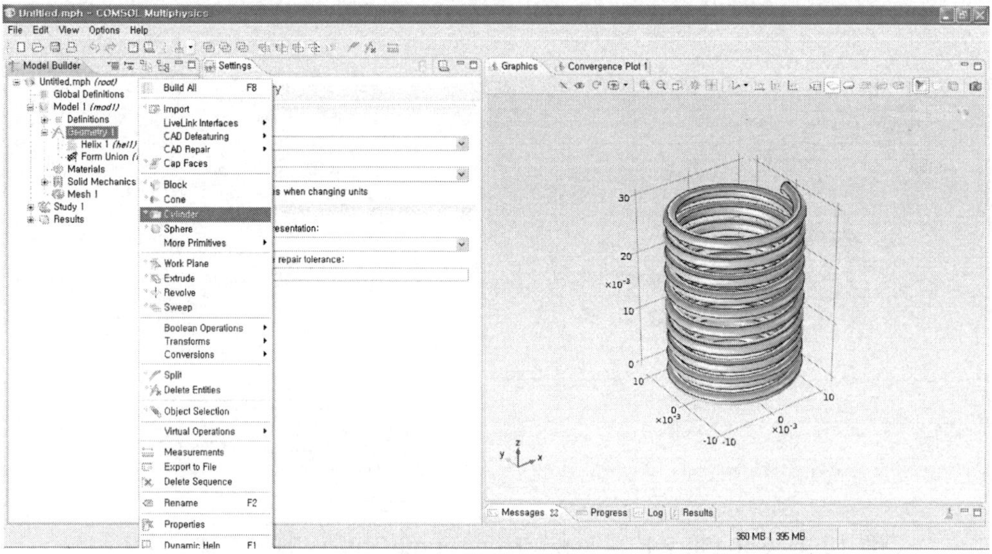

그림 18-8 'Geometry 1'을 오른쪽 마우스 클릭하여 나타난 'Cylinder' 메뉴 선택하기

7. 그림 18-9와 같이 오른쪽의 'Settings' 페이지에 나타난 'Cylinder' 윈도우에서 'Radius'에 '0.015', 'Height'에 '0.002' 그리고 'Position'의 'z' 란에 '-0.001'을 기입하고 상단의 'Build All' 버튼을 클릭한다. 그러면 그림과 같은 'Cylinder 1'이 형성될 것이다.

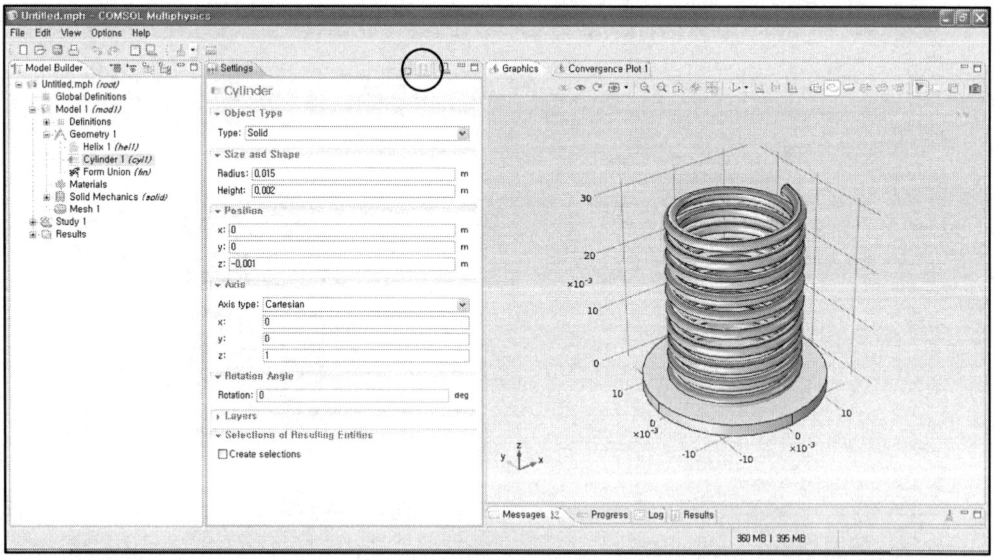

그림 18-9 'Settings' 페이지의 'Cylinder' 윈도우 설정하여 'Cylinder 1' 형성하기

8. 이제 힘을 받는 부분을 모델링 해보자. 앞의 과정 6과 같이 'Model Builder' 페이지에서 'Geometry 1'을 오른쪽 마우스 클릭하여 나타난 'Cylinder' 메뉴를 선택하자. 또한 앞의 과정 7과 같이 오른쪽의 'Settings' 페이지에 나타난 'Cylinder' 윈도우에서 'Radius'에 '0.015', 'Height'에 '0.002' 그리고 'Position'의 'z' 란에 '0.029'를 기입하고 상단의 'Build All' 버튼을 클릭한다. 그러면 그림 18-10과 같이 'Cylinder 2'가 형성될 것이다.

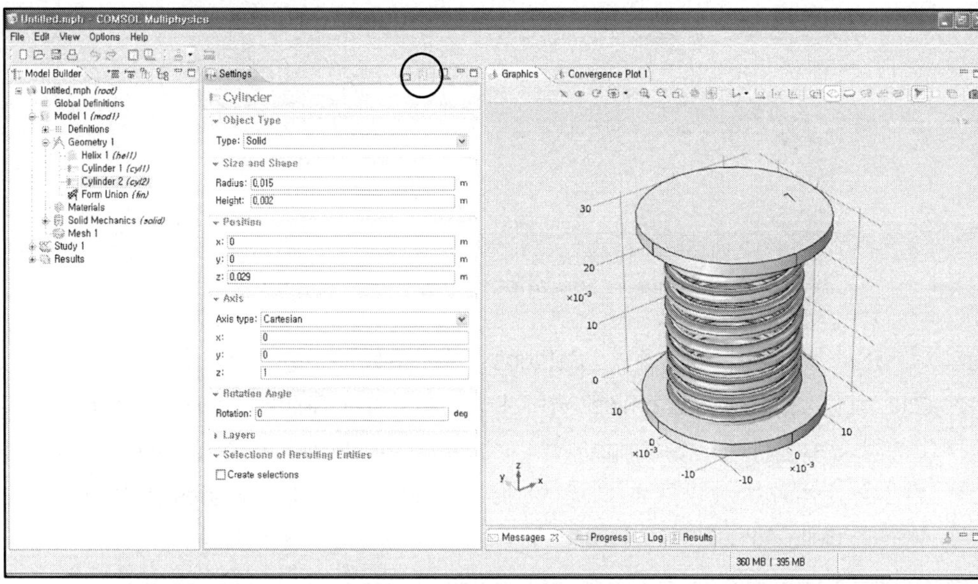

그림 18-10 'Settings' 페이지의 'Cylinder' 윈도우 설정하여 'Cylinder 2' 형성하기

9. 해석을 위해서 스프링과 두 개의 실린더를 복합체로 만들기 위해서 아래 그림 18-11과 같이 'Model Builder' 페이지에서 'Geometry 1'을 오른쪽 마우스 클릭하여 나타난 'Boolean operations'의 하부 메뉴 'Union'을 선택하자.

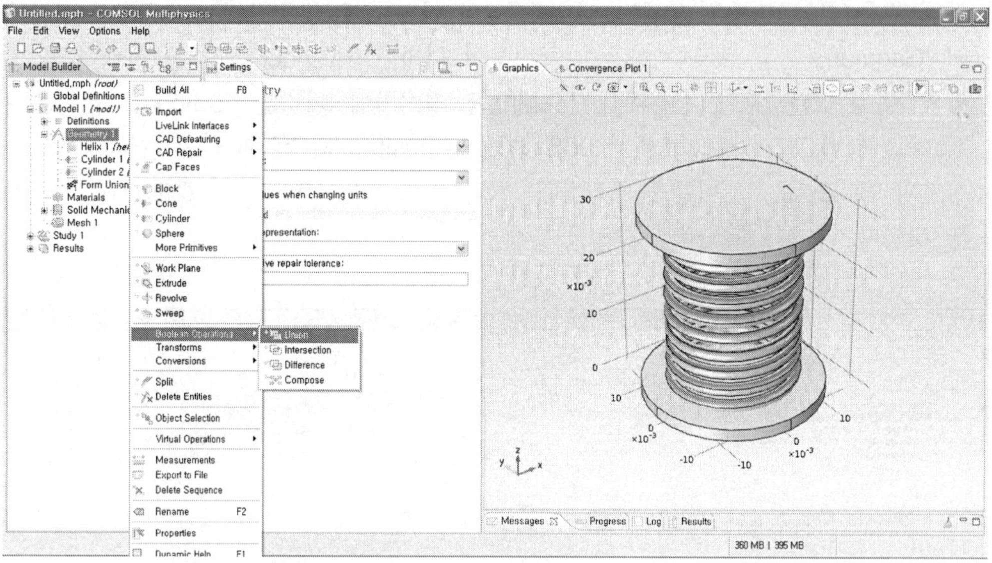

그림 18-11 'Boolean operations'의 하부 메뉴 'Union'을 선택하기

10. 그림 18-12와 같이 오른쪽의 'Settings' 페이지에 나타난 'Union' 윈도우의 'Input objects' 란을 오른쪽의 'Graphics' 페이지에서 모델링된 Solid인 'hel1'과 'cyl1', 'cyl2'를 각각 클릭하여 선택하고 'Settings' 페이지에 있는 'Input objects' 란의 'Add to Selection' ✚ 버튼을 클릭하여 추가하자. 또한 아래의 'Keep interior boundaries'를 비활성화시킨 후 상단에 'Build All' 버튼을 클릭한다. 그러면 하나의 복합체가 완성된다.

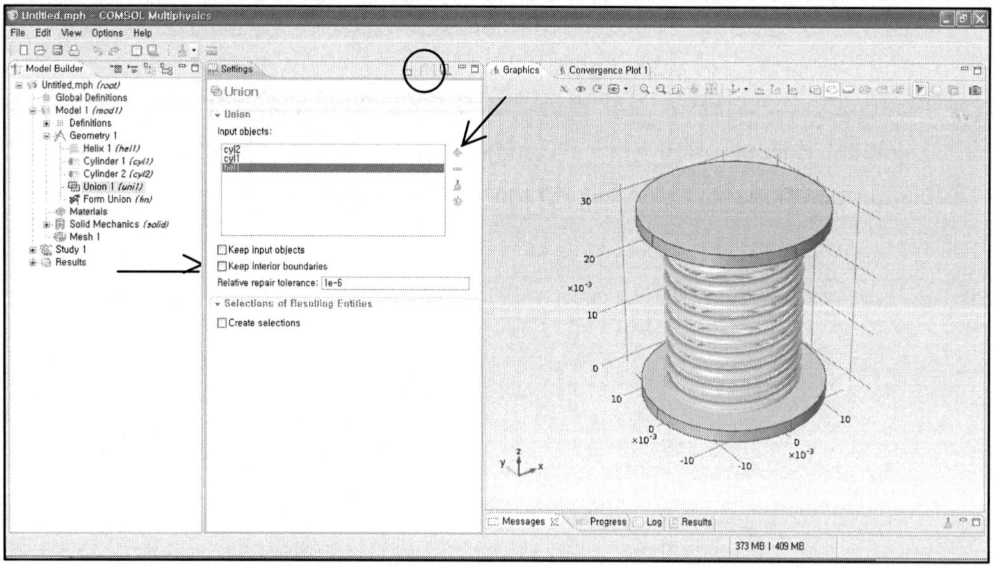

그림 18-12 'hel1'과 'cyl1', 'cyl2' 복합체 만들기

11. 형성된 모델의 물성치 세팅을 위해서 'Model Builder' 페이지의 'Solid mechanics (solid)' 하단의 'Linear Elastic Material Model 1'을 선택하자. 오른쪽의 'Settings' 페이지에 나타난 'Linear Elastic Material Model' 윈도우에서 그림 18-13과 같이 'Young's modulus' 및 'Poisson's ratio', 'Density' 값을 표 18-2의 값으로 입력하자.

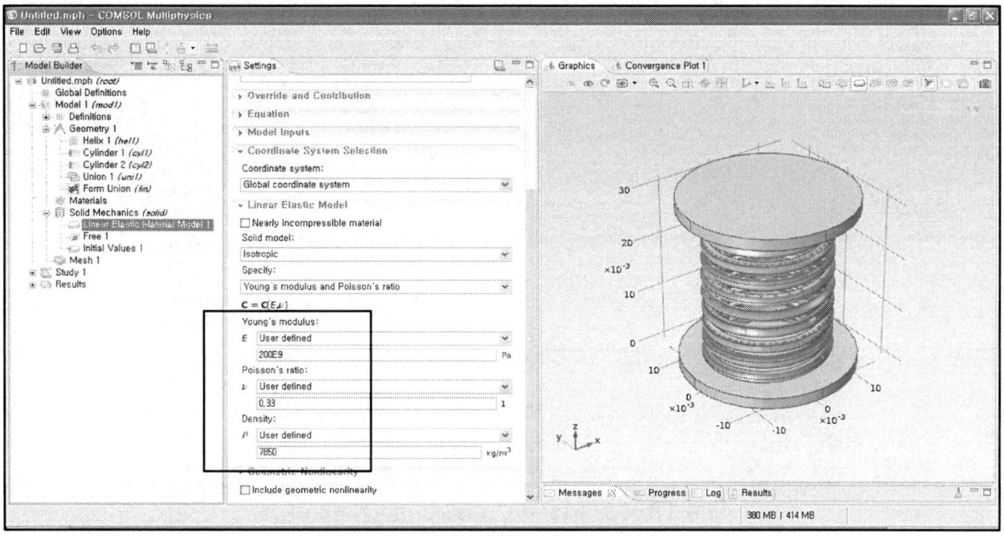

그림 18-13 형성된 모델의 물성치 세팅

12. 이제 경계조건을 주면 된다. 먼저 스프링을 고정시켜보자. 그림 18-14와 같이 'Model Builder' 페이지의 'Solid mechanics (solid)'를 오른쪽 마우스 클릭하여 나타난 하부 메뉴 중 'Fixed Constraint'를 선택하자.

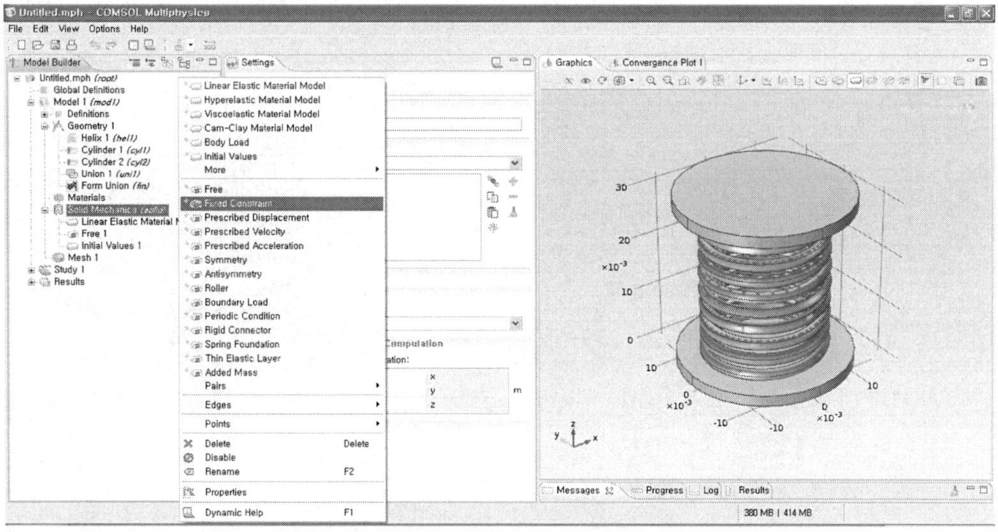

그림 18-14 'Fixed Constraint' 설정하기 1

13. 그림 18-15와 같이 오른쪽의 'Graphics' 페이지에서 모델링된 Solid의 **'경계3'**을 선택하고, 'Settings' 페이지에 있는 'Add to Selection' ✚ 버튼을 클릭하여 **'경계3'**을 추가하자.

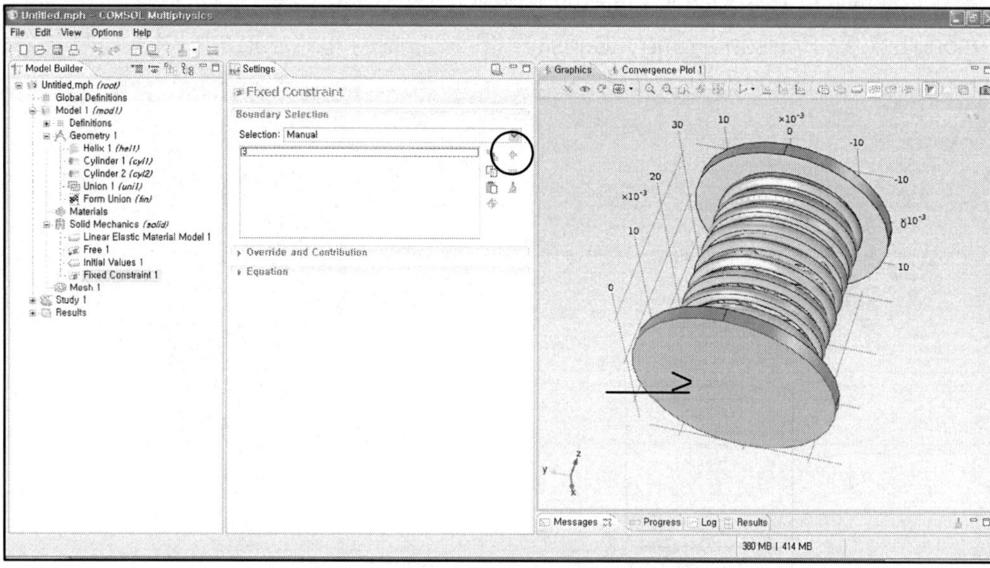

그림 18-15 'Fixed Constraint' 설정하기 2

14. 이제, 하중을 받을 면에 하중을 주면 된다. 그림 18-16과 같이 'Model Builder' 페이지의 'Solid mechanics (solid)'를 오른쪽 마우스 클릭하여 나타난 하부 메뉴 중 'Boundary Load'를 선택하자.

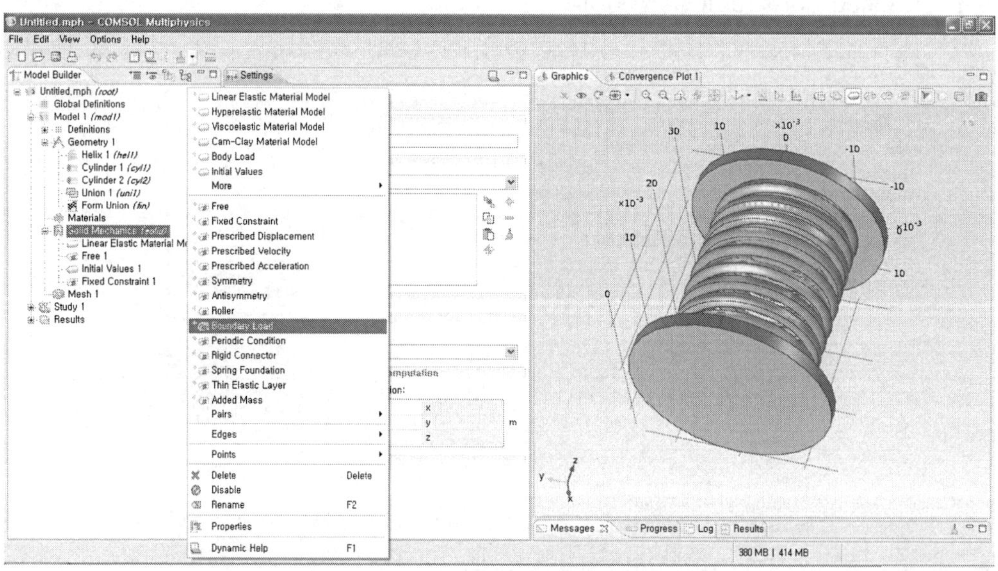

그림 18-16 'Boundary Load' 설정하기 1

15. 그림 18-17과 같이 오른쪽의 'Graphics' 페이지에서 모델링된 Solid의 **'경계 8'**을 선택하고, 'Settings' 페이지에 있는 'Add to Selection' 버튼을 클릭하여 **'경계 8'**을 추가하자. 그리고, 'Load' 란의 'z'에 '-100'을 타입하자.

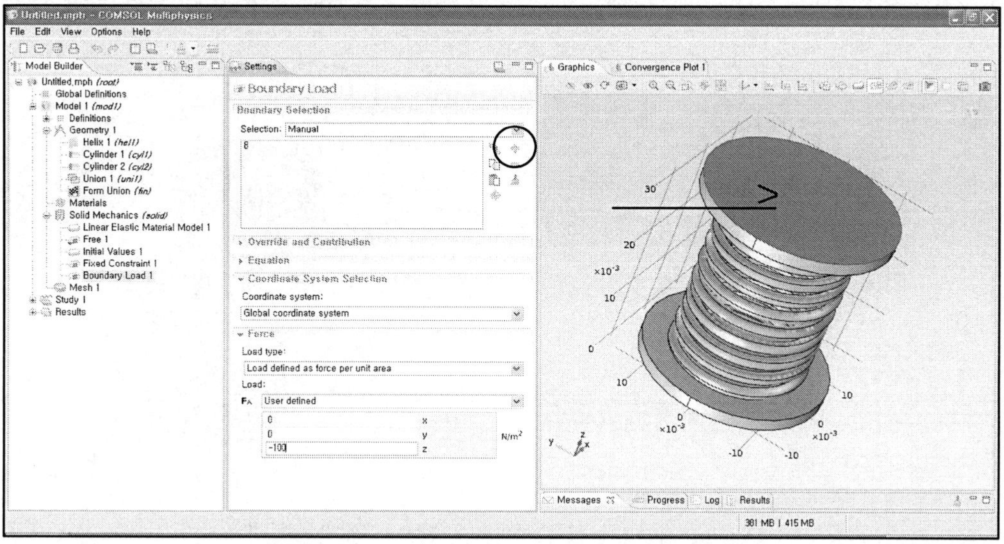

그림 18-17 'Boundary Load' 설정하기 2

16. 이제 메쉬를 구성해 보자. 그림 18-18과 같이 'Model Builder' 페이지의 'Mesh 1'을 선택하고 'Settings' 페이지에 있는 'Mesh Settings' 윈도우에서 'Element size'를 'Extremely coarse'로 선택하고 'Settings' 페이지 상단의 'Build All' 버튼을 클릭하여 메쉬를 생성하자.

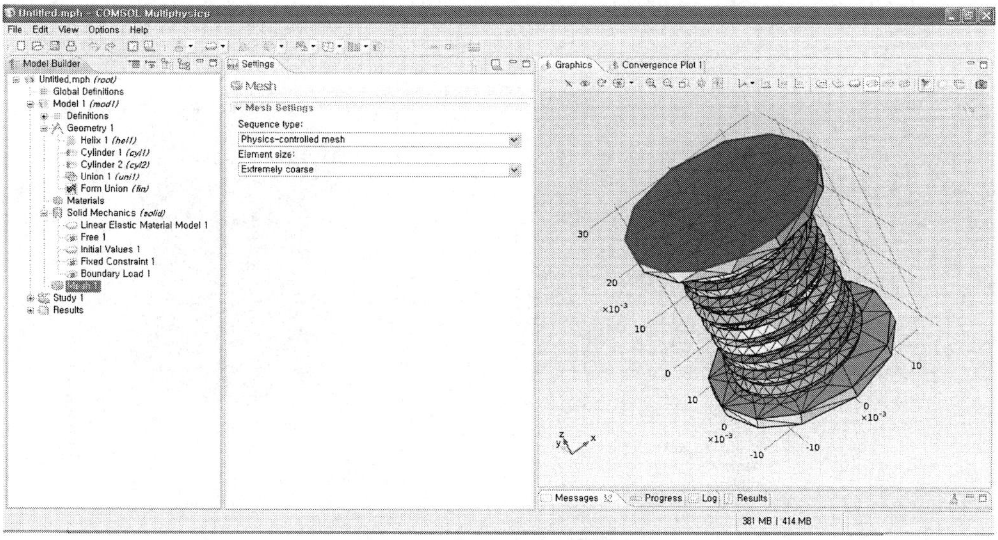

그림 18-18 'Mesh' 생성하기

17. 그림 18-19와 같이 'Model Builder' 페이지의 항목 중 'Study 1'을 선택하고 오른쪽 'Settings' 페이지 상단의 'Compute' 버튼 을 클릭하여 계산해보자.

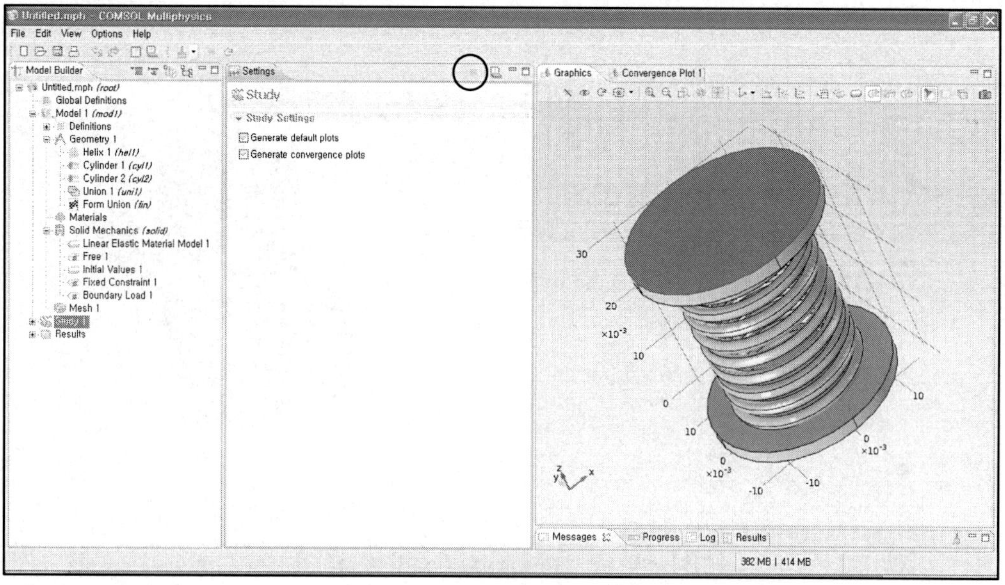

그림 18-19 'Compute' 수행하기

18. 그림 18-20은 해석 결과를 보여준다.

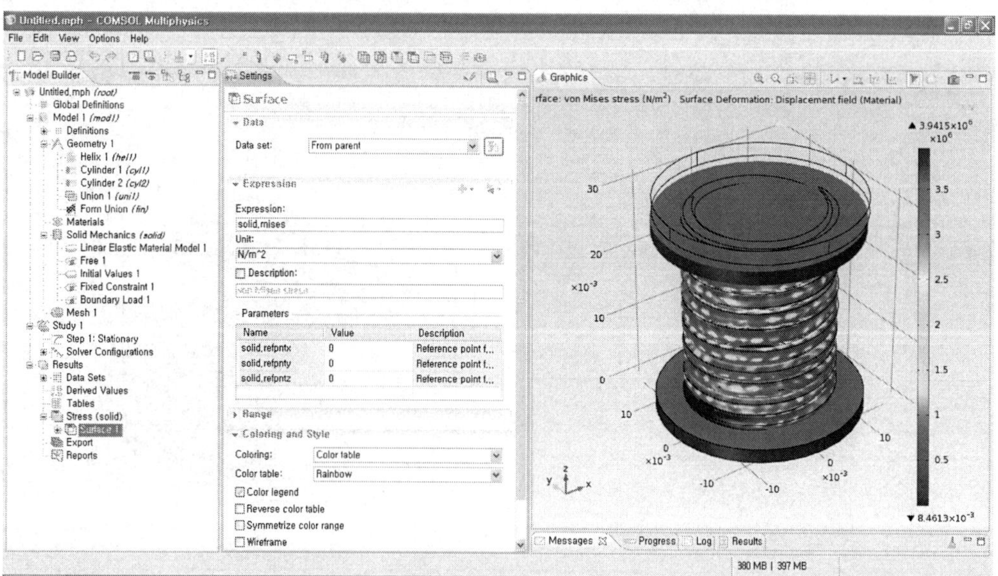

그림 18-20 해석 결과

19. 후처리를 위해서 그림 18-21과 같이 'Model Builder' 페이지의 항목 중 'Results'의 하부 항목 'stress(solid)', 'surface 1'을 선택하고 'Settings' 페이지에 있는 'Surface' 윈도우에서 'expression' 항목에 'solid.disp'를 기입하고 상단의 'Plot' 버튼을 클릭하자.

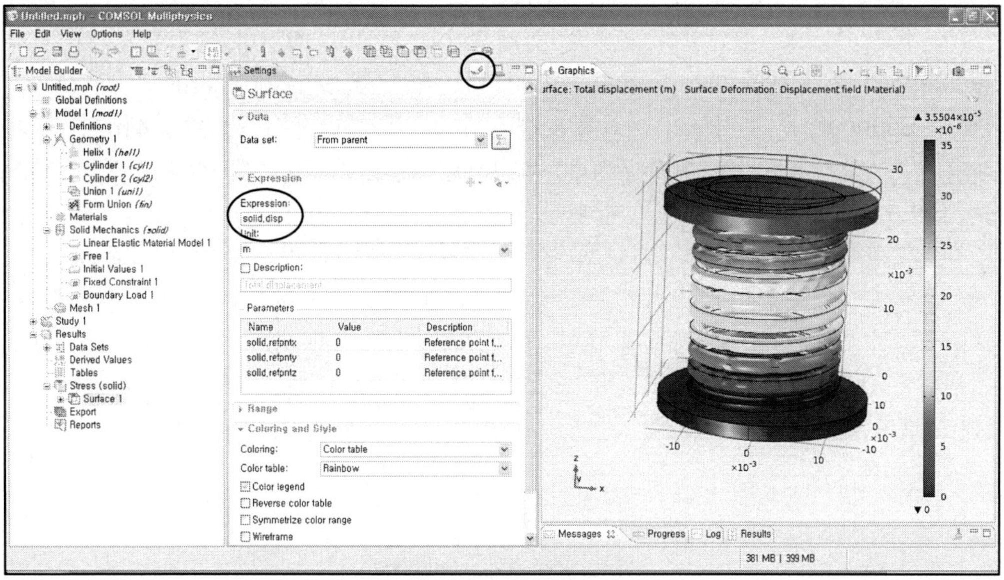

그림 18-21 후처리 결과

■ 결과 고찰하기

스프링의 하중 '100 [N/m2]'을 인가하였을 때, 최대 변형값으로 '3.5504E-5'의 처짐을 볼 수 있을 것이다. 위의 값을 이론 식 (1) $\delta_{max} = \dfrac{8FD^3N}{Gd^4}$의 값과 비교하여 보자. 여기서 'F'는 힘으로 실린더의 면적을 곱해주어야 하므로 실린더 면적을 얻기 위해서 'Geometriy 1'을 오른쪽 마우스 클릭하여 나타난 메뉴 중 'Measurements'를 클릭하여 선택하고 'Boundary 8' 추가하여 계산하면, 'Boundary 8'의 면적은 '7.009E-4'm2임을 확인할 수 있다. 그러므로 'F=-100*7.009E-4' [N]이 된다. 그리고, 'D=0.02m', 'd=0.002m', 'G=7.84E-2N/m2'이고, 'N=9'일 때 이론식은 '3.21429E-5m'의 값이 나온다. 해석 결과와 약간의 차이는 유효 감김 수가 모델링에서 '9~10' 사이에 있음을 고려할 때 해석 결과 값을 믿을 수 있을 것이다. 그리고 스프링 상수는 다양한 하중에 대한 최대 변형 값을 통해서 구할 수 있다. 다양한 하중에 대한 최대 변형 값은 다음 표와 그래프와 같이 정리된다. 변위에 대한 하중의 기울기 값이 스프링의 상수가 된다. 학생들이 각자 해석을 한 후 아래 그래프를 그려보기 바란다.

δ	F
3.5504E-05	0.070685
7.1008E-05	0.141369
1.0651E-04	0.212054
1.4202E-04	0.282738
1.7752E-04	0.353423

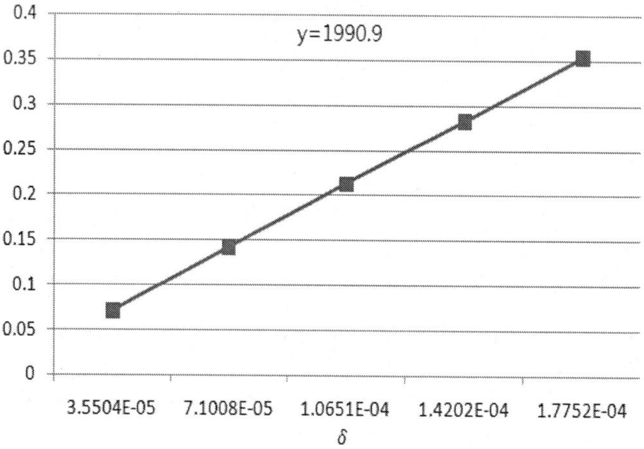

그림 18-22 그래프

■ 연습문제

예제 1) 본문의 예제 문제에서 코일의 유효지름을 D=0.02m에서 D=0.04m가 되었을 때 최대변형량과 스프링상수를 구하고, 이론식과 비교해 보아라.

예제 2) 본문의 예제 문제에서 와이어의 지름이 d=0.002m에서 d=0.004m가 되었을 때 최대변형량과 스프링상수를 구하고, 이론식과 비교해 보아라.

예제 3) 만약 표 18-1에서 피아노선을 재료로 하였을 때, 코일의 유효지름과 와이어의 지름이 본문의 예제와 같다고 가정하라. 여기서 poisson's ratio와 density는 본문의 예제와 같을 때, 스프링이 인장하중을 받고 있다고 하자. 스프링의 하중에 의해 견딜 수 있는 최대 응력이 인장항복강도보다 작을 때 재료는 파괴가 되지 않는다고 가정하자. 스프링에 작용할 수 있는 최대 하중은 얼마인가? (단, 최대 응력은 von Mises 응력으로 사용하자.)

제19장. 유체-구조 상호작용 모델

유체-구조 상호작용 모델(Fluid_Structure Interaction model)은 유체가 흐르는 채널(channel)에서 유체가 흘러감에 따라 채널내의 구조와의 상호 작용 또는 영향에 대한 해석을 다루는 모델이다. 이 그림 19 모델은 다음과 같이 설명할 수 있다.

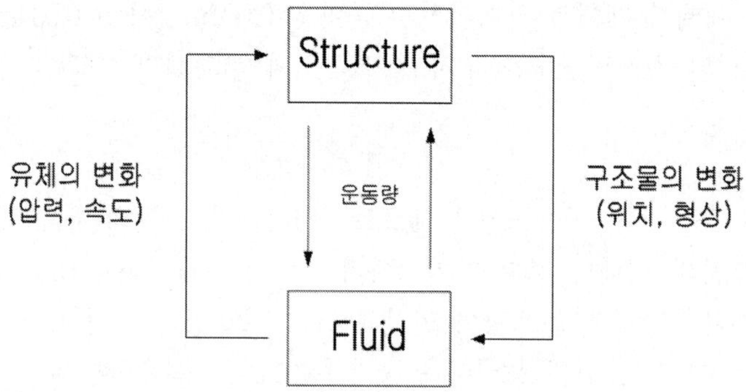

그림 19 구조물과 유체 간의 운동량을 주고받는 시스템 모식도

위의 그림과 같이 구조물과 유체 간의 운동량을 주고받는 시스템을 구성하고 있으며, 각 요소의 변화가 다른 요소의 변화에 영향을 주는 시스템을 이루게 된다. 각각 독립적인 해석이 아니라 상호 유기적으로 해석이 이루어져야 한다(coupled fluid-structure physics analysis).

유체와 관련된 지배 방정식으로는 Navier-Stokes equation을 사용한다. 여기서 ρ는 유체의 밀도이고, η는 유체의 점도이며, F는 중력에 의한 효과력($\rho \vec{g}$)을 나타낸다.

$$\rho\frac{\partial \vec{u}}{\partial t} - \nabla\cdot[-p\vec{I} + \eta(\nabla\vec{u} + (\nabla\vec{u})^T)] + \rho((\vec{u} - \vec{u}_m)\cdot\nabla)\vec{u} = \vec{F}$$

$$-\nabla\cdot\vec{u} = 0$$

구조물(기둥)과 관련하여서는 elastic formulation과 nonlinear geometry formulation을 사용하여 해석한다. 여기서 $\vec{n}$은 경계에서의 normal vector를 의미한다.

$$\overrightarrow{F_T} = -\vec{n}\cdot(-p\vec{I} + \eta(\nabla\vec{u} + (\nabla\vec{u})^T))$$

▣ 예제 문제 정의

이 문제는 입구와 출구의 폭이 60 μm이고 넓은 부분의 폭이 100 μm인 채널의 폭이 넓어 졌다가 다시 좁아지는 형상을 가진 채널에서 구조물과 유체간의 상호 작용을 유추해 볼 수 있는 예제이다. 다시 말하자면 채널 내부에 위치하고 있는 작은 기둥은 유체의 흐름에 따라 움직이고 이는 다시 유체의 흐름에 영향을 끼침으로 유체의 흐름과 기둥의 변화가 상호 어떤 영향을 주고받으며 채널에서의 거동을 보이는지를 알 수 있는 문제이다. 유체는 물로 선정하였으며(밀도 $1000 kg/m^3$, 동점성 $10^{-3} Pa \cdot s$), 구조물의 물성치는 밀도는 $7850 kg/m^3$, Young's modulus(E)는 $200 kPa$로 선정하였다.

▣ 예제 문제 따라 하기

1-1. 그림 19-1-1과 같이 'Model Wizard' 페이지에서 'Select Space Dimension'을 '2D'로 선택하고 'Next' 버튼 ⇨을 누른다.

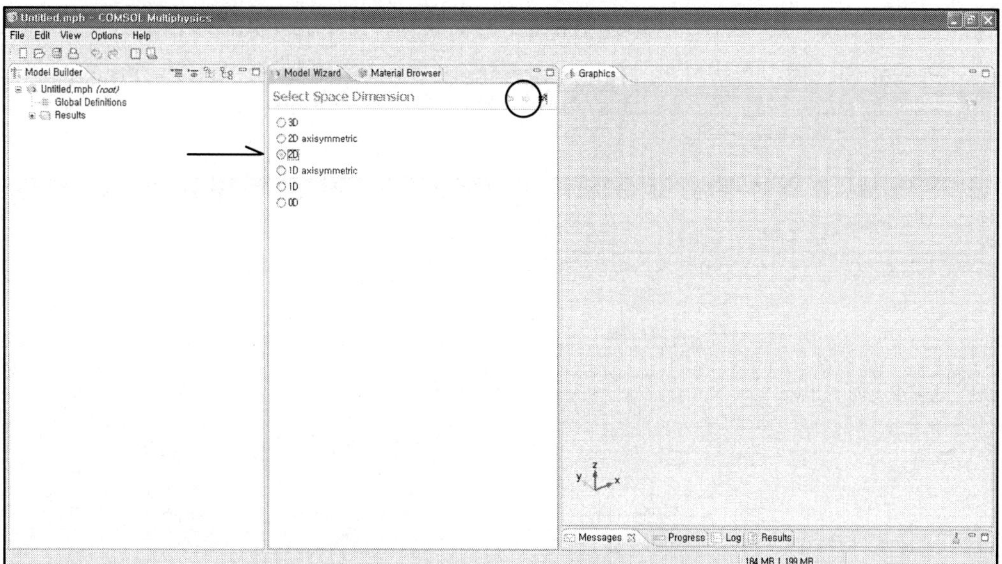

그림 19-1-1 'Select Space Dimension' - '2D'로 선택하기

1-2. 그림 19-1-2와 같이 'Model Wizard' 페이지의 'Add Physics' 윈도우에서 'Fluid flow' 항목의 하부 항목인 'Fluid-Structure Interaction (fsi)'를 더블클릭하여 선택하고, 상단의 'Next' 버튼 ⇨을 누른다.

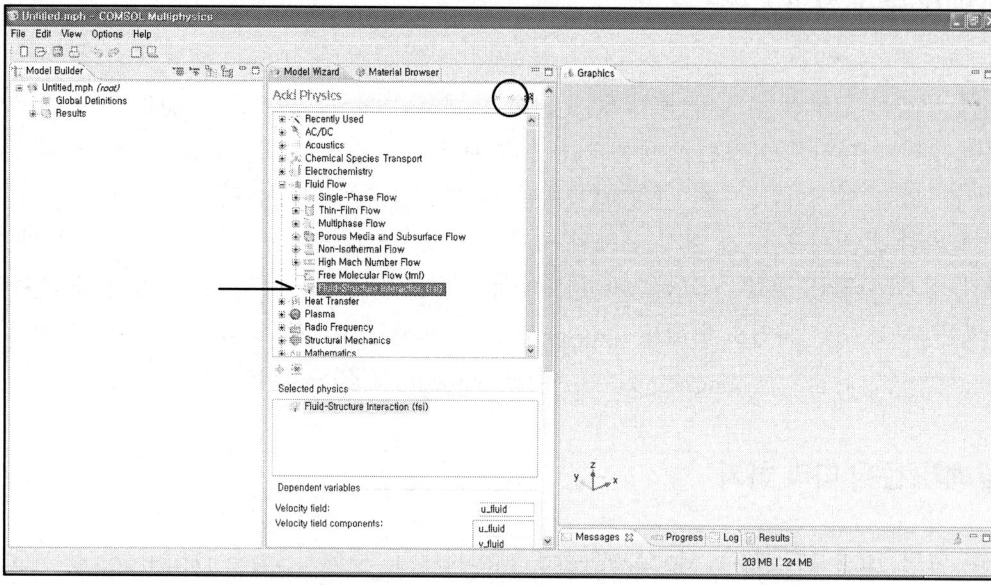

그림 19-1-2 'Fluid flow'에서 'Fluid-Structure Interaction (fsi)'로 선택하기

1-3. 그림 19-1-3과 같이 'Model Wizard' 페이지의 'Select Study Type' 윈도우에서 'Preset Studies' 항목에서, 'Time Dependent'를 선택한 다음, 상단의 'Finish' 버튼을 누른다.

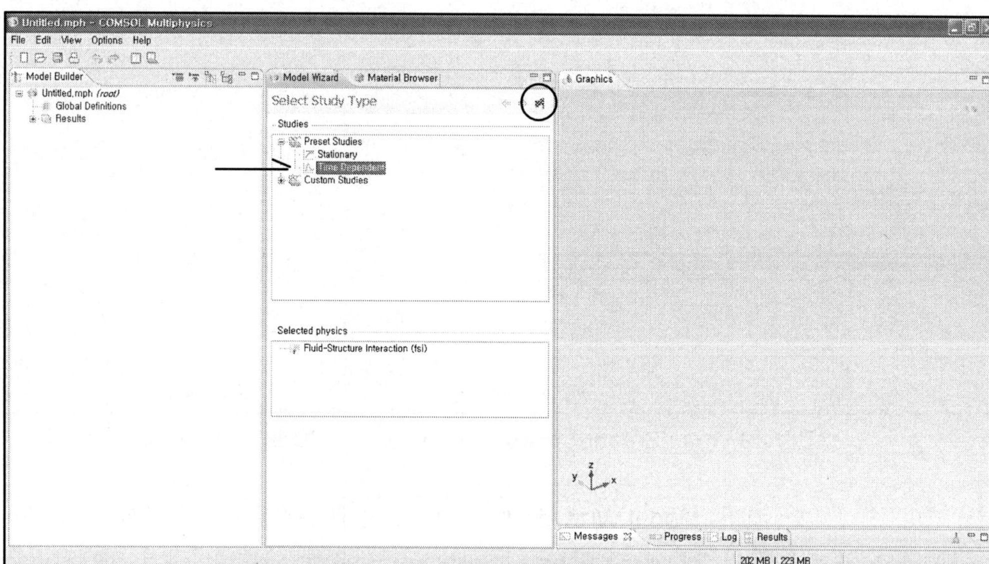

그림 19-1-3 'Time Dependent' 선택하기

2-1. 그림 19-2-1과 같이 사각형 모델링을 하기 위해서, 'Model Builder' 페이지에서 'Geometry 1'을 마우스 오른쪽 버튼을 클릭하여 나타난 메뉴 중 'Rectangle'를 선택한다.

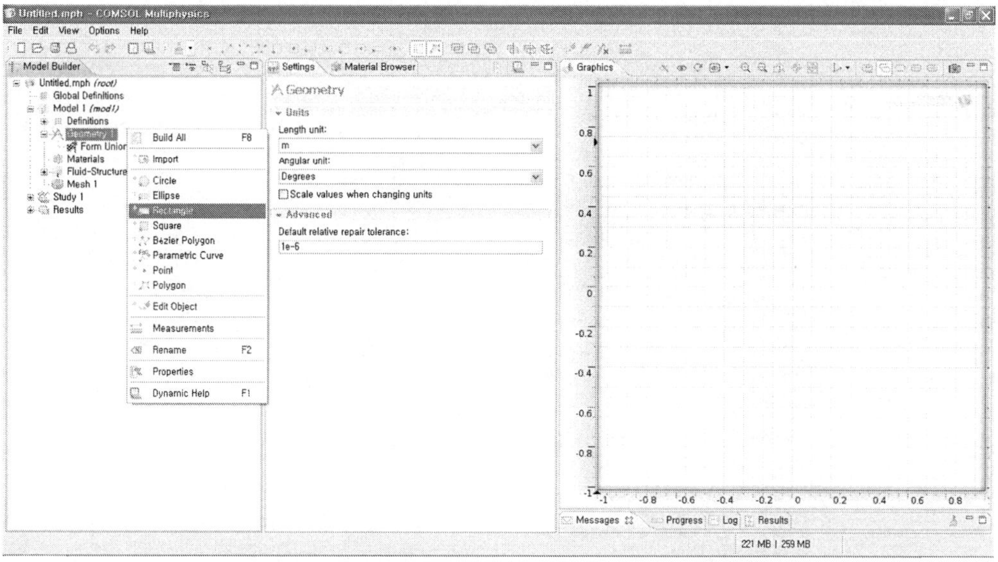

그림 19-2-1 'Geometry 1', 'Rectangle' 선택하기

2-2. 그림 19-2-2와 같이 오른쪽의 'Settings' 페이지에 나타난 'Rectangle' 윈도우의 'Size' 항목의 Width: '3e-4', Height: '1e-4'로 타입하고 상단의 'Build All' 버튼을 클릭한다.

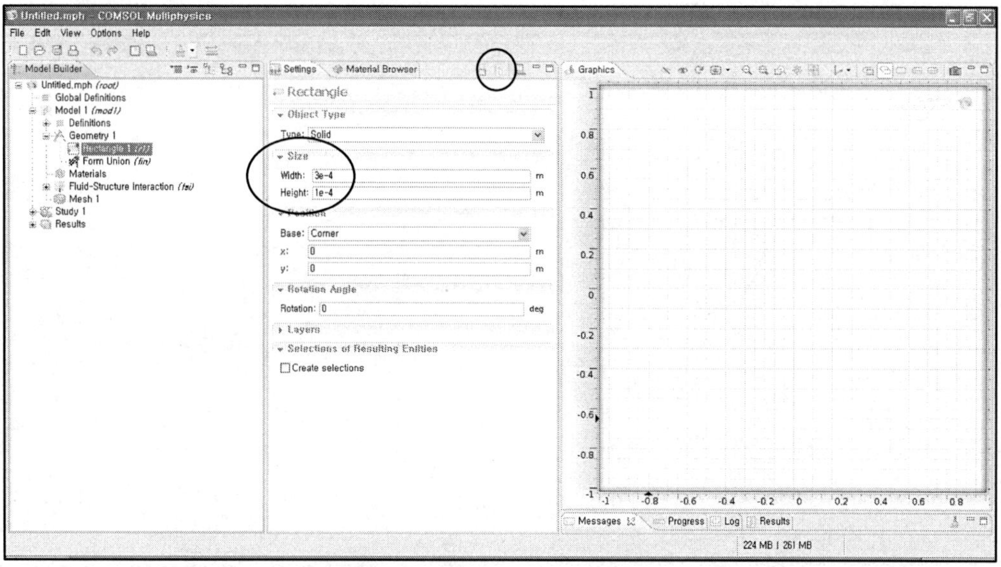

그림 19-2-2 'Settings' 페이지에 나타난 'Rectangle' 설정하기

2-3. 그림 19-2-3과 같이 또 하나의 사각형 모델링을 하기위해서, 'Model Builder' 페이지에서 'Geometry 1'을 마우스 오른쪽 버튼을 클릭하여 나타난 메뉴 중 'Rectangle'를 선택한다.

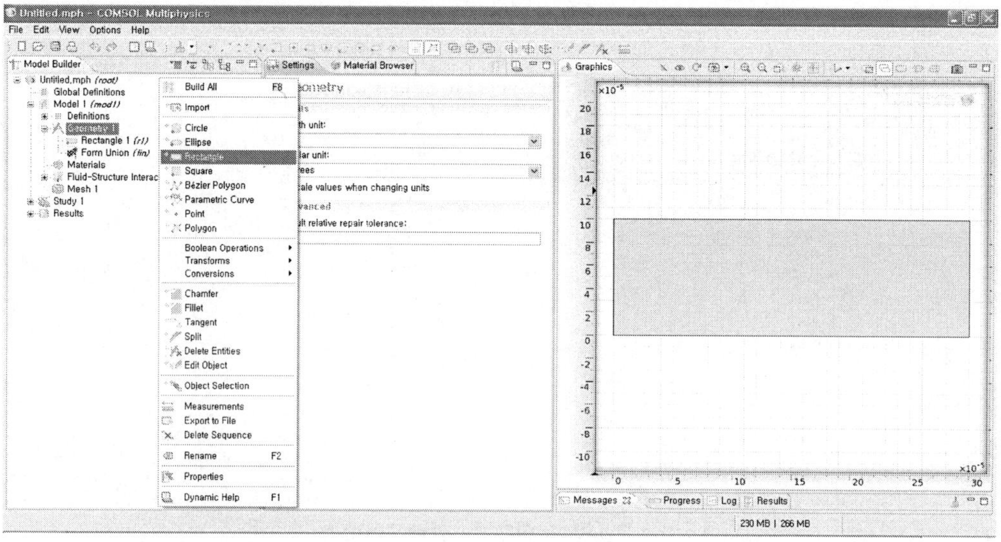

그림 19-2-3 'Geometry 1', 'Rectangle' 선택하기

2-4. 그림 19-2-4와 같이 오른쪽의 'Settings' 페이지에 나타난 'Rectangle' 윈도우의 'Size' 항목의 Width: '5e-6', Height: '5e-5'로 타입하고 'Position' 항목의 'x:'에는 '1.475e-4', 'y:'에는 '0'로 타입한 후 상단의 'Build All' 버튼을 클릭한다.

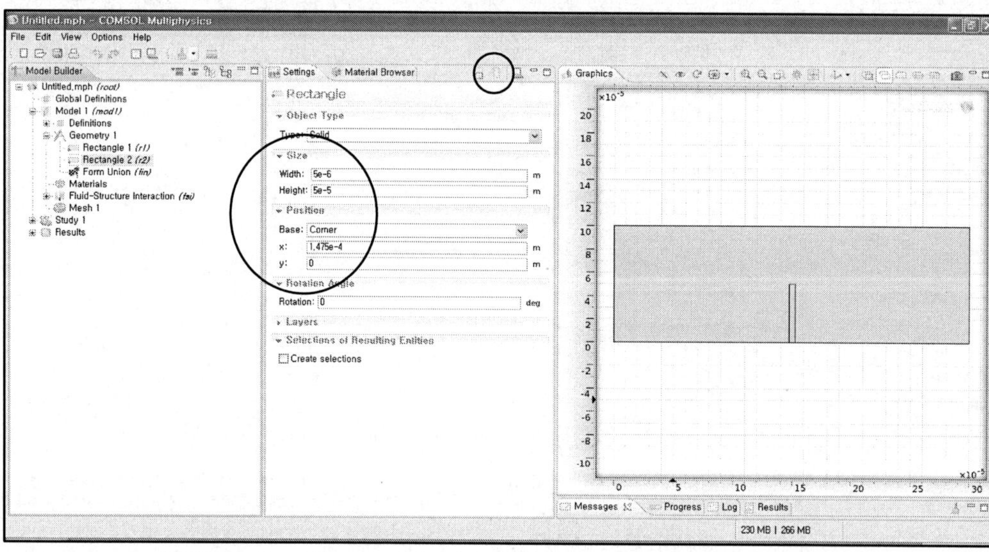

그림 19-2-4 'Settings' 페이지에 나타난 'Rectangle' 설정하기

2-5. 그림 19-2-5와 같이 '원'을 모델링을 하기 위해서, 'Model Builder' 페이지에서 'Geometry 1'을 마우스 오른쪽 버튼을 클릭하여 나타난 메뉴 중 'Circle'를 선택한다.

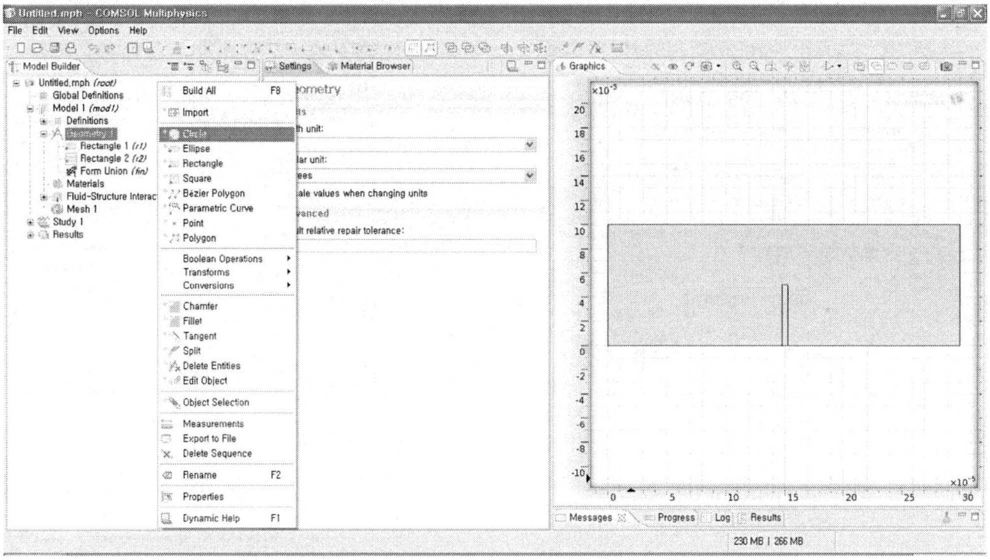

그림 19-2-5 'Geometry 1', 'Circle' 선택하기

2-6. 그림 19-2-6과 같이 오른쪽의 'Settings' 페이지에 나타난 'Circle' 윈도우의 'Size and Shape' 섹션의 Radius: '2.5e-6'로 타입하고 'Position' 섹션의 'x:'에는 '1.5e-4', 'y:'에는 '5e-5'로 타입한 후 상단의 'Build All' 버튼을 클릭한다.

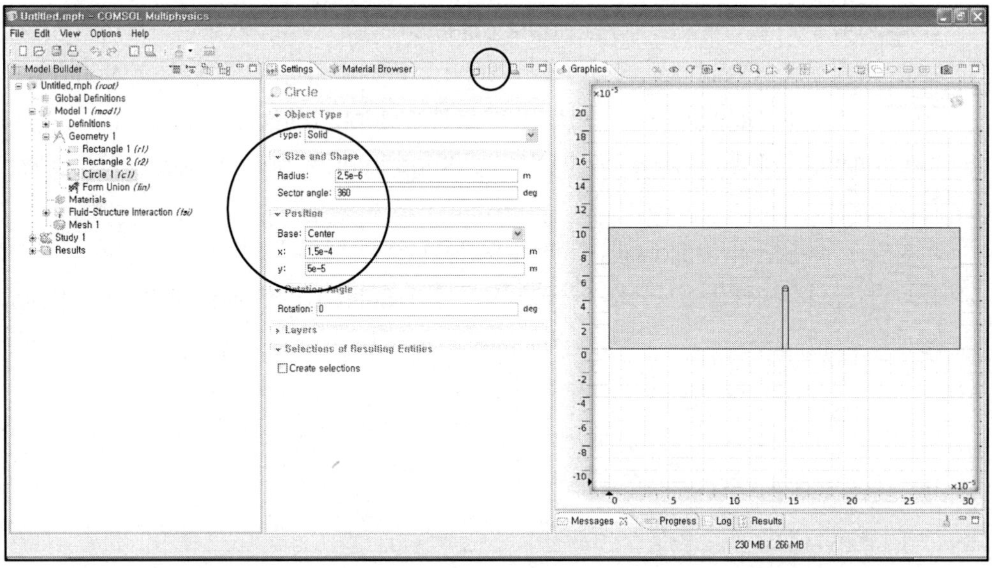

그림 19-2-6 'Settings' 페이지에 나타난 'Circle' 설정하기

3-1. 그림 19-3-1과 같이 'Model Builder' 페이지에서 'Geometry 1'을 선택하고, 마우스 오른쪽 버튼을 눌러 'Boolean Operations' - 'Compose'를 선택한다.

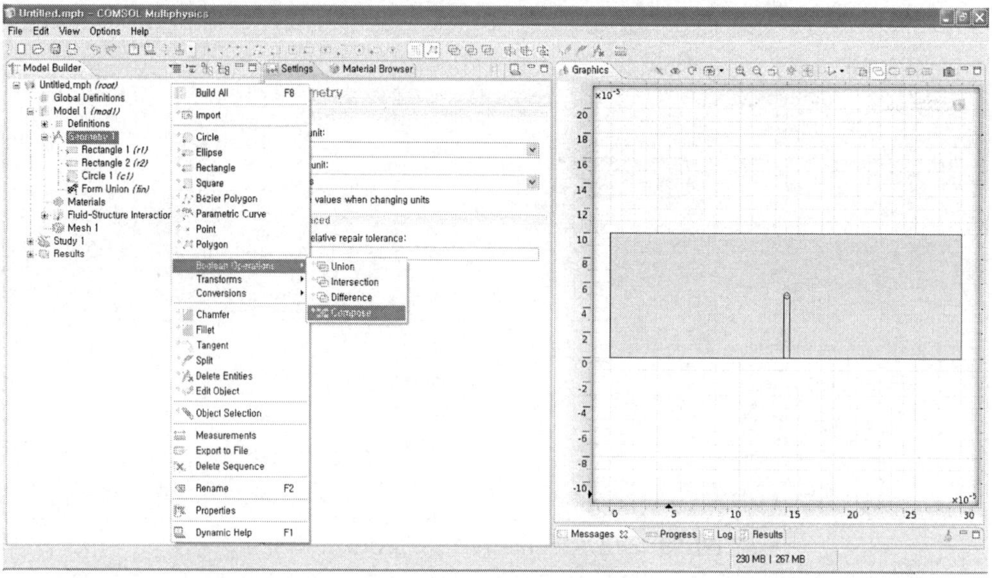

그림 19-3-1 'Model Builder' 페이지, 'Boolean Operations' - 'Compose' 선택하기

3-2. 그림 19-3-2와 같이 'Model Builder' 페이지에서 'Compose 1'을 선택한다.
'Graphics' 페이지에서 Solid 'r2'를 클릭하여 선택하고, 'Settings' 페이지의 'Add to Selection' 버튼을 클릭하여 'Input objects:' 리스트에 추가한다.
같은 방법으로 'Graphics' 페이지에서 Solid 'c1'을 클릭하여 선택하고, 'Settings' 페이지의 'Add to Selection' 버튼을 클릭하여 'Input objects:' 리스트에 추가한다.
'Set formula:' 부분에 'r2+c1'로 타입하고, 'Keep interior boundaries'는 체크 해제한다.
마지막으로 상단의 'Build All' 버튼을 클릭한다.
그러면 앞의 과정 '2-3' ~ '2-6'에서 생성했던 Solid 'c1', Solid 'r2'를 합한 Solid가 형성된다.

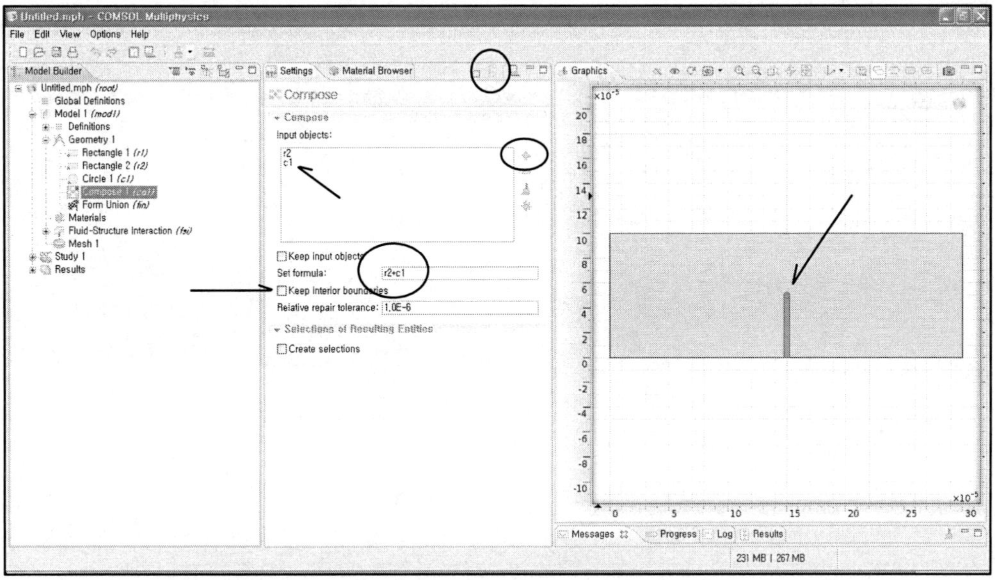

그림 19-3-2 'Compose' 수행하기

4. 표 19-1의 변수를 정의하기 위하여 그림 19-4와 같이 'Model Builder' 페이지에서 'Global Definitions'를 오른쪽 마우스 클릭하여 'Parameters'를 생성한 후 오른쪽의 'Settings' 페이지의 'Parameters' 윈도우에서 상수를 표 19-1의 값과 같이 타입한다.

표 19-1

Name	Expression	Value
eta	1e-3	0,001
rho	1000	1000
U	1,5e-2	0,015
E	200e3	200000,0
H	1e-4	1,0E-4

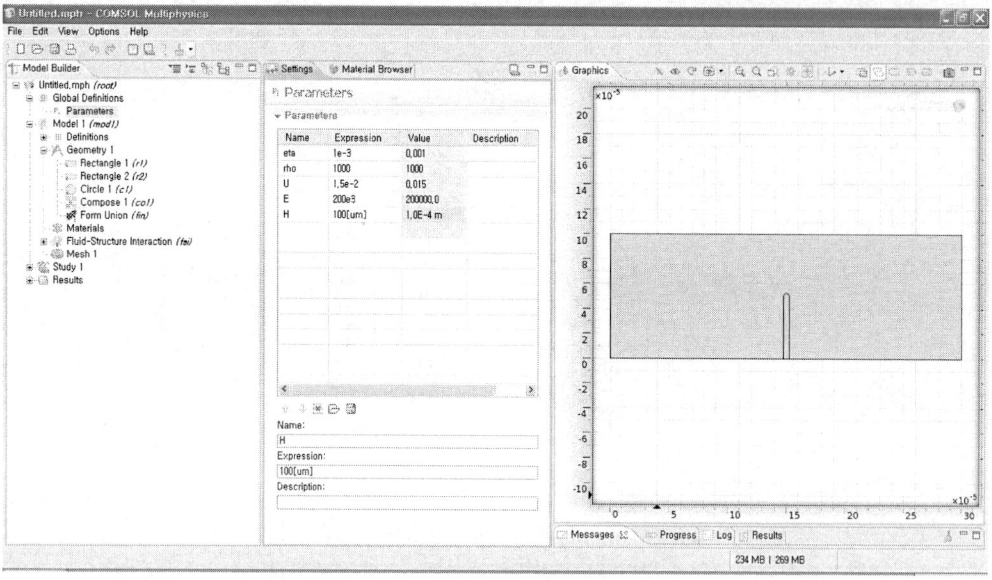

그림 19-4 'Parameters' 설정하기

5. 그림 19-5와 같이 'Model Builder' 페이지에서 'Definitions'를 오른쪽 마우스 클릭하여 'Variables'를 생성한 후 오른쪽의 'Settings' 페이지의 'Variables' 윈도우에서 변수를 다음과 같이 타입한다.

Name: u_in Expression: U*t^2/sqrt(t^4-0.07[s^2]*t^2+0.0016[s^4])

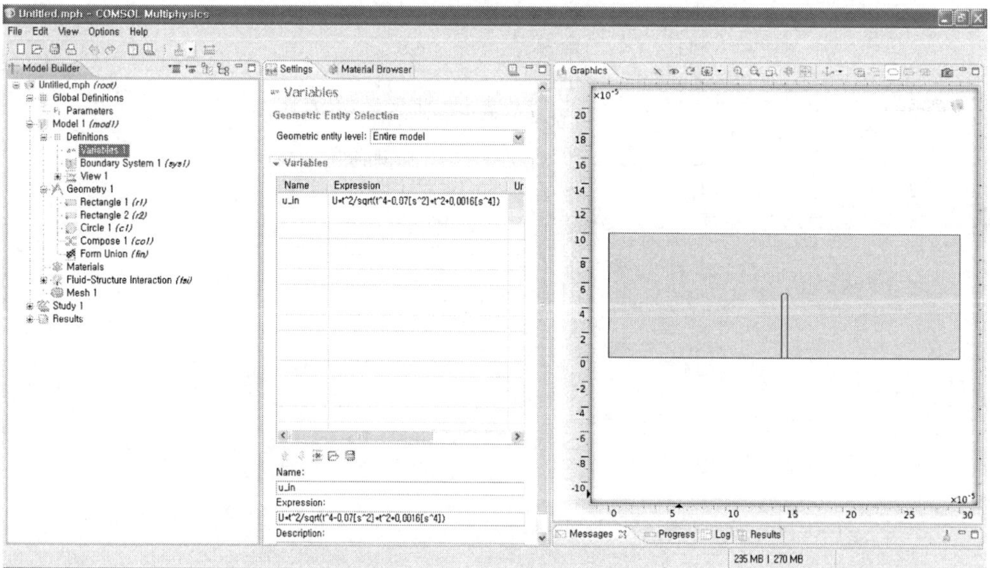

그림 19-5 'Variables' 설정하기

6-1. 이제 모델의 물성치를 정의하기 위해 'Model Builder' 페이지에서 'Materials'를 오른쪽 마우스 클릭하여 'Material'을 선택한다.

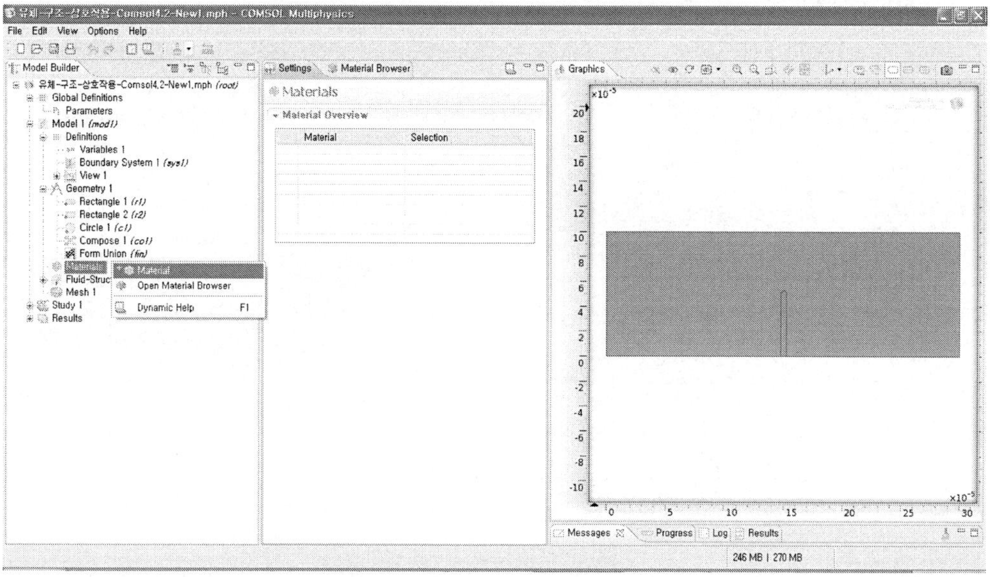

그림 19-6-1 'Material' 추가하기

6-2. 추가된 'Material 1' 아래의 'Basic'을 선택하고 'Settings' 페이지의 'Output Properties'를 선택하여 전개하자.

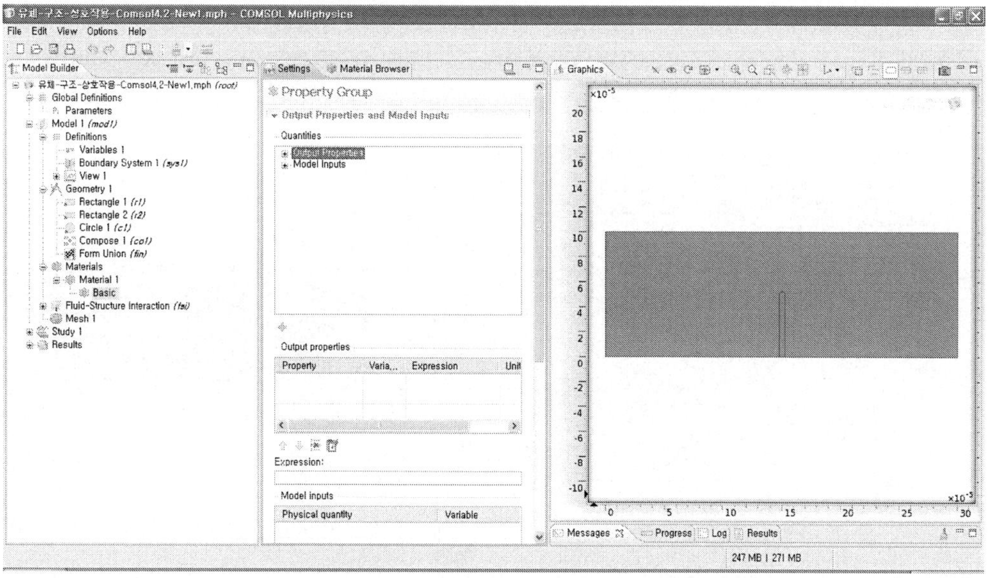

그림 19-6-2 'Material 1', 'Basic', 'Output Properties' 선택하기

6-3. 'Output Properties'를 전개한 후 항목 중 'Density'를 클릭하고 'Add' ✚ 버튼을 클릭하면 아래의 'Output Properties'에 물성치 항목 'Density'가 추가된다. 'Expression:'에 '1e3'을 타입하자.

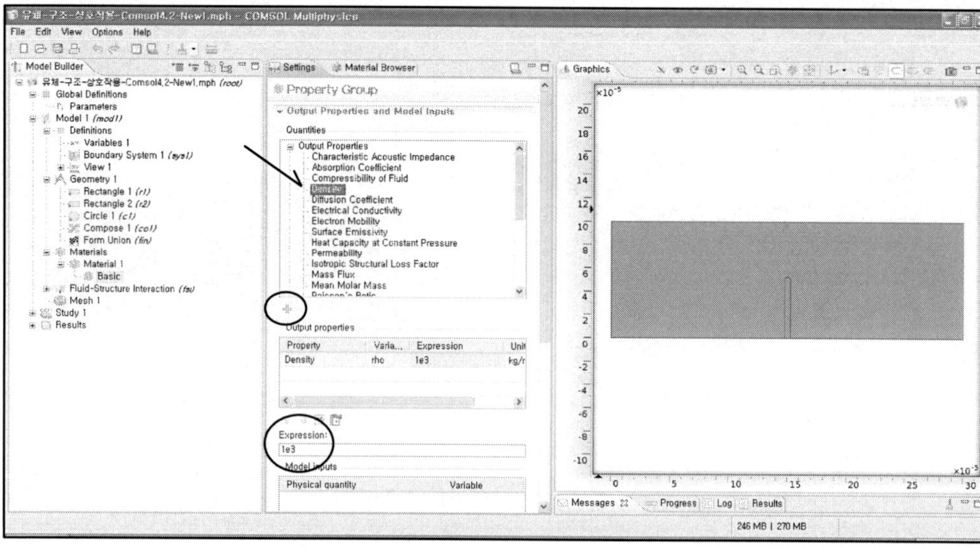

그림 19-6-3 물성치 'Density' 설정하기

6-4. 동일한 방법으로 'Output Properties' 내부 항목 중 'Dynamic viscosity'를 클릭하고 'Add' ✚ 버튼을 클릭하면 아래의 'Output Properties'에 물성치 'Dynamic viscosity'가 추가된다. 'Expression:'에 '1e-3'을 타입하자.

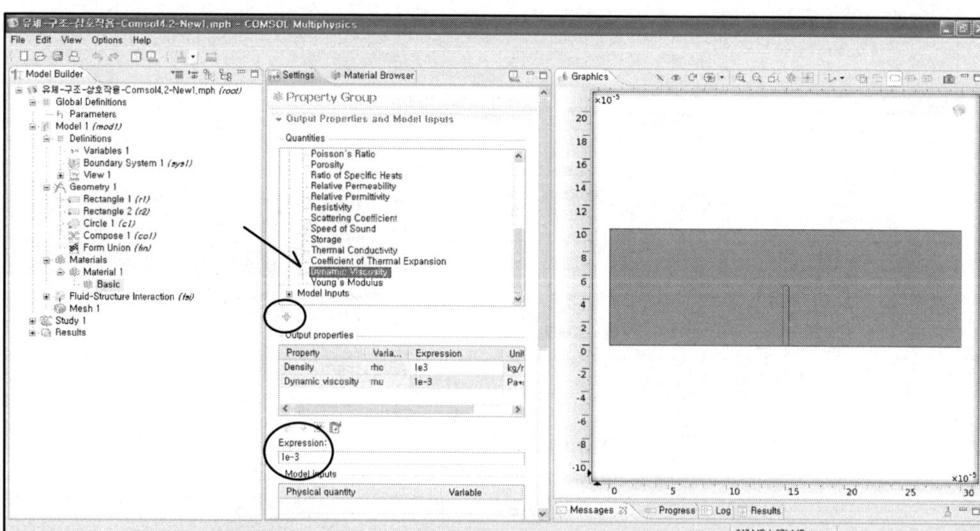

그림 19-6-4 물성치 'Dynamic viscosity' 설정하기

6-5. 앞의 6-1 과정과 동일하게 'Model Builder' 페이지에서 'Materials'를 오른쪽 마우스 클릭하여 'Material'을 선택한다.

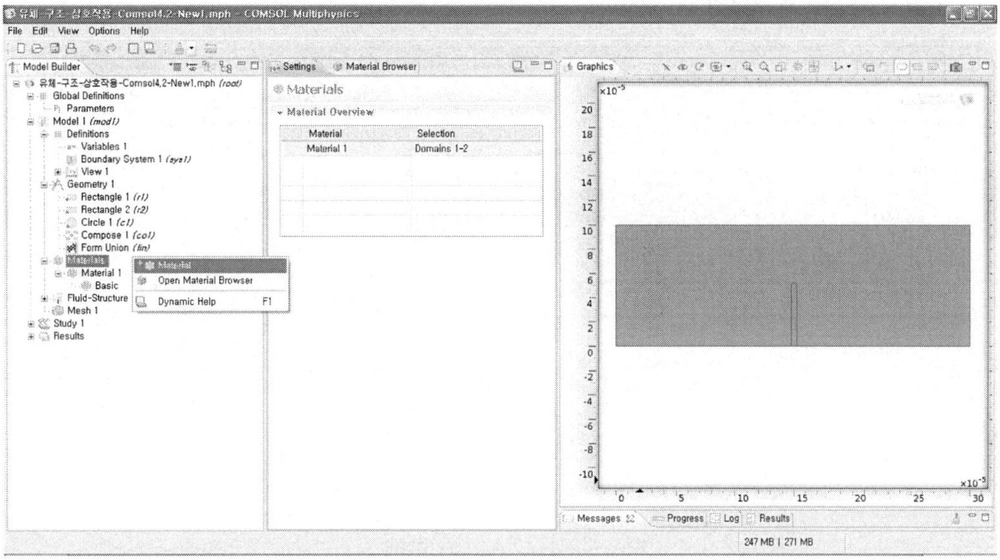

그림 19-6-5 'Material' 추가하기

6-6. 앞 과정과 동일한 방법으로 'Output Properties' 내부 항목 중 'Young's Modulus'를 클릭하고 'Add' 버튼을 클릭하여 아래의 'Output Properties'에 물성치 'Young's Modulus'를 추가하자. 'Expression:'에 '2e5'를 타입하자.

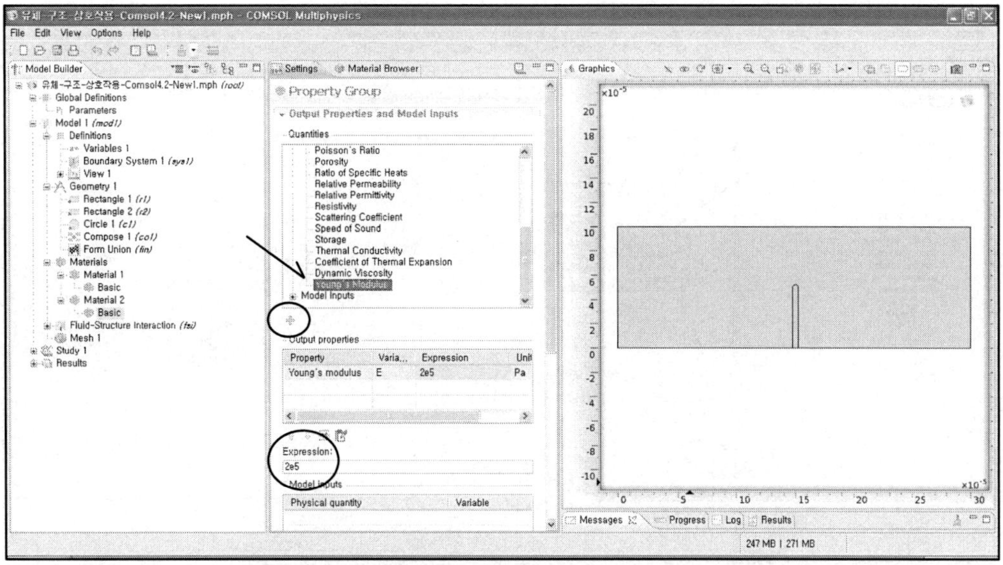

그림 19-6-6 물성치 'Dynamic viscosity' 설정하기

6-7. 'Output Properties' 내부 항목 중 'Poisson's ratio'를 클릭하고 'Add' ✚ 버튼을 클릭하여 아래의 'Output Properties'에 물성치 'Poisson's Ratio'를 추가하자. 'Expression:'에 '0.33'을 타입하자.

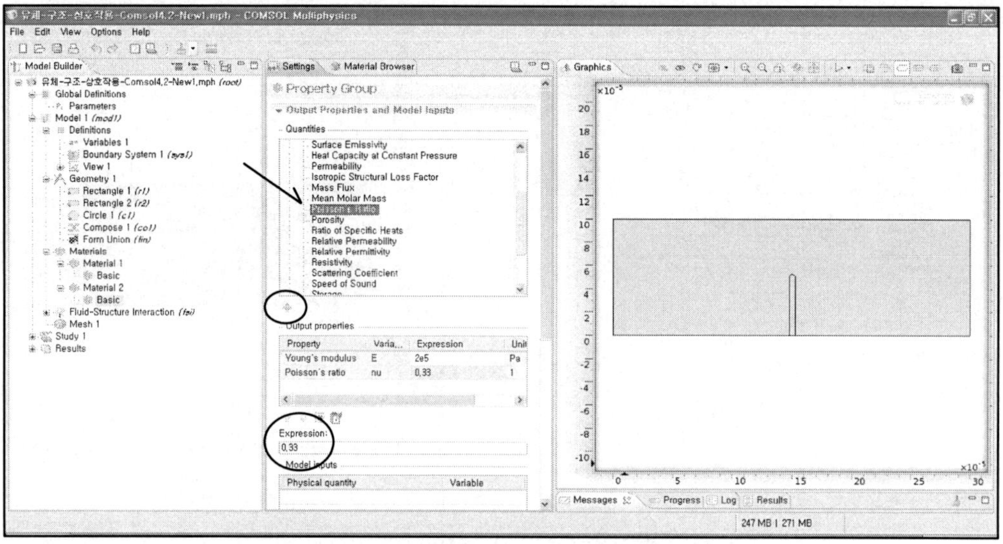

그림 19-6-7 물성치 'Poisson's Ratio' 설정하기

6-8. 'Output Properties' 내부 항목 중 'Density'를 클릭하고 'Add' ✚ 버튼을 클릭하여 아래의 'Output Properties'에 물성치 'Density'를 추가하자. 'Expression:'에 '7850'을 타입하자.

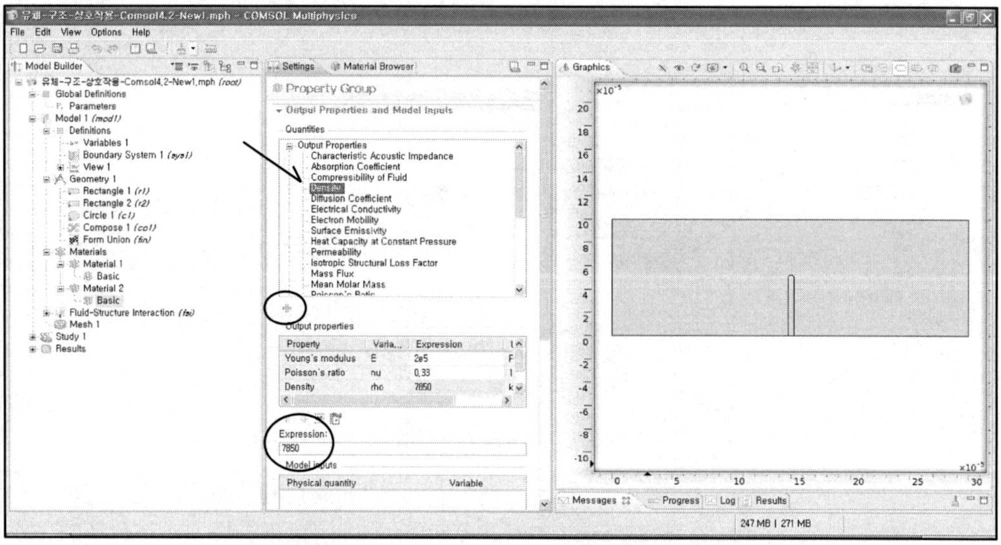

그림 19-6-8 물성치 'Density' 설정하기

6-9. 'Model Builder' 페이지에서 'Materials' - 'Material 1'을 클릭하고 'Settings' 페이지에서 'Selection:' 부분에서 '1', '2'가 함께 존재하는데, 'Domain', '2'를 'Remove from Selection' 버튼을 클릭하여 삭제하자. 이것은 'Material 1'을 'Domain', '1' (유체)로 설정한다는 의미이다. 'Material 2'는 'Domain', '2' (고체)로 설정한다.

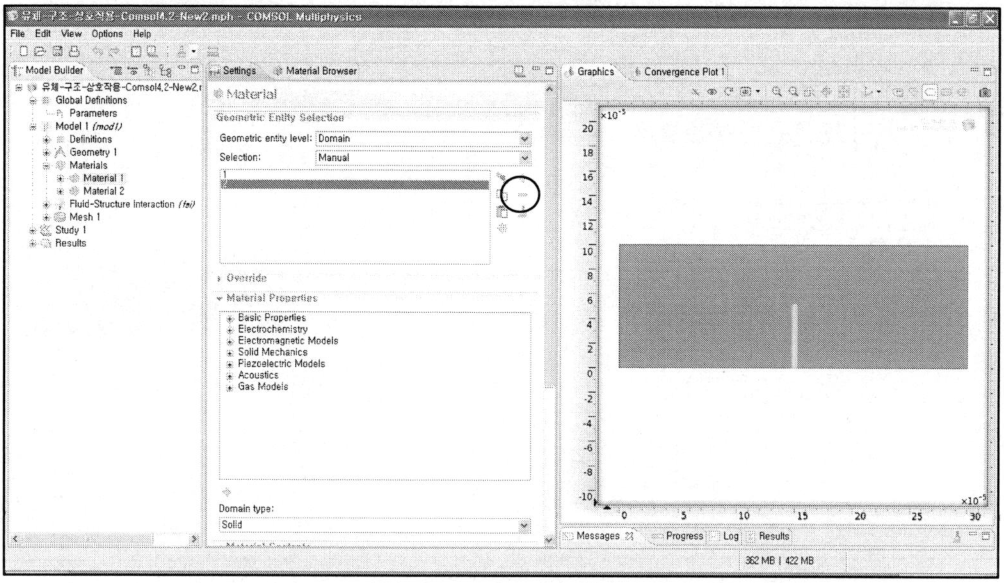

그림 19-6-9 'Materials' - 'Material 1', 'Domain', '1' 설정하기

7-1. 그림 19-7-1과 같이 'Model Builder' 페이지 상단의 'Show' 버튼을 클릭하여 나타난 서브 메뉴 중, 'Discretization'과 'Stabilization'을 클릭하여 활성화한다. 그러면 오른쪽의 'Settings' 페이지에 'Consistent Stabilization' 부분과 'Discretization' 부분이 나타난다.

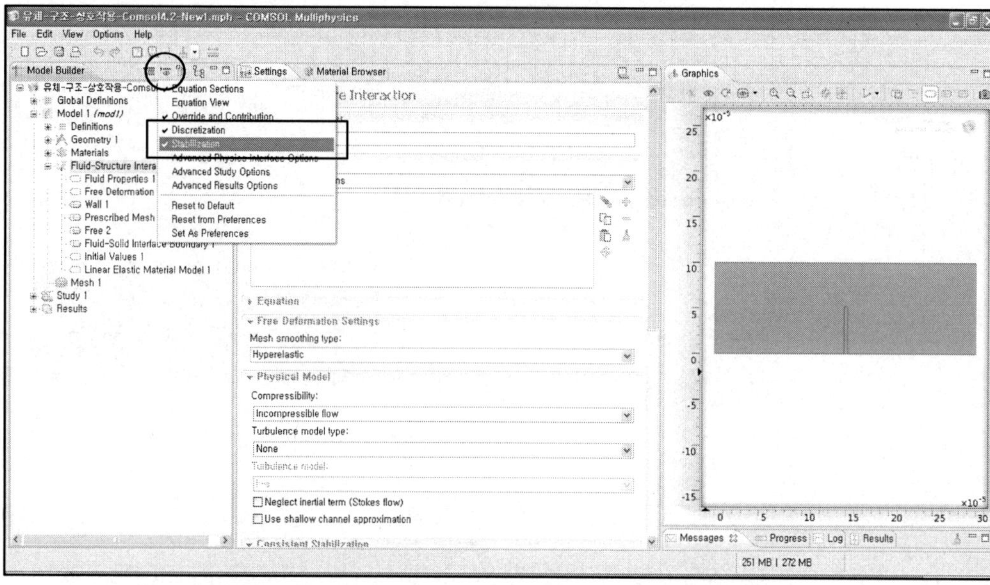

그림 19-7-1 'Discretization', 'Stabilization' 체크하기

7-2. 그림 19-7-2에 나타난 것처럼 다음과 같이 세팅하자.

'Consistent Stabilization' 부분 세팅

Navier-Stokes equations부분

'Streamline diffusion'과 'Crosswind diffusion'의 체크된 상태를 확인하고,

Tuning parameter: 의 Ck를 '1'로 세팅하라.

'Inconsistent Stabilization' 부분 세팅

Navier-Stokes equations 부분

Isotrofic diffusion은 체크 해제된 상태를 확인하자.

'Discretization' 부분

Discretization of fluids: 'P1+P1'으로 세팅하라.

Displacement field: 'Quadratic'으로 세팅하라.

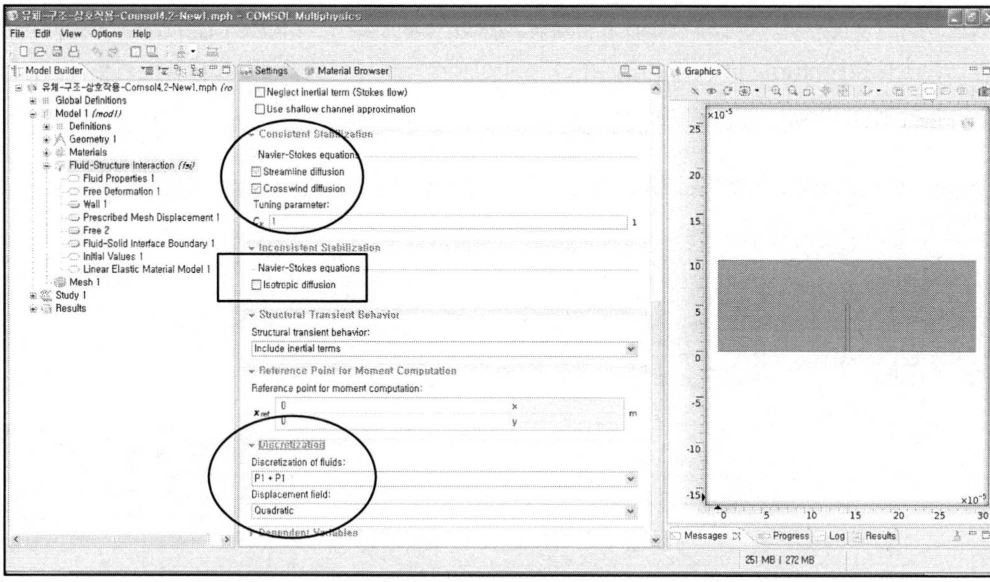

그림 19-7-2 'Consistent Stabilization' 부분과 'Discretization' 부분 설정하기

7-3. 기타 부분을 세팅하자. 그림 19-7-3과 같이 'Settings' 페이지에서 'Free Deformation Settings' 섹션의 'Mesh smoothing type:' 부분을 'Hyperelastic'으로 설정하고, 'Physical Model' 섹션의 'Compressibility:' 부분을 'Incompressible flow'로 선택하라. 'Turbulence model type:' 부분은 'None'으로 선택하라.

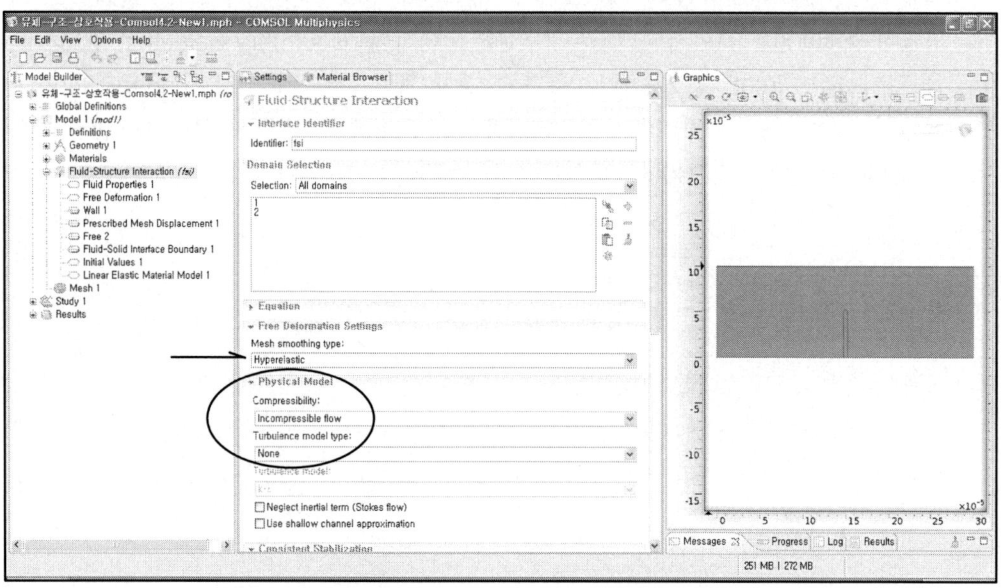

그림 19-7-3 기타 부분 설정하기

8-1. 경계조건을 설정하기 위해서 그림 19-8-1과 같이 'Model Builder' 페이지에서 'Fluid-Structure Interaction (fsi)'를 오른쪽 마우스 클릭하여 나타난 메뉴 중 'Laminar Flow' - 'Inlet'을 선택한다.

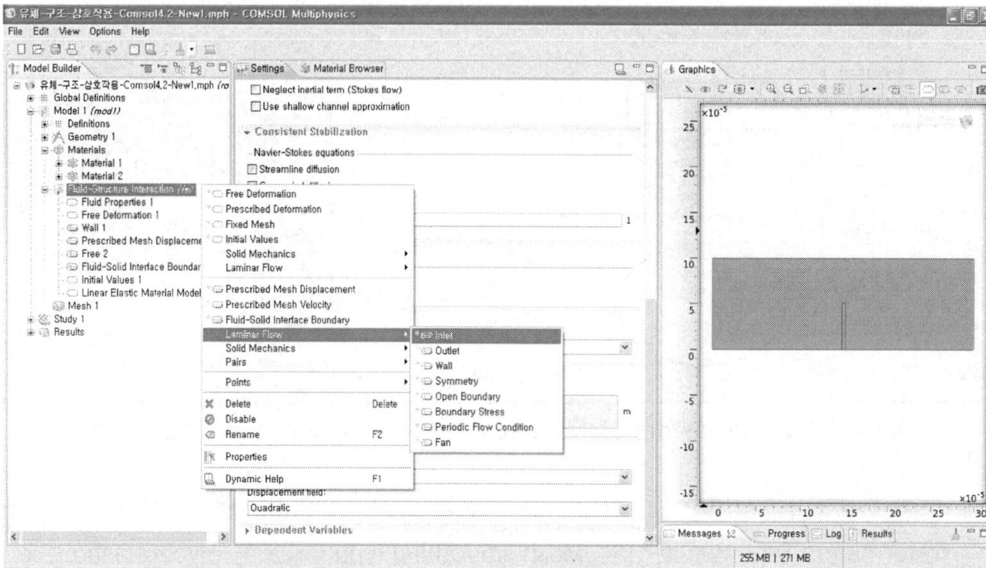

그림 19-8-1 경계조건 설정 - 'Inlet' 생성하기

8-2. 그림 19-8-2와 같이 오른쪽 'Graphics' 페이지에서 모델의 경계 '1'을 선택하고 다시 왼쪽의 'Settings' 페이지에서 ✚ 기호를 클릭하여 'Boundary Selection'에 경계 '1'을 추가한다. 'Inlet' 윈도우에서 추가된 경계 '1'을 선택하고, 'Boundary Condition' 섹션은 'Velocity'로 경계조건을 설정하고, 'Velocity' 섹션에서는 'Normal inflow velocity'를 선택하고, 'U0'의 값으로는 'u_in*6*(H-Y)*Y/H^2'로 타입한다.

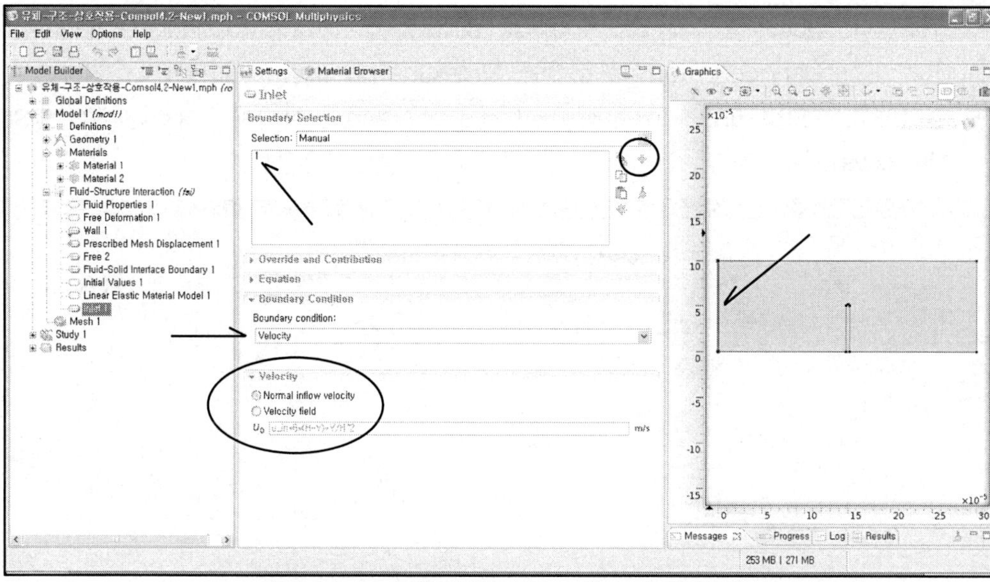

그림 19-8-2 경계조건 설정 – 'Inlet' 설정하기

9-1. 그림 19-9-1과 같이 'Model Builder' 페이지에서 'Fluid-Structure Interaction (fsi)'를 오른쪽 마우스 클릭하여 나타난 메뉴 중 'Laminar Flow' – 'Outlet'을 선택한다.

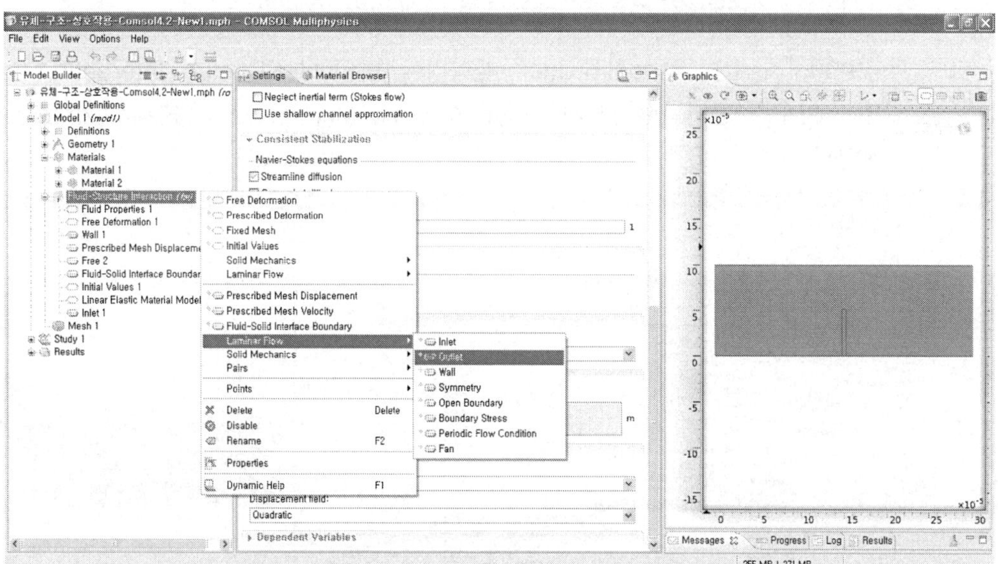

그림 19-9-1 경계조건 설정 – 'Outlet' 생성하기

9-2. 그림 19-9-2와 같이 오른쪽 'Graphics' 페이지에서 모델의 경계 '8'을 선택하고 다시 왼쪽의 'Settings' 페이지에서 ✚기호를 클릭하여 'Boundary Selection'에 경계 '8'을

추가한다. 'Outlet' 윈도우에서 추가된 경계 '8'을 선택하고, 'Boundary Condition' 섹션의 'Boundary condition:' 부분에는 'Pressure, no viscous stress'로 경계조건을 설정하고, 'Pressure:' 부분에는 '0'을 타입한다. 여기서 압력은 'COMSOL Multiphysics'에서는 대기 압력 대신 게이지 압력을 사용한다.

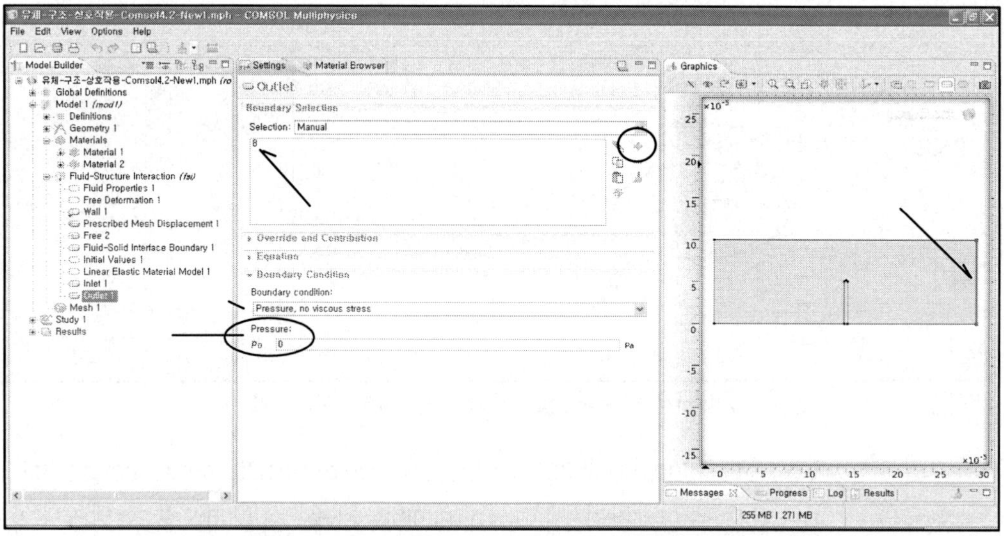

그림 19-9-2 경계조건 설정 - 'Outlet' 생성하기

10-1. 그림 19-10-1과 같이 'Model Builder' 페이지에서 'Fluid-Structure Interaction (fsi)'를 오른쪽 마우스 클릭하여 나타난 메뉴 중 'Solid Mechanics' - 'Fixed Constraint'를 선택한다.

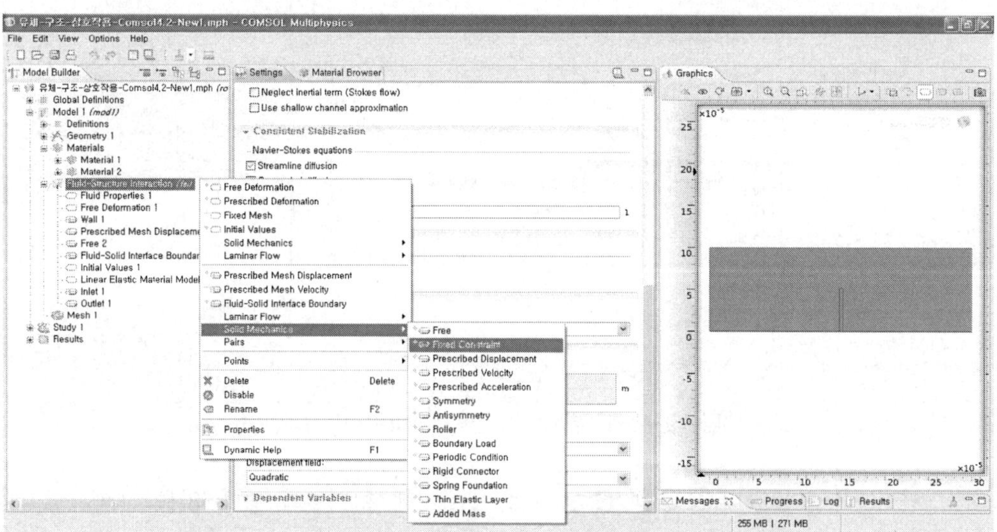

그림 19-10-1 경계조건 설정 - 'Fixed Constraint' 생성하기

10-2. 소영역 설정을 위해서 그림 19-10-2와 같이 'Model Builder' 페이지에서 'Fluid-Structure Interaction (fsi)' 아래의 'Linear Elastic Material Model 1'을 클릭하여 선택한 후, 오른쪽 'Graphics' 페이지에서 영역 '2'를 선택하고 다시 왼쪽의 'Settings' 페이지에서 ✚기호를 클릭하여 'Domian Selection'에 영역 '2'를 추가한다. 나머지 설정 항목들은 디폴트로 둔다.

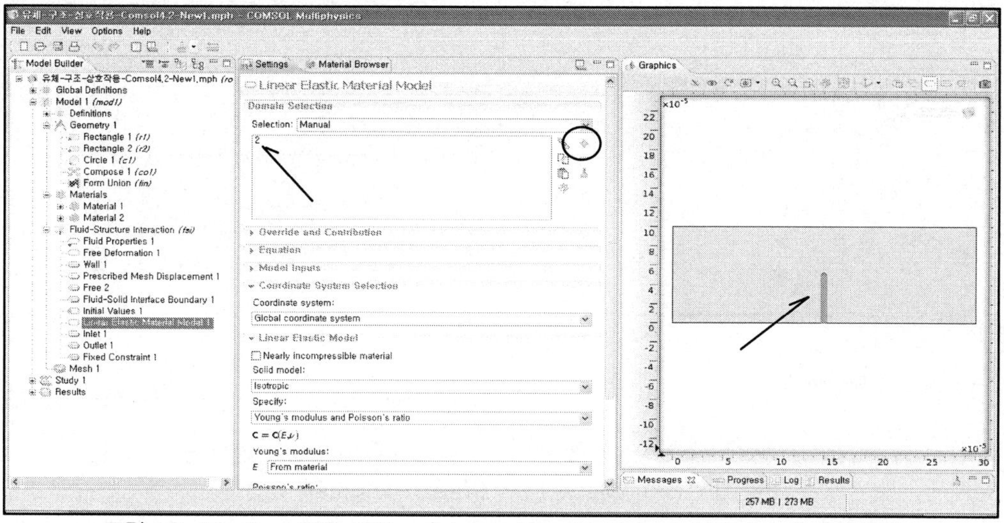

그림 19-10-2 소영역 설정 - 'Linear Elastic Material Model 1' 설정하기

11. 그림 19-11과 같이 오른쪽 'Graphics' 페이지에서 모델의 경계 '5'를 선택하고 다시 왼쪽의 'Settings' 페이지에서 ✚ 기호를 클릭하여 'Boundary Selection'에 경계 '5'를 추가한다.

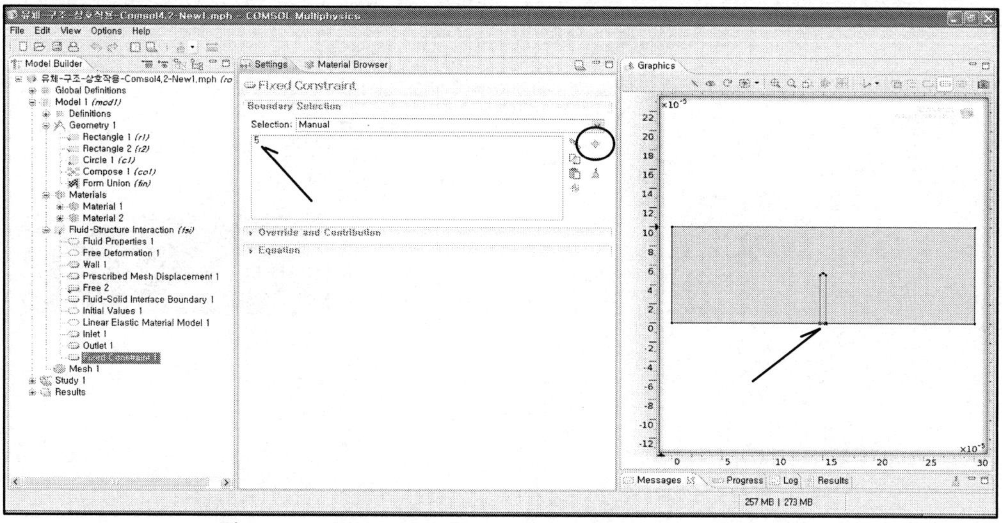

그림 19-11 경계조건 설정 - 'Fixed Constraint' 설정하기

12-1. 컴퓨터 도메인에 메쉬 격자를 생성시키기 위해서 그림 19-12-1과 같이 'Model Builder' 페이지에서 'Mesh 1'을 오른쪽 마우스 클릭하여 나타난 메뉴 중 'Free Triangular'를 선택하자.

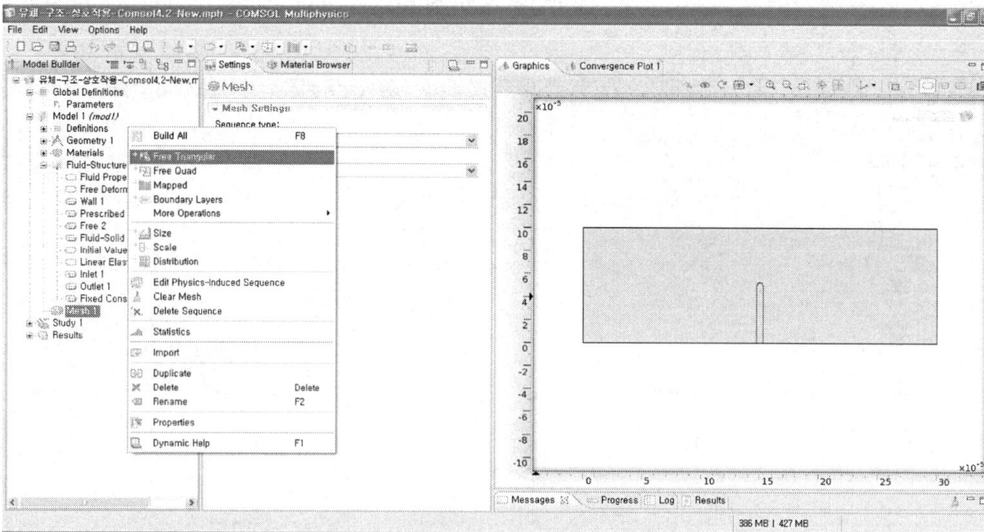

그림 19-12-1 'Mesh 1' - 'Free Triangular' 생성하기

12-2. 'Mesh 1'을 'Size'를 선택하고 오른쪽의 'Settings' 페이지에서 'Element Size' 섹션의 'Calibrate for:' 부분을 'Fluid dynamics'로 선택하고 아래의 'Predefined'를 선택하고 메쉬 크기를 'Fine'으로 선택 후 상단의 'Build All' 버튼을 클릭하라.

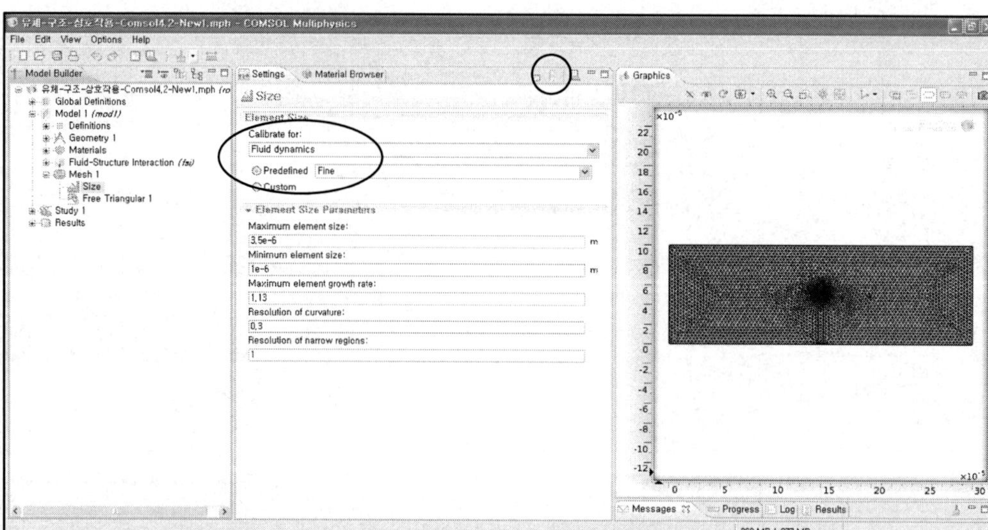

그림 19-12-2 'Mesh 1' - 'Size' 설정하기

13-1. 그림 19-13-1과 같이 'Model Builder' 페이지에서 'Study 1'을 오른쪽 마우스 클릭하여 나타난 메뉴 중 'Show Default Solver'를 선택하자.

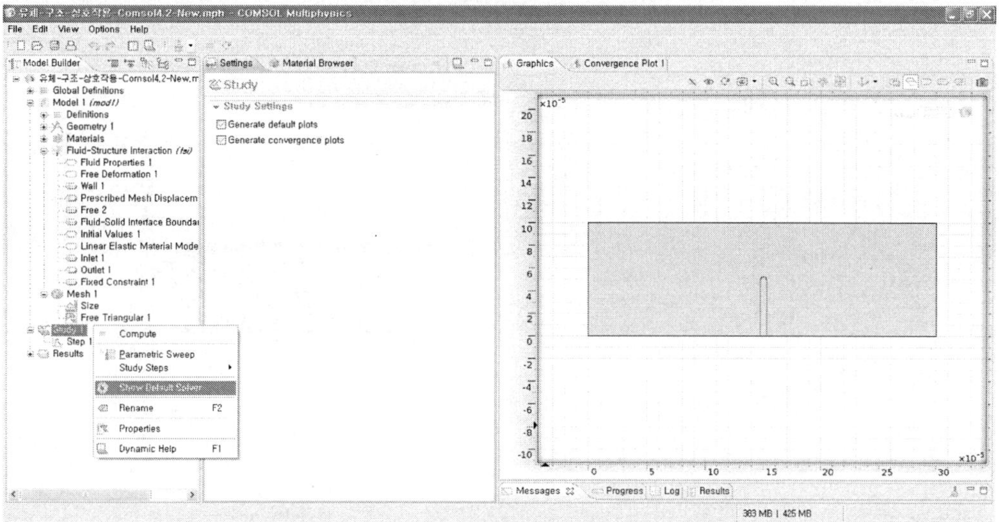

그림 19-13-1 'Show Default Solver' 선택하기

13-2. 그림 19-13-2와 같이 'Model Builder' 페이지에서 'Study 1' – 'Step 1: Time Dependent'를 클릭하고, 'Settings' 페이지의 'Time Dependent' 윈도우의 'Study Settings' 섹션의 'Times:' 부분을 'range(0,0.005,0.75) range(1,0.25,4)'로 타입하고, 'Relative tolerance:' 부분을 체크하고 '0.0001'로 설정하자. 툴바에서 버튼을 클릭하여 해석을 진행하자.

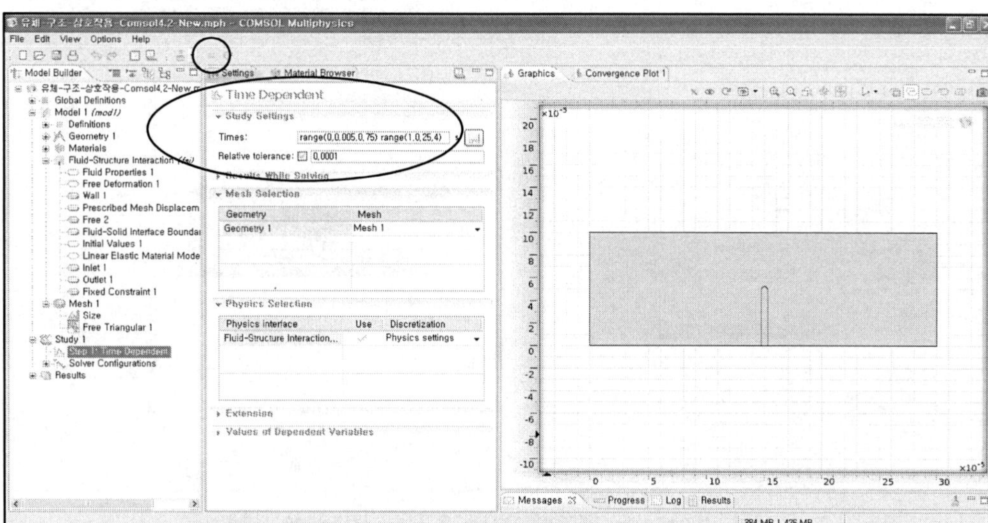

그림 19-13-2 'Study 1' – 'Step 1: Time Dependent' 설정하기, 해석 수행하기

13-3. 그림 19-13-3은 해석 결과를 보여준다.

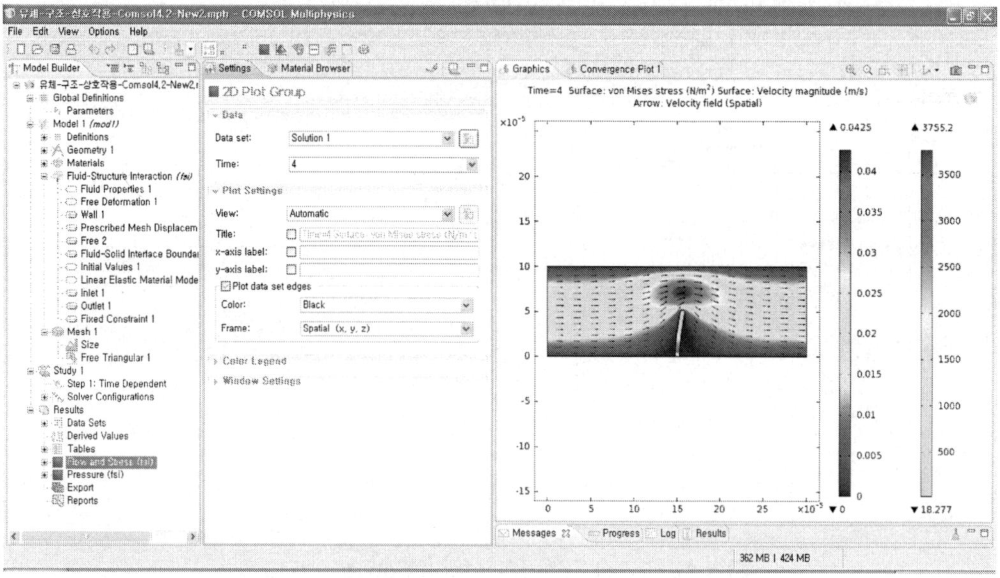

그림 19-13-3 해석 결과

13-4. 그림 19-13-4와 같이 'Model Builder' 페이지에서 'Flow and Stress (fsi)' – 'Arrow Surface 1'을 오른쪽 마우스 클릭하여 나타난 메뉴 중 'Disable'을 클릭하자.

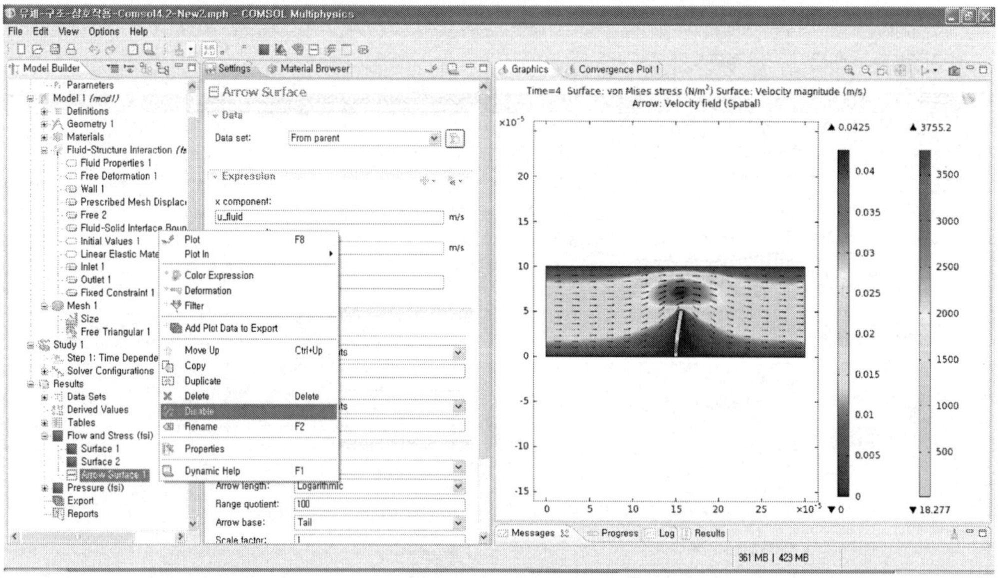

그림 19-13-4 'Arrow Surface 1'을 'Disable' 하기

13-5. 그림 19-13-5와 같이 'Model Builder' 페이지에서 'Flow and Stress (fsi)'를 오른쪽 마우스 클릭하여 나타난 메뉴 중 'Streamline'을 클릭하여 선택하자.

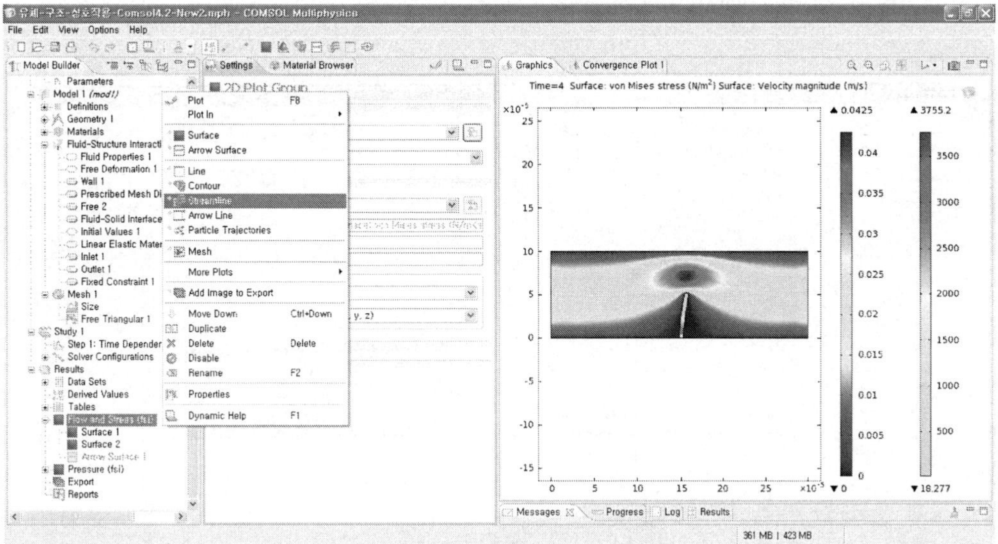

그림 19-13-5 'Streamline' 선택하기

13-6. 그림 19-13-6과 같이 'Model Builder' 페이지에 추가된 'Streamline 1'을 클릭하여 선택하고, 'Settings' 페이지에 'Streamline Positioning' 섹션의 'Positioning:' 부분을 'Start point controlled'로 선택하자.

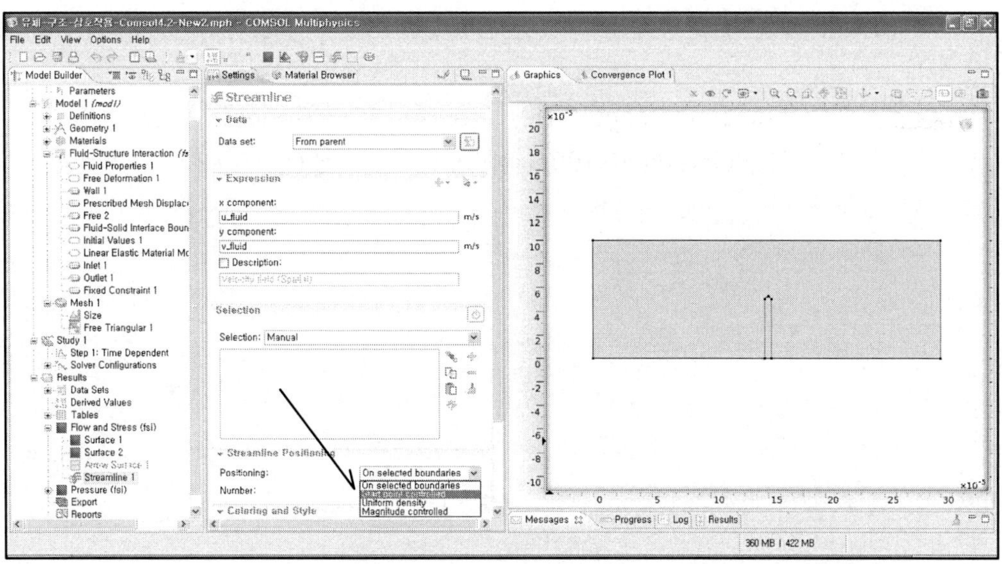

그림 19-13-6 'Streamline 1' - 'Streamline Positioning' 선택하기

13-7. 그림 19-13-7과 같이 'Streamline Positioning' 섹션의 'Positioning:' 부분을 'Start point controlled'로 설정하고, 'Coloring and Style' 섹션의 'Color:' 부분을 'Red'로 설정하고 상단의 'Plot' 버튼 을 클릭하자.

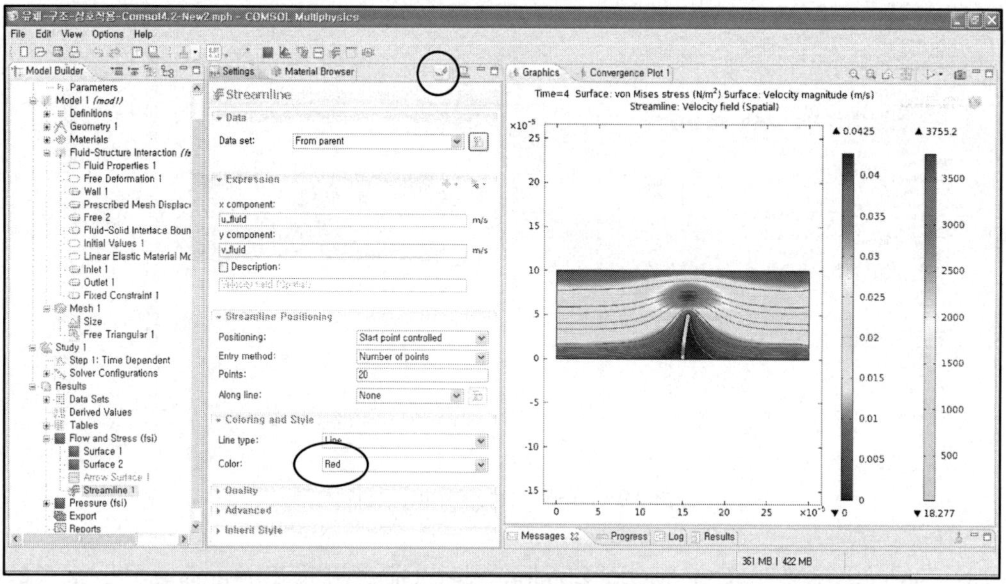

그림 19-13-7 'Streamline 1' - 'Streamline Positioning' 설정하기

13-8. 그림 19-13-8과 같이 'Streamline Positioning' 섹션의 'Entry method:' 부분을 'Coordinate'로 변경 설정하자. 그러면 화면에는 'x:'와 'y:'를 설정하는 부분이 나타난다.

'x:' 부분에는 '(1e-6)*0^(range(1,15)) (1e-6)*162*1^(range(1,2))'로 설정하자.

'y:' 부분에는 '(1e-6)*range(0,100/14,100) (1e-6)*16 (1e-6)*3'로 설정하자.

상단의 'Plot' 버튼 을 클릭하자.

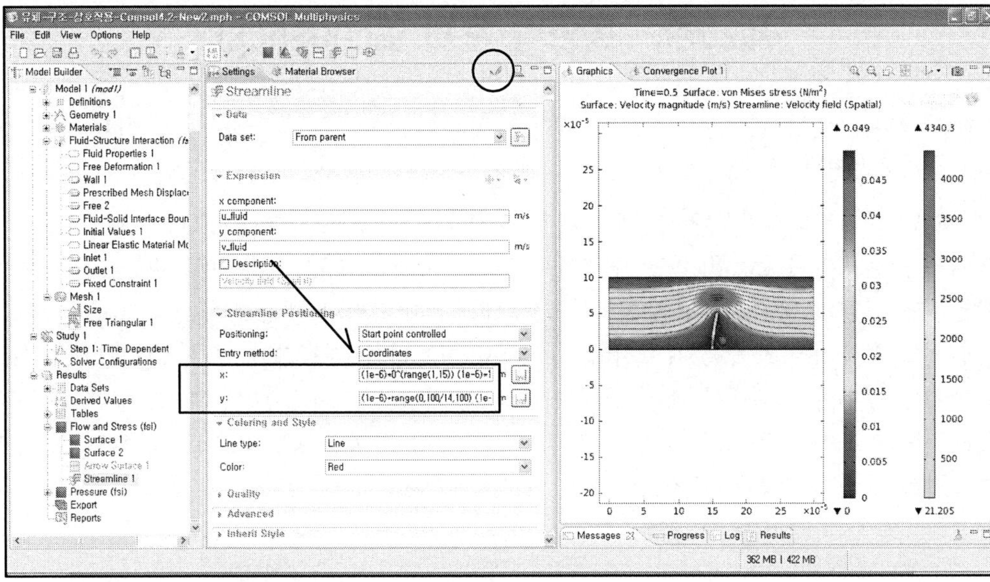

그림 19-13-8 'Streamline Positioning' - 'Entry method: Coordinate' 설정하기

제20장. 음향학 문제 (Acoustics)

우리 생활에 가장 밀접한 것 중의 하나가 자동차라 하더라도 과언이 아니다. 공학적인 마인드로 자동차를 볼 때 하나의 커다란 엔진 덩어리로 볼 수 있다. 소음적인 관점에서 엔진에서 발생되는 소리의 크기는 매우 크기 때문에, 모든 자동차는 이 소리를 감축할 수 있는 장치로서 머플러 (Muffler)를 부착하도록 의무화되어 있다. 비단 머플러는 자동차에만 국한 되어 있지만 않다. 흔히 가정에서 사용하는 에어컨이나 냉장고의 압축기에서 압축기 속에 서도 압축기의 소음을 감소시키기 위해서 머플러가 부착되어 있다. 그러므로 머플러의 해석은 음향학 문제에서 매우 널리 사용되고, 가장 기초가 된다고 볼 수 있다. 본 장은 먼저 머플러 해석에 들어가기 전에 음향학적인 면에서 머플러를 이해하고 머플러의 성능을 평가하는 여러 방법들을 간략하게 소개하고자 한다.

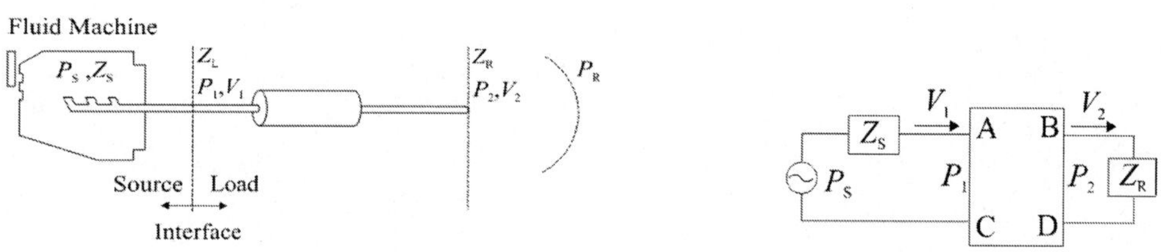

(a) Concept of muffler (b) Analogy to electric curcuit

그림 20-1 Characteristics of Muffler for evaluation of performance

그림 20-1(a)와 같이 머플러는 머플러 입구단에 부착되어 소리를 유발시키는 음향 소스 (Source) 부가 있고, 음향 소스에서 음원이 머플러를 통해서 감소된다. 그림 20-1 (b)는 머플러를 사단자 정수 (Four pole parameters)로 정의되는 전기회로로 상사되어 있다. [1-2]

▣ 삽입 손실 (Insertion Loss)

관심 있는 소음계가 장착되어 있는 경우와 그 자리에 대신 일반 덕트가 연결되어 있는 경우에 각각 방사구에서 어느 거리만큼 떨어진 곳에서 측정된 음압 레벨의 차이로써 표현된다. 음원 및 방사 특성이 항상 포함되고, 측정이 비교적 용이하다

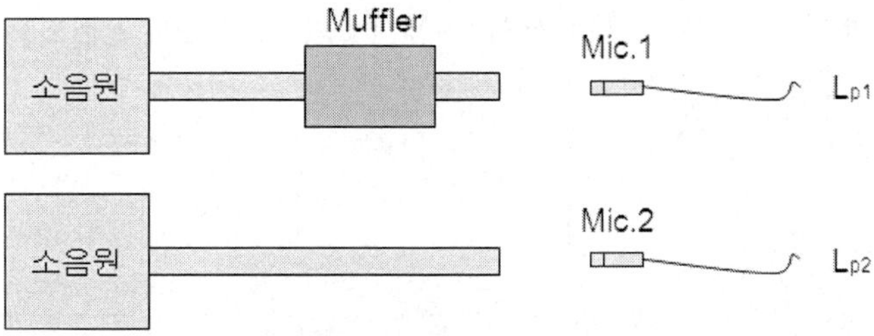

그림 20-2 삽입 손실의 측정

삽입손실은 실험적으로는 접근이 용이지만, 반드시 소음원을 고려해야 하기 때문에 해석적으로 예측하는 것은 매우 힘들다. 삽입손실의 정의식은 다음과 같다.

$$IL = L_{p1} - L_{p2}(dB) \tag{20-1}$$

▣ 투과손실 (Transmission Loss)

투과손실은 감쇠량을 알아내고자 하는 소음 요소의 상류측과 하류측에서의 음향파워를 계산하거나 측정하여, 그 차이값에 상용로그를 취한 후 10배를 해준 값으로 정의된다. 한 부분의 특성을 매우 정확히 알아 낼 수 있으나, 실험적으로 음향파워를 구하기 위해서는 음파분리를 해야 하기 때문에 실험적으로 매우 힘들지만 수치해석이 상대적으로 용이하여 산업체에서 많이 사용되는 방법이다.

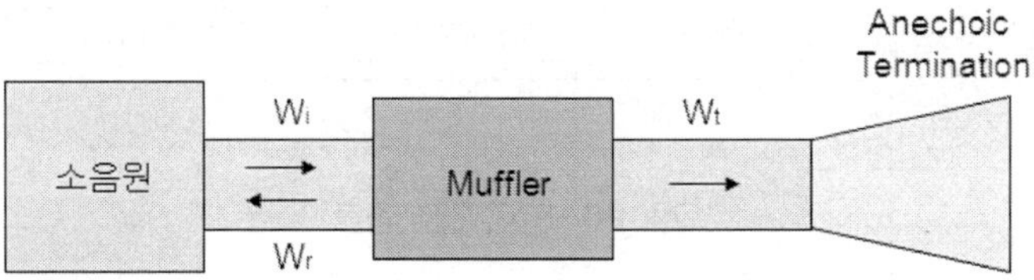

그림 20-3 투과 손실의 측정

투과손실의 정의식은 다음과 같다.

$$TL = 10\log\left(\frac{W_i}{W_t}\right)(dB) \tag{20-2}$$

여기서 W_i, W_t는 입사파 및 투과파의 음향파워를 의미한다.

소음 저감량 (Noise Reduction)

관심있는 소음계의 상류 및 하류에서의 음압레벨의 차이로써 표현되는 값으로 반사파의 영향을 배제하지 않아서 부정확한 값이 산출됨.

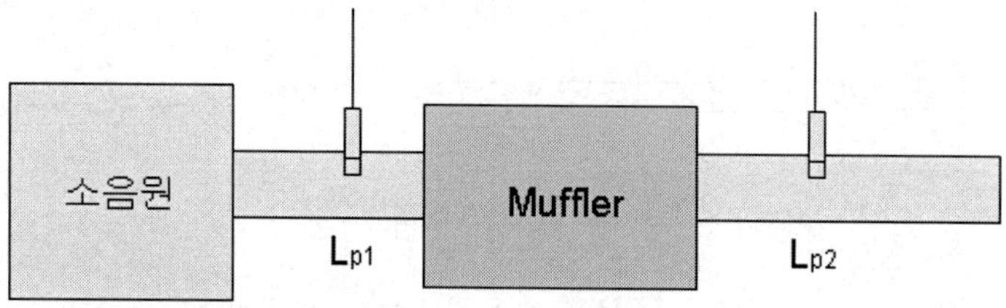

그림 20-4 소음 저감량 측정

소음 저감량의 정의식은 다음과 같다.

$$NR = L_{p1} - L_{p2}\,(dB) \tag{20-3}$$

▣ 감쇠량 (Attenuation)

상류 및 하류에서의 음향파워의 차이로 표시

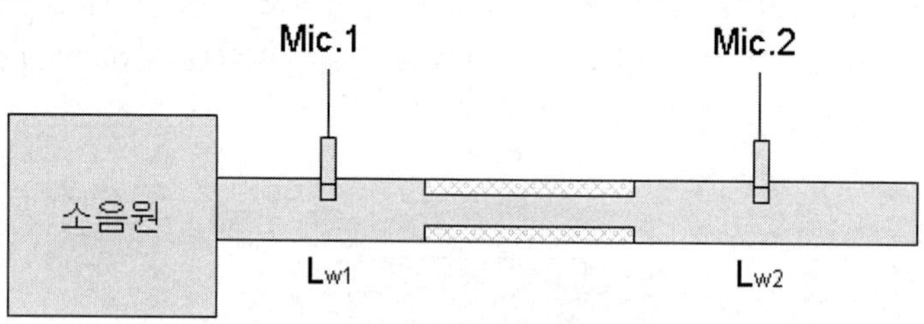

그림 20-5 감쇠량 측정

감쇠량의 정의식은 다음과 같다.

$$AT = L_{w1} - L_{w2}\,(dB) \tag{20-4}$$

▣ 예제 문제 따라하기

본 20장에서는 실제 산업체에서 많이 사용되는 머플러의 투과손실을 구하기 구해 보기로 한다. 음향파워를 구하기 위해서는 입사파와 투과파에 대한 시간 평균 인텐시티 값을 구한 후에 단면적을 적분해야 한다. 입사파와 투과파에 대한 시간 평균 인텐시티의 식은 다음과 같다.

$$I=\frac{p^2}{2\rho_0 C} \tag{20-5}$$

$$W=\int\frac{p^2}{2\rho_0 C}(2\pi r)dr \tag{20-6}$$

먼저 'COMSOL Multiphysics'로 이론 값이 잘 나와 있는 단순 팽창관에 대한 투과손실을 구해보고 이론값과 서로 비교하여 볼 것이다.

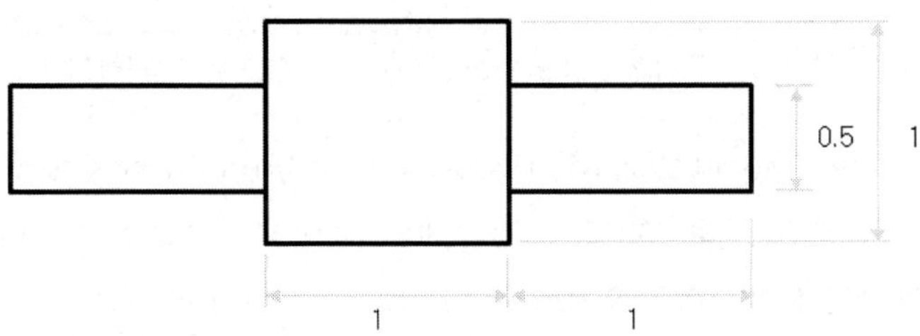

그림 20-6 Simple expansion and contraction duct. Unit is [m]

단순 팽창관에 대한 이론적인 관계식은 다음과 같다.

$$TL=10\log\left(1+\frac{1}{4}\left(m-\frac{1}{m}\right)^2(\sin kL)^2\right)(dB) \tag{20-7}$$

여기서 $m(=\frac{A_i}{A_o})$은 압축 면적 (A_i)과 팽창 면적(A_o)의 비이고, k $(=\frac{w}{C}=\frac{2\pi f}{C})$는 파수(wave number)이며, L은 팽창관의 길이이다.

해석하고자 하는 머플러는 그림 20-6에 잘 나타나 있다.

1-1. 그림 20-7과 같이 'Model Wizard' 페이지의 'Select Space Dimension'에서 차원을 '3D'로 선택하고 'Next' ⇨ 버튼을 클릭한다.

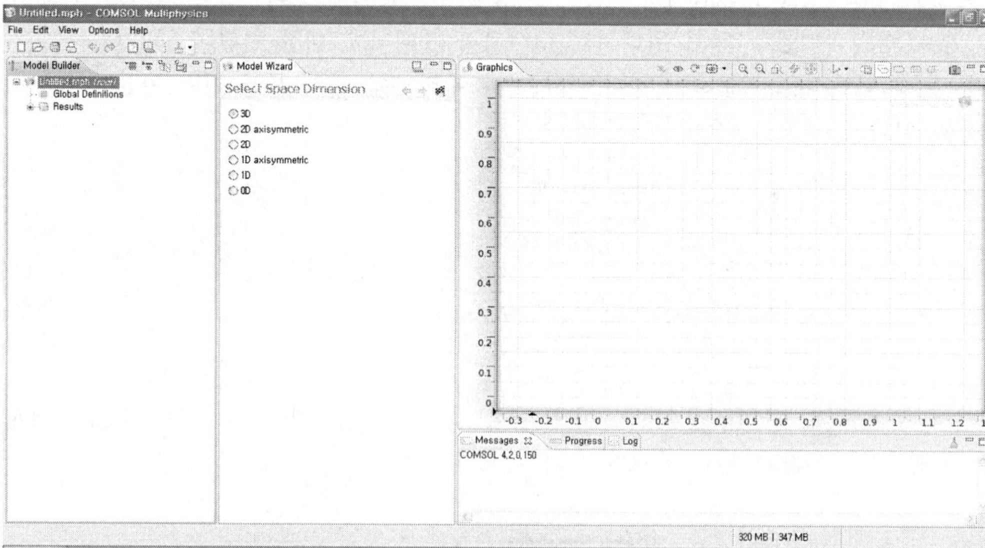

그림 20-7 'Model Wizard' 페이지, '3D'로 선택하기

1-2. 그림 20-8과 같이 'Model Wizard' 페이지에 있는 'Add Physics'에서 'Acoustics'의 하위 항목인 'Pressure-Acoustics', 'Pressure-Acoustics (acpr)'을 더블클릭하여 선택하고, 상단의 'Next' ⇨ 버튼을 클릭한다.

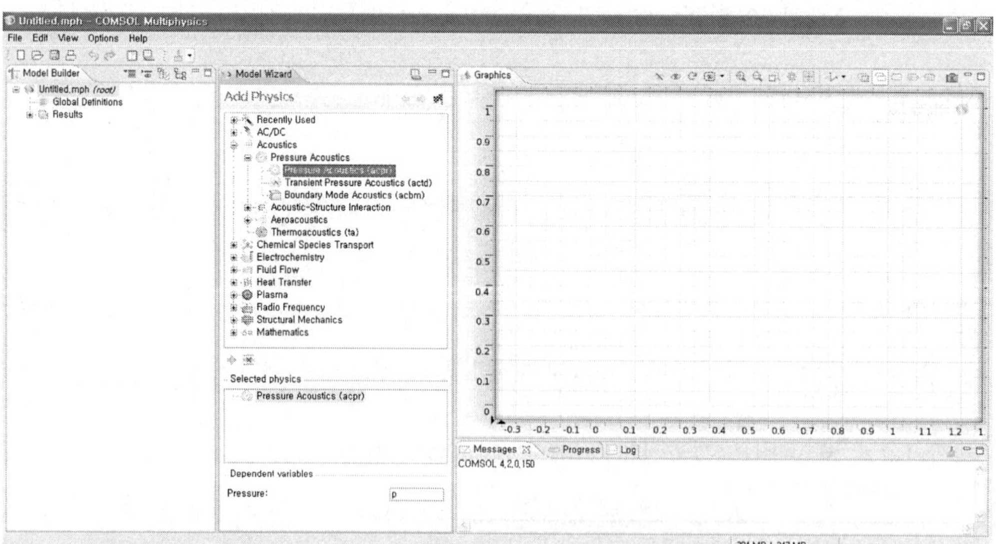

그림 20-8 'Pressure-Acoustics', 'Pressure-Acoustics (acpr)' 추가하기

1-3. 그림 20-9와 같이 'Model Wizard' 페이지에 있는 'Select Study Type' 윈도우의 'Preset Studies' 항목에서, 'Frequency Domain'을 선택한 다음, 상단의 'Finish' 버튼을 누른다.

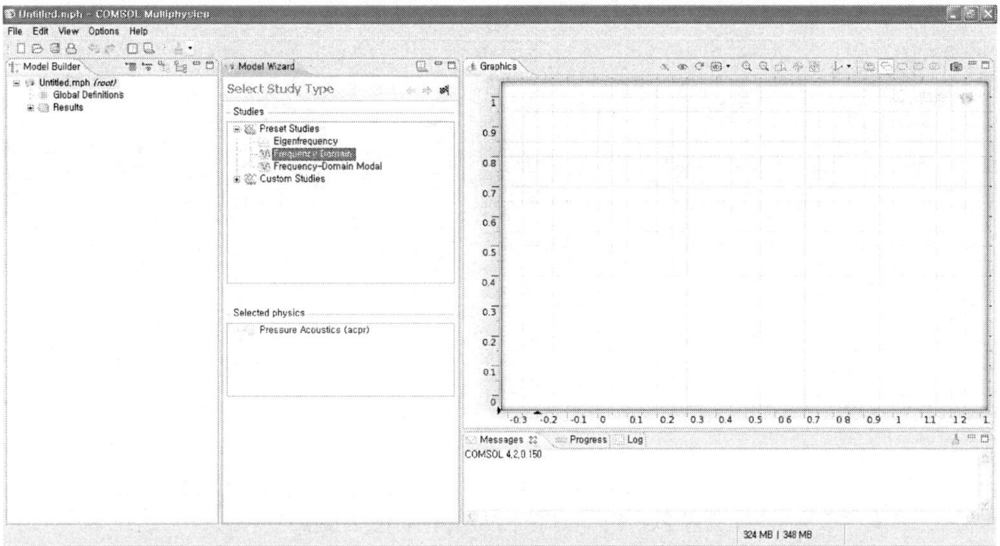

그림 20-9 'Preset Studies' 항목에서, 'Frequency Domain' 선택하기

2-1. 그림 20-10과 같이 'Model Builder' 페이지에서 'Geometry 1'에 마우스를 오른쪽 클릭하여 'Work Plane'을 선택한다.

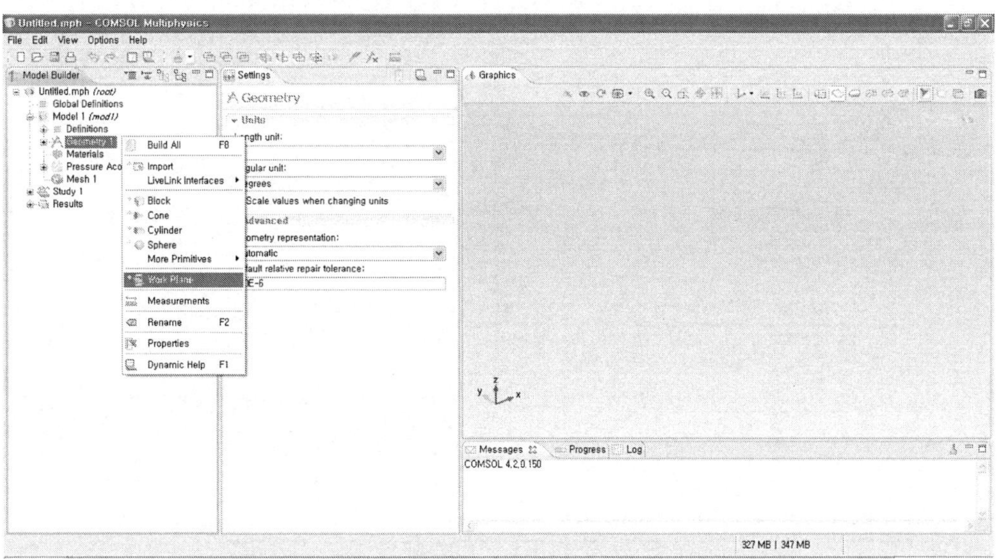

그림 20-10 'Geometry 1', 'Work Plane' 선택하기

2-2. 그림 20-11은 추가된 'Work Plane 1 (wp1)'을 보여준다.

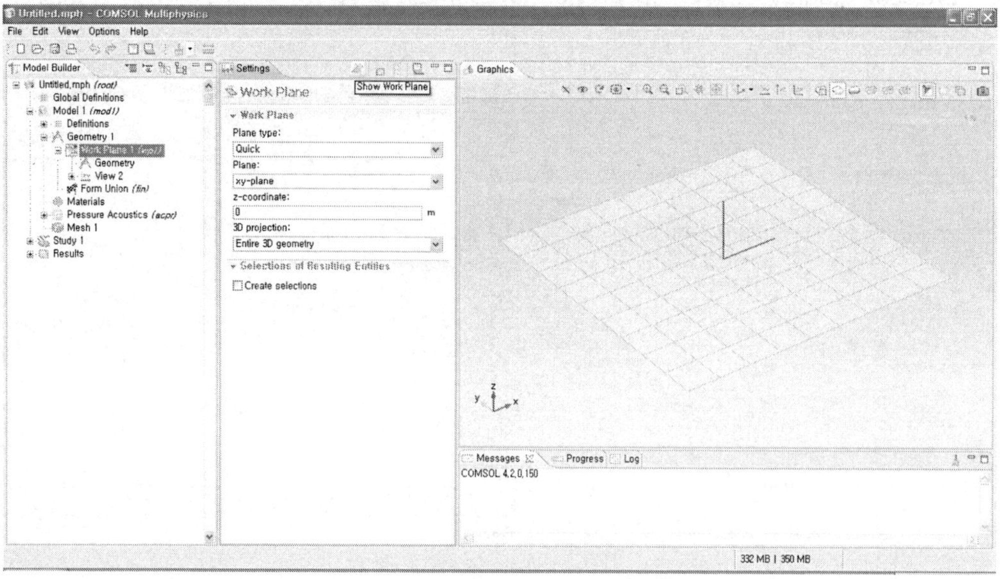

그림 20-11 추가된 'Work Plane 1 (wp1)'

2-3. 그림 20-12와 같이 'Work Plane 1 (wp1)'의 서브 항목인 'Geometry'에 마우스를 오른쪽 클릭하여 나타난 메뉴 중 'Rectangle'을 선택한다.

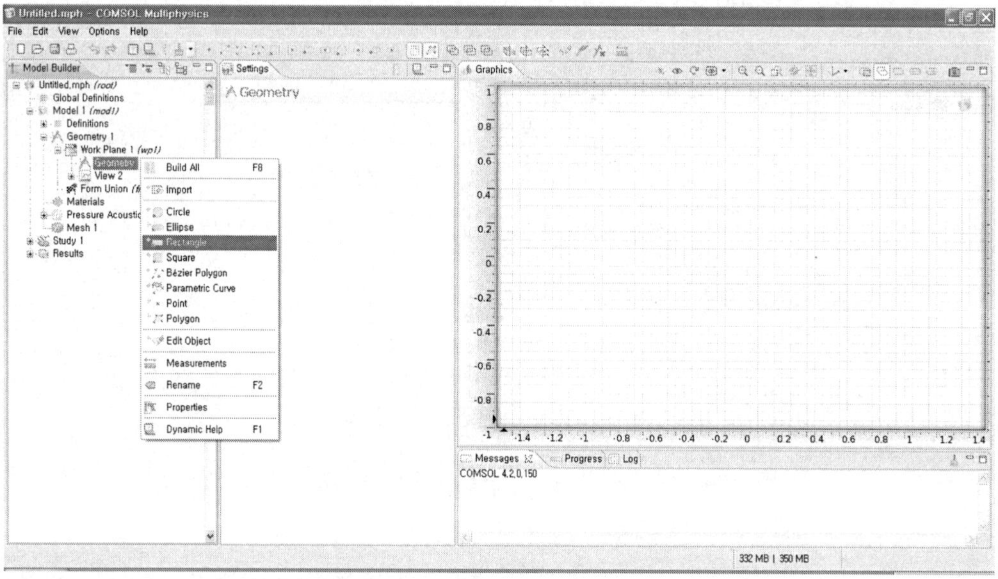

그림 20-12 'Rectangle 1' 생성하기

2-4. 그림 20-13과 같이 'Model Builder' 페이지에서 추가된 'Rectangle 1 (r1)'을 클릭하여 선택하고, 'Settings' 페이지의 'Rectangle' 윈도우에서 'Size' 항목에 'Width: 1, Height: 0.5'로 타입한 후 상단의 'Build All' 버튼을 클릭한다.

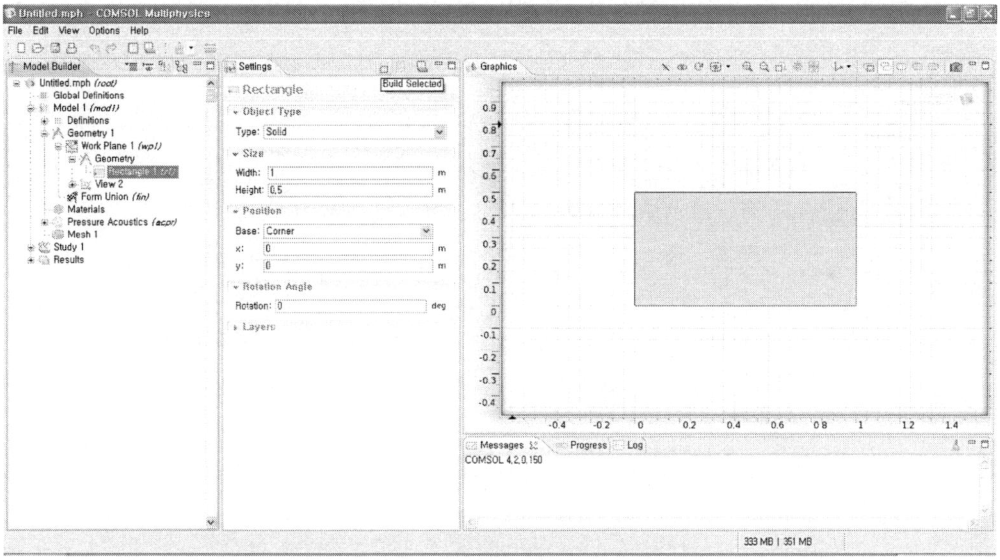

그림 20-13 'Rectangle 1' 세팅하기

2-5. 2-3의 과정과 유사하게 그림 20-14와 같이 'Work Plane 1 (wp1)'의 서브 항목인 'Geometry'에 마우스를 오른쪽 클릭하여 나타난 메뉴 중 'Rectangle'을 선택한다.

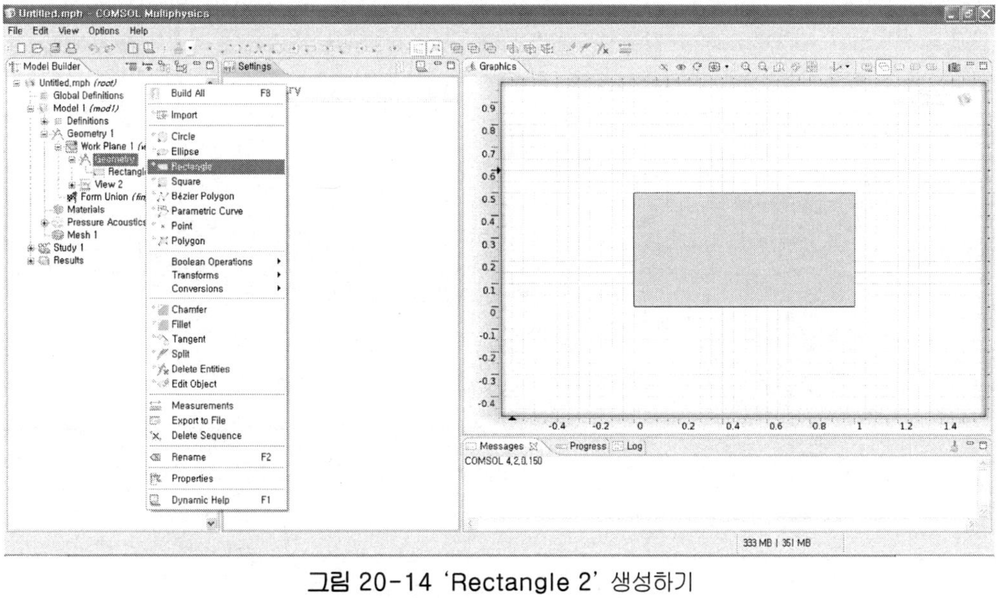

그림 20-14 'Rectangle 2' 생성하기

2-6. 그림 20-15와 같이 'Model Builder' 페이지에서 추가된 'Rectangle 2 (r2)'를 클릭하여 선택하고, 'Settings' 페이지의 'Rectangle' 윈도우에서 'Size' 항목에 'Width: 0.5, Height: 0.25'로 타입하고, 'Position' 항목에는 'x / y'를 '-0.5 / 0'로 타입한 후 상단의 'Build All' 버튼을 클릭한다. 메뉴 툴바에서 'Zoom Extents' 버튼을 클릭하라.

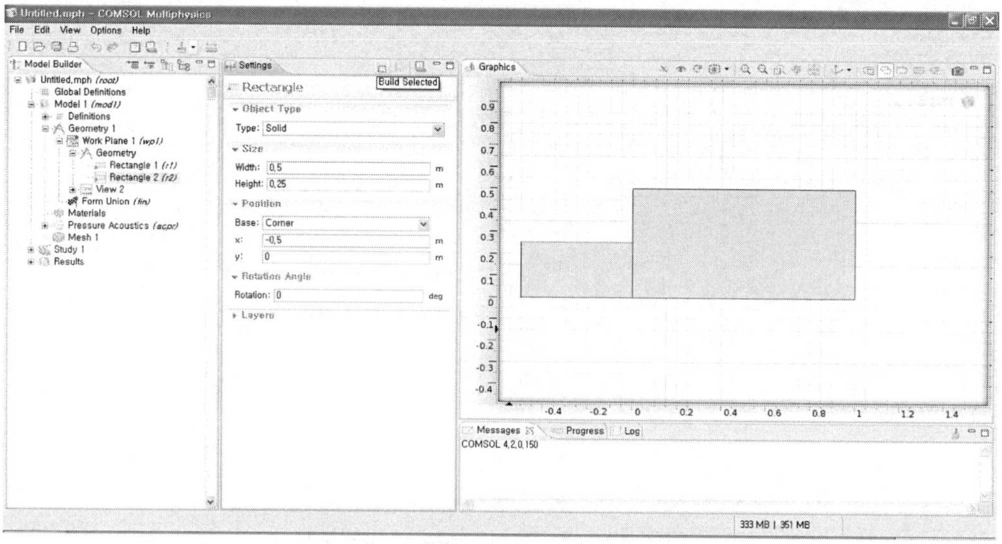

그림 20-15 'Rectangle 2' 세팅하기

2-7. 2-5의 과정과 유사하게 그림 20-16과 같이 'Work Plane 1 (wp1)'의 서브 항목인 'Geometry'에 마우스를 오른쪽 클릭하여 나타난 메뉴 중 'Rectangle'을 선택한다.

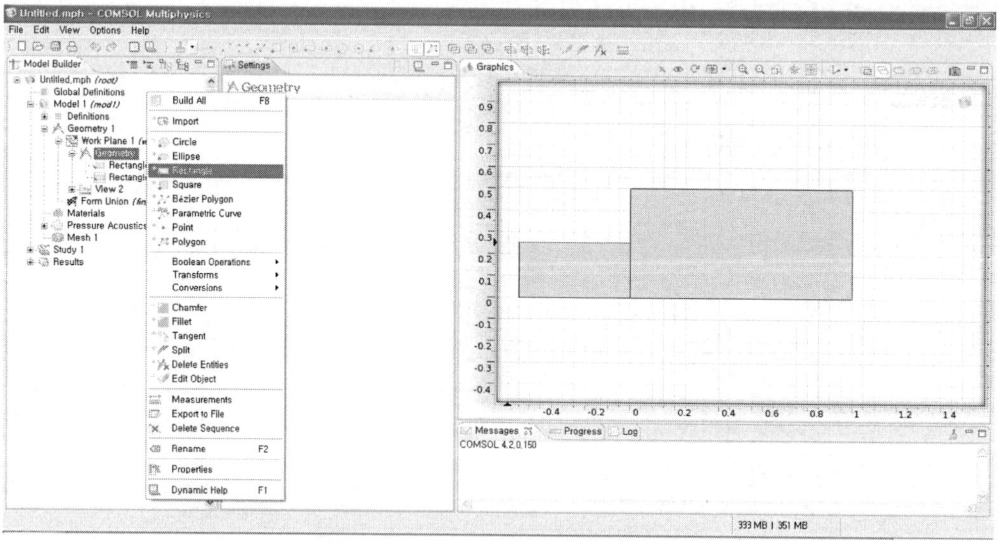

그림 20-16 'Rectangle 3' 생성하기

2-8. 그림 20-17과 같이 'Model Builder' 페이지에서 추가된 'Rectangle 3 (r3)'를 클릭하여 선택하고, 'Settings' 페이지의 'Rectangle' 윈도우에서 'Size' 항목에 'Width: 0.5, Height: 0.25'로 타입하고, 'Position' 항목에는 'x / y'를 '1 / 0'로 타입한 후 상단의 'Build All' 버튼을 클릭한다. 메뉴 툴바에서 'Zoom Extents' 버튼을 클릭하라.

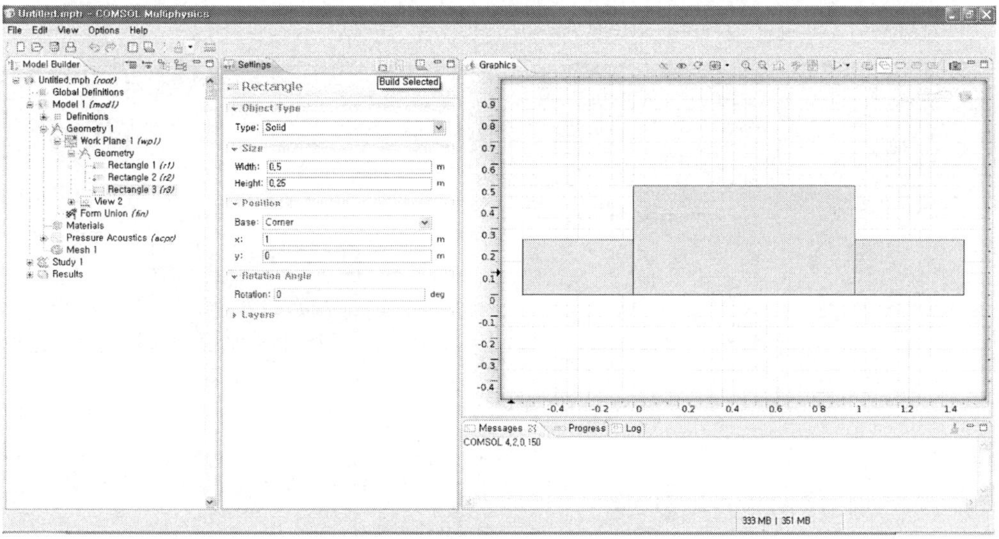

그림 20-17 'Rectangle 3' 세팅하기

2-9. 이제 생성된 3개의 'Rectangle'을 합쳐서 하나의 'Solid'를 만들어 보자. 그림 20-18과 같이 'Work Plane 1 (wp1)'의 서브 항목인 'Geometry'에 마우스를 오른쪽 클릭하여 나타난 메뉴 중 'Boolean Operations' - 'Compose'를 선택한다.

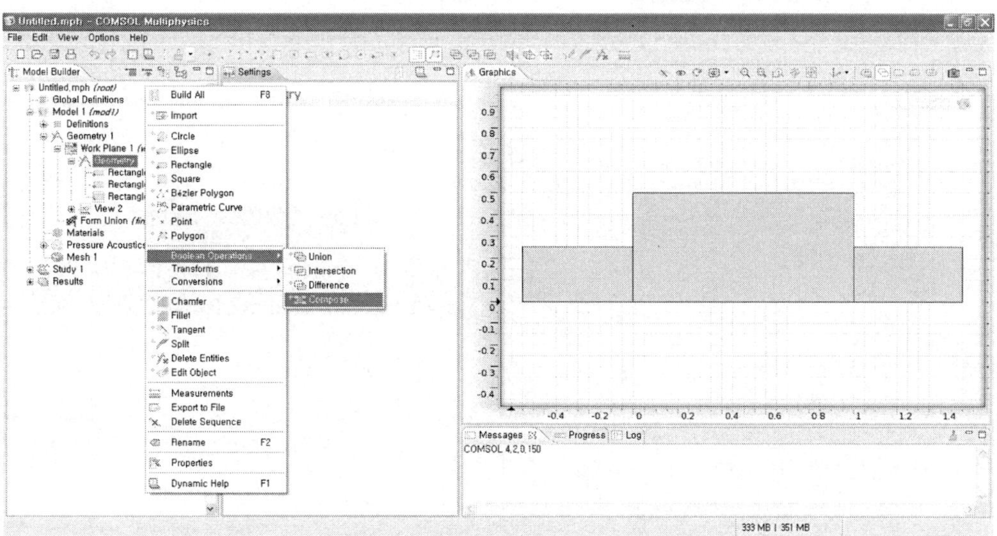

그림 20-18 'Rectangle' 합치기 1

2-10. 'Model Builder' 페이지에서 생성된 'Compose 1'을 오른쪽 마우스 클릭하여 선택하고, 그림 20-19와 같이 'Graphics' 페이지에서 생성된 'Rectangle 1', 'Rectangle 2', 'Rectangle 3'을 하나씩 선택하고 'Settings' 페이지의 버튼을 클릭하여 'Compose'할 'Solid'를 추가하자. 'Keep interior boundaries' 항목은 체크된 상태를 유지한다. 그리고 상단의 'Build All' 버튼을 클릭한다.

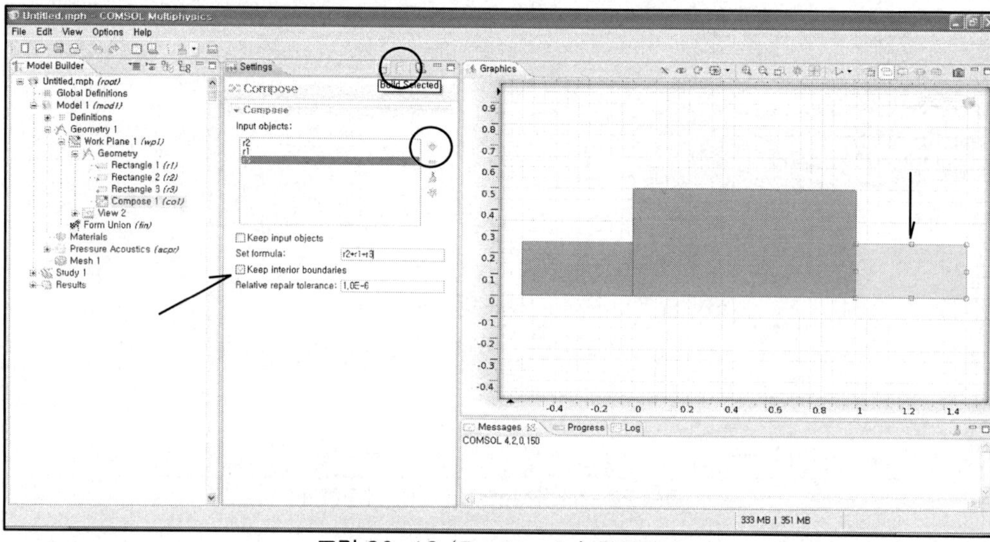

그림 20-19 'Rectangle' 합치기 1

2-11. 그림 20-20은 3개의 'Rectangle'이 합쳐진 'Solid'를 보여준다. 단, 각각의 경계는 유지되고 있음을 알 수 있다.

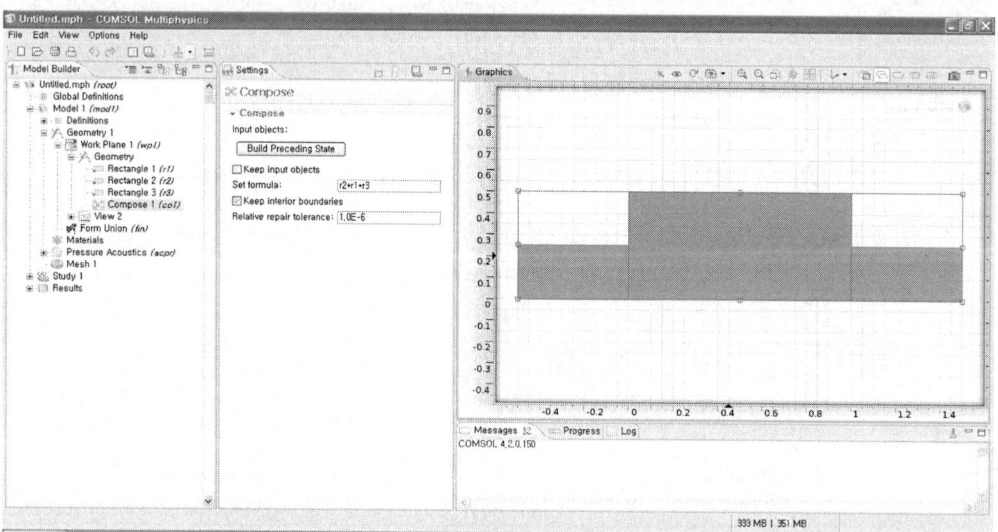

그림 20-20 3개의 'Rectangle'이 합쳐진 'Solid' 모습

3-1. 이제 생성된 'Solid'를 회전시켜 3차원 입체를 만들어 보자. 그림 20-21과 같이 'Model Builder' 페이지에서 'Work Plane 1 (wp1)'을 오른쪽 마우스 클릭하여 선택하여 나타난 메뉴 중 'Revolve'를 선택하여 클릭하자.

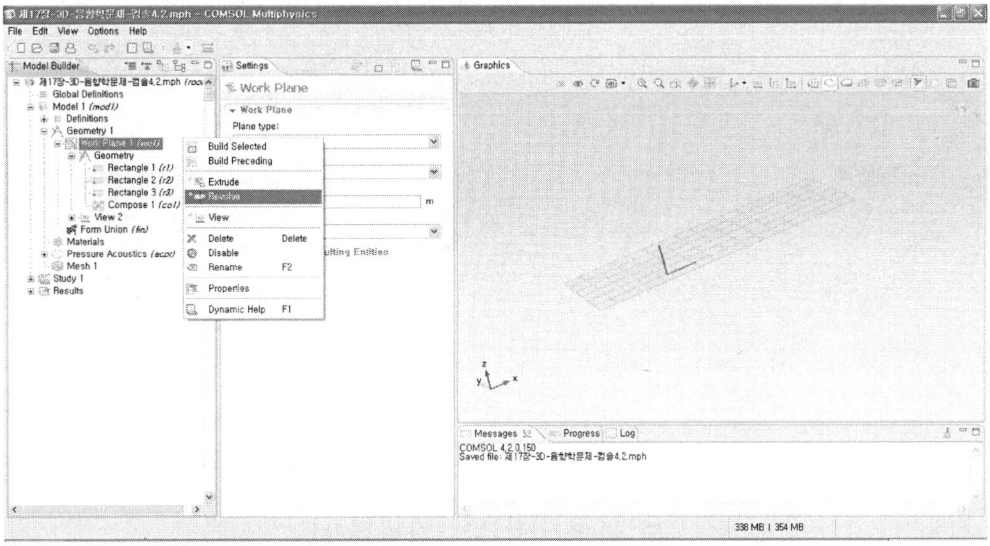

그림 20-21 3개의 'Rectangle'이 합쳐진 'Solid' 모습

3-2. 생성된 'Revolve 1 (rev1)'을 클릭하고, 그림 20-22와 같이 'Settings' 페이지의 'Direction of Revolution Axis' 부분에서 'x: 1, y: 0'로 타입하고, 상단의 'Build All' 버튼을 클릭한다.

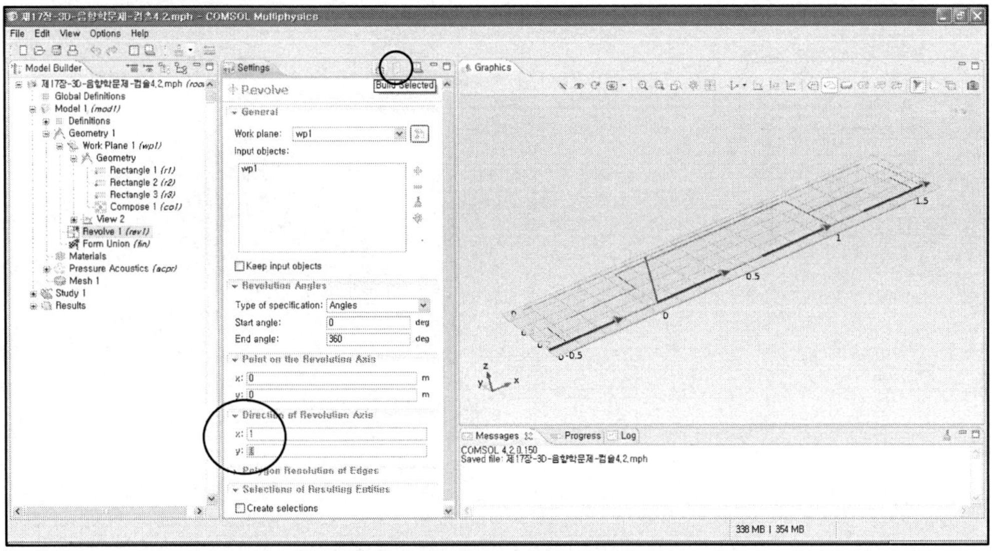

그림 20-22 'Revolve' 설정하기

3-3. 그림 20-23은 회전되어 형성된 'Solid'를 보여준다.

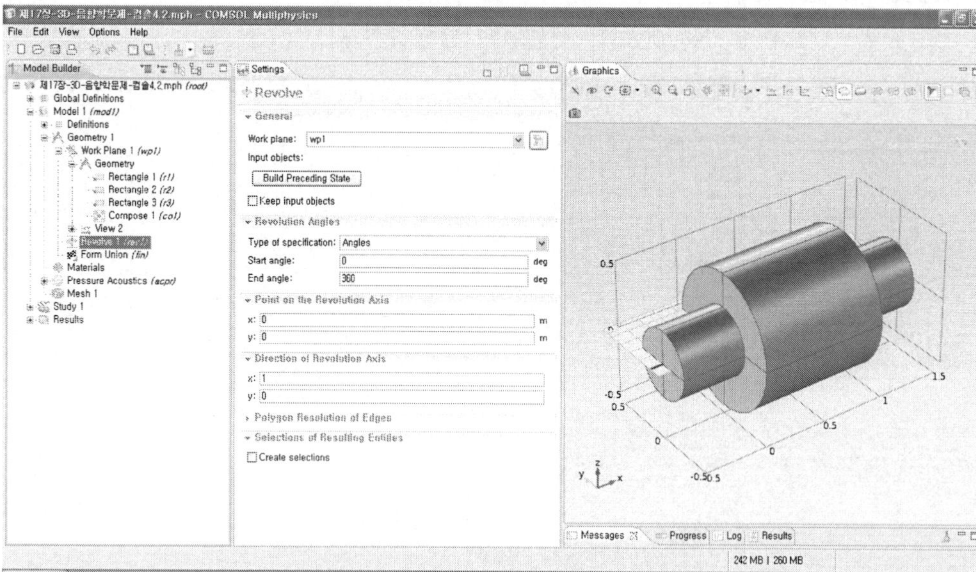

그림 20-23 회전되어 형성된 'Solid'

4-1. 상수를 정의하기 위하여 그림 20-24와 같이 'Model Builder' 페이지에서 'Global Definition'를 마우스 오른쪽 클릭 후 'Parameters'를 선택한다.

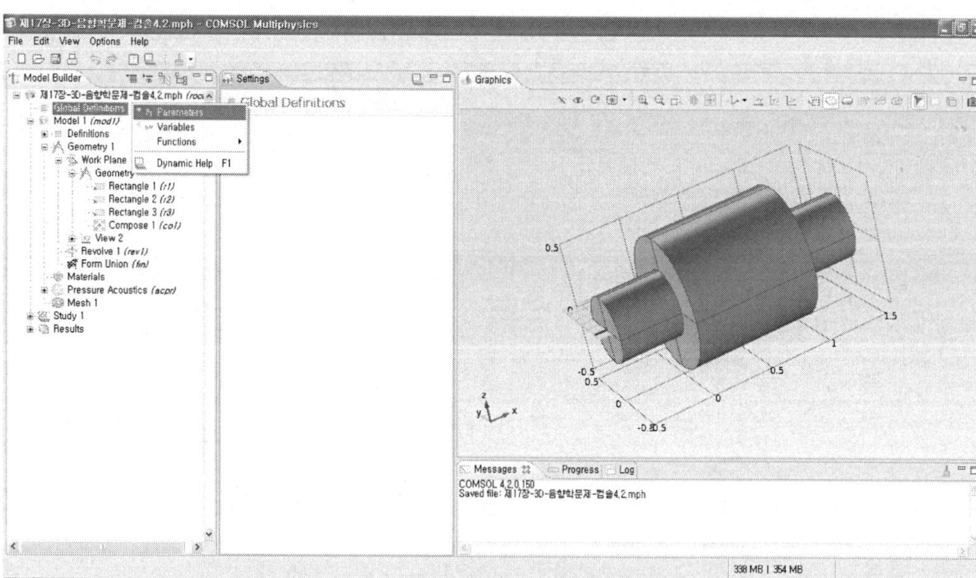

그림 20-24 'Global Definition', 'Parameters' 추가하기

4-2. 그림 20-25와 같이 'Settings' 페이지에 있는 'Parameters' 윈도우에 상수값을 타입 한다.

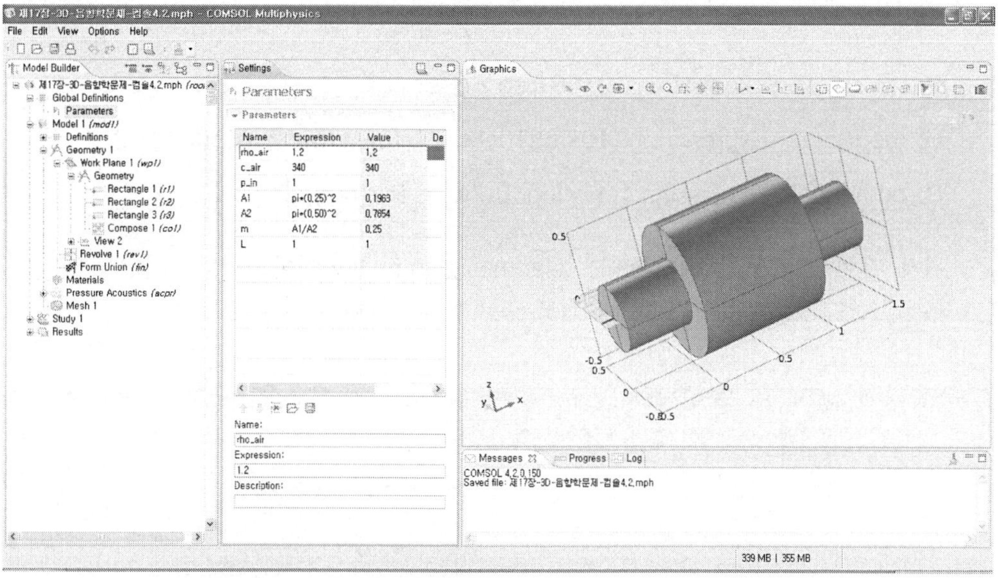

그림 20-25 'Global Definition', 'Parameters' 정의하기

5-1. 변수를 정의하기 위하여 그림 20-26과 같이 'Model Builder' 페이지에서 'Definition' 를 마우스 오른쪽 클릭 후 'Variables'를 선택한다.

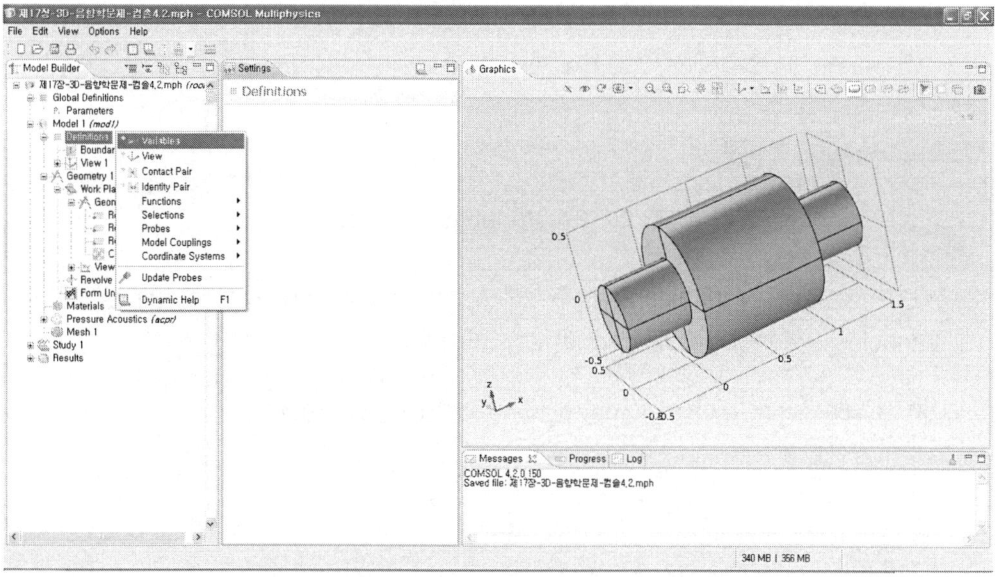

그림 20-26 'Definition', 'Variables' 추가하기

5-2. 추가된 'Variables'를 정의하기 위하여 그림 20-27과 같이 'Model Builder' 페이지에서 'Definition' - 'Variables'를 클릭하여 선택한다. 오른쪽의 'Settings' 페이지의 'Variables' 부분에 다음과 같이 변수를 정의한다.

k Expression : 2*pi*freq / c_air

TL_theory Expression : 10*log10(1+1/4*(m-1/m)^2*(sin(k*L))^2)

TL_numerical Expression : 10*log10(Pw_in/Pw_out)

위와 같이 정의된 'Variables'는 'Geometry entity level:'이 'Entire model'로 설정되어 있으므로 전체 해석 모델에 적용됨을 알 수 있다.

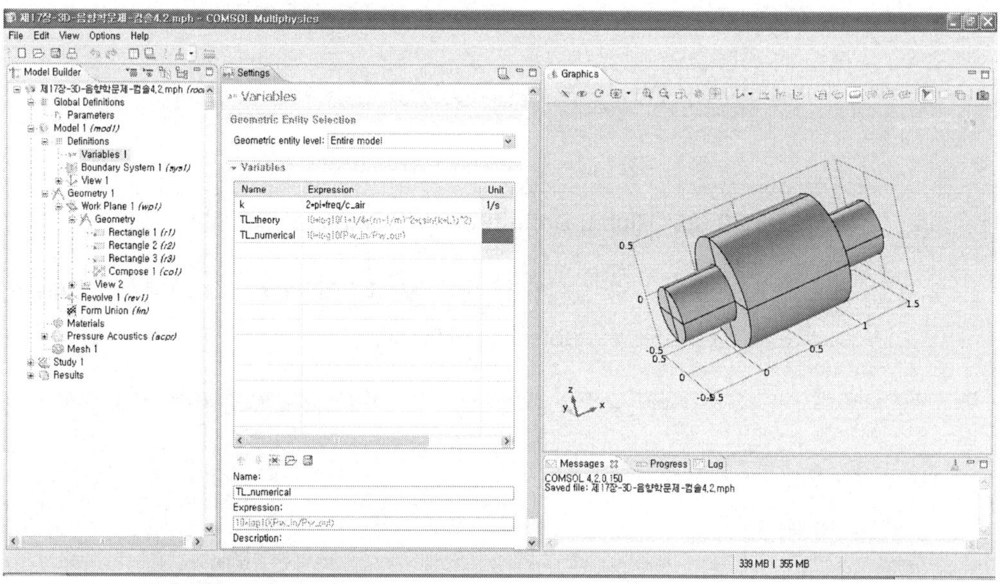

그림 20-27 'Variables 1' 설정하기

5-3. 5-1과정과 같이 'Variables 2'를 추가하고 그림 20-28-1과 같이 'Settings' 페이지의 'Variables' 부분에 다음과 같이 변수를 정의한다.

I_in Expression : 0.5*real(conj(p_in)*p_in)/(rho_air*c_air)

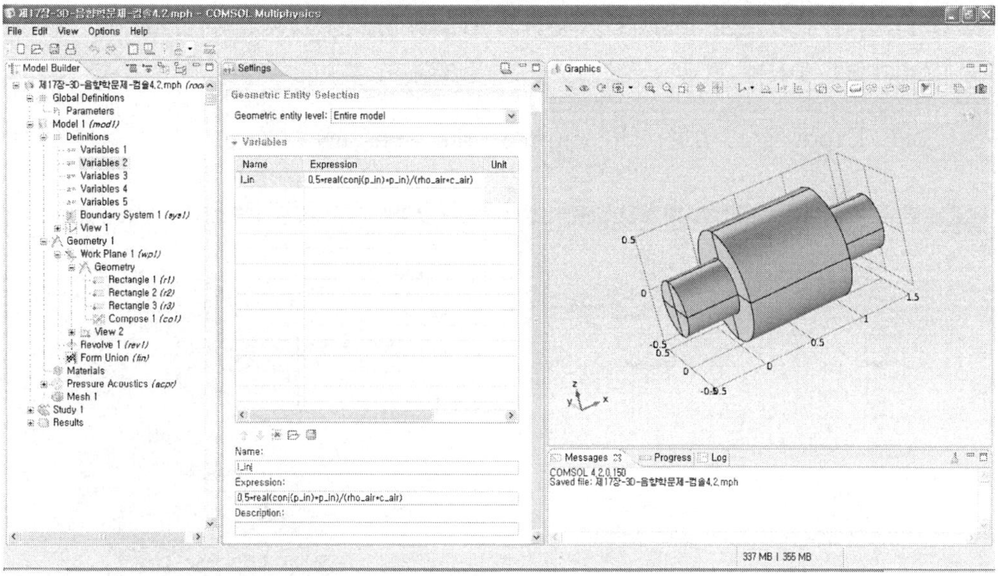

그림 20-28-1 'Variables 2' 설정하기

그림 20-28-2와 같이 'Settings' 페이지의 'Geometry entity level:'을 'Boundary'로 설정하고, 'Graphics' 페이지 모델의 'Boundary 1,3,5,7'을 하나씩 클릭하여 선택하고 'Settings' 페이지의 'Add to Selection' 버튼을 클릭하여 추가한다.

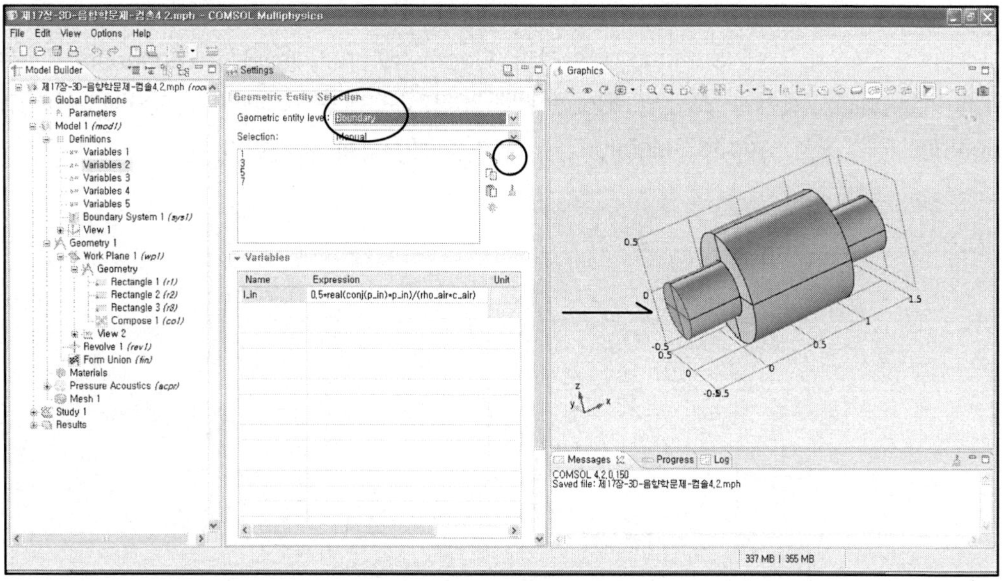

그림 20-28-2 'Variables 2' 적용 범위 설정하기

5-4. 5-1과정과 같이 'Variables 3'을 추가하고 그림 20-29-1과 같이 'Settings' 페이지의 'Variables' 부분에 다음과 같이 변수를 정의한다.

I_out Expression : 0.5*real(conj(p)*p)/(rho_air*c_air)

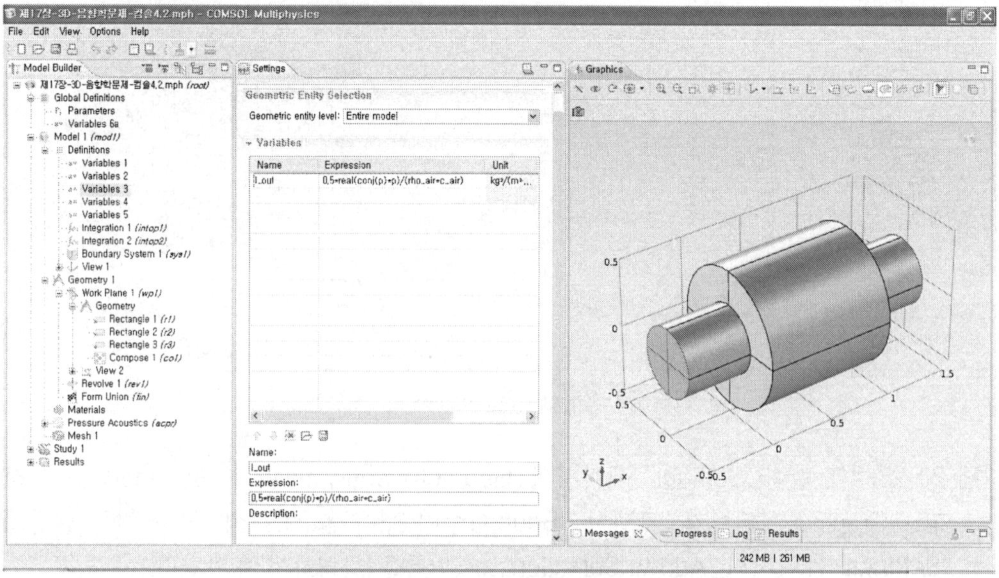

그림 20-29-1 'Variables 3' 설정하기

그림 20-29-2와 같이 'Settings' 페이지의 'Geometry entity level:'을 'Boundary'로 설정하고, 'Graphics' 페이지 모델의 'Boundary 36,37,38,39'를 하나씩 클릭하여 선택하고 'Settings' 페이지의 'Add to Selection' 버튼을 클릭하여 추가한다.

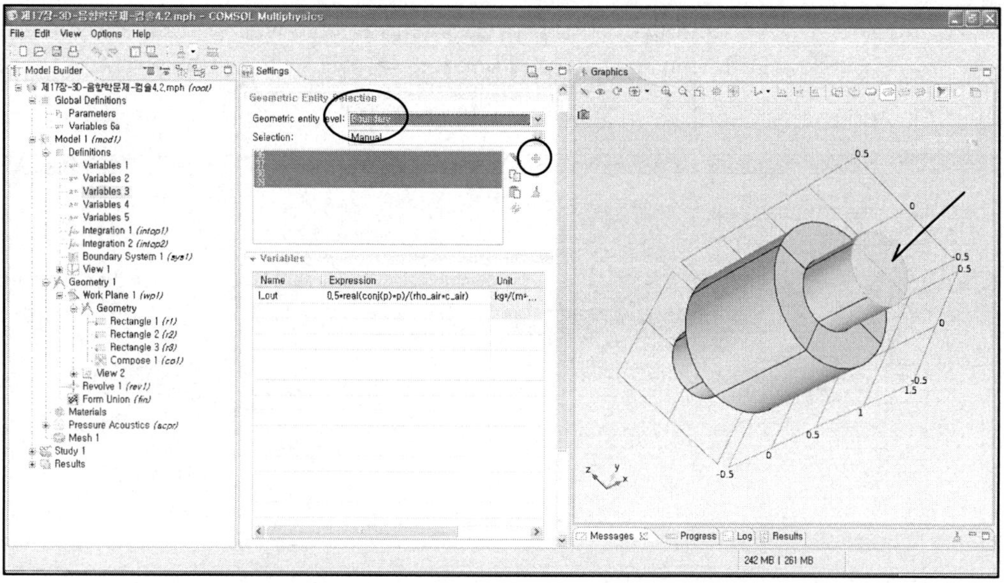

그림 20-29-2 'Variables 3' 적용 범위 설정하기

5-5. 5-1과정과 같이 'Variables 4'를 추가하고 그림 20-30-1과 같이 'Settings' 페이지의 'Variables' 부분에 다음과 같이 변수를 정의한다.

intcpl_source_Pw_in Expression : I_in

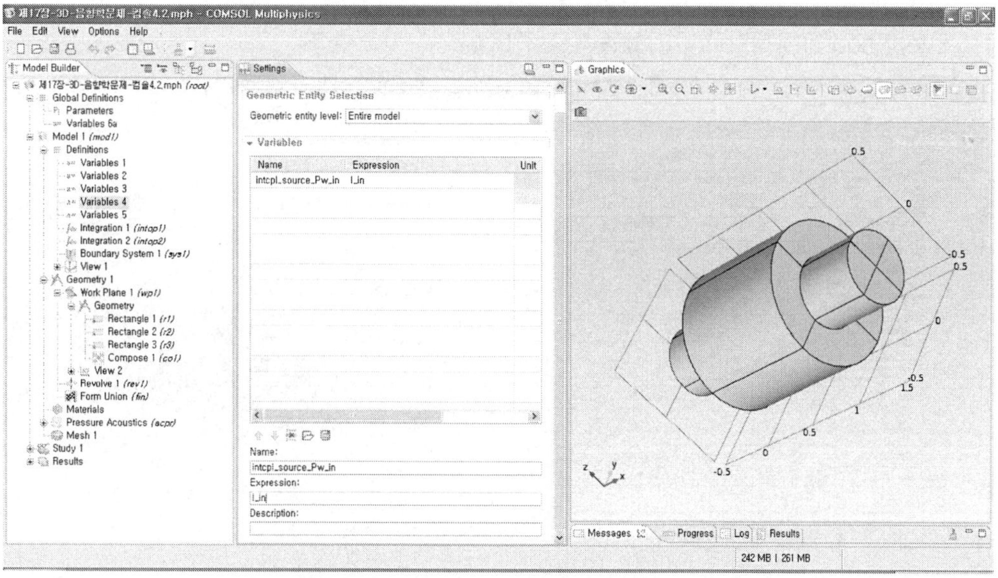

그림 20-30-1 'Variables 4' 설정하기

그림 20-30-2와 같이 'Settings' 페이지의 'Geometry entity level:'을 'Boundary'로 설정하고, 'Graphics' 페이지 모델의 'Boundary 1,3,5,7'을 하나씩 클릭하여 선택하고 'Settings' 페이지의 'Add to Selection' ✚ 버튼을 클릭하여 추가한다.

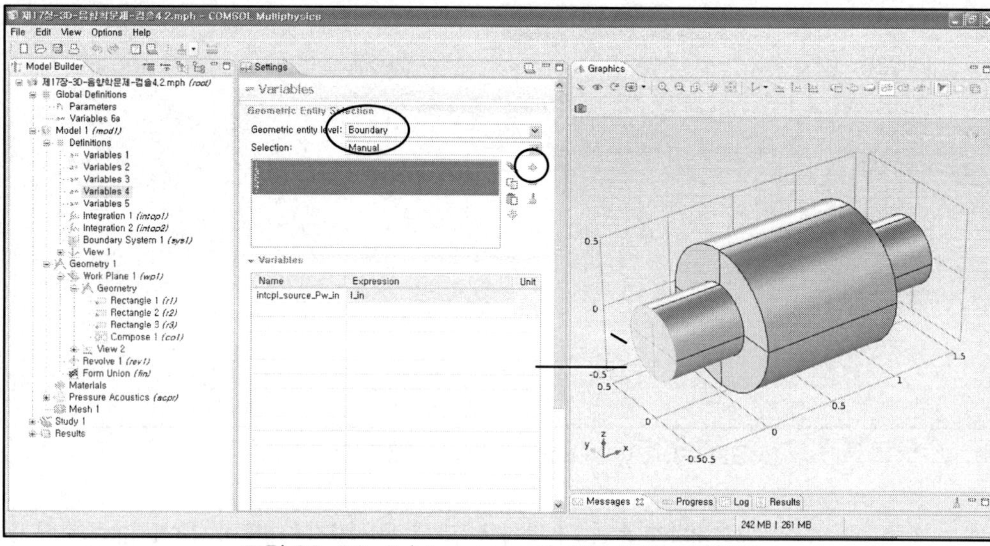

그림 20-30-2 'Variables 4' 적용 범위 설정하기

5-6. 5-1과정과 같이 'Variables 5'를 추가하고 그림 20-31-1과 같이 'Settings' 페이지의 'Variables' 부분에 다음과 같이 변수를 정의한다.

intcpl_source_Pw_out Expression : I_out

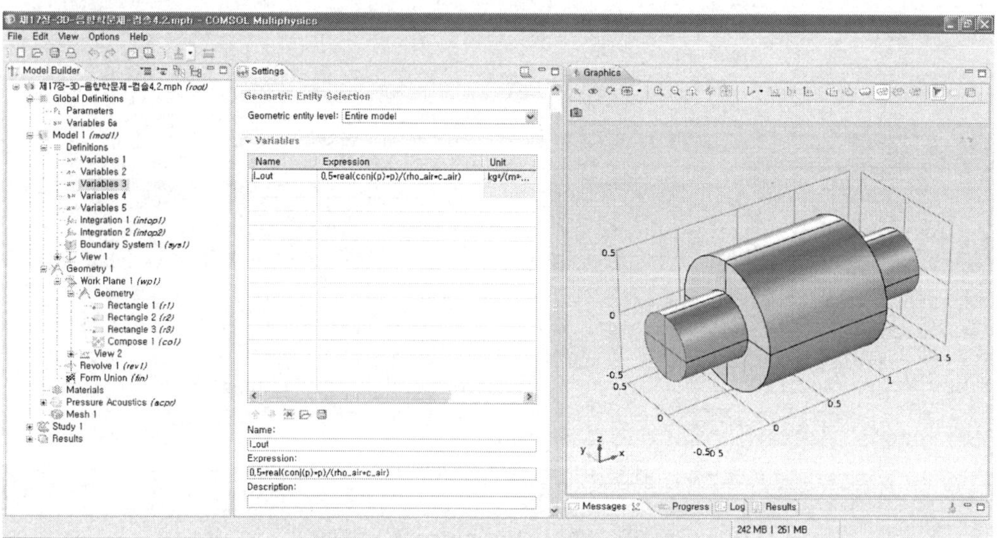

그림 20-31-1 'Variables 5' 설정하기

그림 20-31-2와 같이 'Settings' 페이지의 'Geometry entity level:'을 'Boundary'로 설정하고, 'Graphics' 페이지 모델의 'Boundary 36,37,38,39'를 하나씩 클릭하여 선택하고 'Settings' 페이지의 'Add to Selection' ✚ 버튼을 클릭하여 추가한다.

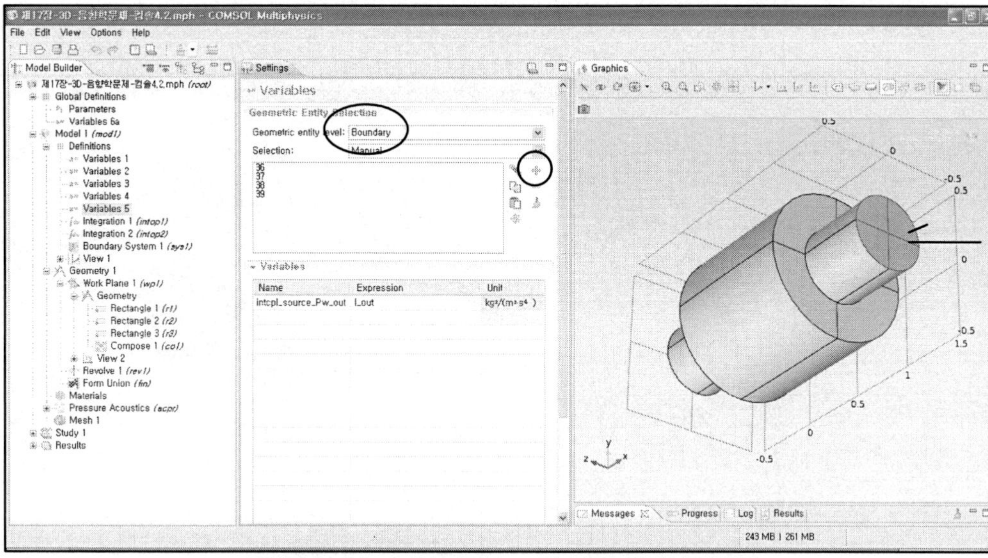

그림 20-31-2 'Variables 5' 적용 범위 설정하기

6-1. 그림 20-32와 같이 'Model Builder' 페이지에서 'Definition'을 마우스 오른쪽 클릭 후 나타나는 메뉴 중 'Model Coupling'의 서브 메뉴인 'Integration'을 선택하는 방식으로 'Integration 1'과 'Integration 2'를 생성한다.

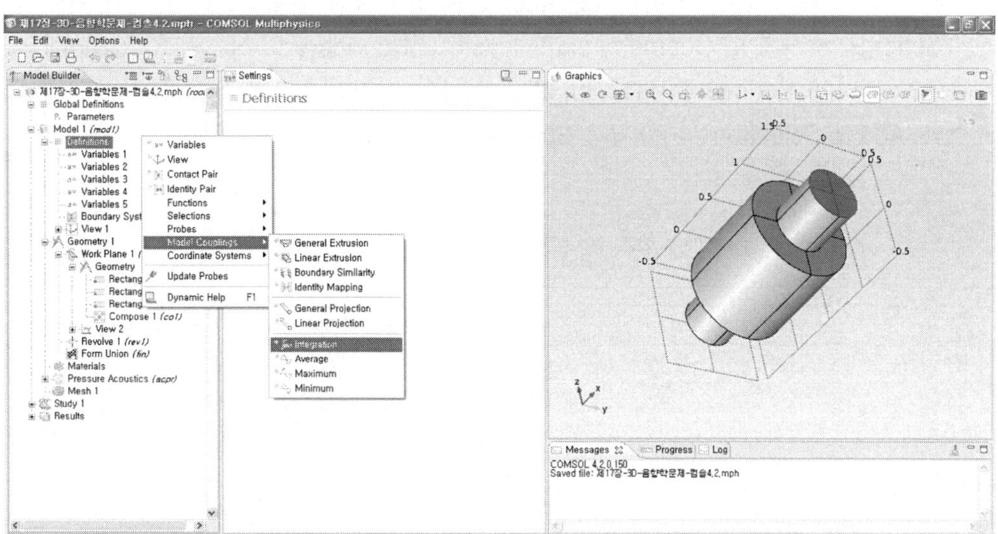

그림 20-32 'Integration 1'과 'Integration 2' 생성하기

6-2. 'Model Builder' 페이지에서 'Integration 1'을 클릭하여 선택하고, 그림 20-33과 같이 'Settings' 페이지의 'Geometry entity level:'을 'Boundary'로 설정하고, 'Graphics' 페이지 모델의 'Boundary 1,3,5,7'을 하나씩 클릭하여 선택하고 'Settings' 페이지의 'Add to Selection' ✚ 버튼을 클릭하여 추가한다.

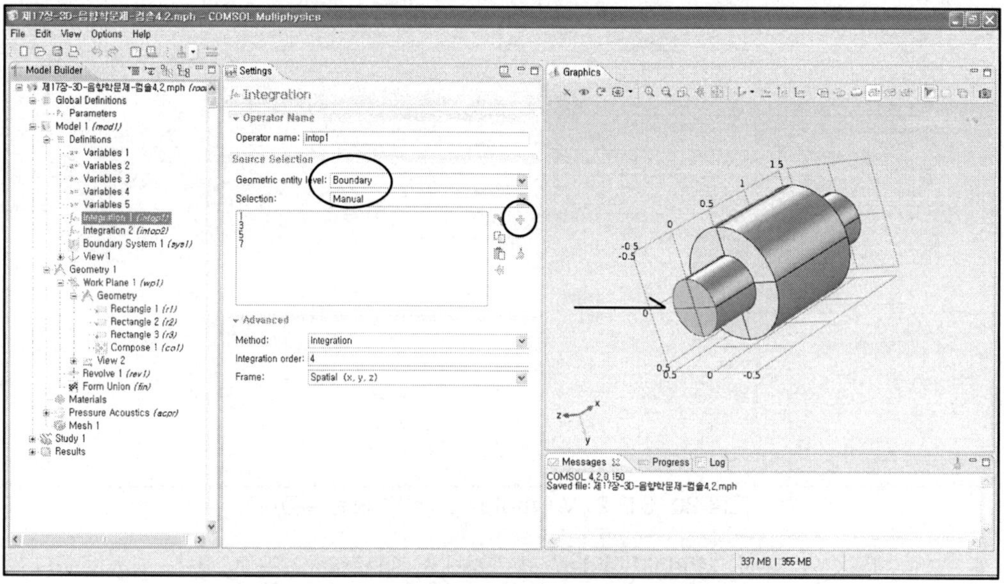

그림 20-33 'Integration 1' 적용 범위 설정하기

6-3. 'Model Builder' 페이지에서 'Integration 2'를 클릭하여 선택하고, 그림 20-34와 같이 'Settings' 페이지의 'Geometry entity level:'을 'Boundary'로 설정하고, 'Graphics' 페이지 모델의 'Boundary 36,37,38,39'를 하나씩 클릭하여 선택하고 'Settings' 페이지의 'Add to Selection' ✚ 버튼을 클릭하여 추가한다.

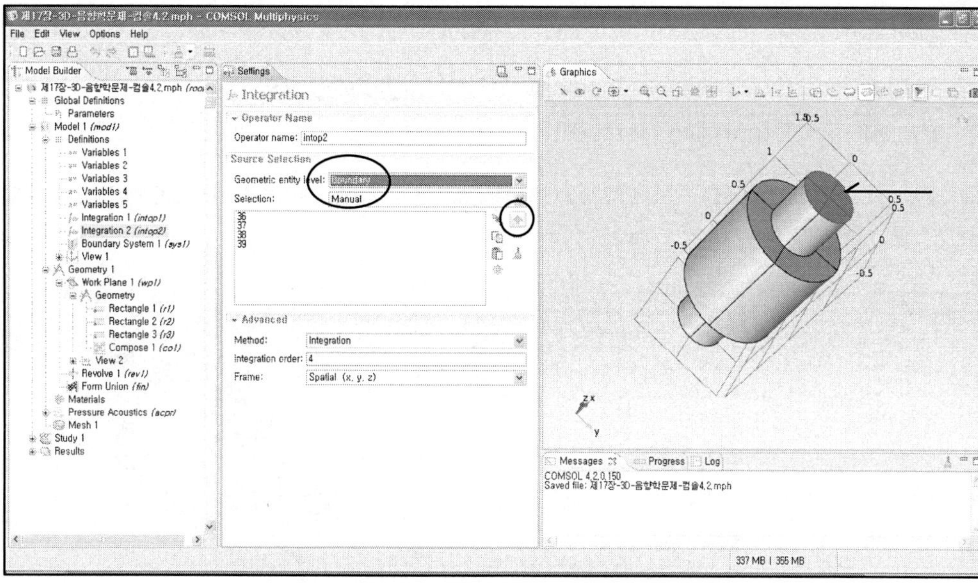

그림 20-34 'Integration 2' 적용 범위 설정하기

7-1. 'Model Builder' 페이지에서 'Global Definitions'를 오른쪽 마우스 클릭하여 선택하고 나타난 메뉴 중 'Variables'를 선택한다.

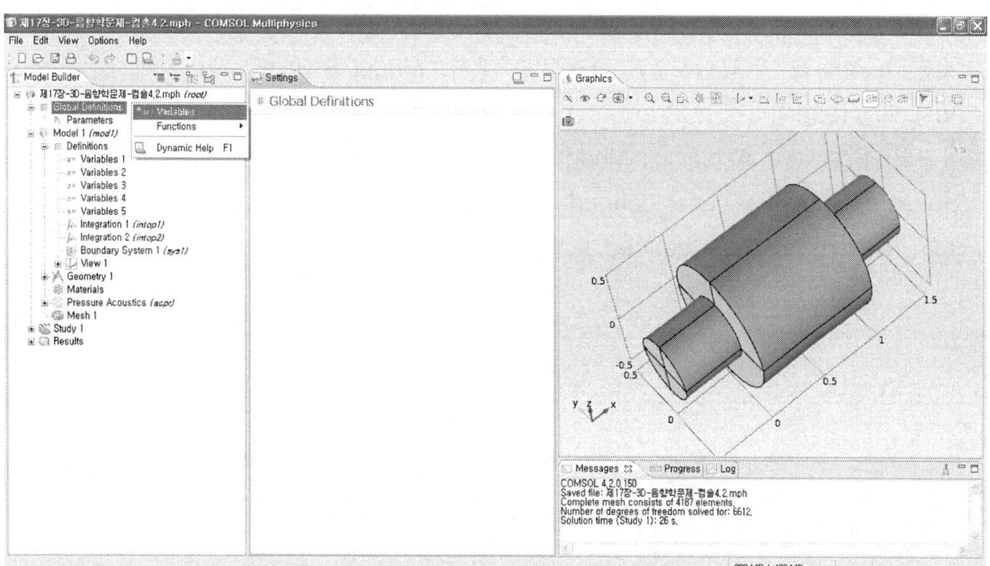

그림 20-35 'Global Definitions', 'Variables' 선택하기

7-2. 추가한 'Variables 6a'를 선택하고, 'Settings' 페이지에서 'Variables'를 다음과 같이

세팅한다.

Pw_in Expression : mod1.intop1(intcpl_source_Pw_in)

Pw_out Expression : mod1.intop2(intcpl_source_Pw_out)

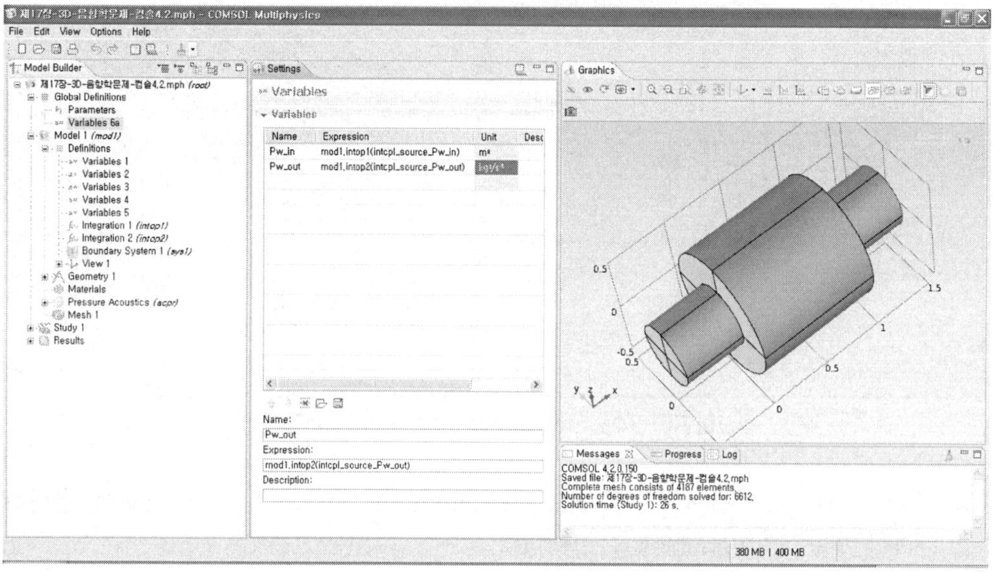

그림 20-36 'Variables 6a' 설정하기

8. 소영역 설정을 위해서 그림 20-37과 같이 'Model Builder' 페이지에서 'Pressure Acoustics (acpr)'의 'Pressure Acoustics Model 1'을 클릭한 후, 오른쪽의 'Settings' 페이지의 'Pressure Acoustics Model' 윈도우에서 'Pressure Acoustics Model' 부분의 'Speed of Sound:'를 'User defined'로 선택하고 'c_air'로 설정한다.
   또한, 'Density:'를 'User defined'로 선택하고 'rho_air'로 설정한다.

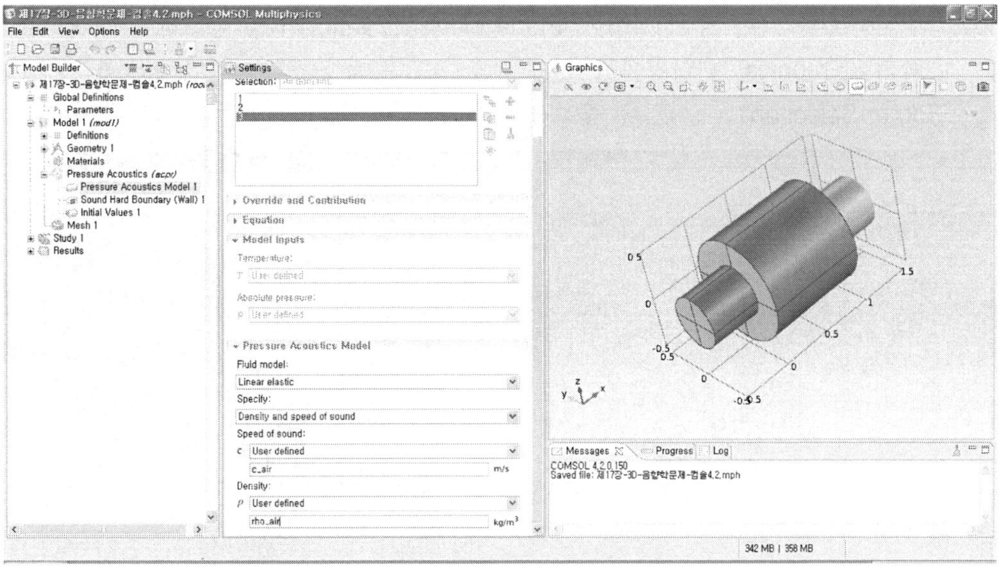

그림 20-37 'Pressure Acoustics Model' 설정하기

9-1. 그림 20-38과 같이 'Model Builder' 페이지에서 'Pressure Acoustics (acpr)'를 오른쪽 마우스를 클릭하여 나타난 메뉴 중 'Plane Wave Radiation'을 선택하여 'Plane Wave Radiation 1'을 생성한다. 동일한 작업을 반복하여 'Plane Wave Radiation 2'도 생성한다.

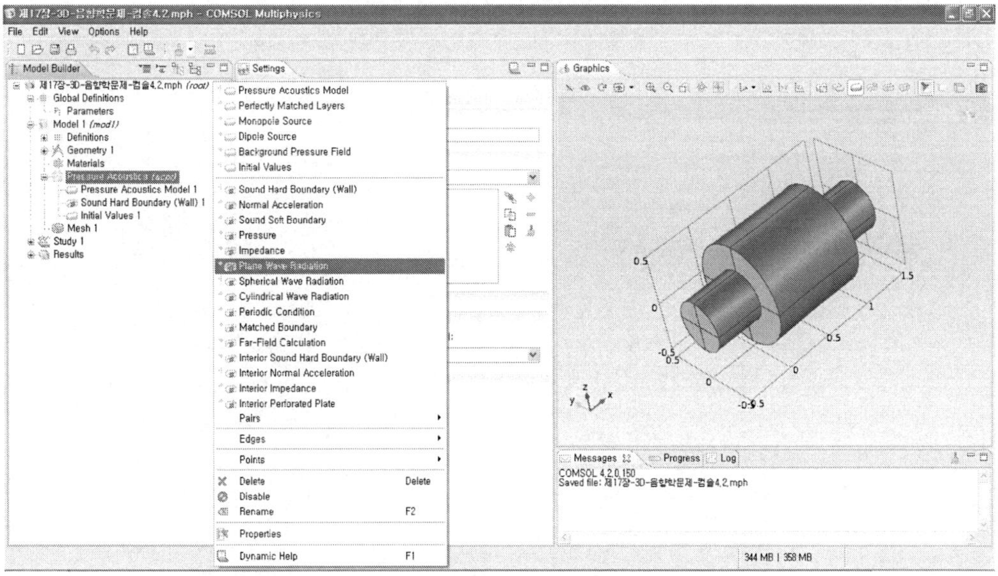

그림 20-38 'Plane Wave Radiation 1' 생성하기

9-2. 그림 20-39와 같이 방금 생성한 'Plane Wave Radiation 1'을 클릭하여 선택하고 오른쪽의 'Graphics' 페이지에서 경계 1,3,5,7을 각각 선택하여 'Settings' 페이지의 'Add to Selection' ✚ 버튼을 클릭하여 추가한다.

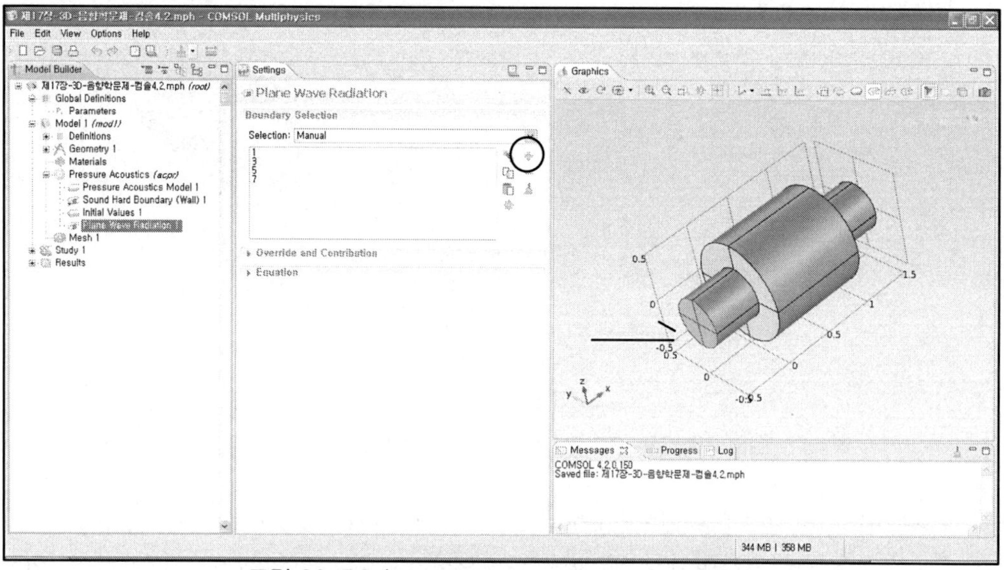

그림 20-39 'Plane Wave Radiation' 설정하기

9-3. 그림 20-40과 같이 'Model Builder' 페이지에서 'Plane Wave Radiation 1'을 오른쪽 마우스 클릭하여 나타난 메뉴 중 'Incident Pressure Field'을 선택한다.

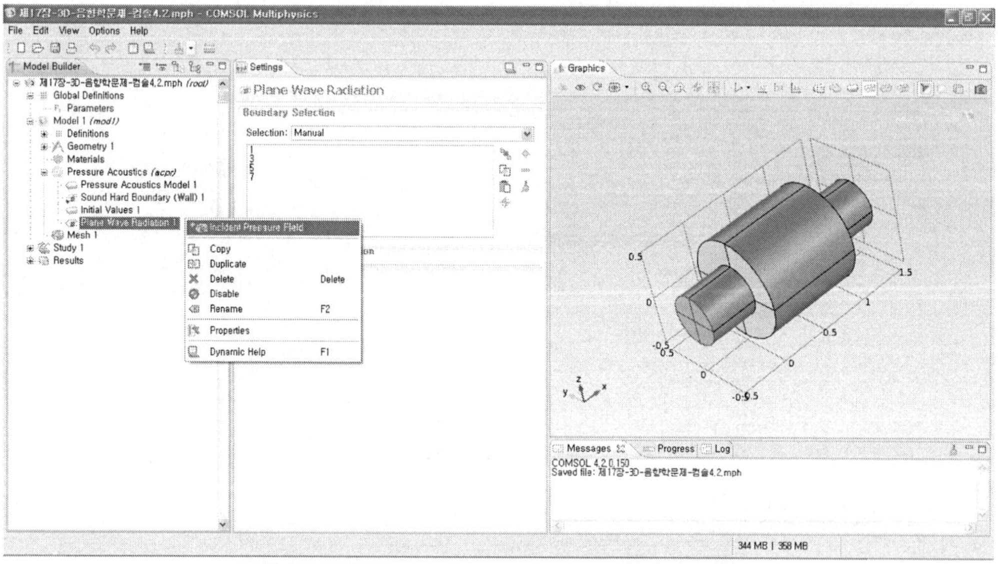

그림 20-40 'Incident Pressure Field' 선택하기

9-4. 그림 20-41과 같이 'Model Builder' 페이지에서 'Incident Pressure Field 1'을 클릭하여 선택하고, 'Settings' 페이지에서 'Incident Pressure Field' 부분의 'Pressure Amplitude:'의 'P0'를 '1'로 타입하자.

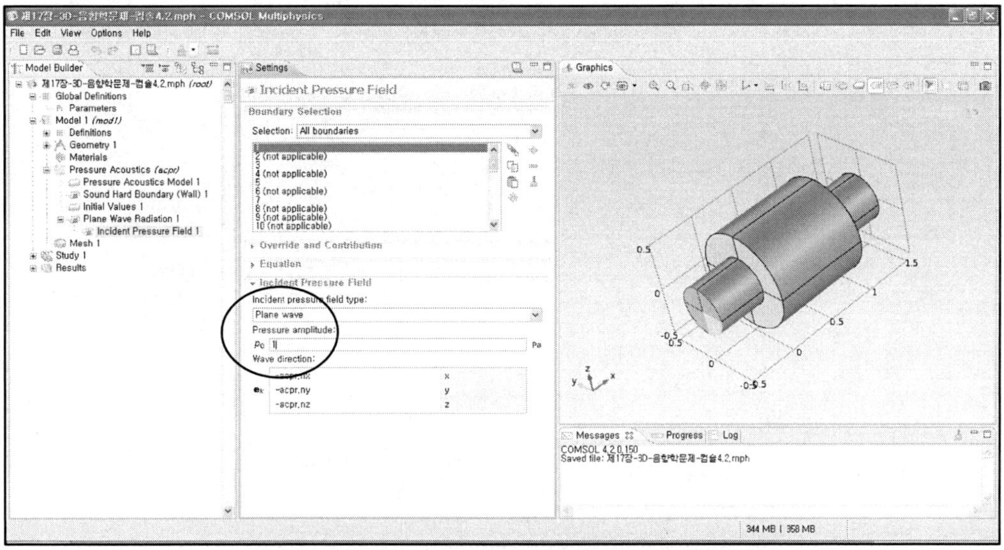

그림 20-41 'Incident Pressure Field' 설정하기

10-1. 그림 20-42와 같이 'Model Builder' 페이지에서 'Pressure Acoustics (acpr)'를 오른쪽 마우스를 클릭하여 나타난 메뉴 중 'Plane Wave Radiation'을 선택하여 'Plane Wave Radiation 2'를 생성한다.

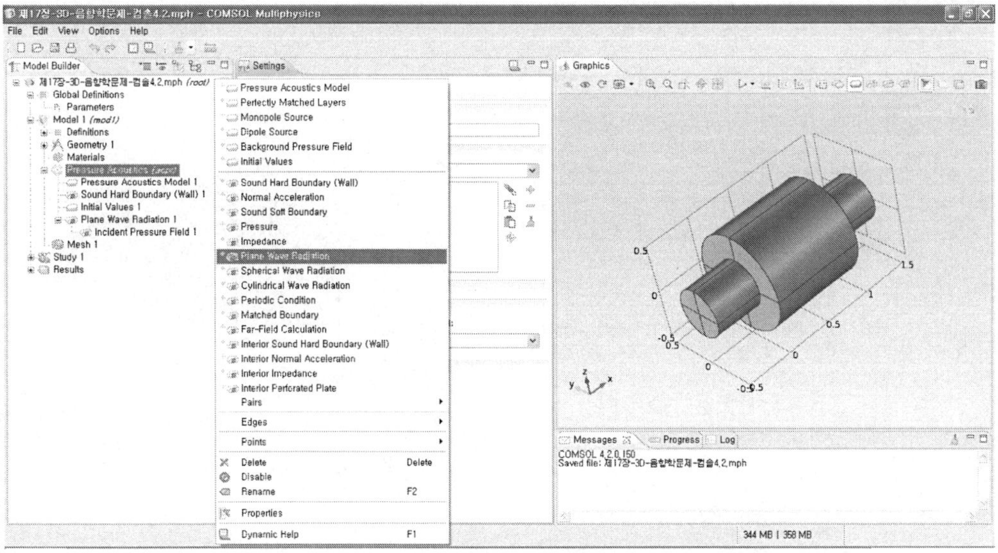

그림 20-42 'Plane Wave Radiation 2' 생성하기

10-2. 그림 20-43과 같이 방금 생성한 'Plane Wave Radiation 2'를 클릭하여 선택하고 오른쪽의 'Graphics' 페이지에서 경계 '36,36,38,39'를 각각 선택하여 'Settings' 페이지의 'Add to Selection' 버튼을 클릭하여 추가한다.

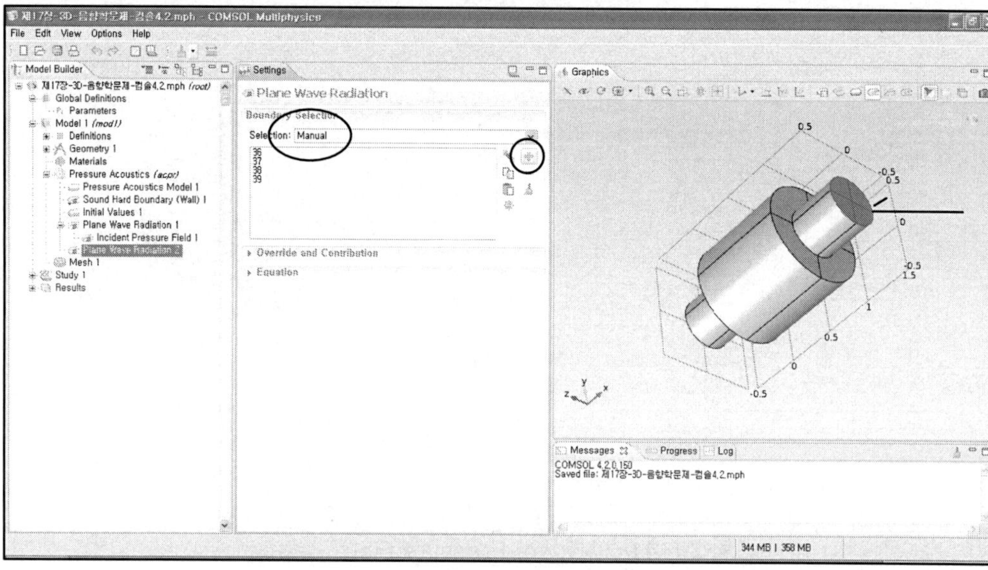

그림 20-43 'Plane Wave Radiation 2' 설정하기

11. 메쉬 격자를 생성시키기 위해서 그림 20-44와 같이 'Model Builder' 페이지에서 'Mesh 1'을 클릭하여 선택하고, 'Settings' 페이지 상단의 'Build All' 버튼을 클릭하자.

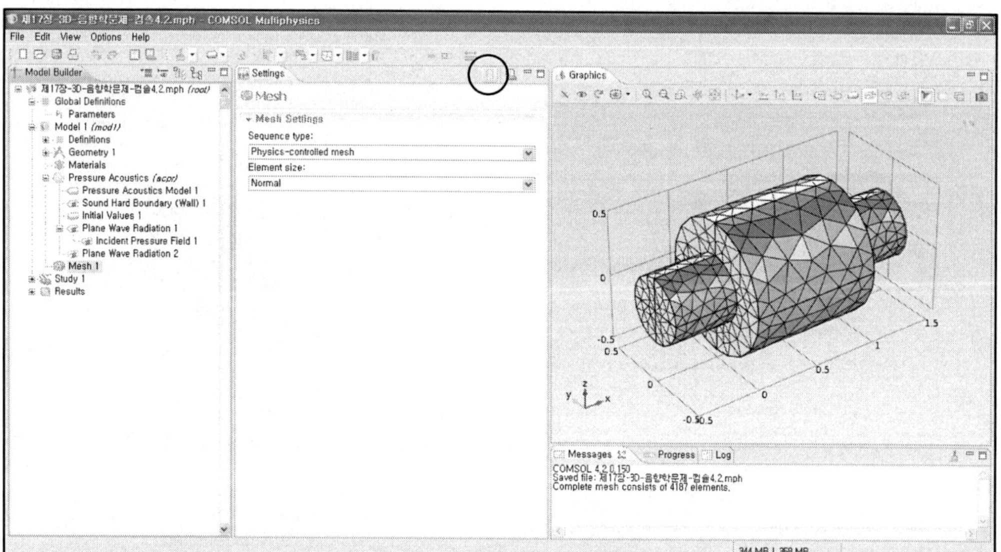

그림 20-44 메쉬 격자 생성하기

12. 그림 20-45와 같이 'Model Builder' 페이지에서 'Study 1' – 'Step1: Frequency Domain'을 선택하고, 'Settings' 페이지의 'Study Settings'의 'Frequencies' 부분에서 'Range' 버튼을 클릭하여 나타난 'Range' 상자에 'Start/Stop/Step'을 '10/300/10'으로 타입하고 'Replace'를 클릭하자.

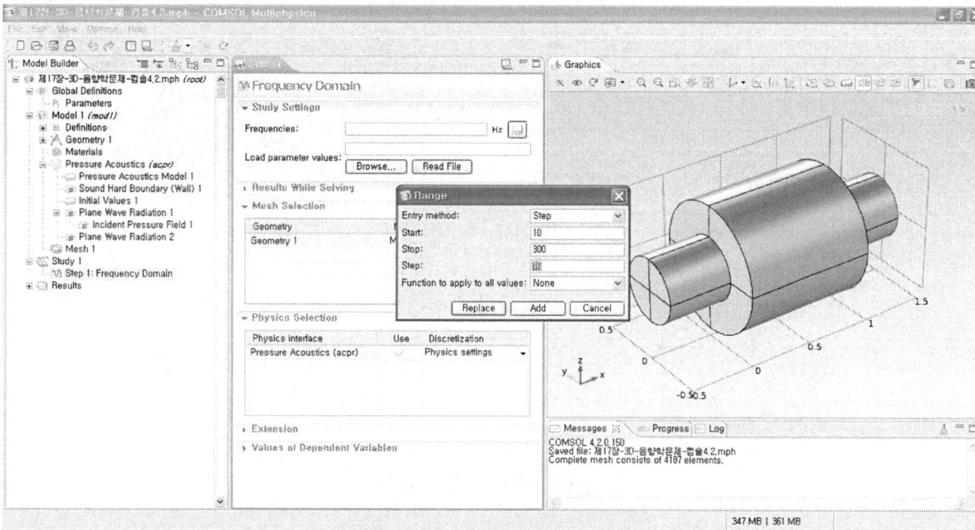

그림 20-45 시간 간격 설정

13. 그림 20-46과 같이 'Study 1'을 우 클릭하여 'Compute'를 선택하거나, 툴바에서 버튼을 클릭하면 해석이 진행된다.

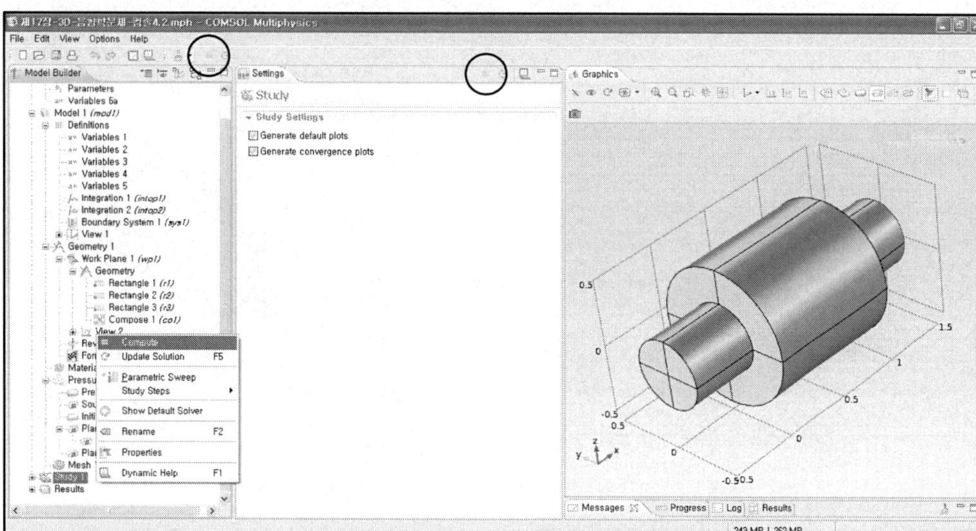

그림 20-46 'Compute' 수행하기

14. 그림 20-47은 해석결과를 보여준다.

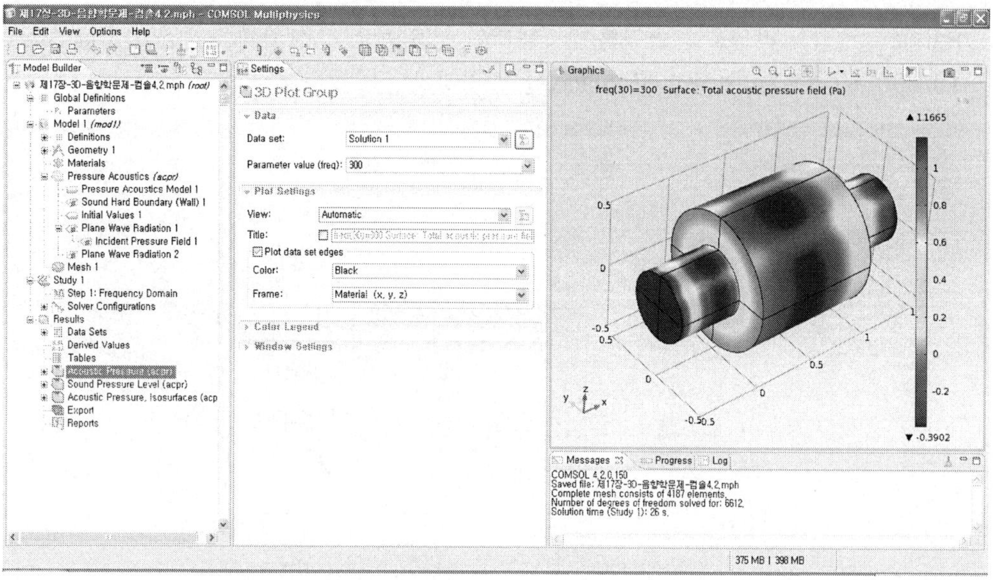

그림 20-47 해석결과

15-1. 자 이제 해석 모델의 한 지점의 'TL'을 구하기 위해 다음과 같이 해보자. 'Model Builder' 페이지에서 'Result'를 오른쪽 마우스 클릭하여 나타난 메뉴 중 '1D Plot Group'을 선택하라.

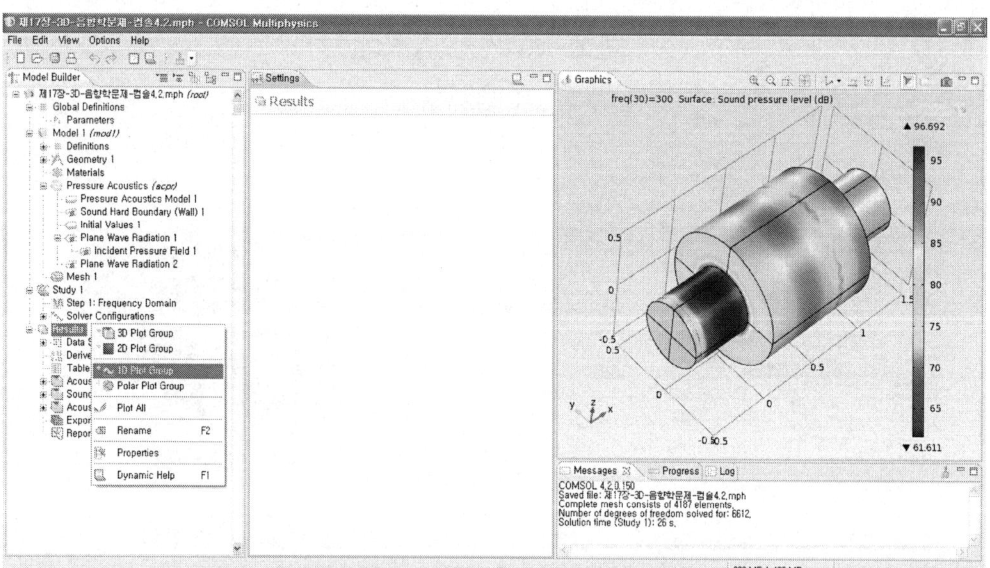

그림 20-48 '1D Plot Group' 생성하기

15-2. 생성된 '1D Plot Group 4'를 오른쪽 마우스 클릭하여 나타난 메뉴 중 'Point Graph'를 선택하여 생성하라.

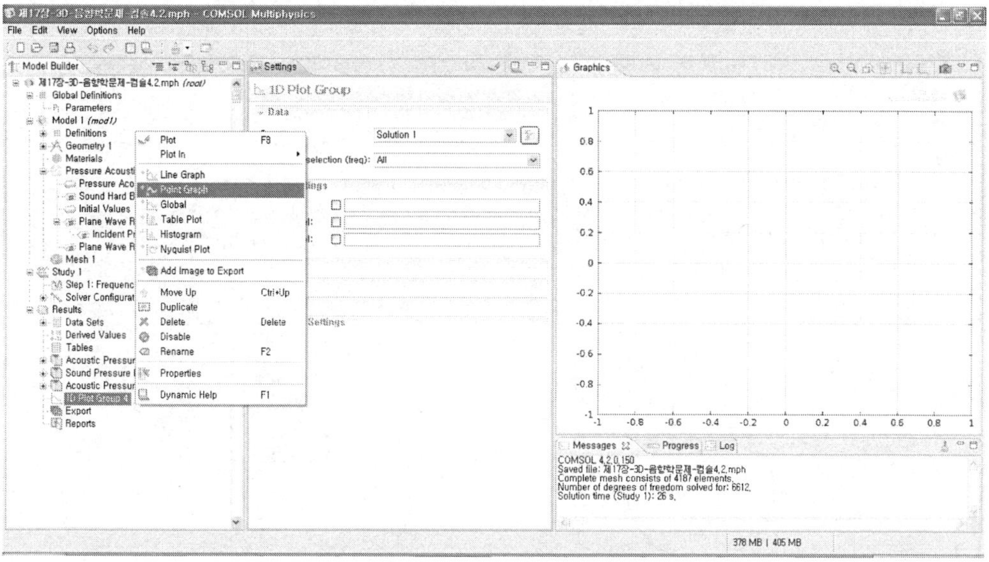

그림 20-49 'Point Graph' 생성하기

15-3. 생성된 'Point Graph 1'을 클릭하여 선택하고, 오른쪽의 'Graphics' 페이지에서 경계 'Point 4'를 선택하고, 'Settings' 페이지의 'Add to Selection' 버튼을 클릭하여 추가한 'y-Axis Data' 부분의 'Expression:'에 'TL_numerical'을 타입하자.

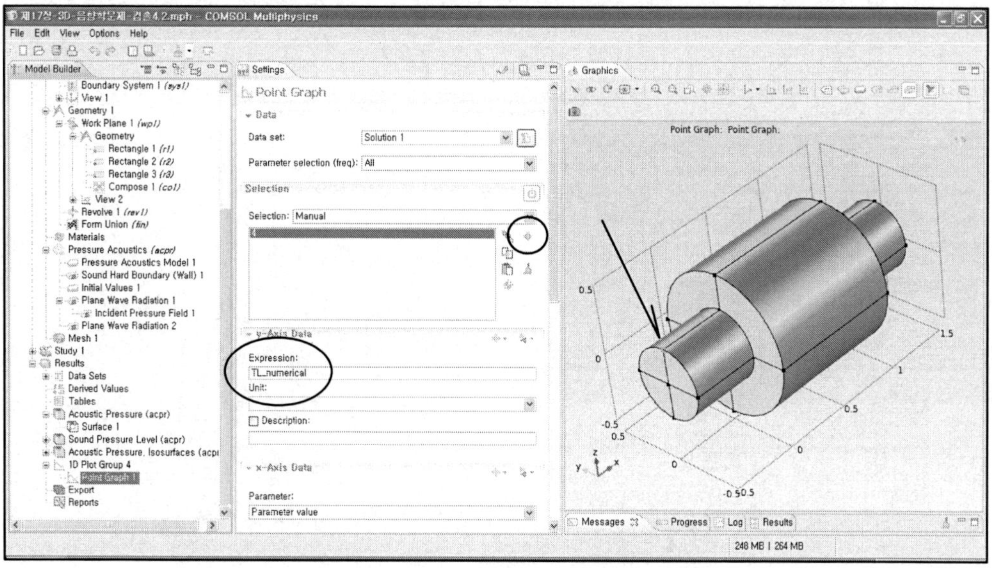

그림 20-50 'Point Graph 1' 설정하기 1

15-4. 또한, 'Settings' 페이지의 'Coloring and Style' 부분에서 'Line Marker'를 'Diamond'로 설정하자. 이것은 해당 그래프를 그릴 때 다른 그래프와 구분하기 위해 마커 형태를 'Diamond'로 정하는 것이다.

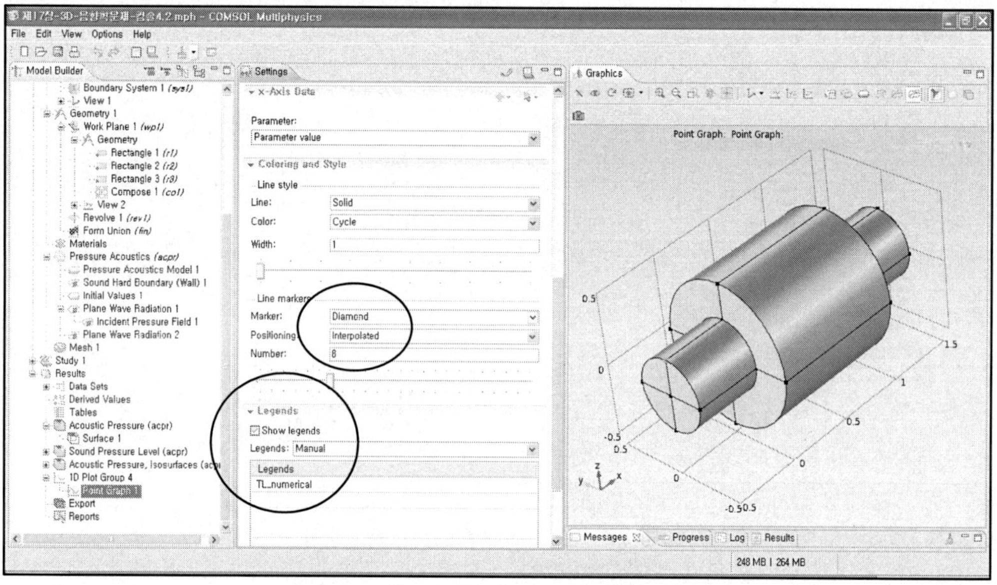

그림 20-51 'Point Graph 1' 설정하기 2

15-5. 'Settings' 페이지 상단의 'Plot' 버튼을 클릭하자.

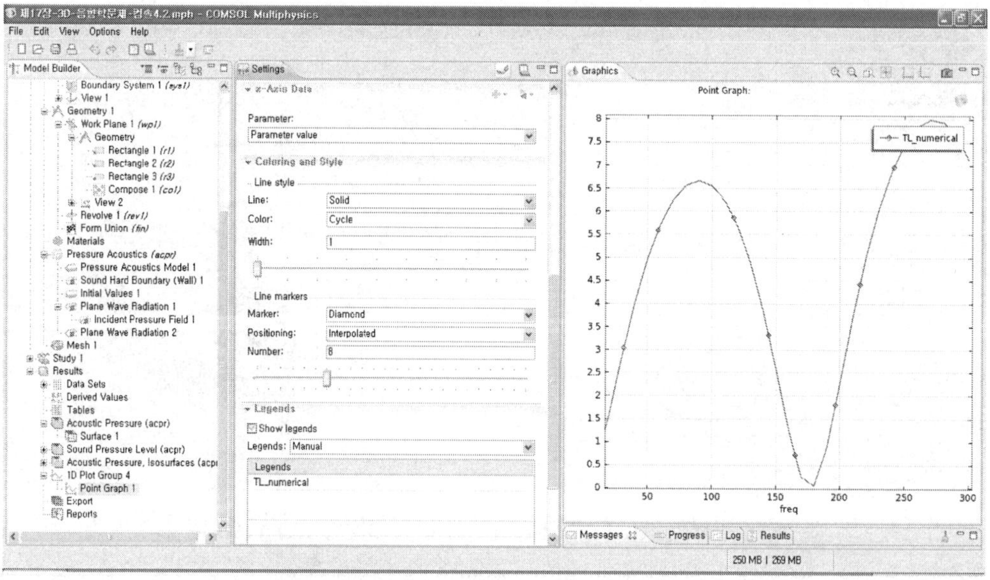

그림 20-52 'Point Graph 1' 설정하기 3

16-1. 동일한 지점의 해석적인 TL을 구하기 위해 다음과 같이 해보자. 'Model Builder' 페이지에서 'Result' - '1D Plot Group 4'를 오른쪽 마우스 클릭하여 나타난 메뉴 중 'Point Graph'을 선택하라.

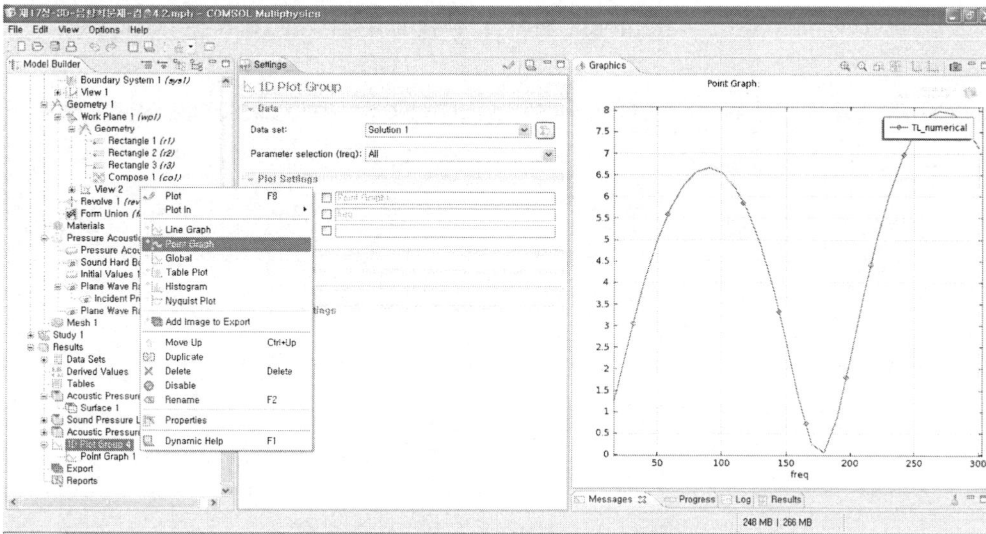

그림 20-53 'Point Graph 2' 생성하기

16-2. 생성된 'Point Graph 2'를 클릭하여 선택하고, 오른쪽의 'Graphics' 페이지에서 경계 'Point 4'를 선택하고, 'Settings' 페이지의 'Add to Selection' ✚ 버튼을 클릭하여 추가한다. 'y-Axis Data' 부분의 'Expression:'에 'acpr.p_t'을 변경하여 'TL_theory'를 타입하자.

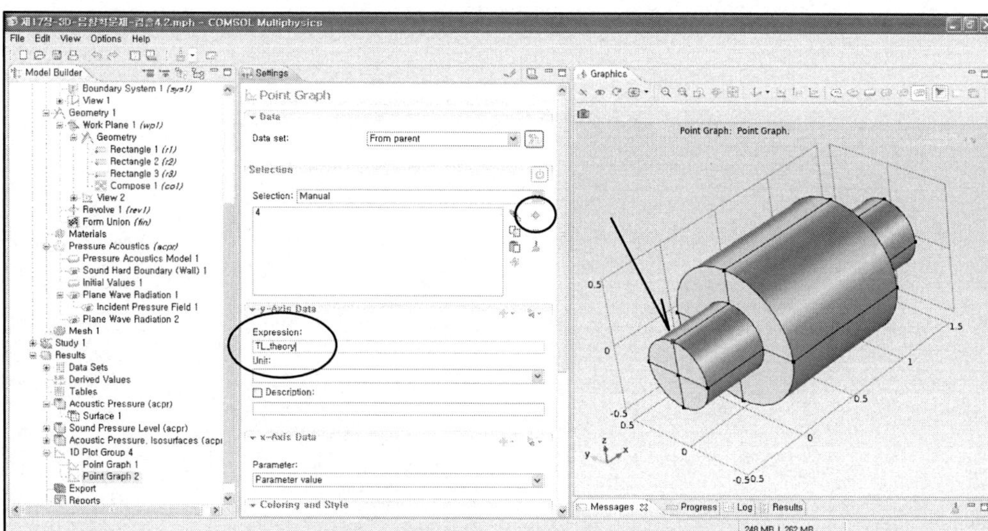

그림 20-54 'Point Graph 2' 설정하기 1

16-3. 또한, 'Settings' 페이지의 'Coloring and Style' 부분에서 'Color'를 'Red'로 설정하자. 그리고, 'Line Marker'를 'Asterisk'로 설정하자. 이것은 'TL_theory' 그래프를 그릴 때 앞의 'TL_numerical' 그래프와 구분하기 위해 마커 형태를 'Asterisk'로 정하는 것이다. 마지막으로 'Settings' 페이지 상단의 'Plot' 버튼을 클릭하자.

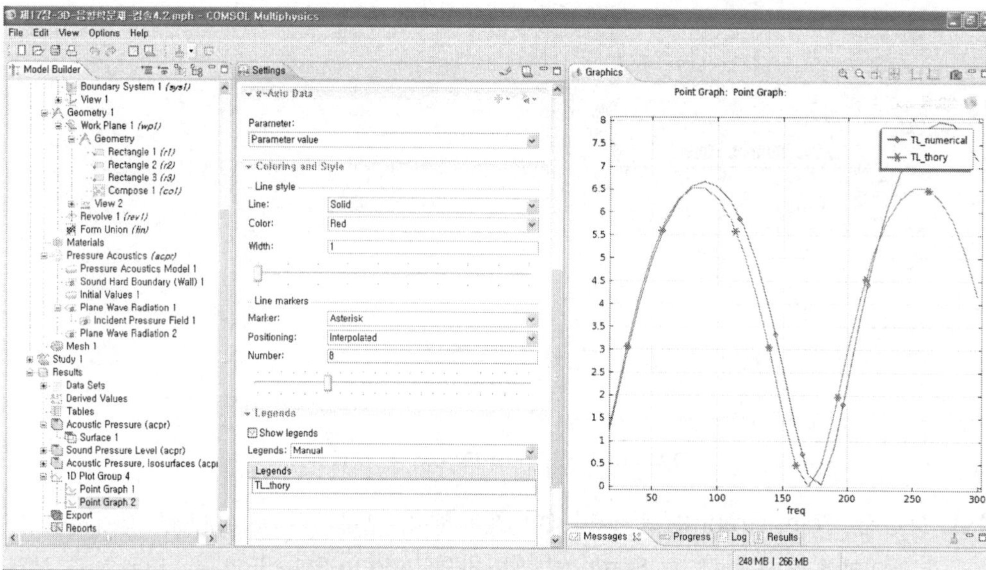

그림 20-55 'Point Graph 2' 설정하기 2

▣ 연습 문제

1. 단면적을 m=1, 2, 3으로 변경하여 TL_numerical를 그래프로 나타내어라.

2. L=1, 2, 3으로 변경하여 TL_numerical를 그래프로 나타내어라.

▣ Reference

[1] M. L. Munjal, Acoustics of Ducts and Mufflers, 1 Edition, 1987, Wiley-Interscience

[2] L. E. Kinsler et. al, Fundamentals of Acoustics, 3 Edition, 1980, John Wiley &Sons

제21장. 사용자 지정 함수 문제 (User defined equation problem)

공학, 물리학, 경제학뿐만 아니라 일반 인문/사회학에서도 많이 발견되는 많은 문제가 편미분 방정식 (Partial differential equation)으로 표현된다. 'COMSOL Multiphysics' 소프트웨어에서는 다양한 분야에 내부 내장 모듈 (Built-in module)로 주어지지만, 일부 방정식들은 내장 모듈이 없는 경우가 많이 존재한다. 예를 들면, 마이크로 시스템에서 프로틴 분리를 위한 전기 영동(Isoelectric focusing)의 방정식이 아래에 있다고 하자. 대부분의 학생은 비압축성 나비어-스톡스의 방정식 (21-4) 외에 이해하지 못 할 지도 모른다. 그렇다 하더라도 이 책을 이해하는 데는 전혀 상관이 없다. 전기 영동의 방정식 (21-1)은 일명 질량 보존의 방정식(Mass conservation equation), (21-2)는 대전 방정식(Charge conservation equation), (21-3)은 전하 중립 방정식 (electroneutrality equation)이다.

$$\frac{\partial}{\partial t}[c] - D\nabla^2[c] + \nabla\cdot(\vec{u} - \vec{u_f}\nabla\Psi)[c] = 0 \qquad (21\text{-}1)$$

$$\nabla\cdot[-\sigma\nabla\Psi - F\sum_{i=1}^{M+2} Dz\nabla[c_i] + \vec{u}(z[c_i] + [H^+] - \frac{K_W}{[H^+]})] = 0 \qquad (21\text{-}2)$$

$$[H^+] - \frac{K_W}{[H^+]} + \sum_{i=1}^{M} z_i[c_i] = 0 \qquad (21\text{-}3)$$

$$\rho(\frac{\partial\vec{u}}{\partial t} + \vec{u}\cdot\nabla\vec{u}) = -\nabla p + \nabla\cdot\eta(\nabla\vec{u} + (\nabla\vec{u})^T)$$
$$\nabla\cdot\vec{u} = 0 \qquad (21\text{-}4)$$

여기서 식(1)의 [c]는 프로틴 (단백질)의 몰 농도 이고, $[H^+]$는 수소 원자의 몰 농도이고, ψ는 전기적 포텐셜(electric potential), D 는 확산 계수(diffusion coefficient), $\vec{u}$는 외부에서 주어지는 체적(bulk) 유동 속도이고, $\vec{u_f}$ 는 전기 유동(electrophoretic) 속도이다. σ는 전도도(conductivity)로서 전기 유동에서 공간과 시간에 따라서 변하는 값이다. F는 패러데이(Faraday) 상수로서 96,485.3415[sA/mol]이다. Kw는 물의 이온화 상수(water dissociation constant) 이다. M 은 분리하고자 하는 단백질(프로틴)의 총수이다. 전기 영동에 대한 식에 대한 자세한 내용은 관련 논문을 참조하기 바란다[1]. 식 (21-4)는 이미 8~13장에서 다룬 나비어-스톡스의 지배방정식이다. 중력에 의한 효과력은 무시하였다.

식 (21-1)~(21-4)를 자세히 보면 각각의 식들이 독립적으로 작동되는 것이 아니라 모든 식들이 서로 연동되어 있음을 알 수 있다. 식 (21-1)과 식 (21-2)는 전기적 포텐셜(electric potential) (ψ)을 공통 변수로 두 식에 모두 존재하고, 식 (21-2)와 식 (21-3)은 수소 원자 ($[H^+]$)를 공통 변수로 되어 있고, 식 (21-1)과 식 (21-4)는 유동 속도 ($\vec{u}$)와 연성되어 있다. 만약 위와 같이 연성되어 있는 식 (21-1)~(21-4)를 풀고자 한다고 가정하자. 제 10장 에서 비압축성 나비어-스톡스는 'COMSOL Multiphysics'의 내부 모듈(built-in module)을 가지고 이미 다루었지만, 식(21-1)~식(21-3)은 'COMSOL Multiphysics'의 내부 모듈에서 찾을 수가 없을 것이다. 이러한 경우에 'COMSOL Multiphysics'에서는 일반적인 PDE (Partial differential equation) 모듈을 이용하여 우리가 원하는 식 (21-1)~(21-3)을 만들 수가 있다. 즉, 'COMSOL Multiphysics'의 수많은 내부 모듈들도 몇 가지 PDE 모듈을 이용해서 사용자 편의로 만들어 놓은 것에 불과하다. 다시 말해서 본 Chapter를 자세히 공부하게 되면 독자 여러분도 'COMSOL Multiphysics'의 내부 모듈을 그대로 만들 수가 있다, 자 이제부터 'COMSOL Multiphysics'에서 제공하는 PDE 모듈들을 자세히 공부해 보자.

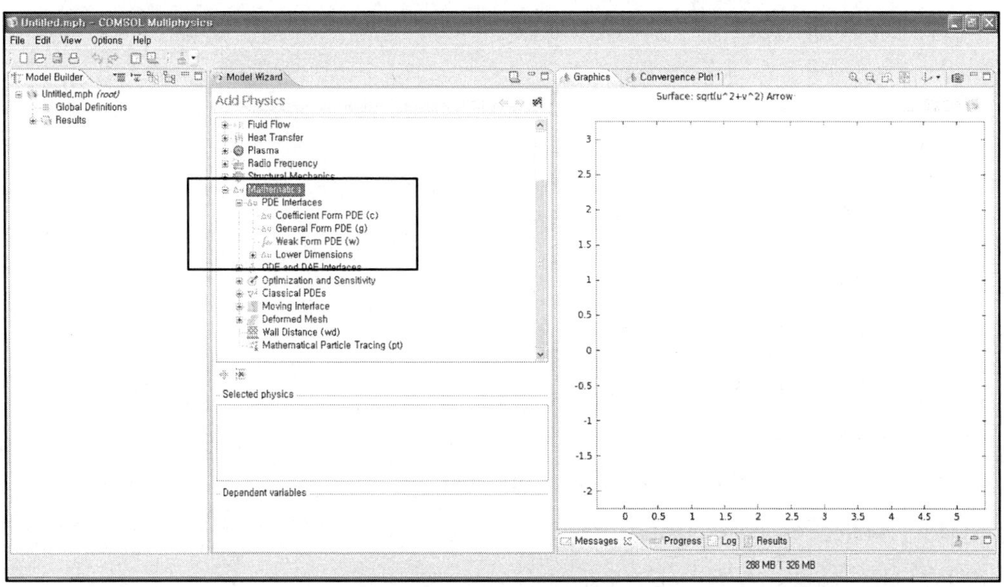

그림 21-1 'Model Wizard'

위의 그림 21-1과 같이 새 모델 프레임속의 응용모드/COMSOL Multiphysics/편미분방정식 모드 (PDE Modes)/기본 편미분방정식(PDE)으로 크게 3가지 방법을 다룬다. 편미분방정식, 계수형태 (PDE Coefficient form), 편미분방정식, 일반형태 (PDE General form),

약형 (Weak Form, 소영역, 경계, 포인터)로 나누어진다. 기타 부분은 논하지 않는다.

▣ PDE Coefficient form

Coefficient form은 여러 가지 모델에 사용될 수 있고, 특히 기본적인 형태가 여러 가지 계수(Coefficient) 형태로 정의되어 있다고 해서 PDE Coefficient form이라고 부른다. 기본적인 형태는 다음과 같다.

(해석 영역 내)

$$e_a \frac{\partial^2 u}{\partial t^2} + d_a \frac{\partial u}{\partial t} + \nabla \cdot (-c\nabla u - \alpha u + \gamma) + \beta \cdot \nabla u + au = f, \in , \Omega \quad (21\text{-}5)$$

(경계, neumann BC)

$$n \cdot (c\nabla u + \alpha u - \gamma) + qu = g - h^T \mu, \quad on \;, \Omega \quad (21\text{-}6)$$

(경계, Dirichlet BC)

$$hu = r, \quad on, \Omega \quad (21\text{-}7)$$

여기서 각 계수들을 설명하면 다음과 같다.

(해석영역내)

1) e_a는 mass coefficient.

2) d_a는 damping coefficient.

3) c는 diffusion coefficient.

4) α는 conservation flux convection coefficient.

5) β는 convection coefficient.

6) a는 absorption coefficient.

7) γ는 conservative flux source term.

8) f는 source term.

(경계, neumann BC)

1) q는 boundary absorption coefficient.

2) g는 boundary source term.

Coefficient form의 변수가 u임을 명심하라. 위의 계수들이 u의 함수가 아니면 Coefficient form은 선형방정식(linear)이 되고, 위의 계수들이 u의 함수가 되면 비선형방정식(nonlinear)이 된다. 경계 형태는 크게 2가지로 나타나는데, 크게 Flux 형태로 나타내는 neumann 경계 형태 및, 일정한 고정된 값(상수)형태로 나타내는 Dirichlet 경계 형태가 있다.

▣ PDE General form

General form은 Coefficient form을 약간 변형시키면 얻을 수 있다.

$$\Gamma = -c\nabla u - \alpha u + \gamma \tag{21-8}$$

$$F = f - \beta\nabla u - au \tag{21-9}$$

$$G = g - qu \tag{21-10}$$

$$R = r - hu \tag{21-11}$$

PDE general form은 다음과 같다.

(해석영역내)

$$e_a \frac{\partial^2 u}{\partial t^2} + d_a \frac{\partial u}{\partial t} + \nabla \cdot \Gamma = F, \text{ in } \Omega \tag{21-12}$$

(경계, neumann BC)

$$-n \cdot \Gamma = G + \left(\frac{\partial R}{\partial u}\right)\mu, \text{ on } \partial\Omega \tag{21-13}$$

(경계, Dirichlet BC)

$$0 = R, \text{ on } \partial\Omega \tag{21-14}$$

■ Weak Form

Weak Form은 ODE, PDE뿐만 아니라 적분으로 정의되는 식도 weak form으로 사용될 수 있다. 기본 형태는 다음과 같다.

$$\int_{\Omega} \nu \left(e_a \frac{\partial^2 u}{\partial t^2} + d_a \frac{\partial u}{\partial t}\right) dA - \int_{\Omega} (\nabla \nu \cdot \Gamma + \nu F) dA = \int_{\partial\Omega} \nu \left(G + \frac{\partial R}{\partial u} \mu\right) ds$$

weak term (21-15)

(경계, Dirichlet BC)

$0 = R$ on $\partial\Omega$ (constr term) (21-16)

PDE, general form에서의 (경계, neumann BC)는 weak term 속에 정의를 한다.

표 21-1 Compact and standard form of general PDEs

Equation	Compact Notation	Standard Notation (2D)
Laplace's equation	$-\nabla \cdot (\nabla c) = 0$, or $-\nabla^2 c = 0$	$-\left(\frac{\partial^2 c}{x^2} + \frac{\partial^2 c}{y^2}\right)$
Poisson's equation	$-\nabla \cdot (D \nabla c) = f$	$-\left(\frac{\partial}{\partial x}\left(D \frac{\partial c}{\partial x}\right) + \frac{\partial}{\partial y}\left(D \frac{\partial c}{\partial y}\right)\right) = f$
Helmholtz equation	$-\nabla \cdot (D \nabla c) + ac = f$	$-\left(\frac{\partial}{\partial x}\left(D \frac{\partial c}{\partial x}\right) + \frac{\partial}{\partial y}\left(D \frac{\partial c}{\partial y}\right)\right) + ac = f$
Heat equation	$d_a \frac{\partial c}{\partial t} - \nabla \cdot (D \nabla c) = f$	$d_a \frac{\partial u}{\partial t} - \left(\frac{\partial}{\partial x}\left(D \frac{\partial c}{\partial x}\right) + \frac{\partial}{\partial y}\left(D \frac{\partial c}{\partial y}\right)\right) = f$
wave equation	$d_a \frac{\partial^2 c}{\partial t^2} - \nabla \cdot (D \nabla c) = f$	$d_a \frac{\partial^2 c}{\partial t^2} - \left(\frac{\partial}{\partial x}\left(D \frac{\partial c}{\partial x}\right) + \frac{\partial}{\partial y}\left(D \frac{\partial c}{\partial y}\right)\right) = f$
Schrondinger equation	$-\nabla \cdot (D \nabla c) + ac = \lambda c$	$-\left(\frac{\partial}{\partial x}\left(D \frac{\partial c}{\partial x}\right) + \frac{\partial}{\partial y}\left(D \frac{\partial c}{\partial y}\right)\right) + ac = \lambda c$
Convection-diffusion equation	$d_a \frac{\partial c}{\partial t} - \nabla \cdot (D \nabla c) + u \cdot \nabla c = f$	$d_a \frac{\partial c}{\partial t} - \left(\frac{\partial}{\partial x}\left(D \frac{\partial c}{\partial x}\right) + \frac{\partial}{\partial y}\left(D \frac{\partial c}{\partial y}\right)\right) + u \frac{\partial c}{\partial x} + v \frac{\partial c}{\partial y} = f$

▣ 예제 문제 정의

본 21장에서 다룰 응용 문제는 병렬 평판 사이에서 발생하는 시간에 따른 유동 방정식 (Navier-Stokes Equation)을 'COMSOL Multiphysics' 내부 모듈 (built-in module)과 PDE의 3가지 접근 방법인 PDE, Coefficient form/PDE, General form/PDE, weak form의 결과를 서로 비교해보고 궁극적으로 PDE를 다루는 방법을 배울 것이다.

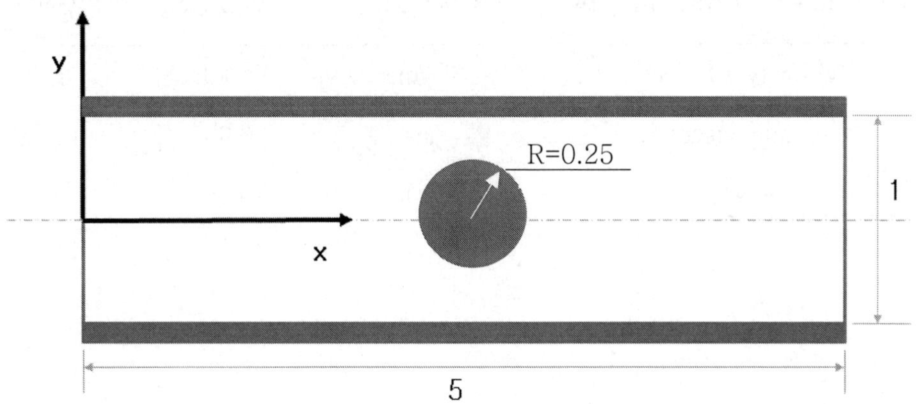

그림 21-2 Schematic of two parallel plates. Unit is [m]

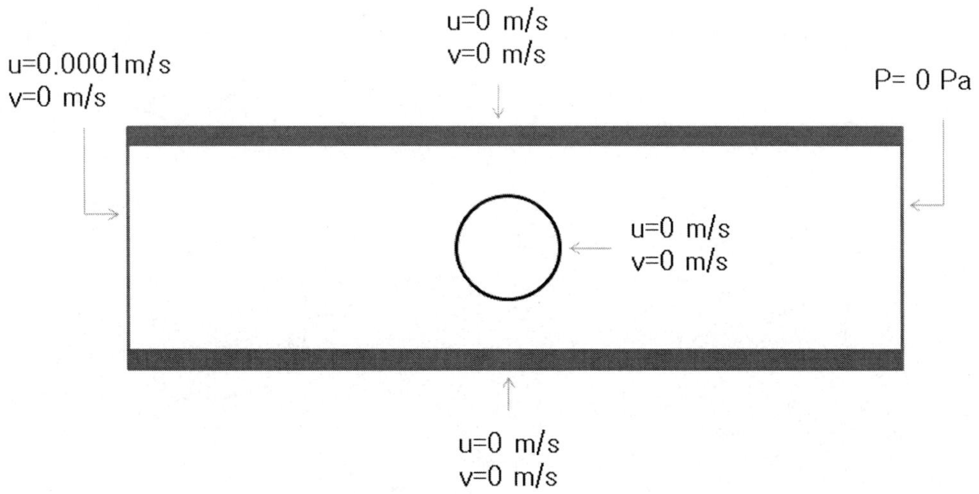

그림 21-3 Boundary condition of two parallel plates

그림 21-2에서 보는 바와 같이 평판의 길이는 5m이고 평판 사이는 1m로 병렬로 놓여

있다. 그리고 평판 가운데에 공 모양의 방해물이 있어 유동을 방해하고 있을 때, 공 모양 주위의 속도 및 압력 변화를 보고자 한다. 만약 유체가 왼쪽에서 균일한 속도 Vinlet = 0.0001 m/s로 주어지며, 출구는 게이지 압력 0 Pa로 간주하자. 유체는 20°C의 순수한 물로 η = 0.001 (kg/m·s or Pa·s), ρ = 1000 kg/m3 가정한다.

표 21-2 Properties of the material

MATERIAL PARAMETER	EXPRESSION	VALUE	UNIT
Velocity of inlet	V_inlet	0.0001	m/s
dynamic viscosity	eta	0.001	kg/ms
density	rho	1000	kg/m^3

■ 예제 문제 따라하기

두 평판 사이에서 발생하는 Flow velocity가 주어지는 경우에 비압축성 나비어-스톡스 (Built-in Module)/Coefficient Form/General Form/Weak Form을 서로 비교하고 PDE 핸들링 방법을 배운다.

비압축성 나비어-스톡스 방정식을 Coefficient Form/General Form/Weak Form으로 바꾸어야 한다. 이 단계가 PDE 모듈을 핸들링하는 가장 중요한 과정이다.

비압축성 나비어-스톡스 식은 식 (21-4)와 같이 Compact notation으로 표현되어 있다. PDE 모듈을 적용하기 위해서는 Standard notation으로 바꾸어야 한다. 다음의 표 21-3을 주목하자.

표 21-3 Compact and standard notation of incompressible Navier-Stokes equation

Compact notation	$\rho(\frac{\partial \vec{u}}{\partial t} + \vec{u} \cdot \nabla \vec{u}) = -\nabla p + \nabla \cdot \eta(\nabla \vec{u} + (\nabla \vec{u})^T)$ $\nabla \cdot \vec{u} = 0$
Standard notation	$\rho(\frac{\partial u}{\partial t} + u \cdot \frac{\partial u}{\partial x} + v \cdot \frac{\partial u}{\partial y}) = -\frac{\partial p}{\partial x} + \eta(\frac{\partial^2 u}{\partial x^2} + \frac{\partial^2 u}{\partial y^2})$ $\rho(\frac{\partial v}{\partial t} + u \cdot \frac{\partial v}{\partial x} + v \cdot \frac{\partial v}{\partial y}) = -\frac{\partial p}{\partial y} + \eta(\frac{\partial^2 v}{\partial x^2} + \frac{\partial^2 v}{\partial y^2})$ $\frac{\partial u}{\partial x} + \frac{\partial v}{\partial y} = 0$

- <u>비압축성 나비어-스톡스 standard를 PDE, coefficient form 변환</u>

비압축성 나비어-스톡스 standard notation을 coefficient form으로의 전환하자.

(해석 영역 내)

$$e_a \frac{\partial^2 u}{\partial t^2} + d_a \frac{\partial u}{\partial t} + \nabla \cdot (-c \nabla u - \alpha u + \gamma) + \beta \cdot \nabla u + au = f, \in, \Omega \tag{21-5}$$

(경계, neumann BC)

$$n \cdot (c \nabla u + \alpha u - \gamma) + qu = g - h^T \mu, \quad on, \Omega \tag{21-6}$$

(경계, Dirichlet BC)

$$hu = r, \quad on, \Omega \tag{21-7}$$

(해석 영역 내)

$$\frac{\partial u}{\partial t} - \frac{\eta}{\rho}\left(\frac{\partial^2 u}{\partial x^2} + \frac{\partial^2 u}{\partial y^2}\right) = -\left(u \cdot \frac{\partial u}{\partial x} + v \cdot \frac{\partial u}{\partial y}\right) - \frac{1}{\rho}\frac{\partial p}{\partial x} \tag{21-17}$$

$$\frac{\partial v}{\partial t} - \frac{\eta}{\rho}\left(\frac{\partial^2 v}{\partial x^2} + \frac{\partial^2 v}{\partial y^2}\right) = -\left(u \cdot \frac{\partial v}{\partial x} + v \cdot \frac{\partial v}{\partial y}\right) - \frac{1}{\rho}\frac{\partial p}{\partial y} \tag{21-18}$$

$$0 = \frac{\partial u}{\partial x} + \frac{\partial v}{\partial y} \tag{21-19}$$

즉, 식 (21-17)에서는

$$e_a = 0,\ d_a = 1,\ c = \frac{\eta}{\rho},\ \alpha = 0,\ \gamma = 0,\ \beta = 0,\ a = 0,\ f_u = -\left(u \cdot \frac{\partial u}{\partial x} + v \cdot \frac{\partial u}{\partial y}\right) - \frac{1}{\rho}\frac{\partial}{\partial}$$

가 되고, 같은 방법으로 식 (21-18)에서는

$$e_a = 0,\ d_a = 1,\ c = \frac{\eta}{\rho},\ \alpha = 0,\ \gamma = 0,\ \beta = 0,\ a = 0,\ f_v = -\left(u \cdot \frac{\partial v}{\partial x} + v \cdot \frac{\partial v}{\partial y}\right) - \frac{1}{\rho}\frac{\partial}{\partial}$$

가 되고, 식(21-19)에서는

$$e_a = 0,\ d_a = 0,\ c = 0,\ \alpha = 0,\ \gamma = 0,\ \beta = 0,\ a = 0,\ f_p = -\left(\frac{\partial u}{\partial x} + \frac{\partial u}{\partial y}\right)$$

가 됨을 알 수 있다.

또한 경계조건은 그림 21-3에서 보는 봐와 같이 모든 경계를 Dirichlet으로 표현될 수 있다.

(경계, Dirichlet BC) $hu = r$ on $\partial\Omega$

본 문제의 경계조건은 (경계, Dirichlet BC)로 표현할 수 있다.

표 21-4 Boundary condition of PDE coefficient form

항	입구	출구	벽면 상	벽면 하	공주위
식 (21-17)	$h=1, r=0.0001$	$h=0, r=0$	$h=1, r=0$	$h=1, r=0$	$h=1, r=0$
식 (21-18)	$h=1, r=0$	$h=0, r=0$	$h=1, r=0$	$h=1, r=0$	$h=1, r=0$
식 (21-19)	$h=0, r=0$	$h=1, r=0$	$h=0, r=0$	$h=0, r=0$	$h=0, r=0$

- **비압축성 나비어-스톡스 standard를 PDE, general form 변환**

PDE general form은 다음과 같다.

(해석 영역 내) $$e_a \frac{\partial^2 u}{\partial t^2} + d_a \frac{\partial u}{\partial t} + \nabla \cdot \Gamma = F \quad \text{in } \Omega \quad (21\text{-}12)$$

(경계, neumann BC) $$-n \cdot \Gamma = G + \left(\frac{\partial R}{\partial u}\right)\mu \quad \text{on } \partial\Omega \quad (21\text{-}13)$$

(경계, Dirichlet BC) $$0 = R \quad \text{on } \partial\Omega \quad (21\text{-}14)$$

다시 비압축성 나비어-스톡스 standard notation을 쓰면 다음과 같다.

(해석영역내)

$$\frac{\partial u}{\partial t} - \frac{\eta}{\rho}\left(\frac{\partial^2 u}{\partial x^2} + \frac{\partial^2 u}{\partial y^2}\right) = -\left(u \cdot \frac{\partial u}{\partial x} + v \cdot \frac{\partial u}{\partial y}\right) - \frac{1}{\rho}\frac{\partial p}{\partial x} \quad (21-17)$$

$$\frac{\partial v}{\partial t} - \frac{\eta}{\rho}\left(\frac{\partial^2 v}{\partial x^2} + \frac{\partial^2 v}{\partial y^2}\right) = -\left(u \cdot \frac{\partial v}{\partial x} + v \cdot \frac{\partial v}{\partial y}\right) - \frac{1}{\rho}\frac{\partial p}{\partial y} \quad (21-18)$$

$$0 = \frac{\partial u}{\partial x} + \frac{\partial v}{\partial y} \quad (21-19)$$

식 (21-17)을 general form 형태로 바꾸려면,

좌변항은 $e_a = 0$, $d_a = 1$, $\Gamma = -\frac{\eta}{\rho}\left(\frac{\partial u}{\partial x} i + \frac{\partial u}{\partial y} j\right)$이다.

우변항은 $F = -(u \cdot \frac{\partial u}{\partial x} + v \cdot \frac{\partial u}{\partial y}) - \frac{1}{\rho}\frac{\partial p}{\partial x}$ 으로 변환할 수 있다.

식 (21-18)은 식 (21-17)과 마찬가지로,

좌변항은 $e_a = 0$, $d_a = 1$, $\Gamma = -\frac{\eta}{\rho}(\frac{\partial v}{\partial x}i + \frac{\partial v}{\partial y}j)$ 이다.

우변항은 $F = -(u \cdot \frac{\partial v}{\partial x} + v \cdot \frac{\partial v}{\partial y}) - \frac{1}{\rho}\frac{\partial p}{\partial y}$ 으로 변환할 수 있다.

마지막으로 식 (21-19)는 다음과 같다.

좌변항은 $e_a = 0$, $d_a = 0$, $\Gamma = 0i + 0j$이다.

우변항은 $F = -(\frac{\partial u}{\partial x} + \frac{\partial v}{\partial y})$으로 변환할 수 있다.

General form의 경계조건은 다음과 같이 주어질 수 있다.

(경계, Dirichlet BC) $0 = R$ on $\partial\Omega$

본 문제의 경계조건은 (경계, Dirichlet BC)로 표현할 수 있다.

표 21-5 Boundary condition of PDE general form

항	입구	출구	벽면 상	벽면 하	공주위
식 (5)	0.0001-u	0	-u	-u	-u
식 (6)	-v	0	-v	-v	-v
식 (7)	0	-p	0	0	0

- **비압축성 나비어-스톡스 standard를 PDE, weak form 변환**

PDE weak form은 다음과 같다.

$$\int_\Omega v(e_a\frac{\partial^2 u}{\partial t^2} + d_a\frac{\partial u}{\partial t})dA - \int_\Omega(\nabla v \cdot \Gamma + vF)dA = \int_{\partial\Omega} v(G + \frac{\partial R}{\partial u}\mu)ds$$

weak term (21-15)

(경계, Dirichlet BC) $0 = R$ on $\partial\Omega$ (constr term)
---------(21-16)

다시 비압축성 나비어-스톡스 standard notation을 쓰면 다음과 같다.

(해석 영역 내)

$$\frac{\partial u}{\partial t} - \frac{\eta}{\rho}\left(\frac{\partial^2 u}{\partial x^2} + \frac{\partial^2 u}{\partial y^2}\right) = -\left(u \cdot \frac{\partial u}{\partial x} + v \cdot \frac{\partial u}{\partial y}\right) - \frac{1}{\rho}\frac{\partial p}{\partial x} \quad (21-17)$$

$$\frac{\partial v}{\partial t} - \frac{\eta}{\rho}\left(\frac{\partial^2 v}{\partial x^2} + \frac{\partial^2 v}{\partial y^2}\right) = -\left(u \cdot \frac{\partial v}{\partial x} + v \cdot \frac{\partial v}{\partial y}\right) - \frac{1}{\rho}\frac{\partial p}{\partial y} \quad (21-18)$$

$$0 = \frac{\partial u}{\partial x} + \frac{\partial v}{\partial y} \quad (21-19)$$

비압축성 나비어-스톡스 standard notation이 다음과 같이 변환된다.

표 21-6 Subdomain setting of PDE coefficient form

항	dweak term	weak term
식 (21-17)	$\frac{\partial u}{\partial t}$ *test(u) or $\frac{\partial u}{\partial t}$ *u_test	$-\frac{\eta}{\rho}\left(\frac{\partial u}{\partial x} test\left(\frac{\partial u}{\partial x}\right) + \frac{\partial u}{\partial y} test\left(\frac{\partial u}{\partial y}\right)\right)$ $- test(u)\left(u\frac{\partial u}{\partial x} + v\frac{\partial u}{\partial y} + \frac{1}{\rho}\frac{\partial p}{\partial x}\right)$
식 (21-18)	$\frac{\partial v}{\partial t}$ *test(v) or $\frac{\partial v}{\partial t}$ *v_test	$-\frac{\eta}{\rho}\left(\frac{\partial v}{\partial x} test\left(\frac{\partial v}{\partial x}\right) + \frac{\partial v}{\partial y} test\left(\frac{\partial v}{\partial y}\right)\right)$ $- test(v)\left(u\frac{\partial v}{\partial x} + v\frac{\partial v}{\partial y} + \frac{1}{\rho}\frac{\partial p}{\partial y}\right)$
식 (21-19)	0	$0 + test(p)\left(-\left(\frac{\partial u}{\partial x} + \frac{\partial v}{\partial y}\right)\right)$

(경계, Dirichlet BC) $0 = R$ on $\partial\Omega$

본 문제의 경계조건은 (경계, Dirichlet BC)로 표현할 수 있다. Dirichlet BC의 경우에는 경계조건 설정에서 constr 프레임에 입력해야 한다. 만약 neumann BC의 경우는 weak 프레임에 입력하면 된다.

여기서 dw=dweak, w=weak, c=constr이다.

표 21-7 Boundary condition of PDE weak form

항	입구			출구			벽면 상			벽면 하			원주위		
	dw	w	c	dw	w	c	dw	w	c	dw	w	c	dw	w	c
식 (5)	0	0	0.0001-u	0	0	0	0	0	-u	0	0	-u	0	0	-u
식 (6)	0	0	-v	0	0	0	0	0	-v	0	0	-v	0	0	-v
식 (7)	0	0	0	0	0	-p	0	0	0	0	0	0	0	0	0

자 이제 PDE 핸들링의 세계로 들어가 보자.
'COMSOL Multiphysics' 내부 모듈 (built-in module) 이용 (비압축성 나비어-스톡스)

1. 그림 21-4와 같이 'Model Wizard' 페이지에서 'Select Space Dimension'을 '2D'로 선택하고 'Next' 버튼 ⇨을 누른다.

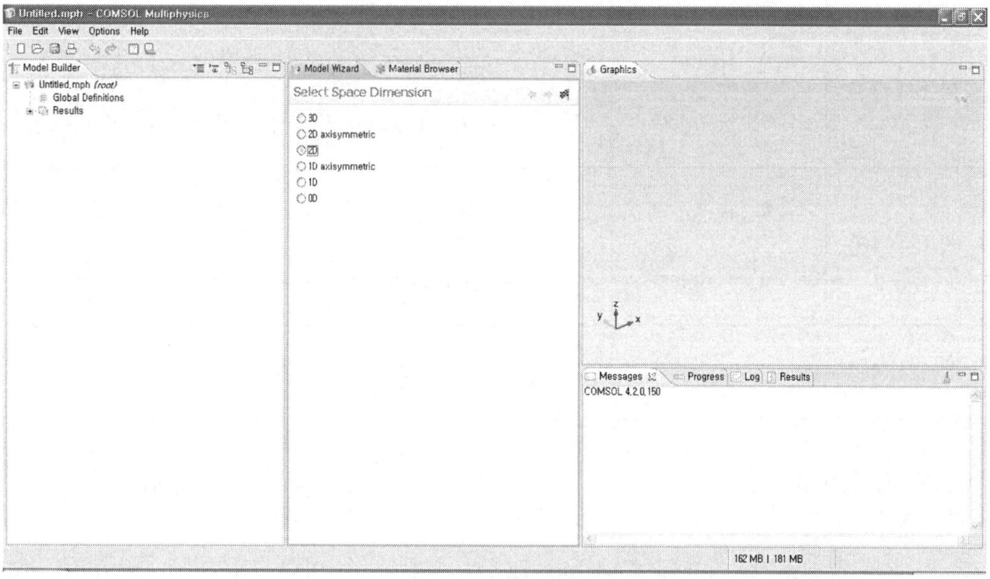

그림 21-4 'Model Wizard' 페이지에서 'Select Space Dimension'을 '2D'로 선택하기

2. 그림 21-5와 같이 'Model Wizard' 페이지의 'Add Physics' 윈도우에서 'Fluid Flow' 항목에서 'Single-Phase Flow' - 'Laminar Flow (spf)'을 더블클릭하여 선택하고, 상단의 'Next' 버튼 ⇨을 누른다. 'Dependent variables' 란에는 디폴트로 'u', 'v', 'p'가 설정되어 있다.

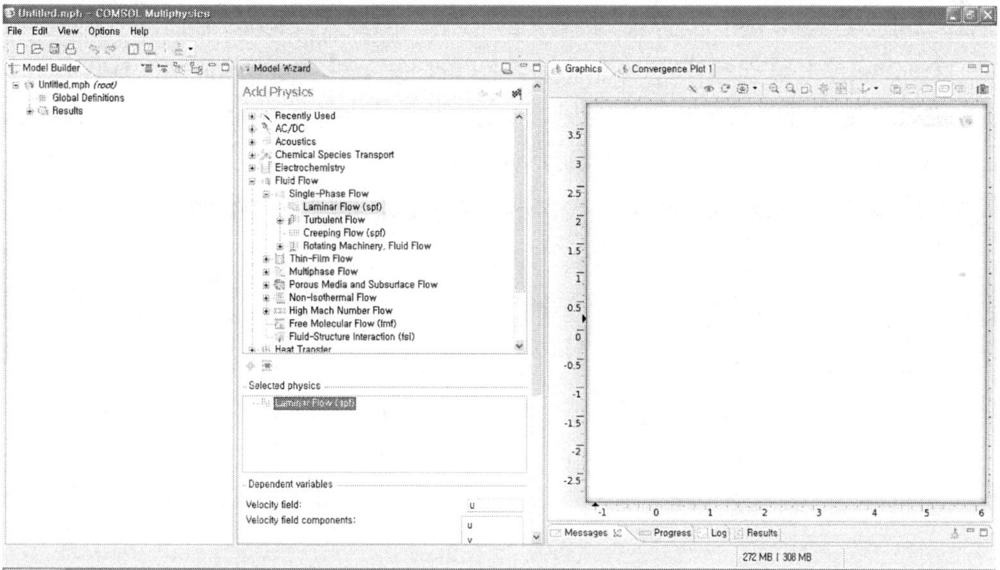

그림 21-5 'Fluid Flow' 항목, 'Single-Phase Flow' - 'Laminar Flow (spf)' 선택하기

3. 그림 21-6과 같이 'Model Wizard' 페이지의 'Select Study Type' 윈도우에서 'Preset Studies' 항목에서, 'Stationary'를 선택한 다음, 상단의 'Finish' 버튼을 누른다.

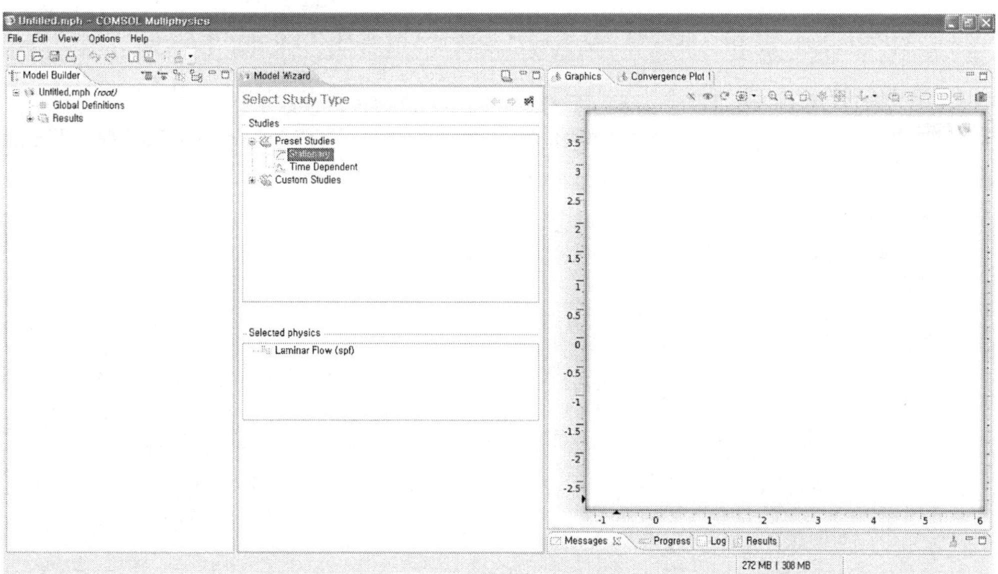

그림 21-6 'Select Study Type' 윈도우, 'Preset Studies' 항목에서, 'Stationary' 선택하기

4-1. 그림 21-7과 같이 사각형 모델링을 하기 위해서, 'Model Builder' 페이지에서 'Geometry 1'을 선택하고, 마우스 오른쪽 버튼을 눌러 'Rectangle'를 선택하고, 오른쪽의 'Settings' 페이지에 나타난 'Rectangle' 윈도우의 'Size' 항목에 Width: 5, Height: 1로 타입한 후 상단의 'Build All' 버튼을 클릭한다.

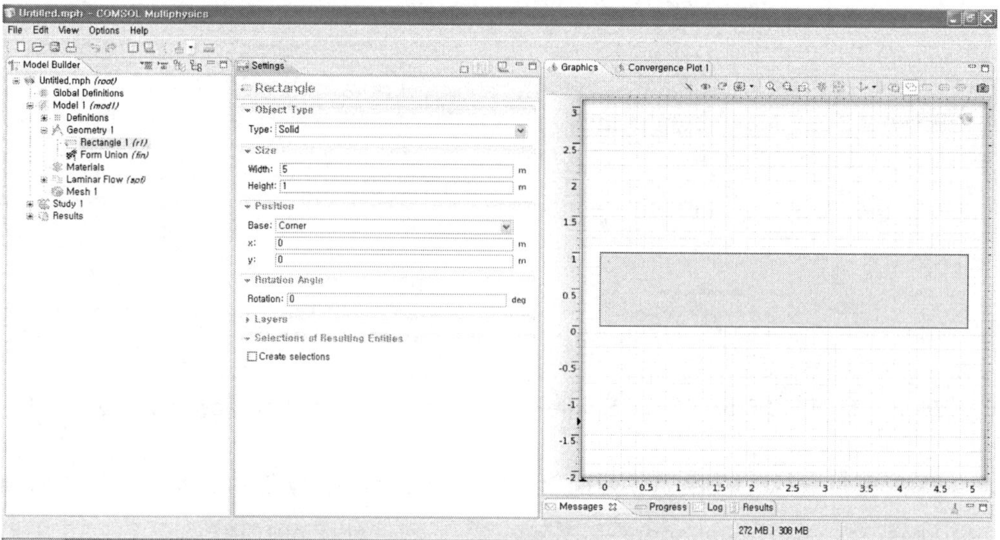

그림 21-7 'Settings' 페이지에서 'Rectangle' 형성하기

4-2. 그림 21-8과 같이 사각형 모델링을 하기 위해서, 'Model Builder' 페이지에서 'Geometry 1'을 선택하고, 마우스 오른쪽 버튼을 눌러 'Circle'를 선택하고,

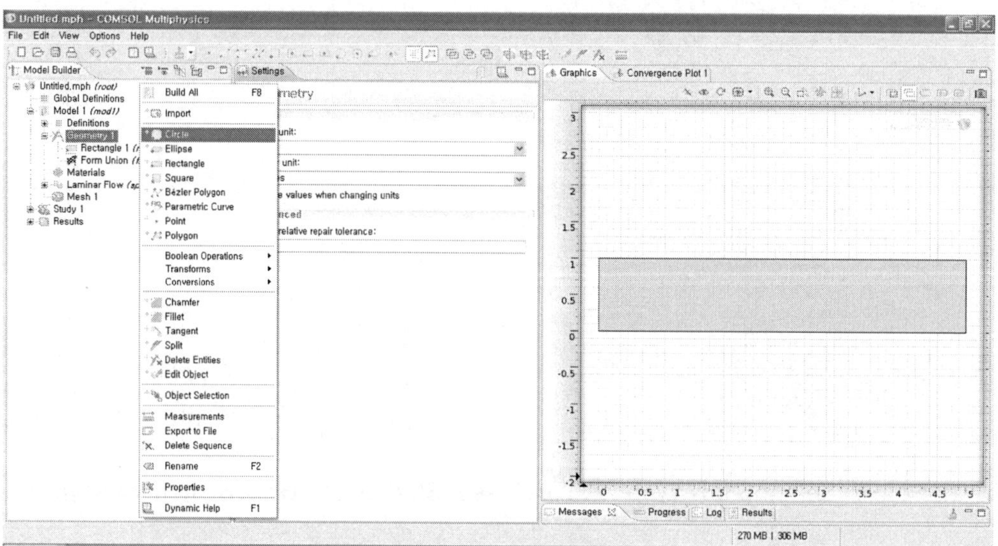

그림 21-8 'Circle' 형성하기 1

4-3. 오른쪽의 'Settings' 페이지에 나타난 'Circle' 윈도우의 'Size and Shape' 항목에 Radius: 0.25, 'Position' 항목에 x: 2.5, y: 0.5로 타입한 후 상단의 'Build All' 버튼을 클릭한다.

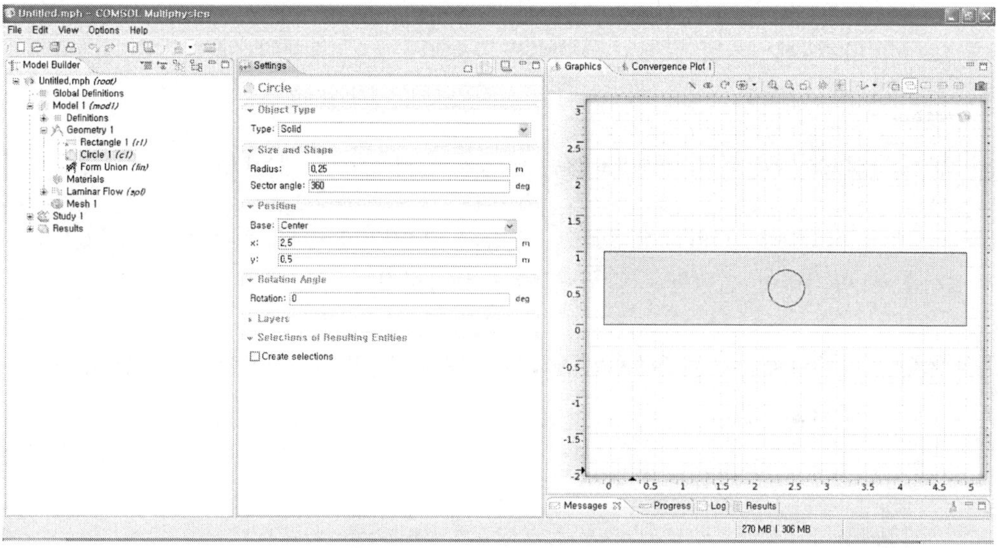

그림 21-9 'Circle' 형성하기 2

4-4. 그림 21-10과 같이 앞에서 형성한 사각형 모델에서 원형모델을 제거하기 위해, 'Model Builder' 페이지에서 'Geometry 1'을 선택하고, 마우스 오른쪽 버튼을 눌러 'Boolean Operation' - 'Difference'를 선택하고 생성된 'Difference 1'을 선택한다.

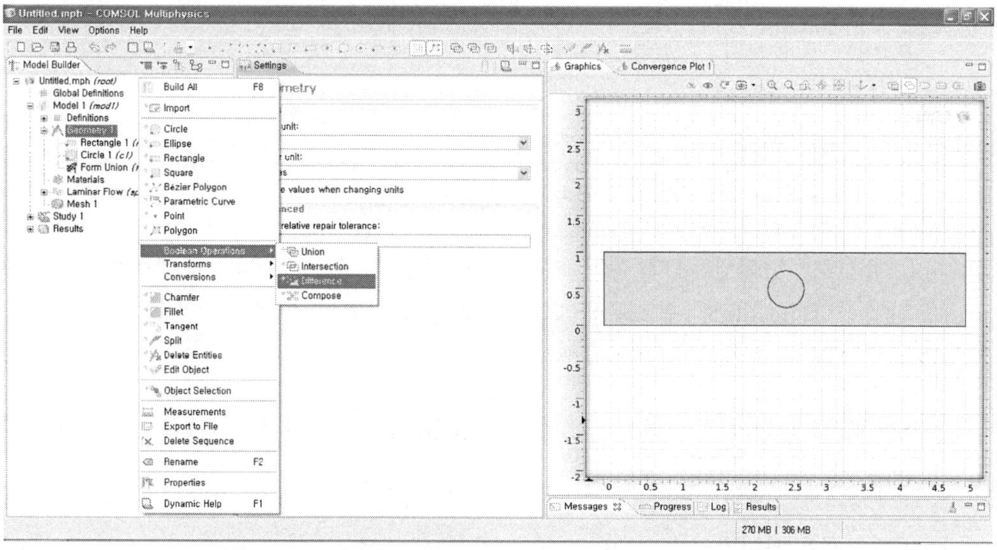

그림 21-10 'Boolean Operation' - 'Difference' 선택하기

4-5. 그림 21-11에 나타난 바와 같이, 사각형 모델에서 원형 모델을 제거하기 위해 첫 번째 단계인 'Difference' 윈도우에 사각형 모델을 추가하기 위해, 다음에 기술하는 순서로 진행한다.

a. 'Settings' 페이지에 나타난 'Objects to add:' 부분 아래의 사각 박스 부분을 클릭한다.

b. 'Graphics' 페이지의 'Rectangle' 모델을 클릭하여 선택한다.

c. 다시 'Settings' 페이지에 있는 'Objects to add' 부분의 'Add to Selection' 버튼을 클릭하여 선택한 사각형 모델을 추가한다.

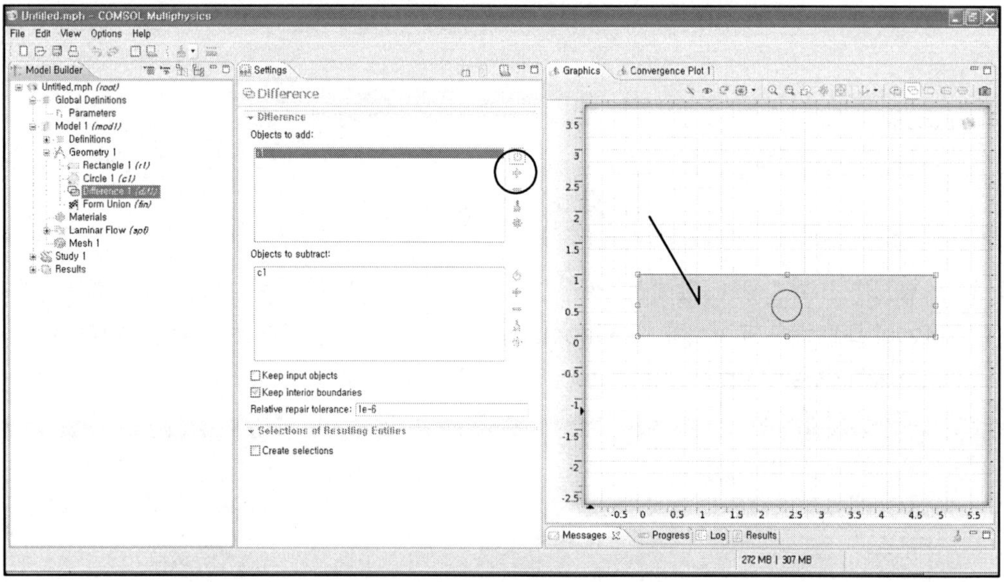

그림 21-11 'Objects to add:' 부분에 'Rectangle' 모델 추가하기

4-6. 그림 21-12에 나타난 바와 같이, 사각형 모델에서 원형 모델을 제거하기 위한 두번째 단계인 'Difference' 윈도우에 원형 모델을 추가하기 위해, 다음에 기술하는 순서로 진행한다.

a. 'Settings' 페이지에 나타난 'Objects to substract:' 아래의 사각 박스 부분을 클릭한다.

b. 'Graphics' 페이지의 'Circle' 모델을 클릭하여 선택한다.

c. 다시 'Settings' 페이지에 있는 'Objects to substract:' 부분의 'Add to Selection' 버튼을 클릭하여 선택한 'Circle' 모델을 추가한다.

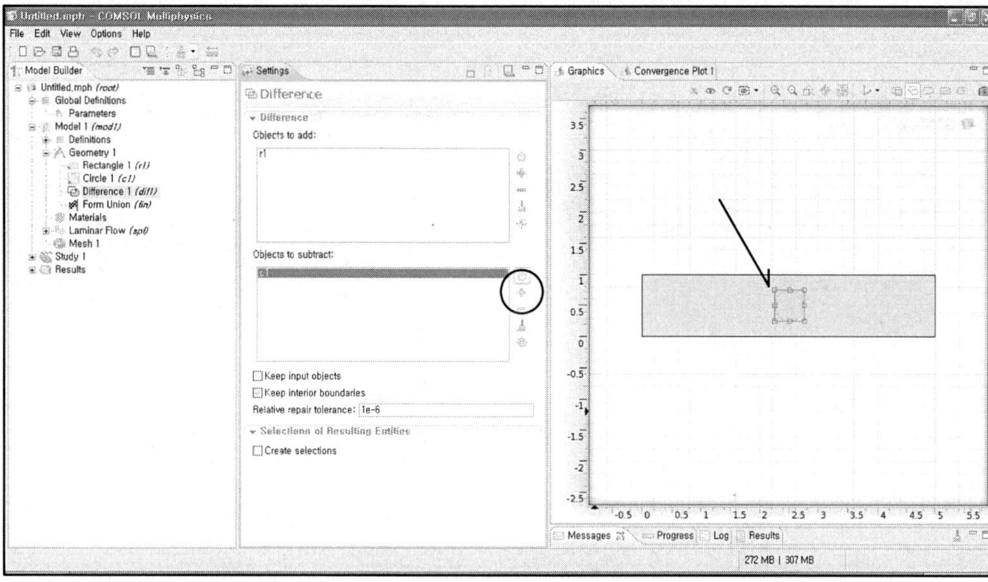

그림 21-12 'Objects to substract:' 부분에 'Circle' 모델 추가하기

4-7. 'Settings' 페이지 상단의 'Build All' 버튼을 클릭한다.

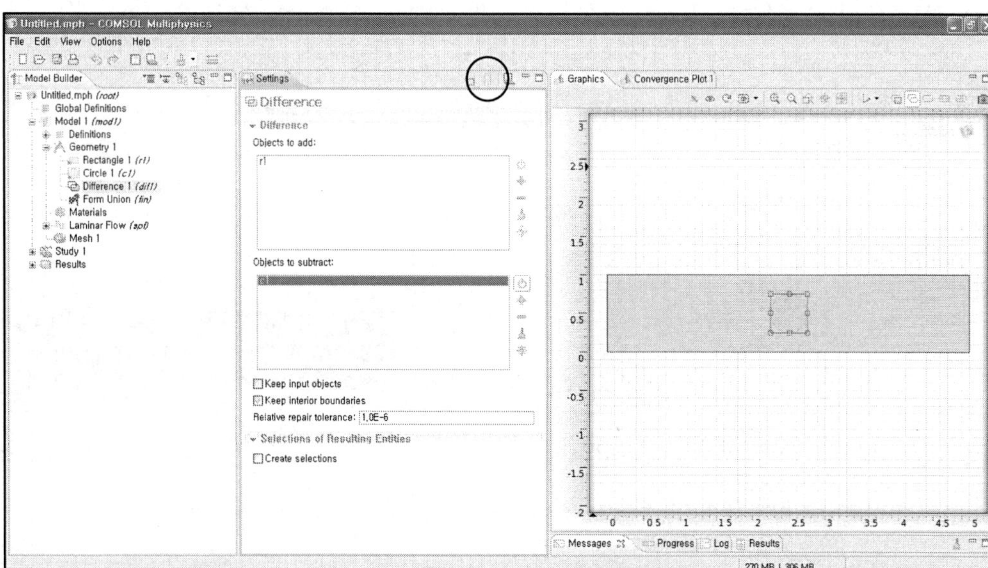

그림 21-13 'Build All' 버튼 클릭하여 'Boolean Operation' - 'Difference' 수행하기

아래 그림 21-14는 사각형 모델에서 원형 모델이 제거된 모습을 보여준다.

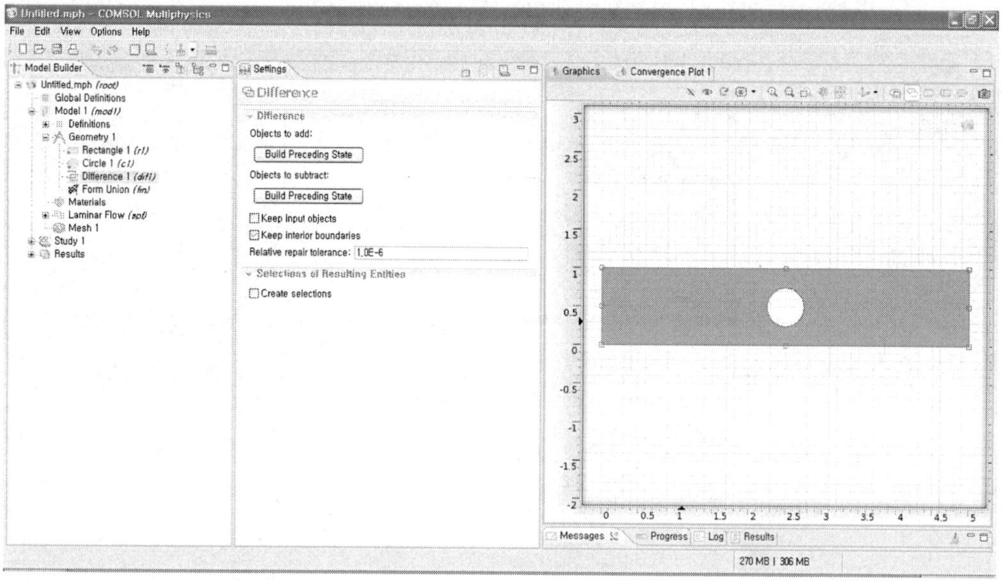

그림 21-14 사각형 모델에서 원형 모델이 제거된 모습

5-1. 표 21-2와 같이 상수를 정의하기 위하여 'Model Builder' 페이지의 'Global Definitions'를 오른쪽 마우스 클릭하여 나타난 메뉴 중 'Parameters'를 선택하여 클릭한다.

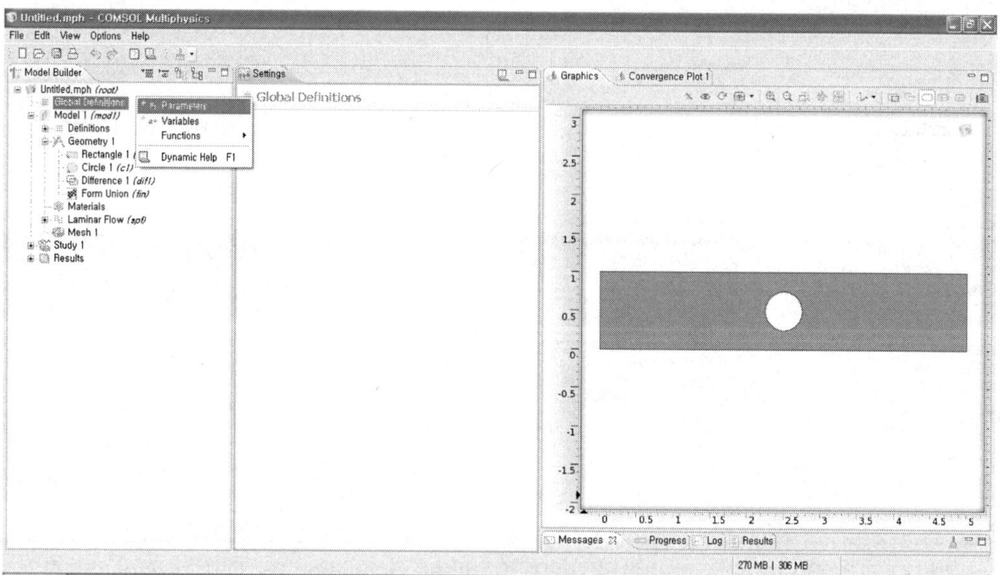

그림 21-15 'Parameters' 생성하기

5-2. 생성된 'Parameters'를 클릭하고 오른쪽의 'Settings' 페이지에 표 21-2의 값을 타입 한다.

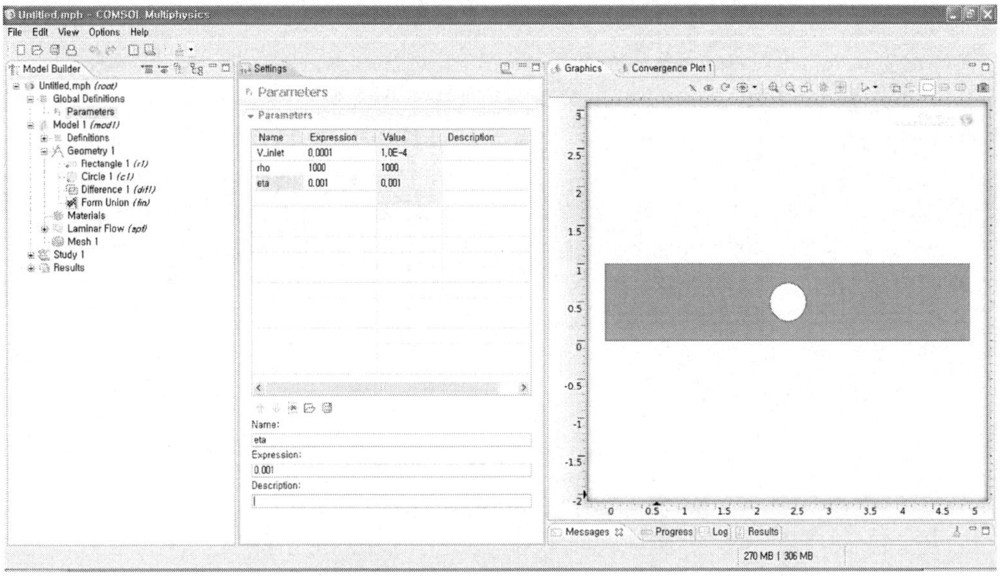

그림 21-16 'Parameters' 정의하기

6. 이제 해석 모델에 대한 소영역을 설정해 보자.

그림 21-17과 같이 'Model Builder' 페이지의 'Laminar Flow (spf)' 아래 하부 항목 'Fluid Properties 1'을 클릭하고, 오른쪽에 나타난 'Setting' 페이지의 'Fluid Properties' 윈도우에서 'Density' 부분과 'Dynamic viscosity' 부분을 다음과 같이 'User defined'로 설정하고 다음과 같이 타입하자.

'Density' 부분 : 'rho'
'Dynamic viscosity' 부분 : 'eta'

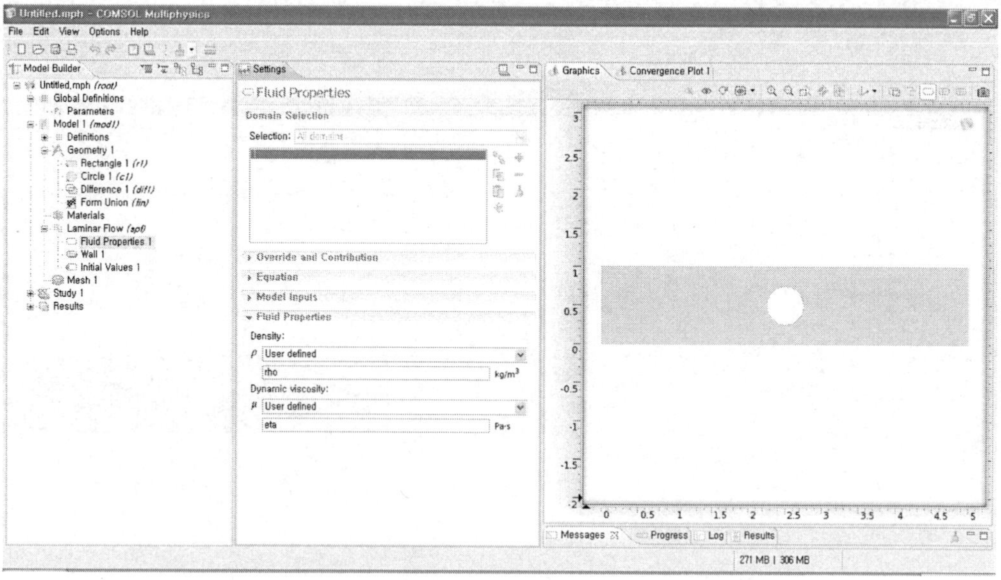

그림 21-17 'Fluid Properties 1' 설정하기

7. 이제 해석 모델에 대한 **경계 조건**들을 설정해 보자.
(다음 페이지에 계속됩니다.)

7-1. **'Inlet 경계 조건' 설정하기**

그림 21-18과 같이 'Model Builder' 페이지의 'Laminar Flow (spf)'를 마우스 오른쪽 마우스를 클릭하여 나타난 메뉴에서 'Inlet'을 클릭하여 선택하자. 그러면 'Laminar Flow (spf)' 아래에 서브 항목인 'Inlet 1'이 생성된다.

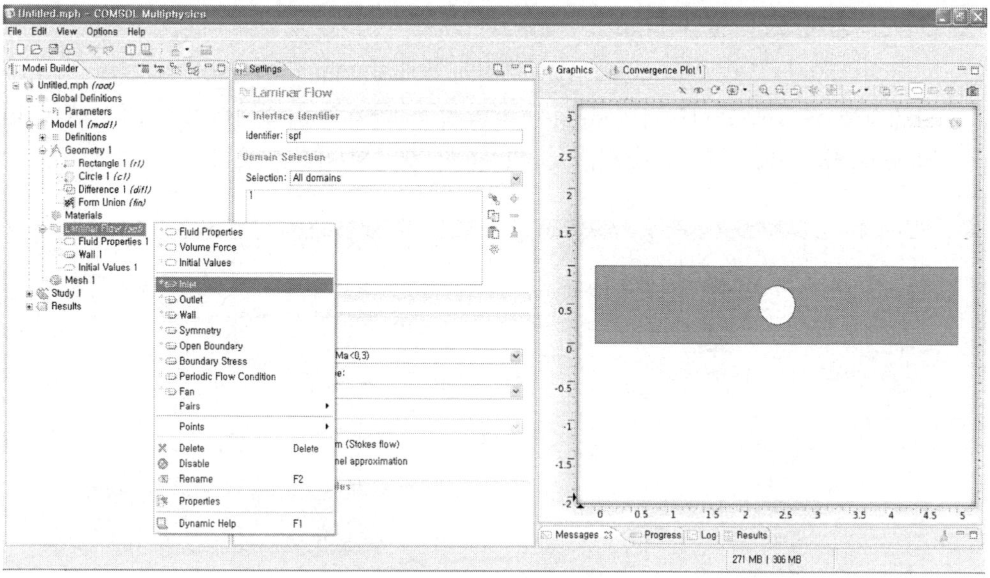

그림 21-18 'Inlet 1' 경계 조건 추가하기

추가된 'Inlet 1'을 선택하자. 그림 21-19와 같이 'Graphics' 페이지에서 **'경계 1'**을 클릭하여 선택하고 'Settings' 페이지의 'Boundary Selection' 부분에서 'Add to Selection' 버튼을 클릭하여 추가하자. 'Boundary condition' 부분은 'Velocity'로 선택하고, 'Velocity' 부분에서 'U0' 값을 'V_inlet'로 타입하자.

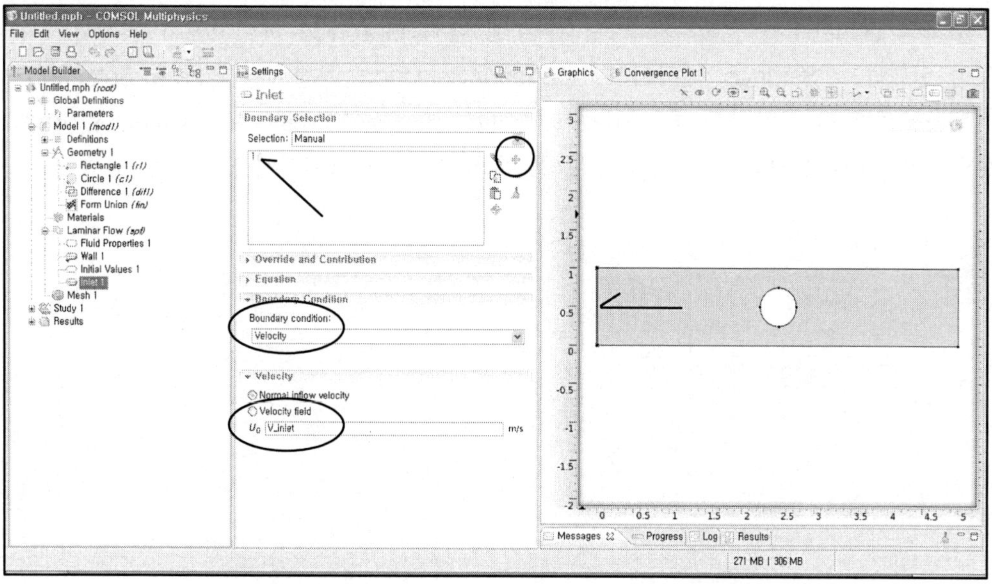

그림 21-19 '경계 1' 경계 조건 'Inlet 1' 설정하기

7-2. Outlet_'경계 조건'_설정하기

그림 21-20과 같이 'Model Builder' 페이지의 'Laminar Flow (spf)'를 마우스 오른쪽 마우스를 클릭하여 나타난 메뉴에서 'Outlet'을 클릭하여 선택하자. 그러면 'Laminar Flow (spf)' 아래에 서브 항목인 'Outlet 1'이 생성된다.

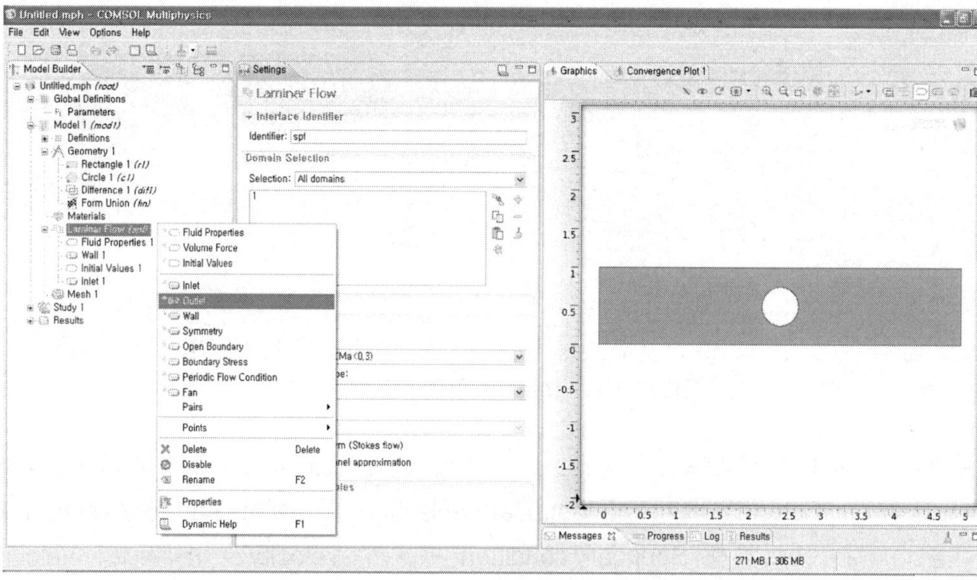

그림 21-20 'Outlet 1' 경계 조건 추가하기

추가된 'Outlet 1'을 선택하자. 그림 21-21과 같이 'Graphics' 페이지에서 **'경계 4'**를 클릭하여 선택하고 'Settings' 페이지의 'Boundary Selection' 부분에서 'Add to Selection' 버튼을 클릭하여 추가하자. 'Boundary condition' 부분은 'Pressure, no viscous stress'로 선택하고, 'Pressure' 부분에서 'P0' 값을 '0'로 타입하자. (여기서 '0'는 대기압이다.)

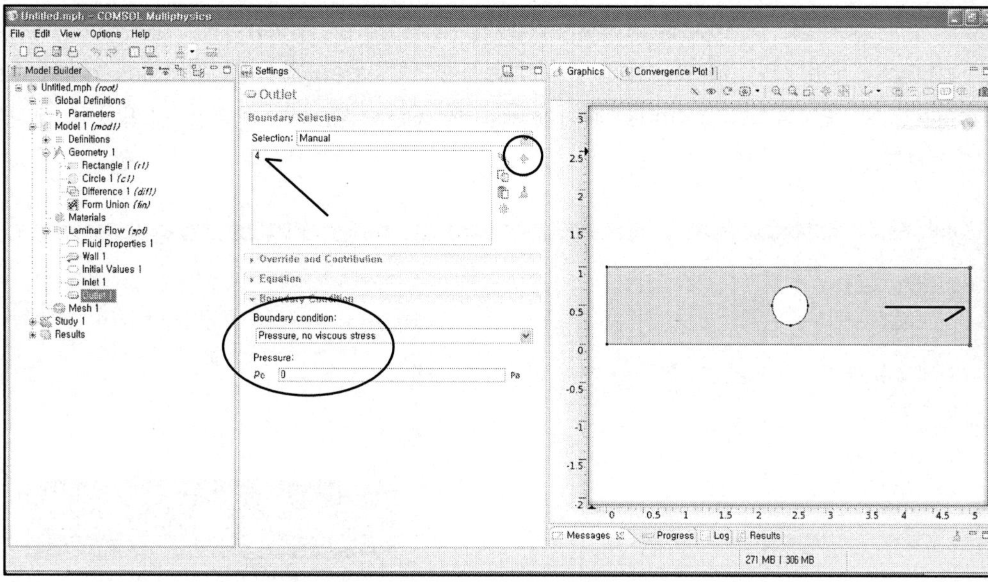

그림 21-21 '경계 4' 경계 조건 'Outlet 1' 설정하기

7-3. '기타 경계 조건'_확인하기

그림 21-22와 같이 **'Model Builder'** 페이지의 **'Laminar Flow (spf)'** 하위 메뉴인 **'Wall 1'**을 클릭하여 선택하자. 그러면 **'Settings'** 페이지의 **'Boundary Selection'** 부분에 나머지 **'경계 2,3,5,6,7,8'**이 **'No slip'** 조건임을 확인할 수 있다.

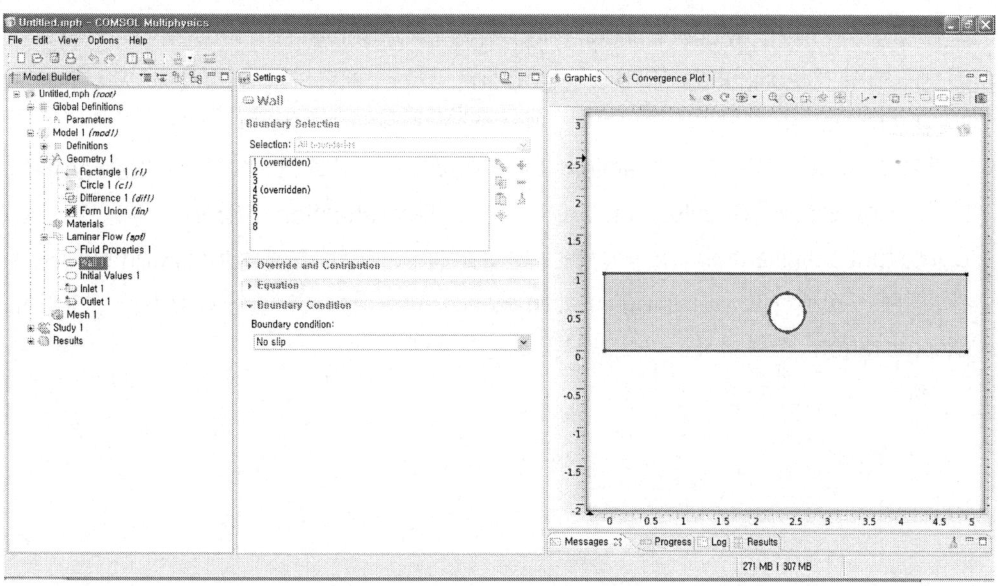

그림 21-22 **'경계 2,3,5,6,7,8'**의 경계 조건 확인, 'No slip' 조건

8. 그림 21-23과 같이 'Model Builder' 페이지의 항목 중 'Mesh 1'을 선택하고 오른쪽 'Settings' 페이지의 'Mesh' 윈도우의 'Sequence type' 항목을 'Physics-controlled mesh'으로 유지하자. 'Settings' 페이지 상단의 'Build All' 버튼을 클릭하여 메쉬를 생성하자.

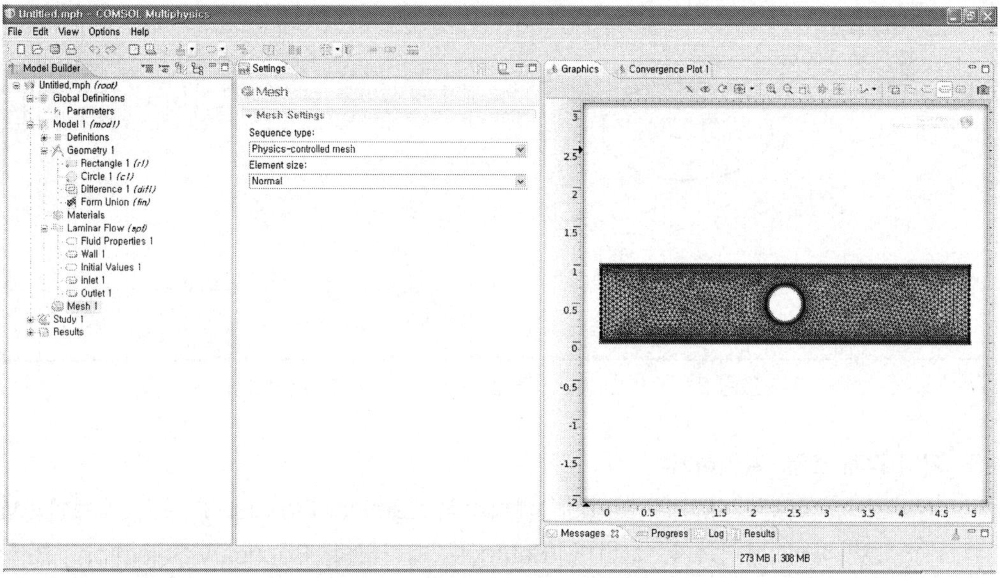

그림 21-23 'Mesh' 설정 및 생성하기

9. 그림 21-24와 같이 'Model Builder' 페이지 상단의 'Show' 을 클릭하여 나타난 하부 메뉴에서 'Stabilization'와 'Discretization' 항목을 클릭하여 선택한다. 'Stabilization'와 'Discretization' 항목을 클릭하면, 메뉴 왼쪽에 체크 표시✔가 나타난다.
그리고 그림 21-25와 같이 'Laminar Flow (spf)'를 클릭하면 오른쪽의 'Settings' 페이지에 'Consistent Stabilization' 항목과 'Discretization' 항목이 나타나 있다. 'Consistent Stabilization' 항목에서는 'Streamline diffusion'과 'Crosswind diffusion'을 체크하여 선택하고, 'Tuning Parameter:' 항목의 'Ck'에는 '0.1'로 타입하고, 'Discretization' 항목에서는 'P2 + P1'로 변경한다.

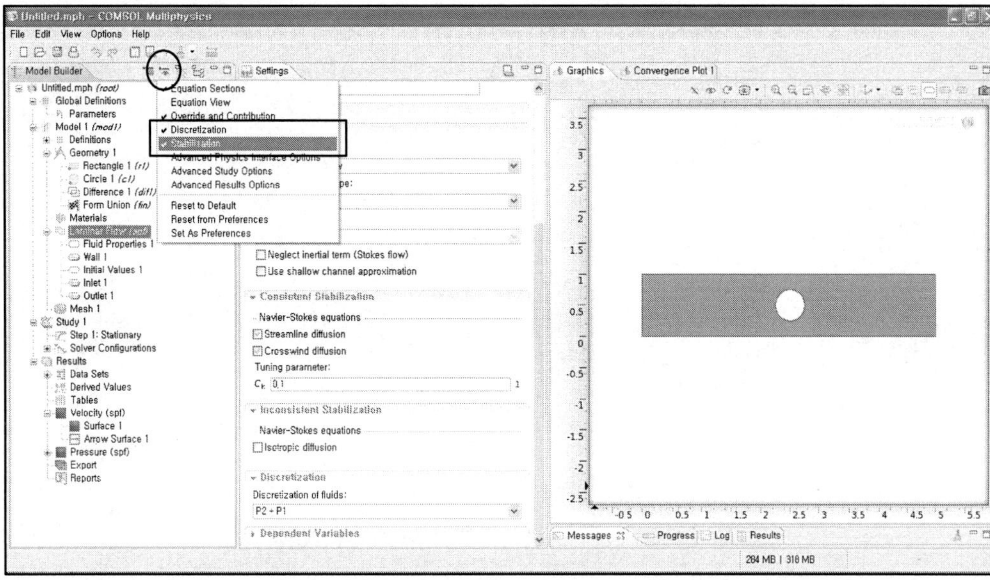

그림 21-24 'Show' 메뉴에서 'Stabilization'와 'Discretization' 항목 선택

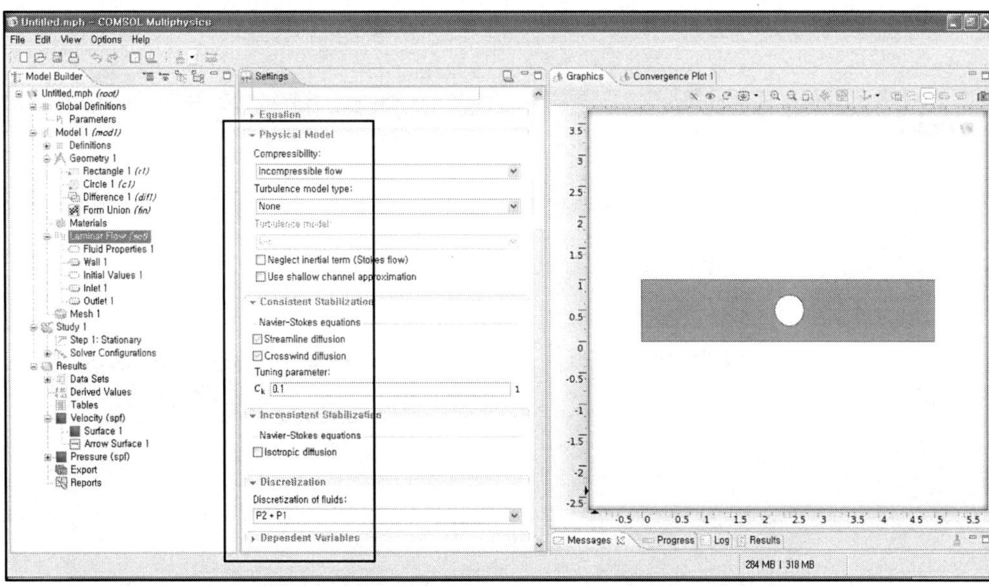

그림 21-25 'Stabilization'와 'Discretization' 항목 설정

10. 그림 21-26과 같이 'Model Builder' 페이지의 항목 중 'Study 1'을 선택하고 오른쪽 'Settings' 페이지 상단의 'Compute' 버튼 을 클릭하여 계산해보자.

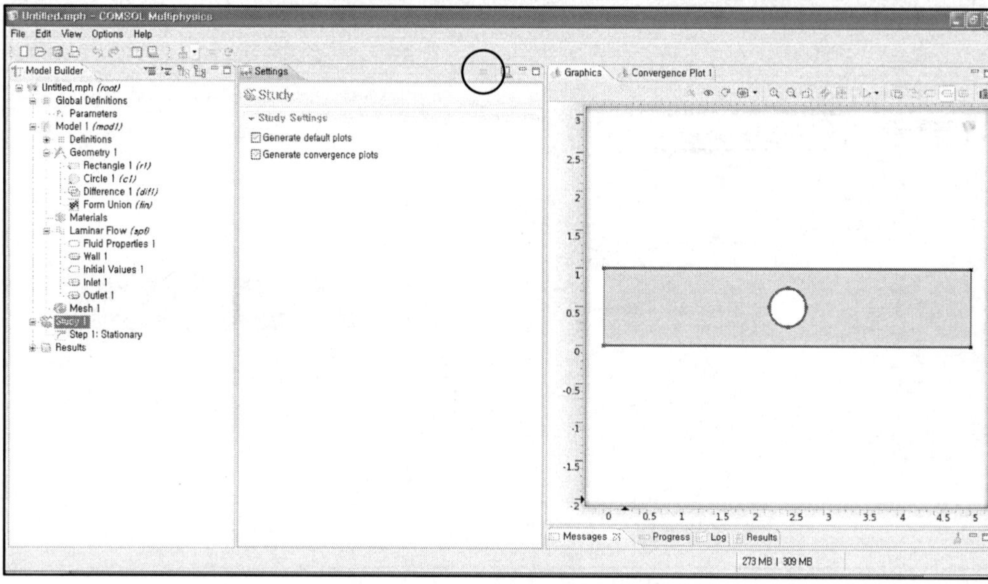

그림 21-26 'Compute' 수행하기

11. 그림 21-27은 컴솔 내장함수로 해석한 결과를 보여준다.

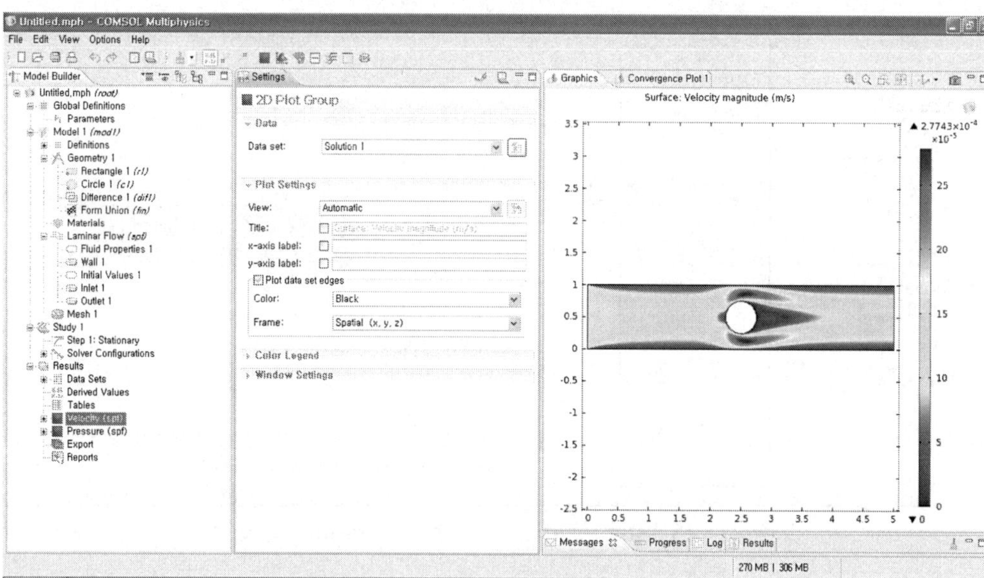

그림 21-27 컴솔 내장함수로 해석한 결과

12-1. 자 해석 결과가 나왔을 것이다. 이제부터 속도의 크기와 방향을 표시해 주는 화살표(Arrow)를 위의 결과의 이미지에 오버랩 시켜보자. 그림 21-28과 같이 'Model

Builder' 페이지의 항목 중 'Results'의 하부 항목 'Velocity (spf)'를 선택하고 오른쪽 마우스 버튼을 클릭하고 나타난 메뉴 중 'Arrow Surface'를 선택하자.

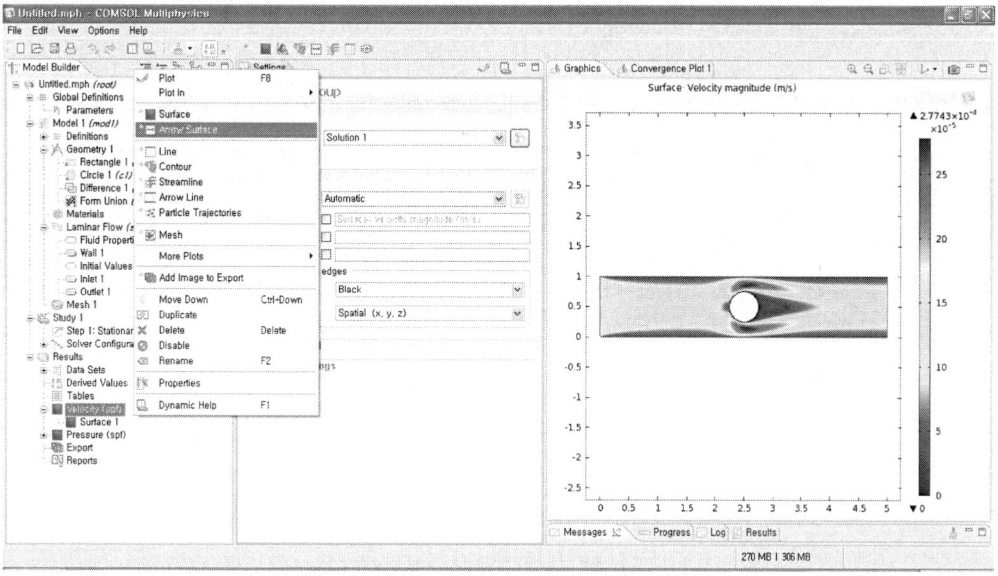

그림 21-28 화살표 그림 추가하기

12-2. 그림 21-29는 화살표 그림이 추가된 모습을 보여준다. 화살표의 크기는 속도의 크기와 같고 화살표의 방향은 속도의 방향과 같다.

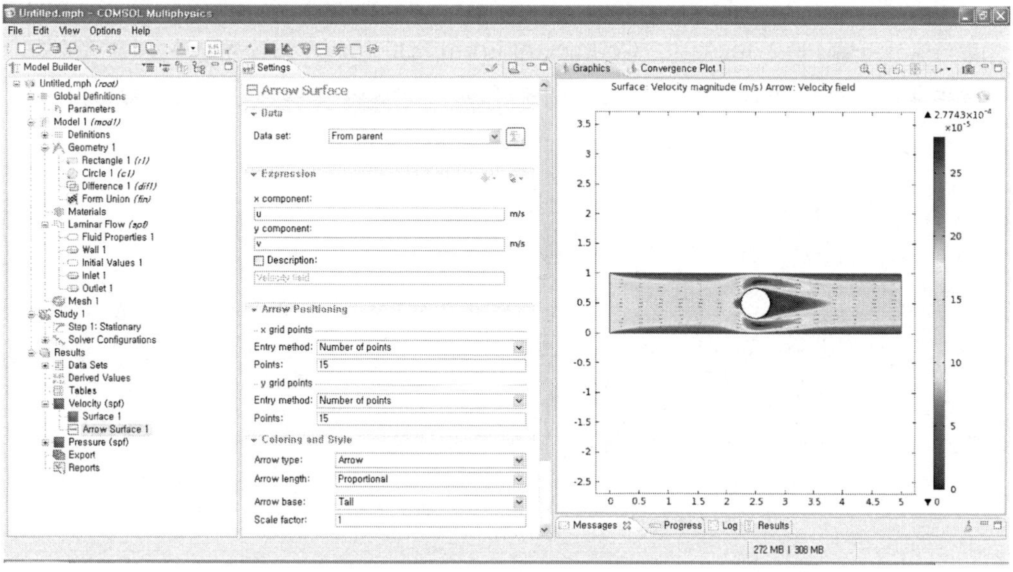

그림 21-29 화살표 그림이 추가된 모습

● PDE, Coefficient Form 이용

1. 그림 21-30와 같이 'Model Wizard' 페이지에서 'Select Space Dimension'을 '2D'로 선택하고 'Next' 버튼 을 누른다.

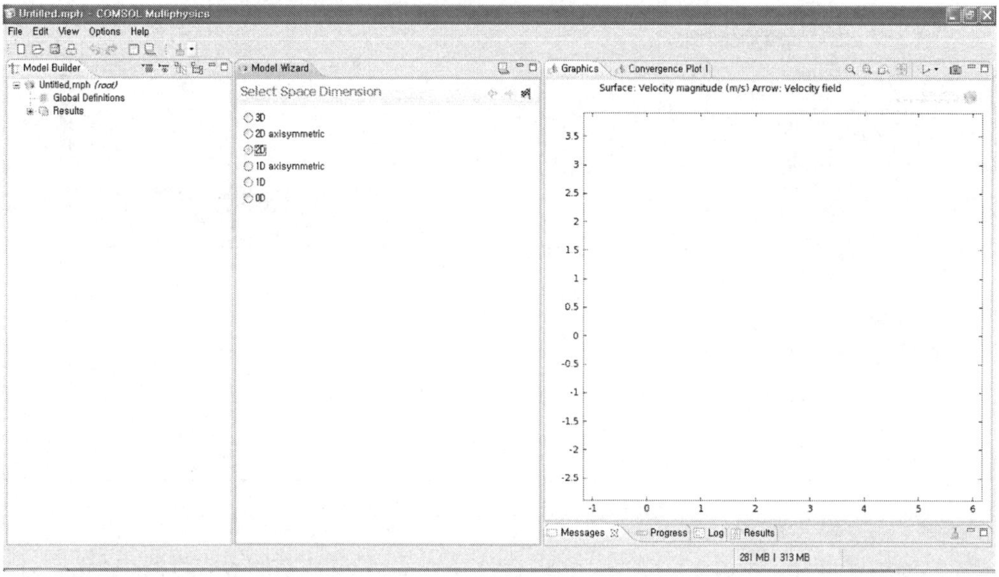

그림 21-30 'Model Wizard' 페이지에서 'Select Space Dimension'을 '2D'로 선택하기

2. 그림 21-31과 같이 'Model Wizard' 페이지의 'Add Physics' 윈도우에서 'Mathematics' 항목에서 'PDE Interfaces' - 'Coefficient Form PDE (c)'을 더블클릭하여 선택하고, 아래의 'Number of dependent variables'에 '3'을 타입하고 'Dependent variables' 란에는 각각 'u', 'v', 'p'를 타입한 후, 상단의 'Next' 버튼 을 누른다.

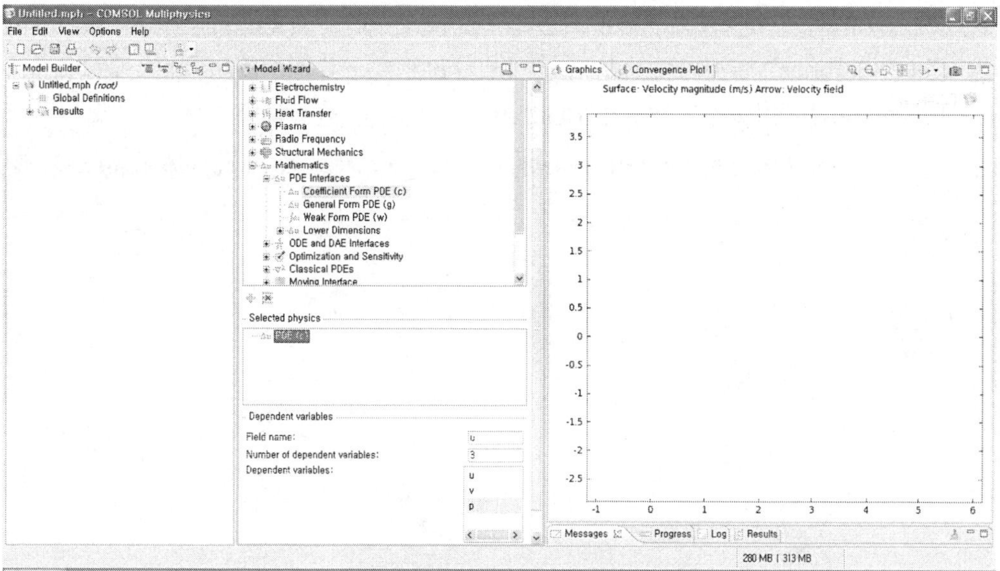

그림 21-31 'Mathematics', 'PDE Interfaces' - 'Coefficient Form PDE (c)' 선택하기

3. 그림 21-32와 같이 'Model Wizard' 페이지의 'Select Study Type' 윈도우에서 'Preset Studies' 항목에서, 'Stationary'를 선택한 다음, 상단의 'Finish' 버튼을 누른다.

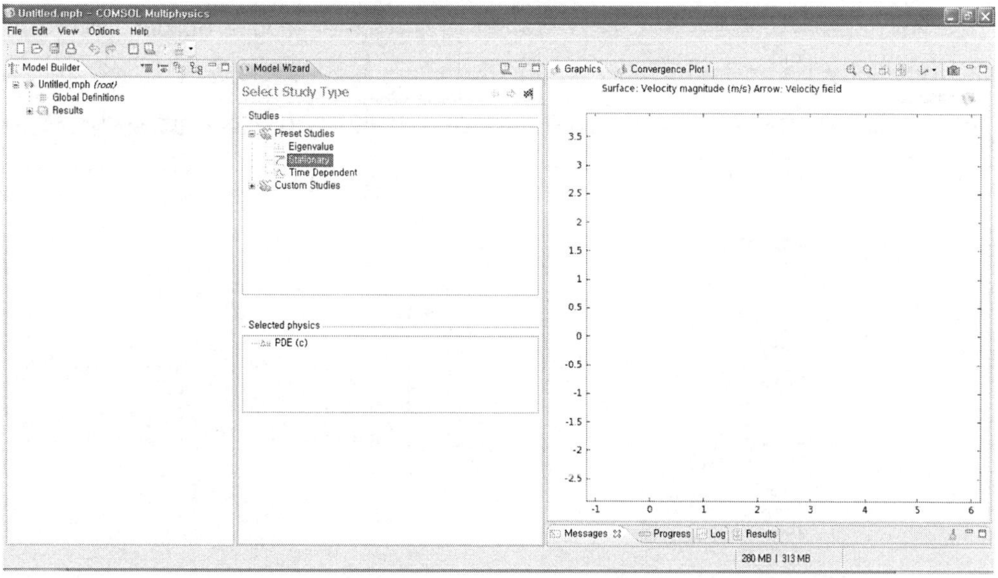

그림 21-32 'Select Study Type' 윈도우, 'Preset Studies' 항목에서, 'Stationary' 선택하기

4-1. 그림 21-33과 같이 사각형 모델링을 하기 위해서, 'Model Builder' 페이지에서

'Geometry 1'을 선택하고, 마우스 오른쪽 버튼을 눌러 'Rectangle'를 선택하고, 오른쪽의 'Settings' 페이지에 나타난 'Rectangle' 윈도우의 'Size' 항목에 Width: 5, Height: 1로 타입한 후 상단의 'Build All' 버튼을 클릭한다.

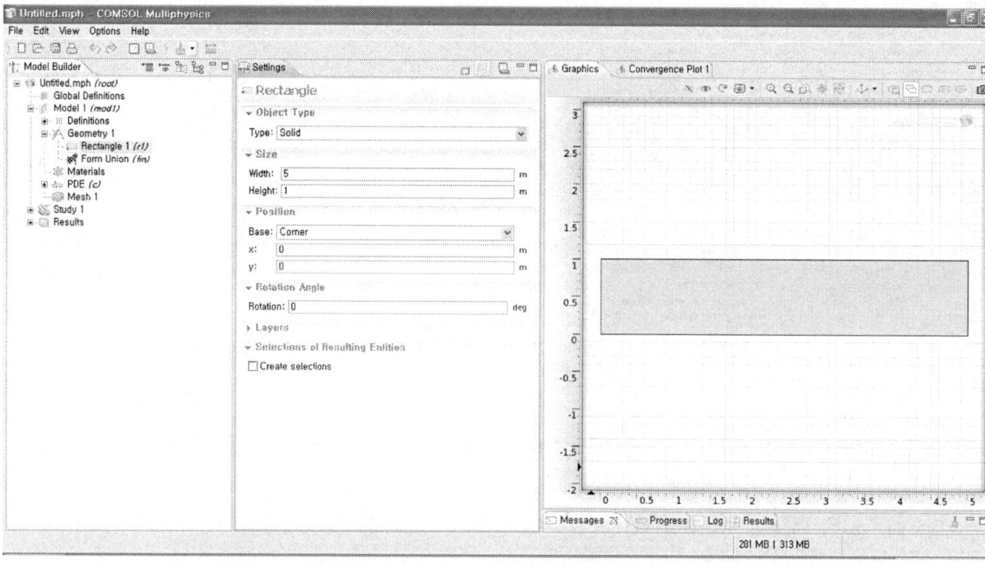

그림 21-33 'Settings' 페이지에서 'Rectangle' 형성하기

4-2. 그림 21-34와 같이 사각형 모델링을 하기위해서, 'Model Builder' 페이지에서 'Geometry 1'을 선택하고, 마우스 오른쪽 버튼을 눌러 'Circle'를 선택하자.

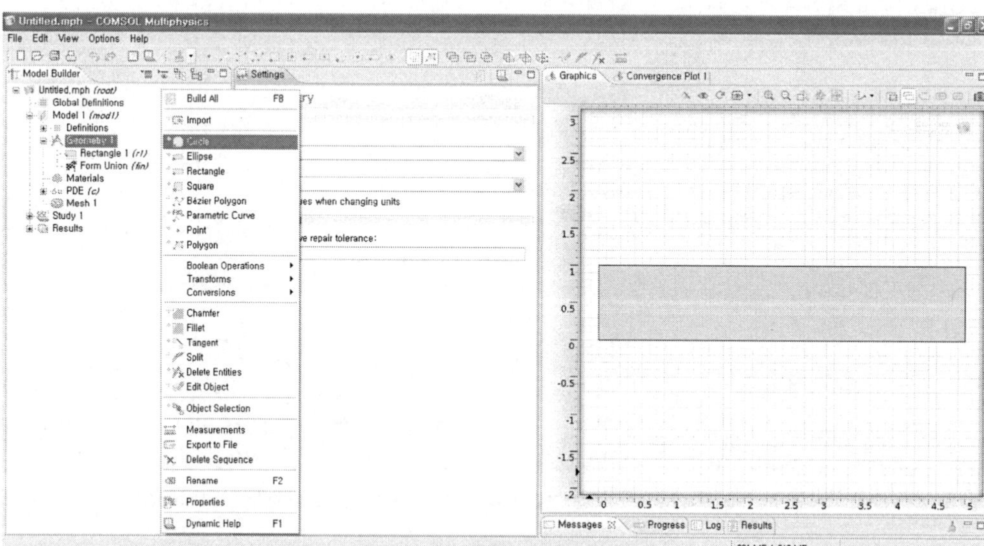

그림 21-34 'Circle' 형성하기 1

4-3. 오른쪽의 'Settings' 페이지에 나타난 'Circle' 윈도우의 'Size and Shape' 항목에 Radius: 0.25, 'Position' 항목에 x: 2.5, y: 0.5로 타입한 후 상단의 'Build All' 버튼을 클릭한다.

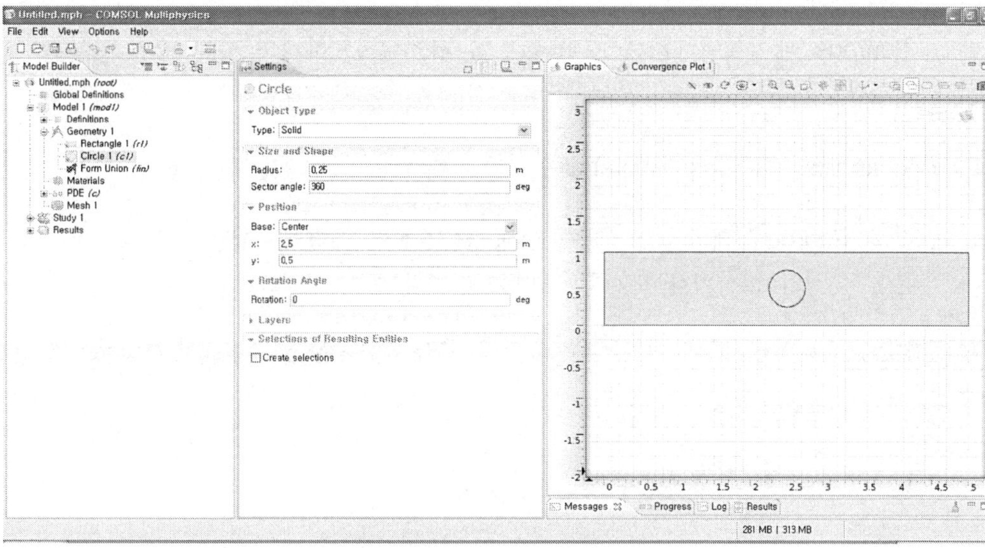

그림 21-35 'Circle' 형성하기 2

4-4. 그림 21-36과 같이 앞에서 형성한 사각형 모델에서 원형모델을 제거하기 위해, 'Model Builder' 페이지에서 'Geometry 1'을 선택하고, 마우스 오른쪽 버튼을 눌러 'Boolean Operation' - 'Difference'를 선택하고, 생성된 'Difference 1'을 선택한다.

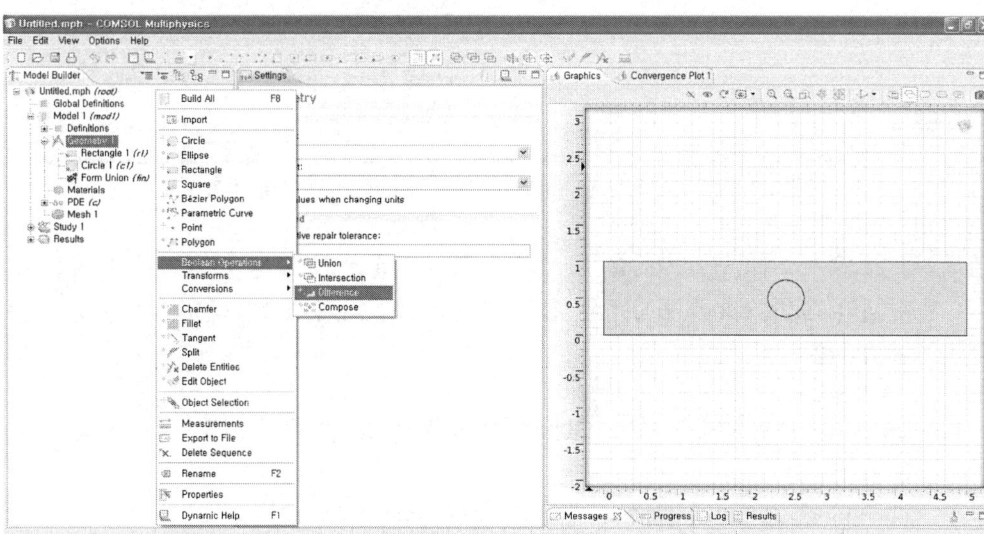

그림 21-36 'Boolean Operation' - 'Difference' 선택하기

4-5. 그림 21-37에 나타난 바와 같이, 사각형 모델에서 원형 모델을 제거하기 위해 첫번째 단계인 'Difference' 윈도우에 사각형 모델을 추가하기 위해, 다음에 기술하는 순서로 진행한다.

a. 'Settings' 페이지에 나타난 'Objects to add:' 부분 아래의 사각 박스 부분을 클릭한다.

b. 'Graphics' 페이지의 'Rectangle' 모델을 클릭하여 선택한다.

c. 다시 'Settings' 페이지에 있는 'Objects to add' 부분의 'Add to Selection' ✚ 버튼을 클릭하여 선택한 사각형 모델을 추가한다.

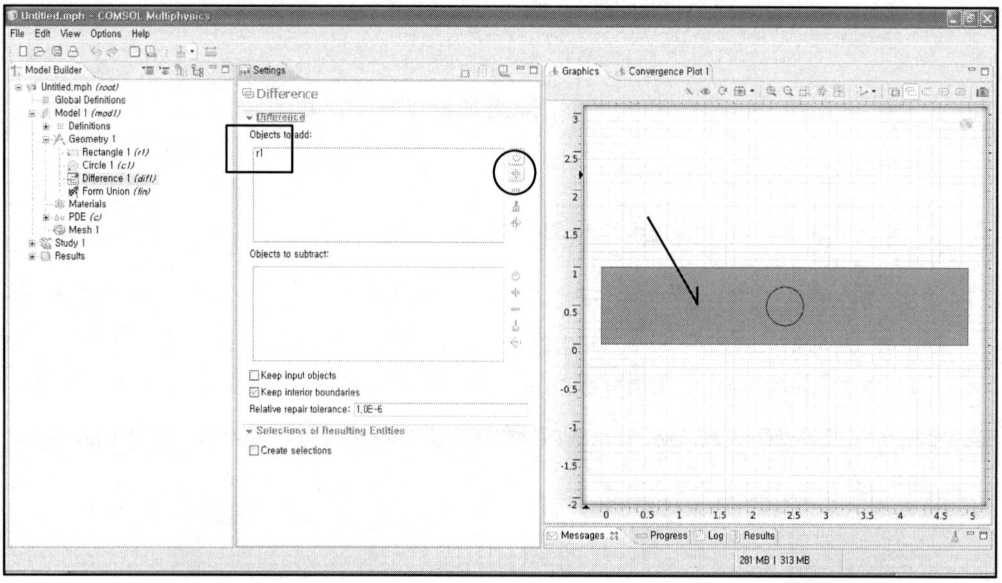

그림 21-37 'Objects to add:' 부분에 'Rectangle' 모델 추가하기

4-6. 그림 21-38에 나타난 바와 같이, 사각형 모델에서 원형 모델을 제거하기 위한 두번째 단계인 'Difference' 윈도우에 원형 모델을 추가하기 위해, 다음에 기술하는 순서로 진행한다.

a. 'Settings' 페이지에 나타난 'Objects to substract:' 아래의 사각 박스 부분을 클릭한다.

b. 'Graphics' 페이지의 'Circle' 모델을 클릭하여 선택한다.

c. 다시 'Settings' 페이지에 있는 'Objects to substract:' 부분의 'Add to Selection'

➕ 버튼을 클릭하여 선택한 'Circle' 모델을 추가한다.

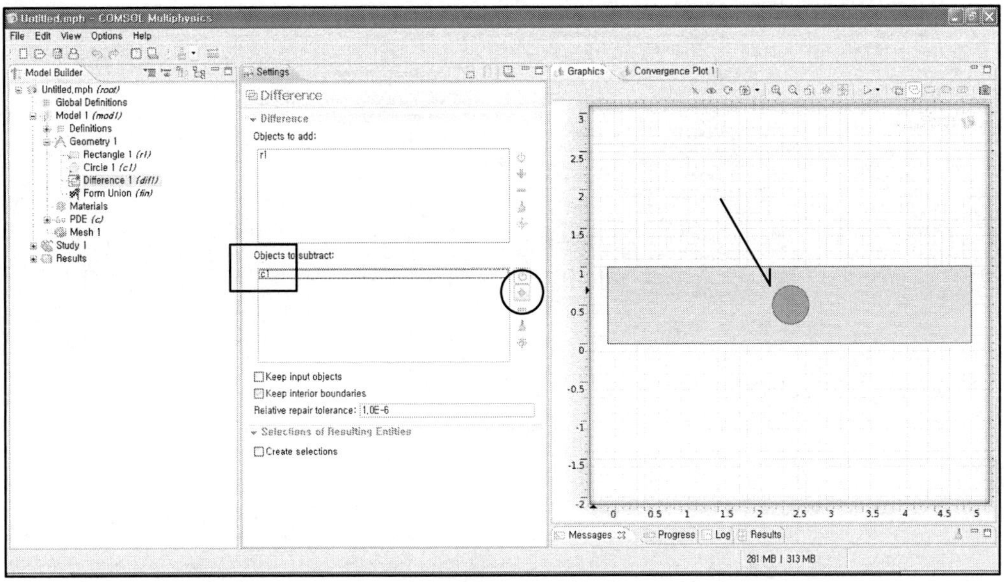

그림 21-38 'Objects to substract:' 부분에 'Circle' 모델 추가하기

4-7. 'Settings' 페이지 상단의 'Build All' 버튼을 클릭한다.

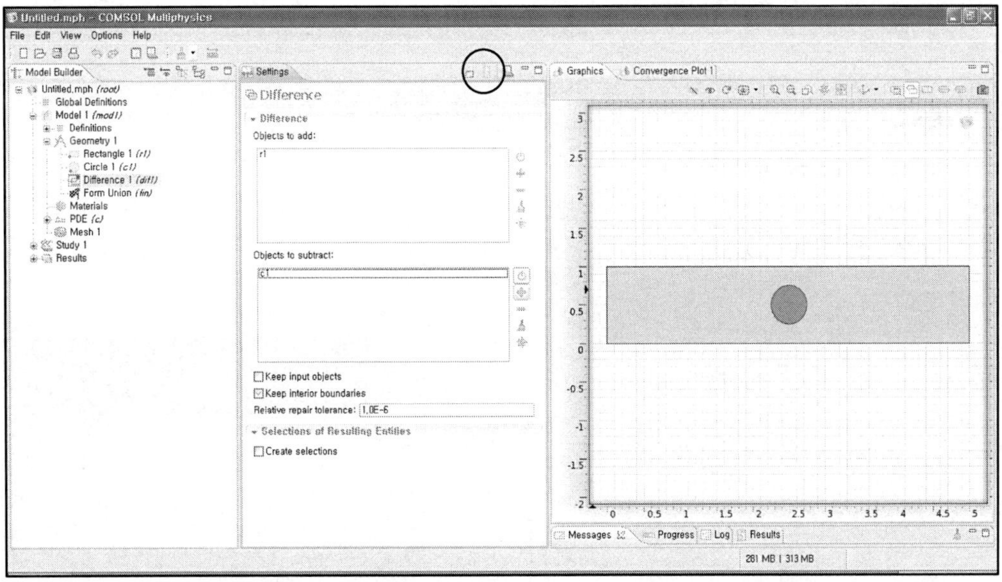

그림 21-39 'Build All' 버튼 클릭하여 'Boolean Operation' - 'Difference' 수행하기

아래 그림 21-40은 사각형 모델에서 원형 모델이 제거된 모습을 보여준다.

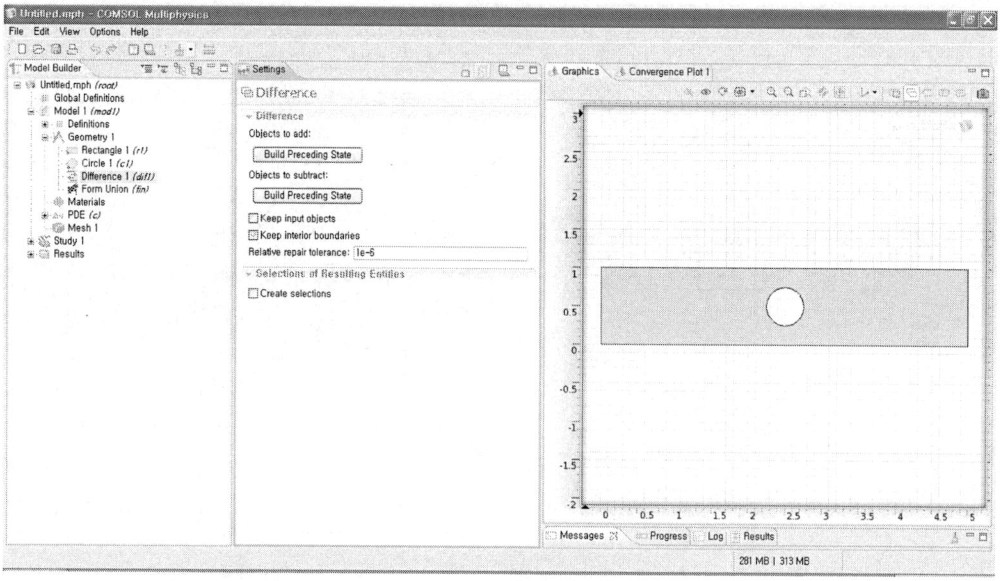

그림 21-40 사각형 모델에서 원형 모델이 제거된 모습

4-8. 표 21-2와 같이 상수를 정의하기 위하여 'Model Builder' 페이지의 'Global Definitions'를 오른쪽 마우스 클릭하여 나타난 메뉴 중 'Parameters'를 선택하여 클릭한다.

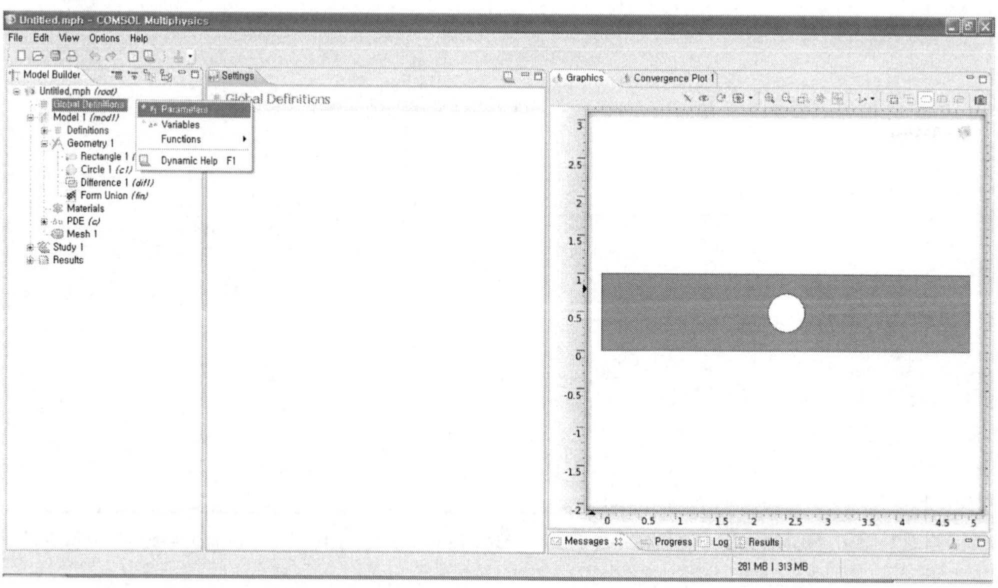

그림 21-41 'Parameters' 생성하기

4-9. 생성된 'Parameters'를 클릭하고 오른쪽의 'Settings' 페이지에 표 21-2의 값을 타입 한다.

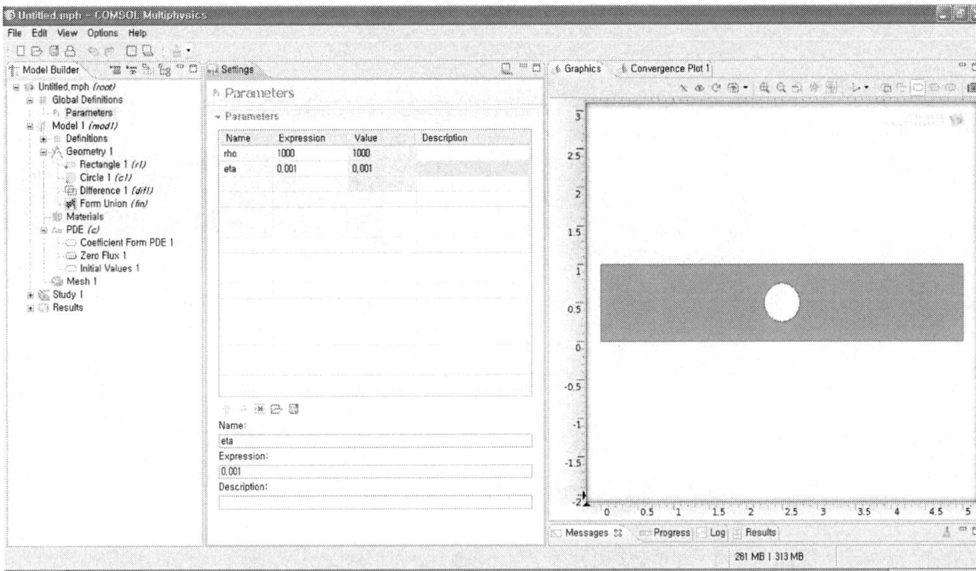

그림 21-42 'Parameters' 정의하기

5. 이제 해석 모델에 대한 소영역을 설정해 보자.

그림 21-43과 같이 'Model Builder' 페이지의 'PDE (c)' 아래 하부 항목 'Coefficient Form PDE 1'을 클릭하고, 오른쪽에 나타난 'Setting' 페이지의 'Coefficient Form PDE' 윈도우에서 다음과 같이 설정하자.

'Diffusion Coefficient', 'c'부분에 'u'항: eta/rho, v항: eta/rho, p항: '0'을 타입한다.
그리고, 'Source Term' (f) 프레임에
-(u*ux+v*uy)-1/rho*px / -(u*vx+v*vy)-1/rho*py / -(ux+vy)를 타입한다.
마지막으로 'Damping and Mass Coefficient' (da)에 'u'항: 1, 'v'항: 1, 'p'항: '0'을 타입한다. 나머지 모든 항은 디폴트트 값으로 0이 타입되어 있음을 명심하라.

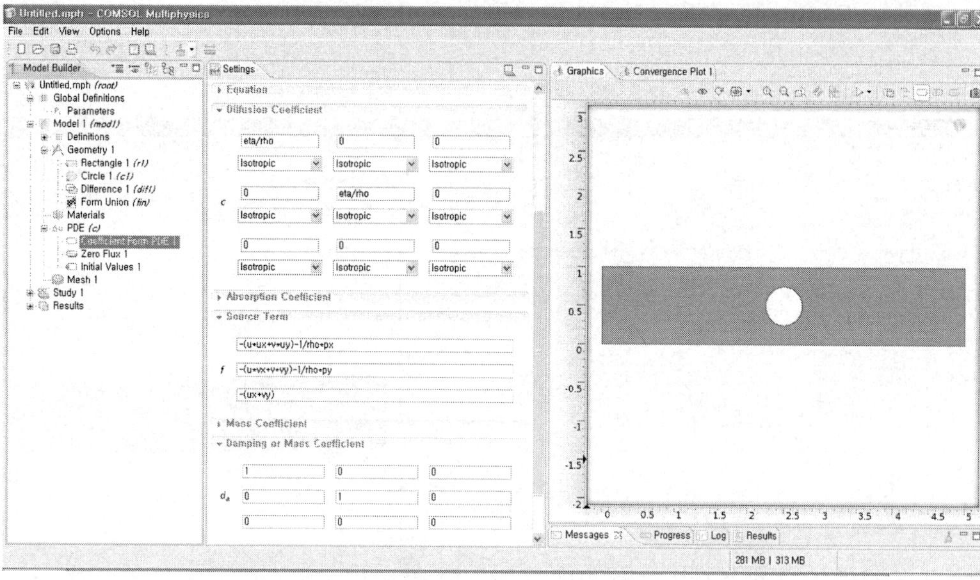

그림 21-43 'Coefficient Form PDE 1' 설정하기

6. 이제 해석 모델에 대한 **경계** 조건들을 설정해 보자. 경계조건을 설정하기 위해서, 경계 선택을 1~8번까지 지정해야 한다. 표 21-4에서 보는 봐와 같이 모든 경계조건은 디리클레(Dirichlet) 경계조건임을 명심하자. 그림 21-3은 경계 그룹이 크게 3가지 (입구/ 출구/ 벽면조건)로 나누어짐을 알 수 있다. 그러므로,

입구 조건 : 1
출구 조건 : 4
벽면조건 : 2,3,5,6,7,8은 표 21-4에서 보는 바와 같이 각각 같은 경계조건을 가질 것이다.

입구 조건은 아래 그림과 같이
R 계수 프레임에서 0.0001-u/ -v/ 0의 값을 타입한다.

출구조건으로는
경계 선택 4를 클릭한 후 h 계수 프레임에서 u항: 0, v항:0, p항: 1를 대입하고,
r 계수 프레임에서 0/ 0/ 0의 값을 타입한 후 적용한다.

마지막으로 벽면 조건은
경계 선택 2,3,5,6,7,8에 각각 h 계수 프레임에서 u항: 1, v항:1, p항: 0를 대입하고,
r 계수 프레임에서 0/ 0/ 0의 값을 타입한다

그러면 Table 9.3에서 주어진 모든 계수들을 경계조건 설정 프레임에 저장하였을 것이다.

6-1. 'Inlet 경계 조건' - 'Constraint' 설정하기

그림 21-44와 같이 'Model Builder' 페이지의 'PDE (c)'를 마우스 오른쪽 마우스를 클릭하여 나타난 메뉴에서 'Constraint'를 클릭하여 선택하자. 그러면 'PDE (c)' 아래에 서브 항목인 'Constraint 1'이 생성된다. PDE Coefficient Form에서 '**Inlet 경계 조건**'은 이와 같이 'Constraint'를 선택하여 설정한다.

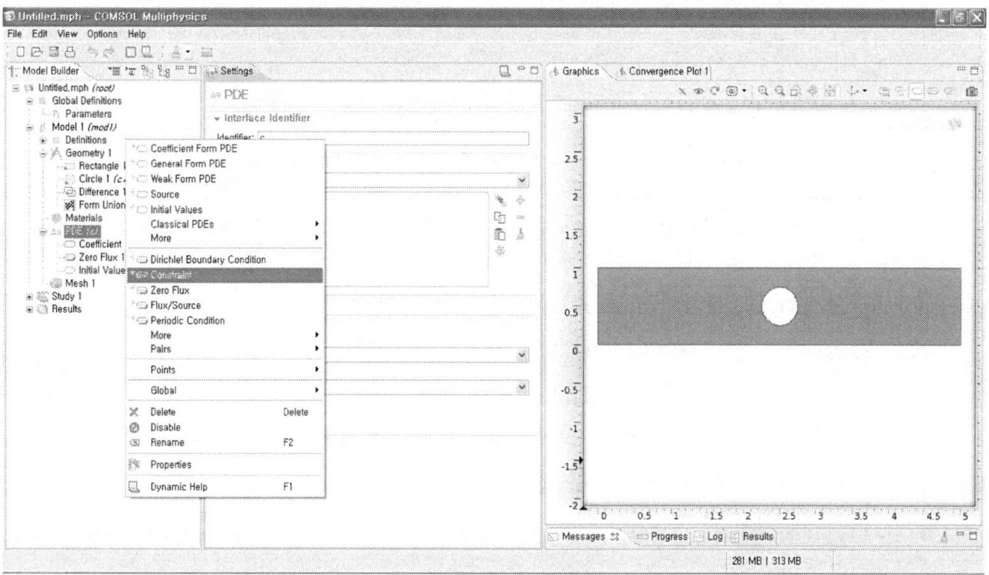

그림 21-44 'Constraint 1' 경계 조건 추가하기

추가된 'Constraint 1'을 선택하자. 그림 21-45와 같이 'Graphics' 페이지에서 '**경계 1**'을 클릭하여 선택하고 'Settings' 페이지의 'Boundary Selection' 부분에서 'Add to Selection' ✚ 버튼을 클릭하여 추가하자.

'Constraint' 부분의 'R' 값을 '1.0E-4-u', '-v', '0'으로 타입하자.

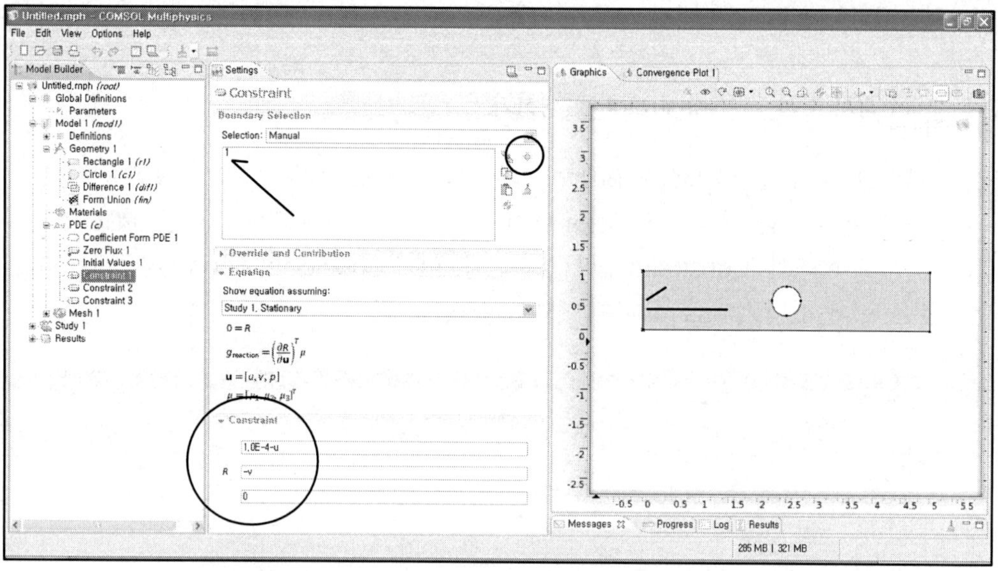

그림 21-45 '경계 1' 경계 조건 'Constraint 1' 설정하기

6-2. Outlet_'경계 조건'_설정하기

그림 21-46과 같이 'Model Builder' 페이지의 'PDE (c)'를 마우스 오른쪽 마우스를 클릭하여 나타난 메뉴에서 'Constraint'를 클릭하여 선택하자. 그러면 'PDE (c)' 아래에 서브 항목인 'Constraint 2'가 생성된다. 'PDE Coefficient Form'에서 'Outlet **경계 조건**'은 이와 같이 'Constraint'를 선택하여 설정한다.

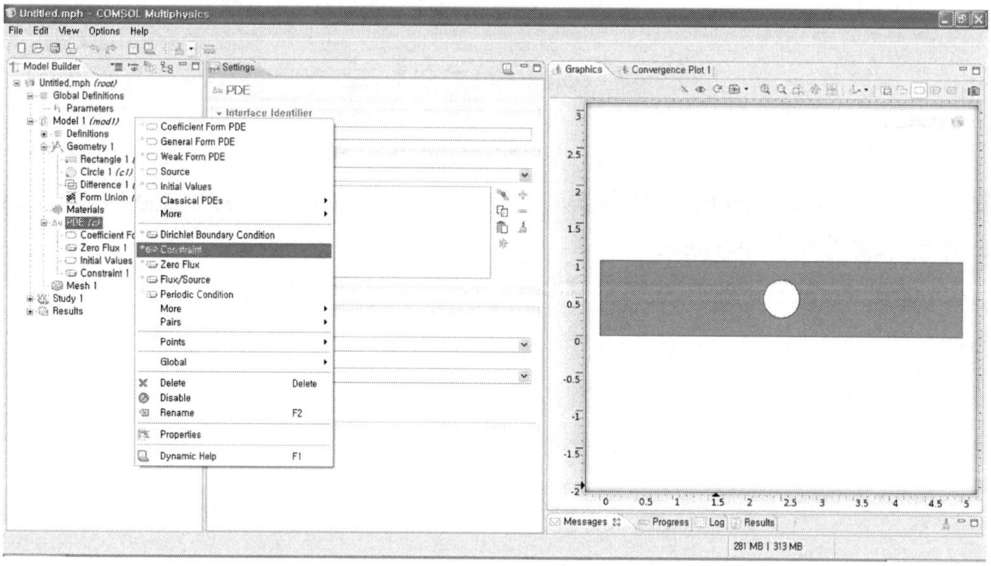

그림 21-46 'Constraint 2' 경계 조건 추가하기

추가된 'Constraint 2'를 선택하자. 그림 21-47과 같이 'Graphics' 페이지에서 **'경계 4'**를 클릭하여 선택하고 'Settings' 페이지의 'Boundary Selection' 부분에서 'Add to Selection' ✚ 버튼을 클릭하여 추가하자. 'Constraint' 부분의 'R' 값을 '0', '0', '-p'으로 타입하자.

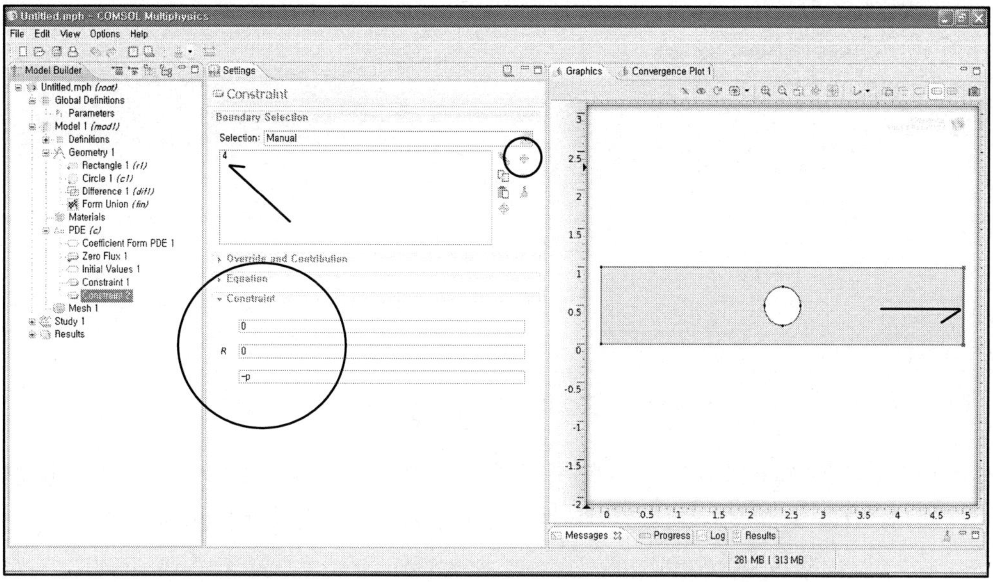

그림 21-47 '경계 4' 경계 조건 'Constraint 2' 설정하기

6-3. '기타 경계 조건'_추가하기

그림 21-48과 같이 'Model Builder' 페이지의 'PDE (c)'를 마우스 오른쪽 마우스를 클릭하여 나타난 메뉴에서 'Constraint'를 클릭하여 선택하자. 그러면 'PDE (c)' 아래에 서브 항목인 'Constraint 3'가 생성된다. 'Constraint 3'에서 **'기타 경계 조건'**을 설정한다.

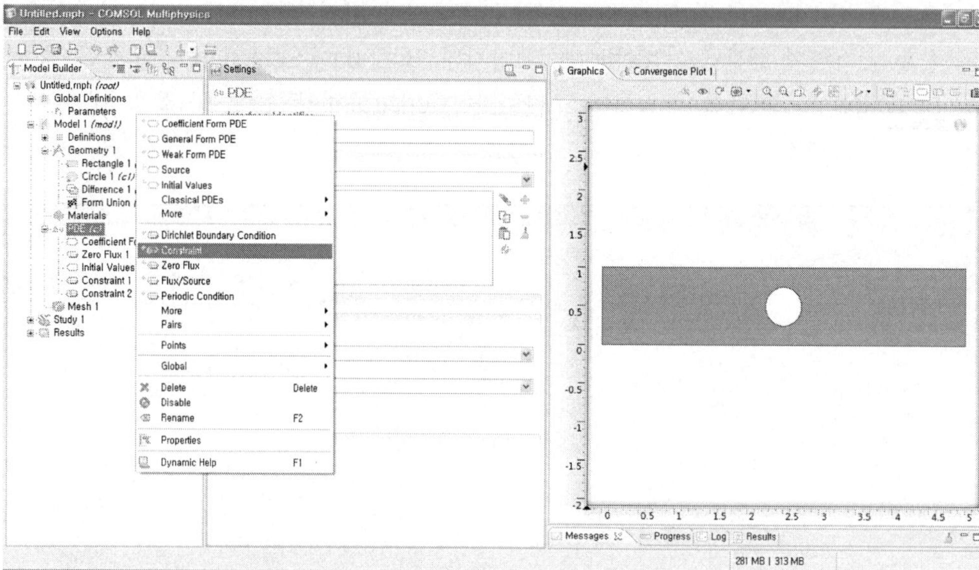

그림 21-48 'Constraint 3' 경계 조건 추가하기

추가된 'Constraint 3'을 선택하자. 그림 21-49와 같이 'Graphics' 페이지에서 **'경계 2,3,5,6,7,8'**을 각각 클릭하여 선택하고 'Settings' 페이지의 'Boundary Selection' 부분에서 'Add to Selection' ✚ 버튼을 클릭하여 각각 추가하자. 'Constraint' 부분의 'R' 값을 '-u', '-v', '0'으로 타입하자.

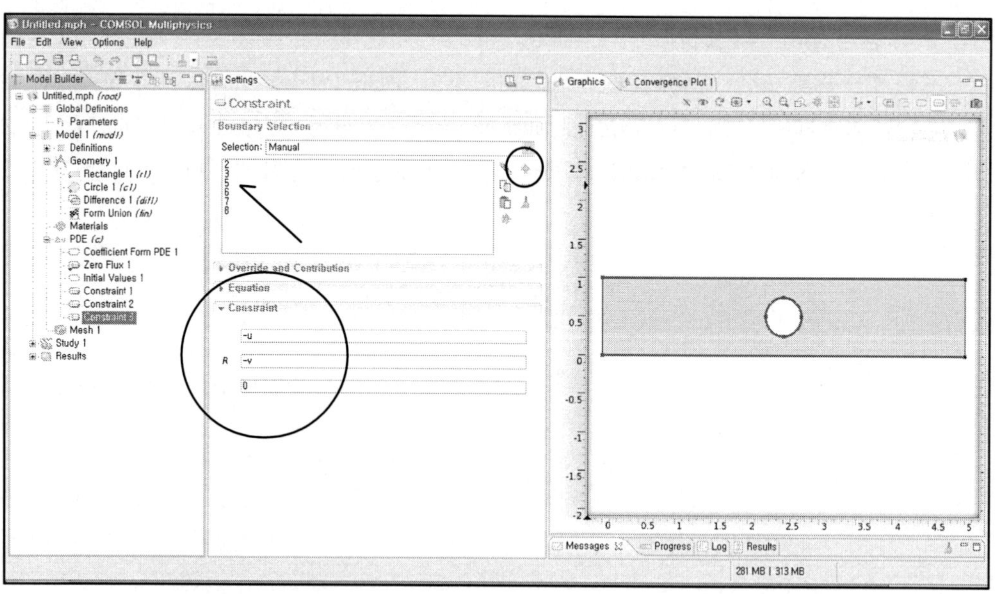

그림 21-49 '경계 2,3,5,6,7,8' 경계 조건 'Constraint 3' 설정하기

7-1. 그림 21-50과 같이 'Model Builder' 페이지의 'Mesh 1'을 선택하고, 'Settings' 페이지에서 'User-controlled mesh'를 선택한다.

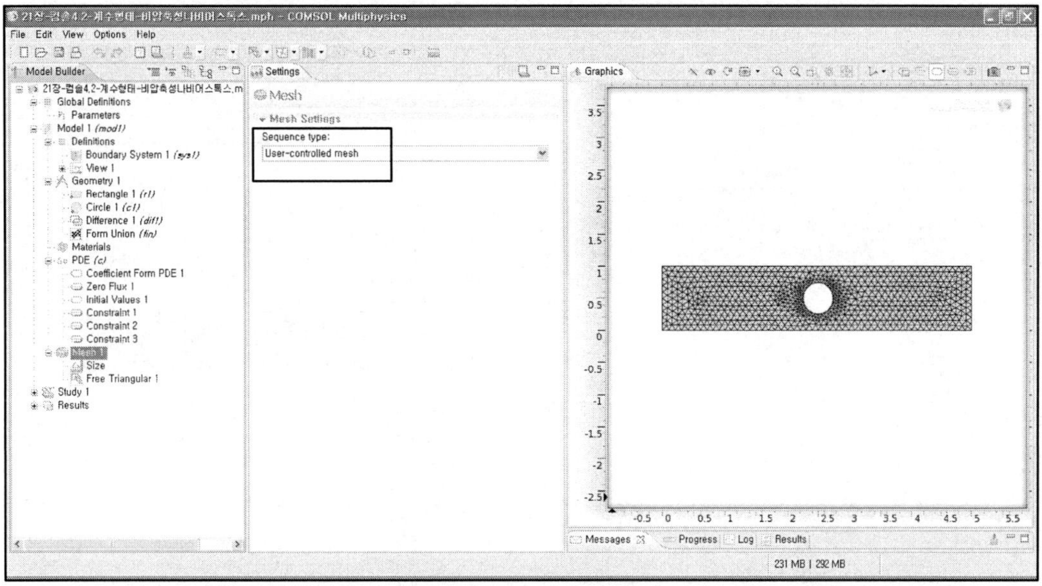

그림 21-50 메쉬 설정하기

7-2. 그림 21-51과 같이 'Model Builder' 페이지의 'Size'를 선택하고 Element size에서 predefined를 체크하고, Extra fine으로 설정하고, 상단의 'Build All'을 클릭한다. 아래 그림은 메쉬가 생성된 모습을 보여준다.

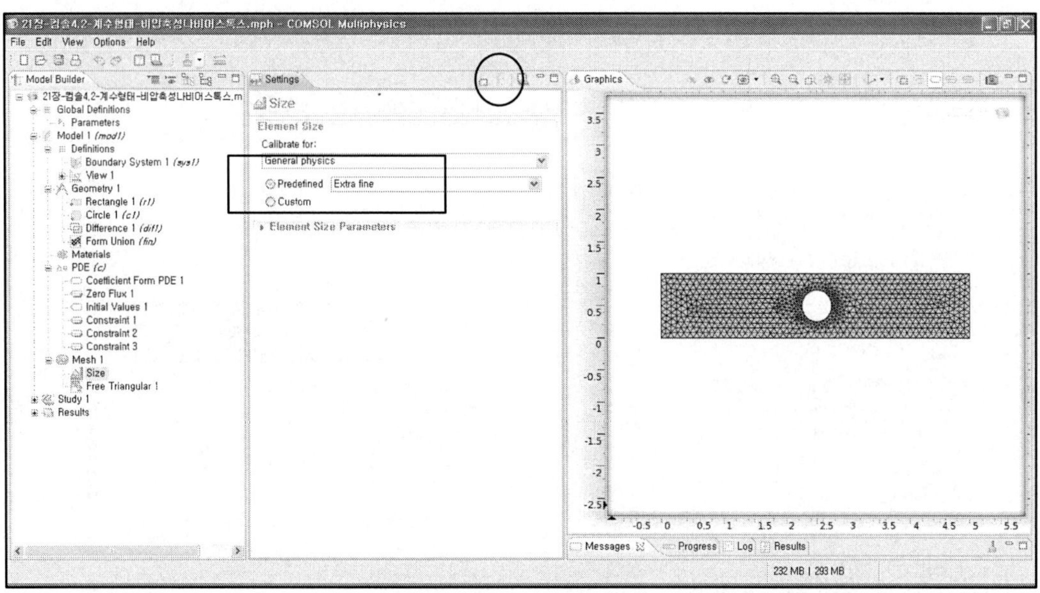

그림 21-51 'Mesh'가 생성된 모습

8. 그림 21-52와 같이 'Model Builder' 페이지의 항목 중 'Study 1'를 선택하고 오른쪽 'Settings' 페이지 상단의 'Compute' 버튼 을 클릭하여 계산해보자.

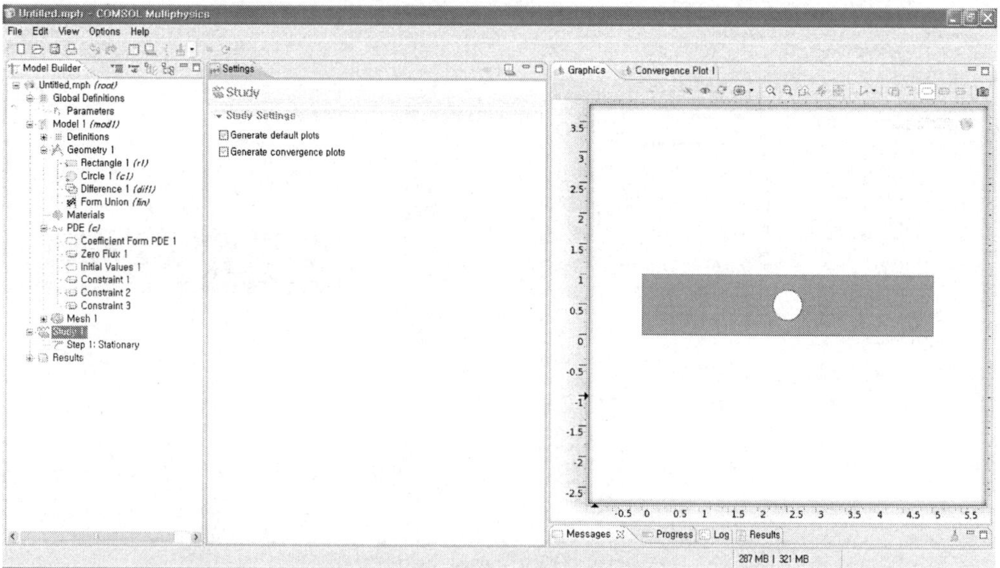

그림 21-52 'Compute' 수행하기

9. 그림 21-53은 'PDE Coefficient Form'으로 해석한 결과를 보여준다.

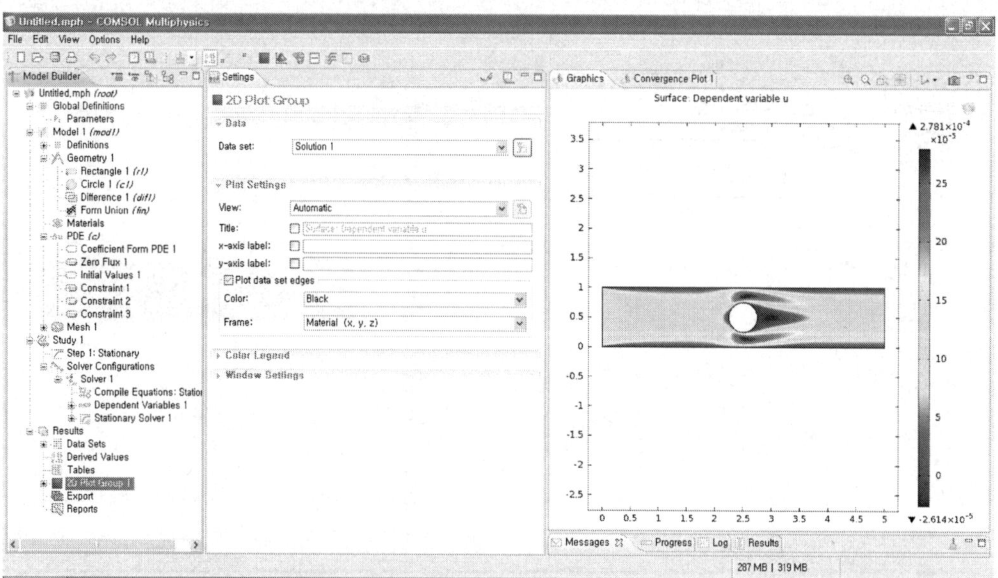

그림 21-53 컴솔 'PDE Coefficient Form'으로 해석한 결과

10. 그림 21-54와 같이 'Results' – '2D Plot Group 1' – 'Surface 1'을 선택하고, 'Settings' 페이지의 'Expression:'에 'sqrt(u^2+v^2)'를 타입하고 상단의 'Plot' 버튼을 클릭하자.

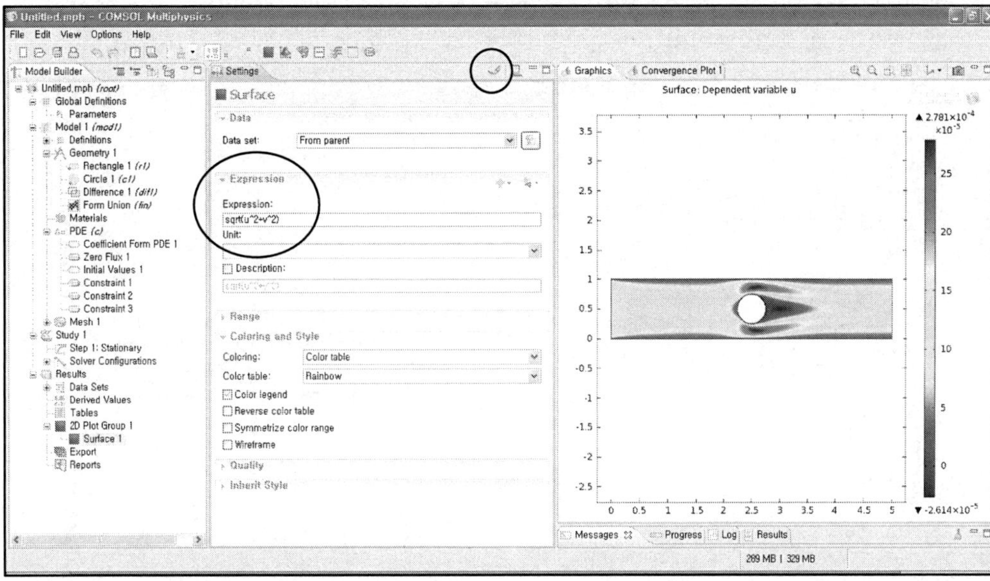

그림 21-54 'Results' – '2D Plot Group 1' – 'Surface 1' 설정하기

아래 그림 21-55는 sqrt(u^2+v^2)의 Plot 결과를 보여준다.

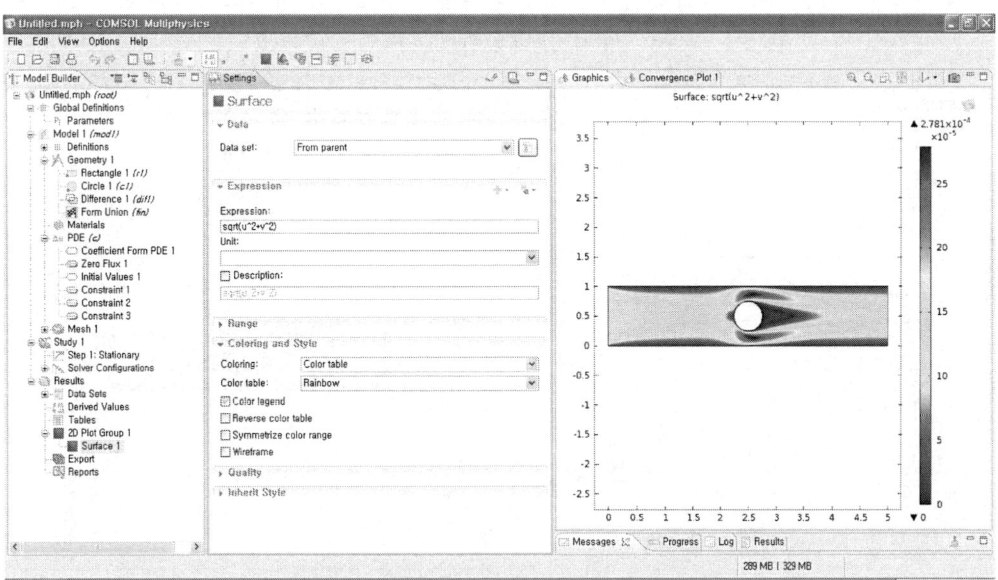

그림 21-55 sqrt(u^2+v^2)의 Plot 결과

11-1. 자 해석 결과가 나왔을 것이다. 이제부터 속도의 크기와 방향을 표시해 주는 화살표(Arrow)를 위의 결과의 이미지에 오버랩 시켜보자. 그림 21-56과 같이 'Model Builder' 페이지의 항목 중 'Results'의 하부 항목 '2D Plot Group 1'을 선택하고 오른쪽 마우스 버튼을 클릭하고 나타난 메뉴 중 'Arrow Surface'를 선택하자.

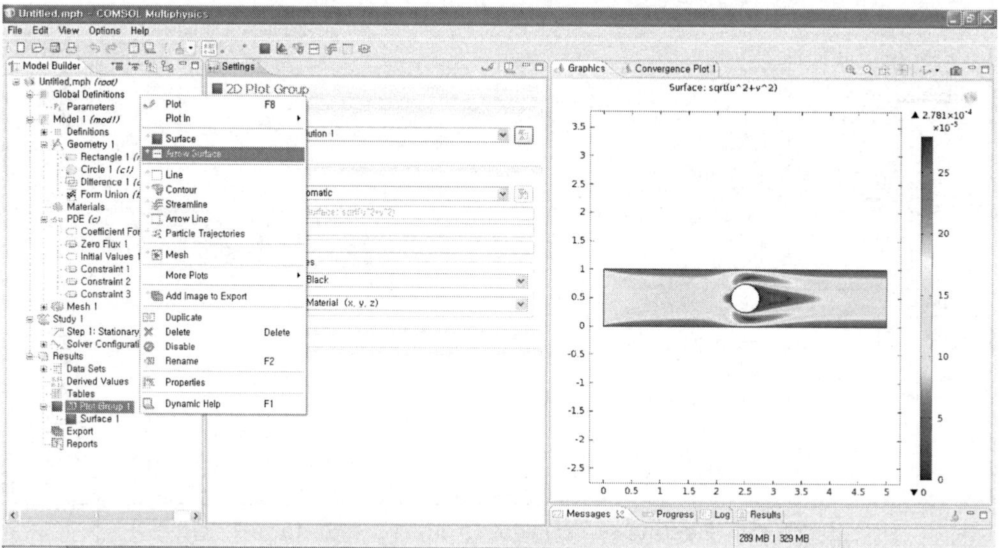

그림 21-56 화살표 그림 추가하기

11-2. 그림 21-57은 화살표 그림이 추가된 모습을 보여준다. 화살표의 크기는 속도의 크기와 같고 화살표의 방향은 속도의 방향과 같다.

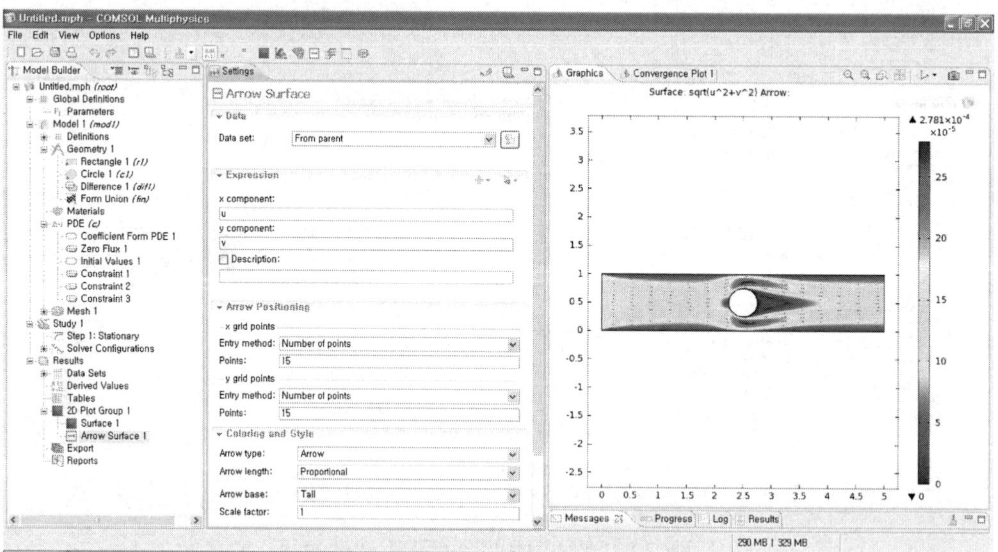

그림 21-57 화살표 그림이 추가된 모습

편미분방정식, 일반형태 (PDE, General Form) 이용

1. 그림 21-58과 같이 'Model Wizard' 페이지에서 'Select Space Dimension'을 '2D'로 선택하고 'Next' 버튼 을 누른다.

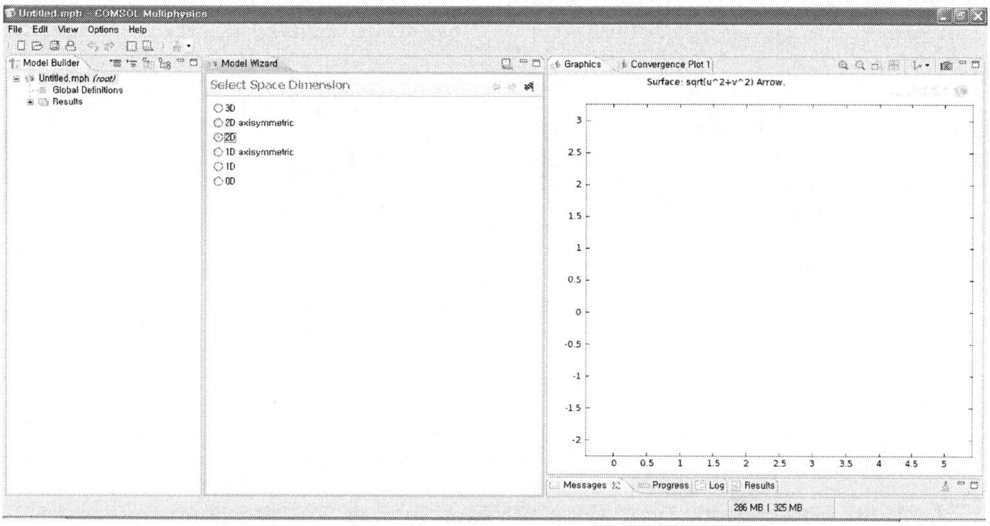

그림 21-58 'Model Wizard' 페이지에서 'Select Space Dimension'을 '2D'로 선택하기

2. 그림 21-59와 같이 'Model Wizard' 페이지의 'Add Physics' 윈도우에서 'Mathematics' - 'PDE interfaces' 항목에서 'General Form PDE (g)'을 더블클릭하여 선택하고, 선택하고, 아래의 'Number of dependent variables'에 '3'을 타입하고 'Dependent variables' 란에는 각각 'u', 'v', 'p'를 타입한 후, 상단의 'Next' 버튼 을 누른다.

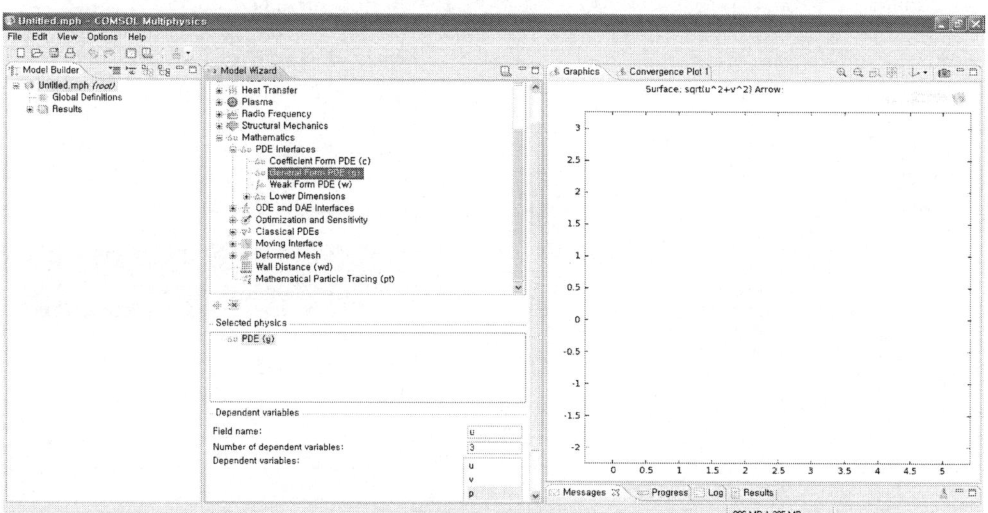

그림 21-59 'Mathematics' - 'PDE interfaces' 항목, 'General Form PDE (g)' 선택하기

3. 그림 21-60과 같이 'Model Wizard' 페이지의 'Select Study Type' 윈도우에서 'Preset Studies' 항목에서, 'Stationary'를 선택한 다음, 상단의 'Finish' 버튼을 누른다.

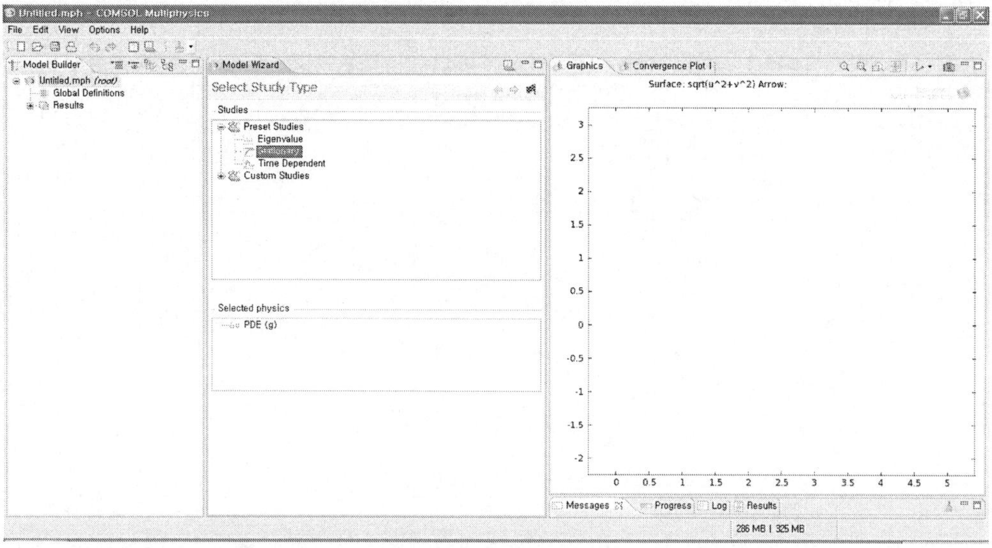

그림 21-60 'Select Study Type' 윈도우, 'Preset Studies' 항목에서, 'Stationary' 선택하기

4-1. 그림 21-61과 같이 사각형 모델링을 하기 위해서, 'Model Builder' 페이지에서 'Geometry 1'을 선택하고, 마우스 오른쪽 버튼을 눌러 'Rectangle'를 선택하고, 오른쪽의 'Settings' 페이지에 나타난 'Rectangle' 윈도우의 'Size' 항목에 Width: 5, Height: 1로 타입한 후 상단의 'Build All' 버튼을 클릭한다.

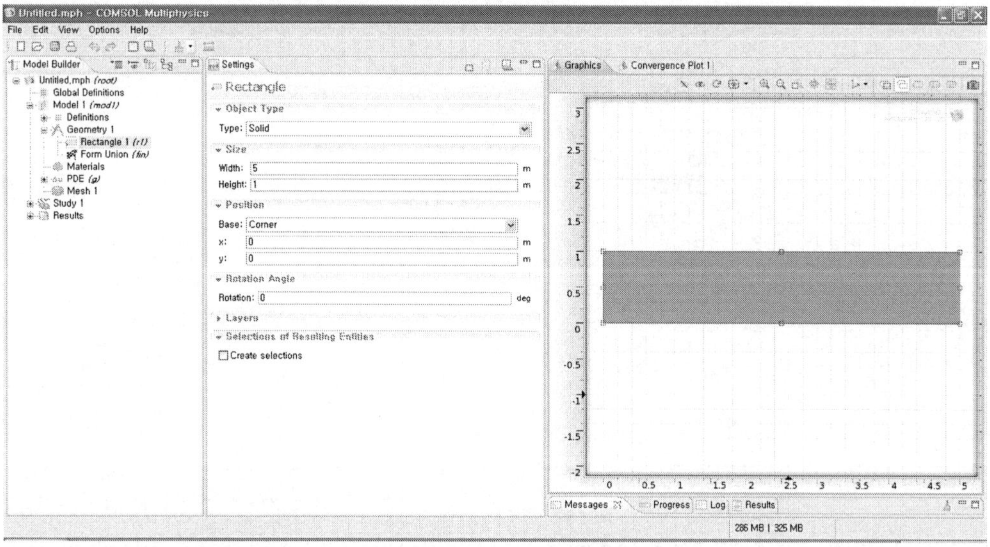

그림 21-61 'Settings' 페이지에서 'Rectangle' 형성하기

4-2. 그림 21-62와 같이 사각형 모델링을 하기 위해서, 'Model Builder' 페이지에서 'Geometry 1'을 선택하고, 마우스 오른쪽 버튼을 눌러 'Circle'를 선택하자.

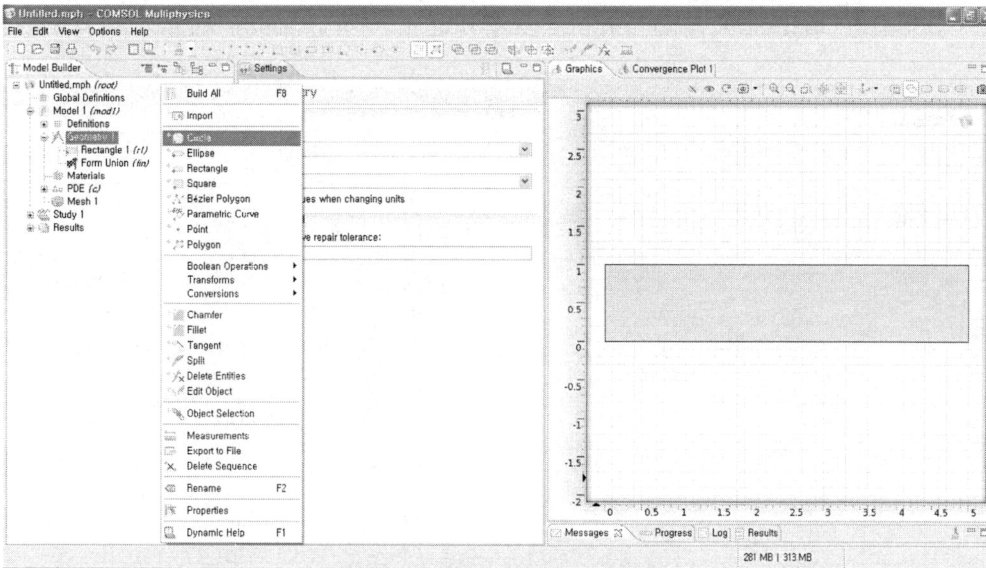

그림 21-62 'Circle' 형성하기 1

4-3. 오른쪽의 'Settings' 페이지에 나타난 'Circle' 윈도우의 'Size and Shape' 항목에 Radius: 0.25, 'Position' 항목에 x: 2.5, y: 0.5로 타입한 후 상단의 'Build All' 버튼을 클릭한다.

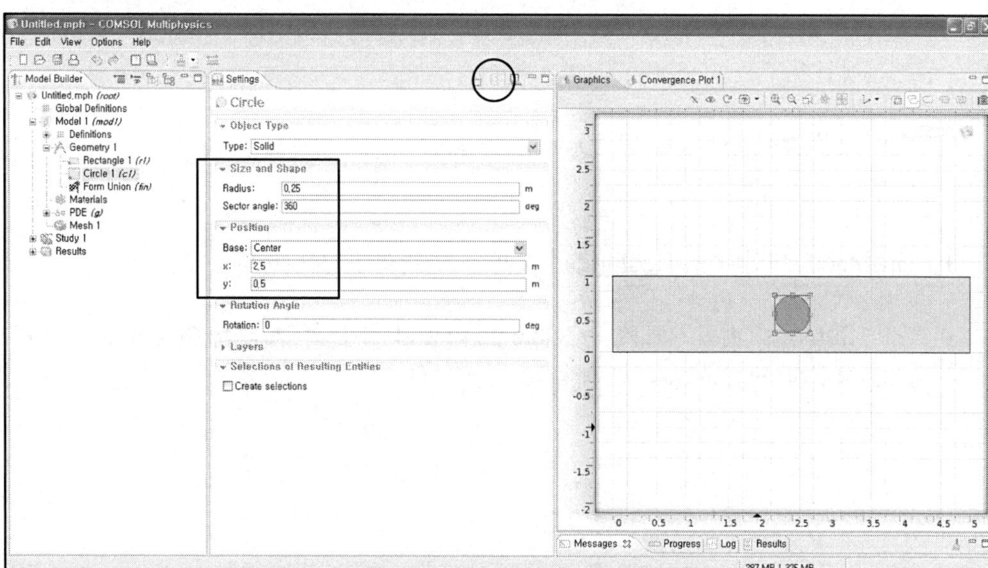

그림 21-63 'Circle' 형성하기 2

4-4. 그림 21-64와 같이 앞에서 형성한 사각형 모델에서 원형모델을 제거하기 위해, 'Model Builder' 페이지에서 'Geometry 1'을 선택하고, 마우스 오른쪽 버튼을 눌러 'Boolean Operation' - 'Difference'를 선택하고, 생성된 'Difference 1'을 선택한다.

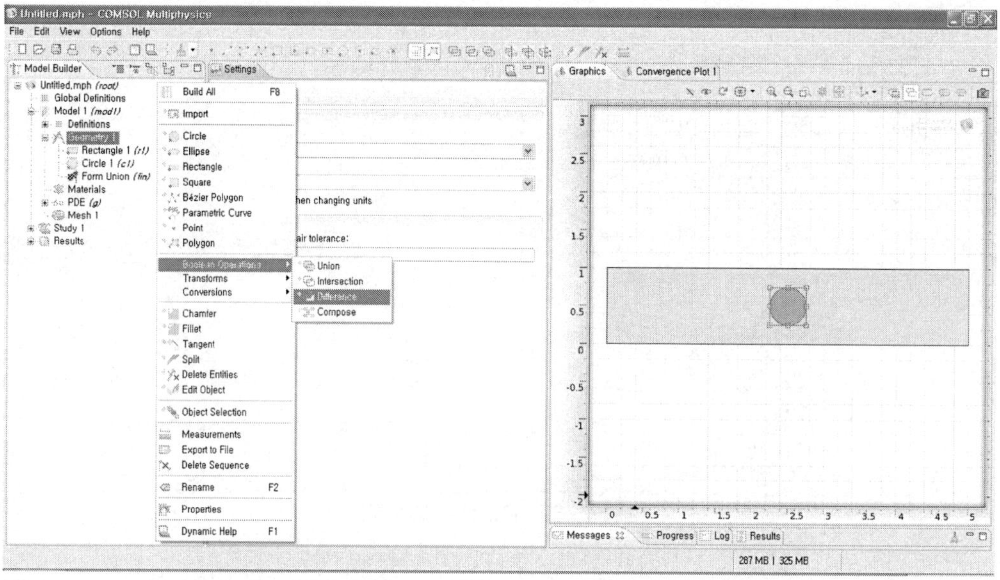

그림 21-64 'Boolean Operation' - 'Difference' 선택하기

4-5. 그림 21-65에 나타난 바와 같이, 사각형 모델에서 원형 모델을 제거하기 위해 첫 번째 단계인 'Difference' 윈도우에 사각형 모델을 추가하기 위해, 다음에 기술하는 순서로 진행한다.

a. 'Settings' 페이지에 나타난 'Objects to add:' 부분 아래의 사각 박스 부분을 클릭한다.

b. 'Graphics' 페이지의 'Rectangle' 모델을 클릭하여 선택한다.

c. 다시 'Settings' 페이지에 있는 'Objects to add' 부분의 'Add to Selection' ✣ 버튼을 클릭하여 선택한 사각형 모델을 추가한다.

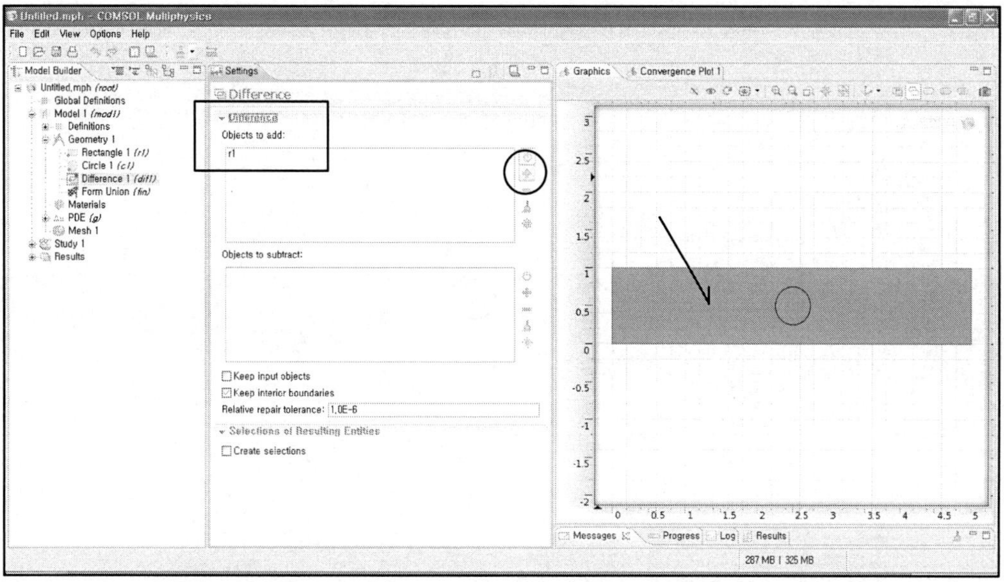

그림 21-65 'Objects to add:' 부분에 'Rectangle' 모델 추가하기

4-6. 그림 21-66에 나타난 바와 같이, 사각형 모델에서 원형 모델을 제거하기 위한 두번째 단계인 'Difference' 윈도우에 원형 모델을 추가하기 위해, 다음에 기술하는 순서로 진행한다.

a. 'Settings' 페이지에 나타난 'Objects to substract:' 아래의 사각 박스 부분을 클릭한다.

b. 'Graphics' 페이지의 'Circle' 모델을 클릭하여 선택한다.

c. 다시 'Settings' 페이지에 있는 'Objects to substract:' 부분의 'Add to Selection' ✚ 버튼을 클릭하여 선택한 'Circle' 모델을 추가한다.

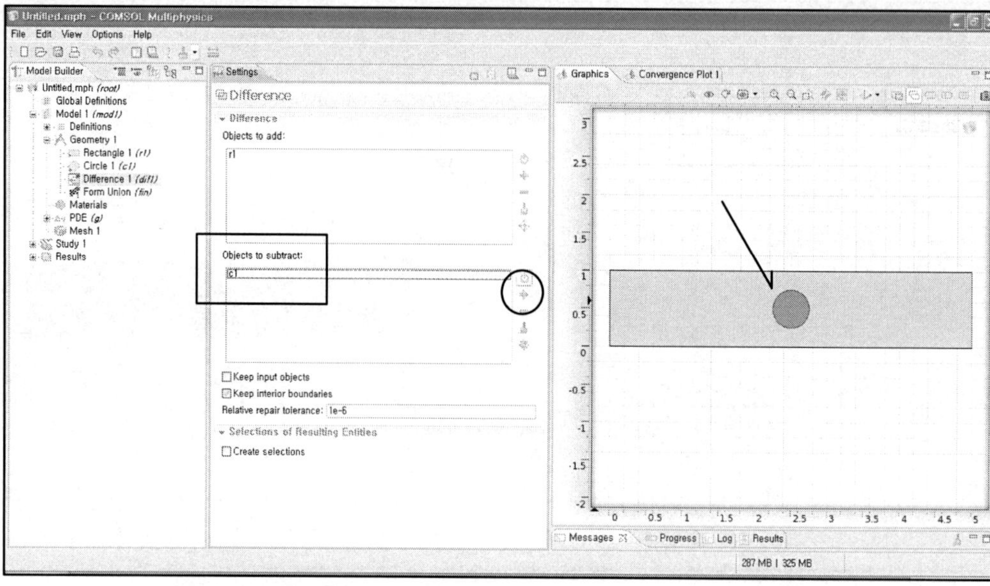

그림 21-66 'Objects to substract:' 부분에 'Circle' 모델 추가하기

4-7. 그림 21-67과 같이 'Settings' 페이지 상단의 'Build All' 버튼을 클릭한다.

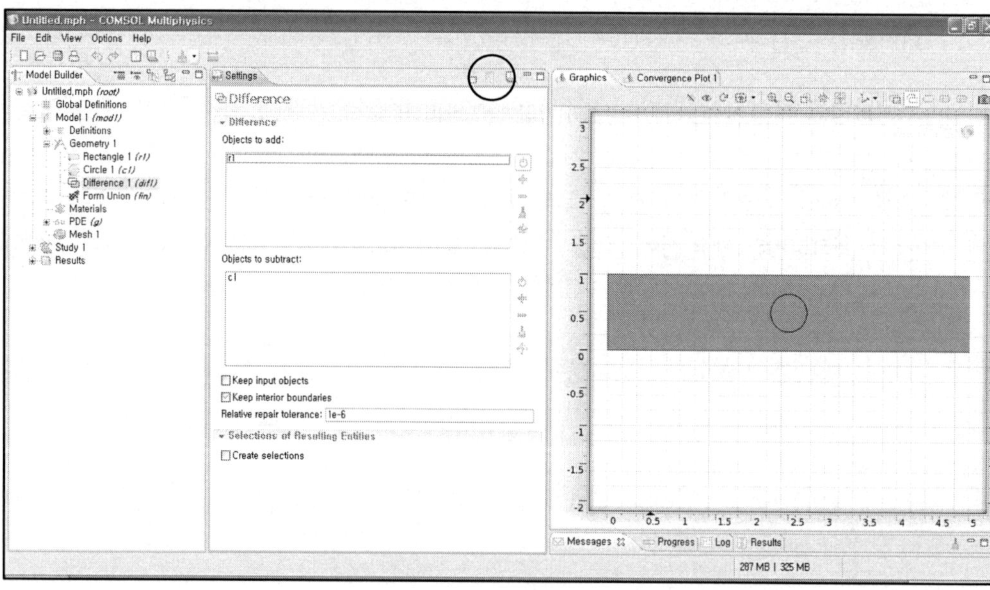

그림 21-67 'Build All' 버튼 클릭하여 'Boolean Operation' - 'Difference' 수행하기

아래 그림 21-68은 사각형 모델에서 원형 모델이 제거된 모습을 보여준다.

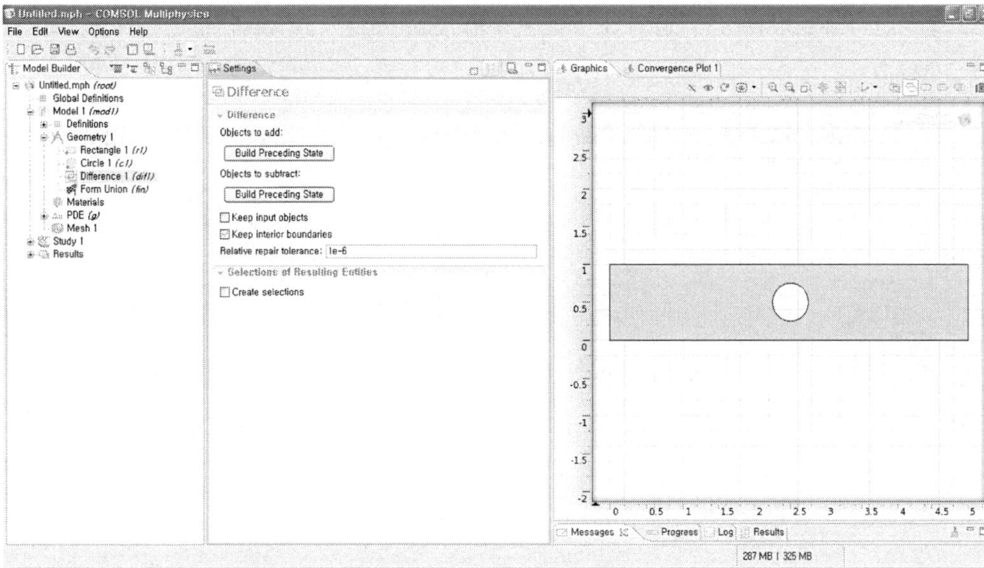

그림 21-68 사각형 모델에서 원형 모델이 제거된 모습

5-1. 표 21-2와 같이 상수를 정의하기 위하여 'Model Builder' 페이지의 'Global Definitions'를 오른쪽 마우스 클릭하여 나타난 메뉴 중 'Parameters'를 선택하여 클릭한다.

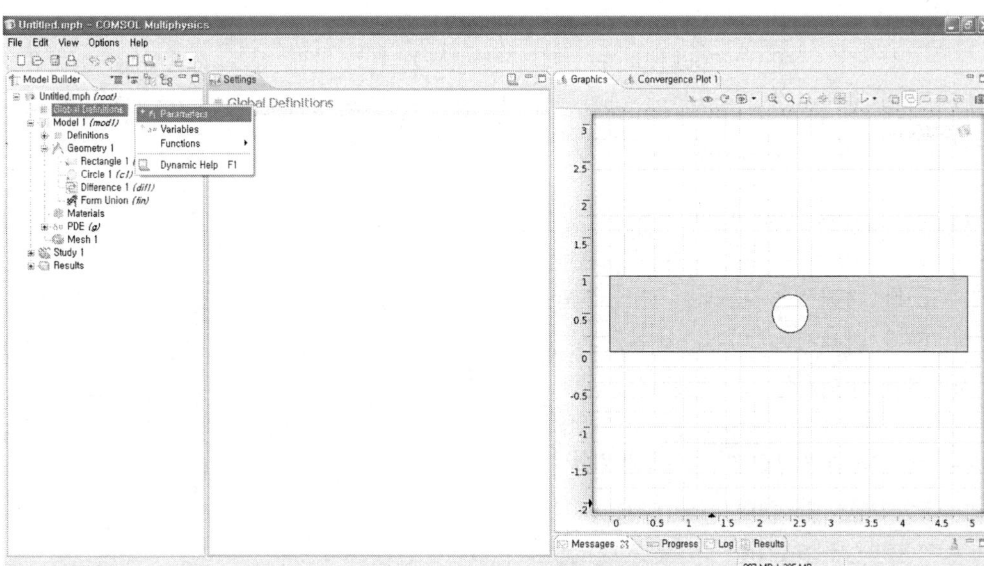

그림 21-69 'Parameters' 생성하기

5-2. 생성된 'Parameters'를 클릭하고 오른쪽의 'Settings' 페이지에 표 21-2의 값을 타입한다.

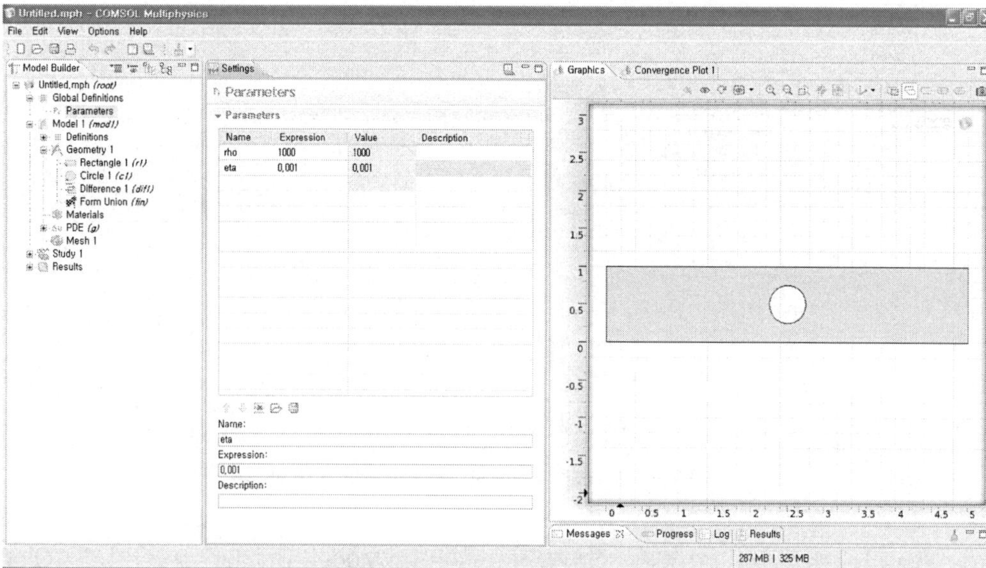

그림 21-70 'Parameters' 정의하기

6. 이제 해석 모델에 대한 소영역을 설정해 보자.

그림 21-71과 같이 'Model Builder' 페이지의 'PDE (g)' 아래 하부 항목 'General Form PDE 1'을 클릭하고, 오른쪽에 나타난 'Setting' 페이지의 'General Form PDE' 윈도우에서 다음과 같이 설정하자.

'Conservative Flux', ' Γ ' 부분에

식 (5)에 대해서는 -ux*eta/rho / -uy*eta/rho 타입하고,
식 (6)에 대해서는 -vx*eta/rho / -vy*eta/rho를 타입하고,
식 (7)에 대해서는 0 / 0를 타입한다.

그리고, 'Source Term' (f) 프레임에
-(u*ux+v*uy+px/rho)
-(u*vx+v*vy+py/rho)
-(ux+vy) 를 타입한다.

그리고, 'Damping and Mass coefficient' (da) 프레임에

1 0 0

0 1 0

0 0 0 를 타입한다.

나머지 모든 항은 디폴트 값으로 0이 타입되어 있음을 명심하라.

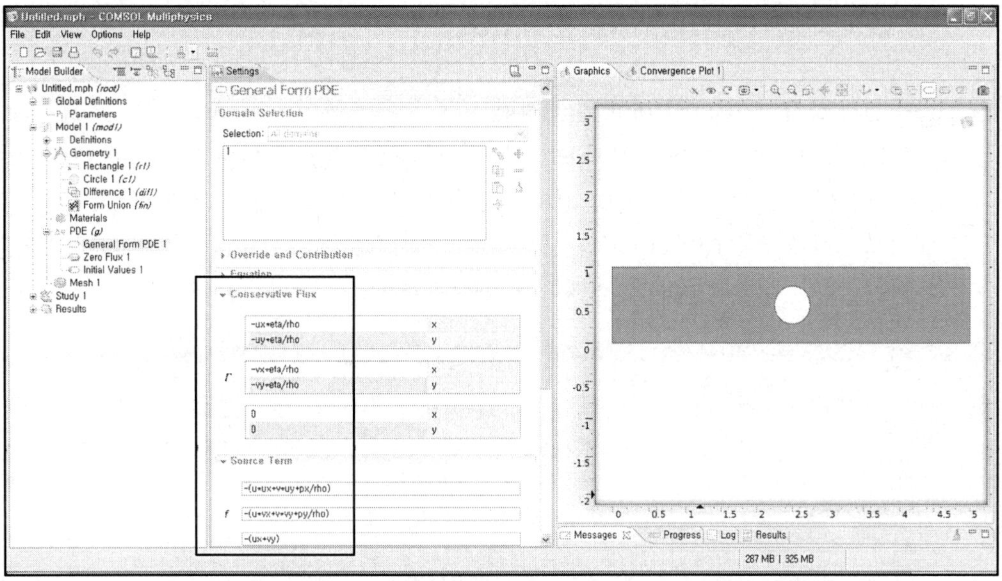

그림 21-71 'General Form PDE 1' 설정하기

7. 이제 해석 모델에 대한 **경계 조건**들을 설정해 보자. 경계조건을 설정하기 위해서, 경계 선택을 1~8번까지 지정해야 한다. 표 21-4에서 보는 바와 같이 모든 경계조건은 디리클레(Dirichlet) 경계조건임을 명심하자. 그림 21-3은 경계 그룹이 크게 3가지 (입구/ 출구/ 벽면조건)로 나누어짐을 알 수 있다. 그러므로,

입구 조건 : 1

출구 조건 : 4

벽면조건 : 2,3,5,6,7,8은 표 21-4에서 보는 바와 같이 각각 같은 경계조건을 가질 것이다.

입구 조건은 아래 그림과 같이

R 계수 프레임에서 0.0001-u/ -v/ 0의 값을 타입한다.

출구조건으로는
경계 선택 4를 클릭한 후 h 계수 프레임에서 u항: 0, v항:0, p항: 1을 대입하고, r 계수 프레임에서 0/ 0/ -p의 값을 타입한 후 적용한다.

마지막으로 벽면 조건은
경계 선택 2,3,5,6,7,8에 각각 h 계수 프레임에서 u항: 1, v항:1, p항: 0를 대입하고, r 계수 프레임에서 0/ 0/ 0의 값을 타입한다.

7-1. 'Inlet 경계 조건' - 'Constraint' 설정하기

그림 21-72와 같이 'Model Builder' 페이지의 'PDE (g)'를 마우스 오른쪽 마우스를 클릭하여 나타난 메뉴에서 'Constraint'를 클릭하여 선택하자. 그러면 'PDE (g)' 아래에 서브 항목인 'Constraint 1'이 생성된다. PDE General Form에서 'Inlet 경계 조건'은 이와 같이 'Constraint'를 선택하여 설정한다.

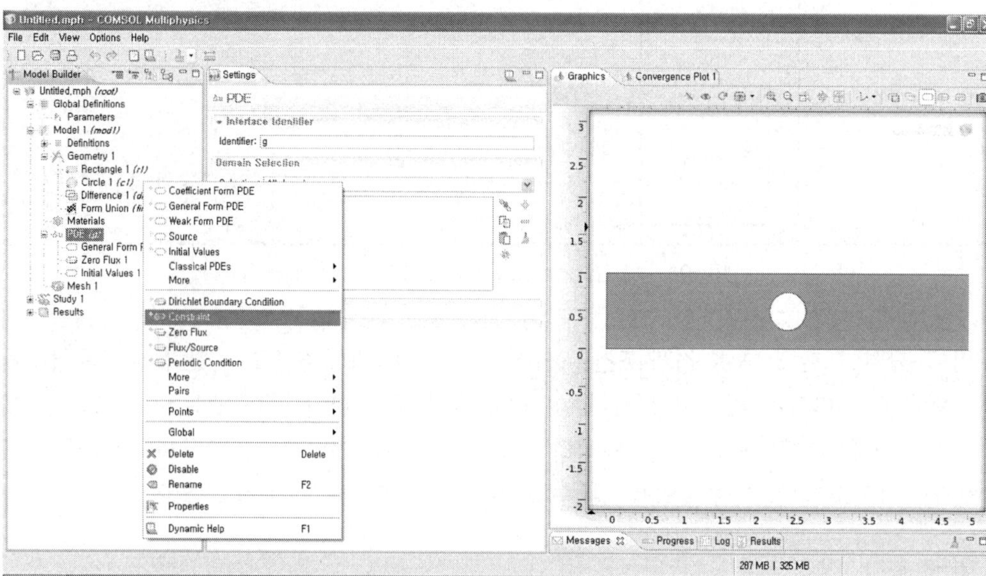

그림 21-72 'Constraint 1' 경계 조건 추가하기

추가된 'Constraint 1'을 선택하고, 'Graphics' 페이지에서 **'경계 1'**을 클릭하여 선택하고 'Settings' 페이지의 'Boundary Selection' 부분에서 'Add to Selection' + 버튼을 클릭하여 추가하자. 'Constraint' 부분의 'R' 값을 '1.0E-4-u', '-v', '0'으로 타입하자.

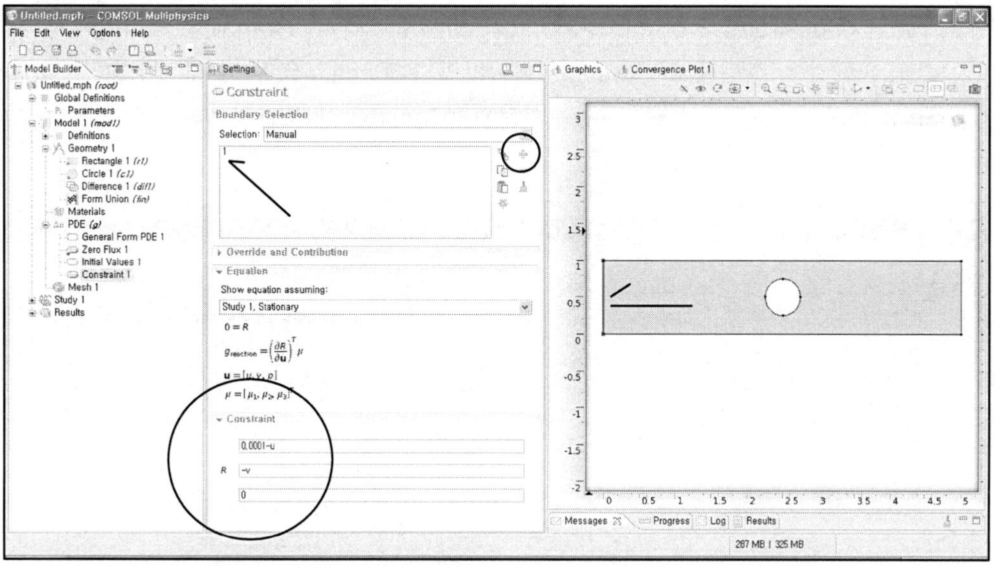

그림 21-73 '경계 1' 경계 조건 'Constraint 1' 설정하기

7-2. Outlet_'경계 조건'_설정하기

그림 21-74와 같이 'Model Builder' 페이지의 'PDE (g)'를 마우스 오른쪽 마우스를 클릭하여 나타난 메뉴에서 'Constraint'를 클릭하여 선택하자. 그러면 'PDE (g)' 아래에 서브 항목인 'Constraint 2'가 생성된다. PDE General Form에서 'Outlet **경계 조건**'은 이와 같이 'Constraint'를 선택하여 설정한다.

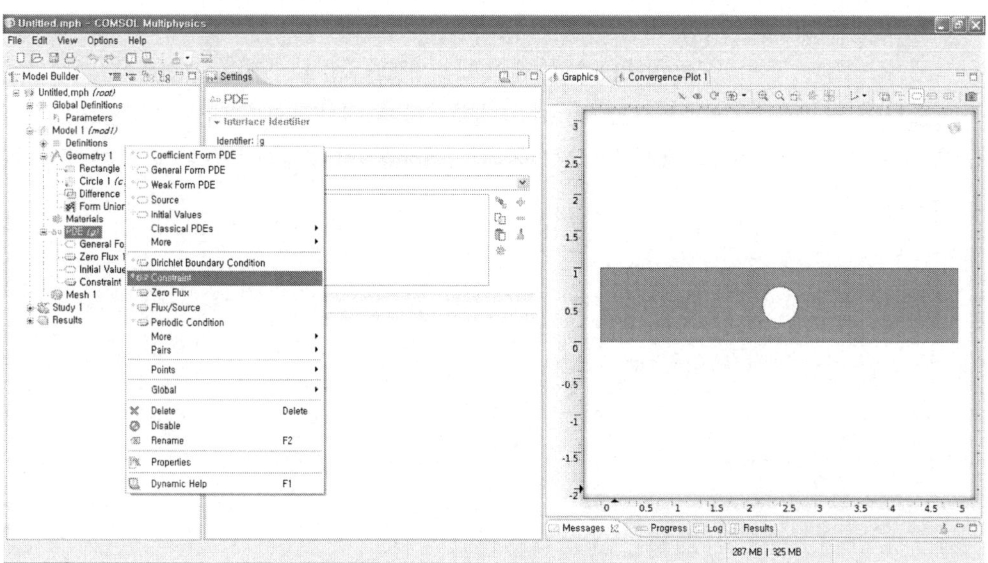

그림 21-74 'Constraint 2' 경계 조건 추가하기

추가된 'Constraint 2'를 선택하자. 그림 21-75와 같이 'Graphics' 페이지에서 **'경계 4'**를 클릭하여 선택하고 'Settings' 페이지의 'Boundary Selection' 부분에서 'Add to Selection' 버튼을 클릭하여 추가하자. 'Constraint' 부분의 'R' 값을 '0', '0', '-p'으로 타입하자.

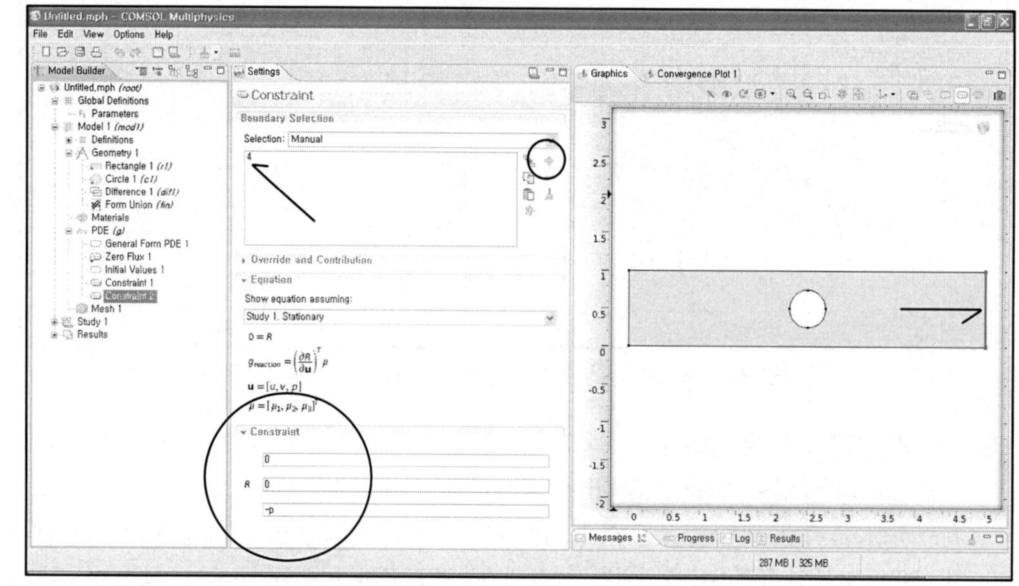

그림 21-75 '경계 4' 경계 조건 'Constraint 2' 설정하기

7-3. '기타 경계 조건' 추가하기

그림 21-76과 같이 'Model Builder' 페이지의 'PDE (g)'를 마우스 오른쪽 마우스를 클릭하여 나타난 메뉴에서 'Constraint'를 클릭하여 선택하자. 그러면 'PDE (g)' 아래에 서브 항목인 'Constraint 3'가 생성된다. 'Constraint 3'에서 '기타 경계 조건'을 설정한다.

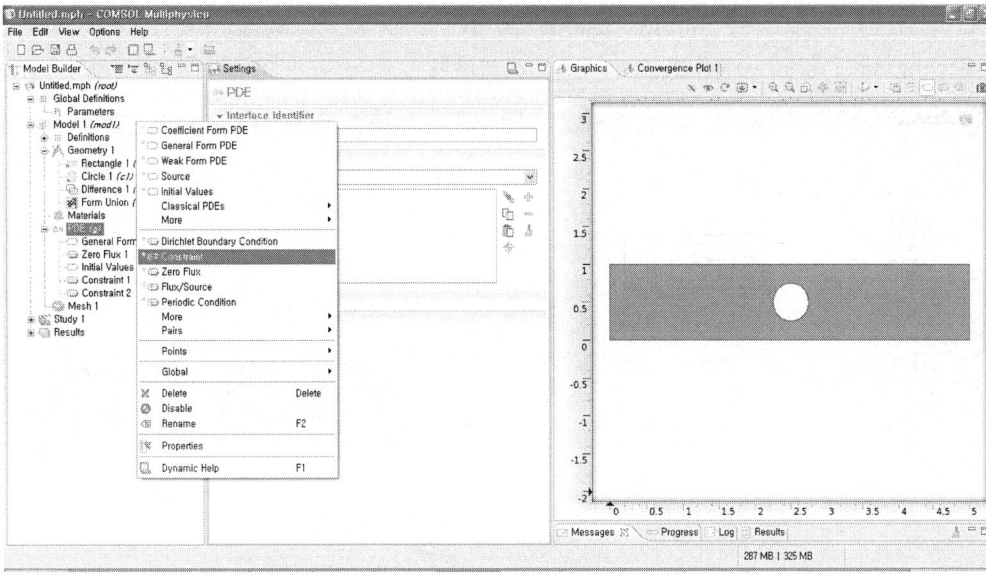

그림 21-76 'Constraint 3' 경계 조건 추가하기

추가된 'Constraint 3'을 선택하자. 그림 21-77과 같이 'Graphics' 페이지에서 **'경계 2,3,5,6,7,8'**을 각각 클릭하여 선택하고 'Settings' 페이지의 'Boundary Selection' 부분에서 'Add to Selection' 버튼을 클릭하여 각각 추가하자. 'Constraint' 부분의 'R' 값을 '-u', '-v', '0'으로 타입하자.

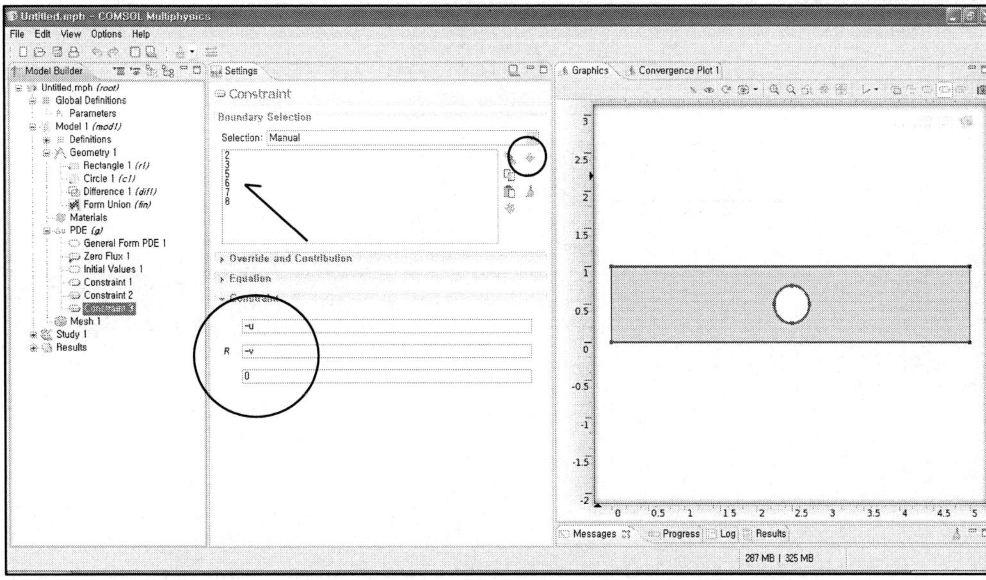

그림 21-77 '경계 2,3,5,6,7,8' 경계 조건 'Constraint 3' 설정하기

8-1. 그림 21-78과 같이 'Model Builder' 페이지의 항목 중 'Mesh 1'을 선택하고 Mesh Settings에서 User-controlled mesh를 선택한다.

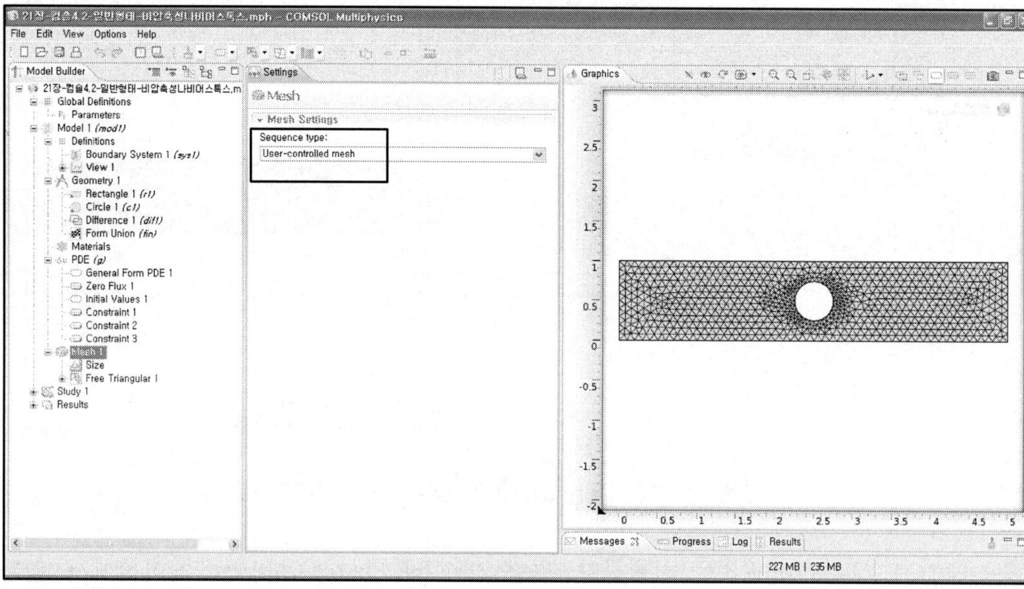

그림 21-78 메쉬 설정하기

8-2. 그림 21-79와 같이 'Model Builder' 페이지의 'Size'를 선택하고 Element size에서 predefined를 체크하고 'Extra fine'으로 설정한 후, 상단의 'Build All'을 클릭한다. 아래 그림 21-79는 메쉬가 생성된 모습을 보여준다.

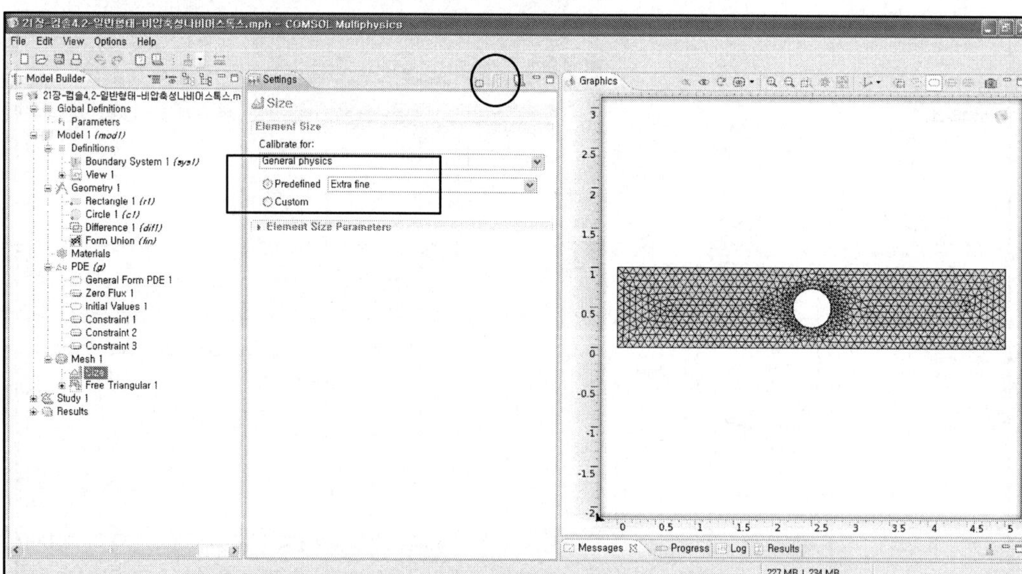

그림 21-79 'Mesh'가 생성된 모습

9. 그림 21-80과 같이 'Model Builder' 페이지의 항목 중 'Study 1'을 선택하고 오른쪽 'Settings' 페이지 상단의 'Compute' 버튼 을 클릭하여 계산해보자.

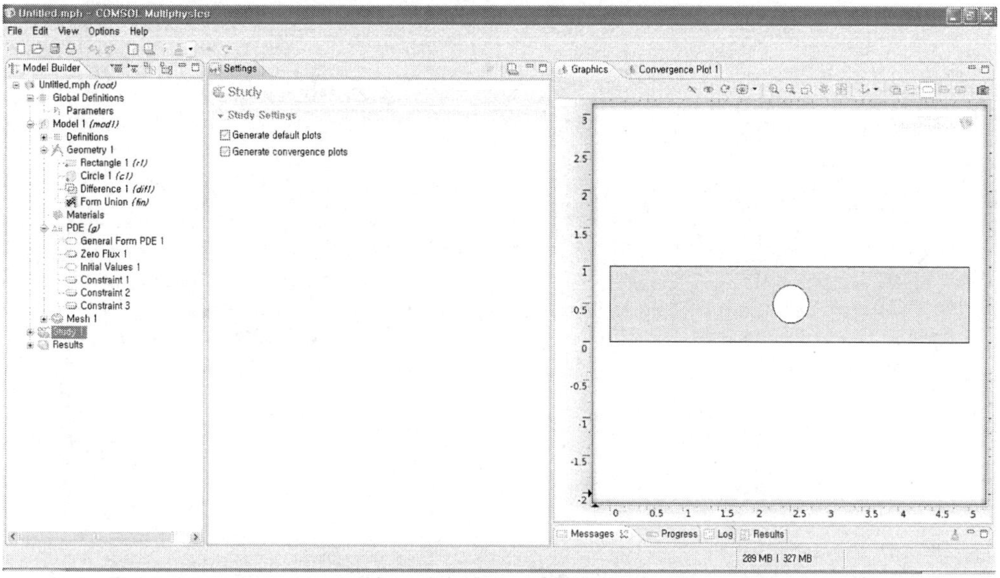

그림 21-80 'Compute' 수행하기

10. 그림 21-81은 'PDE General Form'으로 해석한 결과를 보여준다.

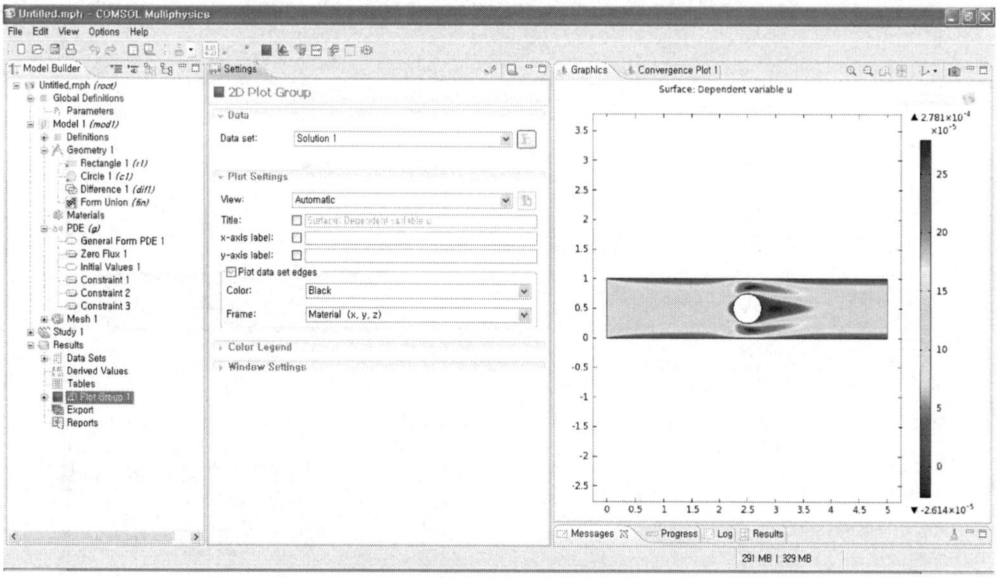

그림 21-81 컴솔 'PDE General Form'으로 해석한 결과

11. 그림 21-82와 같이 'Results' - '2D Plot Group 1' - 'Surface 1'을 선택하고, 'Settings' 페이지의 'Expression:'에 'sqrt(u^2+v^2)'를 타입하고 상단의 'Plot' 버튼을 클릭하자.

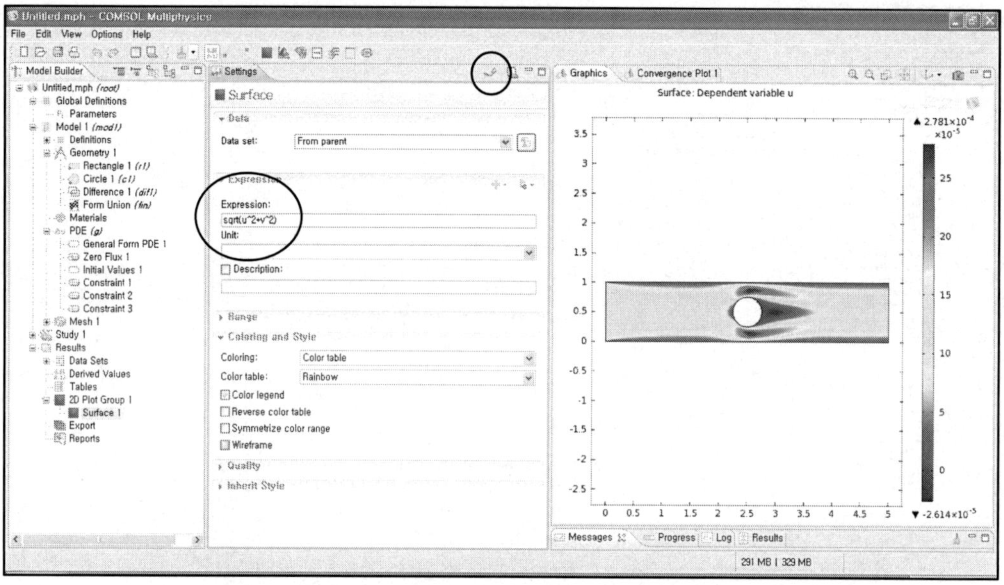

그림 21-82 'Results' - '2D Plot Group 1' - 'Surface 1' 설정하기

아래 그림 21-83은 sqrt(u^2+v^2)의 Plot 결과를 보여준다.

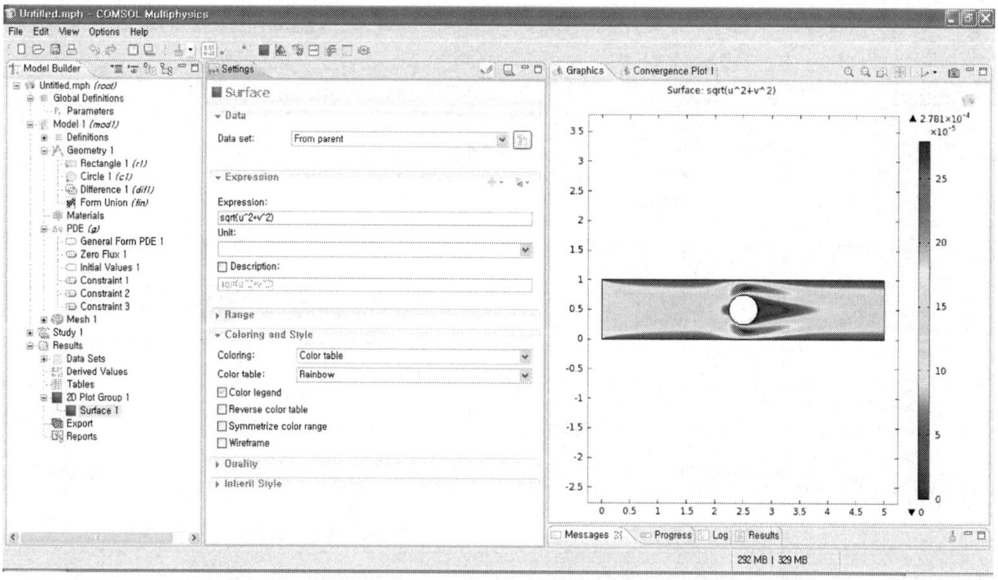

그림 21-83 sqrt(u^2+v^2)의 Plot 결과

12-1. 자 해석 결과가 나왔을 것이다. 이제부터 속도의 크기와 방향을 표시해 주는 화살표(Arrow)를 위의 결과의 이미지에 오버랩 시켜보자. 그림 21-84와 같이 'Model Builder' 페이지의 항목 중 'Results'의 하부 항목 '2D Plot Group 1'을 선택하고 오른쪽 마우스 버튼을 클릭하고 나타난 메뉴 중 'Arrow Surface'를 선택하자.

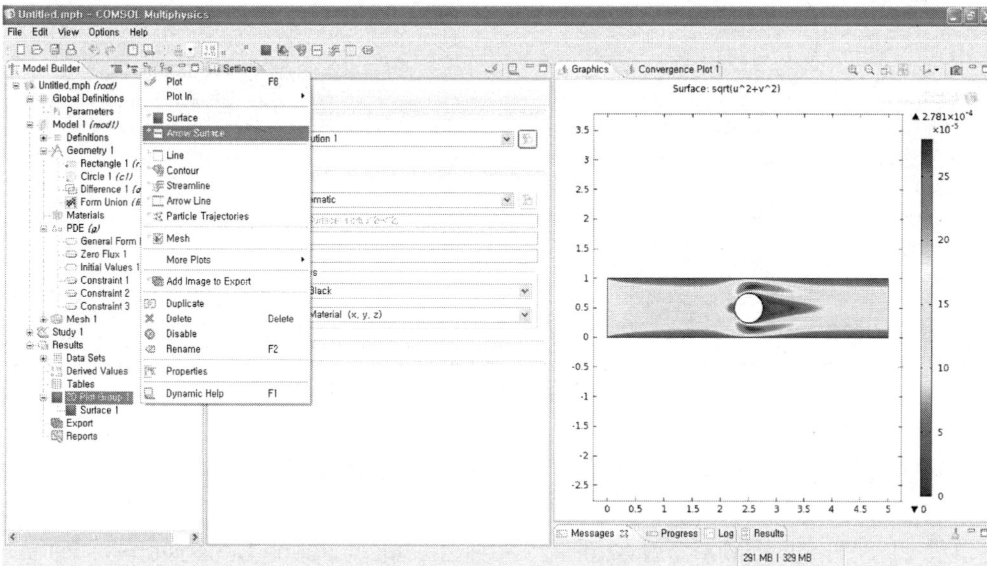

그림 21-84 화살표 그림 추가하기

12-2. 그림 21-85는 화살표 그림이 추가된 모습을 보여준다. 'Settings' 페이지에서 'Expression' 부분의 'x component'에는 'u'를, 'y component'에는 'v'를 타입하고 상단의 'Plot' 버튼을 클릭한다. 화살표의 크기는 속도의 크기와 같고 화살표의 방향은 속도의 방향과 같다.

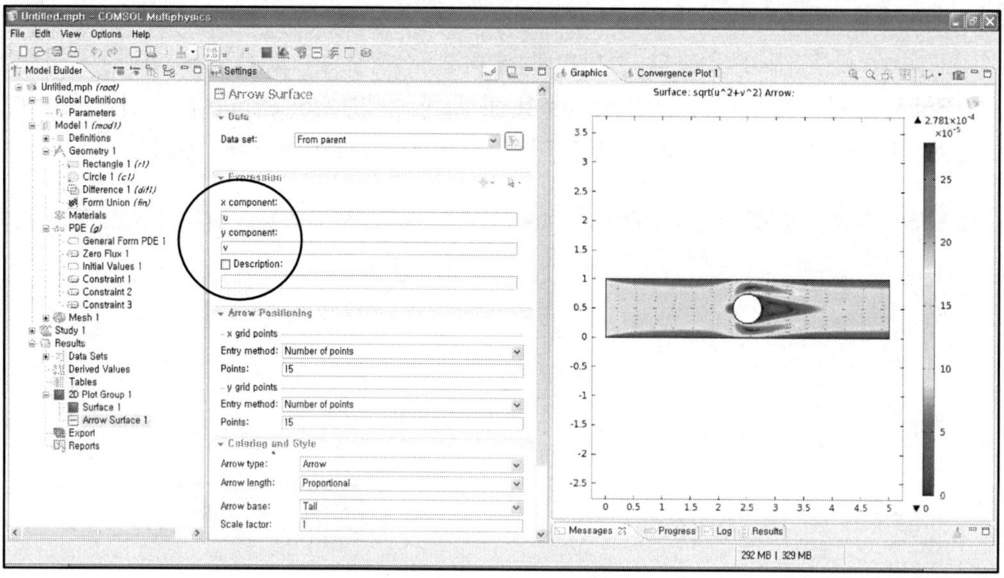

그림 21-85 화살표 그림이 추가된 모습

● PDE, Weak Form 이용

1. 그림 21-86과 같이 'Model Wizard' 페이지에서 'Select Space Dimension'을 '2D'로 선택하고 'Next' 버튼 ⇨을 누른다.

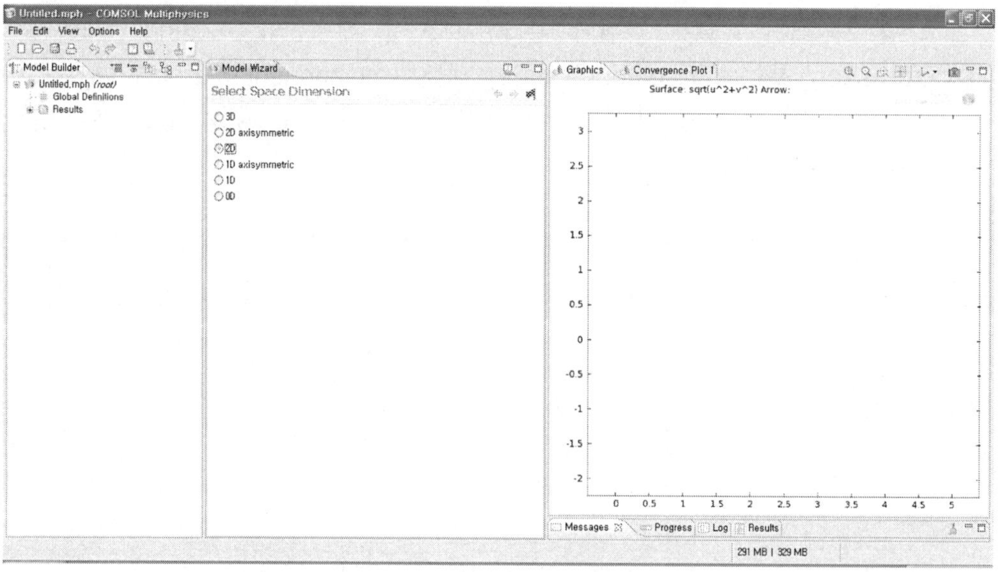

그림 21-86 'Model Wizard' 페이지에서 'Select Space Dimension'을 '2D'로 선택하기

2. 그림 21-87과 같이 'Model Wizard' 페이지의 'Add Physics' 윈도우에서 'Mathematics' - 'PDE interfaces' 항목에서 'Weak Form PDE (w)'을 더블클릭하여 선택하고, 선택하고, 아래의 'Number of dependent variables'에 '3'을 타입하고 'Dependent variables' 란에는 각각 'u', 'v', 'p'를 타입한 후, 상단의 'Next' 버튼 을 누른다.

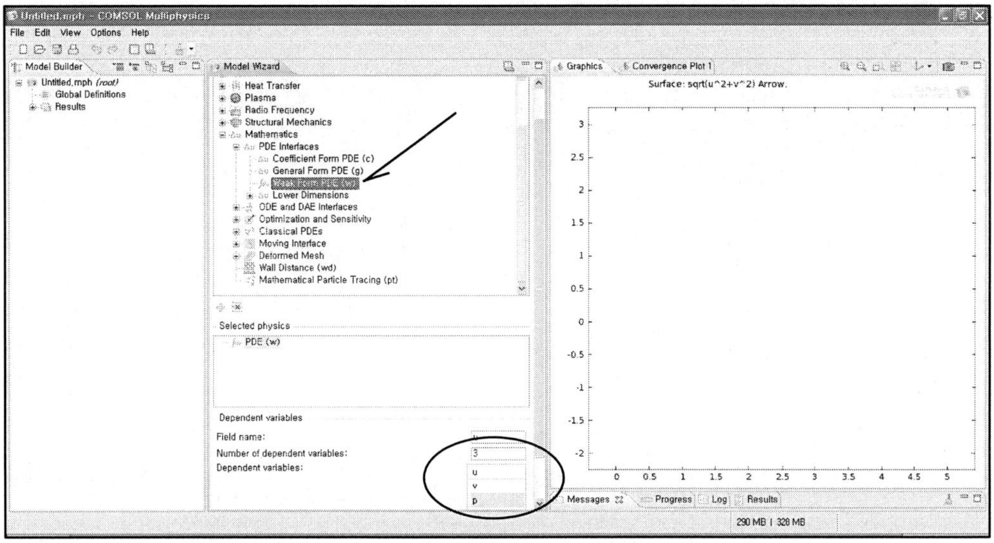

그림 21-87 'Mathematics' - 'PDE interfaces' 항목, 'Weak Form PDE (w)' 선택하기

3. 그림 21-88과 같이 'Model Wizard' 페이지의 'Select Study Type' 윈도우에서 'Preset Studies' 항목에서, 'Stationary'를 선택한 다음, 상단의 'Finish' 버튼을 누른다.

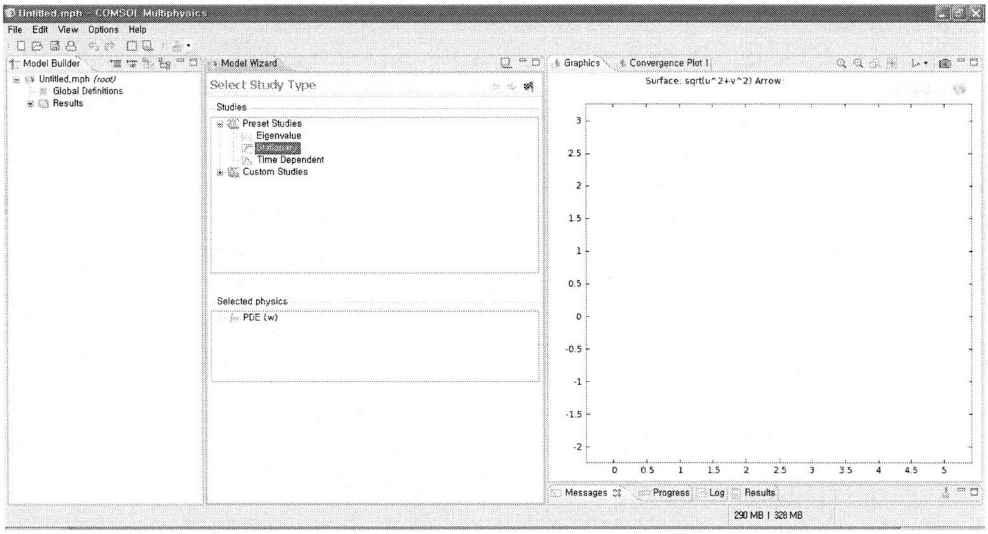

그림 21-88 'Select Study Type' 윈도우, 'Preset Studies' 항목에서, 'Stationary' 선택하기

4-1. 그림 21-89와 같이 사각형 모델링을 하기위해서, 'Model Builder' 페이지에서 'Geometry 1'을 선택하고, 마우스 오른쪽 버튼을 눌러 'Rectangle'를 선택하고, 오른쪽의 'Settings' 페이지에 나타난 'Rectangle' 윈도우의 'Size' 항목에 Width: 5, Height: 1로 타입한 후 상단의 'Build All' 버튼을 클릭한다.

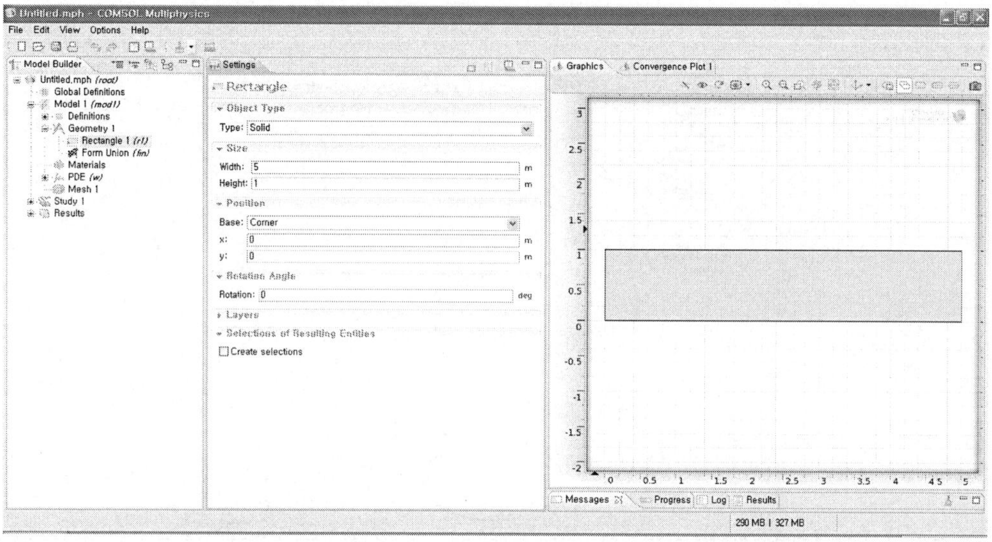

그림 21-89 'Settings' 페이지에서 'Rectangle' 형성하기

4-2. 그림 21-90과 같이 사각형 모델링을 하기위해서, 'Model Builder' 페이지에서 'Geometry 1'을 선택하고, 마우스 오른쪽 버튼을 눌러 'Circle'를 선택하자.

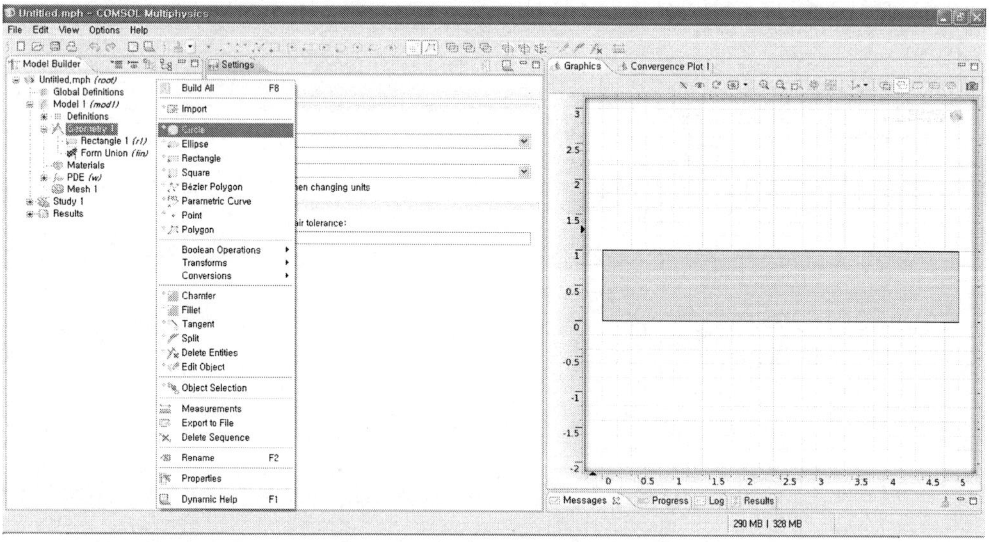

그림 21-90 'Circle' 형성하기 1

4-3. 오른쪽의 'Settings' 페이지에 나타난 'Circle' 윈도우의 'Size and Shape' 항목에 Radius: 0.25, 'Position' 항목에 x: 2.5, y: 0.5로 타입한 후 상단의 'Build All' 버튼을 클릭한다.

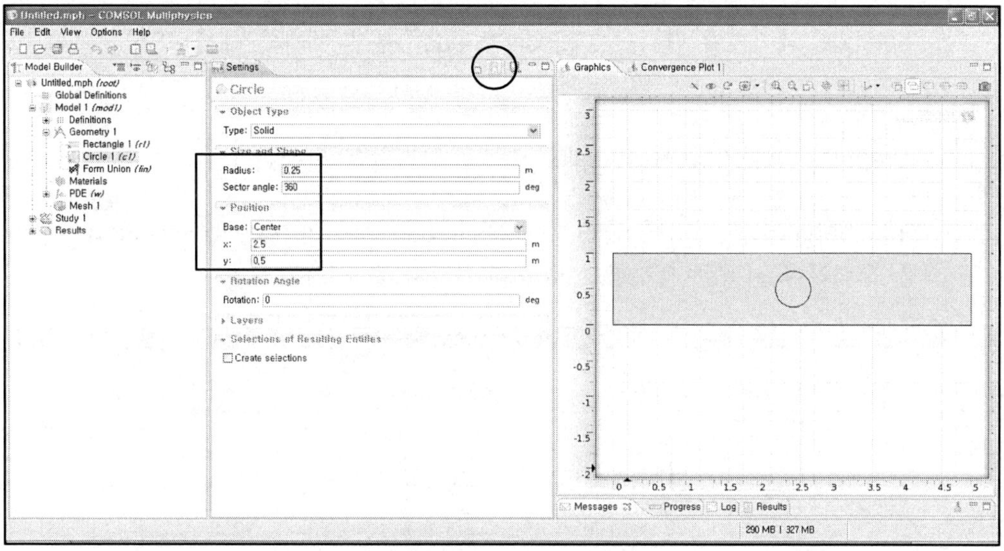

그림 21-91 'Circle' 형성하기 2

4-4. 그림 21-92와 같이 앞에서 형성한 사각형 모델에서 원형모델을 제거하기 위해, 'Model Builder' 페이지에서 'Geometry 1'을 선택하고, 마우스 오른쪽 버튼을 눌러 'Boolean Operation' - 'Difference'를 선택하고, 생성된 'Difference 1'을 선택한다.

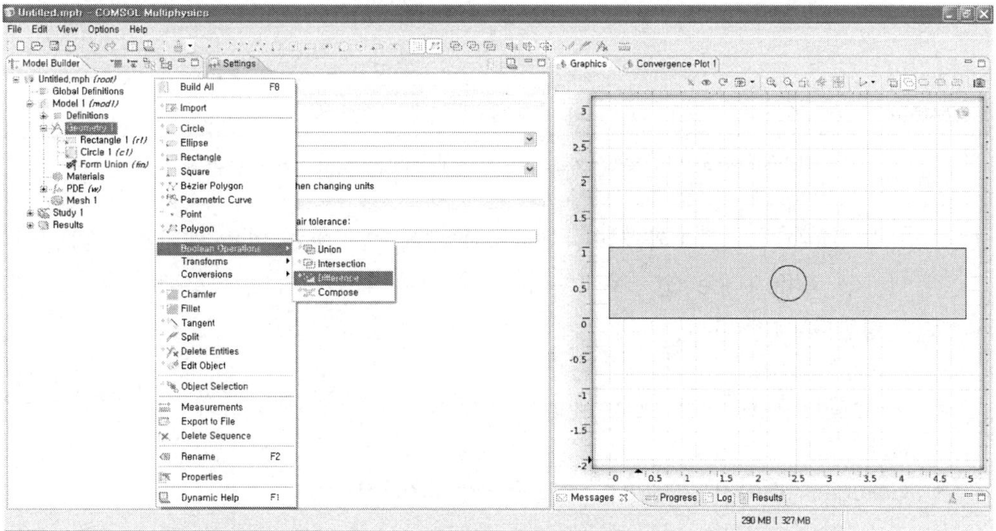

그림 21-92 'Boolean Operation' - 'Difference' 선택하기

4-5. 그림 21-93에 나타난 바와 같이, 사각형 모델에서 원형 모델을 제거하기 위해 첫번째 단계인 'Difference' 윈도우에 사각형 모델을 추가하기 위해, 다음에 기술하는 순서로 진행한다.

a. 'Settings' 페이지에 나타난 'Objects to add:' 부분 아래의 사각 박스 부분을 클릭한다.

b. 'Graphics' 페이지의 'Rectangle' 모델을 클릭하여 선택한다.

c. 다시 'Settings' 페이지에 있는 'Objects to add' 부분의 'Add to Selection' 버튼을 클릭하여 선택한 사각형 모델을 추가한다.

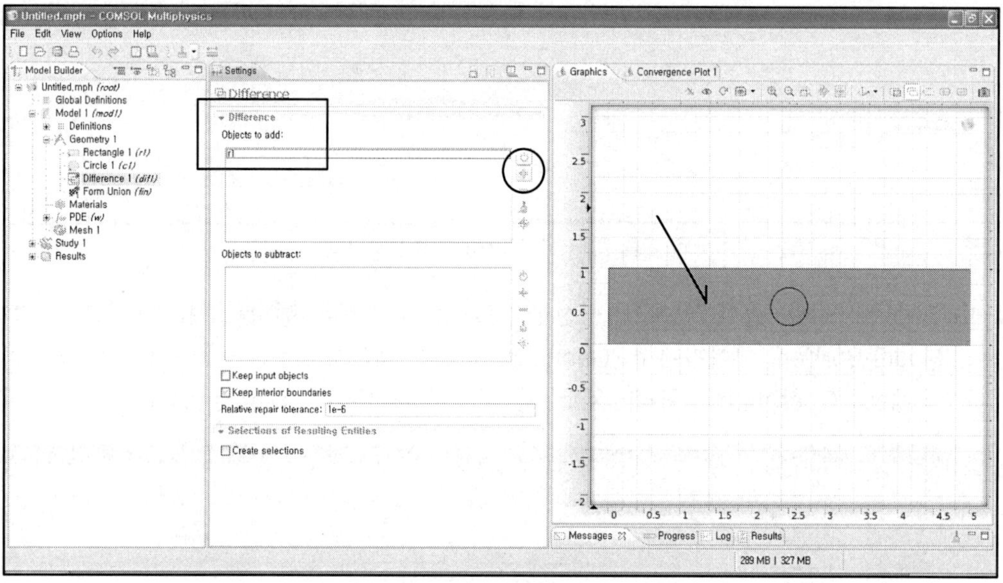

그림 21-93 'Objects to add:' 부분에 'Rectangle' 모델 추가하기

4-6. 그림 21-94에 나타난 바와 같이, 사각형 모델에서 원형 모델을 제거하기 위한 두번째 단계인 'Difference' 윈도우에 원형 모델을 추가하기 위해, 다음에 기술하는 순서로 진행한다.

a. 'Settings' 페이지에 나타난 'Objects to substract:' 아래의 사각 박스 부분을 클릭한다.

b. 'Graphics' 페이지의 'Circle' 모델을 클릭하여 선택한다.

c. 다시 'Settings' 페이지에 있는 'Objects to substract:' 부분의 'Add to Selection'

버튼을 클릭하여 선택한 'Circle' 모델을 추가한다.

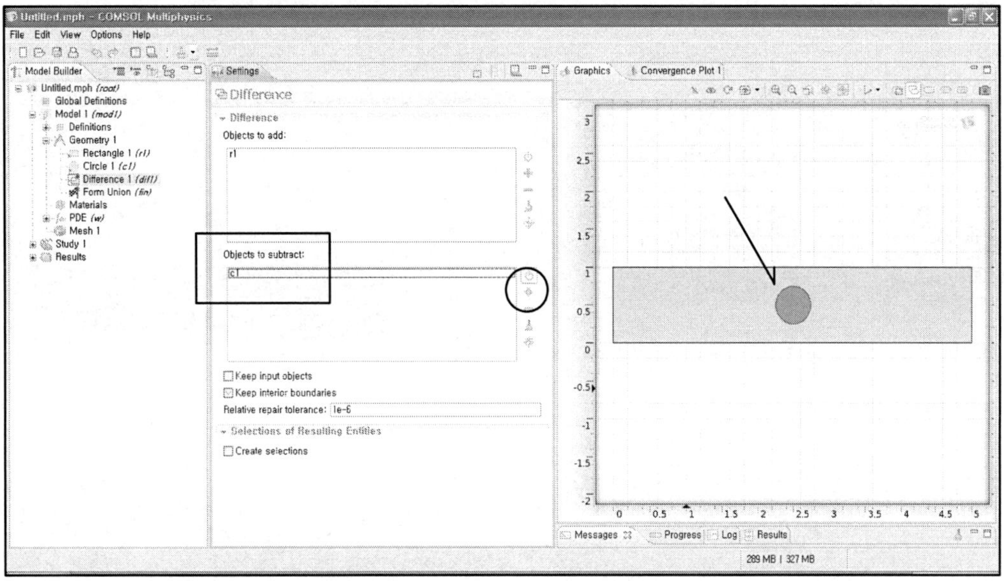

그림 21-94 'Objects to substract:' 부분에 'Circle' 모델 추가하기

4-7. 그림 21-95와 같이 'Settings' 페이지 상단의 'Build All' 버튼을 클릭한다.

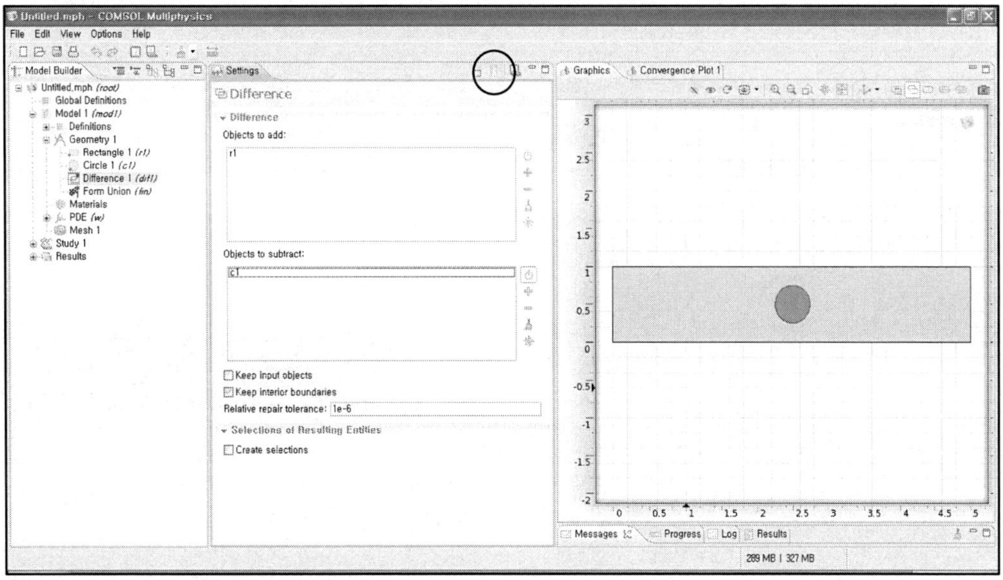

그림 21-95 'Build All' 버튼 클릭하여 'Boolean Operation' - 'Difference' 수행하기

아래 그림 21-96은 사각형 모델에서 원형 모델이 제거된 모습을 보여준다.

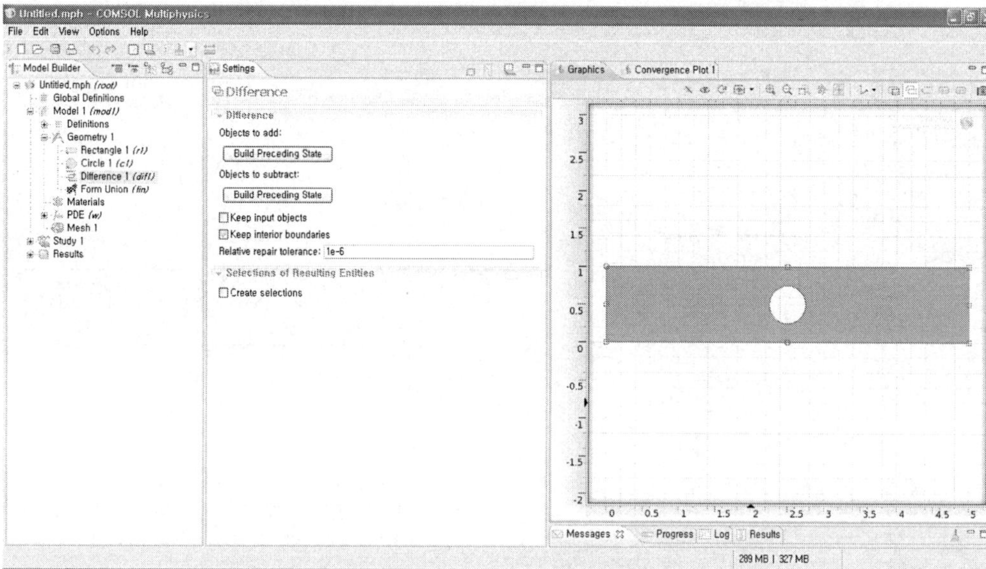

그림 21-96 사각형 모델에서 원형 모델이 제거된 모습

5-1. 표 21-2와 같이 상수를 정의하기 위하여 'Model Builder' 페이지의 'Global Definitions'를 오른쪽 마우스 클릭하여 나타난 메뉴 중 'Parameters'를 선택하여 클릭한다.

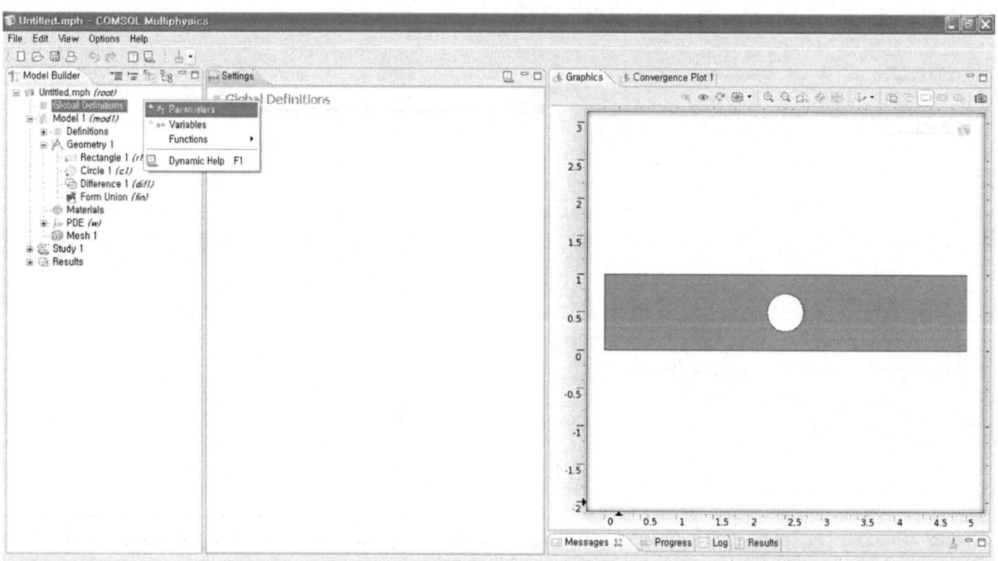

그림 21-97 'Parameters' 생성하기

5-2. 생성된 'Parameters'를 클릭하고 오른쪽의 'Settings' 페이지에 표 21-2의 값을 타입한다.

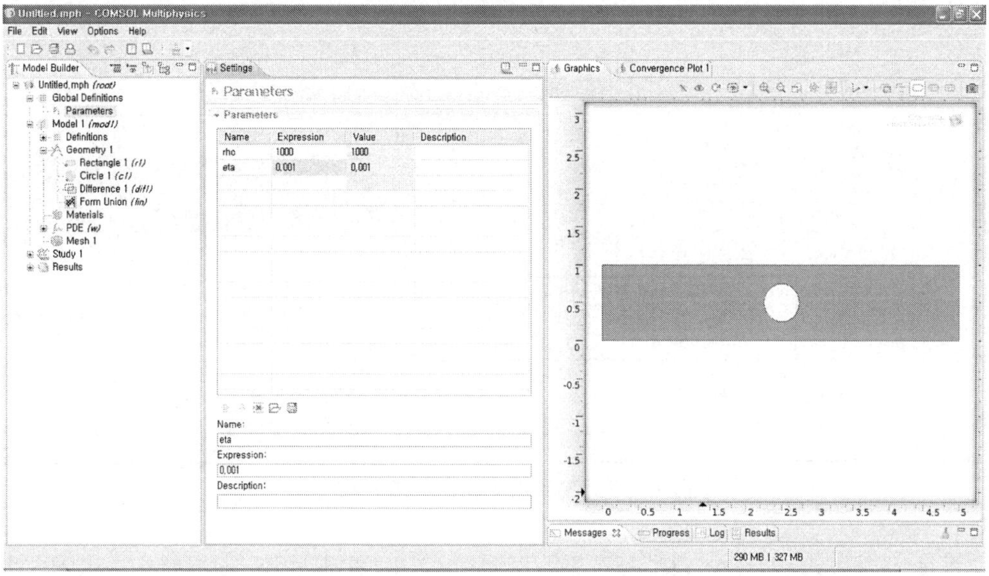

그림 21-98 'Parameters' 정의하기

6. 이제 해석 모델에 대한 소영역을 설정해 보자.

그림 21-99와 같이 'Model Builder' 페이지의 'PDE (w)' 아래 하부 항목 'Weak Form PDE 1'을 클릭하고, 오른쪽에 나타난 'Setting' 페이지의 'Weak Form PDE' 윈도우에서 다음과 같이 설정하자.

'Weak Expressions', 'Weak' 부분에

-(ux*test(ux)+uy*test(uy))*eta/rho+test(u)*(-(u*ux+v*uy+px/rho))+ut*test(u)를 타입하고,

-(vx*test(vx)+vy*test(vy))*eta/rho+test(v)*(-(u*vx+v*vy+py/rho))+vt*test(v)를 타입하고, test(p)*(-(ux+vy))를 타입한다.

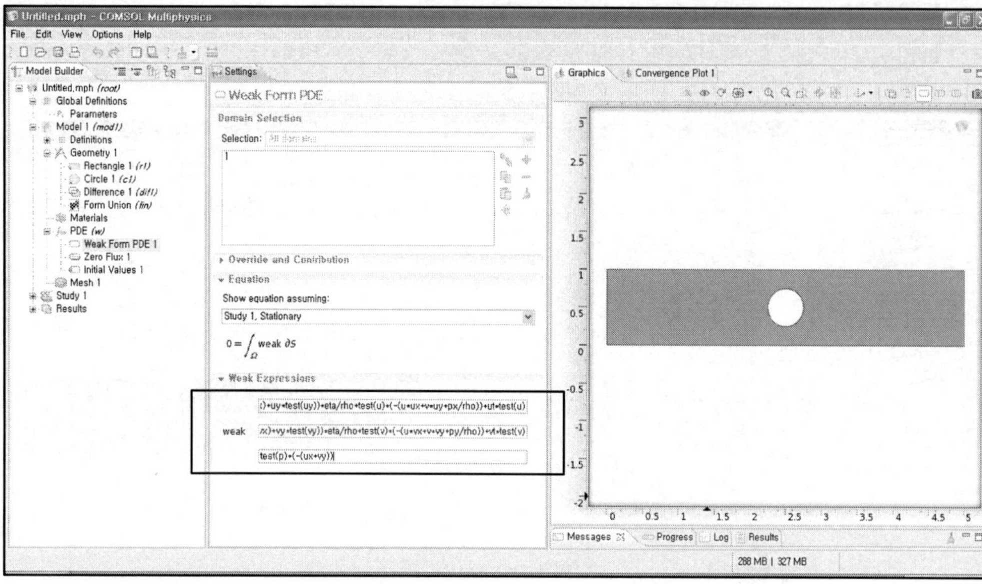

그림 21-99 'Weak Form PDE 1' 설정하기

7. 이제 해석 모델에 대한 **경계 조건**들을 설정해 보자. 경계조건을 설정하기 위해서, 경계 선택을 1~8번까지 지정해야 한다. 표 21-4에서 보는 바와 같이 모든 경계조건은 디리클레(Dirichlet) 경계조건임을 명심하자. 그림 21-3은 경계 그룹이 크게 3가지 (입구/ 출구/ 벽면조건)로 나누어짐을 알 수 있다. 그러므로,

   입구 조건 : 1
   출구 조건 : 4
   벽면조건 : 2,3,5,6,7,8은 표 21-4에서 보는 바와 같이 각각 같은 경계조건을 가질 것이다.

   입구 조건은 아래 그림과 같이
   R 계수 프레임에서 0.0001-u/ -v/ 0의 값을 타입한다.

   출구조건으로는
   경계 선택 4를 클릭한 후 h 계수 프레임에서 u항 : 0, v항 : 0, p항 : 1을 대입하고,
   r 계수 프레임에서 0/ 0/ -p의 값을 타입한 후 적용한다.

   마지막으로 벽면 조건은
   경계 선택 2,3,5,6,7,8에 각각 h 계수 프레임에서 u항 : 1, v항 : 1, p항 : 0를 대입하고,
   r 계수 프레임에서 0/ 0/ 0의 값을 타입한다.

7-1. 'Inlet 경계 조건' - 'Constraint' 설정하기

그림 21-100과 같이 'Model Builder' 페이지의 'PDE (g)'를 마우스 오른쪽 마우스를 클릭하여 나타난 메뉴에서 'Constraint'을 클릭하여 선택하자. 그러면 'PDE (g)' 아래에 서브 항목인 'Constraint 1'이 생성된다. PDE General Form에서 'Inlet 경계 조건'은 이와 같이 'Constraint'를 선택하여 설정한다.

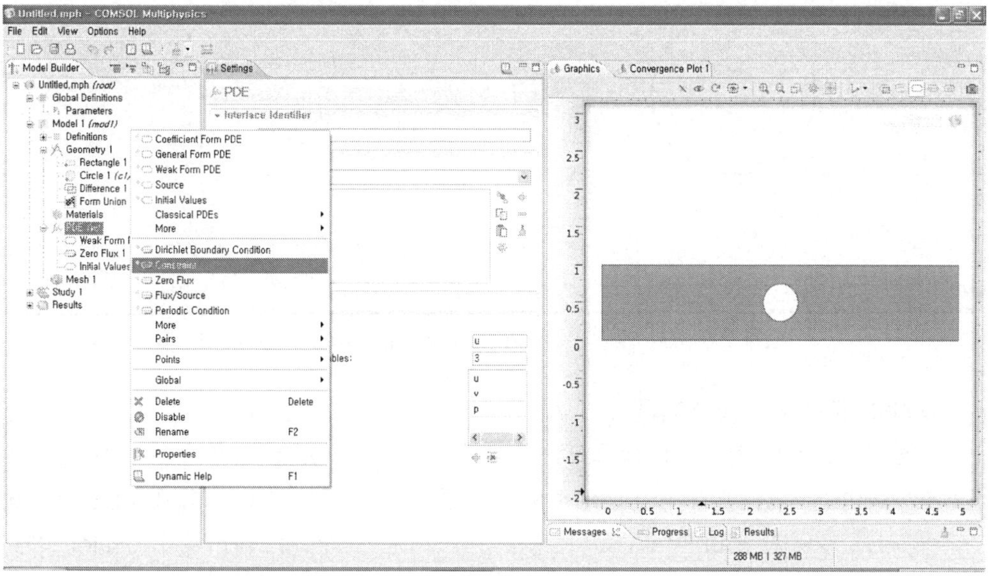

그림 21-100 'Constraint 1' 경계 조건 추가하기

추가된 'Constraint 1'을 선택하고, 'Graphics' 페이지에서 '경계 1'을 클릭하여 선택하고 'Settings' 페이지의 'Boundary Selection' 부분에서 'Add to Selection' 버튼을 클릭하여 추가하자. 'Constraint' 부분의 'R' 값을 '1.0E-4-u', '-v', '0'으로 타입하자.

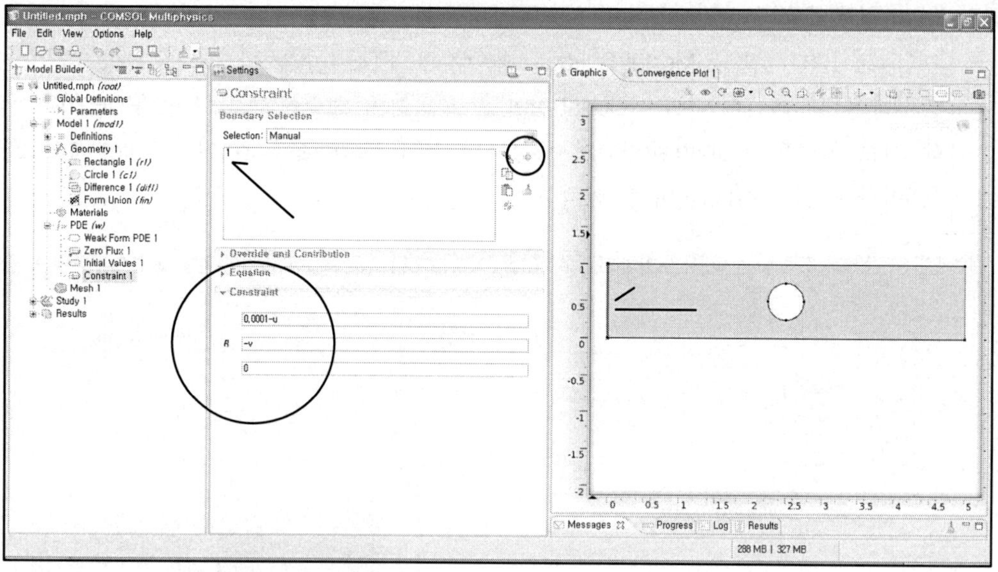

그림 21-101 '경계 1' 경계 조건 'Constraint 1' 설정하기

7-2. Outlet_'경계 조건'_설정하기

그림 21-102와 같이 'Model Builder' 페이지의 'PDE (g)'를 마우스 오른쪽 마우스를 클릭하여 나타난 메뉴에서 'Constraint'를 클릭하여 선택하자. 그러면 'PDE (g)' 아래에 서브 항목인 'Constraint 2'가 생성된다. PDE General Form에서 'Outlet 경계 조건'은 이와 같이 'Constraint'를 선택하여 설정한다.

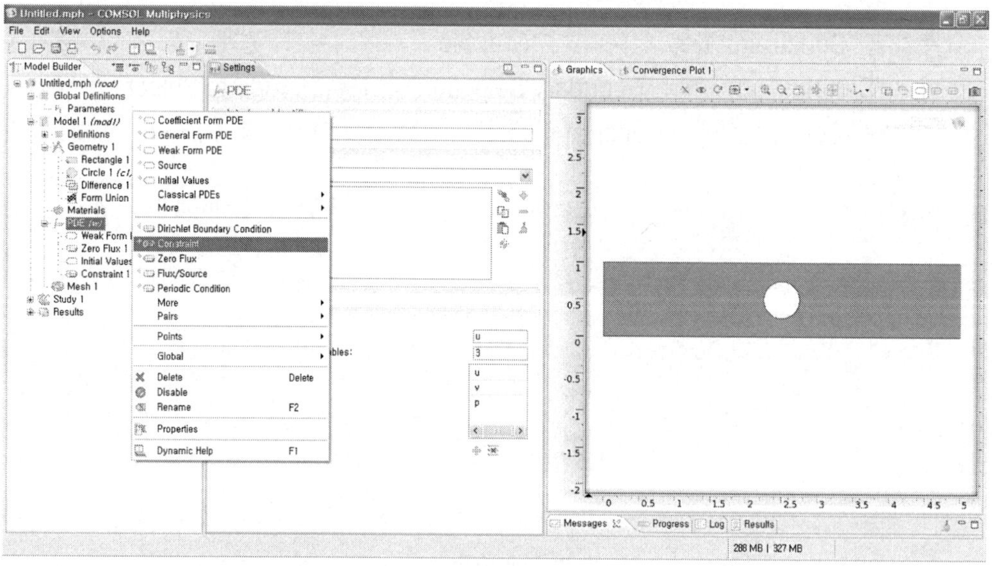

그림 21-102 'Constraint 2' 경계 조건 추가하기

추가된 'Constraint 2'를 선택하자. 그림 21-103과 같이 'Graphics' 페이지에서 **'경계 4'**를 클릭하여 선택하고 'Settings' 페이지의 'Boundary Selection' 부분에서 'Add to Selection' 버튼을 클릭하여 추가하자. 'Constraint' 부분의 'R' 값을 '0', '0', '-p'으로 타입하자.

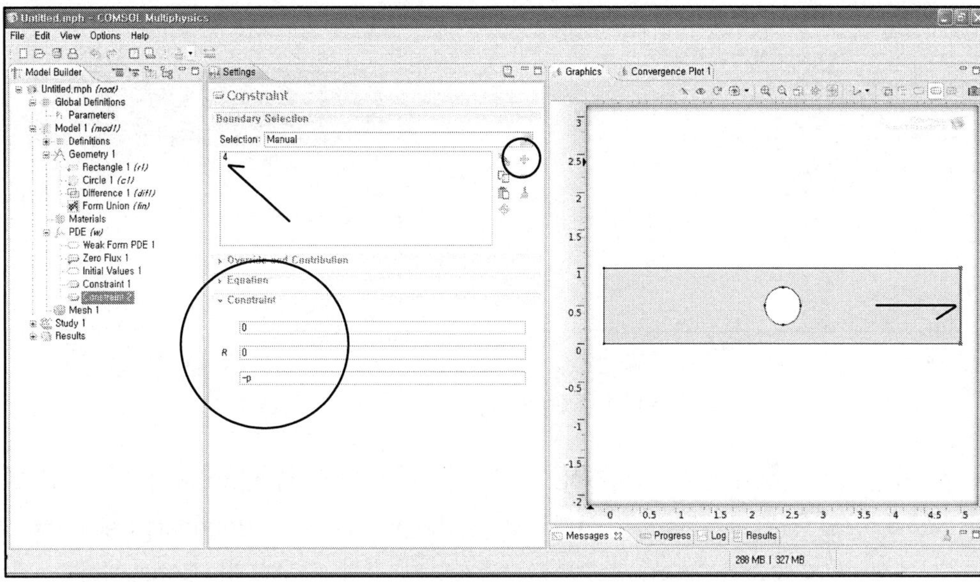

그림 21-103 '경계 4' 경계 조건 'Constraint 2' 설정하기

7-3. **'기타 경계 조건' 추가하기**

그림 21-104와 같이 'Model Builder' 페이지의 'PDE (w)'를 마우스 오른쪽 마우스를 클릭하여 나타난 메뉴에서 'Constraint'를 클릭하여 선택하자. 그러면 'PDE (w)' 아래에 서브 항목인 'Constraint 3'가 생성된다. 'Constraint 3'에서 '기타 경계 조건'을 설정한다.

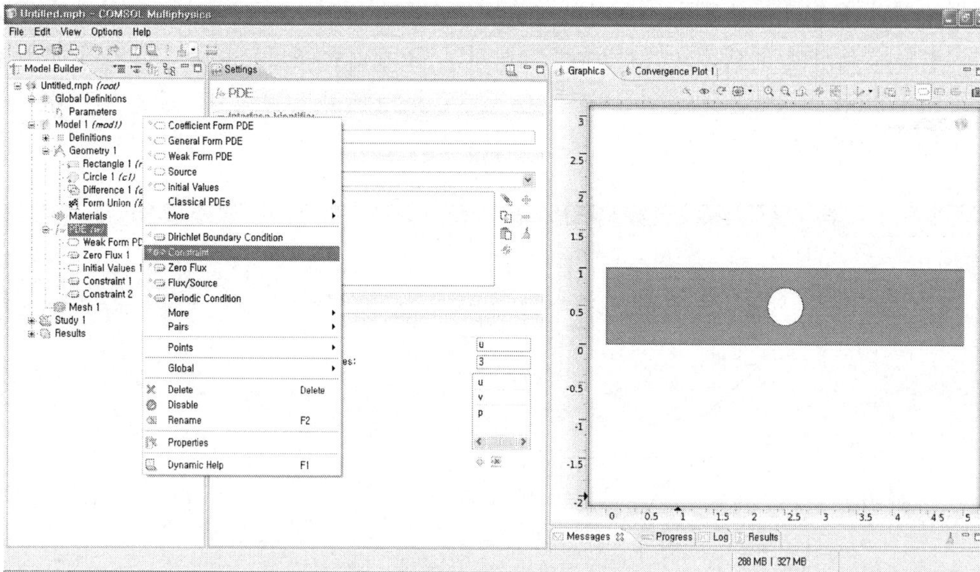

그림 21-104 'Constraint 3' 경계 조건 추가하기

추가된 'Constraint 3'을 선택하자. 그림 21-105와 같이 'Graphics' 페이지에서 **'경계 2,3,5,6,7,8'**을 각각 클릭하여 선택하고 'Settings' 페이지의 'Boundary Selection' 부분에서 'Add to Selection' ✚ 버튼을 클릭하여 각각 추가하자. 'Constraint' 부분의 'R' 값을 '-u', '-v', '0'으로 타입하자.

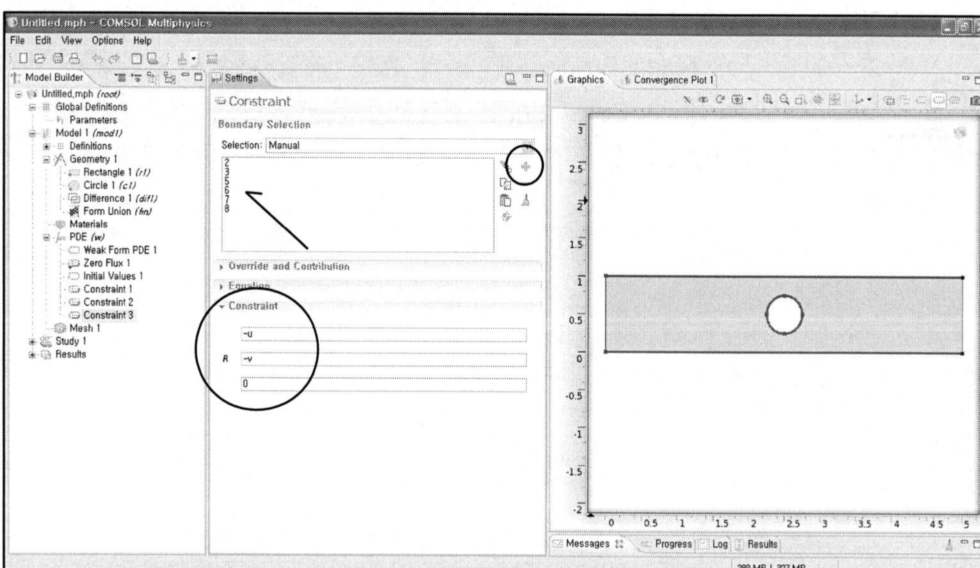

그림 21-105 '경계 2,3,5,6,7,8' 경계 조건 'Constraint 3' 설정하기

8. 그림 21-106과 같이 'Model Builder' 페이지의 항목 중 'Mesh 1'을 선택하고 'Settings' 페이지 상단의 'Build All' 버튼 을 클릭하여 메쉬를 생성하자.

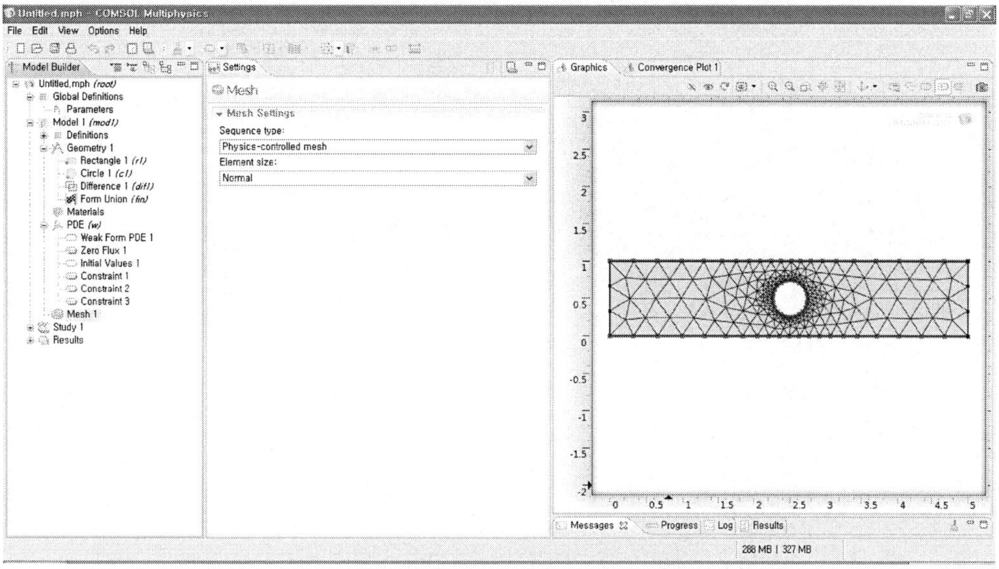

그림 21-106 툴바 'Free Triangle (Normal)'를 클릭하여 'Extra Fine' 선택하기

9. 그림 21-107과 같이 'Model Builder' 페이지의 항목 중 'Study 1'를 선택하고 오른쪽 'Settings' 페이지 상단의 'Compute' 버튼 을 클릭하여 계산해보자.

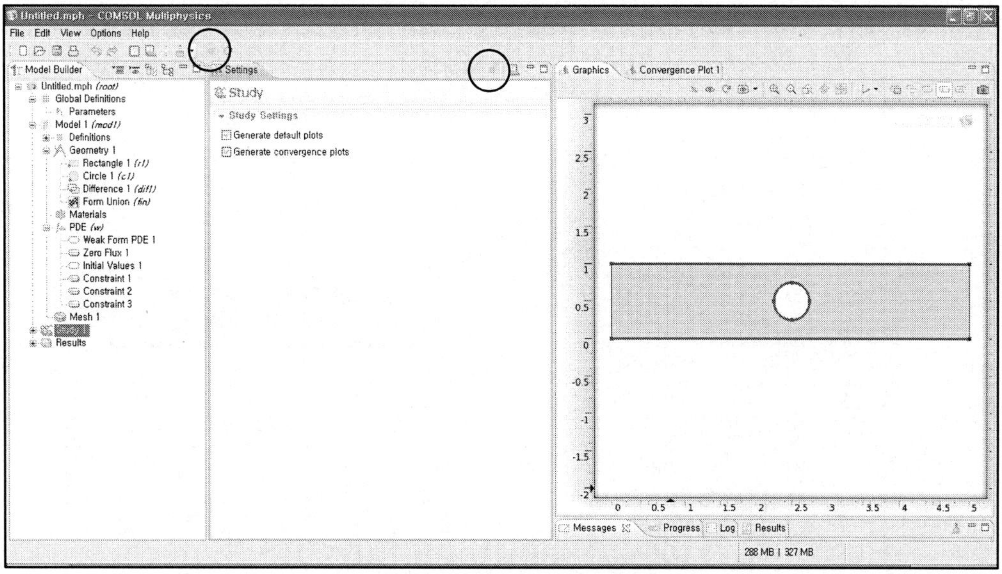

그림 21-107 'Compute' 수행하기

10. 그림 21-108은 'PDE Weak Form'으로 해석한 결과를 보여준다.

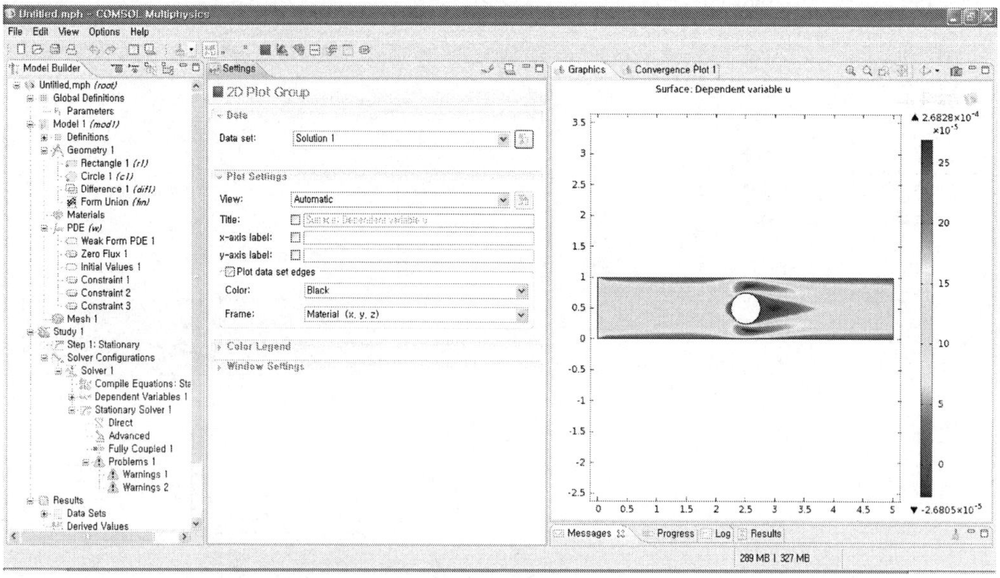

그림 21-108 컴솔 'PDE Weak Form'으로 해석한 결과

11. 그림 21-109와 같이 'Results' - '2D Plot Group 1' - 'Surface 1'을 선택하고, 'Settings' 페이지의 'Expression:'에 'sqrt(u^2+v^2)'를 타입하고 상단의 'Plot' 버튼을 클릭하자.

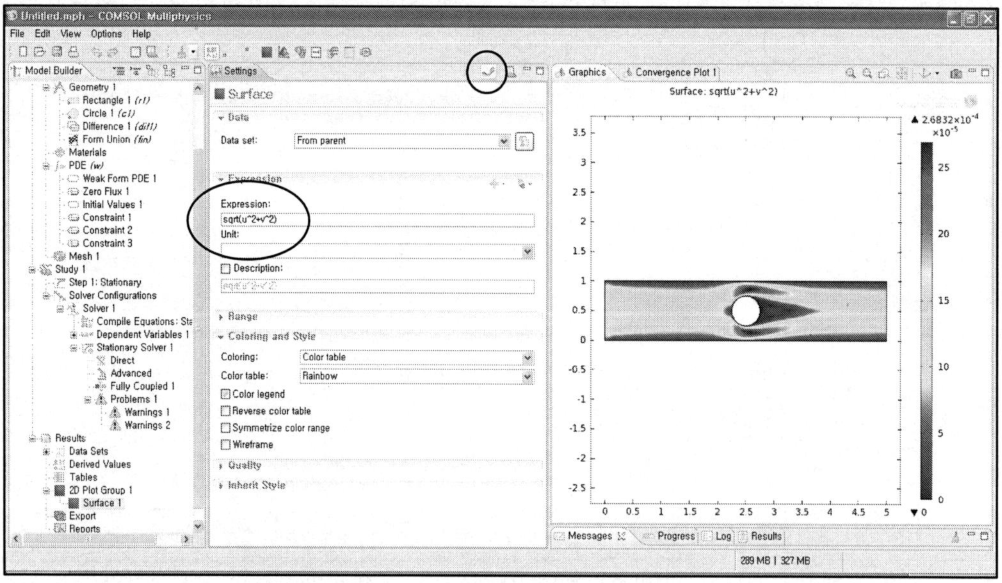

그림 21-109 'Results' - '2D Plot Group 1' - 'Surface 1' 설정하기

12-1. 자 해석 결과가 나왔을 것이다. 이제부터 속도의 크기와 방향을 표시해 주는 화살표(Arrow)를 위의 결과의 이미지에 오버랩 시켜보자. 그림 21-110과 같이 'Model Builder' 페이지의 항목 중 'Results'의 하부 항목 '2D Plot Group 1'을 선택하고 오른쪽 마우스 버튼을 클릭하고 나타난 메뉴 중 'Arrow Surface'를 선택하자.

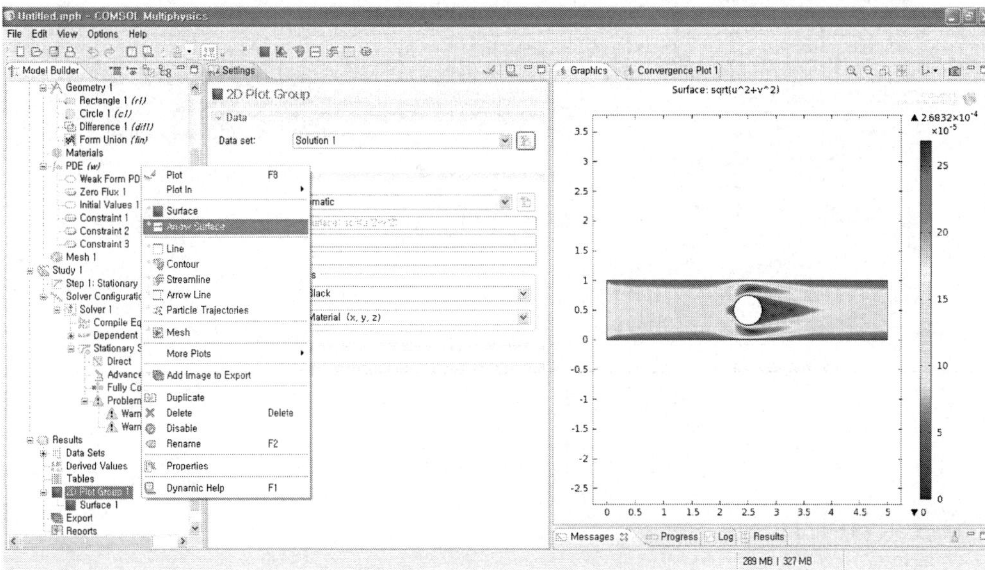

그림 21-110 화살표 그림 추가하기

12-2. 그림 21-111은 화살표 그림이 추가된 모습을 보여준다. 'Settings' 페이지에서 'Expression' 부분의 'x component'에는 'u'를, 'y component'에는 'v'를 타입하고 상단의 'Plot' 버튼을 클릭한다. 화살표의 크기는 속도의 크기와 같고 화살표의 방향은 속도의 방향과 같다.

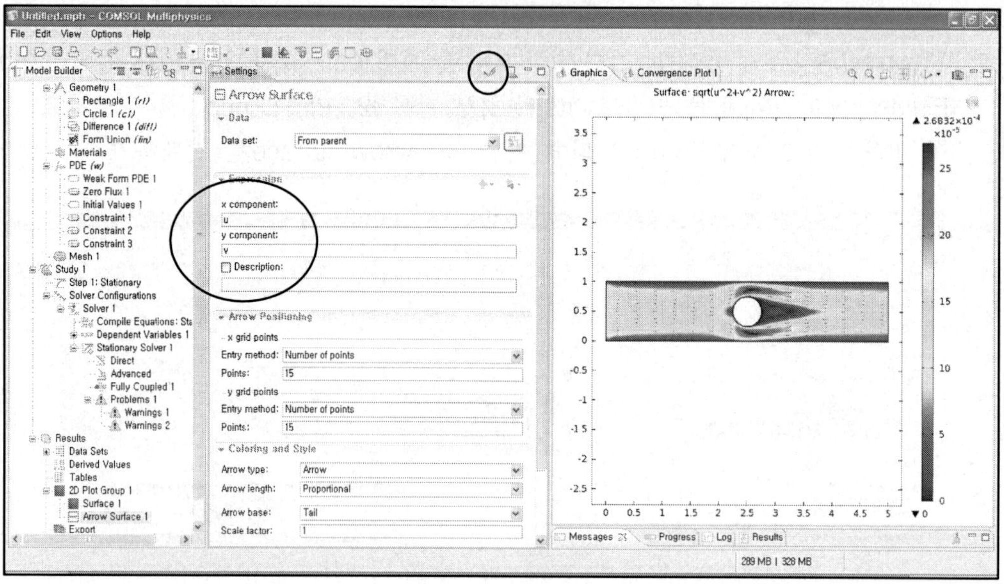

그림 21-111 화살표 그림이 추가된 모습

▣ 결과 고찰하기

위에서 연습한 'COMSOL Multiphysics' 내부 모듈과 PDE coefficient form/ PDE general form/ PDE weak form의 결과를 비교해 보면 정상 상태 해석이나 시간 영역해석에서 값의 차이가 거의 없을 것이다. 이처럼 'COMSOL Multiphysics' 속의 수많은 내부 모듈들은 PDE 모듈을 통해서 구현할 수가 있지만, COMSOL사에서는 사용자 편이성을 위하여 제공해 주고 있다. 그러므로 'COMSOL Multiphysics'에 깊이 있는 공부를 하고 싶은 사람은 'COMSOL Multiphysics'의 내부 모듈을 위의 3가지 방법으로 구현해 보기 바란다.

▣ 연습 문제

1. PDE weak form으로 구현한 비압축성 나비어-스톡스로 시간 영역을 0:100:10000으로 지정한 후 몇 초에서 정상상태의 값과 거의 비슷한지 시간에 따른 그래프를 그려라.

2. 그림 21-3에서 입구 경계조건을 p=2 Pa로 바꾸어서 'COMSOL Multiphysics' 내부 모듈과 PDE coefficient form/ PDE general form/ PDE weak form을 각각 사용해서 해석한 결과를 비교하라.

3. 자동차 머플러의 열 해석을 하고자 한다. 머플러의 형상은 아래의 그림 21-112와 같다고 하자. 지배방정식은 식 (21-20), 식 (21-21), 식 (21-22), 식 (21-23)과 같다. 모든 변수는 무차원화 되어 있다. 입구는 u=1, v=0, T=1 이고, 출구는 u, v, T를 neumann BC 라고 하고 (단 p=1), 나머지 벽면 조건은 u=0, v=0,T=0 라고 하자.

   여기서,

   Case 1) Re=50, Gr=0, Pr=0.5
   Case 2) Re=1000, Gr=0, Pr=0.5
   Case 3) Re=1000, Gr=2e7, Pr=0.5

의 경우 서로 비교하라.

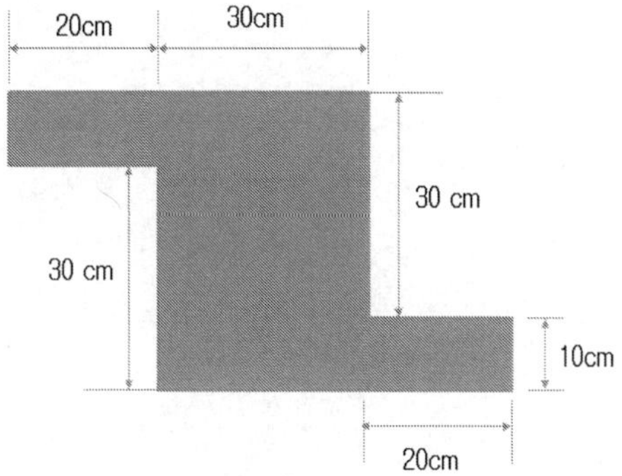

그림 21-112 연습문제 3

자동차 머플러의 열 해석을 위한 지배방정식

$$-\frac{1}{RePr}\left(\frac{\partial^2 T}{\partial x^2}+\frac{\partial^2 T}{\partial y^2}\right)=-\left(u\cdot\frac{\partial T}{\partial x}+v\cdot\frac{\partial T}{\partial y}\right) \quad (21-20)$$

$$-\frac{1}{Re}\left(\frac{\partial^2 u}{\partial x^2}+\frac{\partial^2 u}{\partial y^2}\right)=-\left(u\cdot\frac{\partial u}{\partial x}+v\cdot\frac{\partial u}{\partial y}\right)-\frac{\partial p}{\partial x} \quad (21-21)$$

$$-\frac{1}{Re}\left(\frac{\partial^2 v}{\partial x^2}+\frac{\partial^2 v}{\partial y^2}\right)=-\left(u\cdot\frac{\partial v}{\partial x}+v\cdot\frac{\partial v}{\partial y}\right)-\frac{\partial p}{\partial y}+\frac{Gr}{Re^2}T \quad (21-22)$$

$$0=\frac{\partial u}{\partial x}+\frac{\partial v}{\partial y} \quad (21-23)$$

▣ Reference

[1] J. Shim, P. Dutta, C. F. Ivory, modeling and simulation of IEF in 2-D microgeometries, Electrophoresis, 2007,28, 572-586

제22장. 경계 조건(Boundary Condition) 설정 방법

공학에서 많이 다루는 물리적인 현상을 잘 표현하기 위해서는 물리적인 현상을 수학적으로 잘 표현해야 하고, 경계조건을 적절한 곳에 정확하게 사용하여야 한다. 예를 들면, 탱크 속에 있는 물을 펌프를 통해서 끌어 올리려고 한다고 하자. 긴 관에 작용하는 유동의 흐름이나 유량 등을 계산하거나 관 속에 걸리는 압력 등을 계산하기 위해서 펌프를 대신해서 가상의 일정한 압력으로 대체한다든지 또는 관의 끝단에 일정한 유속을 주어야 한다. 그러므로 정확한 경계조건을 주는 것이야 말로 수학적으로 표현된 물리적 현상을 정확하게 모사할 수 있는 것이다.

본 장은 편미분 방정식에서 사용되는 대표적인 경계조건을 일반 편미분 방정식 모듈에서 다루는 법을 배우고자 한다. 일반 편미분 방정식에서 이러한 경계조건을 다루면서 다양한 공학문제에서 필요한 경계조건을 다루는 법을 스스로 익힐 수 있는 기본 자질을 배우는 것을 이 장의 목표로 한다.

대부분 해석에서 사용되는 경계조건은 아래와 같이 크게 3가지로 나눌 수 있다.

1) 디리클레(Drichlet) 경계조건

- 풀고자하는 물리적인 변수가 일정한 값을 가질 때, 예를 들면 풀고자 하는 변수가 압력일 때, 경계에 일정한 압력 값이 주어진다든지 또는 변수가 속도일 때, 속도 값이 일정하거나 온도가 변수일 때, 온도 값이 경계에 일정한 값을 주는 조건을 나타냄.

2) 노이만(Neumann) 경계조건

- 경계에 풀고자 하는 물리적인 변수의 기울기 값을 주는 조건을 나타냄.

3) 혼합 또는 로빈 (Robbins) 경계조건

- 경계에 풀고자 하는 물리적인 변수의 일정한 값과 기울기 값을 동시에 주는 조건을 나타냄.

▣ 예제 문제 정의

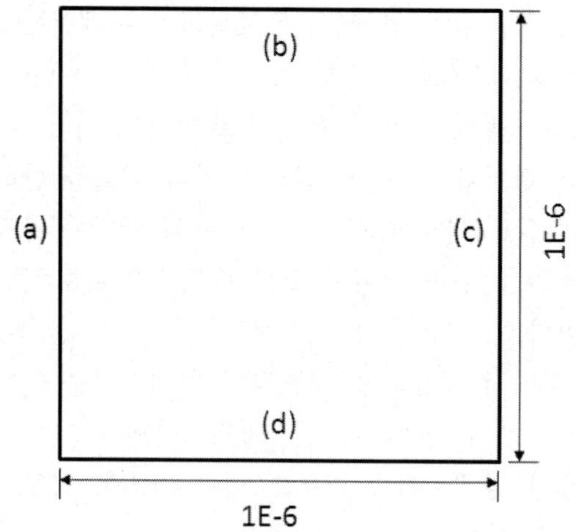

그림 22-1 Schematic of diffusion and convection system : (a) constant concentration, (b) insulation/symmetry, (c) convective flux, (d) flux Unit: [m]

경계 조건은 그림 22-1과 같이 가로 x 세로 (1E-6 x 1E-6)인 정사각형에서,

한 쪽 끝 (a)에 농도 (1mol/m3)로 고정되어 있고,
위 쪽 (b)에는 단열/대칭 조건으로,
다른 한 쪽 끝 (c)는 대류장 플럭스,
아래 쪽 (d)에는 플럭스 (10 mol/m2s) 조건으로 주어져 있다.

본 예제에서는 대류와 확산 을 지원하는 내장 모듈과 편미분 방정식의 계수 형태, 일반형태(PDE general form)와 약형, 소영역(Weak form, subdomain)에서 경계조건을 주는 방법을 다루고자 한다.

예제 문제를 들어가기에 앞서서 편미분 방정식을 잘 활용하기 위해서는 편미분 방정식에서 제공하는 후처리 PDE 변수들을 정의하고, 활용하는 방법을 잘 이해해야 한다. 이러한 PDE 변수들은 후처리 (Postprocessing)에서도 사용될 뿐 아니라, 소영역이나 경계조건에서도 변수들을 정의하는 데 사용되므로 자세히 알아야 한다.

표 22-1 Default application mode names for the PDE modes

PDE MODE	APPLICATION MODE NAME
PDE , Coefficient Form	c
PDE, General Form	g
Weak Form, Subdomain	w
Weak Form, Boundary	wb
Weak Form, Edge	we
Weak Form, Point	wp

표 22-1에서 후처리를 위해서 PDE 변수들을 구별하기 위해서 'COMSOL Multiphysics' 에서 사용되는 고유한 모드 (Mode)를 정해놓은 것을 보여 주고 있다. 이러한 고유한 모드는 PDE 모드 변수에서 인덱스로 사용될 것이다. 표 22-2는 후처리를 위한 PDE 변수들을 보여 주고 있다. 예를 들면, 표현식, absga1x_g을 고려해 보자. absga1x만 사용하면 'COMSOL Multiphysics' MP에서는 이 변수를 알 수 없는 변수 즉, 사용자가 지정한 것이거나 'COMSOL Multiphysics' MP에서 자체적으로 지원하는 변수로 보지 않기에 반드시 application mode name 인 _g를 붙이는 것입니다. 이렇게 해야 'COMSOL Multiphysics' MP에서 general form을 뜻하는 g에서 나온 변수 absga1x를 인식하게 되는 것이다. 법선 벡터 (nx, ny)도 마찬가지로 어느 어플리케이션에서 나온(적용하는) 변수인지 지정을 해줘야 위의 경우처럼 확실히 'COMSOL Multiphysics' MP에서 알 수 있는 것입니다.

표 22-2 Application mode variable for postprocessing (Modeling Guide 참조)

NAME	DESCRIPTION	EXPRESSION
ui	The solution variable (dependent variable)	u_i
uixj	The derivative of the solution variable ui with respect to the space coordinate xj, for example, uy	$\frac{\partial u_i}{\partial x_i}$
uixjxk	The second derivative of the solution variable ui with respect to the space coordinates xj and xk, for example, uxx, uxy.	$\frac{\partial^2 u_i}{\partial x_j \partial x_k}$
uit	The derivative of the solution variable ui with respect to time	$\frac{\partial u_i}{\partial t}$
uitt	The second derivative of the solution variable ui with respect to time	$\frac{\partial^2 u_i}{\partial t^2}$
uixjt	The mixed derivative of the solution variable ui with respect to time and the space coordinate xj.	$\frac{\partial^2 u_i}{\partial x_j \partial t}$
absuixi	Gradient of solution	$\lvert\nabla u\rvert, \frac{\partial u_i}{\partial x_i}$
abscuix	Value of the c*grad(ui) vector (Coefficient Form only). Only available when solving using coefficient form as solution form	$\lvert c\nabla (u)\rvert$
absga1x	Value of the Gamma vector (General Form only). Only available when solving using general form as solution form.	$\lvert \Gamma \rvert$
cuix	c*grad(ui) vector components (Coefficient Form only). Only available when solving using coefficient form as solution form.	$c\frac{\partial u_i}{\partial x}$
ga1xi	Gamma vector components (General Form only). Only available when solving using general form as solution form.	γ_x
ncui	Normal components of the c*grad(ui) vector (Coefficient Form only). Only available when solving using coefficient form as solution form.	$n \cdot c\nabla u$
ngai	Normal components of the Gamma vector (General Form only). Only available when solving using general form as solution form.	$n \cdot \gamma$
ni	Gradient of solution	n_i

▣ 예제 문제 따라하기

대류와 확산 (**내장 모듈** 사용하기)

1. 그림 22-1과 같이 'Model Wizard' 페이지에서 'Select Space Dimension'을 '2D'로 선택하고 'Next' 버튼 을 누른다.

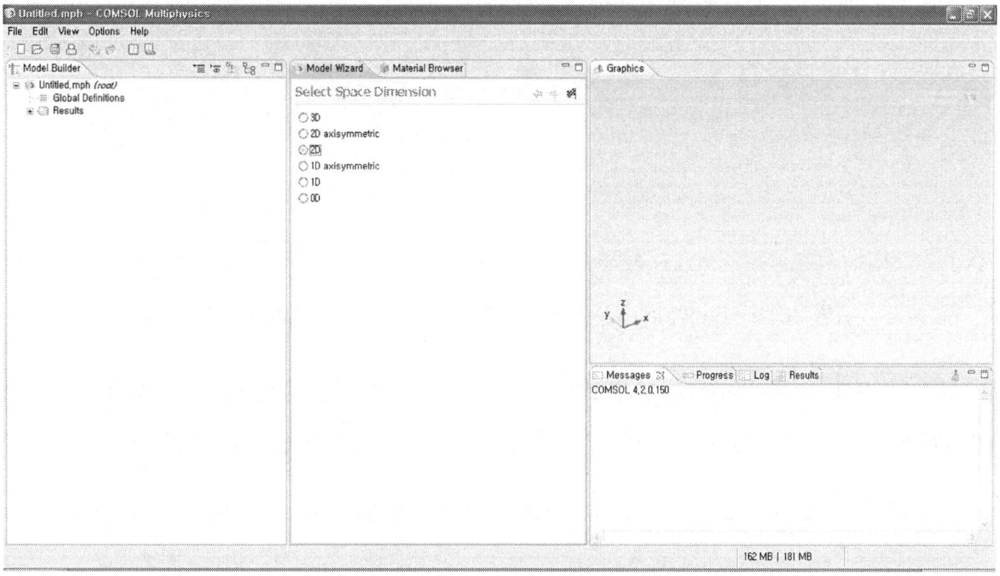

그림 22-1 'Model Wizard' 페이지에서 'Select Space Dimension'을 '2D'로 선택하기

2. 그림 22-2와 같이 'Model Wizard' 페이지의 'Add Physics' 윈도우에서 'Chemical Species Transport' 항목에서 'Transport of Diluted Species (chds)'을 더블클릭하여 선택하고, 상단의 'Next' 버튼 을 누른다.

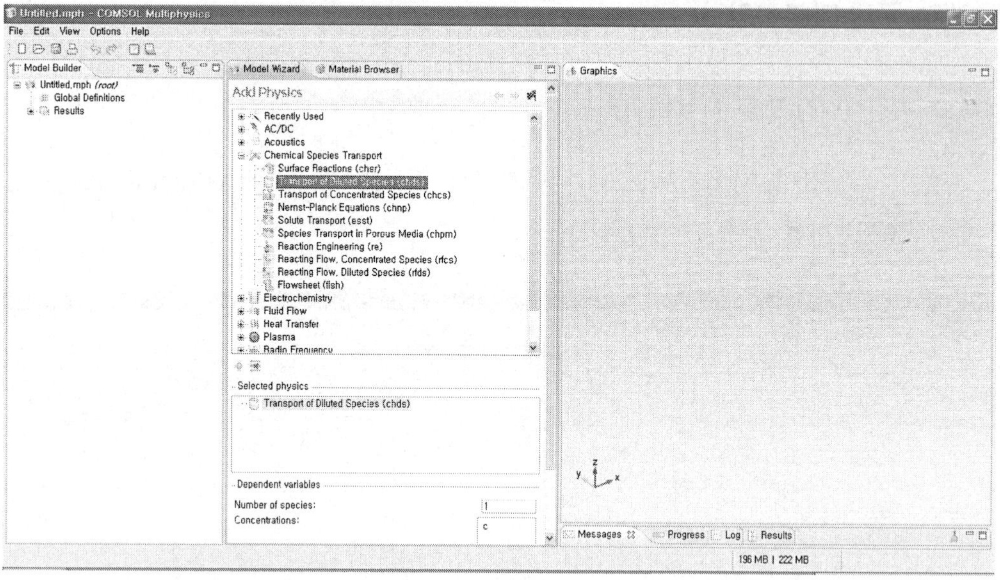

그림 22-2 'Structural Mechanics' 항목 , 'Solid Mechanics' 선택하기

3. 그림 22-3과 같이 'Model Wizard' 페이지의 'Select Study Type' 윈도우에서 'Preset Studies' 항목에서, 'Stationary'를 선택한 다음, 상단의 'Finish' 버튼을 누른다.

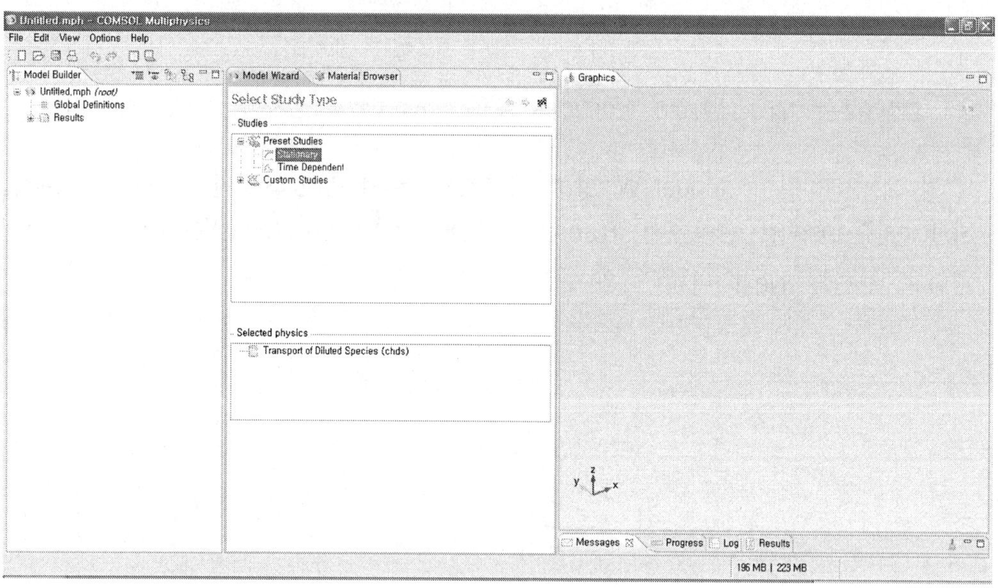

그림 22-3 'Select Study Type' 윈도우, 'Preset Studies' 항목에서 'Stationary' 선택하기

4. 그림 22-4와 같이 사각형 모델링을 하기위해서, 'Model Builder' 페이지에서 'Geometry 1'을 선택하고, 마우스 오른쪽 버튼을 눌러 'Rectangle'를 선택하고, 오른쪽의 'Settings' 페이지에 나타난 'Rectangle' 윈도우의 'Size' 항목에 Width: 1E-6, Height: 1E-6로 타입한 후 상단의 'Build All' 버튼을 클릭한다.

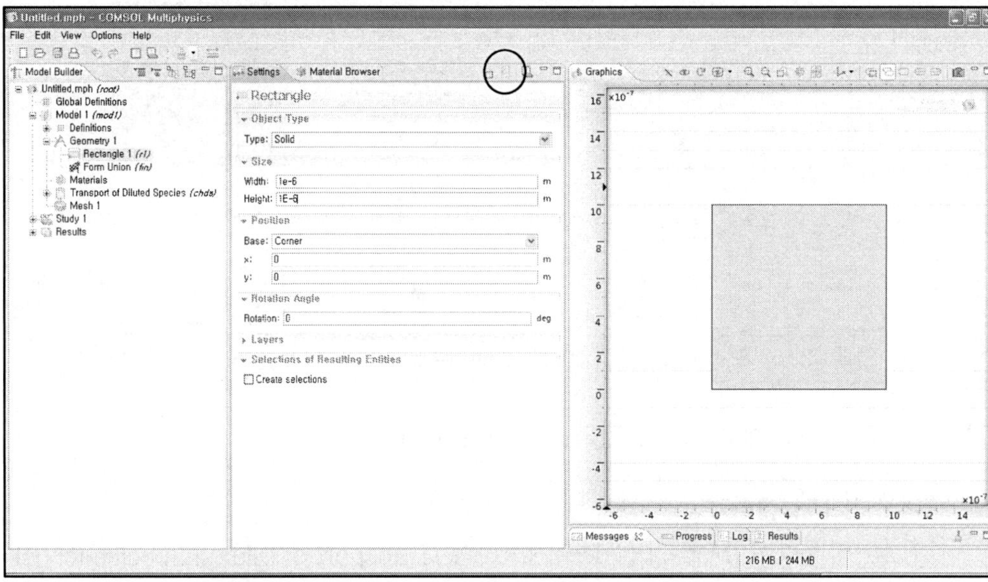

그림 22-4 'Settings' 페이지에서 'Rectangle' 형성하기

5. 이제 해석 모델에 대한 소영역을 설정해 보자.

그림 22-5와 같이 'Model Builder' 페이지의 'Transport of Diluted Species (chds)'의 서브 항목인 'Convection and Diffusion 1'을 클릭하여 선택하자.
오른쪽에 나타난 'Setting' 페이지의 'Convection and Diffusion' 윈도우에서 'Model Inputs' 부분의 'Velocity field:'에 다음과 같이 타입하자.

x 방향 속도 : '1e-3'
y 방향 속도 : '1e-4'

이것은 x, y 방향에 대한 **'속도장'**을 정의하는 것이다.
또한, 'Diffusion' 부분의 'Diffusion coefficient:'에 'Dc'를 '1e-6[m^2/s]'으로 타입하자.
이상과 같이 설정한 사항은 해석 모델에 대한 '대류와 확산 조건'을 설정한 것이다.

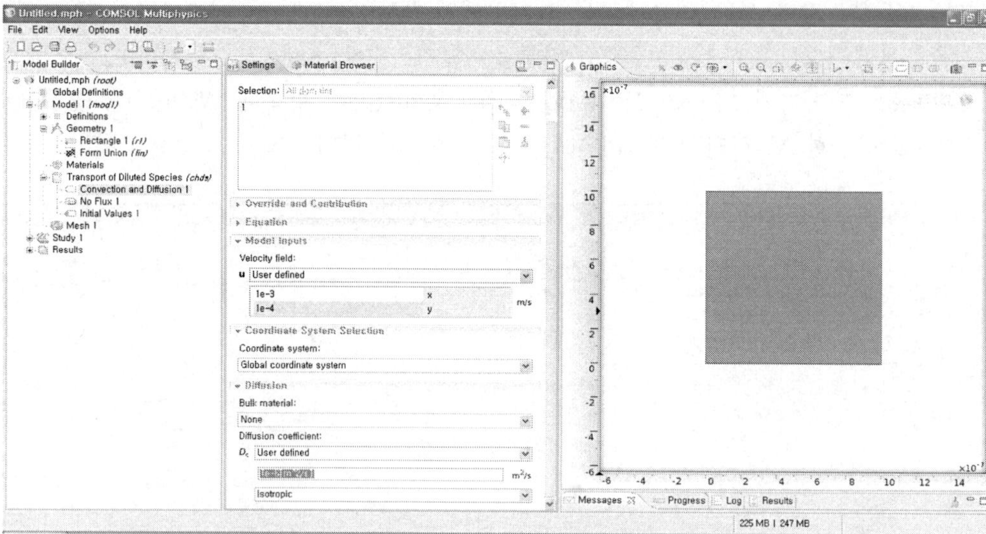

그림 22-5 'Settings' 페이지에서 'Convection and Diffusion' 설정하기

6. 이제 해석 모델에 대한 **경계 조건**들을 설정해 보자.

6-1. '경계 조건 1' 설정하기

그림 22-6과 같이 'Model Builder' 페이지의 'Transport of Diluted Species (chds)'를 마우스 오른쪽 마우스를 클릭하여 나타난 메뉴에서 'Concentration'을 클릭하여 선택하자. 그러면 'Transport of Diluted Species (chds)' 아래에 서브 항목인 'Concentration 1'이 생성된다.

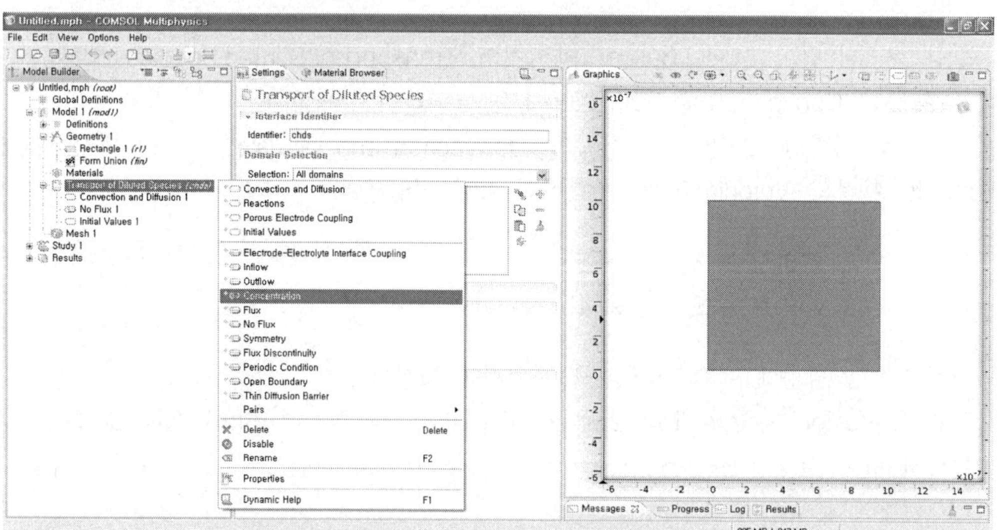

그림 22-6 'Concentration' 서브 항목 추가하기

그림 22-7과 같이 추가된 'Concentration 1'을 선택하자. 'Graphics' 페이지에서 '**경계 1**'을 클릭하여 선택하고 'Settings' 페이지의 'Boundary Selection' 부분에서 'Add to Selection' 버튼을 클릭하여 추가하자. 'Concentration' 부분에서 'Species c'를 체크하여 선택하고, '$C_{0,c}$' 값을 '1'로 타입하자.

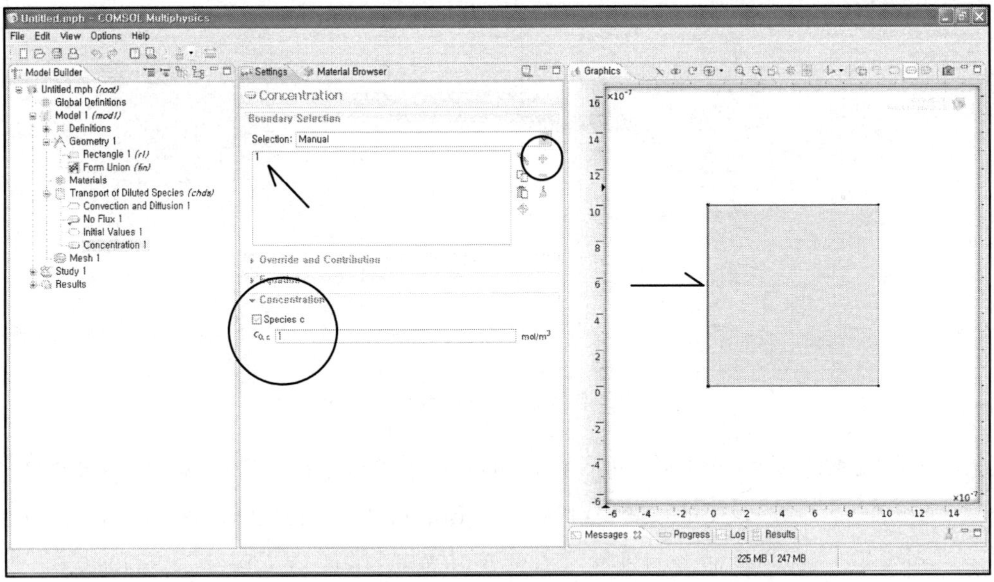

그림 22-7 '경계 1' 경계 조건 'Concentration' 설정하기

6-2. **'경계 조건 2'_설정하기**

그림 22-8과 같이 'Model Builder' 페이지의 'Transport of Diluted Species (chds)'를 마우스 오른쪽 마우스를 클릭하여 나타난 메뉴에서 'Flux'를 클릭하여 선택하자. 그러면 서브 항목인 'Flux 1'이 생성된다.

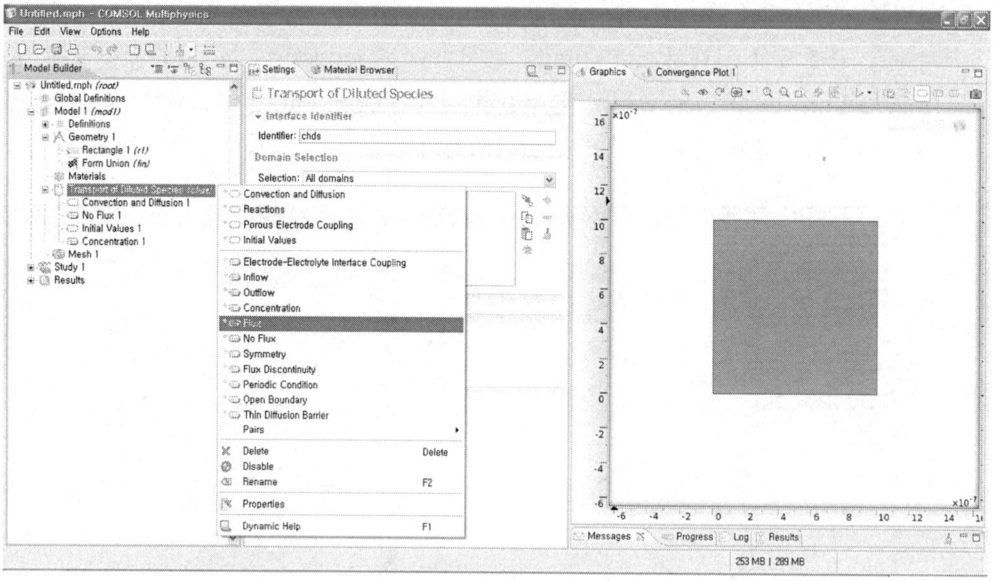

그림 22-8 'Flux' 서브 항목 추가하기

그림 22-9와 같이 추가된 'Flux 1'을 선택하자. 'Graphics' 페이지에서 '**경계** 2'를 클릭하여 선택하고 'Settings' 페이지의 'Boundary Selection' 부분에서 'Add to Selection' ✚ 버튼을 클릭하여 추가하자. 'Inward Flux' 부분에서 'Species c'를 체크하여 선택하고, 나타난 'Inward Flux:'의 'N0,c'를 '10'으로 설정하자.

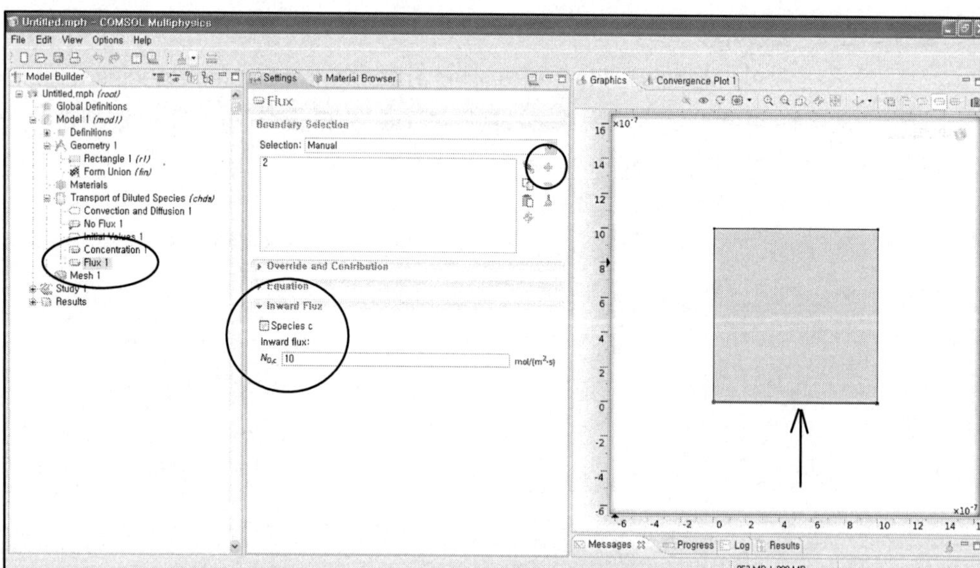

그림 22-9 '경계 2' 경계 조건 'Flux' 설정하기

6-3. '경계 조건 3' 설정하기

그림 22-10과 같이 'Model Builder' 페이지의 'Transport of Diluted Species (chds)'를 마우스 오른쪽 마우스를 클릭하여 나타난 메뉴에서 'No Flux'를 클릭하여 선택하자. 그러면 서브 항목인 'No Flux 2'가 생성된다.

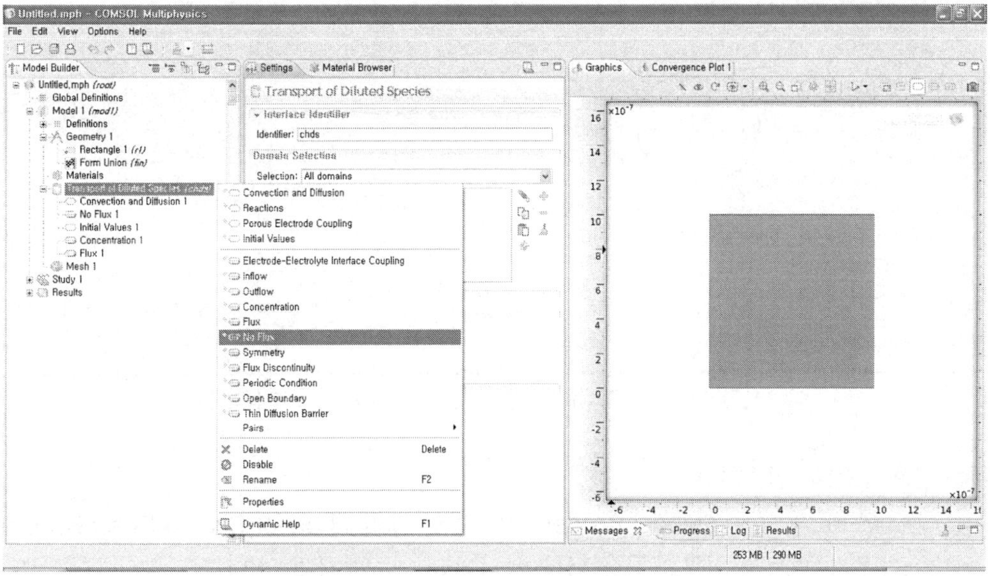

그림 22-10 'No Flux' 서브 항목 추가하기

그림 22-11과 같이 추가된 'No Flux 2'를 선택하자. 'Graphics' 페이지에서 '**경계 3**'을 클릭하여 선택하고 'Settings' 페이지의 'Boundary Selection' 부분에서 'Add to Selection' ✚ 버튼을 클릭하여 추가하자. 'No Flux' 부분에서 'Apply for...'를 클릭하여 선택하고, 나타난 'Species c'를 체크하여 선택하자.

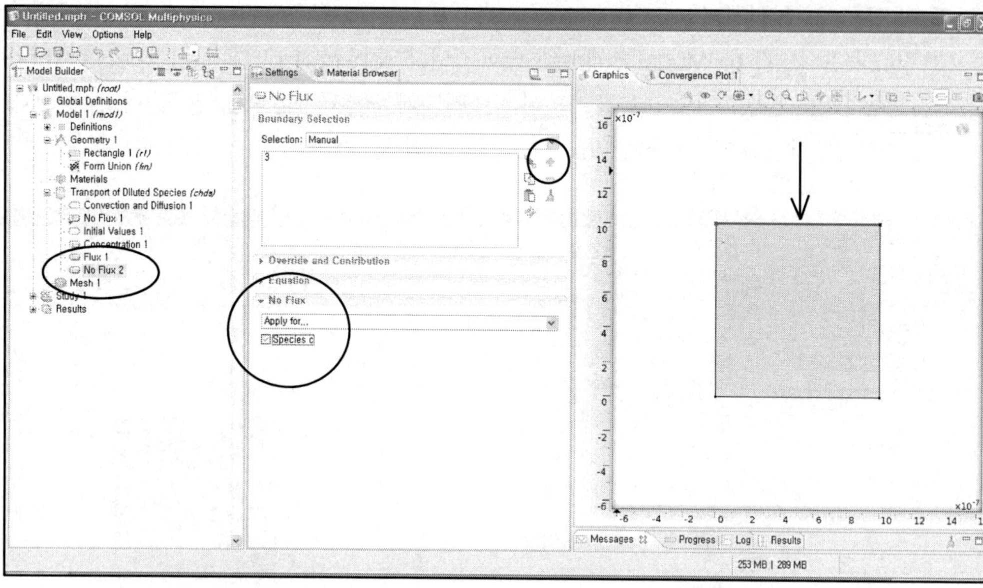

그림 22-11 '경계 3' 경계 조건 'No Flux' 설정하기

6-4. '경계 조건 4' 설정하기

그림 22-12와 같이 'Model Builder' 페이지의 'Transport of Diluted Species (chds)'를 마우스 오른쪽 마우스를 클릭하여 나타난 메뉴에서 'Outflow'를 클릭하여 선택하자. 그러면 서브 항목인 'Outflow 1'이 생성된다.

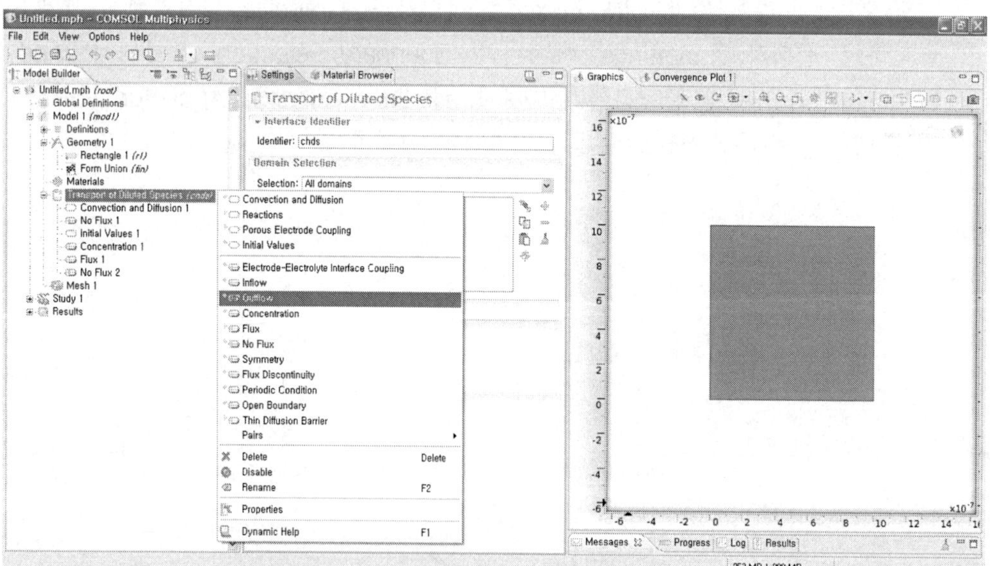

그림 22-12 'Outflow' 서브 항목 추가하기

그림 22-13과 같이 추가된 'Outflow 1'을 선택하자. 'Graphics' 페이지에서 **'경계 4'**를 클릭하여 선택하고 'Settings' 페이지의 'Boundary Selection' 부분에서 'Add to Selection' 버튼을 클릭하여 추가하면 된다.

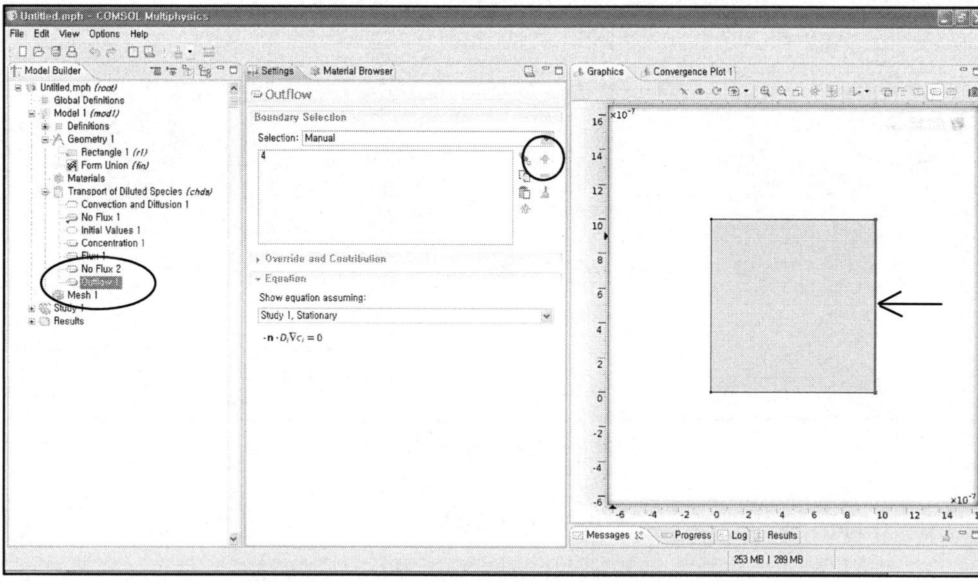

그림 22-13 '경계 4' 경계 조건 'Outflow' 설정하기

7. 그림 22-14와 같이 'Model Builder' 페이지의 항목 중 'Mesh 1'을 선택하고 오른쪽 'Settings' 페이지의 'Mesh' 윈도우의 'Sequence type' 항목을 'User-controlled mesh'으로 설정하자. 'Settings' 페이지 상단의 'Build All' 버튼을 클릭하여 메쉬를 생성하자.

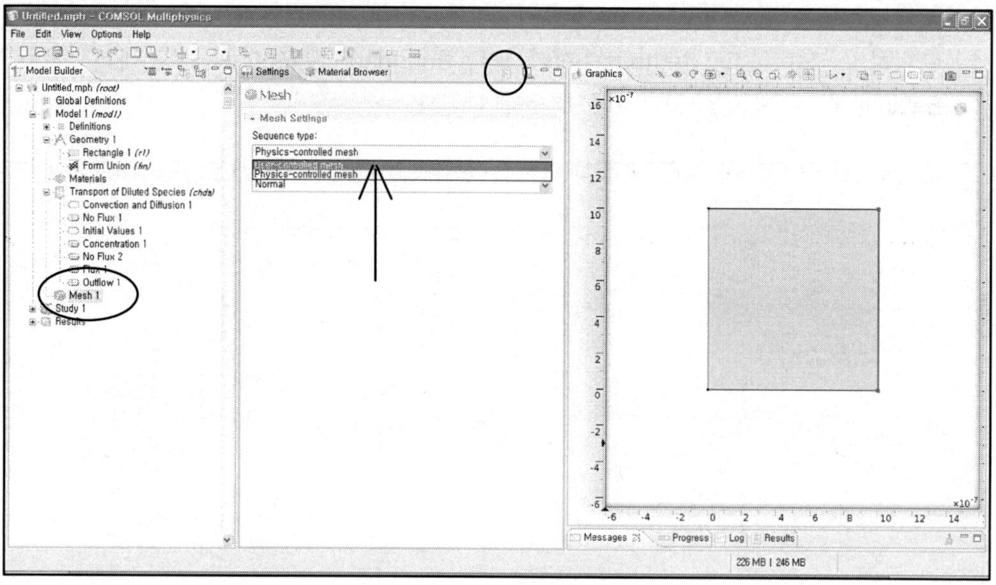

그림 22-14 'Mesh' 설정하기

8. 그림 22-15는 메쉬가 생성된 모습을 보여준다.

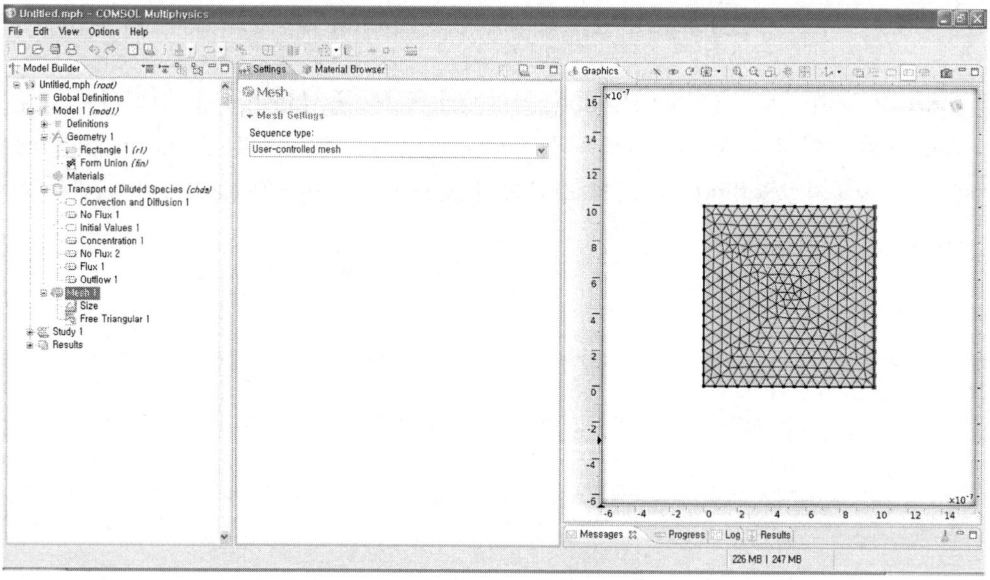

그림 22-15 'Mesh'가 생성된 모습

9. 그림 22-16과 같이 'Model Builder' 페이지 상단의 'Show' 을 클릭하여 나타난 하부 메뉴에서 'Stabilization'와 'Discretization' 항목을 클릭하여 선택한다. 'Stabilization'

와 'Discretization' 항목을 클릭하면, 메뉴 왼쪽에 체크 표시✔가 나타난다.
그리고 그림 22-19와 같이 'Transport of Diluted Species (chds)'을 클릭하면 오른쪽의 'Settings' 페이지에 'Consistent Stabilization' 항목과 'Discretization' 항목이 나타나 있다. 'Consistent Stabilization' 항목에서는 'Streamline diffusion'과 'Crosswind diffusion'을 선택 해제하고, 'Discretization' 항목에서는 'Linear'로 설정되어 있는 부분을 'Quadratic'으로 변경한다.

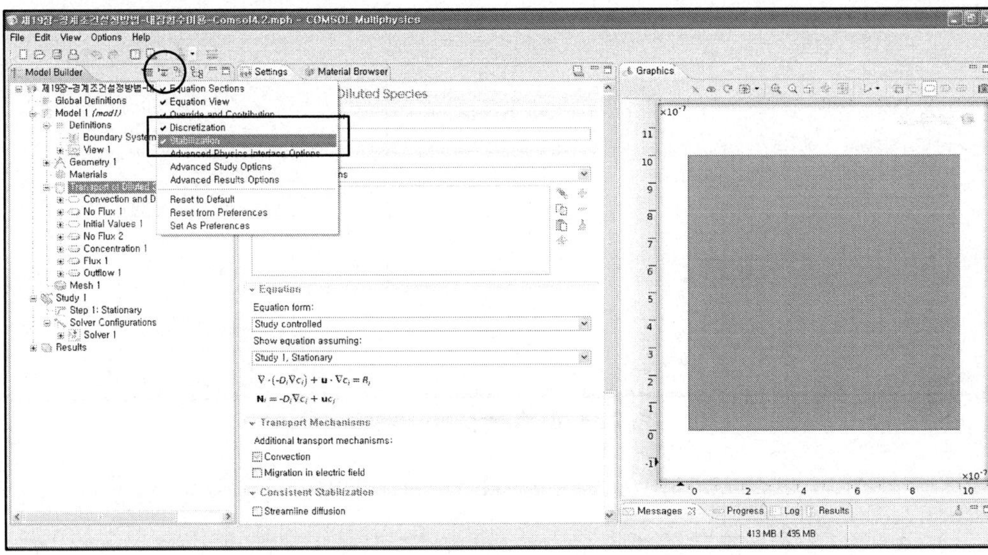

그림 22-16 'Show' 메뉴에서 'Stabilization'와 'Discretization' 항목 선택

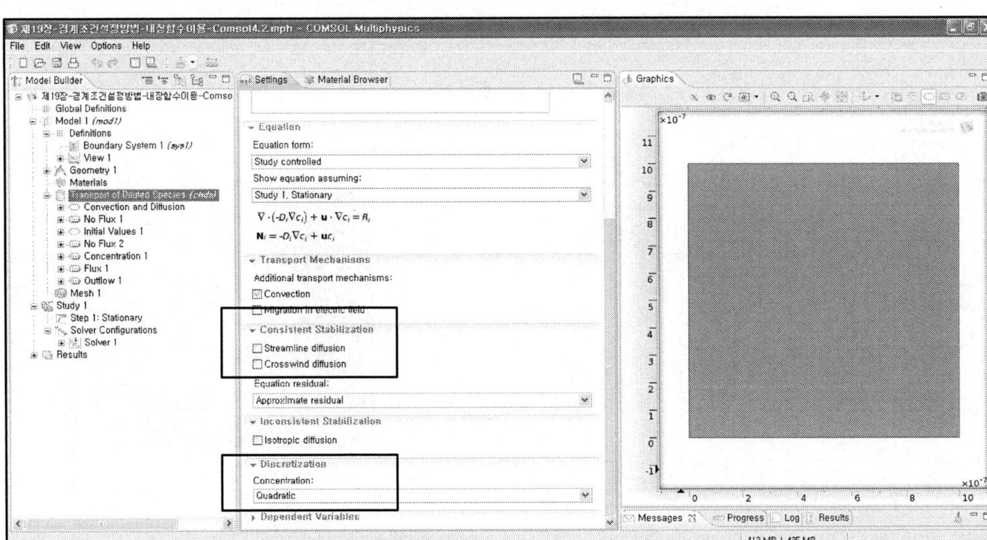

그림 22-17 'Stabilization'와 'Discretization' 항목 설정

10. 그림 22-18과 같이 'Model Builder' 페이지의 항목 중 'Study 1'을 선택하고 오른쪽 'Settings' 페이지 상단의 'Compute' 버튼 을 클릭하여 계산해보자.

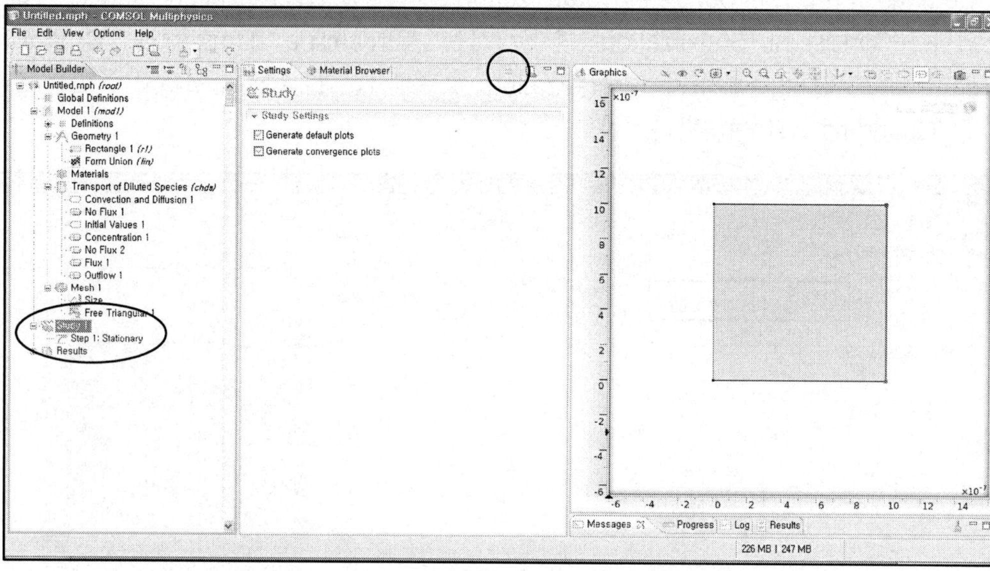

그림 22-18 'Compute' 수행하기

11. 그림 22-19는 컴솔 내장함수로 해석한 결과를 보여준다. 'COMSOL Multiphysics'에서 디폴트로 아래와 같이 농도의 결과를 보여 줄 것이다. 결과 값으로 최소값 1과 최대값 9.1546을 가질 것이다.

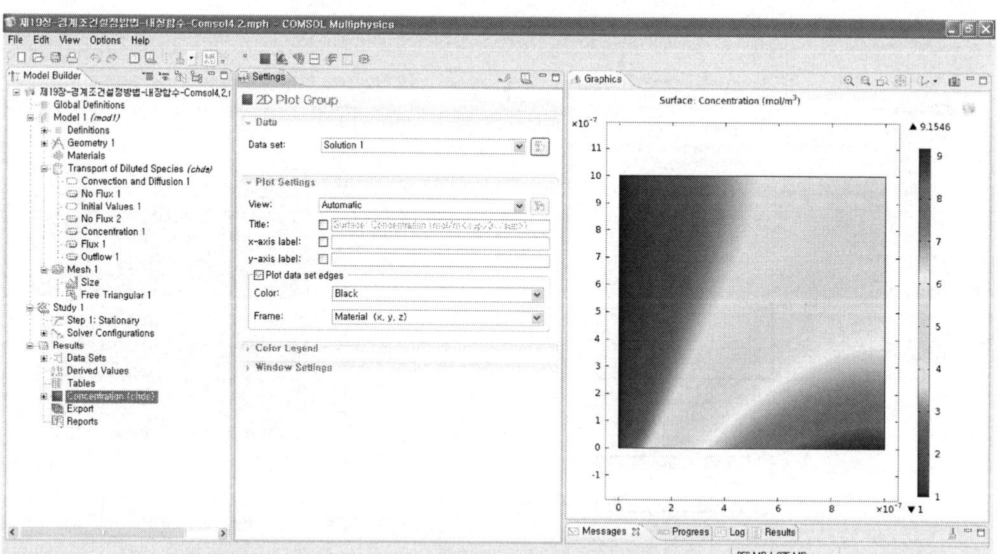

그림 22-19 컴솔 내장함수로 해석한 결과

12. 현재 화면에는 표현식에 나타나 있는 물리량이 농도 'c'로 되어 있다. 이것을 농도 변화량으로 변경하여 보자.
그림 22-20과 같이 'Model Builder' 페이지의 항목 중 'Results'의 하부 항목 'Concentration (chds)' - 'Surface 1'을 선택하고 오른쪽 'Settings' 페이지의 'Expression' 부분의 'Replace Expression' 버튼을 클릭하자.

버튼을 클릭하고, 나타나는 메뉴를 다음 순서대로 선택하자.

a. 'Transport of Diluted Species'
b. 'Species'
c. 'Concentration gradient'
d. 'Concentration gradient x component (chds.gradx_c)'

여기서 'chds.gradx_c'는 'x' 방향의 농도 변화량을 나타낸다.

그래서 x, y 방향 전체의 농도 변화량을 나타내기 위하여,
'Expression:' 부분에 'sqrt(chds.gradx_c^2+chds.grady_c^2)'를 타입하고 'Settings' 페이지 상단의 'Plot' 버튼을 클릭하자.

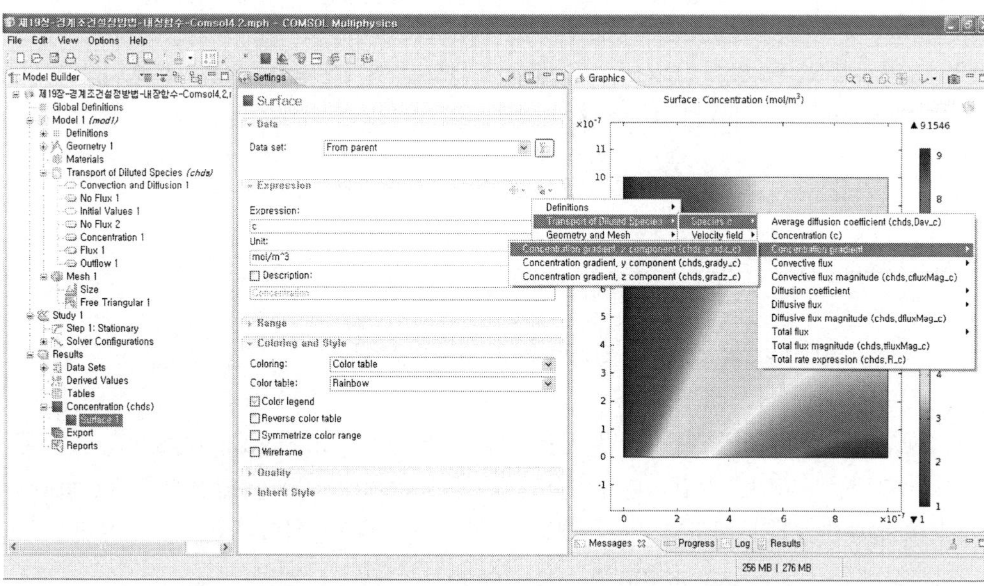

그림 22-20 농도 변화량 표현

13-1. 또한 현재 화면에서 x, y 방향의 농도 변화량 화살표 그림을 추가해 보자. 그림

22-21과 같이 'Model Builder' 페이지의 항목 중 'Results'의 하부 항목 'Concentration (chds)'을 선택하고 오른쪽 마우스 버튼을 클릭하고 나타난 메뉴 중 'Arrow Surface'를 선택하자.

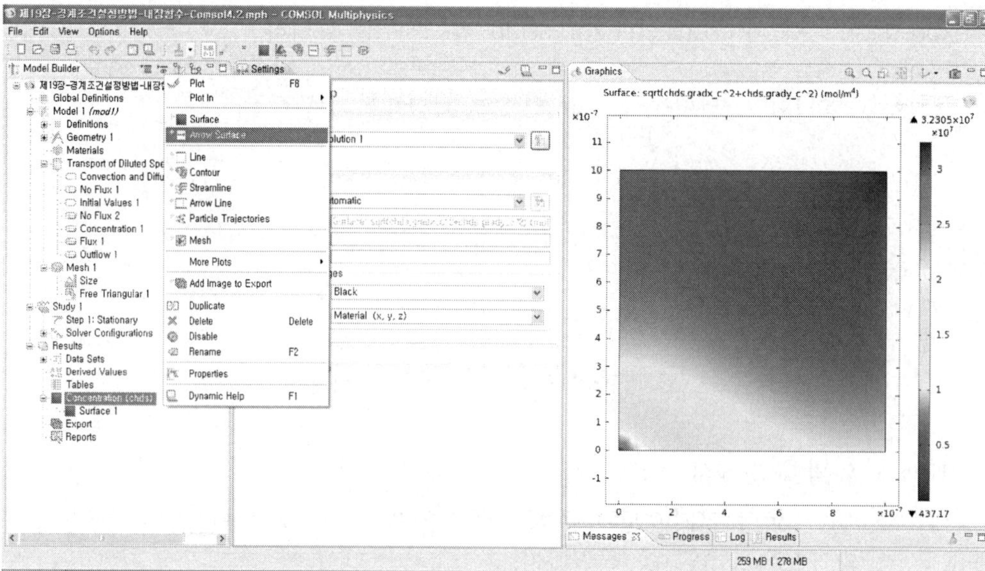

그림 22-21 농도 변화량 화살표 그림을 추가

13-2. 그림 22-22와 같이 오른쪽 'Settings' 페이지의 'Expression' 부분의 'Replace Expression' 버튼을 클릭하자.

버튼을 클릭하고, 나타나는 메뉴를 다음 순서대로 선택하자.

a. 'Transport of Diluted Species'
b. 'Species'
c. 'Concentration gradient x component (chds.gradx_c)'

또한, 이미 앞의 과정에서 한번 선택하였기 때문에 'Replace Expression' 버튼을 클릭하면 나타난 팝업 메뉴 상단에 'Concentration gradient x component (chds.gradx_c)'가 나타나 있기 때문에 이것을 바로 선택하여도 된다. 그러면 그림 22-23과 같이 'Expression'의 'x component'에는 'chds.gradx_c'가 채워지고, 'Expression'의 'y component'에는 'chds.grady_c'가 채워진다.

또 다른 표현 식은
'Expression'의 'x component'에는 'cx',
'Expression'의 'y component'에는 'cy'로 하여도 된다.

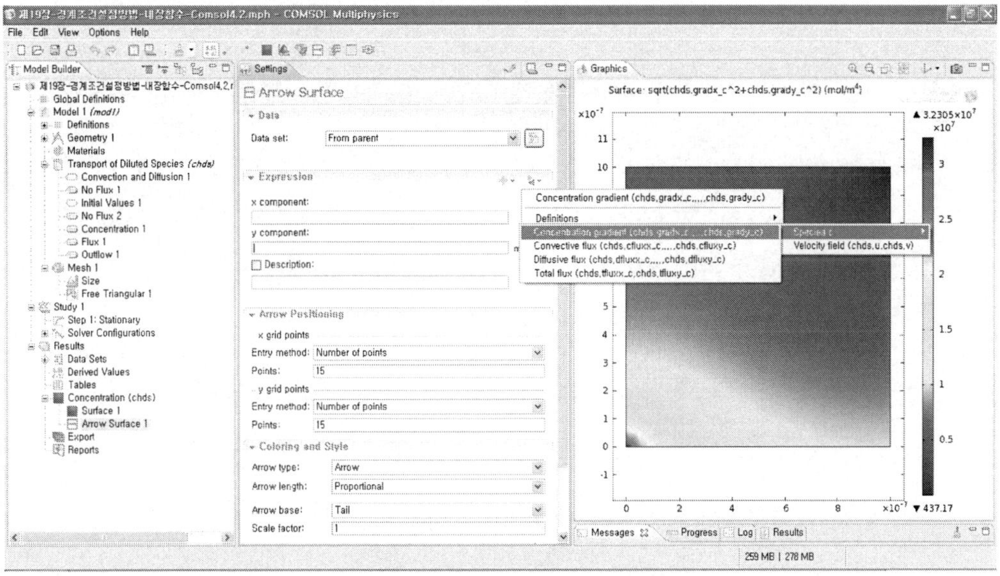

그림 22-22 농도 변화량 표현

13-2. 그림 22-23과 같이 오른쪽 'Settings' 페이지 상단의 'Plot' 버튼을 클릭하자.

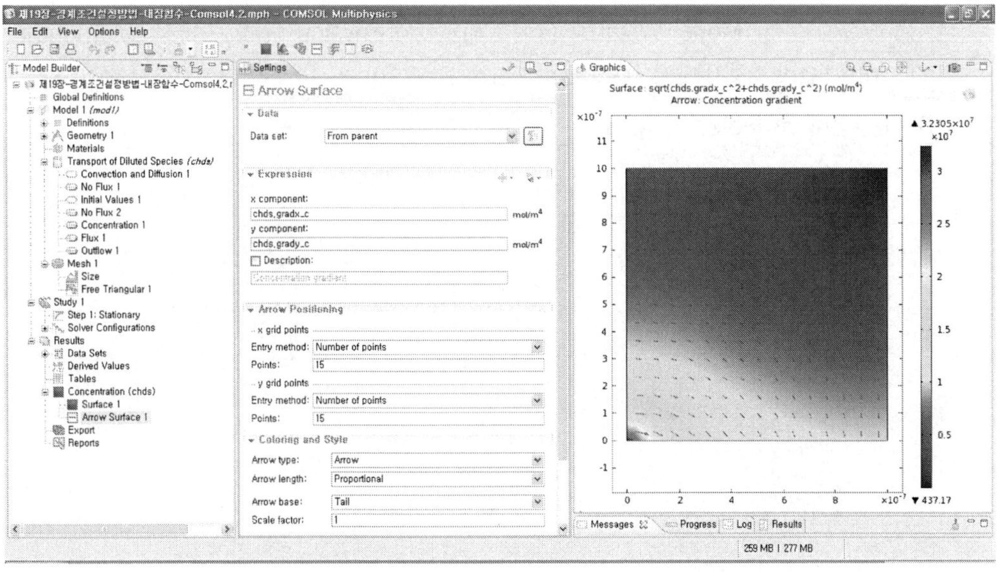

그림 22-23 농도 변화량 표현 + 화살표 표현

편미분방정식, 일반형태 (PDE, General Form)

1. 그림 22-24와 같이 'Model Wizard' 페이지에서 'Select Space Dimension'을 '2D'로 선택하고 'Next' 버튼 ⇨을 누른다.

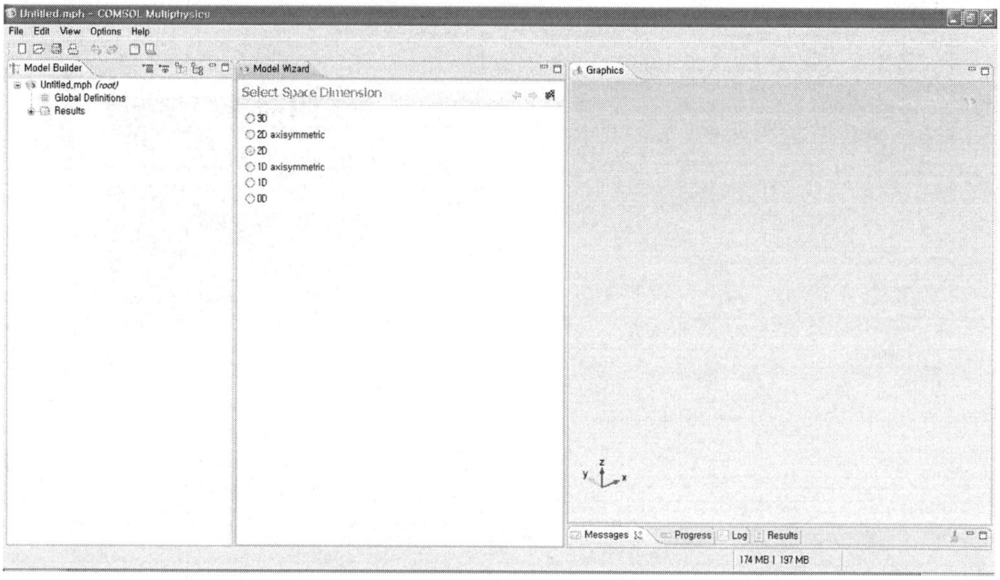

그림 22-24 'Model Wizard' 페이지에서 'Select Space Dimension' 을 '2D'로 선택하기

2. 그림 22-25와 같이 'Model Wizard' 페이지의 'Add Physics' 윈도우에서 'Mathematics' - 'PDE interfaces' 항목에서 'General Form PDE (g)'을 더블클릭하여 선택하고, 하단의 'Dependent variables'에 'c'를 타입하고, 상단의 'Next' 버튼 ⇨을 누른다.

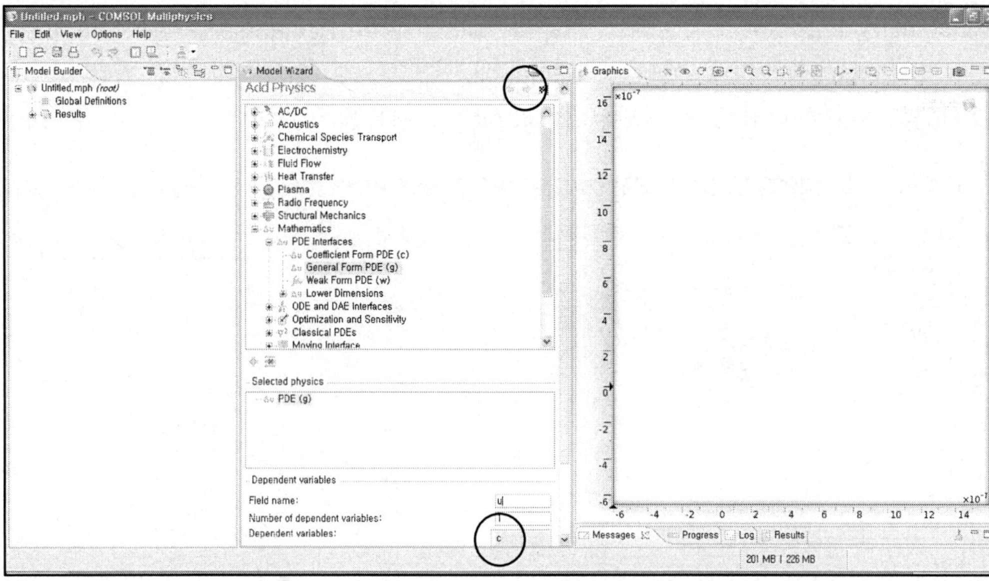

그림 22-25 'Mathematics' - 'PDE interfaces' 항목, 'General Form PDE (g)' 선택하기

3. 그림 22-26과 같이 'Model Wizard' 페이지의 'Select Study Type' 윈도우에서 'Preset Studies' 항목에서, 'Stationary'를 선택한 다음, 상단의 'Finish' 버튼을 누른다.

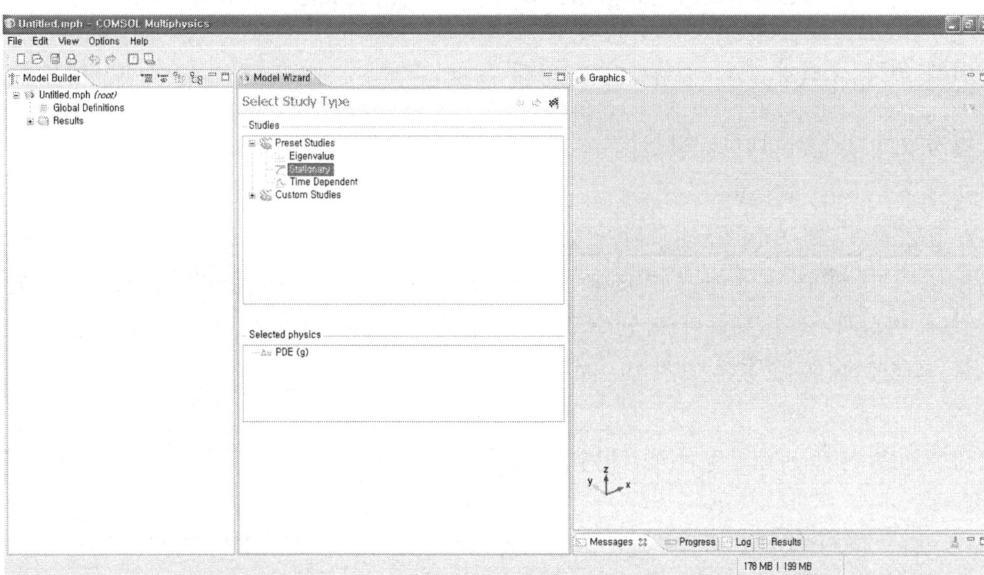

그림 22-26 'Select Study Type' 윈도우, 'Preset Studies' 항목에서, 'Stationary' 선택하기

4. 그림 22-27과 같이 사각형 모델링을 하기 위해서, 'Model Builder' 페이지에서

‘Geometry 1’을 선택하고, 마우스 오른쪽 버튼을 눌러 ‘Rectangle’를 선택하고, 오른쪽의 ‘Settings’ 페이지에 나타난 ‘Rectangle’ 윈도우의 ‘Size’ 항목에 Width: 1E-6, Height: 1E-6로 타입한 후 상단의 ‘Build All’ 버튼을 클릭한다.

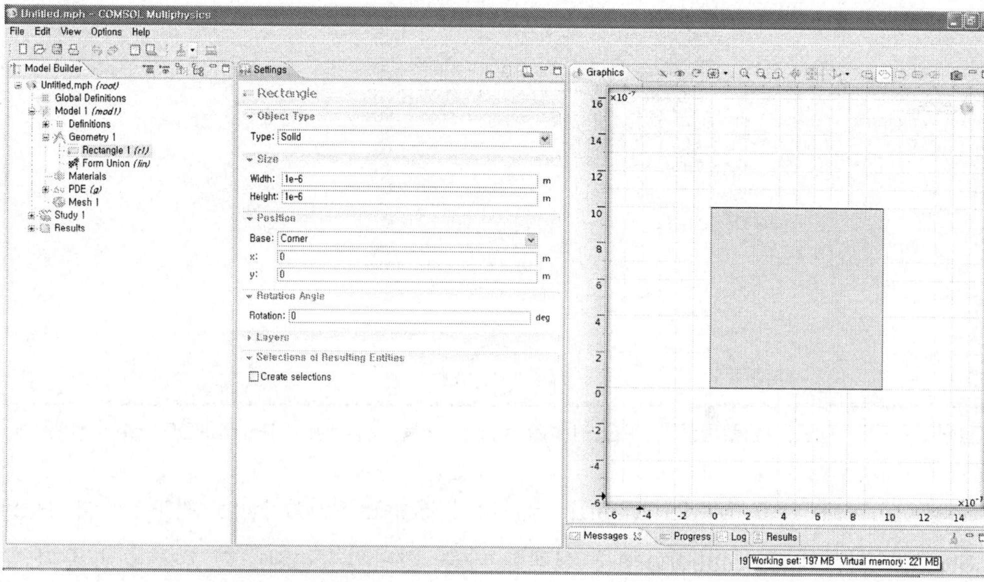

그림 22-27 ‘Settings’ 페이지에서 ‘Rectangle’ 형성하기

5. 이제 해석 모델에 대한 소영역을 설정해 보자.

먼저 x, y 방향에 대한 ‘**속도장**’은
x 방향 속도 : ‘1e-3’
y 방향 속도 : ‘1e-4’로 정의되어 있다.
또한, ‘Diffusion’ 부분의 ‘Diffusion coefficient:’에 ‘Dc’를 ‘1e-6[m^2/s]’으로 정의되어 있다. 이상과 같이 ‘대류와 확산 조건’을 설정한 사항을 편미분 방정식, 일반형태의 해석 모델에 대해 설정해 보자.

대류와 확산의 지배방정식(**내장함수**)을 보면,

컴솔 ‘**내장함수**’의 대류와 확산의 지배방정식은 $\nabla \cdot (-D\nabla c) + \vec{u}\nabla c = R$

편미분 방정식, **일반형태**의 지배 방정식은 $\nabla \cdot \vec{\Gamma} = F$ 이다.

즉 대류와 확산의 지배방정식에서 D는 1E-6이고,

벡터 $\vec{u}$ 는 $\vec{u} = (u, v)$ = (1E-3, 1E-4)이 되며, 속도 벡터는 $\vec{\Gamma}$ 속에 들어가게 된다.

즉, $\vec{\Gamma} = (\Gamma_x, \Gamma_y) = (-D\frac{\partial c}{\partial x}, -D\frac{\partial c}{\partial y})$ 로 되기 때문에

편미분 방정식의 계수에서

$\vec{\Gamma} = (\Gamma_x, \Gamma_x)$==(-1e-6*cx, -1e-6*cy)를

타입한다. 여기서 $\frac{\partial c}{\partial x} = cx$, $\frac{\partial c}{\partial y} = cy$ 를 의미한다.

위와 같이 소영역을 설정하기 위해서 그림 22-28과 같이 'Model Builder' 페이지의 'PDE (g)'의 서브 항목인 'General Form PDE 1'을 클릭하여 선택하자.

오른쪽에 나타난 'Setting' 페이지의 'Conservative Flux' 부분에

Γ 의 x 성분 : -1e-6 * **cx**
Γ 의 y 성분 : -1e-6 * **cy** 를 각각 타입한다.

'Source Term' 부분에 '**f**'에는 '-(1e-3*cx+1e-4*cy)' 을 타입한다.

'Damping and Mass Coefficient' 부분에 'd_a'에는 '0'을 타입한다.

'Mass Coefficient' 부분에 'e_a'에는 '0'을 타입한다.

아래 그림 22-28은 편미분 방정식, 일반형태, **소영역**을 설정한 상태를 보여준다.

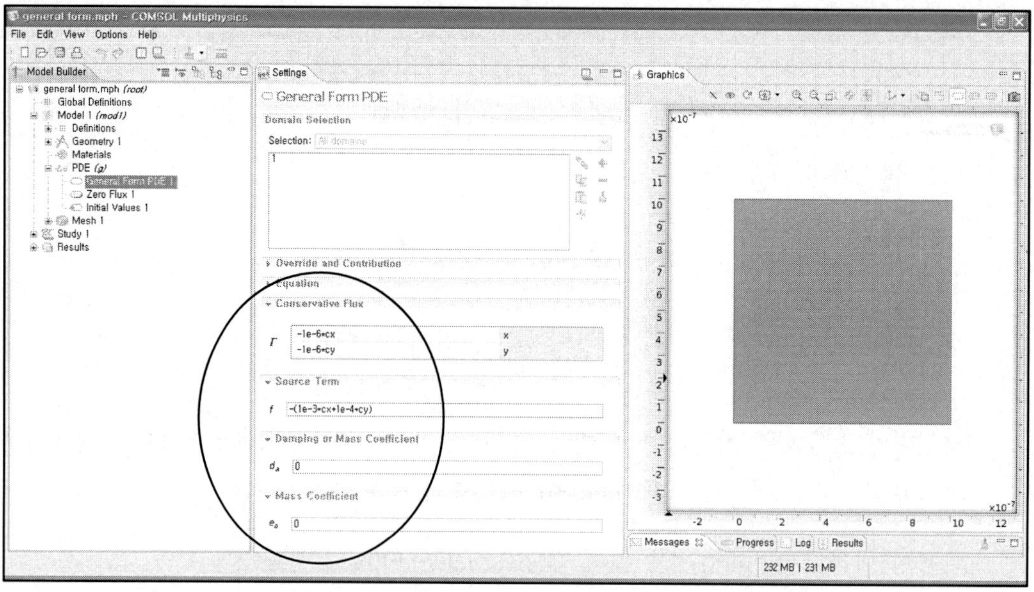

그림 22-28 '편미분 방정식, 일반형태, 소영역 설정하기

6. 편미분 방정식, 일반형태의 **경계조건**을 설정해보자.

경계 1에는 경계조건이 일정한 농도이므로, 'c = 1' 의 식에서 '0 = R'을 고려하면 'Constraint', 'R'항에는 '-c+1'을 타입하면 된다.
경계 2에는 경계조건의 'g' 에 '10+(g.nx*1e-3+g.ny*1e-4)*c' 을 타입해야 한다.
왜냐하면,편미분 방정식, 대류와 확산 (내장 모듈)의 플럭스의 경계조건 형식은 $-\vec{n} \cdot N_j = N_{oj}, N_j = -D\nabla c + \vec{u}c_j$ 이고, 편미분방정식, 일반 형태의 플럭스 경계조건 방정식은 방정식은$-\vec{n} \cdot \vec{\Gamma} = g, \vec{\Gamma} = -D\nabla c$ 의 형태를 취하기 때문에 $g = 10 + (n_x c u_x + n_y c u_y)$의 형태가 되어야 한다.
경계 3에는 경계조건이은 편미분 방정식, 대류와 확산 (내장 모듈)의 대칭/단열 조건으로 $-\vec{n} \cdot N_j = 0, N_j = -D\nabla c + \vec{u}c_j$ 이기 때문에 경계 2와 같은 맥락에서 $g = 0 + (n_x c u_x + n_y c u_y)$
경계 4는 대류장 플럭스 조건으로 편미분 방정식, 대류와 확산 (내장 모듈)의 경계 조건인 $-\vec{n} \cdot \vec{\Gamma} = 0, \vec{\Gamma} = -D\nabla c$를 가지므로, 편미분방정식, 일반 형태의 zero flux 조건을 그대로 사용하면 된다.
여기서 $\vec{n}$은 면에 수직인 벡터 (g.nx, g.ny)를 사용할 때, 표 22-1에 있는 인덱스를 사용하는 것을 주의하자.
이제 해석 모델에 대한 **경계 조건**들을 설정해 보자.

6-1. '경계 조건 1' 설정하기

그림 22-29와 같이 'Model Builder' 페이지의 'PDE (g)'를 마우스 오른쪽 마우스를 클릭하여 나타난 메뉴에서 'Constraint'를 클릭하여 선택하자. 그러면 'PDE (g)' 아래에 서브 항목인 'Constraint 1'이 생성된다.

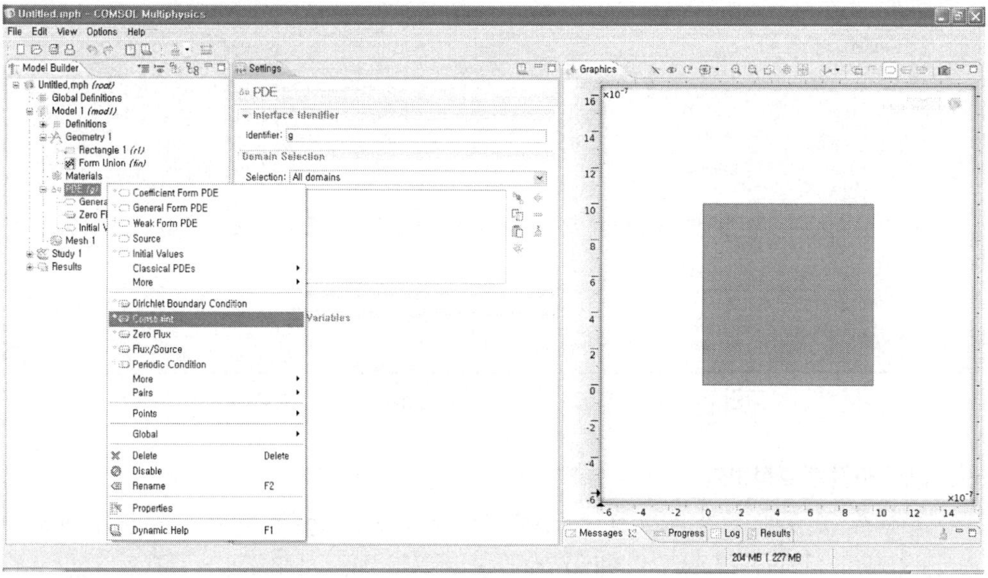

그림 22-29 'Constraint 1' 서브 항목 추가하기

그림 22-30과 같이 추가된 'Constraint 1'을 선택하자. 'Graphics' 페이지에서 '경계 1'을 클릭하여 선택하고 'Settings' 페이지의 'Boundary Selection' 부분에서 'Add to Selection' 버튼을 클릭하여 추가하자. 'Constraint' 부분에서 'R' 값을 '-c+1'로 타입하자.

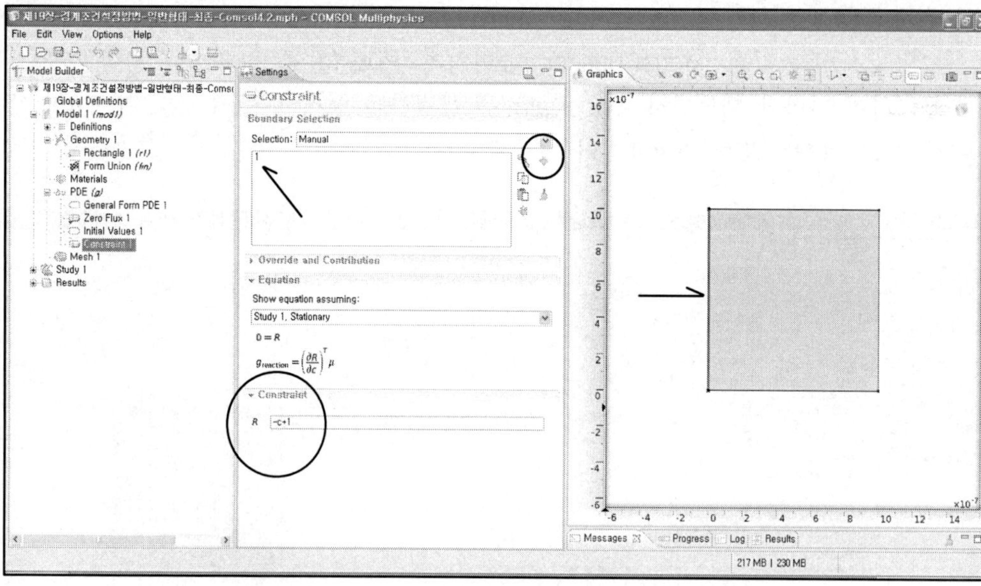

그림 22-30 ‘경계 1’ 경계 조건 ‘Constraint’ 설정하기

6-2. **‘경계 조건 2’**설정하기

그림 22-31-1과 같이 ‘Model Builder’ 페이지의 ‘PDE (g)’를 마우스 오른쪽 마우스를 클릭하여 나타난 메뉴에서 ‘Flux/Source’를 클릭하여 선택하자. 그러면 서브 항목인 ‘Flux/Source 1’이 생성된다.

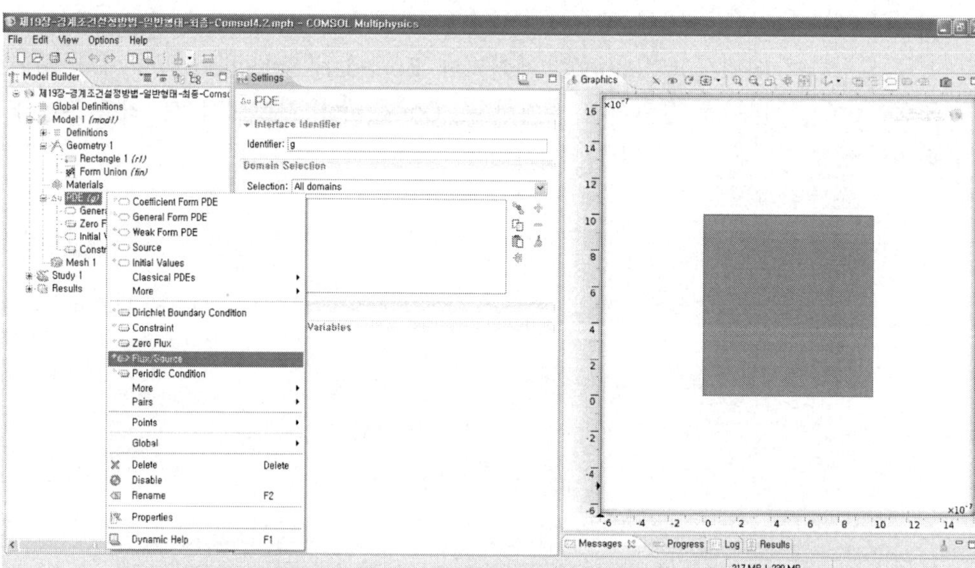

그림 22-31-1 ‘Flux/Source 1’ 서브 항목 추가하기

그림 22-31-2와 같이 추가된 'Flux/Source 1'을 선택하자. 'Graphics' 페이지에서 '**경계 2**'를 클릭하여 선택하고 'Settings' 페이지의 'Boundary Selection' 부분에서 'Add to Selection' ✚ 버튼을 클릭하여 추가하자. 'Boundary Flux/Source' 부분에서 'g'를 '10+(g.nx*1e-3+g.ny*1e-4)*c'로 설정하자.

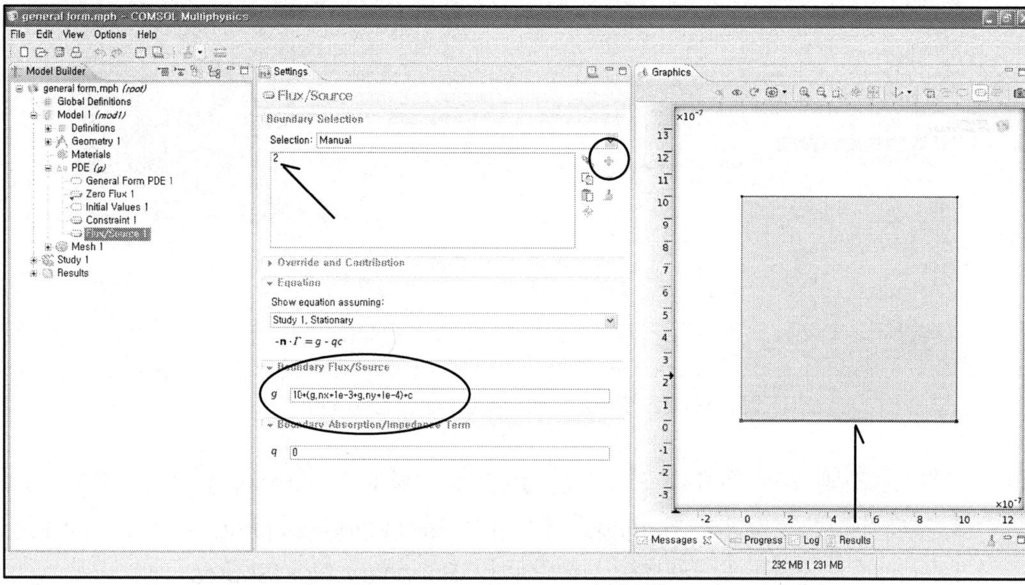

그림 22-31-2 '경계 2' 경계 조건 'Flux/Source 1' 설정하기

6-3. '경계 조건 3' 설정하기

그림 22-32와 같이 'Model Builder' 페이지의 'PDE (g)'를 마우스 오른쪽 마우스를 클릭하여 나타난 메뉴에서 'Flux/Source'를 클릭하여 선택하자. 그러면 서브 항목인 'Flux/Source 2'가 생성된다.

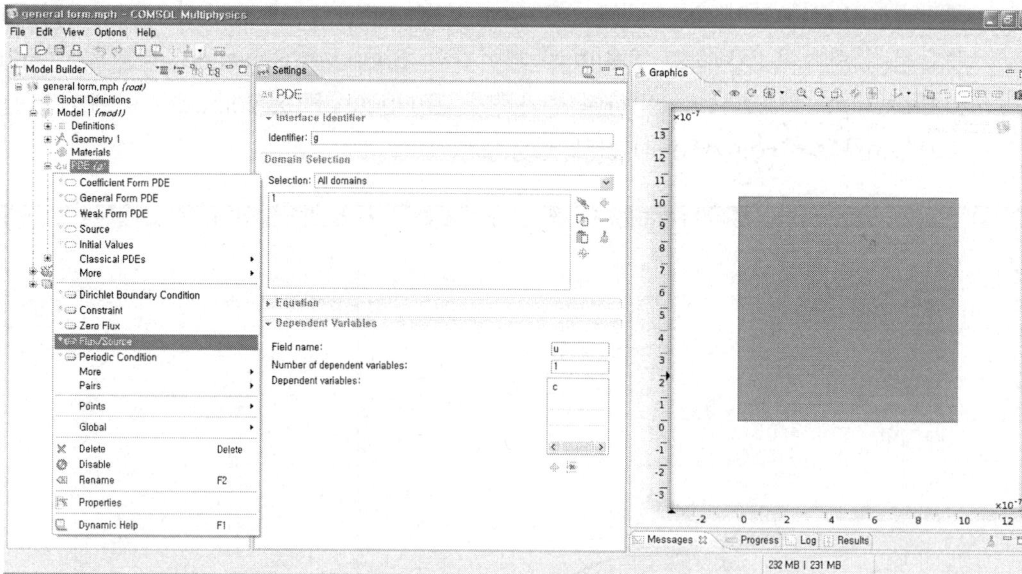

그림 22-32 'Flux/Source 2' 서브 항목 추가하기

그림 22-33과 같이 추가된 'Flux/Source 2'를 선택하자. 'Graphics' 페이지에서 **'경계 3'**을 클릭하여 선택하고 'Settings' 페이지의 'Boundary Selection' 부분에서 'Add to Selection' ✚ 버튼을 클릭하여 추가하자. 'Boundary Flux/Source' 부분에서 'g'를 '0+(g.nx*1e-3+g.ny*1e-4)*c'로 설정하자.

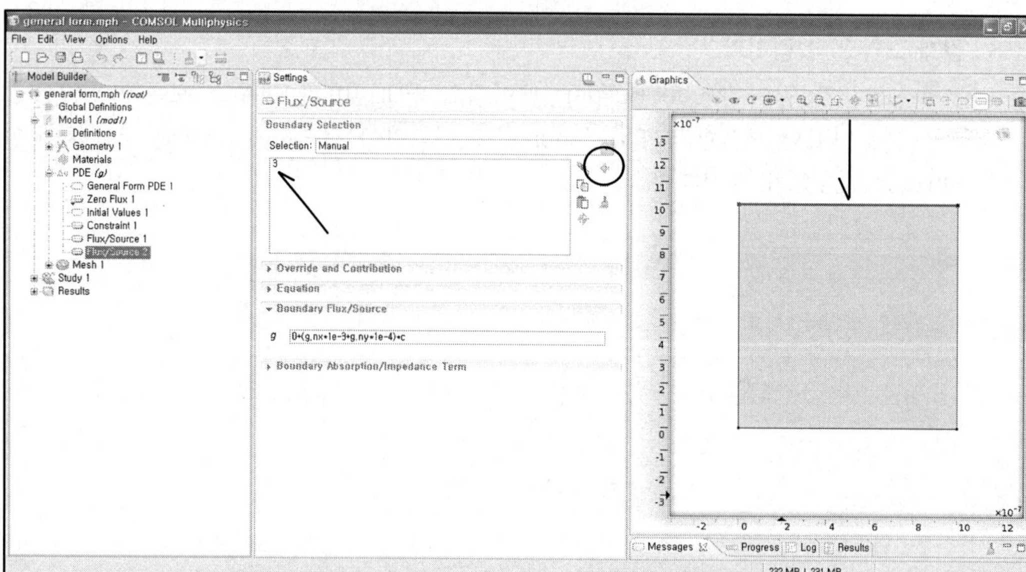

그림 22-33 **'경계 3'** 경계 조건 'Zero Flux 2' 설정하기

6-4. '경계 조건 4' 설정하기

그림 22-34와 같이 'Model Builder' 페이지의 'PDE (g)'를 마우스 오른쪽 마우스를 클릭하여 나타난 메뉴에서 'Zero Flux'를 클릭하면 'Zero Flux 2'가 추가된다.

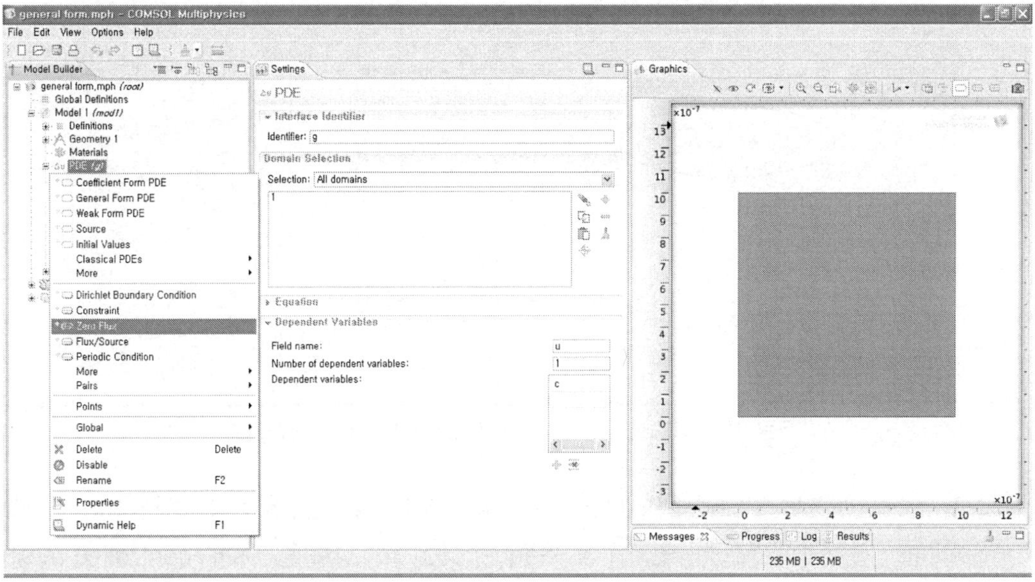

그림 22-34 'Zero Flux 2' 서브 항목 추가하기

그림 22-35와 같이 추가된 'Flux/Source 2'를 선택하자. 'Graphics' 페이지에서 '**경계 4**'를 클릭하여 선택하고 'Settings' 페이지의 'Boundary Selection' 부분에서 'Add to Selection' 버튼을 클릭하여 '**경계 4**'를 추가하면, 'Zero Flux' 부분에서 추가된 '**경계 4**'가 'Zero Flux'로 설정되는 것을 볼 수 있다.

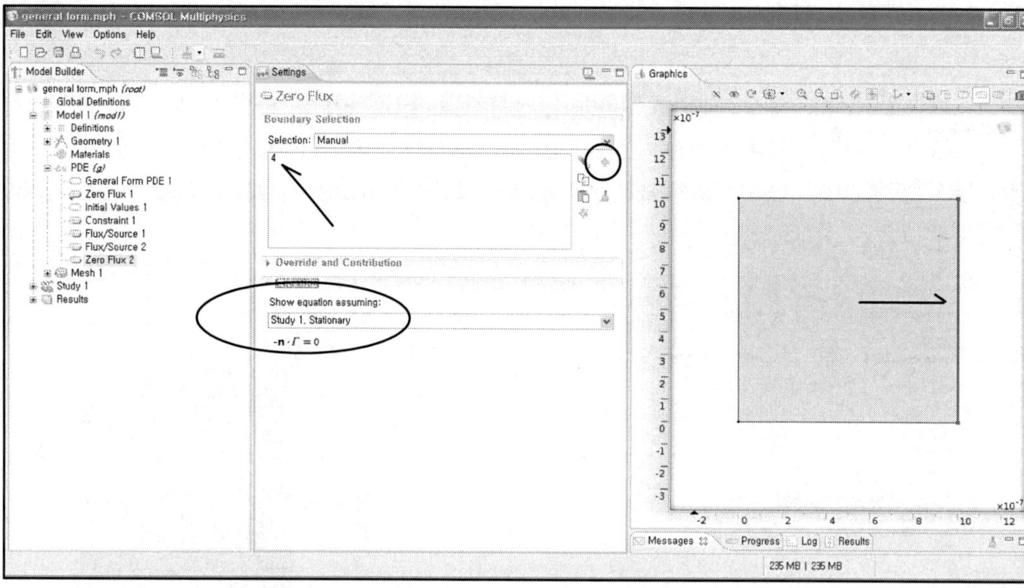

그림 22-35 '경계 4' 경계 조건 'Zero Flux 2' 설정하기

7. 그림 22-36과 같이 'Model Builder' 페이지의 항목 중 'Mesh 1'을 선택하고 오른쪽 'Settings' 페이지의 'Mesh' 윈도우의 'Sequence type' 항목을 'User-controlled mesh'으로 설정하자. 'Settings' 페이지 상단의 'Build All' 버튼을 클릭하여 메쉬를 생성하자.

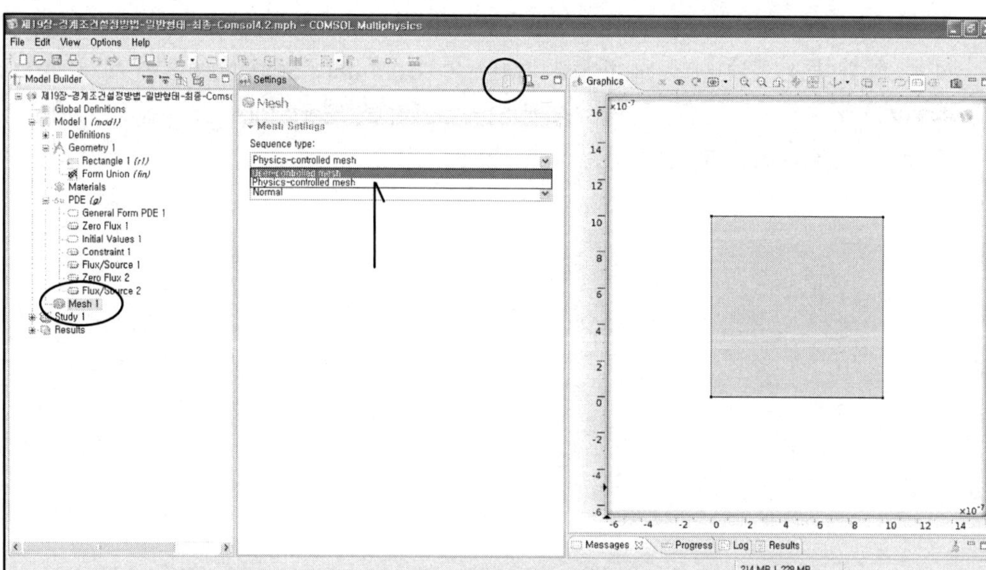

그림 22-36 'Mesh' 설정하기

8. 그림 22-37은 메쉬가 생성된 모습을 보여준다.

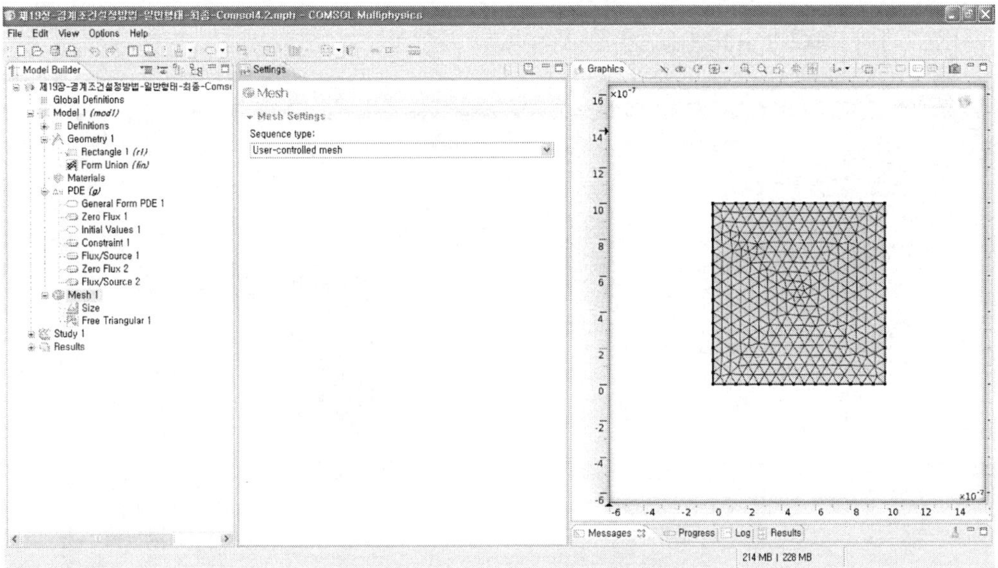

그림 22-37 'Mesh'가 생성된 모습

9. 그림 22-38과 같이 'Model Builder' 페이지의 항목 중 'Study 1'을 선택하고 오른쪽 'Settings' 페이지 상단의 'Compute' 버튼 을 클릭하여 계산해보자.

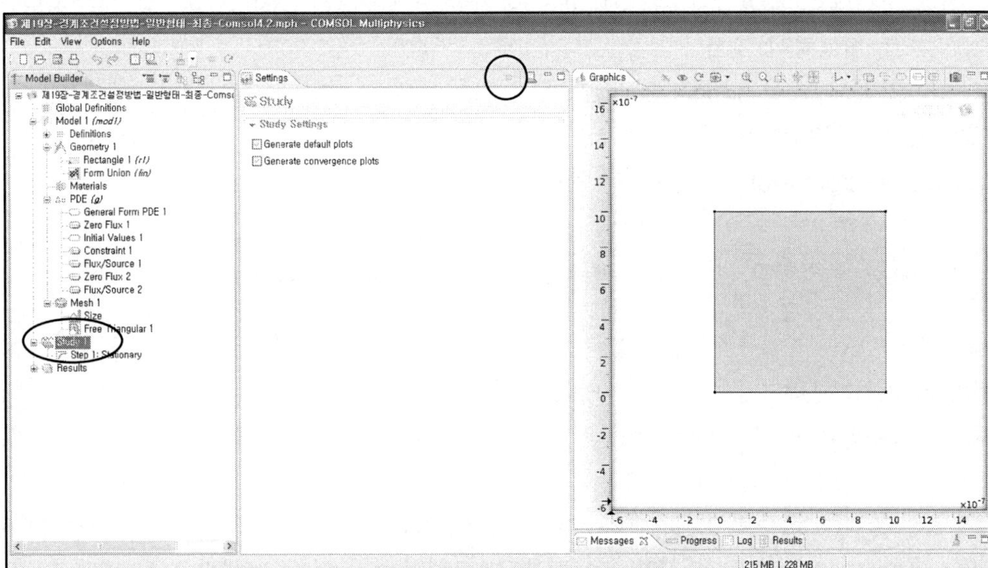

그림 22-38 'Compute' 수행하기

10. 그림 22-39는 'PDE General Form'으로 해석한 결과를 보여준다. 'COMSOL Multiphysics'에서 디폴트로 아래와 같이 농도의 결과를 보여 줄 것이다. 결과 값으로 최소값 1과 최대값 9.1546을 가질 것이다.

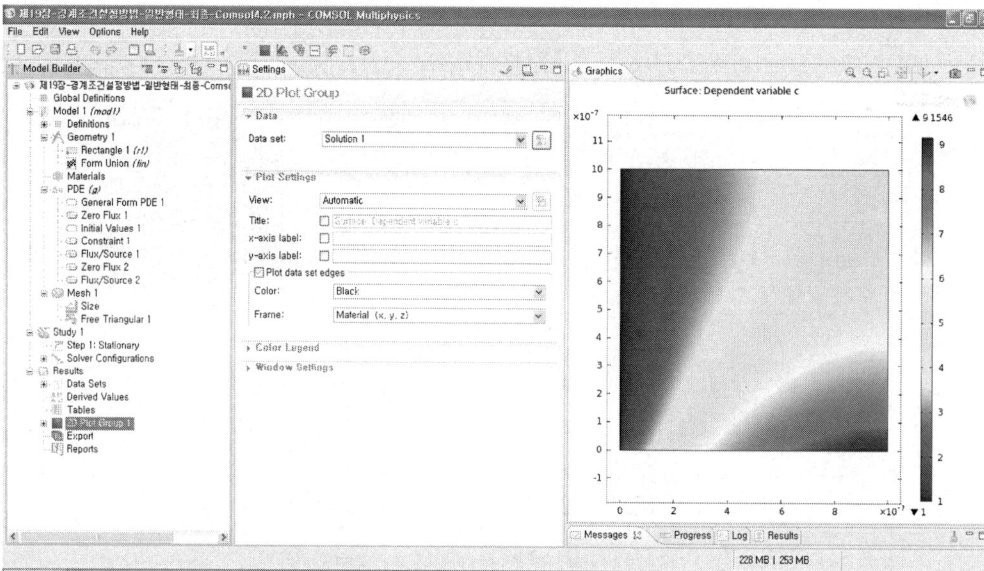

그림 22-39 'PDE General Form'으로 해석한 결과

11. 현재 화면에는 표현식에 나타나 있는 물리량이 농도 c로 되어 있다. 이것을 농도 변화량으로 변경하여 보자.

그림 22-40과 같이 'Model Builder' 페이지의 항목 중 'Results'의 하부 항목 '2D Plot Group 1' – 'Surface 1'을 선택하고 오른쪽 'Settings' 페이지의 'Expression' 부분의 'Replace Expression' 버튼을 클릭하자.

버튼을 클릭하고, 나타나는 메뉴를 다음 순서대로 선택하자.

a. 'PDE'
b. 'Gradient of c'
c. 'Gradient of c, x component'

이렇게 차례로 선택하면, 'Expression:' 부분에 'cx'로 나타나는데, 이것은 농도 변화량(Gradient of c)의 x 방향 성분을 나타낸다. 그래서 x, y 방향 전체의 농도 변화량을 나타내기 위하여, 'Expression:' 부분에 'sqrt(cx^2 + cy^2)'를 타입하고 'Settings' 페이지 상단의 'Plot' 버튼을 클릭하자.

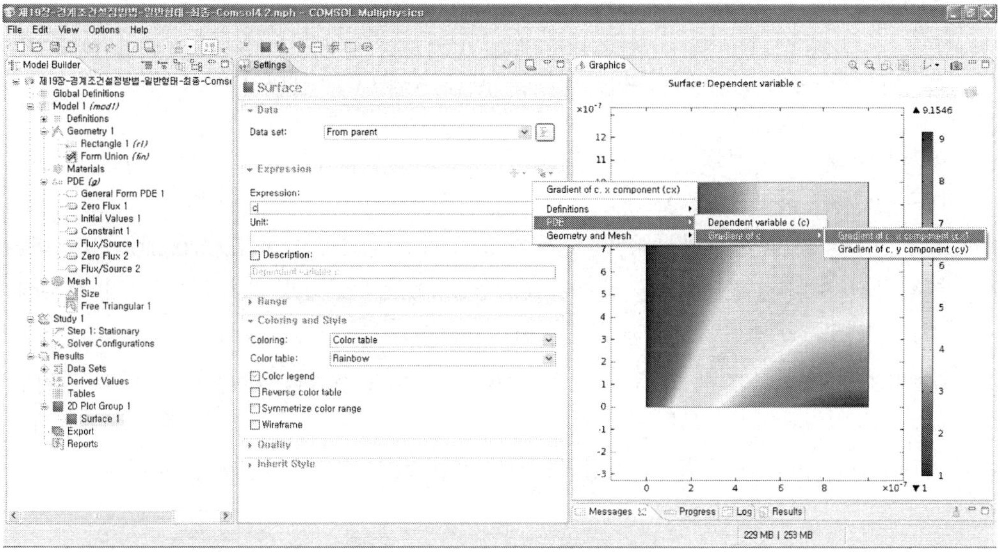

그림 22-40 농도 변화량 표현

12-1. 또한 현재 화면에서 x, y 방향의 농도 변화량 화살표 그림을 추가해 보자. 그림 22-41과 같이 'Model Builder' 페이지의 항목 중 'Results'의 하부 항목 '2D Plot Group 1'을 선택하고 오른쪽 마우스 버튼을 클릭하고 나타난 메뉴 중 'Arrow Surface'를 선택하자.

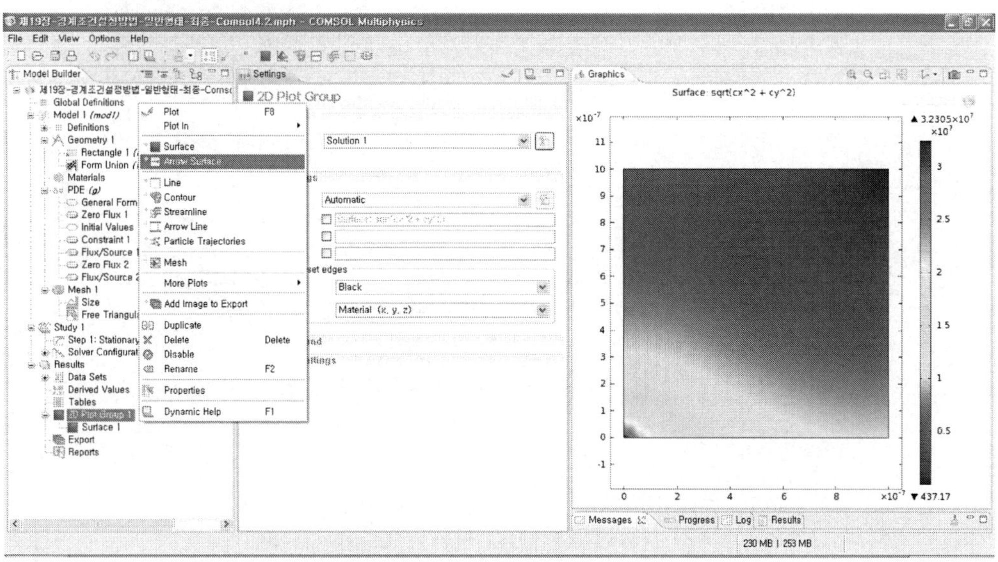

그림 22-41 농도 변화량 화살표 그림을 추가

12-2. 그림 22-42와 같이 오른쪽 'Settings' 페이지의 'Expression' 부분의 'Replace Expression' 버튼을 클릭하자.

버튼을 클릭하고, 나타나는 메뉴를 다음 순서대로 선택하자.

a. 'PDE'
b. 'Gradient of c (cx, cy)'
또한, 이미 앞의 과정에서 한번 선택하였기 때문에 'Replace Expression' 버튼을 클릭하면 나타난 팝업 메뉴 상단에 'Gradient of c (cx, cy)'가 나타나 있기 때문에 이것을 바로 선택하여도 된다. 그러면 그림 22-23과 같이 'Expression'의 'x component'에는 'cx'가 채워지고, 'Expression'의 'y component'에는 'cy'가 채워진다.

아래 그림 22-42는 농도 변화량 표현을 위한 화살표 표시 방법을 보여준다.

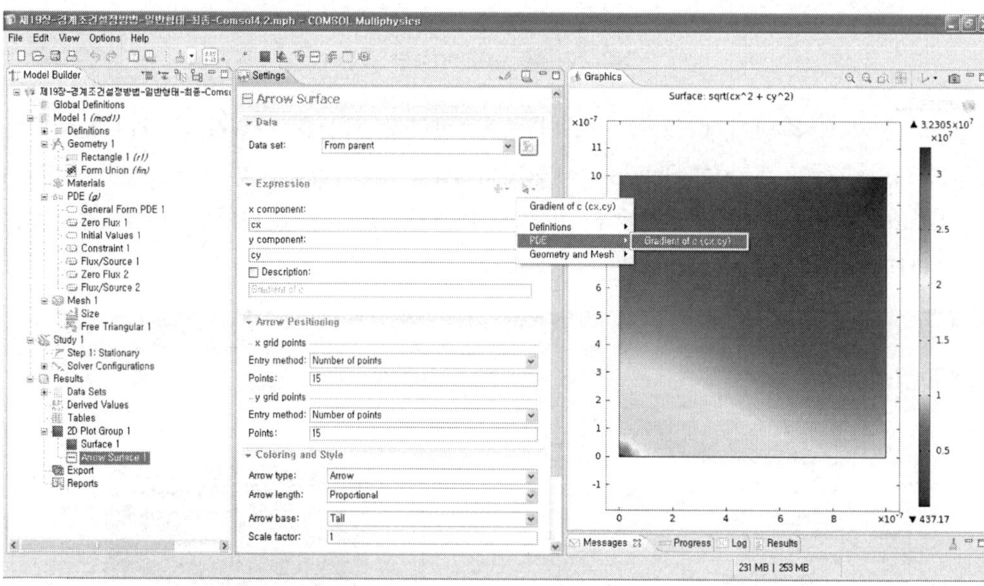

그림 22-42 농도 변화량 표현을 위한 화살표 표시 방법

12-3. 그림 22-43과 같이 오른쪽 'Settings' 페이지 상단의 'Plot' 버튼을 클릭하자.

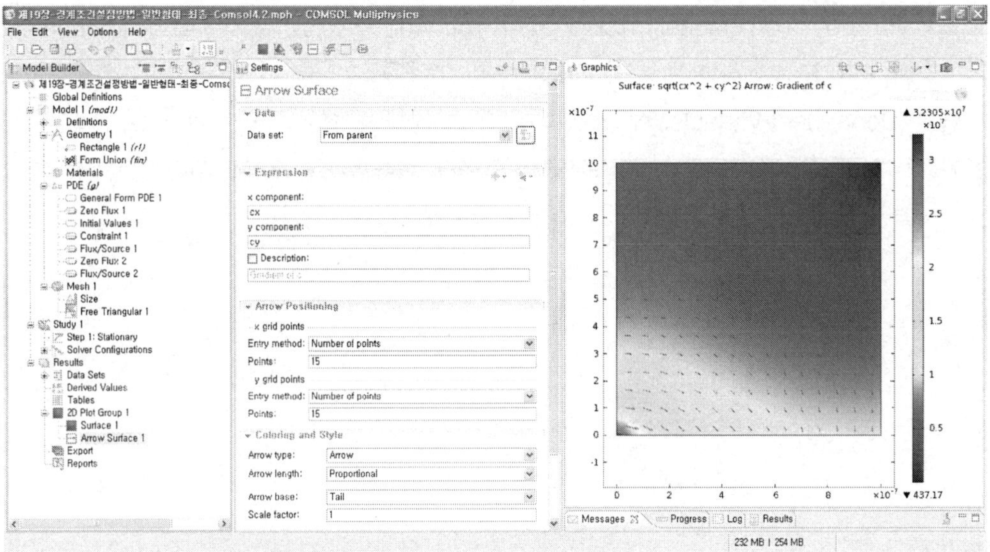

그림 22-43 농도 변화량 표현 + 화살표 표현

편미분방정식, 계수형태 (PDE, Coefficient Form)

1. 그림 22-44와 같이 'Model Wizard' 페이지에서 'Select Space Dimension'을 '2D'로 선택하고 'Next' 버튼 을 누른다.

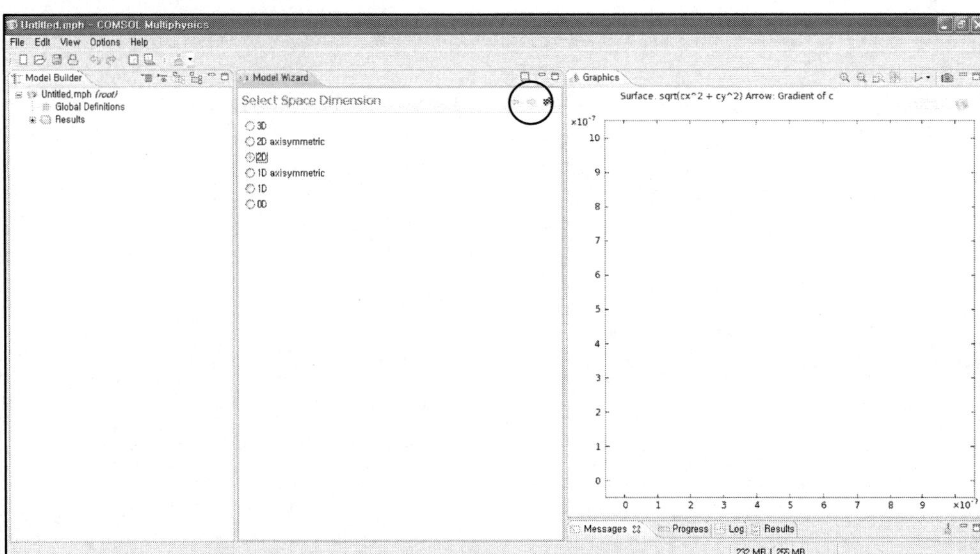

그림 22-44 'Model Wizard' 페이지에서 'Select Space Dimension'을 '2D'로 선택하기

2. 그림 22-45와 같이 'Model Wizard' 페이지의 'Add Physics' 윈도우에서 'Mathematics' - 'PDE interfaces' 항목에서 'Coefficient Form PDE (c)'을 더블클릭하여 선택하고, 하단의 'Dependent variables'에 'c'를 타입하고, 상단의 'Next' 버튼 을 누른다.

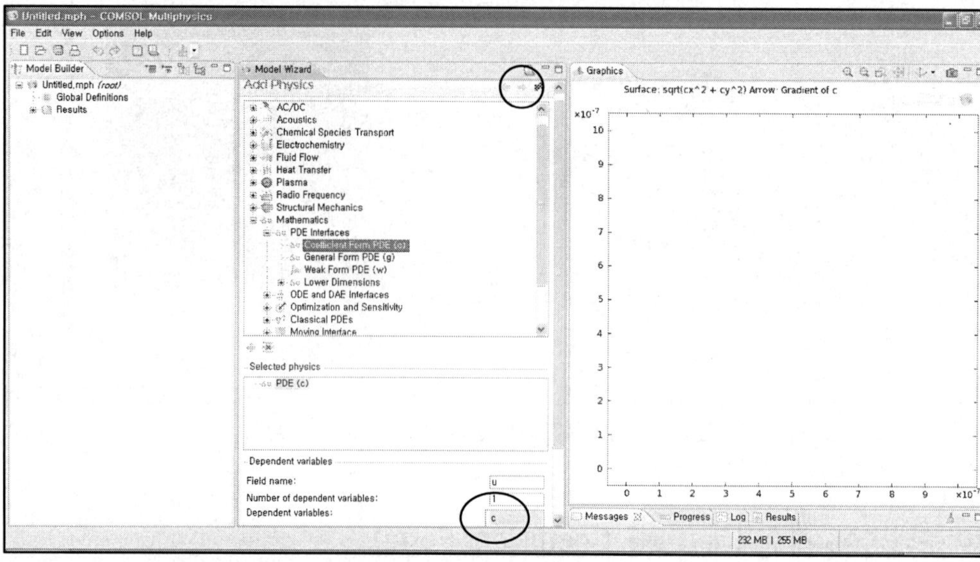

그림 22-45 'Mathematics' - 'PDE interfaces' 항목, 'Coefficient Form PDE (c)' 선택하기

3. 그림 22-46과 같이 'Model Wizard' 페이지의 'Select Study Type' 윈도우에서 'Preset Studies' 항목에서, 'Stationary'를 선택한 다음, 상단의 'Finish' 버튼을 누른다.

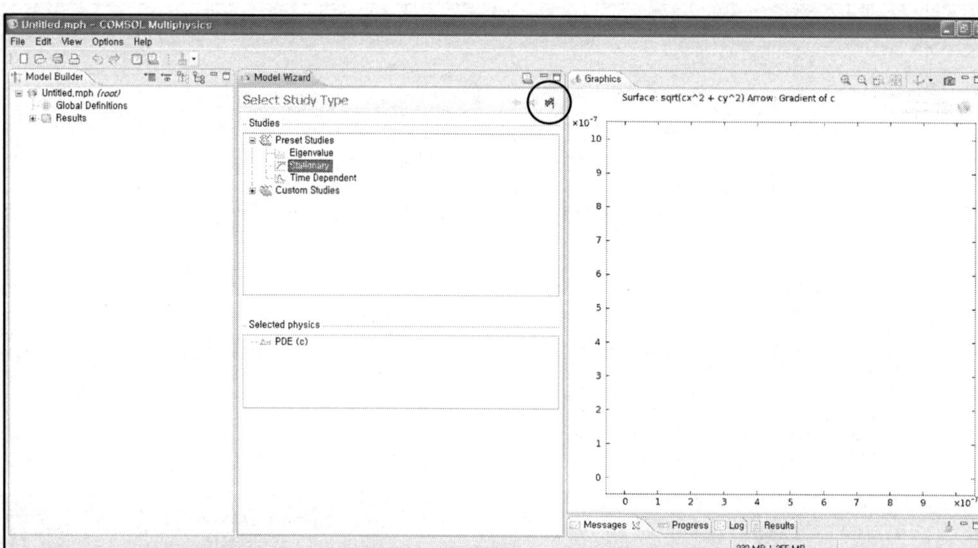

그림 22-46 'Select Study Type' 윈도우, 'Preset Studies' 항목에서, 'Stationary' 선택하기

4. 그림 22-47과 같이 사각형 모델링을 하기 위해서, 'Model Builder' 페이지에서 'Geometry 1'을 선택하고, 마우스 오른쪽 버튼을 눌러 'Rectangle'를 선택하고, 오른쪽의 'Settings' 페이지에 나타난 'Rectangle' 윈도우의 'Size' 항목에 Width: 1E-6, Height: 1E-6로 타입한 후 상단의 'Build All' 버튼을 클릭한다.

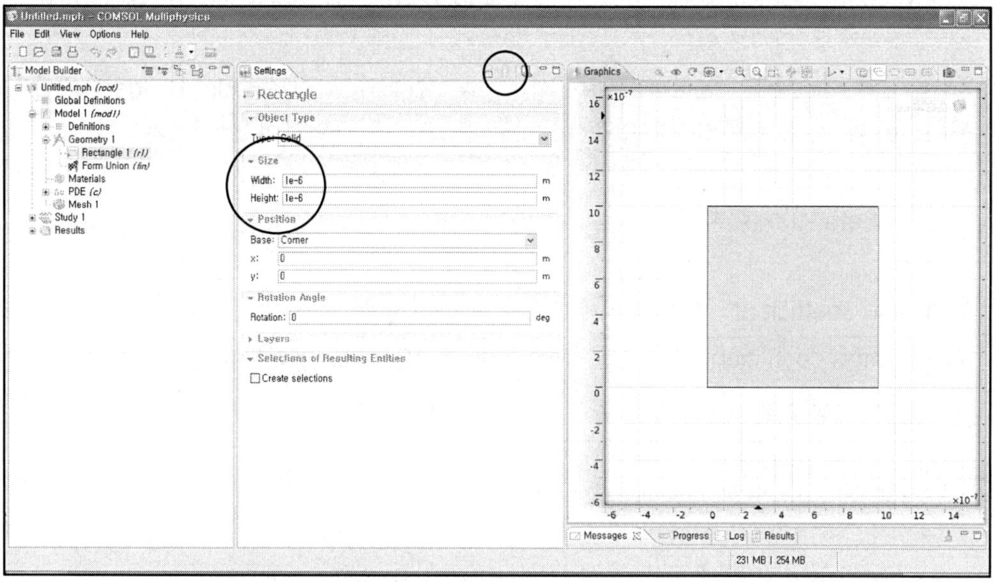

그림 22-47 'Settings' 페이지에서 'Rectangle' 형성하기

5. 이제 해석 모델에 대한 소영역을 설정해 보자.

먼저 x, y 방향에 대한 **'속도장'**은
x 방향 속도 : '1e-3'
y 방향 속도 : '1e-4'로 정의되어 있다.

또한, 'Diffusion coefficient'의 'c'는 '1e-6[m^2/s]'으로 정의되어 있다.
이상과 같은 '대류와 확산 조건'을 편미분 방정식, 계수형태 모델에 대해 적용해 보자.

대류와 확산의 지배방정식(**내장함수**)을 보면,
컴솔 '**내장함수**'의 대류와 확산의 지배방정식은 $\nabla \cdot (-D\nabla c) + \vec{u}\nabla c = R$
여기서, 'Diffusion' 부분의 'Diffusion coefficient'인 'D'는 '1e-6[m^2/s]'이다.

대류와 확산에 관한 **편미분 방정식, 계수형태**의 지배방정식은

$$e_a\frac{\partial^2 c}{\partial t^2}+d_a\frac{\partial c}{\partial t}+\nabla\cdot(-c\nabla c-\alpha c+\gamma)+\beta\cdot\nabla c+ac=f\ ,\ \in\Omega$$ 이다.

위의 계수형태 지배방정식에서 c는 '1E-6'이고,
'Convection coefficient'의 ' β'는 내장함수의 속도 벡터 $\vec{u}$와 동일한 '(1E-3, 1E-4)' 으로 정의됨을 알 수 있다.
위와 같이 소영역을 설정하기 위해서 그림 22-48과 같이 'Model Builder' 페이지의 'PDE (c)'의 서브 항목인 'Coefficient Form PDE 1'을 클릭하여 선택하자.

오른쪽 'Setting' 페이지의

'Diffusion coefficient' 부분의 'c'에 '1E-6'을 타입하자.
'Convection coefficient' 부분의 ' β'는 '(1E-3, 1E-4)'로 정의됨을 알 수 있다.
이것은 내장함수의 속도 벡터 $\vec{u}$ 와 동일한 값이다.

기타 나머지 계수들은 다음과 같이 설정하자. 즉

mass coefficient	$e_a = 0$
damping coefficient	$d_a = 0$
conservation flux convection coefficient	$\alpha = 0$
absorption coefficient	$a = 0$
conservative flux source term	$\gamma = 0$
source term	$f = 0$

아래 그림 22-48-1, 22-48-2는 편미분 방정식, 일반형태, 소영역을 설정한 상태를 보여 준다.

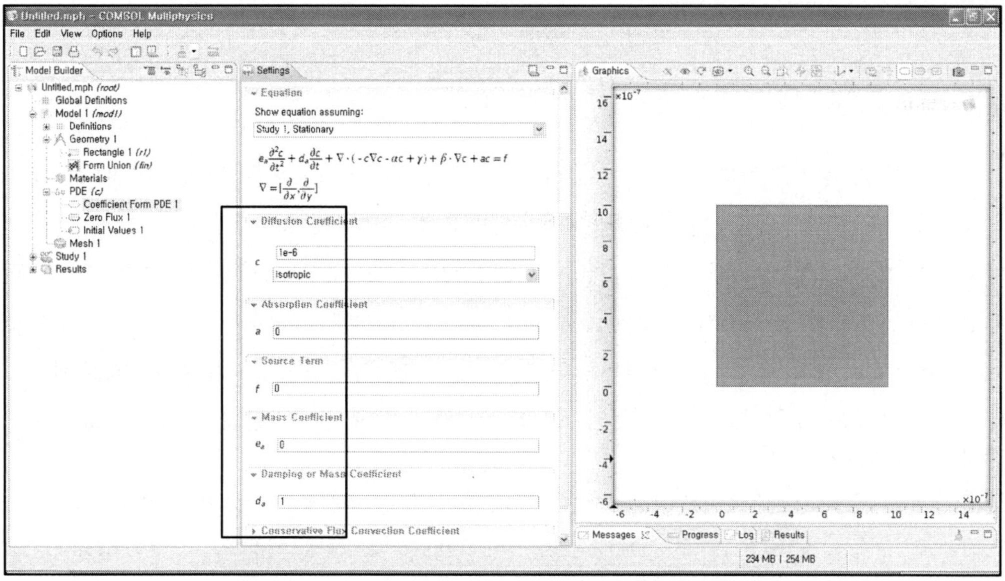

그림 22-48-1 '편미분 방정식, 계수형태, 소영역 설정하기 1

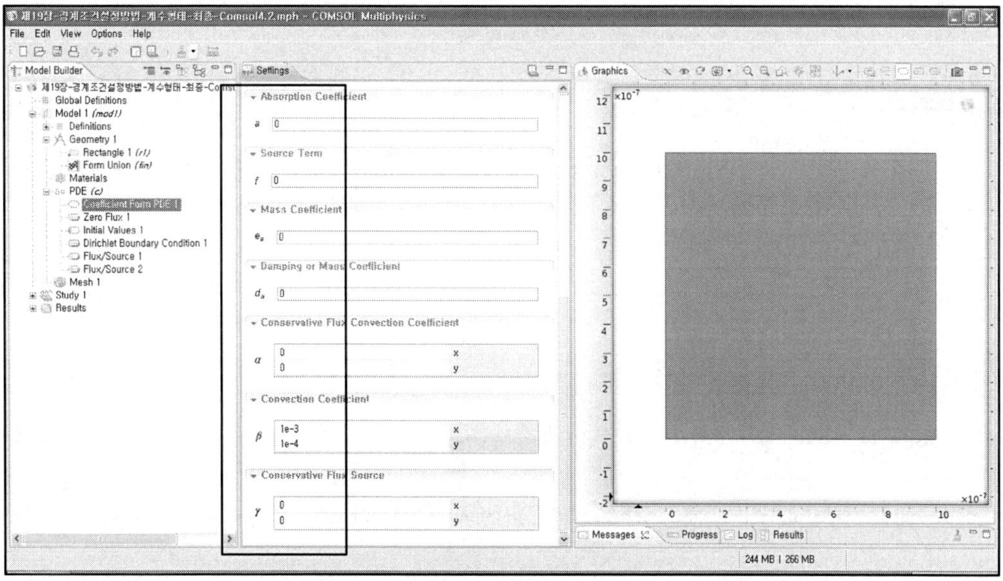

그림 22-48-2 '편미분 방정식, 계수형태, 소영역 설정하기 2

6. 이제, 편미분 방정식, 일반형태의 경계조건을 설정해보자.

경계 1에는 경계조건이 일정한 농도이므로, 'c = 1'의 식에서 다음의 (경계, Dirichlet BC) 조건식을 고려하면,

$$c = r, \quad on, \ \Omega$$

'Constraint', 'r'항에는 '1-c'를 타입하면 된다.

경계 2에는 경계조건의 'g'에 '10+(g.nx*1e-3+g.ny*1e-4)*c'을 타입해야한다. 왜냐하면, 편미분 방정식, 대류와 확산 (내장 모듈)의 플럭스의 경계조건 형식은

$-\vec{n} \cdot N_j = N_{oj}, N_j = -D\nabla c + \vec{u}c_j$ 이고, 편미분방정식, 계수 형태의 플럭스 경계조건 방정식은 방정식은$-\vec{n} \cdot (-c\nabla c - \alpha c + \gamma) = g - qc$ 이고, 여기서

$-\vec{n} \cdot (-c\nabla c - \alpha c + \gamma) = g - qc$의 형태를 취하기 때문에 $\alpha, \gamma, q = 0$ 이기 때문에

$-\vec{n} \cdot (-c\nabla c) = g$의 형태가 되어야 한다. 즉 편미분 방정식, 일반 형태와 똑 같은 경계조건을 가지게 된다.

경계 3에는 경계조건이은 편미분 방정식, 대류와 확산 (내장 모듈)의 대칭/단열 조건으로 $-\vec{n} \cdot N_j = 0, N_j = -D\nabla c + \vec{u}c_j$ 이기 때문에 경계 2와 같은 맥락에서

$g = 0 + (n_x c u_x + n_y c u_y)$

경계 4는 대류장 플럭스 조건으로 편미분 방정식, 대류와 확산 (내장 모듈)의 경계 조건인

$-\vec{n} \cdot (-D\nabla c) = 0$를 가지므로, 편미분방정식, 일반 형태의 zero flux 조건을 그대로 사용하면 된다.

여기서 $\vec{n}$은 면에 수직인 벡터 (c.nx, c.ny)를 사용할 때, 표 22-1에 있는 인덱스를 사용하는 것을 주의하자.

(경계, neumann BC)

$$n \cdot (c\nabla u + \alpha u - \gamma) + qu = g - h^T\mu, \quad on, \ \Omega \tag{8-6}$$

이제 해석 모델에 대한 경계 조건들을 설정해 보자. (다음 페이지에서 계속)

6-1. **'경계 조건 1'_설정하기**

그림 22-29와 같이 'Model Builder' 페이지의 'PDE (c)'를 마우스 오른쪽 마우스를 클릭하여 나타난 메뉴에서 'Dirichlet Boundary Condition'을 클릭하여 선택하자. 그러면 'PDE (c)' 아래에 서브 항목인 'Dirichlet Boundary Condition 1'이 생성된다.

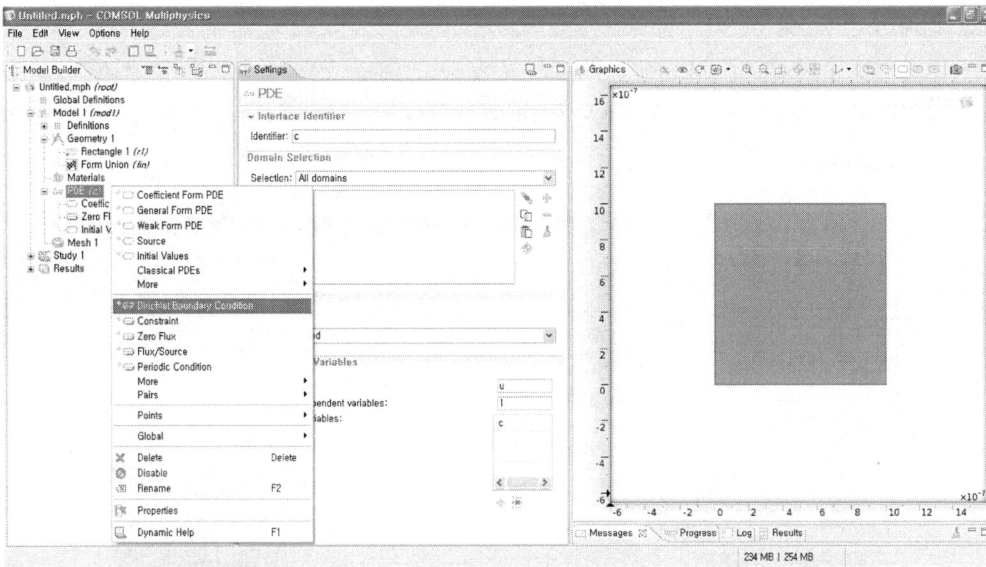

그림 22-49 'Dirichlet Boundary Condition 1' 서브 항목 추가하기

그림 22-50과 같이 추가된 'Dirichlet Boundary Condition 1'을 선택하자. 'Graphics' 페이지에서 **'경계 1'**을 클릭하여 선택하고 'Settings' 페이지의 'Boundary Selection' 부분에서 'Add to Selection' ✚ 버튼을 클릭하여 추가하자. 'Dirichlet Boundary Condition' 부분에서 'r' 값을 '1'로 타입하자.

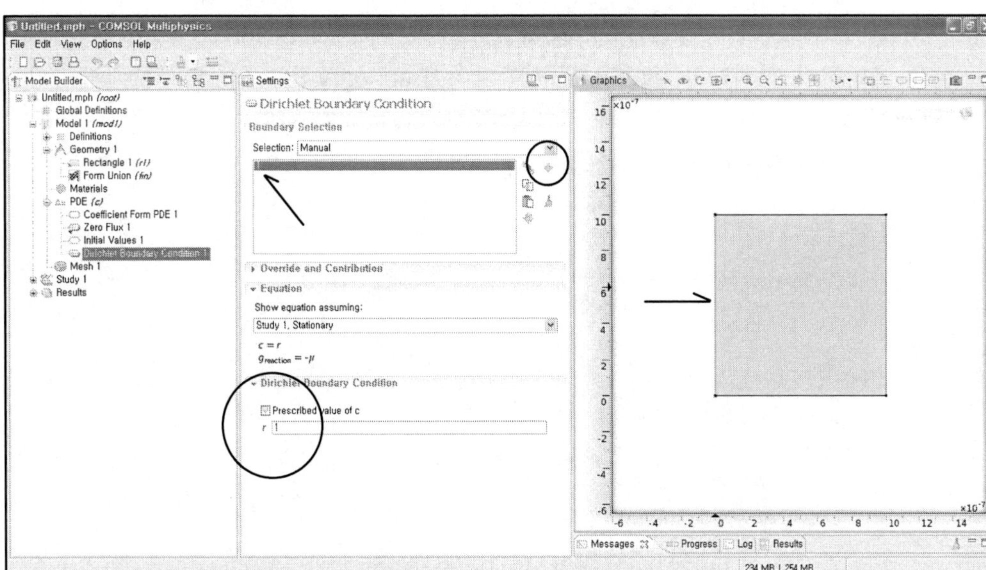

그림 22-50 '경계 1' 경계 조건 'Constraint' 설정하기

6-2. **'경계 조건 2' 설정하기**

그림 22-51과 같이 'Model Builder' 페이지의 'PDE (c)'를 마우스 오른쪽 마우스를 클릭하여 나타난 메뉴에서 'Flux/Source'를 클릭하여 선택하자. 그러면 서브 항목인 'Flux/Source 1'이 생성된다.

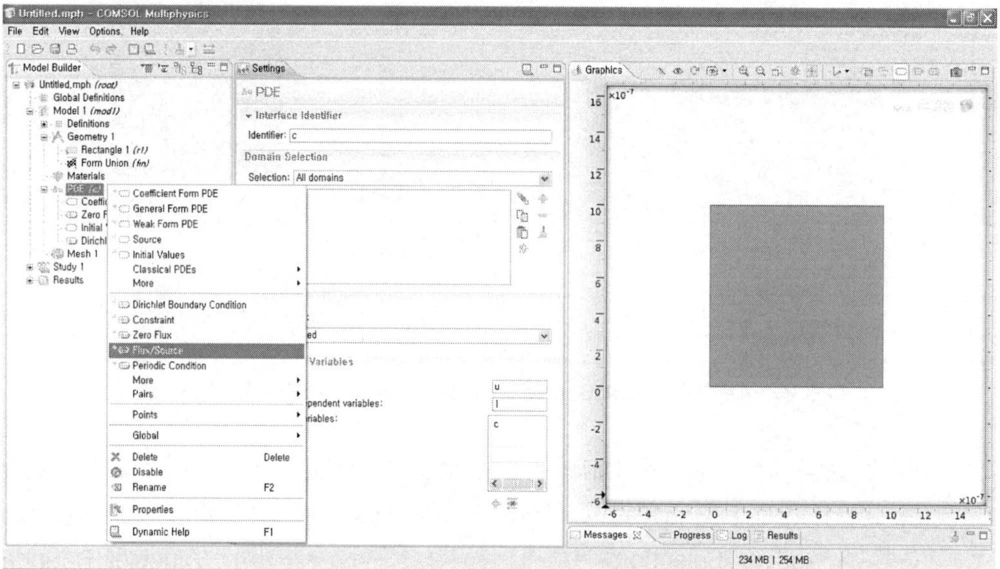

그림 22-51 'Flux/Source 1' 서브 항목 추가하기

그림 22-52와 같이 추가된 'Flux/Source 1'을 선택하자. 'Graphics' 페이지에서 '경계 2'을 클릭하여 선택하고 'Settings' 페이지의 'Boundary Selection' 부분에서 'Add to Selection' ✚ 버튼을 클릭하여 추가하자. 'Boundary Flux/Source' 부분에서 'g'를 '10+(c.nx*1e-3+c.ny*1e-4)*c'로 설정하자.

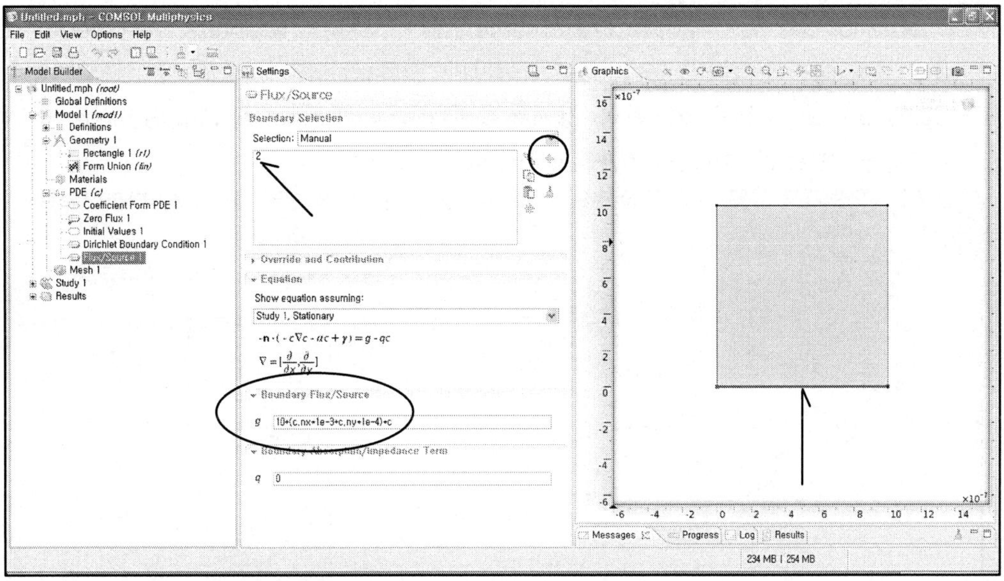

그림 22-52 '경계 2' 경계 조건 'Flux/Source 1' 설정하기

6-3. '경계 조건 3' 설정하기

그림 22-53-1과 같이 'Model Builder' 페이지의 'PDE (c)'를 마우스 오른쪽 마우스를 클릭하여 나타난 메뉴에서 'Flux/Source'를 클릭하여 선택하자. 그러면 서브 항목인 'Flux/Source 2'가 생성된다.

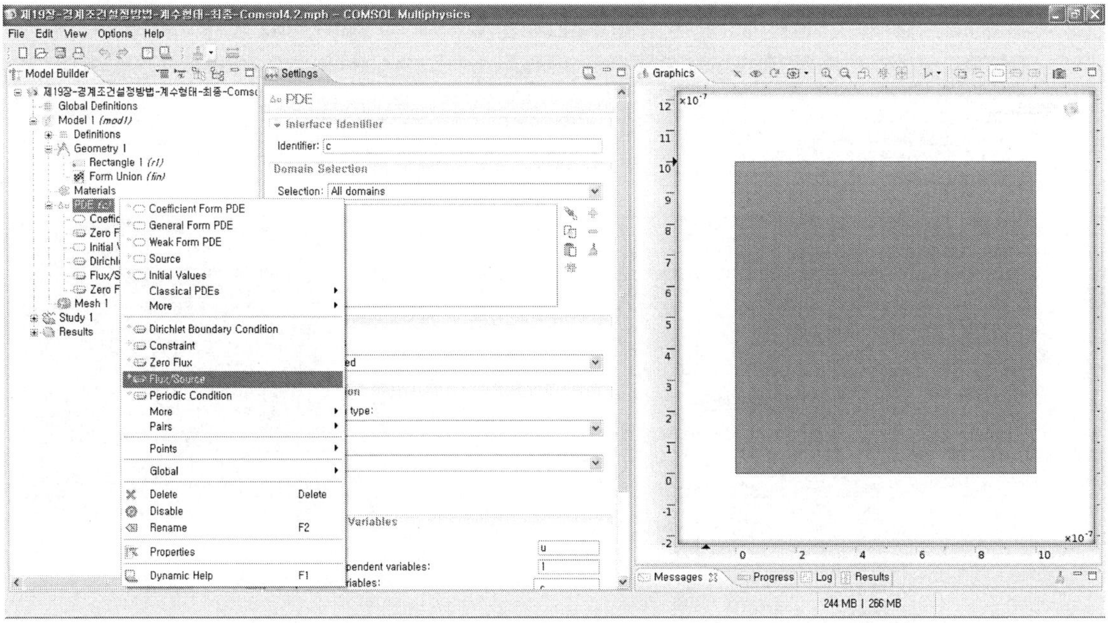

그림 22-53-1 'Flux/Source 2' 서브 항목 추가하기

그림 22-53-2와 같이 추가된 'Flux/Source 2'를 선택하자. 'Graphics' 페이지에서 '**경계 3**'을 클릭하여 선택하고 'Settings' 페이지의 'Boundary Selection' 부분에서 'Add to Selection' 버튼을 클릭하여 '**경계 3**'를 추가하고, 'Boundary Flux/Source' 부분에서 'g'를 '0+(c.nx*1e-3+c.ny*1e-4)*c'로 설정하자.

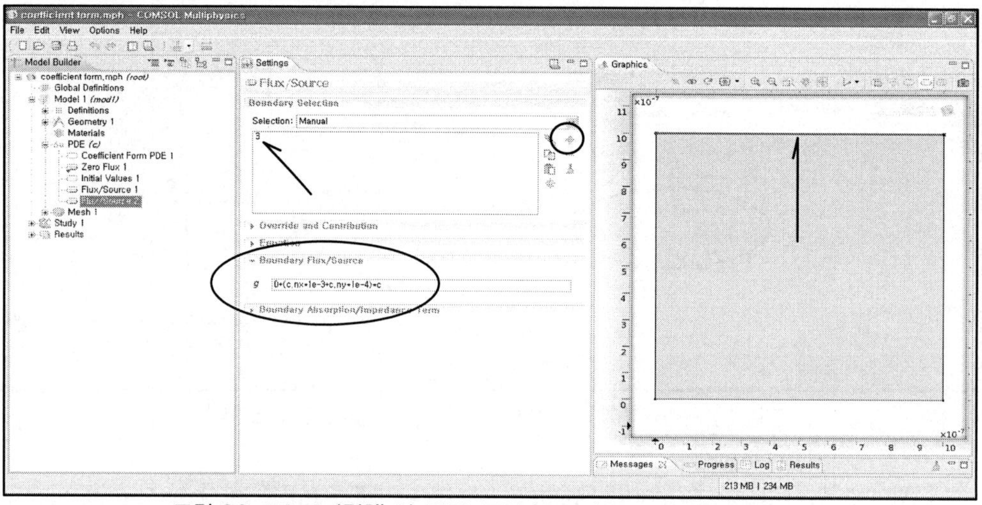

그림 22-53-2 '**경계 3**' 경계 조건 'Flux/Source 2' 설정하기

6-4. '경계 조건 4' 설정하기

그림 22-54와 같이 'Model Builder' 페이지의 'PDE (c)'를 마우스 오른쪽 마우스를 클릭하여 나타난 메뉴에서 'Zero Flux'를 클릭하면 'Zero Flux 2'가 추가된다.

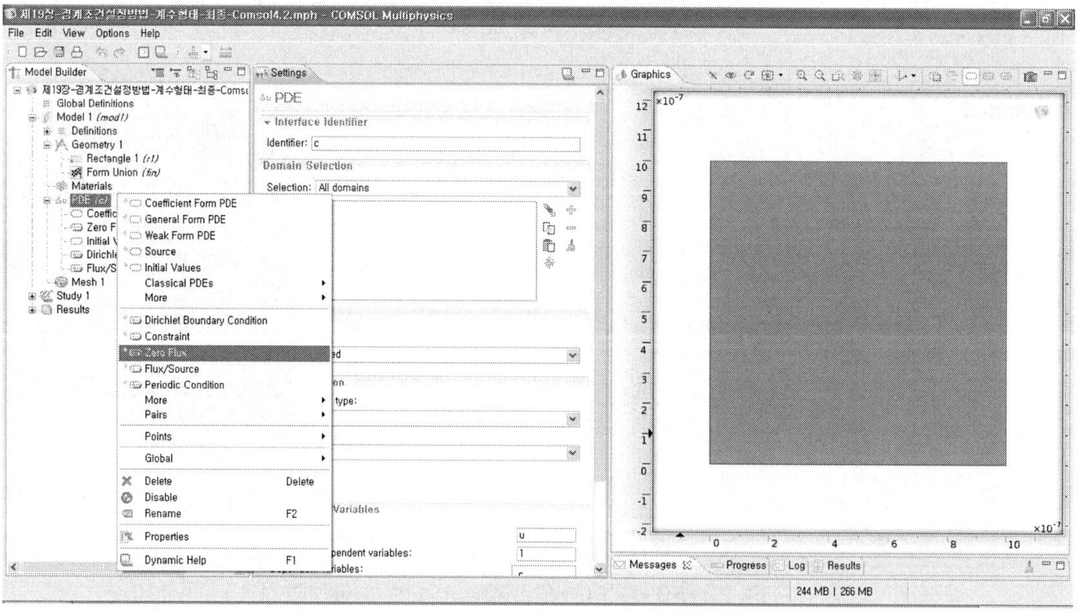

그림 22-54 'Zero Flux 2' 서브 항목 추가하기

그림 22-55와 같이 추가된 'Zero Flux 2'를 선택하자. 'Graphics' 페이지에서 **'경계 4'**를 클릭하여 선택하고 'Settings' 페이지의 'Boundary Selection' 부분에서 'Add to Selection' 버튼을 클릭하여 **'경계 4'**를 추가하자. 'Zero Flux' 부분에서 추가된 **'경계 4'**가 'Zero Flux'로 설정되는 것이다.

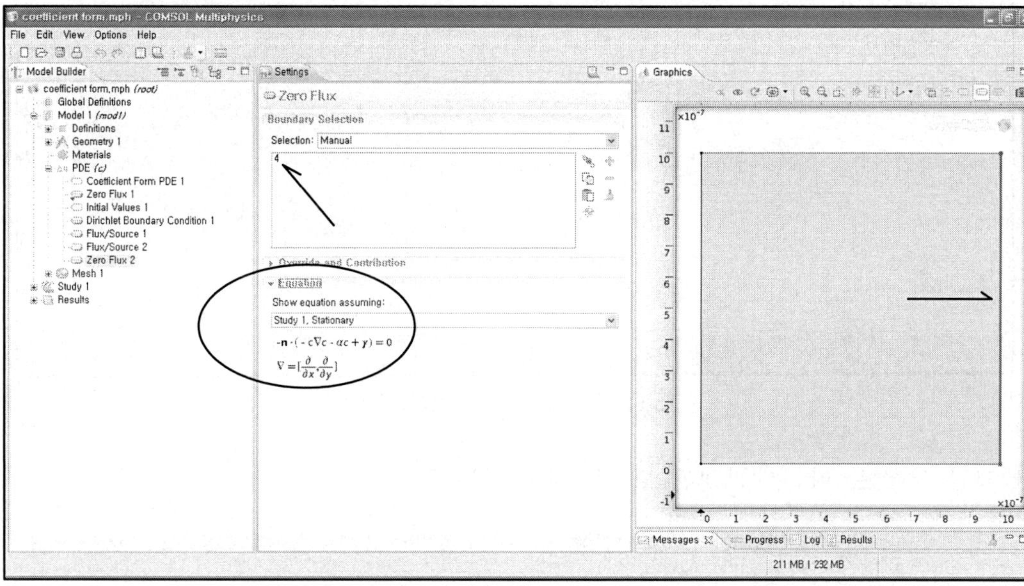

그림 22-55 '경계 4' 경계 조건 'Zero Flux 2' 설정하기

7. 그림 22-56과 같이 'Model Builder' 페이지의 항목 중 'Mesh 1'을 선택하고 오른쪽 'Settings' 페이지의 'Mesh' 윈도우의 'Sequence type' 항목을 'User-controlled mesh'으로 설정하자. 'Settings' 페이지 상단의 'Build All' 버튼을 클릭하여 메쉬를 생성하자.

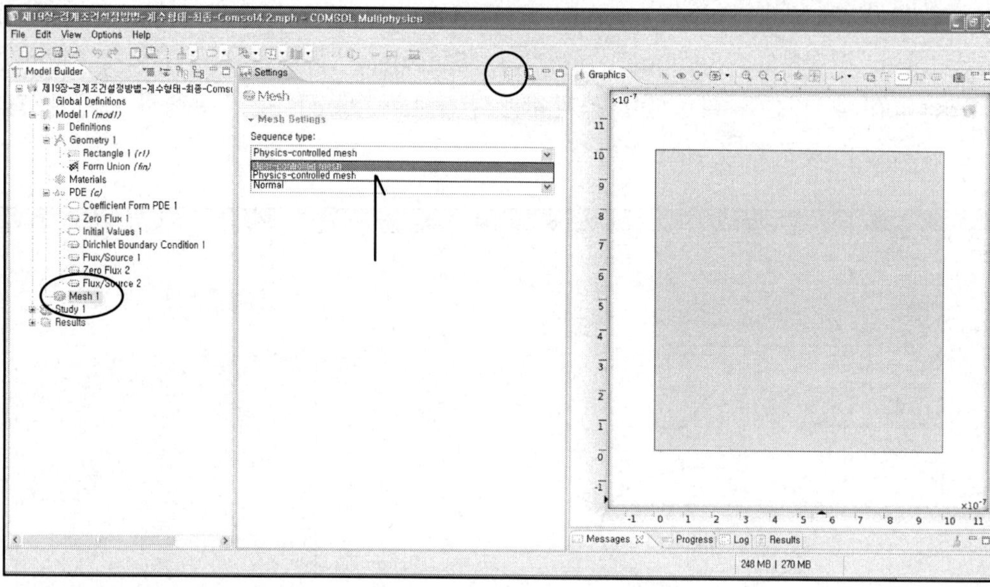

그림 22-56 'Mesh' 설정하기

8. 그림 22-57은 메쉬가 생성된 모습을 보여준다.

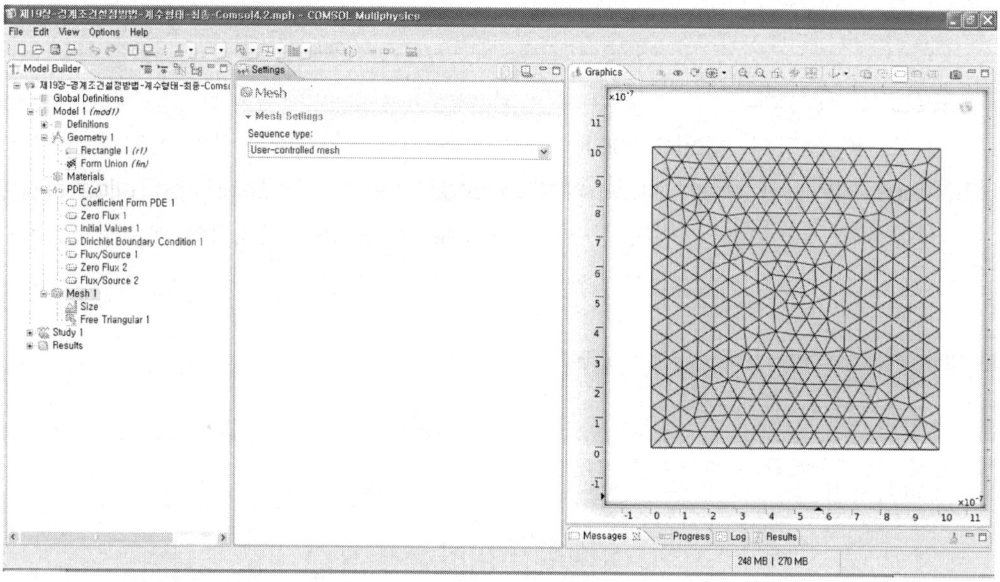

그림 22-57 'Mesh'가 생성된 모습

9. 그림 22-58과 같이 'Model Builder' 페이지의 항목 중 'Study 1'을 선택하고 오른쪽 'Settings' 페이지 상단의 'Compute' 버튼 을 클릭하여 계산해보자.

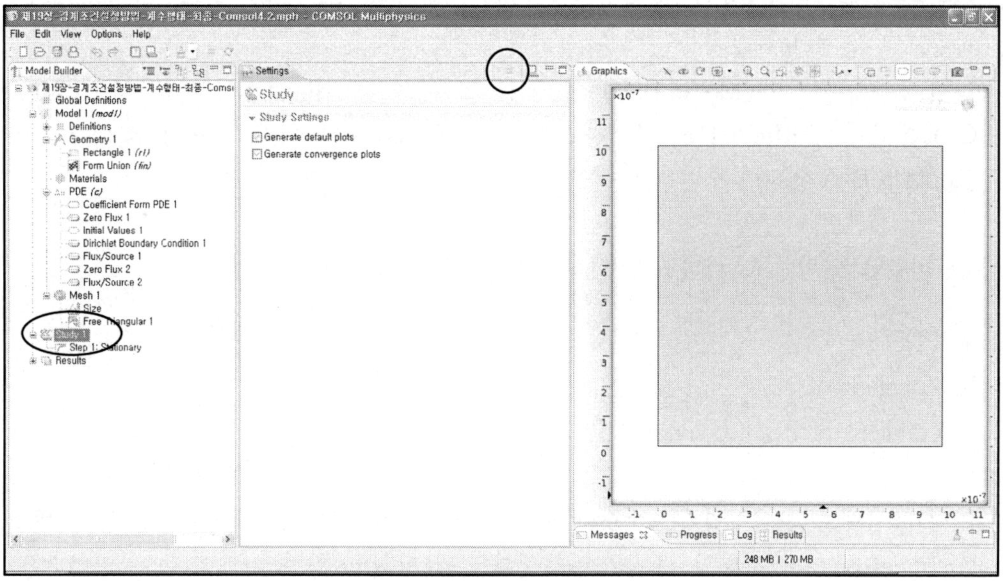

그림 22-58 'Compute' 수행하기

10. 그림 22-59는 'PDE Coefficient Form'으로 해석한 결과를 보여준다. 'COMSOL Multiphysics'에서 디폴트로 아래와 같이 농도의 결과를 보여 줄 것이다. 결과 값으로 최소값 1과 최대값 9.1546을 가질 것이다.

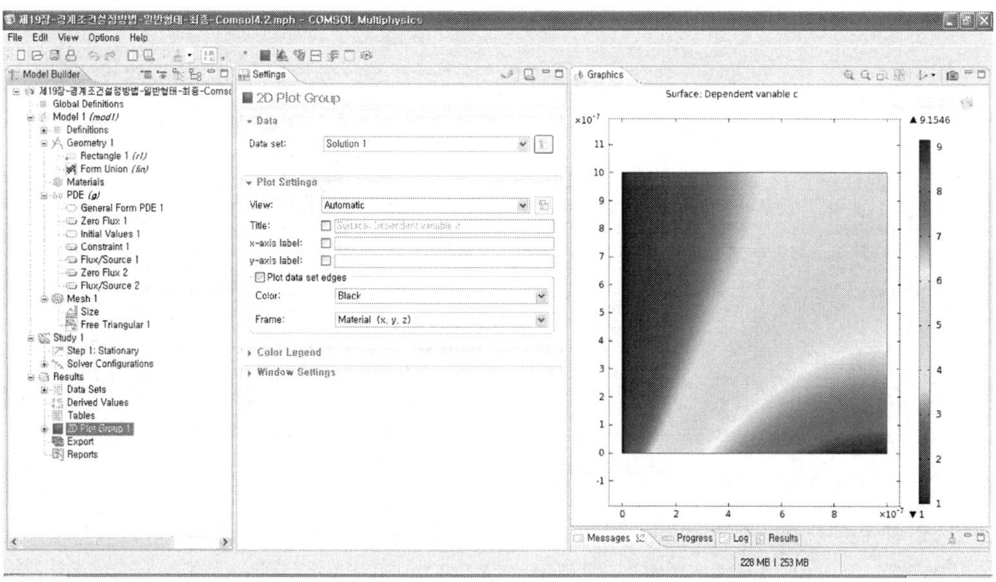

그림 22-59 'PDE General Form'으로 해석한 결과

11. 현재 화면에는 표현식에 나타나 있는 물리량이 농도 c로 되어 있다. 이것을 농도 변화량으로 변경하여 보자.

그림 22-60과 같이 'Model Builder' 페이지의 항목 중 'Results'의 하부 항목 '2D Plot Group 1' – 'Surface 1'을 선택하고 오른쪽 'Settings' 페이지의 'Expression' 부분의 'Replace Expression' 버튼을 클릭하자.

버튼을 클릭하고, 나타나는 메뉴를 다음 순서대로 선택하자.

a. 'PDE'
b. 'Gradient of c'
c. 'Gradient of c , x component'

이렇게 차례로 선택하면, 'Expression:' 부분에 'cx'로 나타나는데, 이것은 농도 변화량(Gradient of c)의 x 방향 성분을 나타낸다. 그래서 x, y 방향 전체의 농도 변화량을 나타내기 위하여, 'Expression:' 부분에 'sqrt(cx^2 + cy^2)'를 타입하고 'Settings' 페이지 상단의 'Plot' 버튼을 클릭하자.

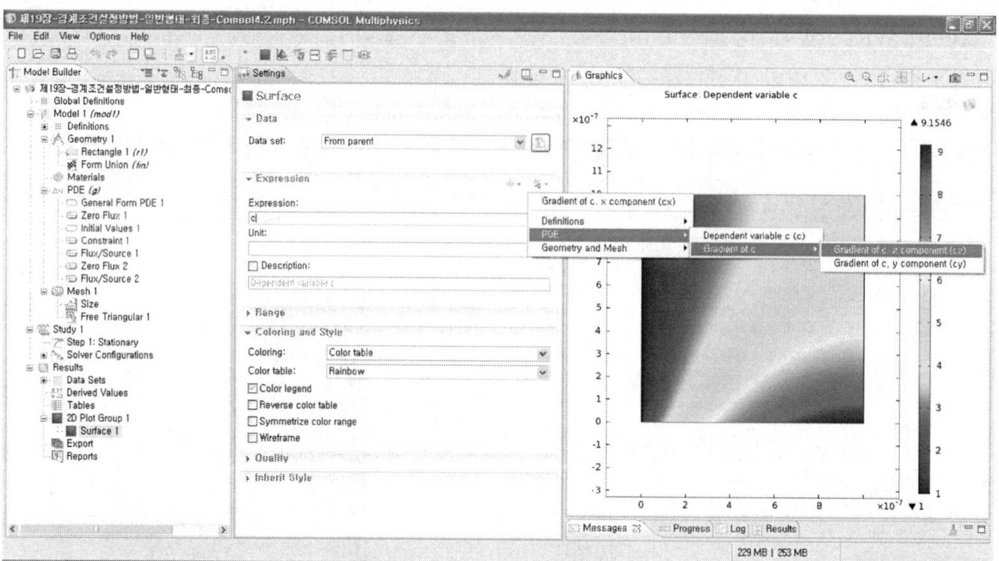

그림 22-60 농도 변화량 표현

12-1. 또한 현재 화면에서 x, y 방향의 농도 변화량 화살표 그림을 추가해 보자. 그림 22-61과 같이 'Model Builder' 페이지의 항목 중 'Results'의 하부 항목 '2D Plot Group 1'을 선택하고 오른쪽 마우스 버튼을 클릭하고 나타난 메뉴 중 'Arrow

Surface'를 선택하자.

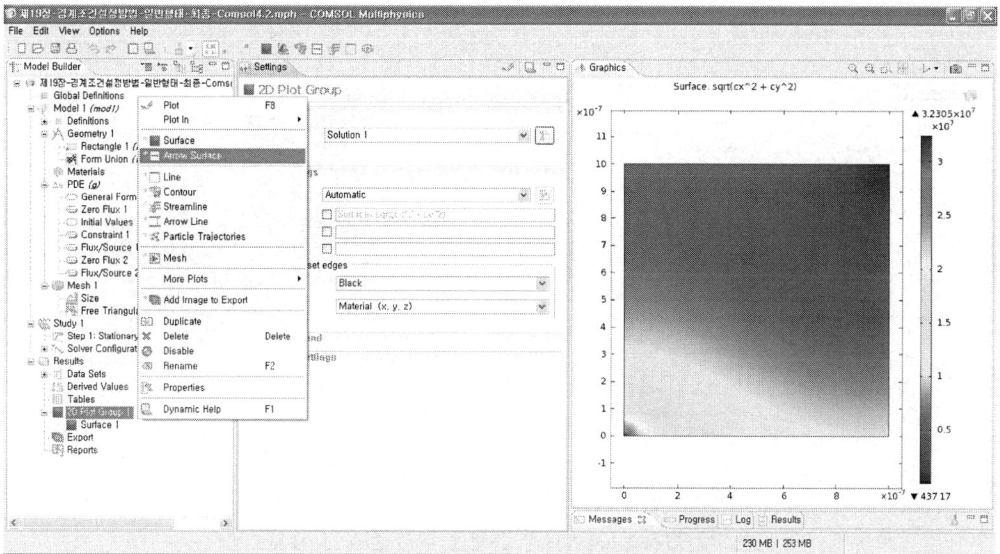

그림 22-61 농도 변화량 화살표 그림을 추가

12-2. 그림 22-62와 같이 오른쪽 'Settings' 페이지의 'Expression' 부분의 'Replace Expression' 버튼을 클릭하자.

버튼을 클릭하고, 나타나는 메뉴를 다음 순서대로 선택하자.

a. 'PDE'
b. 'Gradient of c (cx, cy)'

또한, 이미 앞의 과정에서 한번 선택하였기 때문에 'Replace Expression' 버튼을 클릭하면 나타난 팝업 메뉴 상단에 'Gradient of c (cx, cy)'가 나타나 있기 때문에 이것을 바로 선택하여도 된다. 그러면 그림 22-23과 같이 'Expression'의 'x component'에는 'cx'가 채워지고, 'Expression'의 'y component'에는 'cy'가 채워진다.

아래 그림 22-62는 농도 변화량 표현을 위한 화살표 표시 방법을 보여준다.

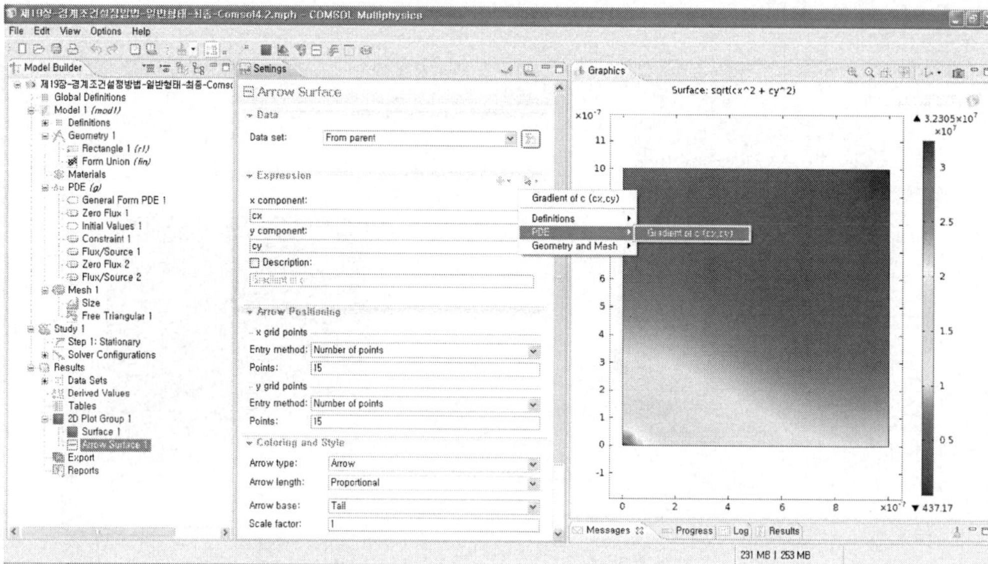

그림 22-62 농도 변화량 표현을 위한 화살표 표시 방법

12-3. 그림 22-63과 같이 오른쪽 'Settings' 페이지 상단의 'Plot' 버튼을 클릭하자.

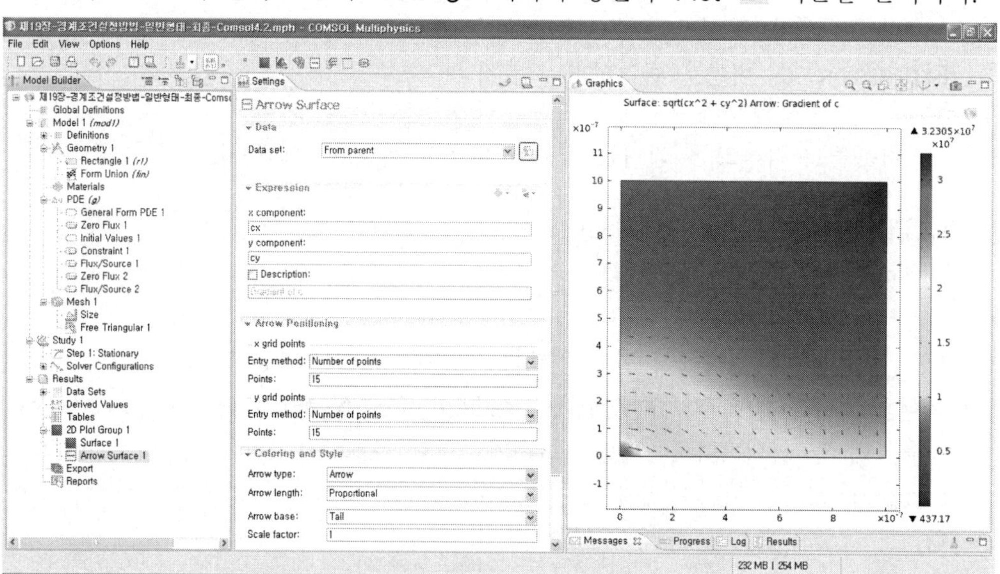

그림 22-63 농도 변화량 표현 + 화살표 표현

편미분방정식, 약형 (Weak Form)

1. 그림 22-64와 같이 'Model Wizard' 페이지에서 'Select Space Dimension'을 '2D'로 선

택하고 'Next' 버튼 을 누른다.

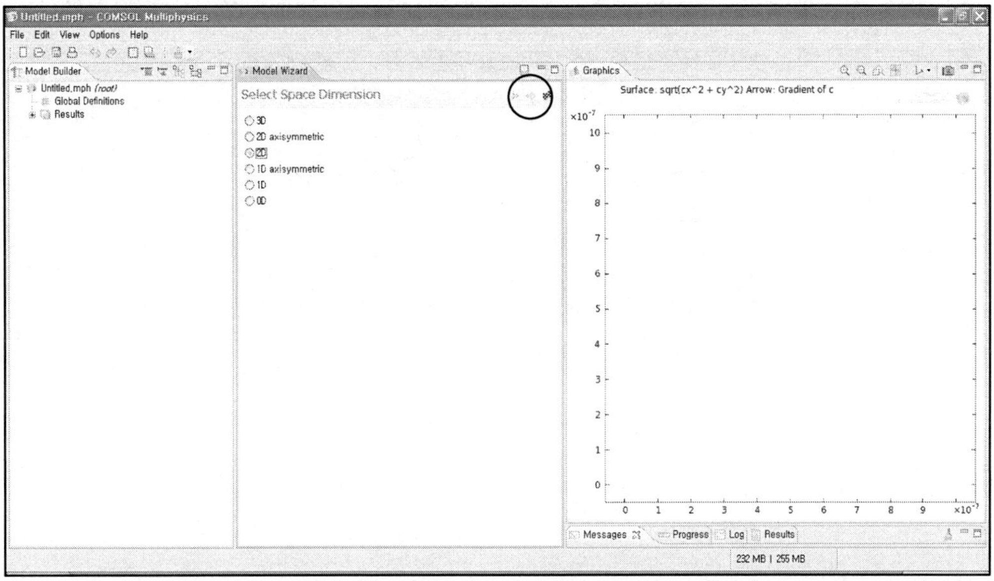

그림 22-64 'Model Wizard' 페이지에서 'Select Space Dimension' 을 '2D'로 선택하기

2. 그림 22-65와 같이 'Model Wizard' 페이지의 'Add Physics' 윈도우에서 'Mathematics' - 'PDE interfaces' 항목에서 'Weak Form PDE (w)'를 더블클릭하여 선택하고, 하단의 'Dependent variables'에 'c'를 타입하고, 상단의 'Next' 버튼 을 누른다.

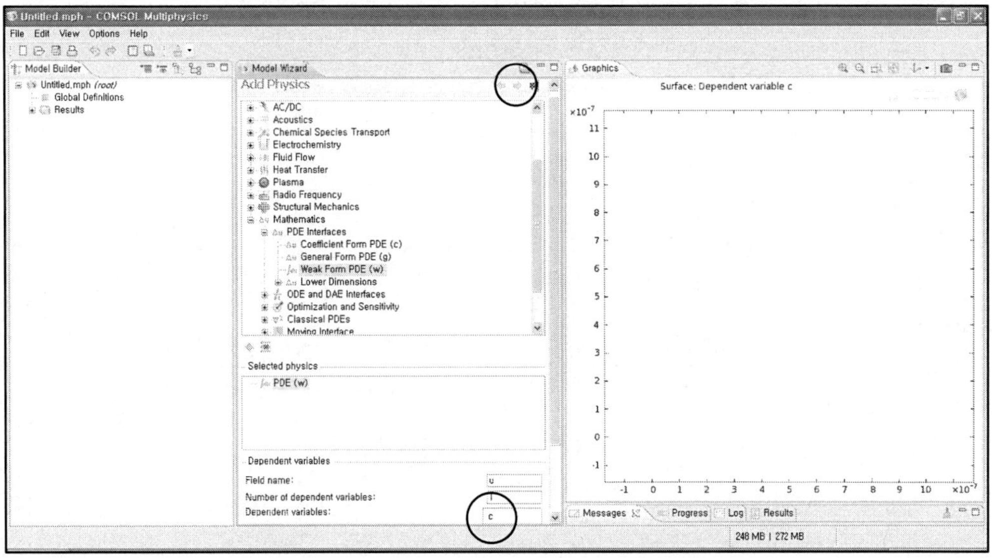

그림 22-65 'Mathematics' - 'PDE interfaces' 항목, 'Weak Form PDE (w)' 선택하기

3. 그림 22-66과 같이 'Model Wizard' 페이지의 'Select Study Type' 윈도우에서 'Preset Studies' 항목에서, 'Stationary'를 선택한 다음, 상단의 'Finish' 버튼을 누른다.

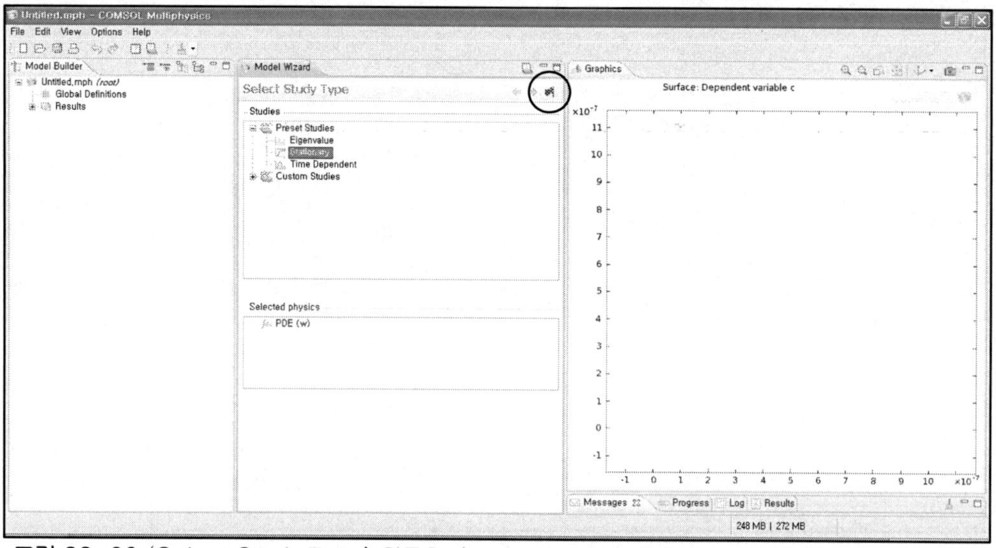

그림 22-66 'Select Study Type' 윈도우, 'Preset Studies' 항목에서, 'Stationary' 선택하기

4. 그림 22-67과 같이 사각형 모델링을 하기 위해서, 'Model Builder' 페이지에서 'Geometry 1'을 선택하고, 마우스 오른쪽 버튼을 눌러 'Rectangle'를 선택하고, 오른쪽의 'Settings' 페이지에 나타난 'Rectangle' 윈도우의 'Size' 항목에 Width: 1E-6, Height: 1E-6로 타입한 후 상단의 'Build All' 버튼을 클릭한다.

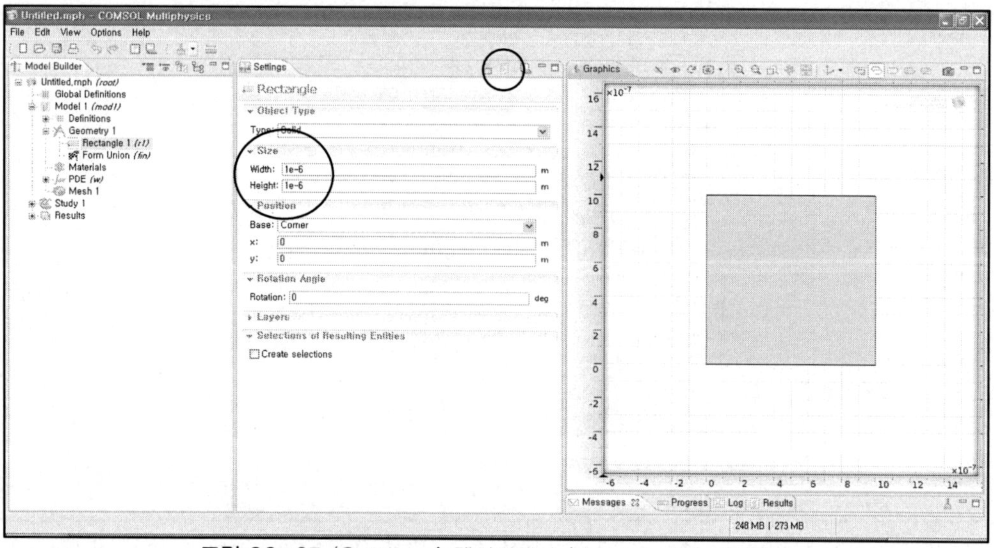

그림 22-67 'Settings' 페이지에서 'Rectangle' 형성하기

5. 이제 해석 모델에 대한 소영역을 설정해 보자.
대류와 확산의 지배방정식(**내장함수**)을 보면,
컴솔 '**내장함수**'의 대류와 확산의 지배방정식은 $\nabla \cdot (-D\nabla c + c\vec{u}) = R$
여기서, 'Diffusion' 부분의 'Diffusion coefficient'인 'D'는 '1e-6[m^2/s]' 이다.

대류와 확산에 관한 **편미분 방정식**, **계수형태**의 지배방정식은

$$\int_{\Omega} (\nabla v \cdot \vec{\Gamma} + vF)dA \text{ 이고, } F = 0 \text{ 이다.}$$

그러므로 Weak Expression에는 다음과 같이 타입하면 된다.

Weak Expression
:-(1e-6*(cx*test(cx)+cy*test(cy)))+1e-3*c*test(cx)+1e-4*c*test(cy)

위와 같이 소영역을 설정하기 위해서 그림 22-48과 같이 'Model Builder' 페이지의 'PDE (c)'의 서브 항목인 'Coefficient Form PDE 1'을 클릭하여 선택하자.
아래 그림 22-68은 편미분 방정식, Weak Form, 소영역을 설정한 상태를 보여준다.

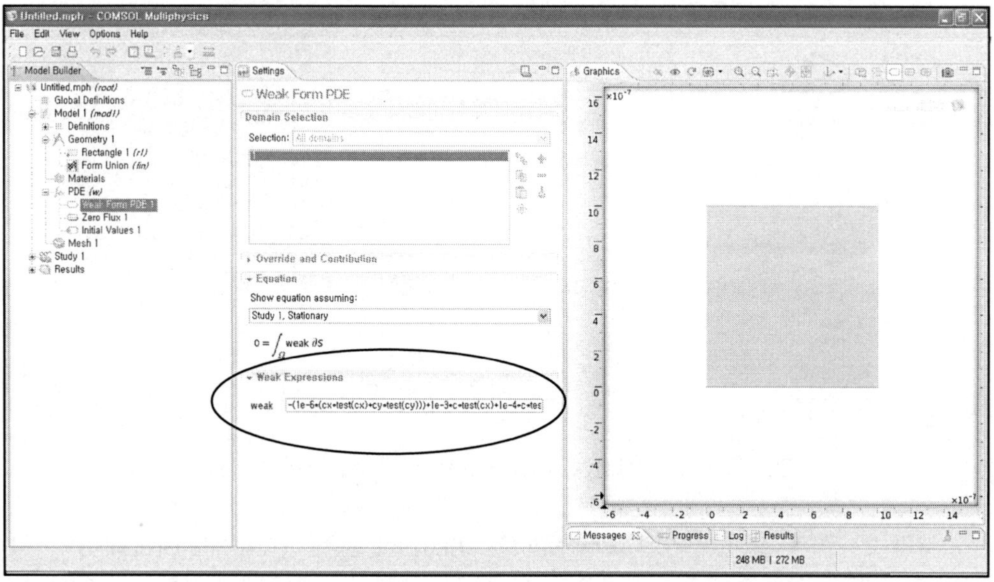

그림 22-68 '편미분 방정식, Weak Form, 소영역 설정하기

6. 이제, 편미분 방정식, 약형 Weak Form의 경계조건을 설정해보자.

경계 선택 1에서 제약조건 (constr)에 '-c+1',
경계 선택 2에서 약항 (weak)에 '10*test(c)',
경계 선택 3에는 약항 (weak)에 '0',
경계 선택 4에는 약항 (weak)에 '-(w.nx*1e-3+w.ny*1e-4)*c*test(c)'를 타입한다.

여기서 nx, ny는 수직벡터의 x, y 성분을 의미하며, w는 표 22-1의 약형을 의미한다.

이제 해석 모델에 대한 **경계 조건**들을 설정해 보자.

6-1. **'경계 조건 1'_설정하기**

그림 22-69와 같이 'Model Builder' 페이지의 'PDE (w)'를 마우스 오른쪽 마우스를 클릭하여 나타난 메뉴에서 'More'를 클릭하고 나타난 하부 메뉴인 'Pointwise Constraint'를 클릭하여 'Pointwise Constraint 1'을 생성하자.

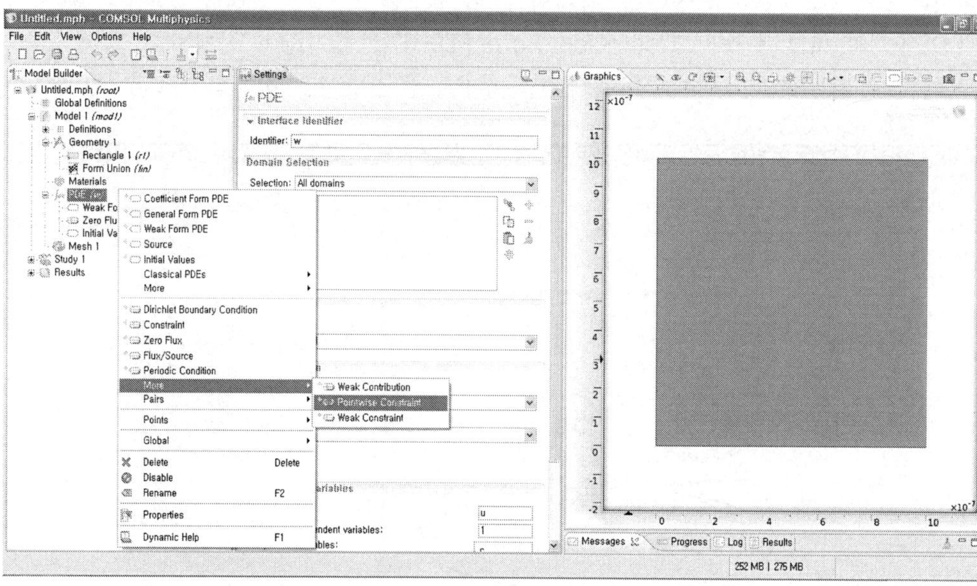

그림 22-69 'Pointwise Constraint 1' 서브 항목 추가하기

그림 22-70과 같이 추가된 'Pointwise Constraint 1'을 선택하자. 'Graphics' 페이지에서 **'경계 1'**을 클릭하여 선택하고 'Settings' 페이지의 'Boundary Selection' 부분에서 'Add to Selection' 버튼을 클릭하여 추가하자. 'Constraint Expression' 부분에 '-c+1' 값을 타입하자.

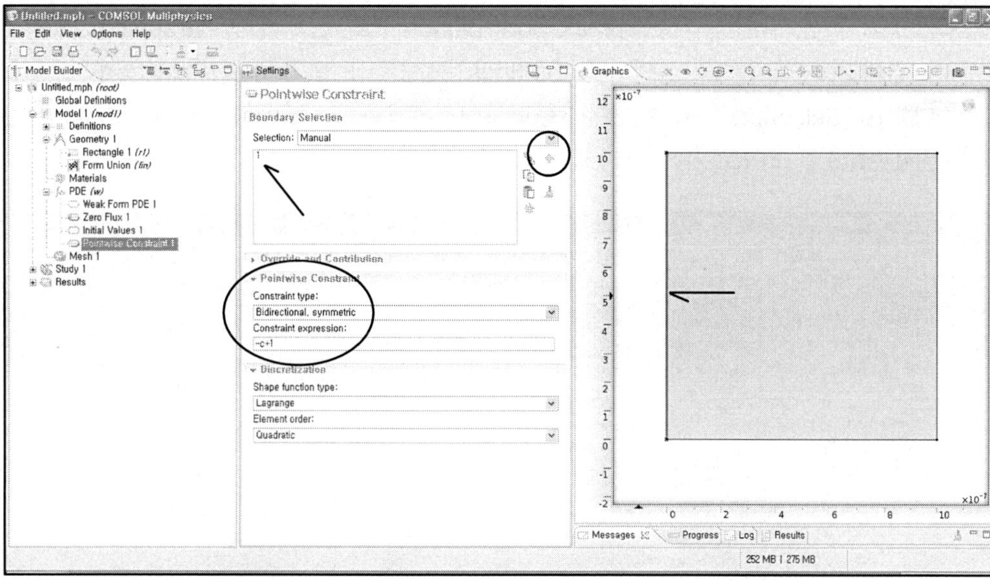

그림 22-70 '경계 1' 경계 조건 'Constraint' 설정하기

6-2. **'경계 조건 2' 설정하기**

그림 22-71과 같이 'Model Builder' 페이지의 'PDE (w)'를 마우스 오른쪽 마우스를 클릭하여 나타난 메뉴에서 'More'를 클릭하여 나타난 서브 항목인 'Weak Contribution'을 선택하여 'Weak Contribution 1'을 생성하자.

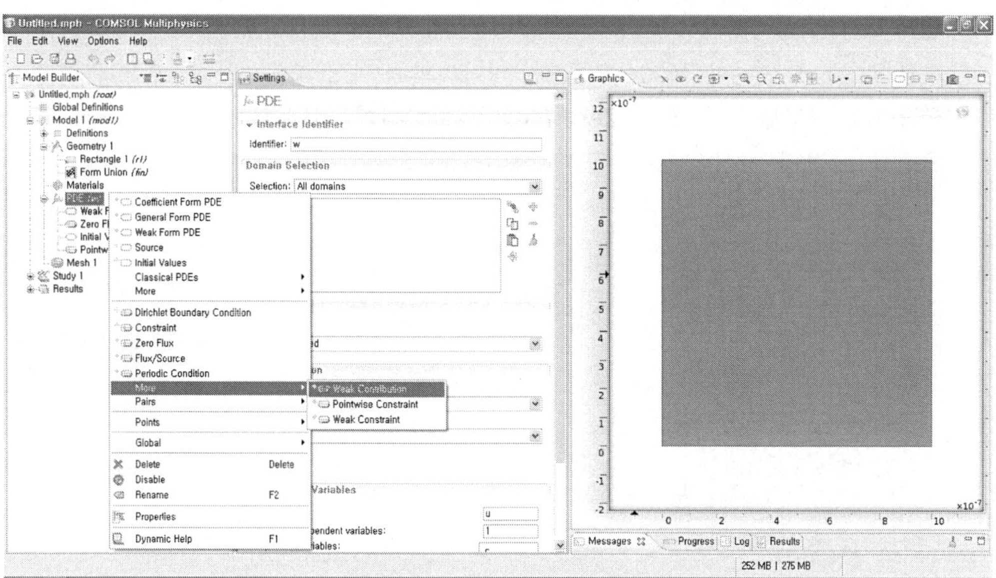

그림 22-71 'Weak Contribution 1' 서브 항목 추가하기

그림 22-72와 같이 추가된 'Weak Contribution 1'을 선택하자. 'Graphics' 페이지에서 '**경계 2**'를 클릭하여 선택하고 'Settings' 페이지의 'Boundary Selection' 부분에서 'Add to Selection' 버튼을 클릭하여 추가하자. 'Weak Expression' 부분에 '10*test(c)'를 타입하자.

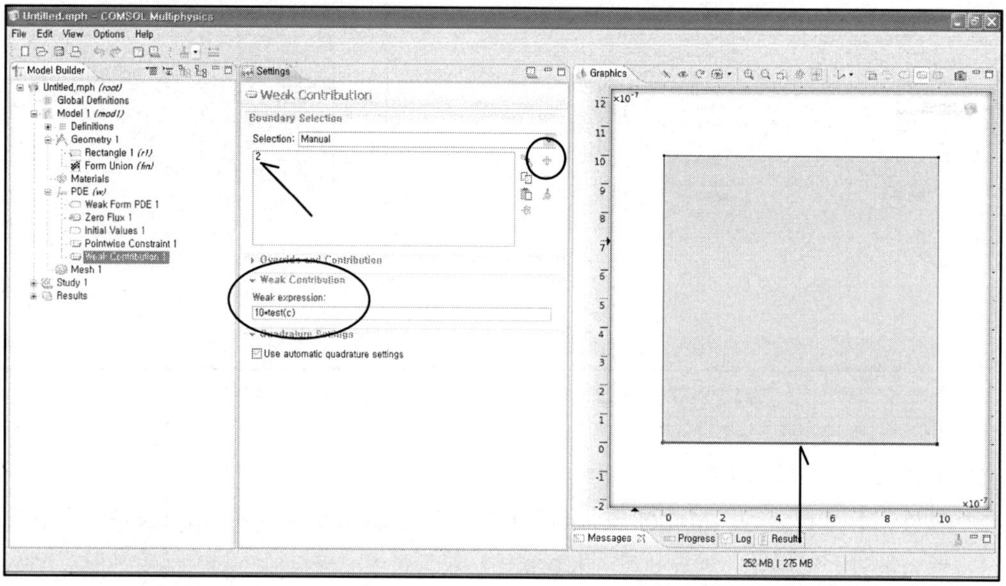

그림 22-72 '경계 2' 경계 조건 'Weak Contribution 1' 설정하기

6-3. '경계 조건 3' 설정하기

그림 22-73-1과 같이 'Model Builder' 페이지의 'PDE (w)'를 마우스 오른쪽 마우스를 클릭하여 나타난 메뉴에서 'Zero Flux'를 클릭하여 선택하자. 그러면 서브 항목인 'Zero Flux 2'가 생성된다.

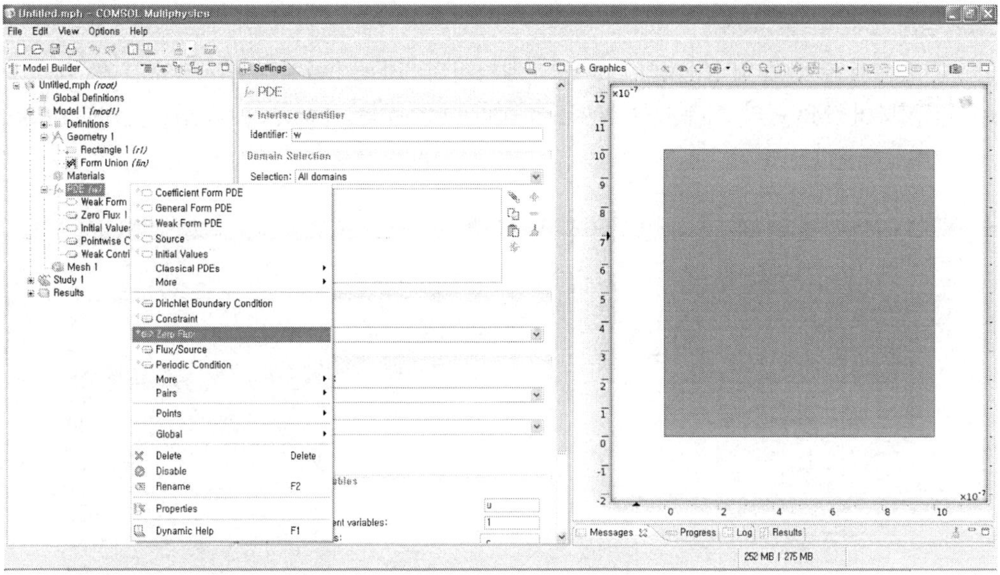

그림 22-73-1 'Zero Flux 2' 서브 항목 추가하기

그림 22-73-2와 같이 추가된 'Zero Flux 2'를 선택하자. 'Graphics' 페이지에서 **'경계 3'**을 클릭하여 선택하고 'Settings' 페이지의 'Boundary Selection' 부분에서 'Add to Selection' 버튼을 클릭하여 추가하자. 'Zero Flux' 부분에서 추가된 **'경계 3'**이 'Zero Flux'로 설정되는 것이다.

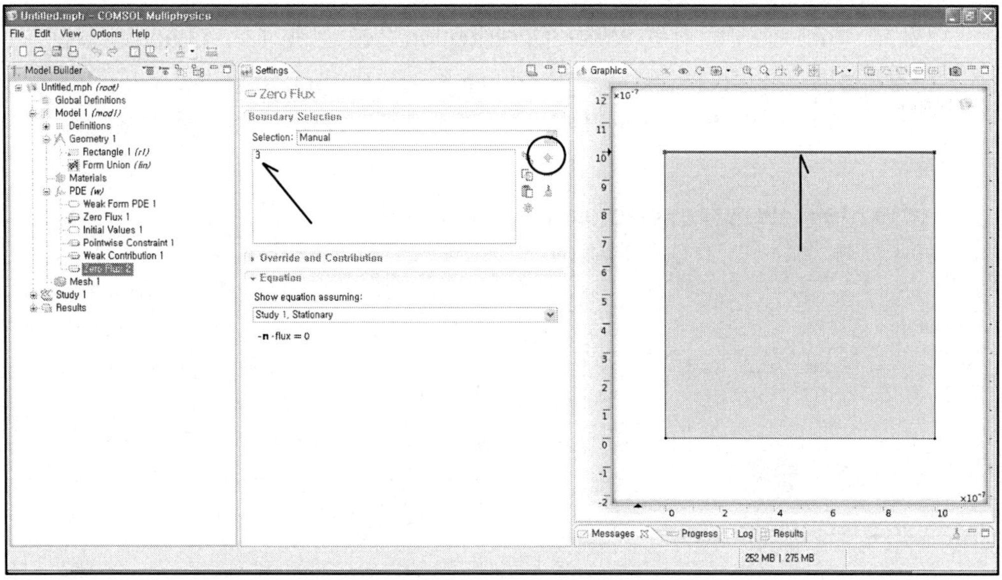

그림 22-73-2 **'경계 3'** 경계 조건 'Zero Flux 2' 설정하기

6-4. '경계 조건 4' 설정하기

그림 22-74와 같이 'Model Builder' 페이지의 'PDE (w)'를 마우스 오른쪽 마우스를 클릭하여 'More'의 하부메뉴 'Weak Contribution'을 클릭하면 'Weak Contribution 2'가 추가된다.

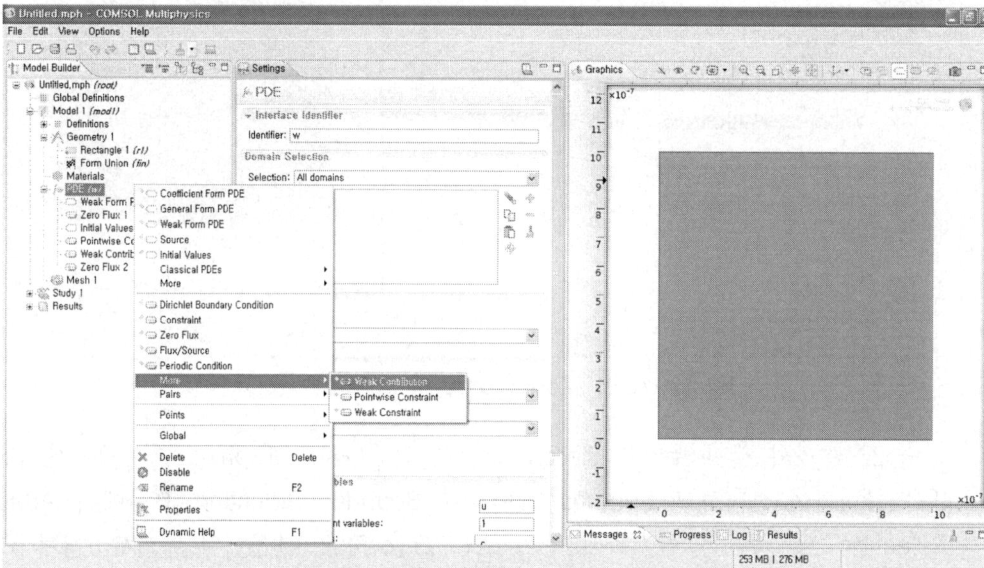

그림 22-74 'Weak Contribution 2' 서브 항목 추가하기

그림 22-75와 같이 추가된 'Weak Contribution 2'를 선택하자. 'Graphics' 페이지에서 '**경계 4**'를 클릭하여 선택하고 'Settings' 페이지의 'Boundary Selection' 부분에서 'Add to Selection' ✚ 버튼을 클릭하여 '**경계 4**'를 추가하고, 'Weak Expression' 부분에

'-(w.nx*1e-3+w.ny*1e-4)*c*test(c)'를 타입하자.

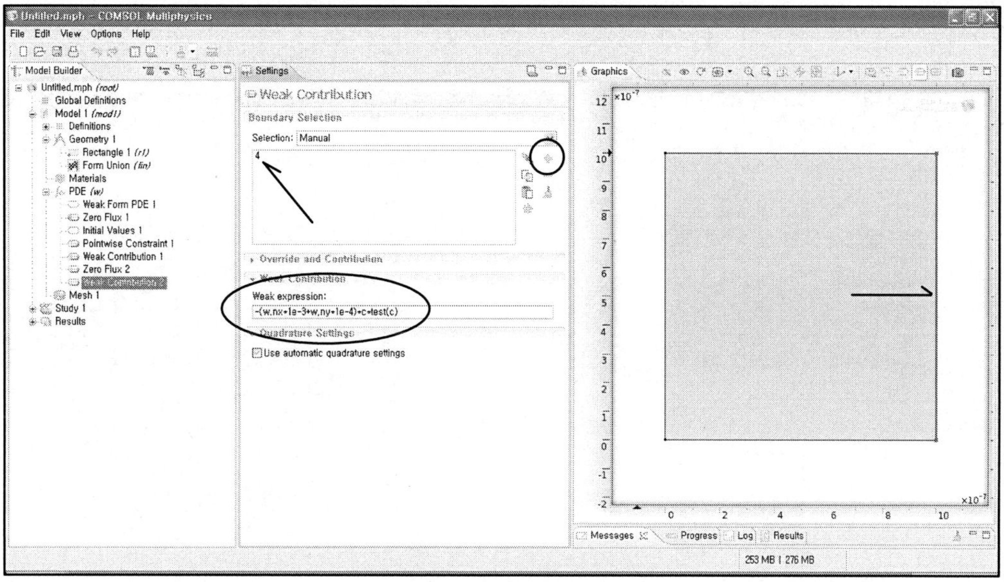

그림 22-75 '경계 4' 경계 조건 'Weak Contribution 2' 설정하기

7. 그림 22-76과 같이 'Model Builder' 페이지의 항목 중 'Mesh 1'을 선택하고 오른쪽 'Settings' 페이지의 'Mesh' 윈도우의 'Sequence type' 항목을 'User-controlled mesh'으로 설정하자. 'Settings' 페이지 상단의 'Build All' 버튼을 클릭하여 메쉬를 생성하자.

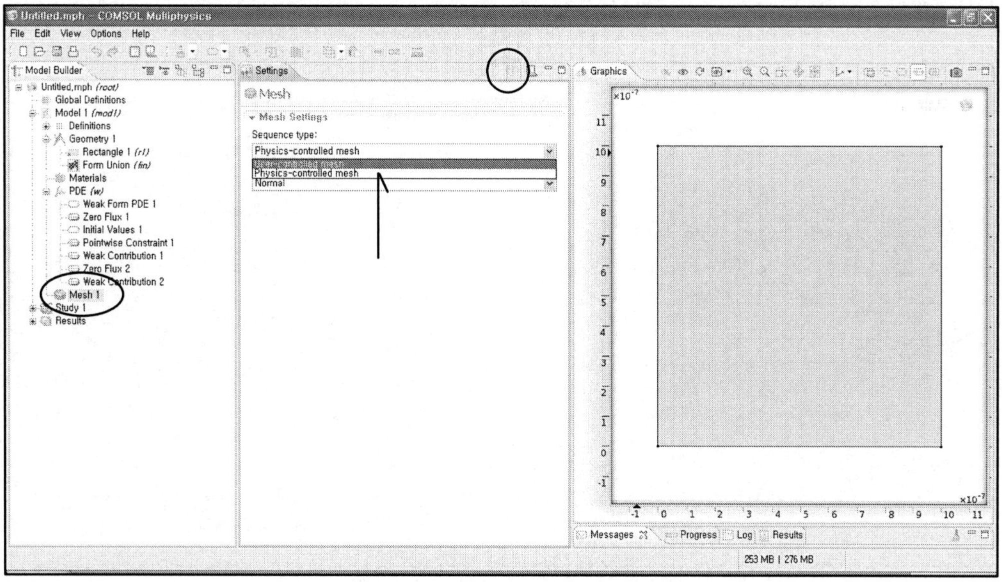

그림 22-76 'Mesh' 설정하기

8. 그림 22-77은 메쉬가 생성된 모습을 보여준다.

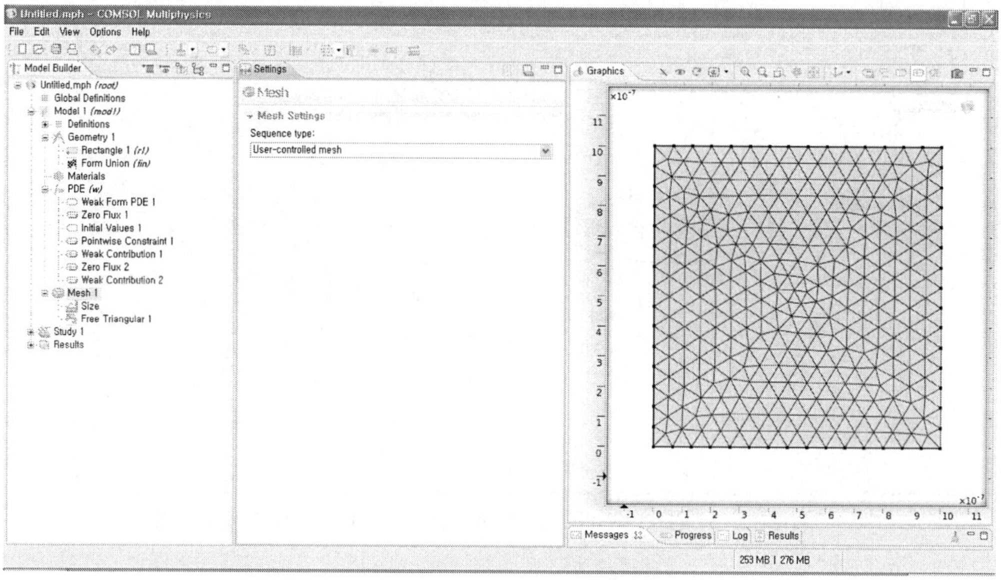

그림 22-77 'Mesh'가 생성된 모습

9. 그림 22-78과 같이 'Model Builder' 페이지의 항목 중 'Study 1'을 선택하고 오른쪽 'Settings' 페이지 상단의 'Compute' 버튼 을 클릭하여 계산해보자.

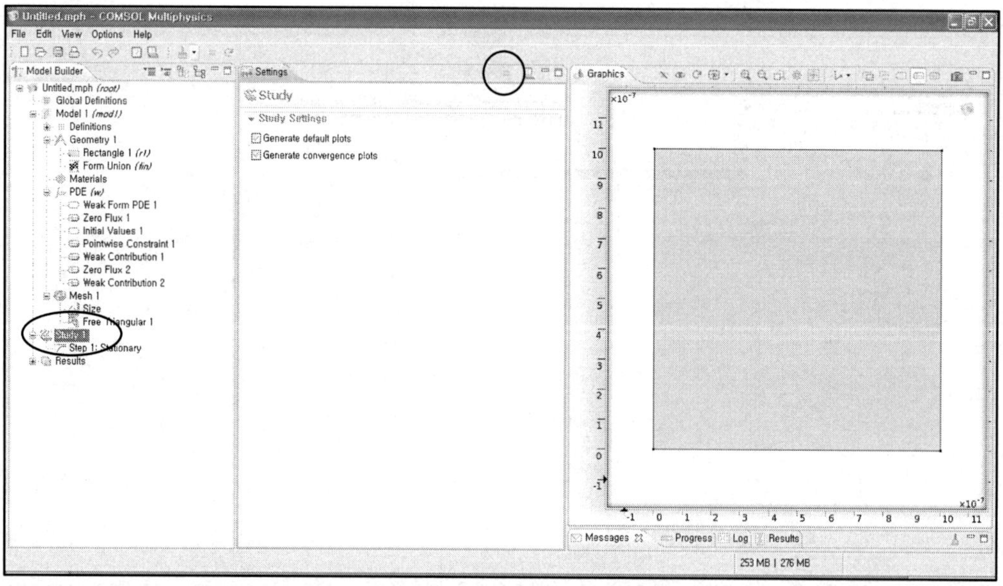

그림 22-78 'Compute' 수행하기

10. 그림 22-79는 'PDE Weak Form'으로 해석한 결과를 보여준다. 'COMSOL Multiphysics'에서 디폴트로 아래와 같이 농도의 결과를 보여 줄 것이다. 결과 값으로 최소값 1과 최대값 9.1546을 가질 것이다.

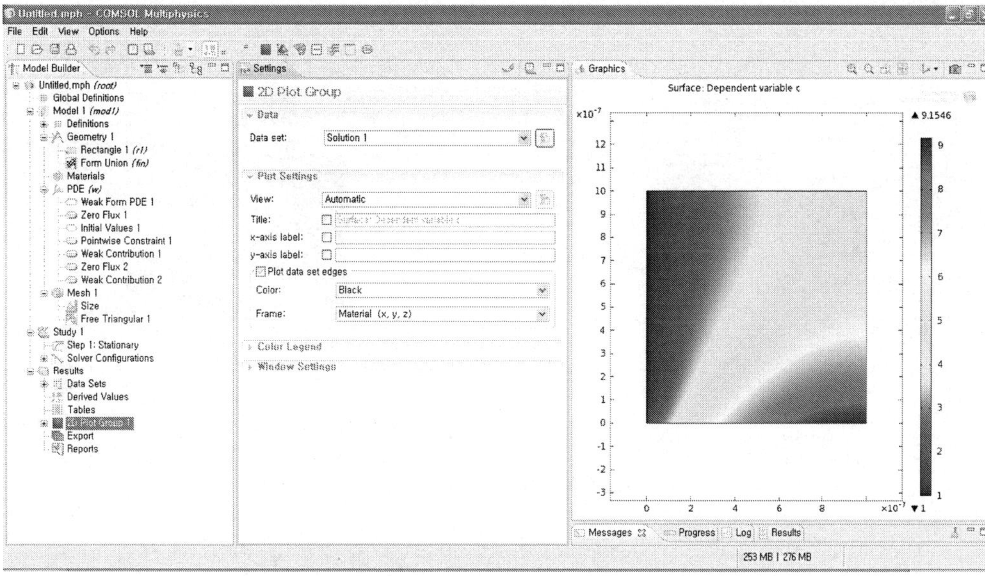

그림 22-79 'PDE Weak Form'으로 해석한 결과

11. 현재 화면에는 표현식에 나타나 있는 물리량이 농도 c로 되어 있다. 이것을 농도 변화량으로 변경하여 보자.

그림 22-80과 같이 'Model Builder' 페이지의 항목 중 'Results' 의 하부 항목 '2D Plot Group 1' – 'Surface 1'을 선택하고 오른쪽 'Settings' 페이지의 'Expression' 부분의 'Replace Expression' 버튼을 클릭하자.

버튼을 클릭하고, 나타나는 메뉴를 다음 순서대로 선택하자.

a. 'PDE'
b. 'Gradient of c'
c. 'Gradient of c, x component'

이렇게 차례로 선택하면, 'Expression:' 부분에 'cx'로 나타나는데, 이것은 농도 변화량(Gradient of c) 의 x 방향 성분을 나타낸다. 그래서 x, y 방향 전체의 농도 변화량을 나타내기 위하여, 'Expression:' 부분에 'sqrt(cx^2 + cy^2)'를 타입하고 'Settings' 페이지 상단의 'Plot' 버튼을 클릭하자.

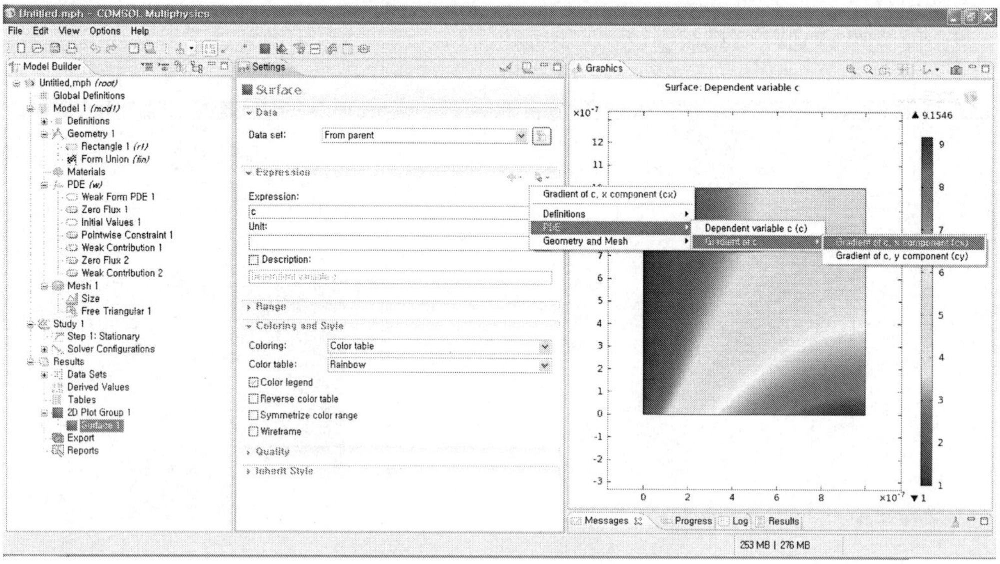

그림 22-80 농도 변화량 표현

12-1. 또한 현재 화면에서 x, y 방향의 농도 변화량 화살표 그림을 추가해 보자. 그림 22-81과 같이 'Model Builder' 페이지의 항목 중 'Results'의 하부 항목 '2D Plot Group 1'을 선택하고 오른쪽 마우스 버튼을 클릭하고 나타난 메뉴 중 'Arrow Surface'를 선택하자.

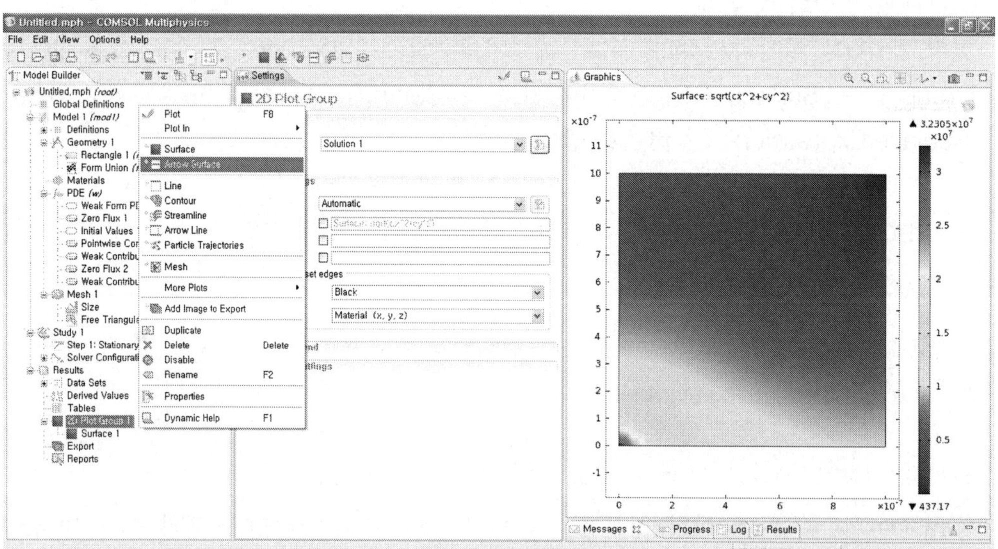

그림 22-81 농도 변화량 화살표 그림을 추가

12-2. 그림 22-82와 같이 오른쪽 'Settings' 페이지의 'Expression' 부분의 'Replace Expression' 버튼을 클릭하자.

버튼을 클릭하고, 나타나는 메뉴를 다음 순서대로 선택하자.

a. 'PDE'
b. 'Gradient of c (cx, cy)'

또한, 이미 앞의 과정에서 한번 선택하였기 때문에 'Replace Expression' 버튼을 클릭하면 나타난 팝업 메뉴 상단에 'Gradient of c (cx, cy)'가 나타나 있기 때문에 이 것을 바로 선택하여도 된다. 그러면 그림 22-23과 같이 'Expression'의 'x component'에는 'cx'가 채워지고, 'Expression'의 'y component'에는 'cy'가 채워진다.

아래 그림 22-82는 농도 변화량 표현을 위한 화살표 표시 방법을 보여준다.

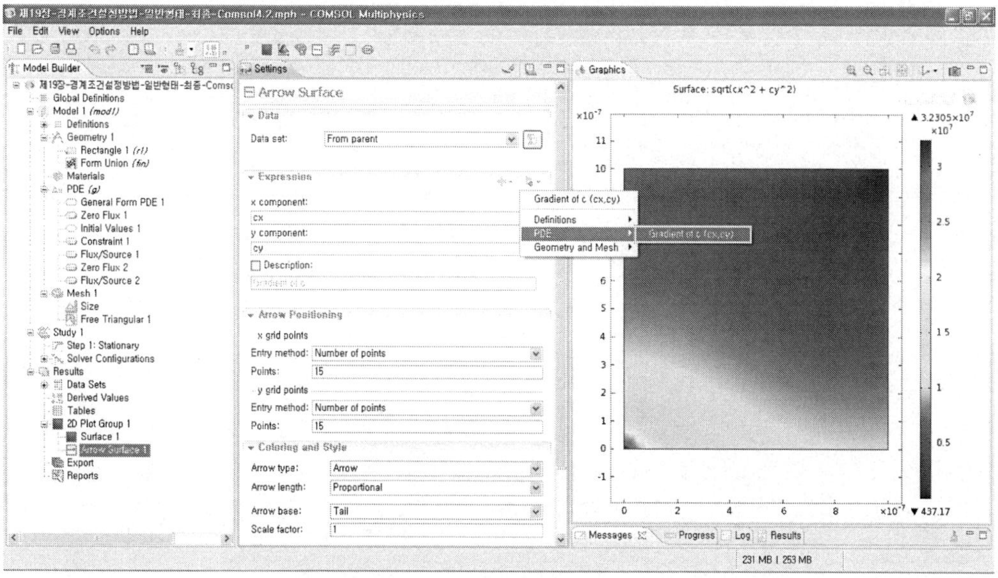

그림 22-82 농도 변화량 표현을 위한 화살표 표시 방법

12-3. 그림 22-83과 같이 오른쪽 'Settings' 페이지 상단의 'Plot' 버튼을 클릭하자.

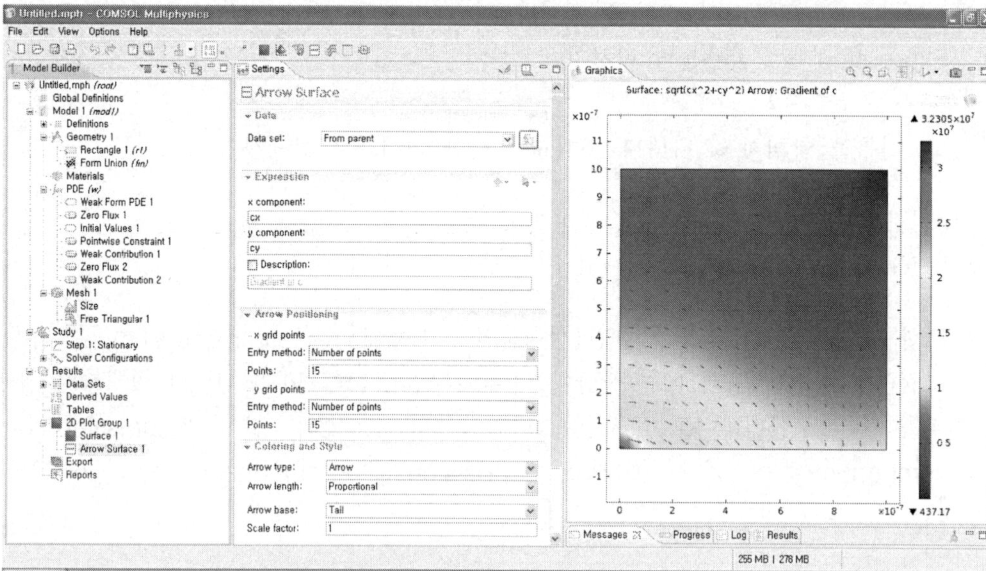

그림 22-83 농도 변화량 표현 + 화살표 표현

제23장. 축대칭 조건에서의 사용자 지정 함수 문제

오늘날 많은 냉동식품들은 소비자들의 짧은 시간에 요리를 가능하도록 공장에서 미리 익혀서 판매가 되고 있다. 본 예제는 치킨 패티 (Chicken Patties)가 아래 그림 23-1처럼 마이크로 오븐에서 발생하는 높은 온도에 의해서 가열되어 치킨 패티 속에 있는 수분 농도의 변화를 모델링하고자 한다. 음식물의 품질을 위해서는 요리시 최대한 수분을 유지하고, 전 면적에 온도를 전달해야 한다. 여기서 수분의 농도는 치킨 패티의 단위 부피당 물의 질량으로 정의된다.

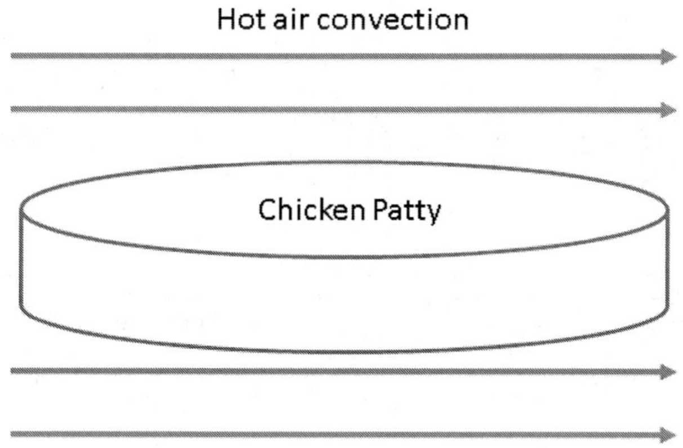

그림 23-1 Convection cooking of a chicken patty

요약하면, 치킨 패티는 마이크로 오븐에서 발생하는 일정한 고온에 의해서 내부 온도가 변화되고, 이러한 내부 온도의 변화에 의해서, 치킨 패티 속의 수분 농도의 변화가 발생한다. 위의 현상은 다음과 같은 식으로 요약된다.

$$\rho C_p \frac{\partial T}{\partial t} + \nabla \cdot (-k(C)\nabla T) = 0 \qquad (23-1)$$

$$\frac{\partial C}{\partial t} + \nabla \cdot (-D\nabla C) = 0 \qquad (23-2)$$

여기서, ρ는 치킨 패티의 밀도 (kg/m^3), C_p는 정압비열 (J/(kgK)), T는 온도 (K), k는 열전도 계수(W/(mK))로 나타낸다. 또한 C는 수분 농도 (kg/m^3)이고 D는 확산 계수 (m^2/s)이다.

본 문제는 2차원 축대칭 (r-z 축, Cylindrical coordinate)문제인데, 'COMSOL Multiphysics'의 공간차원 2차원 축 대칭에서는 PDE mode를 지원하지 않기 때문에 이 문제의 해결을 위해서 2차원 축대칭(r-z 축) 문제를 2차원 대칭 (x-y 축, Cartesian)으로 표현하여 해결할 수 있다(r=x, z=y로 표현하여 해결한다).

지배방정식 (23-1), (23-2)을 r, z좌표로 나타내며, 최종적으로 아래 (23-5), (23-6)과 같이 표현이 가능하다.

$$\rho C_p \frac{\partial T}{\partial t} + \frac{1}{r}\frac{\partial}{\partial r}(-kr\frac{\partial T}{\partial r}) + \frac{\partial}{\partial z}(-k\frac{\partial T}{\partial z}) = 0 \quad on\ \Omega$$
$$\frac{\partial C}{\partial t} + \frac{1}{r}\frac{\partial}{\partial r}(-Dr\frac{\partial C}{\partial r}) + \frac{\partial}{\partial z}(-D\frac{\partial C}{\partial z}) = 0 \quad on\ \Omega$$

(23-3)

$$\rho C_p \frac{\partial T}{\partial t} + \frac{1}{r}(-k(\frac{\partial T}{\partial r} + r\frac{\partial^2 T}{\partial r^2})) + \frac{\partial}{\partial z}(-k\frac{\partial T}{\partial z}) = 0 \quad on\ \Omega$$
$$\frac{\partial C}{\partial t} + \frac{1}{r}(-D(\frac{\partial C}{\partial r} + r\frac{\partial^2 C}{\partial r^2})) + \frac{\partial}{\partial z}(-D\frac{\partial C}{\partial z}) = 0 \quad on\ \Omega$$

(23-4)

$$\rho C_p \frac{\partial T}{\partial t} - k(\frac{\partial^2 T}{\partial r^2} + \frac{\partial^2 T}{\partial z^2}) = \frac{k}{r}\frac{\partial T}{\partial r} \quad on\ \Omega \quad -(23-5)$$
$$\frac{\partial C}{\partial t} - D(\frac{\partial^2 C}{\partial r^2} + \frac{\partial^2 C}{\partial z^2}) = \frac{D}{r}\frac{\partial C}{\partial r} \quad on\ \Omega \quad -(23-6)$$

식 (23-5), (23-6)을 r=x, z=y라고 생각한다면, 식 (23-7), (23-8)과 같이 2차원 대칭 조건으로 문제를 해결할 수 있는 것이다.

$$\rho C_p \frac{\partial T}{\partial t} - k(\frac{\partial^2 T}{\partial x^2} + \frac{\partial^2 T}{\partial y^2}) = \frac{k}{x}\frac{\partial T}{\partial x} \quad on\ \Omega \quad -(23-7)$$
$$\frac{\partial C}{\partial t} - D(\frac{\partial^2 C}{\partial x^2} + \frac{\partial^2 C}{\partial y^2}) = \frac{D}{x}\frac{\partial C}{\partial x} \quad on\ \Omega \quad -(23-8)$$

다음으로 열전달 지배방정식에 대한 경계조건은 아래와 같다.

$$n\cdot(-k\nabla T) = 0 \quad at\,\partial\Omega_1 \text{ and } at\,\partial\Omega_2 \qquad (23-9)$$
$$n\cdot(k\nabla T) = h_T(T_\infty - T) + n\cdot(D_m\lambda\nabla C) \quad at\,\partial\Omega_3 \text{ and } at\,\partial\Omega_4 \qquad (23-10)$$

그리고 수분 농도에 대한 경계조건은 다음과 같다.

$$n\cdot(-D\nabla C) = 0 \qquad at\,\partial\Omega_1 \text{ and } at\,\partial\Omega_2 \qquad (23-11)$$
$$n\cdot(D\nabla C) = k_c(C_b - C) \qquad at\,\partial\Omega_3 \text{ and } at\,\partial\Omega_4 \qquad (23-12)$$

각각의 지배방정식 및 경계조건에 사용된 변수는 아래와 같이 정리된다.

$k=(0.194+0.436(C/\rho))$ [$W/(mK)$] : 열전달 지배방정식의 열전도 계수
T [K] : 치킨 패티의 온도
ρ [kg/m^3] : 치킨 패티의 밀도
C_p [J/(kg*K)] : 정적 비열 계수
D [m^2/s] : 확산 계수
h_T [W/(m^2K)] : 대류 열전달 계수
T_∞ [K] : 오븐 공기 온도
D_m [m^2/s] : 수분 확산 계수
λ [J/kg] : 잠열 계수
k_c [m/s] : 질량 전달 계수
C_b [kg/m^3] : 외부 공기 수분 농도이다.

여기서, 확산계수 (D)와 질량 전달 계수 (k_c)는 다음과 같은 관계식으로 이루어진다.

$$D=\frac{k_m}{\rho C_m},\ k_c=\frac{h_m}{\rho C_m} \qquad (23-13)$$

해석의 단순화를 위해서 그림 2와 같이 2차원 축대칭으로 중심을 가로지르는 단면의 4분의 1만 해석할 수 있을 것이다(직사각형의 크기는 가로*세로: 31mm x 5mm).

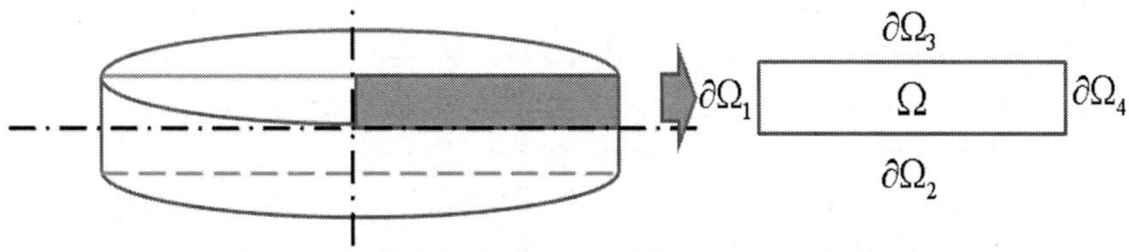

그림 23-2 Computational geometry of a chicken patty and boundary condition

표 23-1 Parameters used for constants

Symbol	Name	Value	Description
T_{∞}	T_air	408.15 [K]	Oven air temperature
T_0	T0	295.15 [K]	Initial patty temperature
ρ	rho	1100[kg/m^3]	Densi of patty
h_T	h_T	25 [W/(m^2K)]	Heat transfer coefficient
C_0	C0	858 [kg/m^3]	Initial moisture concentration
C_b	C_b	22 [kg/m^3]	Air moisture concentration
C_m	C_m	0.003	Specific moisture capacity
k_m	k_m	(1.29e-9) [kg/(ms)]	Moisture conductivity
h_m	h_m	(1.67e-6)[kg/(m^2s)]	Mass transfer coefficient in mass units
D	D	(3.909091e-10)[m^2/s]	Diffusion constant
k_c	k_c	(5.060606e-7)[m/s]	Mass transfer coefficient
D_m	D_m	(5e-10) [m^2/s]	Surface moisture diffusivity
λ	lamda	2.3e6 [J/kg]	Latent heat of vaporization

표 23-2 variables for subdomain expressions

Symbol	Name	Value
k	k_T	(0.194+0.436[kg/mol]*C/rho)[W/(m*K)]
dT	dT	(T-273.15)[1/K]
C_p	C_p	(3017.2+2.05*dT+0.24*dT^2+0.002*dT^3)[J/(kg*K)]

<편미분 방정식 계수 형태 (PDE Coefficient form)>

1. 그림 23-3과 같이 'Model Wizard' 페이지에서 'Select Space Dimension'을 '2D'로 선택하고 'Next' 버튼 을 누른다.

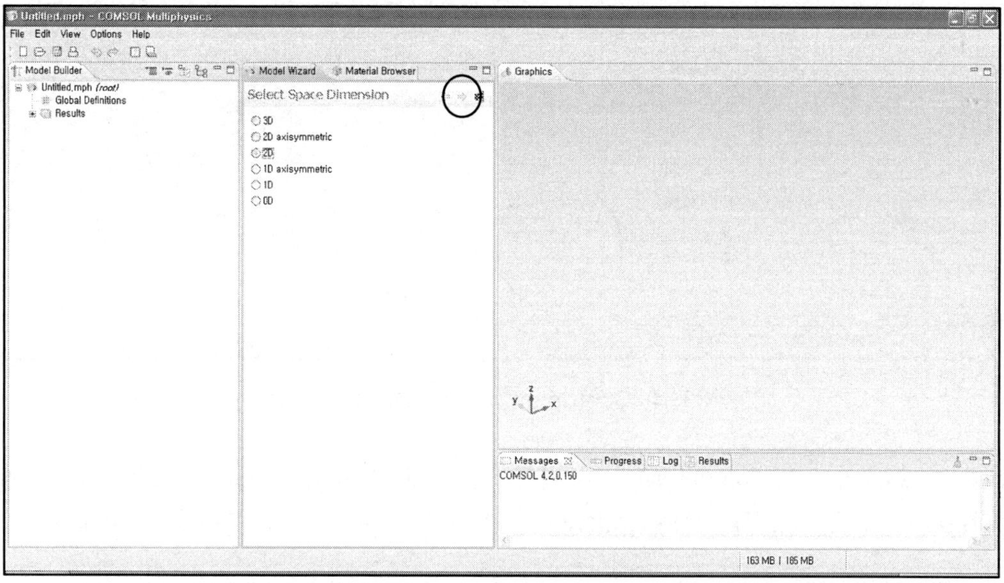

그림 23-3 'Model Wizard' 페이지, 'Select Space Dimension'을 '2D'로 선택하기

2. 그림 23-4와 같이 'Model Wizard' 페이지의 'Add Physics' 윈도우에서 'Mathematics' 항목, 'PDE Interfaces' 아래의 'Coefficient Form PDE (c)'를 더블클릭하여 선택한다. 아래의 'Number of dependent variables:' 란에 '2'를 타입하고, 'Dependent variables' 란에 종속 변수를 'T'와 'C'를 입력한다. 상단의 'Next' 버튼 을 누른다.

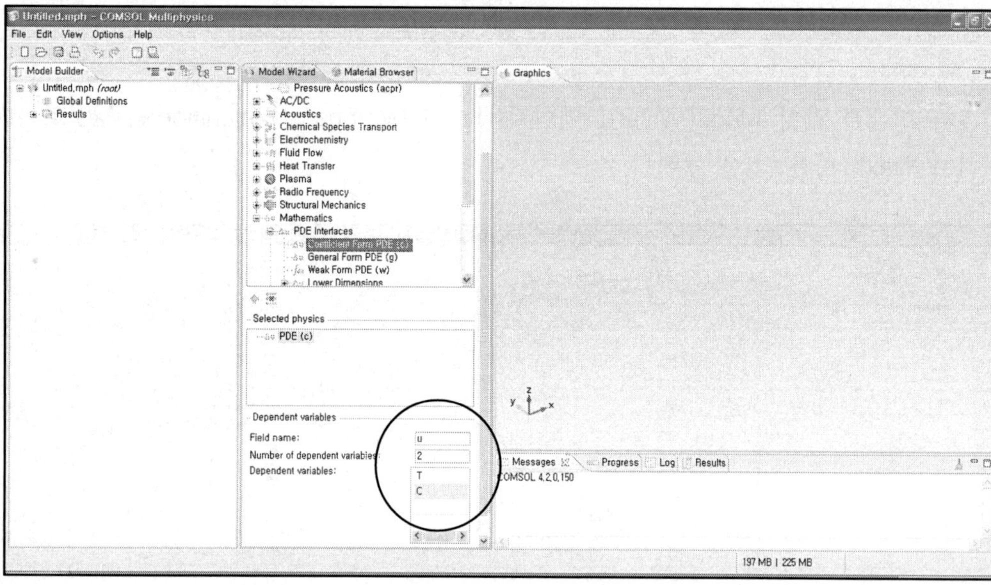

그림 23-4 'Coefficient Form PDE (c)' 세팅하기

3. 그림 23-5와 같이 'Model Wizard' 페이지의 'Select Study Type' 윈도우에서 'Preset Studies' 항목에서, 'Time Dependent'를 선택한다. 다음, 상단의 'Finish' 버튼을 누른다.

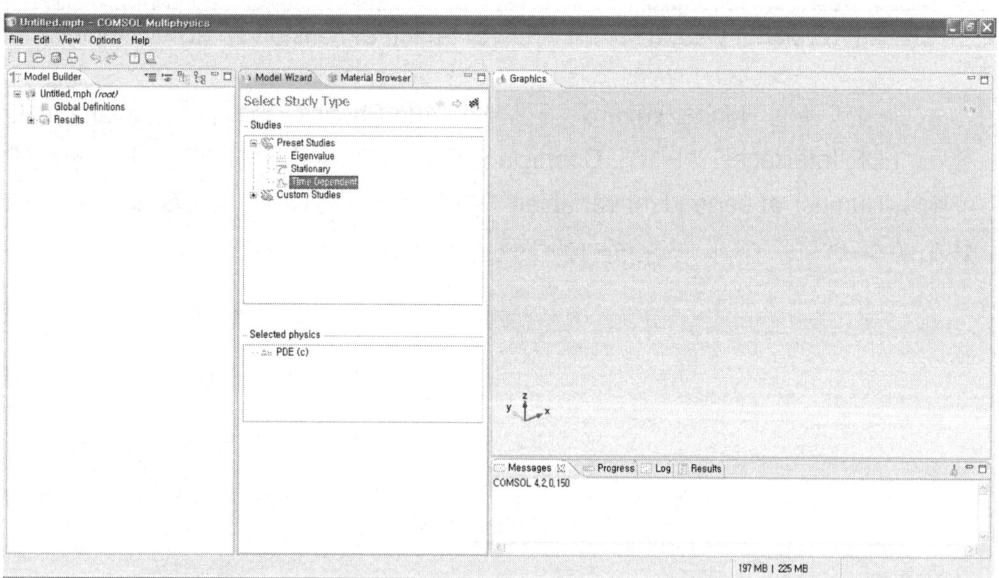

그림 23-5 'Preset Studies' 항목에서, 'Time Dependent'를 선택하기

4. 그림 23-6과 같이 사각형 모델링을 하기위해서, 'Model Builder' 페이지에서 'Model 1', 'Geometry 1' 항목을 클릭한 후 마우스 오른쪽 클릭하면 Pop-Up 메뉴가 나타난다. 여기서 'Rectangle' 선택하면 'Model Builder' 페이지 오른쪽에 'Settings' 페이지가 나타난다. 'Settings' 페이지에서 'Size' 항목에서 'Width: 31E-3', 'Height: 5E-3'로 타입한 후 상단에 있는 'Build All' 버튼을 클릭한다. 그러면, 'Graphics' 페이지에 설정한 사각형이 나타난다. 'Graphics' 페이지 상단의 'Zoom Extents' 버튼을 클릭하라.

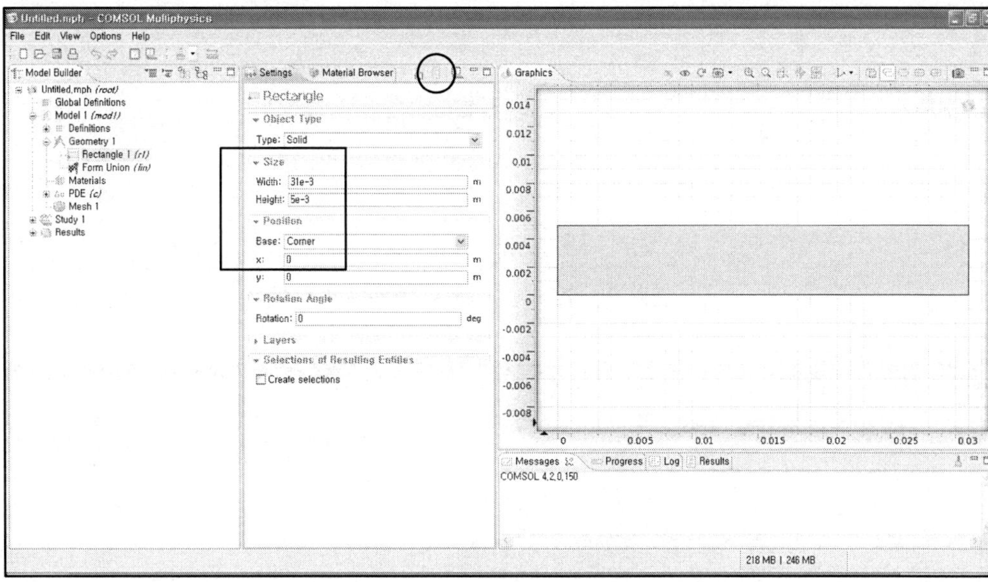

그림 23-6 'Rectangle' 세팅하기

5. 상수를 입력하기 위해 그림 23-7과 같이 수행한다. 'Model Builder' 페이지에서 'Global Definitions'를 클릭한 다음 오른쪽 마우스를 클릭하여 'Parameters'를 선택한다. 오른쪽 'Settings' 페이지의 'Parameters'에 그림 23-8과 같이 '표 23-1'의 값들을 입력해준다.

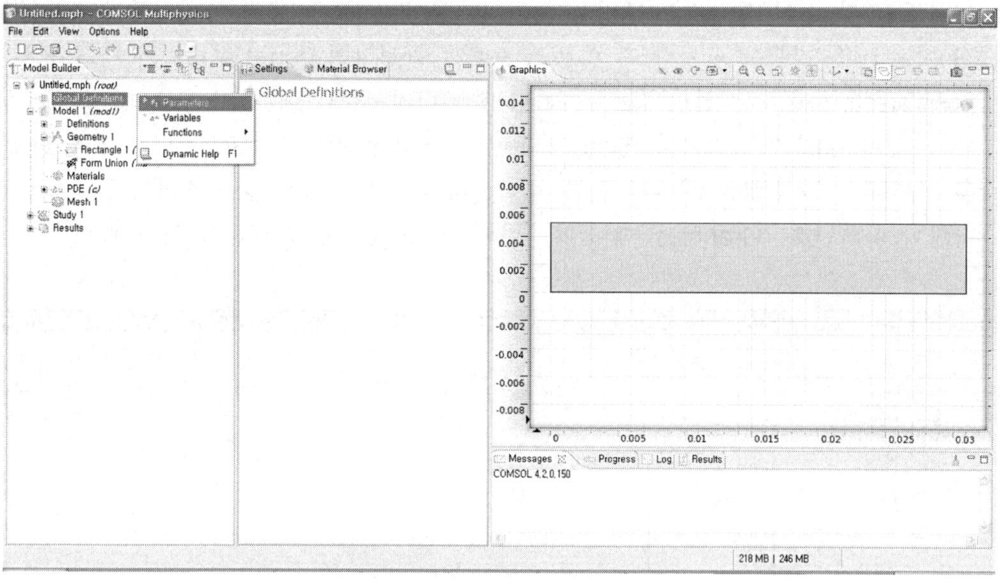

그림 23-7 'Parameters' 생성하기

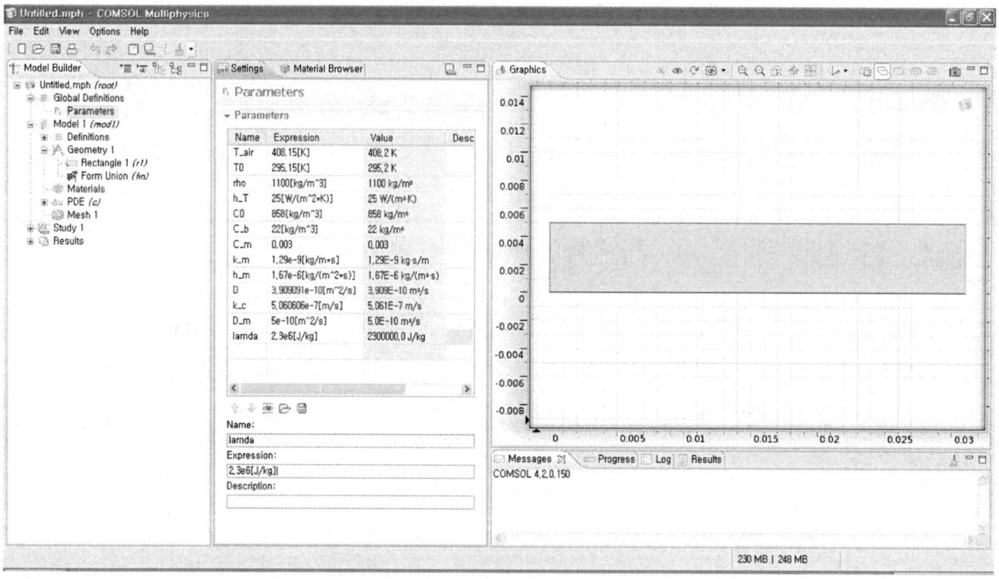

그림 23-8 'Parameters' 입력하기

6. 변수를 입력하기 위해 그림 23-9와 같이 수행한다. 'Model Builder' 페이지에서 'Definitions'를 클릭한 다음 오른쪽 마우스를 클릭하여 'Variables'를 선택한다. 오른쪽 'Settings' 페이지의 'Variables'에 그림 23-10과 같이 '표 23-1'의 값들을 입력해준다.

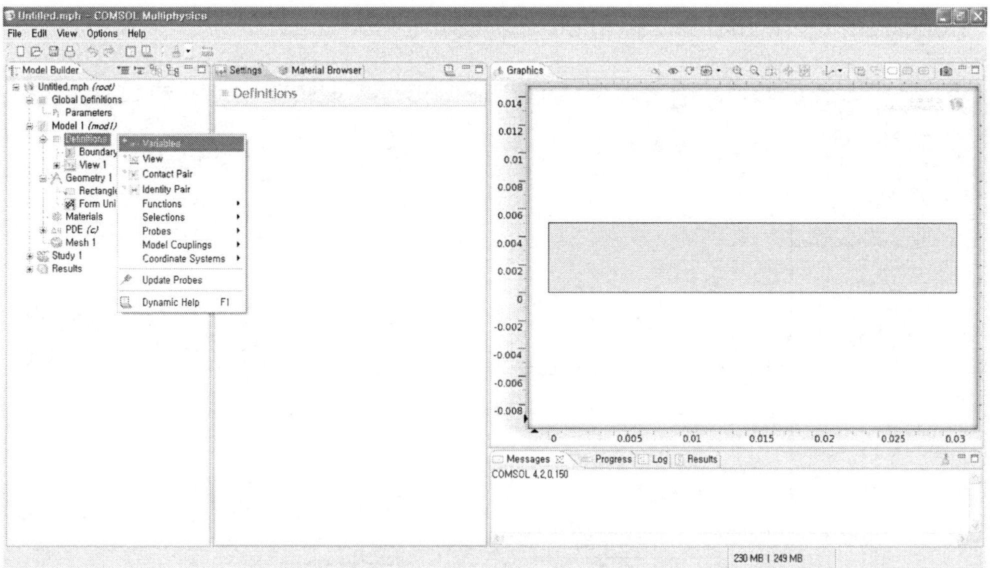

그림 23-9 'Variables' 생성하기

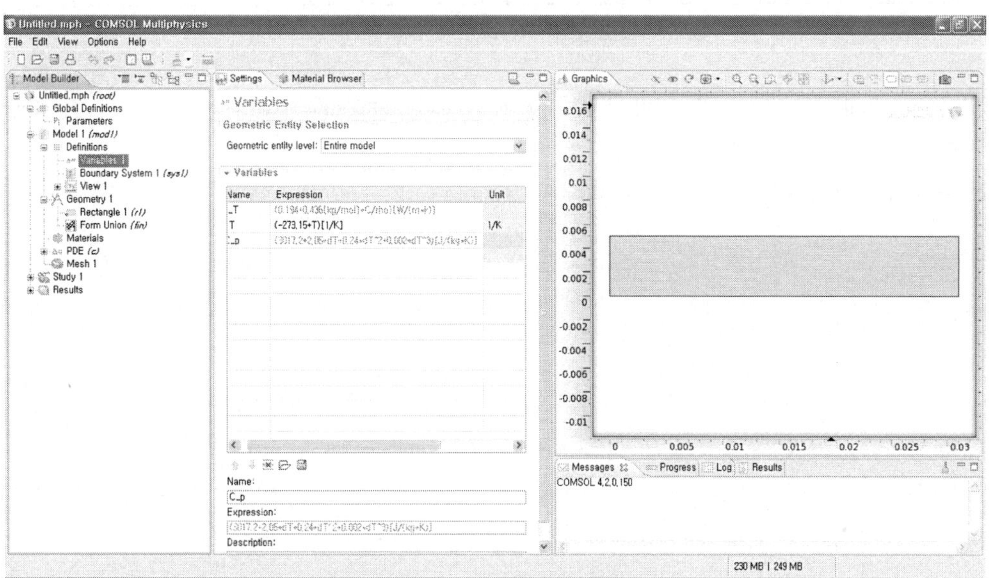

그림 23-10 'Variables' 입력하기

7. 소영역(해석 영역)을 위해서 'Model Builder' 페이지의 'PDE (c)' 항목아래의 'Coefficient Form PDE 1'을 클릭한다. 오른쪽의 'Settings' 페이지의 'Coefficient Form PDE' 윈도우의 'Diffusion Coefficient' 영역에는 'T항: k_T, C항: D'를 타입하고, 'Source Term' 영역에는 'k_T/x*Tx'와 'D/x*Cx'를 타입한다. 그리고 'Damping or Mass Coefficient' 영역, (da)에 'T항: rho*C_p', 'C항: 1'를 타입한다.

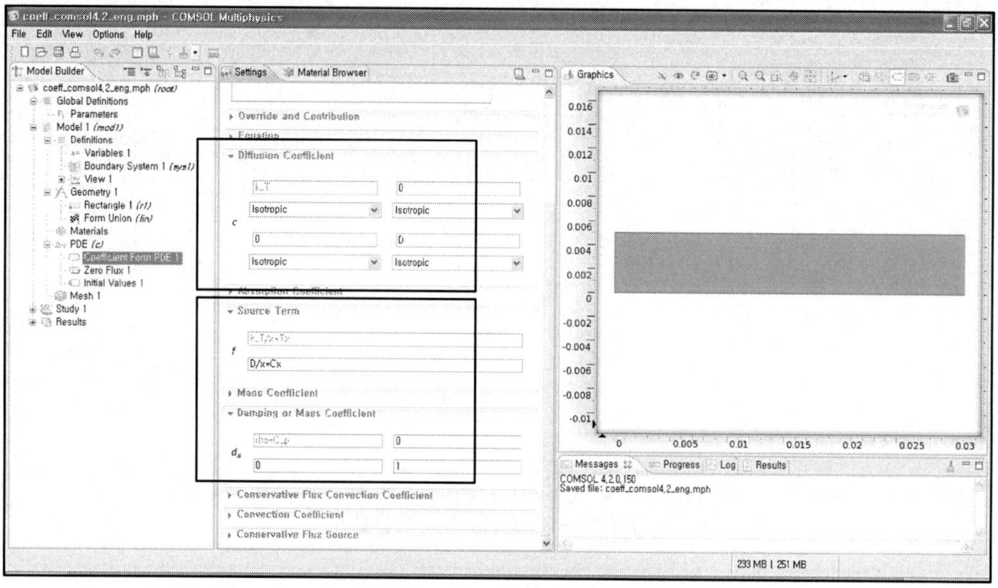

그림 23-11 소영역 설정하기

8. 'Model Builder' 페이지의 'Initial Values 1' 항목을 클릭하여 나타난 오른쪽의 'Settings' 페이지의 'Initial Values' 윈도우의 'Initial Value for T:' 항목에 초기값 'T0', 'Initial Value for C:' 항목에 초기값 'C0'를 입력한다.

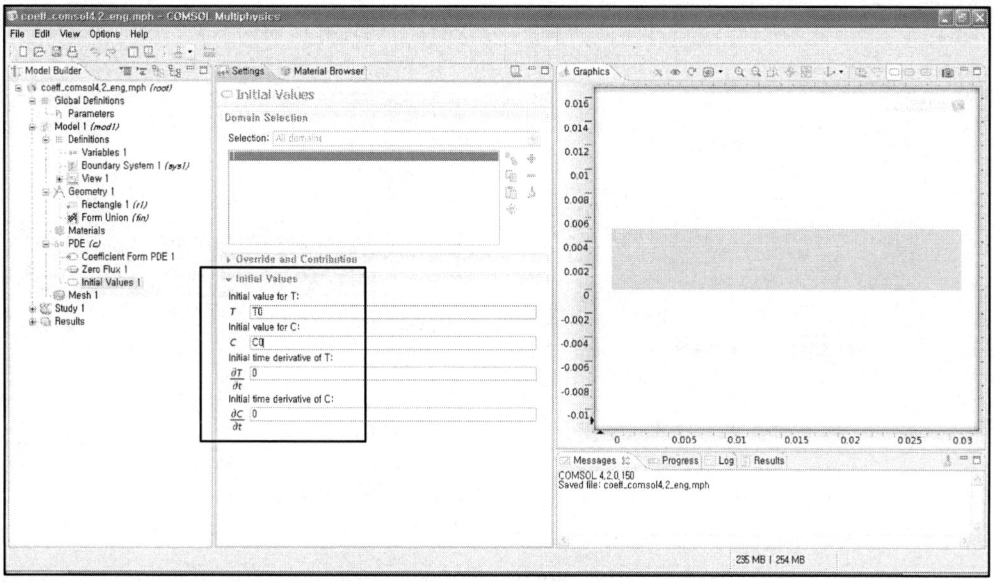

그림 23-12 'Initial Values 1' 설정하기

9. 경계 선택을 1~4번까지 지정하면서 경계조건을 설정해야 한다. 식 (5)~(8)에서 보는 바와 같이 모든 경계조건 **노이만(Neumann)** 경계조건으로 설정하여야 한다.
경계조건을 설정하기 위해서 다음과 같은 과정을 수행한다.

① 'Model Wizard' 페이지에서 'PDE (c)' 항목을 오른쪽 마우스 클릭하여 선택한다.
② 나타난 Pop-Up 메뉴에서 'Flux/Source'를 선택한다.
③ 그러면 'PDE (c)' 항목에 'Flux/Source 1' 항목이 나타난다.
동일한 방법으로 'Flux/Source 2' 항목도 생성한다.

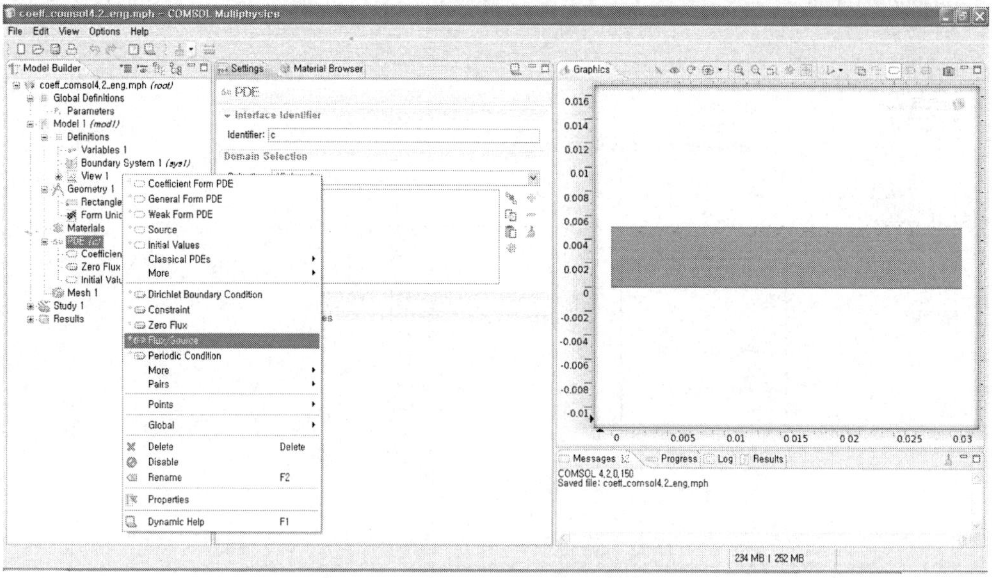

그림 23-13 'Flux/Source' 생성하기

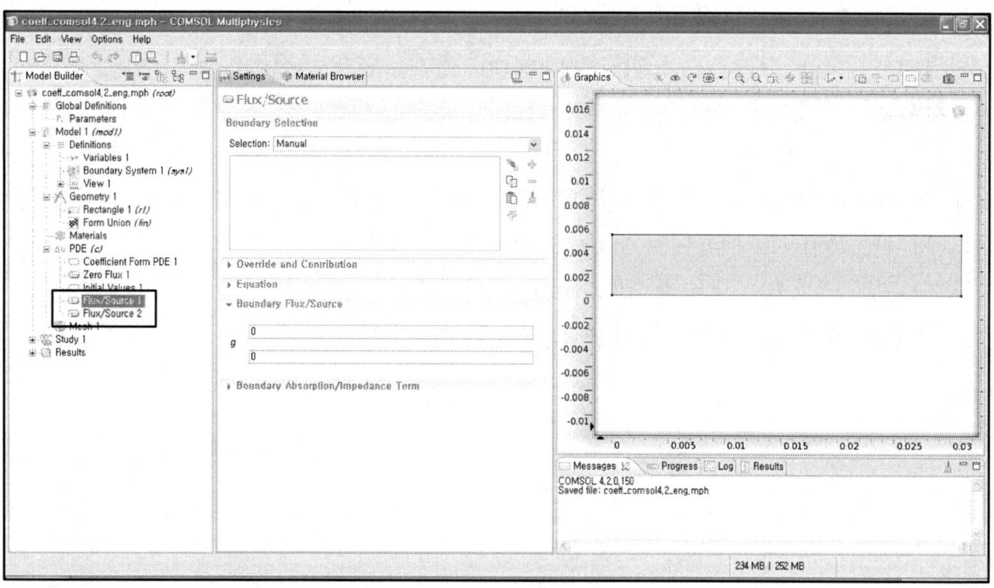

그림 23-14 'Flux/Source 1', 'Flux/Source 2' 생성하기

④ 'Flux/Source 1' 항목을 클릭하면, 오른쪽에 'Settings' 페이지에 'Flux/Source' 윈도우가 나타난다.

⑤ 오른쪽 'Graphics' 페이지에서 **'경계 3'**을 클릭하여 선택한다.

⑥ 'Settings' 페이지의 'Flux/Source' 윈도우에 있는 'Boundaries' 영역의 'Add to Selection' ✚ 버튼을 클릭하면 '경계 3'이 선택되어 추가된다.

아래의 'Boundary Flux/Source' 영역에 **'경계 3'**의 경계조건을 다음과 같이 입력한다.

⑦ 'g **계수**'에서 'T항 : h_T*T_air+D_m*lamda*(c.ny*Cy)'
'C항 : k_c*C_b' 을 입력한다.

아래의 'Boundary Absorption/Impedance Term' 영역에 **'경계 3'**의 경계조건을 다음과 같이 입력한다.

⑧ 'q **계수**'에서 'T항 : h_T'
'C항 : k_c' 을 입력한다.

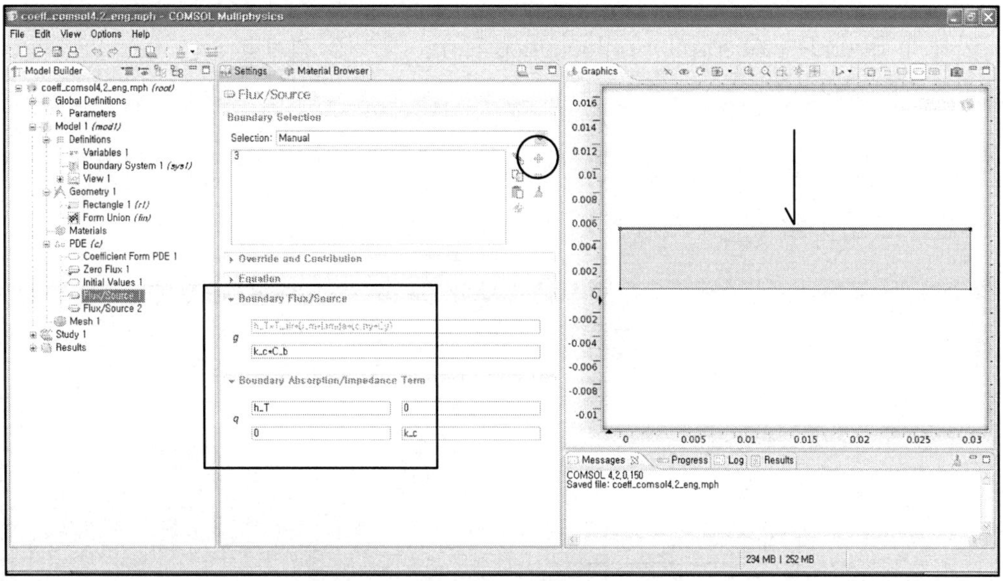

그림 23-15 'Flux/Source 1' 설정하기

다음은 **'경계 4'**의 경계조건을 입력해 보자. 순서는 **'경계 3'**의 경계조건을 입력했던 것과 동일하다.

① 'Model Wizard' 페이지에서 'PDE (c)' 항목을 오른쪽 마우스 클릭하여 선택한다.
② 나타난 Pop-Up 메뉴에서 'Flux/Source'를 선택한다.

③ 그러면 'PDE (c)' 항목에 'Flux/Source 2' 항목이 나타난다.

④ 'Flux/Source 2' 항목을 클릭하면, 오른쪽에 'Settings' 페이지에 'Flux/Source' 윈도우가 나타난다.

⑤ 오른쪽 'Graphics' 페이지에서 **'경계 4'**를 클릭하여 선택한다.

⑥ 'Settings' 페이지의 'Flux/Source' 윈도우에 있는 'Boundaries' 영역의 'Add to Selection' ✚ 버튼을 클릭하면 **'경계 4'**가 선택되어 나타난다.

- 앞의 **'경계 3'**의 경계조건 설정할 때, 이미 추가했으면 이미 'Flux/Source 2' 항목이 나타나 있을 것이다.

아래의 'Boundary Flux/Source' 영역에 **'경계 4'**의 경계조건을 다음과 같이 입력한다.

⑦ **'g 계수'**에서

'T항: h_T*T_air+D_m*lamda*(c.nx*Cx)', **'C항:** k_c*C_b' 를 입력한다.

아래의 'Boundary Absorption/Impedance Term' 영역에 **'경계 4'**의 경계조건을 다음과 같이 입력한다.

⑧ **'q 계수'**에서

'T항: h_T', **'C항:** k_c'을 입력한다.

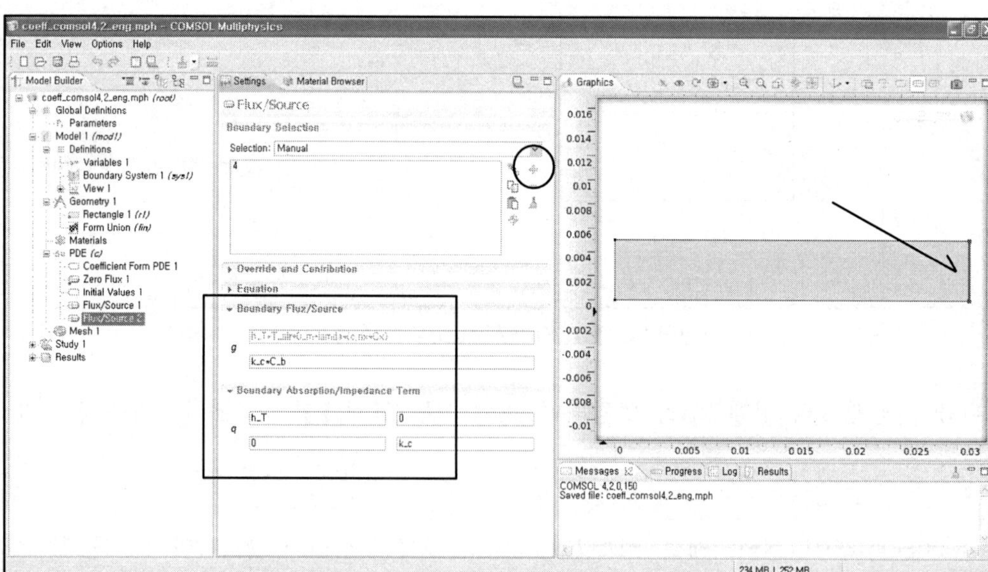

그림 23-16 'Flux/Source 2' 설정하기

10. 메쉬를 만들기 위해서, 'Model Wizard' 페이지의 'Mesh 1'을 마우스 오른쪽 버튼 클릭하고 나타난 메뉴 중 'Free Triangular'을 선택하자.

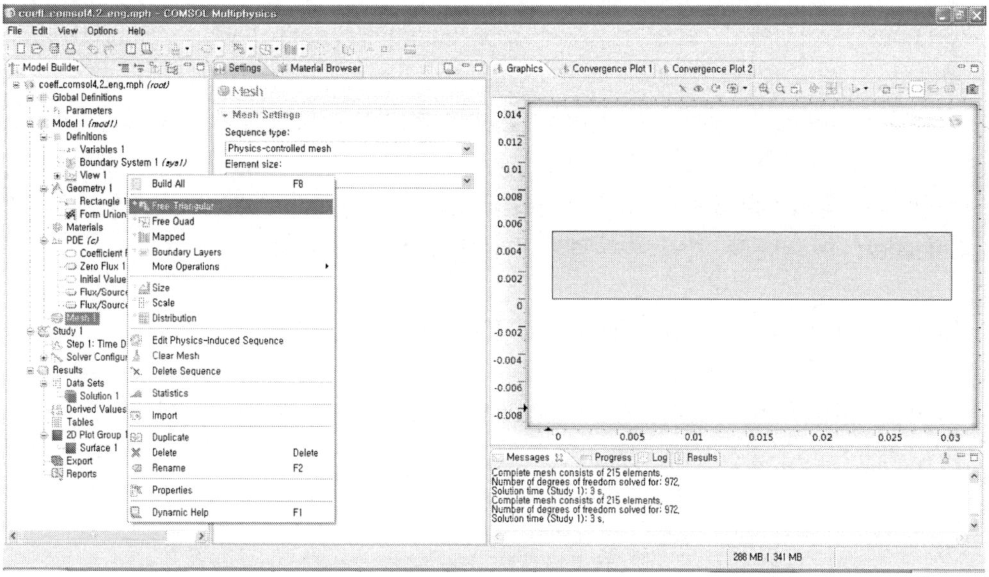

그림 23-17 메쉬 설정하기 - 'Free Triangular' 선택하기

11. 생성된 'Free Triangular 1'을 오른쪽 마우스 클릭하여 나타난 메뉴 중 'Size'를 선택하자.

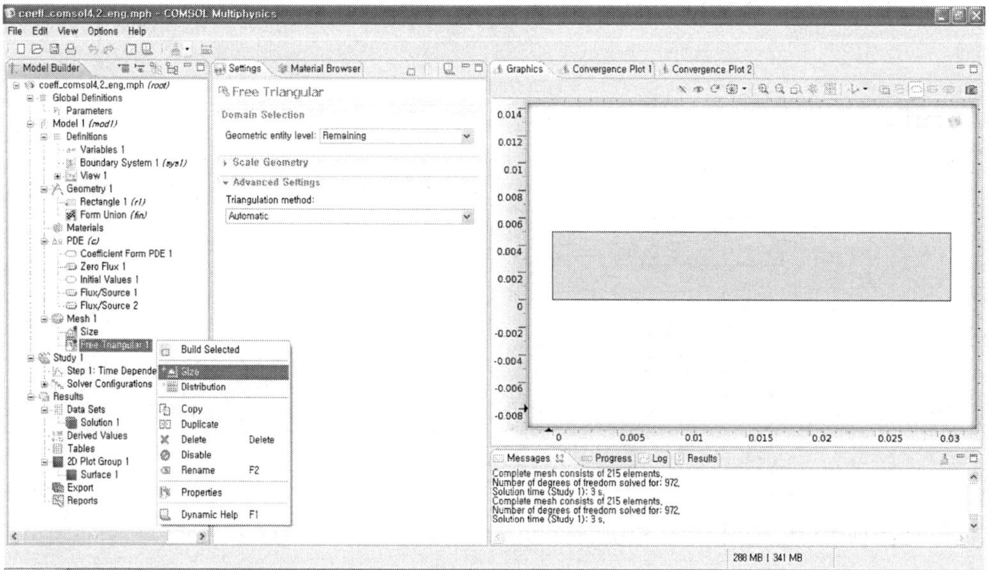

그림 23-18 'Free Triangular 1' - 'Size' 선택하기

12. 이제 다음과 같은 순서로 진행하자.

생성된 'Size 1'을 선택하자.
'Settings' 페이지에서 'Size' 윈도우에 있는 'Geometric entity level'을 'Boundary'로 설정한다.
오른쪽 'Graphics' 페이지에서 사각형 모델의 **'경계 3'**과 **'경계 4'**를 클릭하여 선택한다.

'Settings' 페이지의 'Size' 윈도우에 있는 'Geometric entity Selection' 영역의 'Add to Selection' 버튼을 클릭하면 **'경계 3'**과 **'경계 4'**가 추가된다.

'Element Size' 부분을 'Predefined'에서 'Custom'으로 변경하자.

'Element Size Parameters' 부분의 'Maximum Element Size' 체크하여 활성화하고 아래의 빈칸에 '1e-3'을 타입하자.

'Settings' 상단의 'Build All' 버튼을 클릭하자.

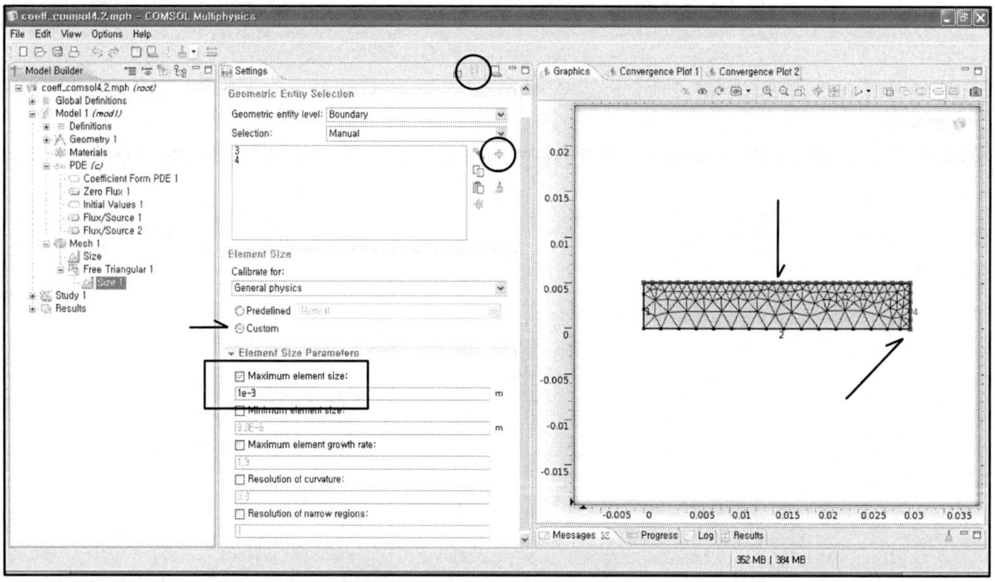

그림 23-19 'Mesh' 설정하기

13. 'Model Wizard' 페이지의 'Study 1' 항목의 'Step 1: Time Dependent'을 클릭하여 선택하고 'Settings' 페이지의 'Time Dependent' 윈도우의 'Times' 편집 메뉴 를 클릭

하여 해석 수행 레인지를 'Start : 0', 'Stop : 900', 'Step : 10'을 타입하고 'Replace' 버튼을 누른다. 그러면 'Times' 항목이 'range(0,10,900)'로 나타날 것이다.

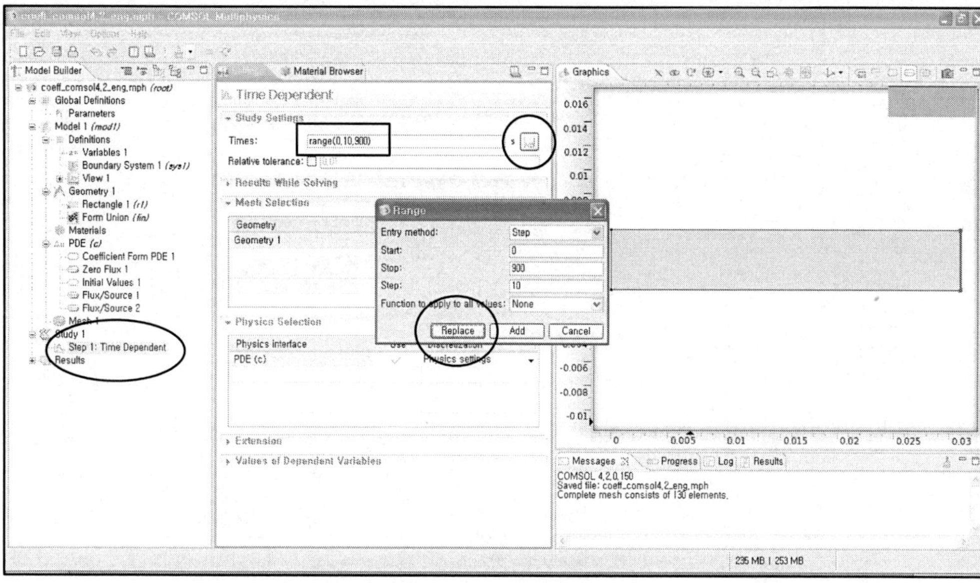

그림 23-20 'Step 1: Time Dependent' 설정하기

14. 'Settings' 페이지 상단 메뉴의 'Compute' 버튼을 클릭하자.

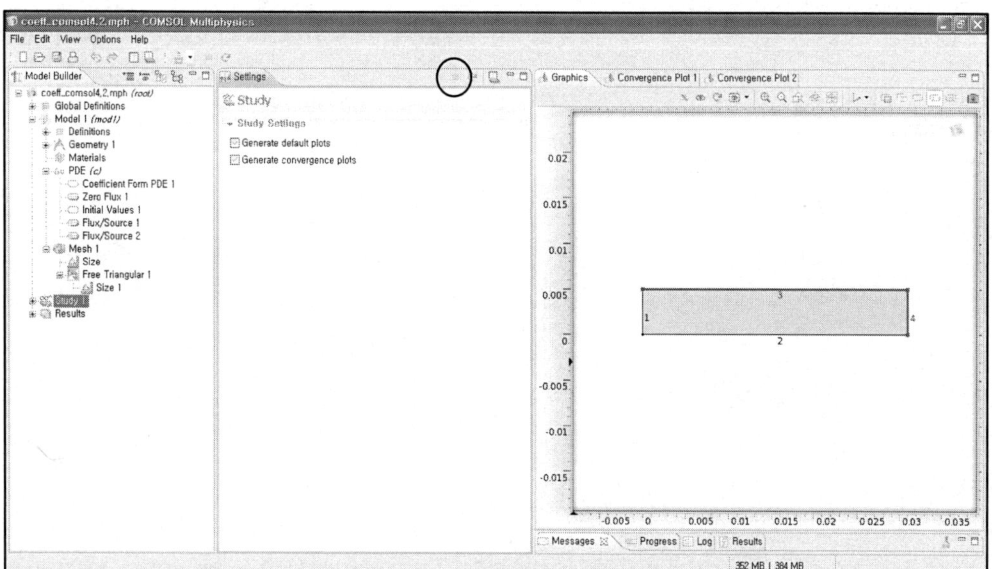

그림 23-21 'Compute' 실행하기

15. 아래 그림 23-22는 해석 결과를 보여준다.

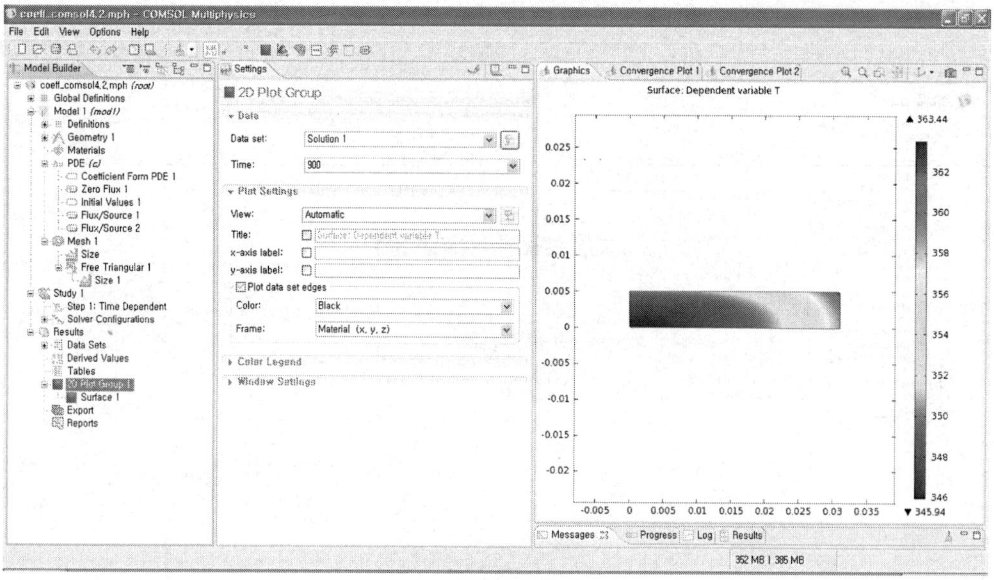

그림 23-22 해석 결과

< 편미분 방정식 일반 형태 (PDE General form) >

1. 그림 23-23과 같이 'Model Wizard' 페이지에서 'Select Space Dimension'을 '2D'로 선택하고 'Next' 버튼  을 누른다.

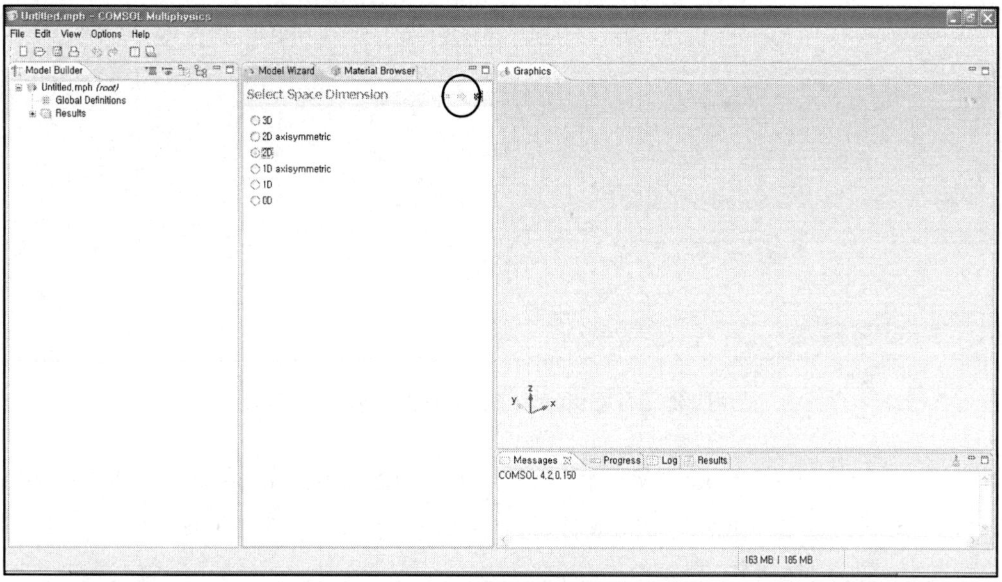

그림 23-23 'Model Wizard' 페이지, 'Select Space Dimension'을 '2D'로 선택하기

2. 그림 23-24와 같이 'Model Wizard' 페이지의 'Add Physics' 윈도우에서 'Mathematics' 항목, 'PDE Interfaces' 아래의 'General Form PDE (g)'를 더블클릭하여 선택한다. 아래의 'Number of dependent variables:' 란에 '2'를 타입하고, 'Dependent variables' 란에 종속 변수를 'T'와 'C'를 입력한다. 상단의 'Next' 버튼  을 누른다.

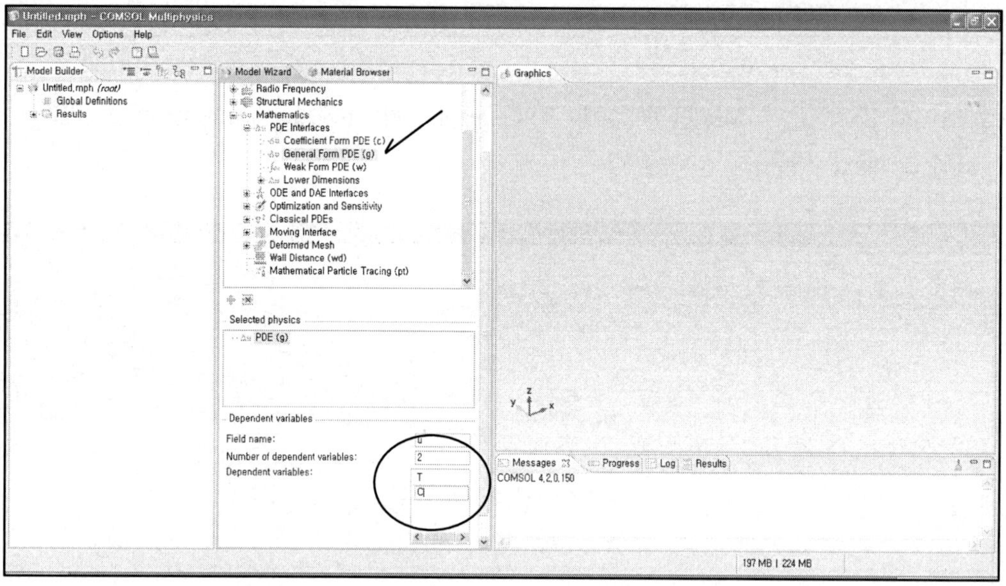

그림 23-24 'General Form PDE (g)' 세팅하기

3. 그림 23-25와 같이 'Model Wizard' 페이지의 'Select Study Type' 윈도우에서 'Preset Studies' 항목에서, 'Time Dependent'를 선택한다. 다음, 상단의 'Finish' 버튼을 누른다.

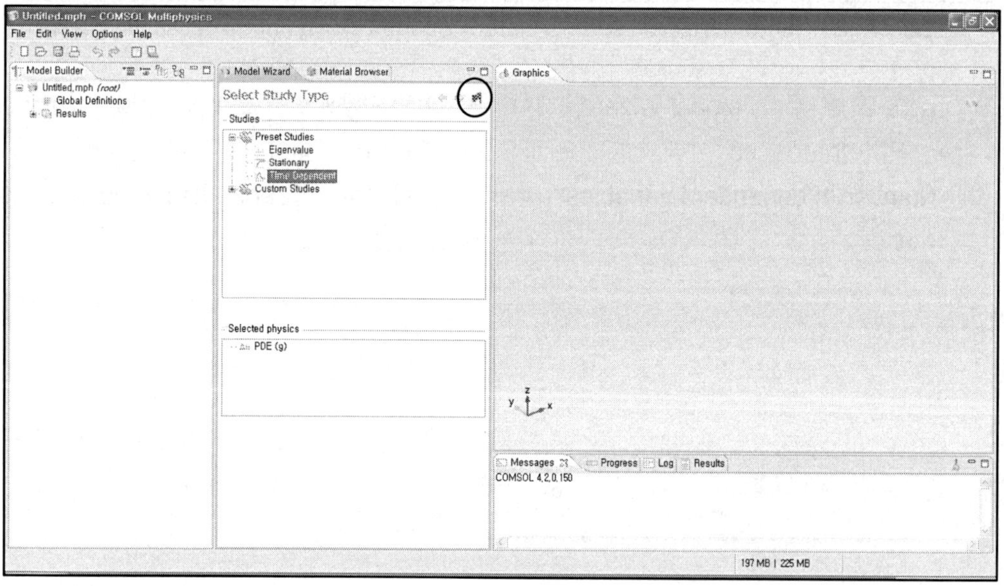

그림 23-25 'Preset Studies' 항목에서, 'Time Dependent'를 선택하기

4. 그림 23-26과 같이 사각형 모델링을 하기위해서, 'Model Builder' 페이지에서 'Model 1', 'Geometry 1' 항목을 클릭한 후 마우스 오른쪽 클릭하면 Pop-Up 메뉴가 나타난다. 여기서 'Rectangle' 선택하면 'Model Builder' 페이지 오른쪽에 'Settings' 페이지가 나타난다. 'Settings' 페이지에서 'Size' 항목에서 'Width: 31E-3', 'Height: 5E-3'로 타입한 후 상단에 있는 'Build All' 버튼을 클릭한다. 그러면, 'Graphics' 페이지에 설정한 사각형이 나타난다. 'Graphics' 페이지 상단의 'Zoom Extents' 버튼을 클릭하라.

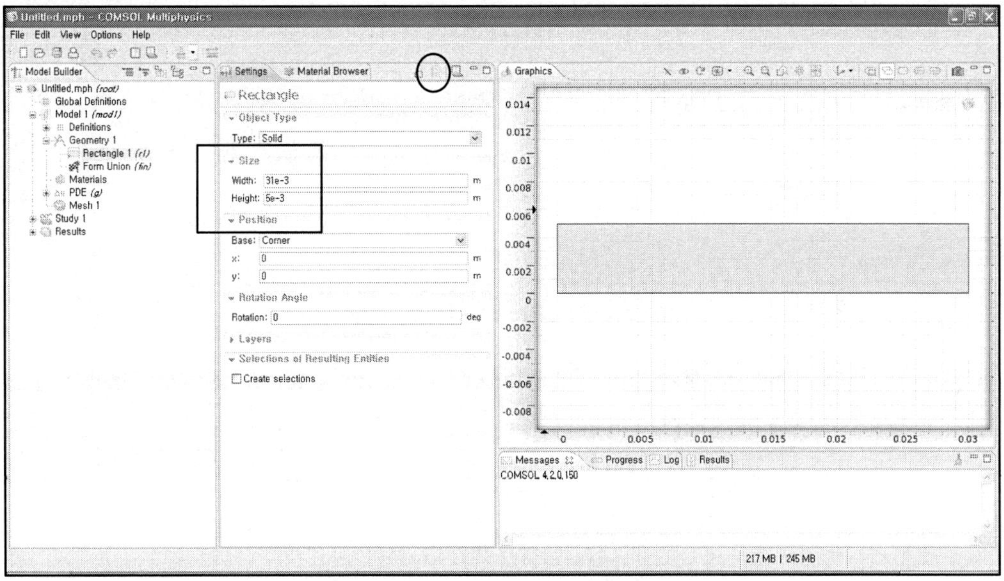

그림 23-26 'Rectangle' 세팅하기

5. 상수를 입력하기 위해 그림 23-27과 같이 수행한다. 'Model Builder' 페이지에서 'Global Definitions'를 클릭한 다음 오른쪽 마우스를 클릭하여 'Parameters'를 선택한다. 오른쪽 'Settings' 페이지의 'Parameters'에 그림 23-28과 같이 '표 23-1'의 값들을 입력해준다.

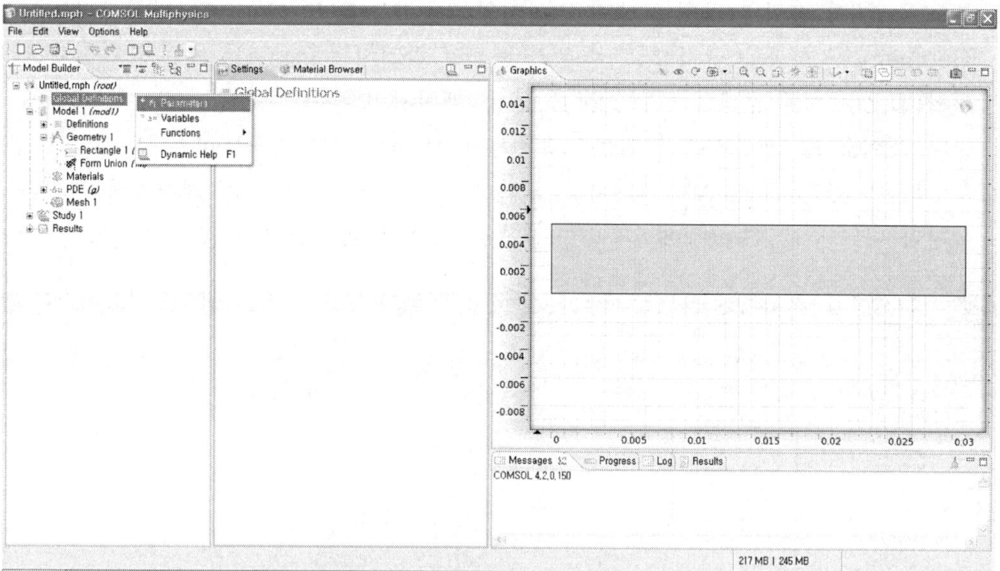

그림 23-27 'Parameters' 생성하기

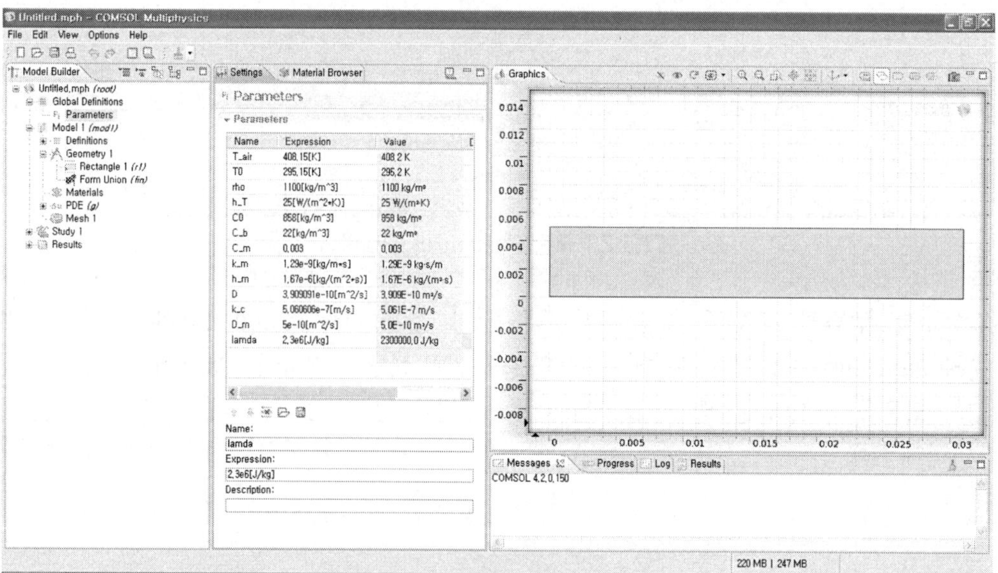

그림 23-28 'Parameters' 입력하기

6. 변수를 입력하기 위해 그림 23-29와 같이 수행한다. 'Model Builder' 페이지에서 'Definitions'를 클릭한 다음 오른쪽 마우스를 클릭하여 'Variables'를 선택한다. 오른쪽 'Settings' 페이지의 'Variables'에 그림 23-10과 같이 '표 23-1'의 값들을 입력해준다.

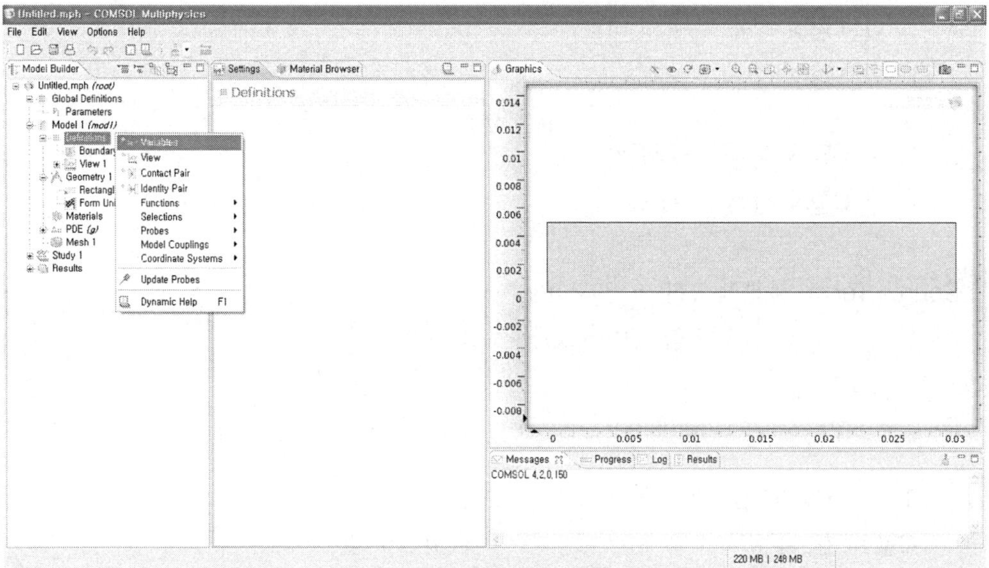

그림 23-29 'Variables' 생성하기

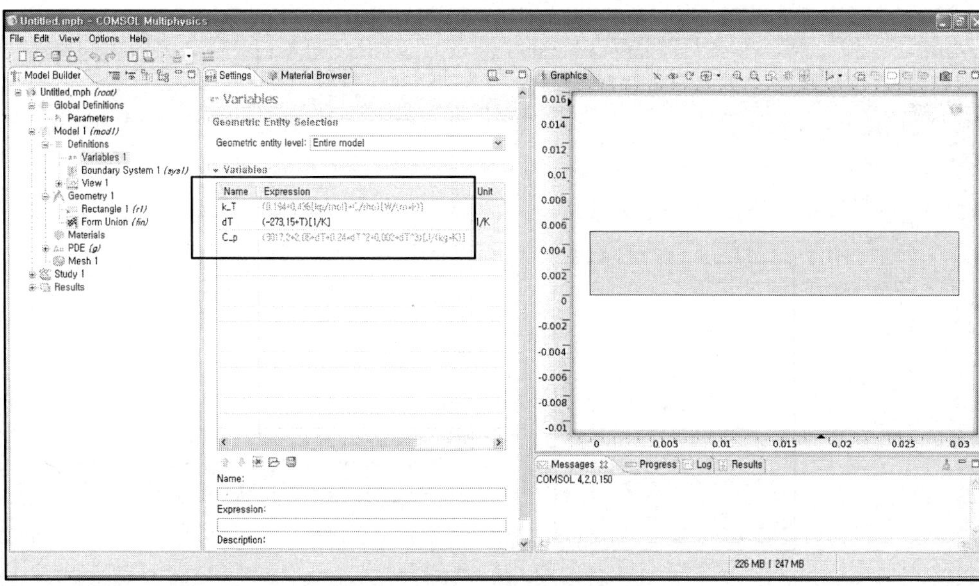

그림 23-30 'Variables' 입력하기

7. 소영역(해석 영역)을 위해서 'Model Builder' 페이지의 'PDE (g)' 항목 아래의 'General Form PDE 1'을 클릭한다.
오른쪽에 나타난 'Setting' 페이지의 'Conservative Flux' 부분에

Γ 의 T항 x 성분 : -k_T*Tx
Γ 의 T항 y 성분 : -k_T*Ty 를 각각 타입한다.

Γ 의 C항 x 성분 : -D*Cx
Γ 의 C항 y 성분 : -D*Cy 를 각각 타입한다.

'Source Term' 부분에 T항: k_T/x*Tx,
C항: D/x*Cx 을 타입한다.

'Damping and Mass Coefficient' 부분에 'da' 에는

T항 : 'rho*C_p', '0'
C항 : '0', '1' 을 타입한다.

'Mass Coefficient' 부분에 'ea'에는 '0'을 타입한다.

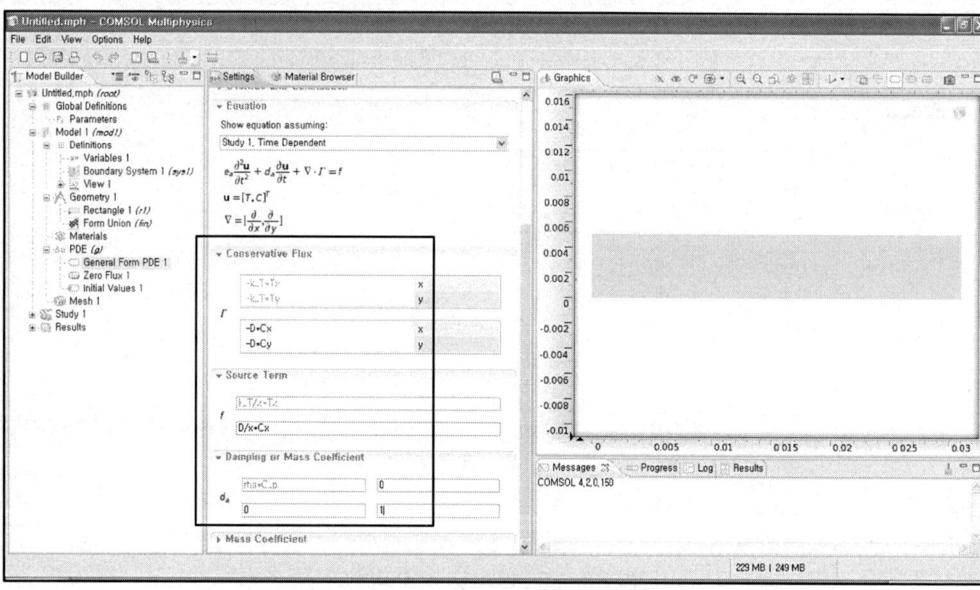

그림 23-31 소영역 설정하기

8. 'Model Builder' 페이지의 'Initial Values 1' 항목을 클릭하여 나타난 오른쪽의 'Settings' 페이지의 'Initial Values' 윈도우의 'Initial Value for T:' 항목에 초기값 'T0', 'Initial Value for C:' 항목에 초기값 'C0'를 입력한다.

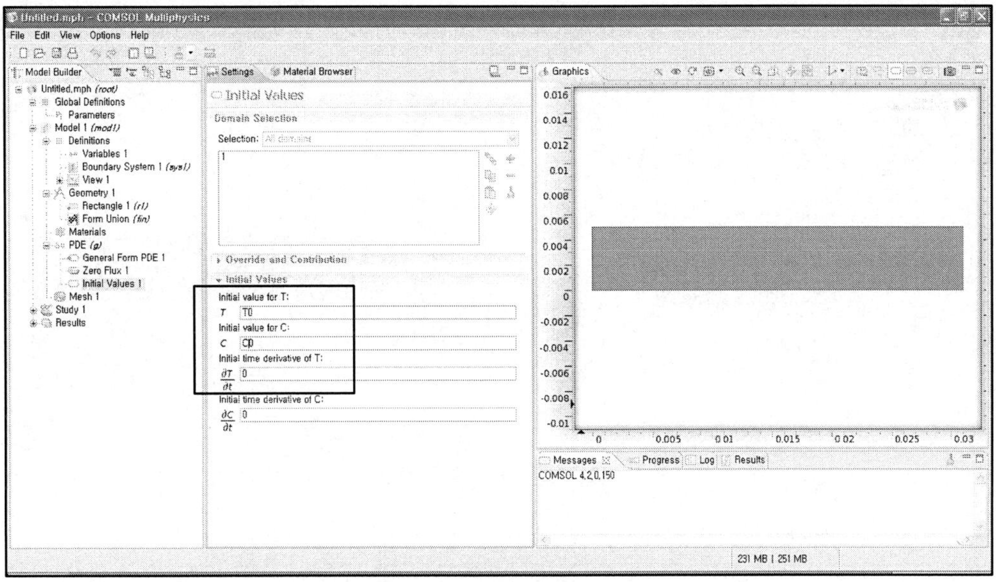

그림 23-32 'Initial Values 1' 설정하기

9. 경계 선택을 1~4번까지 지정하면서 경계조건을 설정해야 한다. 식 (5)~(8)에서 보는 바와 같이 모든 경계조건 **노이만(Neumann)** 경계조건으로 설정하여야 한다.
경계조건을 설정하기 위해서 다음과 같은 과정을 수행한다.

① 'Model Wizard' 페이지에서 'PDE (g)' 항목을 오른쪽 마우스 클릭하여 선택한다.
② 나타난 Pop-Up 메뉴에서 'Flux/Source'를 선택한다.
③ 그러면 'PDE (g)' 항목에 'Flux/Source 1' 항목이 나타난다.
동일한 방법으로 'Flux/Source 2' 항목도 생성한다.

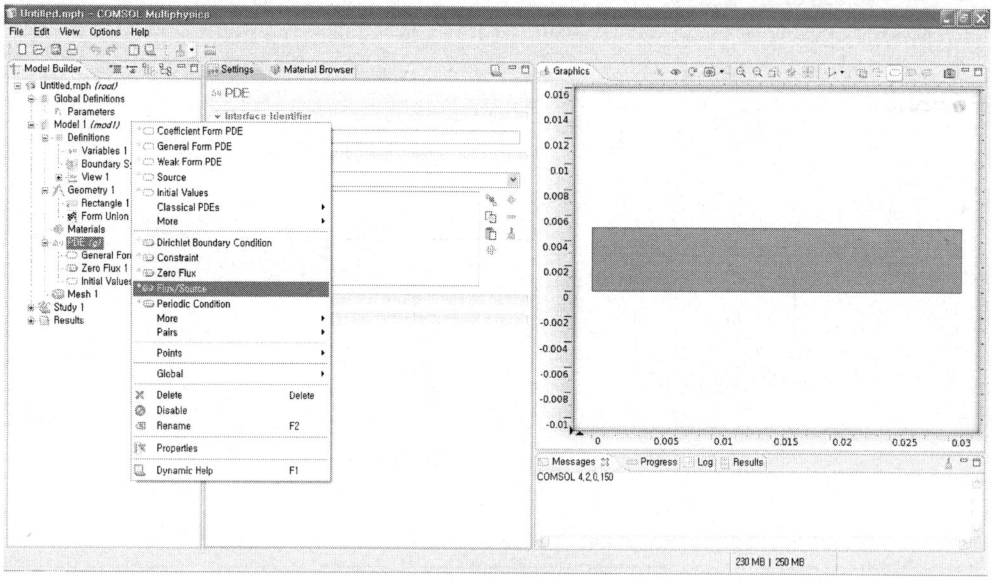

그림 23-33 'Flux/Source' 생성하기

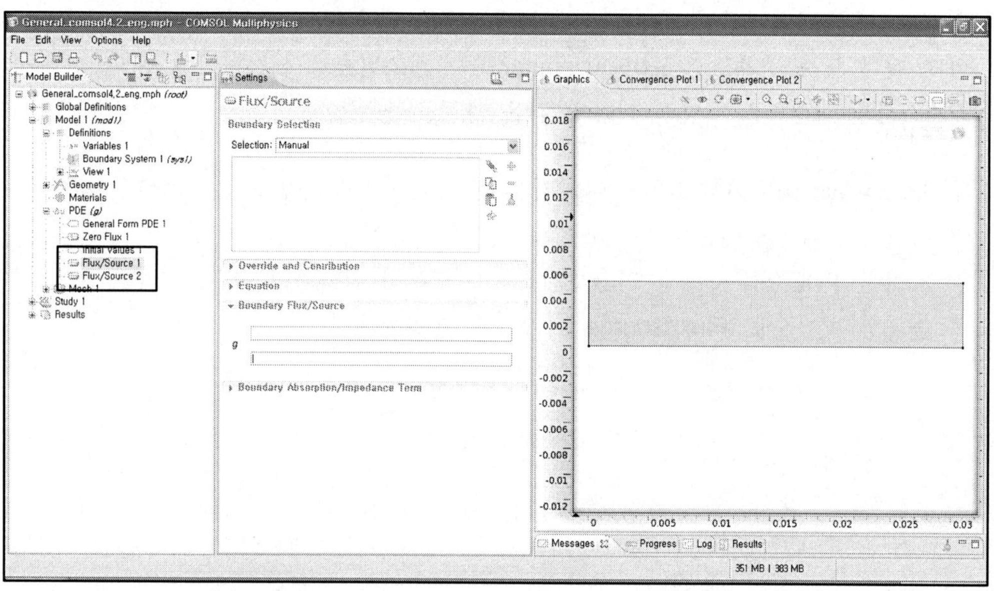

그림 23-34 'Flux/Source 1', 'Flux/Source 2' 생성하기

④ 'Flux/Source 1' 항목을 클릭하면, 오른쪽에 'Settings' 페이지에 'Flux/Source' 윈도우가 나타난다.

⑤ 오른쪽 'Graphics' 페이지에서 **'경계 3'**을 클릭하여 선택한다.

⑥ 'Settings' 페이지의 'Flux/Source' 윈도우에 있는 'Boundaries' 영역의 'Add to Selection' ✚ 버튼을 클릭하면 **'경계 3'**이 선택되어 추가된다.

아래의 'Boundary Flux/Source' 영역에 **'경계 3'**의 경계조건을 다음과 같이 입력한다.

⑦ 'g **계수**'에서 '**T항**: h_T*(T_air−T)+D_m*lamda*(g.ny*Cy)'
'**C항**: k_c*(C_b−C)' 을 입력한다.

아래의 'Boundary Absorption/Impedance Term' 영역에 **'경계 3'**의 경계조건을 다음과 같이 입력한다.

⑧ 'q **계수**'에서 '**T항**: 0'
'**C항**: 0' 을 입력한다.

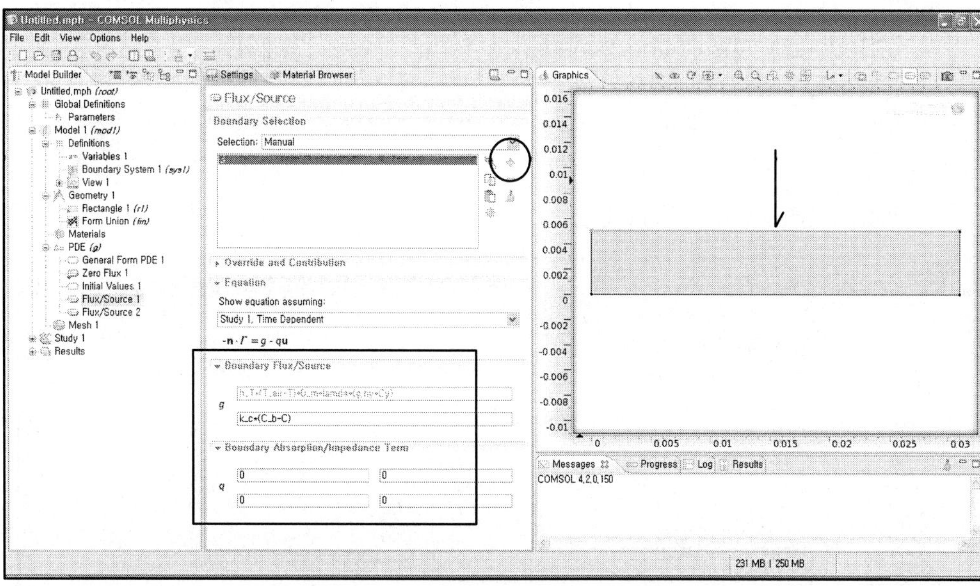

그림 23-35 'Flux/Source 1' 설정하기

다음은 **'경계 4'**의 경계조건을 입력해 보자. 순서는 **'경계 3'**의 경계조건을 입력했던 것과 동일하다.

① 'Model Wizard' 페이지에서 'PDE (g)' 항목을 오른쪽 마우스 클릭하여 선택한다.
② 나타난 Pop-Up 메뉴에서 'Flux/Source'를 선택한다.

③ 그러면 'PDE (g)' 항목에 'Flux/Source 2' 항목이 나타난다.

④ 'Flux/Source 2' 항목을 클릭하면, 오른쪽에 'Settings' 페이지에 'Flux/Source' 윈도우가 나타난다.

⑤ 오른쪽 'Graphics' 페이지에서 **'경계 4'**를 클릭하여 선택한다.

⑥ 'Settings' 페이지의 'Flux/Source' 윈도우에 있는 'Boundaries' 영역의 'Add to Selection' ✚ 버튼을 클릭하면 **'경계 4'**가 선택되어 나타난다.

- 앞의 **'경계 3'**의 경계조건 설정할 때, 이미 추가했으면 이미 'Flux/Source 2' 항목이 나타나 있을 것이다.

아래의 'Boundary Flux/Source' 영역에 **'경계 4'**의 경계조건을 다음과 같이 입력한다.

⑦ **'g 계수'**에서

'T항: h_T*(T_air-T)+D_m*lamda*(g.nx*Cx)', **'C항:** k_c*(C_b-C)' 를 입력한다.

아래의 'Boundary Absorption/Impedance Term' 영역에 **'경계 4'**의 경계조건을 다음과 같이 입력한다.

⑧ **'q 계수'**에서

'T항: 0', **'C항:** 0' 을 입력한다.

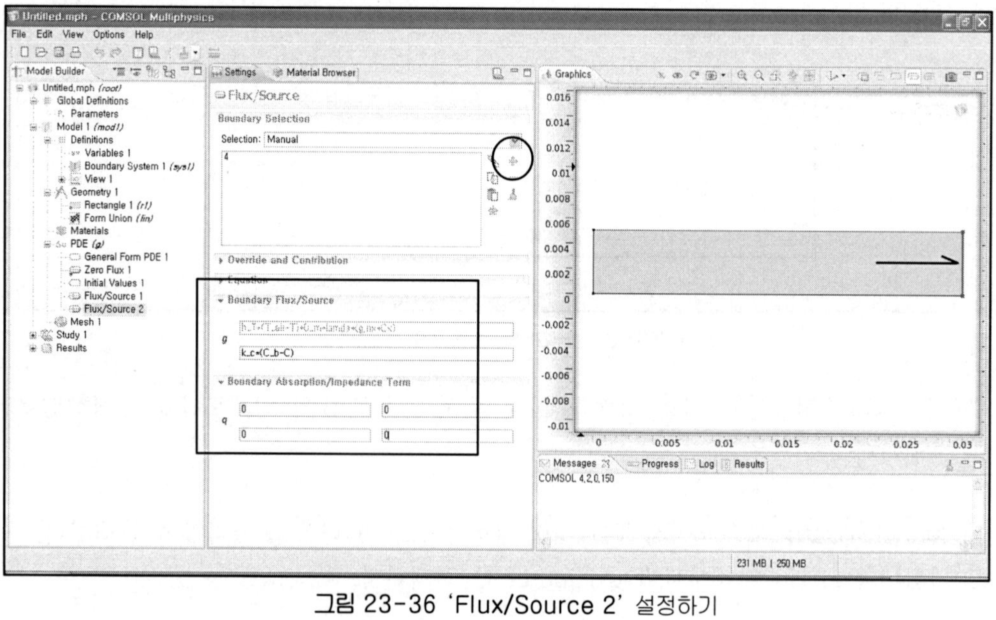

그림 23-36 'Flux/Source 2' 설정하기

10. 메쉬를 만들기 위해서, 'Model Wizard' 페이지의 'Mesh 1'을 마우스 오른쪽 버튼 클릭하고 나타난 메뉴 중 'Free Triangular'을 선택하자.

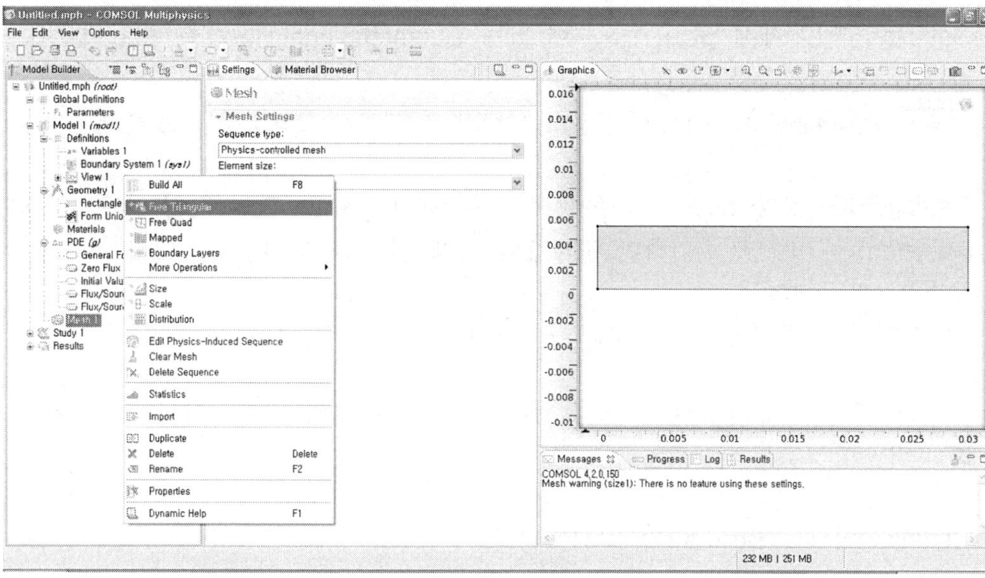

그림 23-37 메쉬 설정하기 - 'Free Triangular' 선택하기

11. 생성된 'Free Triangular 1'을 오른쪽 마우스 클릭하여 나타난 메뉴 중 'Size'를 선택하자.

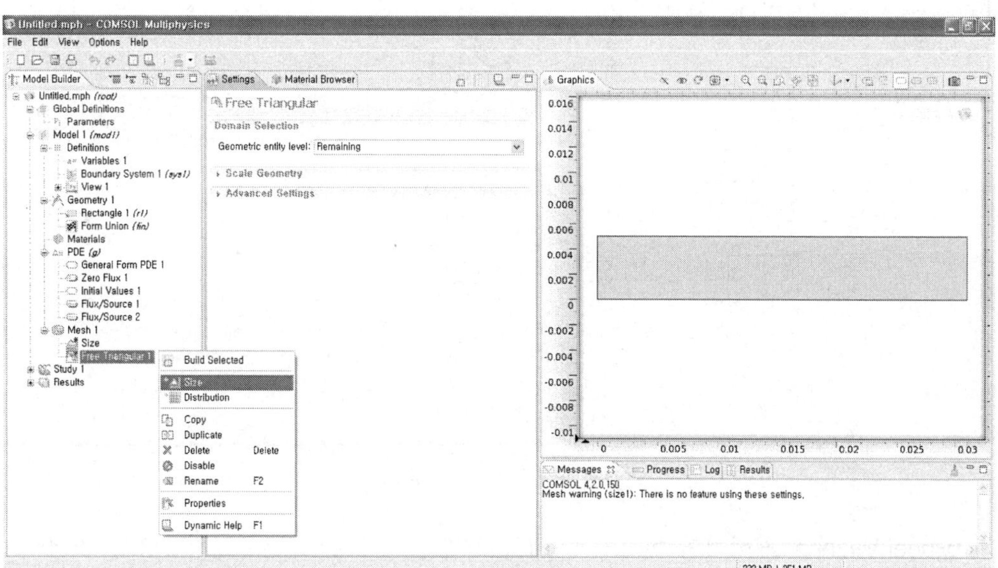

그림 23-38 'Free Triangular 1' - 'Size' 선택하기

12. 이제 다음과 같은 순서로 진행하자.

생성된 'Size 1'을 선택하자.
'Settings' 페이지에서 'Size' 윈도우에 있는 'Geometric entity level'을 'Boundary'로 설정한다.
오른쪽 'Graphics' 페이지에서 사각형 모델의 **'경계 3'**과 **'경계 4'**를 클릭하여 선택한다.

'Settings' 페이지의 'Size' 윈도우에 있는 'Geometric entity Selection' 영역의 'Add to Selection' 버튼을 클릭하면 **'경계 3'**과 **'경계 4'**가 추가된다.

'Element Size' 부분을 'Predefined'에서 'Custom'으로 변경하자.

'Element Size Parameters' 부분의 'Maximum Element Size' 체크하여 활성화하고 아래의 빈칸에 '1e-3'을 타입하자.

'Settings' 상단의 'Build All' 버튼을 클릭하자.

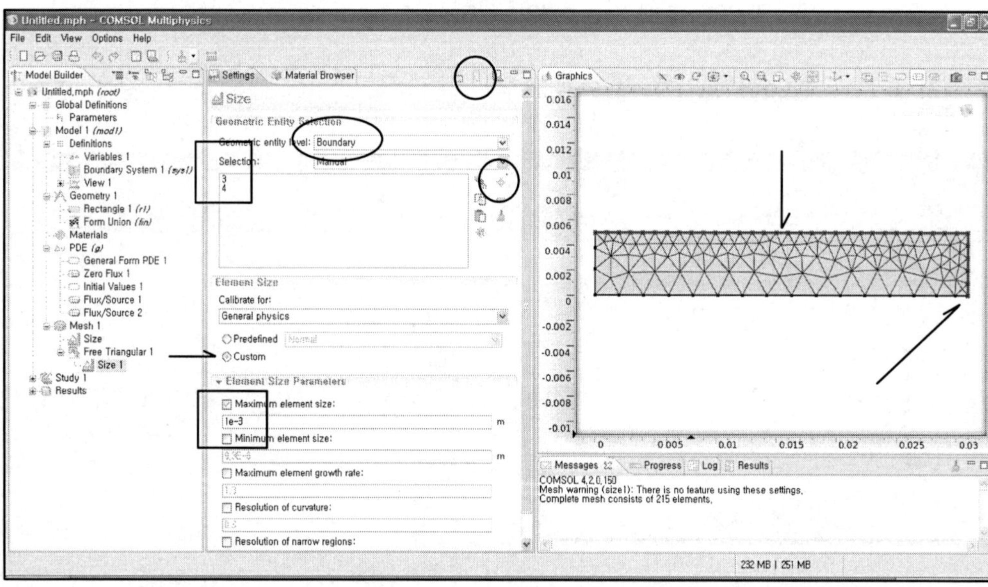

그림 23-39 'Mesh' 설정하기

13. 'Model Wizard' 페이지의 'Study 1' 항목의 'Step 1: Time Dependent'을 클릭하여 선택하고 'Settings' 페이지의 'Time Dependent' 윈도우의 'Times' 편집 메뉴 를 클릭

하여 해석 수행 레인지를 'Start : 0', 'Stop : 900', 'Step : 10'을 타입하고 'Replace' 버튼을 누른다. 그러면 'Times' 항목이 'range(0,10,900)'로 나타날 것이다.

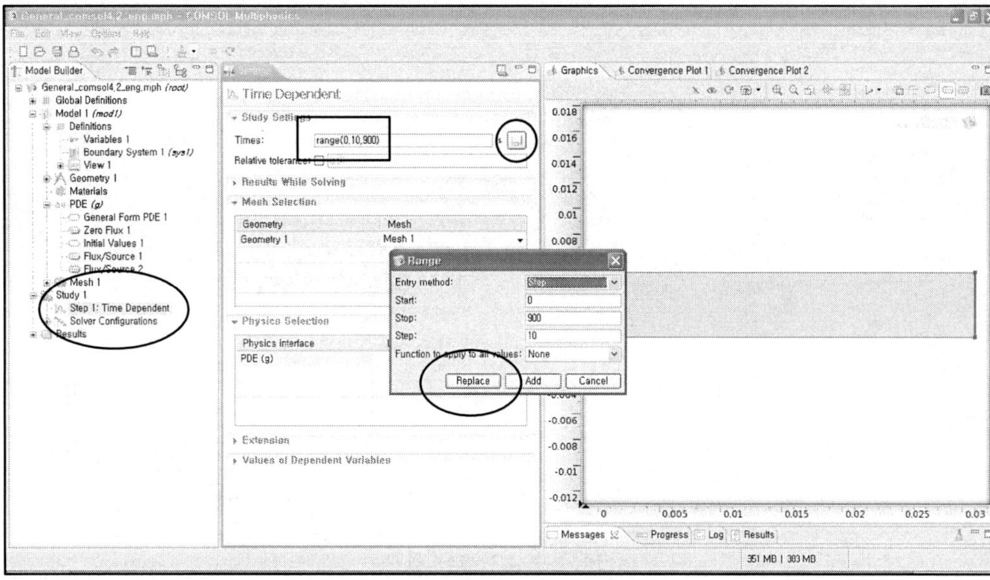

그림 23-40 'Step 1: Time Dependent' 설정하기

14. 'Settings' 페이지 상단 메뉴의 'Compute' 버튼을 클릭하자.

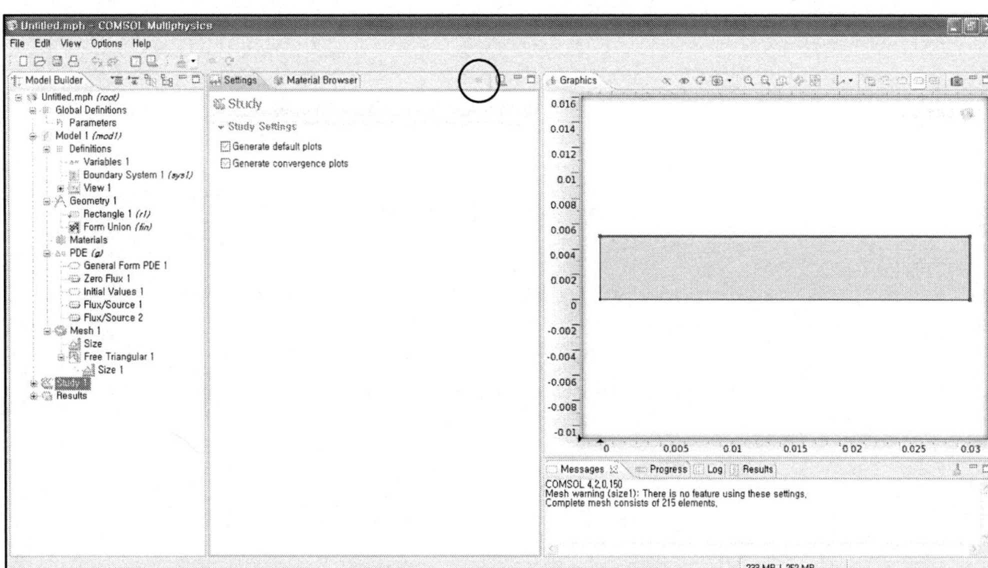

그림 23-41 'Compute' 실행하기

15. 아래 그림 23-42는 해석 결과를 보여준다.

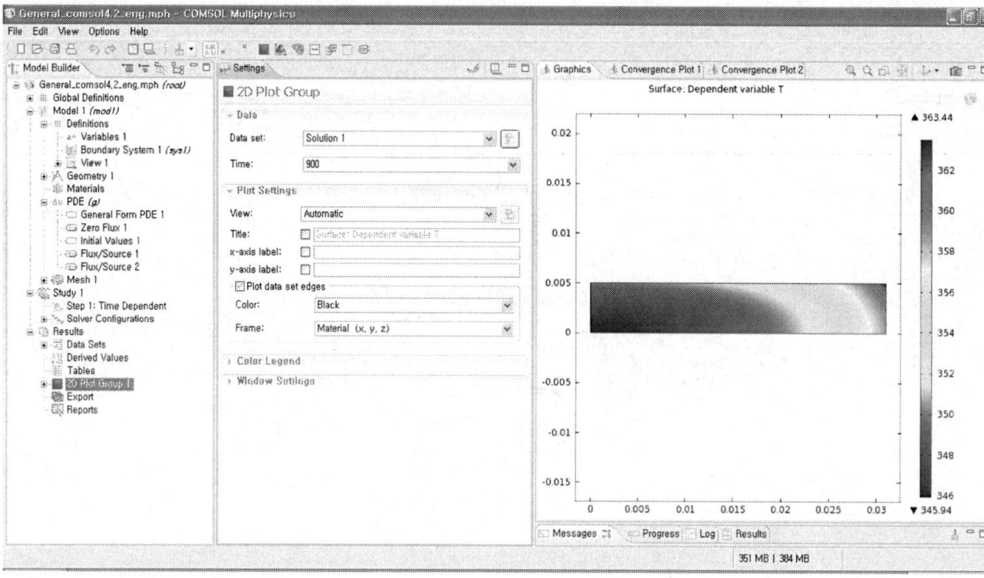

그림 23-42 해석 결과

< 약형 (PDE, Weak Form) 이용 >

1. 그림 23-43과 같이 'Model Wizard' 페이지에서 공간 차원을 '2D'로 선택하고 'Next' 버튼을 누른다.

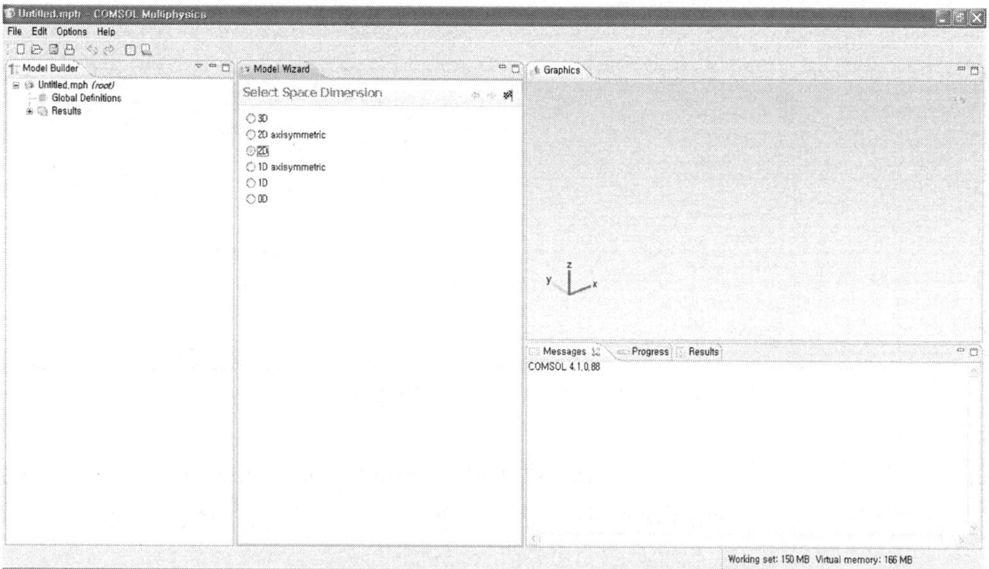

그림 23-43 'Model Wizard' 페이지, '2D'로 선택하기

2. 그림 23-44와 같이 'Model Wizard' 페이지의 'Add Physics' 윈도우에서 'Mathematics' 항목, 'PDE Interfaces' 아래의 'Weak Form PDE (w)' 를 더블클릭하여 선택한다. 아래의 'Number of dependent variables:' 란에 '2'를 타입하고, 'Dependent variables' 란에 종속 변수를 'T'와 'C'를 입력한다. 상단의 'Next' 버튼 을 누른다.

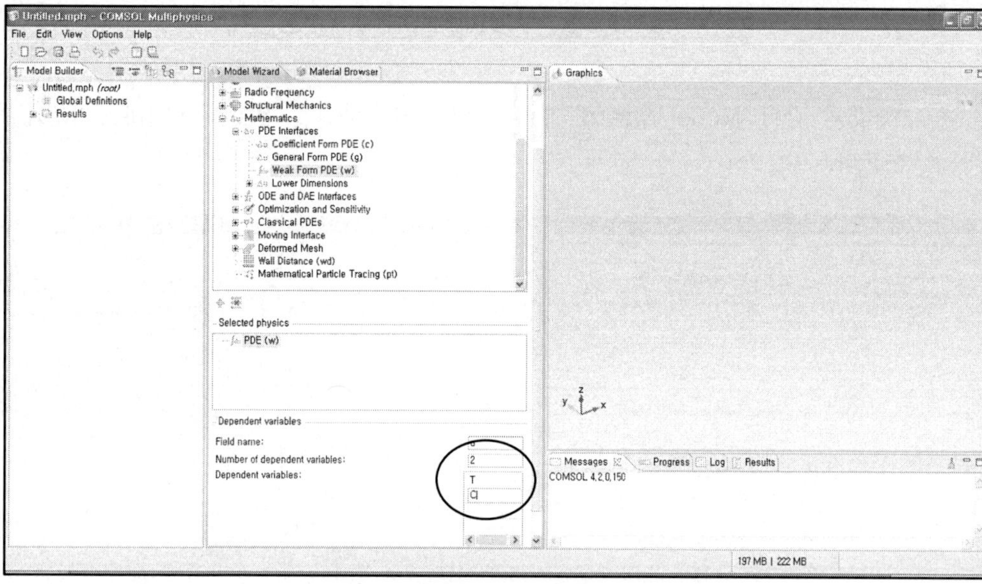

그림 23-44 'Weak Form PDE (w)' 세팅하기

3. 그림 23-45와 같이 'Model Wizard' 페이지의 'Select Study Type' 윈도우에서 'Preset Studies' 항목에서, 'Time Dependent'를 선택한다. 다음, 상단의 'Finish' 버튼을 누른다.

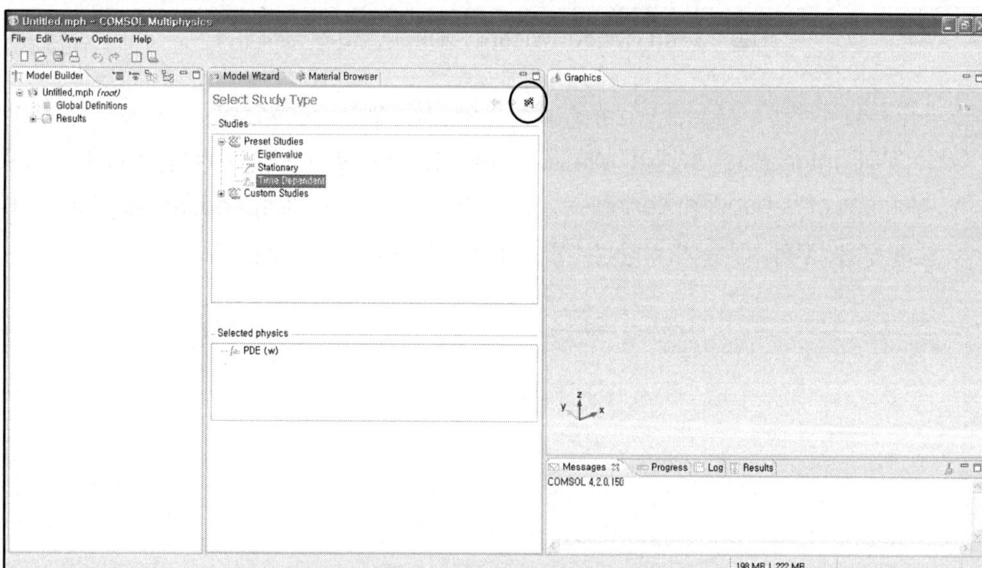

그림 23-45 'Time Dependent' 선택하기

4. 그림 23-46과 같이 사각형 모델링을 하기 위해서, 'Model Builder' 페이지에서 'Model

1', 'Geometry 1' 항목을 클릭한 후 마우스 오른쪽 클릭하면 Pop-Up 메뉴가 나타난다. 여기서 'Rectangle' 선택하면 'Model Builder' 페이지 오른쪽에 'Settings' 페이지가 나타난다. 'Settings' 페이지에서 'Size' 항목에서 'Width: 31E-3', 'Height: 5E-3'로 타입한 후 상단에 있는 'Build Selected' 버튼을 클릭한다. 그러면, 'Graphics' 페이지에 설정한 사각형이 나타난다. 메뉴 툴바에서 상단의 'Zoom Extents' 버튼을 클릭하라.

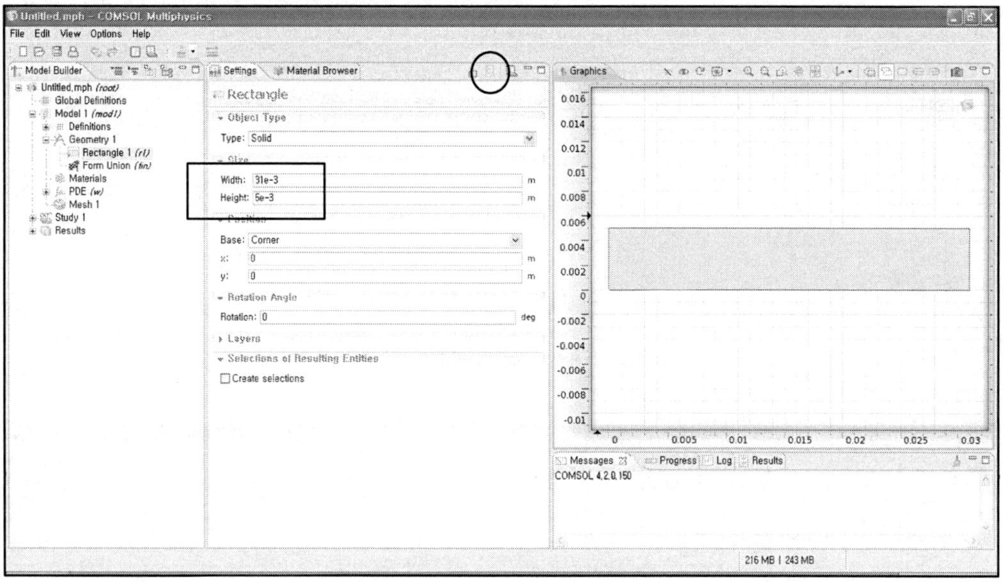

그림 23-46 사각형 모델링하기

5. 상수를 입력하기 위해 그림 23-47과 같이 수행한다. 'Model Builder' 페이지에서 'Global Definitions'를 클릭한 다음 오른쪽 마우스를 클릭하여 'Parameters'를 선택한다. 그림 23-48과 같이 오른쪽 'Settings' 페이지의 'Parameters'에 '표 23-1'의 값들을 입력해준다.

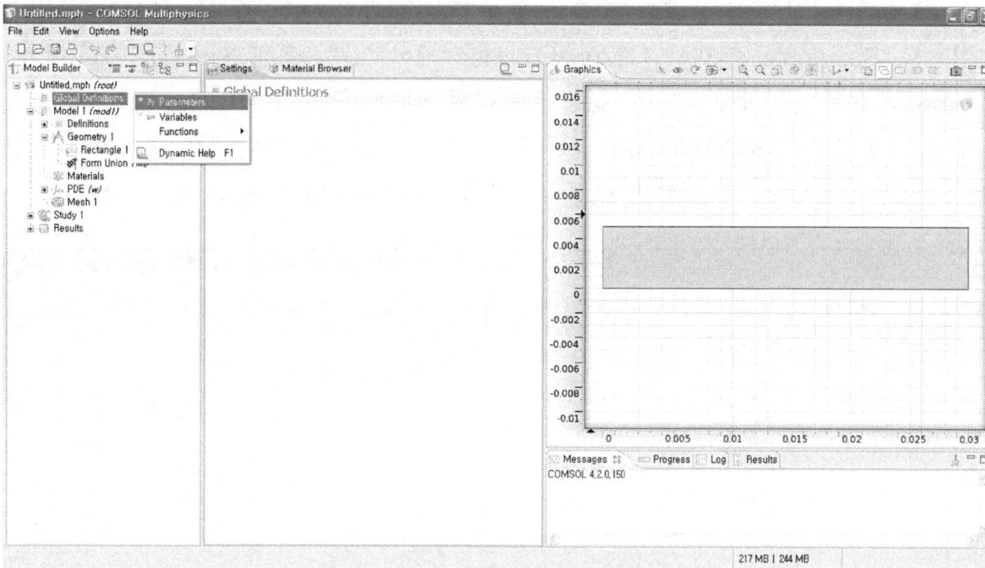

그림 23-47 'Parameters' 생성하기

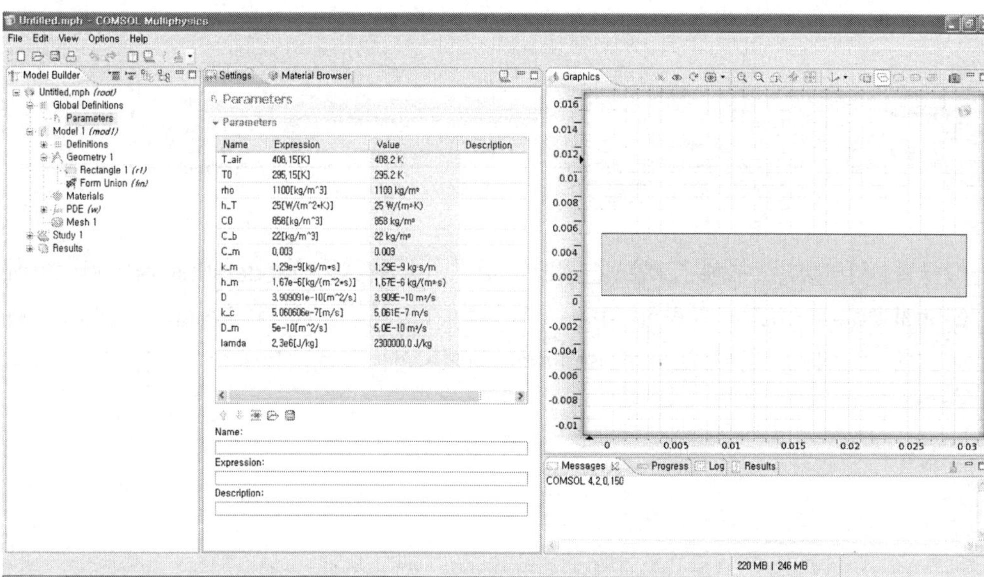

그림 23-48 'Parameters' 설정하기

6. 변수를 입력하기 위해 다음과 같이 수행한다. 'Model Builder' 페이지에서 'Definitions'를 클릭한 다음 오른쪽 마우스를 클릭하여 'Variables'를 선택한다. 오른쪽 'Settings' 페이지의 'Variables'에 '표 23-1'의 값들을 입력해준다.

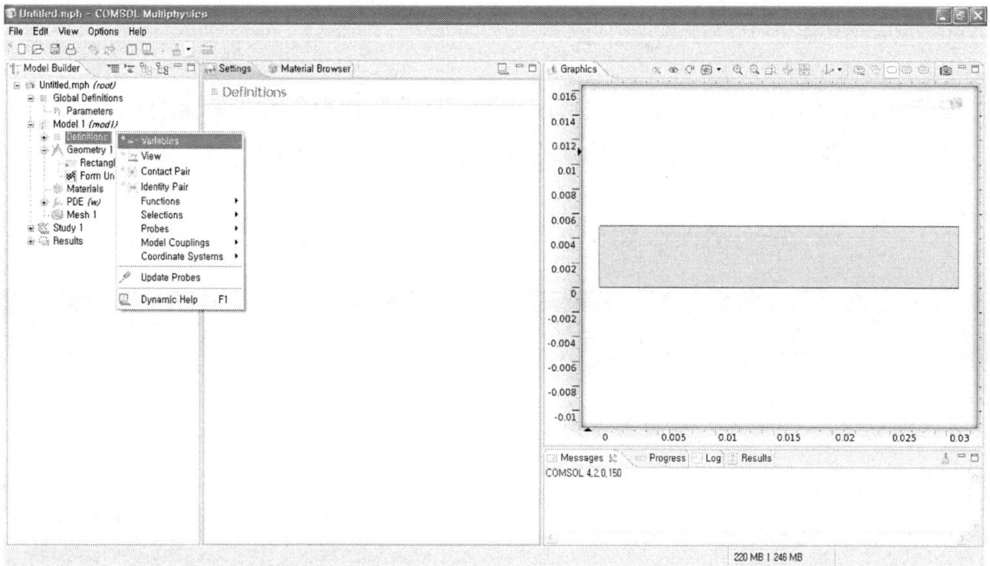

그림 23-49 'Variables' 생성하기

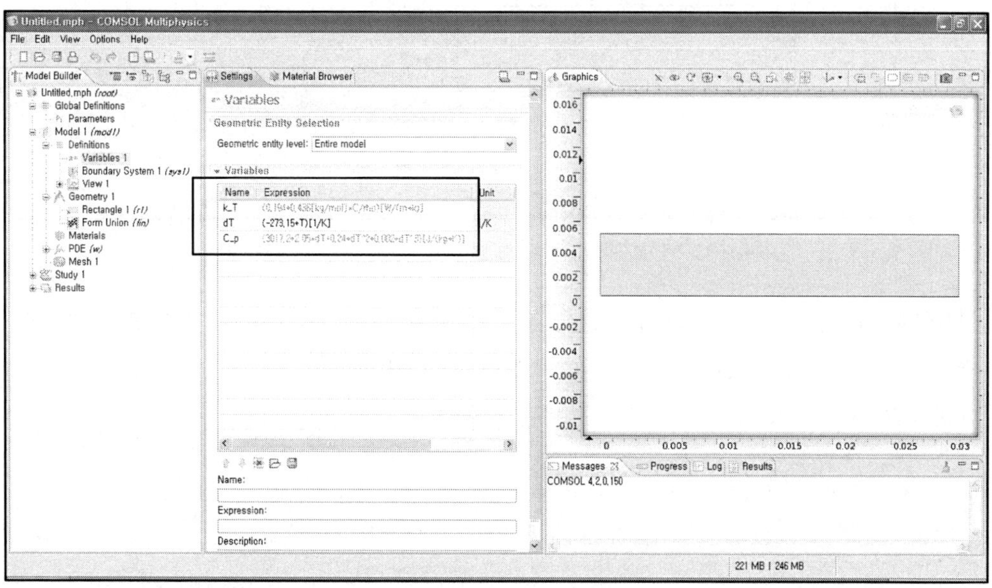

그림 23-50 'Variables' 설정하기

7. 해석 영역 내에 **물성치**를 넣기 위해서 'Model Builder' 페이지의 'PDE (w)' 항목 아래의 'Weak Form PDE 1'을 클릭한다. 오른쪽의 'Settings' 페이지의 'Weak Form PDE' 윈도우의 Weak Expression에는 다음과 같이 타입하면 된다.

Weak Expression :

T항: k_T*(-Tx*test(Tx)-Ty*test(Ty)+Tx*test(T)/x)-rho*C_p*Tt*test(T)
C항: D*(-Cx*test(Cx)-Cy*test(Cy)+Cx*test(C)/x)-Ct*test(C)

아래 그림 23-51은 편미분 방정식, Weak Form, 소영역을 설정한 상태를 보여준다.

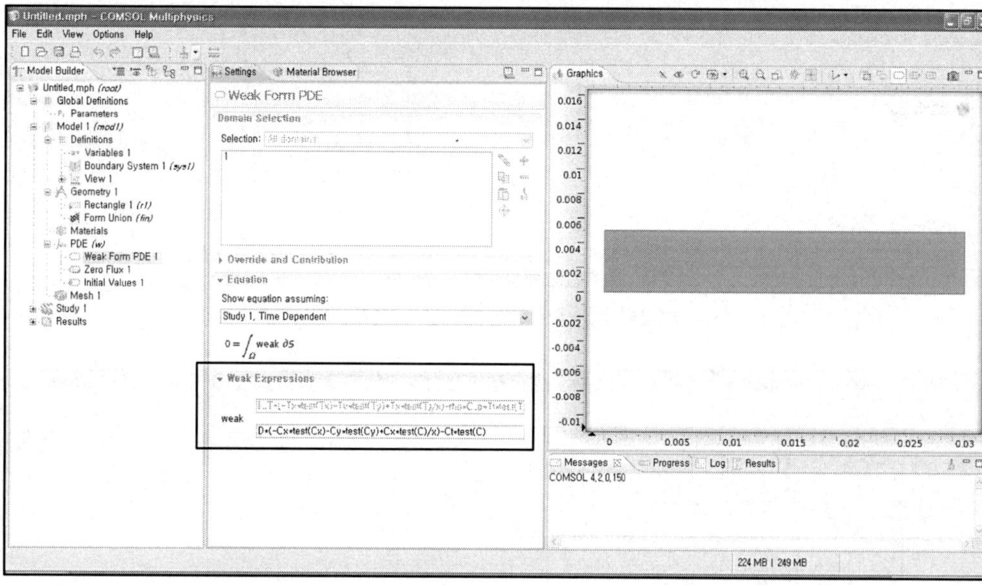

그림 23-51 '편미분 방정식, Weak Form, 소영역 설정하기

8. 'Model Builder' 페이지의 'Initial Values 1' 항목을 클릭하여 나타난 오른쪽의 'Settings' 페이지의 'Initial Values' 윈도우의 'Initial Value for T:' 항목에 초기값 'T0', 'Initial Value for C:' 항목에 초기값 'C0'를 입력한다.

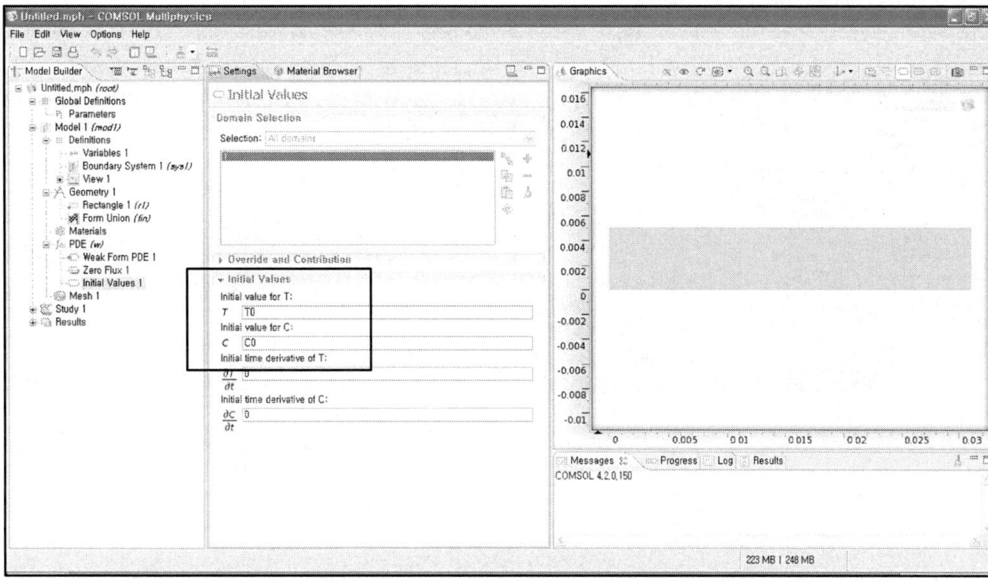

그림 23-52 'Initial Values' 설정하기

9. 이제 경계조건을 설정해야 한다. Weak Form에서 **경계조건**을 설정하기 위해서 다음과 같은 과정을 수행한다.
   ① 'Model Wizard' 페이지에서 'PDE (w)' 항목을 오른쪽 마우스 클릭하여 선택한다.
   ② 나타난 Pop-Up 메뉴에서 그림 23-52와 같이 'More' - 'Weak Contribution'을 선택한다.
   ③ 그러면 'PDE (w)' 항목에 'Weak Contribution 1' 항목이 나타난다.
   ④ 동일한 방식으로 그림 23-54와 같이 'Weak Contribution 2' 항목도 생성한다.

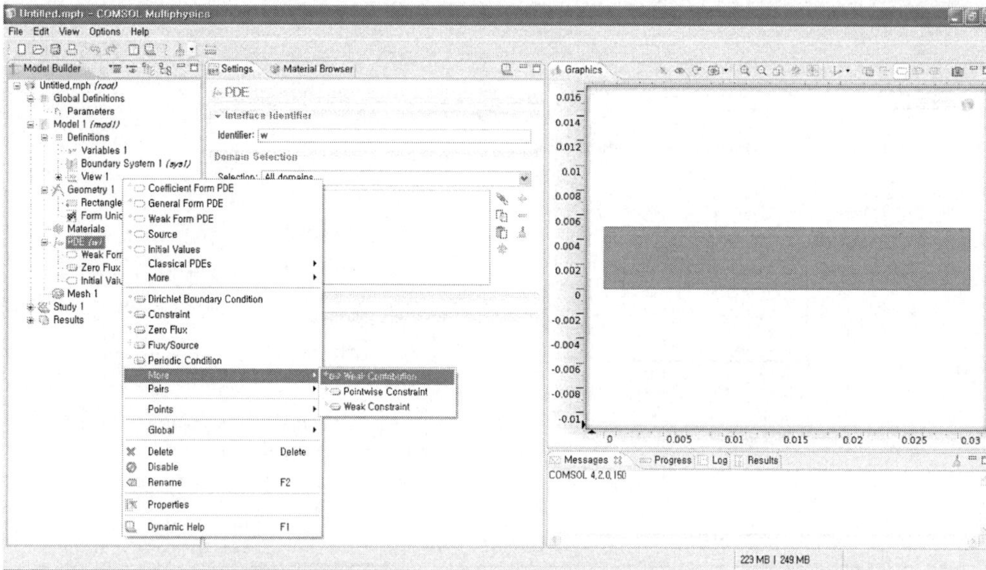

그림 23-53 'More' - 'Weak Contribution'을 선택하기

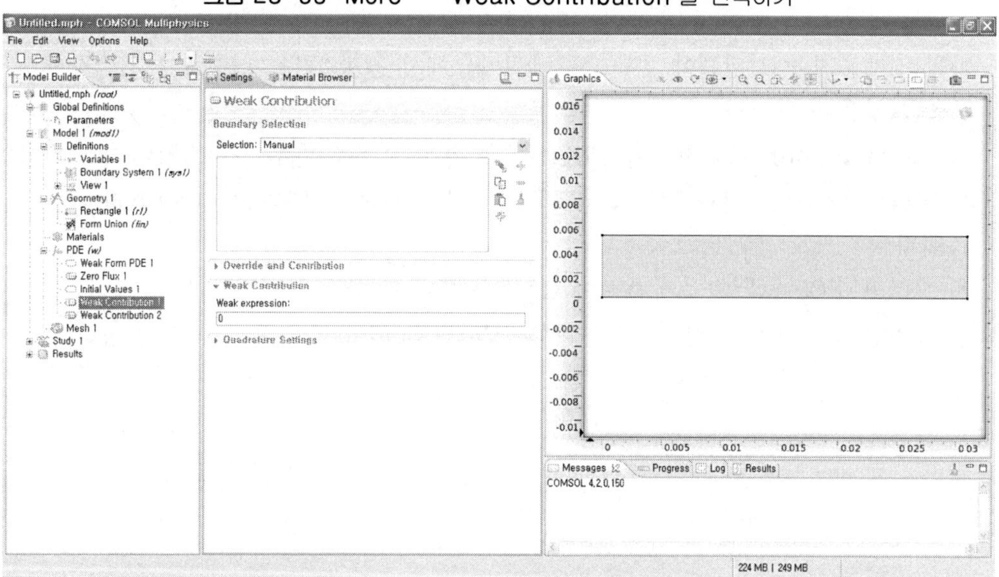

그림 23-54 'Weak Contribution 1', 'Weak Contribution 2' 항목 생성하기

⑤ 'Model Builder' 페이지에서 'Weak Contribution 1'을 클릭하면, 오른쪽에 'Settings' 페이지에 'Weak Contribution' 윈도우가 나타난다.

⑥ 오른쪽 'Graphics' 페이지에서 **'경계 3'**을 클릭하여 선택한다. 단, 'Graphics' 페이지의 툴바에 있는 'Select Boundaries'가 선택되어 있어야 **'경계 3'**을 선택할 수 있다.

⑦ 'Settings' 페이지의 'Weak Contribution' 윈도우에 있는 'Boundary Selection' 영역의 ✚ 버튼 'Add to Selection'을 클릭하면 **'경계 3'**이 선택되어 나타난다.

⑧ 아래의 'Weak Contribution' 영역에서 **'경계 3'**의 경계조건을 'Weak Contribution:'에 다음과 같이 입력한다.

'Weak Contribution:'
(-h_T*T+h_T*T_air+D_m*lamda*(w.ny*Cy))*test(T)+k_c*(-C+C_b)*test(C)

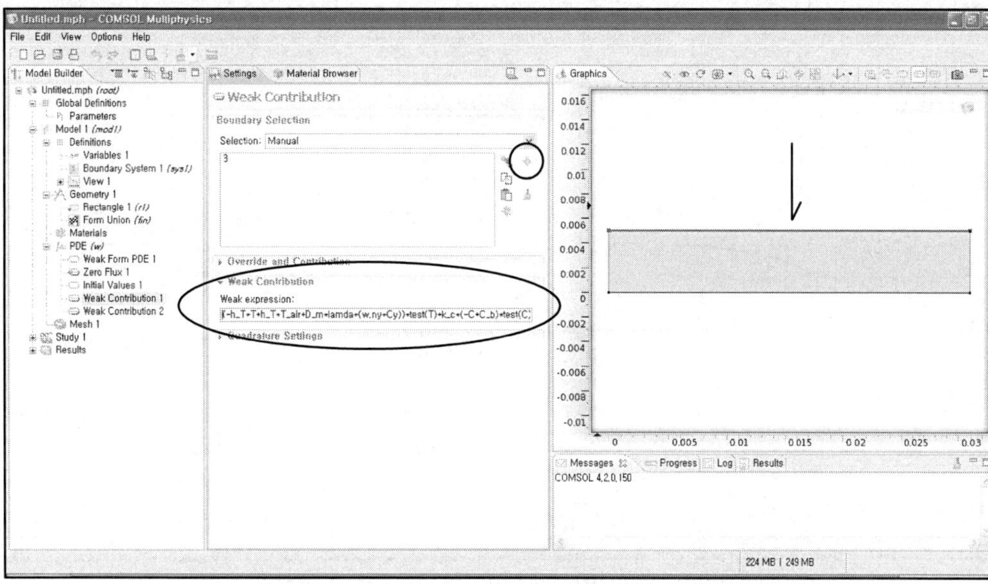

그림 23-55 'Weak Contribution 1' 설정하기

10. 다음은 **'경계 4'**의 경계조건을 입력해 보자. 순서는 **'경계 3'**의 경계조건을 입력했던 것과 동일하다.

① 'Model Wizard' 페이지에서 'PDE (w)' 항목을 오른쪽 마우스 클릭하여 선택한다.

② 나타난 Pop-Up 메뉴에서 'More' - 'Weak Contribution'을 선택한다.

③ 그러면 'PDE (w)' 항목에 'Weak Contribution 2' 항목이 나타난다.
앞 단계에서 'Weak Contribution 2' 항목을 생성했다면 이 과정은 생략한다.

④ 'Model Builder' 페이지에서 'Weak Contribution 2'를 클릭하면, 오른쪽에 'Settings' 페이지에 'Weak Contribution' 윈도우가 나타난다.

⑤ 오른쪽 'Graphics' 페이지에서 **'경계 4'**를 클릭하여 선택한다.

⑥ 'Settings' 페이지의 'Weak Contribution' 윈도우에 있는 'Boundary Selection' 영역의 버튼 'Add to Selection'을 클릭하면 **'경계 4'**가 선택되어 나타난다.

⑦ 아래의 'Weak Contribution' 영역에서 **'경계 4'**의 경계조건을 'Weak Contribution:'에 다음과 같이 입력한다.

'Weak Contribution:'

(-h_T*T+h_T*T_air+D_m*lamda*(w.nx*Cx))*test(T)+k_c*(-C+C_b)*test(C)

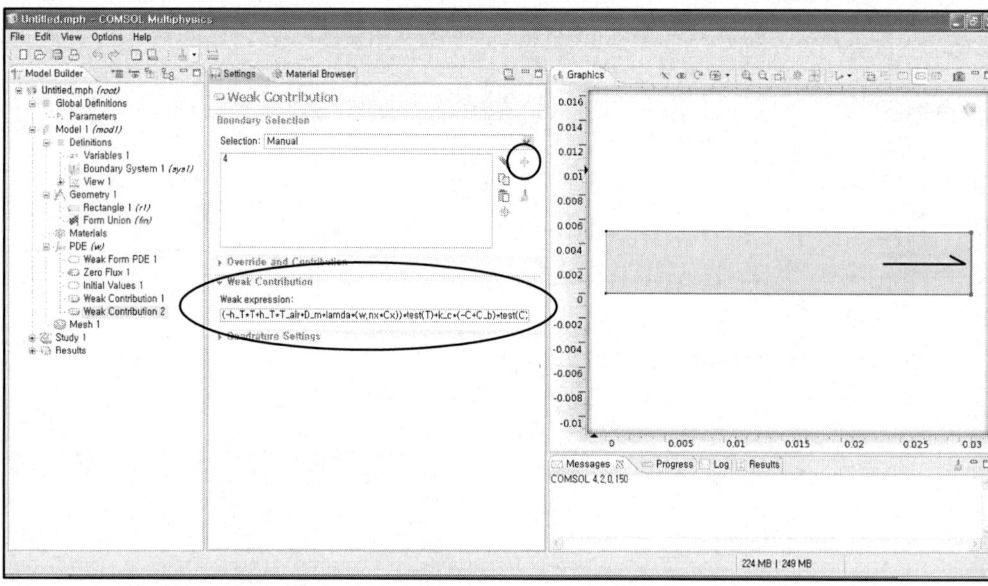

그림 23-56 'Weak Contribution 2' 설정하기

11. 메쉬를 만들기 위해서, 'Model Wizard' 페이지의 'Mesh 1'을 마우스 오른쪽 버튼 클릭하고 나타난 메뉴 중 'Free Triangular'을 선택하자.

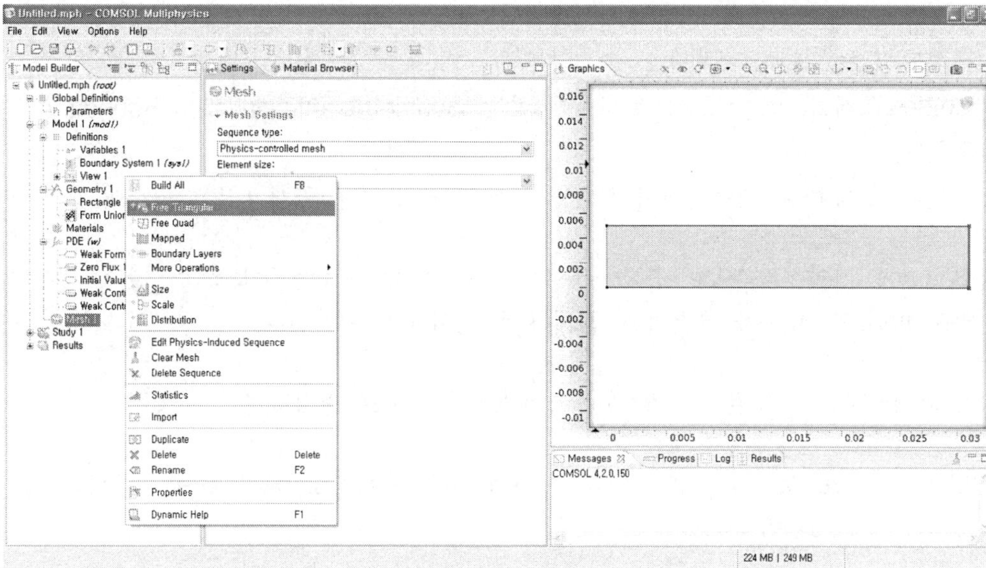

그림 23-57 메쉬 설정하기 - 'Free Triangular' 선택하기

12. 생성된 'Free Triangular 1'을 오른쪽 마우스 클릭하여 나타난 메뉴 중 'Size'를 선택하자.

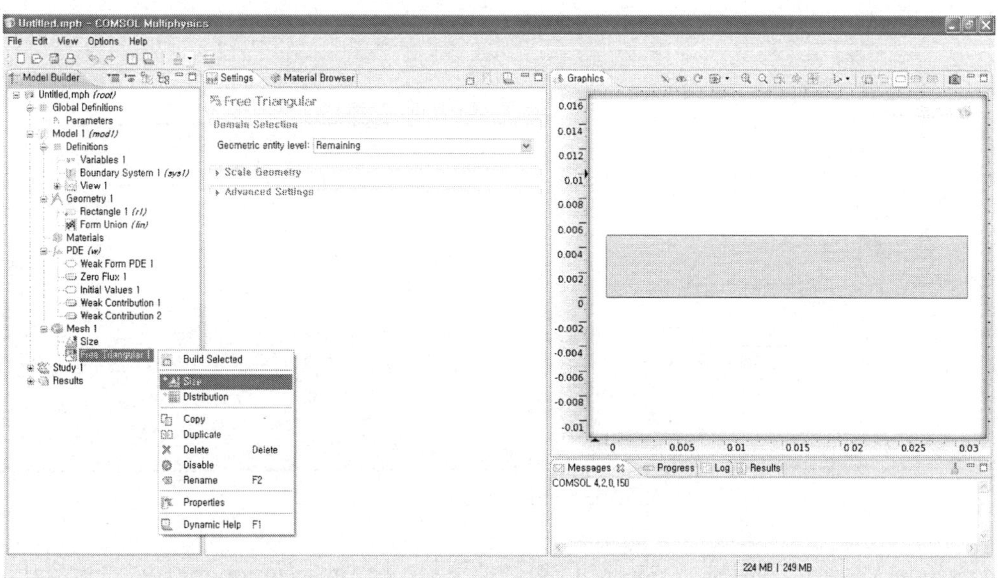

그림 23-58 'Free Triangular 1' - 'Size' 선택하기

13. 이제 다음과 같은 순서로 진행하자.

생성된 'Size 1'을 선택하자.
'Settings' 페이지에서 'Size' 윈도우에 있는 'Geometric entity level'을 'Boundary'로 설정한다.
오른쪽 'Graphics' 페이지에서 사각형 모델의 **'경계 3'**과 **'경계 4'**를 클릭하여 선택한다.

'Settings' 페이지의 'Size' 윈도우에 있는 'Geometric entity Selection' 영역의 'Add to Selection' 버튼을 클릭하면 **'경계 3'**과 **'경계 4'**가 추가된다.

'Element Size' 부분을 'Predefined'에서 'Custom'으로 변경하자.

'Element Size Parameters' 부분의 'Maximum Element Size' 체크하여 활성화하고 아래의 빈칸에 '1e-3'을 타입하자.

'Settings' 상단의 'Build All' 버튼을 클릭하자.

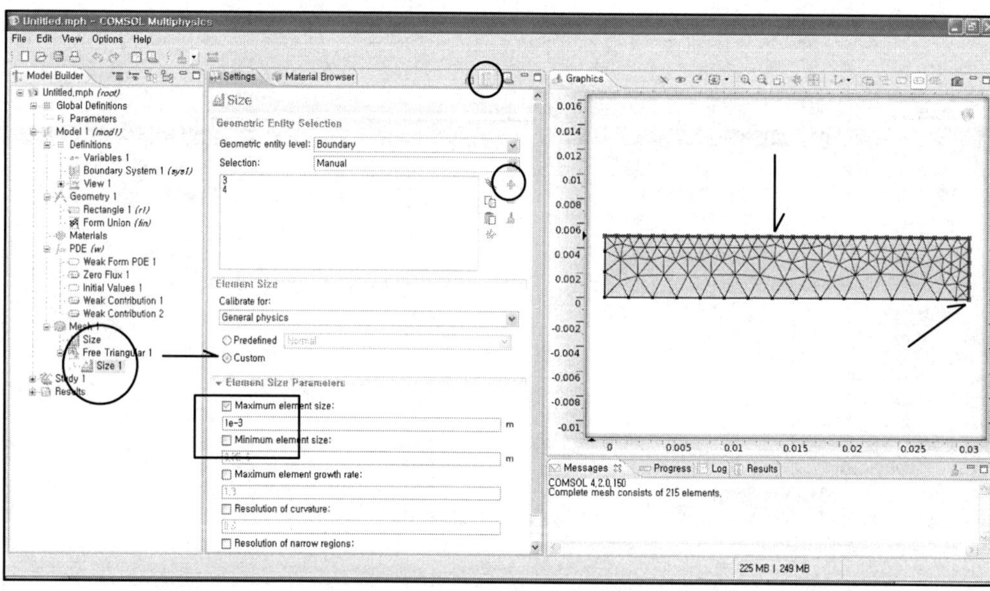

그림 23-59 'Mesh' 설정하기

14. 'Model Wizard' 페이지의 'Study 1' 항목의 'Step 1: Time Dependent'을 클릭하여 선택하고 'Settings' 페이지의 'Time Dependent' 윈도우의 'Times' 편집 메뉴 를 클릭하여 해석 수행 레인지를 'Start : 0', 'Stop : 900', 'Step : 10'을 타입하고 'Replace' 버

튼을 누른다. 그러면 'Times' 항목이 'range(0,10,900)'로 나타날 것이다.

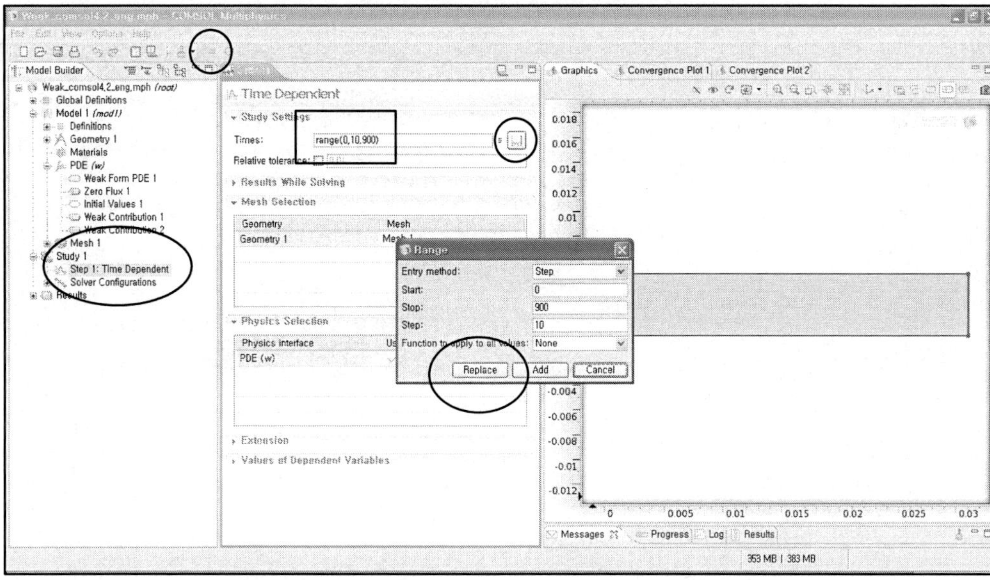

그림 23-60 'Step 1: Time Dependent' 설정하기

11. 'Settings' 페이지 상단 메뉴의 'Compute' 버튼을 클릭하자.

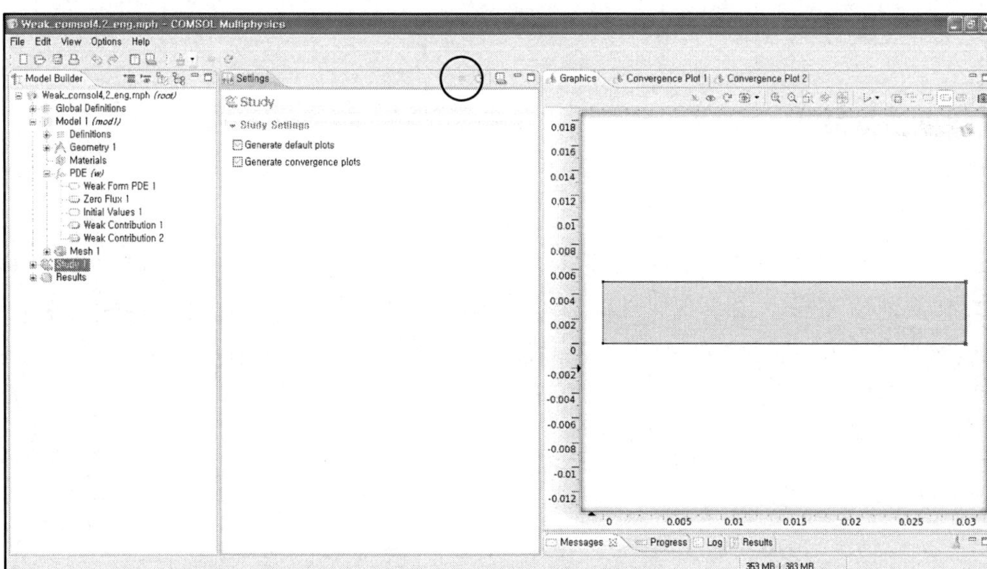

그림 23-61 'Compute' 실행하기

12. 아래 그림 23-62는 해석 결과를 보여준다.

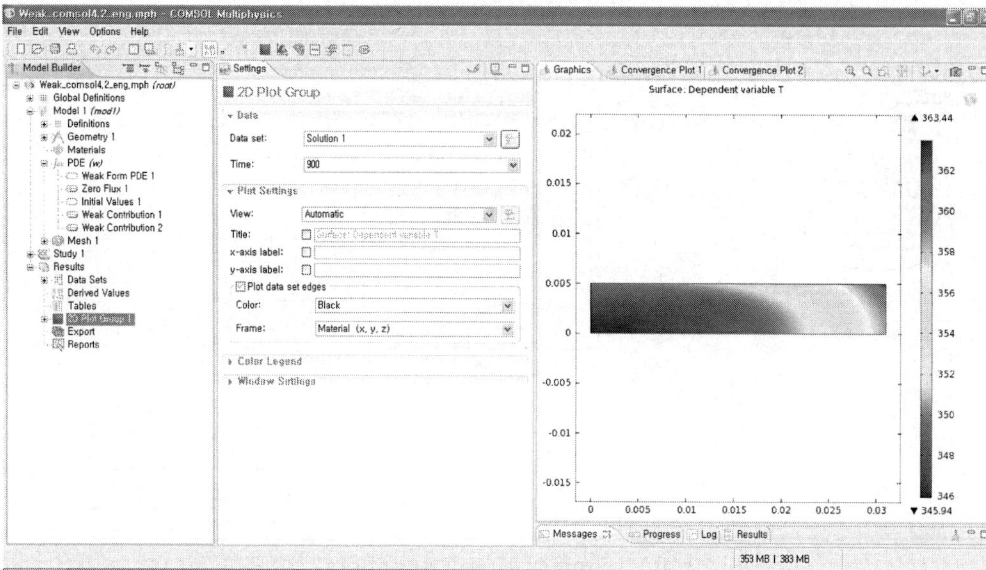

그림 23-62 해석 결과

▣ 결과 고찰하기

본 문제는 2차원 축대칭(r-z 축, Cylindrical coordinate)문제를 2차원 대칭(x-y 축, Cartesian)으로 표현하여 해결해 보았다. 우리는 2차원 대칭문제만큼이나 상당수의 2차원 축대칭 문제를 만나는 경우가 많으므로 이 예제를 통하여 연습을 충분히 한다면, 2차원 대칭 문제와 더불어 축대칭 문제도 큰 문제없이 해결할 수 있을 것이다.

▣ 연습문제

1. 위의 예제를 General Form으로 해결해 보고 그 결과 값이 위와 동일한가를 비교하여 보아라.

2. 위의 문제를 2차원 대칭문제로 가정을 한다면, 그 결과 값은 얼마나 차이가 나는지를 비교하라.

$$\rho C_p \frac{\partial T}{\partial t} - k\left(\frac{\partial^2 T}{\partial x^2} + \frac{\partial^2 T}{\partial y^2}\right) = 0 \qquad on\ \Omega$$

$$\frac{\partial C}{\partial t} - D\left(\frac{\partial^2 C}{\partial x^2} + \frac{\partial^2 C}{\partial y^2}\right) = 0 \qquad on\ \Omega$$

▣ Reference

1. H. Chen, B.P. Marks and R.Y. Murphy, "Modeling coupled heat and mass transfer for convection cooking of chicken patties," *Journal of Food Engineering*, vol. 42, 1999, pp. 139 - 146

▣ 구대칭 조건에서의 사용자 지정 함수 문제(User defined equation problem)

우리는 앞서 2차원 대칭(x-y축, Cartesian) 문제와 2차원 축대칭(r-z축) 문제를 'COMSOL Multiphysics' PDE module을 사용하여 다루는 방법에 대해서 알아보았다. 이번에는 구대칭 3차원 모델을 1차원으로 줄여 해를 구하는 방법에 대해서 알아보도록 하자. 그리고 검증 차원에서 2차원 대칭문제를 풀어 1차원 결과와 비교해볼 것이다.

3차원 모델을 구대칭 1차원 모델로 간략화 하기 위해서는 먼저 모델의 형태가 구의 형태를 가져야하며, Θ방향과 ϕ방향으로 위치에 따라 경계가 변하지 않아야 한다. 또한 시간에 따라서도 물성이 변하지 않아야한다. 다시 말하여 반지름 방향으로만 위의 값들이 변하게 되는 문제여야 구대칭 1차원 모델로 가정하여 계산의 양을 대폭 줄여 빠른 속도로 정확하게 풀 수 있다.

우리는 이번 문제에서 앞서 해결한 문제와 똑같이 조건의 문제를 이용하여 다시 한 번 풀어 볼 것인데 단, 모델의 형태가 앞선 문제에서는 Cylindrical 형태였다면, 이번에는 Spherical 형태라 생각하고 풀어볼 것이다. 모델의 형태는 아래와 같으며 조건들은 이전 문제와 동일하다.

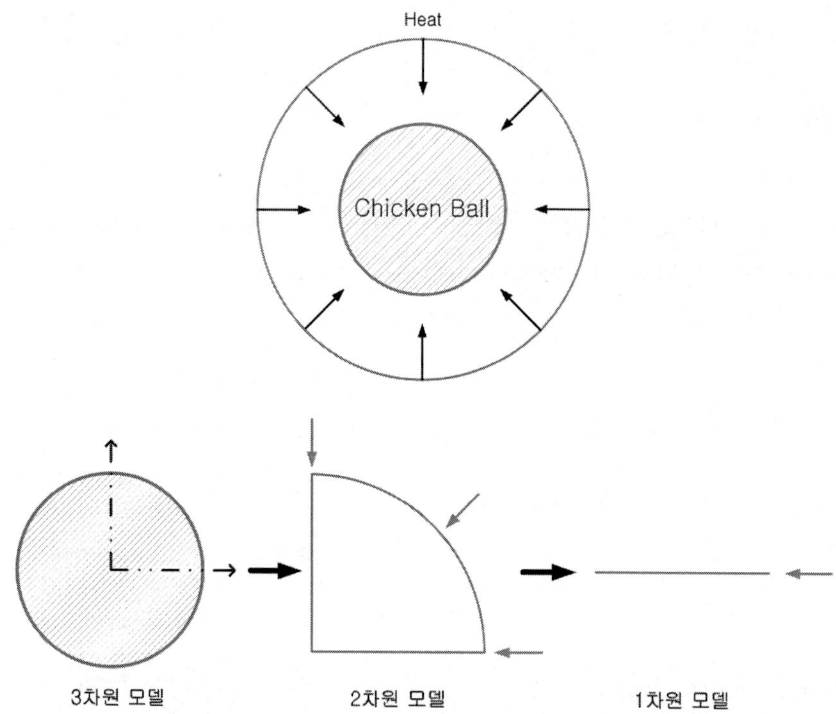

그림 23-63 Convection cooking of a chicken ball

이번 예제에서 조심해야 될 부분은 1차원 모델의 전개식과 2차원 모델의 전개식이 조금 다르다는 것이다. 이는 r, z 좌표를 x, y 좌표 식으로 표현하는 데 있어서 완전히 일치 하지 않는데($r=\sqrt{x^2+y^2}$이므로)서 비롯한다. 지배방정식 (1), (2)이 최종 식 (3), (4)과 (5), (6)와 같이 전개되는데, (3), (4)은 1차원 모델을 위한 전개식이며, 다음 페이지의 (5), (6)는 2차원 모델을 위한 전개식이다.

<1차원 모델>

$$\rho C_p \frac{\partial T}{\partial t} + \nabla \cdot (-k \nabla T) = 0 \quad (1)$$

$$\frac{\partial C}{\partial t} + \nabla \cdot (-D \nabla C) = 0 \quad (2)$$

$$\rho C_p \frac{\partial T}{\partial t} - \frac{k}{r^2}\left[\frac{\partial}{\partial r}\left(r^2 \frac{\partial T}{\partial r}\right)\right] = 0$$

$$\frac{\partial C}{\partial t} - \frac{D}{r^2}\left[\frac{\partial}{\partial r}\left(r^2 \frac{\partial C}{\partial r}\right)\right] = 0$$

$$\rho C_p \frac{\partial T}{\partial t} - \frac{k}{r^2}\left(2r\frac{\partial T}{\partial r} + r^2 \frac{\partial^2 T}{\partial r^2}\right) = 0$$

$$\frac{\partial C}{\partial t} - \frac{D}{r^2}\left(2r\frac{\partial C}{\partial r} + r^2 \frac{\partial^2 C}{\partial r^2}\right) = 0$$

$$x\rho C_p \frac{\partial T}{\partial t} - kx\left(\frac{\partial^2 T}{\partial x^2}\right) = 2k\frac{\partial T}{\partial x} \quad (3)$$

$$x\frac{\partial C}{\partial t} - Dx\left(\frac{\partial^2 C}{\partial x^2}\right) = 2D\frac{\partial C}{\partial x} \quad (4)$$

<2차원 모델>

$$\rho C_p \frac{\partial T}{\partial t} + \nabla \cdot (-k \nabla T) = 0 \qquad -(1)$$

$$\frac{\partial C}{\partial t} + \nabla \cdot (-D \nabla C) = 0 \qquad -(2)$$

$$\rho C_p \frac{\partial T}{\partial t} + \frac{1}{r^2} \frac{\partial}{\partial r} r^2 (-k \frac{\partial T}{\partial r}) = 0$$

$$\frac{\partial C}{\partial t} + \frac{1}{r^2} \frac{\partial}{\partial r} r^2 (-D \frac{\partial C}{\partial r}) = 0$$

$$x^2 \rho C_p \frac{\partial T}{\partial t} - \frac{\partial}{\partial x} (k x^2 \frac{\partial T}{\partial x}) = 0 \qquad -(5)$$

$$x^2 \frac{\partial C}{\partial t} - \frac{\partial}{\partial x} (D x^2 \frac{\partial C}{\partial x}) = 0 \qquad -(6)$$

만약 2차원 모델에서 1차원 모델에서와 마찬가지로 전개한다면 다른 결과를 얻을 것이니 참고하길 바란다.

경계조건은 이전 문제와 동일하니 넘어가도록 하겠다.

▣1차원 모델을 이용한 편미분 방정식 계수 형태(PDE Coefficient form)

1. 그림 23-64와 같이 'Model Wizard' 페이지에서 'Select Space Dimension'을 '1D'로 선택하고 'Next' 버튼 을 누른다.

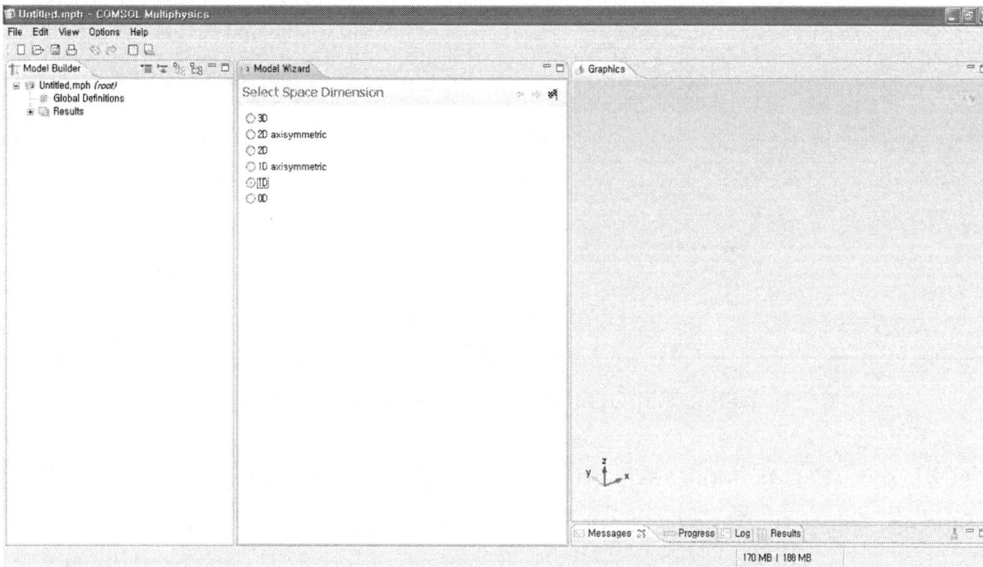

그림 23-64 'Model Wizard' 페이지, 'Select Space Dimension'을 '1D'로 선택하기

2. 그림 23-65와 같이 'Model Wizard' 페이지의 'Add Physics' 윈도우에서 'Mathematics' 항목, 'PDE Interfaces' 아래의 'Coefficient Form PDE (c)'를 더블클릭하여 선택한다. 아래의 'Number of dependent variables:' 란에 '2'를 타입하고, 'Dependent variables' 란에 종속 변수를 'T'와 'C'를 입력한다. 상단의 'Next' 버튼 을 누른다.

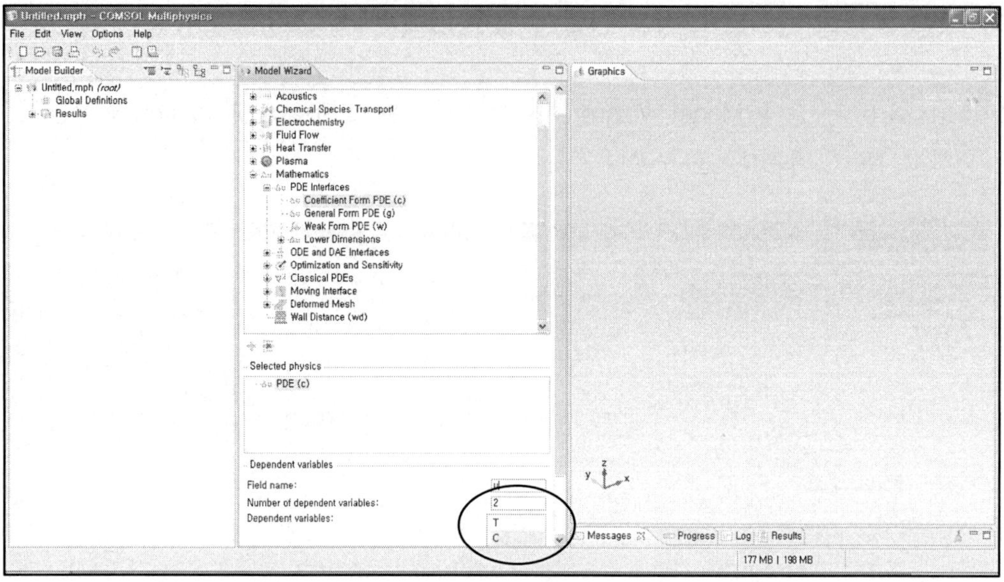

그림 23-65 'Coefficient Form PDE (c)' 세팅하기

3. 그림 23-66과 같이 'Model Wizard' 페이지의 'Select Study Type' 윈도우에서 'Preset Studies' 항목에서, 'Time Dependent'를 선택한다. 다음, 상단의 'Finish' 버튼을 누른다.

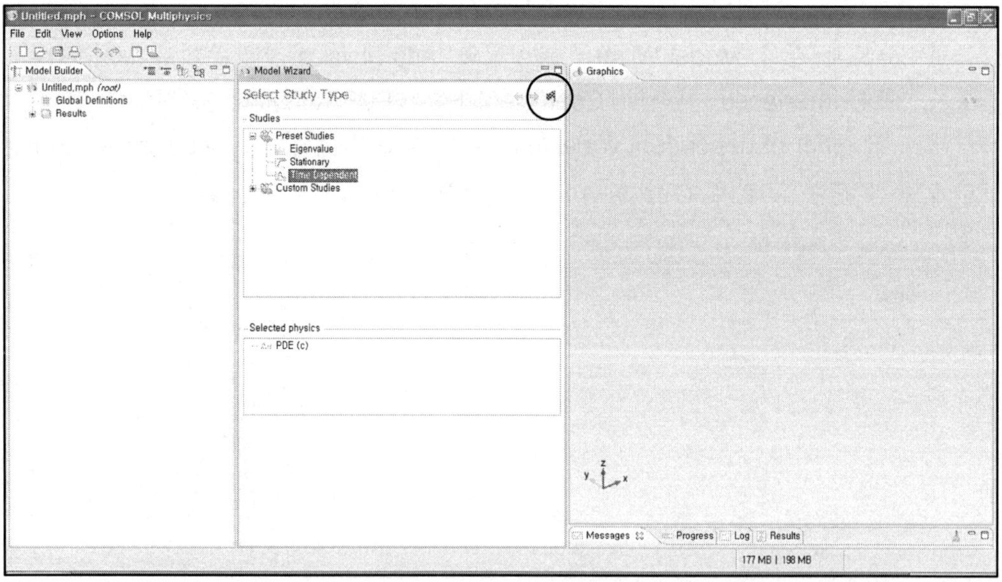

그림 23-66 'Preset Studies' 항목에서, 'Time Dependent'를 선택하기

4-1. 그림 23-67-1과 같이 1차원 직선을 모델링하기 위해서, 'Model Builder' 페이지에서 'Model 1', 'Geometry 1' 항목을 클릭한 후 마우스 오른쪽 클릭하면 Pop-Up 메뉴가 나타난다. 여기서 'Interval' 선택하면 'Model Builder' 페이지 오른쪽에 'Settings' 페이지가 나타난다.

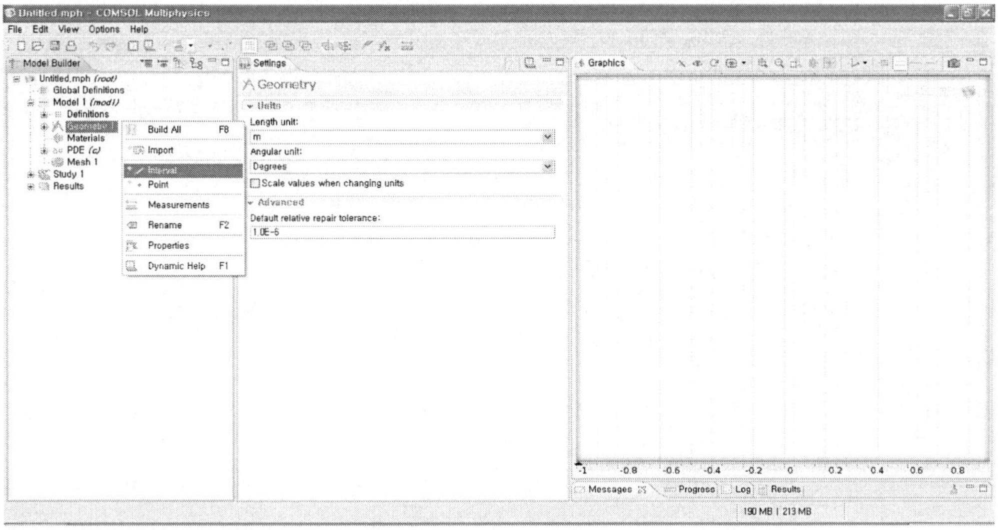

그림 23-67-1 'Interval' 생성하기

4-2. 'Settings' 페이지에서 'Interval' 항목에서 'Left endpoint: 0', 'Right endpoint: 31E-3'로 타입한 후 상단에 있는 'Build All' 버튼을 클릭한다. 그러면, 'Graphics' 페이지에 설정한 직선이 나타난다. 'Graphics' 페이지 상단의 'Zoom Extents' 버튼을 클릭하라.

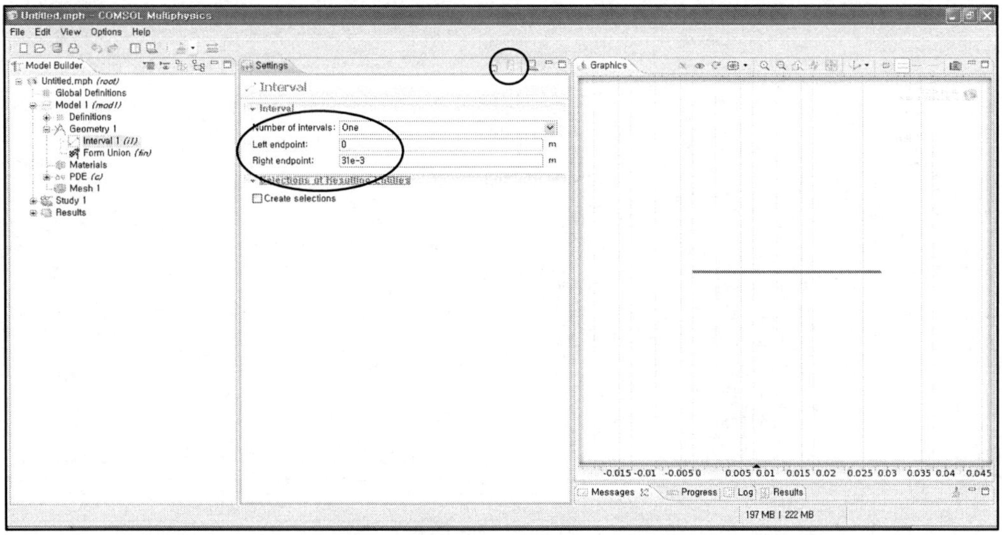

그림 23-67-2 'Interval' 설정하기

5. 상수를 입력하기 위해 그림 23-68과 같이 수행한다. 'Model Builder' 페이지에서 'Global Definitions'를 클릭한 다음 오른쪽 마우스를 클릭하여 'Parameters'를 선택한다. 오른쪽 'Settings' 페이지의 'Parameters'에 그림 23-68과 같이 '표 23-1'의 값들을 입력해준다.

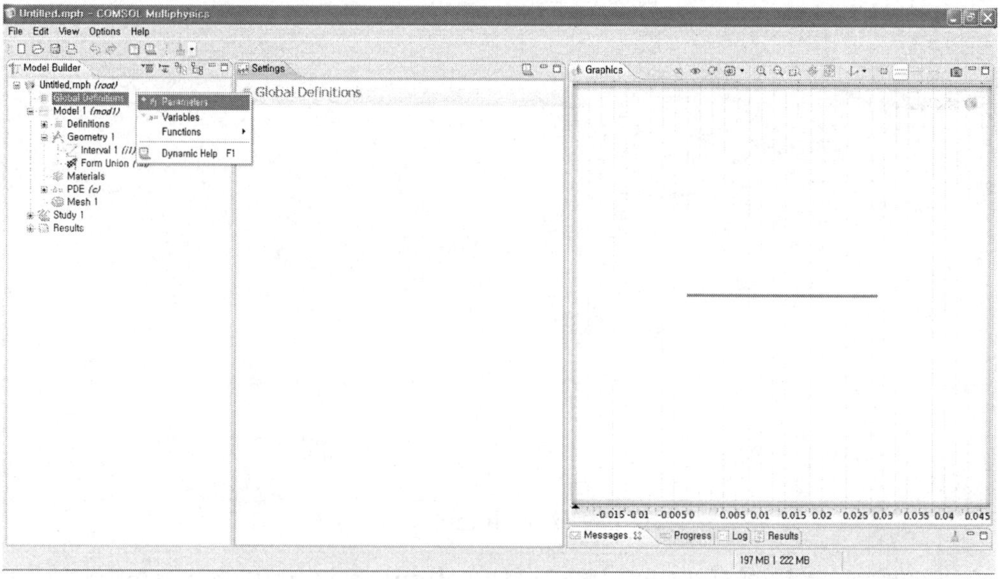

그림 23-68 'Parameters' 생성하기

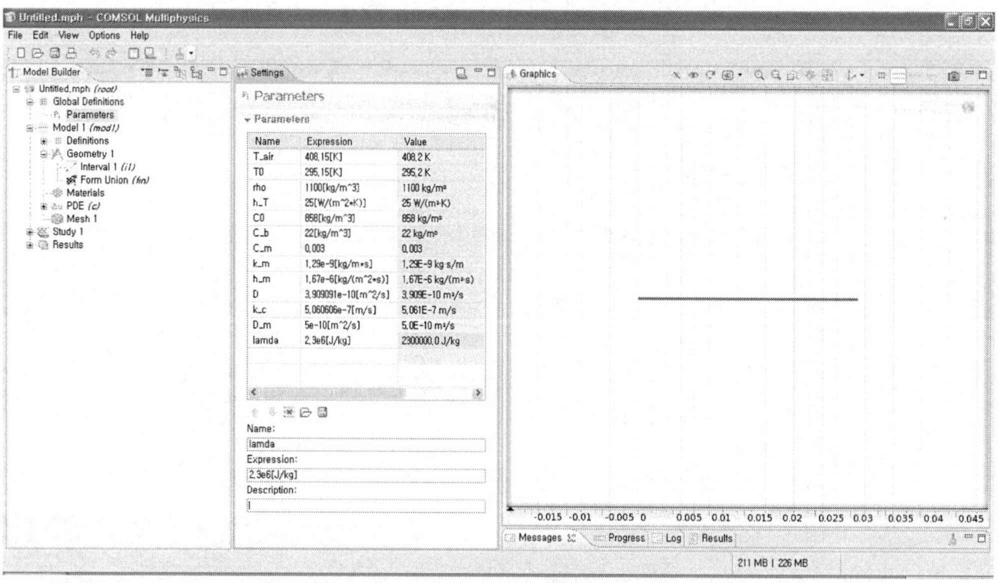

그림 23-69 'Parameters' 입력하기

6. 변수를 입력하기 위해 그림 23-70과 같이 수행한다. 'Model Builder' 페이지에서 'Definitions'를 클릭한 다음 오른쪽 마우스를 클릭하여 'Variables'를 선택한다. 오른쪽 'Settings' 페이지의 'Variables'에 그림 23-71과 같이 '표 23-1'의 값들을 입력해준다.

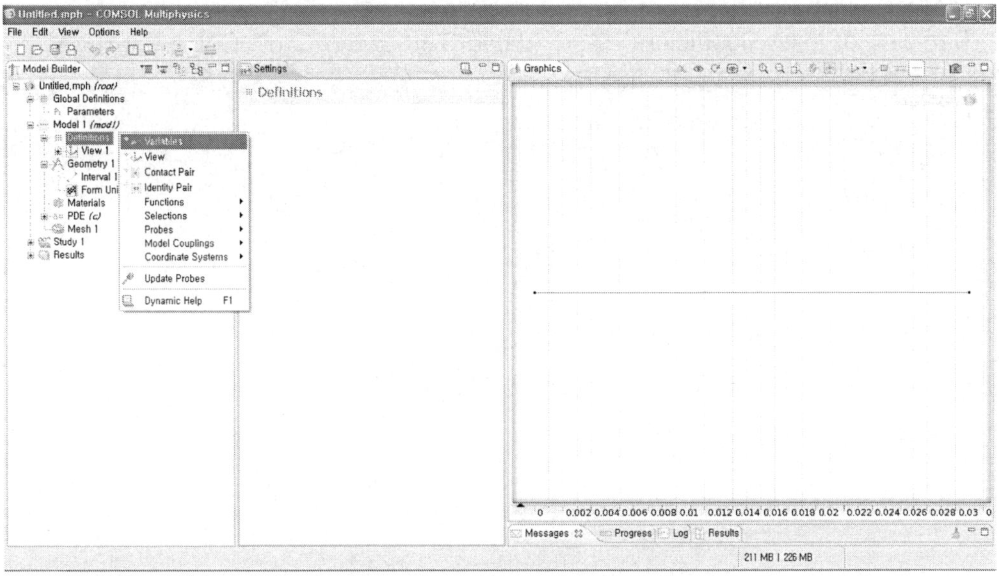

그림 23-70 'Variables' 생성하기

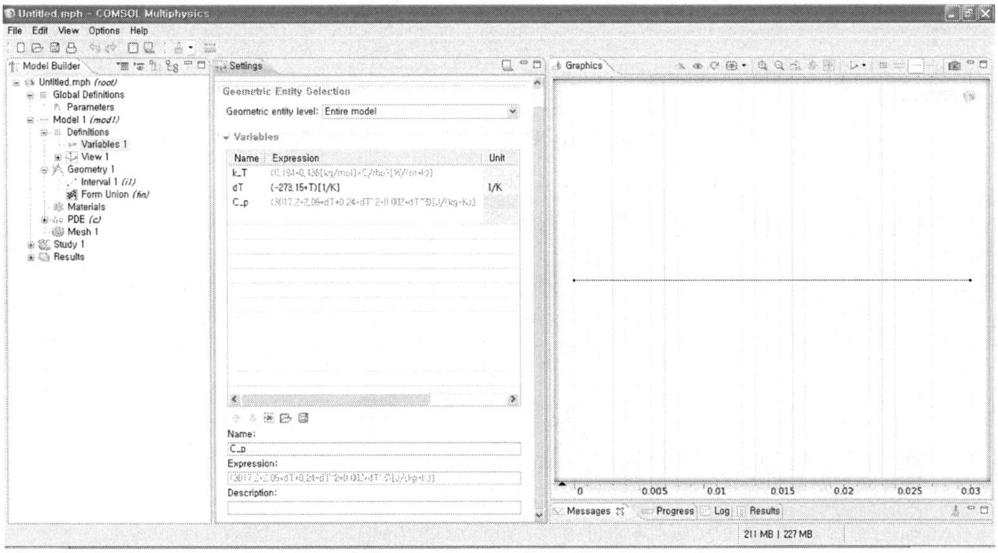

그림 23-71 'Variables' 입력하기

7. 소영역(해석 영역)을 위해서 'Model Builder' 페이지의 'PDE (c)' 항목 아래의 'Coefficient Form PDE 1'을 클릭한다. 오른쪽의 'Settings' 페이지의 'Coefficient Form PDE' 윈도우의 'Diffusion Coefficient' 영역에는 'T항: k_T*x, C항: D*x'를 타입하고, 'Source Term' 영역에는 'T항: 2*k_T*Tx'와 'C항: 2*D*Cx'를 타입한다. 그리고 'Damping or Mass Coefficient' 영역, (da)에 'T항: x*rho*C_p', 'C항: x'를 타입한다.

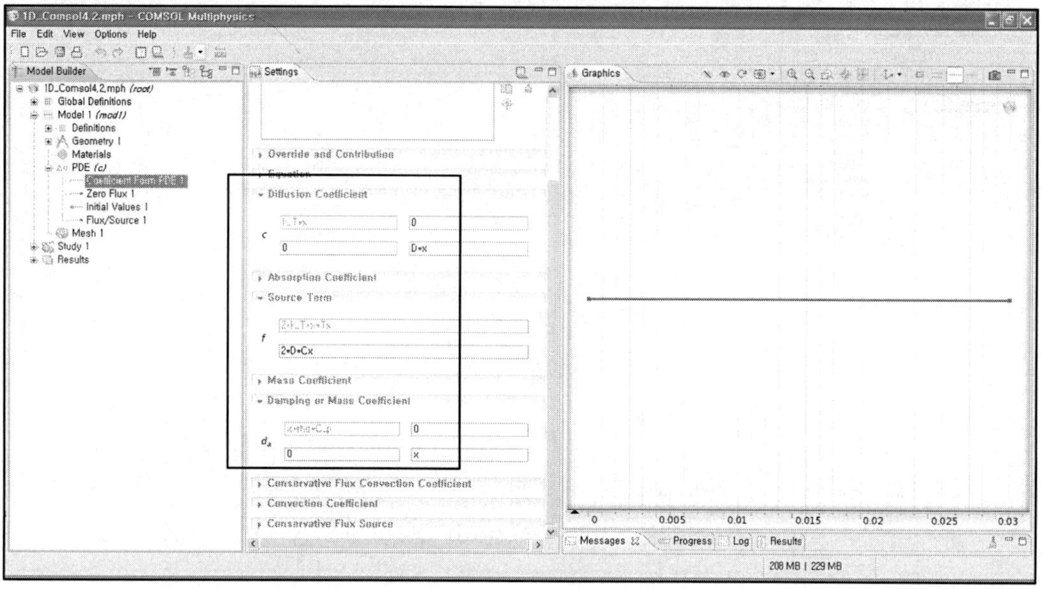

그림 23-72 소영역 설정하기

8. 'Model Builder' 페이지의 'Initial Values 1' 항목을 클릭하여 나타난 오른쪽의 'Settings' 페이지의 'Initial Values' 윈도우의 'Initial Value for T:' 항목에 초기값 'T0', 'Initial Value for C:' 항목에 초기값 'C0'를 입력한다.

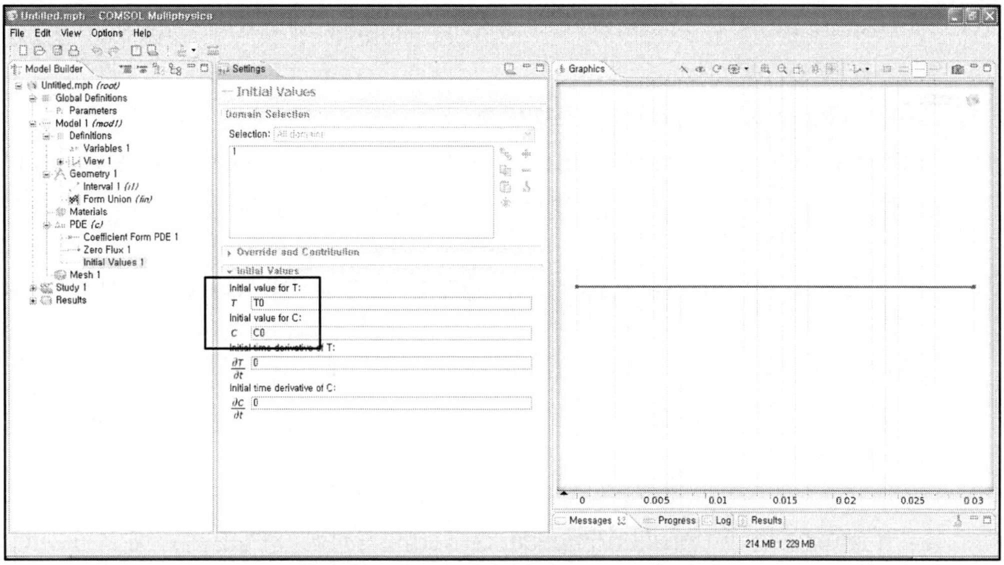

그림 23-73 'Initial Values 1' 설정하기

9. 이제 경계조건을 설정하기 위해서 다음과 같은 과정을 수행한다.

① 'Model Wizard' 페이지에서 'PDE (c)' 항목을 오른쪽 마우스 클릭하여 선택한다.
② 나타난 Pop-Up 메뉴에서 'Flux/Source'를 선택한다.
③ 그러면 'PDE (c)' 항목에 'Flux/Source 1' 항목이 나타난다.

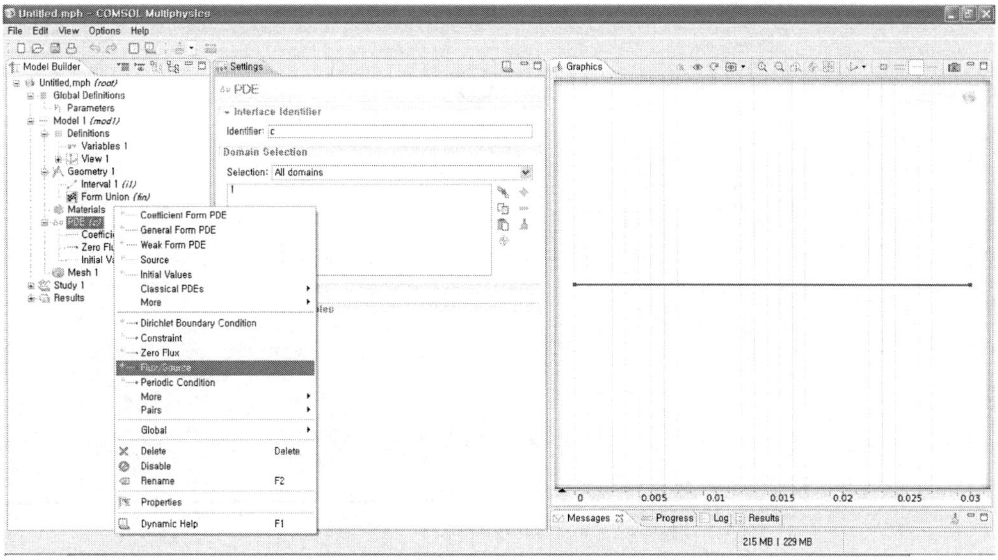

그림 23-74 'Flux/Source' 생성하기

④ 'Flux/Source 1' 항목을 클릭하면, 오른쪽에 'Settings' 페이지에 'Flux/Source' 윈도우가 나타난다.

⑤ 오른쪽 'Graphics' 페이지에서 **'경계 2'**를 클릭하여 선택한다.

⑥ 'Settings' 페이지의 'Flux/Source' 윈도우에 있는 'Boundaries' 영역의 'Add to Selection' ✚ 버튼을 클릭하면 **'경계 2'**가 선택되어 추가된다.

아래의 'Boundary Flux/Source' 영역에 **'경계 2'**의 경계조건을 다음과 같이 입력한다.

⑦ **'g 계수'**에서 **'T항:** h_T*T_air+D_m*lamda*(c.nx*Cx)'
'C항: k_c*C_b'
을 입력한다.

아래의 'Boundary Absorption/Impedance Term' 영역에 **'경계 2'**의 경계조건을 다음과 같이 입력한다.

⑧ **'q 계수'**에서 **'T항:** h_T'
'C항: k_c'
을 입력한다.

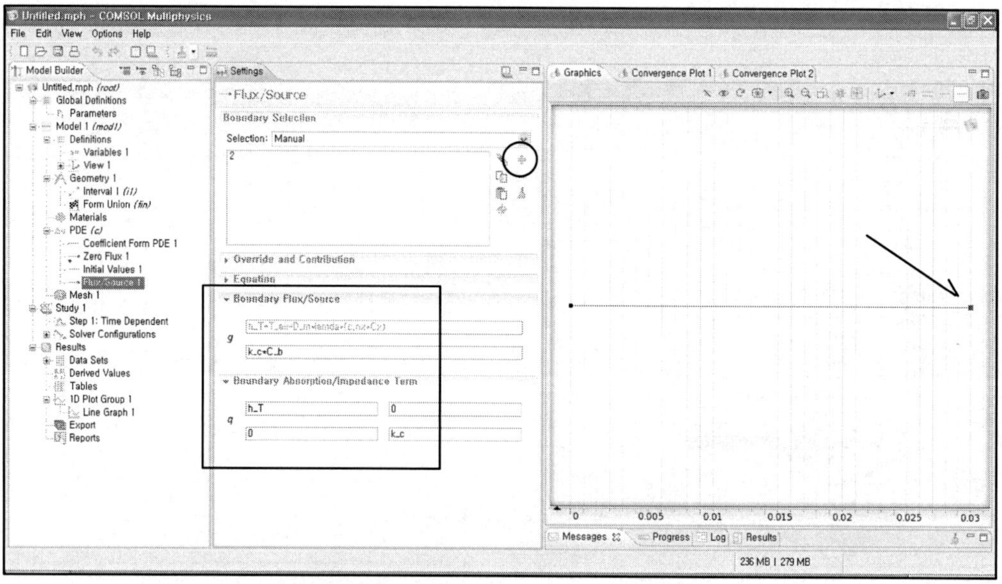

그림 23-75 'Flux/Source 1' 설정하기

10. 메쉬를 만들기 위해서, 'Model Wizard' 페이지의 'Mesh 1'을 클릭하여 선택하고, 'Settings' 페이지 상단의 'Build All' 버튼을 클릭하자.

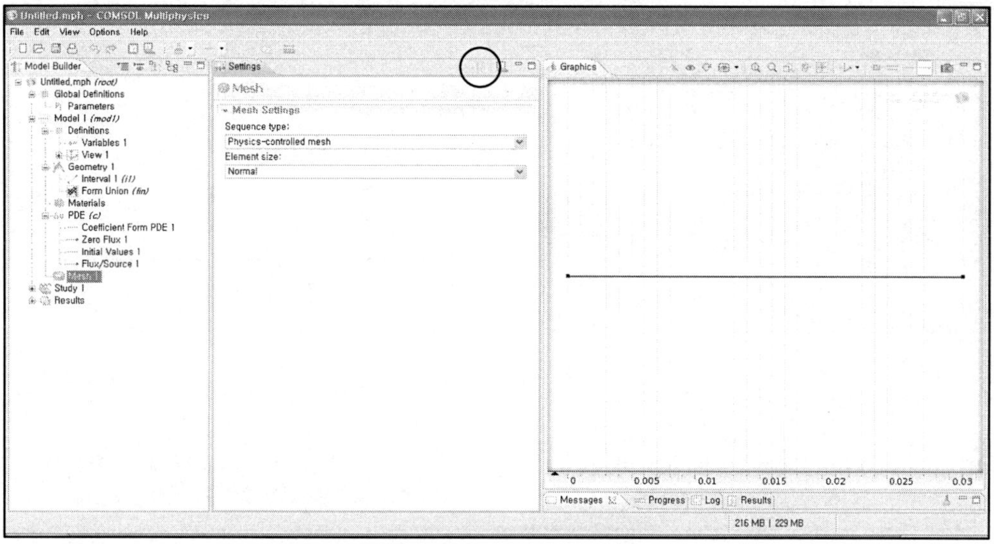

그림 23-76 메쉬 형성하기

10. 'Model Wizard' 페이지의 'Study 1' 항목의 'Step 1: Time Dependent'을 클릭하여 선택하고 'Settings' 페이지의 'Time Dependent' 윈도우의 'Times' 편집 메뉴 를 클릭하여 해석 수행 레인지를 'Start : 0', 'Stop : 900', 'Step : 10'을 타입하고 'Replace' 버튼을 누른다. 그러면 'Times' 항목이 'range(0,10,900)'로 나타날 것이다.

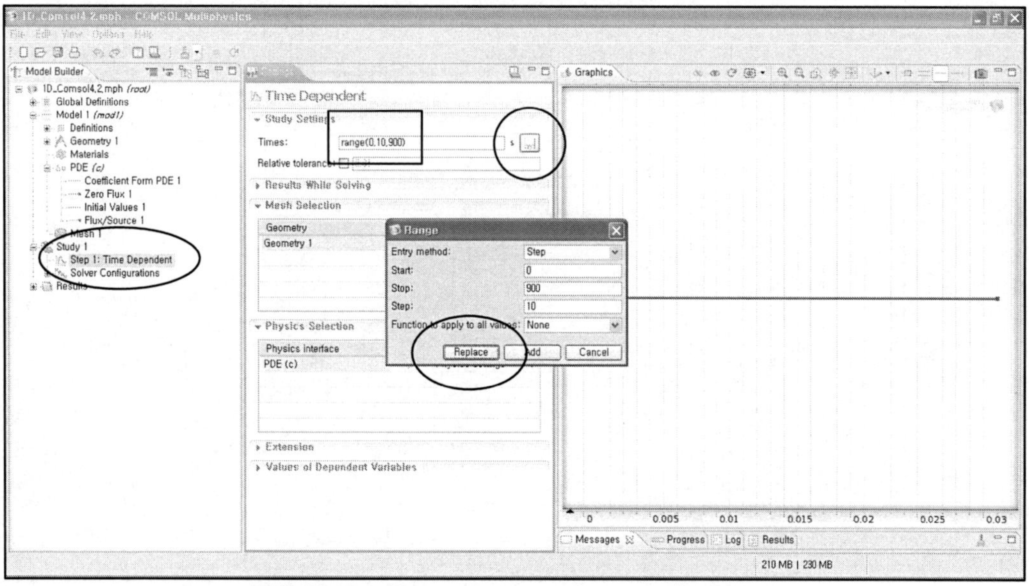

그림 23-77 'Step 1: Time Dependent' 설정하기

11. 'Settings' 페이지 상단 메뉴의 'Compute' 버튼을 클릭하자.

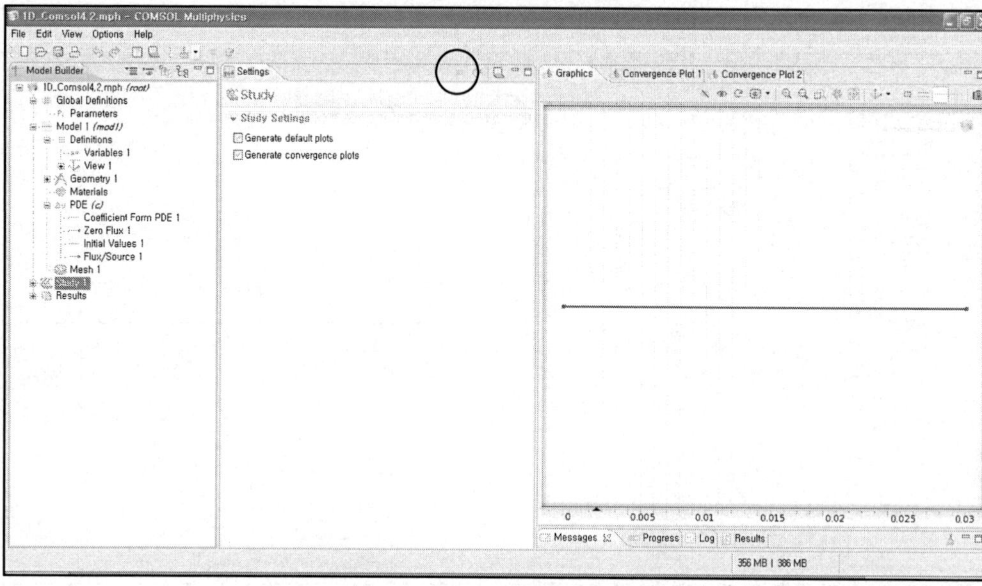

그림 23-78 'Compute' 실행하기

12. 'Model Builder'에서 '1D Plot Group1'을 전개하여 'Line Graph1'을 클릭하고, 'Settings' 페이지에서 'Data set'을 'Solution 1'로 설정하고 'Time selection'을 'Manual'로 설정한 후에, 'Time indices(1-91)' 을 51로 설정한 후 'Plot'을 클릭한다. 아래 그림 23-79는 해석 결과를 보여준다.

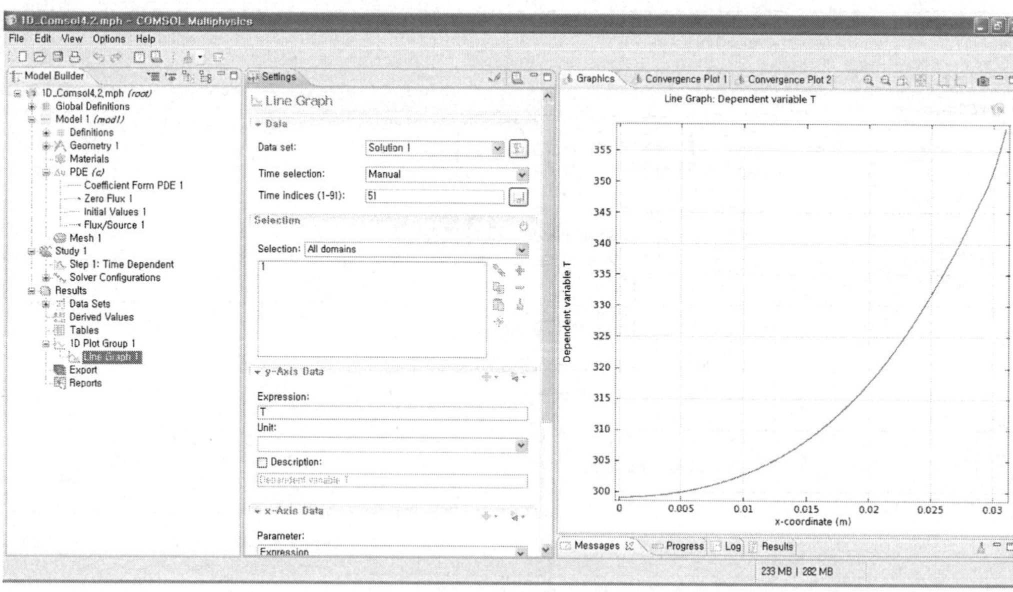

그림 23-79 해석 결과

<2차원 모델을 이용한 편미분 방정식 계수 형태(PDE Coefficient form)>

1. 그림 23-80과 같이 'Model Wizard' 페이지에서 'Select Space Dimension'을 '2D'로 선택하고 'Next' 버튼 을 누른다.

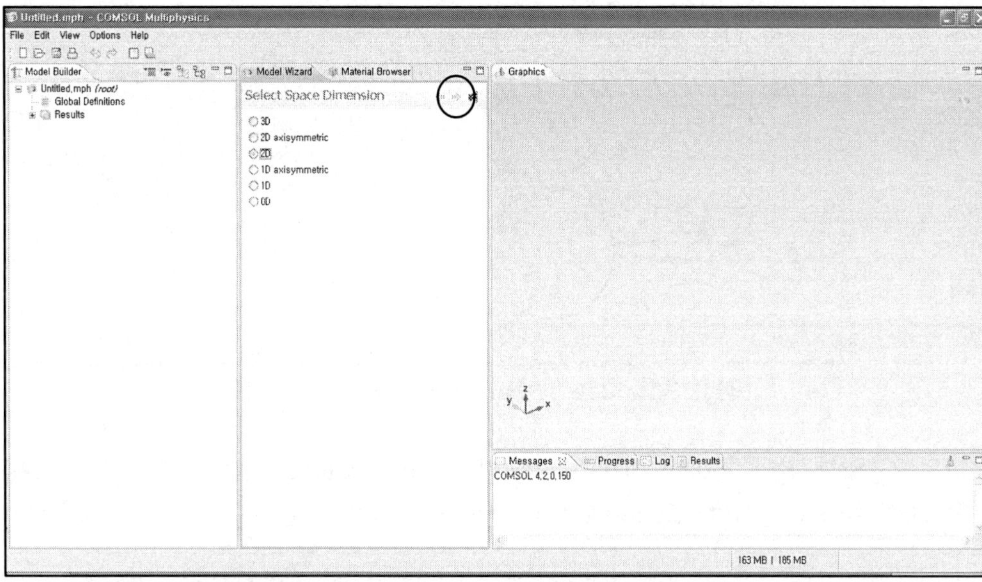

그림 23-80 'Model Wizard' 페이지, 'Select Space Dimension'을 '2D'로 선택하기

2. 그림 23-81과 같이 'Model Wizard' 페이지의 'Add Physics' 윈도우에서 'Mathematics' 항목, 'PDE Interfaces' 아래의 'Coefficient Form PDE (c)'를 더블클릭하여 선택한다. 아래의 'Number of dependent variables:' 란에 '2'를 타입하고, 'Dependent variables' 란에 종속 변수를 'T'와 'C'를 입력한다. 상단의 'Next' 버튼 을 누른다.

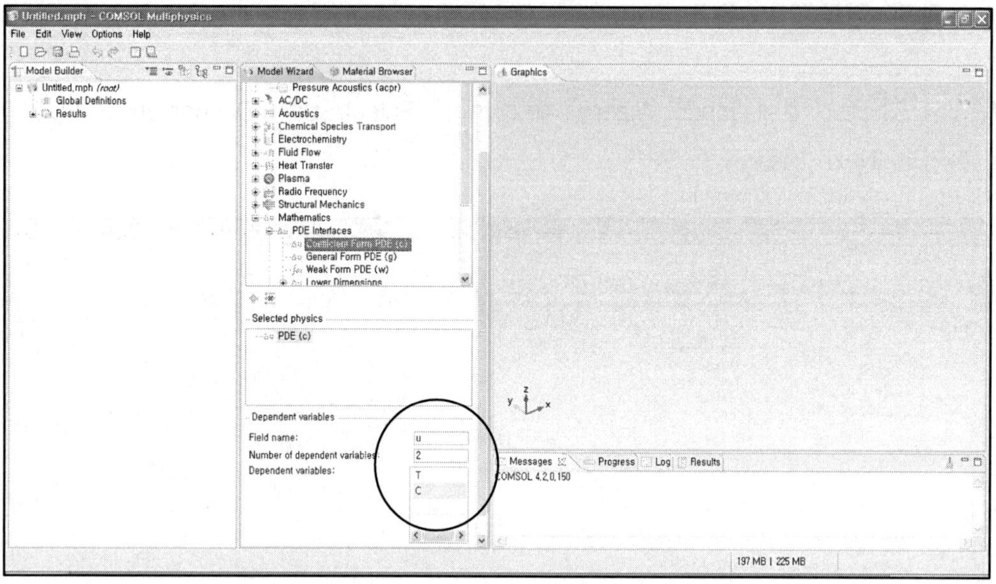

그림 23-81 'Coefficient Form PDE (c)' 세팅하기

3. 그림 23-82와 같이 'Model Wizard' 페이지의 'Select Study Type' 윈도우에서 'Preset Studies' 항목에서, 'Time Dependent'를 선택한다. 다음, 상단의 'Finish' 버튼을 누른다.

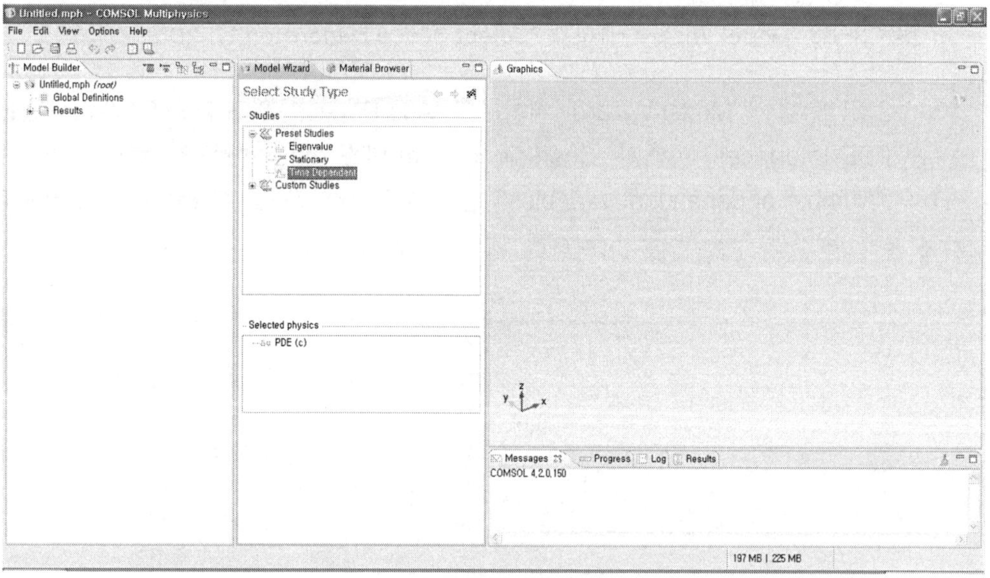

그림 23-82 'Preset Studies' 항목에서, 'Time Dependent' 선택하기

4-1. 그림 23-83-1과 같이 사각형 모델링을 하기위해서, 'Model Builder' 페이지에서 'Model 1', 'Geometry 1' 항목을 클릭한 후 마우스 오른쪽 클릭하면 Pop-Up 메뉴가 나타난다. 여기서 'Rectangle' 선택하면 'Model Builder' 페이지 오른쪽에 'Settings' 페이지가 나타난다. 'Settings' 페이지에서 'Size' 항목에서 'Width: 31E-3', 'Height: 31E-3'로 타입한 후 상단에 있는 'Build All' 버튼을 클릭한다. 그러면, 'Graphics' 페이지에 설정한 사각형이 나타난다. 'Graphics' 페이지 상단의 'Zoom Extents' 버튼을 클릭하라.

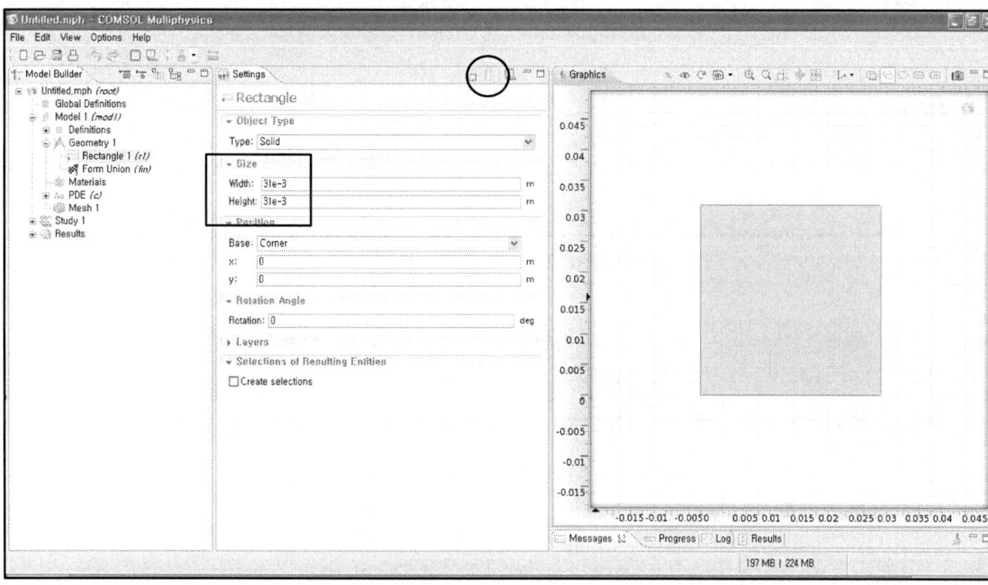

그림 23-83-1 'Rectangle' 세팅하기

4-2. 그림 23-83-2와 같이 원형 모델링을 하기위해서, 'Model Builder' 페이지에서 'Model 1', 'Geometry 1' 항목을 클릭한 후 마우스 오른쪽 클릭하면 Pop-Up 메뉴가 나타난다. 여기서 'Circle' 선택하고, 'Settings' 페이지에서 'Size and Shape' 항목에서 'Radius: 31E-3'로 타입한 후 상단에 있는 'Build All' 버튼을 클릭한다. 그러면, 'Graphics' 페이지에 설정한 원형이 나타난다. 'Graphics' 페이지 상단의 'Zoom Extents' 버튼을 클릭하라.

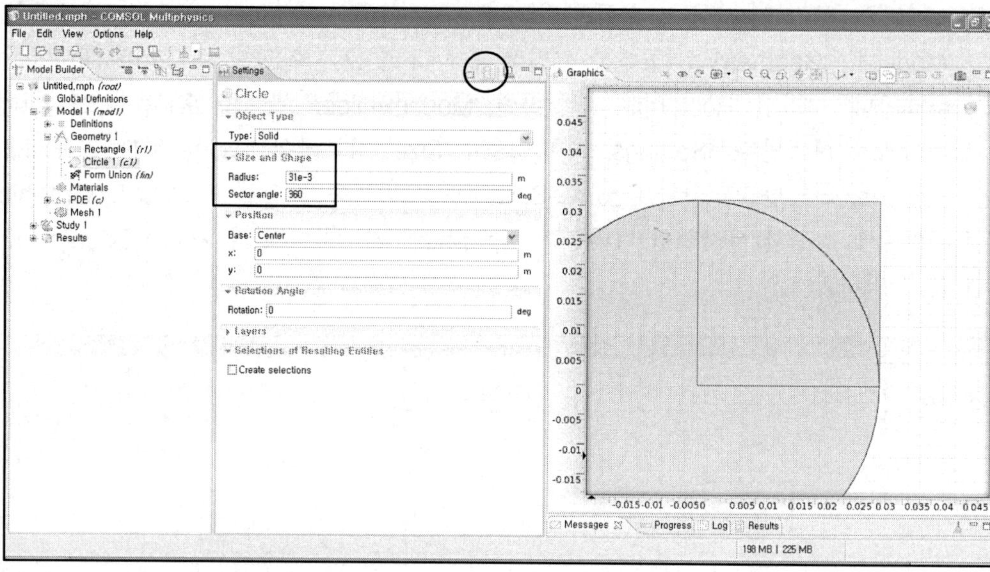

그림 23-83-2 'Circle' 세팅하기

4-3. 그림 23-83-3과 같이 사각형 모델과 원형 모델의 겹치는 부분만 남기고 나머지 부분을 제거하기 위해서 다음과 같이 작업한다.

'Model Builder' 페이지에서 'Model 1', 'Geometry 1' 항목을 클릭한 후 마우스 오른쪽 클릭하여 나타난 Pop-Up 메뉴 중, 'Boolean Operation' 선택하고, 하위 메뉴인 'Intersection'을 선택한다.

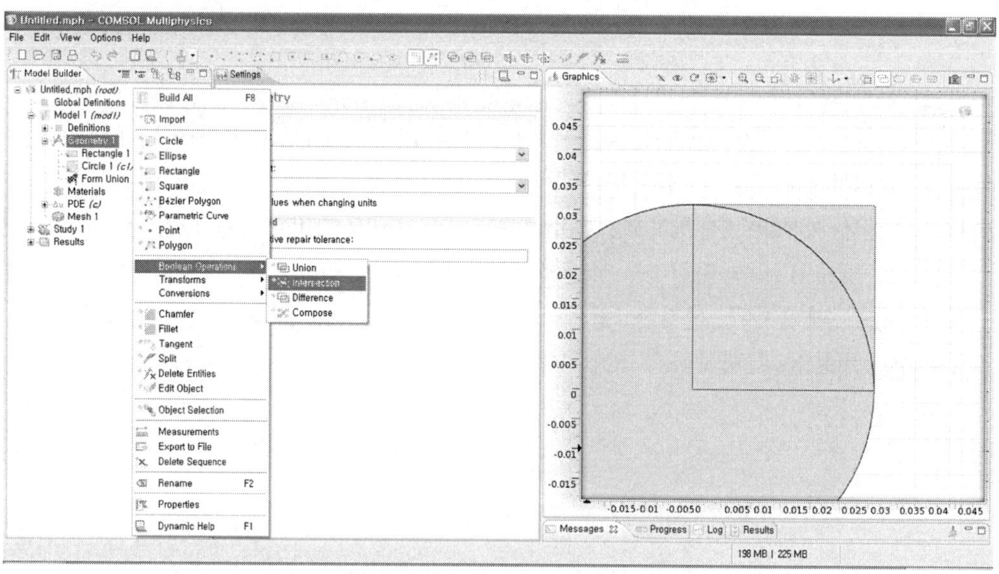

그림 23-83-3 'Intersection' 선택하기

4-4. 'Graphics' 페이지에서 사각형 모델과 원형 모델을 각각 선택하고, 'Settings' 페이지의 'Intersection' 윈도우에 있는 'Input objects:' 영역의 'Add to Selection' 버튼을 클릭하면 '사각형 모델'과 '원형 모델'이 각각 선택되어 추가된다. 이제 상단에 있는 'Build All' 버튼을 클릭한다.

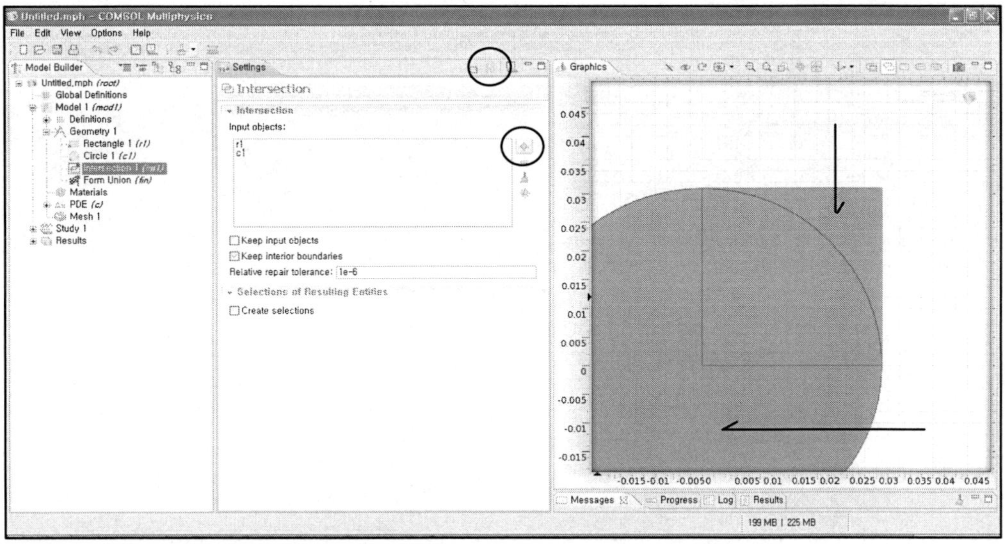

그림 23-83-4 'Intersection' 수행하기

4-5. 'Graphics' 페이지에 사각형 모델과 원형 모델의 겹치는 부분만 남기고 나머지 부분은 제거된 모습이 나타난다.

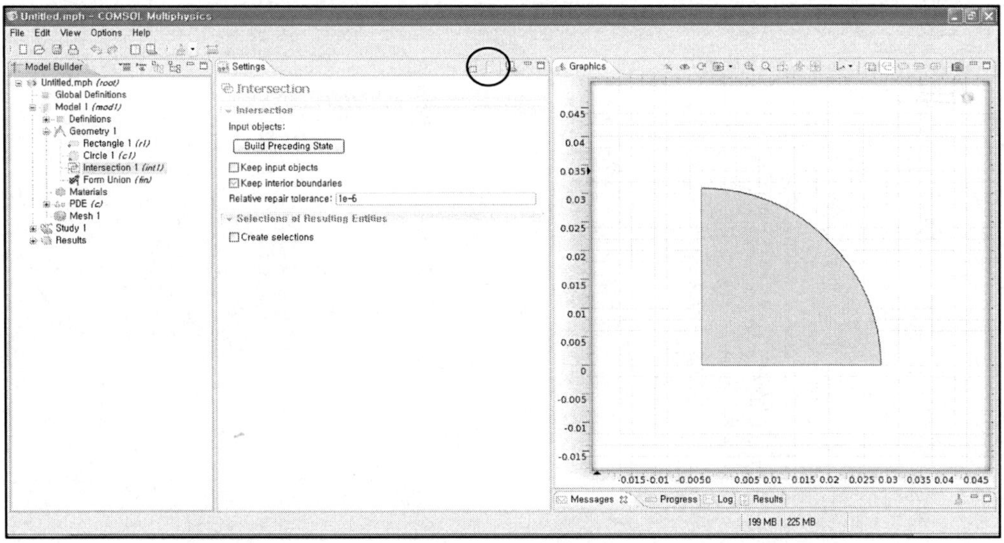

그림 23-83-5 사각형 모델과 원형 모델의 겹치는 부분만 남은 모습

5. 상수를 입력하기 위해 그림 23-84와 같이 수행한다. 'Model Builder' 페이지에서 'Global Definitions'를 클릭한 다음 오른쪽 마우스를 클릭하여 'Parameters'를 선택한다. 오른쪽 'Settings' 페이지의 'Parameters'에 그림 23-85와 같이 '표 23-1'의 값들을 입력해준다.

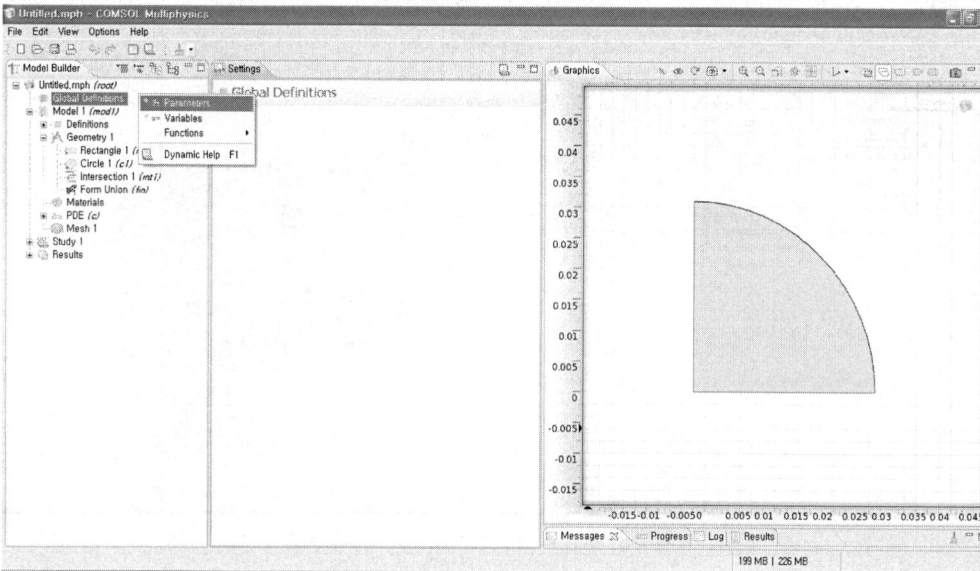

그림 23-84 'Parameters' 생성하기

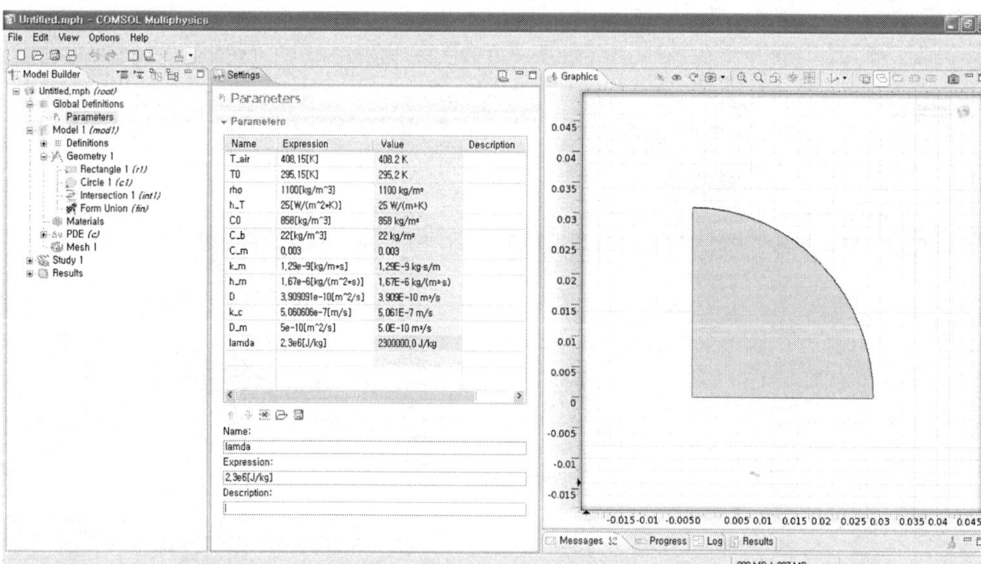

그림 23-85 'Parameters' 입력하기

6. 변수를 입력하기 위해 그림 23-86과 같이 수행한다. 'Model Builder' 페이지에서 'Definitions'를 클릭한 다음 오른쪽 마우스를 클릭하여 'Variables'를 선택한다. 오른쪽 'Settings' 페이지의 'Variables'에 그림 23-87과 같이 '표 23-1'의 값들을 입력해준다.

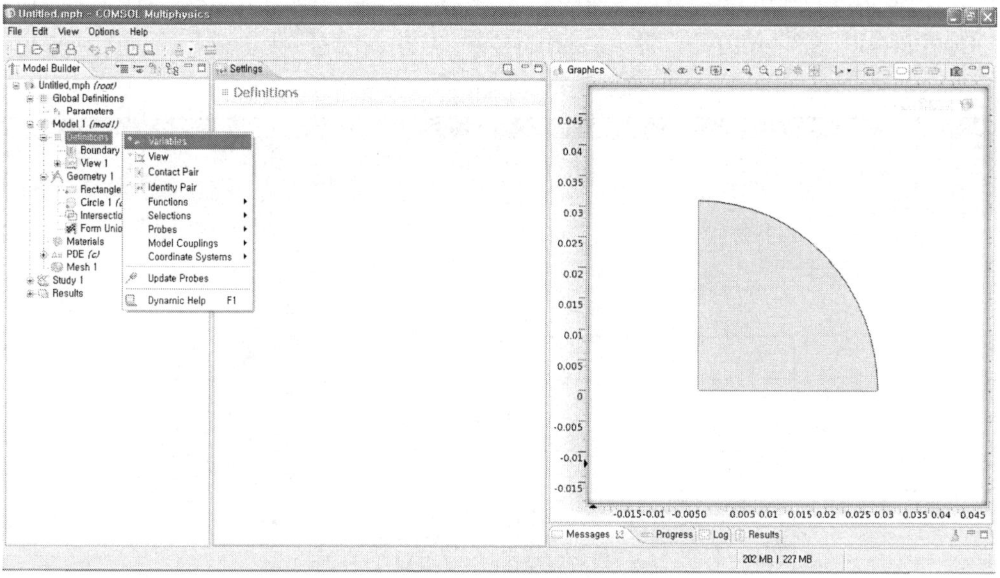

그림 23-86 'Variables' 생성하기

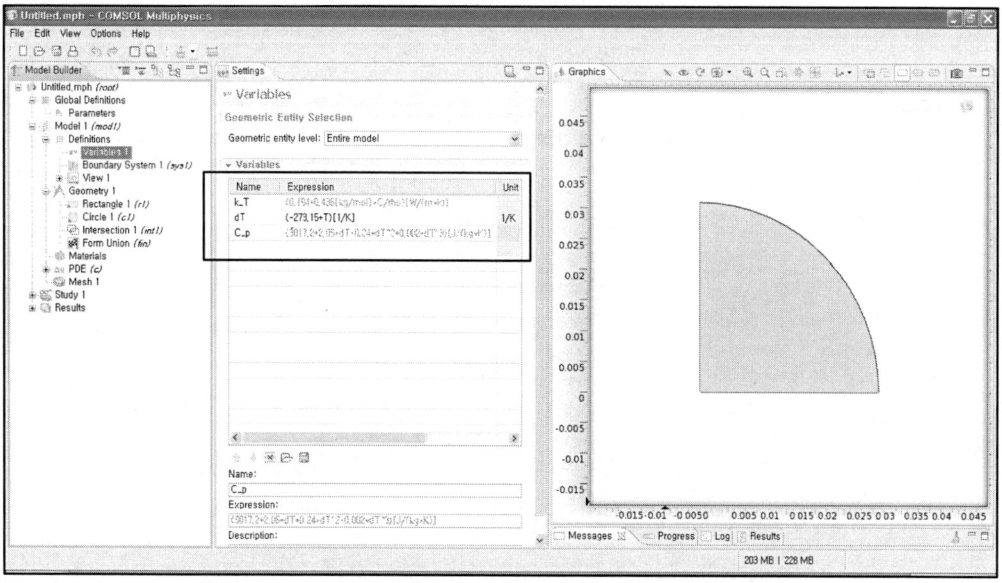

그림 23-87 'Variables' 입력하기

7. 소영역(해석 영역)을 위해서 'Model Builder' 페이지의 'PDE (c)' 항목 아래의 'Coefficient Form PDE 1'을 클릭한다. 오른쪽의 'Settings' 페이지의 'Coefficient Form PDE' 윈도우의 'Diffusion Coefficient' 영역에는 'T항: k_T*x^2, C항: D*x^2'를 타입하고, 'Source Term' 영역에는 '0'와 '0'를 타입한다. 그리고 'Damping or Mass Coefficient' 영역, (da)에 'T항: x^2*rho*C_p', 'C항: x^2'를 타입한다.

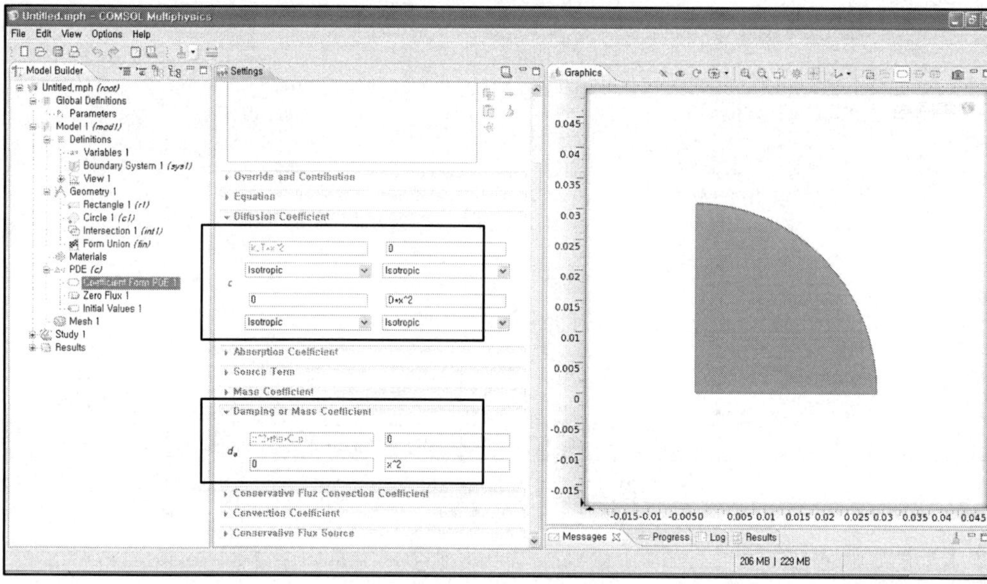

그림 23-88 소영역 설정하기

8. 'Model Builder' 페이지의 'Initial Values 1' 항목을 클릭하여 나타난 오른쪽의 'Settings' 페이지의 'Initial Values' 윈도우의 'Initial Value for T:' 항목에 초기값 'T0', 'Initial Value for C:' 항목에 초기값 'C0'를 입력한다.

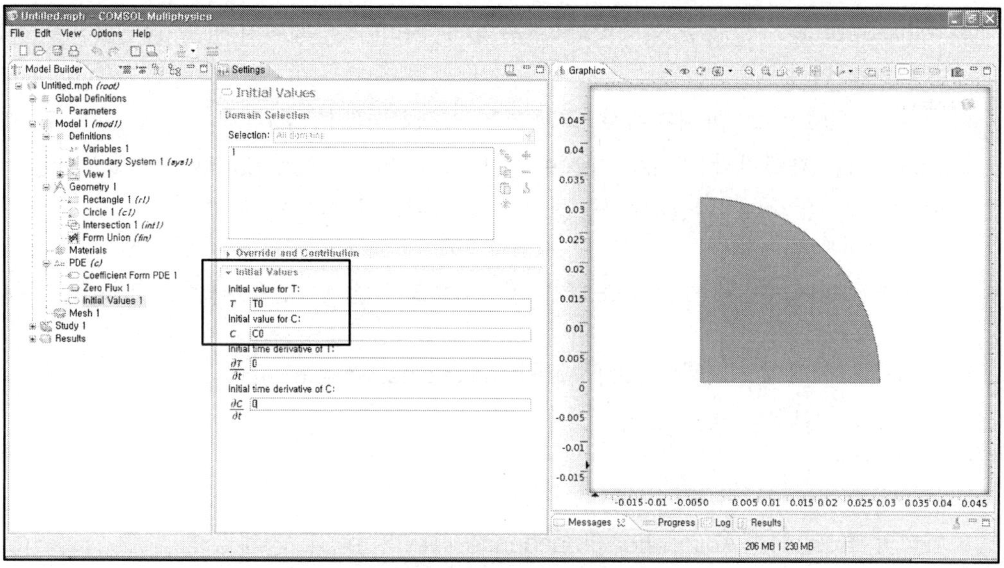

그림 23-89 'Initial Values 1' 설정하기

9. **경계조건**을 설정하기 위해서 다음과 같은 과정을 수행한다.

① 'Model Wizard' 페이지에서 'PDE (c)' 항목을 오른쪽 마우스 클릭하여 선택한다.
② 나타난 Pop-Up 메뉴에서 'Flux/Source'를 선택한다.
③ 그러면 'PDE (c)' 항목에 'Flux/Source 1' 항목이 나타난다.

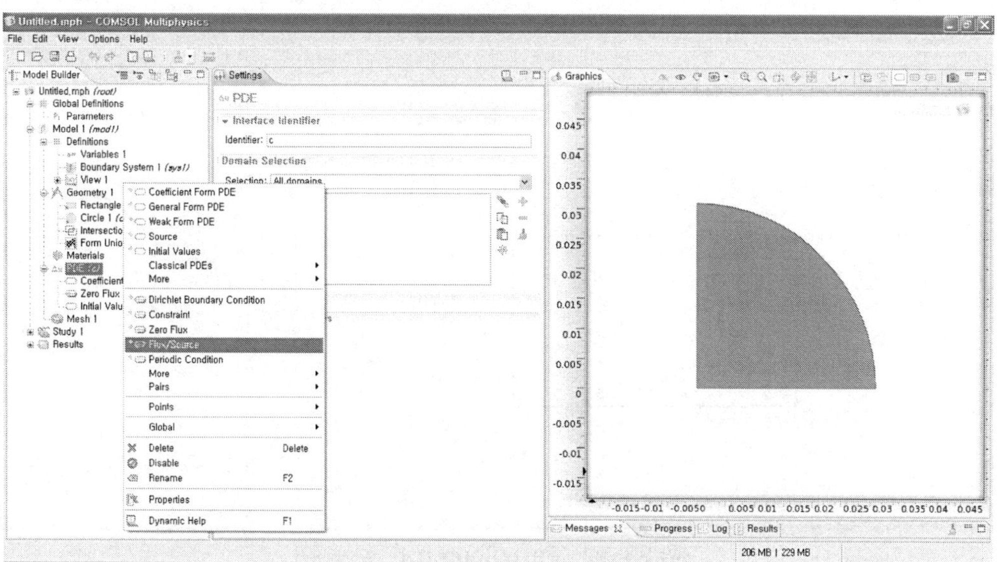

그림 23-90 'Flux/Source' 생성하기

④ 'Flux/Source 1' 항목을 클릭하면, 오른쪽에 'Settings' 페이지에 'Flux/Source' 윈도우가 나타난다.

⑤ 오른쪽 'Graphics' 페이지에서 **'경계 3'**을 클릭하여 선택한다.

⑥ 'Settings' 페이지의 'Flux/Source' 윈도우에 있는 'Boundaries' 영역의 'Add to Selection' 버튼을 클릭하면 **'경계 3'**이 선택되어 추가된다.

아래의 'Boundary Flux/Source' 영역에 **'경계 3'**의 경계조건을 다음과 같이 입력한다.

⑦ **'g 계수'**에서 **'T항:** h_T*T_air+D_m*lamda*(c.nx*Cx+c.ny*Cy)'
'C항: k_c*C_b'
을 입력한다.

아래의 'Boundary Absorption/Impedance Term' 영역에 **'경계 3'**의 경계조건을 다음과 같이 입력한다.

⑧ **'q 계수'**에서 **'T항:** h_T'
'C항: k_c'
을 입력한다.

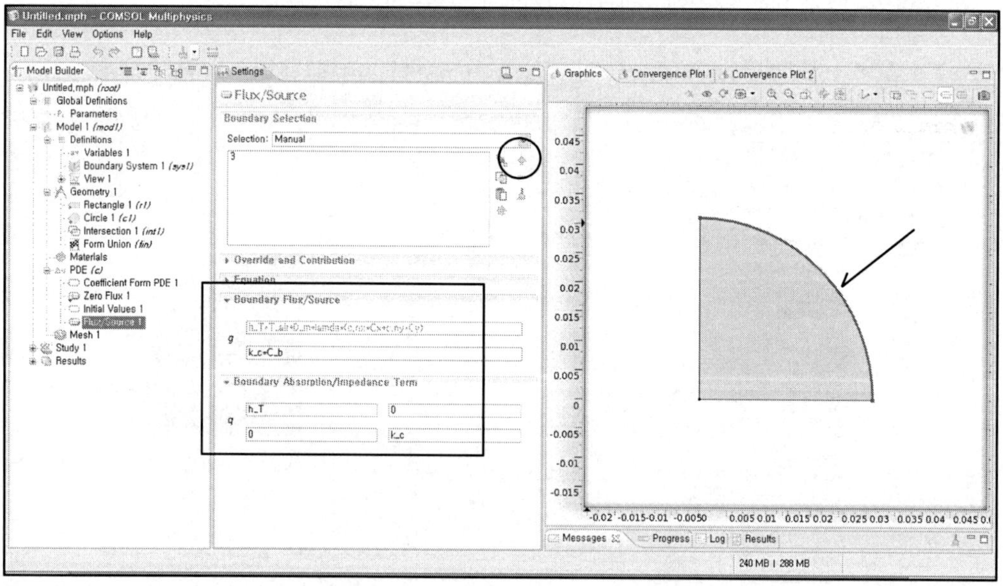

그림 23-91 'Flux/Source 1' 설정하기

10. 메쉬를 만들기 위해서, 'Model Wizard' 페이지의 'Mesh 1'을 선택하고 'Settings' 페이지 상단의 'Build All' 버튼 을 클릭하자.

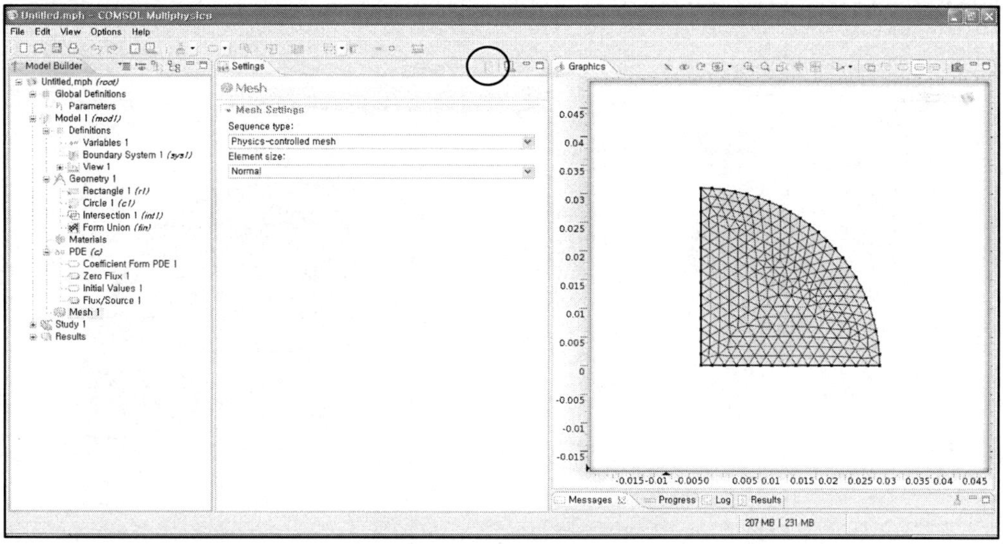

그림 23-92 메쉬 설정하기

11. 'Model Wizard' 페이지의 'Study 1' 항목의 'Step 1: Time Dependent'을 클릭하여 선택하고 'Settings' 페이지의 'Time Dependent' 윈도우의 'Times' 편집 메뉴 를 클릭하여 해석 수행 레인지를 'Start : 0', 'Stop : 900', 'Step : 10'을 타입하고 'Replace' 버튼을 누른다. 그러면 'Times' 항목이 'range(0,10,900)'로 나타날 것이다.

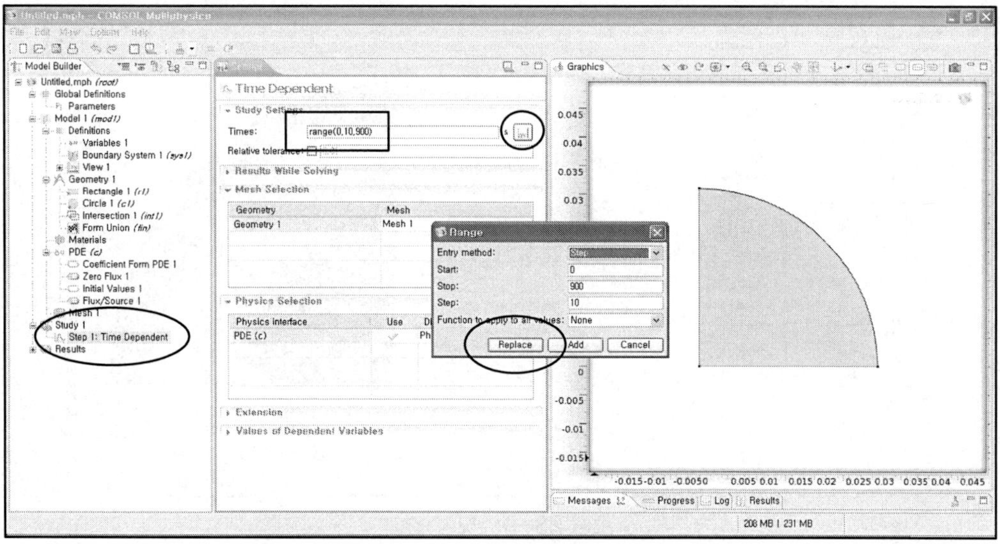

그림 23-93 'Step 1: Time Dependent' 설정하기

12. 'Settings' 페이지 상단 메뉴의 'Compute' 버튼을 클릭하자.

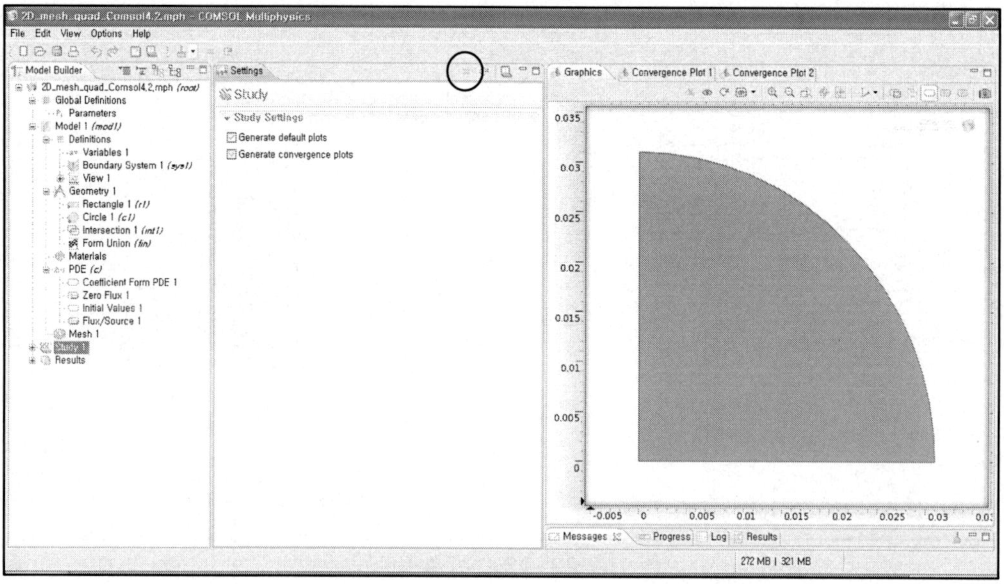

그림 23-94 'Compute' 실행하기

13. 아래 그림 23-95는 해석 결과를 보여준다.

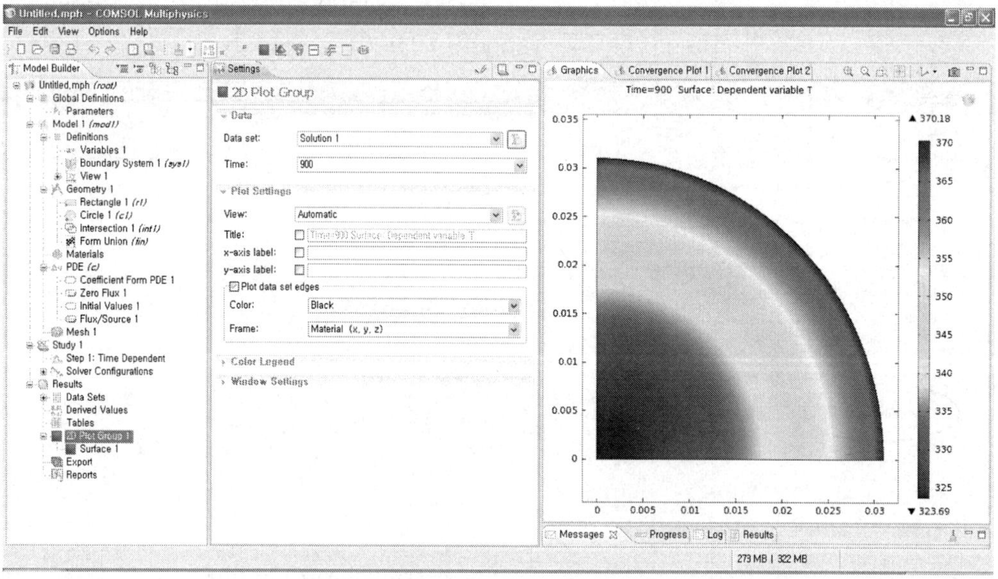

그림 23-95 해석 결과

제24장. 상미분 방정식(Ordinary Differential Equation : ODE)

24-1. 수치 해석 개론

변화하는 자연 현상을 세밀히 관찰하고 이와 관련이 있는 물리 법칙을 적용한 후 그러한 변화하는 현상을 수학적인 표현으로 나타낼 수 있다. 즉, 물리적 현상이 어떤 상태에서 또 다른 상태로 변화할 때, '변화율'을 사용하여 수학적으로 공식화할 수 있다. 다음과 같은 (24-1)의 방정식을 고려해보자.

$$m\frac{dy^2}{dt^2}+c\frac{dy}{dt}+kx=f(t) \qquad (24-1)$$

위의 상미분방정식은 계의 특성이 m, c, k로 이루어진 진동계를 나타내고 있다. 이와 같이 함수가 한 개의 독립 변수(여기서는 시간 t)를 포함하고 있는 미분 방정식을 상미분 방정식(Ordinary Differential Equation : ODE)이라고 한다. 또 다른 상미분 방정식 형태를 보이면 다음의 (24-2)와 같은 수식들이 있다.

$$\begin{aligned} y' &= (2y+9x)^2 \\ y'' &= y'-4x \qquad (24-2) \\ x^3y'''+6y''+y'+y &= (x^2+2)y \end{aligned}$$

이에 반해 두개 혹은 그 이상의 독립 변수를 가지고 있는 미분 방정식을 편미분 방정식(Partial Differential Equation : PDE)이라고 한다. 다음과 같이 표현되는 방정식이 편미분 방정식인데, 독립 변수는 x, y로 2개이다.

$$\frac{\partial^2 u}{\partial u^2}+\frac{\partial^2 u}{\partial y^2}=0 \quad , where \quad u=f(x,y) \qquad (24-3)$$

이번 장에서는 상미분방정식을 'COMSOL Multiphysics'를 이용하여 해석하는 방법을 다룬다. 자연 현상뿐 아니라 공학적인 문제에서도 미분방정식이 많이 활용되고 있으나, 공학 분야 대부분의 미분방정식들은 해석적으로는 거의 풀리지 않고 일반적으로 수치적인 접근 방법을 필요로 한다. 여기서, 'COMSOL Multiphysics'를 이용하여 수치적인 해를 구한다는 것은 , Mathematica 나 MatLab에서와 같이 해석적인 해를 구해주는 것이 아니고 초기 조건 혹은 경계 조건을 활용하여 수치적인 해를 구한다는 의미이다.

일반적으로 공학 분야 미분방정식은,

1. 단순화된 방정식을 해석적으로 푸는 방법
2. 자연 현상을 표현한 미분 방정식을 선형화, 혹은 근사화하여 푸는 방법

등 두 가지 방법으로 해를 찾을 수 있는데, 정확한 오차 추정이 가능한 두 번째 방법을 선호하게 되는데, 수치 해석적 방법이 이에 해당한다.

일반 공학을 다룰 때 거의 모든 분야에서 접하게 되는 '수치 적분'에 관한 문제를, 'COMSOL Multiphysics'에서는 0차원과 1차원에 관한 '수치해석'으로 다룬다. 이번 장에서는 그러한 '수치 적분'에 관한 몇 가지 중요한 요소를 정리하였다. 여기서 중요한 요소란 '근 찾기(Root Finding)', '수치 적분', '상 미분 방정식(ODE)의 수치 적분' 등을 말한다.

비선형 대수 방정식과 시간 의존형 상미분방정식을 풀기 위해서 영차원(Zero Dimension)의 개념을 소개한다. 개념적으로 영차원(제로 디멘젼)은 단순히 단일 유한 요소(요소의 개수가한 개인 것)를 의미한다. 단일 유한 요소를 이용하여 유한 요소법을 이해하는 것은 매우 흥미로운 일일 것이다. 'COMSOL Multiphysics'를 이용하면 영차원(제로 디멘젼) 대수와 시간의존 상미분방정식을 쉽게 풀어낼 수 있다.

24-2. 근 찾기

공학적인 문제에서 일반적으로 마주치는 문제는 다음과 같은 함수 $f(x)=0$을 만족하는 x를 찾는 것인데 이러한 과정을 '근 찾기'라 한다. 일반적으로 수치해석 과정은 **'근 찾기'**에 관한 알고리즘을 사용하는 과정이다. 이러한 수치해석 방법으로 흔히들 사용하는 알고리즘 중에는 2가지의 알고리즘이 있다. 그것은 **'이분법'** 혹은 **'바이섹션 방법(Bisection method)'**이라고 불리는 방법과 **'뉴턴 방법(Newton's method)'**이 그것이다. '이분법'은 특정 구간에 확실히 근이 존재한다고 알고 있다면 그 구간을 아주 작게 연속적으로 반씩 나눠가면서 근을 찾는 방법이다. 이러한 **'이분법'**은 다른 기법에 비해 근을 빠르게 찾지는 못하지만 그 신뢰성이 좋다는 장점이 있다. '뉴턴 **방법**'은 일반적으로 **'뉴턴-랩슨(Newton-Raphson's method)'** 방법이라고도 하는데, 근을 찾는 방법들 중 비교적 알고리즘이 간단하고 컴퓨터로 구현했을 때 실행 속도가 대단히 빠르다. 단, 주어진 함수 값 자체 f(x)와 그 도함수를 동시에 이용해야 한다는

점이 단점이다. 당연히 이 방법은 도함수를 알 수 있는 방정식에만 적용할 수 있는 방법인 것이다.

이제, '뉴턴 **방법**'에 대해 간단히 논의해보자. '뉴턴 **방법**'은 하나의 변수 x가 그것의 첫 번째 도함수 $F'(x)$를 사용하는데, 이것은 근을 향하도록 하면서 반복적으로 사용된다. 이러한 방법은 그 함수의 기울기(그 지점에서의 도함수)의 지역적인 값을 계산하면서 근 근방으로 점차적으로 수렴하게 된다. 기울기(도함수)는 해석적으로 계산될 수도 있고(뉴턴-랩슨 방법), 수치적으로 계산될 수도 있다(시컨트 방법). 만약 기울기가 어떤 방법으로든지 계산될 수 있다면 우리는 테일러의 이론을 사용하여 근을 향하도록 할 수 있다. '뉴턴 방법'의 기본적인 아이디어는 현재 추정치 x_0 근방에서 테일러 전개를 사용하는 것이다.

$$f(x)=f(x_0)+(x-x_0)f'(x_0)+\ldots., \tag{24-4}$$

이것을 재정렬하고 고차 항을 무시하면 추정된 해는 다음과 같다.

$$x=x_0-\frac{f(x_0)}{f'(x_0)} \tag{24-5}$$

이러한 방법론은 다차원 해 공간으로 충분히 확장될 수 있다. 즉, x 가 미지의 벡터이고, $f'(x_0)$로 나누는 것을 f 의 '자코비안의 역'을 곱하는 것으로 나타낼 수 있다. 다음에서 'COMSOL Multiphysics'의 근 찾기를 설명할 것이다.

24-3. 편미분 방정식 모드,' 계수 형태에서 근 찾기

'COMSOL Multiphysics'에서 수행되는 근 찾기는 1차원에서 수행한다. 다음에 기술하는 대로 모델 내비게이터를 시작하자. 영 차원 응용 모드를 만들어 다음 (24-6)의 비선형 다항식을 풀어 보자.

$$u^3+u^2-7u-3=0 \tag{24-6}$$

위 방정식 (24-6)을 풀기 위해서는, 편미분방정식모드(PDE Modes) 의 계수형태(PDE Coefficient) 방정식 (24-7)식의 좌변항의 모든 계수가 0이어야하고 우변항 f는 (24-6) 식과 같아야 함을 알 수 있다.

$$e_a \frac{\partial^2 u}{\partial t^2} + d_a \frac{\partial u}{\partial t} + \nabla \cdot (-c\nabla u - \alpha u + \gamma) + \beta \cdot \nabla u + au = f \qquad (24\text{-}7)$$

우리는 영 차원에서 해를 찾을 것이므로 (24-7) 식에서 e_a, d_a, c, α, β, γ 는 모두 '0'이고 'a'는 '7'로 놓아야 할 것이다.

1. 그림 24-1과 같이 'Model Wizard' 페이지에서 'Select Space Dimension'을 '1D'로 선택하고 'Next' 버튼 을 누른다.

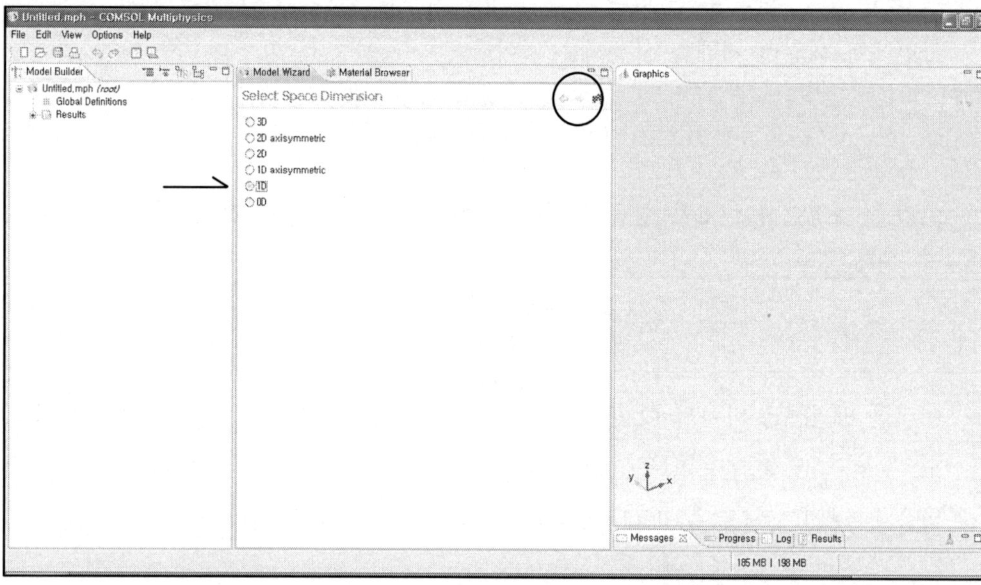

그림 24-1 'Model Wizard' 페이지에서 'Select Space Dimension'을 '1D'로 선택하기

2. 그림 24-2와 같이 'Model Wizard' 페이지의 'Add Physics' 윈도우에서 'Mathematics' 항목에서 'PDE Interfaces' - 'Coefficient Form PDE (c)'을 더블클릭하여 선택하고, 상단의 'Next' 버튼 을 누른다.

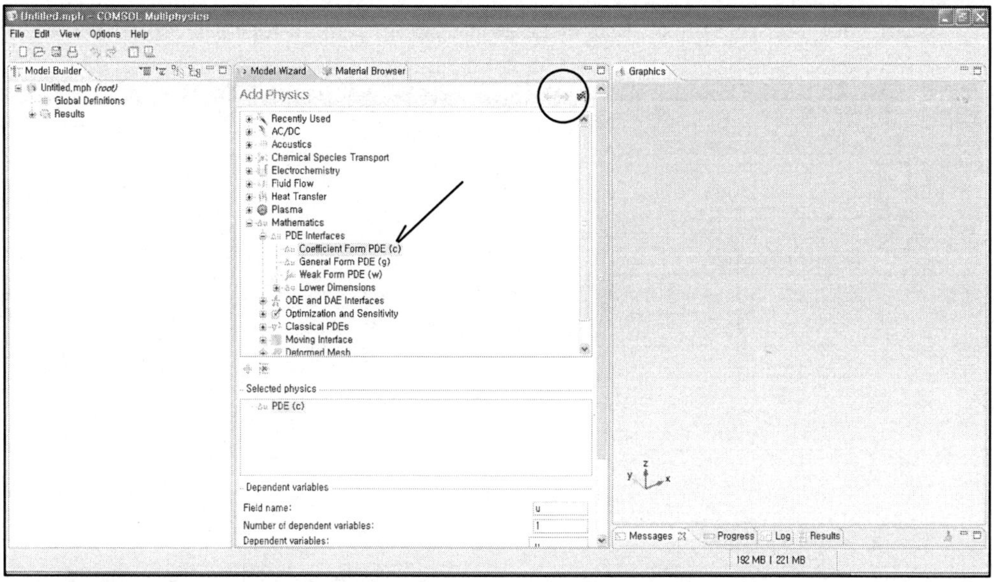

그림 24-2 'Mathematics', 'PDE Interfaces' - 'Coefficient Form PDE (c)' 선택하기

3. 그림 24-3과 같이 'Model Wizard' 페이지의 'Select Study Type' 윈도우에서 'Preset Studies' 항목에서, 'Stationary'를 선택한 다음, 상단의 'Finish' 버튼을 누른다.

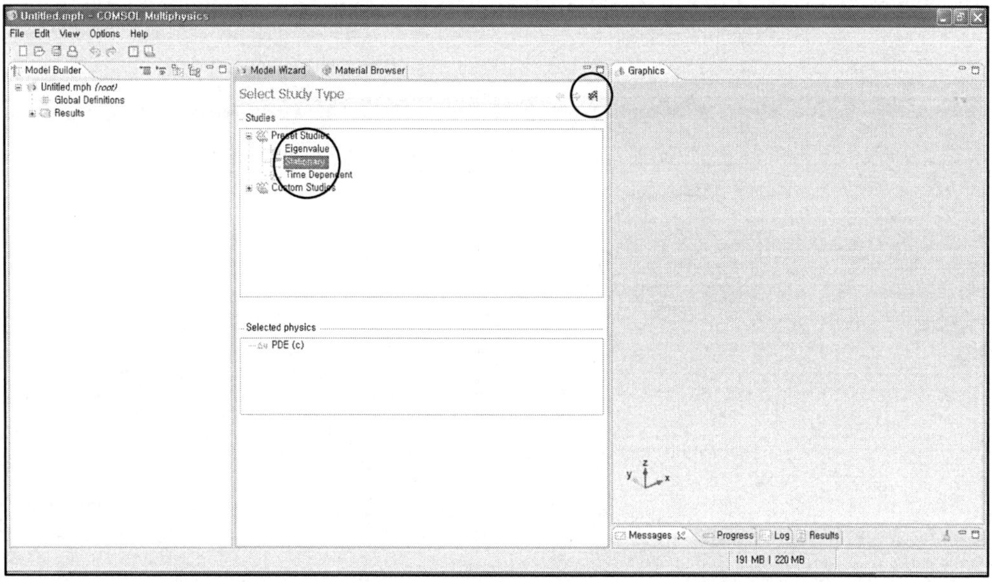

그림 24-3 'Select Study Type' 윈도우, 'Preset Studies' 항목에서, 'Stationary' 선택하기

4-1. 그림 24-4와 같이 1차원 직선을 모델링 하기위해서, 'Model Builder' 페이지에서

'Geometry 1'을 선택하고, 마우스 오른쪽 버튼을 눌러 'Interval'을 선택하자.

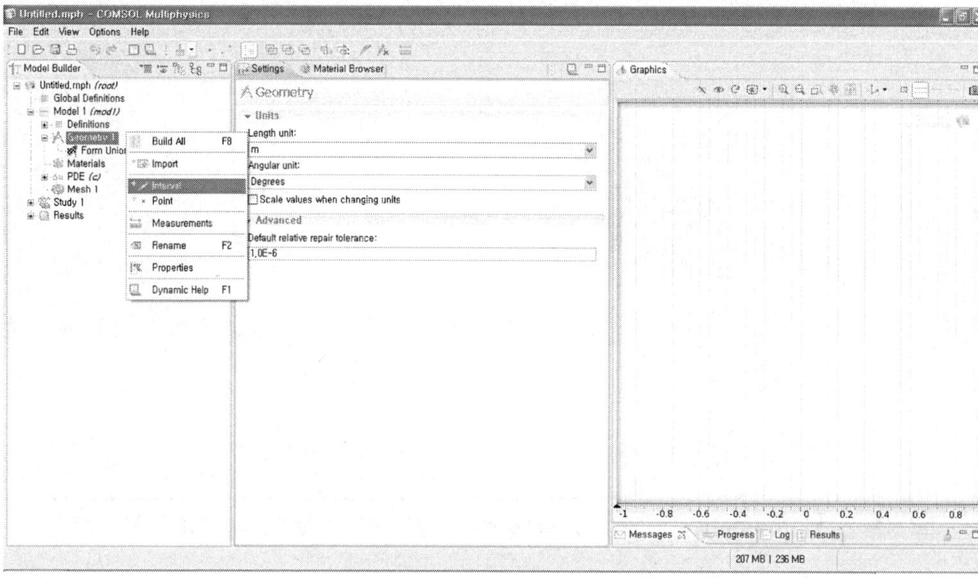

그림 24-4 'Interval' 선택하기

4-2. 그림 24-5와 같이 오른쪽의 'Settings' 페이지에 나타난 'Interval' 윈도우의 'Interval' 항목에 'Left endpoint: 0, Right endpoint: 1'로 타입한 후 상단의 'Build All' 버튼을 클릭한다.

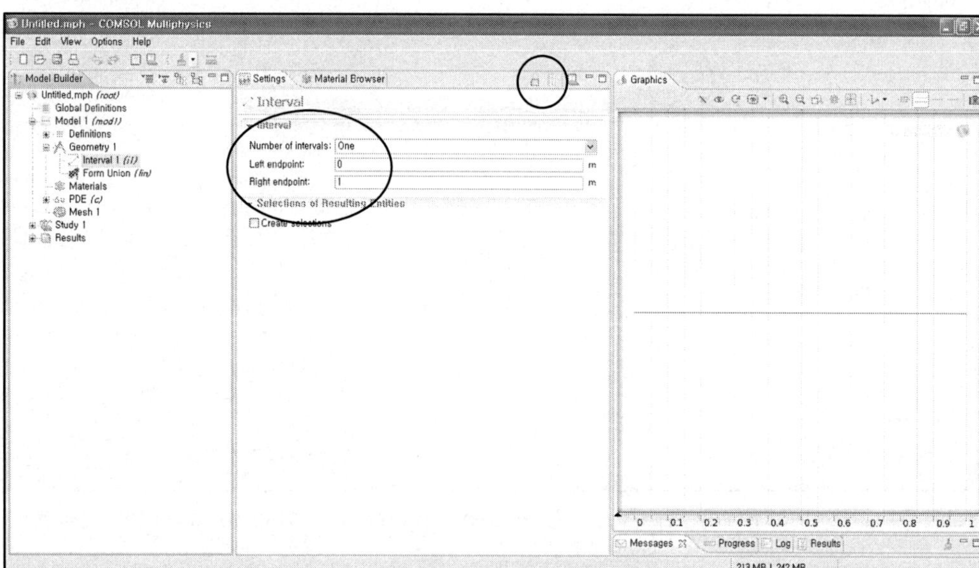

그림 24-5 'Interval' 형성하기

5. 이제 해석 모델에 대한 소영역을 설정해 보자.
   그림 24-6과 같이 'Model Builder' 페이지의 'PDE (c)' 아래 하부 항목 'Coefficient Form PDE 1'을 클릭하고, 오른쪽에 나타난 'Setting' 페이지의 'Coefficient Form PDE' 윈도우에서 다음과 같이 설정하자.

   'Diffusion Coefficient', 'c' 부분에 '0'을 타입한다.

   'Absorption Coefficient', 'a' 부분에 '7'을 타입한다.

   그리고, 'Source Term' (f) 프레임에 'u^3 + u^2 - 3'을 타입한다.

   나머지 모든 항은 '0'으로 설정하자.

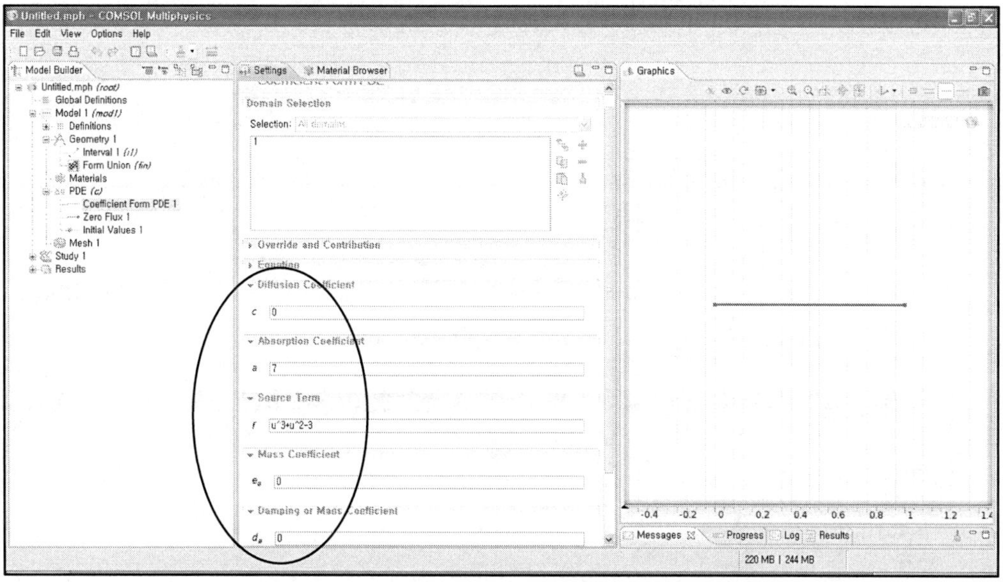

그림 24-6 'Coefficient Form PDE 1' 설정하기

6. 이제 해석 모델에 대한 '**초기조건**'을 설정해 보자. 여기서 설정하는 '**초기조건**'에 따라서 구하고자 하는 가장 가까운 해가 구해진다. 식 (24-6)을 검토해 보면 해석적인 해 중에서 '$-1+\sqrt{2}$' 그리고 '$-1-\sqrt{2}$'가 포함되어 있음을 알 수 있다.

$$u^3+u^2-7u-3=0 \tag{24-6}$$

   그러므로 그림 24-7과 같이 '$-1+\sqrt{2}$'에 가까운 '**초기조건**'으로 '-1'을 설정하고 해석해 보자. 그림 24-7과 같이 'Model Builder' 페이지의 'PDE (c)' 아래 하부 항목 'Initial

Values 1'를 클릭하고, 오른쪽에 나타난 'Setting' 페이지의 'Initial Values' 윈도우에서 'initial value for u :'를 '-1'로 설정하자.

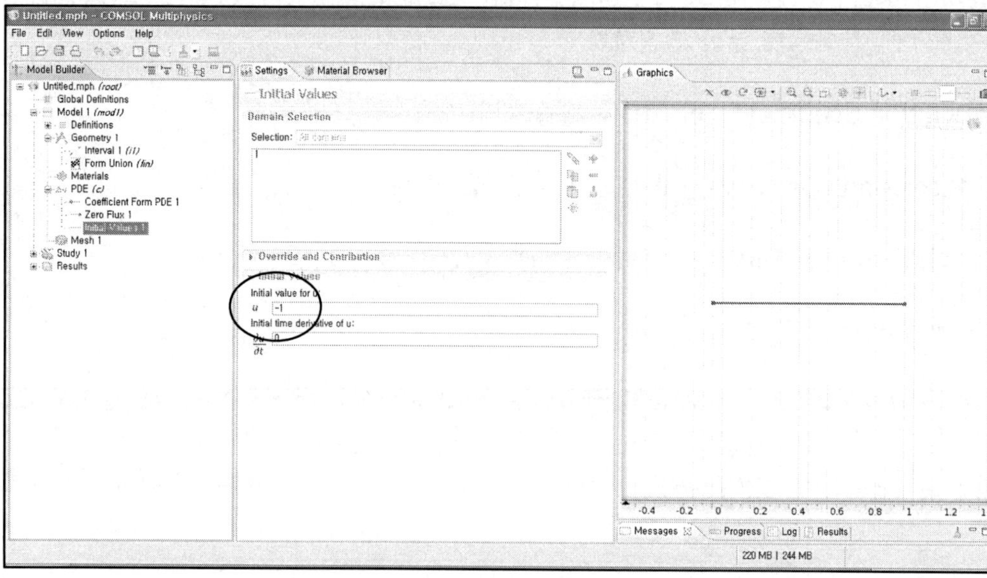

그림 24-7 '초기조건' 설정하기

7. 그림 24-8과 같이 'Model Builder' 페이지의 항목 중 'Mesh 1'을 선택하고 'Settings' 페이지 상단의 'Build All' 을 클릭하여 메쉬를 생성하자.

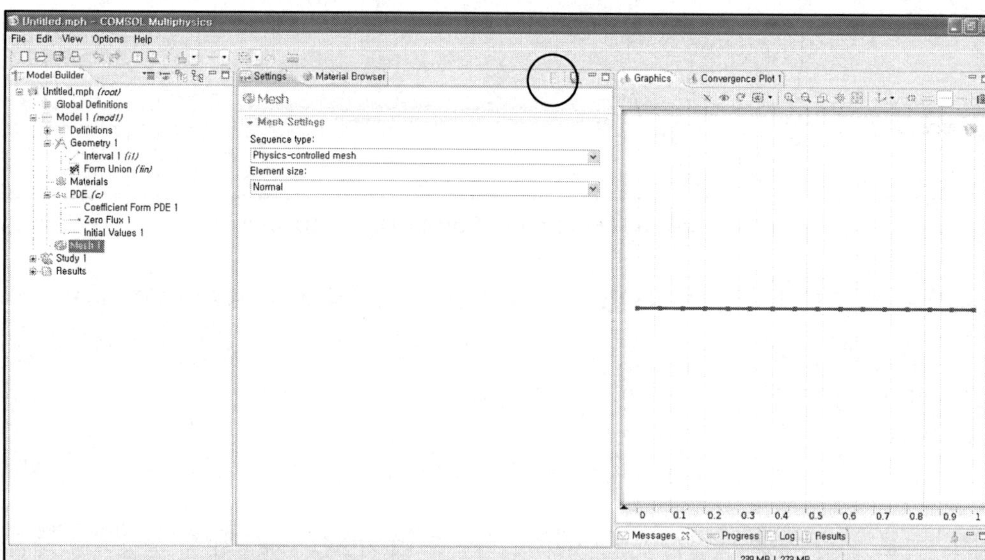

그림 24-8 'Mesh'가 생성된 모습

8. 그림 24-9와 같이 'Model Builder' 페이지의 항목 중 'Study 1'을 선택하고 오른쪽 'Settings' 페이지 상단의 'Compute' 버튼 을 클릭하여 계산해보자.

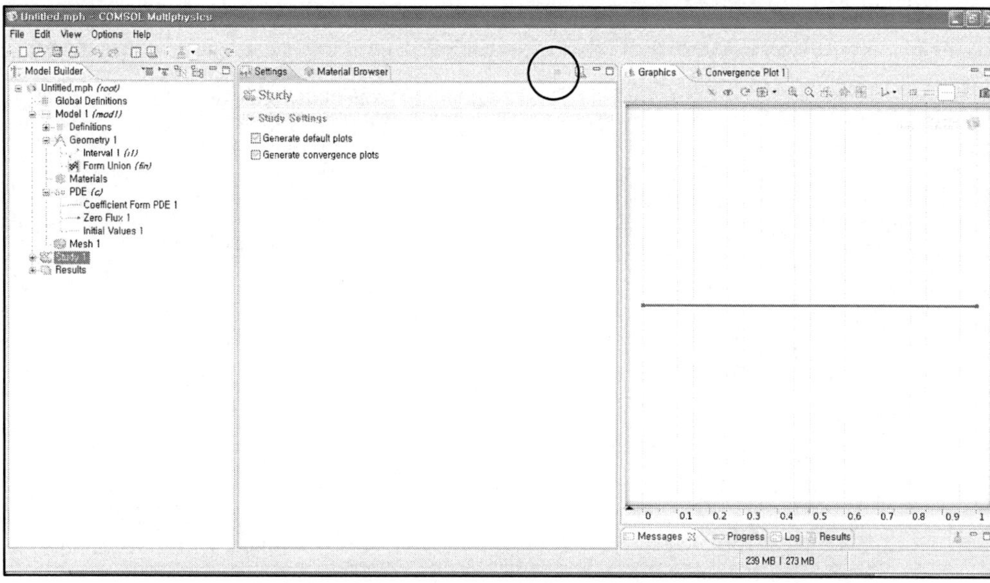

그림 24-9 'Compute' 수행하기

9. 그림 24-10은 'PDE Coefficient Form'으로 해석한 결과를 보여준다.

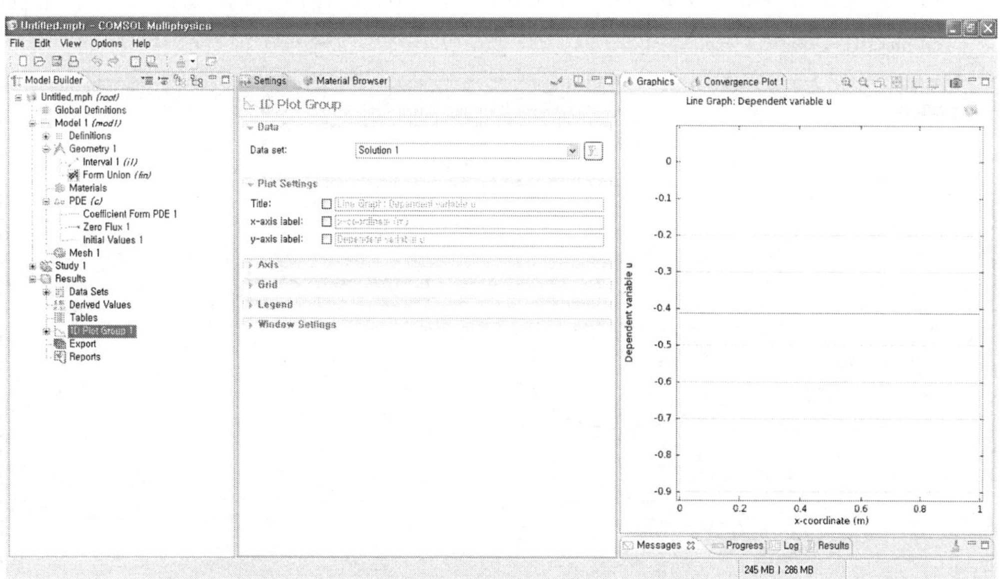

그림 24-10 컴솔 'PDE Coefficient Form'으로 해석한 결과

10-1. 그림 24-11과 같이 'Model Builder' 페이지의 항목 중 'Results' 하위 항목 중 'Derived Values'를 선택하고 오른쪽 마우스 클릭하여 나타난 메뉴 중 'Point Evaluation'을 선택하자.

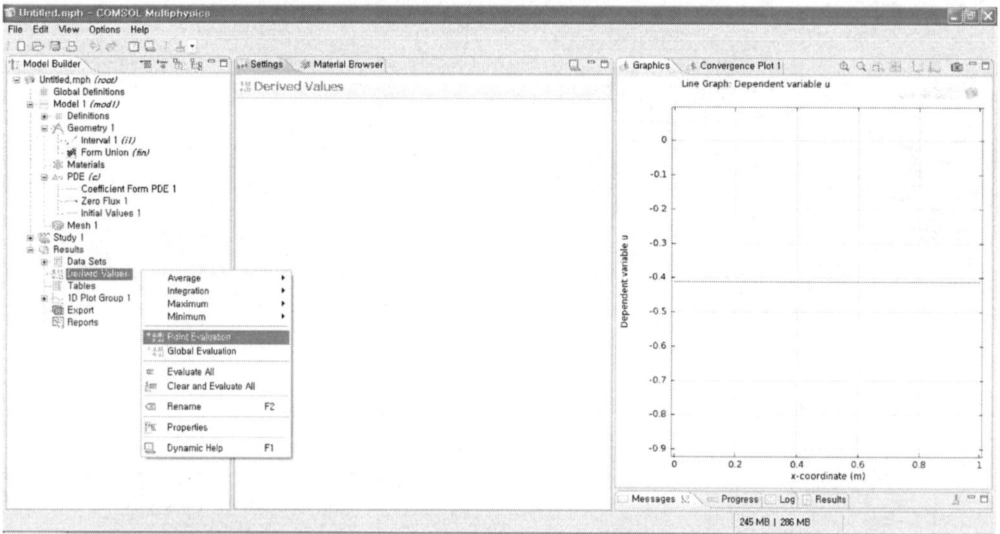

그림 24-11 'Results' - 'Derived Values' - 'Point Evaluation' 선택하기

10-2. 그림 24-12와 같이 추가된 'Point Evaluation 1' 선택하고, 오른쪽 마우스 클릭하여 나타난 메뉴 'Evaluate' - 'New Table'을 선택한다. 혹은 'Settings' 페이지 상단의 'Evaluate' 버튼을 클릭하자.

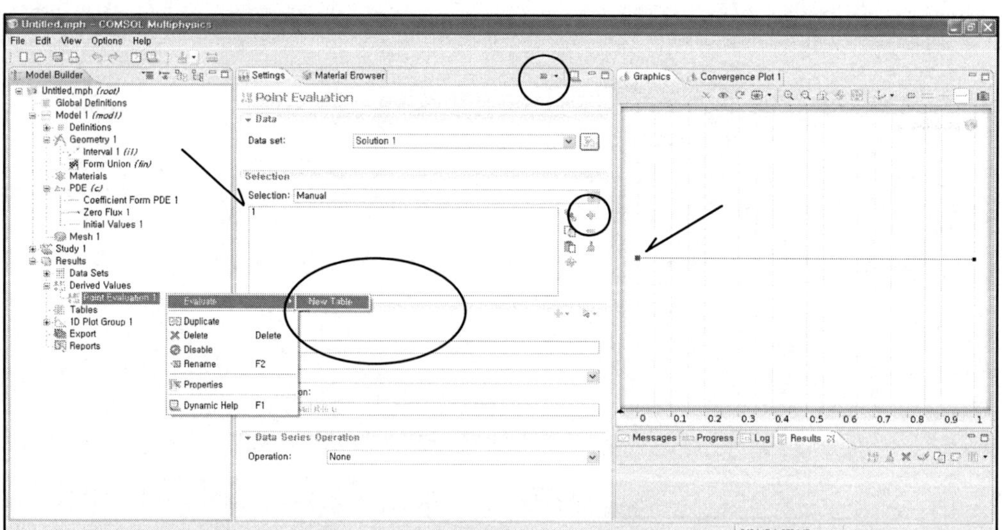

그림 24-12 'Evaluate' 실행하기

10-3. 아래 그림 24-13은 'Evaluate' 결과를 보여준다. 'Graphics' 페이지 하단에 나타난 '-0.4142' 값은 해석적인 해 '$-1+\sqrt{2}$'와 잘 일치한다. 연습 문제로 '$-1-\sqrt{2}$' 와 일치하는 하는 해를 구해보자.

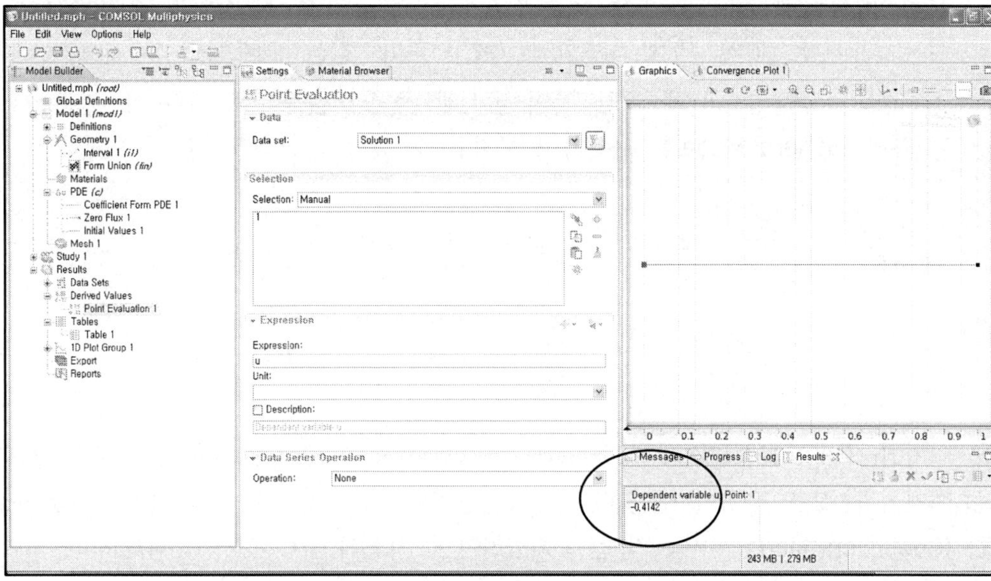

그림 24-13 'Evaluate' 실행 결과

24-4. 편미분 방정식 모드,' General Mode에서 근 찾기

만일, 여러분의 함수가 식 (24-7)의 왼쪽 항을 취할 '비선형 컴포넌트'를 가지고 있으면 어떻게 될까? 예를 들어 $\tanh(u) - u^2 + 5 = 0$ 는 'COMSOL Multiphysics'가 식 (24-7)의 왼쪽 항을 조합할 때, **'특이 강성 매트릭스'**를 낳게 된다. $\tanh(u) - u^2 + 5 = 0$ 에 대한 **'특이 강성 매트릭스 어셈블리'**에 대한 어려움은 다음과 같이 'General Mode'를 사용하여 회피할 수 있다.

$$e_a \frac{\partial^2 u}{\partial t^2} + d_a \frac{\partial u}{\partial t} + \nabla \cdot (-c\nabla u - \alpha u + \gamma) + \beta \cdot \nabla u + au = f \qquad (24\text{-}7)$$

$$e_a \frac{\partial^2 u}{\partial t^2} + d_a \frac{\partial u}{\partial t} + \nabla \cdot \Gamma = F \qquad (24\text{-}8)$$

여기서, 'General Mode'에 사용된 Γ 는 원리적으로 **'계수(Coefficient) 형태'** (24-7) 식에서와 같은 수식이다. 그러나 솔버 루틴에 의해 다르게 취급된다. **'계수 모드 (Coefficient Mode)'**에서는 **'비선형 자코비안'**을 사용하지 않으며, Coefficient는 u 에 독립적으로 다루어진다. 하지만, 'General Mode'에서 **'강성 매트릭스'**를 조합할 때 사용하는 자코비안은 Γ와 F 를 u 에 대해 미분을 한다. 또한, 'General Mode'는 'Coefficient Mode'에 비하여 계산 결과 값을 산출하기 위하여 허용 공차에 수렴하는데 반복회수가 작다. 일반적으로 비선형 문제를 푸는데 있어서 'General Mode'는 'Coefficient Mode'보다 더 우수하다.

1. 그림 24-14와 같이 'Model Wizard' 페이지에서 'Select Space Dimension'을 '1D'로 선택하고 'Next' 버튼 ➡을 누른다.

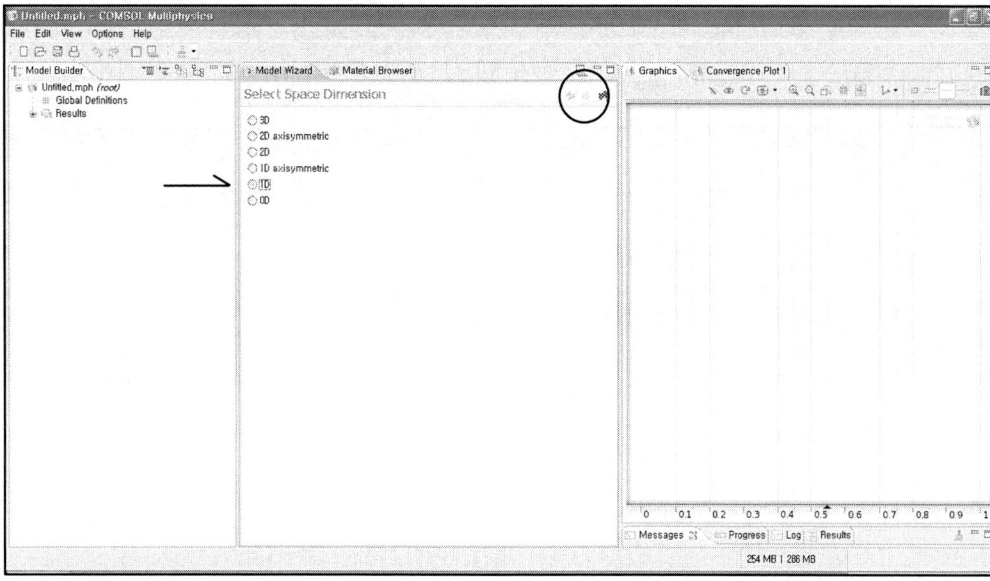

그림 24-14 'Model Wizard' 페이지에서 'Select Space Dimension'을 '1D'로 선택하기

2. 그림 24-15와 같이 'Model Wizard' 페이지의 'Add Physics' 윈도우에서 'Mathematics' - 'PDE interfaces' 항목에서 'General Form PDE (g)'을 더블클릭하여 선택한 후, 상단의 'Next' 버튼 ➪을 누른다.

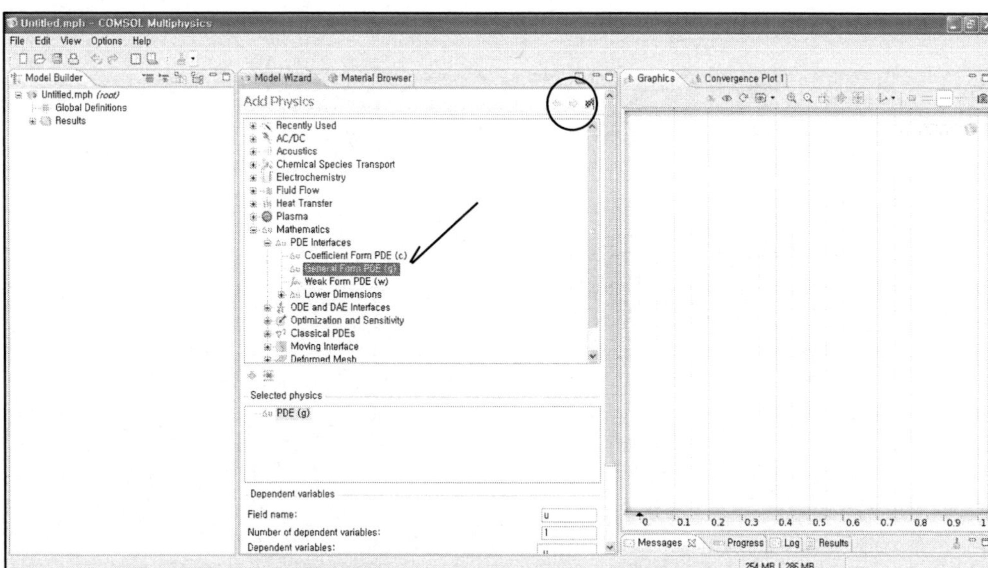

그림 24-15 'Mathematics' - 'PDE interfaces' 항목, 'General Form PDE (g)' 선택하기

3. 그림 24-16과 같이 'Model Wizard' 페이지의 'Select Study Type' 윈도우에서 'Preset Studies' 항목에서, 'Stationary'를 선택한 다음, 상단의 'Finish' 버튼을 누른다.

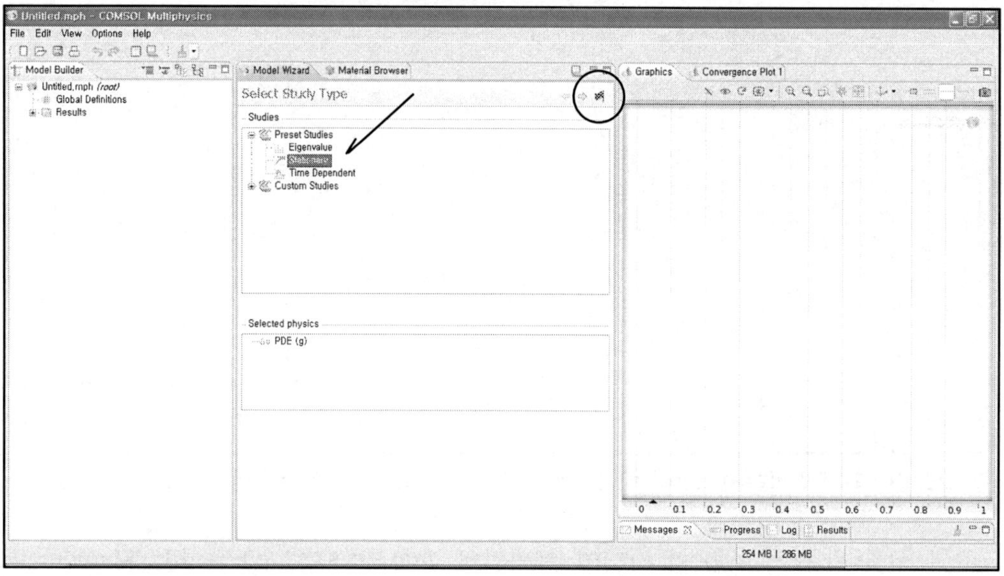

그림 24-16 'Select Study Type' 윈도우, 'Preset Studies' 항목에서, 'Stationary' 선택하기

4-1. 그림 24-17과 같이 1차원 직선을 모델링 하기위해서, 'Model Builder' 페이지에서 'Geometry 1'을 선택하고, 마우스 오른쪽 버튼을 눌러 'Interval'을 선택하자.

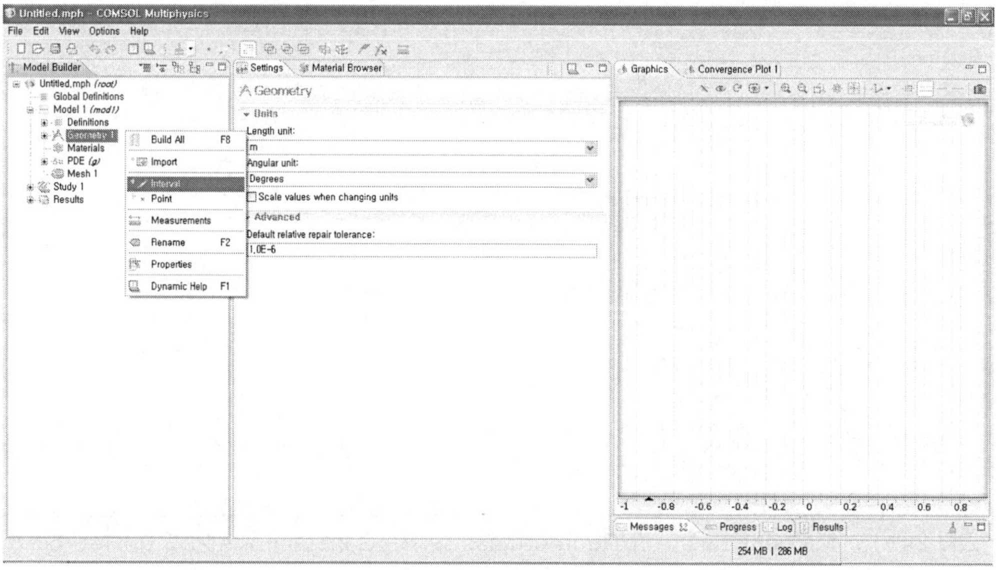

그림 24-17 'Interval' 선택하기

4-2. 그림 24-18과 같이 오른쪽의 'Settings' 페이지에 나타난 'Interval' 윈도우의 'Interval' 항목에 'Left endpoint: 0, Right endpoint: 1'로 타입한 후 상단의 'Build All' 버튼을 클릭한다.

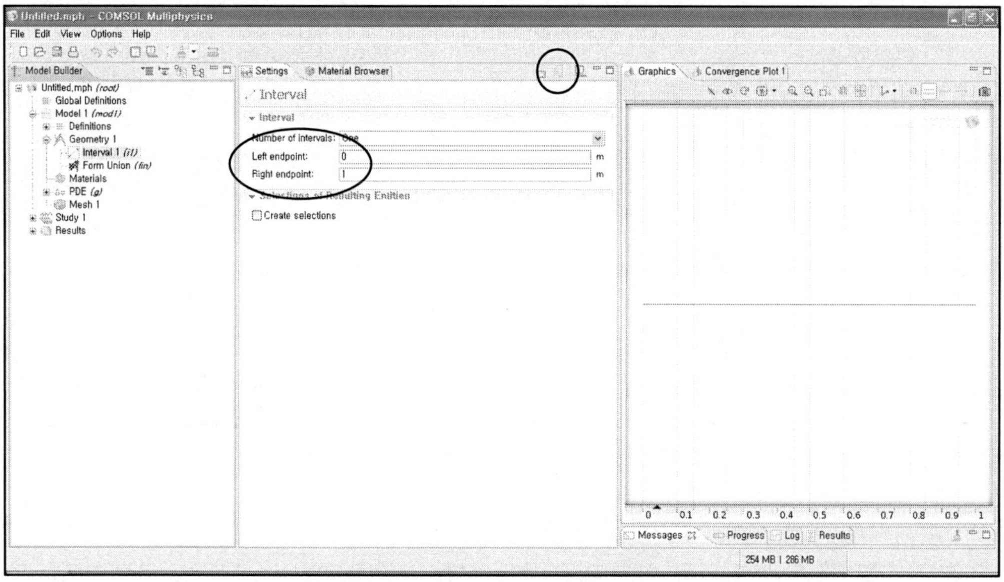

그림 24-18 'Interval' 형성하기

5. 이제 해석 모델에 대한 소영역을 설정해 보자.

그림 24-19와 같이 'Model Builder' 페이지의 'PDE (g)' 아래 하부 항목 'General Form PDE 1'을 클릭하고, 오른쪽에 나타난 'Setting' 페이지의 'General Form PDE' 윈도우에서 다음과 같이 설정하자.

'Conservative Flux', ' Γ ' 는 '0'으로 타입한다.

그리고, 'Source Term' (f) 프레임에는 'tanh(u)-u^2+5'로 타입한다.

나머지 모든 항은 모두 '0'으로 타입하라.

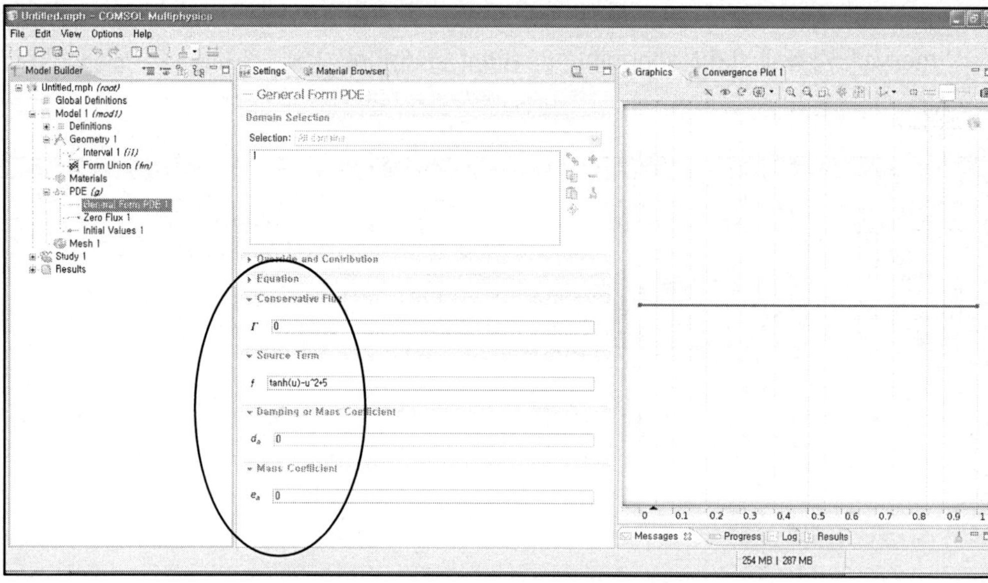

그림 24-19 'General Form PDE 1' 설정하기

6. 이제 해석 모델에 대한 '**초기조건**'을 설정해 보자.

여기서 '**초기조건**'은 임의로 설정해도 무방하다. 그림 24-20과 같이 'Model Builder' 페이지의 'PDE (g)' 아래 하부 항목 'Initial Values 1'을 클릭하고, 오른쪽에 나타난 'Setting' 페이지의 'Initial Values' 윈도우에서 'initial value for u :'를 '-3'로 설정하자.

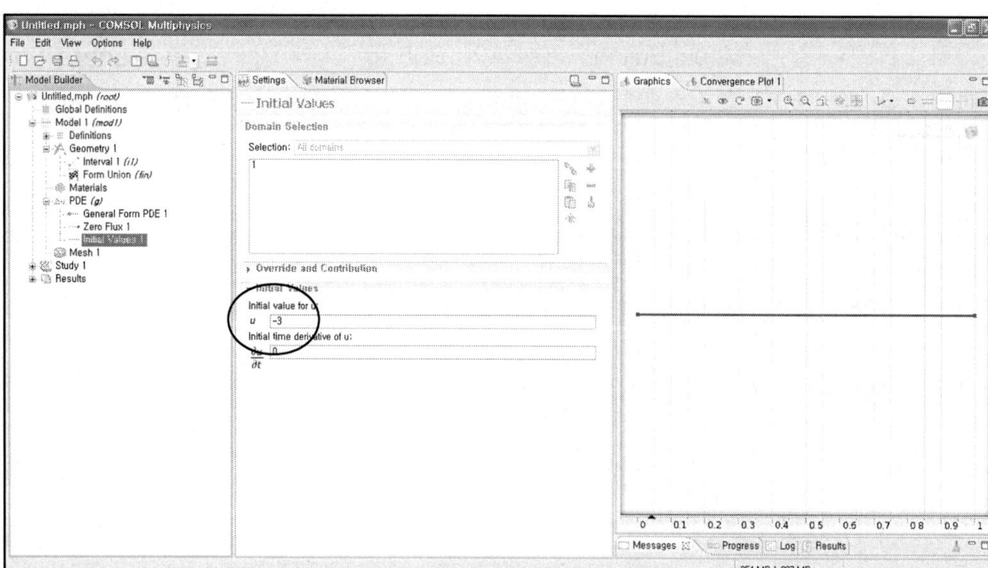

그림 24-20 '**초기조건**' 설정하기

7. 그림 24-21과 같이 'Model Builder' 페이지의 항목 중 'Mesh 1'을 선택하고 'Settings' 페이지 상단의 'Build All' 을 클릭하여 메쉬를 생성하자.

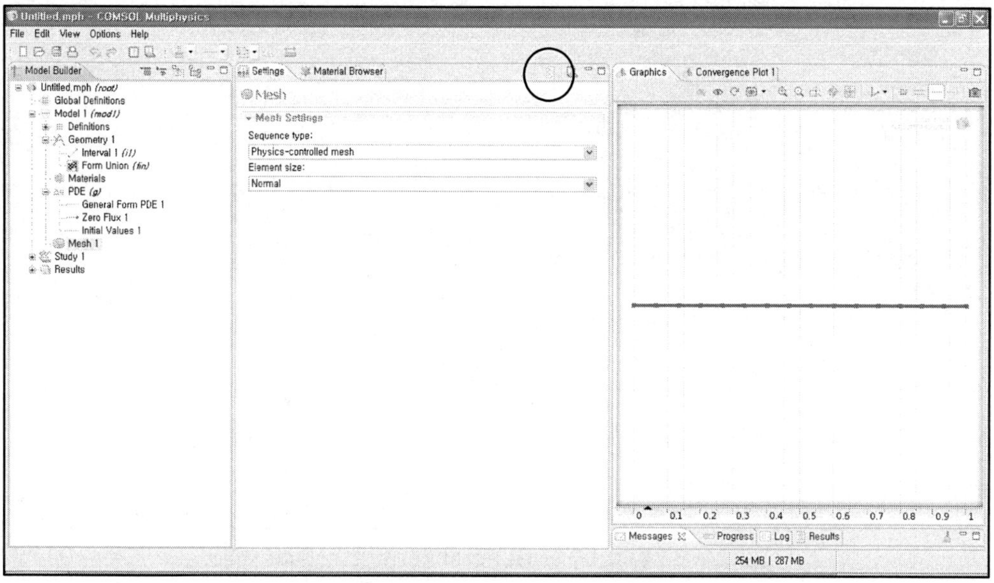

그림 24-21 'Mesh'가 생성된 모습

8. 그림 24-22와 같이 'Model Builder' 페이지의 항목 중 'Study 1'을 선택하고 오른쪽 'Settings' 페이지 상단의 'Compute' 버튼 을 클릭하여 계산해보자.

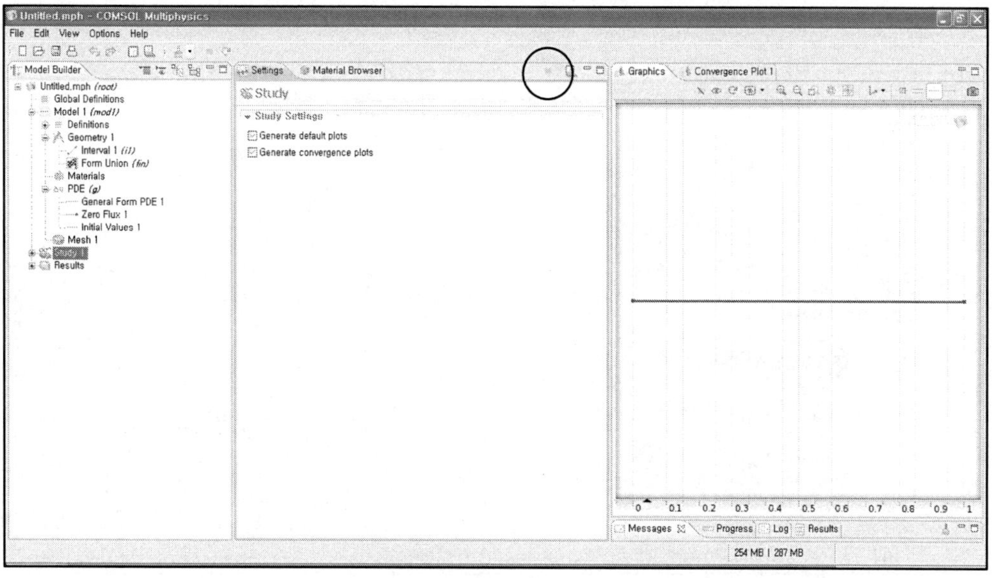

그림 24-22 'Compute' 수행하기

9. 그림 24-23은 'PDE General Form'으로 해석한 결과를 보여준다.

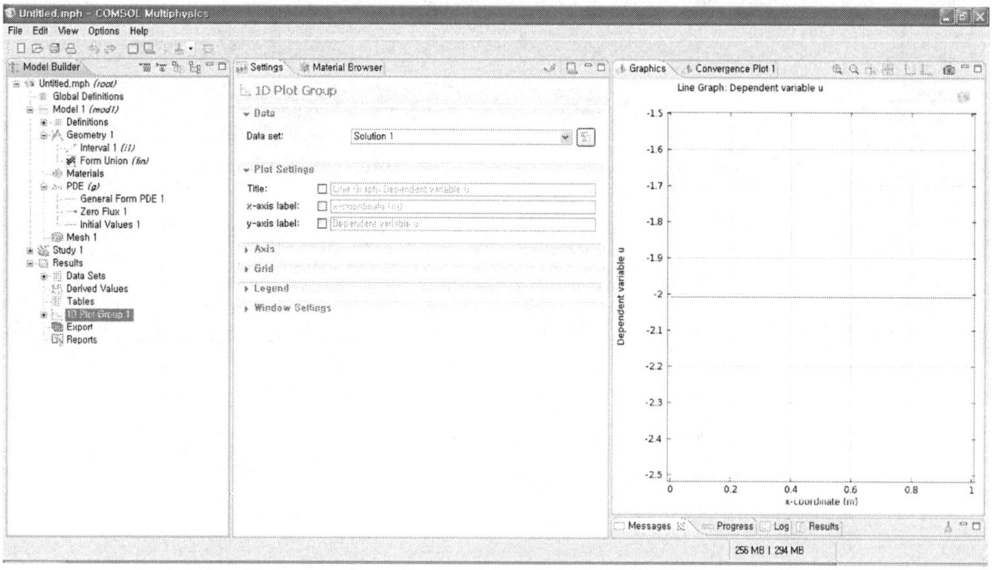

그림 24-23 컴솔 'PDE General Form'으로 해석한 결과

10-1. 그림 24-24와 같이 'Model Builder' 페이지의 항목 중 'Results' 하위 항목 중 'Derived Values'를 선택하고 오른쪽 마우스 클릭하여 나타난 메뉴 중 'Point Evaluation'을 선택하자.

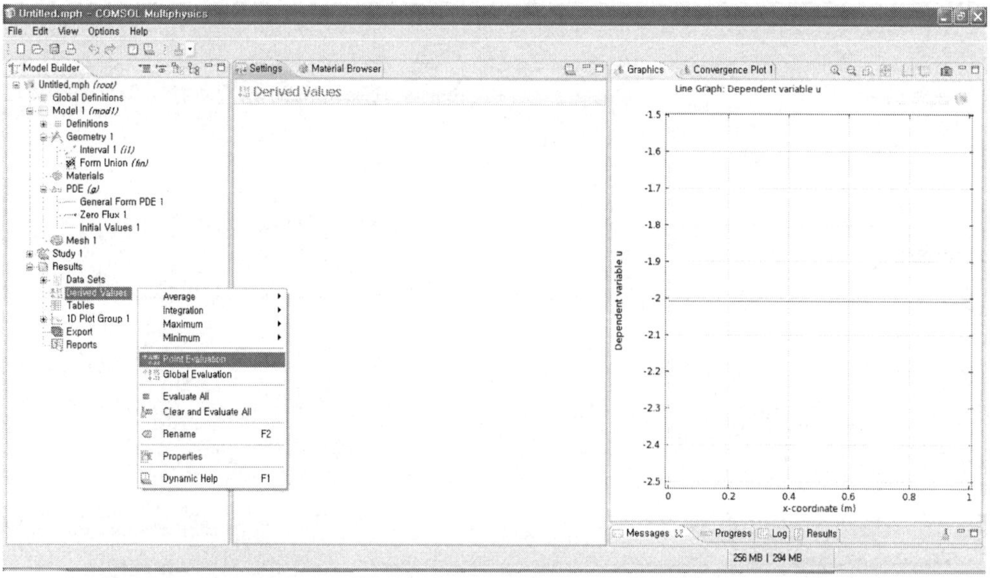

그림 24-24 'Results' - 'Derived Values' - 'Point Evaluation' 선택하기

10-2. 그림 24-25와 같이 추가된 'Point Evaluation 1' 선택하고, 오른쪽 마우스 클릭하여 나타난 메뉴 'Evaluate' - 'New Table'을 선택한다. 혹은 'Settings' 페이지 상단의 'Evaluate' 버튼을 클릭하자.

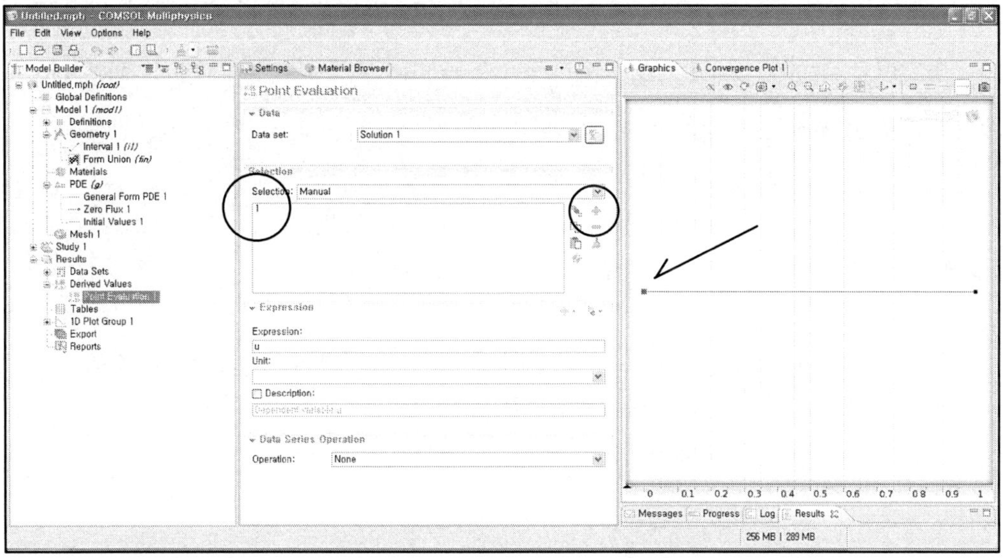

그림 24-25 'Evaluate' 실행하기

10-3. 아래 그림 24-26은 'Evaluate' 결과를 보여준다. 'Graphics' 페이지 하단에 나타난 '-2.0088' 값은 주어진 방정식을 만족한다.

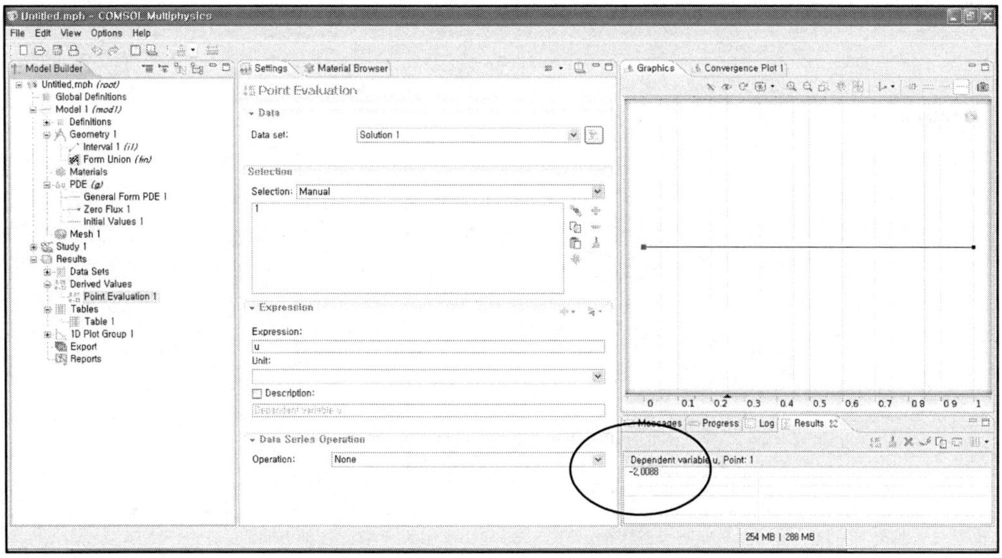

그림 24-26 'Evaluate' 실행 결과

연습 문제

24-1. 방정식의 근 찾기 $f(u) = u^3 - 3u^2 + \frac{5}{2}u - \frac{1}{2} = 0$ 이 함수는 3차 다항식이고, 일반해는 무리수, $u=1$ $u=1-\frac{1}{\sqrt{2}}$, $u=1+\frac{1}{\sqrt{2}}$ 이다. 'COMSOL Multiphysics' 편미분 방정식 모드, '계수 형태' 와 '일반 형태를 이용하여 근 찾기를 해보자.

24-2. $f(u) = (u-2)e^{u} - 2 = 0$ 방정식의 근을 찾아보자. 이 함수는 초월함수이고 이것은 일반해를 가지지 않는 유리수를 의미한다.

그림 24-27 초월 함수 $f(u) = (u-2)e^{u} - 2 = 0$ 그래프

▣ 3. 방법2 : 수치적분 (Numerical Integration)

수치적분은 수치해석에 있어서 핵심적인 개념이다. 디지털 컴퓨터가 개발되기 전까지 컴퓨터의 첫 번째 임무는 특정 함수의 테이블에 관한 핸드북을 채워주는 것이었는데, 그들의 거의 대부분이 상미분 수치적분의 특정 부류에 대한 해였다. 여기서 계산 방법론은, 곧, 1차원의 수치적분이다.

1차원 적분의 2가지 부류가 있다. 즉, 초기 값 문제(IVP)와 경계 값 문제(BVP)이다. 가장 쉬운 적분은 초기 값 문제인데, 모든 초기 조건이 어떤 한 포인트에 대해 모두 특정되어 있어서 첫 번째 도함수에 따라 작은 증분으로 따라가면 된다. 즉, 동일한 독립 변수 값에서 모든 제한 조건이 정의되어 있다면 이러한 문제를 초기값 문제라 지칭한다. 경계 값 문제는 서로 다른 독립 변수 값에서 조건들이 특정화되어 있는 문제를 의미한다. 경계 값 문제는 다음 섹션에서 다룬다. 만약 상미분 방정식이 1차라면 명확히 다음과 같다. 즉,

$$\frac{dy}{dt} = f(t), \quad |y|_{t+\triangle t} = |y|_t + \triangle t f(t). \tag{24-12}$$

위의 방정식은 가장 간단한 미분방정식인데, 미분방정식을 이용하여 기울기를 시간 t1에서의 1차 도함수의 형태로 이용하는 것이다. 즉, 1차 도함수로부터 바로 t1에서의 기울기의 추정값을 구할 수 있다. 이러한 공식을 오일러 방법(오일러-코시법 혹은 점-기울기법)이라고 한다. 오일러 방법은 1차 상미분방정식을 적분하는 가장 직관적인 방법이다.

1차원에서, 점 (x_n, y_n)에서 함수 f의 도함수의 값에 따라 한 스텝씩 나아가면서 적분할 수 있는 것이다. 여기서 n은 적분하는 간격의 n번째 이산화 간격을 나타낸다. 그러므로,

$$y_{n+1} = y_n + hf(x_n, y_n), \quad x_{n+1} = x_n + h. \tag{24-13}$$

이것은 도함수가 스텝 사이즈 h 에 대해 변화하지 않는다는 가정이 존재한다. 그러나 이것은 단지 선형 함수에 대해서만 옳다. 곡률을 가지는 어떤 함수에 대해서는 이것은 억지스러운 가정이다. 예를 들어, 그림 1에서 매우 큰 스텝 사이즈로 얼마나 멀리 잘못 왔나를 고려해 보자. 분명히, 좋은 정확도를 위해서는 작은 스텝을 요구하지만, 오일러 방법에서 개선된 점은 큰 스텝을 사용할 수 있다는 것이다. 오일러 방법은 "1차 차수" 정도로 정확하여 에러가 h의 첫번째 멱에 따라 감소한다.

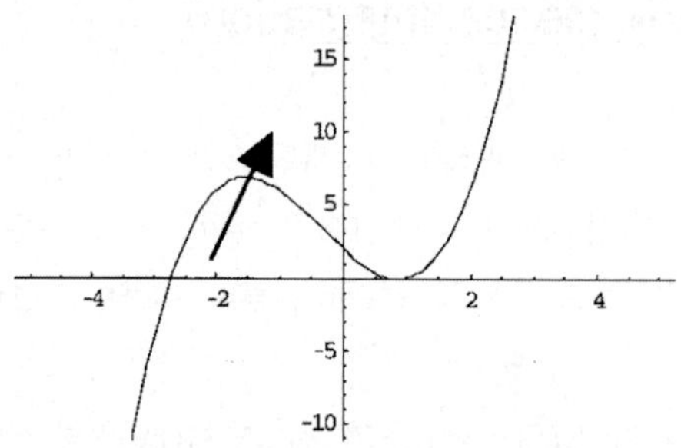

그림 24-28 Euler step in numerical integration

▣ 룬지 쿠타 방법 (Runge-Kutta methods)

룬지 쿠타 (Runge-Kutta) 방법은, 적분하는 방법으로 미분 방정식의 해를 구할 때, 계산해야 하는 함수의 기울기 계산을 하는 어려움을 덜고자 도입되었다. 예를 들어 말하자면, 다음 식 (24-13)에서 나타난 바와 같이 테일러 전개나 오일러의 방법에서는 반드시 함수의 도함수를 구해야 한다.

$$y_{n+1} = y_n + h\, y_n' \quad , \quad y_{n+1} = y(x+h) \tag{24-14}$$

일반적으로 위에 나타난 방정식은 1차 Runge-Kutta 방법 혹은 오일러의 방법이라고 불린다. 하지만, 개념적으로 1차 Runge-Kutta 방법은 그 절단 오차가 매우 크다. 현실적으로는 잘 사용되지 않는다. 다음 식 (24-14)는 2차 Runge-Kutta 방법을 나타내는 방정식이다.

$$\begin{aligned} k_1 &= h\, y_n' \\ k_2 &= h\, y(x+\frac{1}{2}h, y_n+\frac{1}{2}k_1)' \\ y_{n+1} &= y_n + k_2 + O(h^3) \end{aligned} \tag{24-15}$$

우리가 보다 큰 스텝 사이즈를 사용하기를 원한다면, '고차 방법'이 필요한데, 일반적으로, 스텝 사이즈가 줄어들면, 절단 오차는 보다 빠르게 줄어든다. 현재까지 알려진 바에 의하면, k 오더 방법은 h^k 만큼 에러가 감소하는 것으로 알려져 있다. 어떤 범위의 중간지점, 즉, x_n 과 x_{n+1} 사이에서 함수 $f(x)$의 기울기를 계산함으로서 그래프 $y(x)$의

곡률을 계산할 수 있다. 전체 구간 폭의 중간 지점의 도함수를 사용하고, 구간의 중간 지점을 어림하기 위해 초기 도함수를 사용하면 2차 오더의 정확도를 얻을 수 있다.

결론적으로, 우리는 2번의 도함수 계산으로 전체 오더의 정확도로 계산하였다는 것이다. 예를 들어 1차 오더 방법에 대해서, N번의 계산으로 오차 O(1/N)를 얻게 되고, 그러나 2차 오더의 방법으로, 2N번의 계산으로 $O(\frac{1}{4N^2})$ 의 오차를 얻게 된다. 1차 오더의 방법으로 그렇게 계산하려면 N^2번의 계산을 해야 한다. 이러한 2차 Runge-Kutta 방법도 수치 해석에서는 잘 사용되지 않는다.

▣ Higher order Runge-Kutta methods

2차 Runge-Kutta 방법까지 설명하였는데, 분명히, 3차수 정확도를 얻기 위해서 3중점 방법을 사용할 수 있고, 4차수 정확도를 얻기 위해서 4중점 방법을 사용할 수 있다. 그렇다면, 우리는 몇 차수까지 고려해 볼 수 있을까? 보다 고차 방법에 대해서는 좀 더 많은 프로그래밍 작업이 필요로 할 것이 분명하다. 우리의 시간이 문제다. 그러나, 본질적으로 함수가 우리가 평가하고자하는 k번째 도함수에서 매끄럽지 못하다. 추정의 정확도를 증가시키기 위해서는 고차 도함수 항의 절단 오차가 매우 크게 된다. 각각의 연속적인 단계에서 절단 오차는 급속도로 증가하게 된다. 이것은 곧, 고차 오더의 방법은 저차 오더의 방법보다 덜 안정적인 것을 의미한다. 상미분 방정식을 적분하는 일반적인 선택은 4차 오더의 룬지-쿠타 방법을 사용하는 것이다. 이것은 프로그램하기가 꽤나 간단하고, 좋은 정확도를 주고, 전형적으로 좋은 안정적인 특징을 가지고 있다. 4차 Runge-Kutta 방법은 2차 Runge-Kutta 방법과 같이 테일러 전개로부터 얻을 수 있는데, 4차 Runge-Kutta 방법은 그 유도 과정이 매우 복잡하므로 여기서는 생략하겠다. 4차 Runge-Kutta 방법이라고 불리는 공식은 적분하는 부분에서 마지막 파라메타를 선택하는 방법에 따라 여러 가지 공식이 존재한다. 일반적으로 널리 사용되는 방법을 다음과 기술한다.

$$k_1 = h\, y_n'$$

$$k_2 = h\, y(x + \frac{1}{2}h, y_n + \frac{1}{2}k_1)'$$

$$k_3 = h\, y(x + \frac{1}{2} h, y_n + \frac{1}{2} k_2)'$$

$$k_4 = h\, y(x + \frac{1}{2} h, y_n + \frac{1}{2} k_3)' \qquad (24\text{-}16)$$

$$y_{n+1} = y_n + \frac{1}{6}(k_1 + 2k_2 + 2k_3 + k_4)$$

4차 Runge-Kutta 방법은 그 값을 계산하는 데 있어서 쉽게 계산하면서도 매우 훌륭한 정확도를 나타내므로 수치 해석 분야에서 널리 사용되고 있다. 4차 Runge-Kutta 방법의 훌륭한 장점에도 불구하고 이 방법의 단점은, 그 절단 오차를 어림할 수 없다는 것이다. 그러므로 4차 Runge-Kutta 방법을 사용할 때는 증분량 h를 이 방법의 적용 시점에서 미리 추정하여 적용하든지, 다른 방법으로는 여러 번의 시행착오를 거쳐 알아내야한다. 이러한 증분량 h를 보다 쉽게 알아내는 방법으로는 보통 적응 기법을 사용하는데, 이것은 각 적분 단계 때마다 알맞게 추정하여 가는 것이다.

▣ 수치 적분 방법 적용시 주의점

수치 적분에는 프로그래밍할 때 특히 주의하여야 할, 잘 알려진 또 다른 2가지 문제점들이 있다.

수치적 안정성

만약, 적분할 때, 심지어 고차 오더 정확도의 방법으로도 알려진 테스트-케이스로부터 훨씬 많이 발산한다고 가정해보자. 그러면, 이러한 방법은 수치적으로 불안정한 것이다. 스텝 사이즈를 줄이고 결국에는 수치적 안정성을 얻을 수 있을 것이다. 그러나, 이것은 계산하는데 시간이 많이 걸릴 것이다. 만약 그러한 계산을 많이 수행한다면, 이러한 시간문제는 아마도 골치 아플 것이다. '예측-수정 계획'(predictor-corrector schemes)과 같은 semi-implicit 방법을 적용해보라.

시스템 경직

시스템 경직은 보통 2가지 폭 넓은 이질적인 길이 혹은 물리적인 메커니즘이 일어나는 이질적인 시간 스케일을 가진다. 시스템 경직은 위에서 언급한 것과 같이 수치적 불안정성이 매우 강한 것이다. 아마도 비물리적으로 진동 특성을 가질 것이다.

■ 3.1 수치 적분 : 간단한 예제

고차 ODEs는 차수를 줄이는 방법으로 다룰 수 있다. 다음과 같은 ODE를 생각해보자.

$$\frac{d^2y}{dx^2} + q(x)\frac{dy}{dx} = r(x) \tag{24-17}$$

만약 q(x) 와 r(x)가 상수가 아닐 경우 근 찾는 해석적인 방법을 찾기 어려울 것이다. 하지만 요즘은 거의 모든 경우에 수치적인 해를 계산하여 해결한다. 먼저, 위의 2계 차수를 아래와 같이 2개의 1계 차수의 시스템으로 줄여보자.

$$\begin{aligned}\frac{dy}{dx} &= z(x), \\ \frac{dz}{dx} &= r(x) - q(x)z(x),\end{aligned} \tag{24-18}$$

이러한 ODE 각각은 수식 (24-13)과 (24-15)에서처럼 동시에 수치적으로 적분될 수 있다. 간단한 예는 다음과 같다.

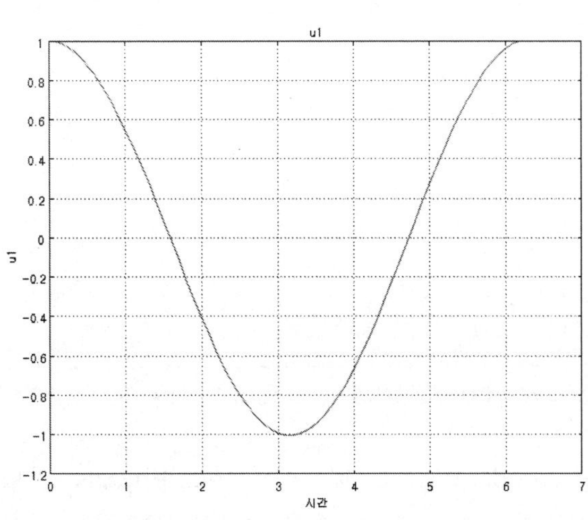

그림 24-29 $u_1(t)$ over one period

$$\frac{d^2u}{dt^2} + u = 0 \tag{24-19}$$

차수를 줄이면 다음과 같은 1차 ODE 2개를 얻을 수 있다.

$$\frac{du_0}{dt} = -u_2,$$

$$\frac{du_2}{dt} = u_1, \tag{24-20}$$

우리는 1차원 공간 시스템을 만들어 이러한 커플된 PDE 셋을 적분 할 수 있다. 이번 응용에서는 2개의 종속 변수 u1, u2를 이용하고, 하나의 공간 좌표 x를 사용한다.

1. 그림 24-30과 같이 'Model Wizard' 페이지에서 'Select Space Dimension'을 '1D'로 선택하고 'Next' 버튼 ⇨을 누른다.

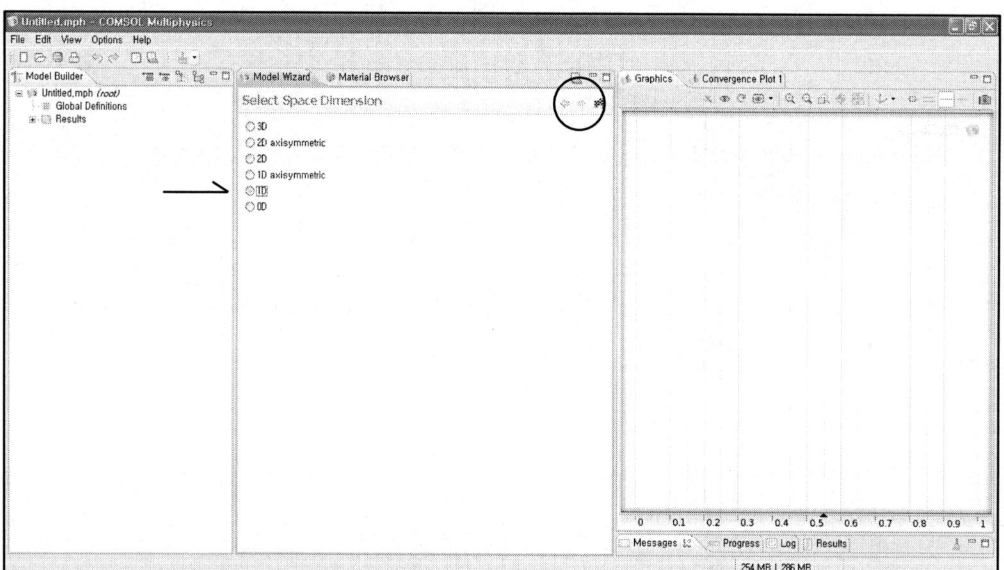

그림 24-30 'Model Wizard' 페이지에서 'Select Space Dimension'을 '1D'로 선택하기

2. 그림 24-31과 같이 'Model Wizard' 페이지의 'Add Physics' 윈도우에서 'Mathematics' - 'PDE interfaces' 항목에서 'General Form PDE (g)'을 더블클릭하여 선택한 후, 'Dependent variables:' 항목에 종속변수 'u1', 'u2'를 타입한 후, 상단의 'Next' 버튼 ⇨을 누른다.

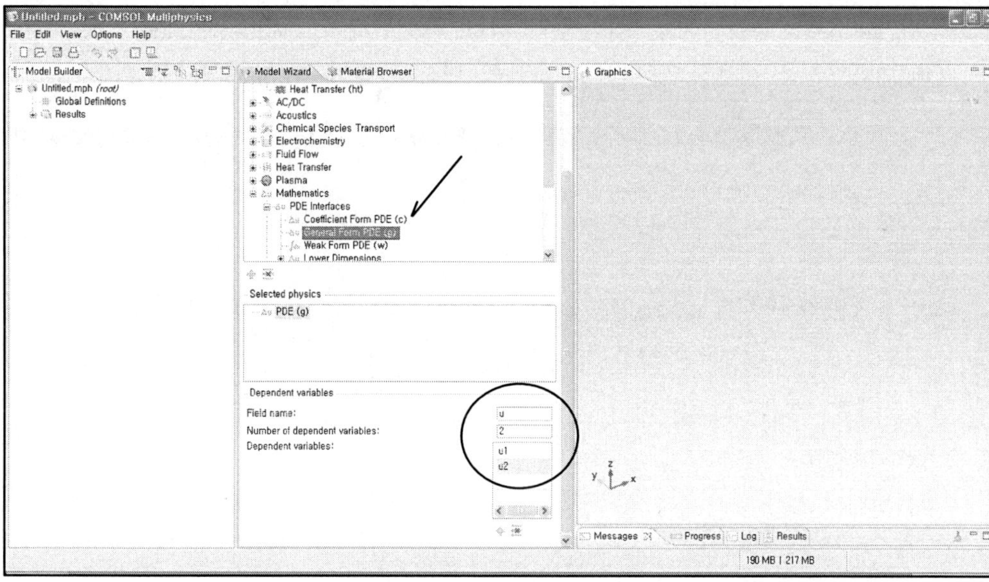

그림 24-31 'General Form PDE (g)' 선택하기, 종속변수 'u1', 'u2' 타입하기

3. 그림 24-32와 같이 'Model Wizard' 페이지의 'Select Study Type' 윈도우에서 'Preset Studies' 항목에서, 'Time dependent'를 선택한 다음, 상단의 'Finish' 버튼을 누른다.

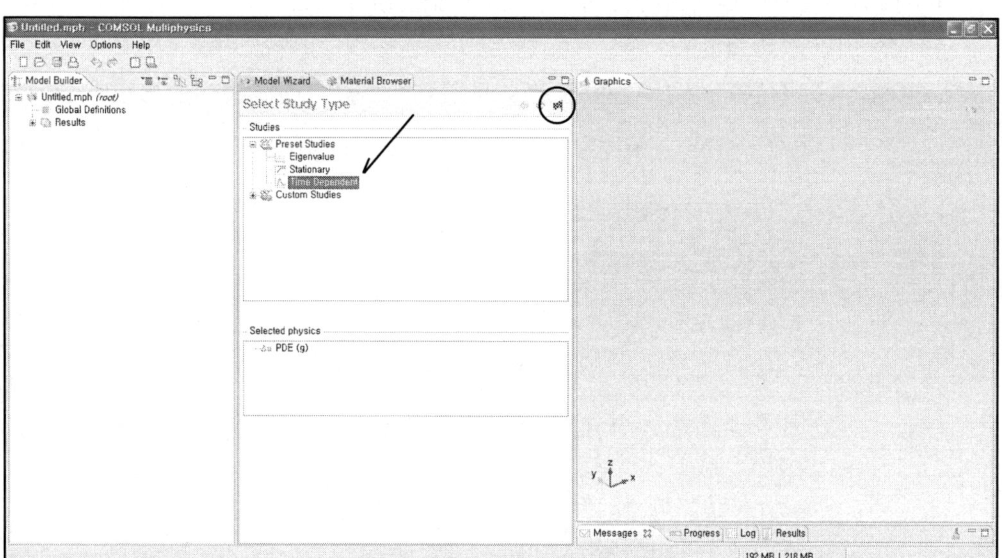

그림 24-32 'Select Study Type' 윈도우, 'Preset Studies' 항목, 'Time dependent' 선택하기

4-1. 그림 24-33과 같이 1차원 직선을 모델링 하기위해서, 'Model Builder' 페이지에서 'Geometry 1'을 선택하고, 마우스 오른쪽 버튼을 눌러 'Interval'을 선택하자.

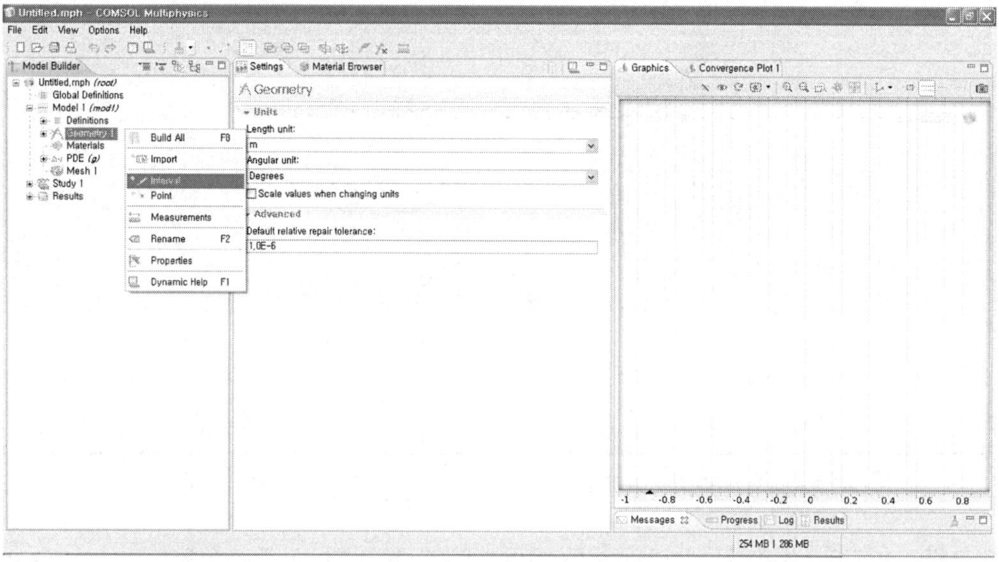

그림 24-33 'Interval' 선택하기

4-2. 그림 24-34와 같이 오른쪽의 'Settings' 페이지에 나타난 'Interval' 윈도우의 'Interval' 항목에 'Left endpoint: 0, Right endpoint: 1'로 타입한 후 상단의 'Build All' 버튼을 클릭한다.

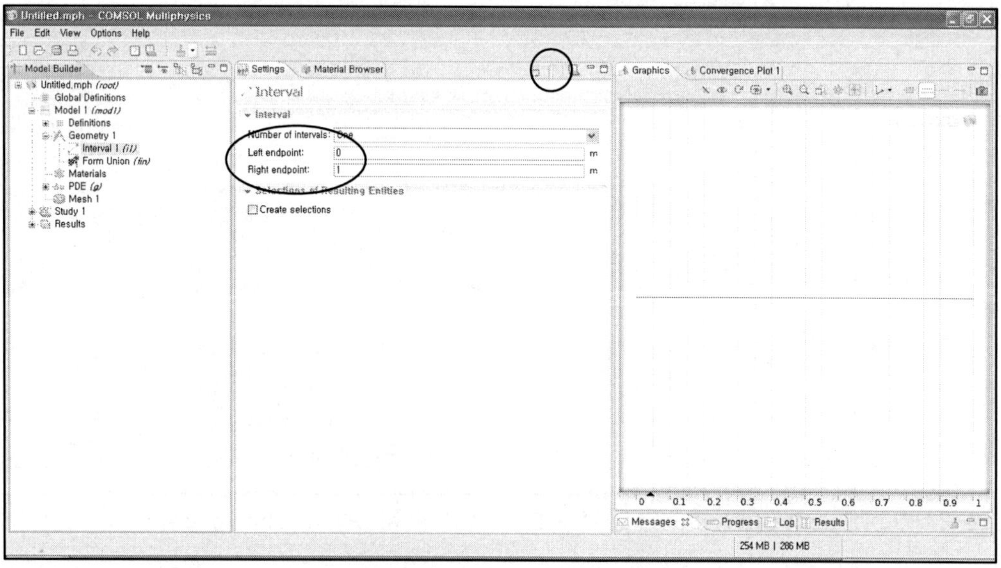

그림 24-34 'Interval' 형성하기

5. 이제 해석 모델에 대한 소영역을 설정해 보자.
그림 24-35와 같이 'Model Builder' 페이지의 'PDE (g)' 아래 하부 항목 'General Form PDE 1'을 클릭하고, 오른쪽에 나타난 'Setting' 페이지의 'General Form PDE' 윈도우에서 다음과 같이 설정하자.

'Conservative Flux', 'Γ' 는 '0', '0'으로 타입한다.

그리고, 'Source Term' (f) 프레임에는 '-u2', 'u1'로 타입한다.

나머지 모든 항은 디폴트로 두자.

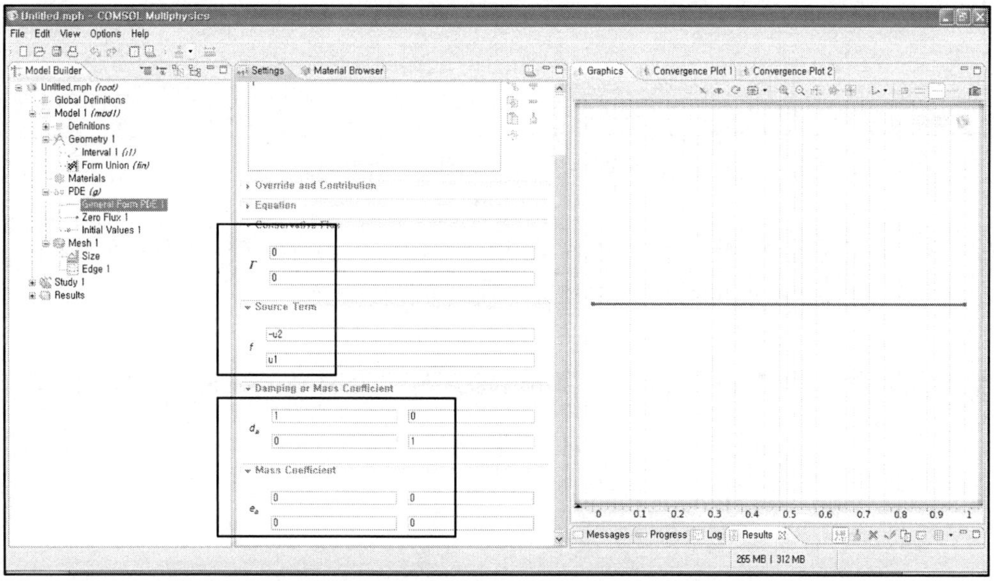

그림 24-35 'General Form PDE 1' 설정하기

6. 이제 해석 모델에 대한 **'초기조건'**을 설정해 보자.
여기서 **'초기조건'**은 임의로 설정해도 무방하다. 그림 24-36과 같이 'Model Builder' 페이지의 'PDE (g)' 아래 하부 항목 'Initial Values 1'을 클릭하고, 오른쪽에 나타난 'Setting' 페이지의 'Initial Values' 윈도우에서 'initial value for u1 :'을 '1'로 설정하자.

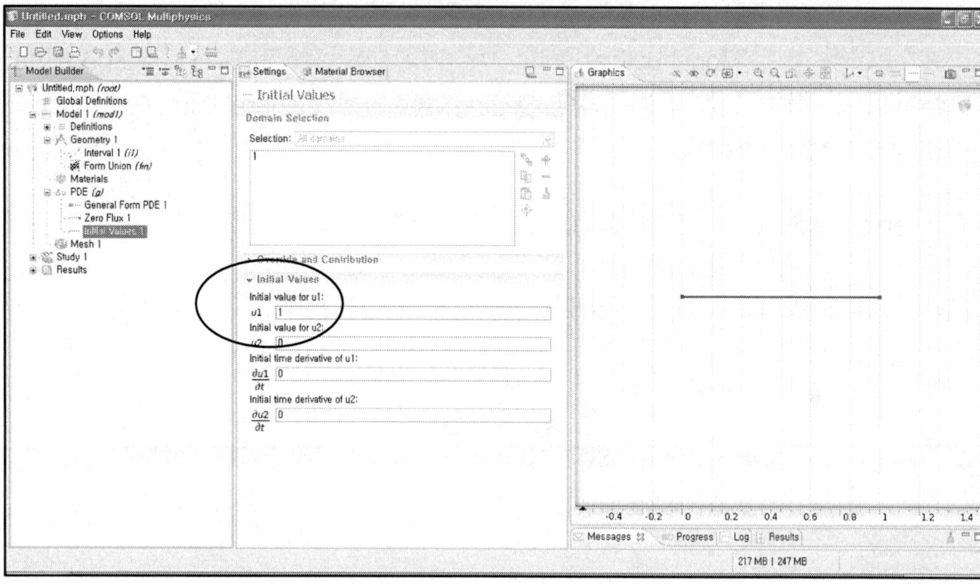

그림 24-36 '초기조건' 설정하기

7. 그림 24-37과 같이 'Model Builder' 페이지의 항목 중 'Mesh 1'을 선택하고 'Settings' 페이지 상단의 'Build All' 을 클릭하여 메쉬를 생성하자.

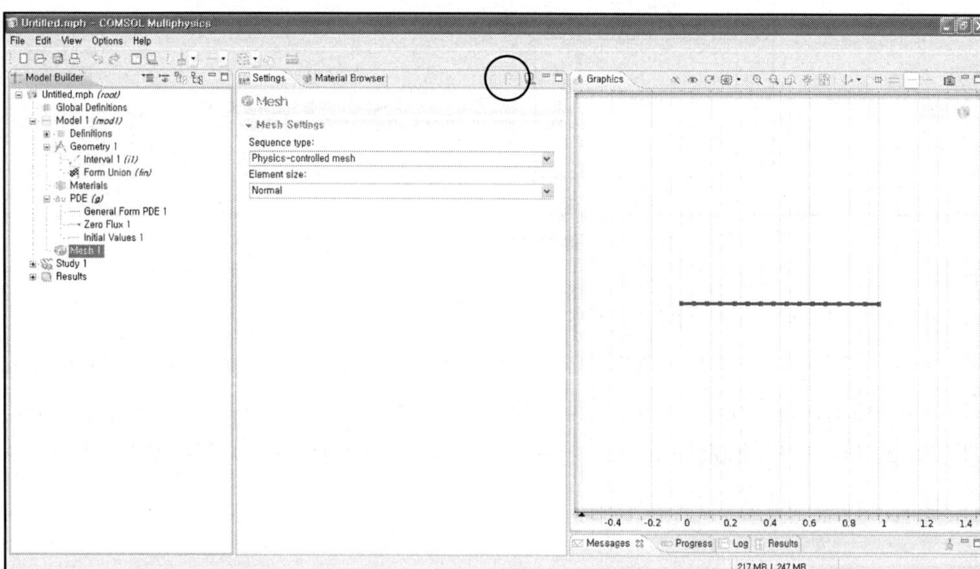

그림 24-37 'Mesh'가 생성된 모습

8. 그림 24-38과 같이 'Model Builder' 페이지의 항목 중 'Study 1', 'Step 1:Time Dependent'를 선택하고 오른쪽 'Settings' 페이지에서 'Times:' 부분에 'range(0,0.1,6.28)'를 타입하고, 'Compute' 버튼 을 클릭하여 계산해보자.

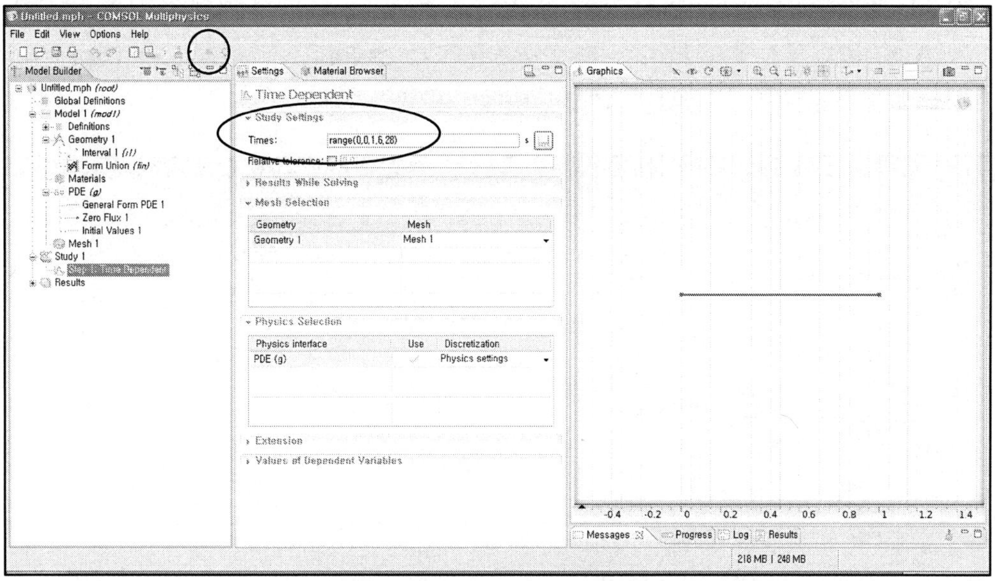

그림 24-38 'Compute' 수행하기

9. 그림 24-39는 'PDE General Form'으로 해석한 결과를 보여준다.

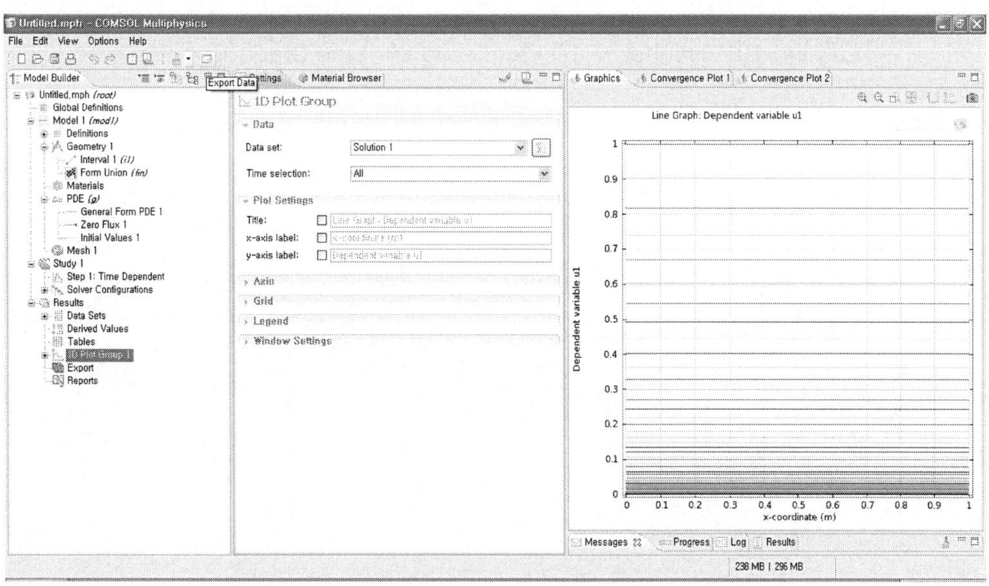

그림 24-39 'PDE General Form'으로 해석한 결과

10. 그림 24-40과 같이 'Model Builder' 페이지의 'Results'에 '1D Plot Group 2', 'Line Graph 1'을 추가하고, 'Graphics' 페이지에 나타난 모델의 **'경계 1'**을 선택하고 'Settings' 페이지의 'Add to Selection' ✚을 클릭하면 선택한 경계가 추가된다. 'Settings' 페이지의 'y-Axis Data' 섹션에서 'Expression:' 부분에 'u1'을 타입하자. 'x-Axis Data' 섹션에서 'Parameter:' 부분을 'Expression:'으로 변경하고, 'Expression:' 부분에 't'를 타입하자. 상단의 'Plot' 버튼을 클릭하자.

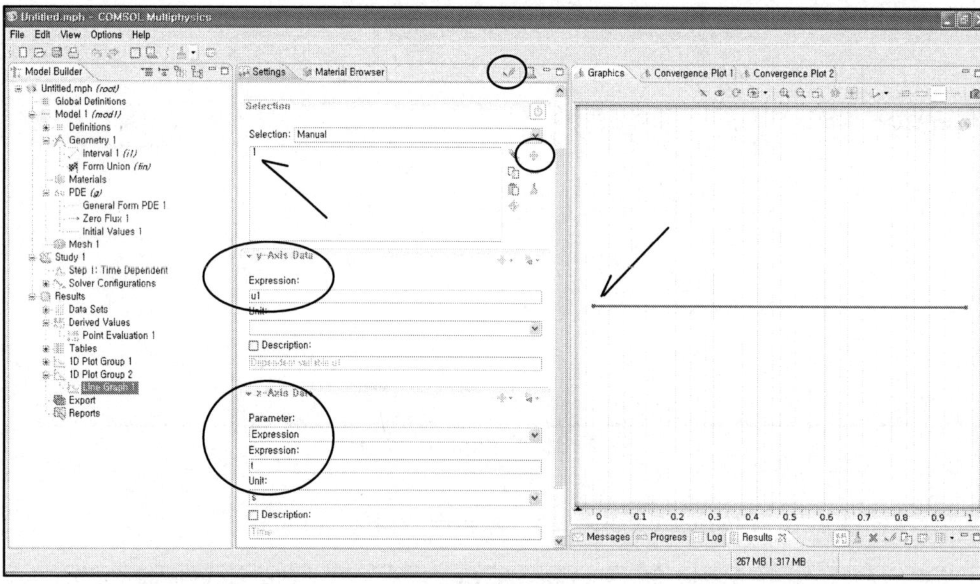

그림 24-40 'Results' - '1D Plot Group 2', 'Line Graph 1' 설정하기

11. 그림 24-41은 'Line Graph' 그래프로 나타낸 해석 결과이다.

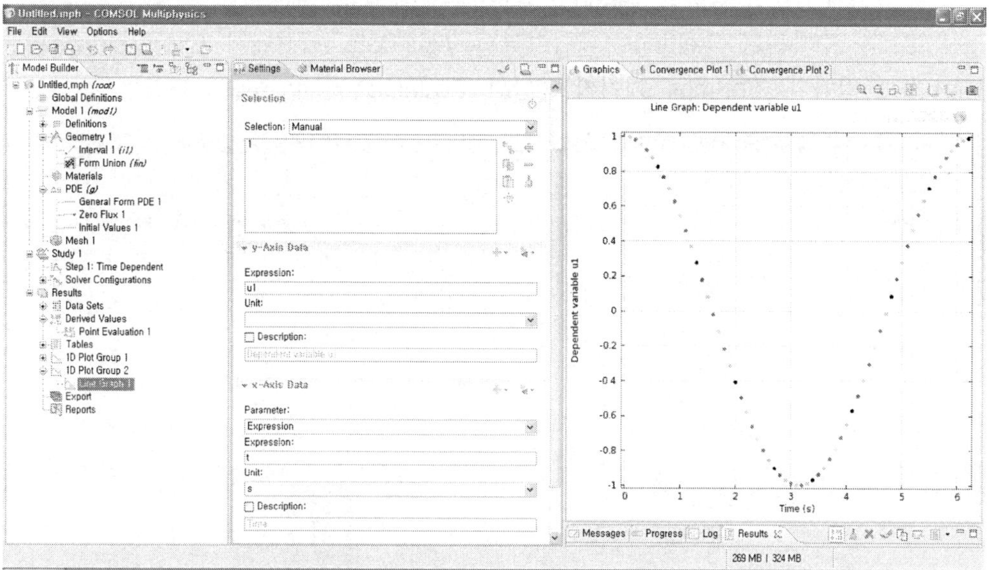

그림 24-41 'Line Graph' 그래프로 나타낸 해석 결과

12. 그림 24-42와 같이 'Results' - 'Derived Values'를 오른쪽 마우스 클릭하여 나타난 메뉴 중 'Point Evaluation'을 선택한다.

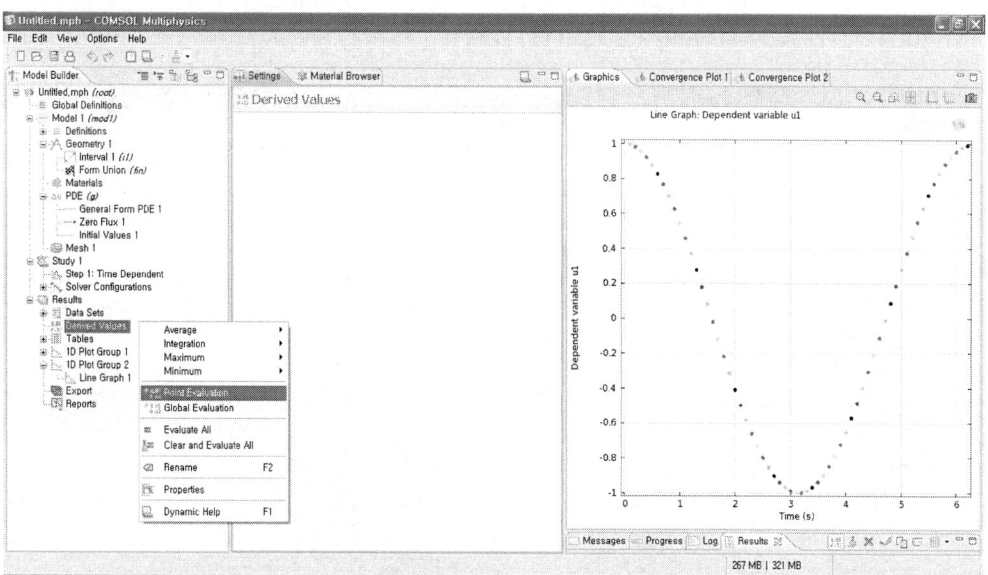

그림 24-42 'Results' - 'Derived Values' - 'Point Evaluation' 선택하기

13. 그림 24-43과 같이 추가된 'Point Evaluation 1' 선택하고, 'Graphics' 페이지에 나타난 모델의 **'경계 1'**을 선택하고 'Settings' 페이지의 'Add to Selection' 을 클릭하면 선택한 경계가 추가된다. 'Settings' 페이지의 'y-Axis Data' 섹션에서 'Expression:' 부분에 'u1'을 타입하자. 'Settings' 페이지 상단의 'Evaluate' 버튼을 클릭하자.

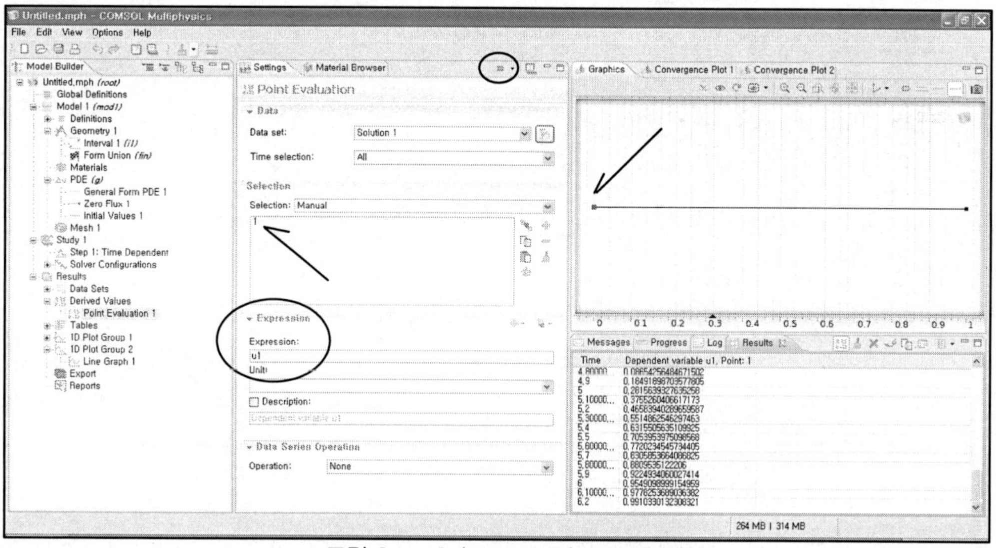

그림 24-43 'Evaluate' 실행하기

14. 아래 그림 24-44는 'Evaluate' 결과를 보여준다. 'Graphics' 페이지 하단에 나타난 '0.991033...' 값은 주어진 방정식을 만족한다.

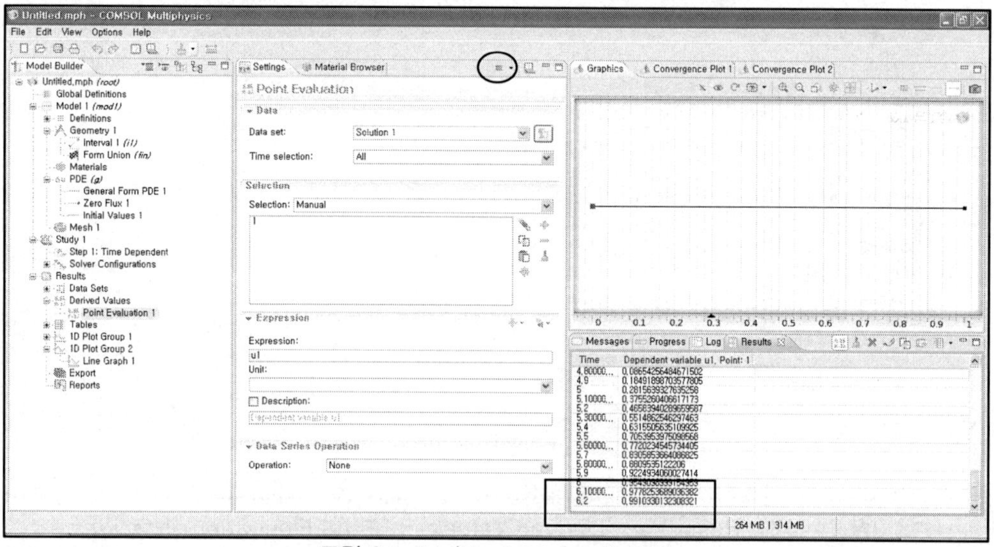

그림 24-44 'Evaluate' 실행 결과

그림 24-44에 나타난 결과 그래프에서 u1(t=2*pi) = 0.991033013230이다. 해석적인 결과에서는 u1(t=2*pi) = 1.0이다. 이것은 0.8967% 부정확한 것이다. 'COMSOL Multiphysics'는 사용자가 그림 24-45에서와 같이 'Study 1' – 'Step 1:Time Dependent'에서 'Relative tolerance (상대 공차)' – 그림 24-53에서와 같이 'Absolute tolerance (절대 공차)'를 조정할 수 있다. 여기서, **'상대공차'**와 **'절대 공차'**를 각각 '0.001'과 '0.0001'로 변경하였다.

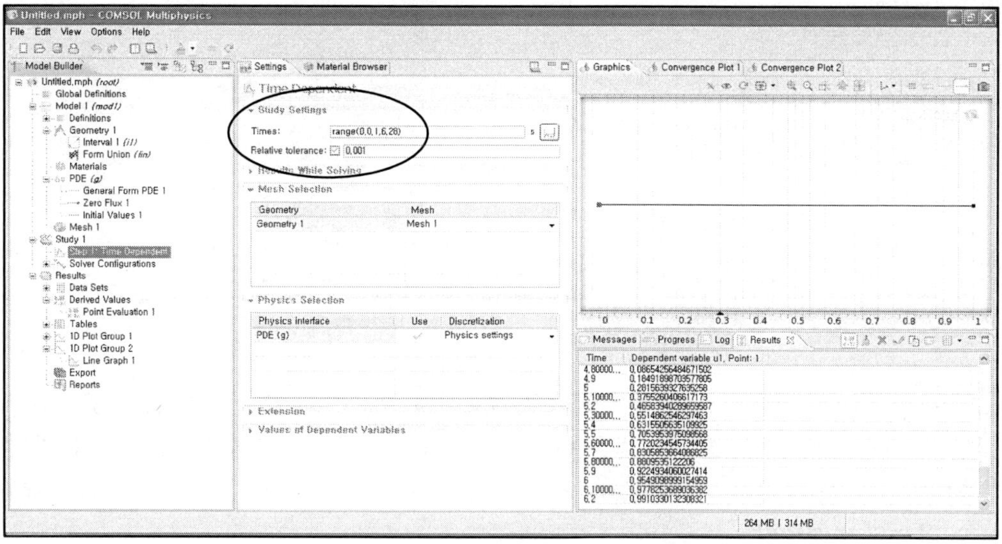

그림 24-45 '상대공차' 변경하기

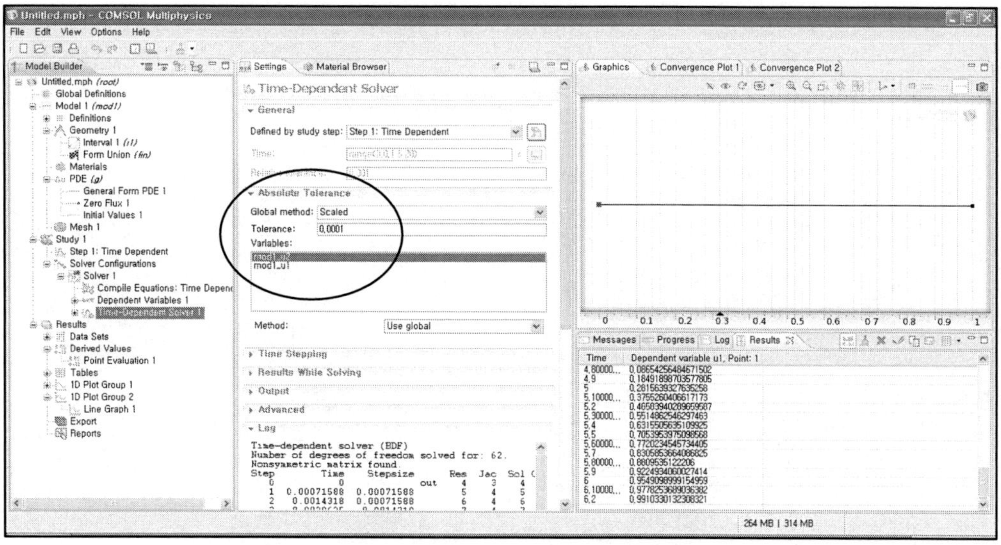

그림 24-46 '절대공차' 변경하기

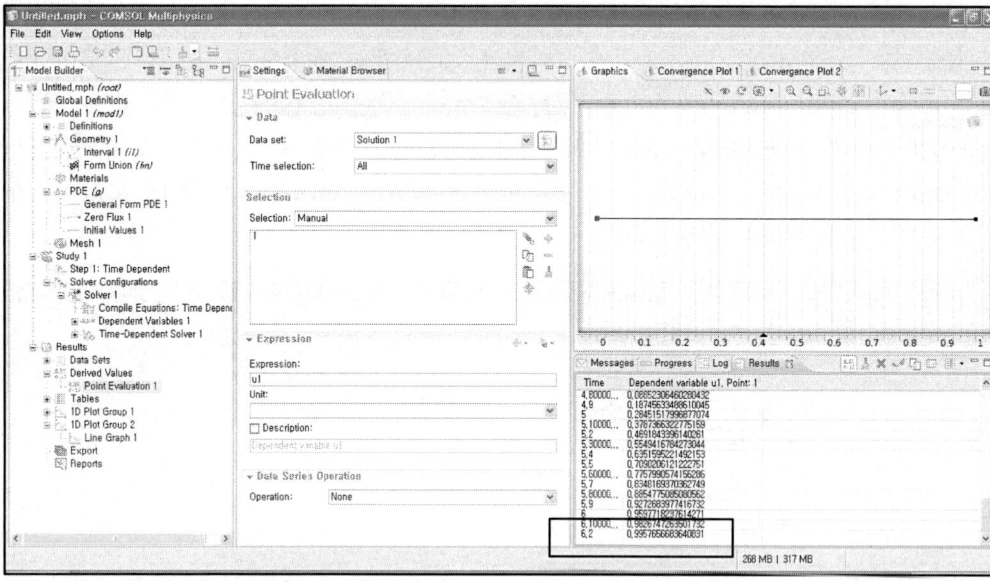

그림 24-47 '상대공차', '절대공차' 변경 후 계산 결과

이것은 끝점에서 u1(t=2*pi) = 0.99576566836의 값이 산출되어 이것은 0.4235% 부정확한 것이다. 보다 좋은 결과를 얻을 수 있었다. 이러한 동작은 충분히 작은 시간 스텝이 주어진다면 아주 높은 신뢰성으로 코사인 함수와 사인 함수의 수치 적분을 산출해 낼 수 있음을 보여준다.

▣ 연습문제

24-3. 아래의 시스템 방정식으로부터 $y'(x=1)$ 의 값을 구하라. x 범위 0~3 사이에서 y' 를 그려라.

$$y'' + y' + y^2 = 0,$$
$$y(x=0) = 1,$$
$$y'(x=0) = 0$$

24-4. 위 시스템 방정식을 '상대공차'와 '절대공차'를 변경하면서 해석 결과의 차이점을 논하라.

제25장. 고계 미분방정식 문제 (High order derivative problem)

일반적으로 미분방정식은 식 (25-1)과 같이 독립변수가 1개만 있을 때는 상미분 방정식이라고 부른다.

$$f(x, y, \frac{dy}{dx}, \ldots, \frac{d^n y}{dx^n}) = 0 \tag{25-1}$$

하지만, 식 (25-2)와 같이 독립변수가 2개 이상 있을 때는 편미분 방정식이라고 구분한다.

$$f(x, y, z, \frac{dz}{dx}, \frac{dz}{dy} \ldots, \frac{d^n y}{dx^n}) = 0 \tag{25-2}$$

미분방정식에 포함된 도함수의 최고차수를 그 미분방정식의 계수라고하고, 계수가 n인 미분방정식을 n계 미분방정식이라고 표현한다. 일반적으로 $n=1$ 인 경우에, 예를 들면 다음 식과 같이,

$$\frac{dy}{dx} + a_0(x)y = g(x) \tag{25-3}$$

를 1계 미분방정식이라고 부르고, $n=2$ 인 경우에 , 예를 들면, 다음 식과 같이,

$$\frac{d^2 y}{dx^2} + a_1(x)\frac{dy}{dx} + a_0(x)y = g(x) \tag{25-4}$$

를 2계 미분방정식이라고 부른다. 만약 $n \geq 2$인 경우를 우리는 고계 미분방정식이라고 부른다. 또한 미분방정식의 형태가 식 (25-5)과 같을 때 n계 선형미분방정식이라 부른다.

$$a_n(x)\frac{d^n y}{dx^n} + a_{n-1}(x)\frac{d^{n-1} y}{dx^{n-1}} + \ldots + a_1(x)\frac{dy}{dx} + a_0(x)y = g(x) \tag{25-5}$$

Newton의 제 2법칙의 문제나, 진동, 소음 문제와 같이 공학에 있어서 다양한 문제들은 2계 미분방정식으로 표현되고, 실제적인 비선형 문제들도 식 (25-5)과 같이 선형화 시킨다

면 많은 경우에 있어서 이론적으로 미분방정식의 일반해를 구할 수 있다. 하지만 식 (25-6)과 같이 비압축성 나비어-스톡스 방정식같이 미분방정식이 비선형화가 되어 있거나, 식 (25-7)과 같이 보의 휨 문제는 4계 비선형 미분방정식으로 표현되어 있는 경우는 이론적인 일반방정식으로 구할 수 없게 된다.

$$\rho\left(\frac{\partial \vec{u}}{\partial t} + \vec{u}\cdot\nabla\vec{u}\right) = -\nabla p + \nabla\cdot\eta\left(\nabla\vec{u} + (\nabla\vec{u})^{T}\right)$$
$$\nabla\cdot\vec{u} = 0 \tag{25-6}$$

$$\frac{d^{2}}{dx^{2}}\left\{EI\left(\frac{d^{2}y}{dx^{2}}/\left[1+\left(\frac{dy}{dx}\right)^{2}\right]^{\frac{3}{2}}\right)\right\} = w(x) \tag{25-7}$$

지금까지 학생들이 'COMSOL Multiphysics'의 PDE에서는 2계 선형/ 비선형 미분방정식을 다루어 보았는데, 본 장에서는 식 (25-5)와 같이 고계 선형/ 비선형 미분방정식을 어떻게 다룰 것인지 배우게 될 것이다. 만약 학생들이 본 장의 고계 선형/비선형 미분방정식들을 'COMSOL Multiphysics'의 PDE 모듈로 풀 수 있게 된다면, 공학 문제의 어떠한 미분방정식 형태도 큰 어려움 없이 해결 할 수 있을 것이다.

▣ 예제 문제 정의

$u(x, y)$가 아래와 같은 조건하에서 만족하는 4계 선형 편미분 방정식을 가진다고 하자.

$$\frac{\partial^4 u(x,y)}{\partial x^4} + \frac{\partial^4 u(x,y)}{\partial x^2 \partial y^2} + \frac{\partial^4 u(x,y)}{\partial y^4} = 48, \quad 0 \le x, y \le 1 \qquad (25\text{-}8)$$

$u(x, y)$의 경계 조건이 다음과 같이 주어지고,

$$\begin{aligned} BC\ 1 &\rightarrow u(0, y) = -\frac{1}{6} y^4 \\ BC\ 2 &\rightarrow u(x, 0) = x^4 \\ BC\ 3 &\rightarrow u(x, 1) = x^4 + 7x^2 - \frac{1}{6} \\ BC\ 4 &\rightarrow u(1, y) = -\frac{1}{6} y^4 + 7y^2 + 1 \end{aligned} \qquad (25\text{-}9)$$

$\frac{d^2}{dx^2}(u(x, y))$ 의 경계 조건이 다음과 같이 주어지고,

$$\begin{aligned} BC\ 1 &\rightarrow \frac{d^2}{dx^2}(u(0, y)) = 14y^2 \\ BC\ 2 &\rightarrow \frac{d^2}{dx^2}(u(x, 0)) = 12x^2 \\ BC\ 3 &\rightarrow \frac{d^2}{dx^2}(u(x, 1)) = 12x^2 + 14 \\ BC\ 4 &\rightarrow \frac{d^2}{dx^2}(u(1, y)) = 14y^2 + 12 \end{aligned} \qquad (25\text{-}10)$$

마지막으로 $\frac{d^2}{dy^2}(u(x, y))$의 경계 조건이 다음과 같이 주어진다.

$$BC\ 1 \rightarrow \frac{d^2}{dy^2}(u(0,y)) = -2y^2$$

$$BC\ 2 \rightarrow \frac{d^2}{dy^2}(u(x,0)) = 14x^2 \qquad (25\text{-}11)$$

$$BC\ 3 \rightarrow \frac{d^2}{dy^2}(u(x,1)) = 14x^2 - 2$$

$$BC\ 4 \rightarrow \frac{d^2}{dy^2}(u(1,y)) = -2y^2 + 14$$

본 미분방정식의 경계조건은 아래 그림 25-1에 나타나 있다. 본 4계 선형 편미분방정식을 'COMSOL Multiphysics'의 General PDE 모듈을 사용하여 풀고자 한다. PDE general form은 앞에서 이미 설명한 것처럼 다음과 같다.

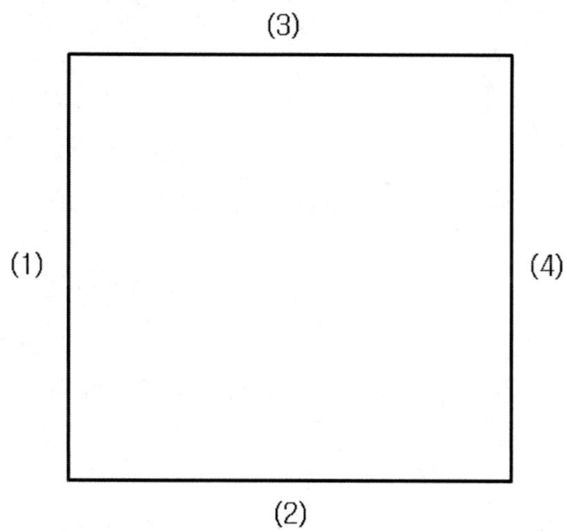

그림 25-1 boundary condition of plate

(해석 영역 내) $$e_a \frac{\partial^2 u}{\partial t^2} + d_a \frac{\partial u}{\partial t} + \nabla \cdot \Gamma = F \quad \text{in } \Omega$$

(경계, neumann BC) $$-n \cdot \Gamma = G + \left(\frac{\partial R}{\partial u}\right)\mu \quad \text{on } \partial\Omega$$

(경계, Dirichlet BC) $$0 = R \quad \text{on } \partial\Omega \qquad (25\text{-}12)$$

PDE general form을 이용하기 위해서는 식(25-8)을 다음과 같이 변경하여야 한다.

$$\frac{\partial^2}{\partial x^2}(P(x,y)) + \frac{\partial^2}{\partial x^2}(Q(x,y)) + \frac{\partial^2}{\partial y^2}(Q(x,y)) = 48, \ 0 \le x, y \le 1$$

$$\frac{\partial^2}{\partial x^2}(u(x,y)) = P(x,y)$$

$$\frac{\partial^2}{\partial y^2}(u(x,y)) = Q(x,y)$$

(25-13)

그러므로 위의 식에서 $e_a = 0$, $d_a = 0$을 대입하고, Γ 값으로 다음과 같이 또한 변경할 수 있다.

$$\Gamma_1 = \frac{\partial}{\partial x}(P(x,y) + Q(x,y))_i + \frac{\partial}{\partial y}(Q(x,y))_j, \ F_1 = 48 \qquad (25\text{-}14)$$

$$\Gamma_2 = \frac{\partial}{\partial x}(u(x,y))_i, \ F_2 = P(x,y) \qquad (25\text{-}15)$$

$$\Gamma_3 = \frac{\partial}{\partial y}(u(x,y))_j, \ F_3 = Q(x,y) \qquad (25\text{-}16)$$

그리고, 위의 정의에 맞추어서 경계 값들도 약간씩 바꾸면 된다.

표 22-1 Boundary condition of PDE general form

항	BC 1	BC 2	BC 3	BC 4
식 (25-14)	$-(1/6)y^4 - u$	$x^4 - u$	$-(1/6)y^4 + 7y^2 + 1 - u$	$x^4 + 7x^2 - 1/6 - u$
식 (25-15)	$14y^2 - P$	$12x^2 - P$	$14y^2 + 12 - P$	$12x^2 + 14 - P$
식 (25-16)	$-2y^2 - Q$	$14x^2 - Q$	$-2y^2 + 14 - Q$	$14x^2 - 2 - Q$

▣ 예제 문제 따라하기

식(25-8)에서 $u(x, y)$d에 대한 4계 선형 편미분 방정식을 그림 25-1의 범위 내에서 'COMSOL Multiphysics' general form으로 풀고 2차원 contour 그래프를 그리고자 한다. 아래의 이론적인 식은 $u(x,y) = x^4 + 7(xy)^2 - \frac{1}{6}y^4$ 을 만족한다. 이론식으로 식(25-8)과 경계조건을 대입해보면 쉽게 이해를 할 수 있을 것이다. 마지막으로 Matlab 이론식을 이용한 2차원 contour 그래프와 식(25-8)의 4계 선형 편미분 방정식을 이용해서 얻은 2차원 contour 그래프를 비교할 것이다.

편미분방정식, 일반형태 (PDE, General Form) 이용

1. 그림 25-2와 같이 'Model Wizard' 페이지에서 'Select Space Dimension'을 '2D'로 선택하고 'Next' 버튼 ⇨을 누른다.

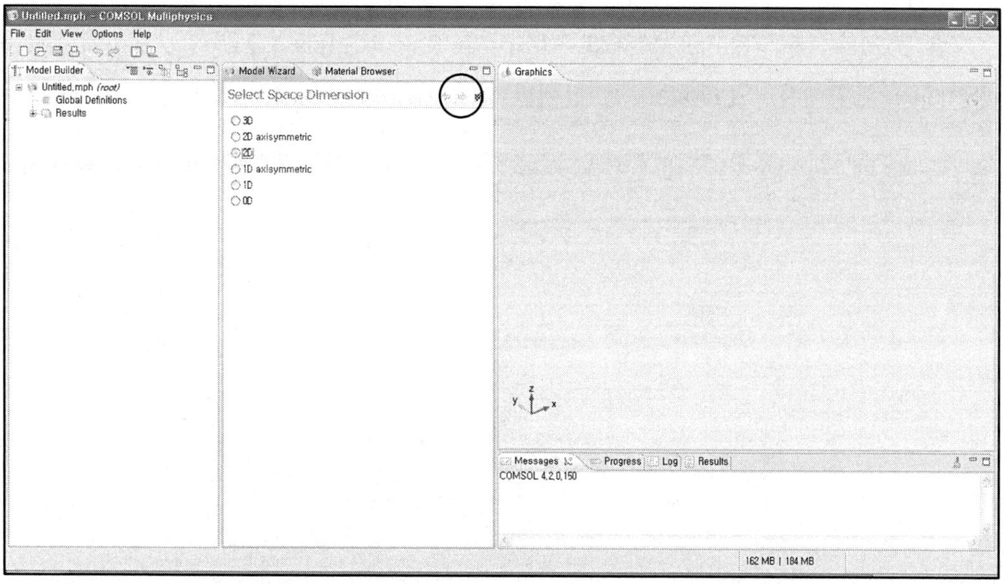

그림 25-2 'Model Wizard' 페이지에서 'Select Space Dimension'을 '2D'로 선택하기

2. 그림 25-3과 같이 'Model Wizard' 페이지의 'Add Physics' 윈도우에서 'Mathematics' - 'PDE interfaces' 항목에서 'General Form PDE (g)'을 더블클릭하여 선택하고, 선택하고, 아래의 'Number of dependent variables'에 '3'을 타입하고 'Dependent variables' 란에는 각각 'u', 'P', 'Q'를 타입한 후, 상단의 'Next' 버튼 ⇨을 누른다.

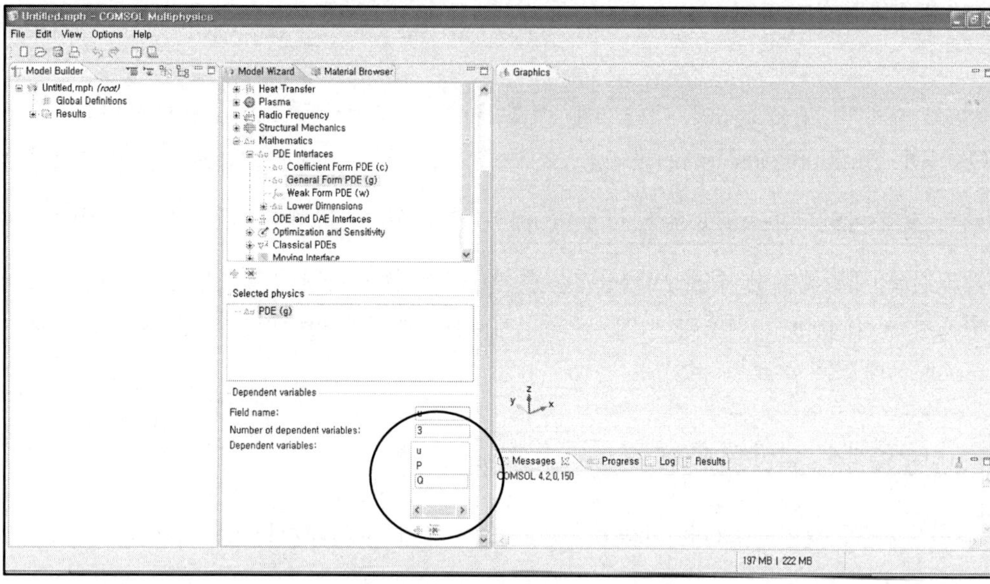

그림 25-3 'Mathematics' - 'PDE interfaces' 항목, 'General Form PDE (g)' 선택하기

3. 그림 25-4와 같이 'Model Wizard' 페이지의 'Select Study Type' 윈도우에서 'Preset Studies' 항목에서, 'Stationary'를 선택한 다음, 상단의 'Finish' 버튼을 누른다.

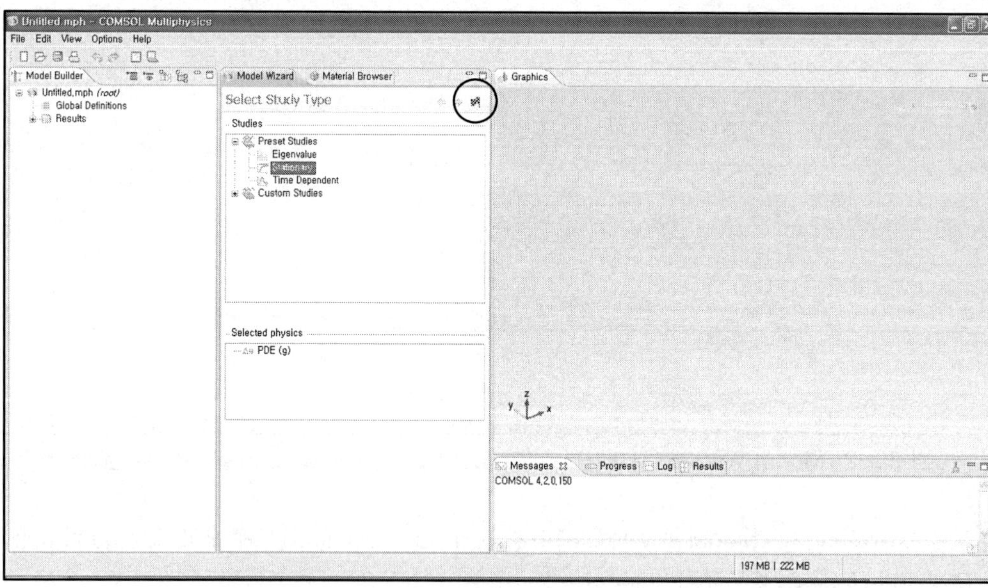

그림 25-4 'Select Study Type' 윈도우, 'Preset Studies' 항목에서, 'Stationary' 선택하기

4. 그림 25-5와 같이 사각형 모델링을 하기 위해서, 'Model Builder' 페이지에서 'Geometry 1'을 선택하고, 마우스 오른쪽 버튼을 눌러 'Rectangle'를 선택하고, 오른쪽의 'Settings' 페이지에 나타난 'Rectangle' 윈도우의 'Size' 항목에 Width: 1, Height: 1로 타입한 후 상단의 'Build All' 버튼을 클릭한다.

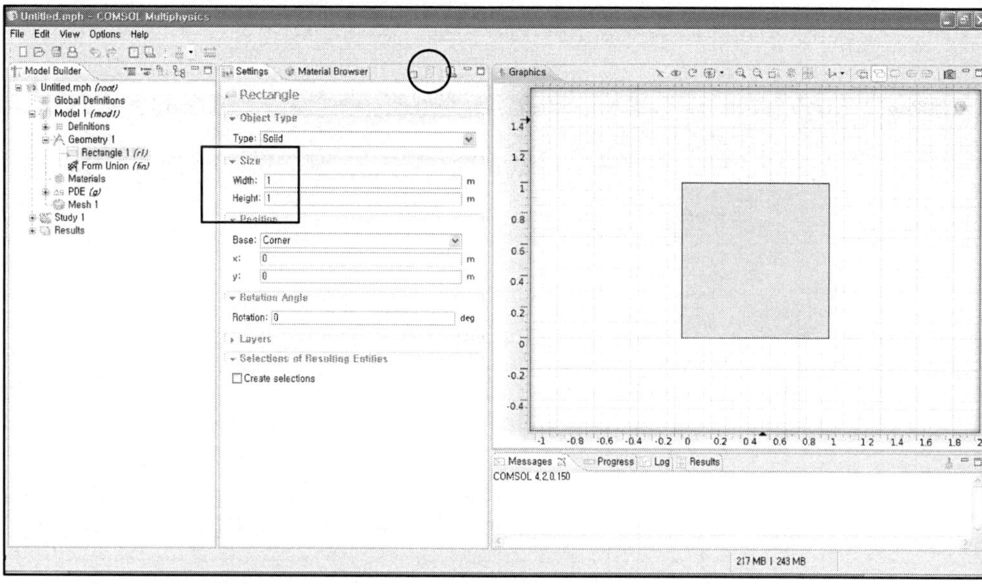

그림 25-5 'Settings' 페이지에서 'Rectangle' 형성하기

5. 이제 해석 모델에 대한 소영역을 설정해 보자.

그림 25-6과 같이 'Model Builder' 페이지의 'PDE (g)' 아래 하부 항목 'General Form PDE 1'을 클릭하고, 오른쪽에 나타난 'Setting' 페이지의 'General Form PDE' 윈도우에서 다음과 같이 설정하자.

'Conservative Flux', 'Γ'부분에

식 (25-14)에 대해서는 Px+Qx / Qy 를 타입하고,
식 (25-15)에 대해서는 ux / 0 를 타입하고,
식 (25-16)에 대해서는 0 / uy 를 타입한다.

그리고, 'Source Term' (f) 프레임에
48 / P / Q 를 타입한다.

그리고, 'Damping and Mass coefficient' (da) 프레임에

1 0 0

0 1 0

0 0 1 를 타입한다.

나머지 모든 항은 디폴트 값으로 0이 타입되어 있음을 명심하라.

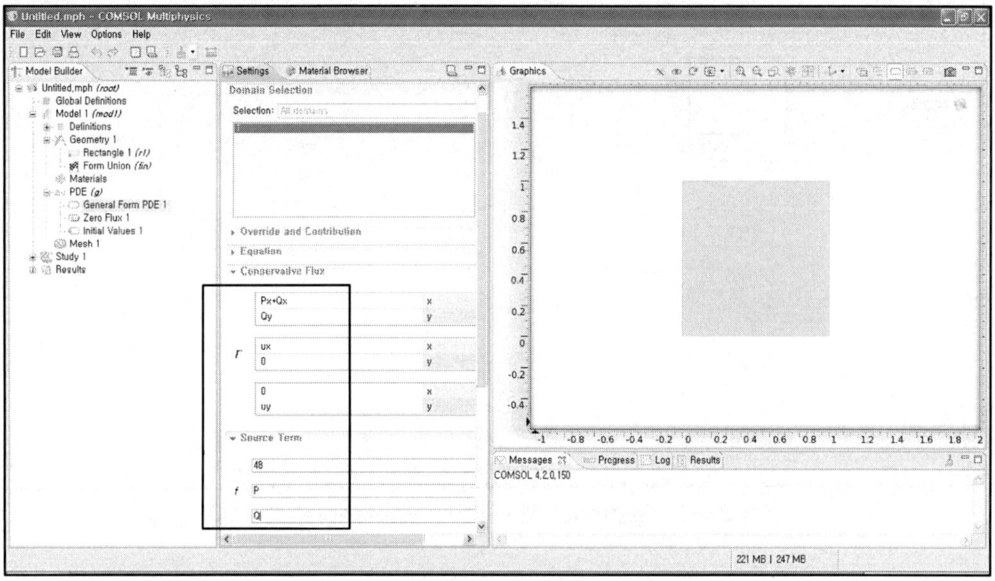

그림 25-6 'General Form PDE 1' 설정하기

6. 이제 해석 모델에 대한 **경계 조건**들을 설정해 보자. 경계조건을 설정하기 위해서, 경계 선택을 1~4번까지 지정해야 한다. 표 22-1에서 보는 봐와 같이 모든 경계조건은 디리클레(Dirichlet) 경계조건임을 명심하자.

경계 선택 1은 아래 그림과 같이 R 계수 프레임에서 -(1/6)*y^4-u / 14*y^2-P / -2*y^2-Q을 타입한다.

경계 선택 2를 클릭한 후 R 계수 프레임에서 x^4-u / 12*x^2-P / 14*x^2-Q 을 타입한 후 적용한다.

경계 선택 3을 클릭한 후 R 계수 프레임에서 x^4+7*x^2-1/6-u/ 12*x^2+14-P / 14*x^2-2-Q을 타입한 후 적용한다.

마지막으로 **경계 선택 4**는 R계수 프레임에서 -(1/6)*y^4+7*y^2+1-u / 14*y^2+12-P / -2*y^2+14-Q을 타입한 후 확인 버튼을 누른다. 그러면 표 22-1 에서 주어진 모든 계수들을 경계조건 설정 프레임에 저장하였을 것이다.

7-1. **'경계 조건 1' - 'Constraint' 설정하기**

그림 25-7과 같이 'Model Builder' 페이지의 'PDE (g)'를 마우스 오른쪽 마우스를 클릭하여 나타난 메뉴에서 'Constraint'를 클릭하여 선택하자. 그러면 'PDE (g)' 아래에 서브 항목인 'Constraint 1'이 생성된다. PDE General Form에서 **'경계 조건 1'**은 이와 같이 'Constraint'를 선택하여 설정한다. 같은 방법으로 'Constraint' 4개를 추가한다.

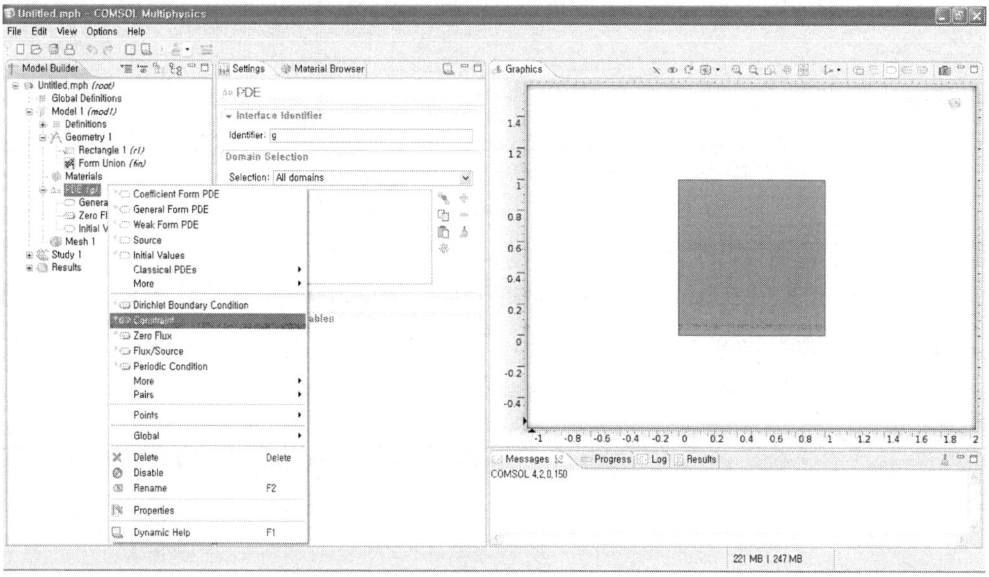

그림 25-7 'Constraint' 경계 조건 추가하기

추가된 'Constraint 1'을 선택하고, 'Graphics' 페이지에서 **'경계 1'**을 클릭하여 선택하고 'Settings' 페이지의 'Boundary Selection' 부분에서 'Add to Selection' ✚ 버튼을 클릭하여 추가하자. 'Constraint' 부분의 'R' 값을 '-(1/6)*y^4-u', '14*y^2-P', '-2*y^2-Q'으로 타입하자.

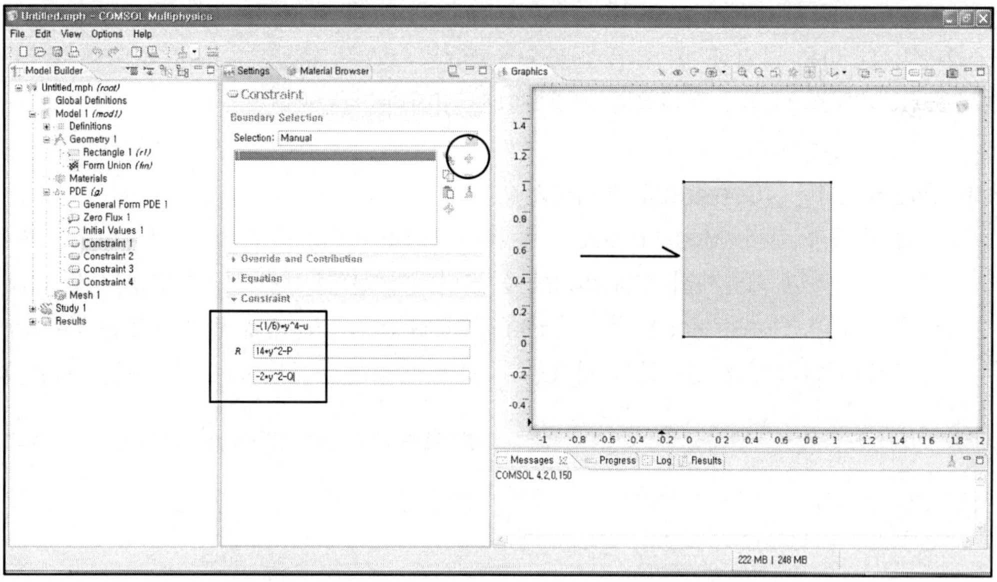

그림 25-8 '경계 1' 경계 조건 'Constraint 1' 설정하기

7-2. '경계 조건 2' 설정하기

'Constraint 2'을 선택하고, 그림 25-9와 같이 'Graphics' 페이지의 '**경계 2**'를 클릭하고, 'Settings' 페이지에서 'Add to Selection' ✚ 버튼을 클릭하여 추가하자. 'Constraint' 부분의 'R' 값을 'x^4-u', '12*x^2-P', '14*x^2-Q'으로 타입하자.

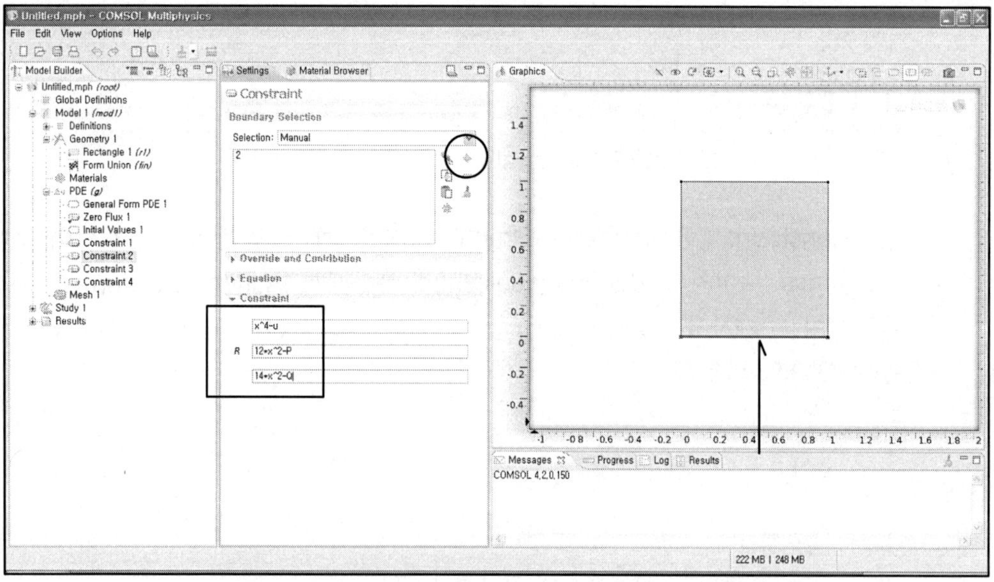

그림 25-9 '경계 2' 경계 조건 'Constraint 2' 설정하기

7-3. '경계 조건 3'_설정하기

'Constraint 3'을 선택하고, 그림22-10과 같이 'Graphics' 페이지의 '**경계** 3'을 클릭하고, 'Settings' 페이지에서 'Add to Selection' ✚ 버튼을 클릭하여 추가하자. 'Constraint' 부분의 'R' 값을 'x^4+7*x^2-1/6-u', '12*x^2+14-P', '14*x^2-2-Q'으로 타입하자.

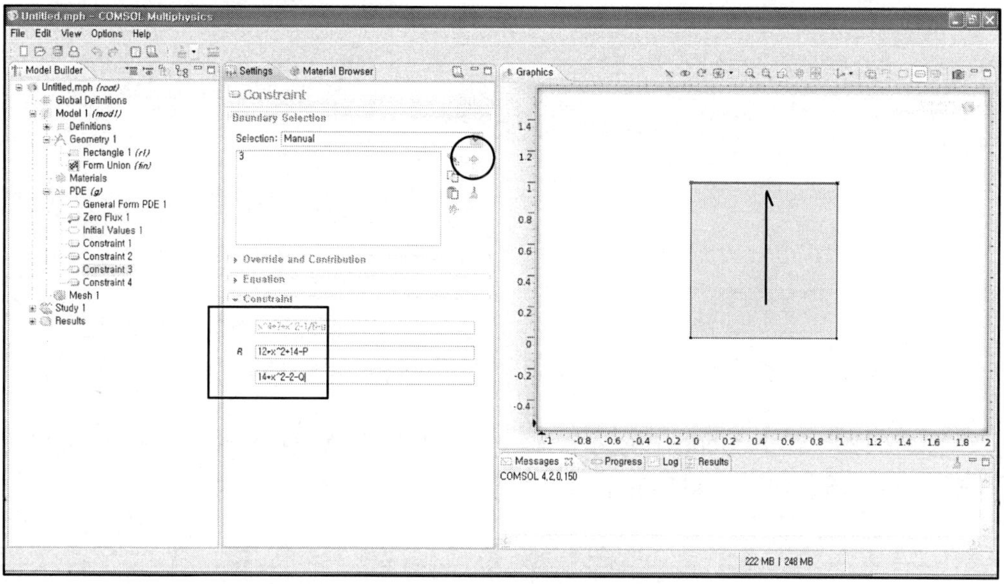

그림 25-10 '경계 3' 경계 조건 'Constraint 3' 설정하기

7-4. '경계 조건 4'_설정하기

'Constraint 4'를 선택하고, 그림 22-11과 같이 'Graphics' 페이지의 '**경계** 4'를 클릭하고, 'Settings' 페이지에서 'Add to Selection' ✚ 버튼을 클릭하여 추가하자. 'Constraint' 부분의 'R' 값을 '-(1/6)*y^4+7*y^2+1-u', '14*y^2+12-P', '-2*y^2+14-Q'으로 타입하자.

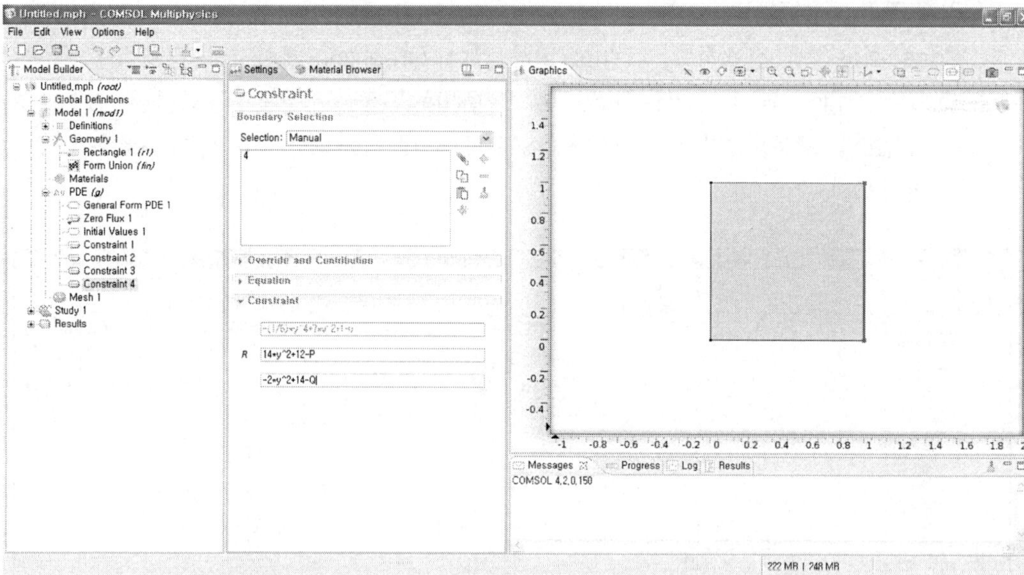

그림 25-11 '경계 4' 경계 조건 'Constraint 4' 설정하기

8. 그림 25-12와 같이 'Model Builder' 페이지의 항목 중 'Mesh 1'을 선택하고 'Settings' 페이지의 'Build All' 버튼을 클릭하여 메쉬를 생성하자.

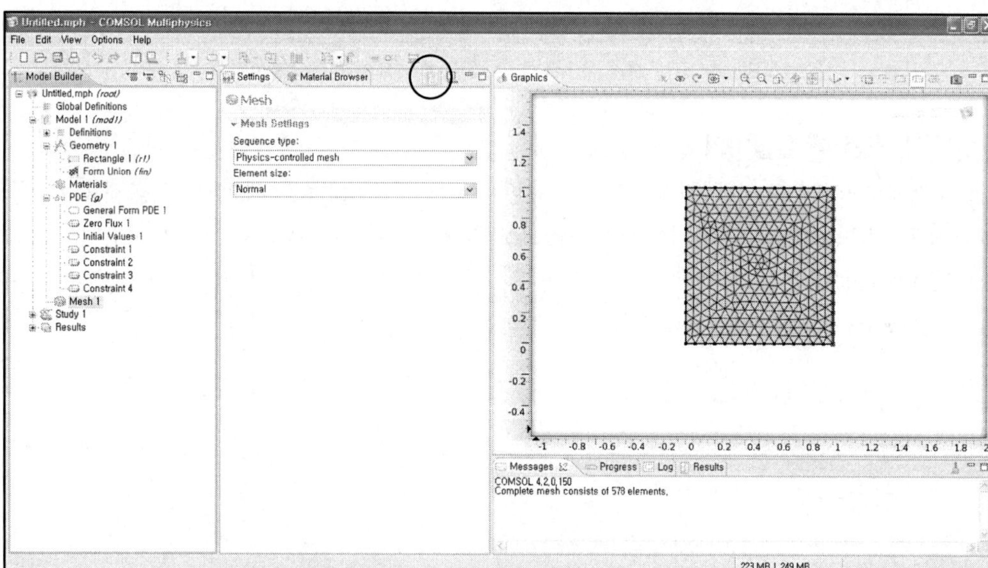

그림 25-12 'Build All' 버튼 클릭하여 메쉬 생성하기

9. 그림 25-13과 같이 'Model Builder' 페이지의 항목 중 'Study 1'을 선택하고 오른쪽 'Settings' 페이지 상단의 'Compute' 버튼 을 클릭하여 계산해보자.

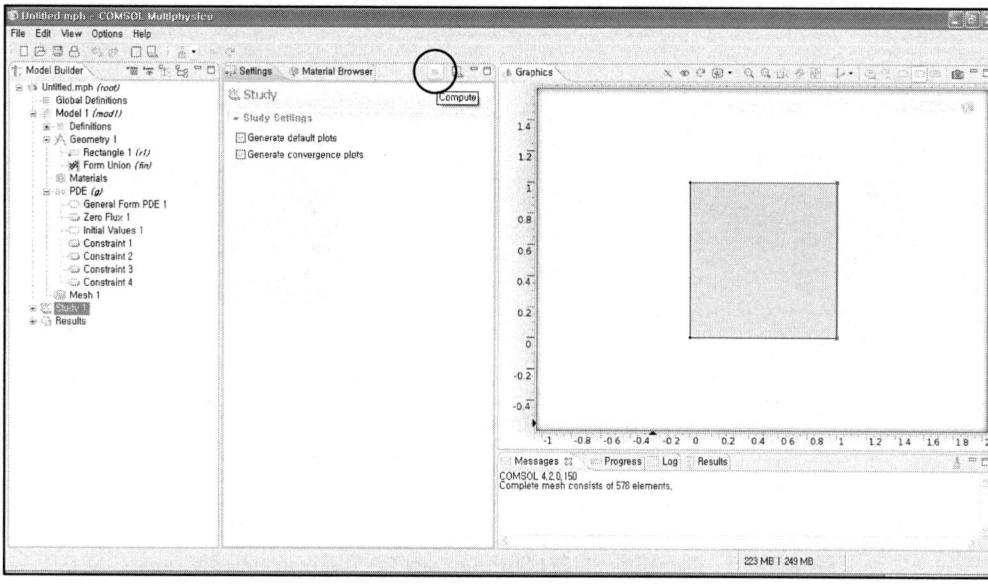

그림 25-13 'Compute' 수행하기

10. 그림 25-14는 'PDE General Form'으로 해석한 결과를 보여준다.

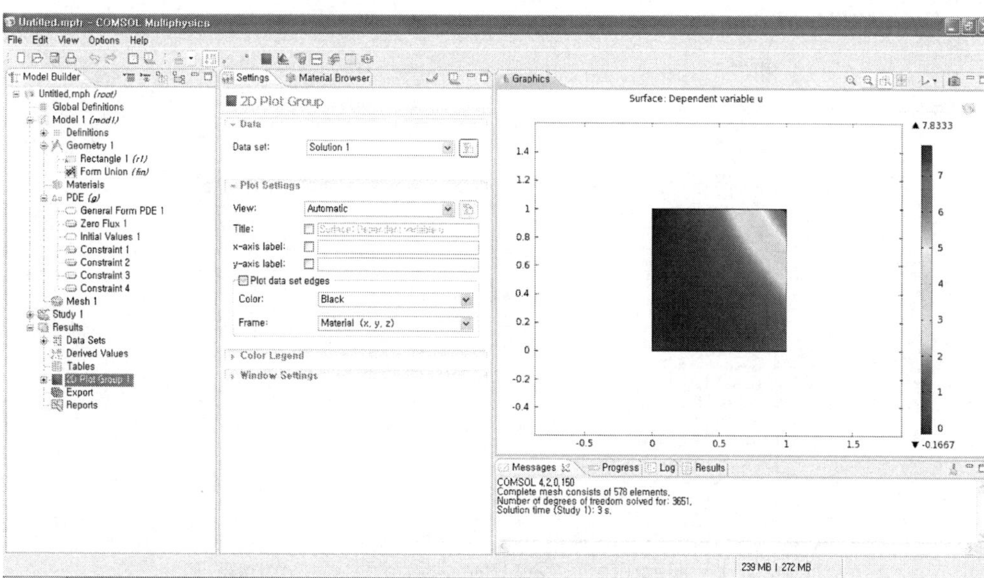

그림 25-14 컴솔 'PDE General Form' 으로 해석한 결과

11. 그림 25-15와 같이 'Results' - '2D Plot Group 1' - 'Contour'를 선택하자.

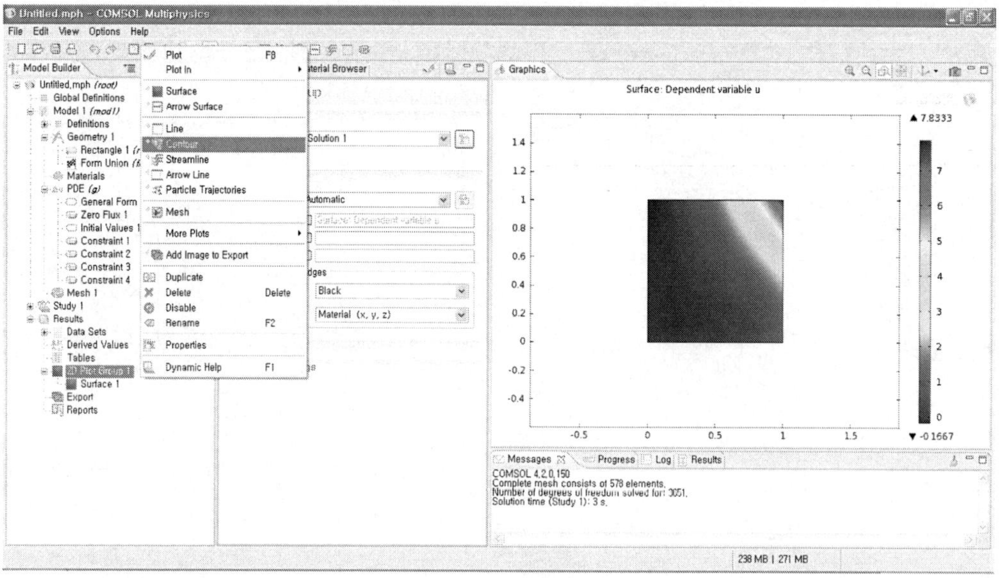

그림 25-15 'Results' - '2D Plot Group 1' - 'Contour' 선택하기

12. 아래 그림 25-16은 'Contour' Plot을 보여준다.

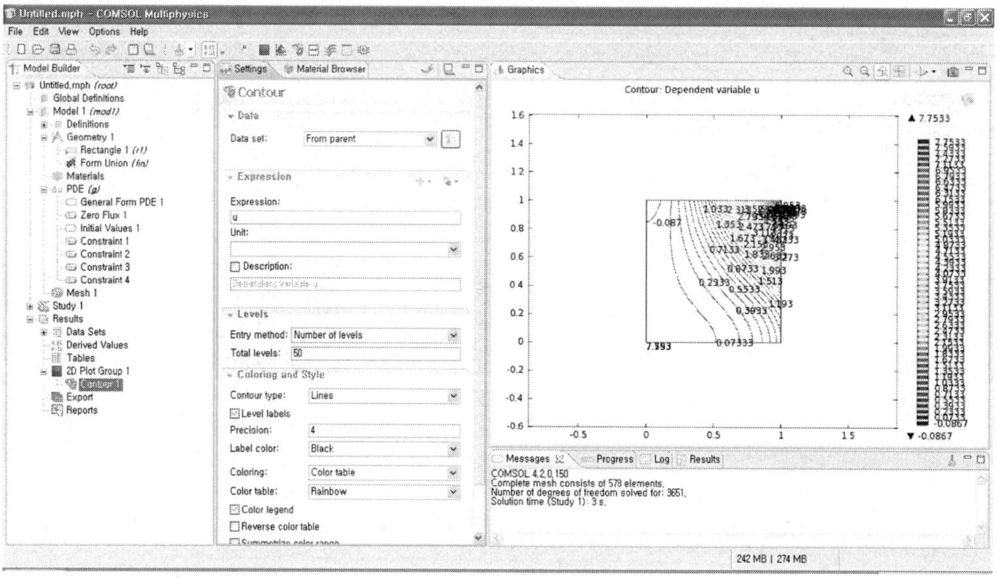

그림 25-16 'Results' - '2D Plot Group 1' - 'Contour' Plot

위의 결과를 비교하기 위하여 Matlab에서 제28장의 Matlab 코드를 실행시켜 보라. 제28장의 내용과 같이 Matlab m-file을 만든 후 실행시켜 보라.

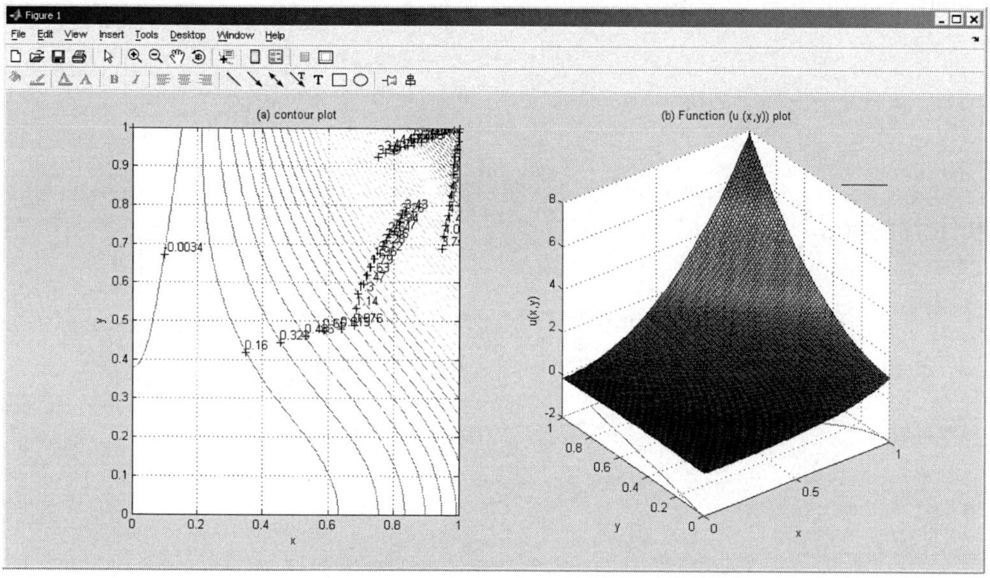

그림 25-17 Matlab에서의 실행 결과

▣ 결과 고찰하기

'COMSOL Multiphysics'의 PDE general form 모듈을 이용하여 고계 선형 편미분 방정식과 이론적인 값을 서로 비교한 결과 서로 일치함을 알 수 있었다. 하지만 여러 엔지니어링 수학에서처럼 고계 선형 미분 방정식들을 풀기 위해서는 경계조건들은 미지수의 수만큼 임의의 위치에서 알고 있다면 풀 수 있지만, 'COMSOL Multiphysics'은 해석하고자 하는 경계들에 대해서 반드시 값을 찾아내어야 하는 불편함이 있다.

▣ 연습문제

1. PDE general form으로 위의 예제를 풀어 보아라.

▣ Reference

[1] 응용수치해석 (Applied Numerical Methods with MATLAB for Engineers and scientists, Steven C. Chapra), 손권, 최윤호, 김철 공역, 2nd Edition.

제26장. 벡터의 그래픽 표현

▣ 벡터 (Vector) 및 수학적인 표현식의 의미

엔지니어나 수학자들에게 가장 친숙한 단어가 무엇이냐고 물어본다면, 대부분 벡터를 말한다. 그러면 벡터가 무엇이며, 어떠한 우리의 삶에 의미를 갖고 있는 것일까? 본인은 어느 한 컴퓨터 공학자에게 인류의 역사에 있어서 당신에게 가장 도움이 되는 것이 무엇인가 물어보았다. 그때 컴퓨터 공학자가 내비게이션이라고 했다. 지금은 모든 항공장치, 선박, 자동차에 필수품으로 탑재되어 있는 것이 내비게이션이다. 우리가 어디를 갈려면, 먼저 자신의 현재 위치를 입력하고, 목적지를 입력하면, 내비게이션은 거리와 방향을 우리에게 이야기해 준다. 물론 속도 및 도착 시간까지 실시간으로 안내를 한다. 우리가 잘못된 방향으로 가고 있으면, 새로운 방향으로 안내를 한다. 이러한 내비게이션은 우리가 공학자나 수학자가 아니라 하더라도, 벡터는 우리의 삶의 깊숙이 자리잡고 있다. 벡터의 사전적인 의미는 크기와 방향을 가지고 있는 양으로서 두 가지 정보를 모두 표현할 수 있는 화살표로 나타낸다고 되어 있다. 이러한 벡터는 흔히, 속도, 가속도, 힘, 전기장, 자기장 등의 대부분의 물리량을 나타낸다고 하겠다. 반면에 질량이나 온도, 에너지 등은 단순히 크기만 가지고 있는 물리량으로서 스칼라 (scalar)는 용어로 사용하고 있다. 그러므로 모든 물리량은 스칼라와 벡터로 표현된다고 하겠다. 본장은 학생들이 친숙하게 스칼라와 벡터를 공부함으로써 'COMSOL Multiphysics'의 올바른 사용과 이해를 도모하는 데 목적이 있다.

▣ 스칼라 (Scalar) 및 벡터 (Vector)

1. 그라디언트 연산자(∇)

인간은 공간이라는 차원의 세계에서 살고 있다. 인간의 눈으로 보는 세계는 모두 공간에서 존재한다. 예를 들어, 에너지, 온도와 같은 의미있는 스칼라의 크기는 어느 특정의 공간에서 의미를 가지고 있는 것과 마찬가지이다. 그러므로 스칼라의 크기는 3차원 공간에서 다음과 같이 표현될 수 있다.

$$u = u(x, y, z) \tag{26-1}$$

만약 우리주의의 에너지 분포가 $u(x,y,z) = x^2 + y^2 + z^2 = C$ 의 값으로 가지고 있다고 가정하자. 이러한 에너지의 축방향의 공간적인 변화율은 벡터의 값을 가지게 된다.

$$\nabla u = \frac{\partial u}{\partial x_k} i_k = \frac{\partial u}{\partial x} i + \frac{\partial u}{\partial y} j + \frac{\partial u}{\partial z} k = \begin{bmatrix} \frac{\partial u}{\partial x} \\ \frac{\partial u}{\partial y} \\ \frac{\partial u}{\partial z} \end{bmatrix} = \begin{bmatrix} 2x \\ 2y \\ 2z \end{bmatrix} \tag{26-2}$$

여기서, k=1,2,3이고, $x_1 = x, x_2 = y, x_3 = z$ 이고, $i_1 = i, i_2 = j, i_3 = k$인 단위 방향 벡터 이다. 이러한 축방향의 공간적인 변화률의 벡터를 그라디언터(Gradient)라고 부른다. 그러므로 그라디언터의 연산자 (∇)를 벡터 연산자 또는 벡터 미분 연산자라고 부른다. 그림 26-A1은 $u(x,y,z) = x^2 + y^2 + z^2 = C$ 의 식으로 표현된 에너지 분포 (등위선) 및 에너지 분포의 축방향 공간적인 변화률 (화살표)이다. 그러므로 에너지 분포의 그라디언터 값 (∇u)은 물체의 기준점으로부터 등위선에 수직한 방향으로 증가하는 값을 갖는 것이 특징이다. 그림 26-A1의 해석 방법은 21장에서 'COMSOL Multiphysics' PDE 모듈을 공부하면서 자연스럽게 이해가 될 것이며, 이번 장의 예제에서 자세히 다룰 것이다.

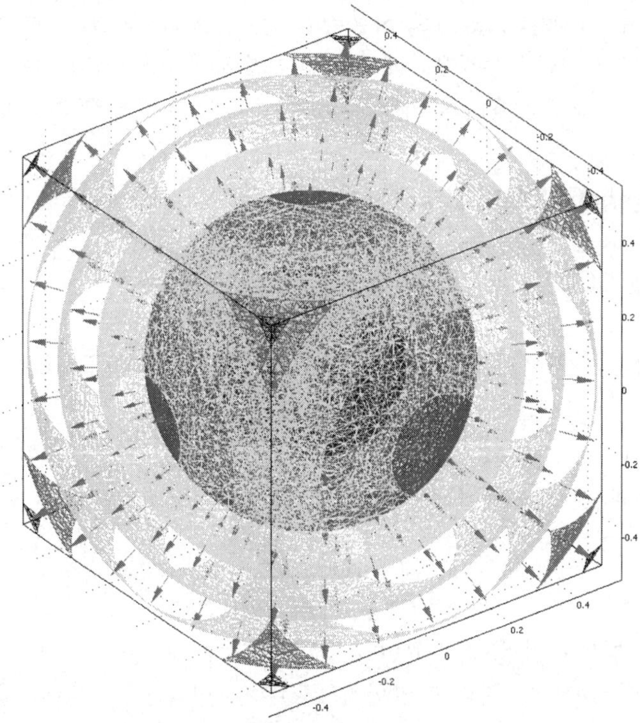

그림 26-A1 Arrow plot of ∇u and isosurface of u using 'COMSOL Multiphysics'

2. 발 산 (Divergence)

벡터의 기울기가 그라디언터 연산자를 스칼라 필드 (Scalar fields)에 적용하였다면 발산은 그라디언터 연산자를 벡터 필드 (Vector fields)에 적용한 것으로 다음과 같이 정의할 수 있다.

$$\begin{aligned}\text{div}F &= \nabla \cdot F = (\frac{\partial}{\partial x_k} i_k) \cdot (F_m i_m) \\ &= (\frac{\partial}{\partial x} i + \frac{\partial}{\partial y} j + \frac{\partial}{\partial z} k) \cdot (F_x i + F_y j + F_z k) \\ &= \frac{\partial F_x}{\partial x} + \frac{\partial F_y}{\partial y} + \frac{\partial F_z}{\partial z}\end{aligned} \tag{26-3}$$

여기서 $F = (F_x(x,y,z), F_y(x,y,z), F_z(x,y,z))$는 벡터 필드이다.

그러므로 발산의 값은 스칼라 값을 갖게 되고, 다른 말로 표현하면, 양의 값, 음의 값, 제로의 값 중에 하나의 값을 가지게 된다. 많은 공학자들이 발산을 유용하게 여기는 이유가 발산은 유체(가스)가 압축 또는 팽창의 상태로 움직이고 있는지의 척도를 나타내기 때문이다.

2.1 양의 값의 발산 ($\nabla \cdot F > 0$)

발산은 식 (26-3)의 결과로 볼 때 다음과 같은 공학적인 의미를 가지고 있다. 그림 26-A2로 보는 바와 같이 작은 미소 체적 속에 들어오고 나오는 순수한 벡터 플럭스의 볼륨 밀도의 합과 같다.

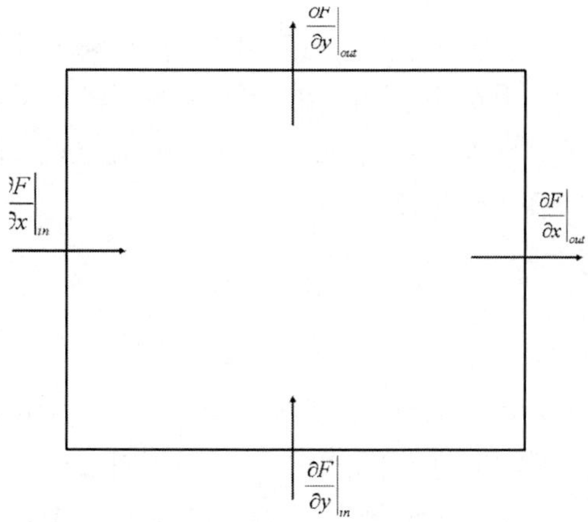

그림 26-A2 Flux density across finite volume

만약 F 가 어떤 유체 (압축성 유체)의 속도로 가정할 경우, 양의 발산 ($\nabla \cdot F > 0$)을 갖는 다고 하면 이 압축성 유체(가스)는 한 포인터 (x0, y0)를 둘러싸고 있는 미소체적에서 가스나 유체가 팽창을 하고, 미소체적의 크기 또한 팽창하는 방향으로 움직일 것임을 암시한다.

도식적으로 보기위해서, 유체의 속도 벡터, F=(2x,2y)라고 가정하자. 식 (26-3)의 정의에 의해서 $\nabla \cdot F(x_0, y_0) = 4 > 0$ 가 된다. 이것은 어떠한 해석 영역에서도 항상 양의 값지게 된다.

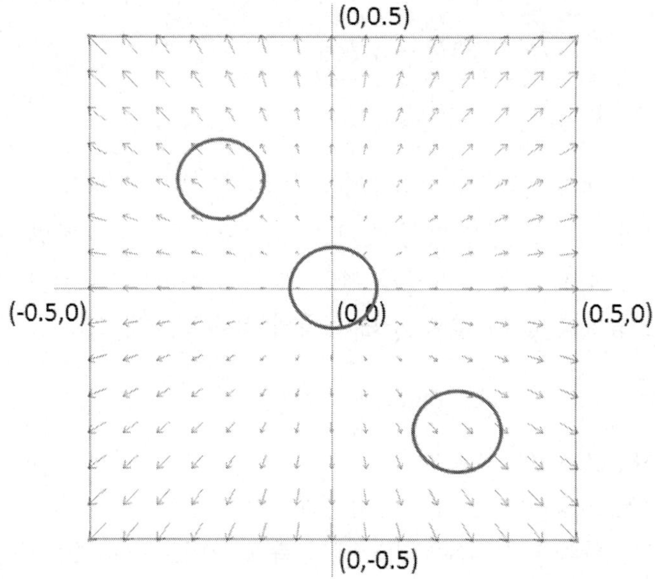

그림 26-A3 Arrow plot of F=(2x, 2y) using 'COMSOL Multiphysics'

그림 26-A3에서 보는 것 봐와 같이 원점 (0,0) 포인터를 중심으로 한 원을 그릴 때, 유체가 원으로 밖으로 향하게 되며, 이것은 팽창을 의미한다. 만약 2사분면 내에서 어떤 원을 그리더라도 유체가 원 안으로 들어오는 것보다 나가는 양이 더 많으므로, 이것 또한 팽창을 함을 알 수 있다.

2.2 음의 값의 발산 ($\nabla \cdot F < 0$)

양의 발산 ($\nabla \cdot F > 0$)이 압축성 유체는 한 포인터 (x0, y0)를 둘러싸고 있는 미소체적에서 가스나 유체가 팽창을 하고, 미소체적의 크기 또한 팽창하는 방향으로 움직일 것임을 암시한다고 하면, 음의 발산 ($\nabla \cdot F < 0$)은 유체(가스)가 압축되는

것을 의미한다. 즉 미소체적의 크기 또한 줄어드는 방향으로 움직일 것이다.

유체의 속도 벡터, F=(y^2-x, x^3-y)라고 가정하자. 식 (26-3)의 정의에 의해서 어떠한 포인터 P(x0, y0)에 대해서 $\nabla \cdot F(x_0, y_0) = -2 < 0$ 가 된다. 위의 음의 발산 값을 만족시키는 속도 벡터를 도식화 하면 그림 26-A4와 같다.

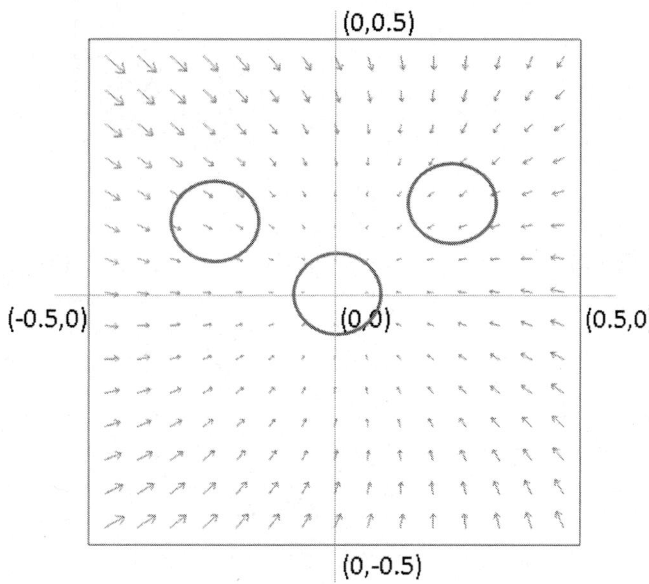

그림 26-A4 Arrow plot of F=(y^2-x, x^3-y) using 'COMSOL Multiphysics'

원점 (0,0)을 중심으로 만든 작은 원으로 유속이 들어오고 있음을 알 수 있다. 그리고, 1사분면, 2사분면에서 만들어진 작은 원들도 외부로부터 유속이 들어오는 유속양이 나가는 양보다 더 많음을 볼 수 있다. 이와 같이 들어오는 유속의 양이 많으면, 유체(가스)는 압축하고 있고, 미소 체적 또한 수축하고 있음을 알 수 있다.

2.3 제로 값의 발산 ($\nabla \cdot F = 0$)

어떠한 유체의 속도 벡터 (F)의 발산 값이 항상 제로 값을 갖는다고 한다면, 해석영역내의 한 포인터 (x0, y0)에서 이를 둘러싸고 있는 미소체적에서 유체가 압축이나 팽창 상태에 있지 않다는 것을 의미한다. 가장 대표적인 것으로 물과 같은 비압축성 유체는 이 조건 ($\nabla \cdot F = 0$)을 반드시 만족한다. 만약 유체의 속도 벡터가 F=(2x, -2y)라고 가정하자.

그림 26-A5와 같이 해석영역내의 어떠한 포인터 (x0, y0)에서도 작은 원내로 들어

오는 유체의 속도와 나가는 유체의 속도가 같은 값을 가짐을 알 수 있다. 즉 유체는 압축 및 팽창을 하고 있지 않음을 알 수 있고, 미소체적도 팽창 및 수축하지 않음을 알 수 있다.

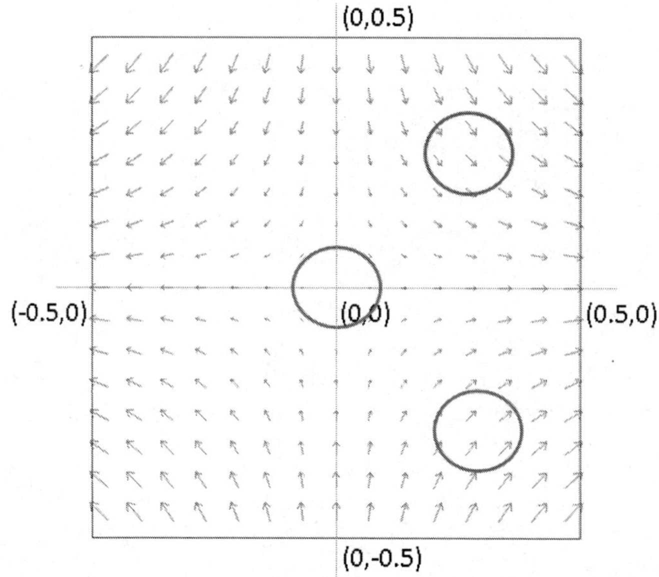

그림 26-A5 Arrow plot of F=(2x, -2y) using 'COMSOL Multiphysics'

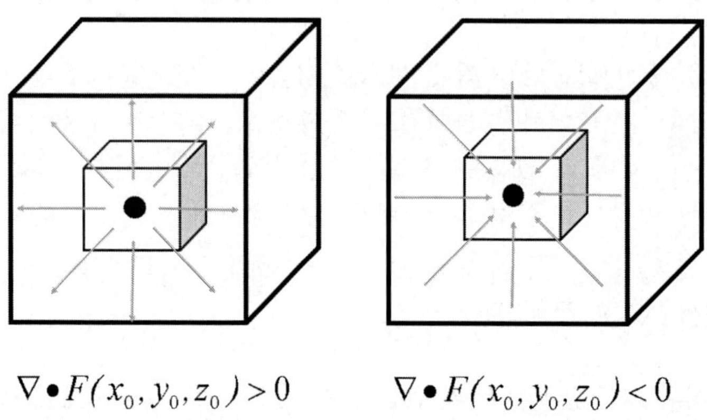

그림 26-A6 Graphical interpretation of flow condition using divergence

3. 라플라스 연산자 ($\nabla^2 = \nabla \bullet \nabla = \Delta$)

수학적으로 라플라스 방정식은 다음과 같이 정의 된다.

$$\Delta u(x,y,z) = \nabla \bullet \nabla u(x,y,z) = \nabla^2 u(x,y,z) = 0 \qquad (26\text{-}4)$$

여기서 $u(x,y,z)$는 스칼라 필드이다. 즉 라플라스 연산자는 스칼라 필드에 그라디언터 연산자를 한 후에 발산 연산자를 취한 것과 같다. 라프라스 방정식의 결과 값은 주기 함수 (크기와 위상)로 나타나고, 중력이나 전/자기 및 유체의 포텐셜을 정확하게 설명하는 데 도움이 되기 때문에 전자기역학이나, 열/유체역학과 같은 공학 분야에서 많이 사용되다.

<u>직교 좌표계에서 라플라스 방정식의 표현</u>

$$\nabla^2 u(x,y,z) = \frac{\partial^2 u}{\partial x^2} + \frac{\partial^2 u}{\partial y^2} + \frac{\partial^2 u}{\partial z^2} = 0$$

<u>원통 좌표계에서 라플라스 방정식의 표현</u>

$$\nabla^2 u(r,\theta,z) = \frac{1}{r}\frac{\partial}{\partial r}(r\frac{\partial u}{\partial r}) + \frac{1}{r^2}\frac{\partial^2 u}{\partial \theta^2} + \frac{\partial^2 u}{\partial z^2} = 0$$

<u>구면 좌표계에서 라플라스 방정식의 표현</u>

$$\nabla^2 u(r,\theta,\varphi) = \frac{1}{r^2}\frac{\partial}{\partial r}(r^2\frac{\partial u}{\partial r}) + \frac{1}{r^2 \sin\theta}\frac{\partial}{\partial \theta}(\sin\theta\frac{\partial u}{\partial \theta}) + \frac{1}{r^2 \sin^2\varphi}\frac{\partial^2 u}{\partial \varphi^2} = 0$$

만약 열/유체 방정식에서 가장 기본적인 라플라스 방정식은 정상 상태 열전달 방정식임을 잘 알고 있을 것이다.

4. 컬 (Curl, $\nabla \times$)

컬은 벡터 미분 연산자를 벡터 필드 F(x,y,z)에 적용하는 또 다른 방법으로 미분 연산자와 벡터 필드의 벡터 곱을 취한 것을 말한다.

$$curl\,F = \nabla \times F \quad (26\text{-}5)$$
$$= \begin{vmatrix} i & j & k \\ \frac{\partial}{\partial x} & \frac{\partial}{\partial y} & \frac{\partial}{\partial z} \\ F_x & F_y & F_z \end{vmatrix}$$
$$= (\frac{\partial F_z}{\partial y} - \frac{\partial F_y}{\partial z})i + (\frac{\partial F_x}{\partial z} - \frac{\partial F_z}{\partial x})j + (\frac{\partial F_y}{\partial x} - \frac{\partial F_x}{\partial y})k$$

발산이 스칼라 값을 가지는 반면, 컬은 벡터 값을 갖는 것이 특징이다. 컬은 물리적 의미를 살펴보겠다. Curl의 물리적 의미를 살펴보기 위하여, 2차원 속도 벡터 F=(-2y, 2x) 가 있다고 가정하자. 식 (26-5)의 정의에 의해서 curl F= 0i+0j+4k 이다. 만약 k-축을 기준으로 할 때, 양의 값, 음의 값, 제로 값의 의미가 뜻하는 것을 알아보고자 한다. 어떠한 포인터 (x0, y0)에서 curl F(x0, y0) >0의 의미는 x-y축에서 F의 속도 벡터가 반시계방향으로 회전하는 것을 의미한다. 만약 속도 벡터 F=(-2y, 2x)는 항상 curl F= 4k 이기 때문에, 해석 영역 내에서의 어떠한 포인터 (x0, y0)를 중심으로 만든 회전판을 F=(-2y, 2x)로 만드는 속도에 의해서 반시계 방향으로 회전함을 의미한다. 만약 curl F <0 은 시계방향으로 회전함을 의미하고, curl F=0는 회전하지 않음을 의미한다.

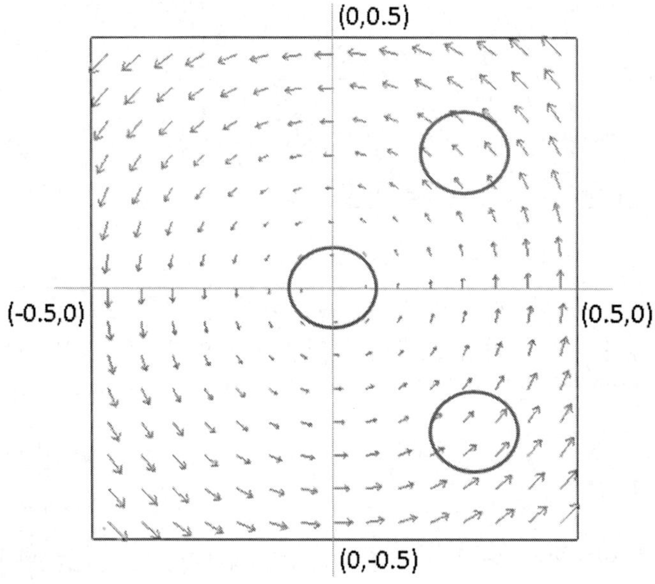

그림 26-A7 Arrow plot of F=(-2y, 2x) using ‘COMSOL Multiphysics’

4. 이항연산 (diadic, second order tensor)

$$u\nabla = (u_k i_k)(\frac{\partial}{\partial x_m} i_m) = \frac{\partial u_k}{\partial x_m}(i_k i_m) \tag{26-6}$$

$$= \begin{bmatrix} \frac{\partial u_x}{\partial x} & \frac{\partial u_x}{\partial y} \\ \frac{\partial u_y}{\partial x} & \frac{\partial u_y}{\partial y} \end{bmatrix}$$

$$\nabla u = (\frac{\partial}{\partial x_k} i_k)(u_m i_m) = \frac{\partial u_m}{\partial x_k}(i_k i_m) \tag{26-7}$$

$$= \begin{bmatrix} \frac{\partial u_x}{\partial x} & \frac{\partial u_y}{\partial x} \\ \frac{\partial u_x}{\partial y} & \frac{\partial u_y}{\partial y} \end{bmatrix}$$

$$\nabla \bullet (\nabla u + (\nabla u)^T) = (\frac{\partial}{\partial x_k} i_k) \bullet [(\frac{\partial}{\partial x_m} i_m)(u_l i_l) + (\frac{\partial}{\partial x_l} i_m)(u_m i_l)] \tag{26-8}$$

$$= [\frac{\partial}{\partial x_k}(\frac{\partial u_l}{\partial x_m})(\delta_{km} i_l) + \frac{\partial}{\partial x_k}(\frac{\partial u_m}{\partial x_l})(\delta_{km} i_l)]$$

$$= [\frac{\partial}{\partial x_k}(\frac{\partial u_l}{\partial x_k}) i_l + \frac{\partial}{\partial x_k}(\frac{\partial u_k}{\partial x_l}) i_l]$$

$$\nabla \bullet (\nabla u + (\nabla u)^T) = \begin{bmatrix} \frac{\partial}{\partial x}(\frac{\partial u_x}{\partial x}) + \frac{\partial}{\partial y}(\frac{\partial u_x}{\partial y}) + \frac{\partial}{\partial x}(\frac{\partial u_x}{\partial x}) + \frac{\partial}{\partial y}(\frac{\partial u_y}{\partial x}) \\ \frac{\partial}{\partial x}(\frac{\partial u_y}{\partial x}) + \frac{\partial}{\partial y}(\frac{\partial u_y}{\partial y}) + \frac{\partial}{\partial x}(\frac{\partial u_x}{\partial y}) + \frac{\partial}{\partial y}(\frac{\partial u_y}{\partial y}) \end{bmatrix} \tag{26-9}$$

$$\nabla \bullet (\nabla u + (\nabla u)^T) = \begin{bmatrix} 2\frac{\partial}{\partial x}(\frac{\partial u_x}{\partial x}) + \frac{\partial}{\partial y}(\frac{\partial u_x}{\partial y} + \frac{\partial u_y}{\partial x}) \\ 2\frac{\partial}{\partial y}(\frac{\partial u_y}{\partial y}) + \frac{\partial}{\partial x}(\frac{\partial u_x}{\partial y} + \frac{\partial u_y}{\partial x}) \end{bmatrix} \tag{26-10}$$

▣ 예제 문제 따라하기

<u>편미분방정식, 일반형태 (PDE, General Form) - 그라디언터 연산자 (∇)</u>

1. 'Model Wizard' 페이지에서 '3D'로 선택하고 'Next' 버튼 을 누른다.

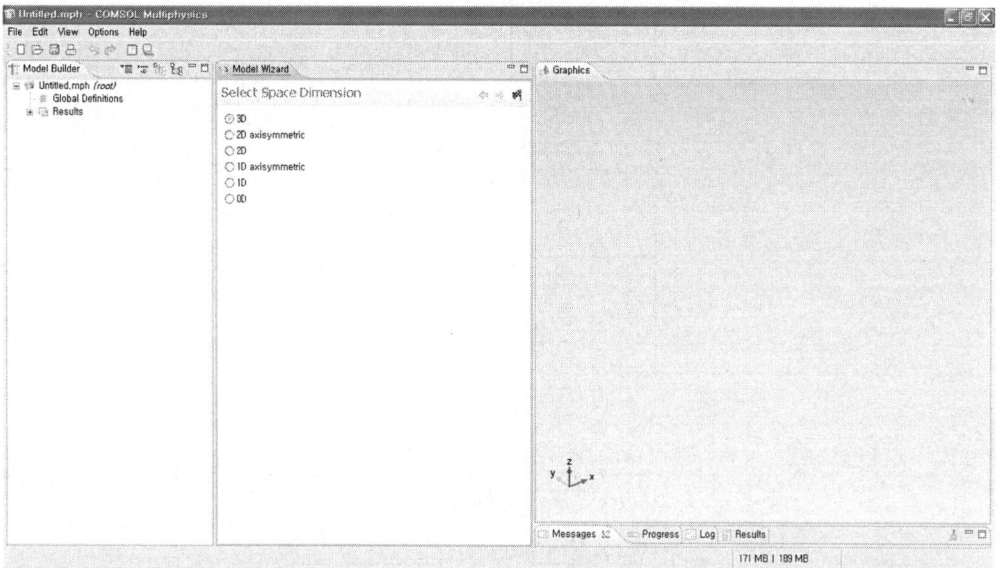

그림 26-1 'Model Wizard' 페이지에서 'Select Space Dimension'을 '3D'로 선택하기

2. 'Model Wizard' 페이지 'Add Physics' 윈도우에서 'Mathematics' - 'PDE interfaces', 'General Form PDE (g)'를 더블클릭하여 선택하고, 상단의 'Next' 버튼 을 누른다.

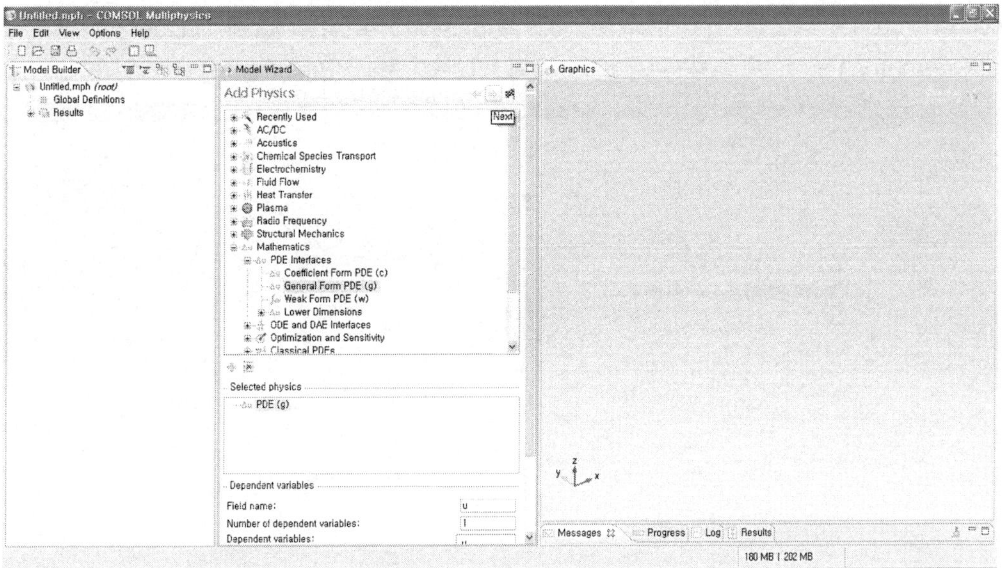

그림 26-2 'Mathematics' - 'PDE interfaces' 항목, 'General Form PDE (g)' 선택하기

3. 그림 26-3과 같이 'Model Wizard' 페이지의 'Select Study Type' 윈도우에서 'Preset Studies' 항목에서, 'Stationary'를 선택한 다음, 상단의 'Finish' 버튼을 누른다.

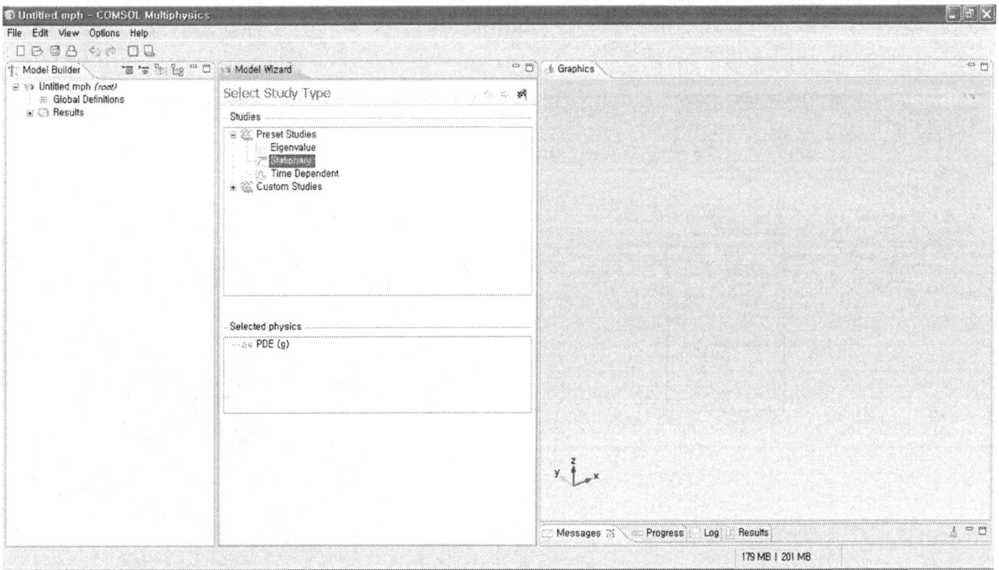

그림 26-3 'Select Study Type' 윈도우, 'Preset Studies' 항목에서, 'Stationary' 선택하기

4. 그림 26-4와 같이 사각 블록을 모델링을 하기위해서, 'Model Builder' 페이지에서 'Geometry 1'을 선택하고, 마우스 오른쪽 버튼을 눌러 'Block'을 선택한다.

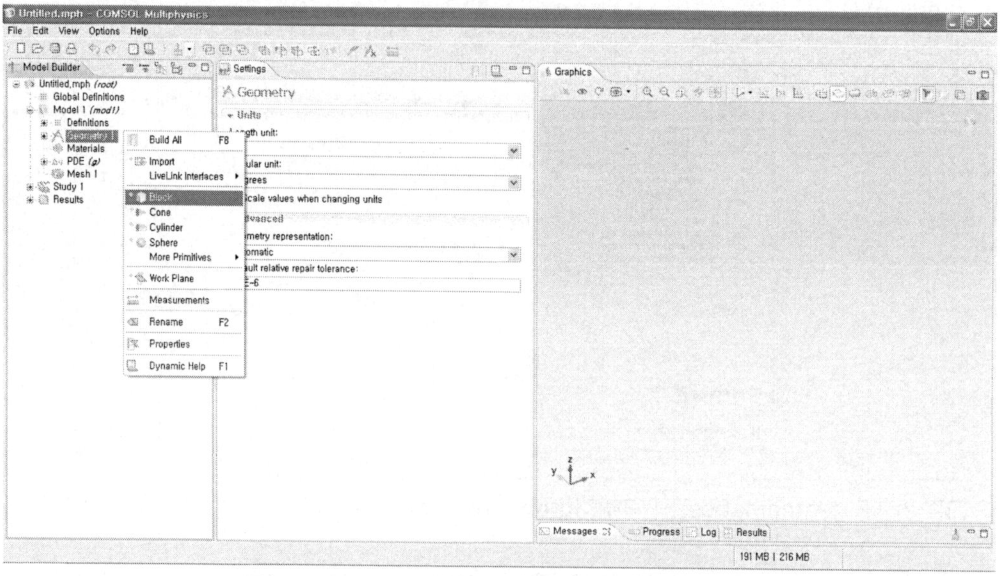

그림 26-4 'Settings' 페이지에서 'Block' 선택하기

5. 오른쪽의 'Settings' 페이지에 나타난 'Block' 윈도우의 'Size and Shape' 항목에 Width: 1, Depth: 1, Height: 1로 타입하고, 'Position' 항목에 x: -0.5, y: -0.5, z: -0.5로 타입한 후 상단의 'Build All' 버튼을 클릭한다.

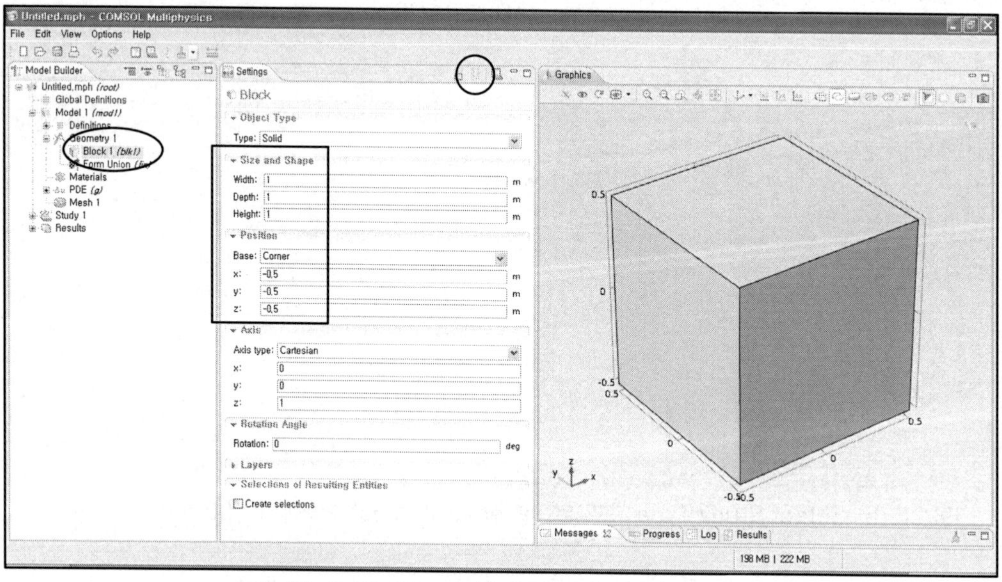

그림 26-5 'Settings' 페이지에서 'Block' 설정하기

6. 이제 해석 모델에 대한 소영역을 설정해 보자. 다음 그림 26-6과 같이 'Model Builder' 페이지의 'PDE (g)'의 서브 항목인 'General Form PDE 1'을 클릭하여 선택하고 아래와 같이 설정하자.

'Setting' 페이지의 'Conservative Flux' 부분에

Γ 의 x 성분 : 0

Γ 의 y 성분 : 0

Γ 의 z 성분 : 0 을 각각 타입한다.

'Source Term' 부분에 'f'에는 'u-(x^2+y^2+z^2)'을 타입한다.

'Damping and Mass Coefficient' 부분, 'da'에 '0'을 타입하고

'Mass Coefficient' 부분, 'ea'에도 '0'을 타입한다.

아래 그림 26-6은 편미분 방정식, 일반형태, **소영역**을 설정한 상태를 보여준다.

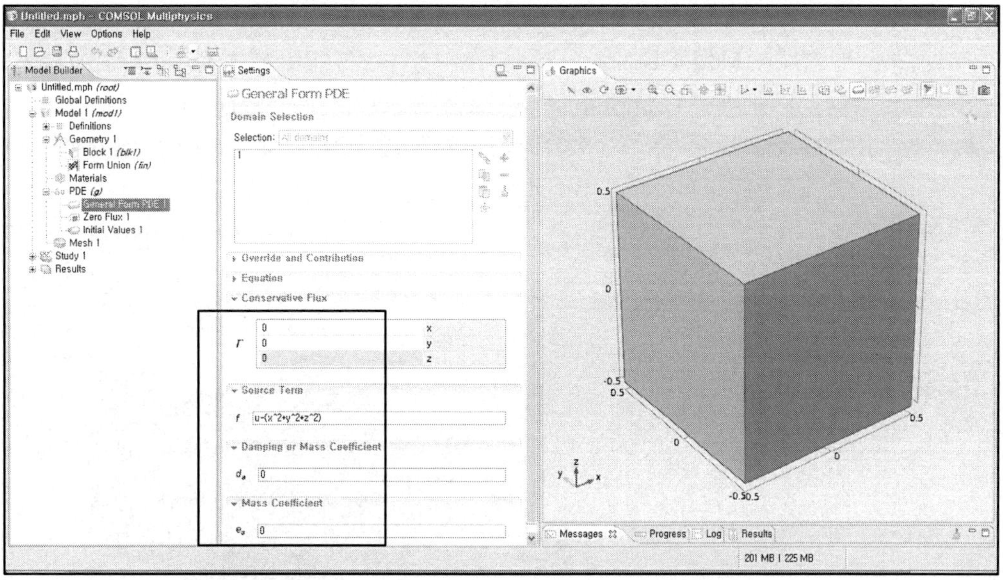

그림 26-6 '편미분 방정식, 일반형태, 소영역 설정하기

7. 그림 26-7과 같이 'Model Builder' 페이지의 항목 중 'Mesh 1'을 선택하고 오른쪽 'Settings' 페이지 상단의 'Build All' 버튼을 클릭하여 메쉬를 생성하자.

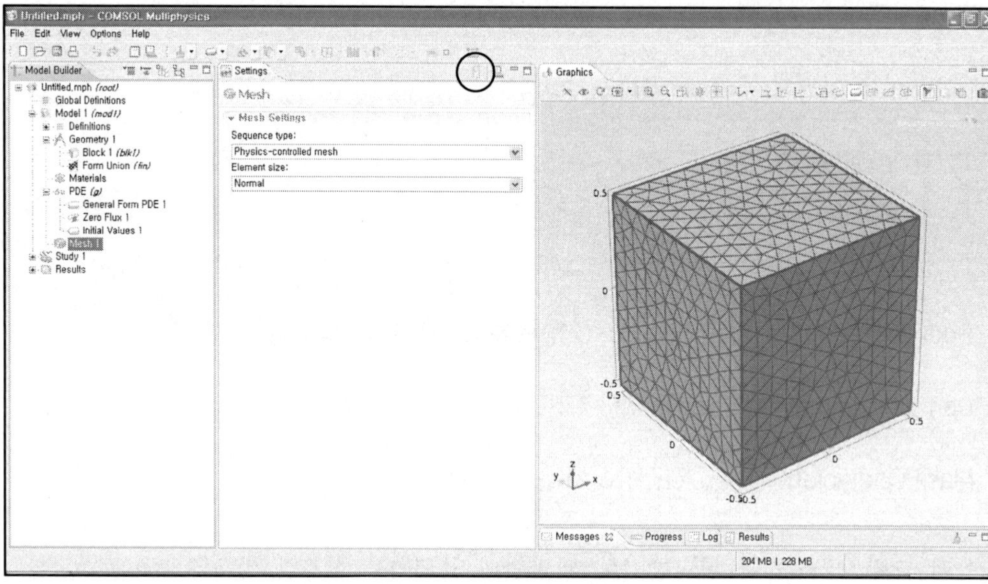

그림 26-7 'Mesh' 설정하기

8. 그림 26-8과 같이 'Model Builder' 페이지의 항목 중 'Study 1'을 선택하고 오른쪽 'Settings' 페이지 상단의 'Compute' 버튼 을 클릭하여 계산해보자.

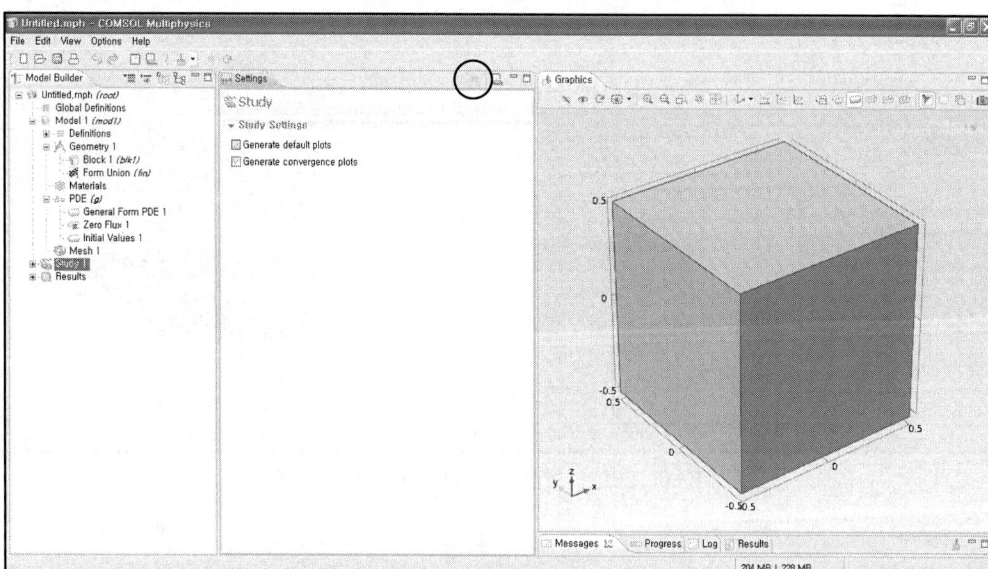

그림 26-8 'Compute' 수행하기

10. 그림 26-9는 'PDE General Form'으로 해석한 결과를 보여준다.

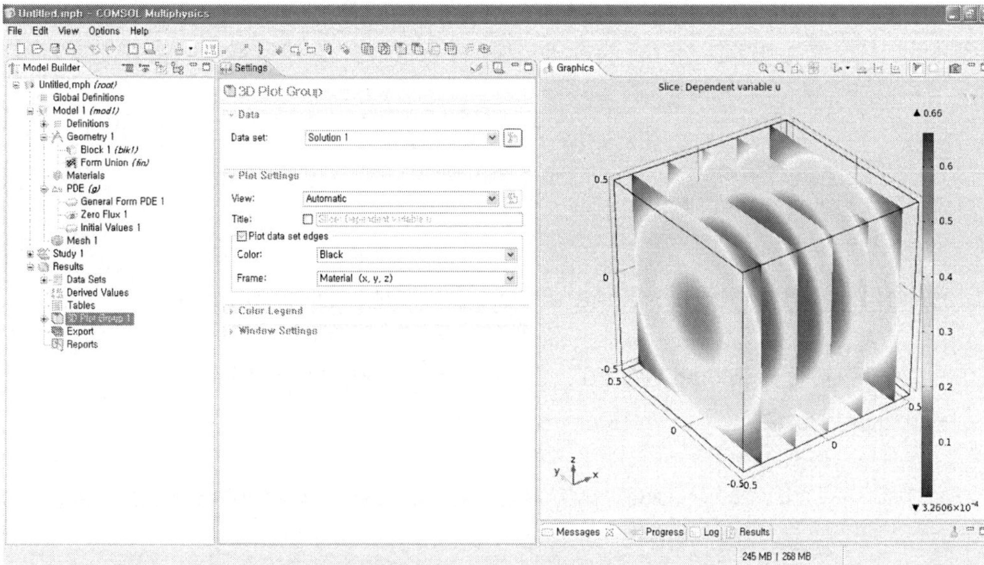

그림 26-9 'PDE General Form'으로 해석한 결과

11. 그림 26-10과 같이 'Model Builder' 페이지에서 '3D Plot Group 1'을 선택하고, 디폴트로 생성된 'Slice 1'은 삭제하고, 'Isosurface 1', 'Arrow Volume 1'을 추가한다.

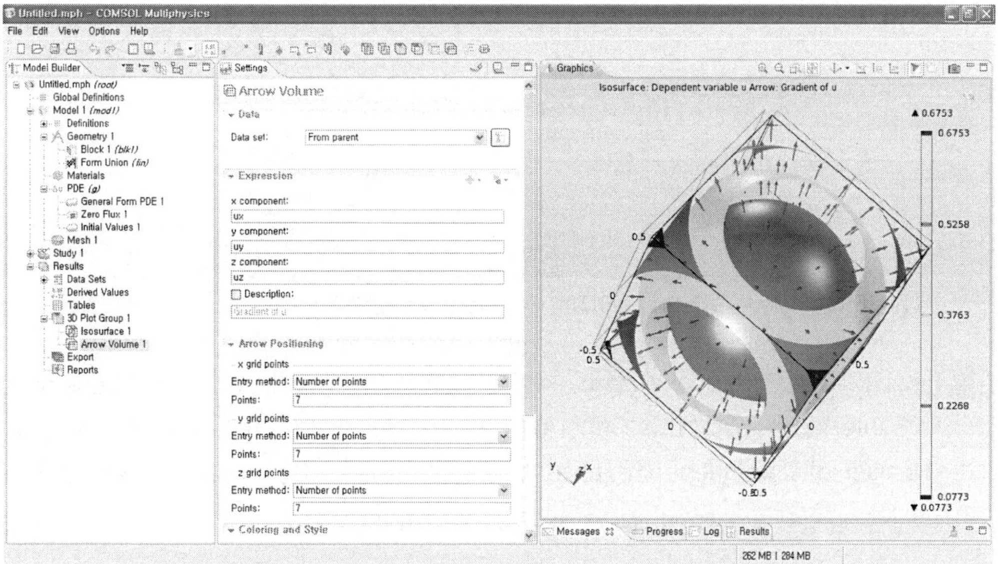

그림 26-10 'Isosurface 1', 'Arrow Volume 1' 추가하기

▣ 발 산 (Divergence)

유체의 속도 벡터, F=(2x,2y)가 다음과 같이 주어졌다고 가정하자.

$$\text{div}\ F = \nabla \cdot F$$

위의 식을 그래픽으로 나타내어보자.

편미분방정식, 일반형태 (PDE, General Form) - 발산 (Divergence)

1. 그림 26-11과 같이 'Model Wizard' 페이지에서 'Select Space Dimension'을 '2D'로 선택하고 'Next' 버튼 ⇨을 누른다.

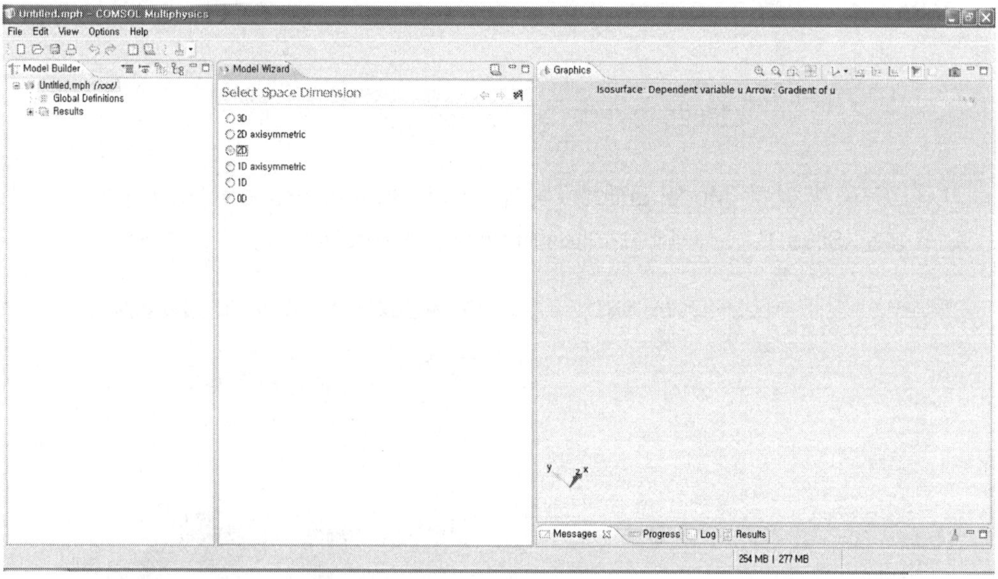

그림 26-11 'Model Wizard' 페이지에서 'Select Space Dimension'을 '2D'로 선택하기

2. 그림 26-12와 같이 'Model Wizard' 페이지의 'Add Physics' 윈도우에서 'Mathematics' - 'PDE interfaces' 항목에서 'General Form PDE (g)'을 더블클릭하여 선택하고, 하단의 'Number of Dependent variables:'에 '2'를 타입하고, 'Dependent variables'에 'Fx'와 'Fy'를 타입하고, 상단의 'Next' 버튼 ⇨을 누른다.

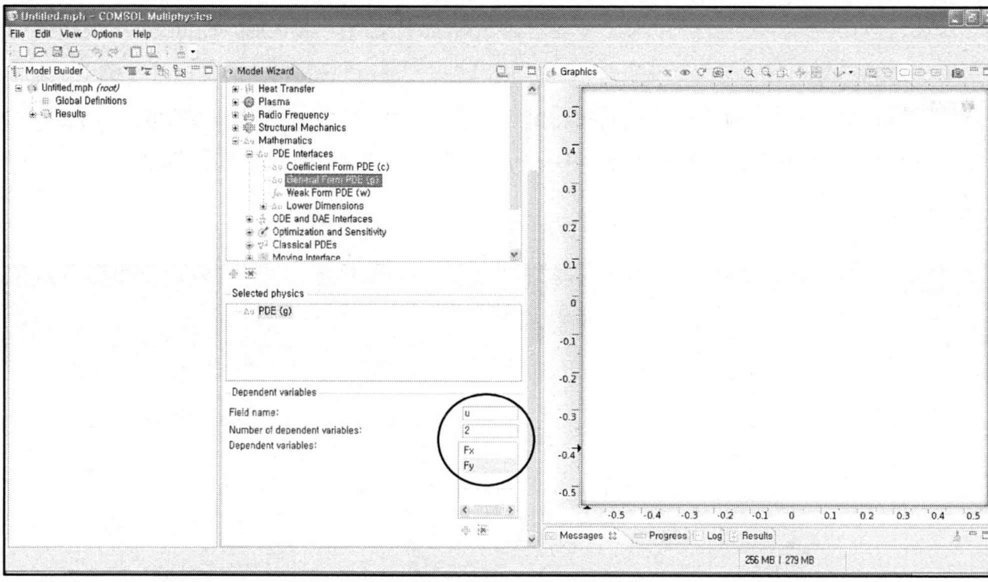

그림 26-12 'Mathematics' - 'PDE interfaces' 항목, 'General Form PDE (g)' 선택하기

3. 그림 26-13과 같이 'Model Wizard' 페이지의 'Select Study Type' 윈도우에서 'Preset Studies' 항목에서, 'Stationary'를 선택한 다음, 상단의 'Finish' 버튼을 누른다.

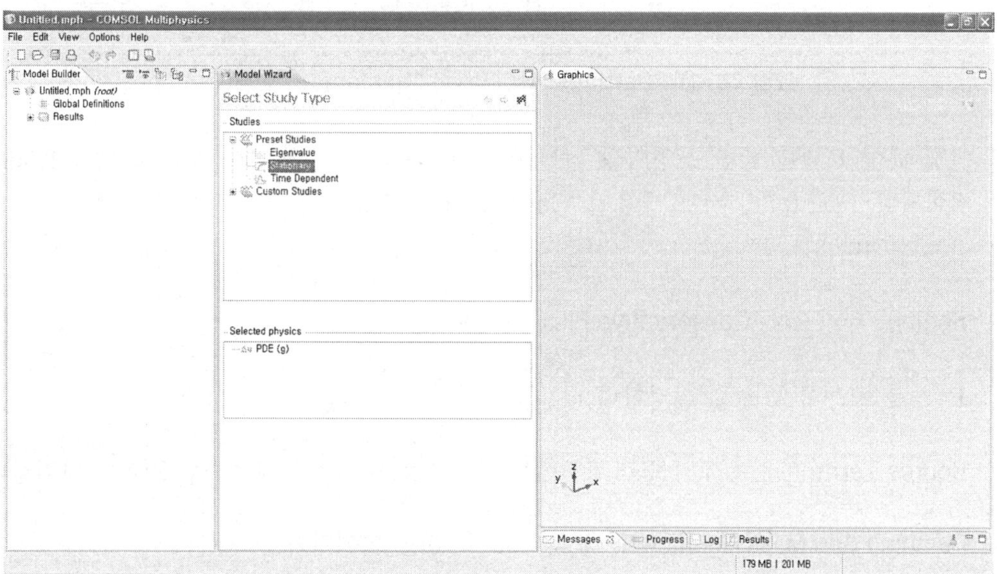

그림 26-13 'Select Study Type' 윈도우, 'Preset Studies' 항목에서, 'Stationary' 선택하기

4. 그림 26-14와 같이 사각형 모델링을 하기위해서, 'Model Builder' 페이지에서 'Geometry 1'을 선택하고, 마우스 오른쪽 버튼을 눌러 'Rectangle'를 선택하고, 오른쪽의 'Settings' 페이지에 나타난 'Rectangle' 윈도우의 'Size' 항목에 Width: 1, Height: 1로 타입하고, 'Position' 항목에 x: -0.5, y: -0.5로 타입한 후 상단의 'Build All' 버튼을 클릭한다.

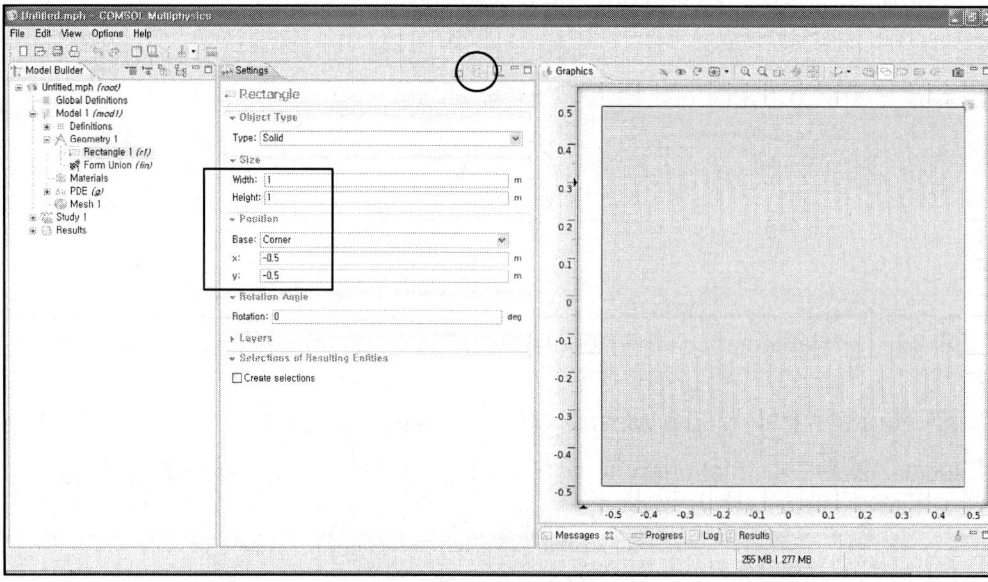

그림 26-14 'Settings' 페이지에서 'Rectangle' 설정하기

6. 이제 해석 모델에 대한 소영역을 설정해 보자. 다음 그림 26-6과 같이 'Model Builder' 페이지의 'PDE (g)'의 서브 항목인 'General Form PDE 1'을 클릭하여 선택하고 아래와 같이 설정하자.

'Setting' 페이지의 'Conservative Flux' 부분에

Γ 성분 모두를 '0'으로 설정한다.

'Source Term' 부분에 'f'의 'Fx' 성분에는 'Fx-2*x', 'Fy' 성분에는 'Fy-2*y'을 타입한다.

'Damping and Mass Coefficient' 부분, 'da'에 '0'을 타입하고

'Mass Coefficient' 부분, 'ea'에도 '0'을 타입한다.

아래 그림 26-15는 편미분 방정식, 일반형태, **소영역**을 설정한 상태를 보여준다.

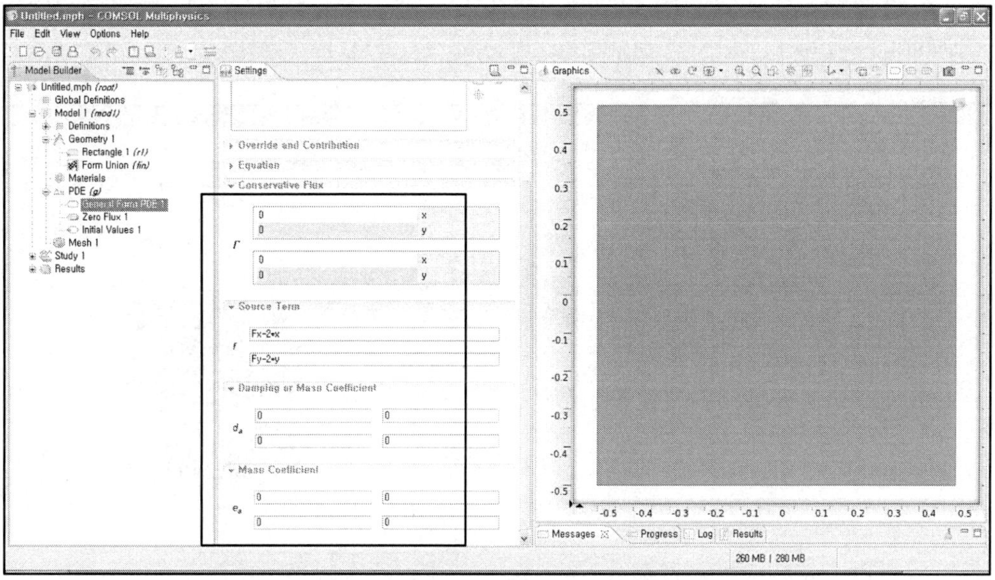

그림 26-15 '편미분 방정식, 일반형태, 소영역 설정하기

7. 그림 26-16과 같이 'Model Builder' 페이지의 항목 중 'Mesh 1'을 선택하고 오른쪽 'Settings' 페이지 상단의 'Build All' 버튼을 클릭하여 메쉬를 생성하자.

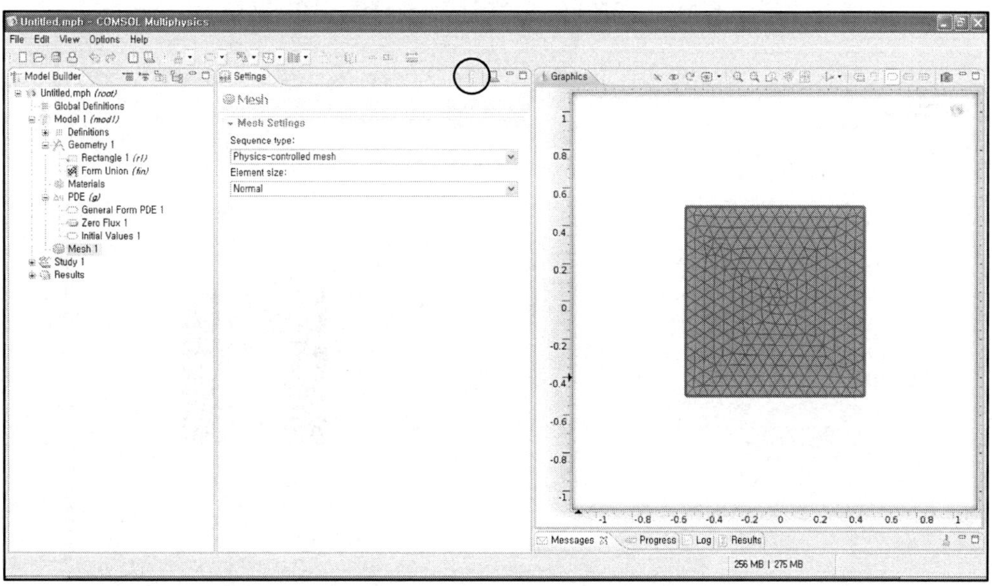

그림 26-16 'Mesh' 설정하기

8. 그림 26-17과 같이 'Model Builder' 페이지의 항목 중 'Study 1'을 선택하고 오른쪽 'Settings' 페이지 상단의 'Compute' 버튼 을 클릭하여 계산해보자.

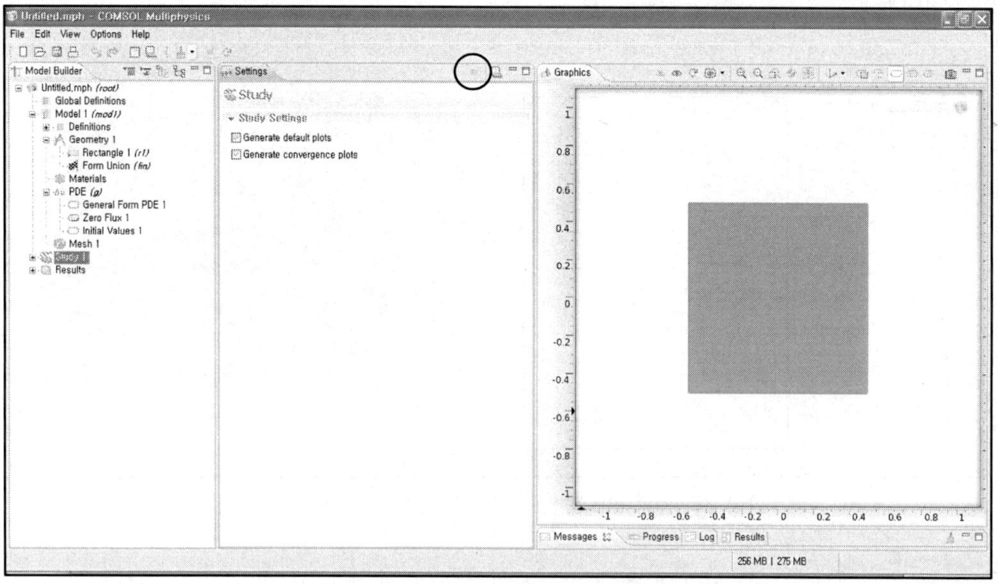

그림 26-17 'Compute' 수행하기

9. 그림 26-18은 'PDE General Form'으로 해석한 결과를 보여준다.

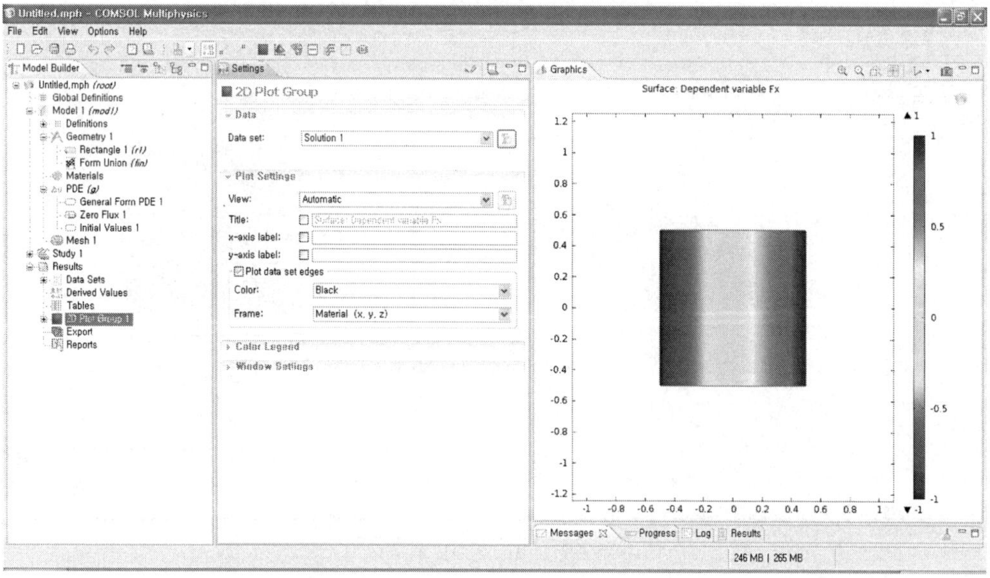

그림 26-18 'PDE General Form'으로 해석한 결과

10. 그림 26-19와 같이 'Model Builder' 페이지에서 '2D Plot Group 1'을 선택하고, 디폴트로 생성된 'Surface 1'을 선택하고, 'Settings' 페이지의 'Expression:' 부분에 'Fxx-Fyy'를 타입하고 상단의 'Plot' 버튼을 클릭한다.

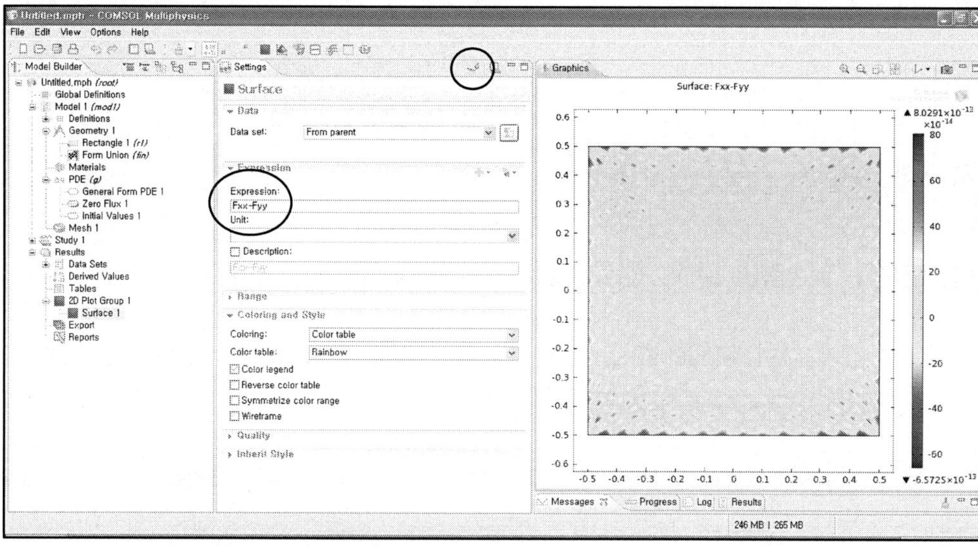

그림 26-19 'Surface 1' 설정하기

11. 그림 26-20과 같이 'Arrow Surface 1'을 추가한다. 'Settings' 페이지의 'Expression:' 부분의 'x component:'에 'Fx'를 타입하고 'y component:'에 'Fy'를 타입하고 상단의 'Plot' 버튼을 클릭한다.

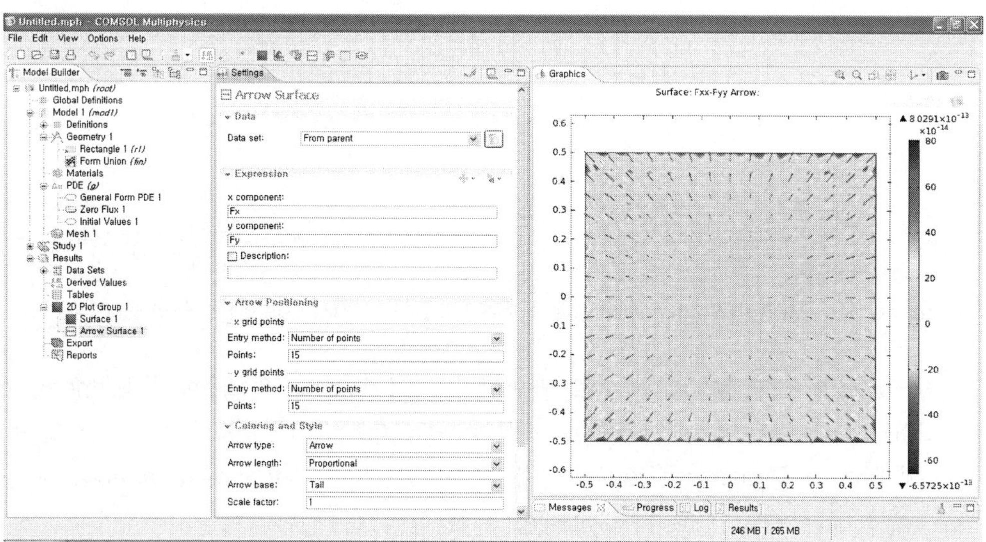

그림 26-20 'Arrow Surface 1' 설정하기

■ 컬 (Curl, $\nabla \times$)

유체의 속도 벡터, F=(-2y, 2x)가 다음과 같이 주어졌다고 가정하자.

$$curlF = \nabla \times F = \left(\frac{\partial F_y}{\partial x} - \frac{\partial F_x}{\partial y} \right) k$$

위 식을 그래픽으로 나타내어보자.

편미분방정식, 일반형태 (PDE, General Form) - 컬 (Curl, $\nabla \times$)

1. 그림 26-21과 같이 'Model Wizard' 페이지에서 'Select Space Dimension'을 '2D'로 선택하고 'Next' 버튼 ⇨을 누른다.

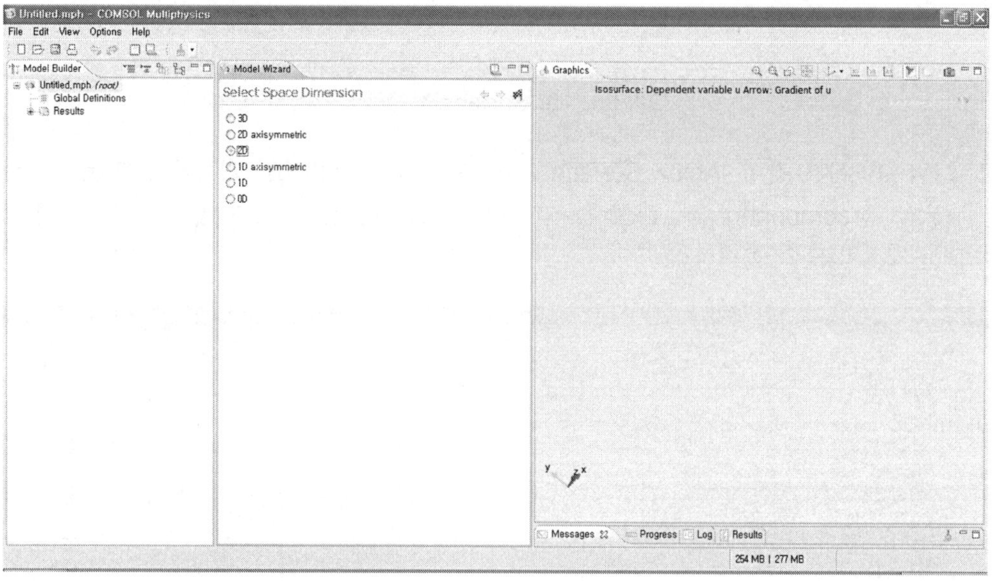

그림 26-21 'Model Wizard' 페이지에서 'Select Space Dimension'을 '2D'로 선택하기

2. 그림 26-22와 같이 'Model Wizard' 페이지의 'Add Physics' 윈도우에서 'Mathematics' - 'PDE interfaces' 항목에서 'General Form PDE (g)'을 더블클릭하여 선택하고, 하단의 'Number of Dependent variables:'에 '2'를 타입하고, 'Dependent variables'에 'Fx'와 'Fy'를 타입하고, 상단의 'Next' 버튼 ⇨을 누른다.

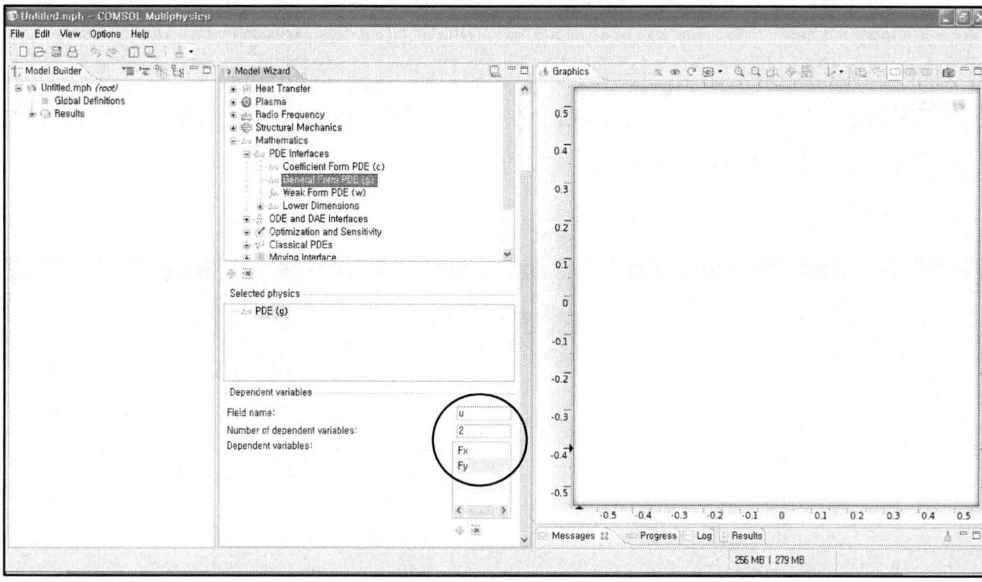

그림 26-22 'Mathematics' - 'PDE interfaces' 항목, 'General Form PDE (g)'선택하기

3. 그림 26-23과 같이 'Model Wizard' 페이지의 'Select Study Type' 윈도우에서 'Preset Studies' 항목에서, 'Stationary'를 선택한 다음, 상단의 'Finish' 버튼을 누른다.

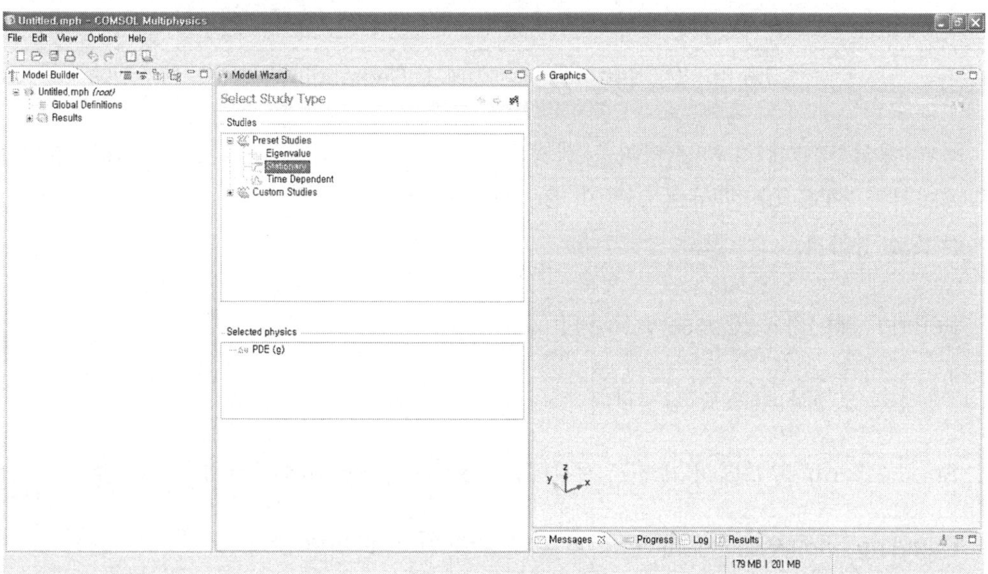

그림 26-23 'Select Study Type' 윈도우, 'Preset Studies' 항목에서, 'Stationary' 선택하기

4. 그림 26-24와 같이 사각형 모델링을 하기 위해서, 'Model Builder' 페이지에서 'Geometry 1'을 선택하고, 마우스 오른쪽 버튼을 눌러 'Rectangle'를 선택하고, 오른쪽의 'Settings' 페이지에 나타난 'Rectangle' 윈도우의 'Size' 항목에 Width: 1, Height: 1로 타입하고, 'Position' 항목에 x: -0.5, y: -0.5로 타입한 후 상단의 'Build All' 버튼을 클릭한다.

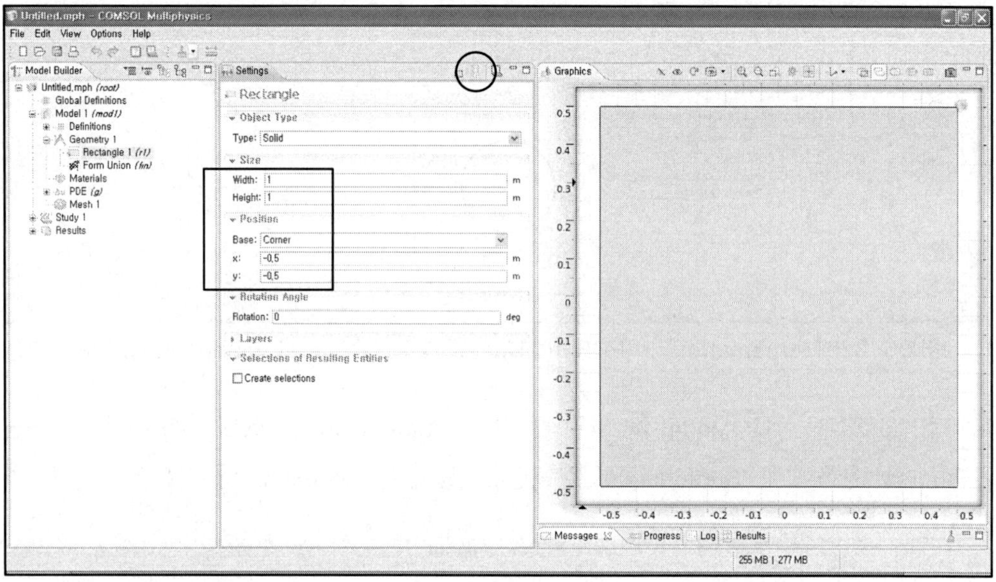

그림 26-24 'Settings' 페이지에서 'Rectangle' 설정하기

6. 이제 해석 모델에 대한 소영역을 설정해 보자. 다음 그림 26-6과 같이 'Model Builder' 페이지의 'PDE (g)'의 서브 항목인 'General Form PDE 1'을 클릭하여 선택하고 아래와 같이 설정하자.

'Setting' 페이지의 'Conservative Flux' 부분에

Γ 성분 모두를 '0'으로 설정한다.

'Source Term' 부분에 'f'의 'Fx' 성분에는 'Fx+2*y', 'Fy' 성분에는 'Fy-2*x'을 타입한다.

'Damping and Mass Coefficient' 부분, 'da'에 '0'을 타입하고

'Mass Coefficient' 부분, 'ea' 에도 '0'을 타입한다.

아래 그림 26-25는 편미분 방정식, 일반형태, **소영역**을 설정한 상태를 보여준다.

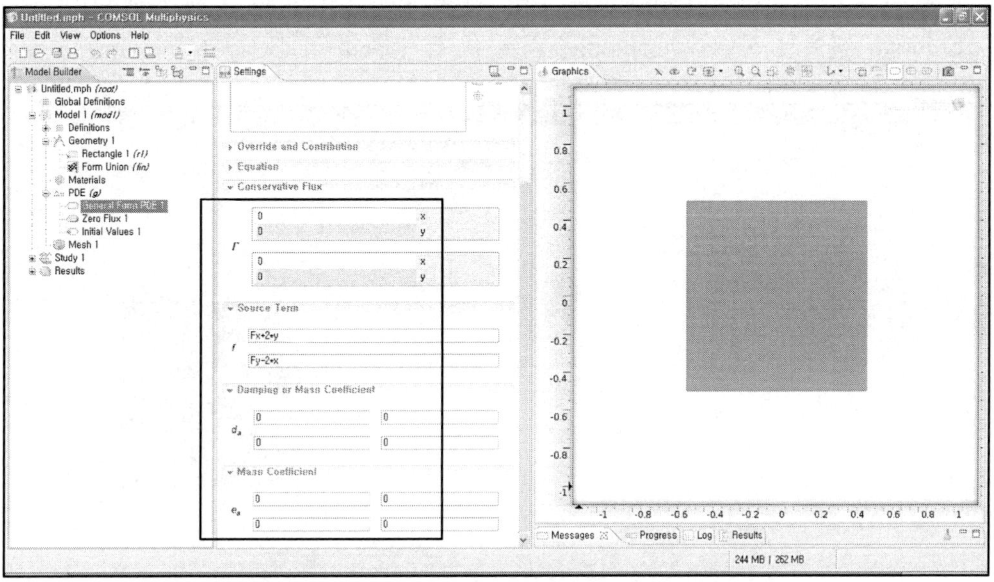

그림 26-25 편미분 방정식, 일반형태, 소영역 설정하기

7. 그림 26-26과 같이 'Model Builder' 페이지의 항목 중 'Mesh 1'를 선택하고 오른쪽 'Settings' 페이지 상단의 'Build All' 버튼을 클릭하여 메쉬를 생성하자.

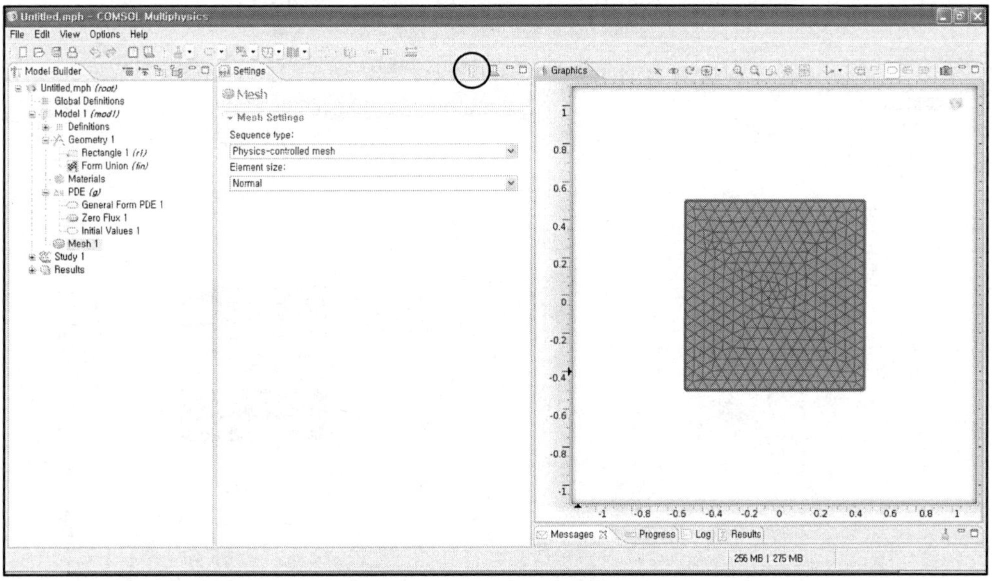

그림 26-26 'Mesh' 설정하기

8. 그림 26-27과 같이 'Model Builder' 페이지의 항목 중 'Study 1'을 선택하고 오른쪽 'Settings' 페이지 상단의 'Compute' 버튼 을 클릭하여 계산해보자.

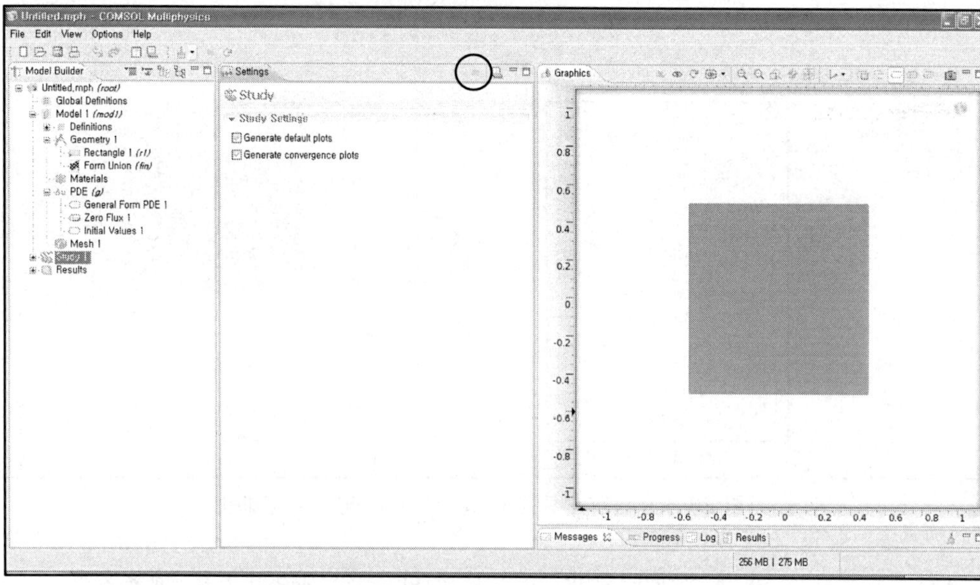

그림 26-27 'Compute' 수행하기

9. 그림 26-28은 'PDE General Form'으로 해석한 결과를 보여준다.

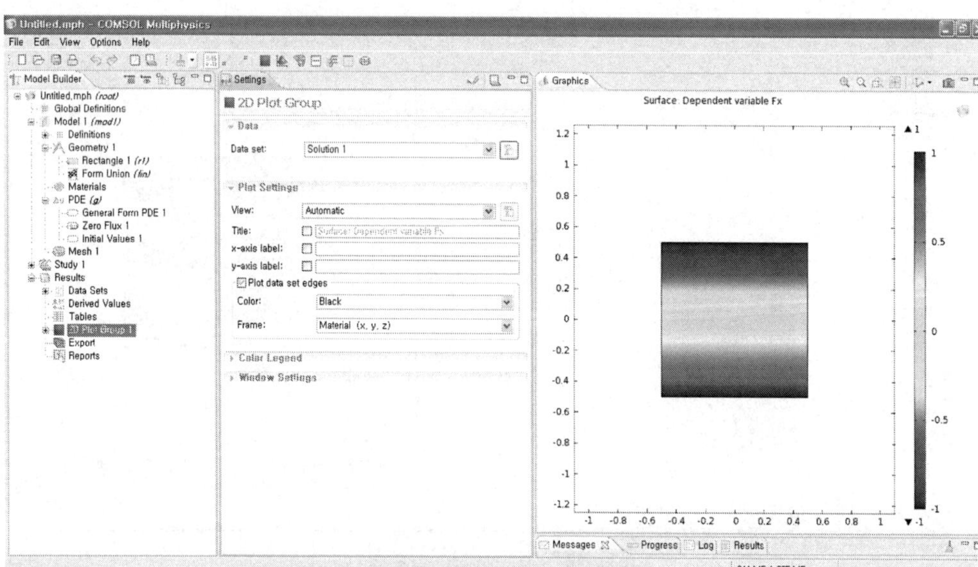

그림 26-28 'PDE General Form'으로 해석한 결과

10. 그림 26-29와 같이 'Model Builder' 페이지에서 '2D Plot Group 1'을 선택하고, 디폴트로 생성된 'Surface 1'을 선택하고, 'Settings' 페이지의 'Expression:' 부분에 'Fyx-Fxy'를 타입하고 상단의 'Plot' 버튼을 클릭한다.
또한 'Arrow Surface 1'을 추가한다. 'Settings' 페이지의 'Expression:' 부분의 'x component:'에 'Fx'를 타입하고 'y component:'에 'Fy'를 타입하고 상단의 'Plot' 버튼을 클릭한다.

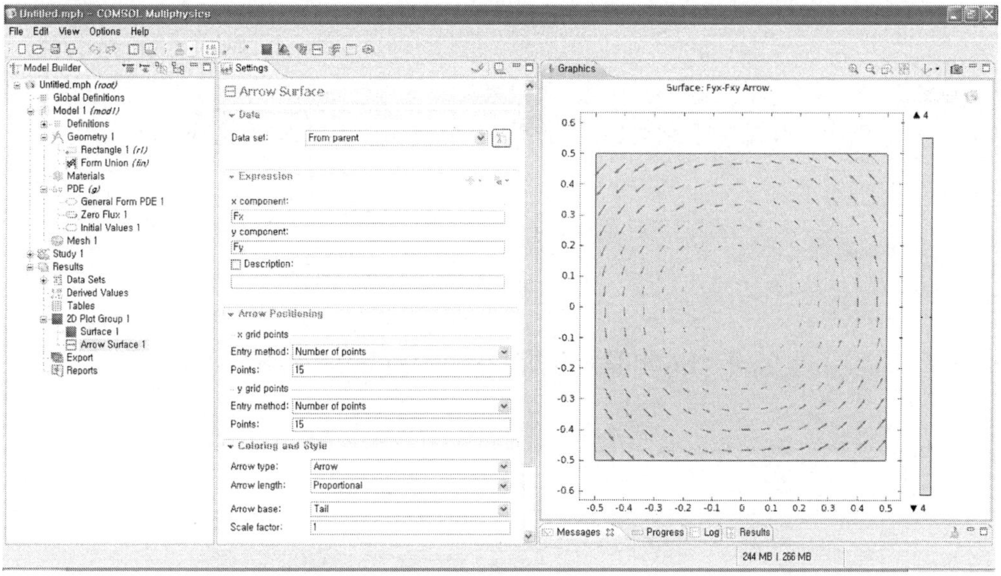

그림 26-29 'Arrow Surface 1' 설정하기

▣ 연습 문제

1. 속도 벡터 F=(y, x)가 주어진다고 하자. 포인터 (0.1, 0.1)을 중심으로 작은 원을 만들었다고 하면, 유체가 압축, 팽창, 또는 기타 중 어떤 상태에 있는지 설명하라? 또 시계 방향 또는 반시계 방향으로 회전하고 있는지, 아니면 정지하고 있는지 설명하라?

2. div curl F=0의 물리적인 의미는 무엇인가? 단, F 는 유체의 속도 벡터이다.

3. Curl ($\nabla\phi$)=0의 물리적인 의미는 무엇인가? 단, ϕ 중력 포텐셜이다.

4. 직각좌표계의 라플라스 방정식 ($\nabla^2 u(x,y,z) = \dfrac{\partial^2 u}{\partial x^2} + \dfrac{\partial^2 u}{\partial y^2} + \dfrac{\partial^2 u}{\partial z^2} = 0$)을 원통좌표계 및 구좌표계로 변환하라.

5. 그림 26-A8은 유체의 속도 벡터를 화살표로 그린 그림이다. 포인터 (0.25, 0.25)에서 유체는 압축, 팽창, 또는 기타 중 어떤 상태에 있는지 설명하라? 또 시계 방향 또는 반시계 방향으로 회전하고 있는지, 아니면 정지하고 있는지 설명하라?

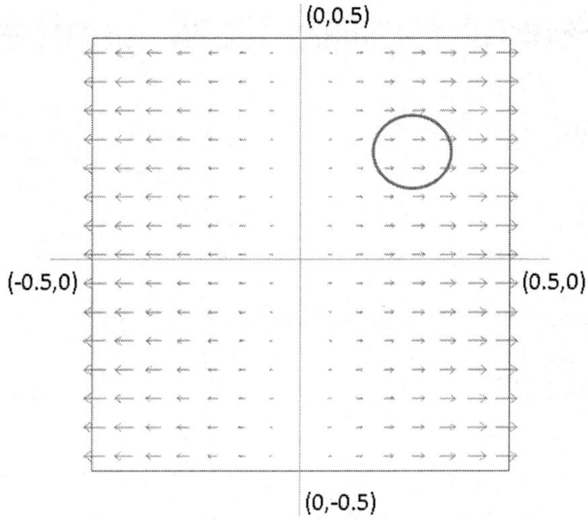

그림 26-A8 Arrow plot of 속도 벡터 F

6. 그림 26-A9은 유체의 속도 벡터를 화살표로 그린 그림이다. 각 사분면에서 (1사분면 (0.25, 0.25), 2사분면 (-0.25, 0.25), 3사분면 (-0.25, -0.25), 4사분면 (0.25, -0.25))에서 유체는 압축, 팽창, 또는 기타 중 어떤 상태에 있는지 설명하라? 또 시계 방향 또는 반시계 방향으로 회전하고 있는지, 아니면 정지하고 있는지 설명하라?

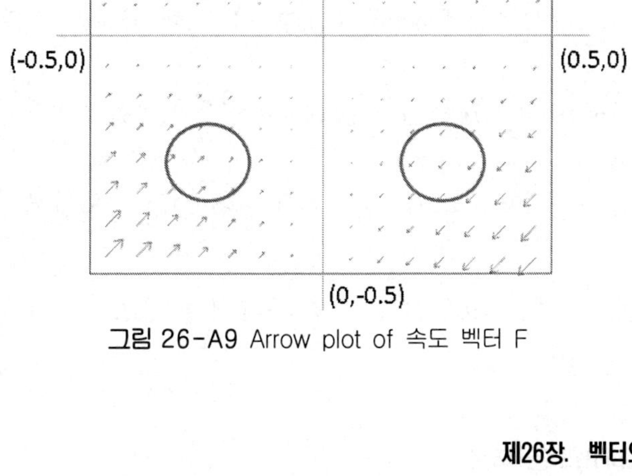

그림 26-A9 Arrow plot of 속도 벡터 F

제27장. General form에서 Weak form으로의 전환 유도

PDE general form은 다음과 같다.

(해석 영역 내) $$e_a \frac{\partial^2 u}{\partial t^2} + d_a \frac{\partial u}{\partial t} + \nabla \cdot \Gamma = F \quad \text{in } \Omega \qquad (27\text{-}1)$$

(경계, neumann BC) $$-n \cdot \Gamma = G + \left(\frac{\partial R}{\partial u}\right)\mu \quad \text{on } \partial\Omega \qquad (27\text{-}2)$$

(경계, Dirichlet BC) $$0 = R \quad \text{on } \partial\Omega \qquad (27\text{-}3)$$

만약 위의 문제가 2차원 문제라고 가정하면, test function이라고 부르는 v를 위 식으로 곱하고 해석 영역 (Ω)로 적분하면 다음과 같이 된다.

$$\int_\Omega v\left(e_a \frac{\partial^2 u}{\partial t^2} + d_a \frac{\partial u}{\partial t}\right)dA + \int_\Omega v\nabla \cdot \Gamma dA = \int_\Omega vF\,dA \qquad (27\text{-}4)$$

식 (4)를 integral by parts에 의해서 다음의 식이 된다.

$$\int_\Omega v\left(e_a \frac{\partial^2 u}{\partial t^2} + d_a \frac{\partial u}{\partial t}\right)dA + \int_\Omega \nabla \cdot (v\Gamma)dA - \int_\Omega \nabla v \cdot \Gamma dA = \int_\Omega vF\,dA \qquad (27\text{-}5)$$

식 (5)를 Green's theorem에 의해서 다음 식으로 더 나타낼 수 있다.

$$\int_\Omega v\left(e_a \frac{\partial^2 u}{\partial t^2} + d_a \frac{\partial u}{\partial t}\right)dA + \int_{\partial\Omega} (v\Gamma) \cdot n\,ds - \int_\Omega \nabla v \cdot \Gamma dA = \int_\Omega vF\,dA \qquad (27\text{-}6)$$

(경계, neumann BC)에서 test function (v)를 식 (2)에 곱하면 다음과 같이 된다.

$$-\int_{\partial\Omega} v(n \cdot \Gamma)\,ds = \int_{\partial\Omega} v\left(G + \left(\frac{\partial R}{\partial u}\right)\mu\right)ds \qquad (27\text{-}7)$$

식 (7)을 식 (6)에 넣고 다시 정리하면 다음과 같이 식이 요약된다.

$$\int_\Omega v\left(e_a \frac{\partial^2 u}{\partial t^2} + d_a \frac{\partial u}{\partial t}\right)dA - \int_\Omega (\nabla v \cdot \Gamma + vF)dA = \int_{\partial\Omega} v\left(G + \frac{\partial R}{\partial u}\mu\right)ds$$

weak term (27-8)

제28장. 매트랩 Script를 이용한 2차원 contour graph 그리기

%u(x,y)=x^4+7(xy)^2-(1/6)y^4에 대해서 2차원 contour graph 그리기

```
x=linspace(0,1,100);
y=linspace(0,1,100);
[X,Y]=meshgrid(x,y);
Z=X.^47*(X.*Y).^2-(1/6)*Y.^4;
subplot(1,2,1);
cs=contour(X,Y,Z,50);
clabel(cs);
xlabel('x');
ylabel('y');
title(' (a) contour plot');
grid on;
subplot(1,2,2);
cs=surfc(X,Y,Z);
zmin=floor(min(Z));
zmax=ceil(max(Z));
xlabel('x');
ylabel('y');
zlabel('u(x,y)')
title(' (b) Function (u (x,y)) plot');
```

위의 코드를 Matlab에서 실행 시켜 보자.

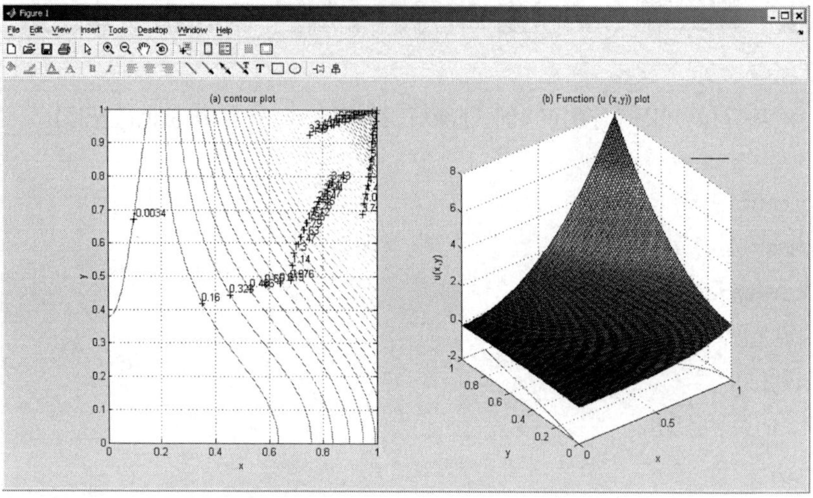

그림 28-1 Matlab에서의 실행 결과

제29장. 나비어-스톡스 방정식 유도

나비어-스톡스 방정식을 유도하기 위해서는 먼저 코시 방정식 (Cauchy equation)을 이해하여야 한다. 코시 방정식은 물체의 운동방정식을 응력항으로 표현된 방정식을 말한다. 만약 2차원 공간상의 한 질점 p(x,y)에서 압력과, 중력 및 점성력을 동시에 받고 있는 입자 (particle)가 존재한다고 해보자. 뉴턴 제 2법칙에 의하여, x-y 축에 받는 입자의 운동방정식은 다음과 같다.

$$\delta m(a_x) = \delta F_{x,\,pressure} + \delta F_{x,\,gravity} + \delta F_{x,\,viscous} \qquad (29-1)$$

$$\delta m(a_y) = \delta F_{y,\,pressure} + \delta F_{y,\,gravity} + \delta F_{y,\,viscous} \qquad (29-2)$$

여기서, $\delta m = \rho\delta x\delta y\delta z$,

$$a_x = \frac{du_x}{dt} = \frac{\partial u_x}{\partial t} + u_x\frac{\partial u_x}{\partial t} + u_y\frac{\partial u_x}{\partial t}$$

$$a_y = \frac{du_y}{dt} = \frac{\partial u_y}{\partial t} + u_x\frac{\partial u_y}{\partial t} + u_y\frac{\partial u_y}{\partial t}$$

$$\delta F_{x,\,pressure} = -\frac{\partial p_x}{\partial t}\delta x\delta y\delta z$$

$$\delta F_{y,\,pressure} = -\frac{\partial p_y}{\partial t}\delta x\delta y\delta z$$

$$\delta F_{x,\,gravity} = \rho g_x\delta x\delta y\delta z$$

$$\delta F_{y,\,gravity} = \rho g_y\delta x\delta y\delta z$$

$$\delta F_{x,\,viscous} = \left(\frac{\partial \sigma_x}{\partial x} + \frac{\partial \tau_{yx}}{\partial y}\right)\delta x\delta y\delta z$$

$$\delta F_{y,\,viscous} = \left(\frac{\partial \sigma_y}{\partial y} + \frac{\partial \tau_{xy}}{\partial x}\right)\delta x\delta y\delta z$$

나비어-스톡스 방정식은 코스 방정식에서 유체가 뉴턴니언 유체 (Newtonian fluid)라는 가정을 하여야 한다. 즉, 유체에 의해서 받는 응력은 변형률과 관계가 있고, 그 관계식은 선형적이어야 한다. 또한, 유체의 응력과 변형률를 관계시키는 유체의 성질은 유체 점성으로 나타낸다. 뉴턴니언 점성유체의 응력-변형률관계식은 다음과 같다.

$$\tau_{xy} = \tau_{yx} = \mu\left(\frac{\partial u_x}{\partial y} + \frac{\partial u_y}{\partial x}\right),\ \sigma_x = 2\mu\frac{\partial u_x}{\partial x},\ \sigma_y = 2\mu\frac{\partial u_y}{\partial y} \quad -(29-3)$$

그러므로 나비어-스톡스 방정식은 식 (29-3)을 식 (29-1), (29-2)에 대입시키면 다음과 같이 요약할 수 있다.

$$\rho\left(\frac{\partial u_x}{\partial t} + u_x\frac{\partial u_x}{\partial x} + u_y\frac{\partial u_x}{\partial y}\right) = -\frac{\partial p_x}{\partial x} + \rho g_x + \frac{\partial}{\partial x}\left(2\mu\frac{\partial u_x}{\partial x}\right) + \frac{\partial}{\partial y}\left[\mu\left(\frac{\partial u_x}{\partial y} + \frac{\partial u_y}{\partial x}\right)\right] \quad -(29-4)$$

$$\rho\left(\frac{\partial u_y}{\partial t} + u_x\frac{\partial u_y}{\partial x} + u_y\frac{\partial u_y}{\partial y}\right) = -\frac{\partial p_y}{\partial y} + \rho g_y + \frac{\partial}{\partial y}\left(2\mu\frac{\partial u_y}{\partial y}\right) + \frac{\partial}{\partial x}\left[\mu\left(\frac{\partial u_x}{\partial y} + \frac{\partial u_y}{\partial x}\right)\right] \quad -(29-5)$$

또한, 식 (29-4), (29-5)의 우측 항을 전개하여 다시 정리하면 다음과 같다.

$$\rho\left(\frac{\partial u_x}{\partial t} + u_x\frac{\partial u_x}{\partial x} + u_y\frac{\partial u_x}{\partial y}\right) = -\frac{\partial p_x}{\partial x} + \rho g_x + \frac{\partial}{\partial x}\left(\mu\frac{\partial u_x}{\partial x}\right) + \frac{\partial}{\partial y}\left(\mu\frac{\partial u_x}{\partial y}\right) + \frac{\partial}{\partial x}\left[\mu\left(\frac{\partial u_x}{\partial x} + \frac{\partial u_y}{\partial y}\right)\right] \quad -(29-6)$$

$$\rho\left(\frac{\partial u_y}{\partial t} + u_x\frac{\partial u_y}{\partial x} + u_y\frac{\partial u_y}{\partial y}\right) = -\frac{\partial p_y}{\partial y} + \rho g_y + \frac{\partial}{\partial x}\left(\mu\frac{\partial u_y}{\partial x}\right) + \frac{\partial}{\partial y}\left(\mu\frac{\partial u_y}{\partial y}\right) + \frac{\partial}{\partial y}\left[\mu\left(\frac{\partial u_x}{\partial x} + \frac{\partial u_y}{\partial y}\right)\right] \quad -(29-7)$$

비압축성 유체의 경우 연속방정식 $\left(\frac{\partial u_x}{\partial x} + \frac{\partial u_y}{\partial y}\right) = 0$, continuity equation)에 의해서 더 간단히 나타낼 수 있다.

$$\rho\left(\frac{\partial u_x}{\partial t} + u_x\frac{\partial u_x}{\partial x} + u_y\frac{\partial u_x}{\partial y}\right) = -\frac{\partial p_x}{\partial x} + \rho g_x + \frac{\partial}{\partial x}\left(\mu\frac{\partial u_x}{\partial x}\right) + \frac{\partial}{\partial y}\left(\mu\frac{\partial u_x}{\partial y}\right) \quad -(29-8)$$

$$\rho\left(\frac{\partial u_y}{\partial t} + u_x\frac{\partial u_y}{\partial x} + u_y\frac{\partial u_y}{\partial y}\right) = -\frac{\partial p_y}{\partial y} + \rho g_y + \frac{\partial}{\partial x}\left(\mu\frac{\partial u_y}{\partial x}\right) + \frac{\partial}{\partial y}\left(\mu\frac{\partial u_y}{\partial y}\right) \quad -(29-9)$$

위식을 벡터 폼으로 나타내면 식 (29-4), (29-5)는 다음과 같이 요약할 수 있다.

$$\rho\left(\frac{\partial \vec{u}}{\partial t} + \vec{u}\cdot\nabla\vec{u}\right) = \nabla\cdot\left[-p\vec{I} + \eta\left(\nabla\vec{u} + (\nabla\vec{u})^T\right)\right] + \rho\vec{g} \quad -(29-10)$$

$$\nabla\cdot u = 0 \quad -(29-11)$$

식 (29-8), (29-9)는 다음과 같이 요약할 수 있다.

$$\rho\left(\frac{\partial \vec{u}}{\partial t} + \vec{u}\cdot\nabla\vec{u}\right) = \nabla\cdot\left[-p\vec{I} + \eta\nabla\vec{u}\right] + \rho\vec{g} \quad -(29-12)$$

$$\nabla\cdot u = 0 \quad -(29-13)$$

http://www.ohm.co.kr
E-mail : ohm@ohm.co.kr

소스는 홈페이지 자료실에 있습니다.

COMSOL MULTIPHYSICS® 입문

COMSOL MULTIPHYSICS® Version 4.2

1판 2쇄 2012년 8월 10일
초판발행 2012년 2월 20일

저 자 심재술 · 김희철 · 조미경 공저
발 행 인 곽 종 학
발 행 처 도서출판 Ohm사

주 소 140-150 서울 용산구 갈월동 17번지 세기B/D
전 화 02-776-4868~9
팩 스 02-779-6757
등록번호 1975년 9월 12일 제3-3호

ISBN 978-89-7101-000-0 정가 39,000원